国家出版基金项目

"十四五"国家重点出版物出版规划项目

中国耕地土壤论著系列

中华人民共和国农业农村部　组编

中国水稻土

Chinese
Paddy Soils

孙 波　杨林章　徐建明◆主编

中国农业出版社
北 京

主　　编　孙　波　杨林章　徐建明

副 主 编　（按拼音排序）

曹林奎　傅庆林　黄铁平　沈阿林　王德建
魏文学　吴永红　杨殿林　张卫建　章家恩
赵玉国　周宝库

参编人员　（按拼音排序）

陈安磊　高敬文　高　群　郝小雨　黄巧义
姬景红　蒋瑀霁　李九玉　李　东　李妹娟
李荣华　李文西　梁开明　梁玉婷　刘俊琢
刘　琛　刘杏梅　刘　毅　卢钰升　任　锐
秦红灵　裘高扬　沙之敏　盛　荣　唐先进
王　慧　王建红　王秋菊　吴辰熙　徐培智
薛利红　夏永秋　闫德智　施加春　颜　晓
杨云锋　张　刚　张　俊　张文钊　赵建树

　　耕地是农业发展之基、农民安身之本，也是乡村振兴的物质基础。习近平总书记强调，"我国人多地少的基本国情，决定了我们必须把关系十几亿人吃饭大事的耕地保护好，绝不能有闪失"。加强耕地保护的前提是保证耕地数量的稳定，更重要的是要通过耕地质量评价，摸清质量家底，有针对性地开展耕地质量保护和建设，让退化的耕地得到治理，土壤内在质量得到提高、产出能力得到提升。

　　新中国成立以来，我国开展过两次土壤普查工作。2002 年，农业部启动全国耕地地力调查与质量评价工作，于 2012 年以县域为单位完成了全国 2 498 个县的耕地地力调查与质量评价工作；2017 年，结合第三次全国国土调查，农业部组织开展了第二轮全国耕地地力调查与质量评价工作，并于 2019 年以农业农村部公报形式公布了评价结果。这些工作积累了海量的耕地质量相关数据、图件，建立了一整套科学的耕地质量评价方法，摸清了全国耕地质量主要性状和存在的障碍因素，提出了有针对性的对策措施与建议，形成了一系列专题成果报告。

　　土壤分类是土壤科学的基础。每一种土壤类型都是具有相似土壤形态特征及理化性状、生物特性的集合体。编辑出版"中国耕地土壤论著系列"（以下简称"论著系列"），按照耕地土壤性状的差异，分土壤类型论述耕地土壤的形成、分布、理化性状、主要障碍因素、改良利用途径，既是对前两次土壤普查和两轮耕地地力调查与质量评价成果的系统梳理，也是对土壤学科的有效传承，将为全面分析相关土壤类型耕地质量家底，有针对性地加强耕地质量保护与建设，因地制宜地开展耕地土壤培肥改良与治理修复、合理布局作物生产、指导科学施肥提供重要依据，对提升耕地综合生产能力、促进耕地资源永续利用、保障国家粮食安全具有十分重要的意义，也将为当前正在开展的第三次全国土壤普查工作提供重要的基础资料和有效指导。

　　相信"论著系列"的出版，将为新时代全面推进乡村振兴、加快农业农村现代化、实现农业强国提供有力支撑，为落实最严格的耕地保护制度，深入实施"藏粮于地、藏粮于技"战略发挥重要作用，作出应有贡献。

中华人民共和国农业农村部副部长　张兴旺

　　耕地土壤是最宝贵的农业资源和重要的生产要素,是人类赖以生存和发展的物质基础。耕地质量不仅决定农产品的产量,而且直接影响农产品的品质,关系到农民增收和国民身体健康,关系到国家粮食安全和农业可持续发展。

　　"中国耕地土壤论著系列"系统总结了多年以来对耕地土壤数据收集和改良的科研成果,全面阐述了各类型耕地土壤质量主要性状特征、存在的主要障碍因素及改良实践,实现了文化传承、科技传承和土壤传承。本丛书将为摸清土壤环境质量、编制耕地土壤污染防治计划、实施耕地土壤修复工程和加强耕地土壤环境监管等工作提供理论支撑,有利于科学提出耕地土壤改良与培肥技术措施、提升耕地综合生产能力、保障我国主要农产品有效供给,从而确保土壤健康、粮食安全、食品安全及农业可持续发展,给后人留下一方生存的沃土。

　　"中国耕地土壤论著系列"按十大主要类型耕地土壤分别出版,其内容的系统性、全面性和权威性都是很高的。它汇集了"十二五"及之前的理论与实践成果,融入了"十三五"以来的攻坚成果,结合第二次全国土壤普查和全国耕地地力调查与质量评价工作的成果,实现了理论与实践的完美结合,符合"稳产能、调结构、转方式"的政策需求,是理论研究与实践探索相结合的理想范本。我相信,本丛书是中国耕地土壤学界重要的理论巨著,可成为各级耕地保护从业人员进行生产活动的重要指导。

中　国　工　程　院　院　士

中国科学院南京土壤研究所研究员

　　耕地是珍贵的土壤资源，也是重要的农业资源和关键的生产要素，是粮食生产和粮食安全的"命根子"。保护耕地是保障国家粮食安全和生态安全，实施"藏粮于地、藏粮于技"战略，促进农业绿色可持续发展，提升农产品竞争力的迫切需要。长期以来，我国土地利用强度大，轮作休耕难，资源投入不平衡，耕地土壤质量和健康状况恶化。我国曾组织过两次全国土壤普查工作。21世纪以来，由农业部组织开展的两轮全国耕地地力调查与质量评价工作取得了大量的基础数据和一手资料。最近十多年来，全国测土配方施肥行动覆盖了2 498个农业县，获得了一批可贵的数据资料。科研工作者在这些资料的基础上做了很多探索和研究，获得了许多科研成果。

　　"中国耕地土壤论著系列"是对两次土壤普查和耕地地力调查与质量评价成果的系统梳理，并大量汇集在此基础上的研究成果，按照耕地土壤性状的差异，分土壤类型逐一论述耕地土壤的形成、分布、理化性状、主要障碍因素和改良利用途径等，对传承土壤学科、推动成果直接为农业生产服务具有重要意义。

　　以往同类图书都是单册出版，编写内容和风格各不相同。本丛书按照统一结构和主题进行编写，可为读者提供全面系统的资料。本丛书内容丰富、适用性强，编写团队力量强大，由农业农村部牵头组织，由行业内经验丰富的权威专家负责各分册的编写，更确保了本丛书的编写质量。

　　相信本丛书的出版，可以有效加强耕地质量保护、有针对性地开展耕地土壤改良与培肥、合理布局作物生产、指导科学施肥，进而提升耕地生产能力，实现耕地资源的永续利用。

中国工程院院士
中国农业大学教授　　张福锁

前言

　　水稻土是在以水稻种植为主的耕作制度下，经过长期频繁的淹水耕作和施肥熟化形成的。典型水稻土具有人为水耕表层（包括耕作层、犁底层）和水耕氧化还原层的独特土壤剖面层次结构。水稻土形成过程主要包括氧化还原、有机质形成、盐基淋溶和复盐基、黏粒淋失和积聚等过程。根据发生过程，水稻土可划分为潴育、淹育、渗育、潜育、脱潜、漂洗、盐渍和咸酸水稻土8个亚类。这些水稻土广泛分布在南自热带、北抵寒温带、西至青藏高原、东至滨海平原的不同气候地形区，集中分布在东北平原、长江流域和东南沿海3个水稻优势产区。

　　我国是水稻发源地，在距今约14 000年湖南省永州市道县玉蟾岩遗址发现了古栽培稻；我国长江中下游地区在距今6 000～7 000年前已大量种植水稻，在浙江余姚河姆渡、江苏苏州昆山绰墩山遗址发现了大量炭化稻谷和稻田遗迹。目前，我国水稻土面积达3.26亿亩*，约占世界水稻土总面积的1/5，约占我国耕地总面积的18%；水稻播种面积达4.61亿亩，占粮食作物播种面积的26%，稻谷产量占全国粮食总产的32%。因此，水稻土资源可持续利用对于确保我国粮食安全具有重要作用。

　　我国从20世纪50年代起针对长江流域和南方红壤丘陵区的水稻土，在土壤形成、分类、改良、培肥、合理施肥方面开展了长期的野外考察和田间试验研究，先后出版了《中国太湖地区水稻土》（徐琪等，1980，上海科学技术出版社）、《中国水稻土》（李庆逵等，1992，科学出版社）和《中国灌溉稻田起源与演变及相关古今水稻土的质量》（曹志洪等，2016，科学出版社）。通过长期研究，我国湿地生态系统温室气体（CH_4和N_2O）排放规律研究、主要粮食产区农田土壤有机质演变与提升综合技术、南方低产水稻土改良与地力提升关键技术、我国典型红壤区农田酸化特征及防治关键技术构建与应用等成果先后获得国家科技奖项，促进了对水稻土资源的合理管理和高效利用。

　　近30年来，我国稻田一直处于长期的超负荷运转中，复种指数和农用化学品用量水平高，加之城市化和工业化发展导致的对优质稻田的占用和土壤污染，水稻土质量退化和健康风险增加。虽然我国相继实施了中低产田改良、沃土工程、高标准农田建设、黑土地保护、化肥农药零增长行动等工程，显著改变了水稻土分布、利用方式和土壤质量，如2017年全国稻渔综合种养面积达2 800万亩，东北（黑龙江、吉林、辽宁）平原区

---

　　* 亩为非法定计量单位。1亩＝1/15 hm²。

2015 年水稻种植面积增加到 6 585 万亩,我国水稻土有机质含量总体上呈增加趋势。但是在全球极端气候变化和高强度利用方式下,土壤盐碱化、酸化、侵蚀、沙化和污染退化过程加剧,导致部分水稻土质量退化和健康恶化,如全国水稻土 pH 平均值由 6.03 降低到 5.77,下降了 0.26 个单位。其中,东北、长江中下游和华南地区分别下降了 0.34个单位、0.29 个单位和 0.58 个单位;而污灌和水稻土酸化加重了长江中游地区稻米重金属超标问题。2012 年起湖南开始实施"湘江流域重金属污染治理工程"。2016 年 5 月 28日,国务院颁布了《土壤污染防治行动计划》,对今后一个时期我国土壤防治工作做出全面战略部署。

总体上,我国在近 30 年来,面向粮食安全、食品安全、生态环境安全的国家需求,面向土壤系统分类、土壤生物学和土壤环境科学的国际前沿,在水稻土资源的可持续利用方面开展了大量的野外调查、试验研究和示范推广工作。本书系统总结了这些新资料、新技术和新成果,以期促进我国对于水稻土的多学科综合研究,支撑我国高标准稻田土壤质量建设和土壤健康管理。

编　者

目录 CONTENTS

第一章 | 水稻土形成、演化与分类 >>>

第一节 水耕人为过程

水耕人为过程是指在频繁淹水耕作、施肥等条件下形成水耕表层和水耕氧化还原层（包括耕层和犁底层）的土壤形成过程。为了便于水稻栽培，人们开展了工程改造，因地制宜地平整土地，修筑了各种各样的水田，改变了原有土壤的形成条件。由于季节性的灌溉导致了水耕人为土（以下简称水耕土）的氧化还原交替过程，施肥给水耕土带来了养分。人们年复一年的灌溉、耕作和施肥形成了水耕土特有的形态特性、理化特性和生物特性。尤其是水耕土的氧化还原交替对其元素迁移产生了深刻影响。

一、形成条件

人为调节的、独特的土壤水分和热量状况，农业工程和栽培管理因素等深刻的人为影响，以及频繁变动的氧化还原交替作用，都是水耕土区别于地带性土壤的重要形成条件。

1. 独特的水分和热量状况

（1）人为滞水土壤水分状况。由于水稻耕作的要求，水耕土一年中有明显的干湿交替特点，并以湿季为长，土壤水分在半年左右的时间保持饱和状态，而冬季土壤通气状况改善。即使在湿季，含水量也有变化。水耕土的这种水分状况，与潮湿土壤水分状况和滞水土壤水分状况均有所不同。

（2）均衡的温度状况。与旱地土壤相比，影响热交换的反射率、热容量、热通量、流入水的温度、水的流动状况都有很大改变，使水耕土温度变化因受大气-水界面和水-土界面热交换的制约而得到缓和。

（3）长期淹水和土壤温度趋于平稳，变化幅度减小，使不同地区气候差异的影响大为缩小；而土壤因淹水耕种，其发育脱离了原来的轨道，母土的影响随着人为水耕时间的加长逐渐变小，使水耕土具有"异途同归"的特点。因此，从水耕土的成土条件来看，在一定程度上改变了自然成土因素的影响和控制，具有很强的人为特征。

2. 深刻的人为影响

（1）农业工程因素。修筑梯田、围垦海涂是最为普遍的方式。前者扰动了原有的土层，后者则包括人工排水和堆垫。例如，珠江三角洲地区由于施用大量河泥，"沙田"区每年填高土层 $0.25\sim0.5$ cm。江苏里下河地区，水田每年至少垫高 0.5 cm，300 年可垫高 1 m 以上。而海涂排水种稻，将引发一系列的化学、物理变化过程。水耕土堆垫的另一个重要原因是灌溉水所带来的淤泥。在长江中下游地区，每公顷灌入 750 m^3 长江水（淤泥含量 $0.053\sim1.24$ kg/m^3），则每年每公顷稻田就可累积 $40\sim150$ kg 淤泥。

（2）栽培管理因素。这些因素包括施肥（特别是有机肥）、平田、翻耕、黏闭、移栽、间隙排水和复水等。水耕土中频繁的人为活动，决定了土壤形成过程的特点。人为滞水土壤水分状况能加速元素的活化和淋失，有利于黏粒和粉粒的移动，并使 pH 趋于中性，有利于有机质的积累等。而人为排水能促使氧化物的老化过程。正是这种规律性导致了元素和土壤颗粒在剖面中分异，并随着人为水耕时间的增加而越加明显。人为堆垫能促使剖面的均一化，延缓剖面的系统发育过程和土壤物质的再分配过程。耕翻和黏闭则促使表层分散、泥糊化，有利于紧实层的形成。施肥不仅是一种农业化学行为，而且对水耕土的演化产生影响，在淹水条件下，有机肥的施入成为还原条件的重要前提，使元素更易于移动。

3. 频繁变动的氧化还原交替作用　在同一水耕土中，有氧化还原状况的剖面分异。水耕土灌水以后，耕层和犁底层的上部处于水分饱和状态。耕层与大气层之间被水层所分隔。有机质的嫌气分解导致土壤发生还原作用。除最表面极薄的棕色氧化层外，整个耕层处于还原状态。但犁底层有滞水作用。因此，心土层水分仍不饱和，有一定比例的孔隙，使土壤处于氧化状态。从全国范围来看，淹水还原作用有自北向南增强的趋势，不同水分类型水耕土的氧化还原状况也不一样。地表水型的水耕土，在水稻生长季节耕层呈还原态，而其下部仍为氧化态。水稻收获后，土壤逐步落干，全剖面均呈氧化态，多形成简育水耕土。地下水型的水耕土，大部分时间处于还原状态，尤以夏季为甚，多发育为潜育水耕土。良水型的水耕土，随着季节的不同而有很大变动，多发育为铁聚或铁渗水耕土。

二、形成过程

一般来说，水耕熟化过程包括氧化还原过程、有机质的合成和分解、复盐基和盐基淋溶以及黏粒的积聚和淋失等。这几对矛盾是互相联系、互为条件、互相制约和不可分割的。下面从水耕腐殖质积累、水耕淋溶作用两个方面来讨论。

1. 水耕腐殖质积累　在淹水条件下，有利于有机质的积累；在排水条件下，则有利于有机质的矿化。水耕土胡敏酸与富里酸的比值，均比地带性土壤和旱地土壤高，但胡敏酸的腐殖质化程度较低，这是水耕土腐殖质组成的特点。淹水还原时间不同，对土壤的影响也各异。从数量上来说，由北向南随着淹水时间的增加，土壤中有机质含量也相应升高。

2. 水耕淋溶作用　水耕土淹水后，灌溉水由耕层向下徐徐渗透，这样就发生了一系列的淋溶作用，其中包括机械淋溶、溶解淋溶、还原淋溶、络（螯）合淋溶和铁解淋溶。

（1）水耕机械淋溶。水耕机械淋溶是指土体内的硅酸盐黏粒分散于水所形成的悬粒迁移。这种悬粒迁移在灌溉水的作用下可以得到充分的发展。黏粒、细粉沙粒在水的重力作用下，一方面，沿着土壤孔隙做垂直的运动，从而造成水耕土黏粒的下移，特别是形成一层比旱作土壤更加明显的犁底层；另一方面，这些物质又做表面的移动。稻田灌溉不当，会引起田面黏粒的大量淋失，这在山区尤为严重，甚至可造成土壤上部土层黏粒的"贫瘠""粉沙化"或"沙化"。

（2）水耕溶解淋溶。水耕溶解淋溶是指土体内的物质形成真溶液而随土壤渗漏水迁移的作用。被迁移的主要是 Na^+、K^+、Ca^{2+}、Mg^{2+} 等阳离子和 Cl^-、SO_4^{2-}、NO_3^- 等阴离子。水耕土单位质量所接触的水分量比旱地土壤多。以耕层来说，旱地土壤一般含水量在 200 g/kg 左右；水耕土种稻时，含水量可达 450 g/kg，两者相差 1 倍以上。在灌水期间，水稻土的水分不断下渗，一年总下渗量在 1 000 mm 以上。水耕土灌水时正值高温季节，也有助于溶解作用的进行。

（3）水耕还原淋溶。某些元素在高价状态时的溶解度很小，基本上是不活动的。但是，当元素被还原成低价态后，其活动性却大大增强。对于水耕土来说，元素主要是铁和锰。即使对于 pH 4.0～4.5 的强酸性土壤，土壤溶液中三价铁和四价锰的浓度也低到可以忽略不计。但是，在还原条件下，所形成的亚铁和亚锰离子的数量有时可以达到比盐基性离子数量还要多的程度。

在渍水条件下，水耕土铁、锰元素化学行为上的差异表现十分明显，锰比铁的淋溶淀积更活跃。同时，作为铁、锰淀积结果的铁锰结核，其铁与锰的比值比原来土壤中的比值小得多。随着结核的增大，硅的含量增高；若结核变小，铁的含量增高。水耕土结核的特点是锰的含量特别高，在 2% 以上。锰平均含量是富铁土的 2.7 倍、是石灰结核的 27 倍。Fe_2O_3/MnO_2 也比富铁土中的结核小得多。由此可知，在水耕土的形成过程中，锰的迁移是最活跃的，但铁的绝对迁移量仍超过锰。

（4）水耕络（螯）合淋溶。水耕络（螯）合淋溶是指土体内的金属离子以络（螯）合物形态进行迁移。从铁、锰淋溶来看，这种作用与还原作用的主要区别是前者并不改变铁、锰离子的价态，但可因某些有机配位基而具有极强的与铁、锰离子的络合能力，从而使其由土壤固相转入液相。对已被还原的铁、锰来说，由于络合物的形成从而增加了铁、锰在溶液中的浓度，所以络合作用有助于铁、锰的淋溶作用。

土壤中络合态铁的含量变化很大，为 $20\sim1\,000\,mg/kg$，最高可达 $1\,600\,mg/kg$。在不同类型的水耕土中（图 1-1），简育水耕土（A-17）含量低，随着剖面深度的增加而降低；潜育水耕土（A-16）含量高，随着剖面深度的增加而缓慢降低；其他的水耕土（TC-18）介于两者之间。各层次中，以耕层含量最高、Br 层其次，BC 层或 C 层最低，而 G 层又有所增高。络合态铁的含量主要取决于有机质，其相关性 $r\approx0.60$（图 1-2）。

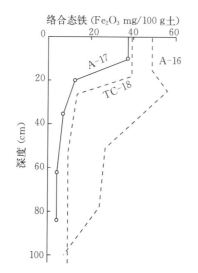

图 1-1 不同类型水耕土中络合态铁的分布

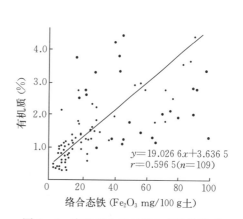

$$y=19.026\,6x+3.636\,5$$
$$r=0.596\,5(n=109)$$

图 1-2 有机质含量与络合态铁的关系

（5）水耕铁解淋溶。水耕铁解淋溶作用是在土壤还原条件下发生的交换性亚铁在排水后又解吸，而交换位被氢所占，氢进而转化为交换性铝的过程。这一过程导致土壤变酸，黏土矿物被破坏，引起铝的迁移。

在水耕土的形成过程中，元素迁移通常涉及机械淋溶、溶解淋溶、还原淋溶、络（螯）合淋溶和铁解淋溶的多种作用，灌水加强了机械淋溶作用，络合是叠加于还原作用之上的作用，铁解则发生在还原作用之后，5 种水耕淋溶作用具有各自独立的贡献，但也相互联系，共同参与水耕土的形成。

三、水耕土某些氧化还原形态特征的微结构和形成机制

1. 孔隙壁铁质胶膜 水耕土中的孔隙壁铁质胶膜极为常见，特别是在以冲积物、沉积物为母质的土壤中更为普遍。从微形态特征照片来看（图 1-3），该类胶膜中孔隙或裂隙壁处最明显、颜色最深，向土壤基质一侧逐渐减弱、颜色逐渐变淡。

针对根孔边缘、接近基质部位分别进行电子探针能谱分析和微区元素含量测定。由表 1-1 可以看出，土壤微结构中在极小范围内（$0.1\,mm\times0.1\,mm$）成分有极大的变化。以铁为例，根孔周围铁的相对质量浓度是根孔外缘基质的 6.39 倍，锰同样存在类似的差别。反过来，硅和铝的相对质量浓度则呈相反趋势，外缘略小于基质。值得注意的是，即使是在根孔的最边缘部分（0.01 mm宽度处，电镜下放大倍数为 600），铁的比例也不会超过 30%，主要成分仍为硅和铝。这说明，在根孔或裂隙周围，铁氧化淀积时总是以含铁铝硅酸盐黏粒的表面氧化方式进行，或者是铁直接被吸附于铝硅酸盐表面被氧化，铁氧化并非形成单纯的铁淀积胶膜。过去概念上的铁质胶膜实际上是黏粒胶膜，只是铁的沉淀改变了其成分。

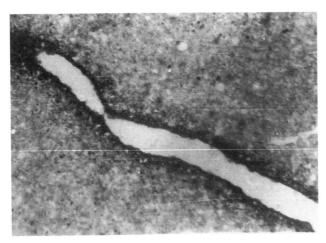

图 1-3 孔隙壁铁质胶膜（×36，单偏光）

表 1-1 根孔边缘和外缘元素相对质量浓度

单位：%

部位	钠	镁	铝	硅	钾	硫	钙	钛	锰	铁
孔隙边缘	0.27	0.61	11.64	63.56	2.89	0.28	0.90	0.66	0.35	18.99
外缘基质	0.22	1.08	13.43	78.41	2.38	2.14	0.75	0.51	0.08	2.97
孔壁/基质	1.23	0.56	0.87	0.81	1.22	0.13	1.20	1.29	4.38	6.39

根据微形态特征和元素含量测定的结果，可以得出根孔和土壤裂隙胶膜的形成模式。处于淹水还原状态的土壤一旦排水，空气随之进入土壤孔隙，还原性铁离子氧化成为三价铁离子，并沉积在根孔和裂隙结构周围。这一过程与铝硅酸盐黏粒淀积同时进行（图 1-4）。可以注意到，孔隙边缘处硫的含量也比外缘基质低（表 1-1），这是因为氧化过程同样会导致低价硫的活化移动。

2. 根际铁质同心圆 根际铁质同心圆是根际铁质环状物的一种（图 1-5）。对该孔隙壁铁质胶膜薄片的电子探针分析表明，铁质同心圆各环与环间过渡带铁含量差异较大，呈现有规律的交替高低分布模式（表 1-2）。

淀积根孔　　　　裂隙胶膜

图 1-4 淀积根孔和裂隙胶膜形成图解

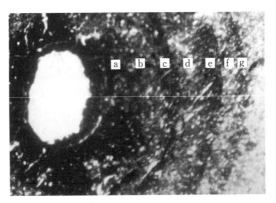

图 1-5 根际铁质同心圆（×128，单偏光）

注：图中 a、c、e、g 为富铁条带；b、d、f 为贫铁条带。

表 1 - 2 根际铁质同心圆径向相对元素含量组成

单位：%

元素	部位						
	a	b	c	d	e	f	g
钠	0.16	0.15	0.44	0.42	0.56	0.29	0.41
镁	0.41	0.67	0.40	1.49	0.52	1.34	1.09
铝	13.06	17.77	14.22	16.48	13.43	17.53	12.76
硅	65.09	78.35	74.26	77.38	79.59	75.65	79.47
硫	0.51	0.28	0.70	0.24	0.43	0.30	0.82
钾	3.18	2.03	2.72	1.63	2.18	1.77	2.03
钙	3.18	0.06	1.90	1.23	0.95	2.03	1.38
钛	0.42	0.00	0.17	0.00	0.23	0.63	0.00
锰	0.99	0.00	0.05	0.00	0.00	0.00	0.00
铁	12.98	0.94	4.94	0.54	2.23	0.29	1.93

注：a、b、c、d、e、f、g 对应于图 1 - 5 的相应位置。

这种典型氧化还原的形态特征在水耕土中相当普遍，一般认为是周期性氧化还原交替作用的结果。然而，氧化还原交替作用到底如何造成环状的富铁带与贫铁带交替出现，并没有明确的解释。

当考察铁的氧化还原过程时，应该注意到这样一个事实，即每一次淹水还原和排水氧化过程都将引起土壤 pH 的改变。在根孔边缘（图 1 - 5 位置 a），由于游离氧的存在，发生以下反应。

有硫存在时：

$$FeS_2 + 14Fe^{3+} + 8H_2O \rightarrow 15Fe^{2+} + 2SO_4^{2-} + 16H^+ \tag{1-1}$$

$$FeS_2 + 3.5O_2 + H_2O \rightarrow Fe^{2+} + 2SO_4^{2-} + 2H^+ \tag{1-2}$$

无硫存在时：

$$2Fe^{2+} + 1/2O_2 + 5H_2O \rightarrow 2Fe(OH)_3 + 4H^+ \tag{1-3}$$

$$2Fe^{2+} + 1/2O_2 + 2H_2O \rightarrow Fe_2O_3 + 4H^+ \tag{1-4}$$

反应的结果之一，都是产生质子。H^+ 的产生会进一步导致发生以下反应：

$$2H^+ + Fe^{2+} - 土壤 \rightarrow H^+ - 土壤 - H^+ + Fe^{2+} \tag{1-5}$$

$$3H^+ + Fe(OH)_3 \rightarrow Fe^{3+} + 3H_2O \tag{1-6}$$

氧化反应产生的 H^+ 将会引起基质一侧土壤铁（Fe^{2+} 和 Fe^{3+}）的活化和扩散，随着离子扩散和迁移，这一区域的铁有所消耗，形成贫铁条带（图 1 - 5 位置 b）。而活化的 Fe^{2+} 和 Fe^{3+} 在外侧被氧化或水解而沉淀，形成又一个富铁条带（图 1 - 5 位置 c）。在氧化的同时，伴随新一轮 H^+ 的产生以及随后铁的移动和氧化淀积，相继在图 1 - 5 位置 d 和位置 f 形成贫铁条带，在图 1 - 5 位置 e 和位置 g 形成富铁条带。因此，上述过程可归纳为 Fe^{2+} 氧化→H^+ 产生→Fe^{2+} 释放转移→Fe^{2+} 再氧化。这是典型的反应-转移-反馈机制（图 1 - 6），正是在该机制的作用下，产生了富铁带和贫铁条带交替出现的根际铁质同心圆。在水耕土中，由于周期性的氧化还原过程不断强化反应式（1 - 1）～式（1 - 6）所描述的反应步骤，使这一特殊的氧化还原形态特征得以形成。

3. 淋余粉沙膜 在还原条件下，铁、锰活化而随着土壤溶液迁移出土体，其结果往往形成灰色的还原基质甚至潜育特征（图 1 - 7）。在土壤孔隙的边缘，由于铁、锰的还原和淋失，形成孔隙淋失特征。孔隙淋失特征包括两种情形：一是仅有铁、锰的还原和淋失，但黏粒并未分解，仍留于孔隙壁；二是不仅铁、锰淋失，而且经过周期性的氧化还原过程，黏粒发生铁解作用，黏粒遭分解，而易被渗漏水带走，留下沙质和壤质颗粒，此时形成淋余粉沙膜，实际上是黏粒淋失膜（图1-8）。

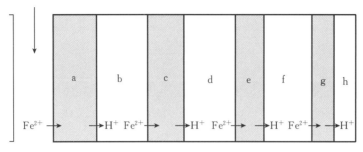

图1-6　根际铁质同心圆形成机制

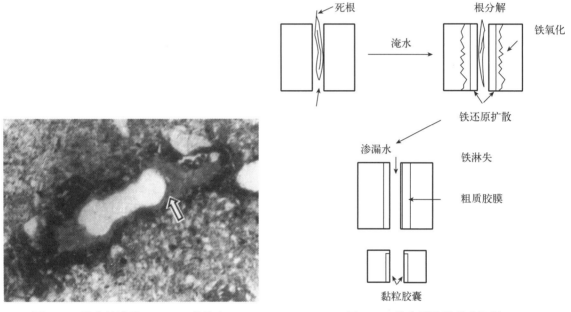

图1-7　淋余粉沙膜（×100，单偏光，箭头所指为粉沙膜位置）

图1-8　淋余粉沙膜形成机制

　　从淋余粉沙膜与普通黏粒胶膜不同部位的元素含量组成来看（表1-3），两种氧化还原形态特征中铁、锰都有流失，因为与普通土壤基质相比，其近边缘一侧铁的含量明显偏低，但向基质一侧有不同程度的富集现象，说明铁在还原活化的同时向基质一侧扩散，这是形成铁质假胶膜（ferrigenous quasi-coating）的重要过程。由表1-3还可以看出，锰的最高含量出现在更靠近基质的一侧。这说明锰的还原扩散居先，比铁扩散得更远。

表1-3　淋余粉沙膜与普通黏粒胶膜的相对元素含量组成

单位：%

元素	普通黏粒胶膜 边缘→基质							淋余粉沙膜 边缘→基质			
钠	0.16	0.54	0.06	0.06	0.08	0.38	0.67	0.23	0.36	0.61	0.83
镁	0.77	0.61	0.76	0.72	0.18	0.53	0.56	0.85	0.99	0.96	0.73
铝	27.76	25.76	32.23	24.52	22.60	21.02	28.36	20.29	17.62	19.21	25.18
硅	68.35	69.91	59.90	66.06	64.21	70.04	68.68	74.78	73.12	71.57	69.16

（续）

元素	普通黏粒胶膜 边缘→基质							淋余粉沙膜 边缘→基质			
硫	0.00	0.56	0.05	0.73	0.04	0.08	0.00	0.26	0.11	0.22	0.71
钾	2.64	1.75	4.72	1.44	3.73	2.62	0.88	2.01	4.07	3.11	1.63
钙	0.08	0.00	0.08	0.58	0.55	0.34	0.00	0.91	1.00	1.63	0.91
钛	0.06	0.00	0.27	0.29	0.44	0.16	0.25	0.00	0.00	0.49	0.00
锰	0.00	0.00	0.00	0.16	0.63	0.03	0.08	0.00	0.00	0.57	0.00
铁	0.18	0.83	1.86	4.74	7.38	4.87	0.41	0.42	2.78	1.19	0.48

淋余粉沙膜与普通黏粒胶膜的区别还可以从硅、铝含量的差异得到体现。与淋余粉沙膜相比，普通黏粒胶膜中含有较多的铝和较少的硅，说明淋余粉沙膜由于铁解过程的作用，铝硅酸盐黏粒有一定程度的分解，留下质地较粗的含硅颗粒。

四、不同起源水耕土剖面形态和演化

1. 剖面形态

（1）自成土。本来处于充分排水的土壤，在灌溉以后，首先引起土壤的氧化还原剖面的分化，上层处于还原状态，下层仍处于氧化状态。旱地改水田以后，其形态剖面逐渐由 A－C 型发育成 Ap1－Ap2－Br－C 型。由于黏粒和铁、锰的淀积，增加了土壤的保水性。

施用有机肥可以使养分含量不断提高，施用石灰使土壤中的钙含量迅速增加。有机络合态的铁在肥力较高的水稻土中占全铁的比例较高。这些都是水耕积累的特点。同时，也发生淋溶作用。通常肥力越高的水耕土，其结核聚积层出现的层位越低，数量也越少；相反，肥力越低的水耕土，其结核聚积层出现的层位越高，数量也越多。这说明肥沃的水耕土不仅含有一定养分，而且具有良好的渗漏性能。

（2）半水成土。半水成土原为地下水湿润的土壤，氧化还原状况是上部为氧化态，下部为还原态。种植水稻后，上层为还原态，中间为氧化态，下层又为还原态。在还原淋溶作用下，引起了铁、锰在剖面中的重新分配，除自上而下的淋溶外，还由于地下水的毛管上升作用而向上移动。铁、锰向下淋溶是水耕土的特点之一，而铁、锰向上移动则是半水成土的特征。

半水成土种稻后，改造了原有的生草层，创造了水耕土的耕层，表现为有机质、氮、磷含量的提高以及阳离子交换量的增加等；在灌溉淋溶过程中，由于黏粒的移动，铁、锰的淀积逐渐改变了原有土壤天然的沉积层次和漏水状况，形成犁底层，出现水耕氧化还原层。此种土壤水分状况良好，属良水型，母质大多系江河下游沉积物，自然肥力较高。

（3）水成土。水成土的地面水和地下水连成一体，无灌溉淋溶作用，土壤颗粒按静水沉积规律，粗粒先沉、细粒后沉。所以，黏粒在剖面中的分配是上高下低。在人为改造的过程中，特别是由于垫土和排水降低地下水位，使地表水与地下水分离。发育成水耕土后，由于泥肥的施用和黏粒的向下移动，使黏粒的分配趋于上低下高。

水成土一般具有腐泥层，潜在养分较高。全剖面处于还原状态，氧化还原电位（Eh）在 250 mV 以下，还原性物质数量高。开垦初期，土壤仍处于水分饱和状态，氧化还原状况与沼泽土基本相似，剖面结构也无大的差异。随着地下水的降低，灌溉水与地下水开始分离，土壤氧化还原状况的剖面均一性被打破，形成潜育水耕土，进一步可发育成铁聚水耕土或铁渗水耕土。

2. 演化图式　在以上 3 种不同类型的土壤上，经种植水稻、淹水灌溉后，水耕土的发育也有差异。其剖面发育如图 1-9 所示。

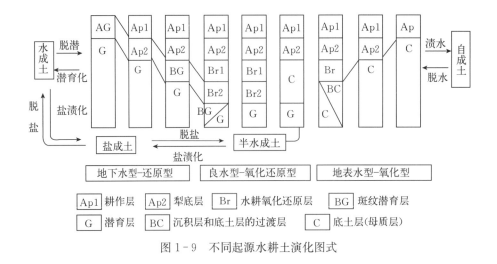

图 1-9　不同起源水耕土演化图式

第二节　平原区水耕土时间序列演变特征

　　土壤剖面能够记录土壤演化的历史，通常状况下，土壤对于历史的记录是不完整也是不明确的。土壤的变化过程难以重建，但土壤时间序列有助于重建这个过程。土壤时间序列是一组相同或相近起源母质，在相似的植被、地形与气候条件下发生演化，并且具有不同形成年龄的土壤（Huggett，1998；Schaetzl and Anderson，2005）。土壤时间序列对于研究不同类型土壤演化速率与方向进而建立土壤发生演化模型具有重要的价值，并且能为验证土壤发生学理论提供宝贵的信息（Huggett，1998；Minasny et al.，2008；Tsai et al.，2007）。为了更加深入地了解不同起源、不同气候、不同景观和地形下土壤随时间演化的过程与速率以及预测其未来的变化趋势，很多学者把土壤时间序列作为研究对象，并且在此基础上研究了土壤形态、物理性质、化学性质、地球化学性质等随时间的变化特征（Huggett，1998；Schaetzl and Anderson，2005；Tsai et al.，2007）。然而，这些研究主要集中在自然条件下的土壤，而对受人为强烈影响的水耕土的研究则很少受到关注（Zhang and Gong，2003）。水耕土的发生发育过程不仅受五大成土因素影响，其演变还深受人为过程中耕作、灌溉和施肥的影响。由于强烈的人类活动介入，土壤的发育过程可能被加速或被阻滞甚至被逆转。由于缺乏这方面的系统研究，所以具体的过程还不是特别清楚。

　　水耕土是我国重要的土壤资源，相关研究很多，但是基于土壤时间序列的动态研究则较少。以浙江慈溪石灰性的海相沉积平原作为研究对象，其滨海沉积物的围垦历史有比较可靠的年代记录，这就为水耕土时间序列的建立提供了良好的基础。通过土壤形态、基本理化性状、铁氧化物、矿物学、磁学等手段，对水耕土发生演化的动态过程进行了综合分析，可以更加清楚地了解水耕土不同土壤属性的特征响应时间与阈值，建立不同属性随土壤年龄变化的函数方程，进一步预测其未来的发展趋势，有助于水耕土资源的可持续利用与管理，并且能为现代土壤发生学理论的完善以及土壤发生量化模型的建立提供有价值的数据基础。

一、时间序列构建

　　研究区位于浙江省慈溪市，慈溪市位于东海之滨、杭州湾南岸，处于北亚热带南缘，属季风性气候，年均气温 16.3 ℃，年均降水量 1 325 mm。该区域在约 6 000 年前尚为浅海，距今 5 000 年前开始逐渐海退，南境山麓裸露为沼泽地带，北部仍为海洋，距今约 2 500 年（全新世晚期）以来，由于杭州湾呈喇叭形，在涌潮动力的作用下，陆域不断供沙，南岸逐渐向外淤积成陆。到公元 5 世纪，劳动人民根据海涂地形开始垒土筑塘并开垦种植水稻。随着海涂淤积的北移，不断增筑海塘，至今大部分地段已筑至十塘。因此，根据《慈溪水利志》（慈溪水利志编纂委员会，1991）与《慈溪海堤集》（王清毅，2004）中记载的不同地段海塘修筑年代，可以大致推算稻田耕作的历史年限，为水耕土时间序列的建立提供了可能与依据。本研究选取植稻年龄约为50年、300年、700年、1000年的土壤剖面以及一个未垦滩涂剖面（称为0年）作为时间序列研究对象。采样区域地形为沉积平原，母质为滨海沉积物。各采样点位置分布见图1-10。水耕土剖面见图1-11。土壤采样点信息及土壤类型见表1-4。土壤类型按照中国土壤系统分类划分（龚子同，1999a）。各采样点土壤剖面描述见表1-5。

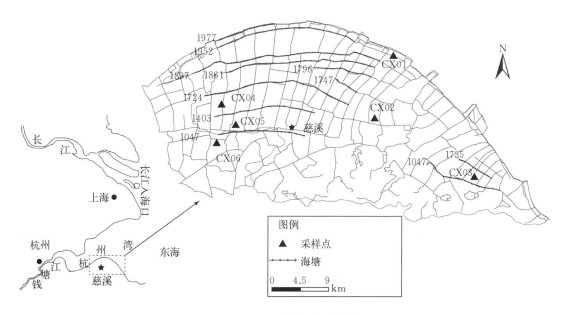

图1-10　采样点位置分布

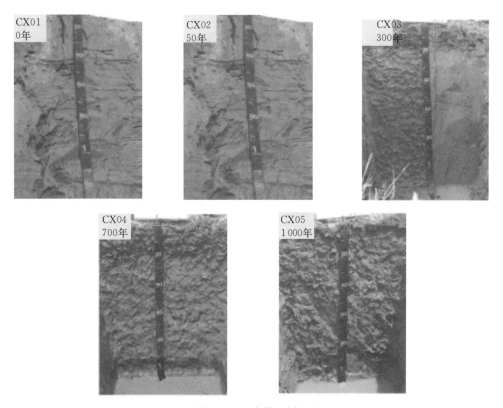

图1-11　水耕土剖面

表 1-4　土壤采样点信息及土壤类型

剖面	土壤类型	采样地点	地下水位（cm）	植稻年龄（年）
CX01	新成土	慈溪市新浦镇 水云浦十塘南	140	0
CX02	简育水耕土	慈溪市桥头镇 潭河沿村	100	50
CX03	简育水耕土	慈溪市三北镇 施公山村	110	300
CX04	铁渗水耕土	慈溪市周巷镇 大古塘村	100	700
CX05	铁聚水耕土	慈溪市周巷镇 南周巷村	90	1 000

表 1-5　各采样点土壤剖面描述

剖面	发生层	深度（cm）	干湿状况	基质颜色（干态）	斑纹	结构	根系与贝壳
CX01		0～30					
		30～60	此剖面为未垦滩涂，没有土层分化，母质为滨海沉积物，上层有盐结晶，				
		60～90	剖面内可见明显的母质沉积层理，保存了原来的沉积特性				
		90～120					
CX02	Ap1	0～16	润	10YR 5/2	少量根锈	碎块状	根系密集
	Ap2	16～25	润	10YR 5/4	少量铁锰斑	块状	较多完整贝壳
	Br1	25～50	润	10YR 5/4	少量铁锰斑	块状	较多完整贝壳
	Br2	50～70	润	10YR 6/3	少量铁锰斑	棱块状	少量贝壳碎屑
	BCr	70～100	潮	10YR 5/2	少量铁锰斑	棱块状	无
	BCg	>100	潮	10YR 6/3	较多铁锰斑	块状	无
CX03	Ap1	0～17	润	10YR 4/2	少量根锈	碎块状	根系密集
	Ap2	17～26	润	10YR 5/2	少量铁锰斑	块状	少量根系
	Br1	26～43	润	10YR 5/3	较多铁锰斑	块状	少量贝壳碎屑
	Br2	43～70	润	10YR 4/4	较多铁锰斑	棱块状	少量贝壳碎屑
	Br3	70～90	润	10YR 4/6	较多铁锰斑	块状	少量贝壳碎屑
	BCg	>90	润	10YR 5/4	较多铁锰斑	块状	无
CX04	Ap1	0～15	润	10YR 4/2	少量根锈	块状	根系密集
	Ap2	15～22	润	5Y 5/1	少量铁锰斑	块状	少量根系
	E	22～42	润	2.5Y 5/2	少量铁锰斑	棱块状	无
	Br1	42～60	润	5Y 5/1	—	块状	无
	Br2	60～90	潮	5Y 5/1	—	块状	无
	2Cg	90～112	湿	10YR 2/1	无	棱块状	无
	3Cg	>112	湿	5Y 4/1	—	块状	无

（续）

剖面	发生层	深度（cm）	干湿状况	基质颜色（干态）	斑纹	结构	根系与贝壳
CX05	Ap1	0～16	润	10YR 4/1	少量根锈	碎块状	根系密集
	Ap2	16～25	润	5Y 5/1	少量铁锰斑	块状	少量根系
	Br1	25～50	润	5Y 5/1	—	块状	无
	Br2	50～70	润	5Y 5/1	—	块状	无
	Br3	70～85	潮	5Y 5/1	—	块状	无
	2Cg	85～100	湿	10YR 3/1	少量锈斑	块状	无
	3Cg	>100	湿	5Y 5/1	—	块状	无

二、土壤形态演变特征

从土壤剖面形态特征来看（图1-11、表1-5），未垦滩涂剖面整个土体的形态属性都比较均一，表明没有剖面发育，只是保留了母质的沉积特征。种植水稻后，土壤剖面都有不同程度的分异。剖面内的分异主要表现为水耕表层（包括耕层与犁底层）与氧化还原层的出现。其中，耕层由于有机质含量的提高，明度与彩度值较小，根系较多，而氧化还原层有较多新生的铁锰斑纹或凝团。剖面间有较大差异的特征表现为，植稻年龄较小的剖面有完整的贝壳或贝壳碎屑，而植稻年龄较大的土体中没有发现。而铁锰斑纹或凝团在氧化还原层中所占的比例则有相反趋势，植稻年龄较小的土体中较少，而植稻年龄较大的土体中较多。这些差异是因为随着水稻种植时间增加，贝壳逐渐风化破碎，最后随灌溉水淋出水体而铁锰氧化物随水稻种植时间的增加在氧化还原层的淀积增加。

三、土壤基本理化性状演变特征

1. 有机碳 土壤有机质不仅是土壤肥力的重要指标，也是陆地生态系统碳库的重要组成部分之一，同时也对土壤性状有重要影响。从有机碳在剖面中的分布以及随土壤时间序列的演化特征来看（图1-12），在剖面分布上表现为，未垦滩涂剖面中有机碳分布比较均一，含量在5.0 g/kg左右。不同耕种年龄的土壤中有机碳的剖面分布特征相同，表现为表层土壤有机碳含量均为最高，随着土层深度的增加，有机碳含量逐渐降低。降低的幅度表现为，表层到犁底层土壤有机碳含量急剧下降，犁底层到邻近的氧化还原层有小幅度的降低，而在更深的剖面层次中，有机碳含量趋于稳定。其中，在植稻700年的90～112 cm与植稻1 000年的85～100 cm处为埋藏腐泥层，所以也与表层一样，有较高的有机碳含量。有机碳随土壤时间序列的演化特征为，植稻50年后，表层有机碳含量从未垦滩涂的4.0 g/kg提高到21.8 g/kg；到植稻300年时，达到最高值24.7 g/kg；之后，随着植稻年限的增加，又有所降低。犁底层以下各剖面的有机碳含量在5.0 g/kg左右（除了腐泥层），剖面间差异不大。这说明，水稻的种植有利于有机碳在表层的累积与固定，而犁底层以下则不受影响。与慈恩等（2008）在相同区域测定的相同种植年龄的旱地土壤有机碳含量相比，旱地表层有机碳的含量（最高值为9.0 g/kg）远远低于耕种年限相同的稻田。这说明，稻田的耕作方式更有利于有机碳在表层的累积与固定。这可能是因为：一方面，水稻的地上生物量高于旱地上生长的谷类或者蔬菜，并且每年有较多的根系与残留根茬投入，该地区水稻的种植方式以单季稻为主，土壤休闲期间生长茂盛的杂草在下次耕种时将被当作绿肥翻耕入土壤，从而对土壤有机碳的累积有较大的贡献；另一方面，在淹水条件下，有机质分解较慢。真菌是旱地土壤中较粗有机残骸的主要分解者，真菌在分解植物残骸的"骨骼部分"（如纤维素、木质素）时有相当强的能力，而纤维素、木质素通常是最难分解的。相反的，在还原条件下，好氧微生物真菌不宜生存，而那些厌氧微生物又不能分解植物残骸的"骨骼部分"。

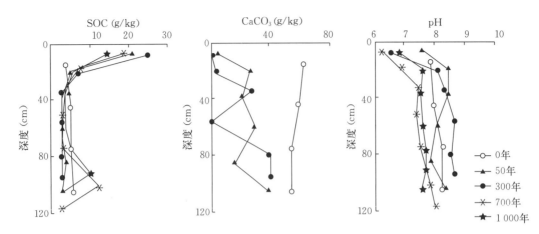

图 1-12　土壤有机碳（SOC）、碳酸钙（CaCO₃）、pH 在剖面中的含量与分布

2. 碳酸钙　土壤中的碳酸钙对土壤的物理、化学、生物性质起着重要的作用。含有碳酸钙的土壤，其交换性复合体几乎全为 Ca^{2+} 离子所饱和，这对土壤的物理性质（如结构稳定性、导水性等）有良好作用。土壤中的钙可以与许多有机物形成络合物（螯合物），对土壤腐殖质的稳定性起重要作用。含碳酸钙的石灰性土壤，其 pH 由碳酸钙的水解所决定。土壤中植物和微生物的许多营养元素的有效性在很大程度上受土壤碳酸钙溶液的控制。从剖面碳酸钙分布时间演化特征来看（图 1-12），未垦滩涂有较高的碳酸钙含量，剖面分布也比较均一，剖面平均值为 58.3 g/kg；种植水稻 50 年后，由于灌溉淋溶，剖面平均值降低到 23.2 g/kg。剖面分布上表现为表层碳酸钙已基本完全淋失，亚表层还有一定的残留。随着种稻年龄的增加，土体内的碳酸钙含量逐渐淋失，到 700 年之后，没有测得碳酸钙的存在，说明随着人为周期性地灌溉与排水，碳酸钙已被完全淋出土体。对石灰性水稻土的研究表明，由于水稻种植过程中反复地灌溉与排水，土壤中的碳酸钙会逐渐从表层向下淋失，直至完全被淋出土体（李庆逵，1992）。

3. pH　土壤酸度对土壤中一系列物理、化学和生物学性质具有直接或间接的影响。土壤 pH 是土壤酸度的最常用指标，它直接反映土壤酸度的高低。一般认为，人为水耕将导致起源土壤 pH 逐渐接近中性，因为淹水重新建立起了土壤组分和环境之间的平衡。由于母质为滨海沉积物，未垦滩涂有较高的 pH，整个剖面都在 8.0 左右，种稻 50 年后 pH 降到 7.6，然后随着植稻年龄的增加而逐渐降低，到 700 年时 pH 已降到 6.3，到 1 000 年时又回升到 6.8，稳定在 pH 7 左右（图 1-12）。表层以下 pH 的变化表现为，与起源土相比，种稻 50 年后犁底层与紧邻的氧化还原层 pH 有一定的增加；到 300 年时，更深层次 pH 有一定的增加；而到 700 年后，整个剖面的 pH 都有一定的降低。这与碳酸钙的迁移淋溶趋势一致。随着人为灌溉排水的周期性循环，土体内的盐基离子在剖面内的淋溶表现为从上到下最终移出土体，所以呈现上述 pH 的演变特征。

4. 土壤颗粒组成　土壤中的颗粒一般按照其直径大小分为沙粒（＞50 μm）、粉粒（2～50 μm）和黏粒（＜2 μm）。由于粒级不同，其矿物组成也不同。例如，沙粒与粉粒主要由原生矿物组成，而黏粒主要由原生矿物风化而成的次生层状硅酸盐矿物或者各种晶质与无定形氧化物组成。所以，颗粒组成分布模式影响或者决定了土壤中各种元素的地球化学行为以及物理属性。土壤颗粒组成（particle size distribution，PSD）分析是分析沉积环境、搬运过程和搬运机制的重要手段之一，PSD 不仅反映成土母质的均一性，还可指示土壤风化程度。在成土作用不强的土壤中，土壤中沙粒含量随着土壤年龄增加而减少，但黏粒含量增加（Vanden Bygaart and Protz，1995）。对于水耕土来说，由于人为灌溉产生的机械淋溶而导致黏粒在剖面内的下移，或者由于铁解作用导致土壤变酸进而引起黏土矿物的破坏，从而使黏粒在剖面中的含量降低（Brinkman，1970）。从剖面土壤颗粒组成特征来看（图 1-13），土壤以粉粒为主，黏粒次之，沙粒含量最少。其中，粉粒含量在 5 个时间序列剖面的平均值变化范围为 60%～73%、黏粒为 22%～40%、沙粒为 0.3%～8.4%。从土壤颗粒组成的时间演化特征来看，随着植稻年龄的增加，土壤颗粒有逐渐变细的趋势（图 1-14）。对于土壤沙粒，与未垦滩涂相比，植稻 50 年后，沙粒含量显著降低（从 8.4% 降低到 0.8%）；到 1 000 年时，基本接近于 0。对于土壤粉粒，与未垦滩涂相比，植稻 50 年后，粉粒含量有所增加，然后随着植稻年龄增加而逐渐降低。对于土壤黏粒，随着植稻年龄增加，黏粒含量逐渐增加，尤其是 700 年以上的土壤，在亚表层有显著的黏粒淀积。

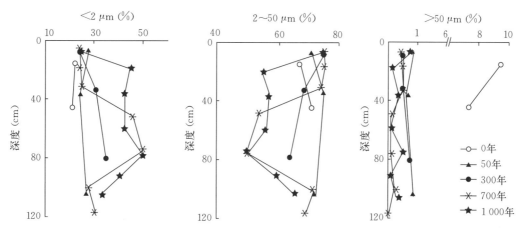

图 1-13　土壤黏粒（<2 μm）、粉粒（2～50 μm）与沙粒（>50 μm）在剖面中的含量与分布

四、土壤铁氧化物演变特征

铁的淋溶和淀积是水稻土形成的重要特征（龚子同，1999a；李庆逵，1992），但基于时间序列对水稻土铁氧化物的剖面分布及其动态变化的研究较少。Zhang、Gong（2003）对 3 种不同景观（沼泽地、冲积平原与丘陵阶地）上发育的水稻土时间序列研究了游离铁与游离度的剖面分布，发现不同景观下人为管理措施的差异影响了铁氧化物的演化方向与演化模式。

1. 全铁　全铁（Fe_t）由原生含铁的硅酸盐矿物与次生的铁氧化物组成。因此，Fe_t 的分布既反映了母质特性，又反映了土壤发生演化过程中铁的迁移转化规律。剖面中，全铁的亏盈受控于输入和输出两个动态过程的相对强弱。所以，在水耕条件下，土壤中铁的分布特征又强烈地取决于人为管理方式和水平。

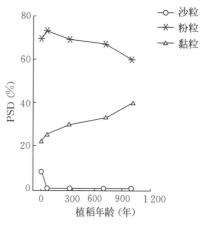

图 1-14　土壤颗粒组成（PSD）随时间序列的演化趋势

从土壤全铁在剖面分布的时间演化特征来看（图 1-15），土壤 Fe_t 含量为 31.3～90.2 g/kg，在起源土剖面中的分布比较均一，说明沉积母质的同源与均一性。与起源土相比，随着植稻年龄增加，表层全铁量逐渐减少，亚表层有逐渐增加趋势，而在植稻较早的水稻土剖面（700 年、1 000 年）的亚表层则有明显的淀积出现，并且，剖面中铁的最大淀积量随着植稻年龄的增加而增加，淀积深度随着植稻年龄的增加而逐渐下移。全铁出现上述规律的原因：一方面，周期性的灌溉加强了铁氧化物在表层的还原淋溶与亚表层的氧化淀积；另一方面，与起源母质的特性有关，海相沉积母质含有较多 $CaCO_3$，而 $CaCO_3$ 会阻碍原生的硅酸盐铁向游离铁的转化，通过种稻过程中人为地淹水灌溉与扰动，随着植稻年龄的增加，$CaCO_3$ 被逐渐淋溶，到 700 年、1 000 年时 $CaCO_3$ 已被完全淋出土体，pH 也随之下降。这就促使了原生的硅酸盐铁向游离铁的转化，进而加剧了全铁在剖面中的分异。其中，植稻 700 年、1 000 年剖面 90～112 cm 与 85～100 cm 这两层为腐泥层，具有较高

的有机质含量，并且处于地下水波动的范围内，由于还原与络合淋溶程度较大，所以全铁含量较低。

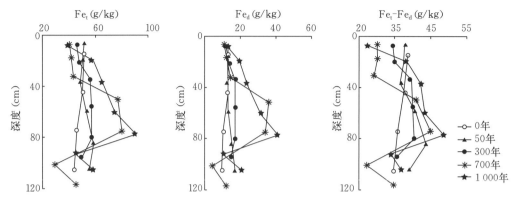

图 1-15 全铁、游离铁与硅酸盐铁在剖面中的分布

2. 游离铁与游离度 连二亚硫酸钠-柠檬酸钠-重碳酸钠（DCB）提取的铁（Fe_d）被认为是整个土壤发生过程产生的游离铁氧化物（Mehra and Jackson，1960），而 Fe_d/Fe_t 称为游离度，可以指示土壤相对成土年龄和发育程度（Schwertmann，1985），$Fe_t - Fe_d$ 可以用来表示原生硅酸盐铁的含量（Blume and Schwertmann，1969）。从土壤游离铁在剖面分布的时间演化特征来看（图 1-15），Fe_d 在整个时间序列的变化范围为 4.2～41.8 g/kg，其在剖面中的分布以及随时间序列的演化与 Fe_t 相似，两者之间呈极显著的线性正相关（$r=0.962$，$P<0.01$），且 Fe_d 与 Fe_d/Fe_t 之间也呈极显著的线性正相关（$r=0.939$，$P<0.01$）。这就说明，土壤中 Fe_t 的分布与演化状况受活性较大的 Fe_d 影响较大。Fe_d 和 Fe_t 在剖面上分布的不同点表现在水耕土表层的 Fe_d 含量没有随植稻年龄的增加而出现递减的趋势，$Fe_t - Fe_d$ 在剖面表层随时间序列大幅度降低的趋势解释了这一点。虽然 Fe_d 在表层由于水耕淋溶而大量淋失，但是在 Fe_d 淋失的同时，由于 $CaCO_3$ 的淋失，表层中大量的原生硅酸盐铁经水解、氧化而转化成 Fe_d，所以表层中 Fe_d 在不断淋失的过程中又不断得到补偿而表现为变化不大。Fe_d/Fe_t 在整个时间序列的变化范围为 0.22～0.47，随着植稻年龄的增加而提高（图 1-16）。

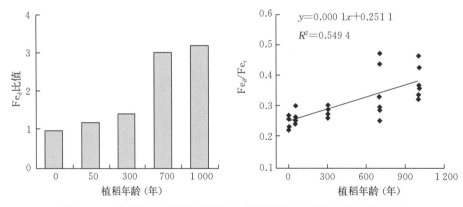

图 1-16 淀积层与表层游离铁的比值以及游离度随植稻年龄的变化

游离铁在剖面中的分异程度被用来指示水稻土的发育程度（李庆逵，1992）。从氧化还原层中最大游离铁的淀积量与表层游离铁的比值来看（图 1-16），游离铁比值随着植稻年龄的增加而增加，说明剖面内的分异逐渐增强。其中，植稻 700 年与 1 000 年 Fe_d 在淀积层与表层的比值已经超过 1.5，但是由于在植稻 700 年土壤剖面内的分布表现为紧接于亚表层有一铁渗亚层，所以在亚类中把其归为铁渗水耕土，而植稻 1 000 年土壤的则为铁聚水耕土。

3. 无定形铁与活化度 无定形铁（Fe_o）由于其比表面大、活性较高，所以是反映土壤物理化学环境的敏感指标。Fe_o/Fe_d 称为活化度，也被用来指示土壤的发育程度。因为有研究表明，在受人为扰动较小的自然状况下，无定形铁逐渐向结晶态铁转化，因此随着土壤成土作用增强，活化度随之降低（Aniku and Singer，1990）。从剖面平均值来看，起源土有较高的 Fe_o 含量，平均值为 7.27 g/kg；而种植水稻后，Fe_o 明显降低，在 3.5 g/kg 以下。一般认为，在石灰性条件下，还原通常受阻而活性铁含量较低，从而有利于晶质氧化铁的生成（熊毅，1983）。随着植稻年龄的增加，碳酸钙逐渐被淋失，相应的 pH 也有所降低。因此，通过碳酸钙与 pH 的变化就不能解释 Fe_o 的分布。从剖面分布来看，Fe_o 在起源土上分布较均一，而水稻土剖面分异增强，其中剖面分布表现为表层含量较高，表层以下较低。这是因为表层有较高的有机质含量。有研究表明，无定形水合氧化铁强烈地吸附有机阴离子，阻碍了氧化铁晶核的生长（Schwertmann，1966），或者是铁离子与富里酸形成络合物，影响结晶的速率和结晶产物的性质，富里酸与铁离子比率高时，可以阻碍任何氧化物的沉淀（Kodama and Schnitzer，1977）。虽然 Fe_o 与有机质有密切的关系，但是 Fe_o 与有机质没有显著的相关性。这说明，有机质只是影响 Fe_o 分布的重要因素之一。例如，pH、温度、氧化还原电位与土壤中亚铁离子的浓度都会影响晶质与无定形铁氧化物之间的相互转化（熊毅，1983）。Fe_o 在时间序列的演变上没有明显的规律。Fe_o/Fe_d 在整个时间序列的变化范围为 0.03～0.69，起源土有较高值，水稻土的 Fe_o/Fe_d 值较低，说明晶质铁含量较高，无定形态含量较低。Fe_o/Fe_d 与 Fe_o 的整个变化趋势相同。这说明，Fe_o/Fe_d 不能指示水稻土的发育程度与相对种植年龄。

4. 络合铁与络合度 络合铁（Fe_p）或与有机质结合的铁，也属于无定形物质。它不能完全被草酸铵缓冲液提取，但基本上可被 pH＝10 的焦磷酸钠溶液所提取，且因该溶液对其他无机态铁化合物的溶蚀作用极为微弱，故对络合态铁的提取具有一定的专性。不同植稻年龄的土壤中，有机质含量与 Fe_p 之间具有极显著的正相关性（图 1-17）。由于植稻后，有机质在土壤表层累积，Fe_p 含量在表层相应地显著增加。由于水稻土中有机质受短期作用较大，所以 Fe_p 随着植稻时间的增加，没有明显的变化规律。Fe_p/Fe_o 称为络合度，除了植稻 700 年土壤剖面中腐泥层的 Fe_p/Fe_o 较高外，其他剖面都低于 0.1。所以，本研究区域内水稻土的无定形物质主要以无机铁形态存在。

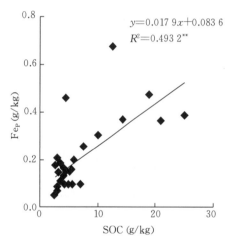

图 1-17　土壤络合铁（Fe_p）与有机碳（SOC）的关系

从剖面内不同形态铁氧化物的平均值与变异系数可以看出，不同形态铁的变异系数为 $Fe_p > Fe_o > Fe_d > Fe_t$（表 1-6），说明土壤剖面各层中全铁含量比较稳定，而游离铁、无定形铁和络合铁则随着水热状况的不同有较大变异。

表 1-6　剖面内不同形态铁氧化物的平均值与变异系数

剖面	Fe_t Mean±S. D. (g/kg)	CV (%)	Fe_d Mean±S. D. (g/kg)	CV (%)	Fe_o Mean±S. D. (g/kg)	CV (%)	Fe_p Mean±S. D. (g/kg)	CV (%)
CX01	48.42±3.46	7.15	11.83±1.78	15.02	7.27±0.43	5.91	0.15±0.00	1.09
CX02	53.22±3.69	6.93	14.11±1.63	11.52	2.36±1.35	57.06	0.13±0.11	86.22
CX03	52.62±4.97	9.45	15.13±2.17	14.35	2.57±1.16	45.12	0.13±0.13	98.50
CX05	51.78±18.76	36.23	17.96±12.30	68.48	2.24±2.13	95.32	0.29±0.20	69.79

注：Mean 表示平均值，S. D. 表示标准差，CV 表示变异系数。

通过分析不同形态铁锰氧化物随水耕土时间序列的演变规律，可以得出以下主要结论：Fe_t 与 Fe_d 在土壤剖面中的分布以及随土壤时间序列的演化相似，表现为在起源土剖面中的分布比较均一，随着植稻年龄的增加，表层全铁量逐渐减少，亚表层有逐渐增加的趋势，而在植稻较早的土壤剖面（700 年、1 000 年）亚表层则有明显的淀积出现，剖面中铁的最大淀积量随着植稻年龄的增加而增加，淀积深度随着植稻年龄的增加而逐渐下移。氧化还原层中最大游离铁的淀积量与表层游离铁的比值随着植稻时间的增加而增加，说明剖面内的分异逐渐增强。因此，可以使用游离铁的剖面分异程度来指示水耕土的发育程度或耕种时间。

五、土壤矿物演变特征

土壤矿物是土壤的主要组成物质，它的组成、结构与含量不但影响和决定了土壤的各种基本性质，由于其在成土过程中必然伴随有原生矿物的风化分解与次生黏土矿物的形成和演化，所以还可以指示土壤的发育程度与演化方向。尤其是黏土矿物，由于不同类型黏土矿物的表面性质（比表面、表面结构特性、表面电荷性质）不同，所以土壤中的物理化学性质和土壤肥力与土壤黏粒矿物组成有密切的关系（熊毅、陈家坊，1990）。土壤黏土矿物是风化和成土作用的产物，受成土因素的支配，因而黏土矿物的类型、组合及其结晶度是风化程度和成土过程的综合反应（Wilson，2004）。土壤黏土矿物包含土壤母质中的残屑和矿物的风化物，主要由层状硅酸盐和氧化物所组成。层状硅酸盐有伊利石、蒙脱石、蛭石、高岭石和夹层矿物等；氧化物有水铝英石、铁、锰、铝、硅、钛等氧化物及其水合物（熊毅、陈家坊，1990）。

1. 粉粒矿物随时间序列的演变 根据时间序列土壤剖面典型层次中粉粒（2～50 μm）的 X 线衍射（XRD）图谱可知（图 1 - 18），整个序列中不同剖面以及不同层次粉粒中的矿物组成极其相似，都是以石英（quartz，图 1 - 18 中简写为 Q）为主，占整个峰面积的 56%～69%，其次为长石（feldspar，图 1 - 18 中简写为 F），占整个峰面积的 10%～23%，以及少量的云母（mica，图 1 - 18 中简写为 M）和绿泥石（chlorite，图 1 - 18 中简写为 Ch）。根据峰高与半峰宽的乘积在整个峰面积中所占的百分比计算出云母与绿泥石的百分含量。结果表明，起源土与植稻较晚的土壤（50 年）之间，云母与绿泥石的百分含量变化不大；到植稻 300 年时，表层的云母与绿泥石含量有一定的减少；到植稻 1 000 年时，变化比较明显，表层基本没有绿泥石与云母存在。由于植稻土壤因长期积水、温差变化小，所以这些矿物的分解速度较慢。

2. 黏粒矿物随时间序列的演变 根据时间序列土壤剖面典型层次中黏粒（<2 μm）的 XRD 图谱可知（图 1 - 19），整个序列中不同剖面以及不同层次黏粒矿物组成也变化不大，都是以伊利石（illite，也叫水云母，图 1 - 19 中简写为 I）为主，占整个峰面积的 42%～50%，其次为绿泥石（chlorite，图 1 - 19 中简写为 Ch），占整个峰面积的 14%～24%，以及少量的高岭石（kaolinite，图 1 - 19 中简写为 K）、蒙脱石（smectite，图 1 - 19 中简写为 S）、极少量的石英（quartz，图 1 - 19 中简写为 Q）。由于粉粒中也有一定量的绿泥石，这说明土壤中的绿泥石大部分是由海相沉积物的母质遗留而来。不同黏粒矿物的含量在时间序列上的差别也不明显，则表明表层的蒙脱石含量较低，而伊利石变化不大。

张效年（1961）对 6 种类型起源土（砖红壤、酸性母岩风化物和红壤、第四纪红色黏土、紫色土、石灰岩堆积物、沉积物）上发育而来的水稻土中黏粒矿物的变化作了详细的研究。根据起源土含钾矿物的丰缺，把研究结果分为 3 类。第一类：富含钾矿物（如紫色土）的土壤，水稻土与起源土之间矿物组成变化明显，云母在水稻土发育过程中经水解、脱钾作用部分变成 2:1 型膨胀性矿物，有的 2:1 型矿物进一步脱硅变成高岭石，母质中的钾长石在水稻土发育过程中也因脱钾作用而变为高岭石。第二类：中量含钾矿物的土壤，水稻土与起源土之间矿物组成变化不明显。第三类：基本没有或仅有少量含钾矿物的土壤，水稻土的矿物组成表现为逆向风化现象。也就是在水稻土发育过程中，表层的三水铝石与高岭石减少，而蒙脱石与伊利石（水云母）增加。这一现象可能是由于高度风化的母质在灌溉、施肥、耕作等人为活动的影响下，在一定程度上"复生"（复硅作用和复盐基作用）的结果（李庆逵，1992）。在人为耕作条件下，植物与施肥改变了土壤表层的离子组成与浓度，进而改

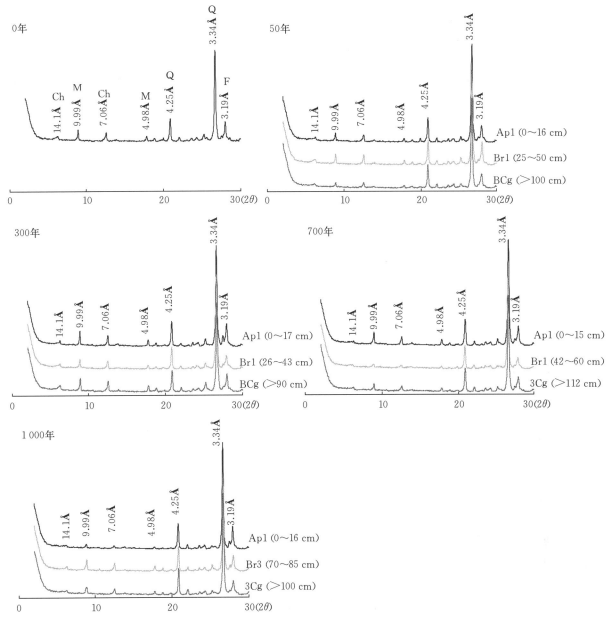

图1-18 土壤粉粒（2~50 μm）的XRD图谱

注：2θ表示采用铜的Kα射线产生的衍射角。

变了土壤矿物的类型与含量。特别是对黏土矿物以1:1型为主、盐基含量低的强风化母土而言，其逆向风化的倾向性更加明显。大多数研究认为，由于植物与施肥改变了土壤表层的离子组成与浓度，进而改变了土壤矿物的类型与含量。Liu等（2008）研究了长期施肥（23年的定位试验，不同肥料处理）对水稻土黏土矿物组成的影响，在矿质肥料氮、磷、钾共同施用的条件下，土壤中伊利石没有明显的变化，并解释为在这种施肥情况下水稻产量较高，进而植株从土壤中吸收的钾也较多，而在较低的产量下，钾肥的施用增加了土壤中伊利石的含量，而不施钾肥的处理，伊利石含量下降。对水耕土时间序列粉粒与黏粒矿物的研究结果表明，植稻土壤与起源土壤相比，伊利石与高岭石（这两种矿物被认为受植物与施肥影响较大）含量差别不明显，即使在植稻历史高达1000年的土壤中也没有很大差异。这说明，研究区域水稻土表层中通过施肥和植株返还的钾与植物吸收消耗的钾之间是一种接近平衡的关系。在采样过程中调查，当地农民的施肥种类一般是尿素、过磷酸钙与氯化钾配施，或者是含氮、磷、钾的复合肥，而水稻的产量为7 500~8 550 kg/hm²，这与Liu等（2008）认为的高产标准

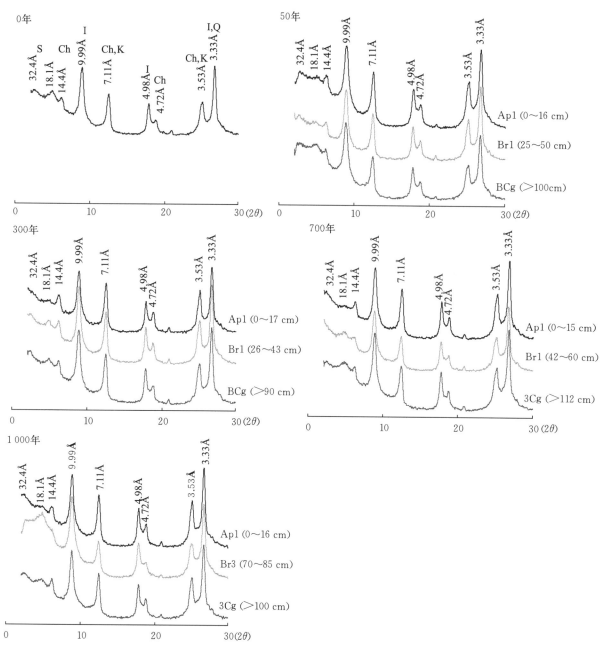

图 1-19　黏土矿物的 XRD 分析图谱
注：2θ 表示采用铜的 $K\alpha$ 射线产生的衍射角。

接近。结合他人的研究结果与本研究的结果，可以认为，水稻土中的矿物组成与演化，一方面，受母质遗留矿物类型的影响；另一方面，与土壤中离子输入与输出的强度有关，当某种离子浓度达到一定的阈值时，相对应的矿物就会风化或者合成。

第三节　南方丘陵区水耕土的发育过程

水耕土是我国重要的土壤资源，遍及全国，面积约 3.8 亿亩（李庆逵，1992），虽然只占耕地面积的 1/4 左右，但稻谷产量却占粮食总产量的 2/5 以上（徐琪等，1998）。当前，人类正面临着人口增长、土壤污染、耕地减少（退化）等多重压力，粮食与人口的矛盾日益加剧，水耕土作为重要的粮食生产用地与有机碳（SOC）库及温室气体——CH_4 的主要排放源，受到了广泛关注。相应的，以水耕土为研究对象的文章也数不胜数。但是，基于时间序列从土壤发生角度来研究水耕土动态变化过程的并不多见。例如，我国不同景观类型下的水耕土发生过程（Zhang and Gong，2003）、南方水耕土时间序列（0～80 年）中黏土矿物的演变趋势（Li et al.，2003）、滨海沉积物起源的水耕土时间序列（0～1 000 年）的发生过程（Han et al.，2015；Huang et al.，2015）。水耕土时间序列研究较少的原因：一是较难获取准确的时间序列；二是其时间序列相对自然土壤很短，基本在 10^3 年尺度之内，因此重视不够。

实际上，随着经济的发展，具有全球性影响的人口增长、环境污染、气候变暖、生态环境退化等问题日益突出，人类活动对全球环境变化的贡献以及这种变化与土壤演变之间的相互作用逐渐受到重视。人为因素主要是通过影响和改变五大自然成土因素（气候、母质、生物、地形、时间）而对土壤发生起作用，目前已经被当作除五大成土因素之外的"第六大成土因素"（龚子同、张甘霖，2003；陈留美、张甘霖，2011）。加强对人为作用的研究，可以解释现代土壤中发生的过程和变化，完善土壤发生演变模型，预测土壤的未来变化。

水耕土的发育过程通常是指起源土壤淹水种稻后其土壤的发育过程。与起源土壤相比，水耕土发育过程中受到人为施肥和周期性淹水等影响，土壤某些性质在较短的时间尺度内就可能会发生明显的变化，土壤的发育过程可能被加速或被阻滞甚至被逆转。水耕土可起源于不同类型的土壤，虽受前身土壤的影响，却又有着独特的成土过程。在成土过程中，人为因素在一定程度上超越了自然成土因素的影响，极大地改变了土壤原本的发生过程，并呈现了一定的规律性。不同水分状况、不同母质起源的种稻土壤培育过程各异，但在人为耕作、灌溉、施肥的影响下，最终都可以发育成剖面结构大体相似的水耕土（龚子同等，1999）。

水耕土在我国丘陵区分布甚广，主要表现为梯级稻田，在长江流域分布尤为集中，多依地势修筑，是一种典型的地表水型水耕土。依据植稻难易和地方文献记载，与村寨临近的坡底土壤由于水分条件较好、土层较厚、距离村寨近而一般最先被开垦为稻田，之后逐步向上开垦，形成了由坡底向坡顶种稻年限逐渐变短的水耕土序列。此类水耕土类型众多，但由于地势影响，灌溉与耕作不便，多为中低产稻田。一般而言，土壤发育取决于土壤自身对外部成土因素的响应，但土壤不同组分的响应并不一致。成土母质在决定土壤理化性状中发挥了重要的作用，虽然不同母质起源的土壤在淹水种稻一定时间后均可以发育为水耕土，但母质不同很可能会导致其演变速率与特征存在一定的差异。针对南方丘陵区 3 种常见母质（紫色砂页岩、第四纪红黏土和红砂岩母质）发育的水耕土，开展时间序列研究，可以揭示水耕土不同属性对外部成土因素的敏感性，理解母质在其演变过程中的作用（韩光中等，2014），揭示丘陵区水耕土的演变趋势与方向（韩光中等，2013），为稻田肥力提升改良和可持续利用提供理论依据。

一、土壤基本理化性状演化特征

第四纪红黏土与红砂岩母质种稻土壤黏粒较其起源土壤有所降低（平均分别降低了约 26% 和 37%）；紫色砂页岩母质种稻土壤黏粒的平均含量较其起源土壤却有一定的增加（平均增加了约 23%）。这 3 种母质种稻土壤黏粒的平均含量与其起源土壤相比，均未达到显著性差异（$P>0.05$）（表 1-7）。土壤黏粒在所研究的时间尺度内并未由于人为水耕产生统计意义上的显著差异。第四纪红黏土与红砂岩母质土壤种稻后，黏粒含量逐步降低，也基本体现出随着种稻时间的增加而逐渐降低的趋势。紫色砂页岩母质土壤种稻后，黏粒未降低，剖面下部甚至有较明显的增加（图 1-20）。

表 1-7　种稻土壤与起源土壤基本属性的差异

土壤属性	土壤类型	紫色砂页岩母质			第四纪红黏土母质			红砂岩母质		
		平均值	标准差	P	平均值	标准差	P	平均值	标准差	P
黏粒（%）	起源土壤	13.41	0.30	0.088	40.20	2.17	0.873	18.24	6.03	0.112
	种稻土壤	16.52	3.35		29.92	5.95		11.58	5.03	

（续）

土壤属性	土壤类型	紫色砂页岩母质			第四纪红黏土母质			红砂岩母质		
		平均值	标准差	P	平均值	标准差	P	平均值	标准差	P
有机碳（SOC）（g/kg）	起源土壤	3.83	3.90	0.042	2.82	1.91	0.001	3.55	2.82	0.881
	种稻土壤	10.32	7.75		8.65	6.55		3.14	2.56	
全铁（Fe_t）（g/kg）	起源土壤	50.90	1.77	0.001	64.78	4.24	0.003	31.98	13.68	0.004
	种稻土壤	46.95	12.43		48.97	14.43		24.18	10.47	
游离铁（Fe_d）（g/kg）	起源土壤	23.37	1.98	0.004	54.77	7.03	0.033	23.32	15.69	0.006
	种稻土壤	19.37	12.52		35.74	13.81		17.08	11.14	
硅酸盐铁（$Fe_t - Fe_d$）（g/kg）	起源土壤	27.53	1.83	0.245	8.86	3.04	0.175	8.92	2.76	0.679
	种稻土壤	27.05	4.41		13.22	6.16		7.37	4.54	

注：平均值指同母质起源土壤或种稻土壤所有发生层的平均值（非加权平均），下同。

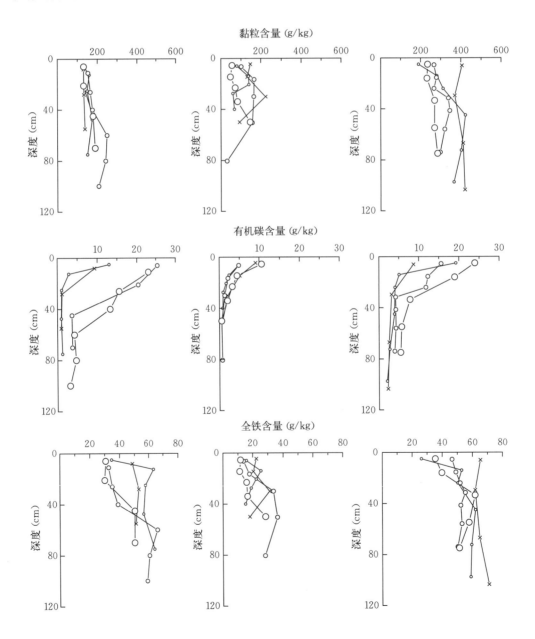

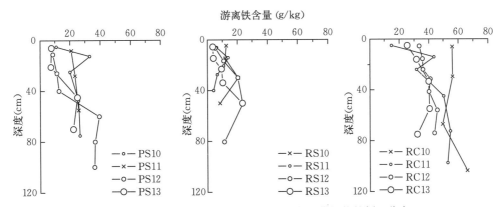

图 1-20　不同母质水耕土时间序列基本理化性状的剖面分布

注：PS 表示紫色砂页岩母质，RS 表示红砂岩母质，RC 表示第四纪红黏土母质。

　　紫色砂页岩和第四纪红黏土母质种稻土壤的土壤有机碳平均含量与它们的起源土壤相比有明显的增加（平均分别增加了约 169% 和 207%），而且达到了显著性差异（$P<0.05$）（表 1-7）。红砂岩母质种稻土壤的有机碳平均含量与该母质起源土壤相比未增加，且两者之间未达到显著性差异（$P=0.881$）。紫色砂页岩和第四纪红黏土母质土壤种稻后有机碳相对容易累积，而红砂岩母质的土壤种稻后有机碳很难累积。紫色砂页岩和第四纪红黏土母质土壤种稻后有机碳的剖面分布规律类似：有机碳含量均随着土壤深度的增加而下降，种稻土壤耕层的有机碳含量均明显高于起源土壤；坡顶种稻年限较短的土壤与起源土壤相比，耕层有机碳含量增加明显，但耕层以下增加不明显；坡中和坡底种稻时间较长的土壤与起源土壤相比，有机碳在下层也有较明显的增长（图 1-20）。在种稻初期，这两种母质种稻土壤有机碳含量的增加主要集中在耕层，到一定阶段后，下层也表现出明显增加。相比之下，红砂岩母质的起源土壤种稻后有机碳没有明显累积，坡顶和坡中种稻土壤的有机碳含量甚至低于起源土壤，而坡底种稻约 200 年的土壤也未表现出比起源土壤有大幅度的增加。

　　为了更好地理解丘陵区水耕土耕层有机碳的动态变化与其影响因素的关系，利用逐步回归的方法对地形（坡度、海拔）、气候（年均降水量、年均气温）、土壤理化性状（黏粒、粉粒、沙粒、黏粒＋细粉粒、中粉粒＋粗粉粒、各种形态的铁、pH 等）与种稻年限等参数进行筛选，得到了丘陵区不同母质水耕土耕层有机碳动态变化模型：

$$SOC = SOC' + 0.253f + 0.029t - 5.241 \tag{1-7}$$

　　式中，SOC 为种稻土壤耕层有机碳含量（g/kg）；SOC' 为起源土壤有机碳含量（g/kg）；f 为细颗粒（黏粒＋细粉粒）含量（%，体积百分比）；t 为种稻年限（年）。水耕土耕层有机碳含量与细颗粒关系最为密切（Beta 值=0.56），其次是种稻年限（Beta 值=0.40），这两者可以解释耕层有机碳含量变化的 66.2%。

　　从模型可以看出，并不是所有的土壤种稻后都有利于有机碳累积，只有当土壤细颗粒的含量高于某一数值时（22%，体积百分比），种稻后耕层有机碳才会随着种稻年限的增加而增加。这个数值可以作为衡量丘陵区水耕土有机碳能否累积的一个阈值，今后要加强这方面的研究。丘陵区水耕土有机碳的动态变化主要受细颗粒（黏粒＋细粉粒）的影响，在大致相同的耕作管理条件下，丘陵区水耕土的固碳潜力可能主要与土壤质地有关。母质对有机碳累积的影响作用可通过影响土壤质地表现出来。

　　紫色砂页岩、第四纪红黏土和红砂岩母质上发育的植稻土壤的游离铁（Fe_d）平均含量与它们各自的起源土壤相比明显降低（平均分别降低了约 17%、35% 和 27%），而且达到了显著性差异（$P<0.05$）。丘陵区水耕土在发育过程中 Fe_d 对人为水耕的成土过程非常敏感。紫色砂页岩和第四纪红黏土母质的起源土壤 Fe_d 的剖面分布通常表现出相对均一性，而红砂岩母质的起源土壤剖面内部变异较大。种稻后 Fe_d 含量均逐渐降低，也基本体现出随着种稻时间的增加而逐渐降低的趋势。全铁（Fe_t）

的剖面分布与 Fe_d 的剖面分布相似（图 1-20），且 Fe_t 与 Fe_d 含量呈极显著的线性正相关（$r=0.89$，$n=59$，$P<0.01$）。3 种母质种稻土壤的 Fe_t 平均含量与它们各自的起源土壤相比也明显降低，而且均达到了显著性差异（$P<0.05$）。但紫色砂页岩、第四纪红黏土和红砂岩母质种稻土壤的 Fe_t 与 Fe_d 的差值（一般认为是原生含铁矿物，主要是硅酸盐铁）（Fe_t-Fe_d）与它们各自的起源土壤相比没有明显的变化，也未达到显著性差异。土壤种稻后，土壤中的硅酸盐铁对人为水耕过程不敏感，土壤全铁含量的变化主要是由游离铁的迁移引起的。

由于游离铁在剖面中的分异程度通常被用来指示水稻土的发育程度（李庆逵，1992），因此计算了剖面各发生层 Fe_d 含量与表层（耕层）Fe_d 的比值。游离铁比值随着种稻年限的增加而先增加后降低。南方丘陵区的土壤种稻后 Fe_d 剖面分异先增加后降低。这可能是因为丘陵区种稻土壤的淋溶相对较强，种稻后 Fe_d 相对容易向下层淋溶，种稻年限较短的土壤（紫色砂页岩顶种稻剖面，种稻约 30 年）就出现了较大变异。这个阶段比较容易形成铁聚水耕土。而随着种稻年限的增加，整个剖面的 Fe_d 大量淋失出土体，造成剖面内 Fe_d 含量相对均一。由于铁渗水耕土在系统分类中的检索位置要比铁聚水耕土靠前，因此丘陵区水耕土的演变模式可能最终向铁渗水耕土中发育（图 1-21）。

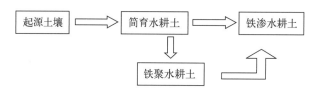

图 1-21　丘陵区水耕土的演变模式

二、土壤黏粒矿物演化特征

同母质土壤（包括起源土壤和种稻土壤）之间的黏粒矿物组成很相似，不同母质土壤之间的黏粒矿物组成差异较明显（表 1-8）。紫色砂页岩母质起源土壤的黏粒矿物以高岭石为主，相对含量超过了 75%，种稻后，黏粒矿物有较规律的变化。基本上随着种稻年限的增加，高岭石的相对含量降低，1:1 绿泥石-蛭石与 β-三羟铝石相对含量上升。第四纪红黏土母质起源土壤以高岭石、β-三羟铝石、伊利石为主，红砂岩母质起源土壤以 1.4 nm 过渡矿物、高岭石与 β-三羟铝石为主。这两种母质的种稻土壤与起源土壤相比伊利石略有增加，但总体上，种稻后黏粒矿物的变化没有紫色砂页岩母质明显，黏粒矿物相对稳定。另外，种稻土壤剖面内部各发生层间的黏粒矿物都非常相似，没有明显的变化。相比而言，一些种稻土壤剖面各发生层之间的形态特征与氧化铁（各种形态）已有非常明显的分异。在氧化铁的迁移转化与剖面形态发育过程中，黏粒矿物相对稳定。

表 1-8　不同母质水耕土典型时间序列土壤的黏土矿物

单位：%

编号	层次	Sm	IM	Ch-V 1:1	I	K	Ba	Q
PS10	A	—	4.4	5.7	4.2	76.1	3.3	6.3
PS10	B	—	3.1	3.2	5.1	78.5	2.8	7.3
PS11	Ap1	—	10.9	7.8	5.2	66.1	8.9	1.1
PS11	Ap2	—	11.3	3.1	5.4	69.4	7.7	3.1
PS11	Br	—	6.0	0.8	7.5	72.6	2.9	10.2
PS12	Ap1	—	6.9	15.3	5.3	59.0	12.2	1.3
PS12	Ap2	—	5.8	16.1	4.3	59.7	11.1	3.0

（续）

编号	层次	Sm	IM	Ch－V 1∶1	I	K	Ba	Q
PS12	Br	—	5.4	17.3	4.1	57.8	13.2	2.2
PS13	Ap1	—	4.9	14.1	5.0	56.3	11.4	8.3
PS13	Ap2	—	4.5	15.9	6.3	59.5	13.0	0.8
PS13	Br	—	7.5	14.8	5.1	60.5	11.0	1.1
RC10	A	—	15.6	—	22.7	29.7	24.3	7.7
RC10	B	—	17.1	—	22.2	28.1	23.5	9.1
RC11	Ap1	—	11.0	—	30.8	31.1	20.4	6.7
RC11	Ap2	—	10.5	—	31.4	29.2	21.1	7.8
RC11	Br	—	9.1	—	30.2	29.0	21.9	9.8
RC12	Ap1	—	9.4	—	30.0	33.4	17.0	10.2
RC12	Ap2	—	7.6	—	31.3	32.3	18.1	10.7
RC12	Br	—	8.4	—	30.3	33.0	17.2	11.1
RC13	Ap1	—	13.8	—	30.5	31.3	18.7	5.7
RC13	Ap2	—	12.3	—	31.5	32.6	19.5	4.1
RC13	Br	—	11.2	—	29.3	33.1	20.1	6.3
RS10	A	10.9	24.5	—	6.6	24.1	25.5	8.4
RS10	B	15.3	22.4	—	11.4	25.9	18.2	6.8
RS11	Ap1	12.4	28.6	—	8.2	27.2	17.2	6.4
RS11	Ap2	11.4	30.5	—	7.1	27.4	18.6	5.0
RS11	Br	11.3	31.2	—	6.9	25.5	18.9	6.2
RS12	Ap1	17.7	24.2	—	7.2	23.1	19.4	8.4
RS12	Ap2	16.1	25.9	—	10.5	23.2	20.4	3.9
RS12	Br	17.2	22.3	—	7.1	24.3	21.4	7.7
RS13	Ap1	14.3	20.4	—	12.1	22.2	23.0	8.0
RS13	Ap2	11.5	22.4	—	11.2	23.2	22.1	9.6
RS13	Br	10.3	22.5	—	12.1	24.1	21.5	9.5

注：Sm 表示蒙脱石；IM 表示 1.4 nm 过渡矿物；Ch 表示绿泥石；V 表示蛭石；I 表示伊利石；K 表示高岭石；Ba 表示 β-三羟铝石；Q 表示石英。

　　这 3 种母质的起源土壤种稻后，黏粒矿物的变化大体可以分 2 种情况。紫色砂页岩母质发育的土壤全钾含量相对较高，土壤含钾矿物在水耕土发育过程中脱钾现象较明显，黏粒矿物也随之有较大变化。但从黏粒矿物的变化来看（高岭石相对含量降低，1∶1 绿泥石-蛭石相对含量增加），在种稻土壤的脱钾过程中，黏粒矿物并没有明显的脱钾。种稻土壤的脱钾作用主要集中在非黏粒部分（原生矿物）。一般认为，黏粒矿物中的高岭石是非常稳定的，而紫色砂页岩母质土壤种稻后高岭石相对含量降低，且种稻土壤的黏粒含量与起源土壤相比有明显的增加。这可能表明，紫色砂页岩母质的种稻土壤在脱钾过程中会自生（转化和螯生等）一部分黏粒矿物（1∶1 绿泥石-蛭石等），使得高岭石的相对含量降低，并使得黏粒含量增加。但由于种稻土壤的机械淋溶、还原淋溶、络合淋溶、铁解淋溶等过程会造成一部分黏粒损失，这也使得该母质种稻土壤的黏粒含量并没有随着种稻年限的增加而一直增加，而是先增加后有所降低。第四纪红黏土与红砂岩母质的起源土壤全钾含量较低，在水耕土发育过程中，土壤脱钾现象不明显，黏粒矿物的变化相对要小，甚至出现"逆风化"现象（伊利石含量增加）。

种稻土壤的黏粒矿物与其起源土壤类似，可能主要是由于黏粒矿物的相对稳定造成的。总的来说，南方丘陵区水耕土黏粒矿物的组成受起源土壤的影响非常大，具有非常明显的继承性；淹水种稻能引起黏粒矿物的变化，但黏粒矿物变化的趋势和强度可能与土壤矿物性质有关。

三、土壤磁学参数演化特征

磁化率（MS）常作为各种磁性矿物含量的粗略度量；软剩磁（IRMs）可用来指示亚铁磁性矿物（如磁铁矿、磁赤铁矿）的含量；硬剩磁（IRMh）通常反映不完整反铁磁性矿物（如赤铁矿、针铁矿）的含量。从3种不同母质水耕土典型时间序列磁性参数的剖面分布来看（图1-22），MS的剖面分布与IRMs（软剩磁）剖面分布异常相似，且MS与IRMs呈极显著的线性正相关（$r=$

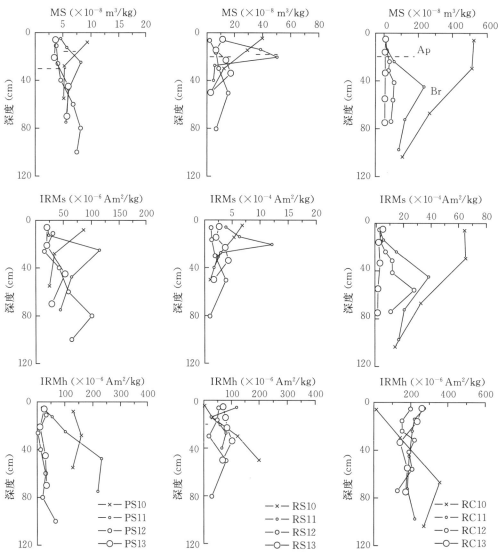

图1-22 不同母质水耕土典型时间序列磁性参数的剖面分布

注：PS表示紫色砂页岩母质，RS表示红砂岩母质，RC表示第四纪红黏土母质。

0.972，$n=118$，$P<0.01$）。土壤样本的磁性主要受控于亚铁磁性矿物。在 3 种母质的自然土壤中，MS 与 IRMs 都随着深度的增加而明显降低，亚铁磁性矿物在表层富集。相对而言，Fe_d 或 Fe_t 随着深度的变化要小，尤其是紫色砂页岩、第四纪红黏土母质的自然土壤。即使土壤的 Fe_d 或 Fe_t 含量相差不大，土壤含铁矿物的组成也可能存在较大的差异。换句话说，各种形态的氧化铁并不能反映土壤含铁矿物的组成。这时，利用土壤磁性参数来表征土壤的氧化铁矿物的组成与变化是非常必要的。

紫色砂页岩和红砂岩母质起源土壤的 MS 与 IRMs 值较低，种稻后演变规律类似，土壤上层、下层呈明显分异（图 1-22）。上层土壤（种稻土壤为水耕表层，包括耕层和犁底层）的 MS 和 IRMs 值种稻后明显降低，在较短的时间内（30 年内）就会降低到一个极低的数值，之后没有明显变化。紫色砂页岩和红砂岩母质起源土壤的亚铁磁性矿物含量较低，种稻后，上层土壤的亚铁磁性矿物会在较短的时间内降低到一个极低的水平。而种稻后，下层土壤 MS 和 IRMs 值降低没有上层明显，坡顶种稻年限比较短的土壤甚至有明显的增加（RS11 的增加尤为明显）。下层土壤种稻初期，一些层次的亚铁磁性矿物增加。由于紫色砂页岩和红砂岩母质种稻土壤下层的 MS 和 IRMs 值并不是非常高，因此下层土壤的亚铁磁性矿物总量并不高。第四纪红黏土母质起源土壤的 MS 和 IRMs 值都较高，说明起源土壤的亚铁磁性矿物含量较高。种稻后，土壤上层、下层磁性参数的演变也呈明显分异。上层土壤 MS 和 IRMs 值的演变规律与紫色砂页岩和红砂岩母质上层土壤的演变规律类似。而下层土壤 MS 和 IRMs 值在种稻后虽然也下降，但下降幅度没有表层那么大，而且从坡顶到坡底，随着种稻年限的增加，MS 和 IRMs 值是逐渐降低的过程。坡顶种稻年限约 100 年的土壤剖面（RC11）下层仍有很高的 MS 和 IRMs 值，表明仍存在较多的亚铁磁性矿物。总体而言，3 种母质种稻年限最长的土壤剖面（PS13、RC13 和 RS13）的 MS 和 IRMs 值较低且剖面分布相对均一。

紫色砂页岩母质起源土壤剖面的 IRMh 值分布非常均一，种稻后下降明显。不完整反铁磁性矿物在该母质起源土壤中分布相对均一，种稻后降低明显。而第四纪红黏土和红砂岩母质起源土壤的 IRMh 值都随着深度的增加而增加，不完整的反铁磁性矿物在下层富集。这两种母质所有种稻土壤的 IRMh 值都没有特别低，上层、下层差异不大，上层土壤与起源土壤相比有较明显的增加。这两种母质类型的土壤种稻后，不完整反铁磁性矿物并没有像紫色砂页岩母质土壤一样降低到一个极低水平，而是上层有所增加。第四纪红黏土母质起源土壤的颜色为红色（2.5YR-10R），应含有一定量赤铁矿。种稻后颜色变黄（10YR），土壤赤铁矿含量降低。紫色砂页岩和红砂岩母质的起源土壤都不呈红色，赤铁矿含量应该极低，不完整反铁磁性矿物应以针铁矿为主。从土壤的颜色变化来看，这 3 种母质的土壤种稻后都没有明显的赤铁矿生成。

尽管不同母质起源土壤的磁性参数差异较大，但种稻后 MS 与 IRMs 值在土壤上层、下层分异的趋势十分明显而类似。在亚铁磁性矿物的演化过程中，母质（或起源土壤）并没有起到主导作用，而只起到一个辅助的作用。对丘陵区的水耕土而言，因土壤地下水位较深（水耕土多属于地表水型），淹水种稻后，上层土壤（水耕表层，包括耕层和犁底层）很快就呈还原态，而下层土壤的一些层次在很长的时间内仍呈氧化态（李庆逵，1992）。淹水还原的环境导致上层土壤的亚铁磁性矿物很快被破坏，使得 MS 和 IRMs 值大幅度下降（Maher，1998；Grimley and Arruda，2007）。这时下层土壤仍呈氧化态，在这样的环境中，亚铁磁性矿物较难破坏。同时，在淹水还原状态下，铁元素的活性大大增强，上层土壤一部分铁氧化物会通过微生物还原生成 Fe^{2+}，并随着渗漏水向剖面下部迁移，当迁移到氧化层时会被重新氧化成氧化铁矿物。这个过程造成了剖面内部各发生层氧化铁的快速分异。已有研究表明，pH 在 5~6 时，Fe^{2+} 慢速氧化，可生成磁铁矿（可能还有少量的磁赤铁矿）（卢升高，2003）。紫色砂页岩、第四纪红黏土和红砂岩母质种稻土壤的 pH 分别介于 4.46~5.41、5.01~6.25 和 5.2~6.19，满足了 Fe^{2+} 缓慢氧化生成磁铁矿和磁赤铁矿生成的条件。这样由上层渗漏下来的 Fe^{2+} 被氧化时，可生成一部分磁铁矿与磁赤铁矿（强磁性矿物），使得下层土壤亚铁磁性矿物含量上升。随着淹水时间的增加，下层土壤也逐渐变为还原环境，这又会导致亚铁磁性矿物破坏。种稻土壤下层的 MS 与 IRMs 值变化可能主要与亚铁磁性矿物的生成与破坏的平衡有关。当新成的亚铁磁性矿物大于破坏的，则表现为上升；反之，则表现为下降。紫色砂页岩母质种稻土壤下层 MS 与 IRMs 值的增加没有红砂岩母质的土壤明显，可能是因为该母质种稻土壤的 pH 偏低（介于 4.46～5.41，平均值为 4.96），并不适宜 Fe^{2+} 氧化生成磁铁矿和磁赤铁矿所引起的。土壤溶液中有较高浓度的 Fe^{2+} 与有利于 Fe^{2+} 氧化淀积的酸性氧化环境（pH 介于 5～6），使下层土壤具备了亚铁磁性矿物形成的条件。而且，两种沉积岩母质种稻土壤下层也出现了磁性增强的现象。这可能代表着酸性土壤的一种磁性增强机制。需要注意的是，随着种稻年限的增加，由上层向下渗漏的 Fe^{2+} 会逐渐降低，下层新生的亚铁磁性矿物可能会随着种稻年限的增加而降低。而且，坡底土壤一年当中处于淹水还原的时间要比坡顶土壤长。这可能是坡底土壤剖面（种稻年限最长）MS 和 IRMs 值普遍较低的原因。总体而言，淹水还原的时间长度和还原程度可能会影响水耕土亚铁磁性矿物的最终含量。

土壤种稻后，不利于赤铁矿的生成。这是因为周期性的淹水使土壤很难形成有利于水铁矿脱水的高温干旱环境，种稻土壤已有的赤铁矿（第四纪红黏土母质）也会因还原环境下的水解破坏而逐渐降低。第四纪红黏土和红砂岩母质种稻土壤的不完整反铁磁性矿物（针铁矿）含量相对稳定，而紫色砂页岩母质种稻土壤并没有这种现象。这可能主要是由两地不同的耕作习惯造成的。在江西省鹰潭市和南昌市进贤县，人们为了满足旱耕的需要，经常施用石灰来调整土壤的 pH；而在广西桂林市龙胜各族自治县，当地并没有施用石灰的习惯。已有研究表明，碳酸盐是控制纤铁矿与针铁矿比率的重要因素，石灰的施入给土壤补充了碳酸盐，这会抑制纤铁矿的生成而有利于针铁矿的生成（Schwertmann，1985）。另外，石灰的施入会明显改变土壤的 pH，这可能会影响到酸性水耕土 Fe^{2+} 的氧化产物。

四、水耕土发育速率

发生层距离（HD）反映的是土壤各发生层理化性状的综合变化程度，而发生层指数（HI）反映的是土壤各发生层形态特征的综合变化程度，它们的值越大，则代表变化程度越大。两者从不同方面反映土壤发生层的发育程度。3 种母质水耕土的 HD 与 HI 值大致呈现了随着种稻年限的增加而增加的趋势，这与水耕土的发育时间相符（图 1 - 23）。这说明，水耕土发生层的发育程度可以通过 HD

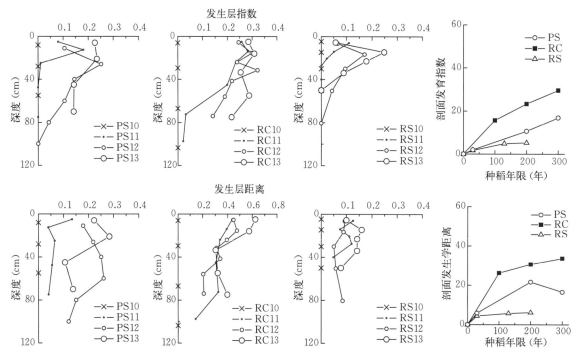

图 1 - 23　不同母质水耕土时间序列属性距离和剖面发育指数的剖面分布

注：PS 表示紫色砂页岩母质，RS 表示红砂岩母质，RC 表示第四纪红黏土母质。

与 HI 值这两个定量指标表现出来。上层土壤的 HD 与 HI 值通常比下部土层更高。这说明，种稻后上层土壤受水耕的影响较大，剖面内部逐渐分异。将 HD 或 HI 值与种稻年限的比值近似看作发生层的平均发育速率。通过不同母质种稻年限相近的水耕土之间的相互比较可知，RC 母质水耕土的 HD 和 HI 值与种稻年限的比值通常较大，RC 母质水耕土发生层的发育速率要比 PS 母质与 RS 母质水耕土快。PS 母质水耕土发生层的发育速率次之，RS 母质最慢。RS 母质种稻年限较长剖面（RS12 和 RS13）耕层的 HI 值仍很低，说明 RS 母质不利于水耕土耕层的发育。

PDD（剖面发生学距离）或 PDI（剖面发育指数）值是剖面理化性状或形态特征变化程度综合的度量，值越大，则代表该剖面理化性状或形态特征变化程度越大。本研究中，PDD 和 PDI 值与已判定的土壤相对种稻年限十分吻合，可以用 PDD 和 PDI 值来表示水耕土整体的发育程度。将 PDD 或 PDI 值与种稻年限的比值近似看作整个剖面的平均发育速率。通过对种稻年限相近的不同母质水耕土相比可知，RC 母质土壤的 PDD 或 PDI 值与种稻年限的比值最高，PS 母质土壤次之，RS 母质土壤最低。RC 母质水耕土的平均发育速率最高，PS 母质水耕土的平均发育速率次之，RS 母质水耕土的平均发育速率最慢。种稻年限短的土壤 HD 和 HI 值与种稻年限的比值明显高于种稻年限比较长的土壤。在种稻初期，土壤的发育速率较快（土壤的理化性状与形态特征变化快）。之后，随着发育程度的加深，土壤的发育速率变慢。

在过去的几十年里，大量土壤时间函数被提出，时间跨度几百年至几百万年不等，涉及不同母质、不同气候下土壤的发育过程。其中一些研究认为，土壤性质发育与时间呈对数关系或指数关系。对南方 3 种母质种稻土壤的研究表明，土壤在种稻初期发育速率较快，之后随着土壤发育程度的加深，发育速率变慢，水耕土发育速率与成土年龄的关系大致符合对数关系（韩光中等，2019）。水耕土理化性状和形态特征的演变并不是完全孤立的两个过程，而是存在着千丝万缕的联系。水耕人为淹水状况对土壤铁锰氧化物的迁移转化非常重要。土壤淹水后，在 SOC 等因素的作用下，氧化铁发生溶解、螯合溶解与还原溶解等，以 Fe^{2+} 进入土壤溶液。水溶性 Fe^{2+} 扩散或下渗至犁底层下面的氧化区，分别以斑状、管状和结核状沉淀下来。铁的这种淋溶和淀积是水耕土形成的重要过程。这一过程同时伴随了土壤理化性状的规律性变化，如 Fe_d 在土壤剖面内部的迁移和再分配、SOC 的积累、土壤酸碱度趋于中性和耕层磁性矿物的衰竭等。将水耕土各发生层的 HD 与 HI 值做相关分析，发现二者呈极显著的线性正相关（$r=0.759$，$n=49$，$P<0.01$），进一步证实了水耕土理化性状与形态特征的演变之间存在密切联系。这也表明，水耕土剖面形态特征经过定量量化后与理化性状（属性距离）一样能够表征水耕土发育的时间趋势，在指示水耕土的发育程度和判定土壤相对种稻年限上有重要意义。

Fe_d、SOC、pH、MS 均与 HD 值显著相关，表明它们在计算 HD 值的过程中起着重要作用。红度指数与 HI 值的相关性最高，可以解释其变异的 83.1%。其次是黑化指数和湿结持性。以上表明土壤颜色和湿结持性在计算 HI 值中起着重要作用。种稻后，上述理化性状和形态学特征容易发生变化的水耕土，其发育速率通常就快；反之，则慢。RC 母质的土壤，土层较厚，颜色较红，黏粒含量较高，保肥和保水状况好，土粒的黏结性和可塑性较好，SOC 容易累积，土壤结构体和水耕表层（耕层和犁底层）容易发育。PS 母质的土壤，土层较厚，黏粒含量虽然不高，但细颗粒（黏粒+细粉粒，<0.01mm）含量高（PS 母质种稻的细颗粒平均含量高达 56.7%），保肥和保水状况好，土粒有一定的黏结性和可塑性，SOC 容易累积，土壤结构体和水耕表层也容易发育。土壤发育速率低的 RS 母质土壤，黏粒和细颗粒含量均很低（RS 母质种稻的细颗粒平均含量为 24.6%），土层薄，保肥和保水状况以及黏结性和可塑性差，SOC 很难累积，土壤结构体和水耕表层难发育。母质对水耕土发育过程的影响可以通过影响其发育速率表现出来。与已有的研究结果相比，水耕土的平均发育速率远比自然土壤快，并在人为作用下快速定向发育。这种新的定量方法可以提高对水耕土成土过程的理解并能

实现不同地区水耕土发育速率的定量比较。

五、水耕土发育影响因素

影响土壤发育的因素可归为两类：一类是外部因素，称为外因；另一类就是土壤自身因素，也称内因。就丘陵区的水耕土而言，成土最主要的外部因素为人为水耕，且淹水时土壤均处于较强的淋溶过程中，可认为成土的外部因素类似。因此，黏粒与SOC在不同母质水耕土中的演变差异应主要归于土壤自身因素（内因）。在水耕土发育过程中，机械淋溶、还原淋溶、络合淋溶、铁解淋溶等过程均能造成土壤黏粒的损失（龚子同等，1999）。尽管如此，并不是所有的土壤种稻后，黏粒含量均比它们的起源土壤低。这可能是因为物质的输入（外因）或自身因素（内因，如转化或螯合等）会补充部分黏粒，当补充的黏粒高于损失的，其含量表现为增加；否则，其含量表现为下降。考虑到3种母质水耕土外部成土因素类似，紫色砂页岩母质土壤种稻后，黏粒含量的增加应主要由土壤自身变化（内因）引起的。在地形（坡度、海拔）、气候（年均降水量、年均气温）、土壤理化性状与种稻年限等因素中，水耕土耕层SOC含量与土壤颗粒关系最为密切，说明丘陵区水耕土的固碳潜力可能主要与土壤质地有关。从红砂岩母质种稻土壤SOC含量甚至比起源土壤低来看，在不同土地利用方式下，质地对SOC固定的影响可能并不完全相同。土壤颗粒大小组成的差异可能是丘陵区不同母质水耕土SOC累积特征出现差异的根本原因。因此，母质的影响作用可通过影响土壤颗粒大小组成表现出来。这均说明，成土母质（或土壤自身）可以决定或影响土壤某些属性对人为水耕成土过程的敏感性。

尽管3种不同母质起源土壤的理化性状有明显的差异，但种稻后Fe_d的演变趋势类似，均是随着种稻时间的增加而逐渐降低。丘陵区水耕土Fe_d的迁移与转化主要受控于外部人为水耕的成土因素（外因）。Fe_d是水耕土分类的一个重要指标。由于其迁移转化主要受外部人为水耕成土因素的影响，这在一定程度上可以解释水耕土的"异源同土"现象。由于硅酸盐铁的水解过程是不可逆的，且种稻之后含量并未明显降低，说明丘陵区水耕土在发育过程中硅酸盐铁是相对稳定的。这也说明Fe_t的含量分布特征主要受Fe_d的影响。

黏粒的淋失会对元素的剖面分布产生重要影响，会导致SiO_2相对富集、Al_2O_3相对亏损。这一结果与自然土壤或一些其他类型水耕土的演变趋势有明显的差别。这主要是由物理过程引起的，与由化学淋溶导致的脱硅富铝化过程有本质的不同，并不能说明Al_2O_3比SiO_2对外部人为水耕的成土过程更敏感。因此，在利用由铝和硅两种元素计算所得到的一些指标（如硅铝率、硅铁铝率等）指示丘陵区水耕土的发育程度时，需要考虑黏粒淋失过程的影响。而K_2O、P_2O_5、CaO等变化不仅与母质的水解淋溶有关，还与施肥有关，也应避免使用这些参数来指示水耕土的发育程度。土壤TiO_2相对稳定，而且其含量相对较高，取样和分析误差较低，可作为南方丘陵区水耕土的稳定元素来指示其他元素的迁移率（陈留美，2009）。

由于强烈的人为活动介入，其黏土矿物的演化有自己独特的特点。南方含钾矿物高的紫色砂页岩母质土壤种稻后，脱钾现象较明显（脱钾作用主要集中在非黏粒部分），黏粒矿物随之有一定的变化[高岭石相对含量降低，绿泥石-蛭石（1:1）相对含量增加]；含钾矿物低的第四纪红黏土和红砂岩母质土壤种稻后，脱钾现象不明显，黏粒矿物变化相对要小（种稻土壤较起源土壤伊利石略有增加，但种稻土壤之间相差不大）。然而，水耕土中的脱钾现象主要发生在非黏粒部分，而且可以明显影响黏粒含量的变化。另外，黏土矿物对钾元素的储存很可能存在一些内在的"平衡"，如第四纪红黏土母质种稻土壤的伊利石含量虽然明显高于起源土壤，但彼此间相差不大。

与利用水耕熟化程度反映水耕土的发育程度相比（龚子同，1979），基于土壤理化性状的属性距离与基于形态特征的土壤发育指数等指标在表征土壤发育程度上有独特的优势。这些指标能够综合反映土壤理化性状与土壤形态特征的变化，排除了单个土壤属性用于指示土壤发育程度时的不确定性。水耕土发育速率与成土年龄关系也大致符合对数关系。另外，HI 与 HD 值的极显著相关性表明了土壤形态与土壤理化性状发育存在着密切联系，从而证明描述性土壤形态特征经过定量量化后与理化性状（属性距离）一样也能够表征水耕土发育的时间趋势，在指示水耕土的发育程度与判定土壤相对种稻年限上有重要意义。

在丘陵地区，受地形的影响作用，水耕土的一些理化性状在演化过程中会出现"反常"的现象。一般而言，地形部位的不同对水耕土的发育也有一定的影响：一方面，淹水种稻后，地形部位的不同会引起水肥条件空间分布的差异，坡底的土壤水肥条件相对要好，一年当中处于淹水还原的时间要长，且坡底土壤土层一般比较深厚，这可能有利于坡底水耕土的发育；另一方面，由于坡顶种稻土壤的淋溶比坡中和坡底土壤更强，黏粒和各种矿质元素的淋失相对更容易，这可能不利于土壤向高肥力水耕土方向发育。因此，在利用发育指数和属性距离表征土壤的发育程度与发育速率时，需要考虑地形的影响作用，并结合土壤的形态学指标。

第四节　水稻土分类

人为土壤过程是指在人为干预下，土壤受自然因素和人为因素的综合影响而进行的以人为因素为主导的土壤发育过程，是人为土纲的主要成土过程。在世界很多地方，尤其是在有悠久耕种历史的古老农业国，由于人工搬运、耕作、施肥、灌溉等活动，使原有土壤形成过程加速或被阻滞甚至被逆转，形成了独特的有别于同一地带或地区其他土壤的新类型。原有土壤仅作为母土或埋藏土壤存在，人为土壤形态和性质有了重大改变，这类土壤被认为是由人为过程所产生的土壤。因此，人为土壤可定义为在人类活动深刻影响下具有特定的人为诊断层和诊断特性的土壤。在耕作条件下，人为土壤过程可分为水耕人为过程和旱耕人为过程两个方面（Gong，1986）。

一、土壤地理发生分类

根据第二次全国土壤普查的土壤分类，水稻土属于人为土纲人为水成土亚纲水稻土土类，包括潴育水稻土、淹育水稻土、渗育水稻土、潜育水稻土、脱潜水稻土、盐渍水稻土、咸酸水稻土 7 个亚类。

二、中国土壤系统分类

（一）诊断层和诊断特性

以土壤发生为基础的人为土诊断层和诊断特性，针对水耕土的分类，中国土壤系统分类建立了水耕表层、水耕氧化还原层两个诊断层次，以及人为滞水土壤水分状况一个诊断特性。

1. 人为滞水土壤水分状况　人为过潮湿水分状况作为土壤水分状况的一种类型应用于水耕土的诊断。这是中国土壤系统分类在诊断特性建立过程中结合水耕土特点而首先发展起来的（中国科学院南京土壤研究所土壤系统分类课题组、中国土壤系统分类课题研究协作组，1991）。人为过潮湿水分状况的产生包括两方面的内涵：一是指原有土壤因利用状况的改变，土壤水分状况的改变由人为排灌所决定，脱离了地区气候因子的束缚；二是在稻季或一年当中土壤水分含量或能量（水分张力）因人为调节出现交替的变化，并由此而可能产生氧化还原的交替，成为氧化还原形态特征形成的前提。人为过潮湿水分状况实际上是一种表潮（epiaquic）或表潜（epigleyic）土壤水分类型，即使在地下水位较高的地区，地下水位已不是主要的影响因子。

对江西鹰潭地区低丘稻田稻季土壤剖面水分张力的定位观测表明：一是表层土壤水分张力变化幅度最大，在观测期间经历了从饱和（水分张力为零）到落干的多次变化。二是下部土壤水分张力变化相对较为缓和，但在不同时段内也有饱和与非饱和的变化。三是上层水分逐渐向下移动，表现在前期表层多为饱和状态，而后期底层处于饱和状态。因此，表达为"并有下渗水流达到犁底层以下或形成滞水，或使地下水位或滞水位升高"。另外，就潮湿程度而言，人为过潮湿水分状况并不一定比潮湿水分状况更加潮湿，故称为人为滞水土壤水分状况。

2. 水耕表层 水耕表层的特点在于上部的糊泥化和下部的紧实。上部（Ap1）因为发生还原作用呈现灰色，并且土体充分分散，排水后因干燥收缩会产生开裂，宽可达 4～5 cm。下部（Ap2）厚10 cm 左右，干态时呈扁平的棱块状结构，沿裂隙和根孔有黄棕色或棕色的铁锈斑纹，有时也可见红棕色胶膜。下部（Ap2）最大的特点是在农具镇压、人畜践踏以及更重要的表层糊泥化后，由于细颗粒的沉降而表现紧实且渗水速率很低。

我国主要稻区各种母质上发育的 300 多个水耕土剖面的研究结果表明（表 1-9），耕层的总空隙度、通气空隙度显著高于犁底层，而相对容重则明显低于犁底层（均经 t 检验）。根据已有结果，相对容重值至少可以定为 1.10，或者下部非毛管空隙率低于耕层的 4/5，这样能比较恰当地反映犁底层的特殊性。

表 1-9　水耕表层上下部某些物理性质比较

土层	总空隙度（%）	通气空隙度（%）	相对容重
耕层	48～58	5～14.5	1.00
犁底层	40～48	1.3～5	≥1.10

水耕表层具有以下全部条件：

（1）厚度≥18 cm。

（2）大多数年份当土温＞5 ℃时，至少有 3 个月具人为滞水土壤水分状况。

（3）大多数年份当土温＞5 ℃时，至少有半个月，其上部亚层（耕层）土壤因受水耕搅拌而糊泥化（puddling）。

（4）在淹水状态下，润态明度≤4，润态彩度≤2，色调通常比 7.5YR 更黄，乃至呈 GY、B 或 BG 等色调。

（5）排水落干后多锈纹、锈斑。

（6）排水落干状态下，其下部亚层（犁底层）土壤容重与上部亚层（耕层）土壤容重的比值≥1.10。

3. 水耕氧化还原层 水耕氧化还原层是氧化还原的相应结果。其特征是氧化还原形态（redoxl-morphic features）的存在和/或游离氧化铁锰的淀积。因此，在诊断指标的选择上，用表征铁（锰）总量能够真实地反映还原淋溶和氧化淀积这样一个独特的水耕土发生学过程。

虽然水耕氧化还原层的氧化还原形态学特征明显，但连二亚硫酸钠-柠檬酸钠-重碳酸钠（DCB）提取法提取铁（锰）总量与上层相比没有明显的增加，这种情况称为"就地氧化还原"现象（何群等，1981）。其形成机制是土层内结构体内外或微沉积层理之间存在氧化还原梯度，结构体内或微沉积层理中黏质部分处于还原状态，铁成为低价离子，经扩散至结构外或微沉积层理中部分被氧化而沉积。第一种类型在地下水位升降比较频繁的地区土壤中较为常见，而第二种类型则在河流冲积物上发育的土壤中非常普遍（Vepraskas M J et al.，1992；Vepraskas M J et al.，1993）。电子探针结合微形态学研究表明，这种短距离迁移形成的氧化还原形态学特征中，铁（锰）淀积区中铁的含量是迁移区中含量的数十倍甚至 100 倍以上。因此，游离铁（锰）总量的改变是表征铁（锰）还原淋溶和氧化淀积的真实记录。统计结果表明，水耕土各层游离铁绝对含量与游离度（游离铁含量与全铁含量的比值）之间具有极显著的相关性。而且，各剖面 B 层游离铁含量与 A 层游离铁含量的比值同 B 层游离度与 A 层游离度的比值，二者也具有极显著相关，这说明在 A 层和 B 层的全铁含量差异不是非常大的情况下，游离铁绝对含量可代替游离度作为诊断指标。游离铁与游离度的关系见表 1-10。

表 1-10 游离铁与游离度的关系

地区	相关关系	
太湖平原	$Fe_d/t = 0.05 + 0.17Fe_d$	$r = 0.94** \ (n=20)$
成都平原	$Fe_d/t = 0.043 + 0.16Fe_d$	$r = 0.82** \ (n=29)$
洞庭湖、湘江	$Fe_d/t = 0.38 + 0.05Fe_d$	$r = 0.80** \ (n=10)$
洞庭湖、长江	$Fe_d/t = 0.165 + 0.07Fe_d$	$r = 0.87** \ (n=19)$
	$\dfrac{Fe_d/t \ (B)}{Fe_d/t \ (A)} = 0.453 + 0.565\dfrac{Fe_d \ (B)}{Fe_d \ (A)}$	$r = 0.988** \ (n=20)$

注：**表示差异极显著。

水耕条件下，铁锰自水耕表层或兼有自其下垫土层的上部亚层还原淋溶，或兼有由下面具潜育特征或潜育现象的土层还原上移，并在一定深度中氧化淀积的土层。它具有以下条件：

(1) 上界位于水耕表层底部，厚度≥20 cm。

(2) 有下列一个或一个以上氧化还原形态特征：

a. 铁锰氧化淀积分异不明显，以锈纹锈斑为主；

b. 有地表水（人为水分饱和）引起的铁锰氧化淀积分异，上部亚层以氧化铁分凝物（斑纹、凝团、结核等）占优势，下部亚层除氧化铁分凝物外，尚有较明显至明显的氧化锰分凝物（黑色的斑点、斑块，豆渣状聚集体、凝团、结核等）；

c. 有地表水和地下水引起的铁锰氧化淀积分异，自上而下的顺序为铁淀积亚层、锰淀积亚层、锰淀积亚层和铁淀积亚层；

d. 紧接着水耕表层之下有一带灰色的铁渗淋亚层，但不符合漂白层的条件；其离铁基质（iron depleted matrix）的色调为10YR-7.5Y，润态明度5~6，润态彩度≤2；或有少量锈纹锈斑。

(3) 除铁渗淋亚层外，游离铁含量至少为耕层的1.5倍。

(4) 土壤结构体表面和孔道壁有厚度≥0.5 mm的灰色腐殖质-粉沙-黏粒胶膜。

(5) 有发育明显的棱柱状和/或角块状结构。

水耕氧化还原现象（hydragric evidence）：土层中具有一定水耕氧化还原层的特征，厚度为5~20 cm。

（二）系统分类土类、亚类检索

水耕土土类包括4个土类和21个亚类（中国科学院南京土壤研究所土壤系统分类课题组、中国土壤系统分类课题研究协作组，2001）。

1. 水耕土土类的检索

B1.1 水耕土中在矿质土表至60 cm范围内部分土层（≥10 cm）有潜育特征。

.... 潜育水耕土

B1.2 其他水耕土中紧接于水耕表层之下有一灰色铁渗淋亚层 .... 铁渗水耕土

B1.3 其他水耕土中水耕氧化还原层的DCB浸提性铁至少为表层的1.5倍 ...... 铁聚水耕土

B1.4 其他水耕土 .... 简育水耕土

2. B1.1 潜育水耕土亚类的检索

B1.1.1 潜育水耕土中有变性现象 .... 变性潜育水耕土

B1.1.2 其他潜育水耕土中在矿质土表至60 cm范围内部分土层（≥15 cm）有硫化物物质，或在该深度范围内有含硫层 .... 含硫潜育水耕土

B1.1.3 其他潜育水耕土中在矿质土表至60 cm范围内部分土层（≥10 cm）有盐积现象
.... 弱盐潜育水耕土

B1.1.4 其他潜育水耕土中在矿质土表至60 cm范围内有人为复石灰作用，其碳酸钙含量以表

层为最高，>45 g/kg 向下渐减 ……………………………………………… 复钙潜育水耕土

    B1.1.5　其他潜育水耕土中在水耕表层之下、潜育特征层次之上有一灰色铁渗淋亚层

………………………………………………………………………… 铁渗潜育水耕土

    B1.1.6　其他潜育水耕土中水耕氧化还原层的 DCB 浸提性铁至少为表层的 1.5 倍

………………………………………………………………………… 铁聚潜育水耕土

    B1.1.7　其他潜育水耕土 ………………………………………… 普通潜育水耕土

3. B1.2　铁渗水耕土亚类的检索

    B1.2.1　铁渗水耕土中有变性现象 ………………………………… 变性铁渗水耕土

    B1.2.2　其他铁渗水耕土中在矿质土表至 60 cm 范围内有漂白层 ……… 漂白铁渗水耕土

    B1.2.3　其他铁渗水耕土中在矿质土表下 60~100 cm 范围内部分土层（≥10 cm）有潜育特征

………………………………………………………………………… 底潜铁渗水耕土

    B1.2.4　其他铁渗水耕土 ………………………………………… 普通铁渗水耕土

4. B1.3　铁聚水耕土亚类的检索

    B1.3.1　铁聚水耕土中有变性现象 ………………………………… 变性铁聚水耕土

    B1.3.2　其他铁聚水耕土中在矿质土表至 60 cm 范围内有漂白层 ……… 漂白铁聚水耕土

    B1.3.3　其他铁聚水耕土中在矿质土表下 60~100 cm 范围内部分土层（≥10 cm）有潜育特征

………………………………………………………………………… 底潜铁聚水耕土

    B1.3.4　其他铁聚水耕土 ………………………………………… 普通铁聚水耕土

5. B1.4　简育水耕土亚类的检索

    B1.4.1　简育水耕土中有变性现象 ………………………………… 变性简育水耕土

    B1.4.2　其他简育水耕土中在矿质土表至 60 cm 范围内部分土层（≥10 cm）有盐积现象

………………………………………………………………………… 弱盐简育水耕土

    B1.4.3　其他简育水耕土中在矿质土表至 60 cm 范围内有人为复石灰作用，其碳酸钙含量以表层为最高（>45 g/kg），向下渐减 …………………………………… 复钙简育水耕土

    B1.4.4　其他简育水耕土中在矿质土表至 60 cm 范围内有漂白层 ……… 漂白简育水耕土

    B1.4.5　其他简育水耕土中在矿质土表下 60~100 cm 范围内部分土层（≥10 cm）有潜育特征

………………………………………………………………………… 底潜简育水耕土

    B1.4.6　其他简育水耕土 ………………………………………… 普通简育水耕土

（三）主要亚类典型剖面

1. 潜育水耕土　潜育水耕土主要分布于沿江河湖荡的低湿地及三角洲冲积平原和丘陵沟谷尾部的低洼地中。属地下水型，土壤以还原状况占优势。它的形成是与地下水位高、在水耕表层或水耕氧化还原层之下的土层受地下水浸渍、在微生物参与下发生强烈的潜育作用相联系的。其水耕氧化还原层中多潜育斑，越往下潜育斑越多，氧化还原电位可低至 100 mV 左右。母质主要是湖积物、江河冲积物以及部分谷底冲积物。土壤质地较为黏重。

（1）含硫潜育水耕土。

钱东系（Qiandong Series）。

土族：黏壤质硅质混合型酸性高热性-含硫潜育水耕土。

拟定者：卢瑛、盛庚、陈冲。

分布与环境条件：分布于广东汕头、潮州、汕尾等地，潮汕三角洲平原，沿海原生长红树林，围垦已久的沙围田区。成土母质为滨海沉积物；土地利用类型为耕地，种植制度主要为一年种植两季水稻或水稻、蔬菜轮作。南亚热带海洋性季风性气候，年平均气温 21.0~23.0 ℃，年平均降水量 1 500~2 500 mm（图 1-24）。

土系特征与变幅：诊断层包括水耕表层、水耕氧化还原层；诊断特性包括人为滞水土壤水分状

图 1-24　钱东系典型景观和代表性单个土体剖面

况、潜育特征、氧化还原特征、硫化物物质、高热性土壤温度状况。耕层厚度中等，厚 10～20 cm，细土质地为沙质黏壤土-粉质黏壤土，地下水位为 40～60 cm。潜育层中有管状铁质新生体，俗称"铁钉"。耕层已脱盐，可溶性盐含量<1.0 g/kg，B 层土壤可溶性盐含量 2.0～8.0 g/kg，水溶性硫酸盐含量 0.6～3.7 g/kg；土壤呈强酸性，pH 3.5～4.5。

对比土系：溪南系，分布区域相似，所处地形部位稍高，成土母质类型相同，土体中均含有硫化物物质，属同一亚类，但土族控制层段颗粒大小级别为沙质。

利用性能综述：该土系耕层已脱盐，但底土层盐分和水溶性硫酸盐含量高。一般在降水量充足和水分管理正常的情况下无酸害出现，水稻生长正常；在缺水的旱季，水稻会受到酸的危害出现枯萎，导致产量低。改良利用措施：加强农田基本设施建设，修建农田水利设施，引淡水洗盐洗酸；加强田间水分管理，勤灌勤排，加速底土脱盐脱酸；合理轮作，种植绿肥，增施有机肥，改良土壤，提高基础地力；测土平衡施肥，宜施钙镁磷肥、磷矿石粉、尿素等碱性或中性肥料，并多施腐熟的农家肥，以肥治酸。

参比土种：轻反酸田。

代表性单个土体：位于广东省潮州市饶平县钱东镇沈厝村青山埭田，海拔 2 m；属于地势平坦的滨海平原，成土母质为滨海沉积物。土地利用类型为耕地，种植制度为两季水稻，50 cm 深度的土温 23.5℃。野外调查时间为 2011 年 11 月 16 日，编号 44-099（图 1-24）。

Ap1：0～17 cm，灰白色（2.5Y8/2，干），暗灰黄色（2.5Y5/2，润）；黏壤土，强度发育直径 10～20 mm 块状结构，疏松，黏着，中量细根，根系周围有占体积 5%左右对比鲜明的锈纹锈斑；向下层平滑渐变过渡。

Ap2：17～30 cm，灰白色（2.5Y8/2，干），暗灰黄色（2.5Y5/2，润）；黏壤土，强度发育直径 10～20 mm 块状结构，坚实，黏着，中量细根，根系周围、结构体内有占体积 10%左右对比鲜明的锈纹锈斑；向下层平滑渐变过渡。

Br：30～50 cm，灰白色（2.5Y8/1，干），灰色（7.5Y5/1，润）；沙质黏壤土，中度发育直径 10～20 mm 块状结构，坚实，黏着，少量细根，根系周围、结构体内有占体积 10%左右对比鲜明的锈纹锈斑，有少量管状铁锰结核；向下层平滑渐变过渡。

Bgj：50～88 cm，灰白色（7.5Y8/1，干），灰色（7.5Y5/1，润）；粉质黏壤土，弱发育直径>100 mm 块状结构，坚实，黏着，有少量植物残体，土体内有黄钾铁矾，结构面上有铁锰胶膜，土体内有占体积 5%左右的管状铁锰结核，强度亚铁反应。

钱东系代表性单个土体物理性质见表 1-11。钱东系代表性单个土体养分状况与化学性质见表 1-12。

表 1-11　钱东系代表性单个土体物理性质

土层	深度 （cm）	砾石 （>2 mm, 体积分数）（%）	细土颗粒组成（g/kg）			质地	容重 （g/cm³）
			沙粒 （0.05～2 mm）	粉粒 （0.002～0.05 mm）	黏粒 （<0.002 mm）		
Ap1	0～17	3	433	281	286	黏壤土	1.09
Ap2	17～30	3	332	351	317	黏壤土	1.30
Br	30～50	3	451	254	295	沙质黏壤土	1.21
Bgj	50～88	0	80	538	382	粉质黏壤土	1.02

表 1-12　钱东系代表性单个土体养分状况与化学性质

深度 （cm）	pH	有机碳（C） （g/kg）	全氮（N） （g/kg）	全磷（P） （g/kg）	全钾（K） （g/kg）	阳离子 交换量 （cmol/kg）	交换性盐 基总量 （cmol/kg）	游离铁 （g/kg）	可溶性盐 （g/kg）	水溶性 硫酸盐 （g/kg）
0～17	4.1	10.3	0.66	0.22	18.8	8.8	3.9	22.0	0.7	0.1
17～30	4.1	24.1	1.82	0.80	16.5	11.2	5.7	18.2	1.4	0.2
30～50	3.9	11.1	0.58	0.28	21.6	8.4	5.1	13.8	2.1	0.6
50～88	3.9	12.3	0.68	0.30	18.3	18.4	15.1	14.0	7.4	3.7

（2）弱盐潜育水耕土。

博美系（Bomei Series）。

土族：壤质硅质混合型非酸性高热性-弱盐潜育水耕土。

拟定者：卢瑛、侯节、陈冲。

分布与环境条件：分布于广东汕尾、汕头、潮州等地围垦种植水稻的滨海地区。属于地势平坦的滨海平原，成土母质为滨海沉积物，土地利用类型为耕地，种植制度主要为早稻-晚稻。南亚热带海洋性季风性气候，年平均气温 21.0～23.0 ℃，年平均降水量 1 500～2 500 mm（图 1-25）。

图 1-25　博美系典型景观和代表性单个土体剖面

土系特征与变幅：诊断层包括水耕表层、水耕氧化还原层；诊断特性包括人为滞水土壤水分状况、潜育特征、氧化还原特征、高热性土壤温度状况；诊断现象包括盐积现象。由滨海正常盐成土（泥滩）和正常潜育土（草滩）长期种植水稻演变而成，细土质地为壤土-粉壤土；地下水位较高（30～60 cm），地表 40 cm 以下土层具有潜育特征，潜育层常见贝壳碎屑；受母质残留属性的影响，全剖面盐分含量 2.0～7.0 g/kg，以氯化物为主；耕层脱盐明显，其可溶性盐含量明显低于下部潜育层；土壤呈酸性-中性反应，pH 4.5～7.5。

对比土系：溪南系、钱东系，分布区域相似，成土母质相同。溪南系和钱东系土体内含有硫化物物质，土壤酸性强，属含硫潜育水耕土亚类。

利用性能综述：该土系土壤肥力较高，但脱盐不彻底，在春旱或缺水灌溉时会发生盐害。改良利用措施：进行土地综合整治，修建农田水利设施，蓄存淡水和电动排灌相结合，保证灌溉和洗盐；灌排分家，降低地下水位，灌渠浅，排沟深，以利于排水洗盐，地下水位保持在 60 cm 以下，防止返盐；在土壤改良上，多施有机肥和秸秆还田，测土平衡施肥；合理轮作，用地、养地相结合，培肥土壤，提高土壤肥力。

参比土种：咸田。

代表性单个土体：位于广东省汕尾市陆丰市博美镇下寮村石九外围，海拔 3 m；滨海平原，成土母质为滨海沉积物；土地利用类型为耕地，种植双季水稻，50 cm 深度的土温 24.0 ℃。野外调查时间为 2011 年 11 月 25 日，编号 44 - 111（图 1 - 25）。

Ap1：0～12 cm，淡灰色（5Y7/2，干），暗橄榄色（5Y4/3，润）；壤土，强度发育直径 10～20 mm 块状结构，疏松，稍黏着，多量中根，根系周围有占体积 10％左右、直径 2～6 mm 的对比鲜明的铁斑纹；向下层平滑渐变过渡。

Ap2：12～30 cm，灰色（5Y6/1，干），橄榄黑色（5Y3/2，润）；壤土，强度发育直径 10～20 mm 块状结构，坚实，稍黏着，中量细根，根系周围有占体积 25％左右、直径 2～6 mm 的对比鲜明的铁斑纹；向下层平滑渐变过渡。

Br：30～50 cm，灰色（5Y5/1，干），黑色（5Y2/1，润）；壤土，中度发育直径 10～20 mm 块状结构，坚实，稍黏着，少量细根，有占体积 15％大的贝壳碎屑，根系周围有占体积 5％左右、直径 2～6 mm 的对比鲜明的铁斑纹，轻度亚铁反应；向下层平滑渐变过渡。

Bg：50～79 cm，灰色（7.5Y5/1，干），橄榄黑色（7.5Y3/1，润）；粉壤土，弱发育直径 10～20 mm 块状结构，坚实，稍黏着，有占体积 15％的小的贝壳碎屑，有少量植物残体，强度亚铁反应。

博美系代表性单个土体物理性质见表 1 - 13。博美系代表性单个土体养分状况与化学性质见表 1 - 14。

表 1 - 13　博美系代表性单个土体物理性质

土层	深度（cm）	砾石（>2 mm，体积分数）（％）	细土颗粒组成（g/kg）			质地	容重（g/cm³）
			沙粒（0.05～2 mm）	粉粒（0.002～0.05 mm）	黏粒（<0.002 mm）		
Ap1	0～12	2	381	414	205	壤土	1.31
Ap2	12～30	2	406	405	189	壤土	1.46
Br	30～50	2	448	365	187	壤土	1.40
Bg	50～79	2	248	565	187	粉壤土	—

表 1 - 14　博美系代表性单个土体养分状况与化学性质

深度（cm）	pH	有机碳（C）（g/kg）	全氮（N）（g/kg）	全磷（P）（g/kg）	全钾（K）（g/kg）	阳离子交换量（cmol/kg）	交换性盐基总量（cmol/kg）	游离铁（g/kg）	可溶性盐（g/kg）
0～12	4.7	23.8	1.54	0.57	15.7	9.2	7.7	15.0	2.0
12～30	5.9	19.1	0.68	0.30	15.9	8.4	13.7	15.9	5.0
30～50	7.1	19.7	0.61	0.32	16.8	10.3	37.0	10.4	4.9
50～79	7.3	20.1	0.51	0.34	17.3	13.6	55.8	3.6	7.0

（3）复钙潜育水耕土。

新坡系（Xinpo Series）。

土族：壤质混合型非酸性热性-复钙潜育水耕土。

拟定者：卢瑛、姜坤。

分布与环境条件：主要分布于广西桂林、柳州、河池等岩溶地区的山冲、低洼垌田。成土母质为古湖相沉积物。土地利用类型为耕地，种植水稻，部分改种桑树等，亚热带湿润季风性气候，年平均气温 20～21 ℃，年平均降水量 1 400～1 600 mm（图 1-26）。

图 1-26　新坡系典型景观和代表性单个土体剖面

土系特征与变幅：诊断层包括水耕表层、水耕氧化还原层；诊断特性包括人为滞水土壤水分状况、潜育特征、氧化还原特征、热性土壤温度状况。土表 20 cm 以下开始具有潜育特征，细土质地为粉壤土-黏壤土；土壤颜色为灰橄榄色-橄榄黑色；土壤有机质、全氮、全磷含量高，阳离子交换量较高，土壤钾含量极低。土壤有机质碳化成黑泥层，土壤含游离碳酸钙，土表 80 cm 以内土体均有石灰反应，土壤呈中性至微碱性，pH 7.0～8.0。

对比土系：平木系，属于相同土类。成土母质为花岗岩风化坡积、洪积物，分布于受侧渗水影响区域，水耕表层之下形成了灰白色铁渗淋亚层，属于铁渗潜育水耕土亚类。

利用性能综述：该土系土壤颜色深黑，土壤有机质、全氮含量高，但有机质品质差、氮矿化率低，土壤黏性差，肥力不高，全钾含量低，故养分供应状况不好，产量低。改良利用措施：开沟排渍，进行冬翻晒田，增加土壤通透性，改善土壤微生物活动，停止施用石灰，增施磷、钾肥，提高土壤养分供应水平，改良土壤结构，提高土壤肥力水平。

参比土种：石灰性黑泥田。

代表性单个土体：位于广西河池市环江毛南族自治县（以下简称环江县）大才乡新坡村平治屯，海拔 223 m；地势平坦，成土母质为古湖相沉积物；耕地，种植水稻、桑树等。50 cm 深度的土温 22.5 ℃。野外调查时间为 2016 年 3 月 9 日，编号 45-090（图 1-26）。

Ap1：0～12 cm，淡灰色（5Y 7/2，干），灰橄榄色（5Y 4/2，润）；壤土，强度发育小块状结构，疏松，中量细根，强度石灰反应；向下层平滑渐变过渡。

Ap2：12～20 cm，淡灰色（5Y 7/2，干），灰橄榄色（5Y 5/2，润）；粉壤土，强度发育中块状结构，稍紧实，少量细根，根系和孔隙周围有中量（10%）的铁锰斑纹，有很少（1%）碎瓦片，强度石灰反应；向下层平滑清晰过渡。

Bg1：20～53 cm，淡灰色（5Y 7/2，干），灰橄榄色（5Y 5/2，润）；壤土，中度发育大块状结构，稍紧实，有很少（1%）碎瓦片、螺壳，强度石灰反应，轻度亚铁反应；向下层平滑渐变过渡。

Bg2：53～80 cm，灰色（5Y 4/1，干），橄榄黑色（5Y 3/1，润）；壤土，弱发育大块状结构，稍紧实，中度石灰反应，中度亚铁反应；向下层平滑清晰过渡。

Bg3：80～100 cm，浅淡黄色（2.5Y 8/4，干），橄榄棕色（2.5Y 4/6，润）；黏壤土，弱发育大块状结构，紧实，中度亚铁反应。

新坡系代表性单个土体物理性质见表1-15。新坡系代表性单个土体养分状况与化学性质见表1-16。

表1-15　新坡系代表性单个土体物理性质

土层	深度（cm）	细土颗粒组成（g/kg）			质地	容重（g/cm³）
		沙粒（0.05～2 mm）	粉粒（0.002～0.05 mm）	黏粒（<0.002 mm）		
Ap1	0～12	410	458	132	壤土	0.96
Ap2	12～20	352	522	126	粉壤土	1.14
Bg1	20～53	377	500	123	壤土	1.08
Bg2	53～80	427	376	196	壤土	1.07
Bg3	80～100	418	286	296	黏壤土	1.47

表1-16　新坡系代表性单个土体养分状况与化学性质

深度（cm）	pH	有机碳（C）（g/kg）	全氮（N）（g/kg）	全磷（P）（g/kg）	全钾（K）（g/kg）	阳离子交换量（cmol/kg）	游离氧化铁（g/kg）	CaCO₃相当物（g/kg）
0～12	7.4	75.4	6.51	1.52	5.52	28.4	36.5	86.2
12～20	7.5	70.3	6.02	1.16	5.52	27.5	36.8	85.5
20～53	8.0	90.1	6.41	0.81	5.23	32.0	34.9	63.7
53～80	7.9	25.7	1.54	0.43	1.98	12.5	36.8	18.3
80～100	7.8	4.4	0.44	0.44	3.01	7.2	36.2	0.6

（4）铁渗潜育水耕土。

平木系（Pingmu Series）。

土族：黏壤质硅质混合型酸性高热性-铁渗潜育水耕土。

拟定者：卢瑛、熊凡。

分布与环境条件：主要分布于广西钦州、防城港、南宁等受侧渗水影响区域。成土母质为花岗岩风化坡积、洪积物。土地利用类型为耕地，种植单季水稻。属南亚热带湿润季风气候，年平均气温22～23 ℃，年平均降水量2 000～2 200 mm（图1-27）。

图1-27　平木系典型景观和代表性单个土体剖面

土系特征与变幅：诊断层包括水耕表层、水耕氧化还原层；诊断特性包括人为滞水土壤水分状况、潜育特征、氧化还原特征、高热土壤温度状况。受侧渗水影响，灰白色铁渗淋亚层位于水耕表层之下，土体构型为Ap-BgE-Bg。细土质地为沙质壤土-黏壤土，土壤呈强酸性-酸性，pH 4.0～5.5。

对比土系：新坡系，属于相同土类，分布于石灰岩岩溶地区的山冲、低洼垌田，成土母质为古湖相沉积物，因受到岩溶水的影响，上部土体复钙作用明显，石灰反应强烈，属于复钙潜育水耕土亚类。北宁系，具有相似的离铁离锰发生学过程，水耕表层之下形成了灰白色铁渗淋亚层，因整个土体没有潜育特征，归属普通铁渗水耕土亚类。

利用性能综述：耕层疏松、耕性好、地下水位高。土壤有机质、全氮含量低-中等，全磷、全钾含量较低，阳离子交换量低（<10 cmol/kg）。具有潜育特征土层出现部位浅、水耕表层之下为瘦瘠的白胶泥层。改良利用措施：开沟排水，引流侧渗水，降低地下水位。冬种绿肥、秸秆还田，增施有机肥，培肥土壤。测土平衡施肥，合理施用氮、磷、钾肥和中微量元素肥料，协调养分元素供应，提高土壤生产力。

参比土种：浅渗白胶泥田。

代表性单个土体：位于广西防城港市防城区那梭镇平木村田心组，海拔23 m；山丘坡脚，成土母质为花岗岩风化坡积、洪积物；耕地，种植单季稻。50 cm深度的土温24.9 ℃。野外调查时间为2014年12月20日，编号45-011（图1-27）。

Ap1：0～18 cm，灰黄色（2.5Y 7/2，干），灰黄棕色（10YR 4/2，润）；壤土，强度发育小块状结构，稍疏松，中量细根，根系周围有很少量的铁锰斑纹；向下层平滑清晰过渡。

Ap2：18～28 cm，灰白色（2.5Y 8/2，干），灰黄色（2.5Y 6/2，润）；沙质壤土，强度发育小块状结构，紧实，很少量细根，根系周围有很少量的铁锰斑纹，强度亚铁反应；向下层平滑清晰过渡。

Bg1：28～58 cm，灰白色（5Y 8/2，干），灰色（5Y 6/1，润）；沙质壤土，中度发育大块状结构，紧实，结构面、孔隙周围有中量铁锰斑纹，结构面上有少量橙色（7.5YR 6/8）的铁锰胶膜，轻度亚铁反应；向下层波状清晰过渡。

Bg2：58～100 cm，50%浅淡黄色、50%亮黄棕色（50%2.5Y 8/3，50%10YR 6/8，干），50%亮黄棕色、50%亮棕色（50% 2.5Y 7/6，50% 7.5YR 5/8，润）；沙质黏壤土，弱度发育大块状结构，紧实，结构面、孔隙周围有很多的铁锰斑纹，中度亚铁反应。

平木系代表性单个土体物理性质见表1-17。平木系代表性单个土体养分状况与化学性质见表1-18。

表1-17　平木系代表性单个土体物理性质

土层	深度 (cm)	砾石 (>2 mm，体积分数)（%）	细土颗粒组成（g/kg）			质地	容重 (g/cm³)
			沙粒 (0.05～2 mm)	粉粒 (0.002～0.05 mm)	黏粒 (<0.002 mm)		
Ap1	0～18	2	515	338	147	壤土	1.18
Ap2	18～28	2	560	297	143	沙质壤土	1.46
Bg1	28～58	1	539	321	140	沙质壤土	1.42
Bg2	58～100	4	511	235	254	沙质黏壤土	1.45

表1-18　平木系代表性单个土体养分状况与化学性质

深度 (cm)	pH	有机碳（C） (g/kg)	全氮（N） (g/kg)	全磷（P） (g/kg)	全钾（K） (g/kg)	阳离子交换量 (cmol/kg)	交换性盐基总量 (cmol/kg)	游离氧化铁 (g/kg)
0～18	4.6	19.5	1.57	0.27	10.0	6.3	1.3	5.6

（续）

深度（cm）	pH	有机碳（C）（g/kg）	全氮（N）（g/kg）	全磷（P）（g/kg）	全钾（K）（g/kg）	阳离子交换量（cmol/kg）	交换性盐基总量（cmol/kg）	游离氧化铁（g/kg）
18~28	4.8	9.6	0.72	0.19	9.9	4.3	1.1	4.0
28~58	5.0	2.6	0.15	0.10	9.6	3.3	1.0	5.8
58~100	5.3	2.8	0.22	0.22	4.21	5.4	1.8	32.9

（5）铁聚潜育水耕土。

滨东系（Bindong Series）。

土族：黏质伊利石混合型石灰性热性-铁聚潜育水耕土。

拟定者：张海涛、秦聪。

分布与环境条件：多出现在湖北武汉、荆州等江汉平原湖滩地，成土母质为江汉平原的河流冲积物，种植制度为早稻-晚稻或小麦/油菜-晚稻或单季中稻。由于长期稻稻连作或冬泡稻种植，而其排水条件又较差，致使土体中上部滞水，出现潜育特征。年平均气温17~17.5 ℃，年平均降水量1 100~1 250 mm，无霜期255 d左右（图1-28）。

图1-28　滨东系典型景观和代表性单个土体剖面

土系特征与变幅：诊断层包括水耕表层、水耕氧化还原层；诊断特性包括热性土壤温度、人为滞水土壤水分状况、潜育特征、石灰性、铁质特性。水耕氧化还原层出现在30 cm深度内，厚度40~60 cm，有清晰的腐殖质胶膜。该土系经常处于地表水和地下水浸润条件下，潜育特征出现在30 cm深度以上，厚度30~50 cm，有2%~5%的锈纹锈斑，强亚铁反应。土体厚度在1 m以内，粉沙质黏壤土，pH为7.0~7.7。

对比土系：李公垸系，同一土族，母质均为河流冲积物，地形部位相似，土体厚度在100 cm以上。下阔系，同一亚类，不同土族，颗粒大小级别为黏壤质，土体无石灰反应。

利用性能综述：土体深厚，交换量高，保肥性好，养分丰富，自然肥力高，但水分过多、通气不良、养分不平衡。应注重农田建设，充分利用地势平坦、土壤肥沃的优势，挖深沟大渠、建设河网化基本农田，保护土壤资源。

参比土种：青隔灰潮沙泥田。

代表性单个土体：位于湖北省洪湖市大同湖管理区五分场滨东队，海拔26 m；成土母质为江汉平原的河流冲积物，水田，种植制度为早稻-晚稻。50 cm深度的土温16.8 ℃。野外调查时间为

2010 年 12 月 17 日，编号 42-095（图 1-28）。

Ap1：0～18 cm，棕灰色（10YR5/1，干），灰黄棕色（10YR 4/2，润）；粉沙质黏壤土，块状结构，很坚实，pH 为 7.0，向下层平滑清晰过渡。

Ap2：18～26 cm，棕灰色（10YR 6/1，干），棕灰色（10YR 5/1，润）；粉沙质黏壤土，块状结构，极坚实，可见模糊的腐殖质胶膜，中度石灰反应，pH 为 7.7，向下层平滑渐变过渡。

Bg：26～43 cm，淡灰色（10YR 7/1，干），棕灰色（10YR 5/1，润）；粉沙质黏壤土，块状结构，极坚实，2％～5％锈纹锈斑，可见清晰的腐殖质胶膜，强亚铁反应，强石灰反应，pH 为 7.9，向下层平滑模糊过渡。

Br：43～85 cm，浊黄橙色（10YR 6/3，干），棕色（10YR 4/4，润）；粉沙质黏壤土，块状结构，很坚实，2％～5％锈纹锈斑，可见清晰的腐殖质胶膜，强石灰反应，pH 为 7.9，向下层平滑渐变过渡。

C：85～120 cm，灰黄棕色（10YR 6/2，干），暗棕色（10YR 3/4，润）；粉沙质黏壤土，块状结构，坚实，极可塑性，可见模糊的腐殖质胶膜，中度石灰反应，pH 为 7.7。

滨东系代表性单个土体物理性质见表 1-19。滨东系代表性单个土体养分状况与化学性质见表 1-20。

表 1-19 滨东系代表性单个土体物理性质

土层	深度（cm）	细土颗粒组成（g/kg）			质地	容重（g/cm³）
		沙粒（0.05～2 mm）	粉粒（0.002～0.05 mm）	黏粒（<0.002 mm）		
Ap1	0～18	129	538	333	粉沙质黏壤土	1.34
Ap2	18～26	66	560	374	粉沙质黏壤土	1.51
Bg	26～43	67	558	375	粉沙质黏壤土	1.36
Br	43～85	27	611	362	粉沙质黏壤土	1.26
C	85～120	27	613	360	粉沙质黏壤土	1.44

表 1-20 滨东系代表性单个土体养分状况与化学性质

深度（cm）	pH	有机质（g/kg）	全氮（N）（g/kg）	全磷（P）（g/kg）	全钾（K）（g/kg）	阳离子交换量（cmol/kg）	游离氧化铁（g/kg）
0～18	7.0	24.9	1.06	0.12	11.6	9.63	15.6
18～26	7.7	22.9	0.91	0.24	9.2	7.63	26.3
26～43	7.9	12.9	0.47	0.25	10.0	8.30	24.8
43～85	7.9	10.1	0.52	0.24	12.5	10.37	29.8
85～120	7.7	17.7	0.36	0.20	9.1	7.55	4.3

（6）普通潜育水耕土。

阮市系（Ruanshi Series）。

土族：黏壤质云母混合型非酸性热性-普通潜育水耕土。

拟定者：麻万诸、章明奎。

分布与环境条件：主要分布于河谷冲积平原的谷底，所处地形四周高、中间低，由江河受阻泛滥淤积而形成的湖泊、沼泽地等经人工改良而形成水耕土，集中分布于浙江诸暨境内，地势相对低洼，海拔<15 m，土体长期处于潜育化过程。利用方式以单季水稻或水稻-绿肥为主。属亚热带湿润季风气候区，年平均气温 15.8～17.0 ℃，年平均降水量约 1 360 mm，年平均日照时数约 2 060 h，无霜期约 230 d（图 1-29）。

土系特征与变幅：诊断层包括水耕表层、水耕氧化还原层；诊断特性包括热性土壤温度状况、人

图 1-29　阮市系典型景观和代表性单个土体剖面

为滞水水分状况、潜育特征。该土系地处河谷平原低洼处，由河流泛滥淤积而成的湖沼经人工围筑而成，常年地下水位较高，一般 30～40 cm。土体深厚，在 1.5 m 以上，细土质地为粉沙壤土或壤土，水耕表层以下土体长期处于潜育化过程，厚度 50～80 cm，呈青灰色，色调 5Y～7.5Y，润态明度 3～4，彩度 1，具有强亚铁反应，故称青泥田。该土系的水耕历史在 40 年以上，土体呈现微酸性，pH 5.0～6.0，游离态氧化铁（Fe_2O_3）含量 20～30 g/kg，土层间无明显迁移特征，耕层略高于水耕氧化还原层。潜育特征亚层土体中可见较多原湖沼植株的残体，全土体有机质含量均较高，在 20 g/kg 以上。耕层有机质含量 30～40 g/kg，全氮含量 2.0～2.5 g/kg，有效磷含量 20～40 mg/kg，速效钾含量 50～80 mg/kg。Bg 层为潜育特征亚层，起始于 20～30 cm，紧接于犁底层之下，厚度在 50 cm 以上，土体呈青灰色，色调 5Y～7.5Y，润态明度 3～4，彩度 1，亚铁反应强烈，有较多的青黑色的腐烂植物残体，土体有机质含量 20～40 g/kg。

对比土系：崇福系，同一土族，分布位置、母质来源及颗粒组成均相似。区别在于崇福系犁底层与潜育特征亚层之间有厚度 10～15 cm 的水耕氧化还原层，60～70 cm 处出现腐泥层，阮市系犁底层之下整个土体均有潜育特征。

利用性能综述：该土系地处低洼中心，地下水位高，土体黏闭，通气性差。由于土体软糊，耕性较差，易致人、畜、犁具下陷，水稻沉苗。土体还原性较强，养分不易被作物吸收利用，易导致水稻前期僵苗、后期晚熟。在管理和改良上，一是要深沟排水，降低地下水位；二是要冬耕晒垡，水旱轮作，提高土体通气性。

参比土种：烂青泥田。

代表性单个土体：剖面（编号 2J-072）于 2011 年 11 月 21 日采自浙江省绍兴市诸暨市阮市镇阮元村南，河谷平原低洼处，海拔 5 m；母质为河湖相沉积物，种植单季水稻，冬闲，50 cm 深度的土温 19.5 ℃（图 1-29）。

Apr1：0～15 cm，棕色（7.5YR 4/4，润），淡棕灰色（7.5YR 7/2，干）；细土质地为粉沙壤土，块状结构，稍疏松；有大量水稻细根；根孔锈纹密集，结构面中可见大量连片的锈斑——鳝血斑，占土体的 30% 以上；pH 为 5.6；向下层平滑渐变过渡。

Apr2：15～25 cm，黄灰色（2.5Y 4/1，润），灰黄色（2.5Y 6/2，干）；细土质地为粉沙壤土，棱块状结构，稍紧实；有少量的根孔锈纹，结构面中有大量连片的亮红棕色（5YR 5/8，润）锈斑——鳝血斑，占土体的 35% 以上；pH 为 5.6；向下层平滑突变过渡。

Bg1：25～52 cm，灰色（7.5Y 4/1，润），灰橄榄色（7.5Y 6/2，干）；细土质地为粉沙壤土，弱块状结构或无结构，稍紧实；土体中有大量垂直方向的根孔，直径 0.5～1 mm，5～8 孔/dm²；亚铁反应强烈；pH 为 5.7；向下层平滑渐变过渡。

Bg2：52～80 cm，灰色（7.5Y 4/1，润），灰橄榄色（7.5Y 5/2，干）；细土质地为粉沙壤土，弱块状结构或无结构，稍紧实；土体中垂直方向气孔发达；有较多直径 1～2 cm 的腐根孔，占土体的 3%～5%；土体结持性差，易发生塌落；具有较强的亚铁反应；pH 为 5.4；向下层平滑渐变过渡。

Bg3：80～120 cm，灰色（7.5Y 4/1，润），灰橄榄色（7.5Y 5/3，干）；细土质地为粉沙壤土，弱块状结构，紧实；土体中有大量的毛细气孔；具有较强的亚铁反应；pH 为 5.2。

阮市系代表性单个土体物理性质见表 1-21。阮市系代表性单个土体养分状况与化学性质见表 1-22。

表 1-21　阮市系代表性单个土体物理性质

土层	深度 (cm)	砾石 (>2 mm，体积分数)（%）	细土颗粒组成（g/kg）			质地	容重 (g/cm³)
			沙粒 (0.05～2 mm)	粉粒 (0.002～0.05 mm)	黏粒 (<0.002 mm)		
Apr1	0～15	5	222	608	170	粉沙壤土	0.87
Apr2	15～25	5	219	611	170	粉沙壤土	1.03
Bg1	25～52	5	211	572	217	粉沙壤土	1.03
Bg2	52～80	5	195	580	225	粉沙壤土	0.93
Bg3	80～120	5	218	576	206	粉沙壤土	0.89

表 1-22　阮市系代表性单个土体养分状况与化学性质

深度 (cm)	pH	有机质 (g/kg)	全氮（N） (g/kg)	全磷（P） (g/kg)	全钾（K） (g/kg)	阳离子交换量 (cmol/kg)	游离铁 (g/kg)
0～15	5.6	37.1	2.07	0.67	19.2	18.4	30.1
15～25	5.6	29.5	1.16	0.64	18.7	18.3	25.5
25～52	5.7	21.6	1.17	0.51	20.2	15.9	26.3
52～80	5.4	25.8	1.30	0.48	21.5	14.7	22.2
80～120	5.2	30.7	1.89	0.43	19.8	15.8	25.2

2. 铁渗水耕土　铁渗水耕土是水耕土中由于强烈的还原淋溶和氧化淀积作用，在水耕氧化还原层的累积亚层之上尚有明显的铁淋失亚层的土壤。它包括过去所称的部分渗育水耕土和部分典型水耕土，分布于河流三角洲和河谷平原，长江以南丘陵下部及沟谷底部耕种历史久的稻田中。铁渗水耕土的形成是与其受水耕种稻年代悠久、所处地势平坦、地下水位不高、水分渗漏适宜、剖面上部含有较多易分解性的有机质、剖面下部土壤质地偏黏或间有黏质层等因素相联系的。

（1）漂白铁渗水耕土。

曼沙吉系（Manshaji Series）。

土族：黏质混合型非酸性高热性-漂白铁渗水耕土。

拟定者：黄标、王宁、田康。

分布与环境条件：曼沙吉系分布于云南西双版纳等地的盆坝河流沿岸或山间河谷下部。属南亚热带-北热带湿润季风气候，终年暖热，夏无酷暑，年平均气温 22.1℃；年平均相对湿度 84%，年平均降水量 1 486.5 mm；年平均日照时数 1 984.1 h。土壤起源于河流冲积物母质，农业利用为水稻-蔬菜种植（图 1-30）。

土系特征与变幅：诊断层包括水耕表层、水耕氧化还原层、漂白层；诊断特征包括氧化还原特征、人为滞水土壤水分状况、高热性土壤温度状况。曼沙吉系是在河流阶地冲积物母质上，经过长期水旱轮作发育而来，水利条件一般较好，熟化度中等，耕层较浅，犁底层在 10 cm 左右。该土壤整体颜色偏淡，色调除表层为 7.5YR 外，其余为 10YR。土壤质地整体为黏壤土，黏粒含量 315～384 g/kg。耕

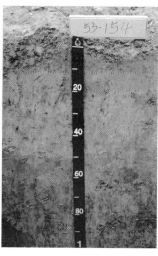

图 1-30　曼沙吉系典型景观和代表性单个土体剖面

层主要发育团粒状结构，耕层之下均为强发育的团块状结构。水耕氧化还原层内见锈纹锈斑，含量5%～25%，且自上而下，含量逐渐增加。土壤呈强酸性至微酸性，pH 4.5～6.2。该土系水耕表层土壤有机碳、全氮、全磷、全钾含量及阳离子交换量均不高。

对比土系：和曲系，同一亚类，颗粒大小级别为黏壤质，热性土壤温度状况。文伟系，不同地区，同一亚类，颗粒大小级别为壤质，热性土壤温度状况，剖面下部有潜育特征。

利用性能综述：曼沙吉系土壤质地较轻，疏松易耕作，适耕期长，通透性好，一般一年两熟或三熟，缺点是土壤养分状况较差。所以，在生产管理过程中，应注意补充有机碳，如增施有机肥、秸秆还田、种植绿肥等，不断熟化土壤，增强地力。

参比土种：沙田。

代表性单个土体：剖面采自云南省西双版纳傣族自治州勐腊县勐捧镇勐捧村曼沙吉（编号 53-154），海拔 577 m，当前为橡胶树林。50 cm 深度的土温 25.6 ℃。野外调查时间 2015 年 4 月（图 1-30）。

Ap1：0～15 cm，浊橙色（7.5YR 7/3，干），浊棕色（7.5YR 5/3，润）；黏壤土，中等发育团粒状结构，疏松，根系较多，结构体内见少量直径<2 mm 的铁锰斑纹，平滑清晰过渡。

Ap2：15～25 cm，浊黄橙色（10YR 7/3，干），浊黄橙色（10YR 6/3，润）；粉质黏壤土，强发育团块状结构，坚实，结构体内见 5%直径<2 mm 的铁锰斑纹，平滑清晰过渡。

Er：25～68 cm，橙白色（10YR 8/2，干），灰黄棕色（10YR 6/2，润）；黏壤土，强发育团块状结构，坚实，结构体内见 8%直径 2～6 mm 的铁锰斑纹，平滑清晰过渡。

Br：68～100 cm，橙白色（10YR 8/2，干），灰黄棕色（10YR 6/2，润）；黏壤土，强发育团块状结构，坚实，结构体内见 25%直径 6～20 mm 的铁锰斑纹。

曼沙吉系代表性单个土体物理性质见表 1-23。曼沙吉系代表性单个土体养分状况与化学性质见表 1-24。

表 1-23　曼沙吉系代表性单个土体物理性质

土层	深度（cm）	细土颗粒组成（g/kg）			质地	容重（g/cm³）
		沙粒（0.05～2 mm）	粉粒（0.002～0.05 mm）	黏粒（<0.002 mm）		
Ap1	0～15	280	405	315	黏壤土	1.33
Ap2	15～25	166	450	384	粉质黏壤土	1.77

（续）

土层	深度	细土颗粒组成（g/kg）			质地	容重
	（cm）	沙粒（0.05～2 mm）	粉粒（0.002～0.05 mm）	黏粒（<0.002 mm）		（g/cm³）
Er	25～68	322	336	342	黏壤土	1.82
Br	68～100	278	341	381	黏壤土	1.74

表1-24　曼沙吉系代表性单个土体养分状况与化学性质

深度（cm）	pH	有机碳（C）（g/kg）	全氮（N）（g/kg）	全磷（P）（g/kg）	全钾（K）（g/kg）	全铁（Fe）（g/kg）	阳离子交换量（cmol/kg）	游离铁（Fe）（g/kg）
0～15	4.5	7.0	0.82	0.23	7.1	14.5	6.9	9.3
15～25	5.3	4.2	0.55	0.11	6.3	17.5	6.4	11.2
25～68	5.7	3.5	0.42	0.07	5.4	13.9	6.5	8.7
68～100	6.2	2.9	0.41	0.10	6.0	15.9	8.4	9.3

（2）底潜铁渗水耕土。

雅星系（Yaxing Series）。

土族名称：沙质硅质混合型非酸性高热性-底潜铁渗水耕土。

拟定者：漆智平、杨帆、王登峰。

分布与环境条件：分布于海南西北部的丘间凹地，海拔100～150 m；花岗岩坡积物母质，土地利用为水田，水旱（花生、番薯）轮作；热带海洋性气候，年平均日照时数约为2 000 h，年平均气温23～25 ℃，年平均降水量为1 500～1 600 mm（图1-31）。

图1-31　雅星系典型景观和代表性单个土体剖面

土系特征与变幅：诊断层包括水耕表层、水耕氧化还原层；诊断特性包括高热土壤温度状况、人为滞水土壤水分状况、潜育特征、氧化还原特征。土体厚度在1.2 m以上，水耕表层之下有厚度为40～50 cm的铁渗淋亚层；潜育特征土层出现于60～70 cm深度，厚度约为20 cm；水耕表层和铁渗淋亚层细沙含量为700～800 g/kg，壤质沙土，细土质地为壤质沙土-沙质黏壤土，pH 5.0～7.0。

对比土系：宝芳系，同一土类，不同亚类，无潜育特征，土壤颗粒大小级别为壤质，土壤呈强酸性-酸性，土壤酸碱反应类别为酸性。

生产性能综述：土体深厚，耕层发育良好，犁底层适中，耕性好，是重要的粮田土壤，但土壤有机质缺乏、全氮中等，磷、钾缺乏，推行秸秆还田，培肥地力，实行水稻、花生或蔬菜轮作。

参比土种：麻赤土田。

代表性单个土体：位于海南省儋州市雅星镇，海拔 130 m，丘间凹地，母质为花岗岩坡积物，水田，水旱（花生）轮作。50 cm 深度的土温 26.5 ℃。野外调查日期为 2009 年 11 月 23 日，编号为 46-002（图 1-31）。

Ap1：0～19 cm，灰黄棕色（10YR6/2，干），浊黄棕色（10YR4/3，润）；沙质壤土，小块状结构，疏松，多量棕褐色锈斑锈点，向下平滑渐变过渡。

Ap2：19～26 cm，棕灰色（10YR6/1，干），棕灰色（10YR5/1，润）；沙质壤土，块状结构，稍坚实，少量锈斑锈点，向下平滑渐变过渡。

Br：26～68 cm，棕灰色（10YR5/1，干），棕灰色（10YR4/1，润）；壤质沙土，棱块状和角块状结构，稍坚实，少量锈斑，向下平滑渐变过渡。

Bg1：68～97 cm，灰白色（5Y8/1，干），淡灰色（5Y7/1，润）；沙质黏壤土，棱块状结构，稍坚实，有亚铁反应，少量锈斑，向下平滑渐变过渡。

Bg2：97～120 cm，灰白色（5Y8/1，干），灰色（5Y6/1，润）；沙质黏壤土，块状结构，坚实，有亚铁反应，大量灰斑。

雅星系代表性单个土体土壤物理性质见表 1-25。雅星系代表性单个土体养分状况与化学性质见表 1-26。

表 1-25　雅星系代表性单个土体土壤物理性质

土层	深度 (cm)	细土颗粒组成 (g/kg)			质地	容重 (g/cm³)
		沙粒 (0.05～2 mm)	粉粒 (0.002～0.05 mm)	黏粒 (<0.002 mm)		
Ap1	0～19	753	127	120	沙质壤土	1.60
Ap2	19～26	748	125	127	沙质壤土	1.94
Br	26～68	833	90	77	壤质沙土	1.81
Bg1	68～97	639	156	205	沙质黏壤土	—
Bg2	97～120	523	178	299	沙质黏壤土	—

表 1-26　雅星系代表性单个土体养分状况与化学性质

层次	pH	有机碳 (C) (g/kg)	全氮 (N) (g/kg)	全磷 (P) (g/kg)	全钾 (K) (g/kg)	阳离子交换量 (cmol/kg)	游离铁 (g/kg)
0～19	6.0	9.5	1.08	0.17	22.50	6.2	7.4
19～26	5.3	6.5	0.45	0.12	25.44	2.5	2.9
26～68	6.6	0.7	0.11	0.06	22.85	2.7	1.2
68～97	6.7	1.1	0.10	0.07	23.42	4.7	6.8
97～120	7.0	1.0	0.14	0.09	30.38	7.8	4.9

（3）普通铁渗水耕土。

陆埠系（Lubu Series）。

土族：壤质硅质混合型非酸性热性-普通铁渗水耕土。

拟定者：麻万诸、章明奎。

分布与环境条件：主要分布于滨海平原区的河谷两侧，以浙江省宁波市余姚市的姚江两侧分布最为集中，海拔一般<20 m，土体受地下水位起伏和低丘侧渗水的影响，母质为河湖相沉积物，利用方式以单季水稻为主。属亚热带湿润季风气候区，年平均气温 15.5～16.5 ℃，年平均降水量约 1 280 mm，年

平均日照时数约 2 070 h，无霜期约 240 d（图 1-32）。

图 1-32　陆埠系典型景观和代表性单个土体剖面

土系特征与变幅：诊断层包括水耕表层、水耕氧化还原层；诊断特性包括热性土壤温度状况、人为滞水土壤水分状况、潜育特征。该土系地处滨海平原区的河谷两侧，母质为河湖相沉积物。土体厚度在 120 cm 以上，细土质地为粉沙壤土，极细沙与粉粒含量之和＞700 g/kg。该土系水耕种稻历史悠久，剖面层次分化明显，犁底层与耕层容重之比达 1.4～1.8。由于所处海拔较低，受两旁低丘侧渗水和地下水位上下波动的影响，犁底层之下土体黏粒减少，氧化铁明显流失，形成了一个厚度 40～50 cm 的黄灰色铁渗淋亚层，色调 2.5Y～5Y，润态明度 4～6，彩度 1，土体中有较多的铁锰锈纹和锈斑，游离态氧化铁（Fe_2O_3）含量＜10 g/kg，但尚未形成漂白层。地下水位 100～110 cm，约 100 cm 以下土体中出现潜育特征。耕层有机质含量＞50 g/kg，全氮含量＞3.0 g/kg，碳氮比（C/N）9.0～11.0，有效磷含量 8～12 mg/kg，速效钾含量 30～50 mg/kg。Br 为铁渗淋亚层，紧接于犁底层之下，厚度 40～50 cm，土体呈黄灰色至灰色，色调 2.5Y～5Y，润态明度 4～6，彩度 1，黏粒淋失，游离态氧化铁渗淋明显，含量＜10.0 g/kg。

对比土系：西畈系，同一土族，但分布地形和母质来源不同，西畈系分布于低丘斜坡地，发源于凝灰岩风化残坡积物母质，土体颜色更红，色调为 10YR，且土体不受地下水影响。贺田畈系，同一亚类不同土族，分布地形部位相似，贺田畈系土体颗粒更细，且地下水位较高，土体受地下水影响强烈，60～100 cm 出现了漂白层，属黏壤质硅质混合型非酸性热性-普通铁渗水耕土。环渚系，二者分布地形部位、母质相似，土体颗粒组成相仿，犁底层之下土体受侧渗水影响明显。区别在于环渚系在 60 cm 内出现了致密的腐泥层，阻止了水下渗运动，致使犁底层之下土体尚未形成铁渗淋亚层，属普通简育水耕土。

利用性能综述：该土系发源于河湖相沉积物母质，土体深厚，细土质地稍轻，细沙粒和粉粒的含量偏高，易产生淀浆板结。地处滨海平原河流两侧，渠系完善，灌溉保证率高，排涝抗旱能力较好。因全土体细沙、粉粒含量较高，土体通透性能较好，但保肥能力稍差，水稻容易后期脱力早衰。耕层土壤有机质和氮素水平较高，但磷、钾素欠缺。在利用管理上，需增施磷、钾肥，施肥方法上要进行少量多次施用。

参比土种：白粉泥田。

代表性单个土体：剖面（编号 2J-088）于 2012 年 1 月 13 日采自浙江省宁波市余姚市陆埠镇塘头村江南新村（距离姚江约 800 m），滨海夹平原河谷，海拔 5 m；母质为河湖相沉积物，地下水位 100 cm，种植单季水稻，50 cm 深度的土温 19.1℃（图 1-32）。

Ap1：0～20 cm，棕灰色（10YR 4/1，润），灰黄棕色（10YR 6/2，干）；细土质地为粉沙壤土，

团块状结构，疏松；有大量水稻根系；结构面上有较多的锈纹，根孔锈纹密集；pH 为 5.1；向下层平滑清晰过渡。

Ap2：20～30 cm，灰黄棕色（10YR 5/2，润），浊黄橙色（10YR 7/2，干）；细土质地为粉沙壤土，棱块状结构，紧实；土体中有大量的根孔；根孔锈纹密集，有铁锰斑，直径 1 mm 左右，占土体的 3%～5%；pH 为 7.0；向下层平滑清晰过渡。

Br1：30～70 cm，黄灰色（2.5Y 5/1，润），黄灰色（2.5Y 6/1，干）；细土质地为粉沙壤土，棱块状结构，紧实；垂直方向毛细孔发达；土体中有大量铁锰斑，结核直径约 0.5 mm，约占土体的 5%；垂直结构发达，结构面有明显的黏粒淀积，呈灰白色；pH 为 8.1；向下层平滑清晰过渡。

Br2：70～105 cm，橄榄棕色（2.5Y 4/3，润），灰黄色（2.5Y 6/2，干）；细土质地为粉沙壤土，棱块状结构，稍紧实；垂直方向毛细孔发达；土体中有大量垂直条状的黄色（10YR 6/8，润；5YR 6/8，干）铁锈纹，约占土体的 15%，夹有较多的铁锰结核，直径 1～2 mm；pH 为 8.1；向下层波状清晰过渡。

Cg：105～140 cm，灰色（5Y 4/1，润），灰色（5Y 5/1，干）；细土质地为粉沙壤土，块状结构，稍紧实；具有亚铁反应；垂直结构明显，结构面上有黏粒淀积；pH 为 7.0。

陆埠系代表性单个土体物理性质见表 1-27。陆埠系代表性单个土体养分状况与化学性质见表 1-28。

表 1-27 陆埠系代表性单个土体物理性质

| 土层 | 深度 (cm) | 砾石 (>2 mm，体积分数)（%） | 细土颗粒组成（g/kg） | | | 质地 | 容重 (g/cm³) |
			沙粒 (0.05～2 mm)	粉粒 (0.002～0.05 mm)	黏粒 (<0.002 mm)		
Ap1	0～20	5	267	596	137	粉沙壤土	0.94
Ap2	20～30	0	221	636	143	粉沙壤土	1.54
Br1	30～70	1	229	635	135	粉沙壤土	1.50
Br2	70～105	3	328	557	115	粉沙壤土	1.24
Cg	105～140	0	238	607	154	粉沙壤土	1.19

表 1-28 陆埠系代表性单个土体养分状况与化学性质

深度 (cm)	pH	有机质 (g/kg)	全氮（N）(g/kg)	全磷（P）(g/kg)	全钾（K）(g/kg)	阳离子交换量 (cmol/kg)	游离铁 (g/kg)
0～20	5.1	69.1	4.43	0.51	20.7	13.4	5.0
20～30	7.0	7.6	0.84	0.34	21.0	11.1	16.3
30～70	8.1	4.9	0.34	0.19	19.6	11.9	9.8
70～105	8.1	6.3	0.39	0.54	18.0	13.7	12.8
105～140	7.0	14.9	0.69	0.57	18.6	16.8	8.9

3. 铁聚水耕土 铁聚水耕土是水耕土中由于还原淋溶和氧化淀积作用，在水耕氧化还原层的上部具有明显的铁积累亚层的土壤。它主要指过去所称的典型或潴育水耕土。广泛分布于河流三角洲和河谷冲积平原、长江以南丘陵下部及沟谷底部的稻田中。大部分属于良水型，剖面下部离地表 1～2 m 深处出现地下水。少部分属于地表水型。氧化和还原状况交替频繁。种稻历史悠久。土壤 pH 低，易还原性氧化铁含量高。其水耕氧化还原层具有明显的铁锰淀积的形态特征。

（1）漂白铁聚水耕土。

永兴系（Yongxing Series）。

土族：黏壤质硅质混合型非酸性热性-漂白铁聚水耕土。

拟定者：章明奎。

分布与环境条件：零星分布在贵州遵义、铜仁、安顺等地的丘陵缓坡、低山坡麓及坝地边缘台地上。属中亚热带湿润气候，年平均日照时数约 1 250 h，年平均气温 14.0～16.0 ℃，年平均降水量 1 100～1 200 mm，无霜期 275 d 左右，年干燥度小于 1。海拔一般在 1 000 m 以下，起源于近代洪积物，经长期水耕熟化而成，利用方式为水田，水旱轮作。地下水位一般在 80 cm 以下（图 1 - 33）。

图 1 - 33　永兴系典型景观和代表性单个土体剖面

土系特征与变幅：该土系诊断层包括水耕表层、水耕氧化还原层和漂白层；诊断特性包括人为滞水土壤水分状况和热性土壤温度状况。剖面构型为 Ap1 - Ap2 - Br - E，水耕氧化还原层中有明显的铁锰斑纹，游离氧化铁显著高于表层土壤。土体厚度在 80～125 cm，土壤质地主要为粉沙质黏壤土和粉沙质黏土，砾石含量小于 25%；因地处坡地，土体内受侧渗水的长期漂洗，在地表 50 cm 以下形成漂白层，厚度在 30～50 cm；润土色调在 2.5Y～7.5YR；pH 在 5.3～6.2。

对比土系：冷水溪系、威远系，同一亚类。但冷水溪系和威远成土母质分别为泥页岩坡积物和石灰岩坡积物，黏粒含量较高，颗粒大小级别为黏质。

利用性能综述：永兴系土壤有机质、全氮中高，速效钾中等，有效磷较低，表土偏酸。土壤保肥性能较高，生产潜力较高。在改良上，应开沟截断侧渗水，防止侧向淋洗；增施磷肥，同时施用少量石灰，逐渐降低土壤酸度。在利用上，可采取稻-油、稻-肥复种轮作，用养结合，精耕细作。

参比土种：白鳝泥田。

代表性单个土体：剖面（编号：52 - 042）于 2015 年 7 月 31 日采自贵州省遵义市湄潭县永兴镇永狮子山村。母质为近代洪积物，海拔 835 m，地形为低山坡麓地带，梯田，坡度为<15°；50 cm 深度的土温约 17.5 ℃。土地利用方式为水田，水旱轮作（图 1 - 33）。

Ap1：0～15 cm，黄棕色（2.5Y5/3，润），灰黄色（2.5Y6/2，干）；细土质地为粉沙质黏壤土，潮，小块状结构，疏松；中量根系；见中量根孔状铁锰斑纹；酸性；向下层平滑清晰过渡。

Ap2：15～26 cm，暗灰黄色（2.5Y5/2，润），灰黄色（2.5Y7/2，干）；细土质地为沙质黏壤土，潮，大块状结构，坚实；见大量根孔状铁锰斑纹；酸性；向下层平滑清晰过渡。

Br1：26～37 cm，暗灰黄色（2.5Y5/2，润），灰黄色（2.5Y7/2，干）；细土质地为粉沙质黏壤土，潮，块状结构，较坚实；中量铁锰斑纹及根孔状锈纹；微酸性；向下层平滑清晰过渡。

Br2：37～55 cm，亮棕色（7.5YR5/8，润），亮棕色（7.5YR5/6，干）；细土质地为黏壤土，潮，块状结构，稍坚实；大量铁锰斑纹；微酸性；向下层平滑清晰过渡。

E：55～90 cm，灰白色（5Y6/1，润），灰白色（5Y7/1，干）；细土质地为粉沙质黏壤土，湿，块状结构，稍坚实；少量铁锰斑纹；微酸性。

永兴系代表性单个土体物理性质见表 1 - 29。永兴系代表性单个土体养分状况与化学性质见表 1 - 30。

表 1 - 29　永兴系代表性单个土体物理性质

土层	深度 (cm)	砾石（>2 mm, 体积分数）（%）	细土颗粒组成（g/kg）			质地	容重 (g/cm³)	pH
			沙粒（0.05~2 mm）	粉粒（0.002~0.05 mm）	黏粒（<0.002 mm）			
Ap1	0~15	1	173	400	427	粉沙质黏土	1.19	5.43
Ap2	15~26	1	604	196	200	沙质黏壤土	1.33	5.36
Br1	26~37	1	171	510	320	粉沙质黏壤土	1.36	5.84
Br2	37~55	2	297	341	362	黏壤土	1.43	6.15
E	55~90	0	158	529	313	粉沙质黏壤土	1.38	6.01

表 1 - 30　永兴系代表性单个土体养分状况与化学性质

深度 (cm)	阳离子交换量 (cmol/kg)	盐基饱和度 (%)	游离铁 (g/kg)	有机质 (g/kg)	全氮 (g/kg)	有效磷 (mg/kg)	速效钾 (mg/kg)
0~15	16.87	91.52	15.82	38.72	3.47	9.63	109
15~26	9.87	78.52	17.75	36.54	2.45	5.64	78
26~37	12.65	94.86	18.89	32.16	—	—	—
37~55	11.65	95.97	60.64	15.88	—	—	—
55~90	12.65	91.30	13.50	21.30	—	—	—

（2）底潜铁聚水耕土。

澄海系（Chenghai Series）。

土族：黏壤质硅质混合型非酸性高热性-底潜铁聚水耕土。

拟定者：卢瑛、盛庚、陈冲。

分布与环境条件：分布于广东汕头、揭阳、潮州、惠州等地，沿海地带及港湾海岛。成土母质为滨海沉积物，土地利用类型为耕地，主要种植水稻、果树等；属南亚热带至热带海洋性季风性气候，年平均气温 21.0~23.0 ℃，年平均降水量 1 500~2 500 mm（图 1-34）。

图 1 - 34　澄海系典型景观和代表性单个土体剖面

土系特征与变幅：诊断层包括水耕表层、水耕氧化还原层；诊断特性包括人为滞水土壤水分状况、氧化还原特征、潜育特征、高热性土壤温度状况。由盐渍型水耕土经长期耕作种植脱盐而成，耕层厚 10~18 cm，水耕氧化还原层有 10%~20%对比鲜明的铁锈斑与铁锰胶膜，其游离氧化铁与耕层之比为 1.5~1.8，地表 70 cm 以下土层具有潜育特征；细土质地变异大，为壤土-黏土；土壤呈酸性-

微酸性，pH 5.0～6.5。

对比土系：流沙系，属相同土族；流沙系由宽谷冲积物母质发育而成，表层（0～20 cm）细土质地为黏壤质；水耕氧化还原层中有 5%～15% 的铁锰结核。

生产性能综述：该土系土壤质地较好，宜耕性好，适种性广，一般排灌方便，水源足，具爽水爽肥特性，目前多种植双季稻或水果，土壤肥力中等。改良利用措施：修建农田水利设施，增强抗旱排涝能力；增施有机肥，推广秸秆还田、水旱轮作、粮肥间作等，用地与养地相结合，不断提高地力；实行测土平衡施肥，协调土壤养分供应，向高产、稳产土壤发展。

参比土种：海坭田。

代表性单个土体：剖面（编号 44-101）位于广东省汕头市澄海区溪南镇海岱村四合片，海拔 2 m；成土母质为滨海沉积物；种植水稻、果树等，50 cm 深度的土温 23.6℃。野外调查时间为 2011 年 11 月 17 日（图 1-34）。

Ap1：0～12 cm，淡黄色（2.5Y7/3，干），橄榄棕色（2.5Y4/3，润）；壤土，强度发育 5～10 mm 的块状结构，坚实，中量细根，根系周围有 20% 左右直径 2～6 mm 对比鲜明的铁锈斑纹；向下层平滑渐变过渡。

Ap2：12～26 cm，灰白色（2.5Y8/2，干），黄棕色（2.5Y5/6，润）；壤土，强度发育 10～20 mm 的块状结构，坚实，少量细根，根系周围有 10% 左右直径 2～6 mm 对比鲜明的铁锈斑纹，有少量植物残体；向下层平滑渐变过渡。

Br1：26～47 cm，浅淡黄色（2.5Y8/4，干），棕色（10YR4/4，润）；粉壤土，强度发育 10～20 mm 的块状结构，坚实，结构体内有 10% 左右直径 2～6 mm 对比鲜明的铁斑纹，有少量植物残体；向下层平滑渐变过渡。

Br2：47～68 cm，黄色（2.5Y8/6，干），浊黄棕色（10YR4/3，润）；黏壤土，中度发育 10～20 mm 的块状结构，坚实，结构体内有 20% 左右直径 2～6 mm 对比鲜明的铁斑纹，有少量植物残体；向下层平滑渐变过渡。

Bg：68～100 cm，浅淡黄色（2.5Y8/3，干），棕色（10YR4/4，润）；粉质黏土，弱发育 20～50 mm 块状结构，坚实，结构体内有占 10% 左右直径 2～6 mm 的管状铁锰结核，中度亚铁反应。

澄海系代表性单个土体物理性质见表 1-31。澄海系代表性单个土体养分状况与化学性质见表 1-32。

表 1-31　澄海系代表性单个土体物理性质

| 土层 | 深度 (cm) | 砾石 (>2 mm，体积分数) (%) | 细土颗粒组成 (g/kg) | | | 质地 | 容重 (g/cm³) |
			沙粒 (0.05～2 mm)	粉粒 (0.002～0.05 mm)	黏粒 (<0.002 mm)		
Ap1	0～12	2	477	340	183	壤土	1.25
Ap2	12～26	2	497	329	174	壤土	1.40
Br1	26～47	0	227	506	266	粉壤土	1.32
Br2	47～68	0	272	456	272	黏壤土	1.37
Bg	68～100	0	126	442	433	粉质黏土	1.34

表 1-32　澄海系代表性单个土体养分状况与化学性质

深度 (cm)	pH	有机碳 (C) (g/kg)	全氮 (N) (g/kg)	全磷 (P) (g/kg)	全钾 (K) (g/kg)	阳离子交换量 (cmol/kg)	交换性盐基总量 (cmol/kg)	游离铁 (g/kg)
0～12	5.3	15.1	1.22	0.98	17.8	8.2	4.1	19.7
12～26	6.4	5.5	0.37	0.35	18.0	5.4	5.2	22.0

（续）

深度 （cm）	pH	有机碳（C） （g/kg）	全氮（N） （g/kg）	全磷（P） （g/kg）	全钾（K） （g/kg）	阳离子交换量 （cmol/kg）	交换性盐基总量 （cmol/kg）	游离铁 （g/kg）
26～47	6.3	5.1	0.31	0.35	18.0	9.8	7.0	34.6
47～68	5.5	6.6	0.36	0.44	17.8	8.8	6.0	29.9
68～100	5.5	5.5	0.37	0.47	17.7	10.0	7.4	33.5

（3）普通铁聚水耕土。

长胜系（Changsheng Series）。

土族：壤质混合型酸性热性-普通铁聚水耕土。

拟定者：蔡崇法、罗梦雨、杨松。

分布与环境条件：该土系主要分布在江西南昌、上饶西部、赣州中部偏西一带。处于平坦的湖州滩地、河流三角洲或冲积扇。成土母质为河湖相沉积物。主要作物为双季稻、油菜等。年平均气温17～17.5 ℃，年平均降水量1 400～1 500 mm，无霜期271 d左右（图1-35）。

图1-35　长胜系典型景观和代表性单个土体剖面

土系特征与变幅：诊断层包括水耕表层、水耕氧化还原层；诊断特性包括热性土壤温度、人为滞水土壤水分状况，氧化还原特性。土层厚度在1 m以上，水耕氧化还原层出现在35 cm以下，剖面20～70 cm为铁聚集层次，结构体表面通体可见铁斑纹或胶膜，剖面中存在黏粒胶膜，层次质地构型通体为粉壤土，pH为4.4～5.3。

对比土系：位于相似地区的南胜利系，同一亚类不同土族，颗粒大小级别为壤质，质地构型为粉质黏壤土-粉质黏壤土-粉质黏壤土-壤质沙土-粉壤土；位于相似地区的墨山系，同一亚类不同土族，颗粒大小级别为黏壤质，质地构型为粉壤土-黏土-粉质黏壤土-粉壤土；位于相似地区的南新系，同一亚类不同土族，颗粒大小级别为黏壤质，质地构型为粉质黏壤土-粉质黏壤土-粉质黏壤土-壤土；街上系，同一亚类不同土族，颗粒大小级别为黏壤质，水耕表层有轻度的亚铁反应，土层质地构型为粉壤土-壤土-黏壤土-粉质黏壤土；位于相似地区的城前系，同一亚纲不同土类，质地构型为壤土-沙质壤土-粉壤土-壤土-沙质黏壤土-粉质黏壤土；位于相似地区的矶阳系，雏形土，质地构型为粉壤土-粉质黏壤土。

利用性能综述：地势平坦，土体深厚，质地适中，耕性较好，表层土壤熟化程度高，磷含量偏低。应合理轮作，注重用养结合，增施有机肥和磷肥，实行秸秆还田，保证土壤肥力不下降，改善土壤结构，以保持地力。

参比土种：潴育乌潮沙泥田。

代表性单个土体：剖面（编号 36-046）位于江西省南昌市新建区大塘坪乡长胜村，海拔 11 m；成土母质为河湖相沉积物，种植水稻，50 cm 深度的土温 20.9 ℃。野外调查时间为 2015 年 1 月 18 日（图 1-35）。

Ap1：0~16 cm，淡灰色（10YR 7/1，干），黑棕色（10YR 3/2，润）；粉壤土，团粒状结构，疏松；土体内有较多蜂窝状孔隙，中量根系，结构体表面有多量铁斑纹；向下层平滑清晰过渡。

Ap2：16~24 cm，浊黄橙色（10YR 7/2，干），棕色（10YR 4/4，润）；粉壤土，团块状结构，疏松；土体内有较多蜂窝状孔隙，少量根系，结构体表面可见较多铁斑纹、很多铁锰胶膜；黏粒胶膜；向下层平滑渐变过渡。

Br1：24~70 cm，灰白色（2.5Y 8/2，干），浊黄色（10YR 4/3，润）；粉壤土，团块状结构，疏松；土体内有少量蜂窝状孔隙，可见少量的铁斑纹、多量的黏粒胶膜；向下层平滑模糊过渡。

Br2：70~108 cm，浊黄橙（10YR 7/2，干），浊黄棕色（10YR 4/3，润）；团块状结构，疏松，结构体表面可见很少的铁胶膜、多量的黏粒胶膜。

长胜系代表性单个土体物理性质见表 1-33。长胜系代表性单个土体养分状况与化学性质见表 1-34。

表 1-33　长胜系代表性单个土体物理性质

土层	深度（cm）	细土颗粒组成（g/kg）			质地	容重（g/cm³）
		沙粒（0.05~2 mm）	粉粒（0.002~0.05 mm）	黏粒（<0.002 mm）		
Ap1	0~16	174	665	161	粉壤土	1.23
Ap2	16~24	141	683	176	粉壤土	1.36
Br1	24~70	133	701	166	粉壤土	1.40
Br2	70~108	189	624	187	粉壤土	1.45

表 1-34　长胜系代表性单个土体养分状况与化学性质

深度（cm）	pH	有机碳（C）（g/kg）	全氮（N）（g/kg）	全磷（P）（g/kg）	全钾（K）（g/kg）	阳离子交换量（cmol/kg）	游离铁（Fe）（g/kg）
0~16	4.4	17.9	1.19	0.79	17.2	9.3	11.2
16~24	5.3	4.6	1.02	0.67	16.5	8.1	19.8
24~70	5.0	4.6	0.33	0.56	17.2	7.6	18.5
70~108	5.2	6.2	0.32	0.41	17.3	9.9	12.9

4. 简育水耕土　简育水耕土是水耕土中铁锰淋溶淀积作用尚不强烈、水耕氧化还原层只具有锈色斑纹或低彩度斑块的土壤。分布范围非常广阔，在长江以南丘陵低山的坡地梯田、各地的河流三角洲平原和河谷平原的稻田中均可见到。属于地表水型和良水型。由于铁的还原淋溶和氧化淀积作用不强烈，简育水耕土的水耕氧化还原层的游离铁、游离度、晶/胶比以及 Kh 值与相邻层次，特别是与耕层和母质（母土）层差别不大，既无铁聚层又无铁渗层。以上是这一类型土壤的主要特点。

（1）变性简育水耕土。

康西系（Kangxi Series）。

土族：黏质蒙脱石混合型非酸性热性-变性简育水耕土。

拟定者：李德成、魏昌龙。

分布与环境条件：分布于江淮丘陵区地势低洼地段，海拔在 30 m 以下，成土母质为古黄土性河湖相沉积物，水田，麦-稻轮作。北亚热带湿润季风气候，年平均日照时数 2 200~2 400 h，年平均气温 14.5~15.5 ℃，年平均降水量 900~1 000 mm，无霜期 200~220 d（图 1-36）。

图 1-36　康西系典型景观和代表性单个土体剖面

　　土系特征与变幅：诊断层包括水耕表层、水耕氧化还原层；诊断特性包括热性土壤温度状况、人为滞水土壤水分状况等。水耕表层为黏壤土-黏土，氧化还原层为黏土，土体中有 2%～5% 的铁锰结核，pH 7.7～8.1。65 cm 以下土体中有 10% 左右的碳酸钙结核（砂姜）。

　　对比土系：大苑系和双桥系，不同土纲，成土母质和分布地形部位一致，有变性特征，土体中有砂姜，为砂姜钙积潮湿变性土；李寨系，成土母质和分布地形部位一致，有变性现象，不同土纲，为变性砂姜潮湿雏形土。位于同一县境内的土系，同一亚纲但不同土类，双池系、兴北系、小阚系、永康系、大谢系，为铁聚水耕土；普通简育水耕土，谢集系、官桥系、桑涧系，同一土类但不同亚类；不同土纲，前孙系、大户吴系、郭家圩系，前两者为淋溶土，后者为雏形土。

　　利用性能综述：质地黏重，通透性和耕性差，黏、板、僵、瘠，易旱、涝、渍。应改善排灌条件，增施有机肥和实行秸秆还田，增施磷肥和钾肥。

　　参比土种：黄姜土。

　　代表性单个土体：位于安徽省滁州市定远县永康镇康西村西南，海拔 25 m，平原洼地；成土母质为古黄土性河湖相沉积物。水田，麦-稻轮作。50 cm 深度的土温 16.8 ℃（图 1-36）。

　　Ap1：0～20 cm，灰黄色（2.5Y 7/2，干），黄灰色（2.5Y 6/1，润）；黏土，发育强的直径 1～3 mm 粒状结构，松散；土体中有 2% 左右直径≤3 mm 的褐色球形软铁锰结核、8 条直径 2～5 mm 裂隙；向下层波状渐变过渡。

　　Ap2：20～32 cm，淡黄色（2.5Y 7/3，干），黄灰色（2.5Y 6/1，润）；黏土，发育强的直径 20～50 mm 块状结构，稍坚实；土体中有 2% 左右直径≤3 mm 的褐色球形软铁锰结核、5 条直径 2～4 mm 裂隙；向下层波状渐变过渡。

　　Bv：32～65 cm，淡黄色（2.5Y 7/3，干），浊黄色（2.5Y 6/3，润）；黏土，发育强的直径 20～50 mm 棱块状结构，稍坚实；结构面上可见灰色胶膜，土体中 3 条直径 1～3 mm 裂隙；向下层波状清晰过渡。

　　Br1：65～105 cm，黄灰色（10Y 5/1，干），黄灰色（10Y 4/1，润）；黏土，发育强的直径 20～50 mm 棱块状结构，稍坚实；土体中有 5% 左右直径≤3 mm 的褐色球形软铁锰结核、10% 左右直径≤5 mm 的碳酸钙结核；向下层波状渐变过渡。

　　Br2：105～120 cm，黄灰色（10Y 5/1，干），黄灰色（10Y 4/1，润）黏土，发育强的直径 20～50 mm 棱块状结构，稍坚实；土体中有 5% 左右直径≤3 mm 的褐色球形软铁锰结核、10% 左右直径≤5 mm 的碳酸钙结核。

　　康西系代表性单个土体物理性质见表 1-35。康西系代表性单个土体养分状况与化学性质见

表 1 - 36。

表 1 - 35　康西系代表性单个土体物理性质

土层	深度 (cm)	砾石 (>2 mm, 体积分数) (%)	细土颗粒组成 (g/kg)			质地	容重 (g/cm³)
			沙粒 (0.05~2 mm)	粉粒 (0.002~0.05 mm)	黏粒 (<0.002 mm)		
Ap1	0~20	2	334	276	391	黏壤土	1.30
Ap2	20~32	2	279	262	459	黏土	1.48
Bv	32~65	5	211	305	484	黏土	1.39
Br1	65~105	15	266	252	482	黏土	1.44
Br2	105~120	15	337	229	434	黏土	1.49

表 1 - 36　康西系代表性单个土体养分状况与化学性质

深度 (cm)	pH	有机质 (g/kg)	全氮 (N) (g/kg)	全磷 (P) (g/kg)	全钾 (K) (g/kg)	阳离子交换量 (cmol/kg)	游离铁 (g/kg)
0~20	7.7	16.7	1.19	0.77	17.4	25.2	20.6
20~32	8.0	6.1	0.5	0.86	13.9	31.4	20.9
32~65	8.0	6.0	0.48	0.86	14.1	30.8	16.6
65~105	8.0	5.1	0.41	0.78	14.1	32.1	18.6
105~120	8.1	3.4	0.28	0.79	14.3	27.7	15.4

（2）弱盐简育水耕土。

靠山系（Kaoshan Series）。

土族：黏壤质混合型非酸性冷性-弱盐简育水耕土。

拟定者：王秋兵、刘杨杨、张寅寅。

分布与环境条件：分布于辽宁北部平原地带，地势平坦；河流冲积物母质；水田，一年一熟；中温带亚湿润季风大陆性气候，日照充足，四季分明，雨热同季，全年日照时数 2 775.5 h，作物生长期有效日照时数 1 749.2 h，年平均降水量 607.5 mm，年平均气温 7.0 ℃，无霜期 147.8 d（图 1 - 37）。

图 1 - 37　靠山系典型景观和代表性单个土体剖面

土系特征与变幅：诊断层包括水耕表层、水耕氧化还原层；诊断特性包括冷性土壤温度状况、人为滞水土壤水分状况、氧化还原特征、盐积现象。本土系发育于河流冲积物母质上，地势平坦，地下水位较高，加之灌溉种稻，通体有较多的锈纹锈斑，并且地表有盐斑，表层含盐量大于 2 g/kg。水耕表层厚度在 25 cm 左右，黏粒含量 120～190 g/kg，水耕氧化还原层中黏粒含量 200～250 g/kg。通体色调 10YR，明度 2，彩度 2～3，酸性，pH 5.2～5.9。

对比土系：东风系，不同亚类，地势平坦，成土母质为滨海沉积物，矿质土表下 60～100 cm 部分土层有潜育特征，温性土壤温度状况，为不同土族。

利用性能综述：土体深厚，地势平坦，通体有机质含量较高，土壤质地沙黏适中，通气透水性良好，土壤水、肥、气、热协调，肥力较高，生产性能好，是主要粮油生产基地。适种作物广，各种粮食作物、经济作物和蔬菜、瓜果均较适宜，尤其是需水需肥较多的农作物，如玉米、高粱、水稻、大豆等均能达到高产和稳产。应加强农田基本建设，开沟排水，防洪排涝。

参比土种：涝洼田（壤质腐泥潜育田）。

代表性单个土体：剖面（编号 21 - 310）位于辽宁省铁岭市昌图县老城镇靠山村，海拔 129.6 m，平原；成土母质为冲积物，水田。野外调查时间为 2011 年 10 月 22 日（图 1 - 37）。

Apr1：0～14 cm，浊黄棕色（10YR 4/3，干），黑棕色（10YR 2/2，润）；粉壤土，润，发育弱的小团粒结构，湿时疏松；稍黏着，稍塑；多量极细根和中量细根；多量与土壤基质对比度明显的中等大小的锈纹锈斑；向下平滑清晰过渡。

Apr2：14～25 cm，浊黄棕色（10YR 4/3，干），黑棕色（10YR 2/2，润）；粉壤土，润，发育强的小片状结构，湿时坚实；稍黏着，稍塑，中量细根和极细根；多量与土壤基质对比度明显的中等大小的锈纹锈斑；向下平滑清晰过渡。

Br1：25～48 cm，黑棕色（10YR 2/3，干），黑棕色（10YR 2/2，润）；粉壤土，润，发育强的小棱块状结构，湿时稍坚实；稍黏着，稍塑；少量细根；少量与土壤基质对比度明显的中等大小的锈纹锈斑；向下波状清晰过渡。

Br2：48～86 cm，灰黄棕色（10YR 5/2，干），黑棕色（10YR 2/3，润）；粉壤土，润，发育强的团粒状结构，湿时极疏松；稍黏着，稍塑；少量极细根；多量与土壤基质对比度明显的中等大小的锈纹锈斑；向下平滑模糊过渡。

Br3：86～125 cm，黑棕色（10YR 3/2，干），黑棕色（10YR 2/2，润）；粉壤土，潮，中度发育的很小的棱块状结构，湿时疏松；黏着，中塑；很少量极细根；多量与土壤基质对比度明显的中等大小的锈纹锈斑和少量潜育斑纹。

靠山系代表性单个土体物理性质见表 1 - 37。靠山系代表性单个土体养分状况与化学性质见表 1 - 38。

表 1 - 37 靠山系代表性单个土体物理性质

土层	深度（cm）	容重（g/cm³）	细土颗粒组成（g/kg）			质地
			沙粒（0.05～2 mm）	粉粒（0.002～0.05 mm）	黏粒（<0.002 mm）	
Apr1	0～14	1.21	81	728	3.2	粉壤土
Apr2	14～25	1.38	67	808	3.3	粉壤土
Br1	25～48	1.36	137	605	1.5	粉壤土
Br2	48～86	1.33	124	671	1.2	粉壤土
Br3	86～125	1.40	185	583	2.0	粉壤土

表 1 - 38　靠山系代表性单个土体养分状况与化学性质

深度 （cm）	pH	有机质 （g/kg）	全氮（N） （g/kg）	全磷（P₂O₅） （g/kg）	全钾（K₂O） （g/kg）	阳离子交换量 （cmol/kg）	有效磷（P） （mg/kg）	游离氧化 铁（Fe₂O₃） 含量（g/kg）
0～14	5.4	20.2	1.46	0.51	15.0	24.3	16.3	15.9
14～25	5.2	14.9	1.15	0.47	16.9	27.9	20.1	16.3
25～48	5.8	24.6	1.48	0.69	17.1	32.0	15.1	16.7
48～86	5.9	15.8	1.12	0.87	15.0	29.1	46.1	17.1
86～125	5.7	9.6	0.76	0.59	14.8	18.4	68.8	16.3

（3）复钙简育水耕土。

茶山系（Chashan Series）。

土族：黏壤质混合型石灰性热性-复钙简育水耕土。

拟定者：卢瑛、崔启超。

分布与环境条件：主要分布于广西贺州、来宾等紫色岩地区峒田或岩溶地区的紫色土区。成土母质为紫色砂页岩风化物。土地利用类型为耕地，种植双季水稻。属中亚热带湿润季风性气候，年平均气温 18～19 ℃，年平均降水量 1 600～1 800 mm（图 1 - 38）。

图 1 - 38　茶山系典型景观和代表性单个土体剖面

土系特征与变幅：诊断层包括水耕表层、水耕氧化还原层；诊断特性包括人为滞水土壤水分状况、氧化还原特征、石灰性、热性土壤温度状况。土体深厚，耕层较厚，厚度 15～20 cm；土壤粉粒含量＞400 g/kg，质地为粉壤土-壤土；耕层和犁底层碳酸钙含量高，含量 150～200 g/kg，石灰反应极强烈，土壤呈碱性反应，pH 7.5～8.5。

对比土系：塘利系，属于相同土族。塘利系分布于第四纪红土与石灰岩交错的区域，成土母质为洪、冲积物，在地表 60 cm 以下出现坚硬岩石层。土体厚度中等，土体上部复钙明显。水耕表层碳酸盐相当物含量 100～120 g/kg，明显低于茶山系。

利用性能综述：该土系质地适中，耕性和通透性较好，宜种性广；土壤有机质含量较低；土壤碱性较强，影响有效养分供给，肥料利用率低。改良利用措施：完善农田灌排设施，水旱轮作，减少岩溶水灌溉；重施有机肥，种植绿肥，实行秸秆还田，培肥土壤；合理施用氮、磷、钾肥料和微肥，选用酸性或生理酸性肥料，提高肥料利用率。

参比土种：石灰性紫沙泥田。

代表性单个土体：剖面（编号 45－144）位于广西贺州市富川瑶族自治县朝东镇茶山村，海拔 350 m；宽谷垌田，成土母质为紫色砂页岩；土地利用类型为耕地，种植水稻或水稻-烟草轮作。50 cm 深度的土温 22.1℃。野外调查时间为 2017 年 3 月 17 日（图 1－38）。

Ap1：0～19 cm，浊黄橙色（10YR 7/2，干），浊黄棕色（10YR 5/4，润）；粉壤土，强度发育大块状结构，稍紧实，多量细根及少量中根，极强烈石灰反应；向下层平滑渐变过渡。

Ap2：19～30 cm，浊黄橙色（10YR 7/4，干），黄棕色（10YR 5/6，润）；粉壤土，强度发育大块状结构，紧实，多量细根，极强烈石灰反应；向下层平滑渐变过渡。

Br1：30～53 cm，浊橙色（7.5YR 6/4，干），棕色（7.5YR 4/4，润）；壤土，强度发育大块状结构，紧实，结构面有少量的铁锰斑纹，有少量球形铁锰结核，轻度石灰反应；向下层平滑渐变过渡。

Br2：53～100 cm，浊黄橙色（10YR 7/4，干），黄棕色（10YR 5/6，润）；壤土，中度发育中块状结构，紧实，结构面有少量的铁锰斑纹，有多量（40%）球形铁锰结核，轻度石灰反应。

茶山系代表性单个土体物理性质见表 1－39。茶山系代表性单个土体养分状况与化学性质见表 1－40。

表 1－39　茶山系代表性单个土体物理性质

土层	深度（cm）	砾石（>2 mm，体积分数）（%）	细土颗粒组成（g/kg）			质地	容重（g/cm³）
			沙粒（0.05～2 mm）	粉粒（0.002～0.05 mm）	黏粒（<0.002 mm）		
Ap1	0～19	1	238	523	239	粉壤土	1.25
Ap2	19～30	3	234	538	228	粉壤土	1.55
Br1	30～53	1	337	406	257	壤土	1.56
Br2	53～100	6	358	403	239	壤土	1.51

表 1－40　茶山系代表性单个土体养分状况与化学性质

深度（cm）	pH	有机碳（C）（g/kg）	全氮（N）（g/kg）	全磷（P）（g/kg）	全钾（K）（g/kg）	阳离子交换量（cmol/kg）	游离氧化铁（g/kg）	CaCO₃ 相当物（g/kg）
0～19	7.8	15.0	1.63	0.80	8.57	9.8	23.2	157.8
19～30	8.3	5.5	0.71	0.41	8.12	8.5	27.5	186.8
30～53	8.1	4.8	0.62	0.38	8.87	12.1	30.1	10.5
53～100	8.2	2.7	0.46	0.37	9.02	9.1	28.3	4.6

（4）漂白简育水耕土。

吉祥系（Jixiang Series）。

土族：黏质伊利石混合型冷性-漂白简育水耕土。

拟定者：翟瑞常、辛刚。

分布与环境条件：吉祥系为稻田土壤，分布于乌苏里江及其支流（松阿察河、穆棱河、七虎林河、阿布沁河等河流）的冲积平原。地势平坦，垦前植被主要是沼泽植被（沼柳、三棱草、小叶樟等）。冲积淤积母质，质地较重，排水不畅。大陆性中温带季风气候区，冷性土壤温度状况和人为滞水土壤水分状况。年平均降水量 561.5 mm，年平均蒸发量 1 112.4～1 336 mm。年平均日照 2 500 h，年均气温 2.7℃，无霜期 135 d，≥10℃的积温 2 310～2 400℃。50 cm 深度的土温年平均 5.6℃，夏季 16.3℃，冬季－4.1℃，冬夏温差 20.4℃（图 1－39）。

土系特征与变幅：该土系是漂白冷凉淋溶土淹水种稻后发育形成的，原土腐殖质层较薄。具有水耕表层、漂白层和水耕氧化还原层。耕层结构分散，多根孔锈纹；Ap2 层有较多的锈纹锈斑。土壤质地多黏壤土-黏土，透水性差。耕层容重 1.2～1.3 g/cm³，有机碳含量 16.7～30.7 g/kg。

对比土系：八五八系。两土系都是漂白冷凉淋溶土淹水种稻后发育形成的。吉祥系腐殖质层薄，漂白层出现位置浅，其水耕表层下部亚层（犁底层）出现在原漂白层。而八五八系的腐殖质层厚，漂

图 1-39　吉祥系典型景观和代表性单个土体剖面

白层出现位置在土表 30 cm 以下。

利用性能综述：本土系腐殖质层薄，质地黏重，有机质等养分含量相对较低，土壤微团聚体较差，由于有漂白层存在，土壤通气透水性不良，耕性不良。应深耕打破漂白层，提高土壤通气性；增施有机肥，培肥土壤。

参比土种：厚层白浆土型淹育水稻土。

代表性单个土体：剖面（编号 23-104）位于黑龙江省鸡西市虎林市八五八农场第三管理区第十二生产队西 5-3 号地，海拔 54 m。野外调查时间为 2011 年 9 月 27 日（图 1-39）。

Ap1：0～21 cm，灰黄棕色（10YR6/2，干），黑棕色（7.5YR3/2，润）；粉质黏壤土，棱块结构，坚实，结构面有少量明显清楚的铁斑纹，很少细根，pH 6.02，向下清晰平滑过渡。

Ap2：21～30 cm，淡灰色（10YR7/1，干），灰黄棕色（7.5YR6/1，润）；粉质黏土，大棱块结构，极坚实，结构体内有较多明显的铁斑纹，很少极细根，pH 5.98，向下清晰平滑过渡。

E：30～38 cm，淡灰色（10YR7/1，干），灰黄棕色（7.5YR6/1，润）；粉质黏土，大棱块结构，坚实，结构体内有较多明显的铁斑纹，很少极细根，pH 5.98，向下渐变平滑过渡。

Br：38～84 cm，灰黄棕色（10YR4/2，干），黑棕色（7.5YR2/2，润）；粉质黏土，鲕状结构，坚实，少量的铁斑纹，结构面有极多氧化铁胶膜，无根系，pH 6.30，向下模糊平滑过渡。

BCr：84～127 cm，棕灰色（10YR5/1，干），棕灰色（7.5YR4/1，润）；粉质黏土，很小的块状结构，坚实，有少量铁斑纹，有很多明显氧化铁胶膜，无根系，pH 6.20，向下渐变平滑过渡。

Cg：127～163 cm，淡灰色（5Y7/1，干），灰色（5Y5/1，润）；粉质黏壤土，发育程度弱的棱块状结构，坚实，结构体内有铁斑纹，无根系，pH 6.44。

吉祥系代表性单个土体物理性质见表 1-41。吉祥系代表性单个土体养分状况与化学性质见表 1-42。

表 1-41　吉祥系代表性单个土体物理性质

土层	深度 (cm)	细土颗粒组成（g/kg）			质地	容重 (g/cm³)
		沙粒（0.05～2 mm）	粉粒（0.002～0.05 mm）	黏粒（<0.002 mm）		
Ap1	0～21	38	641	321	粉质黏壤土	1.27
Ap2	21～30	5	593	402	粉质黏土	1.40
E	30～38	5	593	402	粉质黏土	1.24

（续）

| 土层 | 深度 | 细土颗粒组成（g/kg） | | | 质地 | 容重 |
	(cm)	沙粒（0.05~2 mm）	粉粒（0.002~0.05 mm）	黏粒（<0.002 mm）		(g/cm³)
Br	38~84	6	475	519	粉质黏土	1.24
BCr	84~127	10	500	490	粉质黏土	1.46
Cg	127~163	22	583	395	粉质黏壤土	1.61

表 1-42　吉祥系代表性单个土体养分状况与化学性质

深度 (cm)	pH	有机碳（C） (g/kg)	全氮（N） (g/kg)	全磷（P） (g/kg)	全钾（K） (g/kg)	阳离子交换量 (cmol/kg)
0~21	6.02	26.0	2.14	0.528	19.1	14.0
21~30	5.98	10.6	0.87	0.241	20.3	15.1
30~38	5.98	10.6	0.87	0.241	20.3	15.1
38~84	6.30	9.7	0.75	0.392	22.5	31.0
84~127	6.20	6.7	0.71	0.316	25.0	22.5
127~163	6.44	4.0	0.57	0.224	27.1	18.1

（5）底潜简育水耕土。

罗巷新系（Luoxiangxin Series）。

土族：黏壤质混合型非酸性热性-底潜简育水耕土。

拟定者：张杨珠、周清、盛浩、张伟畅、翟橙、欧阳宁相。

分布与环境条件：该土系主要分布于湘中地区环湖低丘地带；海拔 50~150 m，成土母质为第四纪红色黏土；土地利用现状为水田，典型种植制度为稻-稻或稻-油，质地多为粉沙质黏壤土；年平均气温 16.6~18.0 ℃，年平均降水量 1 300~1 610 mm（图 1-40）。

图 1-40　罗巷新系典型景观和代表性单个土体剖面

土系特征与变幅：诊断层包括水耕表层和水耕氧化还原层；诊断特性包括人为滞水土壤水分状况、潜育特征、氧化还原特征和热性土壤温度状况。土体润态色调 10YR，明度 3~4，彩度 4。土体厚度>130 cm，土体构型为 Ap1-Ap2-Br-Bg。土体各发生层有数量不等的铁锰斑纹和结核、黏粒或黏粒铁锰胶膜。Bg1、Bg2 具有中度、轻度潜育特征。剖面各发生层，pH 5.6～6.8，有机碳含量 7.1～26.4 g/kg，全锰含量 0.32～1.16 g/kg，游离铁含量 11.9～21.9 g/kg。

对比土系：小河口系，属于同一土族，但成土母质为紫色砂、页岩风化物，地形部位为丘陵下坡，表层质地为粉沙质壤土，0～70 cm 内有少量贝壳等侵入体，土体润态色调为 7.5YR。桥口系，属于同一亚类，地形部位相似，成土母质为石灰岩风化物，表层质地为粉沙质黏壤土，0～90 cm 内有少量贝壳、瓦片等侵入体，土体润态色调为 7.5YR、2.5YR。

利用性能综述：该土系土体深厚，质地较好，耕性好。有机质含量丰富，氮含量丰富，磷、钾含量偏低。下层通透性差，上层通透性较差。改良利用措施：水旱轮作，改善土壤通透性能，减少氮肥的投入，增施磷肥和钾肥。

参比土种：红黄泥。

代表性单个土体：剖面（43-CS09）位于湖南省长沙市宁乡市朱良桥乡罗巷新村新婆冲组，海拔 72 m，丘陵低丘沟谷地带，成土母质为第四纪红色黏土，水田。50 cm 深度的土温 19.0℃。野外调查采样时间为 2015 年 1 月 12 日（图 1-40）。

Ap1：0～13 cm，浊黄橙色（10YR 6/3，干），暗棕色（10YR 3/4，润）；多量中、细根系，粉沙质黏壤土，强发育大、中团粒状结构，多量中、细孔隙，稍坚实，稍黏着，中塑，有少量铁斑纹、很少量铁胶膜分布，向下层平滑清晰过渡。

Ap2：13～21 cm，浊黄橙色（10YR 6/3，干），棕色（10YR 4/4，润）；中量中、细根系，粉沙质黏壤土，强发育大、中块状结构，极少量细孔隙，坚实，稍黏着，中塑，有少量铁斑纹、很少量铁胶膜分布，向下层平滑清晰过渡。

Br1：21～36 cm，浊黄橙色（10YR 6/3，干），棕色（10YR 4/4，润）；少量细根系，黏壤土，强发育大、中棱块状结构，少量细孔隙，很坚实，黏着，强塑，有少量铁斑纹、很少量铁和少量黏粒胶膜分布，向下层平滑清晰过渡。

Br2：36～64 cm，浊黄橙色（10YR 7/3，干），棕色（10YR 4/4，润）；少量极细根系，黏壤土，强发育大、中棱块状结构，少量细孔隙，坚实，黏着，强塑，有少量铁斑纹、中量铁胶膜分布，向下层不规则清晰过渡。

Bg1：64～87 cm，浊黄橙色（10YR 7/3，干），暗棕色（10YR 3/4，润）；沙质黏壤土，中发育大、中棱块状结构，少量细孔隙，稍坚实，稍黏着，稍塑，有少量铁斑纹、少量黏粒和铁胶膜分布，中度亚铁反应，向下层平滑清晰过渡。

Bg2：87～132 cm，浊黄橙色（10YR 7/3，干），棕色（10YR 4/4，润）；黏壤土，中发育大、中棱块状结构，少量细孔隙，稍坚实，黏着，强塑，有少量铁斑纹、中量铁胶膜分布，轻度的亚铁反应。

罗巷新系代表性单个土体物理性质见表 1-43。罗巷新系代表性单个土体养分状况与化学性质见表 1-44。

表 1-43 罗巷新系代表性单个土体物理性质

土层	深度（cm）	细土颗粒组成（g/kg）			质地	容重（g/cm³）
		沙粒（0.05～2 mm）	粉粒（0.002～0.05 mm）	黏粒（<0.002 mm）		
Ap1	0～13	168	488	344	粉沙质黏壤土	0.85
Ap2	13～21	139	480	381	粉沙质黏壤土	1.14
Br1	21～36	261	393	346	黏壤土	1.22
Br2	36～64	444	185	371	黏壤土	1.36
Bg1	64～87	520	168	312	沙质黏壤土	1.40
Bg2	87～132	280	375	345	黏壤土	1.35

表1-44　罗巷新系代表性单个土体养分状况与化学性质

深度 （cm）	pH	阳离子交换量 （cmol/kg）	交换性盐基总量 （cmol/kg）	游离铁 （g/kg）	全锰 （g/kg）	有机碳（C） （g/kg）	全氮（N） （g/kg）	全磷（P） （g/kg）	全钾（K） （g/kg）
0～13	5.7	16.2	10.4	16.8	0.73	26.4	2.13	0.89	25.66
13～21	6.4	15.3	10.9	20.4	0.97	20.2	1.38	0.60	21.42
21～36	6.8	15.1	10.8	18.3	0.84	15.1	1.05	0.32	22.01
36～64	6.8	14.0	10.3	21.9	1.16	10.5	0.77	0.24	22.02
64～87	5.6	11.4	6.5	15.9	0.32	9.7	0.73	0.25	21.70
87～132	6.3	11.9	5.4	11.9	0.51	7.1	0.55	0.13	21.98

（6）普通简育水耕土。

邱庄系（Qiuzhuang Series）。

土族：壤质云母混合型石灰性温性-普通简育水耕土。

拟定者：黄标、王培燕、杜国华。

分布与环境条件：分布于江苏省宿迁市沭阳县东部地区。宿迁市属于徐淮黄泛平原区扇前低洼平原。区域地势起伏较小。属于暖温带季风气候区，年平均气温13.8 ℃，无霜期203 d。全年总日照时数为2 363.7 h，年日照百分率53％。年平均降水量937.6 mm。土壤起源于黄泛冲积物母质，土层深厚。以水稻-小麦轮作一年两熟为主（图1-41）。

图1-41　邱庄系典型景观和代表性单个土体剖面

土系特征与变幅：诊断层包括水耕表层、水耕氧化还原层；诊断特性包括人为滞水土壤水分状况、氧化还原特征、石灰性、温性土壤温度。该土系土壤熟化程度较高，在30 cm以上较黏的土层中氧化还原特征较明显，见10％～15％的锈纹锈斑及灰色胶膜，之下较少见锈纹锈斑。土壤的石灰淋溶轻微，仅耕层稍有淋溶，土壤养分较充足，磷钾储量和有效态均较高。土壤质地剖面上部主要为粉沙壤土和粉沙黏壤土，30 cm以下则为粉沙土，土体呈碱性，pH为7.87～8.42，除耕层为强石灰反应外，其余土层石灰反应非常强烈。

对比土系：王兴系，同一土族，地理位置邻近，河流冲积物母质，无黏土层。

利用性能综述：土壤质地很适合水耕，水耕表层之下为一黏土层，可保水保肥，但表层土壤稍黏，耕性稍差，由于长期浅耕和免耕，耕层已很浅。然而，对于旱作物生产有一定的不利影响，在降水较多的情况下，易渍易涝。所以，应加强农田基础设施建设，保证雨季排涝；生产过程中适当深耕，增加耕层深度，保证高产稳产。

参比土种：沙底淤土。

代表性单个土体：剖面（编号 32-126，野外编号 SY39P）位于江苏省宿迁市沭阳县马厂镇邱庄村，海拔 5.3 m。当前作物为水稻。50 cm 深度的土温 15.6 ℃。野外调查时间为 2011 年 11 月（图 1-41）。

Ap1：0～10 cm，棕色（7.5YR 4/3，干），暗棕色（7.5YR 3/4，润）；粉沙壤土，发育强的直径 2～10 mm 团粒状结构，松；有腐殖质胶膜，根孔内见铁锰斑纹，强石灰反应，波状明显过渡。

Ap2：10～20 cm，浊棕色（7.5YR 5/3，干），棕色（7.5YR 4/3，润）；粉沙壤土，发育强的直径 5～20 mm 块状结构，很紧；有 10%～15% 铁锰斑纹，极强石灰反应，平直逐渐过渡。

Br1：20～30 cm，浊棕色（7.5YR 6/3，干），棕色（7.5YR 4/4，润）；粉沙质黏壤土，发育强的直径 20～50 mm 块状结构，紧；有 10%～15% 铁锰斑纹，极强石灰反应，平直明显过渡。

Br2：30～45 cm，浊橙色（7.5YR 7/3，干），浊棕色（7.5YR 5/4，润）；粉沙土，发育中等的直径 20～100 mm 块状结构，稍紧；有少量铁锰斑纹，极强石灰反应，平直明显过渡。

Br3：45～120 cm，浊橙色（7.5YR 7/3，干），浊棕色（7.5YR 5/4，润）；粉沙土，发育中等的直径 2～10 mm 片状结构，松；有 10%～15% 铁锰斑纹，强石灰反应。

邱庄系代表性单个土体物理性质见表 1-45。邱庄系代表性单个土体养分状况与化学性质见表 1-46。

表 1-45　邱庄系代表性单个土体物理性质

土层	深度 (cm)	细土颗粒组成（g/kg）			质地	容重 (g/cm³)
		沙粒（0.05～2 mm）	粉粒（0.002～0.05 mm）	黏粒（<0.002 mm）		
Ap1	0～10	116	696	188	粉沙壤土	1.59
Ap2	10～20	162	601	236	粉沙壤土	1.56
Br1	20～30	85	511	404	粉沙质黏壤土	1.29
Br2	30～45	58	895	47	粉沙土	1.76
Br3	45～120	128	851	21	粉沙土	1.51

表 1-46　邱庄系代表性单个土体养分状况与化学性质

深度 (cm)	pH	有机质 (g/kg)	全氮 (N) (g/kg)	全磷 (P₂O₅) (g/kg)	全钾 (K₂O) (g/kg)	全铁 (Fe₂O₃) (g/kg)	阳离子交换量 (cmol/kg)	游离氧化铁 (g/kg)	有效磷 (P) (mg/kg)	速效钾 (K) (mg/kg)
0～10	7.9	44.6	2.51	2.82	26.3	37.3	23.5	14.5	31.23	208
10～20	8.1	12.7	0.87	1.39	26.5	36.8	19.1	15.5	1.72	170
20～30	8.1	9.3	0.66	1.30	26.0	35.0	17.4	15.5	0.67	170
30～45	8.4	2.6	0.19	1.23	23.1	18.9	4.7	6.5	0.46	50
45～120	8.3	1.8	0.13	1.19	22.4	17.1	4.0	6.3	0.86	44

三、水稻土分类参比

国际土壤分类正朝着定量化、标准化和国际化的方发展，以诊断层、诊断特性为基础的美国土壤系统分类（ST 制）和国际土壤分类参比基础（WRB）代表了当前国际土壤分类的主流。中国土壤系统分类从 20 世纪 80 年代开始起步，目前中国土壤系统分类已译成英文、日文和俄文，在国内外产生了广泛影响（Institute of Soil Science，Chinese Academy of Sciences，2001；Zhang Ganlin et al.，

2003；Gong and Zhang，2007）。在土壤发生分类和系统分类的参比方面，有很多学者已对我国整个土壤分类系统和一些区域土壤分类系统作了一些参比工作（史学正，1996；龚子同等，1999；陈志诚等，2004；荆长伟等，2013）。但是，两者的分类原则和方法不同，土壤系统分类是以有定量限定的诊断层和诊断特性所反映的属性为依据，土壤发生分类则以地带性的生物气候条件为依据，两者的参比是一种近似的参比。土壤类型参比是根据某一类型代表性剖面的土壤形态特征、理化性状及矿物学特性，鉴别出其具有的诊断层和/或诊断特性，并通过检索系统，对不同分类系统的类型进行参比。例如，发生分类系统中的红壤亚类就其代表性剖面的土壤形态特征、理化性状及矿物学特性，鉴别出它具有低活性富铁层、黏化层及湿润土壤水分状况等诊断层和诊断特性；通过检索，确定它属于系统分类中黏化湿润富铁土。因此，类型参比仅就代表性剖面对两个分类系统的土壤类型进行参比。类型参比适合于把土壤发生分类的类型名称转换为系统分类的类型名称时参考使用。

由于土壤发生分类系统中各类型之间在性质上并没有明确的定量界限，根据《中国土壤》（全国土壤普查办公室，1998）所提出的中国土壤分类系统中各亚类土壤代表性剖面的实际资料，并结合其中心概念，对照《中国土壤系统分类的检索系统（第三版）》（中国科学院南京土壤研究所土壤系统分类课题组、中国土壤系统分类课题研究协作组，2001；龚子同等，1999），确定水稻土亚类对应的中国土壤系统分类的类型名称（表 1-47）。为了便于对外交流应用，参照 Chinese Soil Taxonomy（Institute of Soil Science，Chinese Academy of Sciences，2001）在表 1-47 中附加了中国土壤系统分类的英译名称。

表 1-47　按《中国土壤》水稻土各发生亚类代表性剖面的土壤类型参比

中国土壤发生分类（1998）亚类	中国土壤系统分类检索（第三版，2001）	中国土壤系统分类英译名称（2001）
潴育水稻土	铁聚水耕土	Fe - accumuli - stagnic anthrosols
淹育水稻土	简育水耕土	hapli - stagnic anthrosols
渗育水稻土	铁渗水耕土	Fe - leachi - stagnic anthrosols
潜育水稻土	潜育水耕土	gleyi - stagnic anthrosols
脱潜水稻土	简育水耕土	hapli - stagnic anthrosols
漂洗水稻土	漂白铁聚水耕土	albic Fe - accmuli - stagnic anthrosols
盐渍水稻土	弱盐简育水耕土	parasalic hapli - stagnic anthrosols
咸酸水稻土	含硫潜育水耕土	sulfic gleyi - stagnic anthrosols

主要参考文献

陈留美，2009. 典型水耕人为土时间序列演变特征研究 [D]. 南京：中国科学院南京土壤研究所.
陈留美，张甘霖，2011. 土壤时间序列的构建及其在土壤发生研究中的意义 [J]. 土壤学报，48（2）：419-428.
陈志诚，龚子同，张甘霖，等，2004. 不同尺度的中国土壤系统分类参比 [J]. 土壤，36（6）：584-595.
慈恩，杨林章，程月琴，2008. 耕作年限对水稻土有机碳分布和腐殖质结构特征的研究 [J]. 土壤学报，45（5）：950-956.
慈溪水利志编纂委员会，1991. 慈溪水利志 [M]. 杭州：浙江人民出版社.
龚子同，1979. 水稻土耕性及其在分类上的意义 [J]. 土壤学报（16）：85-93.
龚子同，1999. 中国土壤系统分类：理论·方法·实践 [M]. 北京：科学出版社.
龚子同，陈志诚，骆国保，等，1999. 中国土壤系统分类参比 [J]. 土壤，31（2）：57-63.
龚子同，张甘霖，2003. 人为土壤形成过程及其在现代土壤学上的意义 [J]. 生态环境，12（2）：184-191.
韩光中，谢贤健，李山泉，2019. 南方丘陵区不同母质水耕人为土发育速率的比较 [J]. 土壤学报，56（2）：298-309.
韩光中，张甘霖，2014. 母质对南方丘陵区水耕人为土理化性状演变的影响 [J]. 土壤学报，51（4）：772-780.

韩光中，张甘霖，李德成，2013. 南方丘陵区三种母质水耕人为土有机碳的累积特征与影响因素分析 [J]. 土壤，45 (6)：978-984.

何群，陈家坊，许祖诒，1981. 土壤中氧化铁的转化及其对土壤结构的影响 [J]. 土壤学报，18 (4)：326-334.

荆长伟，章明奎，支俊俊，等，2013. 浙江省土壤发生分类与系统分类参比及制图研究 [J]. 土壤学报，50 (2)：260-267.

李庆逵，1992. 中国水稻土 [M]. 北京：科学出版社.

卢升高，2003. 中国土壤磁性与环境 [M]. 北京：高等教育出版社.

史学正，龚子同，1996. 我国东南部不同分类系统中土壤类别归属的对比研究 [J]. 土壤通报，27 (3)：97-102.

王清毅，2004. 慈溪海堤集 [M]. 北京：方志出版社.

熊毅，1983. 土壤胶体（第一册）[M]. 北京：科学出版社.

熊毅，陈家坊，1990. 土壤胶体（第三册）[M]. 北京：科学出版社.

徐琪，杨林章，董元华，等，1998. 中国稻田生态系统 [M]. 北京：中国农业出版社.

张效年，1961. 中国水稻土的黏土矿物 [J]. 土壤学报（9）：81-102.

中国科学院南京土壤研究所土壤系统分类课题组，中国土壤系统分类课题研究协作组，1991. 中国土壤系统分类：首次方案 [M]. 北京：科学出版社.

中国科学院南京土壤研究所土壤系统分类课题组，中国土壤系统分类课题研究协作组，2001. 中国土壤系统分类检索 [M]. 3 版. 合肥：中国科学技术大学出版社.

Aniku J R F，Singer M J，1990. Pedogenic iron oxide trends in a marine chronosequence [J]. Soil Sci. Soc. Am. J.（54）：147-152.

Blume，H P，Schwertmann U，1969. Genetic evaluation of profile distribution of aluminum，iron and manganese oxides [J]. Soil Sci. Soc. Am. Proc.（33）：438-444.

Brinkman R，1970. Ferrolysis：a hydromorphic soil forming process [J]. Geoderma（3）：199-206.

Gong Z，Zhang G，2007. Chinese soil taxonomy：a milestone of soil classification in China [J]. Science Fundation in China，15 (1)：41-45.

Gong Z T，1986. Origin，evolution and classification of paddy soils in China [J]. Adv. Soil Sci.（5）：174-200.

Grimley D A，Arruda N K，2007. Observations of magnetite dissolution in poorly drained soils [J]. Soil Sci.，172 (12)：968-982.

Han G-Z，Zhang G-L，Li D-C，et al，2015. Pedogenetic evolution of clay minerals and agricultural implications for paddy soil chronosequences from different parent materials in South China [J]. J Soil. Sediment.，15 (2)：423-435.

Huang L M，Thompson A，Zhang G，et al，2015. The use of chronosequences in studies of paddy soil evolution：A review [J]. Geoderma（237）：199-210.

Huggett R J，1998. Soil chronosequences，soil development，and soil evolution：a critical review [J]. Catena，32 (3-4)：155-172.

Institute of Soil Science，Chinese Academy of Sciences，2001. Chinese Soil Taxonomy [M]. Beijing & New York：Science Press.

Kodama H，Schnitzer M，1977. Effect of fulvic acid on the crystallization of Fe（Ⅲ）- oxides [J]. Geoderma（19）：279-291.

Li Z P，Velde B，Li D C，2003. Loss of K - bearing clay minerals in flood - irrigated，rice - growing soils in Jiangxi province，China [J]. Clays and Clay Minerals，51 (1)：75-82.

Liu Y L，Zhang B，Li C L，et al，2008. Long - term fertilization influences on clay mineral composition and ammonium adsorption in a rice paddy soil [J]. Soil Sci. Soc. Am. J.，72 (6)：1580-1590.

Maher B A，1998. Magnetic properties of modern soils and quaternary loessic paleosols：paleoclimatic implications [J]. Palaeogeogr. Palaeoclimat. Palaeoecol.，137 (1-2)：25-54.

Mehra O P，Jackson M L，1960. Iron oxide removal from soils and clays by a dithionite system buffered with sodium bicarbonate [J]. Clays and Clay Minerals（7）：317-327.

Schwertmann U，1966. Inhibitory effect of soil organic matter on the crystallization of amorphous ferric hydroxide [J]. Nature（212）：645-646.

Schwertmann U，1985. The effect of pedogenic environments on iron oxide minerals [J]. Adv. Soil Sci.（1）：171-200.

Tsai C C, Tsai H, Hseu Z Y, et al, 2007. Soil genesis along a chronosequence on marine terraces in eastern Taiwan [J]. Catena (71): 394 - 405.

VandenBygaart A J, Protz R, 1995. Soil genesis on a chronosequence, Pinery Park, Ontario [J]. Can. J. Soil Sci. (75): 63 - 72.

Vepraskas M J, Wilding L P, Drees L R, 1993. Aquic conditions for soil taxonomy: concepts, soil morphology and micromorphology [J]. Developments in Soil Science (22): 117 - 131.

Vepraskas M J, Guertal W R, 1992. Morphological indicators of soil wetness [C] // J M Kimble, Proc. Eighth Int. Soil Correlation Meeting (Ⅷ ISCOM): Characterization, Classification, and Utilization of Wet Soils. USDA, Soil Conservation Service, National Soil Survey Center, Lincoln, Nebraska.

Wilson M J, 2004. Weathering of the primary rock - forming minerals: processes, products and rates [J]. Clay Minerals (39): 233 - 266.

Zhang G L, Gong Z T, 2003. Pedogenic evolution of paddy soils in different soil landscapes [J]. Geoderma, 115 (1 - 2): 15 - 29.

第二章 水稻土地理分布 >>>

第一节　水稻土地理分布特点

水稻在全国粮食生产和人民生活消费中均占据第一位。据记载，水稻的总播种面积和总产量在1980年分别为3 387.8万hm²和13 965万t。1985年，我国水稻种植总面积和产量分别占世界的22.2%和36.2%。2010年我国水稻总种植面积达到了3 009.7万hm²，约占全世界水稻植总面积的18.9%。2010年水稻的种植面积占全国粮食作物总播种面积的26.9%，产量占全国粮食总产量的35.2%。而水稻总产量达到了19 661万t，约占全世界水稻总产量的28.2%。

水稻在我国的分布广泛，长江以南的南方稻区占全国的80.5%，北方稻区仅占19.5%左右。水稻土的分布南自处于热带的海南省三亚市，北抵地处寒温带的黑龙江省呼玛县，东起台湾省，西至新疆维吾尔自治区喀什地区都有分布。在这个广阔的区域内，水稻分布海拔从接近海平面的沼泽地到海拔2 000多米的滇北高原和青藏高原东南部的河谷地带。由于我国疆域广阔，在不同的地理区域下水、热、土条件组合特征以及耕作历史发展的差异，水稻土在不同地区呈现出不同的分布特征，总体上具有相对集中的特点。水稻土在河口三角洲的滨海平原呈"连续成片"分布，在华南丘陵区呈树枝状分布，在西南横断山区呈条带状分布，在云贵高原坝区呈斑点状分布，在山丘区呈阶梯式分布，在湖荡和碟形洼地区呈框式分布。在平原区，通过统一规划，形成了沟、渠、路、林配套的"棋盘式"分布格局。在我国南北方分界线的秦岭-淮河线以南，水稻土呈现多而集中的分布状态。其中，尤以长江中下游、四川盆地、珠江三角洲最为集中，这是由南方水热条件以及地形条件所主导的。而在东北地区，从20世纪开始，随着大规模农场制垦殖活动的进行，植稻土壤的面积发生了显著的扩张。总体来看，也呈现出集中连片的分布特征，尤其以黑龙江的水稻土扩张最为明显，这是由人类活动所主导的。除此之外的水稻土只占全国水稻土的一小部分，但具有大分散、小集中的特点，多呈条带状、斑点状散布在沿河河滩和低阶地、冲积平原低地、山麓交接洼地、内陆盆地中的河滩地及扇缘泉水地等（李庆逵，1992）。

水稻土的另一个分布特点是，随着纬度的增加，空间上水、热、光照等条件发生变化，水稻土分布的海拔上限呈现下降趋势。例如，在48°N的黑龙江东北部，水稻土的分布海拔上限是400 m；而在滇北高原（27°N附近），水稻土的分布海拔上限可达到2 000 m以上；水稻土在皖西山区（31°N）的分布上限为700 m；在喜马拉雅山南翼的波密（29°43′N）超过2 000 m；云南省宁蒗县永宁坝（27°45′N）为2 660 m，四川省盐源县（27°27′N）为2 500 m，云南省丽江市（26°52′N）为2 400 m。其中，处于滇北高原丽江水稻区宁蒗县永宁坝的上限高度比靠近赤道的菲律宾、印度尼西亚和斯里兰卡等国家的分布海拔上限还要高。云南丽江水稻区成为我国水稻土分布海拔最高地区，其原因包括高原的热源效应以及对冷空气的屏障作用，有相当平坦的山间盆地（坝子）、相当深厚的土壤、足够水稻生长和成熟的光照与温度条件、耐寒能力较强的水稻品种。这些条件与地处青藏高原以东滇北高原腹地独特的地理、气候环境条件是息息相关的（江爱良，1982）。

第二节　东　北　区

一、东北区水稻土分布现状

东北区（辽宁、吉林、黑龙江）土地总面积为 80.9 万 km²。地形以平原、山地为主。区域纵跨暖温带、中温带、寒温带，以中温带为主，大体属于温带季风气候。区内 7—8 月降水集中，温度较高，昼夜温差大，雨热同季。由三江平原、松嫩平原、辽河平原组成的东北平原位居我国三大平原之首，土壤肥沃、土层深厚，土壤中含有丰富的腐殖质，是我国优质粳稻的主要产区。东北区的耕地面积和粮食产量分别占全国的 16.5% 和 13% 左右，无论是粮食商品率、商品量，还是粮食人均占有量、调出量，都居全国首位。2000—2019 年东北区水稻总产量由 1 794.1 万 t 增加到 3 755.49 万 t，增长率为 109.3%（表 2-1），平均单产由 6 693.4 kg/hm² 增加到 7 277.9 kg/hm²，增长率为 8.7%。东北区主要有黑龙江、嫩江、乌苏里江、松花江、东辽河、西辽河、鸭绿江、洮儿河等众多河流（杜国明等，2017）。

表 2-1　1980—2019 年东北区水稻种植面积与产量变化（20 年间隔）

项目	面积（万 hm²）			产量（万 t）		
	1980 年	2000 年	2019 年	1980 年	2000 年	2019 年
辽宁	38.57	48.97	50.71	235.5	377.1	434.82
吉林	25.27	58.48	84.04	107.5	374.8	657.17
黑龙江	21.04	160.59	381.26	79.5	1 042.2	2 663.5
总计	84.88	268.04	516.01	422.5	1 794.1	3 755.49
占全国的百分比（%）	2.51	8.95	17.38	3.03	9.58	17.96

辽宁主要的水稻种植区位于区域河流分布较为密集的辽宁中部平原区和辽宁西北部低山丘陵的河谷地带，区域内有辽河、浑河、大凌河、太子河、绕阳河以及中朝两国共有的界河鸭绿江等，形成辽宁的主要水系。2010 年，辽宁水稻种植总面积约 63.39 万 hm²，水稻总产量 428.2 万 t。辽宁水稻种植最集中的区域在辽宁西南部辽河三角洲地带的盘锦市，此处出产的盘锦大米享誉全国。盘锦境内地势平坦、多水无山，海岸线长 118 km。盘锦有适宜的温度条件和较长的生长期以供水稻生长发育和籽粒成熟，且具有充足的河水灌溉，其耕层土壤具有 pH 为 8.0～8.9 的盐渍型偏碱性，以及土壤表层盐碱、下层黏度大、地表水层不易渗透的土壤特征，因而适宜水稻的生长。盘锦的土壤状况呈以下状态分布：盘锦种植面积 25.2 万 hm²。其中，水稻土总面积约 9.4 万 hm²，占总种植面积的 37.3%（主要分布在盘山县、大洼区的沿海平原和辽河沿岸）。水稻土亚类方面：盐渍型水稻土 924 km²，占水稻土总量的 98.6%；淹育型水稻土面积 13 km²，占水稻土总面积的 1.4%（分布在盘山县的大荒镇、高升镇和大洼区的西安镇、东风镇一带）。

2010 年吉林常年水稻种植面积约 68.02 万 hm²。吉林地势由东南向西北倾斜，呈现东南高、西北低的特征，水稻在吉林各地均有种植，中西部的冲积平原地区较多，吉林面积辽阔且山脉、水域纵横，每一水稻产区都形成了独特的小微气候群。以吉林、黑龙江两省界河拉林河为例，拉林河上游为张广才岭余脉，地势较高，水稻在生长期间易受低温影响，故而该处水稻种植所需育苗时间比其他地方长。而中游地区多为河网密布的丘陵地区，是土壤肥沃的河流冲积平原区，积温较高，不易受寒潮影响。但由于其位于山谷纵横地区，春季多受大风天气影响，水稻易出现倒伏现象。河流下游纬度稍高于他处，且地理位置更靠近西伯利亚高原，在水稻抽穗期也易受副热带高压气旋的影响，从而导致籽粒灌浆度不够、饱满率低。吉林境内绵长的河流、密布的河网为水稻生长提供了便利的水利条件，具有靠流域发展的特征，主要分布在图们江、鸭绿江、松花江、嫩江和辽河流域。

黑龙江农业种植分为地方和农垦（现为北大荒农垦集团有限公司）两个系统。垦区集中分布在小兴安岭南麓、松嫩平原和三江平原地区，属寒温带大陆性季风气候。垦区北部有小兴安岭山脉，向东南方向延伸，北低南高；南部有长白山系的张广才岭、老爷岭和完达山，西南高、东北低，平均海拔在 500～1 000 m，辖区总面积 5.54 万 km²。东部为三江平原，即黑龙江、松花江、乌苏里江汇流的三角地带；西部为松花江、嫩江冲积平原。黑龙江垦区属世界三大黑土带之一，土壤类型有暗棕壤、白浆土、黑土、黑钙土、草甸土、水稻土、沼泽土、泛滥地土壤、风沙土和盐碱土 10 种，土壤肥沃，耕层厚，有机质含量高，土地面积大，地势平坦，适合机械化作业。

黑龙江水稻种植的空间分布具有 3 个特点：一是黑龙江水稻种植主要沿水系分布，三江平原水稻种植面积占黑龙江水稻种植面积的 60.96%，主要是因为三江平原地势平坦、平原处于第二到第五积温带，水系发达适宜水稻种植。松嫩平原占 14.49%，松嫩地区水系相对较少且地形多以漫岗丘陵为主，对水稻的种植产生一定的影响；松花江流域由于地形的原因，水稻种植面积相对较少。二是黑龙江水稻种植主要分布在第一到第五积温带，且主要分布在第二到第四积温带，主要是因为第二到第四积温带主要处于平原区，区域内水系发达、地势平坦。三是黑龙江省农垦系统水稻主要种植在三江平原占垦区水稻面积的 93.3%；地方系统水稻在三江平原、东南部山地、松嫩平原和中部松花江流域，种植面积除三江平原较大外，其他区域相差不大，均在 20% 左右（刘克宝等，2015）。

二、东北区水稻土变化及其驱动因素

1980—2010 年东北区水稻种植面积净增加 360.47 万 hm²，同期产量增加 2 857.28 万 t。20 世纪80 年代，东北水稻土分布最广的区域还在辽宁营口和沈阳两地，而黑龙江水稻土仅分布在松花江南岸和绥化地区的一小部分区域。1980 年，东北水田分布重心位于吉林省吉林市昌邑区；2010 年，东北水田分布重心则转移至黑龙江省哈尔滨市尚志市境内，重心位置向东北方向移动 191.925 km。由此看出，东北区的水稻种植区域在 30 年中发生了显著的扩张。1980—2019 年，黑龙江和吉林两省的水稻种植面积和水稻年总产量都是逐渐增加的（表 2 - 1、图 2 - 1）；而辽宁在 1990—2000 年和2010—2019 年两个时期内水稻种植面积出现了减少，但水稻的总产量仍然是逐渐递增的。这说明，在这一时期内，由于水稻品种的改良以及植稻技术的进步，水稻的单位面积产量在不断提升。

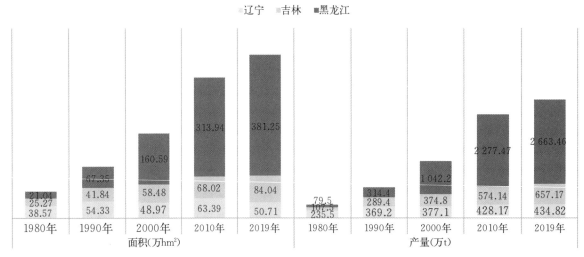

图 2 - 1　1980—2019 年东北区水稻种植面积和总产量变化

黑龙江水田主要新增位置有原黑龙江省农垦总局的宝泉岭分局、建三江分局、牡丹江分局、北安分局管理下的农场。三江平原位于黑龙江省东北部，为黑龙江、松花江、乌苏里江汇流冲积形成的低平原。由于三江平原对未利用地的开垦，三江平原水田和旱地均呈显著增加趋势，水田面积增加的幅度大于旱地，由 1986 年的 $57.7\times10^4\ hm^2$ 增加到 2005 年的 $150.9\times10^4\ hm^2$，增加面积占三江平原总面积的 13.86%（黄妮等，2009）。1995—2000 年是水田面积增长最快的时期。在这个时期内，旱地转化为水田幅度最大，面积达 $63.5\times10^4\ hm^2$，动态度高达 34.49%；旱地在该时期缓慢减少，动态度为 -0.53%。2000—2005 年，旱地面积增加了 $8.8\times10^4\ hm^2$，动态度为 0.4%，开垦速度相对缓慢；而水田保持了 1995—2000 年的动态格局，其开垦面积进一步增加，只是开垦速度有所降低。20 世纪 90 年代，水田与旱地的转换是东北区最为显著的区域特征之一。其中，黑龙江水田面积表现出持续增长态势，其增加量占东北区的 80%。相较其他两省，黑龙江旱地减少（$35.79\times10^4\ hm^2$）略多于水田增加（$28.27\times10^4\ hm^2$），反映了旱地改水田是其利用方式发生转变的主导过程。

东北三省水稻土分布变迁的主要驱动因素可总结为以下 3 个方面（刘彦随等，2005）。

1. 政策引导与政府调控　在促进水稻种植增加方面，1990 年，黑龙江省农垦总局在东北率先实施"大力发展水田，推广旱改水"的工程，10 年间水田面积扩大了 13 倍。1998 年，辽宁省政府推进"3655"灌溉工程，从 1998 年开始投资 36 亿元，利用 5 年时间发展 500 万亩"两高一优"喷灌农田。在此期间，辽宁省水稻种植面积增长 6.04 万 hm^2。在抑制水稻种植增加方面，针对水资源缺乏和利用矛盾突出的问题，政府通过调减水稻种植补贴和调整保护价收购政策来抑制农民种植水稻，也采用直接干预手段调控水田扩展，甚至强行"水改旱"。沈阳、长春、哈尔滨、大连等大城市郊区，多业争水矛盾突出，明令限制稻田扩展。大连作为全国 3 个节水试点城市之一，为了支持城市、工业用水，政府对郊区耕地强制实施"水改旱"。

2. 水资源开发调节　东北区水田和旱地转换变化与水资源的开发利用过程密切相关。过去 30 年间，水田分布的变化主要发生在辽河流域、松嫩平原和三江平原。辽河中上游建设水库，开发地表水资源促进水稻种植面积增长，铁岭以北主要表现为旱地改水田，而辽河下游因中上游截留过多地表水后部分水田被迫改为旱地；松嫩平原有松花江、嫩江等江河，随着控制性水利工程和灌区建设，农业用水保证率与利用率提高，推进了"旱改水"工程。三江平原水田面积由 1990 年的 $21.7\times10^4\ hm^2$ 增至 2000 年的 $95.3\times10^4\ hm^2$，主要是开采地下水资源和实施"以稻治涝"工程的结果。

3. 农产品比较利益　东北三省水田分布的增长区域主要发生在地势低平和水源条件相对较好的地区，深受市场比较收益的影响。东北区种植水稻的产量及增产潜力都优于玉米和大豆，这是促使"旱改水"工程整体推进的根本原因。根据建三江农场的试验，在相同的投入水平下，种植水稻的单产水平高，其经济收益是玉米、大豆的 2～3 倍。若采用轮作换茬、秸秆还田等保护性耕作措施，可分别增产 1 500 kg/hm^2、1 200 kg/hm^2 和 1 125 kg/hm^2。而"水改旱"主要发生在水源保证条件较差的水田和井灌稻田，因水资源供给受限或小井灌溉的水稻因品质较差、效益下降而被迫退出市场，实施"水改旱"。

第三节　长江中下游区

一、长江中下游区水稻土分布现状

长江中下游水稻土区包括南岭以北、秦岭-淮河线以南的湖北、湖南、安徽、江西、江苏、浙江、上海以及河南南部的部分地区，包括江汉平原、洞庭湖平原、鄱阳湖平原、苏皖沿江平原、里下河平原、长江三角洲等区域，是我国最大的水稻生产区，地形以平原为主，间有部分丘陵低山，属于中北亚热带温润地区。除安徽和江苏北部地区属华北单季稻稻作区外，区域大部属华中单双季稻稻作区，水稻生长季 210～260 d。近年来，随着种植结构的调整，长江中下游区双季稻面积呈现下降趋势，单季稻面积逐年上升。长江中下游平原土壤主要是黄棕壤或黄褐土，南缘为红壤，平地大部为水稻土。红壤生物富集作用十分旺盛，自然植被下的土壤有机质含量可达 70～80 g/kg，但受土壤侵蚀、耕作方式影响较大。黄棕壤有机质含量也比较高，但经过垦殖后明显下降。此区域 2000 年和 2019 年水稻种植总面积分别占全国的 51.98% 和 52.69%，水稻总产量分别占全国的 53.18% 和 53.99%（不包括河南统计数据）。沿江、沿海、沿湖的河网平原地区，以起源于草甸土或灰潮土的潴育型水稻土（淤泥田）为主，这一类型水稻土在长江三角洲、太湖平原、鄱阳湖平原、洞庭湖平原和江汉平原分布面积较大。而长江南北的丘陵低山区、唐白河流域和汉中盆地的下蜀黄土或红土与基岩风化物，经梯田化和引水种稻后，多发育成淹育水稻土（马肝泥田），沿江、湖荡的低湿地段及丘陵冲沟尾部的洼地尚有潜育水稻土（青泥田）。水稻土在长江中下游这一大区域中的空间分布格局兼有集中连片和树枝状两种构型，集中连片分布区域主要有江淮流域地区、长江三角洲、太湖平原、洞庭湖平原、江汉平原以及鄱阳湖平原一带。其余地区由于丘陵低山的存在，地形多起伏，水稻土的构型呈现出与地形、水系形态相一致，沿山谷河流呈树枝状或条带状散布，或相对集中地分布在盆地地带。

安徽境内平原、台地（岗地）、丘陵、山地等类型齐全，水稻土密集分布在江淮平原和江南的少部分区域，主要水稻产区有沿淮北平原单季稻、淮南丘岗单双季稻过渡区、沿江圩丘双季稻区、大别山地单双季稻混栽区、皖南山地单双季稻混栽区。淮河以北的平原地区虽地势同样平坦开阔，但主要农作物为小麦、大豆、玉米以及经济作物，水稻的种植很少且在不断减少。皖西和皖南丘陵山地区域也有树枝状构型的水稻土分布，主要是天目山-白际山、黄山和九华山三大山脉之间的新安江、水阳江、青弋江谷地。安徽由北向南，地带性土壤分别为棕壤、黄棕壤和黄红壤。另外，各地还广泛地分布着一些非地带性土壤，如砂姜黑土、潮土、水稻土等。安徽区位优势明显，社会经济条件较好，再加上光热资源丰富、水资源条件明显优于北方，水稻面积大且单季稻、双季稻共存。

江苏地形以平原为主，陆地面积为 10.32 万 km^2。其中，平原面积占比 86.89%，该比例居我国各省份的首位，主要由苏北平原、黄淮平原、江淮平原、滨海平原、长江三角洲平原组成。长江横贯江苏东西 433 km，海岸线长 957 km。江苏地处江、淮、沂、沭、泗五大河流下游，长江横穿江苏南部，江水是江苏最可靠的水资源。我国五大淡水湖中的太湖和洪泽湖都位于江苏，此外有大小湖泊 290 多个，其中 50 km^2 以上的湖泊 12 个，河渠纵横，水网稠密。江苏平原地区广泛分布着深厚的第四纪松散堆积物，地下水源丰富。得天独厚的地形、温度和水文条件造就了江苏水稻土大范围、规模化、集中连片的分布特征。江苏农业区分为徐淮农区、沿海农区、里下河农区、宁镇扬农区、沿江农区、太湖农区。江苏农用地肥沃，生产力水平高，水稻、小麦和玉米已成为主要粮食作物，一直是全国重要的粮食生产区。20 世纪 60 年代，江苏开始籼稻改粳稻，70 年代粳稻改籼稻，80 年代"调双扩优"，90 年代调籼扩粳，都是生产条件的改革和时代需求的结果。1992 年，江苏提出了发展粳稻生产。"九五"以后，江苏实施了"籼改粳"工程。到 2012 年，江苏粳稻种植面积近 200 万 hm^2，已占江苏水稻种植面积的 90% 左右，成为南方粳稻种植面积最大的省份。江苏粳稻年种植面积、总产量分别占全国的 20% 和 30% 左右。近年来，随着社会经济和城市化的快速发展，江苏人口不断增加，农用地不断减少，土地稀缺的矛盾越来越突出。

浙江地形自西南向东北呈阶梯状倾斜，大致可分为浙北平原、浙西南的丘陵和盆地、浙东南的沿海平原及滨海岛屿等地形区。浙江属亚热带季风气候区，季风显著，四季分明，气温适中，光照较多，降水充沛，空气湿润，地形复杂，素有"七山一水二分田"之说。水稻是浙江的主要粮食作物，2010 年水稻种植面积为 82.2 万 hm^2，约占粮食总量的 73.7%，总产量为 577.5 万 t。其水稻土的主要分布区域有东北部的低平冲积平原、东部沿海平原、浙中和浙西南的盆地，在丘陵地带的丘谷洼地有零星散布。近年来，浙江杂交粳稻的种植面积发展很快。2005 年，浙江杂交粳稻种植面积超过 4.7 万 hm^2。浙江水稻产区可划分为杭嘉湖平原单季粳稻区、宁绍平原单双季籼粳稻区、温台沿海平原单双季籼稻区、金衢盆地单双季籼稻区、浙西南丘陵山区单季籼稻区、浙西北丘陵山区单季籼粳稻区。

上海是长江三角洲冲积平原的一部分，平均海拔在 2.19 m 左右。西部有部分残丘，陆上最高点海拔仅为 99.8 m。海域上有大金山、小金山、浮山（乌龟山）、余山岛、小洋山岛等岩岛。在上海北面的长江入海处，有崇明岛、长兴岛、横沙岛 3 个岛屿。上海平原位于长江三角洲前缘，东濒东海、北枕长江、西与太湖平原相接，广阔平原由江、海、湖所围绕，该区水稻土因其起源土壤残留特征而使其性状有差异。主要有沼泽潜育土起源的草甸土或盐渍草甸土起源的水稻土，前者目前土壤脱潜，属脱潜水稻土；后者具潴育层发育，属潴育水稻土。

江西地处长江中下游丘陵和平原接合部，地形以江南丘陵、山地为主；盆地、谷地广布，略带鄱阳湖平原，江西地势向北倾斜。丘陵之中，间夹有盆地，多沿河作带状延伸，山地大多分布于江西境内边缘。鄱阳湖平原与两湖平原同为长江中下游的陷落低地，由长江和江西五大河流泥沙沉积而成，北狭南宽，面积近 2 万 km²。水网稠密，河湾港汊交织，湖泊星罗棋布。属亚热带季风气候区，气候温和，降水充沛，光、热、水资源配合良好，具有适宜双季稻生长的良好气候条件。2019 年，江西水稻播种面积和总产量居全国第三位，且占江西粮食总产量的 95%。江西水稻种植区可划分为双季稻种植区和单双季稻混作区两大类型，可进一步分为 10 个主区。按面积大小排序如下：赣北丘陵平原双季稻区、赣江中游河谷盆地双季稻区、袁锦河谷丘陵双季稻区、赣西北单双季稻混作区、赣南丘陵盆地双季稻区、赣东北盆地双季稻区、雩山和武夷山山地丘陵单双季稻混作区、赣西山地丘陵单双季稻混作区、赣南山地丘陵单双季稻混作区、赣东北山地丘陵单双季稻混作区。

湖北位于长江中游，处于我国地势第二级阶梯向第三级阶梯过渡地带，地势呈三面高起、中间低平、向南敞开、北有缺口的不完整盆地。地貌类型多样，山地、丘陵、岗地和平原兼备。湖北地势高低相差悬殊，中南部为江汉平原，与湖南的洞庭湖平原连成一片，地势平坦，土壤肥沃，除平原边缘岗地外，海拔多在 35 m 以下，略呈由西北向东南倾斜的趋势。温、光、水资源丰富，年平均气温 15.9～17.0 ℃，年活动积温 4 800～5 200 ℃。湖北属于华中单季稻、双季稻作区，水稻土主要分布在江汉平原、鄂中稻区和鄂北地区，类型多属于潴育水稻土。江汉平原南部接近洞庭湖的区域有少量淹育水稻土和潜育水稻土，江汉平原的一部分和鄂中稻区适宜种植双季稻。

湖南属亚热带温暖湿润季风气候区，无霜期 240～310 d，全年日照 1 800～2 200 h，年降水量 1 200～1 700 mm，地处云贵高原向江南丘陵和南岭山脉向江汉平原过渡的地带，在自西向东呈梯级降低的云贵高原东延部分和东南山丘转折线南端。地貌有半高山、低山、丘陵、岗地、盆地和平原。湖南的地貌整体轮廓是东、南、西三面环山，中部丘岗起伏，北部湖盆平原展开，是朝东北开口的不对称马蹄形地形。湖南河网密布，总长度 9 万 km，其中流域面积在 5 000 km² 以上的大河 17 条。河流主要有湘江、资江、沅江、澧水及其支流，顺着地势由南向北汇入洞庭湖、长江，形成一个比较完整的洞庭湖水系。洞庭湖是湖南最大的湖泊，跨湖南、湖北两省。植稻类型主要包括双季稻、单季稻两种熟制。其中，双季稻、单季稻产量分别约占湖南水稻总产量的 70%、30%。水稻生产规模优势显著，呈现出复种指数高、播种面积大、产量高的特点。水稻种植的主要区域是湘北洞庭湖平原、湘中丘陵区和湘南丘陵区，但湘西土家族苗族自治州（以下简称湘西州）、张家界市以及怀化市等多山地区土地集中度和平整度较低，地势落差大，不利于大规模机械化作业，难以开展水稻规模化、集约化生产管理。

二、长江中下游区水稻土分布变化及其驱动因素

1. 长江中下游区水稻土分布变化情况 从 1980—2019 年长江中下游区主要省份水稻种植面积和产量变化来看（表 2-2、图 2-2），1980—2019 年长江中下游区水稻种植面积减少 342.69 万 hm²，缩减 18.7%，但水稻总产量增加了 3 214.1 万 t，增加了 43.1%。随着水稻品种的改良、耕作技术的进步等原因，水稻的单产得到显著提升。在此期间，水稻总种植面积整体呈逐渐减少的趋势。除自身总面积减少的原因外，北方地区水稻种植区域的扩张也是重要原因。长江中下游地区以占全国面积 2%左右的土地产出了占全国总产量 50%多的水稻。说明长江中下游区水稻产区比其他地区水稻土分布密度更高。因此，在我国水稻生产中，长江中下游区一直占据着重要地位。长江中下游区水稻土分布的重心向西南方向移动 46.08 km，并不显著，说明在整体上并未出现明显的增减地域性差异。

表 2 - 2　1980—2019 长江中下游区主要省份水稻种植面积和产量变化

项目	面积（万 hm²）			产量（万 t）		
	1980 年	2000 年	2019 年	1980 年	2000 年	2019 年
上海	30.46	17.61	10.36	116.5	137.2	88.0
江苏	277.85	220.35	218.43	1 228.5	1 801.3	1 959.6
浙江	251.39	159.80	62.75	1 176.0	990.2	462.1
安徽	223.83	223.67	250.90	773.0	1 221.6	1 630.0
江西	338.37	283.20	334.62	1 188.0	1 491.9	2 048.3
湖北	270.82	199.53	228.68	1 038.0	1 497.2	1 877.1
湖南	441.23	389.61	385.52	1 942.5	2 392.5	2 611.5
总计	1 833.95	1 493.77	1 491.26	7 462.5	9 531.9	10 676.6
占全国百分比（%）	55.87	51.98	52.69	55.24	53.18	53.99

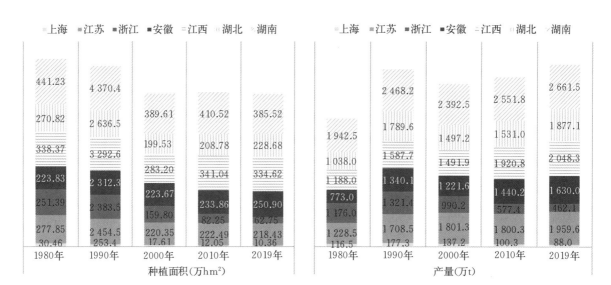

图 2 - 2　1980—2019 年长江中下游区主要省份水稻种植总面积和总产量变化

　　从长江中下游区水稻种植总面积变化趋势来看，1980—1990 年小幅度减少，1990—1994 年减少速度出现了加快，1994—1998 年呈现出先增后减的平缓抛物线变化，1999—2003 年总面积减少速度加快，同时从 1980 年以来一直呈缓慢增长趋势的总产量出现了减少。相关研究表明，同一时间段，全国水稻生产表现出相同的变化。据资料记载，2003 年长江以南大部分及东北部分地区降水量较常年偏少。江南、华南地区自 6 月开始降水量连续偏少，出现伏秋连旱，受旱面积较大或旱情较重的有福建、湖南、江西、浙江等省份。另一个原因是双季稻种植面积减少较大。长江中下游区双季稻种植面积较大的省份有湖南、江西，湖北、浙江、安徽在历史上双季稻的比重也较高。所以，稳定双季稻的面积对长江中下游区水稻的良性生产是一个重要保障。

　　2004 年以后，水稻种植面积和总产量呈现恢复性增长。2004—2015 年，除浙江和上海的水稻总面积在不断减少外（其中，浙江在这 11 年间减少了 39.38 万 hm²，减少率达到 38.3%），区域其他省份都呈现出逐年递增的态势。出现这样的现象最主要的原因是一系列惠农政策的出台，包括全面取消农业税、扩大种粮补贴力度，提高了稻农生产的积极性，增加了农业劳动力。但是，这些效应在减弱。从单产的贡献因素看，水稻品种的改良、栽培技术的提高、农业生产投入的加大都在一定程度上促进了单产提高，保证了水稻生产恢复。

比较优势指某一地区某一种粮食作物播种面积或产量与该地区粮食作物总种植面积或产量的比值与全国同类比值，包括规模比较优势（种植面积层面）、效率比较优势（单产层面）、综合比较优势（前两者几何平均数）。针对长江中下游区水稻生产比较优势分析表明，近 20 年来，长江中下游区水稻生产具有明显的综合比较优势，主要是由于其生产规模较大，种植面积的占比高。而随着经济结构的变化、非农活动的增加及务工人员工资上涨，农业劳动力减少，成本提高，农业生产出现土地撂荒；另外，长江中下游区经济增长较快，城镇化建设水平较高，农业用地的数量减少，这些因素都限制了水稻生产面积的发展。以浙江为例，其水稻种植面积近 20 年来虽然基数较大，但减少也较多，规模比较优势逐渐减弱。然而，其综合比较优势保持在较高的水平，主要是由于其单产增幅快，效率比较优势指数增加较快。对于水稻单产水平的提高有多方面的措施，如增加对农田基础设施建设的投入，水稻的品种、生产技术、机械化水平的提高，都可以有效促进单产提升，从而提高效率比较优势水平。长江中下游经济相对发达的地区单产提高显著，逐步具有效率比较优势，江西、湖南、安徽的水稻单产水平需要进一步提高。针对长江中下游区水稻生产比较优势区域格局变化分析，南部地区水稻生产具有较大的规模，江西规模优势一直较明显，湖南的优势水平正在逐步提高，浙江的播种面积基数较大，虽然种植面积一直在缩减，但仍然表现出规模优势，浙江生产效率已有较高水平，江西、湖南潜力较大。北部地区由于种植规模的制约，与南部相比，其综合比较优势弱，但水稻单产水平突出，江苏、湖北具有较高的效率比较优势指数，安徽与南部地区相比同样表现出效率优势；安徽与江苏、湖北相比，水稻生产规模、效率都有上升的空间（杨秉臻等，2018）。

2. 长江三角洲城市化进程对水稻土分布的影响 长江三角洲位于我国东南沿海，包括江苏南部的太湖平原、江苏北部的里下河平原、上海平原以及浙江的杭嘉湖平原，既是我国著名的以水稻生产为主的稻麦两熟区，也是我国重要的经济开发区。在 1980—2010 年水稻土分布变化中，长江三角洲的上海、南京、苏州、无锡、常州、合肥等城市周围均出现了明显的以城市为中心向外扩散的水稻土面积减少区域。随着经济发展，长三角地区产业结构出现了由第一产业向第二、第三产业的倾斜。城镇工业的发展、常住人口的增长等原因，导致了城市面积的大幅度扩张，带来了由农用地转非农用地量的增加、耕作成本的增加、农业劳动人口的流失、环境的污染等一系列影响，带来了城市边缘区域水稻土面积的流失。但同时，由于经济的发展改善了水稻品种和水稻种植技术水平，促进了更高效的水稻产出，且有利于水稻土向其他原本非水稻种植区域扩张。1960—2010 年的 50 年间，江苏水稻种植格局变化明显，北部水稻种植面积呈增加趋势，南部水稻种植面积呈下降趋势，中部基本稳定（杜永林等，2014）。江苏北部地区耕地资源充足，常年保持在 250 万 hm^2 左右，且有效灌溉面积保持在 200 万 hm^2 左右，这为江苏北部地区种植结构调整、水稻种植面积扩大提供了条件；同时，农业政策的调整，如 2004 年国家出台"一减、二保、三补"的支持水稻生产政策，有利于耕地充足的江苏北部地区扩大水稻种植面积。随着城市化和工业化的快速发展，大量耕地用于工业城镇建设，同时由于种植结构调整，导致耕地"非粮化"。2006 年江苏非粮化耕地面积达 34.5%，导致南部地区水稻种植面积的下降。可见，进一步挖掘江苏北部耕地资源的水稻种植潜力、稳定中部、控制南部地区种植面积下滑的趋势，是实现江苏水稻总产量稳定增加的基本条件。

综合来看，长江中下游水稻种植时空格局变化的驱动因素主要体现在种植制度、国家政策和经济发展 3 个方面：一是水稻品种的改良，栽培技术的提高，农业生产投入的加大，单双季稻种植制度的变化；二是国家或地方农业政策的调整；三是推进经济建设带来的一系列影响。

第四节　东南沿海区

一、东南沿海区水稻土分布现状

东南沿海水稻区包括南岭以南的广东、广西、海南以及福建。地形以山地丘陵为主，属于热带、南亚热带温润地区，是全国水热资源最丰富、生长季最长、以籼稻为主的双季稻区，广东中部和海南东部还是我国三季连作稻区。此区域 1980 年水稻的总播种面积和总产量分别占全国的 25.63％和 23.64％。2000 年和 2019 年水稻种植总面积分别占全国的 21.22％和 14.60％，水稻总产量分别占全国的 18.33％和 12.35％。主要水稻土类型为砖红壤、红壤以及草甸土起源的潴育水稻土（潮泥田）、淹育水稻土（黄泥田）和潜育水稻土（油格田）。其中，以潴育水稻土占优势，分布在珠江三角洲、韩江三角洲、闽江、九龙江下游、西江两岸等区域。此外，有在石灰岩溶蚀洼地和钙质紫色沙泥岩固定冲积物发育的石灰性水稻土、滨海平原的盐渍水稻土、江河入海口地段的酸性硫酸盐水稻土，这些水稻土的空间格局对位集中连片的构型。

福建境内山地、丘陵占土地总面积的 80％以上。地势总体上西北高、东南低，横断面略呈马鞍形。福建西部和中部两大山带之间为互不贯通的河谷、盆地，东部沿海为丘陵、台地和滨海平原。陆地海岸线以海岸侵蚀地貌为主，堆积性海岸为次。潮间带滩涂面积约 20 万 hm²，底质以泥、泥沙或沙泥为主。福建靠近北回归线，受季风环流和地形的影响，70％的区域≥10 ℃的积温在 5 000～7 600 ℃，降水充沛，光照充足，年平均气温 17～21 ℃，年平均降水量 1 400～2 000 mm，是我国降水量最丰富的省份之一，适宜多种作物生长。气候属亚热带海洋性季风气候，温暖湿润。气候区域差异较大，东南沿海区属南亚热带气候，东北部、北部和西部属中亚热带气候，各气候带内水热条件的垂直分异也较明显。由于地形原因，水稻土在福建大部分区域分布的特点是沿河谷、盆地的树枝状构型集中分布。主要水稻土类型为普通水稻土和潴育水稻土，在沿海滩涂地区间有盐渍水稻土分布，但沿海地区的水稻土数十年来在不断缩减。

广东山地、丘陵和台地的面积占本省土地总面积的绝大部分，而平原的面积仅占 21.7％，河流和湖泊等占本省土地总面积的 5.5％。山脉大多与地质构造的走向一致，山脉之间有大小谷地和盆地分布。平原以珠江三角洲平原最大，沿海沿河地区多为第四纪沉积层，是构成耕地资源的物质基础。广东属于东亚季风区，由北向南分别为中亚热带、南亚热带和热带气候，由北向南年平均日照时数由不足 1 500 h 增加到 2 300 h 以上，年平均气温为 19～24 ℃。广东平均日照时数为 1 745.8 h，年平均降水量 1 300～2 500 mm，降水的空间分布基本上也呈南高北低的趋势。从广东区域划分角度来看，其水稻土分布的总体趋势表现为山区＞珠三角地区＞西翼＞东翼。山区的水稻播种面积在 2000—2010 年均在 65 万 hm² 以上；珠三角地区水稻播种面积呈现总体下降、中间略有波动的趋势，但均在 50 万 hm² 以上；西翼的播种面积较为稳定，在 50 万 hm² 左右徘徊，总产量除 2008 年外在 280 万～330 万 t 徘徊；东翼水稻种植面积和产量都是 4 个区域中最少的且总体表现为逐年减少趋势，播种面积由 2000 年的 30.96 万 hm² 减少到 2010 年的 23.56 万 hm²。

广西地处我国地势第二台阶中的云贵高原东南边缘、两广丘陵西部，南临北部湾海面，呈西北向东南倾斜状。四周多被山地、高原环绕，中部和南部多丘陵平地，呈盆地状。北回归线横贯广西中部，属亚热带季风气候区和热带季风气候。各地年平均气温 17.5～23.5 ℃。各地年平均降水量 841.2～3 387.5 mm。受西南暖湿气流和北方变性冷气团的交替影响，干旱、暴雨、热带气旋、大风、雷暴等气象灾害较为常见。水稻种植多分布于广西南部、东南部及沿河地带。广西土壤耕性比较差，比较贫瘠，低洼易涝；但是土壤潜在的肥力比较强，生产潜力较大。通常为了保证水稻生长的营养需求，在栽植之前需要带磷、带药和带生物肥进行土壤翻耕，以改善土壤质地、保证土壤肥力。

海南岛四周低平，中间高耸。山地、丘陵、台地、平原构成环形层状地貌，梯级结构明显，山脉多属丘陵性低山地形。地处热带北缘，属热带季风气候，长夏无冬，年平均气温 22～27 ℃，≥10℃的积温为 8 200 ℃，年光照为 1 750～2 650 h，光照率为 50％～60％，降水充沛，年平均降水量为 1 639 mm，每年的 5—10 月是多雨季，此时期降水量达 1 500 mm 左右，占全年总降水量的 70％～90％。海南岛种稻可三熟，是我国南繁育种的理想基地（南繁是指将水稻、玉米、棉花等夏季作物的育种材料，在当地秋季收获后，冬季拿到我国南方亚热带或热带地区进行繁殖和选育的方法）。海南水稻品种的发展经历了 3 个比较明显的阶段，即 20 世纪 80 年代以前地方常规稻为主阶段，20 世纪 80 年代末至 90 年代三系杂交水稻迅速发展阶段，21 世纪三系杂交水稻为主、两系杂交水稻为辅阶段。海南岛中部山地由于地形起伏较大，稻田罕见分布；大规模水稻种植区分布在北部和东北部以及南部沿海地区。海南岛水田地块面积破碎、形态不规则，较少出现规整形状的地块。

二、东南沿海区水稻土分布变化及其影响因素

根据东南沿海区 4 个省份 1980—2019 年水稻土空间分布的变化，结合对 1980—2019 年该区植稻土壤总面积的统计（表 2-3）可以看出，东南沿海区水稻土面积发生显著的缩减，主要缩减区域在福建沿海区域、珠江三角洲地区、广西中南部大范围区域，缩减面积约 427.9 万 hm²，缩减比例为 49.7%，接近半数。1980—2019 年，该区的水稻种植总面积、总面积占全国百分比、总产量占全国百分比都在下降，水稻种植面积占全国百分比由 25.43% 下降到 14.60%，总产量占全国百分比更是由 23.64% 下降到 12.35%。只有总产量在 1980—1990 年出现了 452.4 万 t 的增长、增长率 13.7%，其余时间也都呈下降趋势。

表 2-3　1980—2019 东南沿海区主要省份水稻种植面积和产量变化

项目	面积（万 hm²）			产量（万 t）		
	1980 年	2000 年	2019 年	1980 年	2000 年	2019 年
福建	168.65	122.23	59.92	671.5	632.8	388.79
广东	416.37	246.74	179.37	1 623	1 423.4	1 075.1
广西	276.43	230.16	171.29	1 007	1 226.5	991.95
海南	0	36.74	22.97	0	150.21	126.5
总计	861.45	635.87	433.55	3 301.5	3 432.91	2 582.34
占全国百分比（%）	25.43	21.22	14.60	23.64	18.33	12.35

在省份层面上，东南沿海区每一省份在每一时期内的水稻种植面积变化都是减少（海南是 1988 年建省，数据自 1990 年开始计算）。其中，福建在 2000—2010 年这一期间水稻种植面积增长率达到了 -35.4%，为 10 年期各省份减少最快的一期，其次便是广东在 1980—1990 年水稻种植总面积下降了 23.7%（图 2-3、图 2-4）。水稻总产量方面，各省份在 1980—1990 年发生了增长，随后便大多呈下降趋势（图 2-5）。因此，东南沿海区水稻土的持续减缩需要引起充分重视。观察每个省份的产量走势图（图 2-5），可以分为两个时期：第一个时期是 1980—1999 年，是水稻总产量波动变化时期，这个趋势适用于整个区域和每个省级区域。其中，广东、福建两省波动下降，广西波动上升，海南由于基数小，波动并不明显。第二个时期是 1999 年之后的时期，是东南沿海区水稻总产量平稳下降时期。

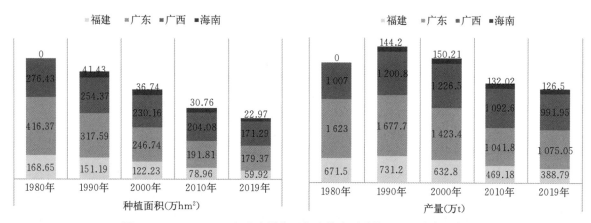

图 2-3　1980—2019 年东南沿海区各省份水稻种植面积和总产量变化

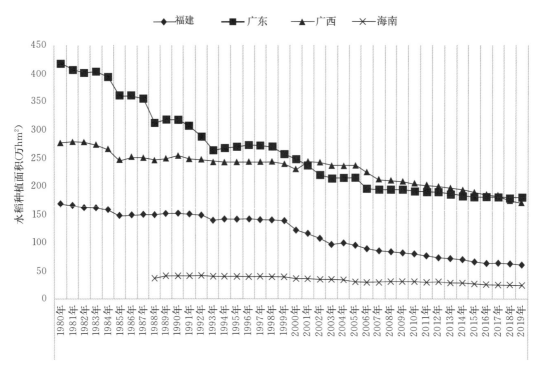

图 2-4 1980—2019 年东南沿海区各省份水稻种植面积变化

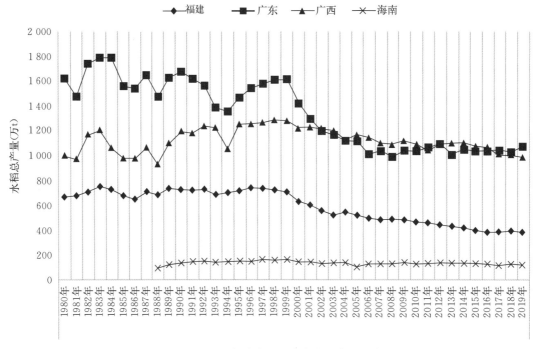

图 2-5 1980—2019 年东南沿海区各省份水稻总产量变化

制约东南沿海区水稻土面积保持和产量保持的因素主要包括 3 个方面：一是地域和气候特征导致的自然灾害、病虫害等频发，导致水稻单产的提高受到了阻碍，同时与我国其他区域相比，水稻单位产出成本升高、利润降低，因此水田向其他农业或非农用地的转出增多；二是由于东南沿海各省份山地丘陵多、平原少的地形特点，不具备如黑龙江和江苏集中连片平原地区大规模机械化种植的条件，这也是种稻成本居高不下的重要因素；三是城市化，如珠江三角洲地区，前面提到广东平原的面积仅占 21.7%，最大的平原是珠江三角洲平原，1980 年以来，这一区域已逐渐形成一个规模宏大的城市群，城市用地的扩张便挤压了水稻土的生存空间。对比东北区、长江中下游区、东南沿海区三大水稻产区单产水平（图 2-6）发现，东南沿海区平均单产在 1980—2019 年这一时间区间内虽呈稳步增长态势，但都明显低于东北区和长江中下游区。这也是地形、气候、耕作手段、耕作制度等因素对水稻产出效率影响的一个重要体现。

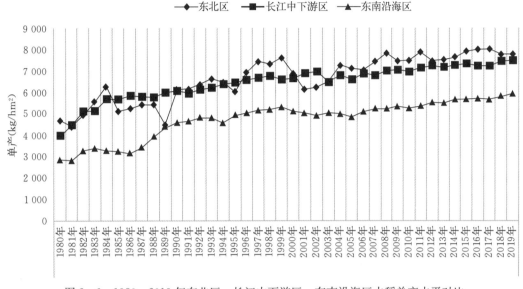

图 2-6　1980—2019 年东北区、长江中下游区、东南沿海区水稻单产水平对比

2010 年广东水稻播种面积为 191.81 万 hm^2，比 2000 年减少了 22.26%，年均减少 5.49 万 hm^2；水稻总产量由 2000 年的 1 423.4 万 t 减少到 2010 年的 1 041.8 万 t，11 年间产量降低了 26.8%，年均减少 38.16 万 t。广东因温度高、湿度大等气候特征，使其成为水稻病虫害的高发区。近年来，稻瘟病、稻纵卷叶螟、稻飞虱、纹枯病等水稻病虫害每年都呈中等偏重程度发生。尽管水稻种植面积逐年减少，但病虫害发生面积有逐年扩大趋势。2000 年，广东水稻病虫害发生面积为 581.17 万 hm^2，经防治后实际损失 15.53 万 t；但到 2010 年，则分别为 860.68 万 hm^2 和 50.12 万 t，分别是 2000 年的 1.48 倍和 3.23 倍（李逸勉等，2013）。2003 年，广东出台了《扶持农业机械化发展议案》。在该议案的带动下，广东水稻全程机械化有了一定的发展。2010 年，广东水稻的机耕水平为 89.55%，略高于全国 85% 的平均水平；机收水平为 58.08%，略低于全国 60% 的平均水平。广东水稻种植机械化水平在 2010 年已上升到 3.58%，但与全国同期 20% 的水平相比还有很大差距，而黑龙江 92% 的种植机械水平则是广东的 25.7 倍。机械化水平低已成为制约广东农业适度规模经营和发展现代农业的重要因素。广东水稻生产保持着相对稳定的综合比较优势，与之相对的，广东水稻生产处于效率劣势，这与水稻单产较低及产投比不高密切相关。这是水稻生产自然资源禀赋以及各种物质投入水平和科技进步等因素不匹配的综合体现。

福建省政府曾提出粮食总产量规划指标：1995 年为 900 万 t，2000 年为 1 000 万 t（即每年递增 20 万 t）。福建山区"垂直带"尚有不少水田在种一季早（中）稻之后即行休闲。但由于福建山垄田较多，不利于大型机械化生产，导致福建水稻生产成本居高不下，渐渐改种经济作物，也有少部分农户以口粮为目的进行小规模水稻种植。福建水稻成本利润率远低于全国平均水平，水稻生产非常不稳定，通过扩大规模来提高水稻生产效率的空间非常小。今后，应该加大力度研发新品种、改进新技术，加大农业的科研投入和科研成果转化率。

第五节 西 南 区

一、西南区水稻土分布现状

西南区包括云南、贵州、四川、重庆、西藏5个省份，有四川盆地和云贵高原两大水稻土区。我国西南区水稻种植具有分散、地块小、形状多样等特点，水稻生态类型垂直分布差异显著，水稻种质资源丰富，是我国稻作起源中心之一。1980年、2000年、2019年，西南区水稻种植面积分别为488.61万 hm²、472.55万 hm²、403.21万 hm²，分别占全国水稻种植总面积的14.42%、15.77%、13.58%。1980年、2000年、2019年，西南区水稻总产量分别为 1 874 万 t、3 213.35 万 t、2 915.06 万 t，分别占全国水稻总产量的13.42%、17.16%、13.94%（表2-4）。四川盆地由连接的山脉环绕而成，位于我国大西部东缘中段、长江上游，囊括四川中东部和重庆大部，是四川、重庆的主体区域，人口稠密，城镇密布。四川盆地的面积为26万余 km²，占四川行政面积的33%。西依青藏高原和横断山脉、北近秦岭、东接湘鄂西山地、南连云贵高原，这里的岩石主要由紫红色砂岩和页岩组成，这两种岩石极易风化发育成紫色土。四川盆地是全国紫色土分布最集中的地方，且有独特的紫色土发育形成的水稻土。四川盆地底部面积约16万 km²，按其地理差异，自西向东又可分为成都平原、川中丘陵和川东平行岭谷3个部分。四川东部即四川盆地及周围山地属中亚热带湿润气候区，又兼有海洋性气候特征。该区全年温暖湿润。年平均气温 16~18 ℃，≥10 ℃的持续期 240~280 d，积温达到 4 000~6 000 ℃，气温日较差小，年较差大，冬暖夏热，无霜期 230~340 d。盆地云量多，晴天少，如 2013 年日照时间较短，仅为 1 000~1 400 h，比同纬度的长江下游地区少 600~800 h。在四川盆地内部集中了四川85%的水稻土，以单季中稻为主，双季稻仅见于成都平原和盆南浅丘平坝，比重较低且时有起伏，目前种植面积尚不及稻田总面积的1/10，是我国南方各地区双季稻面积较小、产量较低的区域之一。本区以潜育水稻土（油沙田或重泥田）占优势，主要分布在成都平原，沱江、嘉陵江、渠江下游浅丘，四川东南部以及重庆长江沿岸，呈集中连片或条带状构型。四川中部丘陵的沱江和涪江中游及南部浅丘区，由于冬春雨水较少，历来依靠本田蓄水和塘堰灌溉，灌溉得不到保证，造成淹育水稻土和潜育水稻土大面积存在，是响雷田、望天田与冬水田最主要的分布地区。盆地边缘坡度较大，水稻土只占耕地的 10%~30%，多分布于河谷和溪沟两岸，呈树枝状构型。

表 2-4 1980—2019 年西南区各省份水稻种植面积和产量

项目	面积（万 hm²）			产量（万 t）		
	1980 年	2000 年	2019 年	1980 年	2000 年	2019 年
重庆	—	77.66	65.51	—	532.9	487
四川	308.31	212.38	187.00	1 549	1 634.3	1 469.8
贵州	77.45	75.05	66.47	325	477.4	423.83
云南	102.79	107.36	84.15	—	568.2	534
西藏	0.06	0.10	0.08	—	0.55	0.43
总计	488.61	472.55	403.21	1 874	3 213.35	2 915.06
占全国百分比（%）	14.42	15.77	13.58	13.42	17.16	13.94

云贵高原稻区包括云南、贵州以及西藏东南部小部分地区，属我国西部高山高原向东部丘陵的过渡地带。区内高原山地、丘陵与盆地、平原纵横交错。由于地形复杂、高低悬殊，气候垂直分异明显，稻谷品种也有明显的垂直分布特点。一般海拔 2 000 m 上下多种粳稻，海拔 1 500 m 左右为粳稻、籼稻交错分布，海拔 1 200 m 以下多种籼稻。本地区过去以单季稻为主，而后双季稻在河谷平坝地区

有了较大发展。水稻土主要是由草甸土、沼泽土和红壤、黄壤发育的潜育水稻土（重泥田），间有部分淹育水稻土（胶泥田和白鳝泥田）和潜育水稻土穿插其中。由于广大高原山地坡陡土薄，不适宜水稻栽培，所以水稻土的分布多集中在不同高度平面的山间盆地（坝子）中，形成在地带性土壤背景上斑点状的构型，其分布上限可达 2 660 m，成为全国水稻土分布的最高地区。

重庆 1997 年设立直辖市，共辖 38 个区（县），面积 82 403 km²。重庆地势由南北向长江河谷逐级降低，西北部和中部以丘陵、低山为主，东南部靠大巴山和武陵山两座大山脉，坡地较多，山地面积占 76%、丘陵占 22%、河谷平坝仅占 2%。总地势是东南部、东北部高，中西部低，由南北向长江河谷逐级降低。重庆属亚热带季风性湿润气候，年平均气温 16～18 ℃，年平均降水量 1 000～1 350 mm，长江干流自西向东横贯全境 665 km，横穿巫山 3 个背斜，形成著名的瞿塘峡、巫峡和湖北的西陵峡，即长江三峡。重庆水稻土主要分布在西部四川盆地边缘地区和三峡山谷地区，沿山脉走向呈南北条带状集中分布，在其东部的山脉坡底有散布型分布，可分为渝西河谷浅丘区、渝南丘陵平坝区、渝中浅丘平坝区、渝东北深丘峡谷区。

四川位于我国地势三大阶梯中的第一级和第二级，即处于第一级青藏高原和第三级长江中下游平原的过渡带。四川具有山地、丘陵、平原和高原 4 种地貌类型，分别占四川面积的 74.2%、10.3%、8.2%、7.3%。土壤类型丰富，共有 25 个土类 63 个亚类 137 个土属 380 个土种。西高东低的特点明显，西部为高原、山地，东部为盆地、丘陵。四川水稻主要分布于盆地、盆地周边山区和四川西南部山地区，按照地理、地貌类型和种植区的形成现状，四川可划分为 5 个水稻种植区和 1 个不适宜种植区。5 个水稻种植区包括盆西平丘区、盆中浅丘区、盆南丘陵区、盆东平行岭谷区、川西南山地区。四川水稻以一季中稻为主，近年来，灌溉水稻已占绝大多数。

云南属山地高原地形，地势呈现西北高、东南低，自北向南呈阶梯状逐级下降。云南气候基本属于亚热带高原季风型，气温随地势高低垂直变化异常明显。云南西北部属寒带型气候，长冬无夏，春秋较短；东部、中部属温带型气候，四季如春，遇雨成冬；南部、西南部属低热河谷区，有一部分在北回归线以南，进入热带范围。云南平均气温年温差一般只有 10～12 ℃，降水的地域分布差异大，大部分地区年平均降水量在 1 000 mm 以上。水稻种植分布广泛，稻区气候复杂多样，种植区域性较强，生产能力参差不齐，2002—2012 年水稻种植比重大于云南平均水平（13.34%）的州（市）有西双版纳、德宏、普洱、楚雄、保山、红河、大理和临沧，占云南水稻播种面积的 68.25%。

贵州属于我国西南部高原山地，境内地势西高东低，自中部向北、东、南三面倾斜，平均海拔在 1 100 m 左右。贵州地貌可划分为高原、山地、丘陵和盆地 4 种基本类型。其中，92.5% 的面积为山地和丘陵。境内山脉众多，重峦叠嶂，绵延纵横，山高谷深。贵州的气候温暖湿润，属亚热带湿润季风气候。气温变化小，冬暖夏凉，气候宜人。降水较多，雨季明显，阴天多，日照少。贵州水稻种植以一季中稻为主。其中，籼稻种植面积占 94.8%，粳稻种植面积占 5.2%，且粳稻种植面积近年来逐渐下降。

西藏水稻土主要位于藏南谷地、冈底斯山脉和喜马拉雅山脉之间，即雅鲁藏布江及其支流流经的地域。这一带有许多宽窄不一的河谷平地和湖盆谷地，地形平坦，土质肥沃，是西藏主要的农业区。全区耕种土壤主要分布在冈底斯山至念青唐古拉山以南的河谷和三江流域河谷洪积扇、冲积台地、冲积阶地以及湖盆阶地上。其中，雅鲁藏布江干流台地及拉萨河、年楚河等支流谷地内的耕种土壤就占了全区耕种土壤的 55%，其地貌条件相对较为一致。墨脱县平均海拔 1 200 m，是青藏高原海拔最低的地方，也是西藏主要的水稻产地之一。墨脱县是雅鲁藏布江流入印度前流经我国的最后一个县。由于深受印度洋暖湿气流影响，这里气候温和、降水充沛，年平均气温 16 ℃，年平均降水量在 2 300 mm 以上。南来的水汽使境内的河流得以不断接受冰川融水，墨脱县境内的河流切割深刻、水流湍急，多高山峡谷地貌。由于气候温暖湿润、水热资源丰富，非常适合水稻生长，此地修建了大量的梯田，引雪山融水灌溉，培育水稻。

二、西南区水稻土分布变化及其影响因素

西南区的水稻种植面积变化特征基本是平稳逐年下降的，但产量变化却在 1980—2010 年经历了数次较大波动后才趋于平稳。2000—2001 年西南区总产量减少了 255.64 万 t，其中仅四川产量就降低 205.66 万 t，主要原因是 2001 年四川稻瘟病大暴发。2005—2006 年西南区总产量减少 427.65 万 t，重庆和四川分别减少 169 万 t 和 176.6 万 t，这是由于 2006 年四川盆地发生重大干旱导致的。

四川、重庆水稻种植面积占整个西南稻区总面积的 60%～70%。自 20 世纪 80 年代中期以来，西南稻区水稻面积持续下滑，而云南在 1990—2000 年水稻种植面积增加了 4.75 万 hm²。其原因在于：第一，由于城镇化和工业化的发展以及地方种植结构调整，耕地"非粮化"，这在经济发展速度较快的成都平原情况尤为突出。农业部门发布的一份报告显示，四川成都只有不到 20% 的流转土地在种植粮食和油料。与全国产粮大省耕地"非粮化"数据相比，成都耕地"非粮化"比例明显高于全国大部分粮食主产区。第二，"双改单"是造成西南稻区水稻播种面积下降的另一主要原因。第三，农业政策的调整作用。例如，2004 年国家出台"三减免，三补贴"措施，对粮食种植实行明补，同时大幅提高粮食收购价格"一减、二保、三补"的支持政策，对粮食作物耕地面积保护起到了一定的作用，云南水稻种植面积及占比的增加与此相关。因此，进一步有效遏制四川盆地区域种植面积下滑趋势，保持云南、贵州水稻种植面积不变，是稳定西南稻区水稻种植面积的重要条件。

西南稻区在种植面积下滑的情况下，依然保持水稻总产量的增长，得益于西南稻区水稻单产水平大幅增加。西南稻区水稻单产增加的主要原因在于：一是品种改良对增加单产发挥了重要作用。20 世纪 80—90 年代出现较快增长，这与杂交稻大面积推广应用相吻合。二是稻田施肥技术的改变进一步挖掘了水稻的生产潜力。其中，增加氮肥投入是提高水稻产量的重要措施之一，其对产量的贡献率可达 43.2%，适当增加穗分化期的氮肥用量，氮肥后移可增加每穗粒数，提高叶片光合速率，有利于水稻单产提高。三是栽培技术的改进，适应西南稻区复杂生态条件和稻田种植制度的优质、高产、抗病虫、抗非生物胁迫的超级稻品种选育与推广。四是国家的增粮稳粮政策，如第一阶段家庭承包经营的落实，第二阶段粮食直补政策，第三阶段农场规模化经营方式的示范推广。因此，进一步提高水稻单产潜力，是西南稻区水稻总产量持续稳定增加的主要驱动因素（张晓梅等，2015）。

气象因素和自然灾害的发生在西南区也深刻影响着水稻分布与产量的变化。西南稻区属低纬度高原气候区，生态条件复杂，区域和年份间气候变率较大。四川西部平原高湿、寡照、小温差、早秋雨，中部及东北部的夏旱、伏旱，云贵高原的春旱、倒春寒、秋风异常等气候灾害频发，造成水稻产量损失越来越重。西南稻区水稻总产量在 1980—1990 年持续稳定增长，各省份单产增幅较大，同期的气象产量也表现为增长。此阶段对应着西南稻区杂交水稻的大面积推广和家庭承包经营推广时期，西南稻区气象丰年也集中在 20 世纪 80—90 年代。1990—2010 年各省份单产持续增长，但增幅疲软，而此阶段气象产量较多地表现为负效应，使西南稻区水稻总产量下降 138.9 万 t。四川盆地在 2006 年遭受了特大干旱，2007 年旱情持续发展。至 2007 年 3 月，四川盆地的蓄水稻田不到常年的一半，塘、库、堰的蓄水量不到常年的 1/3，个别地方出现人畜饮水困难。面对严重灾情，四川提出了"以旱制旱、以技制旱、以旱制旱"等决策，使水稻抗旱育苗保栽取得了初步成效。

由于夏季太平洋副热带高压脊伸至四川盆地东部，在这一区域形成高温，使盆东平行岭谷区成为盆地夏季气温的高值中心，夏热程度与长江中下游相当，但时长稍短，伏期常伴有伏旱发生，尤其在 7 月下旬至 8 月上旬。受到各个气候要素变化的综合影响，四川各地单季稻产量对气候变化均表现为敏感，其中一半的地区表现为脆弱，近 30 年来的气候变化可以解释约 43% 的单季稻产量变化。气温作为主要贡献因子，引起单季稻产量敏感和脆弱的地区最多，单季稻产量对移栽至分蘖期、抽穗至成熟期的气候变化表现最为敏感（陈超等，2016）。

四川技术发展过程：2010 年前主抓高产。其中，遭受 2001 年稻瘟病大暴发和 2006 年特大干旱的影响，产量大幅度波动。但通过高产杂交稻品种（超级稻）、旱地育秧、强化栽培、平衡施肥、叶

龄模式等新品种、新技术的大力推广，迅速实现恢复性增产，总量的需求得到满足。2010年后，突出效率与质量，积极推广了集中育秧、机插秧、测土配方施肥、病虫害无公害防控等技术，四川的"中稻＋再生稻"种植模式，一种双收，省工节本，既增加了一季稻谷产量，而且再生稻米品质优良，农业农村部将其作为全国推广的绿色增产增效技术模式之一。四川再生稻常年收获面积26.7万hm²左右。

20世纪60年代以前，贵州种植的大都是高秆水稻品种。一般亩产最高300kg左右，并且生产周期长，每年只能种植一季。为提高产量，贵州水稻品种大致经历了"高秆变矮秆，矮秆变杂交（杂交稻）"的变革过程。从1964年开始陆续引进了许多矮秆品种。至20世纪60年代末，贵州矮秆水稻良种种植面积约33.3万hm²，占水稻种植总面积的40%左右。矮化后的水稻单产提高了20%～30%。1976年，贵州开始引进、繁育、推广杂交水稻。到2000年，贵州杂交水稻推广面积达65.7万hm²。单产从1949年的2.69 t/hm²提高到2008年的6.67 t/hm²。总产量从1949年的209万t提高到2000年的477.4万t。当然，贵州水稻产业的发展，育秧、栽插、施肥、病虫害防治等技术的改进，对于产量的提高也是功不可没。2013年，贵州超高产水稻种植试验在兴义启动。2014年，现场测产验收亩产达到1 079 kg，创贵州水稻高产新记录。

第六节　黄淮海平原区

一、黄淮海平原区水稻土分布现状

黄淮海平原区包括河北、河南、山东、山西、北京、天津以及安徽、江苏两省的徐淮地区。20世纪80年代，由于一些低洼、盐碱、沿黄河、滨海水源充足的地区进行大面积"旱改水"，水稻土面积迅速扩大。起源于层状草甸土、潮土和盐渍土的淹育水稻土（黄淤土）与潜育水稻土兼有，多为地带性土壤背景上的斑点状构型。1980年、2000年、2019年，此地区水稻播种面积分别为86.33万hm²、83.43万hm²、85.86万hm²，分别占全国水稻播种总面积的2.55%、2.78%、2.89%。1980年、2000年、2019年，西南区水稻总产量分别为402.5万t、522.6万t、706.6万t，分别占全国水稻总产量的2.88%、2.79%、3.38%（表2-5），是我国优质粳稻区。此区域稻区主要包括华北北部平原早熟中粳类型区和黄淮平原丘陵中熟中粳类型区，包含河北东部及中北部稻区、北京稻区、天津稻区、山东东营稻区、江苏淮北稻区、安徽沿淮和淮北稻区、河南沿黄及沿淮稻区、山东南部稻区。该区水稻品种全生育期在155～175 d。

表2-5　1980—2019年黄淮海平原区水稻种植面积和产量变化

项目	面积（万hm²）			产量（万t）		
	1980年	2000年	2019年	1980年	2000年	2019年
北京	5.22	1.41	0.02	29.5	9.36	0.1
天津	6.42	3.54	4.55	31	14.49	42.91
河北	14.53	14.39	7.82	83	65.82	48.65
山西	1.22	0.45	0.25	7	3.28	1.76
山东	17.25	17.68	11.56	74	110.83	100.68
河南	41.69	45.96	61.66	178	318.82	512.5
总计	86.33	83.43	85.86	402.5	522.6	706.6
占全国百分比（%）	2.55	2.78	2.89	2.88	2.79	3.38

二、黄淮海平原区水稻土分布变化及其影响因素

从水稻土地理分布的变化来看（表2-5、图2-7），1980—2010年，河北东部沿海稻区和中北部

稻区都发生了大范围的减少，减少率达到了46.5%。北京的水稻土在这一期间几乎减少殆尽。天津的水稻土面积已由1980年的6.42万hm²减少到2010年的1.79万hm²。但是，在2013年之后，水稻又重新呈增多态势，到2019年已经增加到4.55万hm²。由于山西饮食传统和地质、气候、水文等条件的限制，不具备适宜水稻种植的环境，因此水稻种植面积基数小，1980年仅有1.22万hm²，且水稻种植面积在不断缩减。河南沿黄河区域以及沿淮河区域的水稻土大多数没有减少，且在原有水稻土范围的周边出现了明显扩张。1980—2019年，河南水稻种植面积增加了近20万hm²，增长率达到了47.9%。1980—2019年，河南水稻种植面积每10年总体都是呈增长态势，只在1992—1993年和1999—2001年有较大幅度的减少。其余各省份发生较大幅度面积减少也同样在这两个时期，在整体时间线上都呈减少趋势。并且，由于河南水稻种植占黄淮海平原区的很大一部分，其面积的增加基本抵消了其余省份的减少，使得1990—2019年黄淮海平原区的水稻种植总面积基本呈波动增长趋势。

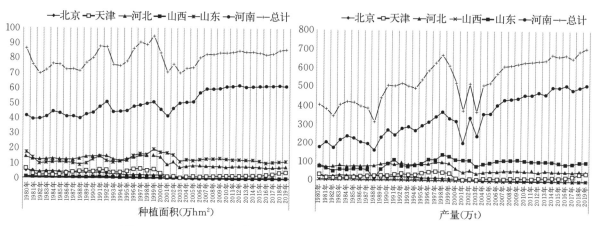

图2-7　1980—2019年黄淮海平原区各省份水稻种植面积和产量变化

　　1999—2003年黄淮海平原区水稻种植总面积和总产量均发生了大幅度下滑，是这一时期在我国发生大范围干旱导致的。2003年，华北、东北和西南区部分省份发生较大范围的春旱；7月以后，江南至华南大部地区严重伏旱。洪涝灾害较常年重，6月下旬至7月下旬，淮河发生了超过1991年的特大洪水，2003年河南稻谷产量发生大幅减少。根据资料记载，2000年春、夏，北方干旱范围广，持续时间长，旱情严重。但各地主要干旱期有所不同。华北、西北东部地区干旱主要发生在2—7月，其中，内蒙古中西部、宁夏大部、甘肃西部达大旱标准；河北东北部、河北中部、山西西北部、陕西北部以及内蒙古锡林郭勒盟南部和通辽市、赤峰市的部分地区达特大干旱标准。黄淮、江淮、江汉等地的干旱主要发生在2—5月，大部分地区达干旱标准。其中，河南、山东大部、安徽合肥以北地区、江苏西北部、湖北西北部等地达大旱标准。东北区的干旱主要发生在5—7月，辽宁、吉林大部及黑龙江中西部和三江平原东部达干旱标准。其中，辽宁西部、吉林西北部、黑龙江西南部达大旱标准。据统计，河北受旱农田面积154.5万hm²，由于干旱日益加重，有59.8万hm²农作物干枯死亡；内蒙古农作物绝收80万hm²，占总播种面积的14%以上，还有2466.7万hm²的草场严重受旱；河南出现了自新中国成立以来罕见的严重春旱，受旱农田面积达357.1万hm²，重旱区主要分布在北部、西部和中部；甘肃春旱严重程度超过1995年，受旱面积达210.7万hm²，有11万hm²冬小麦因旱严重死苗；湖北大部地区出现了历史罕见的严重春旱，北部地区的旱情是"重中之重"，夏收作物大幅减产，春耕春播严重受阻，农业经济损失66亿多元；辽宁出现了罕见的干旱，减产粮食50多亿kg，直接经济损失100亿元；吉林大部地区尤其中西部产粮区也发生了历史上少有的严重干旱，受旱面积345.1万hm²，其中绝收面积100.9万hm²；黑龙江当年春夏连旱是新中国成立以来最为严重的，重旱区主要位于松嫩平原西南部和三江平原西部，受旱面积约532.8万hm²。

第七节　西　北　区

一、西北区水稻土分布现状

西北区包括陕西、甘肃、宁夏、新疆及青海的一部分。1980 年、2000 年、2019 年，此地区水稻播种面积分别为 31.13 万 hm²、30.69 万 hm²、23.39 万 hm²，分别占全国水稻播种总面积的 0.92%、1.02%、0.79%。1980 年、2000 年、2019 年，西北区水稻总产量分别为 136 万 t、223.66 万 t、189.21 万 t，分别占全国水稻总产量的 0.97%、1.19%、0.90%（表 2-6）。本区水稻全靠人工灌溉，且大多为抗旱早熟水稻品种。水稻土主要分布在沿河滩地和低阶地，扇缘泉水地及部分干三角洲。青海湟水下游也有极零星分布。凡种植水稻年份较长的水稻土，耕层的盐渍化已比较轻，形成潴育水稻土（红黏水稻土、青沙水稻土、黄浆板水稻土），而耕作年限较短的水稻土多由草甸沼泽土或盐土演变而来，熟化程度较差，保留了原来土壤的一些性质（如有的水稻土表层还有泥炭层存在）。在南疆地区水稻土还有盐渍化，地表出现盐霜，甚至有薄盐结皮。水稻土分布多为地带性土壤背景上的斑点状构型。

表 2-6　1980—2019 年西北区各省份水稻种植面积和产量变化

项目	面积（万 hm²）			产量（万 t）		
	1980 年	2000 年	2019 年	1980 年	2000 年	2019 年
陕西	16.25	14.48	10.53	75.5	94.7	80.37
甘肃	0.40	0.73	0.36	2	6.16	2.13
宁夏	4.64	7.67	6.81	33	62.4	55.09
新疆	9.84	7.81	5.69	25.5	60.4	51.62
总计	31.13	30.69	23.39	136	223.66	189.21
占全国百分比（%）	0.92	1.02	0.79	0.97	1.19	0.90

陕西地势南北高、中间低，有高原、山地、平原和盆地等多种地形。北山和秦岭把陕西分为三大自然区：北部黄土高原区，海拔 900～1 900 m；中部是关中平原区；南部是秦巴山区。陕西横跨 3 个气候带，南北气候差异较大。南部属北亚热带气候，关中及北部大部属暖温带气候，北部长城沿线属中温带气候。陕西年平均气温 9～16 ℃，自南向北、自东向西递减，降水呈南多北少态势。陕西水稻土主要分布在秦岭以南温润气候区，其中汉中平原分布较为集中，陕西东南部地区谷地较为分散；北部沿河谷地带也有部分树枝状构型的水稻土分布，多为潴育水稻土，间有潜育水稻土和淹育水稻土。

宁夏地形从西南向东北逐渐倾斜，丘陵沟壑林立，地形分为三大板块：北部引黄灌区、中部干旱带、南部山区。宁夏地处黄河水系，地势南高北低，呈阶梯状下降，全区属温带大陆性干旱、半干旱气候。黄河自中卫入境，向东北斜贯于平原之上，顺地势经石嘴山出境。平原上土层深厚，地势平坦，加上坡降相宜，引水方便，便于引流灌溉。引黄灌区位于黄河上游下河沿-石嘴山两水文站之间，沿黄河两岸地形呈"J"字形带状分布。地貌类型为黄河冲积平原，地势平坦，沟渠纵横。主要为灌淤土、盐渍土、淡灰钙土；扬黄灌区主要为灰钙土、风沙土。灌区涉及青铜峡市、银川市、石嘴山市、中卫市、吴忠市的引黄灌溉部分，共计 11 个县（市）和 20 多个国有农场、林场和牧场。在自流灌区边沿，受地形影响无法自流灌溉，又陆续发展了青铜峡灌区的扁担沟、五里坡以及卫宁灌区的碱碱湖等扬水灌区。此外，为了解决黄土丘陵和台地地区人们的生活与灌溉用水，又陆续发展了南山台子、同心、固海等扬水灌区。

甘肃河西走廊的张掖以及白银地区的靖远、陇南、天水、平凉等地都种植水稻。庆阳市太白镇也是水稻产地，水稻是当地居民的传统主导产业之一，这里被称为"陇上江南"。

新疆乌鲁木齐周边的米泉、安宁渠，博乐市的贝林哈日莫墩乡，伊犁河谷的察布查尔、阿克苏以及博斯腾湖周边都是新疆的水稻种植区。新疆伊犁地区有"湿岛"之称，三面环山，向西开口，为西风的迎风坡，大西洋的水汽可到达，降水充沛，是新疆水资源最为丰富的地区。察布查尔县水田广布，适宜种稻。米泉因"米和泉"得名，种植水稻的历史可追溯到唐代，历代戍边屯垦，将内地的种稻技术带到新疆。在清代，米泉种稻达到鼎盛时期。新疆日照时间长，一年只种植一季，水稻生长期长，水稻能够充足地吸收阳光、雨水和土壤中的养分。

二、西北区水稻土分布变化及其影响因素

同全国其他水稻产区一样，西北区在 2003 年水稻的种植面积和总产量严重下挫，在依靠人工灌溉的西北区，干旱带来的影响也同样显著。1980—2019 年陕西水稻产量呈现波动中缓慢下降的趋势，1980 年与 2019 年差别不大，在这中间有过上升趋势，但是 1991—1995 年出现了很快的下跌，1996 年恢复正常水平后缓慢减少。甘肃水稻种植面积基数很小，2000 年基数最高，总面积 0.72 万 hm²，总体趋势先增后减。宁夏的水稻种植区域自 1980 年一直缓慢增长至 2010 年前后，随后波动下降，1980—2010 年这一区域的水稻产量增加了 112%。说明在引黄灌溉区，通过合理地利用黄河流域这一水稻种植适宜性较高的区域，科学的水量分配与调度计划带来高效用水，科学的农田管理和品种优化提高了水稻生产的效率，为水稻土在这一时期的扩张提供了有利条件。新疆水稻种植面积平稳下降，而总产量呈逐渐上升的态势（图 2-8）。

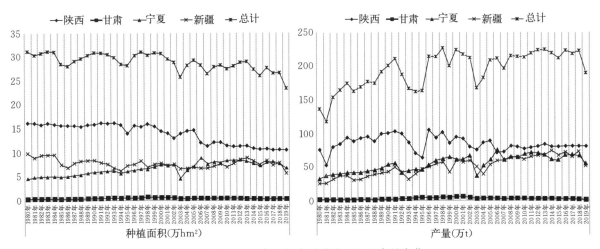

图 2-8 西北区各省份水稻种植面积和产量变化

第八节 内蒙古及长城沿线

一、内蒙古及长城沿线水稻土分布现状

内蒙古位于我国北部，由东北向西南斜伸，呈狭长形，东西直线距离 2 400 多 km，是我国第三大省份。内蒙古土壤分布在东西之间变化明显，土壤带基本呈东北-西南向排列，最东为黑土地带，向西依次为暗棕壤地带、黑钙土地带、栗钙土地带、棕壤土地带、黑垆土地带、灰钙土地带、风沙土地带和灰棕漠土地带。其中，黑土的自然肥力最高，结构和水分条件良好，易于耕作，适宜发展农业；黑钙土自然肥力次之，适宜发展农林牧业。内蒙古的地貌以蒙古高原为主体，具有复杂多样的形态。在大兴安岭的东麓、阴山脚下和黄河岸边，有嫩江西岸平原、西辽河平原、土默川平原、河套平原及黄河南岸平原。这里地势平坦、土质肥沃、光照充足、水源丰富，是内蒙古粮食和经济作物主要产区。在山地向高平原、平原的交接地带，分布着黄土丘陵和石质丘陵，其间杂有低山、谷地和盆地

分布,水土流失较严重。在全国水稻种植的生态气候区划中,内蒙古地区处于东北单季粳稻区和西北单季粳稻区的边缘地带,但内蒙古部分地区栽培水稻的历史很长,如保安沼地区、扎兰屯市、通辽市科尔沁左翼后旗,20世纪三四十年代就有水稻种植的记载。1992年水稻种植面积已达141万多亩,而且面积在继续扩大。"旱改水"成为内蒙古地区粮食结构调整的重要手段。不容忽视的是,内蒙古毕竟是水稻种植适宜区的边缘地带,具有边缘地带特有的立地气候环境,生产上也确实存在许多农业气候问题,水分和热量不足、低温冷害严重仍是限制水稻生产的重要因素。内蒙古适宜水稻种植的区域非常广阔,从呼伦贝尔市的鄂温克族自治旗、鄂伦春自治旗、莫力达瓦达斡尔族自治旗至赤峰市的喀喇沁旗、宁城县一带横跨了7个纬度带。可将内蒙古地区划分为3个部分:嫩江右岸及西辽河流域宜稻区、黄河流域宜稻区和水稻不适宜种植区。

嫩江右岸及西辽河流域宜稻区位于呼伦贝尔市的鄂温克族自治旗、鄂伦春自治旗、莫力达瓦达斡尔族自治旗,兴安盟沙巴尔图嘎查、乌兰浩特市、突泉县,通辽市扎鲁特旗鲁北镇,赤峰市巴林左旗中部、林西县中部、岗子一线以东的广大地区。保证率达80%的10℃积温为2100~3100℃,可满足一季早、中、晚熟品种的需要。本区内河流纵横,地下水资源丰富,许多河滩地、沼泽地是发展稻田的适宜土壤,而这类土地目前的利用率很低,本区是近年来内蒙古水稻开发种植的重点地区。

黄河流域宜稻区主要包括巴彦淖尔市、鄂尔多斯市、包头市以及呼和浩特市和林格尔县、清水河县等山前沿黄河灌区。本区热量资源优越,保证率达80%的≥10℃积温为2500~3200℃,可满足一季中、晚熟水稻品种的热量需求。区内水分充足,除黄河外,还有乌梁素海、哈素海等几个内陆湖泊。此区域内水稻种植的主要阻碍有排水不畅和土壤盐碱化严重,如巴彦淖尔市河套灌区有484万亩耕地存在不同程度的盐碱(张银锁等,1995)。

兴安盟位于大兴安岭南麓,并且北纬46°是世界公认的寒地水稻黄金产区。因此,这里具有水稻种植的天然优势,雨热同季,水稻生育季节昼夜温差大,光照充足,水源纯净无污染,黑色土壤有机质含量高。兴安盟与黑龙江相连,纬度相同,土壤类型相同,气候相近。因而兴安盟的稻米种植历史与黑龙江一脉相承,农业生产条件和种植习惯与黑龙江的稻米主产区相似,水稻品种生态类型相近。2019年,兴安盟水稻种植面积突破9万hm²,水稻总产量达75万t,已发展成为内蒙古最重要的水稻主产区,占内蒙古产量的近60%。水稻产业已成为兴安盟的特色区域优势产业和主导产业。

二、内蒙古及长城沿线水稻土分布变化及其影响因素

1993年5月发生在我国西北区的特大沙尘暴灾害使内蒙古的水稻种植遭受了严重的损失,从而使得1993年、1994年水稻种植面积和产量显著下挫。同样是由于2003年前后的干旱灾情,使得这一时期内蒙古以灌溉和旱作为主的水稻种植受到了严重影响。在经过一段时期的缓慢下降后,自2014年开始,内蒙古的水稻种植面积和产量开始迅猛增长,2014—2019年种植面积的增长率为86.9%,产量的增长率为168%。这与本区优良水稻品种的引进选育以及规模化种植、大规模旱作水稻的推广、节水灌溉等技术的进步有很大关系。

主要参考文献

陈超,庞艳梅,张玉芳,等,2016.四川单季稻产量对气候变化的敏感性和脆弱性研究 [J].自然资源学报,31(2):331-342.

杜国明,春香,于凤荣,等,2017.东北地区水田分布格局的时空变化分析 [J].农业现代化研究,38(4):728-736.

黄妮,刘殿伟,王宗明,2009.1986—2005年三江平原水田与旱地的转化特征 [J].资源科学,31(2):324-329.

江爱良,1982.论我国水稻的种植上限 [J].地理科学(4):291-301.

李庆逵,1992.中国水稻土 [M].北京:科学出版社.

李逸勉,叶延琼,章家恩,等,2013.广东省水稻产业发展现状与对策分析 [J].中国农学通报,29(20):73-82.

刘克宝,陆忠军,刘述彬,等,2015.基于RS的黑龙江省水稻种植空间分布格局研究 [J].黑龙江农业科学(8):

136-141.

刘彦随，彭留英，陈玉福，2005. 东北地区土地利用转换及其生态效应分析 [J]. 农业工程学报 (11)：183-186.

杨秉臻，金涛，陆建飞，2018. 长江中下游地区近 20 年水稻生产与优势的变化 [J]. 江苏农业科学，46 (19)：62-67.

张晓梅，丁艳锋，张巫军，等，2015. 西南稻区水稻产量的时空变化 [J]. 浙江大学学报（农业与生命科学版），41 (6)：695-702.

张银锁，顾煜时，1995. 内蒙古自治区水稻开发的农业气候条件研究 [J]. 内蒙古气象 (6)：8-16，17.

第三章 | 水稻土质量状况 >>>

　　我国水稻土主要分布在东北区、长江中下游区、华南区和西南区。其中，东北区包括辽宁、吉林、黑龙江全部和内蒙古东北部；长江中下游区包括河南南部及安徽、湖北、湖南大部，上海、江苏、浙江、江西全部，福建、广西、广东北部；华南区包括海南全部、广东与福建中南部、广西与云南中南部（我国港澳台地区未参与评价）；西南区包括重庆与贵州全部、甘肃东南部、陕西南部、湖北与湖南西部、云南和四川大部以及广西北部。

　　2017 年，农业部办公厅发布了《农业部办公厅关于做好耕地质量等级调查评价工作的通知》（农办农〔2017〕18 号），各省份共采集了 62 473 个水稻土质量等级调查点数据。其中，东北区 2 365个、长江中下游区 35 339 个、华南区 11 974 个、西南区 12 795 个。参照农业农村部耕地质量监测保护中心《关于印发〈全国耕地质量等级评价指标体系〉的通知》（耕地评价函〔2019〕87 号），4 个区域确定了区域水稻土质量等级评价的指标、指标权重、指标隶属度函数和水稻土质量等级划分指数。

　　通过水稻土质量等级评价，全国水稻土面积为 21 748 578.23 hm²，高等级水稻土（一至三等）面积为 8 828 122.40 hm²，占全国水稻土面积的 40.59%；中等级水稻土（四至六等）面积为10 655 246.98 hm²，占全国水稻土面积的 48.99%；低等级水稻土（七到十等）面积为 2 265 208.85 hm²，占全国水稻土面积的 10.42%。高等级水稻土（一至三等）中，东北区高等级水稻土面积为 266 681.82 hm²，占高等级水稻土面积的 3.02%；长江中下游区高等级水稻土面积为 4 459 290.23 hm²，占高等级水稻土面积的 50.51%；华南区高等级水稻土面积为 2 025 025.88 hm²，占高等级水稻土面积的 22.94%；西南区高等级水稻土面积为 2 077 124.47 hm²，占高等级水稻土面积的 23.53%。中等级水稻土（四至六等）中，东北区中等级水稻土面积为 188 200.89 hm²，占中等级水稻土面积的 1.77%；长江中下游区中等级水稻土面积为 6 661 870.39 hm²，占中等级水稻土面积的 62.52%；华南区中等级水稻土面积为1 508 669.61 hm²，占中等级水稻土面积的 14.16%；西南区中等级水稻土面积为 2 296 506.09 hm²，占中等级水稻土面积的 21.55%。低等级水稻土（七至十等）中，东北区低等级水稻土面积为17 883.78 hm²，占低等级水稻土面积的 0.79%；长江中下游区低等级水稻土面积为 1 406 671.45 hm²，占低等级水稻土面积的 62.10%；华南区低等级水稻土面积为 336 705.54 hm²，占低等级水稻土面积的14.86%；西南区低等级水稻土面积为 503 957.08 hm²，占低等级水稻土面积的 22.25%（图 3-1）。

　　限制因素诊断是对水稻土质量进行病理诊断，利用障碍度模型可诊断出影响水稻土质量的限制因素及其影响程度。通过因子贡献度（Y_n）、指标偏离度（P_n）和障碍度（a_n）3 个指标进行分析。因子贡献度（Y_n）表示因子对总目标的贡献度，即水稻土质量评价的指标权重；指标偏离度（P_n）表示单项指标与最大目标之间的差距，设为指标标准化值与 1 之间的差距；障碍度（a_n）表示指标 n 对水稻土质量的影响。见式（3-1）和式（3-2）：

$$P_n = 1 - X'_n \tag{3-1}$$

$$a_n = \frac{P_n \times Y_n}{\sum\limits_{i=1}^{k} (P_i \times Y_i)} \times 100\% \tag{3-2}$$

式中，X'_n 为指标 n 的标准化值，k 为水稻土质量评价的指标数。

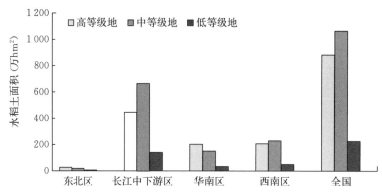

图 3-1　全国不同区域水稻土质量等级面积

运用障碍度模型分析水稻土质量等级评价指标对应的障碍度值。高等级水稻土质量指标障碍度值见表 3-1，东北区从大到小依次为地形部位、灌溉能力和有机质含量等；长江中下游区依次为速效钾含量、排水能力和灌溉能力等；华南区依次为速效钾含量、有机质含量和有效磷含量等；西南区依次为地形部位、有机质含量和灌溉能力等。

表 3-1　高等级水稻土质量指标障碍度值

东北区		长江中下游区		华南区		西南区	
指标	障碍度	指标	障碍度	指标	障碍度	指标	障碍度
地形部位	12.52%	速效钾含量	13.72%	速效钾含量	25.90%	地形部位	15.55%
灌溉能力	10.41%	排水能力	12.39%	有机质含量	19.89%	有机质含量	11.34%
有机质含量	10.23%	灌溉能力	12.29%	有效磷含量	19.04%	灌溉能力	10.77%
农田林网化	8.90%	地形部位	10.95%	pH	14.42%	有效土层厚度	10.57%
质地构型	8.75%	pH	10.43%	地形部位	8.07%	速效钾含量	9.22%

中等级水稻土质量指标障碍度值见表 3-2，东北区从大到小依次为灌溉能力、地形部位和有效土层厚度等；长江中下游区依次为地形部位、灌溉能力和速效钾含量等；华南区依次为速效钾含量、有机质含量和有效磷含量等；西南区依次为地形部位、灌溉能力和有效土层厚度等。

表 3-2　中等级水稻土质量指标障碍度

东北区		长江中下游区		华南区		西南区	
指标	障碍度	指标	障碍度	指标	障碍度	指标	障碍度
灌溉能力	16.72%	地形部位	19.43%	速效钾含量	21.22%	地形部位	15.02%
地形部位	11.58%	灌溉能力	16.72%	有机质含量	16.07%	灌溉能力	12.93%
有效土层厚度	8.68%	速效钾含量	13.93%	有效磷含量	14.57%	有效土层厚度	11.32%
农田林网化	8.40%	pH	9.46%	地形部位	12.63%	有机质含量	11.02%
排水能力	6.83%	排水能力	8.95%	pH	11.59%	速效钾含量	7.75%

低等级水稻土质量指标障碍度值见表 3-3，东北区从大到小依次为灌溉能力、地形部位和有效土层厚度等；长江中下游区依次为地形部位、灌溉能力和速效钾含量等；华南区依次为速效钾含量、有机质含量和有效磷含量等；西南区依次为地形部位、灌溉能力和有效土层厚度等。

表 3-3 低等级水稻土质量指标障碍度

东北区		长江中下游区		华南区		西南区	
指标	障碍度	指标	障碍度	指标	障碍度	指标	障碍度
灌溉能力	16.72%	地形部位	19.43%	速效钾含量	21.22%	地形部位	15.02%
地形部位	11.58%	灌溉能力	16.72%	有机质含量	16.07%	灌溉能力	12.93%
有效土层厚度	8.68%	速效钾含量	13.93%	有效磷含量	14.57%	有效土层厚度	11.32%
农田林网化	8.40%	pH	9.46%	地形部位	12.63%	有机质含量	11.02%
排水能力	6.83%	排水能力	8.95%	pH	11.59%	速效钾含量	7.75%

第一节 东北区水稻土质量

一、东北区水稻土质量评价

东北区水稻土总面积为 472 766.49 hm²，分布在 4 个省份。其中，黑龙江水稻土面积为188 449.30 hm²，占东北区水稻土面积的 39.86%；吉林水稻土面积为 113 170.15 hm²，占东北区水稻土面积的 23.94%；辽宁水稻土面积为 170 521.78 hm²，占东北区水稻土面积的 36.07%；内蒙古水稻土面积为 625.26 hm²，占东北区水稻土面积的 0.13%。分布在黑龙江中部和东部、吉林中部和东部、辽宁中部、内蒙古东北部。在农业区划上，东北区水稻土分布在兴安岭林区、松嫩-三江平原农业区、长白山地林农区、辽宁平原丘陵农林区 4 个二级区。兴安岭林区水稻土面积为 625.26 hm²，松嫩-三江平原农业区水稻土面积为 274 330.90 hm²，长白山地林农区水稻土面积为 27 288.55 hm²，辽宁平原丘陵农林区水稻土面积为 170 521.78 hm²。

（一）评价指标选取与数据来源

参照农业农村部耕地质量监测保护中心《关于印发〈全国耕地质量等级评价指标体系〉的通知》（耕地评价函〔2019〕87 号），东北区水稻土质量评价的指标体系由 14 个基础性指标和 2 个区域补充性指标组成。其中，基础性指标包括地形部位、有效土层厚度、有机质含量、耕层质地、土壤容重、质地构型、有效磷含量、速效钾含量、生物多样性、清洁程度、障碍因素、灌溉能力、排水能力、农田林网化率 14 个指标；区域补充性指标包括耕层厚度和酸碱度（pH）。

2018 年，黑龙江、黑龙江省农垦总局、吉林、辽宁依据《农业部办公厅关于做好耕地质量等级调查评价工作的通知》（农办农〔2017〕18 号）的要求，采集了 2 365 个水稻土质量等级调查点数据，水稻土质量等级调查内容见表 3-4。

在水稻土质量等级调查样点选取的基础上，进一步筛选样点信息进行质量等级评价分析。具体数据项的筛选主要依据评价内容，同时考虑本区域影响粮食生产的相关因素，并作了适当的补充调查。主要包括样点基本信息、立地条件、理化性状、剖面性状、障碍因素、土壤管理、土壤健康状况 7 个方面。

其中，样点（调查点）基本信息包括统一编号、省（市）名、地市名、县（区、市、农场）名、乡镇名、村名、采样年份、经度、纬度等；立地条件包括土类、亚类、土属、土种、成土母质、地貌类型、地形部位、海拔、田面坡度等；理化性状包括耕层质地、耕层土壤容重等土壤物理性质，土壤 pH、有机质、全氮、有效磷、速效钾、缓效钾、有效铜、有效锌、有效铁、有效锰、有效硼、有效钼、有效硫、有效硅等土壤化学性质；剖面性状包括耕层厚度、有效土层厚度、质地构型等；障碍因素包括障碍层类型、障碍层厚度、耕层土壤含盐量、盐渍化程度、盐化类型、地下水埋深等；土壤管理包括常年耕作制度、熟制、主栽作物、年产量、灌溉能力、灌溉方式、水源类型、排水能力、农田林网化程度等；土壤健康状况包括生物多样性、铬、镉、铅、砷、汞等。

表 3-4　水稻土质量等级调查内容

项目	调查内容	项目	调查内容
基本信息	统一编号	理化性状	有效锰（mg/kg）
	省（市）名		有效硼（mg/kg）
	地市名		有效钼（mg/kg）
	县（区、市、农场）名		有效硫（mg/kg）
	乡镇名		有效硅（mg/kg）
	村名	剖面性状	耕层厚度（cm）
	采样年份		有效土层厚度（cm）
	经度（°）		质地构型
	纬度（°）	障碍因素	障碍层类型
立地条件	土类		障碍层厚度（cm）
	亚类		耕层土壤含盐量（%）
	土属		盐渍化程度
	土种		盐化类型
	成土母质		地下水埋深（m）
	地貌类型	土壤管理	常年耕作制度
	地形部位		熟制
	海拔（m）		主栽作物
	田面坡度（°）		年产量（kg/667 m²）
理化性状	耕层质地		灌溉能力
	耕层土壤容重（g/cm³）		灌溉方式
	土壤 pH		水源类型
	有机质（g/kg）		排水能力
	全氮（g/kg）		农田林网化程度
	有效磷（mg/kg）	土壤健康状况	生物多样性
	速效钾（mg/kg）		铬（mg/kg）
	缓效钾（mg/kg）		镉（mg/kg）
	有效铜（mg/kg）		铅（mg/kg）
	有效锌（mg/kg）		砷（mg/kg）
	有效铁（mg/kg）		汞（mg/kg）

（二）指标权重与隶属度函数

1. 东北区水稻土质量等级评价指标权重　2019 年，农业农村部耕地质量监测保护中心组织东北区耕地质量等级评价工作的参与单位，采用专家打分法确定了东北区各二级区耕地质量等级评价的指标权重，如表 3-5 所示。

表 3-5　东北区各二级区水稻土质量等级评价指标权重

兴安岭林区		松嫩-三江平原农业区		长白山地林农区		辽宁平原丘陵农林区	
指标名称	指标权重	指标名称	指标权重	指标名称	指标权重	指标名称	指标权重
地形部位	0.180 0	灌溉能力	0.109 9	地形部位	0.136 0	地形部位	0.143 3
灌溉能力	0.115 3	地形部位	0.106 2	灌溉能力	0.108 8	灌溉能力	0.106 3

兴安岭林区		松嫩-三江平原农业区		长白山地林农区		辽宁平原丘陵农林区	
指标名称	指标权重	指标名称	指标权重	指标名称	指标权重	指标名称	指标权重
耕层质地	0.086 3	有效土层厚度	0.082 3	有效土层厚度	0.077 3	有效土层厚度	0.079 4
有效土层厚度	0.067 3	耕层质地	0.076 2	耕层质地	0.075 6	耕层质地	0.076 3
有机质含量	0.066 5	有机质含量	0.068 3	有机质含量	0.071 8	有机质含量	0.067 4
排水能力	0.064 8	农田林网化	0.065 7	农田林网化	0.058 3	pH	0.063 6
障碍因素	0.045 3	pH	0.064 1	障碍因素	0.054 9	农田林网化	0.057 3
耕层厚度	0.045 3	质地构型	0.059 1	土壤容重	0.052 9	有效磷含量	0.055 6
有效磷含量	0.045 2	障碍因素	0.055 2	有效磷含量	0.050 7	排水能力	0.051 8
质地构型	0.043 9	有效磷含量	0.053 8	质地构型	0.049 8	质地构型	0.049 3
速效钾含量	0.043 5	耕层厚度	0.050 3	pH	0.049 7	速效钾含量	0.047 2
pH	0.043 1	排水能力	0.049 5	耕层厚度	0.048 8	障碍因素	0.045 9
土壤容重	0.041 4	土壤容重	0.044 1	速效钾含量	0.047 5	耕层厚度	0.044 3
农田林网化	0.040 5	速效钾含量	0.043 5	排水能力	0.045 1	土壤容重	0.042 4
生物多样性	0.039 4	生物多样性	0.036 5	生物多样性	0.039 9	生物多样性	0.036 4
清洁程度	0.032 0	清洁程度	0.035 3	清洁程度	0.033 0	清洁程度	0.033 5

2. 东北区水稻土质量等级评价指标隶属度函数　耕地质量等级的影响因子对耕地质量等级的影响具有模糊性。根据模糊数学的理论，指标与耕地生产能力的关系主要可分为戒上型、戒下型、峰型、概念型 4 种类型的隶属函数。

（1）戒上型隶属函数。这类函数的特点是在一定的范围内，指标因子的值越大，相应的耕地质量等级越高。但是，到某一临界值之后，其对耕地质量等级的正贡献效果也趋于恒定，如式（3-3）所示：

$$y_i = \begin{cases} 0 & u_i \leqslant u_t \\ \dfrac{1}{1+a_i(u_i-c_i)^2} & u_t < u_i < c_i \quad (i=1,\ 2\cdots) \\ 1 & c_i \leqslant u_i \end{cases} \quad (3-3)$$

式中，y_i 第 i 个因子的隶属度；u_i 为实测值，c_i 为标准指标；a_i 为系数；u_t 为指标下限值。

（2）戒下型隶属函数。这类函数的特点是在一定的范围内，指标因子的值越大，相应的耕地质量等级越低，但是，到某一临界值之后，其对耕地质量等级的负贡献效果也趋于恒定，如式（3-4）所示：

$$y_i = \begin{cases} 0 & u_t \leqslant u_i \\ \dfrac{1}{1+a_i(u_i-c_i)^2} & c_i < u_i < u_t \quad (i=1,\ 2\cdots) \\ 1 & u_i \leqslant c_i \end{cases} \quad (3-4)$$

式中，u_t 为指标上限值。

（3）峰型隶属函数。其数值离一特定的范围距离越近，相应的耕地质量等级越高，如式（3-5）所示：

$$y_i = \begin{cases} 0 & u_i > u_{t2} \text{ 或 } u_i < u_{t1} \\ \dfrac{1}{1+a_i(u_i-c_i)^2} & u_{t1} \leqslant u_i \leqslant u_{t2} \\ 1 & u_i = c_i \end{cases} \quad (3-5)$$

式中，u_{t1}、u_{t2} 分别为指标上、下限值。

（4）概念型隶属函数。这类函数的特点是定性的、非线性的，与耕地质量等级之间是一种非线性的关系（如地形部位、耕层土壤质地等）。

对于数值型指标，可以用专家打分法对一组实测值评估出相应的一组隶属度，并根据这两组数据拟合隶属函数。应用专家打分法划分各参评因素的实测值，根据各参评因素实测值对耕地质量及作物生长的影响进行评估，确定其相应的分值。

东北区水稻土质量等级评价体系中速效钾含量、有效磷含量、有机质含量、pH、土壤容重、耕层厚度、有效土层厚度为数值型指标。其中，速效钾含量、有效磷含量、有机质含量、耕层厚度、有效土层厚度与耕地质量等级的关系拟合函数为戒上型；pH、土壤容重与耕地质量等级的关系拟合函数为峰型，如表3-6所示。

表3-6　东北区数值型耕地质量等级评价指标隶属函数

指标名称	函数类型	函数公式	a 值	c 值	u 的下限值	u 的上限值
速效钾含量	戒上型	$y=1/[1+a\ (u-c)^2]$	0.000 014	300.084 871	0	300.08
有效磷含量	戒上型	$y=1/[1+a\ (u-c)^2]$	0.000 396	60.009 908	0	60.0
有机质含量	戒上型	$y=1/[1+a\ (u-c)^2]$	0.000 446	60.000 048	0	60.0
pH	峰型	$y=1/[1+a\ (u-c)^2]$	0.209 72	6.776 05	0.2	13.32
土壤容重	峰型	$y=1/[1+a\ (u-c)^2]$	8.696 016	1.242 811	0.22	2.26
耕层厚度	戒上型	$y=1/[1+a\ (u-c)^2]$	0.002 322	30.006 247	0	30.0
有效土层厚度	戒上型	$y=1/[1+a\ (u-c)^2]$	0.000 213	100.002 147	0	100

注：y 为隶属度；a 为系数；u 为实测值；c 为标准指标。当函数类型为戒上型，$u \leqslant$ 下限值时，y 为0；$u \geqslant$ 上限值时，y 为1；当函数类型为峰型，$u \leqslant$ 下限值或 $u \geqslant$ 上限值时，y 为0。

概念型指标可直接通过专家打分法给出对应独立值的隶属度，如地形部位、耕层质地、质地构型、生物多样性、清洁程度、障碍因素、灌溉能力、排水能力、农田林网化为概念型指标，可直接对指标的描述给出分值，东北区概念型耕地质量等级评价指标隶属度如表3-7所示。

表3-7　东北区概念型耕地质量等级评价指标隶属度

地形部位	山间盆地	宽谷盆地	平原低阶	平原中阶	平原高阶	丘陵上部	丘陵中部	丘陵下部	山地坡上	山地坡中	山地坡下
隶属度	0.74	0.96	0.75	1	0.89	0.59	0.77	0.78	0.43	0.54	0.64

耕层质地	沙土	沙壤	轻壤	中壤	重壤	黏土
隶属度	0.48	0.71	0.88	1	0.84	0.6

质地构型	薄层型	松散型	紧实型	夹层型	上紧下松型	上松下紧型	海绵型
隶属度	0.52	0.38	0.59	0.63	0.53	1	0.94

生物多样性	丰富	一般	不丰富
隶属度	1	0.69	0.41

清洁程度	清洁	尚清洁
隶属度	1	0.72

障碍因素	盐碱	瘠薄	酸化	渍潜	障碍层次	无
隶属度	0.4	0.56	0.55	0.65	0.71	1

灌溉能力	充分满足	满足	基本满足	不满足
隶属度	1	0.85	0.61	0.4

（续）

排水能力	充分满足	满足	基本满足	不满足
隶属度	1	0.83	0.59	0.3
农田林网化率	高	中	低	
隶属度	1	0.79	0.53	

3. 东北区水稻土质量等级划分指数　水稻土质量等级评价是以耕地资源为评价对象，以耕地质量等级的概念为基础，用耕地质量等级相关自然要素的综合指数来表达，如式（3-6）所示：

$$IFI = \sum F_i \times C_i \tag{3-6}$$

式中，IFI 代表耕地质量综合指数，F_i 代表第 i 个因子的隶属度，C_i 代表第 i 个因子的权重。

通过加权求和的方法计算每个耕地资源管理单元的综合得分，累积曲线法等方法划分耕地质量等级，得到耕地质量等级与耕地质量综合指数之间的对应关系，如表3-8所示，最终完成耕地质量评价。

表3-8　东北区耕地质量等级与耕地质量综合指数对应关系

耕地质量等级	综合指数范围	耕地质量等级	综合指数范围
一等	>0.804 5	六等	0.685 3～0.709 1
二等	0.780 7～0.804 5	七等	0.661 4～0.685 3
三等	0.756 8～0.780 7	八等	0.637 6～0.661 4
四等	0.733 0～0.756 8	九等	0.613 7～0.637 6
五等	0.709 1～0.733 0	十等	<0.613 7

二、区域水稻土质量等级分布情况

（一）不同水稻土质量等级面积分布

1. 东北区水稻土质量等级总体情况　东北区水稻土平均质量等级为3.21。其中，高等级（一至三等）水稻土面积为266 681.82 hm²，占东北区水稻土总面积的56.41%；中等级（四至六等）水稻土面积为188 200.89 hm²，占东北区水稻土总面积的39.81%；低等级（七至八等）水稻土面积为17 883.78 hm²，占东北区水稻土总面积的3.78%。

如图3-2所示，高等级水稻土中，质量等级为一等的水稻土面积为126 730.95 hm²，占东北区水稻土总面积的26.80%；质量等级为二等的水稻土面积为84 795.53 hm²，占东北区水稻土总面积的17.94%；质量等级为三等的水稻土面积为55 155.34 hm²，占东北区水稻土总面积的11.67%。中等级水稻土中，质量等级为四等的水稻土面积为54 651.10 hm²，占东北区水稻土总面积的11.56%；质量等级为五等的水稻土面积为91 916.26 hm²，占东北区水稻土总面积的19.44%；质量等级为六等的水稻土面积为41 633.53 hm²，占东北区水稻土总面积的8.81%。低等级水稻土中，质量等级为七等的水稻土面积为14 757.25 hm²，占东北区水稻土总面积的3.12%；质量等级为八等的水稻土面积为3 126.53 hm²，占东北区水稻土总面积的0.66%。

2. 东北区各省份水稻土质量等级分布　如表3-9所示，黑龙江水稻土平均质量等级为3.93。其中，高等级（一至三等）水稻土面积为65 981.82 hm²，占黑龙江水稻土面积的35.02%；中等级（四至六等）水稻土面积为107 216.24 hm²，占黑龙江水稻土面积的56.89%；低等级（七至八等）水稻土面积为15 251.24 hm²，占黑龙江水稻土面积的8.09%。

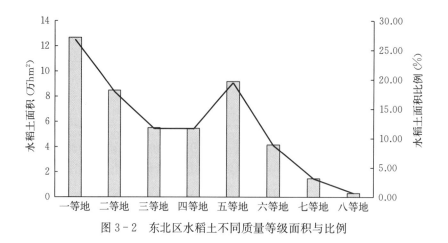

图 3-2 东北区水稻土不同质量等级面积与比例

表 3-9 东北区各省份水稻土不同质量等级面积与比例

质量等级	黑龙江		吉林		辽宁		内蒙古	
	面积（hm²）	比例（%）	面积（hm²）	比例（%）	面积（hm²）	比例（%）	面积（hm²）	比例（%）
一等地	45 784.45	24.30	42 738.46	37.77	38 208.04	22.40	0.00	0.00
二等地	11 608.26	6.16	16 372.09	14.47	56 607.20	33.20	207.98	33.26
三等地	8 589.11	4.56	19 277.14	17.03	26 871.81	15.76	417.28	66.74
四等地	30 435.38	16.15	12 789.37	11.30	11 426.35	6.70	0.00	0.00
五等地	45 113.91	23.94	12 770.51	11.28	34 031.84	19.96	0.00	0.00
六等地	31 666.95	16.80	6 590.04	5.82	3 376.54	1.98	0.00	0.00
七等地	12 653.69	6.71	2 103.56	1.86	0.00	0.00	0.00	0.00
八等地	2 597.55	1.38	528.98	0.47	0.00	0.00	0.00	0.00
总计	188 449.30	100.00	113 170.15	100.00	170 521.78	100.00	625.26	100.00

吉林水稻土平均质量等级为 2.71。其中，高等级（一至三等）水稻土面积为 78 387.69 hm²，占吉林水稻土面积的 69.27%；中等级（四至六等）水稻土面积为 32 149.92 hm²，占吉林水稻土面积的 28.40%；低等级（七至八等）水稻土面积为 2 632.54 hm²，占吉林水稻土面积的 2.33%。

辽宁水稻土平均质量等级为 2.75，无低等级水稻土分布。其中，高等级（一至三等）水稻土面积为 121 687.05 hm²，占辽宁水稻土面积的 71.36%；中等级（四至六等）水稻土面积为 48 834.73 hm²，占辽宁水稻土面积的 28.64%。

内蒙古水稻土平均质量等级为 2.67，无中等级和低等地水稻土分布。其中，高等级（一至三等）水稻土面积为 625.26 hm²，占内蒙古水稻土面积的 100.00%。

3. 东北区各二级区水稻土质量等级分布 如表 3-10 所示，兴安岭林区水稻土平均质量等级为 2.67，无中等级和低等级水稻土分布。其中，高等级（一至三等）水稻土面积为 625.26 hm²，占兴安岭林区水稻土面积的 100.00%。

表 3-10 东北区各二级区水稻土不同质量等级面积与比例

质量等级	兴安岭林区		松嫩-三江平原农业区		长白山地林农区		辽宁平原丘陵农林区	
	面积（hm²）	比例（%）	面积（hm²）	比例（%）	面积（hm²）	比例（%）	面积（hm²）	比例（%）
一等地	0.00	0.00	82 531.59	30.08	5 991.32	21.96	38 208.04	22.41
二等地	207.98	33.26	24 212.54	8.83	3 767.81	13.81	56 607.20	33.20

（续）

质量 等级	兴安岭林区		松嫩-三江平原农业区		长白山地林农区		辽宁平原丘陵农林区	
	面积（hm²）	比例（%）	面积（hm²）	比例（%）	面积（hm²）	比例（%）	面积（hm²）	比例（%）
三等地	417.28	66.74	18 647.58	6.80	9 218.67	33.78	26 871.81	15.76
四等地	0.00	0.00	40 618.58	14.81	2 606.17	9.55	11 426.35	6.70
五等地	0.00	0.00	54 128.66	19.73	3 755.76	13.76	34 031.84	19.95
六等地	0.00	0.00	37 528.77	13.68	728.22	2.67	3 376.54	1.98
七等地	0.00	0.00	13 538.29	4.93	1 218.96	4.46	0.00	0.00
八等地	0.00	0.00	3 124.89	1.14	1.64	0.01	0.00	0.00
总计	625.26	100.00	274 330.90	100.00	27 288.55	100.00	170 521.78	100.00

松嫩-三江平原农业区水稻土平均质量等级为 3.52。其中，高等级（一至三等）水稻土面积为 125 391.71 hm²，占松嫩-三江平原农业区水稻土面积的 45.71%；中等级（四至六等）水稻土面积为 132 276.01 hm²，占松嫩-三江平原农业区水稻土面积的 48.22%；低等级（七至八等）水稻土面积为 16 663.18 hm²，占松嫩-三江平原农业区水稻土面积的 6.07%。

长白山地林农区水稻土平均质量等级为 3.05。其中，高等级（一至三等）水稻土面积为 18 977.80 hm²，占长白山地林农区水稻土面积的 69.55%；中等级（四至六等）水稻土面积为 7 090.15 hm²，占长白山地林农区水稻土面积的 25.98%；低等级（七至八等）水稻土面积为 1 220.60 hm²，占长白山地林农区水稻土面积的 4.47%。

辽宁平原丘陵农林区水稻土平均质量等级为 2.75，无低等级水稻土分布。其中，高等级（一至三等）水稻土面积为 121 687.05 hm²，占辽宁平原丘陵农林区水稻土面积的 71.37%；中等级（四至六等）水稻土面积为 48 834.73 hm²，占辽宁平原丘陵农林区水稻土面积的 28.63%。

（二）不同水稻土亚类质量等级状况

东北区水稻土亚类包括潜育水稻土、碳酸盐草甸土、淹育水稻土、盐渍水稻土。其中，潜育水稻土面积为 19 343.34 hm²，占东北区水稻土面积的 4.09%；碳酸盐草甸土面积为 412.61 hm²，占东北区水稻土面积的 0.09%；淹育水稻土面积为 306 704.90 hm²，占东北区水稻土面积的 64.87%；盐渍水稻土面积为 146 305.64 hm²，占东北区水稻土面积的 30.95%。

如表 3-11 所示，潜育水稻土平均质量等级为 5.05。其中，高等级（一至三等）水稻土面积为 1 051.07 hm²，占潜育水稻土面积的 5.44%；中等级（四至六等）水稻土面积为 16 912.67 hm²，占潜育水稻土面积的 87.43%；低等级（七至八等）水稻土面积为 1 379.60 hm²，占潜育水稻土面积的 7.13%。

表 3-11　东北区水稻土亚类不同质量等级面积与比例

质量 等级	潜育水稻土		碳酸盐草甸土		淹育水稻土		盐渍水稻土	
	面积（hm²）	比例（%）	面积（hm²）	比例（%）	面积（hm²）	比例（%）	面积（hm²）	比例（%）
一等地	731.01	3.78	0.00	0.00	103 648.38	33.80	22 351.55	15.28
二等地	299.50	1.55	0.00	0.00	33 229.23	10.83	51 266.81	35.04
三等地	20.56	0.11	0.00	0.00	34 722.45	11.32	20 412.33	13.95
四等地	381.52	1.97	0.00	0.00	41 177.37	13.43	13 092.22	8.95
五等地	14 157.22	73.19	412.61	100.00	42 576.14	13.88	34 770.28	23.76
六等地	2 373.93	12.27	0.00	0.00	34 847.15	11.36	4 412.45	3.02
七等地	1 379.60	7.13	0.00	0.00	13 377.64	4.36	0.00	0.00
八等地	0.00	0.00	0.00	0.00	3 126.54	1.02	0.00	0.00
总计	19 343.34	100.00	412.61	100.00	306 704.90	100.00	146 305.64	100.00

碳酸盐草甸土平均质量等级为 5.00，无高等级和低等级水稻土分布。其中，中等级（四至六等）水稻土面积为 412.61 hm²，占碳酸盐草甸土面积的 100.00%。

淹育水稻土平均质量等级为 3.19。其中，高等级（一至三等）水稻土面积为 171 600.06 hm²，占淹育水稻土面积的 55.95%；中等级（四至六等）水稻土面积为 118 600.66 hm²，占淹育水稻土面积的 38.67%；低等级（七至八等）水稻土面积为 16 504.18 hm²，占淹育水稻土面积的 5.38%。

盐渍水稻土平均质量等级为 3.00，无低等级水稻土分布。其中，高等级（一至三等）水稻土面积为 94 030.69 hm²，占盐渍水稻土面积的 64.27%；中等级（四至六等）水稻土面积为 52 274.95 hm²，占盐渍水稻土面积的 35.73%。

（三）不同水稻土土属质量等级状况

1. 潜育水稻土各土属质量等级分布 东北区潜育水稻土包括腐泥潜育田、冷浆型水稻土、泥炭冷浆型水稻土、石灰性草甸土型潜育水稻土、沼泽土型潜育水稻土 5 种土属，如表 3-12 所示。

表 3-12 东北区潜育水稻土土属质量等级面积与比例

质量等级	腐泥潜育田		冷浆型水稻土		泥炭冷浆型水稻土		石灰性草甸土型潜育水稻土		沼泽土型潜育水稻土	
	面积（hm²）	比例（%）	面积（hm²）	比例（%）	面积（hm²）	比例（%）	面积（hm²）	比例（%）	面积（hm²）	比例（%）
一等地	313.70	100.00	417.31	44.54	0.00	0.00	0.00	0.00	0.00	0.00
二等地	0.00	0.00	0.00	0.00	0.00	0.00	0.00	0.00	299.50	1.91
三等地	0.00	0.00	0.00	0.00	0.00	0.00	0.00	0.00	20.56	0.13
四等地	0.00	0.00	0.00	0.00	0.00	0.00	381.52	16.55	0.00	0.00
五等地	0.00	0.00	313.55	33.47	120.13	100.00	1 923.93	83.45	11 799.61	75.31
六等地	0.00	0.00	206.04	21.99	0.00	0.00	0.00	0.00	2 167.89	13.84
七等地	0.00	0.00	0.00	0.00	0.00	0.00	0.00	0.00	1 379.60	8.81
总计	313.70	100.00	936.90	100.00	120.13	100.00	2 305.45	100.00	15 667.15	100.00

腐泥潜育田平均质量等级为 1.00，无中等级和低等级水稻土分布。其中，高等级（一至三等）水稻土面积为 313.70 hm²，占腐泥潜育田面积的 100.00%。

冷浆型水稻土平均质量等级为 3.44，无低等级水稻土分布。其中，高等级（一至三等）水稻土面积为 417.31 hm²，占冷浆型水稻土面积的 44.54%；中等级（四至六等）水稻土面积为 519.59 hm²，占冷浆型水稻土面积的 55.46%。

泥炭冷浆型水稻土平均质量等级为 5，无高等级和低等级水稻土分布。其中，中等级（四至六等）水稻土面积为 120.13 hm²，占泥炭冷浆型水稻土面积的 100.00%。

石灰性草甸土型潜育水稻土的平均质量等级为 4.83，无高等级和低等级水稻土分布。其中，中等级（四至六等）水稻土面积为 2 305.45 hm²，占石灰性草甸土型潜育水稻土面积的 100.00%。

沼泽土型潜育水稻土的平均质量等级为 5.25。其中，高等级（一至三等）水稻土面积为 320.06 hm²，占沼泽土型潜育水稻土面积的 2.04%；中等级（四至六等）水稻土面积为 13 967.50 hm²，占沼泽土型潜育水稻土面积的 89.15%；低等级（七至八等）水稻土面积为 1 379.60 hm²，占沼泽土型潜育水稻土面积的 8.81%。

2. 碳酸盐草甸土各土属质量等级分布 东北区碳酸盐草甸土包括耕型壤质碳酸盐草甸土 1 种土属。耕型壤质碳酸盐草甸土平均质量等级为 5，无高等级和低等级水稻土分布。其中，中等级（四至六等）水稻土面积为 412.61，占耕型壤质碳酸盐草甸土面积的 100%，如表 3-11 所示。

3. 淹育水稻土各土属质量等级分布 东北区淹育水稻土包括暗棕壤型淹育水稻土、白浆土型淹育水稻土、草甸土型淹育水稻土、冲积土型淹育水稻土、黑钙土型淹育水稻土、黑土型淹育水稻土、潜黑钙土型淹育水稻土、浅潮泥田、石灰性草甸土型淹育水稻土、石灰性冲积淹育田 10 种土属，如表 3-13 所示。

表 3 - 13　东北区淹育水稻土土属质量等级面积与比例

质量等级	暗棕壤型淹育水稻土		白浆土型淹育水稻土		草甸土型淹育水稻土		冲积土型淹育水稻土		黑钙土型淹育水稻土	
	面积（hm²）	比例（%）	面积（hm²）	比例（%）	面积（hm²）	比例（%）	面积（hm²）	比例（%）	面积（hm²）	比例（%）
一等地	0.00	0.00	607.71	2.73	76 983.01	45.34	14 502.12	31.44	2 912.87	49.46
二等地	0.00	0.00	1 309.74	5.89	21 569.05	12.70	8 542.01	18.52	895.22	15.20
三等地	894.38	7.35	1 063.74	4.79	14 136.75	8.32	12 312.08	26.69	1 355.60	23.01
四等地	136.85	1.12	96.16	0.43	14 505.45	8.54	1 695.23	3.67	726.53	12.33
五等地	5 767.78	47.41	15 200.65	68.39	11 964.87	7.05	2 906.01	6.30	0.00	0.00
六等地	3 569.83	29.34	3 353.27	15.09	22 218.01	13.09	1 021.52	2.21	0.00	0.00
七等地	1 767.42	14.53	596.62	2.68	5 730.55	3.37	5 006.23	10.85	0.00	0.00
八等地	30.37	0.25	0.00	0.00	2 706.38	1.59	145.90	0.32	0.00	0.00
总计	12 166.63	100.00	22 227.89	100.00	169 814.07	100.00	46 131.10	100.00	5 890.22	100.00

质量等级	黑土型淹育水稻土		潜黑钙土型淹育水稻土		浅潮泥田		石灰性草甸土型淹育水稻土		石灰性冲积淹育田	
	面积（hm²）	比例（%）	面积（hm²）	比例（%）	面积（hm²）	比例（%）	面积（hm²）	比例（%）	面积（hm²）	比例（%）
一等地	612.11	1.75	0.00	0.00	7 792.41	93.23	0.00	0.00	238.18	28.46
二等地	183.64	0.53	130.96	10.47	287.22	3.44	0.00	0.00	311.37	37.21
三等地	3 549.25	10.15	1 120.03	89.53	279.05	3.33	0.00	0.00	11.56	1.38
四等地	23 714.75	67.81	0.00	0.00	0.00	0.00	26.59	0.53	275.80	32.95
五等地	4 107.02	11.74	0.00	0.00	0.00	0.00	2 629.82	51.99	0.00	0.00
六等地	2 550.58	7.29	0.00	0.00	0.00	0.00	2 133.94	42.19	0.00	0.00
七等地	9.31	0.03	0.00	0.00	0.00	0.00	267.53	5.29	0.00	0.00
八等地	243.87	0.70	0.00	0.00	0.00	0.00	0.00	0.00	0.00	0.00
总计	34 970.53	100.00	1 250.99	100.00	8 358.68	100.00	5 057.88	100.00	836.91	100.00

暗棕壤型淹育水稻土的平均质量等级为 5.43。其中，高等级（一至三等）水稻土面积为 894.38 hm²，占暗棕壤型淹育水稻土面积的 7.35%；中等级（四至六等）水稻土面积为 9 474.46 hm²，占暗棕壤型淹育水稻土面积的 77.87%；低等级（七至八等）水稻土面积为 1 797.79 hm²，占暗棕壤型淹育水稻土面积的 14.78%。

白浆土型淹育水稻土的平均质量等级为 4.82。其中，高等级（一至三等）水稻土面积为 2 981.19 hm²，占白浆土型淹育水稻土面积的 13.41%；中等级（四至六等）水稻土面积为 18 650.08 hm²，占白浆土型淹育水稻土面积的 83.91%；低等级（七至八等）水稻土面积为 596.62 hm²，占白浆土型淹育水稻土面积的 2.68%。

草甸土型淹育水稻土的平均质量等级为 2.80。其中，高等级（一至三等）水稻土面积为 112 688.81 hm²，占草甸土型淹育水稻土面积的 66.36%；中等级（四至六等）水稻土面积为 48 688.33 hm²，占草甸土型淹育水稻土面积的 28.68%；低等级（七至八等）水稻土面积为 8 436.93 hm²，占草甸土型水稻土面积的 4.96%。

冲积土型淹育水稻土的平均质量等级为 2.87。其中，高等级（一至三等）水稻土面积为 35 536.21 hm²，占冲积土型淹育水稻土面积的 76.65%；中等级（四至六等）水稻土面积为 5 622.76 hm²，占冲积土型淹育水稻土面积的 12.18%；低等级（七至八等）水稻土面积为 5 152.13 hm²，占冲积土型淹育水稻土面积的 11.17%。

黑钙土型淹育水稻土的平均质量等级为 1.98，无低等级水稻土分布。其中，高等级（一至三等）水稻土面积为 5 163.69 hm²，占黑钙土型淹育水稻土面积的 87.67%；中等级（四至六等）水稻土面积为 726.53 hm²，占黑钙土型淹育水稻土面积的 12.33%。

黑土型淹育水稻土的平均质量等级为 4.13。其中，高等级（一至三等）水稻土面积为 4 345.00 hm²，占黑土型淹育水稻土面积的 12.43%；中等级（四至六等）水稻土面积为 30 372.35 hm²，占黑土型淹育水稻土面积的 86.84%；低等级（七至八等）水稻土面积为 253.18 hm²，占黑土型淹育水稻土面积的 0.73%。

潜黑钙土型淹育水稻土的平均质量等级为 2.90，无中等级和低等级水稻土分布。其中，高等级（一至三等）水稻土面积为 1 250.99 hm²，占潜黑钙土型淹育水稻土面积的 100.00%。

浅潮泥田的平均质量等级为 1.10，无中等级和低等级水稻土分布。其中，高等级（一至三等）水稻土面积为 8 358.68 hm²，占浅潮泥田面积的 100.00%。

石灰性草甸土型淹育水稻土的平均质量等级为 5.52，无高等级水稻土分布。其中，中等级（四至六等）水稻土面积为 4 790.35 hm²，占石灰性草甸土型淹育水稻土面积的 94.71%；低等级（七至八等）水稻土面积为 267.53 hm²，占石灰性草甸土型淹育水稻土面积的 5.29%。

石灰性冲积淹育田的平均质量等级为 2.39，无低等级水稻土分布。其中，高等级（一至三等）水稻土面积为 561.11 hm²，占石灰性冲积淹育田面积的 67.05%；中等级（四至六等）水稻土面积为 275.80 hm²，占石灰性冲积淹育田面积的 32.95%。

三、影响水稻土质量等级的因素分析

（一）高等级水稻土质量的维持

运用障碍度模型对影响东北区高等级水稻土质量的障碍因子进行诊断，结果如表 3-14 所示。从障碍度数值来看，地形部位、灌溉能力、有机质含量、农田林网化、质地构型等指标对东北区高等级水稻土质量的维持障碍度高，分别为 12.52%、10.41%、10.23%、8.90% 和 8.75%。

表 3-14　东北区高等级水稻土质量指标障碍度

指标	障碍度	指标	障碍度	指标	障碍度
地形部位	12.52%	耕层质地	6.20%	速效钾含量	3.98%
灌溉能力	10.41%	排水能力	5.92%	pH	3.58%
有机质含量	10.23%	生物多样性	5.31%	土壤容重	2.21%
农田林网化	8.90%	有效磷含量	5.30%	清洁程度	0.00%
质地构型	8.75%	障碍因素	5.17%		
有效土层厚度	6.98%	耕层厚度	4.55%		

从二级区来看，二级区之间影响高等级水稻土质量的指标障碍度如表 3-15 所示。辽宁平原丘陵农林区影响高等级水稻土质量的障碍指标主要包括地形部位、灌溉能力、有机质含量、农田林网化、有效土层厚度等，其指标障碍度分别为 13.93%、13.81%、12.67%、8.83%、7.30%；松嫩-三江平原农业区影响高等级水稻土质量的障碍指标包括地形部位、质地构型、有机质含量、灌溉能力、农田林网化，其指标障碍度分别为 11.13%、10.48%、10.19%、8.79%、8.30%；兴安岭林区影响高等级水稻土质量的障碍指标包括地形部位、排水能力、土壤容重、有机质含量、有效土层厚度等，其指标障碍度分别为 14.86%、12.18%、10.25%、9.72%、9.55%；长白山地林农区影响高等级水稻土质量的障碍指标包括灌溉能力、地形部位、有效土层厚度、障碍因素、速效钾含量等，其指标障碍度分别为 16.96%、14.55%、11.53%、8.56%、7.09%。

表 3-15　东北区各二级区高等级水稻土质量指标障碍度

辽宁平原丘陵农林区		松嫩-三江平原农业区		兴安岭林区		长白山地林农区	
指标	障碍度	指标	障碍度	指标	障碍度	指标	障碍度
地形部位	13.93%	地形部位	11.13%	地形部位	14.86%	灌溉能力	16.96%
灌溉能力	13.81%	质地构型	10.48%	排水能力	12.18%	地形部位	14.55%

（续）

辽宁平原丘陵农林区		松嫩-三江平原农业区		兴安岭林区		长白山地林农区	
指标	障碍度	指标	障碍度	指标	障碍度	指标	障碍度
有机质含量	12.67%	有机质含量	10.19%	土壤容重	10.25%	有效土层厚度	11.53%
农田林网化	8.83%	灌溉能力	8.79%	有机质含量	9.72%	障碍因素	8.56%
有效土层厚度	7.30%	农田林网化	8.30%	有效土层厚度	9.55%	速效钾含量	7.09%
质地构型	6.96%	耕层质地	7.59%	农田林网化	8.73%	有机质含量	6.30%
有效磷含量	6.72%	障碍因素	6.34%	灌溉能力	7.93%	pH	6.12%
排水能力	5.67%	有效土层厚度	5.98%	速效钾含量	5.77%	农田林网化	5.73%
生物多样性	5.65%	排水能力	5.95%	质地构型	5.43%	耕层厚度	5.25%
耕层质地	4.35%	有效磷含量	5.43%	障碍因素	4.57%	质地构型	4.44%
耕层厚度	4.31%	耕层厚度	4.63%	耕层厚度	4.21%	排水能力	4.41%
pH	3.25%	生物多样性	4.44%	pH	3.38%	生物多样性	3.72%
速效钾含量	3.23%	速效钾含量	4.11%	生物多样性	2.80%	耕层质地	2.99%
障碍因素	2.37%	pH	3.50%	有效磷含量	0.62%	有效磷含量	1.48%
土壤容重	0.95%	土壤容重	3.13%	清洁程度	0.00%	土壤容重	0.86%
清洁程度	0.00%	清洁程度	0.00%	耕层质地	0.00%	清洁程度	0.00%

（二）中等级水稻土质量的限制

运用障碍度模型对影响东北区中等级水稻土质量的障碍因子进行诊断，结果如表 3-16 所示。从障碍度数值来看，灌溉能力、地形部位、有效土层厚度、农田林网化、排水能力等指标对东北区中等级水稻土质量的限制障碍度高，分别为 16.72%、11.58%、8.68%、8.40%、7.47%。

表 3-16 东北区中等级水稻土质量指标障碍度

指标	障碍度	指标	障碍度	指标	障碍度
灌溉能力	16.72%	质地构型	6.53%	耕层厚度	3.22%
地形部位	11.58%	障碍因素	6.33%	速效钾含量	3.10%
有效土层厚度	8.68%	有机质含量	5.97%	土壤容重	1.28%
农田林网化	8.40%	生物多样性	5.07%	清洁程度	0.00%
排水能力	7.47%	有效磷含量	4.61%		
耕层质地	6.83%	pH	4.19%		

二级区之间影响中等级水稻土质量的指标障碍度如表 3-17 所示。辽宁平原丘陵农林区影响中等级水稻土质量的障碍指标主要包括灌溉能力、地形部位、有机质含量、排水能力、农田林网化等，其指标障碍度分别为 18.23%、12.55%、11.82%、8.07%、6.89%；松嫩-三江平原农业区影响中等级水稻土质量的障碍指标主要包括灌溉能力、地形部位、有效土层厚度、农田林网化、排水能力等，其指标障碍度分别为 16.29%、11.40%、8.80%、8.44%、7.70%；长白山地林农区影响中等级水稻土质量的障碍指标主要包括灌溉能力、地形部位、有效土层厚度、障碍因素、农田林网化等，其指标障碍度分别为 21.08%、13.27%、10.90%、7.52%、7.52%。

表 3-17 东北区各二级区中等级水稻土质量指标障碍度

辽宁平原丘陵农林区		松嫩-三江平原农业区		长白山地林农区	
指标	障碍度	指标	障碍度	指标	障碍度
灌溉能力	18.23%	灌溉能力	16.29%	灌溉能力	21.08%
地形部位	12.55%	地形部位	11.40%	地形部位	13.27%

（续）

辽宁平原丘陵农林区		松嫩-三江平原农业区		长白山地林农区	
指标	障碍度	指标	障碍度	指标	障碍度
有机质含量	11.82%	有效土层厚度	8.80%	有效土层厚度	10.90%
排水能力	8.07%	农田林网化	8.44%	障碍因素	7.52%
农田林网化	6.89%	排水能力	7.70%	农田林网化	7.52%
耕层质地	6.38%	耕层质地	6.96%	质地构型	7.23%
有效土层厚度	6.10%	质地构型	6.61%	速效钾含量	5.86%
有效磷含量	5.51%	障碍因素	6.58%	有机质含量	4.84%
质地构型	5.22%	有机质含量	5.52%	耕层质地	4.71%
速效钾含量	4.93%	生物多样性	5.06%	生物多样性	4.26%
生物多样性	4.23%	有效磷含量	4.84%	耕层厚度	3.81%
耕层厚度	3.78%	pH	4.56%	pH	3.41%
障碍因素	3.58%	耕层厚度	3.12%	排水能力	3.37%
pH	1.95%	速效钾含量	2.73%	有效磷含量	1.25%
土壤容重	0.75%	土壤容重	1.40%	土壤容重	0.96%
清洁程度	0.00%	清洁程度	0.00%	清洁程度	0.00%

（三）低等级水稻土质量的障碍

运用障碍度模型对影响东北区低等级水稻土质量的障碍因子进行诊断，结果如表3-18所示。从障碍度数值来看，灌溉能力、有效土层厚度、地形部位、排水能力、农田林网化等指标对东北区低等级水稻土质量的障碍度高，分别为14.78%、11.10%、10.86%、9.36%、8.94%。

表3-18 东北区低等级水稻土质量指标障碍度

指标	障碍度	指标	障碍度	指标	障碍度
灌溉能力	14.78%	障碍因素	6.15%	耕层厚度	2.74%
有效土层厚度	11.10%	耕层质地	5.86%	速效钾含量	2.35%
地形部位	10.86%	生物多样性	5.81%	土壤容重	0.79%
排水能力	9.36%	有效磷含量	5.60%	清洁程度	0.00%
农田林网化	8.94%	pH	3.94%		
质地构型	7.81%	有机质含量	3.92%		

二级区之间影响低等级水稻土质量的指标障碍度如表3-19所示。松嫩-三江平原农业区影响水稻土质量的障碍指标包括灌溉能力、有效土层厚度、地形部位、排水能力、农田林网化等，其指标障碍度分别为14.60%、11.10%、10.78%、9.51%、8.96%；长白山地林农区影响水稻土质量的障碍指标包括灌溉能力、地形部位、有效土层厚度、障碍因素、质地构型等，其指标障碍度分别为19.79%、11.68%、10.74%、7.49%、6.89%。

表3-19 东北区各二级区低等级水稻土质量指标障碍度

松嫩-三江平原农业区		长白山地林农区	
指标	障碍度	指标	障碍度
灌溉能力	14.60%	灌溉能力	19.79%
有效土层厚度	11.10%	地形部位	11.68%

（续）

松嫩-三江平原农业区		长白山地林农区	
指标	障碍度	指标	障碍度
地形部位	10.78%	有效土层厚度	10.74%
排水能力	9.51%	障碍因素	7.49%
农田林网化	8.96%	质地构型	6.89%
质地构型	7.84%	农田林网化	6.78%
障碍因素	6.10%	耕层质地	5.65%
耕层质地	5.88%	pH	4.99%
有效磷含量	5.79%	生物多样性	4.76%
生物多样性	5.76%	速效钾含量	4.31%
有机质含量	4.00%	排水能力	3.97%
pH	3.87%	有机质含量	3.79%
耕层厚度	2.70%	土壤容重	3.43%
速效钾含量	2.33%	耕层厚度	3.39%
土壤容重	0.78%	有效磷含量	2.34%
清洁程度	0.00%	清洁程度	0.00%

第二节　长江中下游区水稻土质量

一、长江中下游区水稻土质量评价

长江中下游区水稻土总面积为 12 527 832.07 hm²，主要分布在 11 个省份。其中，湖北水稻土面积为 2 225 306.74 hm²，占长江中下游水稻土面积的 17.76%；安徽水稻土面积为 2 189 490.41 hm²，占长江中下游水稻土面积的 17.48%；江苏水稻土面积为 1 718 680.26 hm²，占长江中下游水稻土面积的 13.72%；湖南水稻土面积为 1 508 107.04 hm²，占长江中下游水稻土面积的 12.04%；江西水稻土面积为 1 439 055.48 hm²，占长江中下游水稻土面积的 11.49%；浙江水稻土面积为 1 193 385.46 hm²，占长江中下游水稻土面积的 9.53%；福建水稻土面积为 876 629.36 hm²，占长江中下游水稻土面积的 7.00%；广东水稻土面积为 501 423.49 hm²，占长江中下游水稻土面积的 4.00%；河南水稻土面积为 438 312.04 hm²，占长江中下游水稻土面积的 3.50%；广西水稻土面积为 290 933.25 hm²，占长江中下游水稻土面积的 2.32%；上海水稻土面积为 146 508.54 hm²，占长江中下游水稻土面积的 1.17%。

在农业区划上，长江中下游水稻土主要分布在 6 个二级农业区。其中，长江下游平原丘陵农畜区水稻土面积为 4 009 958.32 hm²，占长江中下游水稻土面积的 32.01%；长江中游平原农业水产区水稻土面积为 2 867 189.79 hm²，占长江中下游水稻土面积的 22.89%；江南丘陵山地农林区水稻土面积为 2 400 704.27 hm²，占长江中下游水稻土面积的 19.16%；浙闽丘陵山地农林区水稻土面积为 1 262 930.11 hm²，占长江中下游水稻土面积的 10.08%；豫鄂皖平原山地农林区水稻土面积为 1 058 440.15 hm²，占长江中下游水稻土面积的 8.45%；南岭丘陵山地林农区水稻土面积为 928 609.42 hm²，占长江中下游水稻土面积的 7.41%。

（一）评价指标选取与数据来源

参照农业农村部耕地质量监测保护中心《关于印发〈全国耕地质量等级评价指标体系〉的通知》（耕地评价函〔2019〕87 号），长江中下游区水稻土质量评价的指标体系由 14 个基础性指标和 1 个区域补充性指标组成。其中，基础性指标包括地形部位、有效土层厚度、有机质含量、耕层质地、土壤容重、质地构型、有效磷含量、速效钾含量、生物多样性、清洁程度、障碍因素、灌溉能力、排水能力、农田林网化 14 个指标；区域补充性指标为酸碱度（pH）。

2019 年，长江中下游区 11 个省份依据《农业部办公厅关于做好耕地质量等级调查评价工作的通知》（农办农〔2017〕18 号）的要求，采集了 35 339 个水稻土质量等级调查点数据，构建了长江中下游区水稻土质量等级评价的数据库。

（二）指标权重与隶属度函数

1. 长江中下游区水稻土质量等级评价指标权重 2019 年，农业农村部耕地质量监测保护中心组织长江中下游区耕地质量等级评价工作的参与单位，采用专家打分法确定了长江中下游区各二级区水稻土质量等级评价的指标权重，如表 3-20 所示。

表 3-20 长江中下游区各二级区水稻土质量等级评价指标权重

长江下游平原丘陵农畜水产区		鄂豫皖平原山地农林区		长江中游平原农业水产区		江南丘陵山地农林区		浙闽丘陵山地林农区		南岭丘陵山地林农区	
指标名称	指标权重	指标名称	指标权重	指标名称	指标权重	指标名称	指标权重	指标名称	指标权重	指标名称	指标权重
有机质含量	0.122 0	地形部位	0.137 5	排水能力	0.131 9	地形部位	0.140 4	地形部位	0.129 7	地形部位	0.135 8
排水能力	0.114 5	灌溉能力	0.126 6	灌溉能力	0.109 0	灌溉能力	0.137 6	灌溉能力	0.112 5	灌溉能力	0.128 6
灌溉能力	0.108 8	有机质含量	0.093 0	地形部位	0.107 8	有机质含量	0.108 2	有机质含量	0.099 9	排水能力	0.100 5
地形部位	0.098 8	排水能力	0.091 8	有机质含量	0.092 4	耕层质地	0.075 4	速效钾含量	0.069 9	有机质含量	0.091 7
耕层质地	0.079 7	耕层质地	0.070 3	耕层质地	0.072 1	pH	0.066 0	有效磷含量	0.069 9	耕层质地	0.078 6
速效钾含量	0.059 3	质地构型	0.058 9	土壤容重	0.057 2	排水能力	0.064 6	排水能力	0.065 0	pH	0.064 4
有效磷含量	0.056 5	土壤容重	0.056 1	质地构型	0.056 9	有效磷含量	0.057 3	质地构型	0.060 8	有效土层厚度	0.057 4
土壤容重	0.055 8	有效土层厚度	0.055 4	障碍因素	0.055 9	速效钾含量	0.056 8	pH	0.060 5	质地构型	0.054 6
障碍因素	0.053 6	障碍因素	0.054 2	pH	0.055 5	质地构型	0.053 9	有效土层厚度	0.059 0	速效钾含量	0.050 3
质地构型	0.051 8	有效磷含量	0.052 0	有效磷含量	0.055 4	有效土层厚度	0.052 3	耕层质地	0.057 6	有效磷含量	0.048 8
pH	0.049 1	速效钾含量	0.052 0	速效钾含量	0.054 9	土壤容重	0.043 7	土壤容重	0.056 0	土壤容重	0.042 9
有效土层厚度	0.041 3	pH	0.045 1	有效土层厚度	0.047 8	障碍因素	0.042 8	障碍因素	0.043 1	障碍因素	0.041 9
农田林网化	0.040 8	农田林网化	0.038 4	生物多样性	0.038 7	生物多样性	0.040 7	农田林网化	0.042 8	农田林网化	0.038 3
生物多样性	0.034 5	生物多样性	0.037 2	农田林网化	0.035 3	农田林网化	0.032 4	生物多样性	0.042 4	生物多样性	0.037 8
清洁程度	0.033 5	清洁程度	0.031 5	清洁程度	0.029 1	清洁程度	0.027 9	清洁程度	0.030 8	清洁程度	0.028 5

2. 长江中下游区水稻土质量等级评价指标隶属度函数 长江中下游区水稻土质量等级评价体系中速效钾含量、有效磷含量、有机质含量、pH、土壤容重、有效土层厚度为数值型指标。其中，速效钾含量、有效磷含量、有机质含量、有效土层厚度与耕地质量等级的关系拟合函数为戒上型（数值型指标拟合函数的文字描述详见本章第一节）；pH、土壤容重与耕地质量等级的关系拟合函数为峰型，见表 3-21 所示。

表 3-21 长江中下游区数值型耕地质量等级评价指标隶属函数

指标名称	函数类型	函数公式	a 值	c 值	u 的下限值	u 的上限值
pH	峰型	$y=1/[1+a(u-c)^2]$	0.221 129	6.811 204	3.0	10.0
有机质含量	戒上型	$y=1/[1+a(u-c)^2]$	0.001 842	33.656 446	0	33.7
有效磷含量	戒上型	$y=1/[1+a(u-c)^2]$	0.002 025	33.346 824	0	33.3
速效钾含量	戒上型	$y=1/[1+a(u-c)^2]$	0.000 081	181.622 535	0	182
有效土层厚度	戒上型	$y=1/[1+a(u-c)^2]$	0.000 205	99.092 342	10	99
土壤容重	峰型	$y=1/[1+a(u-c)^2]$	2.236 726	1.211 674	0.50	3.21

注：y 为隶属度；a 为系数；u 为实测值；c 为标准指标。当函数类型为戒上型时，$u \leqslant$ 下限值时，y 为 0；$u \geqslant$ 上限值时，y 为 1；当函数类型为峰型时，$u \leqslant$ 下限值或 $u \geqslant$ 上限值时，y 为 0。

长江中下游区水稻土质量等级评价指标中，地形部位、耕层质地、质地构型、生物多样性、清洁程度、障碍因素、灌溉能力、排水能力、农田林网化等为概念型评价指标，可直接通过专家打分法给出对应独立值的隶属度，如表 3-22 所示。

表 3-22　长江中下游区概念型耕地质量等级评价指标隶属度

地形部位	山间盆地	宽谷盆地	平原低阶	平原中阶	平原高阶	丘陵上部	丘陵中部	丘陵下部	山地坡上	山地坡中	山地坡下
隶属度	0.8	0.95	1	0.95	0.9	0.6	0.7	0.8	0.3	0.45	0.68
耕层质地	沙土	沙壤	轻壤	中壤	重壤	黏土					
隶属度	0.6	0.85	0.9	1	0.95	0.7					
质地构型	薄层型	松散型	紧实型	夹层型	上紧下松型	上松下紧型	海绵型				
隶属度	0.55	0.3	0.75	0.85	0.4	1	0.95				
生物多样性	丰富	一般	不丰富								
隶属度	1	0.8	0.6								
清洁程度	清洁	尚清洁									
隶属度	1	0.8									
障碍因素	盐碱	瘠薄	酸化	渍潜	障碍层次	无					
隶属度	0.5	0.65	0.7	0.55	0.6	1					
灌溉能力	充分满足	满足	基本满足	不满足							
隶属度	1	0.8	0.6	0.3							
排水能力	充分满足	满足	基本满足	不满足							
隶属度	1	0.8	0.6	0.3							
农田林网化	高	中	低								
隶属度	1	0.85	0.7								

3. 长江中下游区水稻土质量等级划分指数　通过加权求和的方法计算每个耕地资源管理单元的综合得分［计算如公式（3-6）所示］，累积曲线法等方法划分耕地质量等级，得到耕地质量等级与耕地质量综合指数之间的对应关系，如表 3-23 所示，最终完成耕地质量评价。

表 3-23　长江中下游区耕地质量等级与耕地质量综合指数对应关系

耕地质量等级	综合指数范围	耕地质量等级	综合指数范围
一等	>0.917 0	六等	0.793 9~0.818 5
二等	0.892 4~0.917 0	七等	0.769 3~0.793 9
三等	0.867 8~0.892 4	八等	0.744 6~0.769 3
四等	0.843 1~0.867 8	九等	0.720 0~0.744 6
五等	0.818 5~0.843 1	十等	<0.720 0

二、区域水稻土质量等级分布情况

（一）不同水稻土质量等级面积分布

1. 长江中下游区水稻土质量等级总体情况　长江中下游区水稻土平均质量等级为 4.22。其中，高等级（一至三等）水稻土面积为 4 459 290.23 hm²，占长江中下游区水稻土总面积的 35.59%；中等级（四至六等）水稻土面积为 6 661 870.39 hm²，占长江中下游区水稻土总面积的 53.18%；低等级（七至十等）水稻土面积为 1 406 671.45 hm²，占长江中下游区水稻土总面积的 11.23%。

如图 3-3 所示，在高等级水稻土中，质量等级为一等的水稻土面积为 952 701.05 hm²，占长江中下游区水稻土总面积的 7.60%；质量等级为二等的水稻土面积为 1 351 713.11 hm²，占长江中下游区水稻土总面积的 10.79%；质量等级为三等的水稻土面积为 2 154 876.07 hm²，占长江中下游区水稻土总面积的 17.20%。中等级水稻土中，质量等级为四等的水稻土面积为 2 830 899.36 hm²，占长江中下游区水稻土总面积的 22.60%；质量等级为五等的水稻土面积为 2 254 829.39 hm²，占长江中下游区水稻土总面积的 18.00%；质量等级为六等的水稻土面积为 1 576 141.64 hm²，占长江中下游区水稻土总面积的 12.58%。低等级水稻土中，质量等级为七等的水稻土面积为 801 846.19 hm²，占长江中下游区水稻土总面积的 6.40%；质量等级为八等的水稻土面积为 422 101.33 hm²，占长江中下游区水稻土总面积的 3.37%；质量等级为九等的水稻土面积为 118 673.93 hm²，占长江中下游区水稻土总面积的 0.95%；质量等级为十等的水稻土面积为 64 050.00 hm²，占长江中下游区水稻土总面积的 0.51%。

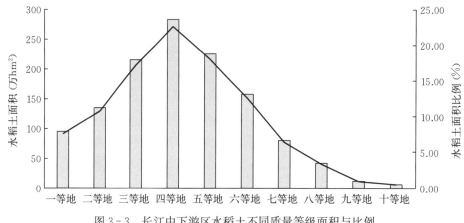

图 3-3 长江中下游区水稻土不同质量等级面积与比例

2. 长江中下游区各省份水稻土质量等级分布 如表 3-24 所示，安徽水稻土平均质量等级为 4.16。其中，高等级（一至三等）水稻土面积为 631 710.76 hm²，占安徽水稻土面积的 28.85%；中等级（四至六等）水稻土面积为 1 436 520.53 hm²，占安徽水稻土面积的 65.61%；低等级（七至十等）水稻土面积为 121 259.12 hm²，占安徽水稻土面积的 5.54%。

表 3-24 长江中下游区各省份水稻土不同质量等级面积与比例

质量等级	安徽		福建		广东		广西	
	面积（hm²）	比例（%）	面积（hm²）	比例（%）	面积（hm²）	比例（%）	面积（hm²）	比例（%）
一等地	51 660.84	2.36	7 537.88	0.86	51 685.46	10.31	4 693.73	1.61
二等地	172 988.94	7.90	28 215.14	3.22	68 073.06	13.58	16 540.31	5.69
三等地	407 060.98	18.59	75 817.41	8.65	60 796.57	12.12	31 916.71	10.97
四等地	830 718.20	37.94	146 897.47	16.76	72 406.11	14.45	47 150.88	16.21
五等地	366 238.26	16.73	202 689.37	23.12	69 407.96	13.84	69 637.72	23.94
六等地	239 564.07	10.94	181 426.47	20.70	96 939.20	19.33	57 394.44	19.73
七等地	73 950.31	3.37	120 084.45	13.70	57 125.83	11.39	35 998.17	12.37
八等地	38 905.73	1.78	66 385.67	7.57	19 478.08	3.88	17 149.13	5.89
九等地	6 947.67	0.32	26 234.56	2.99	5 016.21	1.00	3 524.09	1.21
十等地	1 455.41	0.07	21 340.94	2.43	495.01	0.10	6 928.07	2.38
总计	2 189 490.41	100.00	876 629.36	100.00	501 423.49	100.00	290 933.25	100.00

（续）

质量等级	河南		湖北		湖南		江苏	
	面积（hm²）	比例（%）	面积（hm²）	比例（%）	面积（hm²）	比例（%）	面积（hm²）	比例（%）
一等地	506.80	0.12	42 902.29	1.93	71 276.13	4.73	272 011.43	15.83
二等地	5 701.00	1.30	129 729.17	5.83	145 038.30	9.62	403 569.86	23.48
三等地	36 216.00	8.26	468 298.39	21.04	229 688.41	15.22	407 656.17	23.72
四等地	40 992.74	9.35	680 871.37	30.60	346 037.86	22.95	239 214.49	13.92
五等地	166 049.43	37.89	487 842.36	21.92	258 988.98	17.17	152 089.08	8.85
六等地	100 346.90	22.89	268 822.30	12.08	200 263.70	13.28	140 935.88	8.20
七等地	50 977.60	11.63	103 445.32	4.65	145 256.53	9.63	38 143.84	2.22
八等地	19 303.43	4.40	34 503.91	1.55	77 388.52	5.13	60 351.80	3.51
九等地	13 280.00	3.03	6 546.22	0.29	21 703.46	1.44	4 677.46	0.27
十等地	4 938.14	1.13	2 345.41	0.11	12 465.15	0.83	30.25	0.00
总计	438 312.04	100.00	2 225 306.74	100.00	1 508 107.04	100.00	1 718 680.26	100.00

质量等级	江西		上海		浙江	
	面积（hm²）	比例（%）	面积（hm²）	比例（%）	面积（hm²）	比例（%）
一等地	67 046.54	4.66	44 581.51	30.43	338 798.45	28.39
二等地	149 390.62	10.38	61 366.07	41.88	171 100.65	14.34
三等地	228 824.88	15.90	32 944.32	22.49	175 656.21	14.72
四等地	244 872.94	17.02	5 064.57	3.46	176 672.72	14.80
五等地	305 283.49	21.21	2 187.63	1.49	174 415.12	14.62
六等地	205 063.36	14.25	364.44	0.25	85 020.88	7.12
七等地	131 852.61	9.16	0.00	0.00	45 011.51	3.77
八等地	72 377.13	5.03	0.00	0.00	16 257.94	1.36
九等地	25 160.13	1.75	0.00	0.00	5 584.13	0.47
十等地	9 183.78	0.64	0.00	0.00	4 867.85	0.41
总计	1 439 055.48	100.00	146 508.54	100.00	1 193 385.46	100.00

福建水稻土平均质量等级为 5.48。其中，高等级（一至三等）水稻土面积为 111 570.43 hm²，占福建水稻土面积的 12.73%；中等级（四至六等）水稻土面积为 531 013.31 hm²，占福建水稻土面积的 60.58%；低等级（七至十等）水稻土面积为 234 045.62 hm²，占福建水稻土面积的 26.69%。

广东水稻土平均质量等级为 4.38。其中，高等级（一至三等）水稻土面积为 180 555.09 hm²，占广东水稻土面积的 36.01%；中等级（四至六等）水稻土面积为 238 753.27 hm²，占广东水稻土面积的 47.62%；低等级（七至十等）水稻土面积为 82 115.13 hm²，占广东水稻土面积的 16.37%。

广西水稻土平均质量等级为 5.17。其中，高等级（一至三等）水稻土面积为 53 150.75 hm²，占广西水稻土面积的 18.27%；中等级（四至六等）水稻土面积为 174 183.04 hm²，占广西水稻土面积的 59.88%；低等级（七至十等）水稻土面积为 63 599.46 hm²，占广西水稻土面积的 21.85%。

河南水稻土平均质量等级为 5.47。其中，高等级（一至三等）水稻土面积为 42 423.80 hm²，占河南水稻土面积的 9.68%；中等级（四至六等）水稻土面积为 307 389.07 hm²，占河南水稻土面积的 70.13%；低等级（七至十等）水稻土面积为 88 499.17 hm²，占河南水稻土面积的 20.19%。

湖北水稻土平均质量等级为4.30。其中，高等级（一至三等）水稻土面积为640 929.85 hm²，占湖北水稻土面积的28.80%；中等级（四至六等）水稻土面积为1 437 536.03 hm²，占湖北水稻土面积的64.60%；低等级（七至十等）水稻土面积为146 840.86 hm²，占湖北水稻土面积的6.60%。

湖南水稻土平均质量等级为4.57。其中，高等级（一至三等）水稻土面积为446 002.84 hm²，占湖南水稻土面积的29.57%；中等级（四至六等）水稻土面积为805 290.54 hm²，占湖南水稻土面积的53.40%；低等级（七至十等）水稻土面积为256 813.66 hm²，占湖南水稻土面积的17.03%。

江苏水稻土平均质量等级为3.29。其中，高等级（一至三等）水稻土面积为1 083 237.46 hm²，占江苏水稻土面积的63.03%；中等级（四至六等）水稻土面积为532 239.45 hm²，占江苏水稻土面积的30.97%；低等级（七至十等）水稻土面积为103 203.35 hm²，占江苏水稻土面积的6.00%。

江西水稻土平均质量等级为4.59。其中，高等级（一至三等）水稻土面积为445 262.04 hm²，占江西水稻土面积的30.94%；中等级（四至六等）水稻土面积为755 219.79 hm²，占江西水稻土面积的52.48%；低等级（七至十等）水稻土面积为238 573.65 hm²，占江西水稻土面积的16.58%。

上海水稻土平均质量等级为2.04，无低等级水稻土分布。其中，高等级（一至三等）水稻土面积为138 891.90 hm²，占上海水稻土面积的94.80%；中等级（四至六等）水稻土面积为7 616.64 hm²，占上海水稻土面积的5.20%。

浙江水稻土平均质量等级为3.22。其中，高等级（一至三等）水稻土面积为685 555.31 hm²，占浙江水稻土面积的57.45%；中等级（四至六等）水稻土面积为436 108.72 hm²，占浙江水稻土面积的36.54%；低等级（七至十等）水稻土面积为71 721.43 hm²，占浙江水稻土面积的6.01%。

3. 长江中下游区各二级区水稻土质量等级分布　如表3-25所示，鄂豫皖平原山地农林区水稻土平均质量等级为5.31。其中，高等级（一至三等）水稻土面积为122 332.02 hm²，占鄂豫皖平原山地农林区水稻土面积的11.56%；中等级（四至六等）水稻土面积为727 063.35 hm²，占鄂豫皖平原山地农林区水稻土面积的68.69%；低等级（七至十等）水稻土面积为209 044.78 hm²，占鄂豫皖平原山地农林区水稻土面积的19.75%。

表3-25　长江中下游区各二级区水稻土不同质量等级面积与比例

质量等级	鄂豫皖平原山地农林区		江南丘陵山地农林区		南岭丘陵山地林农区	
	面积（hm²）	比例（%）	面积（hm²）	比例（%）	面积（hm²）	比例（%）
一等地	4 987.47	0.47	75 090.59	3.13	68 566.36	7.38
二等地	20 957.51	1.98	232 191.76	9.67	92 088.66	9.92
三等地	96 387.04	9.11	328 839.38	13.70	109 868.54	11.83
四等地	176 113.43	16.64	541 913.44	22.57	150 812.94	16.24
五等地	307 141.11	29.02	497 219.93	20.71	162 352.73	17.48
六等地	243 808.81	23.03	373 556.99	15.56	170 275.88	18.34
七等地	128 919.25	12.18	200 633.05	8.35	104 450.05	11.25
八等地	51 295.14	4.85	101 209.16	4.22	45 407.04	4.89
九等地	21 410.73	2.02	33 064.91	1.38	13 987.37	1.51
十等地	7 419.66	0.70	16 985.07	0.71	10 799.85	1.16
总计	1 058 440.15	100.00	2 400 704.28	100.00	928 609.42	100.00

（续）

质量等级	长江下游平原丘陵农畜水产区		长江中游平原农业水产区		浙闽丘陵山地林农区	
	面积（hm²）	比例（%）	面积（hm²）	比例（%）	面积（hm²）	比例（%）
一等地	609 502.91	15.20	115 675.60	4.03	78 878.13	6.25
二等地	681 562.96	17.00	226 303.34	7.89	98 608.88	7.81
三等地	857 473.71	21.38	624 944.06	21.80	137 363.33	10.88
四等地	994 613.81	24.80	763 419.63	26.63	204 026.11	16.15
五等地	422 931.97	10.55	613 224.28	21.39	251 959.37	19.95
六等地	278 567.60	6.95	293 082.54	10.22	216 849.82	17.17
七等地	78 126.99	1.95	149 776.42	5.22	139 940.44	11.08
八等地	82 043.28	2.04	63 534.40	2.22	78 612.30	6.22
九等地	5 104.84	0.13	14 267.81	0.50	30 838.26	2.44
十等地	30.25	0.00	2 961.71	0.10	25 853.47	2.05
总计	4 009 958.32	100.00	2 867 189.79	100.00	1 262 930.11	100.00

江南丘陵山地农林区水稻土平均质量等级为 4.62。其中，高等级（一至三等）水稻土面积为 636 121.73 hm²，占江南丘陵山地农林区水稻土面积的 26.50%；中等级（四至六等）水稻土面积为 1 412 690.36 hm²，占江南丘陵山地农林区水稻土面积的 58.84%；低等级（七至十等）水稻土面积为 351 892.19 hm²，占江南丘陵山地农林区水稻土面积的 14.66%。

南岭丘陵山地林农区水稻土平均质量等级为 4.68。其中，高等级（一至三等）水稻土面积为 270 523.56 hm²，占南岭丘陵山地林农区水稻土面积的 29.13%；中等级（四至六等）水稻土面积为 483 441.55 hm²，占南岭丘陵山地林农区水稻土面积的 52.06%；低等级（七至十等）水稻土面积为 174 644.31 hm²，占南岭丘陵山地林农区水稻土面积的 18.81%。

长江下游平原丘陵农畜水产区水稻土平均质量等级为 3.38。其中，高等级（一至三等）水稻土面积为 2 148 539.58 hm²，占长江下游平原丘陵农畜水产区水稻土面积的 53.58%；中等级（四至六等）水稻土面积为 1 696 113.38 hm²，占长江下游平原丘陵农畜水产区水稻土面积的 42.30%；低等级（七至十等）水稻土面积为 165 305.36 hm²，占长江下游平原丘陵农畜水产区水稻土面积的 4.12%。

长江中游平原农业水产区水稻土平均质量等级为 4.20。其中，高等级（一至三等）水稻土面积为 966 923.00 hm²，占长江中游平原农业水产区水稻土面积的 33.72%；中等级（四至六等）水稻土面积为 1 669 726.45 hm²，占长江中游平原农业水产区水稻土面积的 58.24%；低等级（七至十等）水稻土面积为 230 540.34 hm²，占长江中游平原农业水产区水稻土面积的 8.04%。

浙闽丘陵山地林农区水稻土平均质量等级为 4.92。其中，高等级（一至三等）水稻土面积为 314 850.34 hm²，占浙闽丘陵山地林农区水稻土面积的 24.94%；中等级（四至六等）水稻土面积为 672 835.30 hm²，占浙闽丘陵山地林农区水稻土面积的 53.27%；低等级（七至十等）水稻土面积为 275 244.47 hm²，占浙闽丘陵山地林农区水稻土面积的 21.79%。

（二）不同水稻土亚类质量等级状况

长江中下游区水稻土亚类包括漂洗水稻土、潜育水稻土、渗育水稻土、脱潜水稻土、淹育水稻土、盐渍水稻土、潴育水稻土。其中，潴育水稻土面积为 8 082 902.14 hm²，占长江中下游区水稻土面积的 64.52%；渗育水稻土面积为 1 643 162.64 hm²，占长江中下游区水稻土面积的 13.12%；潜育水稻土面积为 881 902.49 hm²，占长江中下游区水稻土面积的 7.04%；淹育水稻土面积为 813 266.64 hm²，占长江中下游区水稻土面积的 6.49%；漂洗水稻土面积为 324 690.85 hm²，占长江中下游区水稻土面积的 2.59%；盐渍水稻土面积为 11 476.63 hm²，占长江中下游区水稻土面积的 0.09%（表 3-26）。

表 3-26　长江中下游区水稻土亚类不同质量等级面积与比例

质量等级	漂洗水稻土		潜育水稻土		渗育水稻土		脱潜水稻土	
	面积（hm²）	比例（%）	面积（hm²）	比例（%）	面积（hm²）	比例（%）	面积（hm²）	比例（%）
一等地	11 830.53	3.64	32 365.70	3.67	189 192.75	11.51	162 608.17	21.11
二等地	13 354.83	4.11	69 379.55	7.87	209 884.26	12.77	155 967.17	20.25
三等地	84 537.33	26.04	191 298.29	21.69	234 038.24	14.25	209 317.41	27.17
四等地	112 789.63	34.74	123 227.86	13.97	266 778.84	16.24	138 559.97	17.99
五等地	57 862.51	17.82	148 557.10	16.85	241 242.45	14.68	64 423.88	8.36
六等地	24 603.92	7.58	151 109.53	17.13	254 544.37	15.49	15 843.14	2.06
七等地	11 438.15	3.52	81 443.65	9.24	153 566.94	9.35	15 048.12	1.96
八等地	5 394.23	1.66	59 809.00	6.78	58 217.25	3.54	7 287.09	0.95
九等地	1 527.50	0.47	14 145.11	1.60	23 562.13	1.43	577.16	0.07
十等地	1 352.22	0.42	10 566.70	1.20	12 135.41	0.74	639.32	0.08
总计	324 690.85	100.00	881 902.49	100.00	1 643 162.64	100.00	770 271.43	100.00

质量等级	淹育水稻土		盐渍水稻土		潴育水稻土	
	面积（hm²）	比例（%）	面积（hm²）	比例（%）	面积（hm²）	比例（%）
一等地	8 981.40	1.10	155.81	1.36	547 566.68	6.77
二等地	49 806.05	6.12	913.99	7.96	852 407.26	10.55
三等地	109 540.12	13.48	1 616.32	14.09	1 324 528.37	16.39
四等地	198 599.36	24.42	2 025.30	17.65	1 988 918.41	24.61
五等地	185 168.04	22.77	3 797.73	33.09	1 553 618.43	19.22
六等地	125 458.66	15.43	1 300.73	11.33	1 003 281.30	12.41
七等地	76 137.01	9.36	889.17	7.75	463 323.13	5.73
八等地	31 744.17	3.90	693.65	6.04	258 955.95	3.20
九等地	16 600.60	2.04	83.93	0.73	62 177.50	0.77
十等地	11 231.23	1.38	—	0.00	28 125.11	0.35
总计	813 266.64	100.00	11 476.63	100.00	8 082 902.14	100.00

如表 3-26 所示，漂洗水稻土平均质量等级为 4.10。其中，高等级（一至三等）水稻土面积为 109 722.69 hm²，占漂洗水稻土面积的 33.79%；中等级（四至六等）水稻土面积为 195 256.06 hm²，占漂洗水稻土面积的 60.14%；低等级（七至十等）水稻土面积为 19 712.10 hm²，占漂洗水稻土面积的 6.07%。

潜育水稻土平均质量等级为 4.73。其中，高等级（一至三等）水稻土面积为 293 043.54 hm²，占潜育水稻土面积的 33.23%；中等级（四至六等）水稻土面积为 422 894.49 hm²，占潜育水稻土面积的 47.95%；低等级（七至十等）水稻土面积为 165 964.46 hm²，占潜育水稻土面积的 18.82%。

渗育水稻土平均质量等级为 4.25。其中，高等级（一至三等）水稻土面积为 633 115.25 hm²，占渗育水稻土面积的 38.53%；中等级（四至六等）水稻土面积为 762 565.66 hm²，占渗育水稻土面积的 46.41%；低等级（七至十等）水稻土面积为 247 481.73 hm²，占渗育水稻土面积的 15.06%。

脱潜水稻土平均质量等级为 2.92。其中，高等级（一至三等）水稻土面积为 527 892.75 hm²，占脱潜水稻土面积的 68.53%；中等级（四至六等）水稻土面积为 218 826.99 hm²，占脱潜水稻土面积的 28.41%；低等级（七至十等）水稻土面积为 23 551.69 hm²，占脱潜水稻土面积的 3.06%。

淹育水稻土平均质量等级为 4.87。其中，高等级（一至三等）水稻土面积为 168 327.57 hm²，占淹育水稻土面积的 20.70%；中等级（四至六等）水稻土面积为 509 226.06 hm²，占淹育水稻土面积的 62.62%；低等级（七至十等）水稻土面积为 135 713.01 hm²，占淹育水稻土面积的 16.68%。

盐渍水稻土平均质量等级为 4.73。其中，高等级（一至三等）水稻土面积为 2 686.12 hm²，占盐渍水稻土面积的 23.41%；中等级（四至六等）水稻土面积为 7 123.76 hm²，占盐渍水稻土面积的 62.07%；低等级（七至十等）水稻土面积为 1 666.75 hm²，占盐渍水稻土面积的 14.52%。

潜育水稻土平均质量等级为 4.22。其中，高等级（一至三等）水稻土面积为 2 724 502.31 hm²，占潜育水稻土面积的 33.71%；中等级（四至六等）水稻土面积为 4 545 818.14 hm²，占潜育水稻土面积的 56.24%；低等级（七至十等）水稻土面积为 812 581.69 hm²，占潜育水稻土面积的 10.05%。

（三）不同水稻土土属质量等级状况

1. 漂洗水稻土各土属质量等级分布 长江中下游区漂洗水稻土主要包括白散泥、白散土、白鳝泥田、漂红泥田、漂马肝田等土属，如表 3 - 27 所示。

表 3 - 27 长江中下游区漂洗水稻土土属质量等级面积与比例

质量等级	白散泥		白散土		白鳝泥田		漂红泥田		漂马肝田	
	面积（hm²）	比例（%）	面积（hm²）	比例（%）	面积（hm²）	比例（%）	面积（hm²）	比例（%）	面积（hm²）	比例（%）
一等地	0.00	0.00	0.00	0.00	0.00	0.00	0.00	0.00	11 830.53	4.79
二等地	141.59	0.79	0.00	0.00	0.00	0.00	308.55	6.47	12 129.04	4.91
三等地	284.91	1.58	0.00	0.00	1 593.50	4.14	290.88	6.10	79 037.34	31.99
四等地	798.94	4.44	0.00	0.00	5 354.14	13.90	1 065.24	22.35	105 472.54	42.69
五等地	10 685.37	59.37	8 251.60	100.00	8 096.11	21.03	1 445.88	30.33	26 966.38	10.91
六等地	2 925.22	16.25	0.00	0.00	8 819.24	22.90	1 308.83	27.46	10 689.38	4.33
七等地	2 453.33	13.63	0.00	0.00	8 107.18	21.06	347.70	7.29	457.88	0.19
八等地	261.89	1.46	0.00	0.00	4 521.06	11.74	0.00	0.00	480.32	0.19
九等地	0.00	0.00	0.00	0.00	1 109.40	2.88	0.00	0.00	0.00	0.00
十等地	446.75	2.48	0.00	0.00	905.47	2.35	0.00	0.00	0.00	0.00
总计	17 998.00	100.00	8 251.60	100.00	38 506.10	100.00	4 767.09	100.00	247 063.41	100.00

白散泥平均质量等级为 5.50。其中，高等级（一至三等）水稻土面积为 426.50 hm²，占白散泥面积的 2.37%；中等级（四至六等）水稻土面积为 14 409.53 hm²，占白散泥面积的 80.06%；低等级（七至十等）水稻土面积为 3 161.97 hm²，占白散泥面积的 17.57%。

白散土平均质量等级为 5.00，无高等级和低等级水稻土分布。其中，中等级（四至六等）水稻土面积为 8 251.60 hm²，占白散土面积的 100.00%。

白鳝泥田平均质量等级为 6.01。其中，高等级（一至三等）水稻土面积为 1 593.50 hm²，占白鳝泥田面积的 4.14%；中等级（四至六等）水稻土面积为 22 269.49 hm²，占白鳝泥田面积的 57.83%；低等级（七至十等）水稻土面积为 14 643.11 hm²，占白鳝泥田面积的 38.03%。

漂红泥田平均质量等级为 4.88。其中，高等级（一至三等）水稻土面积为 599.43 hm²，占漂红泥田面积的 12.57%；中等级（四至六等）水稻土面积为 3 819.95 hm²，占漂红泥田面积的 80.14%；低等级（七至十等）水稻土面积为 347.70 hm²，占漂红泥田面积的 7.29%。

漂马肝田平均质量等级为 3.65。其中，高等级（一至三等）水稻土面积为 102 996.91 hm²，占漂马肝田面积的 41.69%；中等级（四至六等）水稻土面积为 143 128.30 hm²，占漂马肝田面积的 57.93%；低等级（七至十等）水稻土面积为 938.20 hm²，占漂马肝田面积的 0.38%。

2. 潜育水稻土各土属质量等级分布 长江中下游区潜育水稻土主要包括烂泥田、冷烂田、青潮泥田、青马肝泥田、青泥田等土属，如表 3 - 28 所示。

表 3-28　长江中下游区潜育水稻土土属质量等级面积与比例

质量等级	烂泥田		冷烂田		青潮泥田		青马肝泥田		青泥田	
	面积 (hm²)	比例 (%)	面积 (hm²)	比例 (%)	面积 (hm²)	比例 (%)	面积 (hm²)	比例 (%)	面积 (hm²)	比例 (%)
一等地	0.00	0.00	97.05	0.13	6 028.57	5.89	1 420.13	2.24	8 654.78	2.89
二等地	235.04	0.24	210.91	0.27	28 717.17	28.08	2 592.48	4.09	19 885.90	6.65
三等地	20 130.99	20.41	2 936.60	3.81	40 219.80	39.33	8 536.66	13.48	91 094.85	30.44
四等地	11 106.18	11.26	5 877.20	7.63	10 865.35	10.62	2 625.37	4.14	47 410.99	15.85
五等地	23 702.75	24.04	15 487.21	20.09	7 810.64	7.64	22 088.19	34.87	39 782.10	13.30
六等地	23 227.83	23.55	18 622.33	24.16	4 260.58	4.17	3 668.54	5.79	53 174.86	17.77
七等地	9 590.12	9.72	13 734.16	17.82	1 752.41	1.71	6 926.98	10.93	21 640.93	7.23
八等地	8 014.27	8.13	10 630.95	13.79	2 137.55	2.09	15 490.65	24.46	12 554.68	4.20
九等地	1 097.37	1.11	4 863.35	6.31	482.23	0.47	0.00	0.00	3 464.10	1.16
十等地	1 513.89	1.54	4 613.56	5.99	0.00	0.00	0.00	0.00	1 531.52	0.51
总计	98 618.44	100.00	77 073.32	100.00	102 274.30	100.00	63 349.00	100.00	299 194.71	100.00

烂泥田平均质量等级为 5.27。其中，高等级（一至三等）水稻土面积为 20 366.03 hm²，占烂泥田面积的 20.65%；中等级（四至六等）水稻土面积为 58 036.76 hm²，占烂泥田面积的 58.85%；低等级（七至十等）水稻土面积为 20 215.65 hm²，占烂泥田面积的 20.50%。

冷烂田平均质量等级为 5.00。其中，高等级（一至三等）水稻土面积为 3 244.56 hm²，占冷烂田面积的 4.21%；中等级（四至六等）水稻土面积为 39 986.74 hm²，占冷烂田面积的 51.88%；低等级（七至十等）水稻土面积为 33 842.02 hm²，占冷烂田面积的 43.91%。

青潮泥田平均质量等级为 3.19。其中，高等级（一至三等）水稻土面积为 74 965.54 hm²，占青潮泥田面积的 73.30%；中等级（四至六等）水稻土面积为 22 936.57 hm²，占青潮泥田面积的 22.43%；低等级（七至十等）水稻土面积为 4 372.19 hm²，占青潮泥田面积的 4.27%。

青马肝泥田平均质量等级为 5.49。其中，高等级（一至三等）水稻土面积为 12 549.27 hm²，占青马肝泥田面积的 19.81%；中等级（四至六等）水稻土面积为 28 382.10 hm²，占青马肝泥田面积的 44.80%；低等级（七至十等）水稻土面积为 22 417.63 hm²，占青马肝泥田面积的 35.39%。

青泥田平均质量等级为 4.44。其中，高等级（一至三等）水稻土面积为 119 635.53 hm²，占青泥田面积的 39.98%；中等级（四至六等）水稻土面积为 140 367.95 hm²，占青泥田面积的 46.92%；低等级（七至十等）水稻土面积为 39 191.23 hm²，占青泥田面积的 13.10%。

3. 渗育水稻土各土属质量等级分布　长江中下游区渗育水稻土主要包括红黄泥田、黄泥田、渗潮泥田、渗淡涂泥田、渗马肝泥田等土属，如表 3-29 所示。

表 3-29　长江中下游区渗育水稻土土属质量等级面积与比例

质量等级	红黄泥田		黄泥田		渗潮泥田		渗淡涂泥田		渗马肝泥田	
	面积 (hm²)	比例 (%)	面积 (hm²)	比例 (%)	面积 (hm²)	比例 (%)	面积 (hm²)	比例 (%)	面积 (hm²)	比例 (%)
一等地	1 828.91	1.20	176.23	0.08	79 368.53	16.86	74 677.51	28.72	3 510.68	3.16
二等地	20 612.09	13.50	1 945.01	0.90	127 060.03	27.00	35 741.29	13.75	8 443.00	7.61
三等地	15 899.39	10.42	10 390.29	4.82	108 944.43	23.15	26 852.39	10.33	31 438.83	28.33
四等地	36 607.45	23.98	27 007.02	12.52	79 383.57	16.87	17 137.59	6.59	33 667.66	30.33
五等地	36 792.58	24.10	50 528.55	23.42	33 335.51	7.08	27 948.79	10.75	12 501.77	11.27

（续）

质量等级	红黄泥田 面积（hm²）	比例（%）	黄泥田 面积（hm²）	比例（%）	渗潮泥田 面积（hm²）	比例（%）	渗淡涂泥田 面积（hm²）	比例（%）	渗马肝泥田 面积（hm²）	比例（%）
六等地	20 124.95	13.18	51 233.46	23.75	27 958.04	5.94	51 439.85	19.78	19 950.17	17.98
七等地	8 525.33	5.59	38 798.10	17.98	4 940.56	1.05	23 618.33	9.08	1 460.71	1.32
八等地	8 418.44	5.51	20 045.10	9.29	4 988.73	1.06	2 605.40	1.00	0.00	0.00
九等地	3 385.06	2.22	7 738.04	3.59	4 677.46	0.99	0.00	0.00	0.00	0.00
十等地	456.05	0.30	7 863.49	3.65	0.00	0.00	0.00	0.00	0.00	0.00
总计	152 650.25	100.00	215 725.29	100.00	470 656.86	100.00	260 021.15	100.00	110 972.82	100.00

红黄泥田平均质量等级为 4.61。其中，高等级（一至三等）水稻土面积为 38 340.39 hm²，占红黄泥面积的 25.12%；中等级（四至六等）水稻土面积为 93 524.98 hm²，占红黄泥面积的 61.26%；低等级（七至十等）水稻土面积为 20 784.88 hm²，占红黄泥面积的 13.62%。

黄泥田平均质量等级为 5.95。其中，高等级（一至三等）水稻土面积为 12 511.53 hm²，占黄泥田面积的 5.80%；中等级（四至六等）水稻土面积为 128 769.03 hm²，占黄泥田面积的 59.69%；低等级（七至十等）水稻土面积为 74 444.73 hm²，占黄泥田面积的 34.51%。

渗潮泥田平均质量等级为 3.04。其中，高等级（一至三等）水稻土面积为 315 372.99 hm²，占渗潮泥田面积的 67.01%；中等级（四至六等）水稻土面积为 140 677.12hm²，占渗潮泥田面积的 29.89%；低等级（七至十等）水稻土面积为 14 606.75 hm²，占渗潮泥田面积的 3.10%。

渗淡涂泥田平均质量等级为 3.58。其中，高等级（一至三等）水稻土面积为 137 271.19 hm²，占渗淡涂泥田面积的 52.80%；中等级（四至六等）水稻土面积为 96 526.23 hm²，占渗淡涂泥田面积的 37.12%；低等级（七至十等）水稻土面积为 26 223.73 hm²，占渗淡涂泥田面积的 10.08%。

渗马肝泥田平均质量等级为 3.98。其中，高等级（一至三等）水稻土面积为 43 392.51 hm²，占渗马肝泥田面积的 39.10%；中等级（四至六等）水稻土面积为 66 119.60 hm²，占渗马肝泥田面积的 59.58%；低等级（七至十等）水稻土面积为 1 460.71 hm²，占渗马肝泥田面积的 1.32%。

4. 脱潜水稻土各土属质量等级分布 长江中下游区脱潜水稻土主要包括河沙泥、红黄泥、黄斑黏田、黄泥田、乌栅土等土属，如表 3-30 所示。

表 3-30 长江中下游区脱潜水稻土土属质量等级面积与比例

质量等级	河沙泥 面积（hm²）	比例（%）	红黄泥 面积（hm²）	比例（%）	黄斑黏田 面积（hm²）	比例（%）	黄泥田 面积（hm²）	比例（%）	乌栅土 面积（hm²）	比例（%）
一等地	129.56	0.14	715.41	2.73	146 351.72	26.51	—	0.00	9 339.01	52.81
二等地	1 274.93	1.37	1 850.81	7.07	137 415.63	24.89	999.84	6.46	1 542.47	8.72
三等地	41 393.93	44.51	4 536.66	17.32	149 376.15	27.05	4 847.63	31.34	330.65	1.87
四等地	37 281.06	40.09	4 165.26	15.90	77 167.08	13.98	3 001.91	19.40	4 965.38	28.07
五等地	7 024.61	7.55	6 773.72	25.86	36 311.73	6.58	2 100.31	13.58	1 184.60	6.70
六等地	1 045.34	1.12	2 779.17	10.61	2 490.77	0.45	1 908.98	12.34	322.99	1.83
七等地	3 768.52	4.06	1 155.43	4.41	2 290.63	0.41	1 631.74	10.55	0.00	0.00
八等地	669.57	0.72	4 216.42	16.10	713.41	0.13	673.20	4.35	0.00	0.00
九等地	412.11	0.44	0.00	0.00	0.00	0.00	0.00	0.00	0.00	0.00
十等地	0.00	0.00	0.00	0.00	0.00	0.00	305.79	1.98	0.00	0.00
总计	92 999.63	100.00	26 192.88	100.00	552 117.12	100.00	15 469.40	100.00	17 685.10	100.00

河沙泥平均质量等级为 3.49。其中，高等级（一至三等）水稻土面积为 42 798.42 hm²，占河沙泥面积的 46.02%；中等级（四至六等）水稻土面积为 45 351.01 hm²，占河沙泥面积的 48.76%；低等级（七至十等）水稻土面积为 4 850.20 hm²，占河沙泥面积的 5.22%。

红黄泥平均质量等级为 4.85。其中，高等级（一至三等）水稻土面积为 7 102.88 hm²，占红黄泥面积的 27.12%；中等级（四至六等）水稻土面积为 13 718.15 hm²，占红黄泥面积的 52.37%；低等级（七至十等）水稻土面积为 5 371.85 hm²，占红黄泥面积的 20.51%。

黄斑黏田平均质量等级为 2.53。其中，高等级（一至三等）水稻土面积为 433 143.50 hm²，占黄斑黏田面积的 78.45%；中等级（四至六等）水稻土面积为 115 969.58 hm²，占黄斑黏田面积的 21.01%；低等级（七至十等）水稻土面积为 3 004.04 hm²，占黄斑黏田面积的 0.54%。

黄泥田平均质量等级为 4.55。其中，高等级（一至三等）水稻土面积为 5 847.47 hm²，占黄泥田面积的 37.80%；中等级（四至六等）水稻土面积为 7 011.20 hm²，占黄泥田面积的 45.32%；低等级（七至十等）水稻土面积为 2 610.73 hm²，占黄泥田面积的 16.88%。

乌栅土平均质量等级为 2.33，无低等级水稻土分布。其中，高等级（一至三等）水稻土面积为 11 212.13 hm²，占乌栅土面积的 63.40%；中等级（四至六等）水稻土面积为 6 472.97 hm²，占乌栅土面积的 36.60%。

5. 淹育水稻土各土属质量等级分布 长江中下游区淹育水稻土主要包括黄棕壤淹育型水稻土、浅第四纪黏土泥田、浅红泥田、浅灰潮土田、浅马肝泥田等土属，如表 3-31 所示。

表 3-31 长江中下游区淹育水稻土土属质量等级面积与比例

质量等级	黄棕壤淹育型水稻土		浅第四纪黏土泥田		浅红泥田		浅灰潮土田		浅马肝泥田	
	面积（hm²）	比例（%）	面积（hm²）	比例（%）	面积（hm²）	比例（%）	面积（hm²）	比例（%）	面积（hm²）	比例（%）
一等地	0.00	0.00	112.25	0.09	480.03	0.59	705.05	0.55	0.00	0.00
二等地	0.00	0.00	3 665.52	2.81	2 174.57	2.65	1 705.78	1.34	5 901.77	11.53
三等地	0.00	0.00	19 253.17	14.78	7 821.66	9.54	31 797.84	25.01	4 850.13	9.48
四等地	0.00	0.00	51 712.97	39.69	13 633.24	16.63	56 310.17	44.30	15 145.19	29.60
五等地	2 984.60	9.72	30 840.10	23.67	20 805.49	25.38	23 883.11	18.78	15 190.09	29.68
六等地	2 588.44	8.43	15 051.15	11.55	17 734.21	21.63	9 893.30	7.78	5 132.01	10.03
七等地	18 078.62	58.90	7 577.28	5.81	9 108.37	11.10	2 497.66	1.97	3 700.41	7.23
八等地	4 918.31	16.02	1 714.45	1.32	6 597.60	8.05	347.73	0.27	950.92	1.86
九等地	2 128.53	6.93	369.43	0.28	2 122.39	2.59	0.00	0.00	302.45	0.59
十等地	0.00	0.00	0.00	0.00	1 508.69	1.84	0.00	0.00	0.00	0.00
总计	30 698.50	100.00	130 296.32	100.00	81 986.25	100.00	127 140.64	100.00	51 172.97	100.00

黄棕壤淹育型水稻土平均质量等级为 7.02，无高等级水稻土分布。其中，中等级（四至六等）水稻土面积为 5 573.04 hm²，占黄棕壤淹育型水稻土面积的 18.15%；低等级（七至十等）水稻土面积为 25 125.46 hm²，占黄棕壤淹育型水稻土面积的 81.85%。

浅第四纪黏土泥田平均质量等级为 4.50。其中，高等级（一至三等）水稻土面积为 23 030.94 hm²，占浅第四纪黏土泥田面积的 17.68%；中等级（四至六等）水稻土面积为 97 604.22 hm²，占浅第四纪黏土泥田面积的 74.91%；低等级（七至十等）水稻土面积为 9 661.16 hm²，占浅第四纪黏土泥田面积的 7.41%。

浅红泥田平均质量等级为 5.42。其中，高等级（一至三等）水稻土面积为 10 476.26 hm²，占浅红泥田面积的 12.78%；中等级（四至六等）水稻土面积为 52 172.94 hm²，占浅红泥田面积的 63.64%；低等级（七至十等）水稻土面积为 19 337.05 hm²，占浅红泥田面积的 23.58%。

浅灰潮土田平均质量等级为 4.12。其中，高等级（一至三等）水稻土面积为 34 208.67 hm²，占浅灰潮土田面积的 26.90%；中等级（四至六等）水稻土面积为 90 086.58 hm²，占浅灰潮土田面积的 70.86%；低等级（七至十等）水稻土面积为 2 845.39 hm²，占浅灰潮土田面积的 2.24%。

浅马肝泥田平均质量等级为 4.49。其中，高等级（一至三等）水稻土面积为 10 751.90 hm²，占浅马肝泥田面积的 21.01%；中等级（四至六等）水稻土面积为 34 567.29 hm²，占浅马肝泥田面积的 69.31%；低等级（七至十等）水稻土面积为 4 953.78 hm²，占浅马肝泥田面积的 9.68%。

6. 盐渍水稻土各土属质量等级分布　长江中下游区盐渍水稻土主要包括埒田、盐斑田 2 种土属。

埒田平均质量等级为 4.88，无高等级水稻土分布。其中，中等级（四至六等）水稻土面积为 5 573.04 hm²，占埒田面积的 18.15%；低等级（七至十等）水稻土面积为 25 125.47 hm²，占埒田面积的 81.85%。

盐斑田平均质量等级为 4.55。其中，高等级（一至三等）水稻土面积为 23 030.94 hm²，占盐斑田面积的 17.68%；中等级（四至六等）水稻土面积为 97 604.22 hm²，占盐斑田面积的 74.92%；低等级（七至十等）水稻土面积为 9 661.16 hm²，占盐斑田面积的 7.40%。

7. 潴育水稻土各土属质量等级分布　长江中下游区潴育水稻土主要包括潮泥田、第四纪黏土泥田、黄泥田、灰泥田、马肝泥田等土属，如表 3-32 所示。

表 3-32　长江中下游区潴育水稻土土属质量等级面积与比例

质量等级	潮泥田		第四纪黏土泥田		黄泥田		灰泥田		马肝泥田	
	面积（hm²）	比例（%）	面积（hm²）	比例（%）	面积（hm²）	比例（%）	面积（hm²）	比例（%）	面积（hm²）	比例（%）
一等地	187 847.79	18.90	31 967.93	3.84	5 591.94	1.70	10 110.64	3.18	81 037.16	5.68
二等地	121 878.36	12.26	78 439.63	9.42	12 155.17	3.70	21 771.00	6.85	104 790.04	7.35
三等地	192 759.91	19.39	203 198.05	24.41	49 266.96	15.00	42 740.12	13.44	285 434.23	20.01
四等地	154 197.83	15.51	274 841.86	33.02	57 861.03	17.62	67 855.87	21.34	559 136.75	39.20
五等地	177 489.23	17.87	140 551.17	16.88	86 836.90	26.44	77 487.68	24.36	206 251.16	14.46
六等地	94 664.08	9.52	77 080.43	9.26	52 556.73	16.00	47 429.50	14.91	130 775.03	9.17
七等地	25 515.13	2.57	19 888.39	2.39	40 318.30	12.27	30 150.81	9.47	44 185.78	3.10
八等地	38 189.92	3.84	4 750.58	0.57	10 443.75	3.18	16 414.20	5.16	10 690.99	0.75
九等地	1 075.65	0.11	1 710.65	0.21	11 302.43	3.44	3 199.72	1.01	1 937.33	0.14
十等地	292.63	0.03	0.00	0.00	2 126.84	0.65	879.46	0.28	2 055.24	0.14
总计	993 910.53	100.00	832 428.69	100.00	328 460.05	100.00	318 039.00	100.00	1 426 293.71	100.00

潮泥田平均质量等级为 3.60。其中，高等级（一至三等）水稻土面积为 502 486.06 hm²，占潮泥田面积的 50.55%；中等级（四至六等）水稻土面积为 426 351.14 hm²，占潮泥田面积的 42.90%；低等级（七至十等）水稻土面积为 65 073.33 hm²，占潮泥田面积的 6.55%。

第四纪黏土泥田平均质量等级为 3.91。其中，高等级（一至三等）水稻土面积为 313 605.61 hm²，占第四纪黏土泥田面积的 37.67%；中等级（四至六等）水稻土面积为 492 473.46 hm²，占第四纪黏土泥田面积的 59.16%；低等级（七至十等）水稻土面积为 26 349.62 hm²，占第四纪黏土泥田面积的 3.17%。

黄泥田平均质量等级为 5.02。其中，高等级（一至三等）水稻土面积为 67 014.07 hm²，占黄泥田面积的 20.40%；中等级（四至六等）水稻土面积为 197 254.66 hm²，占黄泥田面积的 60.06%；低等级（七至十等）水稻土面积为 64 191.32 hm²，占黄泥田面积的 19.54%。

灰泥田平均质量等级为 4.73。其中，高等级（一至三等）水稻土面积为 74 621.76 hm²，占灰泥田面积的 23.47%；中等级（四至六等）水稻土面积为 192 773.05 hm²，占灰泥田面积的 60.61%；

低等级（七至十等）水稻土面积为 50 644.19 hm²，占灰泥田面积的 15.92%。

马肝泥田平均质量等级为 3.95。其中，高等级（一至三等）水稻土面积为 471 261.43 hm²，占马肝泥田面积的 33.04%；中等级（四至六等）水稻土面积为 896 162.94 hm²，占马肝泥田面积的 62.83%；低等级（七至十等）水稻土面积为 58 869.34 hm²，占马肝泥田面积的 4.13%。

三、影响水稻土质量等级的因素分析

（一）高等级水稻土质量的维持

运用障碍度模型对影响长江中下游区高等级水稻土质量的障碍因子进行诊断，结果如表 3-33 所示。从障碍度数值来看，速效钾含量、排水能力、灌溉能力、地形部位、pH 等指标对长江中下游区高等级水稻土质量的维持障碍度高，分别为 13.72%、12.39%、12.29%、10.95% 和 10.43%。

表 3-33　长江中下游区高等级水稻土质量指标障碍度

指标	障碍度	指标	障碍度	指标	障碍度
速效钾含量	13.72%	有效磷含量	9.00%	质地构型	3.15%
排水能力	12.39%	有机质含量	8.56%	障碍因素	2.58%
灌溉能力	12.29%	耕层质地	5.43%	有效土层厚度	1.48%
地形部位	10.95%	农田林网化	5.28%	土壤容重	1.31%
pH	10.43%	生物多样性	3.43%	清洁程度	0.00%

从二级区来看，二级区之间影响高等级水稻土质量的指标障碍度如表 3-34 所示。鄂豫皖平原山地农林区影响高等级水稻土质量的障碍指标主要包括有机质含量、有效磷含量、速效钾含量、地形部位、排水能力等，其指标障碍度分别为 18.85%、13.60%、11.93%、11.24%、10.48%；江南丘陵山地农林区影响高等级水稻土质量的障碍指标包括地形部位、pH、灌溉能力、速效钾含量、有效磷含量等，其指标障碍度分别为 15.80%、13.82%、12.59%、12.57%、10.42%；南岭丘陵山地林农区影响高等级水稻土质量的障碍指标包括速效钾含量、地形部位、灌溉能力、pH、排水能力等，其指标障碍度分别为 18.81%、17.10%、11.40%、10.59%、8.46%；长江下游平原丘陵农畜水产区影响高等级水稻土质量的障碍指标包括排水能力、速效钾含量、有机质含量、灌溉能力、有效磷含量等，其指标障碍度分别为 16.24%、13.15%、12.81%、11.36%、11.01%；长江中游平原农业水产区影响高等级水稻土质量的障碍指标包括排水能力、有效磷含量、灌溉能力、速效钾含量、有机质含量等，其指标障碍度分别为 20.82%、12.72%、11.84%、10.50%、8.72%；浙闽丘陵山地林农区影响高等级水稻土质量的障碍指标包括地形部位、pH、速效钾含量、灌溉能力、排水能力等，其指标障碍度分别为 19.14%、18.10%、15.94%、14.46%、6.61%。

表 3-34　长江中下游区各二级区高等级水稻土质量指标障碍度

鄂豫皖平原山地农林区		江南丘陵山地农林区		南岭丘陵山地林农区	
指标	障碍度	指标	障碍度	指标	障碍度
有机质含量	18.85%	地形部位	15.80%	速效钾含量	18.81%
有效磷含量	13.60%	pH	13.82%	地形部位	17.10%
速效钾含量	11.93%	灌溉能力	12.59%	灌溉能力	11.40%
地形部位	11.24%	速效钾含量	12.57%	pH	10.59%
排水能力	10.48%	有效磷含量	10.42%	排水能力	8.46%
灌溉能力	8.78%	排水能力	7.70%	耕层质地	8.20%
生物多样性	5.67%	有机质含量	6.04%	农田林网化	6.35%
农田林网化	4.99%	耕层质地	5.32%	有效磷含量	5.60%

（续）

鄂豫皖平原山地农林区		江南丘陵山地农林区		南岭丘陵山地林农区	
指标	障碍度	指标	障碍度	指标	障碍度
pH	3.92%	农田林网化	3.73%	有机质含量	4.46%
土壤容重	3.27%	生物多样性	3.16%	生物多样性	3.72%
质地构型	2.92%	障碍因素	2.73%	质地构型	2.18%
耕层质地	2.36%	质地构型	2.42%	障碍因素	1.26%
有效土层厚度	1.92%	有效土层厚度	2.40%	土壤容重	1.14%
障碍因素	0.06%	土壤容重	1.29%	有效土层厚度	0.73%
清洁程度	0.00%	清洁程度	0.01%	清洁程度	0.00%
长江下游平原丘陵农畜水产区		长江中游平原农业水产区		浙闽丘陵山地林农区	
指标	障碍度	指标	障碍度	指标	障碍度
排水能力	16.24%	排水能力	20.82%	地形部位	19.14%
速效钾含量	13.15%	有效磷含量	12.72%	pH	18.10%
有机质含量	12.81%	灌溉能力	11.84%	速效钾含量	15.94%
灌溉能力	11.36%	速效钾含量	10.50%	灌溉能力	14.46%
有效磷含量	11.01%	有机质含量	8.72%	排水能力	6.61%
耕层质地	7.45%	pH	8.09%	农田林网化	5.99%
农田林网化	5.53%	地形部位	8.04%	有机质含量	3.74%
pH	5.17%	生物多样性	5.08%	有效磷含量	3.26%
质地构型	4.71%	农田林网化	4.84%	耕层质地	3.17%
生物多样性	3.40%	耕层质地	3.37%	障碍因素	2.56%
障碍因素	3.32%	质地构型	1.92%	生物多样性	2.35%
地形部位	3.07%	土壤容重	1.86%	质地构型	2.33%
有效土层厚度	1.53%	障碍因素	1.72%	有效土层厚度	1.46%
土壤容重	1.26%	有效土层厚度	0.47%	土壤容重	0.90%
清洁程度	0.00%	清洁程度	0.00%	清洁程度	0.00%

（二）中等级水稻土质量的限制

运用障碍度模型对影响长江中下游区中等级水稻土质量的障碍因子进行诊断，结果如表3-35所示。从障碍度数值来看，地形部位、灌溉能力、速效钾含量、pH、排水能力等指标对长江中下游区中等级水稻土质量的限制障碍度高，分别为19.43%、16.72%、13.93%、9.46%和8.95%。

表3-35　长江中下游区中等级水稻土质量指标障碍度

指标	障碍度	指标	障碍度	指标	障碍度
地形部位	19.43%	有效磷含量	7.29%	耕层质地	2.73%
灌溉能力	16.72%	有机质含量	6.07%	障碍因素	2.05%
速效钾含量	13.93%	农田林网化	4.27%	有效土层厚度	1.52%
pH	9.46%	生物多样性	3.69%	土壤容重	0.80%
排水能力	8.95%	质地构型	3.07%	清洁程度	0.01%

从二级区来看，二级区之间影响中等级水稻土质量的指标障碍度如表3-36所示。鄂豫皖平原山地农林区影响中等级水稻土质量的障碍指标主要包括地形部位、灌溉能力、有机质含量、有效磷含量、速效钾含量等，其指标障碍度分别为17.15%、16.37%、12.74%、12.46%、10.87%；江南丘陵山地农林区影响中等级水稻土质量的障碍指标包括灌溉能力、地形部位、速效钾含量、有效磷含

量、pH 等，其指标障碍度分别为 21.01%、17.19%、11.50%、9.64%、9.41%；南岭丘陵山地林农区影响中等级水稻土质量的障碍指标包括灌溉能力、地形部位、速效钾含量、排水能力、pH 等，其指标障碍度分别为 23.31%、17.58%、12.01%、8.43%、8.10%；长江下游平原丘陵农畜水产区影响中等级水稻土质量的障碍指标包括有机质含量、速效钾含量、有效磷含量、灌溉能力、排水能力等，其指标障碍度分别为 14.92%、13.06%、13.03%、11.97%、11.88%；长江中游平原农业水产区影响中等级水稻土质量的障碍指标包括排水能力、灌溉能力、有效磷含量、速效钾含量、地形部位等，其指标障碍度分别为 19.08%、16.35%、11.67%、10.37%、8.88%；浙闽丘陵山地林农区影响中等级水稻土质量的障碍指标包括地形部位、速效钾含量、灌溉能力、pH、排水能力等，其指标障碍度分别为 27.02%、17.03%、15.38%、13.07%、5.53%。

表 3-36　长江中下游区各二级区中等级水稻土质量指标障碍度

鄂豫皖平原山地农林区		江南丘陵山地农林区		南岭丘陵山地林农区	
指标	障碍度	指标	障碍度	指标	障碍度
地形部位	17.15%	灌溉能力	21.01%	灌溉能力	23.31%
灌溉能力	16.37%	地形部位	17.19%	地形部位	17.58%
有机质含量	12.74%	速效钾含量	11.50%	速效钾含量	12.01%
有效磷含量	12.46%	有效磷含量	9.64%	排水能力	8.43%
速效钾含量	10.87%	pH	9.41%	pH	8.10%
排水能力	9.86%	排水能力	7.95%	生物多样性	5.69%
生物多样性	3.85%	有机质含量	5.07%	耕层质地	5.57%
pH	3.71%	耕层质地	4.25%	农田林网化	5.12%
农田林网化	3.31%	农田林网化	2.87%	有效磷含量	3.86%
质地构型	3.07%	障碍因素	2.71%	有机质含量	3.41%
有效土层厚度	2.38%	有效土层厚度	2.65%	质地构型	3.39%
土壤容重	1.76%	生物多样性	2.59%	障碍因素	1.75%
耕层质地	1.60%	质地构型	2.30%	有效土层厚度	1.03%
障碍因素	0.87%	土壤容重	0.84%	土壤容重	0.75%
清洁程度	0.00%	清洁程度	0.03%	清洁程度	0.02%
长江下游平原丘陵农畜水产区		长江中游平原农业水产区		浙闽丘陵山地林农区	
指标	障碍度	指标	障碍度	指标	障碍度
有机质含量	14.92%	排水能力	19.08%	地形部位	27.02%
速效钾含量	13.06%	灌溉能力	16.35%	速效钾含量	17.03%
有效磷含量	13.03%	有效磷含量	11.67%	灌溉能力	15.38%
灌溉能力	11.97%	速效钾含量	10.37%	pH	13.07%
排水能力	11.88%	地形部位	8.88%	排水能力	5.53%
地形部位	8.87%	有机质含量	7.94%	农田林网化	5.23%
质地构型	5.20%	pH	6.75%	生物多样性	3.69%
耕层质地	4.17%	生物多样性	4.28%	有效磷含量	3.17%
pH	3.97%	农田林网化	3.63%	质地构型	2.92%
农田林网化	3.57%	耕层质地	3.58%	有机质含量	2.74%
生物多样性	3.29%	质地构型	2.40%	障碍因素	1.88%
有效土层厚度	2.85%	障碍因素	2.39%	耕层质地	1.21%
障碍因素	2.38%	土壤容重	1.77%	有效土层厚度	0.81%
土壤容重	0.84%	有效土层厚度	0.91%	土壤容重	0.32%
清洁程度	0.00%	清洁程度	0.01%	清洁程度	0.01%

（三）低等级水稻土质量的障碍

运用障碍度模型对影响长江中下游区低等级水稻土质量的障碍因子进行诊断，结果如表 3-37 所示。从障碍度数值来看，地形部位、灌溉能力、速效钾含量、排水能力、pH 等指标对长江中下游区中等级水稻土质量的障碍度高，分别为 20.86%、18.01%、12.70%、8.89% 和 8.32%。

表 3-37 长江中下游区中等级水稻土质量指标障碍度

指标	障碍度	指标	障碍度	指标	障碍度
地形部位	20.86%	有效磷含量	6.49%	有效土层厚度	3.09%
灌溉能力	18.01%	有机质含量	4.43%	障碍因素	3.00%
速效钾含量	12.70%	生物多样性	3.97%	耕层质地	2.41%
排水能力	8.89%	质地构型	3.79%	土壤容重	0.40%
pH	8.32%	农田林网化	3.63%	清洁程度	0.00%

从二级区来看，二级区之间影响低等级水稻土质量的指标障碍度如表 3-38 所示。鄂豫皖平原山地农林区影响低等级水稻土质量的障碍指标主要包括地形部位、灌溉能力、有机质含量、有效磷含量、排水能力等，其指标障碍度分别为 19.37%、16.05%、11.33%、10.37%、10.22%；江南丘陵山地农林区影响低等级水稻土质量的障碍指标包括灌溉能力、地形部位、速效钾含量、pH、排水能力等，其指标障碍度分别为 25.20%、17.22%、9.61%、7.87%、7.78%；南岭丘陵山地林农区影响低等级水稻土质量的障碍指标包括灌溉能力、地形部位、排水能力、速效钾含量、pH 等，其指标障碍度分别为 21.88%、18.72%、11.57%、10.41%、7.81%；长江下游平原丘陵农畜水产区影响低等级水稻土质量的障碍指标包括排水能力、灌溉能力、有机质含量、有效磷含量、速效钾含量等，其指标障碍度分别为 16.40%、16.20%、16.10%、9.82%、9.21%；长江中游平原农业水产区影响低等级水稻土质量的障碍指标包括排水能力、灌溉能力、速效钾含量、有效磷含量、地形部位等，其指标障碍度分别为 22.43%、18.83%、8.47%、8.39%、8.34%；浙闽丘陵山地林农区影响低等级水稻土质量的障碍指标包括地形部位、灌溉能力、速效钾含量、pH、排水能力等，其指标障碍度分别为 22.66%、16.88%、13.90%、9.11%、7.29%。

表 3-38 长江中下游区各二级区低等级水稻土质量指标障碍度

鄂豫皖平原山地农林区		江南丘陵山地农林区		南岭丘陵山地林农区	
指标	障碍度	指标	障碍度	指标	障碍度
地形部位	19.37%	灌溉能力	25.20%	灌溉能力	21.88%
灌溉能力	16.05%	地形部位	17.22%	地形部位	18.72%
有机质含量	11.33%	速效钾含量	9.61%	排水能力	11.57%
有效磷含量	10.37%	pH	7.87%	速效钾含量	10.41%
排水能力	10.22%	排水能力	7.78%	pH	7.81%
速效钾含量	10.04%	有效磷含量	7.73%	生物多样性	5.25%
质地构型	4.85%	耕层质地	4.96%	耕层质地	4.75%
pH	3.65%	有机质含量	3.98%	有效磷含量	4.32%
生物多样性	2.94%	质地构型	3.69%	农田林网化	4.11%
有效土层厚度	2.93%	有效土层厚度	3.28%	质地构型	3.91%
障碍因素	2.49%	障碍因素	3.12%	有机质含量	2.85%
农田林网化	2.43%	生物多样性	2.98%	障碍因素	2.29%
耕层质地	2.34%	农田林网化	2.07%	有效土层厚度	1.59%
土壤容重	0.98%	土壤容重	0.50%	土壤容重	0.53%
清洁程度	0.00%	清洁程度	0.01%	清洁程度	0.00%

（续）

长江下游平原丘陵农畜水产区		长江中游平原农业水产区		浙闽丘陵山地林农区	
指标	障碍度	指标	障碍度	指标	障碍度
排水能力	16.40%	排水能力	22.43%	地形部位	22.66%
灌溉能力	16.20%	灌溉能力	18.83%	灌溉能力	16.88%
有机质含量	16.10%	速效钾含量	8.47%	速效钾含量	13.90%
有效磷含量	9.82%	有效磷含量	8.39%	pH	9.11%
速效钾含量	9.21%	地形部位	8.34%	排水能力	7.29%
地形部位	8.43%	pH	6.31%	有效磷含量	5.99%
质地构型	5.35%	有机质含量	5.16%	有效土层厚度	4.87%
耕层质地	4.82%	耕层质地	4.81%	生物多样性	4.14%
pH	3.58%	质地构型	4.38%	农田林网化	4.05%
生物多样性	2.84%	生物多样性	4.25%	质地构型	3.62%
农田林网化	2.44%	障碍因素	4.15%	障碍因素	3.56%
障碍因素	2.29%	农田林网化	2.04%	有机质含量	2.65%
有效土层厚度	1.86%	有效土层厚度	1.97%	耕层质地	1.10%
土壤容重	0.67%	土壤容重	0.43%	土壤容重	0.18%
清洁程度	0.00%	清洁程度	0.02%	清洁程度	0.00%

第三节 华南区水稻土质量

一、华南区水稻土质量评价

华南区水稻土总面积为 3 870 401.02 hm²，主要分布在 5 个省份。其中，广东水稻土面积为 1 342 919.07 hm²，占华南区水稻土面积的 34.70%；广西水稻土面积为 1 250 530.54 hm²，占华南区水稻土面积的 32.31%；云南水稻土面积为 552 414.53 hm²，占华南区水稻土面积的 14.27%；海南水稻土面积为 388 092.89 hm²，占华南区水稻土面积的 10.03%；福建水稻土面积为 336 443.99 hm²，占华南区水稻土面积的 8.69%。

在农业区划上，华南区水稻土主要分布在 4 个二级区。其中，粤西桂南农林区水稻土面积为 1 590 072.39 hm²，占华南区水稻土面积的 41.08%；闽南粤中农林水产区水稻土面积为 1 218 218.91 hm²，占华南区水稻土面积的 31.48%；滇南农林区水稻土面积为 552 414.53 hm²，占华南区水稻土面积的 14.27%；琼雷及南海诸岛农林区水稻土面积为 509 695.19 hm²，占华南区水稻土面积的 13.17%。

（一）评价指标选取与数据来源

参照农业农村部耕地质量监测保护中心《关于印发〈全国耕地质量等级评价指标体系〉的通知》（耕地评价函〔2019〕87 号），华南区水稻土质量评价的指标体系由 14 个基础性指标和 1 个区域补充性指标组成。其中，基础性指标包括地形部位、有效土层厚度、有机质含量、耕层质地、土壤容重、质地构型、有效磷含量、速效钾含量、生物多样性、清洁程度、障碍因素、灌溉能力、排水能力、农田林网化率 14 个指标；区域补充性指标为酸碱度（pH）。

2018 年，华南区 5 个省份依据《农业部办公厅关于做好耕地质量等级调查评价工作的通知》（农办农〔2017〕18 号）的要求，采集了 11 974 个水稻土质量等级调查点数据，构建了华南区水稻土质量等级评价的数据库。

（二）指标权重与隶属度函数

1. 华南区水稻土质量等级评价指标权重 2018 年，农业农村部耕地质量监测保护中心组织华南区耕地质量等级评价工作的参与单位，采用专家打分法确定了华南区各二级区水稻土质量等级评价的指标权重，如表 3-39 所示。

表 3-39　华南区各二级区水稻土质量等级评价指标权重

闽南粤中农林水产区		粤西桂南农林区		滇南农林区		琼雷及南海诸岛农林区	
指标名称	指标权重	指标名称	指标权重	指标名称	指标权重	指标名称	指标权重
灌溉能力	0.110 6	灌溉能力	0.109 4	地形部位	0.115 4	灌溉能力	0.110 9
地形部位	0.109 5	地形部位	0.108 0	排水能力	0.105 3	排水能力	0.101 1
排水能力	0.093 3	有机质含量	0.087 6	有机质含量	0.096 2	有机质含量	0.091 0
有机质含量	0.084 6	排水能力	0.078 8	灌溉能力	0.094 7	地形部位	0.089 8
耕层质地	0.073 0	pH	0.072 0	pH	0.083 3	质地构型	0.071 3
质地构型	0.069 8	耕层质地	0.071 4	速效钾含量	0.076 9	耕层质地	0.070 1
速效钾含量	0.065 0	速效钾含量	0.069 3	有效磷含量	0.076 9	pH	0.068 9
有效土层厚度	0.063 2	质地构型	0.064 6	质地构型	0.068 2	速效钾含量	0.067 9
pH	0.059 0	有效磷含量	0.059 8	耕层质地	0.066 7	土壤容重	0.055 3
土壤容重	0.052 6	有效土层厚度	0.052 9	土壤容重	0.050 0	有效磷含量	0.053 2
障碍因素	0.051 7	障碍因素	0.051 7	有效土层厚度	0.040 9	有效土层厚度	0.052 9
有效磷含量	0.050 7	土壤容重	0.050 5	障碍因素	0.040 9	农田林网化	0.049 7
农田林网化	0.045 5	生物多样性	0.044 1	农田林网化	0.034 6	障碍因素	0.043 7
生物多样性	0.038 3	农田林网化	0.044 1	生物多样性	0.027 8	生物多样性	0.040 9
清洁程度	0.033 2	清洁程度	0.035 8	清洁程度	0.022 2	清洁程度	0.033 3

2. 华南区水稻土质量等级评价指标隶属度函数 华南区水稻土质量等级评价体系中速效钾含量、有效磷含量、有机质含量、pH、土壤容重、有效土层厚度为数值型指标。其中，速效钾含量、有效磷含量、有机质含量、有效土层厚度与耕地质量等级的关系拟合函数为戒上型（数值型指标拟合函数的文字描述详见本章第一节）；pH、土壤容重与耕地质量等级的关系拟合函数为峰型，如表 3-40 所示。

表 3-40　华南区数值型耕地质量等级评价指标隶属函数

指标名称	函数类型	函数公式	a 值	c 值	u 的下限值	u 的上限值
pH	峰型	$y=1/[1+a\ (u-c)^2]$	0.256 941	6.7	4.0	9.5
有机质含量	戒上型	$y=1/[1+a\ (u-c)^2]$	0.002 163	38.0	6.0	38.0
速效钾含量	戒上型	$y=1/[1+a\ (u-c)^2]$	0.000 068	205	30	205
有效磷含量	戒上型	$y=1/[1+a\ (u-c)^2]$	0.003 8	40.0	5.0	40.0
土壤容重	峰型	$y=1/[1+a\ (u-c)^2]$	2.786 523	1.35	0.90	2.10
有效土层厚度	戒上型	$y=1/[1+a\ (u-c)^2]$	0.000 230	100	10	100

注：y 为隶属度；a 为系数；u 为实测值；c 为标准指标。当函数类型为戒上型，$u\leqslant$ 下限值时，y 为 0；$u\geqslant$ 上限值时，y 为 1；当函数类型为峰型，$u\leqslant$ 下限值或 $u\geqslant$ 上限值时，y 为 0。

华南区水稻土质量等级评价指标中，地形部位、耕层质地、质地构型、生物多样性、清洁程度、障碍因素、灌溉能力、排水能力、农田林网化等为概念型评价指标，可直接通过专家打分法给出对应独立值的隶属度，如表 3-41 所示。

表 3-41　华南区概念型耕地质量等级评价指标隶属度

地形部位	山间盆地	宽谷盆地	平原低阶	平原中阶	平原高阶	丘陵上部	丘陵中部	丘陵下部	山地坡上	山地坡中	山地坡下
隶属度	0.7	0.9	1	0.9	0.8	0.4	0.5	0.6	0.2	0.3	0.5
耕层质地	沙土	沙壤	轻壤	中壤	重壤	黏土					
隶属度	0.4	0.7	0.9	1	0.8	0.6					
质地构型	薄层型	松散型	紧实型	夹层型	上紧下松型	上松下紧型	海绵型				
隶属度	0.3	0.2	0.5	0.7	0.4	1	0.8				
生物多样性	丰富	一般	不丰富								
隶属度	1	0.85	0.75								
清洁程度	清洁										
隶属度	1										
障碍因素	盐碱	瘠薄	酸化	渍潜	障碍层次	无					
隶属度	0.5	0.5	0.5	0.4	0.6	1					
灌溉能力	充分满足	满足	基本满足	不满足							
隶属度	1	0.8	0.6	0.3							
排水能力	充分满足	满足	基本满足	不满足							
隶属度	1	0.8	0.6	0.3							
农田林网化	高	中	低								
隶属度	1	0.85	0.75								

3. 华南区水稻土质量等级划分指数　通过加权求和的方法计算每个耕地资源管理单元的综合得分［计算如式（3-6）所示］，累积曲线法等方法划分耕地质量等级，得到耕地质量等级与耕地质量综合指数之间的对应关系，如表3-42所示，最终完成耕地质量评价。

表 3-42　华南区耕地质量等级与耕地质量综合指数对应关系

耕地质量等级	综合指数范围	耕地质量等级	综合指数范围
一等	＞0.885 0	六等	0.769 5～0.792 6
二等	0.861 9～0.885 0	七等	0.746 4～0.769 5
三等	0.838 8～0.861 9	八等	0.723 3～0.746 4
四等	0.815 7～0.838 8	九等	0.700 2～0.723 3
五等	0.792 6～0.815 7	十等	＜0.700 2

二、区域水稻土质量等级分布情况

（一）不同水稻土质量等级面积分布

1. 华南区水稻土质量等级总体情况　华南区水稻土平均质量等级为3.62。其中，高等级（一至三等）水稻土面积为 2 025 025.89 hm²，占华南区水稻土总面积的52.32%；中等级（四至六等）水稻土面积为 1 508 669.60 hm²，占华南区水稻土总面积的38.98%；低等级（七至十等）水稻土面积为 336 705.53 hm²，占华南区水稻土总面积的8.70%。

如图3-4所示的高等级水稻土中，质量等级为一等的水稻土面积为 567 940.22 hm²，占华南区水稻土总面积的14.67%；质量等级为二等的水稻土面积为 731 371.29 hm²，占华南区水稻土总面积的18.90%；质量等级为三等的水稻土面积为 725 714.38 hm²，占华南区水稻土总面积的18.75%。

中等级水稻土中，质量等级为四等的水稻土面积为 664 815.35 hm²，占华南区水稻土总面积的 17.18%；质量等级为五等的水稻土面积为 508 132.80 hm²，占华南区水稻土总面积的 13.13%；质量等级为六等的水稻土面积为 335 721.45 hm²，占华南区水稻土总面积的 8.67%。低等级水稻土中，质量等级为七等的水稻土面积为 174 298.33 hm²，占华南区水稻土总面积的 4.50%；质量等级为八等的水稻土面积为 81 384.59 hm²，占华南区水稻土总面积的 2.10%；质量等级为九等的水稻土面积为 43 298.18 hm²，占华南区水稻土总面积的 1.13%；质量等级为十等的水稻土面积为 37 724.43 hm²，占华南区水稻土总面积的 0.97%。

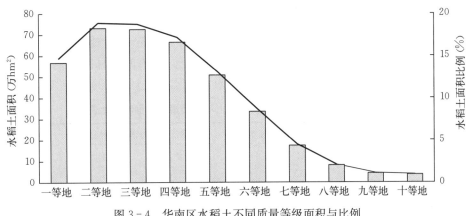

图 3-4　华南区水稻土不同质量等级面积与比例

2. 华南区各省份水稻土质量等级分布　如表 3-43 所示，福建水稻土平均质量等级为 5.05。其中，高等级（一至三等）水稻土面积为 106 612.30 hm²，占福建水稻土面积的 31.69%；中等级（四至六等）水稻土面积为 116 576.63 hm²，占福建水稻土面积的 34.65%；低等级（七至十等）水稻土面积为 113 255.06 hm²，占福建水稻土面积的 33.66%。

表 3-43　华南区各省份水稻土不同质量等级面积与比例

质量等级	福建		广东		广西		海南		云南	
	面积 (hm²)	比例 (%)	面积 (hm²)	比例 (%)	面积 (hm²)	比例 (%)	面积 (hm²)	比例 (%)	面积 (hm²)	比例 (%)
一等地	40 319.64	11.98	277 368.83	20.65	133 027.82	10.64	862.52	0.22	116 361.43	21.06
二等地	40 467.97	12.03	215 236.62	16.03	271 493.24	21.71	37 400.78	9.64	166 772.67	30.19
三等地	25 824.69	7.68	208 674.42	15.54	213 478.39	17.07	87 019.75	22.42	190 717.12	34.52
四等地	30 485.93	9.06	221 451.10	16.49	266 843.34	21.34	92 031.71	23.71	54 003.27	9.78
五等地	38 434.78	11.42	157 908.33	11.76	194 668.76	15.57	94 450.62	24.34	22 670.31	4.10
六等地	47 655.92	14.17	136 592.04	10.17	116 625.82	9.33	32 990.15	8.50	1 857.52	0.34
七等地	55 499.49	16.49	70 961.85	5.29	40 699.36	3.25	7 105.42	1.83	32.21	0.01
八等地	25 241.36	7.50	35 105.10	2.61	12 046.35	0.96	8 991.77	2.32	0.00	0.00
九等地	14 114.49	4.20	13 669.78	1.02	1 647.46	0.13	13 866.45	3.57	0.00	0.00
十等地	18 399.72	5.47	5 951.00	0.44	0.00	0.00	13 373.72	3.45	0.00	0.00
总计	336 443.99	100.00	1 342 919.07	100.00	1 250 530.54	100.00	388 092.89	100.00	552 414.53	100.00

广东水稻土平均质量等级为 3.57。其中，高等级（一至三等）水稻土面积为 701 279.87 hm²，占广东水稻土面积的 52.22%；中等级（四至六等）水稻土面积为 515 951.47 hm²，占广东水稻土面积的 38.42%；低等级（七至十等）水稻土面积为 125 687.73 hm²，占广东水稻土面积的 9.36%。

广西水稻土平均质量等级为 3.56。其中，高等级（一至三等）水稻土面积为 617 999.45 hm²，占广西水稻土面积的 49.42%；中等级（四至六等）水稻土面积为 578 137.92 hm²，占广西水稻土面积的 46.24%；低等级（七至十等）水稻土面积为 54 393.17 hm²，占广西水稻土面积的 4.34%。

海南水稻土平均质量等级为 4.52。其中，高等级（一至三等）水稻土面积为 125 283.05 hm²，占海南水稻土面积的 32.28%；中等级（四至六等）水稻土面积为 219 472.48 hm²，占海南水稻土面积的 56.55%；低等级（七至十等）水稻土面积为 43 337.36 hm²，占海南水稻土面积的 11.17%。

云南水稻土平均质量等级为 2.47。其中，高等级（一至三等）水稻土面积为 473 851.22 hm²，占云南水稻土面积的 85.77%；中等级（四至六等）水稻土面积为 78 531.10 hm²，占云南水稻土面积的 14.22%；低等级（七至十等）水稻土面积为 32.21 hm²，占云南水稻土面积的 0.01%。

3. 华南区各二级区水稻土质量等级分布 如表 3-44 所示，滇南农林区水稻土平均质量等级为 2.47。其中，高等级（一至三等）水稻土面积为 473 851.22 hm²，占滇南农林区水稻土面积的 85.78%；中等级（四至六等）水稻土面积为 78 531.10 hm²，占滇南农林区水稻土面积的 14.21%；低等级（七至十等）水稻土面积为 32.21 hm²，占滇南农林区水稻土面积的 0.01%。

表 3-44　华南区各二级区水稻土不同质量等级面积与比例

质量等级	滇南农林区		闽南粤中农林水产区		琼雷及南海诸岛农林区		粤西桂南农林区	
	面积 (hm²)	比例 (%)	面积 (hm²)	比例 (%)	面积 (hm²)	比例 (%)	面积 (hm²)	比例 (%)
一等地	116 361.43	21.06	242 757.54	19.93	12 683.84	2.49	196 137.42	12.34
二等地	166 772.67	30.19	173 409.66	14.23	72 395.50	14.20	318 793.45	20.04
三等地	190 717.12	34.53	143 983.80	11.82	104 975.95	20.60	286 037.51	17.99
四等地	54 003.27	9.77	184 716.85	15.16	101 857.56	19.98	324 237.66	20.38
五等地	22 670.31	4.10	151 520.00	12.44	106 157.60	20.83	227 784.90	14.33
六等地	1 857.52	0.34	130 875.83	10.74	49 538.34	9.72	153 449.76	9.65
七等地	32.21	0.01	96 610.04	7.93	16 661.90	3.27	60 994.18	3.84
八等地	0.00	0.00	47 214.29	3.88	15 945.86	3.13	18 224.44	1.15
九等地	0.00	0.00	24 514.87	2.01	15 404.67	3.02	3 378.63	0.21
十等地	0.00	0.00	22 616.03	1.86	14 073.97	2.76	1 034.44	0.07
总计	552 414.53	100.00	1 218 218.91	100.00	509 695.19	100.00	1 590 072.39	100.00

闽南粤中农林水产区水稻土平均质量等级为 3.94。其中，高等级（一至三等）水稻土面积为 560 151.00 hm²，占闽南粤中农林水产区水稻土面积的 45.98%；中等级（四至六等）水稻土面积为 467 112.68 hm²，占闽南粤中农林水产区水稻土面积的 38.34%；低等级（七至十等）水稻土面积为 190 955.23 hm²，占闽南粤中农林水产区水稻土面积的 15.68%。

琼雷及南海诸岛农林区水稻土平均质量等级为 4.38。其中，高等级（一至三等）水稻土面积为 190 055.29 hm²，占琼雷及南海诸岛农林区水稻土面积的 37.29%；中等级（四至六等）水稻土面积为 257 553.50 hm²，占琼雷及南海诸岛农林区水稻土面积的 50.53%；低等级（七至十等）水稻土面积为 62 086.40 hm²，占琼雷及南海诸岛农林区水稻土面积的 12.18%。

粤西桂南农林区水稻土平均质量等级为 3.56。其中，高等级（一至三等）水稻土面积为 800 968.38 hm²，占粤西桂南农林区水稻土面积的 50.37%；中等级（四至六等）水稻土面积为 705 472.32 hm²，占粤西桂南农林区水稻土面积的 44.36%；低等级（七至十等）水稻土面积为 83 631.69 hm²，占粤西桂南农林区水稻土面积的 5.27%。

（二）不同水稻土亚类质量等级状况

华南区水稻土亚类包括漂洗水稻土、潜育水稻土、渗育水稻土、咸酸水稻土、淹育水稻土、盐渍水稻土、潴育水稻土 7 类。其中，潴育水稻土面积为 2 244 519.47 hm²，占华南区水稻土面积的

57.99%；渗育水稻土面积为 590 229.19 hm²，占华南区水稻土面积的 15.25%；淹育水稻土面积为 512 350.46 hm²，占华南区水稻土面积的 13.24%；潜育水稻土面积为 342 337.98 hm²，占华南区水稻土面积的 8.85%；盐渍水稻土面积为 74 736.92 hm²，占华南区水稻土面积的 1.93%；漂洗水稻土面积为 55 561.22 hm²，占华南区水稻土面积的 1.44%；咸酸水稻土面积为 50 665.78 hm²，占华南区水稻土面积的 1.31%（表 3-45）。

表 3-45 华南区水稻土亚类不同质量等级面积与比例

质量等级	漂洗水稻土		潜育水稻土		渗育水稻土		咸酸水稻土	
	面积（hm²）	比例（%）	面积（hm²）	比例（%）	面积（hm²）	比例（%）	面积（hm²）	比例（%）
一等地	2 477.52	4.46	25 258.17	7.38	25 971.89	4.40	3 131.83	6.18
二等地	2 723.06	4.90	33 900.41	9.90	40 216.16	6.81	1 785.81	3.52
三等地	9 330.25	16.79	56 094.30	16.39	85 244.96	14.45	6 791.90	13.41
四等地	12 300.32	22.14	76 981.55	22.49	101 235.88	17.15	17 641.45	34.82
五等地	9 689.80	17.44	65 906.19	19.25	89 248.46	15.12	15 721.10	31.03
六等地	8 005.65	14.41	39 342.65	11.49	96 832.25	16.41	2 869.30	5.66
七等地	6 783.63	12.20	17 501.76	5.10	78 538.93	13.30	964.84	1.90
八等地	3 242.54	5.84	15 633.21	4.57	33 444.57	5.66	1 503.96	2.97
九等地	364.98	0.66	6 734.60	1.97	20 454.37	3.47	136.45	0.27
十等地	643.47	1.16	4 985.14	1.46	19 041.72	3.23	119.14	0.24
总计	55 561.22	100.00	342 337.98	100.00	590 229.19	100.00	50 665.78	100.00

质量等级	淹育水稻土		盐渍水稻土		潜育水稻土	
	面积（hm²）	比例（%）	面积（hm²）	比例（%）	面积（hm²）	比例（%）
一等地	53 476.18	10.44	2 912.83	3.90	454 711.82	20.26
二等地	108 797.76	21.24	4 850.29	6.49	539 097.79	24.02
三等地	100 113.30	19.54	13 495.92	18.06	454 643.74	20.26
四等地	92 542.45	18.06	19 469.56	26.05	344 644.14	15.35
五等地	81 881.62	15.98	21 569.86	28.86	224 115.77	9.99
六等地	40 111.09	7.83	6 051.45	8.10	142 509.06	6.35
七等地	13 688.95	2.66	4 259.10	5.69	52 561.11	2.34
八等地	8 025.83	1.57	1 262.25	1.69	18 272.22	0.81
九等地	8 183.80	1.60	733.14	0.98	6 690.84	0.30
十等地	5 529.48	1.08	132.52	0.18	7 272.98	0.32
总计	512 350.46	100.00	74 736.92	100.00	2 244 519.47	100.00

如表 3-45 所示，漂洗水稻土平均质量等级为 4.76。其中，高等级（一至三等）水稻土面积为 14 530.83 hm²，占漂洗水稻土面积的 26.15%；中等级（四至六等）水稻土面积为 29 995.77 hm²，占漂洗水稻土面积的 53.99%；低等级（七至十等）水稻土面积为 11 034.62 hm²，占漂洗水稻土面积的 19.86%。

潜育水稻土平均质量等级为 4.36。其中，高等级（一至三等）水稻土面积为 115 252.88 hm²，占潜育水稻土面积的 33.67%；中等级（四至六等）水稻土面积为 182 230.39 hm²，占潜育水稻土面积的 53.23%；低等级（七至十等）水稻土面积为 44 854.71 hm²，占潜育水稻土面积的 13.10%。

渗育水稻土平均质量等级为 5.06。其中，高等级（一至三等）水稻土面积为 151 433.01 hm²，占渗育水稻土面积的 25.66%；中等级（四至六等）水稻土面积为 287 316.59 hm²，占渗育水稻土面积的 48.68%；低等级（七至十等）水稻土面积为 151 479.59 hm²，占渗育水稻土面积的 25.66%。

咸酸水稻土平均质量等级为4.24。其中，高等级（一至三等）水稻土面积为11 709.54 hm²，占咸酸水稻土面积的23.11%；中等级（四至六等）水稻土面积为36 231.85 hm²，占咸酸水稻土面积的71.51%；低等级（七至十等）水稻土面积为2 724.39 hm²，占咸酸水稻土面积的5.38%。

淹育水稻土平均质量等级为3.67。其中，高等级（一至三等）水稻土面积为262 387.24 hm²，占淹育水稻土面积的51.22%；中等级（四至六等）水稻土面积为214 535.16 hm²，占淹育水稻土面积的41.87%；低等级（七至十等）水稻土面积为35 428.06 hm²，占淹育水稻土面积的6.91%。

盐渍水稻土平均质量等级为4.32。其中，高等级（一至三等）水稻土面积为21 259.04 hm²，占盐渍水稻土面积的28.45%；中等级（四至六等）水稻土面积为47 090.87 hm²，占盐渍水稻土面积的63.01%；低等级（七至十等）水稻土面积为6 387.01 hm²，占盐渍水稻土面积的8.54%。

潴育水稻土平均质量等级为3.07。其中，高等级（一至三等）水稻土面积为1 448 453.35 hm²，占潴育水稻土面积的64.54%；中等级（四至六等）水稻土面积为711 268.97 hm²，占潴育水稻土面积的31.69%；低等级（七至十等）水稻土面积为84 797.15 hm²，占潴育水稻土面积的3.77%。

（三）不同水稻土土属质量等级状况

1. 潴育水稻土各土属质量等级分布 华南区潴育水稻土包括潮沙泥田、潮泥田、淡涂泥田、红泥田、湖泥田、灰泥田、麻沙泥田、沙泥田、涂泥田、紫泥田10种土属，如表3-46所示。

表3-46 华南区潴育水稻土土属质量等级面积与比例

质量等级	潮沙泥田		潮泥田		淡涂泥田		红泥田		湖泥田	
	面积(hm²)	比例(%)	面积(hm²)	比例(%)	面积(hm²)	比例(%)	面积(hm²)	比例(%)	面积(hm²)	比例(%)
一等地	2 597.19	6.38	248 155.12	27.38	39 892.94	77.39	90 686.55	23.20	35 612.32	23.23
二等地	3 563.56	8.75	205 957.28	22.72	3 620.62	7.02	116 442.07	29.79	47 170.33	30.77
三等地	6 425.91	15.79	147 280.39	16.25	1 838.00	3.57	110 680.65	28.32	53 935.62	35.19
四等地	10 489.19	25.76	123 985.41	13.68	3 150.00	6.11	47 716.32	12.20	11 841.47	7.72
五等地	3 741.06	9.19	78 167.76	8.62	1997.22	3.87	22 228.96	5.69	4 628.75	3.02
六等地	11 865.28	29.15	64 700.58	7.14	674.64	1.31	1 785.64	0.46	100.52	0.07
七等地	1 464.64	3.59	24 723.16	2.73	41.48	0.08	1 328.75	0.34	0.00	0.00
八等地	297.99	0.73	7 821.49	0.86	187.71	0.36	0.00	0.00	0.00	0.00
九等地	121.72	0.30	3 135.97	0.35	45.04	0.09	0.00	0.00	0.00	0.00
十等地	146.89	0.36	2 458.82	0.27	102.80	0.20	0.00	0.00	0.00	0.00
总计	40 713.43	100.00	906 385.98	100.00	51 550.45	100.00	390 868.94	100.00	153 289.01	100.00

质量等级	灰泥田		麻沙泥田		沙泥田		涂泥田		紫泥田	
	面积(hm²)	比例(%)	面积(hm²)	比例(%)	面积(hm²)	比例(%)	面积(hm²)	比例(%)	面积(hm²)	比例(%)
一等地	3 120.06	3.61	3 398.10	1.81	11 963.13	4.58	16 673.20	20.67	2 613.21	3.06
二等地	31 477.19	36.46	13 322.32	7.09	56 301.59	21.54	29 927.36	37.09	31 315.47	36.62
三等地	17 669.70	20.47	24 132.83	12.85	55 716.48	21.32	16 118.95	19.98	20 845.22	24.38
四等地	21 117.28	24.46	48 712.87	25.94	54 446.01	20.83	6 758.36	8.39	16 427.24	19.22
五等地	10 002.38	11.59	56 900.77	30.29	31 007.66	11.86	6 159.71	7.63	9 281.49	10.85
六等地	2 697.00	3.12	21 557.97	11.48	31 525.09	12.06	3 682.14	4.56	3 920.21	4.58
七等地	0.00	0.00	6 938.91	3.70	16 484.70	6.31	681.71	0.84	897.74	1.05
八等地	255.18	0.29	5 089.47	2.71	3 922.36	1.50	491.52	0.61	206.50	0.24
九等地	0.00	0.00	3 290.88	1.75	0.00	0.00	97.22	0.12	0.00	0.00
十等地	0.00	0.00	4 476.46	2.38	0.00	0.00	88.02	0.11	0.00	0.00
总计	86 338.79	100.00	187 820.58	100.00	261 367.02	100.00	80 678.19	100.00	85 507.08	100.00

潮沙泥田平均质量等级为 4.32。其中，高等级（一至三等）水稻土面积为 12 586.66 hm²，占潮沙泥田面积的 30.92%；中等级（四至六等）水稻土面积为 26 095.53 hm²，占潮沙泥田面积的 64.10%；低等级（七至十等）水稻土面积为 2 031.24 hm²，占潮沙泥田面积的 4.98%。

潮泥田平均质量等级为 2.94。其中，高等级（一至三等）水稻土面积为 601 392.79 hm²，占潮泥田面积的 66.35%；中等级（四至六等）水稻土面积为 266 853.75 hm²，占潮泥田面积的 29.44%；低等级（七至十等）水稻土面积为 38 139.44 hm²，占潮泥田面积的 4.21%。

淡涂泥田平均质量等级为 1.60。其中，高等级（一至三等）水稻土面积为 45 351.56 hm²，占淡涂泥田面积的 87.98%；中等级（四至六等）水稻土面积为 5 821.86 hm²，占淡涂泥田面积的 11.29%；低等级（七至十等）水稻土面积为 377.03 hm²，占淡涂泥田面积的 0.73%。

红泥田平均质量等级为 2.50。其中，高等级（一至三等）水稻土面积为 317 809.27 hm²，占红泥田面积的 81.31%；中等级（四至六等）水稻土面积为 71 730.92 hm²，占红泥田面积的 18.35%；低等级（七至十等）水稻土面积为 1 328.75 hm²，占红泥田面积的 0.34%。

湖泥田平均质量等级为 2.37，无低等级水稻土分布。其中，高等级（一至三等）水稻土面积为 136 718.27 hm²，占湖泥田面积的 89.19%；中等级（四至六等）水稻土面积为 16 570.74 hm²，占湖泥田面积的 10.81%。

灰泥田平均质量等级为 3.15。其中，高等级（一至三等）水稻土面积为 52 266.95 hm²，占灰泥田面积的 60.54%；中等级（四至六等）水稻土面积为 33 816.66 hm²，占灰泥田面积的 39.17%；低等级（七至十等）水稻土面积为 255.18 hm²，占灰泥田面积的 0.29%。

麻沙泥田平均质量等级为 4.66。其中，高等级（一至三等）水稻土面积为 40 853.25 hm²，占麻沙泥田面积的 21.75%；中等级（四至六等）水稻土面积为 127 171.61 hm²，占麻沙泥田面积的 67.71%；低等级（七至十等）水稻土面积为 19 795.72 hm²，占麻沙泥田面积的 10.54%。

沙泥田平均质量等级为 3.83。其中，高等级（一至三等）水稻土面积为 123 981.20 hm²，占沙泥田面积的 47.44%；中等级（四至六等）水稻土面积为 116 978.76 hm²，占沙泥田面积的 44.75%；低等级（七至十等）水稻土面积为 20 407.06 hm²，占沙泥田面积的 7.81%。

涂泥田平均质量等级为 2.67。其中，高等级（一至三等）水稻土面积为 62 719.51 hm²，占涂泥田面积的 77.74%；中等级（四至六等）水稻土面积为 16 600.21 hm²，占涂泥田面积的 20.58%；低等级（七至十等）水稻土面积为 1 358.47 hm²，占涂泥田面积的 1.68%。

紫泥田平均质量等级为 3.17。其中，高等级（一至三等）水稻土面积为 54 773.90 hm²，占紫泥田面积的 64.06%；中等级（四至六等）水稻土面积为 29 628.94 hm²，占紫泥田面积的 34.65%；低等级（七至十等）水稻土面积为 1 104.24 hm²，占紫泥田面积的 1.29%。

2. 渗育水稻土各土属质量等级分布 华南区渗育水稻土包括渗暗泥田、渗潮沙泥田、渗潮泥田、渗红泥田、渗灰泥田、渗麻沙泥田、渗煤锈田、渗鳝泥田、渗涂泥田、渗紫泥田 10 种土属，如表 3 - 47 所示。

表 3 - 47 华南区渗育水稻土土属质量等级面积与比例

质量等级	渗暗泥田		渗潮沙泥田		渗潮泥田		渗红泥田		渗灰泥田	
	面积（hm²）	比例（%）	面积（hm²）	比例（%）	面积（hm²）	比例（%）	面积（hm²）	比例（%）	面积（hm²）	比例（%）
一等地	4 960.20	28.87	4 473.60	2.75	2 298.16	2.42	235.19	4.81	4 121.17	21.92
二等地	6 046.51	35.19	12 349.36	7.59	4 533.26	4.78	1 294.71	26.49	2 062.63	10.97
三等地	1 517.29	8.83	26 686.06	16.42	7 803.36	8.23	2 691.31	55.07	3 241.15	17.24
四等地	1 085.18	6.32	30 472.20	18.74	10 936.71	11.53	558.72	11.43	3 227.12	17.17
五等地	1 504.83	8.76	29 801.28	18.33	12 487.32	13.17	77.91	1.59	3 903.59	20.76

（续）

质量等级	渗暗泥田		渗潮沙泥田		渗潮泥田		渗红泥田		渗灰泥田	
	面积（hm²）	比例（%）	面积（hm²）	比例（%）	面积（hm²）	比例（%）	面积（hm²）	比例（%）	面积（hm²）	比例（%）
六等地	1 183.44	6.89	31 556.29	19.40	15 436.66	16.28	2.28	0.05	844.44	4.49
七等地	649.87	3.78	13 036.51	8.02	24 651.30	25.99	27.33	0.56	675.67	3.60
八等地	182.93	1.06	6 963.50	4.28	5 911.37	6.23	0.00	0.00	53.53	0.28
九等地	51.80	0.30	3 752.71	2.31	4 984.76	5.26	0.00	0.00	171.99	0.91
十等地	0.00	0.00	3 514.24	2.16	5 792.92	6.11	0.00	0.00	498.39	2.66
总计	17 182.05	100.00	162 605.75	100.00	94 835.82	100.00	4 887.45	100.00	18 799.68	100.00

质量等级	渗麻沙泥田		渗煤锈田		渗鳝泥田		渗涂泥田		渗紫泥田	
	面积（hm²）	比例（%）	面积（hm²）	比例（%）	面积（hm²）	比例（%）	面积（hm²）	比例（%）	面积（hm²）	比例（%）
一等地	4 775.42	2.69	0.00	0.00	5 108.15	7.13	0.00	0.00	0.00	0.00
二等地	8 304.52	4.68	181.78	20.24	3 743.46	5.23	1 310.89	3.74	389.04	5.76
三等地	18 164.56	10.23	300.20	33.42	15 198.86	21.22	9 608.31	27.44	33.86	0.50
四等地	20 860.65	11.74	42.90	4.78	21 543.07	30.08	10 556.28	30.15	1 953.05	28.93
五等地	24 231.73	13.64	0.00	0.00	10 179.03	14.21	6 435.34	18.38	627.43	9.30
六等地	36 772.20	20.70	6.10	0.68	6 510.06	9.09	3 599.73	10.28	921.05	13.65
七等地	31 682.55	17.83	244.92	27.27	6 646.81	9.28	329.74	0.94	594.23	8.80
八等地	16 600.92	9.35	122.24	13.61	2 005.96	2.80	448.62	1.28	1 155.50	17.12
九等地	9 524.49	5.36	0.00	0.00	294.54	0.41	1 237.70	3.53	436.38	6.47
十等地	6 710.64	3.78	0.00	0.00	396.84	0.55	1 489.39	4.26	639.30	9.47
总计	177 627.68	100.00	898.14	100.00	71 626.78	100.00	35 016.00	100.00	6 749.84	100.00

渗暗泥田平均质量等级为2.74。其中，高等级（一至三等）水稻土面积为12 524.00 hm²，占渗暗泥田面积的72.89%；中等级（四至六等）水稻土面积为3 773.45 hm²，占渗暗泥田面积的21.97%；低等级（七至十等）水稻土面积为884.60 hm²，占渗暗泥田面积的5.14%。

渗潮沙泥田平均质量等级为4.83。其中，高等级（一至三等）水稻土面积为43 509.02 hm²，占渗潮沙泥田面积的26.76%；中等级（四至六等）水稻土面积为91 829.77 hm²，占渗潮沙泥田面积的56.47%；低等级（七至十等）水稻土面积为27 266.96 hm²，占渗潮沙泥田面积的16.77%。

渗潮泥田平均质量等级为5.87。其中，高等级（一至三等）水稻土面积为14 634.78 hm²，占渗潮泥田面积的15.43%；中等级（四至六等）水稻土面积为38 860.69 hm²，占渗潮泥田面积的40.98%；低等级（七至十等）水稻土面积为41 340.35 hm²，占渗潮泥田面积的43.59%。

渗红泥田平均质量等级为2.81。其中，高等级（一至三等）水稻土面积为4 221.21 hm²，占渗红泥田面积的86.37%；中等级（四至六等）水稻土面积为638.91 hm²，占渗红泥田面积的13.07%；低等级（七至十等）水稻土面积为27.33 hm²，占渗红泥田面积的0.56%。

渗灰泥田平均质量等级为3.57。其中，高等级（一至三等）水稻土面积为9 424.95 hm²，占渗灰泥田面积的50.13%；中等级（四至六等）水稻土面积为7 975.15 hm²，占渗灰泥田面积的42.42%；低等级（七至十等）水稻土面积为1 399.58 hm²，占渗灰泥田面积的7.45%。

渗麻沙泥田平均质量等级为5.68。其中，高等级（一至三等）水稻土面积为31 244.50 hm²，占渗麻沙泥田面积的17.60%；中等级（四至六等）水稻土面积为81 864.58 hm²，占渗麻沙泥田面积的46.08%，低等级（七至十等）水稻土面积为64 518.60 hm²，占渗麻沙泥田面积的36.32%。

渗煤锈田平均质量等级为 4.64。其中，高等级（一至三等）水稻土面积为 481.98 hm²，占渗煤锈田面积的 53.66%；中等级（四至六等）水稻土面积为 49.00 hm²，占渗煤锈田面积的 5.46%；低等级（七至十等）水稻土面积为 367.16 hm²，占渗煤锈田面积的 40.88%。

渗鳝泥田平均质量等级为 4.24。其中，高等级（一至三等）水稻土面积为 24 050.47 hm²，占渗鳝泥田面积的 33.58%；中等级（四至六等）水稻土面积为 38 232.16 hm²，占渗鳝泥田面积的 53.38%；低等级（七至十等）水稻土面积为 9 344.15 hm²，占渗鳝泥田面积的 13.04%。

渗涂泥田平均质量等级为 4.55。其中，高等级（一至三等）水稻土面积为 10 919.20 hm²，占渗涂泥田面积的 31.18%；中等级（四至六等）水稻土面积为 20 591.35 hm²，占渗涂泥田面积的 58.81%；低等级（七至十等）水稻土面积为 3 505.45 hm²，占渗涂泥田面积的 10.01%。

渗紫泥田平均质量等级为 6.09。其中，高等级（一至三等）水稻土面积为 422.90 hm²，占渗紫泥田面积的 6.26%；中等级（四至六等）水稻土面积为 3 501.53 hm²，占渗紫泥田面积的 51.88%；低等级（七至十等）水稻土面积为 2 825.41 hm²，占渗紫泥田面积的 41.86%。

3. 淹育水稻土各土属质量等级分布 华南区淹育水稻土包括浅暗泥田、浅白粉泥田、浅潮沙泥田、浅潮泥田、浅红泥田、浅灰泥田、浅麻沙泥田、浅沙泥田、浅涂泥田、浅紫泥田 10 种土属，如表 3-48 所示。

表 3-48 华南区淹育水稻土土属质量等级面积与比例

质量等级	浅暗泥田 面积（hm²）	比例（%）	浅白粉泥田 面积（hm²）	比例（%）	浅潮沙泥田 面积（hm²）	比例（%）	浅潮泥田 面积（hm²）	比例（%）	浅红泥田 面积（hm²）	比例（%）
一等地	0.00	0.00	0.00	0.00	564.18	4.60	8 348.38	16.20	33 036.57	28.14
二等地	2 585.05	8.02	205.44	5.56	2 780.14	22.66	18 919.12	36.71	30 403.26	25.91
三等地	7 236.75	22.46	907.35	24.56	2 706.89	22.07	7 245.73	14.06	27 088.46	23.08
四等地	7 498.42	23.28	0.00	0.00	1 008.17	8.22	9 140.87	17.74	13 675.94	11.65
五等地	7 484.69	23.23	676.73	18.31	4 292.80	34.99	3 326.11	6.45	7 922.99	6.75
六等地	2 021.67	6.27	1 905.60	51.57	914.65	7.46	2 855.20	5.54	3 000.11	2.56
七等地	2 554.66	7.93	0.00	0.00	0.00	0.00	1 205.74	2.35	1 186.11	1.01
八等地	820.31	2.55	0.00	0.00	0.00	0.00	490.84	0.95	272.74	0.23
九等地	1 091.26	3.39	0.00	0.00	0.00	0.00	0.00	0.00	605.41	0.52
十等地	925.68	2.87	0.00	0.00	0.00	0.00	0.00	0.00	172.81	0.15
总计	32 218.49	100.00	3 695.12	100.00	12 266.83	100.00	51 531.99	100.00	117 364.40	100.00

质量等级	浅灰泥田 面积（hm²）	比例（%）	浅麻沙泥田 面积（hm²）	比例（%）	浅沙泥田 面积（hm²）	比例（%）	浅涂泥田 面积（hm²）	比例（%）	浅紫泥田 面积（hm²）	比例（%）
一等地	2 093.52	8.46	400.84	0.88	2 386.82	2.84	3 258.66	3.03	3 387.21	10.14
二等地	5 558.63	22.47	8 676.30	19.10	16 149.21	19.23	14 403.86	13.37	9 116.75	27.28
三等地	2 963.94	11.98	2 895.10	6.37	14 932.02	17.78	28 148.37	26.13	5 988.69	17.92
四等地	5 769.32	23.32	14 587.62	32.10	14 024.22	16.70	22 549.54	20.94	4 288.35	12.83
五等地	7 390.84	29.87	6 327.13	13.93	15 909.38	18.94	22 717.27	21.09	5 833.68	17.46
六等地	426.93	1.73	7 022.48	15.46	10 839.94	12.91	9 028.49	8.38	2 096.02	6.27
七等地	230.14	0.92	2 240.77	4.93	3 836.77	4.57	1 466.09	1.36	968.67	2.90
八等地	19.77	0.08	2 282.84	5.03	2 519.94	3.00	1 251.43	1.16	367.96	1.10
九等地	212.06	0.86	736.69	1.62	2 012.69	2.40	2 456.85	2.29	1 068.84	3.20
十等地	76.18	0.31	261.99	0.58	1 365.26	1.63	2 426.56	2.25	301.00	0.90
总计	24 741.33	100.00	45 431.76	100.00	83 976.25	100.00	107 707.12	100.00	33 417.17	100.00

浅暗泥田平均质量等级为 4.65。其中，高等级（一至三等）水稻土面积为 9 821.80 hm²，占浅暗泥田面积的 30.48%；中等级（四至六等）水稻土面积为 17 004.78 hm²，占浅暗泥田面积的 52.78%；低等级（七至十等）水稻土面积为 5 391.91 hm²，占浅暗泥田面积的 16.74%。

浅白粉泥田平均质量等级为 4.86，无低等级水稻土分布。其中，高等级（一至三等）水稻土面积为 1 112.79 hm²，占浅白粉泥田面积的 30.12%；中等级（四至六等）水稻土面积为 2 582.33 hm²，占浅白粉泥田面积的 69.88%。

浅潮沙泥田平均质量等级为 3.64，无低等级水稻土分布。其中，高等级（一至三等）水稻土面积为 6 051.21 hm²，占浅潮沙泥田面积的 49.33%；中等级（四至六等）水稻土面积为 6 215.62 hm²，占浅潮沙泥田面积的 50.67%。

浅潮泥田平均质量等级为 2.77。其中，高等级（一至三等）水稻土面积为 34 513.23 hm²，占浅潮泥田面积的 66.97%；中等级（四至六等）水稻土面积为 15 322.18 hm²，占浅潮泥田面积的 29.73%；低等级（七至十等）水稻土面积为 1 696.58 hm²，占浅潮泥田面积的 3.30%。

浅红泥田平均质量等级为 2.36。其中，高等级（一至三等）水稻土面积为 90 528.29 hm²，占浅红泥田面积的 77.13%；中等级（四至六等）水稻土面积为 24 599.04 hm²，占浅红泥田面积的 20.96%；低等级（七至十等）水稻土面积为 2 237.07 hm²，占浅红泥田面积的 1.91%。

浅灰泥田平均质量等级为 3.54。其中，高等级（一至三等）水稻土面积为 10 616.09 hm²，占浅灰泥田面积的 42.91%；中等级（四至六等）水稻土面积为 13 587.09 hm²，占浅灰泥田面积的 54.92%；低等级（七至十等）水稻土面积为 538.15 hm²，占浅灰泥田面积的 2.17%。

浅麻沙泥田平均质量等级为 4.43。其中，高等级（一至三等）水稻土面积为 11 972.24 hm²，占浅麻沙泥田面积的 26.35%；中等级（四至六等）水稻土面积为 27 937.23 hm²，占浅麻沙泥田面积的 61.49%，低等级（七至十等）水稻土面积为 5 522.29 hm²，占浅麻沙泥田面积的 12.16%。

浅沙泥田平均质量等级为 4.25。其中，高等级（一至三等）水稻土面积为 33 468.05 hm²，占浅沙泥田面积的 39.85%；中等级（四至六等）水稻土面积为 40 773.54 hm²，占浅沙泥田面积的 48.55%；低等级（七至十等）水稻土面积为 9 734.66 hm²，占浅沙泥田面积的 11.60%。

浅涂泥田平均质量等级为 4.07。其中，高等级（一至三等）水稻土面积为 45 810.89 hm²，占浅涂泥田面积的 42.53%；中等级（四至六等）水稻土面积为 54 295.30 hm²，占浅涂泥田面积的 50.41%；低等级（七至十等）水稻土面积为 7 600.94 hm²，占浅涂泥田面积的 7.06%。

浅紫泥田平均质量等级为 3.52。其中，高等级（一至三等）水稻土面积为 18 492.65 hm²，占浅紫泥田面积的 55.34%；中等级（四至六等）水稻土面积为 12 218.05 hm²，占浅紫泥田面积的 36.56%；低等级（七至十等）水稻土面积为 2 706.47 hm²，占浅紫泥田面积的 8.10%。

4. 潜育水稻土各土属质量等级分布　华南区潜育水稻土包括烂泥田、泥炭土田、青暗泥田、青潮泥田、青红泥田、青麻沙泥田、青沙泥田、青紫泥田、锈水田 9 种土属，如表 3-49 所示。

表 3-49　华南区潜育水稻土土属质量等级面积与比例

质量等级	烂泥田 面积（hm²）	比例（%）	泥炭土田 面积（hm²）	比例（%）	青暗泥田 面积（hm²）	比例（%）	青潮泥田 面积（hm²）	比例（%）	青红泥田 面积（hm²）	比例（%）
一等地	4 767.49	6.37	6 681.38	19.82	0.00	0.00	10 199.55	8.12	1 252.12	94.08
二等地	9 495.57	12.70	5 972.81	17.72	2 707.91	11.60	7 336.29	5.84	0.00	0.00
三等地	13 024.48	17.41	3 431.27	10.18	4 575.19	19.60	18 578.25	14.80	0.00	0.00
四等地	17 886.01	23.91	5 118.31	15.18	4 222.37	18.09	28 537.44	22.73	0.00	0.00
五等地	11 330.62	15.15	9 909.54	29.40	7 829.92	33.55	19 958.54	15.90	78.77	5.92
六等地	12 764.59	17.06	1 417.98	4.21	2 630.44	11.27	11 527.23	9.18	0.00	0.00

（续）

质量等级	烂泥田 面积 (hm²)	比例 (%)	泥炭土田 面积 (hm²)	比例 (%)	青暗泥田 面积 (hm²)	比例 (%)	青潮泥田 面积 (hm²)	比例 (%)	青红泥田 面积 (hm²)	比例 (%)
七等地	2 359.69	3.15	1 176.42	3.49	385.28	1.65	9 416.16	7.50	0.00	0.00
八等地	559.30	0.75	0.00	0.00	209.37	0.90	12 506.21	9.96	0.00	0.00
九等地	930.05	1.24	0.00	0.00	410.55	1.76	4 606.30	3.67	0.00	0.00
十等地	1 689.35	2.26	0.00	0.00	369.00	1.58	2 881.91	2.30	0.00	0.00
总计	74 807.15	100.00	33 707.71	100.00	23 340.03	100.00	125 547.88	100.00	1 330.89	100.00

质量等级	青麻沙泥田 面积 (hm²)	比例 (%)	青沙泥田 面积 (hm²)	比例 (%)	青紫泥田 面积 (hm²)	比例 (%)	锈水田 面积 (hm²)	比例 (%)
一等地	1 408.06	3.85	934.04	2.50	0.00	0.00	15.53	0.59
二等地	2 292.66	6.28	1 568.61	4.20	4 075.15	57.69	451.41	17.02
三等地	7 574.88	20.73	7 741.50	20.73	767.78	10.87	400.95	15.12
四等地	9 325.58	25.53	10 474.76	28.04	843.20	11.94	573.88	21.64
五等地	7 016.49	19.20	9 386.66	25.13	347.92	4.93	47.73	1.80
六等地	6 323.05	17.31	3 530.14	9.45	686.17	9.71	463.05	17.46
七等地	1 300.10	3.56	2 170.30	5.81	343.40	4.86	350.41	13.22
八等地	1 295.17	3.54	819.71	2.19	0.00	0.00	243.45	9.18
九等地	0.00	0.00	727.19	1.95	0.00	0.00	60.51	2.28
十等地	0.00	0.00	0.00	0.00	0.00	0.00	44.88	1.69
总计	36 535.99	100.00	37 352.91	100.00	7 063.62	100.00	2 651.80	100.00

烂泥田平均质量等级为 4.20。其中，高等级（一至三等）水稻土面积为 27 287.54 hm²，占烂泥田面积的 36.48%；中等级（四至六等）水稻土面积为 41 981.22 hm²，占烂泥田面积的 56.12%；低等级（七至十等）水稻土面积为 5 538.39 hm²，占烂泥田面积的 7.40%。

泥炭土田平均质量等级为 3.43。其中，高等级（一至三等）水稻土面积为 16 085.46 hm²，占泥炭土田面积的 47.72%；中等级（四至六等）水稻土面积为 16 445.83 hm²，占泥炭土田面积的 48.79%；低等级（七至十等）水稻土面积为 1 176.42 hm²，占泥炭土田面积的 3.49%。

青暗泥田平均质量等级为 4.40。其中，高等级（一至三等）水稻土面积为 7 283.10 hm²，占青暗泥田面积的 31.20%；中等级（四至六等）水稻土面积为 14 682.73 hm²，占青暗泥田面积的 62.91%；低等级（七至十等）水稻土面积为 1 374.20 hm²，占青暗泥田面积的 5.89%。

青潮泥田平均质量等级为 4.78。其中，高等级（一至三等）水稻土面积为 36 114.09 hm²，占青潮泥田面积的 28.76%；中等级（四至六等）水稻土面积为 60 023.21 hm²，占青潮泥田面积的 47.81%；低等级（七至十等）水稻土面积为 29 410.58 hm²，占青潮泥田面积的 23.43%。

青红泥田平均质量等级为 1.28，无低等级水稻土分布。其中，高等级（一至三等）水稻土面积为 1 252.12 hm²，占青红泥田面积的 94.08%；中等级（四至六等）水稻土面积为 78.77 hm²，占青红泥田面积的 5.92%。

青麻沙泥田平均质量等级为 4.34。其中，高等级（一至三等）水稻土面积为 11 275.60 hm²，占青麻沙泥田面积的 30.86%；中等级（四至六等）水稻土面积为 22 665.12 hm²，占青麻沙泥田面积的 62.04%；低等级（七至十等）水稻土面积为 2 595.27 hm²，占青麻沙泥田面积的 7.10%。

青沙泥田平均质量等级为 4.43。其中，高等级（一至三等）水稻土面积为 10 244.15 hm²，占青沙泥田面积的 27.43%；中等级（四至六等）水稻土面积为 23 391.56 hm²，占青沙泥田面积的 62.62%；低等级（七至十等）水稻土面积为 3 717.20 hm²，占青沙泥田面积的 9.95%。

青紫泥田平均质量等级为 3.13。其中，高等级（一至三等）水稻土面积为 4 842.93 hm²，占青紫泥田面积的 68.56%；中等级（四至六等）水稻土面积为 1 877.29 hm²，占青紫泥田面积的 26.58%；低等级（七至十等）水稻土面积为 343.40 hm²，占青紫泥田面积的 4.86%。

锈水田平均质量等级为 4.84。其中，高等级（一至三等）水稻土面积为 867.89 hm²，占锈水田面积的 32.73%；中等级（四至六等）水稻土面积为 1 084.66 hm²，占锈水田面积的 40.90%；低等级（七至十等）水稻土面积为 699.25 hm²，占锈水田面积的 26.37%。

5. 盐渍水稻土各土属质量等级分布 华南区盐渍水稻土包括氯化物涂泥田、氯化物涂沙田 2 种土属，如表 3-50 所示。

表 3-50 华南区盐渍水稻土土属质量等级面积与比例

质量等级	氯化物涂泥田		氯化物涂沙田	
	面积（hm²）	比例（%）	面积（hm²）	比例（%）
一等地	501.92	1.17	2 410.91	7.60
二等地	1 172.66	2.73	3 677.63	11.59
三等地	5 665.45	13.16	7 830.47	24.69
四等地	13 115.68	30.49	6 353.88	20.03
五等地	14 065.81	32.70	7 504.05	23.65
六等地	3 628.52	8.44	2 422.93	7.64
七等地	3 004.99	6.98	1 254.11	3.95
八等地	1 091.73	2.54	170.52	0.54
九等地	718.72	1.67	14.42	0.05
十等地	49.68	0.12	82.84	0.26
总计	43 015.16	100.00	31 721.76	100.00

氯化物涂泥田平均质量等级为 4.68。其中，高等级（一至三等）水稻土面积为 7 340.03 hm²，占氯化物涂泥田面积的 17.06%；中等级（四至六等）水稻土面积为 30 810.01 hm²，占氯化物涂泥田面积的 71.63%；低等级（七至十等）水稻土面积为 4 865.12 hm²，占氯化物涂泥田面积的 11.31%。

氯化物涂沙田平均质量等级为 3.77。其中，高等级（一至三等）水稻土面积为 13 919.01 hm²，占氯化物涂沙田面积的 43.88%；中等级（四至六等）水稻土面积为 16 280.86 hm²，占氯化物涂沙田面积的 51.32%；低等级（七至十等）水稻土面积为 1 521.89 hm²，占氯化物涂沙田面积的 4.80%。

6. 漂洗水稻土各土属质量等级分布 华南区漂洗水稻土包括漂红泥田、漂鳝泥田、漂涂泥田 3 种土属，如表 3-51 所示。

表 3-51 华南区漂洗水稻土土属质量等级面积与比例

质量等级	漂红泥田		漂鳝泥田		漂涂泥田	
	面积（hm²）	比例（%）	面积（hm²）	比例（%）	面积（hm²）	比例（%）
一等地	0.00	0.00	2 339.17	4.45	138.35	19.17
二等地	923.45	39.88	1 799.61	3.43	0.00	0.00
三等地	795.57	34.36	7 951.44	15.14	583.24	80.83
四等地	140.78	6.08	12 159.54	23.15	0.00	0.00

（续）

质量等级	漂红泥田		漂鳝泥田		漂涂泥田	
	面积（hm²）	比例（%）	面积（hm²）	比例（%）	面积（hm²）	比例（%）
五等地	455.67	19.68	9 234.13	17.58	0.00	0.00
六等地	0.00	0.00	8 005.65	15.24	0.00	0.00
七等地	0.00	0.00	6 783.63	12.92	0.00	0.00
八等地	0.00	0.00	3 242.54	6.17	0.00	0.00
九等地	0.00	0.00	364.98	0.69	0.00	0.00
十等地	0.00	0.00	643.47	1.23	0.00	0.00
总计	2 315.47	100.00	52 524.16	100.00	721.59	100.00

漂红泥田平均质量等级为 3.06，无低等级水稻土分布。其中，高等级（一至三等）水稻土面积为 1 719.02 hm²，占漂红泥田面积的 74.24%；中等级（四至六等）水稻土面积为 596.45 hm²，占漂红泥田面积的 25.76%。

漂鳝泥田平均质量等级为 4.87。其中，高等级（一至三等）水稻土面积为 12 090.22 hm²，占漂鳝泥田面积的 23.02%；中等级（四至六等）水稻土面积为 29 399.32 hm²，占漂鳝泥田面积的 55.97%；低等级（七至十等）水稻土面积为 11 034.62 hm²，占漂鳝泥田面积的 21.01%。

漂涂泥田平均质量等级为 2.62，无中等级和低等级水稻土分布。其中，高等级（一至三等）水稻土面积为 721.59 hm²，占漂涂泥田面积的 100.00%。

7. 咸酸水稻土各土属质量等级分布　华南区咸酸水稻土包括咸酸田 1 种土属，如表 3-52 所示。

表 3-52　华南区咸酸水稻土土属质量等级面积与比例

质量等级	咸酸田	
	面积（hm²）	比例（%）
一等地	3 131.83	6.18
二等地	1 785.81	3.52
三等地	6 791.90	13.41
四等地	17 641.45	34.82
五等地	15 721.10	31.03
六等地	2 869.30	5.66
七等地	964.84	1.90
八等地	1 503.96	2.97
九等地	136.45	0.27
十等地	119.14	0.24
总计	50 665.78	100.00

咸酸田平均质量等级为 4.24。其中，高等级（一至三等）水稻土面积为 11 709.54 hm²，占咸酸田面积的 23.11%；中等级（四至六等）水稻土面积为 36 231.85 hm²，占咸酸田面积的 71.51%；低等级（七至十等）水稻土面积为 2 724.39 hm²，占咸酸田面积的 5.38%。

三、影响水稻土质量等级的因素分析

（一）高等级水稻土质量的维持

运用障碍度模型对影响华南区高等级水稻土质量的障碍因子进行诊断，结果如表 3-53 所示。从障碍度数值来看，速效钾含量、有机质含量、有效磷含量、pH、地形部位等指标对华南区高等级水稻土质量的维持障碍度高，分别为25.90%、19.89%、19.04%、14.42%和8.07%。

表3-53　华南区高等级水稻土质量指标障碍度

指标	障碍度	指标	障碍度	指标	障碍度
速效钾含量	25.90%	耕层质地	3.93%	排水能力	0.65%
有机质含量	19.89%	生物多样性	2.84%	障碍因素	0.27%
有效磷含量	19.04%	质地构型	2.38%	农田林网化	0.18%
pH	14.42%	土壤容重	1.43%	清洁程度	0.00%
地形部位	8.07%	灌溉能力	1.00%		

　　从二级区来看，二级区之间影响高等级水稻土质量的指标障碍度如表3-54所示。滇南农林区影响高等级水稻土质量的障碍指标主要包括有效磷含量、地形部位、速效钾含量、pH、有机质含量等，其指标障碍度分别为31.90%、23.43%、19.41%、13.47%、10.73%；闽南粤中农林水产区影响高等级水稻土质量的障碍指标包括速效钾含量、有机质含量、pH、有效磷含量、耕层质地等，其指标障碍度分别为23.87%、23.87%、12.17%、9.16%、8.23%；琼雷及南海诸岛农林区影响高等级水稻土质量的障碍指标包括速效钾含量、有机质含量、有效磷含量、pH、生物多样性等，其指标障碍度分别为29.42%、22.74%、22.57%、16.30%、3.68%；粤西桂南农林区影响高等级水稻土质量的障碍指标包括速效钾含量、有效磷含量、pH、有机质含量、地形部位等，其指标障碍度分别为29.49%、15.88%、15.78%、15.75%、8.39%。

表3-54　华南区各二级区高等级水稻土质量指标障碍度

滇南农林区		闽南粤中农林水产区		琼雷及南海诸岛农林区		粤西桂南农林区	
指标	障碍度	指标	障碍度	指标	障碍度	指标	障碍度
有效磷含量	31.90%	速效钾含量	23.87%	速效钾含量	29.42%	速效钾含量	29.49%
地形部位	23.43%	有机质含量	23.87%	有机质含量	22.74%	有效磷含量	15.88%
速效钾含量	19.41%	pH	12.17%	有效磷含量	22.57%	pH	15.78%
pH	13.47%	有效磷含量	9.16%	pH	16.30%	有机质含量	15.75%
有机质含量	10.73%	耕层质地	8.23%	生物多样性	3.68%	地形部位	8.39%
农田林网化	0.44%	地形部位	7.61%	土壤容重	3.04%	耕层质地	5.87%
生物多样性	0.34%	质地构型	6.31%	耕层质地	1.33%	排水能力	2.73%
障碍因素	0.22%	生物多样性	3.64%	地形部位	0.62%	生物多样性	2.16%
土壤容重	0.07%	灌溉能力	2.71%	质地构型	0.26%	质地构型	2.06%
清洁程度	0.00%	排水能力	0.77%	障碍因素	0.03%	灌溉能力	0.94%
排水能力	0.00%	土壤容重	0.69%	灌溉能力	0.03%	土壤容重	0.79%
灌溉能力	0.00%	障碍因素	0.67%	排水能力	0.01%	障碍因素	0.10%
耕层质地	0.00%	农田林网化	0.29%	清洁程度	0.00%	农田林网化	0.06%
质地构型	0.00%	清洁程度	0.00%	农田林网化	0.00%	清洁程度	0.00%

（二）中等级水稻土质量的限制

　　运用障碍度模型对影响华南区中等级水稻土质量的障碍因子进行诊断，结果如表3-55所示。从障碍度数值来看，速效钾含量、有机质含量、有效磷含量、地形部位、pH等指标对华南区中等级水稻土质量的限制障碍度高，分别为21.22%、16.07%、14.57%、12.63%、11.59%。

132

表 3-55　华南区中等级水稻土质量指标障碍度

指标	障碍度	指标	障碍度	指标	障碍度
速效钾含量	21.22%	耕层质地	7.07%	农田林网化	1.60%
有机质含量	16.07%	灌溉能力	4.57%	土壤容重	1.42%
有效磷含量	14.57%	质地构型	4.16%	排水能力	0.91%
地形部位	12.63%	生物多样性	2.41%	清洁程度	0.00%
pH	11.59%	障碍因素	1.78%		

　　二级区之间影响中等级水稻土质量的指标障碍度如表 3-56 所示。滇南农林区影响中等级水稻土质量的障碍指标主要包括有效磷含量、地形部位、速效钾含量、有机质含量、pH 等，其指标障碍度分别为 26.30%、23.95%、18.66%、13.67%、13.44%；闽南粤中农林水产区影响中等级水稻土质量的障碍指标包括地形部位、速效钾含量、有机质含量、灌溉能力、质地构型等，其指标障碍度分别为 17.73%、16.49%、12.83%、11.04%、8.87%；琼雷及南海诸岛农林区影响中等级水稻土质量的障碍指标包括速效钾含量、有机质含量、有效磷含量、pH、地形部位等，其指标障碍度分别为 24.01%、19.49%、18.29%、12.79%、7.72%；粤西桂南农林区影响中等级水稻土质量的障碍指标包括速效钾含量、地形部位、有效磷含量、pH、有机质含量等，其指标障碍度分别为 21.27%、18.07%、14.23%、13.08%、10.50%。

表 3-56　华南区各二级区中等级水稻土质量指标障碍度

滇南农林区		闽南粤中农林水产区		琼雷及南海诸岛农林区		粤西桂南农林区	
指标	障碍度	指标	障碍度	指标	障碍度	指标	障碍度
有效磷含量	26.30%	地形部位	17.73%	速效钾含量	24.01%	速效钾含量	21.27%
地形部位	23.95%	速效钾含量	16.49%	有机质含量	19.49%	地形部位	18.07%
速效钾含量	18.66%	有机质含量	12.83%	有效磷含量	18.29%	有效磷含量	14.23%
有机质含量	13.67%	灌溉能力	11.04%	pH	12.79%	pH	13.08%
pH	13.34%	质地构型	8.87%	地形部位	7.72%	有机质含量	10.50%
农田林网化	2.14%	pH	8.58%	耕层质地	7.55%	灌溉能力	6.58%
生物多样性	0.97%	耕层质地	7.81%	生物多样性	3.09%	耕层质地	5.15%
障碍因素	0.83%	有效磷含量	6.99%	土壤容重	1.95%	质地构型	5.07%
土壤容重	0.14%	农田林网化	2.57%	障碍因素	1.60%	排水能力	2.28%
清洁程度	0.00%	障碍因素	2.56%	质地构型	1.49%	生物多样性	1.44%
排水能力	0.00%	生物多样性	1.79%	农田林网化	1.29%	障碍因素	1.01%
灌溉能力	0.00%	排水能力	1.78%	灌溉能力	0.64%	土壤容重	0.71%
耕层质地	0.00%	土壤容重	0.95%	排水能力	0.11%	农田林网化	0.61%
质地构型	0.00%	清洁程度	0.00%	清洁程度	0.00%	清洁程度	0.00%

（三）低等级水稻土质量的障碍

　　运用障碍度模型对影响华南区低等级水稻土质量的障碍因子进行诊断，结果如表 3-57 所示。从障碍度数值来看，地形部位、速效钾含量、有机质含量、灌溉能力、有效磷含量等指标对华南区低等级水稻土质量的障碍度高，分别为 18.13%、15.36%、11.13%、9.87%、9.36%。

表 3 - 57　华南区低等级水稻土质量指标障碍度

指标	障碍度	指标	障碍度	指标	障碍度
地形部位	18.13%	质地构型	9.04%	排水能力	2.31%
速效钾含量	15.36%	pH	9.01%	生物多样性	1.67%
有机质含量	11.13%	耕层质地	5.70%	土壤容重	1.29%
灌溉能力	9.87%	障碍因素	4.10%	清洁程度	0.00%
有效磷含量	9.36%	农田林网化	3.02%		

　　二级区之间影响低等级水稻土质量的指标障碍度如表 3 - 58 所示。滇南农林区影响低等级水稻土质量的障碍指标主要包括地形部位、有效磷含量、速效钾含量、pH、有机质含量等，其指标障碍度分别为 19.81%、18.62%、17.59%、14.19%、13.82%；闽南粤中农林水产区影响低等级水稻土质量的障碍指标包括地形部位、速效钾含量、灌溉能力、质地构型、有机质含量等，其指标障碍度分别为 22.83%、14.13%、11.58%、9.32%、9.03%；琼雷及南海诸岛农林区影响低等级水稻土质量的障碍指标包括速效钾含量、地形部位、有机质含量、有效磷含量、质地构型等，其指标障碍度分别为 16.24%、13.38%、13.25%、12.24%、9.18%；粤西桂南农林区影响低等级水稻土质量的障碍指标包括地形部位、速效钾含量、有效磷含量、pH、有机质含量等，其指标障碍度分别为 17.49%、17.23%、11.60%、11.55%、9.89%。

表 3 - 58　华南区各二级区低等级水稻土质量指标障碍度

滇南农林区		闽南粤中农林水产区		琼雷及南海诸岛农林区		粤西桂南农林区	
指标	障碍度	指标	障碍度	指标	障碍度	指标	障碍度
地形部位	19.81%	地形部位	22.83%	速效钾含量	16.24%	地形部位	17.49%
有效磷含量	18.62%	速效钾含量	14.13%	地形部位	13.88%	速效钾含量	17.23%
速效钾含量	17.59%	灌溉能力	11.58%	有机质含量	13.25%	有效磷含量	11.60%
pH	14.19%	质地构型	9.32%	有效磷含量	12.24%	pH	11.55%
有机质含量	13.82%	有机质含量	9.03%	质地构型	9.18%	有机质含量	9.89%
障碍因素	10.53%	pH	8.54%	pH	9.08%	灌溉能力	8.75%
农田林网化	2.23%	耕层质地	6.52%	灌溉能力	8.46%	质地构型	6.33%
生物多样性	1.79%	有效磷含量	5.89%	耕层质地	5.19%	障碍因素	4.91%
土壤容重	1.43%	排水能力	3.83%	障碍因素	5.09%	排水能力	4.86%
清洁程度	0.00%	农田林网化	3.54%	农田林网化	2.88%	耕层质地	3.95%
排水能力	0.00%	障碍因素	2.89%	生物多样性	2.16%	生物多样性	1.59%
灌溉能力	0.00%	生物多样性	1.16%	土壤容重	1.81%	土壤容重	1.18%
耕层质地	0.00%	土壤容重	0.75%	排水能力	0.54%	农田林网化	0.67%
质地构型	0.00%	清洁程度	0.00%	清洁程度	0.00%	清洁程度	0.00%

第四节　西南区水稻土质量

一、西南区水稻土质量评价

　　西南区水稻土总面积为 4 877 587.64 hm²，分布在 9 个省份。其中，四川水稻土面积为 1 856 175.28 hm²，占西南区水稻土面积的 38.06%；重庆水稻土面积为 886 825.35 hm²，占西南区水稻土面积的 18.18%；贵州水稻土面积为 710 687.37 hm²，占西南区水稻土面积的 14.57%；湖南水稻土面积为 678 238.98 hm², 占西南区水稻土面积的 13.91%；云南水稻土面积为 473 808.69 hm²，占西南区水稻土面积的 9.71%；湖北水稻土面积为 114 699.74 hm²，占西南区水稻土面积的 2.35%；陕西水稻土面积为 83 534.23 hm²，占西南区水稻土面积的 1.71%；广西水稻土面积为 69 070.11 hm²，占西南区水稻土面积的 1.42%；甘肃水稻土面积为 4 547.89 hm²，占西南区水稻土面积的 0.09%。

在农业区划上，西南区水稻土主要分布在 5 个二级农业区。其中，四川盆地农林区水稻土面积为 2 477 152.96 hm²，占西南区水稻土面积的 50.79%；渝鄂湘黔边境山地林农区水稻土面积为 1 088 363.34 hm²，占西南区水稻土面积的 22.31%；黔桂高原山地林农牧区水稻土面积为 573 860.36 hm²，占西南区水稻土面积的 11.77%；川滇高原山地林农牧区水稻土面积为 562 988.65 hm²，占西南区水稻土面积的 11.54%；秦岭大巴山林农区水稻土面积为 175 222.33 hm²，占西南区水稻土面积的 3.59%。

（一）评价指标选取与数据来源

参照农业农村部耕地质量监测保护中心《关于印发〈全国耕地质量等级评价指标体系〉的通知》（耕地评价函〔2019〕87 号），西南区水稻土质量评价的指标体系由 14 个基础性指标和 2 个区域补充性指标组成。其中，基础性指标包括地形部位、有效土层厚度、有机质含量、耕层质地、土壤容重、质地构型、有效磷含量、速效钾含量、生物多样性、清洁程度、障碍因素、灌溉能力、排水能力、农田林网化率 14 个指标；区域补充性指标为酸碱度（pH）和海拔。

2019 年，西南区 9 个省份依据《农业部办公厅关于做好耕地质量等级调查评价工作的通知》（农办农〔2017〕18 号）的要求，采集了 12 795 个水稻土质量等级调查点数据，构建了西南区水稻土质量等级评价的数据库。

（二）指标权重与隶属度函数

1. 西南区水稻土质量等级评价指标权重 2019 年，农业农村部耕地质量监测保护中心组织西南区耕地质量等级评价工作的参与单位，采用专家打分法确定了西南区各二级区水稻土质量等级评价的指标权重，如表 3-59 所示。

表 3-59　西南区各二级区水稻土质量等级评价指标权重

秦岭大巴山林农区		四川盆地农林区		渝鄂湘黔边境山地林农牧区		黔桂高原山地林农牧区		川滇高原山地农林牧区	
指标名称	指标权重	指标名称	指标权重	指标名称	指标权重	指标名称	指标权重	指标名称	指标权重
地形部位	0.113 4	地形部位	0.122 7	地形部位	0.118 8	地形部位	0.100 0	地形部位	0.094 2
灌溉能力	0.086 5	灌溉能力	0.101 4	灌溉能力	0.105 7	灌溉能力	0.099 5	海拔	0.089 2
耕层质地	0.084 0	有机质含量	0.094 2	有效土层厚度	0.087 2	有效土层厚度	0.091 1	有机质含量	0.084 4
海拔	0.082 5	有效土层厚度	0.086 1	pH	0.080 2	有机质含量	0.089 4	质地	0.084 3
有机质含量	0.073 2	质地	0.074 1	海拔	0.071 1	质地	0.085 9	灌溉能力	0.079 2
有效土层厚度	0.073 1	排水能力	0.062 9	有机质含量	0.065 7	速效钾含量	0.074 3	速效钾含量	0.069 9
容重	0.073 0	海拔	0.058 5	质地	0.065 5	pH	0.061 4	有效土层厚度	0.069 4
速效钾含量	0.067 5	有效磷含量	0.056 6	质地构型	0.056 1	容重	0.060 0	质地构型	0.068 3
有效磷含量	0.051 9	速效钾含量	0.052 8	速效钾含量	0.054 8	障碍因素	0.055 0	pH	0.062 3
排水能力	0.050 8	pH	0.052 5	容重	0.050 5	排水能力	0.054 2	障碍因素	0.052 5
障碍因素	0.049 1	质地构型	0.050 3	排水能力	0.050 3	质地构型	0.048 4	有效磷含量	0.051 9
质地构型	0.047 2	障碍因素	0.047 1	障碍因素	0.047 2	海拔	0.047 1	容重	0.049 3
pH	0.045 7	容重	0.038 8	有效磷含量	0.041 0	有效磷含量	0.045 4	排水能力	0.046 9
生物多样性	0.041 9	生物多样性	0.037 5	农田林网化	0.038 8	生物多样性	0.033 1	生物多样性	0.036 1
农田林网化	0.032 1	农田林网化	0.036 8	生物多样性	0.038 3	农田林网化	0.028 2	清洁程度	0.035 5
清洁程度	0.028 1	清洁程度	0.027 6	清洁程度	0.028 7	清洁程度	0.027 2	农田林网化	0.026 6

2. 西南区水稻土质量等级评价指标隶属度函数 西南区水稻土质量等级评价体系中海拔、有效土层厚度、土壤容重、pH、有机质含量、速效钾含量、有效磷含量为数值型指标。其中，有效土层厚度、有机质含量、速效钾含量、有效磷含量与耕地质量等级的关系拟合函数为戒上型（数值型指标拟合函数的文字描述详见本章第一节）；pH、土壤容重与耕地质量等级的关系拟合函数为峰型，海拔与耕地质量等级的关系拟合函数为负直线型，如表3-60所示。

表3-60 西南区数值型耕地质量等级评价指标隶属函数

指标名称	函数类型	函数公式	a 值	b 值	c 值	u 的下限值	u 的上限值	备注
海拔	负直线型	$y=b-au$	0.000 295	1.026 724		300.0	3 475.4	秦岭大巴山林农区
海拔	负直线型	$y=b-au$	0.000 618	1.083 636		135.3	1 752.9	渝鄂湘黔边境山地林农牧区
海拔	负直线型	$y=b-au$	0.000 302	1.042 457		300.0	3 446.5	黔桂高原山地林农牧区、川滇高原山地农林牧区、四川盆地农林区
有效土层厚度	戒上型	$y=1/[1+a(u-c)^2]$	0.000 155		112.542 55	5	113	
土壤容重	峰型	$y=1/[1+a(u-c)^2]$	7.766 045		1.294 252	0.50	2.37	
pH	峰型	$y=1/[1+a(u-c)^2]$	0.192 480		6.854 550	3.0	9.5	
有机质含量	戒上型	$y=1/[1+a(u-c)^2]$	0.001 725		37.52	1	37.5	
速效钾含量	戒上型	$y=1/[1+a(u-c)^2]$	0.000 049		205.253 9	5	205	
有效磷含量	峰型	$y=1/[1+a(u-c)^2]$	0.000 253		63.712 849	0.1	252.3	

注：公式中 y 为隶属度；a 为系数；b 为截距；c 为标准指标；u 为实测值。当函数类型为负直线型，$u\leqslant$下限值时，y 为 1；$u\geqslant$上限值时，y 为 0；当函数类型为戒上型，$u\leqslant$下限值时，y 为 0；$u\geqslant$上限值时，y 为 1；当函数类型为峰型，$u\leqslant$下限值或 $u\geqslant$上限值时，y 为 0。

西南区水稻土质量等级评价指标中，地形部位、耕层质地、质地构型、生物多样性、清洁程度、障碍因素、灌溉能力、排水能力、农田林网化等为概念型评价指标，可直接通过专家打分法给出对应独立值的隶属度，如表3-61所示。

表3-61 西南区概念型耕地质量等级评价指标隶属度

地形部位	山间盆地	宽谷盆地	平原低阶	平原中阶	平原高阶	丘陵上部	丘陵中部	丘陵下部	山地坡上	山地坡中	山地坡下
隶属度	0.85	0.9	1	0.9	0.8	0.6	0.75	0.85	0.45	0.65	0.75

耕层质地	沙土	沙壤	轻壤	中壤	重壤	黏土
隶属度	0.5	0.85	0.9	1	0.95	0.65

质地构型	薄层型	松散型	紧实型	夹层型	上紧下松型	上松下紧型	海绵型
隶属度	0.3	0.35	0.75	0.65	0.45	1	0.9

生物多样性	丰富	一般	不丰富
隶属度	1	0.85	0.7

清洁程度	清洁	尚清洁
隶属度	1	0.9

障碍因素	瘠薄	酸化	渍潜	障碍层次	无
隶属度	0.3	0.5	0.75	0.65	1

（续）

灌溉能力	充分满足	满足	基本满足	不满足
隶属度	1	0.9	0.7	0.35
排水能力	充分满足	满足	基本满足	不满足
隶属度	1	0.9	0.7	0.5
农田林网化	高	中	低	
隶属度	1	0.85	0.7	

3. 西南区水稻土质量等级划分指数　通过加权求和的方法计算每个耕地资源管理单元的综合得分［计算如公式（3-6）所示］，累积曲线法等方法划分耕地质量等级，得到耕地质量等级与耕地质量综合指数之间的对应关系，如表 3-62 所示。

表 3-62　西南区耕地质量等级与耕地质量综合指数对应关系

耕地质量等级	综合指数范围	耕地质量等级	综合指数范围
一等	>0.855 0	六等	0.736 0~0.759 8
二等	0.831 2~0.855 0	七等	0.712 2~0.736 0
三等	0.807 4~0.831 2	八等	0.688 4~0.712 2
四等	0.783 6~0.807 4	九等	0.664 6~0.688 4
五等	0.759 8~0.783 6	十等	<0.664 6

二、区域水稻土质量等级分布情况

（一）不同水稻土质量等级面积分布

1. 西南区水稻土质量等级总体情况　西南区水稻土平均质量等级为 3.96。其中，高等级（一至三等）水稻土面积为 2 077 124.47 hm²，占西南区水稻土总面积的 42.58%；中等级（四至六等）水稻土面积为 2 296 506.09 hm²，占西南区水稻土总面积的 47.08%；低等级（七至十等）水稻土面积为 503 957.08 hm²，占西南区水稻土总面积的 10.34%。

如图 3-5 所示，在高等级水稻土中，质量等级为一等的水稻土面积为 591 612.82 hm²，占西南区水稻土总面积的 12.13%；质量等级为二等的水稻土面积为 617 125.45 hm²，占西南区水稻土总面积的 12.65%；质量等级为三等的水稻土面积为 868 386.20 hm²，占西南区水稻土总面积的 17.80%。在中等级水稻土中，质量等级为四等的水稻土面积为 969 040.05 hm²，占西南区水稻土总面积的 19.87%；质量等级为五等的水稻土面积为 796 266.43 hm²，占西南区水稻土总面积的 16.33%；质量等级为六等的水稻土面积为 531 199.61 hm²，占西南区水稻土总面积的 10.88%。在低等级水稻土中，质量等级为七等的水稻土面积为 283 481.18 hm²，占西南区水稻土总面积的 5.81%；质量等级为八等的水稻土面积为 136 347.44 hm²，占西南区水稻土总面积的 2.80%；质量等级为九等的水稻土面积为 59 823.80 hm²，占西南区水稻土总面积的 1.23%；质量等级为十等的水稻土面积为 24 304.66 hm²，占西南区水稻土总面积的 0.50%。

2. 西南区各省份水稻土质量等级分布　如表 3-63 所示，甘肃水稻土平均质量等级为 5.91。其中，高等级（一至三等）水稻土面积为 312.98 hm²，占甘肃水稻土面积的 6.88%；中等级（四至六等）水稻土面积为 2 903.77 hm²，占甘肃水稻土面积的 63.85%；低等级（七至十等）水稻土面积为 1 331.14 hm²，占甘肃水稻土面积的 29.27%。

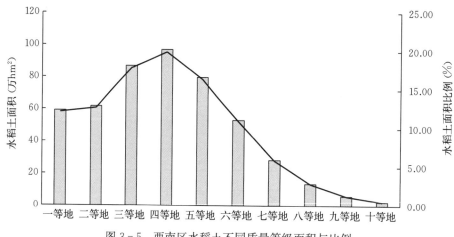

图 3-5　西南区水稻土不同质量等级面积与比例

表 3-63　西南区各省份水稻土不同质量等级面积与比例

质量等级	甘肃 面积（hm²）	甘肃 比例（%）	广西 面积（hm²）	广西 比例（%）	贵州 面积（hm²）	贵州 比例（%）	湖北 面积（hm²）	湖北 比例（%）	湖南 面积（hm²）	湖南 比例（%）
一等地	0.00	0.00	1 923.63	2.79	25 428.56	3.58	3 072.87	2.68	44 704.10	6.59
二等地	0.00	0.00	5 831.69	8.44	191 416.30	26.93	23 053.05	20.10	59 754.34	8.81
三等地	312.98	6.88	17 619.26	25.51	195 548.02	27.52	18 320.64	15.97	61 230.49	9.03
四等地	324.70	7.14	11 006.57	15.93	106 830.67	15.03	24 806.43	21.62	99 790.21	14.71
五等地	701.29	15.42	16 283.78	23.58	84 415.30	11.88	17 784.41	15.51	108 708.06	16.03
六等地	1 877.78	41.29	6 999.81	10.13	57 315.77	8.06	15 080.54	13.15	126 698.22	18.68
七等地	857.43	18.86	5 364.17	7.77	32 530.68	4.58	8 609.49	7.50	93 426.72	13.78
八等地	408.61	8.98	3 459.98	5.01	12 106.39	1.70	3 150.71	2.75	52 239.36	7.70
九等地	44.71	0.98	581.22	0.84	4 446.07	0.63	432.79	0.38	24 534.86	3.62
十等地	20.39	0.45	0.00	0.00	649.61	0.09	388.81	0.34	7 152.62	1.05
总计	4 547.89	100.00	69 070.11	100.00	710 687.37	100.00	114 699.74	100.00	678 238.98	100.00

质量等级	陕西 面积（hm²）	陕西 比例（%）	四川 面积（hm²）	四川 比例（%）	云南 面积（hm²）	云南 比例（%）	重庆 面积（hm²）	重庆 比例（%）
一等地	41 791.45	50.03	405 932.07	21.88	16 990.22	3.59	51 769.92	5.84
二等地	10 570.62	12.65	170 467.43	9.18	70 532.55	14.89	85 499.47	9.64
三等地	10 196.36	12.21	272 564.52	14.68	111 776.10	23.59	180 817.83	20.39
四等地	3 878.85	4.64	388 130.51	20.91	132 913.90	28.05	201 358.21	22.70
五等地	8 321.92	9.96	292 008.77	15.73	90 133.68	19.02	177 909.22	20.06
六等地	5 017.42	6.01	187 319.42	10.09	34 267.97	7.23	96 622.68	10.90
七等地	1992.47	2.39	78 718.17	4.24	8 631.48	1.82	53 350.57	6.02
八等地	1 235.56	1.48	32 121.83	1.73	6 257.07	1.32	25 367.93	2.86
九等地	529.58	0.63	19 284.82	1.04	1 329.02	0.28	8 640.73	0.97
十等地	0.00	0.00	9 627.74	0.52	976.70	0.21	5 488.79	0.62
总计	83 534.23	100.00	1 856 175.28	100.00	473 808.69	100.00	886 825.35	100.00

广西水稻土平均质量等级为 4.41。其中，高等级（一至三等）水稻土面积为 25 374.58 hm²，占广西水稻土面积的 36.74%；中等级（四至六等）水稻土面积为 34 290.16 hm²，占广西水稻土面积的 49.64%；低等级（七至十等）水稻土面积为 9 405.37 hm²，占广西水稻土面积的 13.62%。

贵州水稻土平均质量等级为 3.60。其中，高等级（一至三等）水稻土面积为 412 392.88 hm²，占贵州水稻土面积的 58.03%；中等级（四至六等）水稻土面积为 248 561.74 hm²，占贵州水稻土面积的 34.97%；低等级（七至十等）水稻土面积为 49 732.75 hm²，占贵州水稻土面积的 7.00%。

湖北水稻土平均质量等级为 4.15。其中，高等级（一至三等）水稻土面积为 44 446.56 hm²，占湖北水稻土面积的 38.75%；中等级（四至六等）水稻土面积为 57 671.38 hm²，占湖北水稻土面积的 50.28%；低等级（七至十等）水稻土面积为 12 581.80 hm²，占湖北水稻土面积的 10.97%。

湖南水稻土平均质量等级为 5.04。其中，高等级（一至三等）水稻土面积为 165 688.93 hm²，占湖南水稻土面积的 24.43%；中等级（四至六等）水稻土面积为 335 196.49 hm²，占湖南水稻土面积的 49.42%；低等级（七至十等）水稻土面积为 177 353.56 hm²，占湖南水稻土面积的 26.15%。

陕西水稻土平均质量等级为 2.51。其中，高等级（一至三等）水稻土面积为 62 558.43 hm²，占陕西水稻土面积的 74.89%；中等级（四至六等）水稻土面积为 17 218.19 hm²，占陕西水稻土面积的 20.61%；低等级（七至十等）水稻土面积为 3 757.61 hm²，占陕西水稻土面积的 4.50%。

四川水稻土平均质量等级为 3.65。其中，高等级（一至三等）水稻土面积为 848 964.02 hm²，占四川水稻土面积的 45.74%；中等级（四至六等）水稻土面积为 867 458.70 hm²，占四川水稻土面积的 46.73%；低等级（七至十等）水稻土面积为 139 752.56 hm²，占四川水稻土面积的 7.53%。

云南水稻土平均质量等级为 3.83。其中，高等级（一至三等）水稻土面积为 199 298.87 hm²，占云南水稻土面积的 42.07%；中等级（四至六等）水稻土面积为 257 315.55 hm²，占云南水稻土面积的 54.30%；低等级（七至十等）水稻土面积为 17 194.27 hm²，占云南水稻土面积的 3.63%。

重庆水稻土平均质量等级为 4.23。其中，高等级（一至三等）水稻土面积为 318 087.22 hm²，占重庆水稻土面积的 35.87%；中等级（四至六等）水稻土面积为 475 890.11 hm²，占重庆水稻土面积的 53.66%；低等级（七至十等）水稻土面积为 92 848.02 hm²，占重庆水稻土面积的 10.47%。

3. 西南区各二级区水稻土质量等级分布 如表 3-64 所示，川滇高原山地林农牧区水稻土平均质量等级为 3.94。其中，高等级（一至三等）水稻土面积为 226 630.14 hm²，占林农牧区水稻土面积的 40.26%；中等级（四至六等）水稻土面积为 303 800.14 hm²，占林农牧区水稻土面积的 53.96%；低等级（七至十等）水稻土面积为 32 558.37 hm²，占林农牧区水稻土面积的 5.78%。

表 3-64 西南区各二级区水稻土不同质量等级面积与比例

质量等级	川滇高原山地林农牧区 面积(hm²)	比例(%)	黔桂高原山地林农牧区 面积(hm²)	比例(%)	秦岭大巴山林农区 面积(hm²)	比例(%)	四川盆地农林区 面积(hm²)	比例(%)	渝鄂湘黔边境山地林农区 面积(hm²)	比例(%)
一等地	27 695.61	4.92	28 655.90	4.99	41 997.65	23.97	443 342.69	17.89	49 920.97	4.59
二等地	76 428.00	13.58	155 489.76	27.10	33 530.15	19.14	231 991.86	9.37	119 685.68	11.00
三等地	122 506.53	21.76	156 098.60	27.20	28 417.38	16.22	409 251.21	16.52	152 112.48	13.97
四等地	148 139.68	26.31	86 440.52	15.06	18 164.58	10.37	538 039.10	21.72	178 256.17	16.38
五等地	103 524.61	18.39	70 741.03	12.33	22 166.44	12.64	421 106.23	17.00	178 728.12	16.42
六等地	52 135.85	9.26	42 222.77	7.36	20 864.61	11.91	240 916.66	9.73	175 059.72	16.08
七等地	18 353.95	3.25	22 394.30	3.90	4 802.35	2.73	106 935.73	4.32	130 994.85	12.05
八等地	10 448.35	1.86	9 699.72	1.69	3 833.41	2.19	47 011.89	1.90	65 354.07	6.00
九等地	2 524.26	0.45	2 117.76	0.37	1 012.76	0.58	25 058.85	1.01	29 110.17	2.67
十等地	1 231.81	0.22	0.00	0.00	433.00	0.25	13 498.74	0.54	9 141.11	0.84
总计	562 988.65	100.00	573 860.36	100.00	175 222.33	100.00	2 477 152.95	100.00	1 088 363.34	100.00

黔桂高原山地林农牧区水稻土平均质量等级为 3.51。其中，高等级（一至三等）水稻土面积为 340 244.26 hm²，占林农牧区水稻土面积的 59.29%；中等级（四至六等）水稻土面积为 199 404.32 hm²，占林农牧区水稻土面积的 34.75%；低等级（七至十等）水稻土面积为 34 211.78 hm²，占林农牧区水稻土面积的 5.96%。

秦岭大巴山林农区水稻土平均质量等级为 3.31。其中，高等级（一至三等）水稻土面积为 103 945.18 hm²，占山林农区水稻土面积的 59.33%；中等级（四至六等）水稻土面积为 61 195.63 hm²，占山林农区水稻土面积的 34.92%；低等级（七至十等）水稻土面积为 10 081.52 hm²，占山林农区水稻土面积的 5.75%。

四川盆地农林区水稻土平均质量等级为 3.76。其中，高等级（一至三等）水稻土面积为 1 084 585.76 hm²，占农林区水稻土面积的 43.78%；中等级（四至六等）水稻土面积为 1 200 061.99 hm²，占农林区水稻土面积的 48.45%；低等级（七至十等）水稻土面积为 192 505.21 hm²，占农林区水稻土面积的 7.77%。

渝鄂湘黔边境山地林农区水稻土平均质量等级为 4.77。其中，高等级（一至三等）水稻土面积为 321 719.13 hm²，占山地林农区水稻土面积的 29.56%；中等级（四至六等）水稻土面积为 532 044.01 hm²，占山地林农区水稻土面积的 48.88%；低等级（七至十等）水稻土面积为 234 600.20 hm²，占山地林农区水稻土面积的 21.56%。

（二）不同水稻土亚类质量等级状况

西南区水稻土亚类包括漂洗水稻土、潜育水稻土、渗育水稻土、脱潜水稻土、淹育水稻土、盐渍水稻土、潴育水稻土 7 类。其中，潴育水稻土面积为 2 265 216.88 hm²，占西南区水稻土面积的 46.43%；渗育水稻土面积为 1 497 771.66 hm²，占西南区水稻土面积的 30.71%；淹育水稻土面积为 752 626.10 hm²，占西南区水稻土面积的 15.43%；潜育水稻土面积为 270 259.46 hm²，占西南区水稻土面积的 5.54%；漂洗水稻土面积为 68 743.14 hm²，占西南区水稻土面积的 1.41%；脱潜水稻土面积为 22 855.02 hm²，占西南区水稻土面积的 0.47%；盐渍水稻土面积为 115.39 hm²，占西南区水稻土面积的 0.01%（表 3-65）。

表 3-65　西南区水稻土亚类不同质量等级面积与比例

质量等级	漂洗水稻土		潜育水稻土		渗育水稻土		脱潜水稻土	
	面积（hm²）	比例（%）	面积（hm²）	比例（%）	面积（hm²）	比例（%）	面积（hm²）	比例（%）
一等地	5 784.97	8.42	29 420.42	10.89	218 042.98	14.56	11 324.63	49.55
二等地	9 782.71	14.23	27 182.23	10.06	168 006.66	11.22	3 504.89	15.34
三等地	9 938.21	14.46	36 013.67	13.32	283 825.09	18.95	3 252.45	14.23
四等地	15 810.32	23.00	53 978.13	19.97	313 876.35	20.96	2 255.23	9.87
五等地	20 020.98	29.13	44 295.69	16.39	241 886.54	16.15	810.08	3.54
六等地	2 895.53	4.20	42 939.47	15.89	149 842.73	10.00	465.49	2.04
七等地	2 772.71	4.02	17 363.75	6.43	73 824.91	4.93	393.32	1.72
八等地	1 179.13	1.72	12 195.05	4.51	24 735.95	1.65	511.99	2.24
九等地	335.03	0.49	5 237.31	1.94	16 345.35	1.09	336.94	1.47
十等地	223.55	0.33	1 633.74	0.60	7 385.10	0.49	0.00	0.00
总计	68 743.14	100.00	270 259.46	100.00	1 497 771.66	100.00	22 855.02	100.00

（续）

质量等级	淹育水稻土		盐渍水稻土		潴育水稻土	
	面积 (hm²)	比例 (%)	面积 (hm²)	比例 (%)	面积 (hm²)	比例 (%)
一等地	59 616.17	7.92	0.00	0.00	267 423.65	11.81
二等地	67 970.73	9.03	0.00	0.00	340 678.23	15.04
三等地	126 218.99	16.77	0.00	0.00	409 137.79	18.06
四等地	168 815.23	22.43	0.00	0.00	414 304.79	18.29
五等地	136 750.02	18.17	21.22	18.39	352 481.90	15.56
六等地	102 817.70	13.66	94.17	81.61	232 144.52	10.25
七等地	49 303.43	6.56	0.00	0.00	139 823.06	6.18
八等地	29 456.56	3.91	0.00	0.00	68 268.76	3.01
九等地	7 558.28	1.00	0.00	0.00	30 010.89	1.32
十等地	4 118.99	0.55	0.00	0.00	10 943.28	0.48
总计	752 626.10	100.00	115.39	100.00	2 265 216.87	100.00

如表 3-65 所示，漂洗水稻土平均质量等级为 3.93。其中，高等级（一至三等）水稻土面积为 25 505.89 hm²，占漂洗水稻土面积的 37.11%；中等级（四至六等）水稻土面积为 38 726.83 hm²，占漂洗水稻土面积的 56.33%；低等级（七至十等）水稻土面积为 4 510.42 hm²，占漂洗水稻土面积的 6.56%。

潜育水稻土平均质量等级为 4.33。其中，高等级（一至三等）水稻土面积为 92 616.32 hm²，占潜育水稻土面积的 34.27%；中等级（四至六等）水稻土面积为 141 213.29 hm²，占潜育水稻土面积的 52.25%；低等级（七至十等）水稻土面积为 36 429.85 hm²，占潜育水稻土面积的 13.48%。

渗育水稻土平均质量等级为 3.81。其中，高等级（一至三等）水稻土面积为 669 874.73 hm²，占渗育水稻土面积的 44.73%；中等级（四至六等）水稻土面积为 705 605.62 hm²，占渗育水稻土面积的 47.11%；低等级（七至十等）水稻土面积为 122 291.31 hm²，占渗育水稻土面积的 8.16%。

脱潜水稻土平均质量等级为 2.36。其中，高等级（一至三等）水稻土面积为 18 081.97 hm²，占脱潜水稻土面积的 79.12%；中等级（四至六等）水稻土面积为 3 530.80 hm²，占脱潜水稻土面积的 15.45%；低等级（七至十等）水稻土面积为 1 242.25 hm²，占脱潜水稻土面积的 5.43%。

淹育水稻土平均质量等级为 4.31。其中，高等级（一至三等）水稻土面积为 253 805.89 hm²，占淹育水稻土面积的 33.72%；中等级（四至六等）水稻土面积为 408 382.95 hm²，占淹育水稻土面积的 54.26%；低等级（七至十等）水稻土面积为 90 437.26 hm²，占淹育水稻土面积的 12.02%。

盐渍水稻土平均质量等级为 4.32，无高等级和低等级水稻土分布。其中，中等级（四至六等）水稻土面积为 115.39 hm²，占盐渍水稻土面积的 100.00%。

潴育水稻土平均质量等级为 3.93。其中，高等级（一至三等）水稻土面积为 1 017 239.67 hm²，占潴育水稻土面积的 44.91%；中等级（四至六等）水稻土面积为 998 931.21 hm²，占潴育水稻土面积的 44.10%；低等级（七至十等）水稻土面积为 249 045.99 hm²，占潴育水稻土面积的 10.99%。

（三）不同水稻土土属质量等级状况

1. 潴育水稻土各土属质量等级分布 西南区潴育水稻土包括潮沙泥田、潮泥田、红泥田、红沙泥田、湖泥田、黄泥田、灰泥田、麻沙泥田、马肝泥田、沙泥田、鳝泥田、涂泥田、紫泥田 13 种土属，如表 3-66 所示。

表 3-66　西南区潴育水稻土土属质量等级面积与比例

质量等级	潮沙泥田 面积(hm²)	潮沙泥田 比例(%)	潮泥田 面积(hm²)	潮泥田 比例(%)	红泥田 面积(hm²)	红泥田 比例(%)	红沙泥田 面积(hm²)	红沙泥田 比例(%)	湖泥田 面积(hm²)	湖泥田 比例(%)
一等地	482.03	2.15	104 999.08	29.55	3 836.77	2.48	12 321.59	29.95	3 528.02	2.33
二等地	5 819.69	25.99	46 577.69	13.11	21 540.87	13.90	6 466.18	15.72	32 326.93	21.32
三等地	6 614.36	29.55	37 853.11	10.65	26 293.50	16.97	12 163.17	29.57	32 456.62	21.40
四等地	3 372.13	15.06	47 431.36	13.35	49 092.61	31.68	2 916.97	7.09	30 259.75	19.95
五等地	4 123.91	18.42	40 978.81	11.53	26 975.61	17.41	2 399.27	5.83	33 268.22	21.94
六等地	939.04	4.19	34 384.86	9.68	16 052.64	10.36	1 263.38	3.07	14 087.77	9.29
七等地	805.92	3.60	26 458.61	7.45	6 778.63	4.38	2 104.33	5.12	3 662.60	2.42
八等地	232.32	1.04	11 015.43	3.10	2 625.18	1.69	910.00	2.21	1 302.51	0.86
九等地	0.00	0.00	4 815.72	1.36	1 476.14	0.95	586.44	1.43	355.57	0.23
十等地	0.00	0.00	765.92	0.22	283.79	0.18	5.27	0.01	396.25	0.26
总计	22 389.40	100.00	355 280.59	100.00	154 955.74	100.00	41 136.60	100.00	151 644.24	100.00

质量等级	黄泥田 面积(hm²)	黄泥田 比例(%)	灰泥田 面积(hm²)	灰泥田 比例(%)	麻沙泥田 面积(hm²)	麻沙泥田 比例(%)	马肝泥田 面积(hm²)	马肝泥田 比例(%)	沙泥田 面积(hm²)	沙泥田 比例(%)
一等地	87 258.85	24.01	14 111.78	5.19	804.12	2.25	50.58	0.76	2 290.51	3.43
二等地	91 856.25	25.28	56 685.73	20.87	3 060.50	8.55	192.40	2.90	7 061.24	10.58
三等地	61 465.66	16.92	75 316.57	27.73	10 831.43	30.26	425.64	6.41	10 146.38	15.20
四等地	42 281.75	11.64	41 934.16	15.44	2 678.03	7.48	3 405.44	51.31	9 601.82	14.39
五等地	31 856.37	8.77	34 366.09	12.65	2 896.22	8.09	2 345.37	35.34	11 570.85	17.35
六等地	24 142.87	6.64	23 185.63	8.53	6 838.66	19.10	130.60	1.97	9 791.80	14.67
七等地	15 450.80	4.25	13 539.74	4.99	3 735.15	10.44	23.79	0.36	7 931.74	11.89
八等地	6 259.53	1.72	8 407.23	3.09	1 711.81	4.78	36.03	0.54	5 588.29	8.37
九等地	2 152.33	0.59	2 866.01	1.05	2 793.72	7.80	27.00	0.41	1994.75	2.99
十等地	644.63	0.18	1 247.01	0.46	446.74	1.25	0.00	0.00	755.93	1.13
总计	363 369.04	100.00	271 659.95	100.00	35 796.38	100.00	6 636.85	100.00	66 733.31	100.00

质量等级	鳝泥田 面积(hm²)	鳝泥田 比例(%)	涂泥田 面积(hm²)	涂泥田 比例(%)	紫泥田 面积(hm²)	紫泥田 比例(%)
一等地	8 493.55	5.28	0.00	0.00	29 246.77	4.64
二等地	14 878.95	9.25	186.16	4.42	54 025.64	8.57
三等地	20 445.92	12.71	554.14	13.14	114 571.29	18.17
四等地	22 508.33	13.99	502.53	11.92	158 319.91	25.11
五等地	26 556.08	16.51	268.94	6.38	134 876.16	21.39
六等地	27 124.13	16.87	1 133.97	26.89	73 069.17	11.59
七等地	22 173.83	13.78	767.36	18.20	36 390.56	5.77
八等地	12 496.37	7.77	421.71	10.00	17 262.35	2.74
九等地	4 057.69	2.52	116.67	2.77	8 768.85	1.39
十等地	2 121.58	1.32	264.74	6.28	4 011.42	0.64
总计	160 856.43	100.00	4 216.22	100.00	630 542.12	100.00

潮沙泥田平均质量等级为 3.54。其中，高等级（一至三等）水稻土面积为 12 916.08 hm²，占潮沙泥田面积的 57.69%；中等级（四至六等）水稻土面积为 8 435.08 hm²，占潮沙泥田面积的 37.67%；低等级（七至十等）水稻土面积为 1 038.24 hm²，占潮沙泥田面积的 4.64%。

潮泥田平均质量等级为 3.48。其中，高等级（一至三等）水稻土面积为 189 429.88 hm²，占潮泥田面积的 53.31%；中等级（四至六等）水稻土面积为 122 795.03 hm²，占潮泥田面积的 34.56%；低等级（七至十等）水稻土面积为 43 055.68 hm²，占潮泥田面积的 4.23%。

红泥田平均质量等级为 4.12。其中，高等级（一至三等）水稻土面积为 51 671.14 hm²，占红泥田面积的 33.35%；中等级（四至六等）水稻土面积为 92 120.86 hm²，占红泥田面积的 59.45%；低等级（七至十等）水稻土面积为 11 163.74 hm²，占红泥田面积的 7.20%。

红沙泥田平均质量等级为 2.93。其中，高等级（一至三等）水稻土面积为 30 950.94 hm²，占红沙泥田面积的 75.24%；中等级（四至六等）水稻土面积为 6 579.62 hm²，占红沙泥田面积的 15.99%；低等级（七至十等）水稻土面积为 3 606.04 hm²，占红沙泥田面积的 8.77%。

湖泥田平均质量等级为 3.83。其中，高等级（一至三等）水稻土面积为 68 311.57 hm²，占湖泥田面积的 45.05%；中等级（四至六等）水稻土面积为 77 615.74 hm²，占湖泥田面积的 51.18%；低等级（七至十等）水稻土面积为 5 716.93 hm²，占湖泥田面积的 3.77%。

黄泥田平均质量等级为 3.06。其中，高等级（一至三等）水稻土面积为 240 580.76 hm²，占黄泥田面积的 66.21%；中等级（四至六等）水稻土面积为 98 280.99 hm²，占黄泥田面积的 27.05%；低等级（七至十等）水稻土面积为 24 507.29 hm²，占黄泥田面积的 6.74%。

灰泥田平均质量等级为 3.80。其中，高等级（一至三等）水稻土面积为 146 114.08 hm²，占灰泥田面积的 53.79%；中等级（四至六等）水稻土面积为 99 485.88 hm²，占灰泥田面积的 36.62%；低等级（七至十等）水稻土面积为 26 059.99 hm²，占灰泥田面积的 9.59%。

麻沙泥田平均质量等级为 4.89。其中，高等级（一至三等）水稻土面积为 14 696.05 hm²，占麻沙泥田面积的 41.06%；中等级（四至六等）水稻土面积为 12 412.91 hm²，占麻沙泥田面积的 34.67%；低等级（七至十等）水稻土面积为 8 687.42 hm²，占麻沙泥田面积的 24.27%。

马肝泥田平均质量等级为 4.30。其中，高等级（一至三等）水稻土面积为 668.62 hm²，占马肝泥田面积的 10.07%；中等级（四至六等）水稻土面积为 5 881.41 hm²，占马肝泥田面积的 88.62%；低等级（七至十等）水稻土面积为 86.82 hm²，占马肝泥田面积的 1.31%。

沙泥田平均质量等级为 4.91。其中，高等级（一至三等）水稻土面积为 19 498.13 hm²，占沙泥田面积的 29.21%；中等级（四至六等）水稻土面积为 30 964.47 hm²，占沙泥田面积的 46.41%；低等级（七至十等）水稻土面积为 16 270.71 hm²，占沙泥田面积的 24.38%。

鳝泥田平均质量等级为 4.96。其中，高等级（一至三等）水稻土面积为 43 818.42 hm²，占鳝泥田面积的 27.24%；中等级（四至六等）水稻土面积为 76 188.54 hm²，占鳝泥田面积的 47.37%；低等级（七至十等）水稻土面积为 40 849.47 hm²，占鳝泥田面积的 25.39%。

涂泥田平均质量等级为 5.84。其中，高等级（一至三等）水稻土面积为 740.30 hm²，占涂泥田面积的 17.56%；中等级（四至六等）水稻土面积为 1 905.44 hm²，占涂泥田面积的 45.19%；低等级（七至十等）水稻土面积为 1 570.48 hm²，占涂泥田面积的 37.25%。

紫泥田平均质量等级为 4.34。其中，高等级（一至三等）水稻土面积为 197 843.70 hm²，占紫泥田面积的 31.38%；中等级（四至六等）水稻土面积为 366 265.24 hm²，占紫泥田面积的 58.09%；低等级（七至十等）水稻土面积为 66 433.18 hm²，占紫泥田面积的 10.54%。

2. 渗育水稻土各土属质量等级分布　西南区渗育水稻土包括渗潮沙泥田、渗潮泥田、渗红泥田、渗灰泥田、渗马肝泥田、渗煤锈田、渗沙泥田、渗鳝泥田、渗紫泥田 9 种土属，如表 3 - 67 所示。

表 3 - 67　西南区渗育水稻土土属质量等级面积与比例

质量等级	渗潮沙泥田		渗潮泥田		渗红泥田		渗灰泥田		渗马肝泥田	
	面积（hm²）	比例（%）	面积（hm²）	比例（%）	面积（hm²）	比例（%）	面积（hm²）	比例（%）	面积（hm²）	比例（%）
一等地	42 336.42	34.70	103 299.80	41.93	8 099.38	20.33	689.11	1.14	749.24	34.08
二等地	10 465.09	8.58	33 018.91	13.40	5 634.14	14.14	14 829.10	24.59	1 306.96	59.46
三等地	25 010.97	20.50	33 547.64	13.62	4 717.62	11.85	16 658.32	27.62	141.98	6.46
四等地	20 834.43	17.07	33 973.62	13.79	4 962.36	12.46	9 676.73	16.05	0.00	0.00
五等地	8 078.40	6.62	19 827.52	8.05	7 488.86	18.80	6 862.47	11.38	0.00	0.00
六等地	6 252.96	5.13	11 582.07	4.70	5 482.75	13.77	6 573.62	10.90	0.00	0.00
七等地	5 707.58	4.68	5 964.73	2.42	1 428.90	3.59	3 598.23	5.97	0.00	0.00
八等地	1 643.17	1.35	3 700.28	1.50	1 286.24	3.23	1 067.63	1.77	0.00	0.00
九等地	713.62	0.58	583.09	0.24	564.66	1.42	185.09	0.31	0.00	0.00
十等地	965.48	0.79	850.38	0.35	161.81	0.41	163.01	0.27	0.00	0.00
总计	122 008.12	100.00	246 348.04	100.00	39 826.72	100.00	60 303.31	100.00	2 198.18	100.00

质量等级	渗煤锈田		渗沙泥田		渗鳝泥田		渗紫泥田	
	面积（hm²）	比例（%）	面积（hm²）	比例（%）	面积（hm²）	比例（%）	面积（hm²）	比例（%）
一等地	159.07	2.53	5 452.06	6.99	15 049.94	11.04	42 207.96	5.23
二等地	942.90	14.98	19 919.10	25.54	37 244.25	27.32	44 646.21	5.54
三等地	1 779.13	28.26	14 116.77	18.10	25 785.93	18.91	162 066.73	20.10
四等地	452.15	7.18	9 660.94	12.38	22 204.43	16.28	212 111.69	26.29
五等地	1 776.34	28.22	12 958.54	16.61	15 077.42	11.06	169 816.99	21.06
六等地	844.27	13.41	7 842.28	10.05	9 842.58	7.22	101 422.20	12.58
七等地	341.05	5.42	5 867.39	7.52	8 102.15	5.94	42 814.88	5.31
八等地	0.00	0.00	437.35	0.56	1 389.36	1.02	15 211.92	1.89
九等地	0.00	0.00	1 444.98	1.86	1 313.19	0.96	11 540.72	1.43
十等地	0.00	0.00	307.04	0.39	339.02	0.25	4 598.36	0.57
总计	6 294.91	100.00	78 006.45	100.00	136 348.27	100.00	806 437.66	100.00

　　渗潮沙泥田平均质量等级为 3.02。其中，高等级（一至三等）水稻土面积为 77 812.48 hm²，占渗潮沙泥田面积的 63.78%；中等级（四至六等）水稻土面积为 35 165.79 hm²，占渗潮沙泥田面积的 28.82%；低等级（七至十等）水稻土面积为 9 029.85 hm²，占渗潮沙泥田面积的 7.40%。

　　渗潮泥田平均质量等级为 2.68。其中，高等级（一至三等）水稻土面积为 169 866.35 hm²，占渗潮泥田面积的 68.95%；中等级（四至六等）水稻土面积为 65 383.21 hm²，占渗潮泥田面积的 26.54%；低等级（七至十等）水稻土面积为 11 098.48 hm²，占渗潮泥田面积的 4.51%。

　　渗红泥田平均质量等级为 3.78。其中，高等级（一至三等）水稻土面积为 18 451.14 hm²，占渗红泥田面积的 46.32%；中等级（四至六等）水稻土面积为 17 933.97 hm²，占渗红泥田面积的 45.03%；低等级（七至十等）水稻土面积为 3 441.61 hm²，占渗红泥田面积的 8.65%。

　　渗灰泥田平均质量等级为 3.81。其中，高等级（一至三等）水稻土面积为 32 176.53 hm²，占渗灰泥田面积的 53.35%；中等级（四至六等）水稻土面积为 23 112.82 hm²，占渗灰泥田面积的 38.33%；低等级（七至十等）水稻土面积为 5 013.96 hm²，占渗灰泥田面积的 8.32%。

　　渗马肝泥田平均质量等级为 1.72，无中等级和低等级水稻土分布。其中，高等级（一至三等）水稻土面积为 2 198.18 hm²，占渗马肝泥田面积的 100.00%。

渗煤锈田平均质量等级为 4.05。其中，高等级（一至三等）水稻土面积为 2 881.10 hm²，占渗煤锈田面积的 45.77%；中等级（四至六等）水稻土面积为 3 072.76 hm²，占渗煤锈田面积的 48.81%；低等级（七至十等）水稻土面积为 341.05 hm²，占渗煤锈田面积的 5.42%。

渗沙泥田平均质量等级为 3.83。其中，高等级（一至三等）水稻土面积为 39 487.93 hm²，占渗沙泥田面积的 50.63%；中等级（四至六等）水稻土面积为 30 461.76 hm²，占渗沙泥田面积的 39.04%；低等级（七至十等）水稻土面积为 8 056.76 hm²，占渗沙泥田面积的 10.33%。

渗鳝泥田平均质量等级为 3.47。其中，高等级（一至三等）水稻土面积为 78 080.12 hm²，占渗鳝泥田面积的 57.27%；中等级（四至六等）水稻土面积为 47 124.43 hm²，占渗鳝泥田面积的 34.56%；低等级（七至十等）水稻土面积为 11 143.72hm²，占渗鳝泥田面积的 8.17%。

渗紫泥田平均质量等级为 3.81。其中，高等级（一至三等）水稻土面积为 248 920.90 hm²，占渗紫泥田面积的 30.87%；中等级（四至六等）水稻土面积为 483 350.88 hm²，占渗紫泥田面积的 59.93%；低等级（七至十等）水稻土面积为 74 165.88 hm²，占渗紫泥田面积的 9.20%。

3. 淹育水稻土各土属质量等级分布 西南区淹育水稻土包括浅暗泥田、浅白粉泥田、浅潮白土田、浅潮沙泥田、浅潮泥田、浅红泥田、浅红沙泥田、浅黄泥田、浅灰泥田、浅麻沙泥田、浅马肝泥田、浅沙泥田、浅鳝泥田、浅紫泥田 14 种土属，如表 3 - 68 所示。

表 3 - 68 西南区淹育水稻土土属质量等级面积与比例

| 质量等级 | 浅暗泥田 | | 浅白粉泥田 | | 浅潮白土田 | | 浅潮沙泥田 | | 浅潮泥田 | |
	面积(hm²)	比例(%)	面积(hm²)	比例(%)	面积(hm²)	比例(%)	面积(hm²)	比例(%)	面积(hm²)	比例(%)
一等地	0.00	0.00	0.00	0.00	0.00	0.00	2 756.85	8.37	12 263.46	19.90
二等地	0.00	0.00	0.00	0.00	2 856.20	83.02	4 334.32	13.15	8 509.14	13.81
三等地	454.44	100.00	739.38	60.10	17.52	0.51	8 510.11	25.83	11 693.68	18.98
四等地	0.00	0.00	0.00	0.00	0.00	0.00	9 016.26	27.36	14 340.60	23.26
五等地	0.00	0.00	490.96	39.90	81.09	2.36	4 395.15	13.34	9 594.15	15.57
六等地	0.00	0.00	0.00	0.00	85.16	2.48	1 427.42	4.33	3 468.30	5.63
七等地	0.00	0.00	0.00	0.00	278.81	8.10	615.34	1.87	1 390.46	2.26
八等地	0.00	0.00	0.00	0.00	121.41	3.53	1 771.86	5.37	348.94	0.57
九等地	0.00	0.00	0.00	0.00	0.00	0.00	124.64	0.38	0.00	0.00
十等地	0.00	0.00	0.00	0.00	0.00	0.00	0.00	0.00	9.84	0.02
总计	454.44	100.00	1 230.34	100.00	3 440.19	100.00	32 951.95	100.00	61 618.50	100.00

| 质量等级 | 浅红泥田 | | 浅红沙泥田 | | 浅黄泥田 | | 浅灰泥田 | | 浅麻沙泥田 | |
	面积(hm²)	比例(%)	面积(hm²)	比例(%)	面积(hm²)	比例(%)	面积(hm²)	比例(%)	面积(hm²)	比例(%)
一等地	2 833.45	6.29	24.16	0.29	1 821.74	4.02	1 600.69	3.06	0.00	0.00
二等地	4 611.79	10.23	125.58	1.50	3 083.18	6.81	5 528.00	10.57	0.00	0.00
三等地	13 849.84	30.73	176.00	2.10	5 747.46	12.68	6 342.41	12.12	25.95	0.50
四等地	15 274.32	33.89	4 277.52	51.14	7 833.10	17.29	8 697.31	16.63	121.00	2.31
五等地	5 676.14	12.59	1 408.28	16.84	7 769.29	17.15	10 535.63	20.14	426.21	8.15
六等地	2 298.28	5.10	509.39	6.09	8 286.32	18.29	9 188.37	17.57	3 185.95	60.91
七等地	122.53	0.27	1 294.19	15.47	6 494.92	14.34	5 581.31	10.67	523.04	10.00
八等地	403.98	0.90	399.42	4.78	2 160.50	4.77	3 330.65	6.37	545.37	10.43
九等地	0.00	0.00	102.46	1.22	1 704.24	3.76	1 225.45	2.34	402.70	7.70
十等地	0.00	0.00	47.66	0.57	403.00	0.89	279.02	0.53	0.00	0.00
总计	45 070.33	100.00	8 364.66	100.00	45 303.75	100.00	52 308.84	100.00	5 230.22	100.00

（续）

质量 等级	浅马肝泥田		浅沙泥田		浅鳝泥田		浅紫泥田	
	面积 （hm²）	比例 （%）	面积 （hm²）	比例 （%）	面积 （hm²）	比例 （%）	面积 （hm²）	比例 （%）
一等地	95.09	2.53	521.99	1.46	1 025.00	1.87	36 673.74	9.12
二等地	95.23	2.54	3 561.93	9.96	9 434.80	17.21	25 830.56	6.42
三等地	32.53	0.87	3 595.88	10.05	15 621.95	28.49	59 411.84	14.77
四等地	770.22	20.53	5 126.48	14.33	13 543.09	24.70	89 815.33	22.32
五等地	649.18	17.31	7 828.12	21.88	5 968.21	10.88	81 927.61	20.36
六等地	557.60	14.87	7 251.86	20.27	5 983.57	10.91	60 575.48	15.06
七等地	534.30	14.25	4 254.11	11.89	1 949.12	3.55	26 265.37	6.54
八等地	758.92	20.23	2 702.81	7.56	1 005.86	1.83	15 906.84	3.95
九等地	96.32	2.57	859.33	2.40	305.43	0.56	2 737.71	0.68
十等地	161.19	4.30	71.37	0.20	0.00	0.00	3 146.91	0.78
总计	3 750.58	100.00	35 773.88	100.00	54 837.03	100.00	402 291.39	100.00

浅暗泥田平均质量等级为 3.00，无中等级和低等级水稻土分布。其中，高等级（一至三等）水稻土面积为 454.44 hm²，占浅暗泥田面积的 100.00%。

浅白粉泥田平均质量等级为 3.80，无低等级水稻土分布。其中，高等级（一至三等）水稻土面积为 739.38 hm²，占浅白粉泥田面积的 60.10%；中等级（四至六等）水稻土面积为 490.96 hm²，占浅白粉泥田面积的 39.90%。

浅潮白土田平均质量等级为 2.79。其中，高等级（一至三等）水稻土面积为 2 873.72 hm²，占浅潮白土田面积的 83.53%；中等级（四至六等）水稻土面积为 166.25 hm²，占浅潮白土田面积的 4.84%；低等级（七至十等）水稻土面积为 400.22 hm²，占浅潮白土田面积的 11.63%。

浅潮沙泥田平均质量等级为 3.74。其中，高等级（一至三等）水稻土面积为 15 601.28 hm²，占浅潮沙泥田面积的 47.35%；中等级（四至六等）水稻土面积为 14 838.83 hm²，占浅潮沙泥田面积的 45.03%；低等级（七至十等）水稻土面积为 2 511.84 hm²，占浅潮沙泥田面积的 7.62%。

浅潮泥田平均质量等级为 3.30。其中，高等级（一至三等）水稻土面积为 32 466.28 hm²，占浅潮泥田面积的 52.69%；中等级（四至六等）水稻土面积为 27 403.05 hm²，占浅潮泥田面积的 44.46%；低等级（七至十等）水稻土面积为 1 749.17 hm²，占浅潮泥田面积的 2.85%。

浅红泥田平均质量等级为 3.57。其中，高等级（一至三等）水稻土面积为 21 295.08 hm²，占浅红泥田面积的 47.25%；中等级（四至六等）水稻土面积为 23 248.74 hm²，占浅红泥田面积的 51.58%；低等级（七至十等）水稻土面积为 526.51 hm²，占浅红泥田面积的 1.17%。

浅红沙泥田平均质量等级为 4.98。其中，高等级（一至三等）水稻土面积为 325.74 hm²，占浅红沙泥田面积的 3.89%；中等级（四至六等）水稻土面积为 6 195.19 hm²，占浅红沙泥田面积的 74.07%；低等级（七至十等）水稻土面积为 1 843.73 hm²，占浅红沙泥田面积的 22.04%。

浅黄泥田平均质量等级为 5.02。其中，高等级（一至三等）水稻土面积为 10 652.38 hm²，占浅黄泥田面积的 23.51%；中等级（四至六等）水稻土面积为 23 888.71 hm²，占浅黄泥田面积的 52.73%；低等级（七至十等）水稻土面积为 10 762.66 hm²，占浅黄泥田面积的 23.76%。

浅灰泥田平均质量等级为 4.85。其中，高等级（一至三等）水稻土面积为 13 471.10 hm²，占浅灰泥田面积的 25.75%；中等级（四至六等）水稻土面积为 28 421.31 hm²，占浅灰泥田面积的 54.34%；低等级（七至十等）水稻土面积为 10 416.43 hm²，占浅灰泥田面积的 19.91%。

浅麻沙泥田平均质量等级为 6.40。其中，高等级（一至三等）水稻土面积为 25.95 hm²，占浅麻沙泥田面积的 0.50%；中等级（四至六等）水稻土面积为 3 733.16 hm²，占浅麻沙泥田面积的

71.37％，低等级（七至十等）水稻土面积为 1 471.11 hm²，占浅麻沙泥田面积的 28.13％。

浅马肝泥田平均质量等级为 5.96。其中，高等级（一至三等）水稻土面积为 222.85 hm²，占浅马肝泥田面积的 5.94％；中等级（四至六等）水稻土面积为 1 977.00 hm²，占浅马肝泥田面积的 52.71％；低等级（七至十等）水稻土面积为 1 550.73 hm²，占浅马肝泥田面积的 41.35％。

浅沙泥田平均质量等级为 5.07。其中，高等级（一至三等）水稻土面积为 7 679.80 hm²，占浅沙泥田面积的 21.47％；中等级（四至六等）水稻土面积为 20 206.46 hm²，占浅沙泥田面积的 56.48％；低等级（七至十等）水稻土面积为 7 887.62 hm²，占浅沙泥田面积的 22.05％。

浅鳝泥田平均质量等级为 3.85。其中，高等级（一至三等）水稻土面积为 26 081.75 hm²，占浅鳝泥田面积的 47.57％；中等级（四至六等）水稻土面积为 25 494.87 hm²，占浅鳝泥田面积的 46.49％；低等级（七至十等）水稻土面积为 3 260.41 hm²，占浅鳝泥田面积的 5.94％。

浅紫泥田平均质量等级为 4.39。其中，高等级（一至三等）水稻土面积为 121 916.14 hm²，占浅紫泥田面积的 30.31％；中等级（四至六等）水稻土面积为 232 318.42 hm²，占浅紫泥田面积的 57.74％；低等级（七至十等）水稻土面积为 48 056.83 hm²，占浅紫泥田面积的 11.95％。

4. 潜育水稻土各土属质量等级分布 西南区潜育水稻土包括表潜黄泥田、烂泥田、泥炭土田、青潮泥田、青红泥田、青红沙泥田、青灰泥田、青麻沙泥田、青沙泥田、青鳝泥田、青紫泥田、锈水田 12 种土属，如表 3 - 69 所示。

表 3 - 69　西南区潜育水稻土土属质量等级面积与比例

质量等级	表潜黄泥田		烂泥田		泥炭土田		青潮泥田		青红泥田	
	面积(hm²)	比例(%)	面积(hm²)	比例(%)	面积(hm²)	比例(%)	面积(hm²)	比例(%)	面积(hm²)	比例(%)
一等地	0.00	0.00	864.47	2.07	0.00	0.00	20 802.94	32.41	1 038.67	4.57
二等地	0.00	0.00	4 834.98	11.58	0.00	0.00	3 836.21	5.98	2 134.44	9.39
三等地	0.00	0.00	4 368.55	10.47	526.27	39.71	10 868.98	16.93	1 218.83	5.36
四等地	36.39	75.44	8 535.02	20.45	273.90	20.67	11 331.17	17.65	4 257.29	18.72
五等地	11.85	24.56	10 750.67	25.75	343.50	25.91	9 972.39	15.54	4 553.02	20.02
六等地	0.00	0.00	4 960.04	11.88	181.74	13.71	5 422.97	8.45	3 336.93	14.67
七等地	0.00	0.00	3 329.37	7.98	0.00	0.00	1 268.15	1.98	2 888.42	12.70
八等地	0.00	0.00	3 210.39	7.69	0.00	0.00	592.35	0.92	2 270.75	9.99
九等地	0.00	0.00	587.16	1.41	0.00	0.00	90.24	0.14	738.47	3.25
十等地	0.00	0.00	302.57	0.72	0.00	0.00	0.00	0.00	303.25	1.33
总计	48.24	100.00	41 743.22	100.00	1 325.41	100.00	64 185.40	100.00	22 740.07	100.00

质量等级	青红沙泥田		青灰泥田		青麻沙泥田		青沙泥田		青鳝泥田	
	面积(hm²)	比例(%)	面积(hm²)	比例(%)	面积(hm²)	比例(%)	面积(hm²)	比例(%)	面积(hm²)	比例(%)
一等地	0.00	0.00	780.24	3.01	13.18	0.34	980.42	7.25	0.00	0.00
二等地	522.86	6.92	8 825.32	34.08	345.04	8.92	594.22	4.39	237.14	2.13
三等地	684.68	9.07	7 994.46	30.87	298.57	7.72	2 730.78	20.20	744.32	6.68
四等地	470.57	6.23	3 074.99	11.88	646.08	16.70	4 733.79	35.01	2 479.70	22.27
五等地	820.24	10.86	2 386.17	9.21	204.83	5.30	1 781.29	13.17	789.45	7.09
六等地	1 282.11	16.97	635.39	2.45	196.16	5.07	1 043.01	7.71	3 799.78	34.12
七等地	776.33	10.28	705.24	2.72	772.71	19.98	1 351.83	10.00	1 145.21	10.28
八等地	1 229.13	16.27	1 324.09	5.12	361.57	9.35	306.86	2.27	1 315.04	11.81
九等地	1 541.34	20.41	103.62	0.40	711.92	18.40	0.00	0.00	301.21	2.70
十等地	225.99	2.99	67.24	0.26	318.14	8.22	0.00	0.00	324.78	2.92
总计	7 553.25	100.00	25 896.76	100.00	3 868.20	100.00	13 522.20	100.00	11 136.63	100.00

（续）

质量等级	青紫泥田		锈水田	
	面积（hm²）	比例（%）	面积（hm²）	比例（%）
一等地	4 940.50	6.52	0.00	0.00
二等地	5 716.27	7.54	135.75	5.53
三等地	6 460.62	8.53	117.61	4.79
四等地	17 787.16	23.47	352.07	14.33
五等地	12 131.73	16.01	550.55	22.42
六等地	21 506.32	28.37	575.02	23.41
七等地	4 598.70	6.07	527.79	21.48
八等地	1 387.49	1.83	197.38	8.04
九等地	1 163.35	1.54	0.00	0.00
十等地	91.77	0.12	0.00	0.00
总计	75 783.91	100.00	2 456.17	100.00

表潜黄泥田平均质量等级为 4.25，无高等级和低等级水稻土分布。其中，中等级（四至六等）水稻土面积为 48.24 hm²，占表潜黄泥田面积的 100.00%。

烂泥田平均质量等级为 4.76。其中，高等级（一至三等）水稻土面积为 10 068.00 hm²，占烂泥田面积的 24.12%；中等级（四至六等）水稻土面积为 24 245.73 hm²，占烂泥田面积的 58.08%；低等级（七至十等）水稻土面积为 7 429.49 hm²，占烂泥田面积的 17.80%。

泥炭土田平均质量等级为 4.14，无低等级水稻土分布。其中，高等级（一至三等）水稻土面积为 526.27 hm²，占泥炭土田面积的 39.71%；中等级（四至六等）水稻土面积为 799.14 hm²，占泥炭土田面积的 60.29%。

青潮泥田平均质量等级为 3.17。其中，高等级（一至三等）水稻土面积为 35 508.13 hm²，占青潮泥田面积的 55.32%；中等级（四至六等）水稻土面积为 26 726.53 hm²，占青潮泥田面积的 41.64%；低等级（七至十等）水稻土面积为 1 950.74 hm²，占青潮泥田面积的 3.04%。

青红泥田平均质量等级为 5.14。其中，高等级（一至三等）水稻土面积为 4 391.94 hm²，占青红泥田面积的 19.32%；中等级（四至六等）水稻土面积为 12 147.24 hm²，占青红泥田面积的 53.41%；低等级（七至十等）水稻土面积为 6 200.89 hm²，占青红泥田面积的 27.27%。

青红沙泥田平均质量等级为 6.38。其中，高等级（一至三等）水稻土面积为 1 207.54 hm²，占青红沙泥田面积的 15.99%；中等级（四至六等）水稻土面积为 2 572.92 hm²，占青红沙泥田面积的 34.06%；低等级（七至十等）水稻土面积为 3 772.79 hm²，占青红沙泥田面积的 49.95%。

青灰泥田平均质量等级为 3.38。其中，高等级（一至三等）水稻土面积为 17 600.02 hm²，占青灰泥田面积的 67.96%；中等级（四至六等）水稻土面积为 6 096.55 hm²，占青灰泥田面积的 23.54%；低等级（七至十等）水稻土面积为 2 200.19 hm²，占青灰泥田面积的 8.50%。

青麻沙泥田平均质量等级为 6.28。其中，高等级（一至三等）水稻土面积为 656.79 hm²，占青麻沙泥田面积的 16.98%；中等级（四至六等）水稻土面积为 1 047.07 hm²，占青麻沙泥田面积的 27.07%；低等级（七至十等）水稻土面积为 2 164.34 hm²，占青麻沙泥田面积的 55.95%。

青沙泥田平均质量等级为 4.17。其中，高等级（一至三等）水稻土面积为 4 305.42 hm²，占青沙泥田面积的 31.84%；中等级（四至六等）水稻土面积为 7 558.09 hm²，占青沙泥田面积的 55.89%；低等级（七至十等）水稻土面积为 1 658.69 hm²，占青沙泥田面积的 12.27%。

青鳝泥田平均质量等级为 5.73。其中，高等级（一至三等）水稻土面积为 981.46 hm²，占青鳝泥田面积的 8.81%；中等级（四至六等）水稻土面积为 7 068.93 hm²，占青鳝泥田面积的 63.48%；低等级（七至十等）水稻土面积为 3 086.24 hm²，占青鳝泥田面积的 27.71%。

青紫泥田平均质量等级为 4.64。其中，高等级（一至三等）水稻土面积为 17 117.39 hm²，占青紫泥田面积的 22.59%；中等级（四至六等）水稻土面积为 51 425.21 hm²，占青紫泥田面积的 67.85%；低等级（七至十等）水稻土面积为 7 241.31 hm²，占青紫泥田面积的 9.56%。

锈水田平均质量等级为 4.33。其中，高等级（一至三等）水稻土面积为 253.36 hm²，占锈水田面积的 10.32%；中等级（四至六等）水稻土面积为 1 477.64 hm²，占锈水田面积的 60.16%；低等级（七至十等）水稻土面积为 725.17 hm²，占锈水田面积的 29.52%。

5. 漂洗水稻土各土属质量等级分布 西南区漂洗水稻土包括漂红泥田、漂黄泥田 2 种土属，如表 3-70 所示。

表 3-70 西南区漂洗水稻土土属质量等级面积与比例

质量等级	漂红泥田		漂黄泥田	
	面积（hm²）	比例（%）	面积（hm²）	比例（%）
一等地	0.00	0.00	5 784.97	8.74
二等地	223.47	8.83	9 559.24	14.44
三等地	111.15	4.39	9 827.06	14.84
四等地	398.72	15.75	15 411.60	23.28
五等地	229.88	9.08	19 791.10	29.88
六等地	71.60	2.83	2 823.93	4.27
七等地	1 344.83	53.11	1 427.88	2.15
八等地	105.45	4.17	1 073.68	1.62
九等地	0.00	0.00	335.03	0.51
十等地	46.59	1.84	176.96	0.27
总计	2 531.69	100.00	66 211.45	100.00

漂红泥田平均质量等级为 5.80。其中，高等级（一至三等）水稻土面积为 334.62 hm²，占漂红泥田面积的 13.22%；中等级（四至六等）水稻土面积为 700.20 hm²，占漂红泥田面积的 27.66%；低等级（七至十等）水稻土面积为 1 496.87 hm²，占漂红泥田面积的 59.12%。

漂黄泥田平均质量等级为 3.86。其中，高等级（一至三等）水稻土面积为 25 171.27 hm²，占漂黄泥田面积的 38.02%；中等级（四至六等）水稻土面积为 38 026.63 hm²，占漂黄泥田面积的 57.43%；低等级（七至十等）水稻土面积为 3 013.55 hm²，占漂黄泥田面积的 4.55%。

6. 脱潜水稻土各土属质量等级分布 西南区脱潜水稻土包括黄斑泥田、黄斑黏田 2 种土属，如表 3-71 所示。

表 3-71 西南区脱潜水稻土土属质量等级面积与比例

质量等级	黄斑泥田		黄斑黏田	
	面积（hm²）	比例（%）	面积（hm²）	比例（%）
一等地	8 360.72	93.75	2 963.91	21.27
二等地	49.63	0.56	3 455.26	24.79
三等地	172.41	1.93	3 080.04	22.10
四等地	218.77	2.45	2 036.46	14.61

(续)

质量等级	黄斑泥田		黄斑黏田	
	面积（hm²）	比例（%）	面积（hm²）	比例（%）
五等地	0.00	0.00	810.08	5.81
六等地	72.96	0.82	392.53	2.82
七等地	43.75	0.49	349.57	2.51
八等地	0.00	0.00	511.99	3.67
九等地	0.00	0.00	336.94	2.42
十等地	0.00	0.00	0.00	0.00
总计	8 918.24	100.00	13 936.78	100.00

黄斑泥田平均质量等级为 1.19。其中，高等级（一至三等）水稻土面积为 8 582.76 hm²，占黄斑泥田面积的 96.24%；中等级（四至六等）水稻土面积为 291.73 hm²，占黄斑泥田面积的 3.27%；低等级（七至十等）水稻土面积为 43.75 hm²，占黄斑泥田面积的 0.49%。

黄斑黏田平均质量等级为 3.10。其中，高等级（一至三等）水稻土面积为 9 499.21 hm²，占黄斑黏田面积的 68.16%；中等级（四至六等）水稻土面积为 3 239.07 hm²，占黄斑黏田面积的 23.24%；低等级（七至十等）水稻土面积为 1 198.50 hm²，占黄斑黏田面积的 8.60%。

7. 盐渍水稻土各土属质量等级分布　西南区盐渍水稻土包括硫酸盐泥沙田 1 种土属，如表 3-72 所示。

表 3-72　西南区盐渍水稻土土属质量等级面积与比例

质量等级	硫酸盐泥砂田	
	面积（hm²）	比例（%）
一等地	0.00	0.00
二等地	0.00	0.00
三等地	0.00	0.00
四等地	0.00	0.00
五等地	21.22	18.39
六等地	94.17	81.61
七等地	0.00	0.00
八等地	0.00	0.00
九等地	0.00	0.00
十等地	0.00	0.00
总计	115.39	100.00

硫酸盐泥沙田平均耕地质量等级为 5.82，无高等级和低等级水稻土分布。其中，中等级（四至六等）水稻土面积为 115.39 hm²，占硫酸盐泥沙面积的 100.00%。

三、影响水稻土质量等级的因素分析

（一）高等级水稻土质量的维持

运用障碍度模型对影响西南区高等级水稻土质量的障碍因子进行诊断，结果如表 3-73 所示。从障碍度数值来看，地形部位、有机质含量、灌溉能力、有效土层厚度、速效钾含量等指标对西南区高等级水稻土质量的维持障碍度高，分别为 15.55%、11.34%、10.77%、10.57% 和 9.22%。

表 3-73　西南区高等级水稻土质量指标障碍度

指标	障碍度	指标	障碍度	指标	障碍度
地形部位	15.55%	海拔	6.51%	生物多样性	3.27%
有机质含量	11.34%	排水能力	5.21%	土壤容重	1.54%
灌溉能力	10.77%	质地构型	4.83%	障碍因素	0.89%
有效土层厚度	10.57%	pH	4.00%	清洁程度	0.00%
速效钾含量	9.22%	耕层质地	3.77%		
有效磷含量	9.20%	农田林网化	3.33%		

　　从二级区来看，二级区之间影响高等级水稻土质量的指标障碍度如表 3-74 所示。川滇高原山地林农牧区影响高等级水稻土质量的障碍指标主要包括海拔、质地构型、地形部位、耕层质地、速效钾含量等，其指标障碍度分别为 24.87%、10.88%、9.91%、9.55%、8.04%；黔桂高原山地林农牧区影响高等级水稻土质量的障碍指标包括地形部位、灌溉能力、速效钾含量、有效土层厚度、有效磷含量等，其指标障碍度分别为 17.36%、13.94%、8.67%、8.27%、8.20%；秦岭大巴山林农区影响高等级水稻土质量的障碍指标包括有效土层厚度、地形部位、速效钾含量、有机质含量、有效磷含量等，其指标障碍度分别为 13.45%、11.95%、9.85%、9.09%、8.87%；四川盆地农林区影响高等级水稻土质量的障碍指标包括有机质含量、地形部位、有效土层厚度、灌溉能力、有效磷含量等，其指标障碍度分别为 17.61%、13.99%、12.32%、11.97%、10.51%；渝鄂湘黔边境山地林农区影响高等级水稻土质量的障碍指标包括地形部位、速效钾含量、灌溉能力、海拔、有效土层厚度等，其指标障碍度分别为 20.85%、10.19%、9.22%、8.35%、8.34%。

表 3-74　西南区各二级区高等级水稻土质量指标障碍度

川滇高原山地林农牧区		黔桂高原山地林农牧区		秦岭大巴山林农区		四川盆地农林区		渝鄂湘黔边境山地林农区	
指标	障碍度	指标	障碍度	指标	障碍度	指标	障碍度	指标	障碍度
海拔	24.87%	地形部位	17.36%	有效土层厚度	13.45%	有机质含量	17.61%	地形部位	20.85%
质地构型	10.88%	灌溉能力	13.94%	地形部位	11.95%	地形部位	13.99%	速效钾含量	10.19%
地形部位	9.91%	速效钾含量	8.67%	速效钾含量	9.85%	有效土层厚度	12.32%	灌溉能力	9.22%
耕层质地	9.55%	有效土层厚度	8.27%	有机质含量	9.09%	灌溉能力	11.97%	海拔	8.35%
速效钾含量	8.04%	有效磷含量	8.20%	有效磷含量	8.87%	有效磷含量	10.51%	有效土层厚度	8.34%
有效土层厚度	7.48%	海拔	7.76%	灌溉能力	8.49%	速效钾含量	9.05%	pH	7.97%
有效磷含量	6.98%	排水能力	7.30%	海拔	7.86%	排水能力	5.19%	有效磷含量	7.81%
排水能力	4.98%	耕层质地	6.38%	质地构型	6.87%	质地构型	3.65%	有机质含量	7.56%
障碍因素	4.31%	质地构型	5.29%	排水能力	6.49%	农田林网化	3.55%	质地构型	4.44%
有机质含量	3.95%	生物多样性	4.08%	农田林网化	5.47%	生物多样性	3.41%	耕层质地	4.18%
pH	2.54%	农田林网化	3.66%	土壤容重	3.72%	pH	2.90%	排水能力	3.28%
土壤容重	2.28%	pH	3.65%	耕层质地	2.73%	海拔	2.40%	生物多样性	3.17%
灌溉能力	2.28%	有机质含量	1.87%	生物多样性	2.49%	耕层质地	2.04%	农田林网化	2.81%
生物多样性	1.56%	障碍因素	1.80%	pH	2.05%	土壤容重	1.16%	土壤容重	1.20%
农田林网化	0.40%	土壤容重	1.77%	障碍因素	0.62%	障碍因素	0.25%	障碍因素	0.63%
清洁程度	0.00%	清洁程度	0.00%	清洁程度	0.00%	清洁程度	0.00%	清洁程度	0.00%

（二）中等级水稻土质量的限制

　　运用障碍度模型对影响西南区中等级水稻土质量的障碍因子进行诊断，结果如表 3-75 所示。从障碍度数值来看,地形部位、灌溉能力、有效土层厚度、有机质含量、速效钾含量等指标对西南区中等级水稻土质量的限制障碍度高,分别为15.02%、12.93%、11.32%、11.02%、7.75%。

表3-75　西南区中等级水稻土质量指标障碍度

指标	障碍度	指标	障碍度	指标	障碍度
地形部位	15.02%	质地构型	6.04%	农田林网化	2.78%
灌溉能力	12.93%	海拔	5.08%	障碍因素	2.62%
有效土层厚度	11.32%	排水能力	5.02%	土壤容重	1.17%
有机质含量	11.02%	耕层质地	4.63%	清洁程度	0.00%
速效钾含量	7.75%	pH	4.32%		
有效磷含量	7.42%	生物多样性	2.87%		

二级区之间影响中等级水稻土质量的指标障碍度如表3-76所示。川滇高原山地林农牧区影响中等级水稻土质量的障碍指标主要包括海拔、质地构型、地形部位、耕层质地、速效钾含量等,其指标障碍度分别为19.19%、13.02%、12.00%、8.03%、7.35%;黔桂高原山地林农牧区影响中等级水稻土质量的障碍指标包括灌溉能力、地形部位、有效土层厚度、速效钾含量、排水能力等,其指标障碍度分别为22.03%、14.12%、9.51%、8.01%、7.07%;秦岭大巴山林农区影响中等级水稻土质量的障碍指标包括灌溉能力、地形部位、有效土层厚度、有机质含量、速效钾含量等,其指标障碍度分别为17.12%、14.54%、10.66%、10.43%、8.43%;四川盆地农林区影响中等级水稻土质量的障碍指标包括有机质含量、地形部位、灌溉能力、有效土层厚度、有效磷含量等,其指标障碍度分别为16.23%、14.44%、14.08%、12.19%、8.63%;渝鄂湘黔边境山地林农区影响中等级水稻土质量的障碍指标包括地形部位、有效土层厚度、灌溉能力、速效钾含量、pH等,其指标障碍度分别为16.88%、11.31%、10.17%、8.46%、7.50%。

表3-76　西南区各二级区中等级水稻土质量指标障碍度

川滇高原山地林农牧区		黔桂高原山地林农牧区		秦岭大巴山林农区		四川盆地农林区		渝鄂湘黔边境山地林农区	
指标	障碍度	指标	障碍度	指标	障碍度	指标	障碍度	指标	障碍度
海拔	19.19%	灌溉能力	22.03%	灌溉能力	17.12%	有机质含量	16.23%	地形部位	16.88%
质地构型	13.02%	地形部位	14.12%	地形部位	14.54%	地形部位	14.44%	有效土层厚度	11.31%
地形部位	12.00%	有效土层厚度	9.51%	有效土层厚度	10.66%	灌溉能力	14.08%	灌溉能力	10.17%
耕层质地	8.03%	速效钾含量	8.01%	有机质含量	10.43%	有效土层厚度	12.19%	速效钾含量	8.46%
速效钾含量	7.35%	排水能力	7.07%	速效钾含量	8.43%	有效磷含量	8.63%	pH	7.50%
有效土层厚度	6.74%	有效磷含量	6.72%	有效磷含量	7.65%	速效钾含量	7.28%	海拔	6.45%
灌溉能力	6.09%	耕层质地	5.43%	海拔	6.09%	质地构型	5.39%	质地构型	6.05%
有效磷含量	5.98%	海拔	5.18%	排水能力	5.36%	排水能力	4.90%	有效磷含量	5.83%
障碍因素	5.12%	质地构型	4.65%	质地构型	4.70%	耕层质地	3.89%	有机质含量	5.48%
排水能力	4.53%	生物多样性	4.07%	农田林网化	3.11%	生物多样性	3.09%	障碍因素	5.39%
有机质含量	4.29%	农田林网化	3.55%	障碍因素	3.06%	pH	3.04%	耕层质地	5.22%
pH	2.74%	pH	3.06%	耕层质地	2.89%	农田林网化	3.03%	排水能力	4.89%
土壤容重	2.27%	有机质含量	2.92%	生物多样性	2.71%	海拔	2.28%	农田林网化	2.58%
生物多样性	1.76%	障碍因素	1.99%	土壤容重	1.99%	土壤容重	0.86%	生物多样性	2.56%
农田林网化	0.90%	土壤容重	1.68%	pH	1.27%	障碍因素	0.66%	土壤容重	1.24%
清洁程度	0.00%	清洁程度	0.00%	清洁程度	0.00%	清洁程度	0.00%	清洁程度	0.00%

（三）低等级水稻土质量的障碍

运用障碍度模型对影响西南区低等级水稻土质量的障碍因子进行诊断，结果如表3-77所示。从障碍度数值来看，地形部位、灌溉能力、有效土层厚度、有机质含量、质地构型等指标对西南区低等级水稻土质量的障碍度高，分别为15.06%、14.02%、11.15%、8.49%、8.12%。

表3-77　西南区低等级水稻土质量指标障碍度

指标	障碍度	指标	障碍度	指标	障碍度
地形部位	15.06%	耕层质地	5.86%	农田林网化	2.47%
灌溉能力	14.02%	有效磷含量	5.64%	生物多样性	2.41%
有效土层厚度	11.15%	海拔	4.94%	土壤容重	1.19%
有机质含量	8.49%	pH	4.83%	清洁程度	0.00%
质地构型	8.12%	排水能力	4.67%		
速效钾含量	6.60%	障碍因素	4.55%		

二级区之间影响低等级水稻土质量的指标障碍度如表3-78所示。川滇高原山地林农牧区影响低等级水稻土质量的障碍指标主要包括海拔、地形部位、灌溉能力、质地构型、有效土层厚度等，其指标障碍度分别为13.96%、13.02%、12.06%、11.48%、7.16%；黔桂高原山地林农牧区影响低等级水稻土质量的障碍指标包括灌溉能力、地形部位、有效土层厚度、耕层质地、质地构型等，其指标障碍度分别为22.03%、11.65%、8.97%、7.89%、7.80%；秦岭大巴山林农区影响低等级水稻土质量的障碍指标包括灌溉能力、地形部位、有效土层厚度、有机质含量、障碍因素等，其指标障碍度分别为18.69%、12.71%、10.32%、7.39%、7.34%；四川盆地农林区影响低等级水稻土质量的障碍指标包括灌溉能力、地形部位、有机质含量、有效土层厚度、质地构型等，其指标障碍度分别为17.79%、14.36%、12.52%、12.37%、8.11%；渝鄂湘黔边境山地林农区影响低等级水稻土质量的障碍指标包括地形部位、有效土层厚度、灌溉能力、质地构型、速效钾含量等，其指标障碍度分别为16.10%、10.74%、10.61%、8.11%、7.25%。

表3-78　西南区各二级区低等级水稻土质量指标障碍度

川滇高原山地林农牧区		黔桂高原山地林农牧区		秦岭大巴山林农区		四川盆地农林区		渝鄂湘黔边境山地林农区	
指标	障碍度	指标	障碍度	指标	障碍度	指标	障碍度	指标	障碍度
海拔	13.96%	灌溉能力	22.03%	灌溉能力	18.69%	灌溉能力	17.79%	地形部位	16.10%
地形部位	13.02%	地形部位	11.65%	地形部位	12.71%	地形部位	14.36%	有效土层厚度	10.74%
灌溉能力	12.06%	有效土层厚度	8.97%	有效土层厚度	10.32%	有机质含量	12.52%	灌溉能力	10.61%
质地构型	11.48%	耕层质地	7.89%	有机质含量	7.39%	有效土层厚度	12.37%	质地构型	8.11%
有效土层厚度	7.16%	质地构型	7.80%	障碍因素	7.34%	质地构型	8.11%	速效钾含量	7.25%
耕层质地	6.81%	速效钾含量	7.48%	海拔	7.03%	有效磷含量	6.57%	pH	6.94%
障碍因素	6.69%	有效磷含量	5.56%	速效钾含量	6.20%	速效钾含量	5.72%	耕层质地	6.74%
速效钾含量	6.14%	排水能力	5.46%	排水能力	5.92%	排水能力	4.46%	海拔	6.26%
有机质含量	5.20%	障碍因素	5.19%	质地构型	5.74%	耕层质地	4.40%	有机质含量	6.24%
有效磷含量	5.18%	海拔	4.11%	耕层质地	5.68%	障碍因素	2.82%	有效磷含量	5.03%
排水能力	3.65%	生物多样性	3.26%	有效磷含量	5.33%	农田林网化	2.73%	障碍因素	5.37%
pH	2.74%	pH	3.10%	生物多样性	2.66%	生物多样性	2.65%	农田林网化	2.35%
生物多样性	2.13%	农田林网化	2.76%	农田林网化	2.10%	pH	2.60%	生物多样性	2.18%
土壤容重	2.09%	有机质含量	2.73%	pH	1.67%	海拔	2.06%	土壤容重	1.33%
农田林网化	1.69%	土壤容重	2.01%	土壤容重	1.23%	土壤容重	0.85%	排水能力	4.73%
清洁程度	0.00%	清洁程度	0.00%	清洁程度	0.00%	清洁程度	0.00%	清洁程度	0.00%

第五节 水稻土质量提升的建议

《全国高标准农田建设规划（2021—2030 年）》指出，截至 2020 年底，全国已经完成了 8 亿亩高标准农田建设任务。虽然我国已建成的高标准农田占耕地面积的约 40%，但大部分耕地存在着基础设施薄弱、抗灾能力不强、耕地质量不高、田块细碎化的问题。同时，全国高标准农田建设的目标包括：到 2025 年，建成 10.75 亿亩高标准农田，改造提升 1.05 亿亩高标准农田，稳定保障 1.1 万亿斤*以上粮食产能；到 2030 年，建成 12 亿亩高标准农田，改造提升 2.8 亿亩高标准农田，稳定保障 1.2 万亿斤以上粮食产能。

《高标准农田建设 通则》（GB/T 30600—2022）明确了高标准农田基础设施建设工程体系和高标准农田地力提升工程体系，提出了各区域高标准农田基础设施工程建设要求和高标准农田地力参考值，为通过高标准农田建设的手段实现水稻土质量的提升提供了技术指导与路径（图 3-6）。

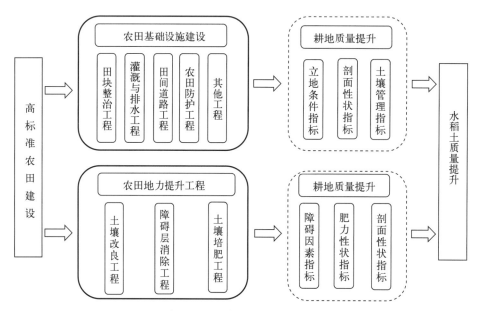

图 3-6　高标准农田建设提升水稻土质量的路径

一、东北区水稻土质量提升措施

东北区耕地立地条件较好，土壤比较肥沃，水稻土平均质量等级为 3.21。春旱、低温冷害较严重，土壤墒情不足；部分耕地存在盐碱化和土壤酸化等障碍因素，土壤有机质下降、养分不平衡。农田基础设施较为薄弱，有效灌溉面积少，田间道路建设标准低，农田输配水、农田防护林和生态保护等工程设施普遍缺乏。到 2030 年，应加快推进高标准农田新增建设工作，兼顾改造提升任务，加强田间工程配套，提高田间工程标准。

通过前面的分析，在高等级水稻土质量的维持方面，东北区的关键障碍指标依次是地形部位、灌溉能力、有机质含量、农田林网化、质地构型等；在中等级水稻土质量的限制方面，东北区的关键障碍指标依次是灌溉能力、地形部位、有效土层厚度、农田林网化、排水能力等；在低等级水稻土质量的障碍方面，东北区的关键障碍指标依次是灌溉能力、有效土层厚度、地形部位、排水能力、农田林网化等。

结合《全国高标准农田建设规划（2021—2030 年）》，东北区水稻土质量提升的措施包括：

＊ 斤为非法定计量单位。1 斤＝500 g。

（1）合理划分和适度归并田块。开展土地平整，使田块规模适度。通过客土回填、挖高填低等措施保障耕层厚度，平原区水田耕层厚度不低于 25 cm。

（2）提升水稻土耕地地力。通过实施增施有机肥、秸秆还田、保护性耕作等措施，增加土壤有机质含量，提高水稻土基础地力。

（3）适当增加有效灌溉面积，配套灌排设施，完善灌排工程体系。三江平原等水稻主产区，完善地下水合理利用工程体系，控制地下水开采，推广水稻控制灌溉。实现水田灌溉设计保证率不低于 80％，水稻区农田排水设计暴雨重现期达到 10 年一遇。

（4）水田区结合干沟（渠）和道路设置防护林。丘陵漫岗区应合理修筑截水沟、排洪沟等坡面水系工程和谷坊、沟头防护等沟道治理工程，配套必要的农田林网，形成完善的坡面和沟道防护体系，控制农田水土流失。受防护的农田占建设区面积的比例不低于 85％。

二、长江中下游区水稻土质量提升措施

长江中下游区耕地土壤立地条件较好，土壤养分处于中等水平，水稻土平均质量等级为 4.22。土壤酸化趋势较重，有益微生物减少，存在滞水潜育等障碍因素。农田基础设施配套不足，田间道路、灌排、输配电和农田防护与生态环境保护等工程设施参差不齐。到 2030 年，应加强农田防护工程建设，提升平原圩区、渍害严重区的农田防洪除涝能力，有序推进高标准农田新增建设和改造提升。

通过前面的分析，在高等级水稻土质量的维持方面，长江中下游区的关键障碍指标依次是速效钾含量、排水能力、灌溉能力、地形部位、pH 等；在中等级水稻土质量的限制方面，长江中下游区的关键障碍指标依次是地形部位、灌溉能力、速效钾含量、pH、排水能力等；在低等级水稻土质量的障碍方面，长江中下游区的关键障碍指标依次是地形部位、灌溉能力、速效钾含量、排水能力、pH 等。

结合《全国高标准农田建设规划（2021—2030 年）》，长江中下游区水稻土质量提升的措施包括：

（1）合理划分和适度归并田块。平原区以整修条田为主，山地丘陵区因地制宜修建水平梯田。水田应保留犁底层。耕层厚度一般在 20 cm 以上。

（2）改良土体，消减土体中明显的黏盘层、沙砾层等障碍因素。通过施用石灰质物质等方法，治理酸化土壤。培肥地力，推行种植绿肥、增施有机肥、秸秆还田、测土配方施肥等措施，有条件的地方配套水肥一体化、农家肥积造设施。

（3）开展旱、涝、渍综合治理，合理建设田间灌排工程。因地制宜修建蓄水池和小型泵站等设施，加强雨水和地表水利用。推行渠道防渗、管道输水灌溉和喷灌、微灌等节水措施。开展沟渠配套建设和疏浚整治，增强农田排涝能力，防治土壤潜育化。配套输配电设施，满足生产和管理需要。倡导建设生态型灌排系统，加强农田生态保护。水稻区灌溉保证率达到 90％，水稻区农田排水设计暴雨重现期达到 10 年一遇，旱作区农田排水设计暴雨重现期达到 5～10 年一遇。

（4）新建、修复农田防护林。选择适宜的乡土树种，沿田边、沟渠或道路布设，宜采用长方形网格配置。水土流失易发区，合理修筑岸坡防护、沟道治理、坡面防护等设施。农田防护面积比例应不低于 80％。

三、华南区水稻土质量提升措施

华南区耕地土壤立地条件一般，土壤养分处于中等水平，水稻土平均质量等级为 3.62。部分地区农田土壤酸化、潜育化，部分水田冷浸问题突出。农田基础设施配套不足，田间道路、灌排、输配电和农田防护等工程设施建设标准不高。到 2030 年，应加强农田基础设施建设，增强农田防洪抗灾能力，加大土壤酸化、土壤潜育化和冷浸田改良力度，有序推进高标准农田新增建设和改造提升。

通过前面的分析，在高等级水稻土质量的维持方面，华南区的关键障碍指标依次是速效钾含量、有机质含量、有效磷含量、pH、地形部位等；在中等级水稻土质量的限制方面，华南区的关键障碍指标依次是速效钾含量、有机质含量、有效磷含量、地形部位、pH 等；在低等级水稻土质量的障碍

方面，华南区的关键障碍指标依次是地形部位、速效钾含量、有机质含量、灌溉能力、有效磷含量等。

结合《全国高标准农田建设规划（2021—2030年）》，华南区水稻土质量提升的措施包括：

（1）开展田块整治，优化农田结构和布局。平原区以修建水平条田为主，山地丘陵区因地制宜修筑梯田，梯田化率达到90％以上。通过表土层剥离再利用、客土回填、挖高垫低等方式开展土地平整，增加农田土体厚度，耕层厚度宜达到20 cm以上。

（2）推行种植绿肥、增施有机肥、秸秆还田、冬耕翻土晒田、施用石灰深耕改土、测土配方施肥、水肥一体化、水旱轮作等措施，培肥耕地基础地力，改良渍涝潜育型耕地，治理酸性土壤，促进土壤养分平衡。

（3）按照旱、涝、渍、酸综合治理要求，合理建设田间灌排工程。鼓励建设生态型灌排系统，保护农田生态环境。因地制宜建设和改造灌排沟渠、管道、泵站及渠系建筑物，加强雨水集蓄利用、沟渠清淤整治等工程建设。完善配套输配电设施。水稻区灌溉保证率达到85％以上，水稻区农田排水设计暴雨重现期达到10年一遇，旱作区农田排水设计暴雨重现期达到5～10年一遇。

（4）因地制宜开展农田防护和生态环境保护工程建设。台风威胁严重区，合理修建农田防护林、排水沟和护岸工程。水土流失易发区，与田块、沟渠、道路等工程相结合，合理开展岸坡防护、沟道治理、坡面防护等工程建设。受防护的农田面积比例应不低于80％。

四、西南区水稻土质量提升措施

西南区以坡耕地为主，地块小而散，平地较少。土壤立地条件一般，水稻土平均质量等级为3.96。土壤酸化较重，农田滞水潜育现象普遍；山地丘陵区土层浅薄、贫瘠、水土流失严重；石漠化面积大。农田建设基础条件较差，田间道路、灌排等工程设施普遍不足，农田防护能力差，水土流失严重，抵御自然灾害能力不足。到2030年，应加强细碎化农田整理，丘陵区建设水平梯田，配套农田防护设施，大力加强高标准农田新增建设和改造提升。

通过前面的分析，在高等级水稻土质量的维持方面，西南区的关键障碍指标依次是地形部位、有机质含量、灌溉能力、有效土层厚度、速效钾含量等；在中等级水稻土质量的限制方面，西南区的关键障碍指标依次是地形部位、灌溉能力、有效土层厚度、有机质含量、速效钾含量等；在低等级水稻土质量的障碍方面，西南区的关键障碍指标依次是地形部位、灌溉能力、有效土层厚度、有机质含量、质地构型等。

结合《全国高标准农田建设规划（2021—2030年）》，西南区水稻土质量提升的措施包括：

（1）山地丘陵区因地制宜修筑梯田，田面长边平行等高线布置，田面宽度应便于机械化作业和田间管理，配套坡面防护设施。平坝区以修建条田为主，提高田块格田化程度。土层较薄地区实施客土填充，增加耕层厚度。梯田化率宜达到90％以上，耕层厚度宜达到20 cm以上。

（2）因地制宜建设秸秆还田和农家肥积造设施，推广秸秆还田、增施有机肥、种植绿肥等措施，提升土壤有机质含量。合理施用石灰质物质等土壤调理剂，改良酸化土壤。采用水旱轮作等措施，改良渍涝潜育型耕地。实施测土配方施肥，促进土壤养分相对均衡。

（3）修建小型泵站、蓄水设施等，加强雨水集蓄利用，开展沟渠清淤整治，提高供水保障能力。盆地、河谷、平坝地区配套灌排设施，完善田间灌排工程体系。发展管灌、喷灌、微灌等高效节水灌溉，提高水资源利用效率。配套输配电设施，满足生产和管理需要。水稻区灌溉设计保证率一般达到80％以上，水稻区农田排水设计暴雨重现期达到10年一遇，旱作区农田排水设计暴雨重现期达到5～10年一遇。

（4）因害设防，合理新建、修复农田防护林。在水土流失易发区，修筑岸坡防护、沟道治理、坡面防护等设施。农田防护面积比例应不低于90％。

第四章 | 长江中下游区水稻土培肥与水稻生产 >>>

第一节 长江中下游区水稻土变化特征

一、长江中下游稻区类型与面积变化

(一) 稻区类型

依照《中国水稻种植区划》(梅双权，1988)，长江中下游稻区隶属我国 6 个稻作区的华中双单季稻稻作区 (Ⅱ) 中的长江中下游平原双单季亚区 (Ⅱ₁) 与江南丘陵平原双季稻亚区 (Ⅱ₃)，本区东起东海、黄海之滨，西至巫山东麓，南接南岭山脉，北邻秦岭、淮河，包括江苏、上海、浙江、安徽、江西、湖南、湖北 7 个省份的全部及河南南部，是我国最大的稻作区。据 1980—1982 年的数据统计，人口占全国的 29.4%；耕地面积 1 921.3 万 hm²，占全国的 19.5%；水田面积 1 366.9 万 hm²，占全国的 54.0%；水稻播种面积 1 996.7 万 hm²，占全国的 58.7%。水稻生产对全国粮食形势有重大影响，亚区内太湖、里下河、皖中、鄱阳湖、洞庭湖、江汉等平原，历来是我国著名的稻米产区。

(二) 水稻播种面积变化

长江中下游区是我国水稻的主产区，农作物播种面积、粮食作物播种面积分别占全国的 24.2%~27.3% 和 23.3%~24.9%，而水稻播种面积稳定占据全国的 50%。1998—2018 年，水稻播种面积变化在 1 535.04~1 585.57 万 hm²，水稻播种面积占粮食作物播种面积的比例，全国为 25.8%~27.4%，本区为 56.0%~56.4%。其中，单季稻区的上海、江苏、安徽、湖北 4 省份分别为 57.7%~79.9%、39.9%~40.4%、34.8%~36.0% 和 47.4%~49.3%，双季稻区的浙江、江西、湖南 3 省份分别为 66.7%~71.7%、85.0%~92.3%、78.4%~84.4% (表 4-1)。

表 4-1 长江中下游区 1978—2018 年粮食作物和水稻播种面积变化

项 目	粮食播种面积					水稻播种面积					水稻播种占粮食播种面积 (%)		
	1978 年 (万 hm²)	1998 年 (万 hm²)	2018 年 (万 hm²)	40 年增加 (%)	后 20 年增加 (%)	1978 年 (万 hm²)	1998 年 (万 hm²)	2018 年 (万 hm²)	40 年增加 (%)	后 20 年增加 (%)	1978 年	1998 年	2018 年
全 国	12 058.7	11 378.7	11 703.8	−2.9	2.9	3 442.1	3 121.4	3 018.9	−12.3	−3.3	28.5	27.4	25.8
上 海	—	35.25	12.96		−63.2	—	20.33	10.36		−49.0		57.7	79.9
江 苏	631.09	594.63	547.59	−13.2	−7.9	266.12	236.97	221.47	−16.8	−6.5	42.2	39.9	40.4
浙 江	347.22	279.95	97.57	−71.9	−65.1	—	200.79	65.11		−67.6		71.7	66.7
安 徽		599.1	731.63		22.1		215.83	254.48		17.9		36.0	34.8
江 西	—	341.45	372.13		9.0	338.03	290.08	343.62	1.7	18.5		85.0	92.3
湖 北	554.48	472.81	484.7	−12.6	2.5	289.46	223.93	239.1	−17.4	6.8	52.2	47.4	49.3

（续）

项　目	粮食播种面积					水稻播种面积					水稻播种占粮食播种面积（%）		
	1978年（万hm²）	1998年（万hm²）	2018年（万hm²）	40年增加（%）	后20年增加（%）	1978年（万hm²）	1998年（万hm²）	2018年（万hm²）	40年增加（%）	后20年增加（%）	1978年	1998年	2018年
湖　南	582.94	507.48	474.79	−18.6	−6.4	441.89	397.64	400.9	−9.3	0.8	75.8	78.4	84.4
本区合计		2 830.7	2 721.4		−3.9		1 585.57	1 535.04		−3.2		56.0	56.4
占全国（%）		24.9	23.3				50.8	50.8					

数据来源：《中国统计年鉴》。

　　改革开放40多年来，长江中下游区水稻播种面积发生了很大的变化。2018年，本区水稻总播种面积为1 535.04万hm²，比1998年减少了3.2%。其中，浙江、上海、江苏分别减少67.6%、49.0%和6.5%，而安徽、江西、湖北和湖南分别增加了17.9%、18.5%、6.8%和0.8%（表4-1）。与1978年相比，2018年江苏水稻播种面积下降16.8%、湖北下降17.4%、湖南下降9.3%、江西增加1.7%。

　　水稻播种面积变化主要受区域经济发展的影响，经济发展得越快，耕地占用得越多，农作物种植面积也下降得越多。各地的开发区、交通道路、城市建设，农业结构调整以及蔬菜种植面积的增加等因素都对水稻的种植产生很大的影响。例如，江苏南北经济发展差异明显，相应的耕地与农作物播种面积变化也显著不同。考虑到统计数据的可获取性与完整性，选择无锡市和常州市作为苏南经济快速发展地区的代表、扬州市和淮安市作为苏北经济发展一般地区的代表，来说明经济发展对农作物播种面积的影响。苏南、苏北地区1998—2018年耕地和农作物播种面积变化如表4-2、表4-3所示，苏南的无锡市、常州市耕地面积分别下降20.4%（1999—2008年）与26.4%（1998—2018年），苏北的扬州市下降9.1%（2001—2018年）。从收集到的市级统计资料来看，耕地面积下降主要发生在1998—2008年。例如，常州市1991—1998年、1998—2008年和2008—2018年3个时期的耕地面积分别下降−0.21%（增加）、21.3%和6.4%。1998—2018年的农作物总播种面积、粮食作物播种面积和水稻播种面积变化：苏南的无锡市分别减少49.0%、63.2%和68.7%，常州市分别减少42.6%、53.7%和59.3%；而苏北的扬州市和淮安市三项播种数据均呈增加趋势，扬州市2001—2018年农作物总播种面积、粮食作物播种面积和水稻播种面积分别增加了7.5%、25.0%和15.4%，淮安市（2008—2018年）分别增加3.8%、5.7%和8.4%。各市的蔬菜播种面积均有不同程度的增长，无锡市、常州市、扬州市和淮安市分别增长15.7%、10.7%、35.1%和19.5%。其中，以扬州市的蔬菜播种面积增长最多。

表4-2　苏南耕地和农作物播种面积变化

项　目	无锡市					常州市				
	1999年	2008年	2018年	总变化（%）	年际变化（%）	1998年	2008年	2018年	总变化（%）	年际变化（%）
耕地面积（hm²）	175.4	139.54	/	−20.4		204.7	161.09	150.73	−26.4	−1.3
农作物总播种面积（hm²）	284.99	176.13	145.37	−49.0	−2.6	315.65	233.52	181.19	−42.6	−2.1
粮食作物播种面积（hm²）	226.54	121.34	83.34	−63.2	−3.3	236.39	160.39	109.51	−53.7	−2.7
水稻播种面积（hm²）	131.39	67.66	41.17	−68.7	−3.6	143.56	89.87	58.37	−59.3	−3.0
蔬菜播种面积（hm²）		37.71	43.63	15.7	1.6		30.45	33.71	10.7	0.5

数据来源：《无锡统计年鉴》《常州统计年鉴》。

表4-3 苏北耕地和农作物播种面积变化

项 目	扬州市					淮安市				
	2001年	2008年	2018年	总变化（%）	年际变化（%）	1998年	2008年	2018年	总变化（%）	年际变化（%）
耕地面积（hm²）	316.67	305.46	287.88	-9.1	-0.5	400.97				
农作物总播种面积（hm²）	443.10	484.75	476.54	7.5	0.4	774.34	804.09		3.8	0.4
粮食作物播种面积（hm²）	316.92	395.33	396.09	25.0	1.5	644.57	681.06		5.7	0.6
水稻播种面积（hm²）	170.28	203.98	196.55	15.4	0.9	286.83	311.03		8.4	0.8
蔬菜播种面积（hm²）		45.46	61.41	35.1	3.5	85.22	101.81		19.5	1.9

数据来源：《扬州统计年鉴》《淮安统计年鉴》。

二、长江中下游区稻田耕作制度演变

耕作制度是人们在从事农业生产过程中形成的一套用地与养地相结合的农业生产技术体系的总称。它由作物种植制度和农田土壤管理制度两部分组成，前者包括间作、混作、套作、再生作、复种、轮作、连作等，后者包括土壤耕作制（如少耕、免耕等）、农田施肥制、病虫杂草防除制、农田灌溉制等。合理的耕作制度是实现农业持续高产、高效的重要基础和保证（刘巽浩等，1993）。建立合理、高效的稻田耕作制度，对于维护稻田生态系统的良性循环，实现21世纪我国稻区农业及农村经济的可持续发展具有重要的理论意义和实践意义。

长江中下游区域地处亚热带季风气候区，夏季高温多雨，地形地貌多样，平原、丘陵、山地交替，是我国稻田耕作制度类型最多、模式最丰富、结构最复杂的地区之一。该区形成了以小麦-水稻、油菜-水稻、水稻-再生稻等一年两熟，以及绿肥-早稻-晚稻、小麦-早稻-晚稻、油菜-早稻-晚稻等一年三熟为主体的稻田多熟耕作制度体系。

随着纬度的降低与水热条件的递增，本区从北到南依次分布着两熟制、三熟制。沿江的上海、江苏、安徽、湖北4个省份，中北部地区以麦-稻、油菜-稻、绿肥-稻两熟制为主，沿江地区是两熟制与三熟制的过渡区，历史上曾经发展过三熟制；而南部的浙江、江西、湖南以及安徽南部、湖北东南部地区则是以双季稻为主的三熟制。各个地区的耕作制度演变反映了劳动人民、科技人员认识自然、改造自然，提高农业生产力、经济效益，满足社会需求的伟大实践。下面以单季稻两熟制为主的江苏、双季稻三熟制为主的江西为代表作简要介绍。

（一）江苏稻田耕作制度的演变

江苏从北到南地跨黄淮平原、里下河平原、太湖平原。解放后，耕作制度改革经历了"旱改水""沤改旱""单改双""双改单""稻麦两熟改水旱多熟轮作"的过程（王庆者，1997）。

1. "旱改水" 即把旱地改为水田。江苏旱地主要集中分布在徐淮地区和沿江高沙土地区。

（1）徐淮地区水、土和热量资源条件比较好，宜旱宜水种植。但在解放以前，洪涝、旱灾、碱灾害频繁，个体农户根本无法抵御，只能消极地顺应自然，针对春旱、夏涝、秋旱和地力低下的特点，实行旱作一年一熟、两年三熟和冬休夏耕的耕作制度，选用耐旱、耐涝、低产的旱粮杂谷，以避灾保收、低中求稳。解放后，当地进行了大规模的水利建设，大兴农田水利工程，基本上控制了洪害，减轻了涝灾，为进行"旱改水"创造了有利条件。这里的气候比较温暖，可以满足稻麦两熟的要求。从1956年开始，结合"除涝改制"，在洼地湖荡地区实行"旱改水"，在花碱地上"种稻治碱"，并取得了显著的效果。到 1965 年，水稻种植面积扩大到 143.7 万亩，稻谷总产量达 18.9 万 t。水稻种植地区普遍由一年一熟或两年三熟的旱作改成一年稻麦两熟水旱复种制，复种指数由 130% 提高到 170%。到 1995 年，水稻种植面积增加到 1 016.8 万亩。

（2）针对沿江高沙土地区热量和水分条件比徐淮地区更加优越，以及人多地少、土质差、两年五熟旱谷轮作制、产量低、粮食不能自给的特点，在大力开展水利建设和平整土地的基础上，进行了"旱改水"，改水面积占耕地面积的 50% 左右，实行了两年五熟的水旱轮作制，增产效果显著。

2. "沤改旱" "沤田"即长期泡水的农田。江苏的沤田集中分布在苏北的里下河地区和苏南的沿江滨湖洼地。"沤改旱"是江苏改造自然、变低产为高产的又一重大成就。

里下河地区地势低洼，历史上洪涝一般发生在立秋以后，以往必须在立秋前收一季早熟稻，才能避灾保收。该地区虽有满足两熟制要求并还有富余的热量资源，但一年一熟沤田不能充分利用；大量肥沃土地因长期泡水而呈滞水状态，成为低产土壤；早熟籼稻产量较低，亩产 100kg 左右。通过流域性水利工程，大兴农田水利工程，筑圩建闸，发展机电排灌，降低地下水位，控制洪涝灾害。经过 10 多年的努力，到 1970 年，500 万亩沤田全部改旱，建立了比较完善的稻-麦（绿肥、油菜）水旱轮作体系，促进了土壤熟化，形成了高产稳产的农田。里下河地区的洼地——兴化市，成为粮食产量位居全国前列的县级市。

3. "单改双" "单改双"即把单季稻的麦-稻两熟制改为双季稻的麦-稻-稻三熟制。随着国家粮食需求的增加，1965 年，在太湖平原南部水热条件较好的吴江县（现为苏州市吴江区）、吴县（现为苏州市吴中区和相城区），水稻产量率先达到"农业发展纲要"指标后，为了继续探索水稻增产的途径，根据吴江县多年种植双季稻的经验，向其他地区推广种植双季稻。1965 年，双季稻种植面积达 44 万亩。到 1975 年，江苏"双三熟"（即双季稻三熟制）面积发展到 1 083 万亩，占水稻播种面积的 31.5%。

"双三熟"的推广，对提高复种指数、粮食增产是起到过历史性作用的。江苏 1985 年仅按扩种的后季稻计算，比改制前的 1965 年粮食产量增加 420 万 t。但是，在扩大"双三熟"种植过程中，也遇到了不少问题。一是季节紧，在一年 360 多天的时间里，要种植全生育期 450 天的"双三熟"水稻；二是农活重，种两季水稻，特别是 7 月下旬至 8 月上旬的 20 天时间，农活非常集中，劳力紧张，很难保证农时；三是有些地方不顾实际条件强求种植面积，而造成大面积失栽、失管，加上肥料等农资跟不上，以及后季稻由于低温不能安全灌浆结实，导致产量较低，有些田块存在两季稻产量还不如一季稻高且经济效益比较低的现象，引起了"三三得九，不如二五得十"的争论；四是采用双季稻三熟制，由于季节紧、土壤淹水时间长，时常烂耕烂种，造成土壤黏闭、犁底层加厚、土壤渗透性变差、亚耕层土壤潜育化，严重影响了麦季小麦根系的生长。

尽管双季稻三熟制有一定的增产潜力，但是江苏的沿江与太湖地区毕竟处于双季稻种植区的最北边缘，特别是"双三熟"比例过大，造成农活集中、劳力紧张、季节推迟、成本提高等矛盾尖锐化。20 世纪 80 年代初，江苏太湖地区调整了"双三熟"的耕作制度，仍以稻-麦两熟制为主，并在太湖地区南部保留了适当面积的"双三熟"。

4. "稻麦两熟改水旱多熟轮作" 江苏人多地少，充分利用有利的气候资源，因地制宜地推行多熟制，提高复种指数，提高耕地单位面积产量，是发展农业生产的重要途径。进入 20 世纪 90 年代后，很多地方在调整"双三熟"的同时，发展了"一水多旱"轮作的"多熟制"，走农牧结合、养用结合、粮食生产和多种经营结合的多熟高产路子。例如，麦-玉米-稻、麦-豆-稻、麦-瓜-菜-稻、禾本科和豆科轮作、粮肥轮作等。据江苏太湖地区种植实践，"麦-玉米-稻"的两旱一水三熟制比"麦-稻-稻"三熟制增产 0.5%～10.5%，而且对改土与发展养猪均有较好的效果。

进入 2000 年后，由于规模经营、种地与养地协调发展，稻田种植制度仍以麦-稻轮作两熟为主，间或油菜-稻、绿肥-稻、冬闲-稻、蔬菜/瓜果-水稻等多种轮作制。

（二）江西稻田耕作制度的演变

江西稻田耕作制度发展经历了"双三季""双杂""三高"以及新发展阶段（黄国勤，2005）。

1. "双三季"阶段（1973—1979 年）

（1）推广杂交稻。1973 年，江西实现了杂交水稻三系配套；1974 年，杂交稻在江西示范并大面积推广。

（2）发展双季稻。三熟复种方式增多，如肥-稻-稻、油-稻-稻、蚕豆（或豌豆）-稻-稻、麦（或小麦）-稻-稻等。水稻复种指数达历史最高水平。

2. "双杂"阶段（1980—1989 年）

（1）"双杂"推广面积不断扩大。1988 年，江西晚稻杂优占二晚面积的 69%，早稻杂优面积占早稻面积的 20%。

（2）"吨粮田"大量涌现。1989 年，江西建成"吨粮田"19.3 万 hm²，且基本上都是"双杂田"。

3. "三高"阶段（1990—1999 年）

（1）高产、高效种植模式增多。一是水旱复种模式；二是稻鱼共生模式；三是水旱轮作模式。1992 年，江西"吨粮田"面积达 28.67 万 hm²。

（2）优质品种增多。以水稻为例，1990—1999 年，江西各地广泛推广的早稻优质品种（组合）至少有几十个。

（3）优质稻面积大。1993 年，江西优质稻面积达到 24.6 万 hm²。其中，优质粳稻 1.22 万 hm²，糯稻 13.42 万 hm²，一级晚籼 8.61 万 hm²，特种稻（红稻、黑稻、香稻）1.35 万 hm²。

4. 新发展阶段（2000 年至今）

（1）新形势、新机遇、新挑战。"新的农业科技革命"思潮在世界范围内广泛兴起；2001 年 1 月 10 日，我国加入世界贸易组织（WTO）；信息技术、生物技术快速发展并广泛应用。

（2）新措施、新技术、新品种。农业结构（种植结构）的战略性调整，江西稻田主推的粮、棉、油、牧草新品种有 50 多个。

（3）新模式、新效益、新产品、新发展。稻田涌现了一大批高产、高效种植模式，如立体种养模式、复合种植模式、新型高效种植模式等。

三、长江中下游区稻田生产力变化

（一）区域水稻单产总体变化趋势

1998—2018 年长江中下游区水稻单产变化如表 4-4 所示，单季稻区的上海（8 136 kg/hm²）、江苏（8 362 kg/hm²）高于单季稻为主的湖北（7 721 kg/hm²）和安徽（6 170 kg/hm²），而湖北的水稻产量又高于双季稻区的浙江（6 644 kg/hm²）、湖南（6 234 kg/hm²）和江西（5 544 kg/hm²）。安徽虽然是一个以单季稻为主的省份，但水稻产量较低，其单季稻产量也低，与安徽的农业生产水平和水稻栽培品种有关。

表 4-4　1998—2018 年长江中下游区水稻单产变化

地　区	产量（kg/hm²）							CV（%）	2018 年比 1998 年增产（%）
	1998 年	2000 年	2005 年	2010 年	2015 年	2018 年	平均		
上　海	8 018	7 791	7 583	8 328	8 599	8 494	8 136±404	5.0	5.9
江　苏	8 816	8 175	7 725	8 092	8 520	8 841	8 362±441	5.3	0.3
安　徽	6 441	5 462	5 820	6 161	6 530	6 606	6 170±451	7.3	2.6
湖　北	7 293	7 504	7 391	7 643	8 274	8 221	7 721±424	5.5	12.7
浙　江	6 015	6 196	6 269	7 021	7 029	7 332	6 644±548	8.2	21.9
江　西	4 915	5 268	5 328	5 600	6 065	6 089	5 544±467	8.4	23.9
湖　南	5 897	6 141	6 050	6 218	6 429	6 670	6 234±277	4.4	13.1

数据来源：《中国统计年鉴》。

从产量变化趋势来看（图4-1），单季稻区的上海、江苏从1998年到2005年呈下降趋势，其后一直到2018年呈增加趋势，增加0.3%～5.9%。单季稻、双季稻混合区的安徽与湖北两省，安徽从1998—2000年水稻产量下降，2000年后水稻产量呈缓慢增加趋势，20年增加2.6%；而湖北水稻单产一直呈增加趋势，从1998年的7 293 kg/hm² 增加到2018年的8 221 kg/hm²，累计增加12.7%。双季稻区的浙江、江西、湖南水稻产量均呈增加趋势，20年累计增加分别为21.9%、23.9%和13.1%，2018年水稻产量分别为7 332 kg/hm²、6 089 kg/hm² 和6 670 kg/hm²。从水稻产量变异系数（CV）来看，双季稻区浙江（8.2）、江西（8.4）大于单季稻区上海（5.0）、江苏（5.3）以及单双季稻区的湖北（5.5），而单双季稻区的安徽变异系数较大（7.3），双季稻区的湖南变异系数最小（4.4）。

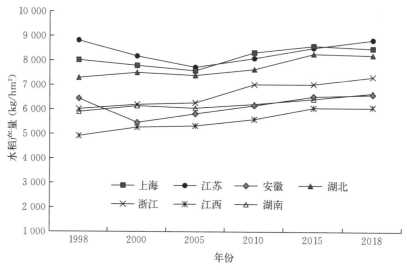

图4-1　1998—2018年长江中下游稻区水稻单产变化趋势

数据来源：《中国统计年鉴》。

（二）代表性区域水稻单产与播种面积变化

下面根据所收集到的资料，对安徽、湖北、江西稻区的水稻单产与双季稻面积变化作进一步分析。

1. 安徽单/双季稻种植区　安徽1998—2018年的早稻、中稻/单季稻、双季晚稻产量变化如图4-2所示，早稻产量呈小幅波动增加趋势，从1998年的5 033 kg/hm² 到2018年的6 164 kg/hm²，累计增产22.5%，年均增产1.12%；中稻/单季稻1998—2005年呈下降趋势，然后呈小幅波动增加趋势，但最终产量没有超过1998年，比1998年下降6.9%；双季晚稻产量总体上呈下降趋势，从1998年的5 959 kg/hm² 下降到2018年的5 243 kg/hm²，累计下降12.0%，年均下降0.60%。由于中稻/单季稻产量均呈下降趋势，因而稻谷平均产量20年来仅增加0.75%。

1998—2018年，安徽的双季稻面积比例呈明显下降趋势（图4-2），从1998年占水稻播种面积的41.4%（89.64万 hm²）下降到2018年的14.6%（37.20万 hm²），累计下降26.8个百分点，年均下降1.3%。至2018年，安徽稻区已发展成稻-麦（油、绿肥等）为主的两熟制地区，中稻/单季稻的播种面积占85.4%。

2. 湖北单/双季稻种植区　湖北2010—2018年中稻/单季稻、双季晚稻单产变化如图4-3所示（统计资料中没有早稻产量数据），中稻/单季稻单产徘徊在8 479～9 578 kg/hm²，平均单产为9 008 kg/hm²，变异系数为4.1%。双季晚稻产量呈增加趋势，从1998年的6 121 kg/hm² 增加到2018年的6 984 kg/hm²，累计增加14.1%，年均增加4.8%。水稻的平均产量为8 004 kg/hm²，随着时间延长而呈现平稳增加趋势（CV为2.4%），从2010年的7 643 kg/hm² 增加到2018年的8 221 kg/hm²，年均增加0.84%。

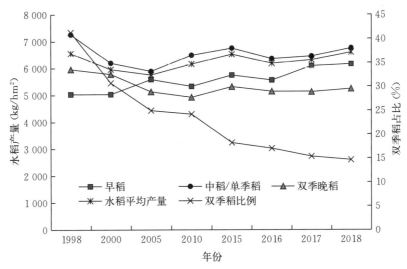

图 4-2　1998—2018 年安徽不同熟制水稻单产与双季稻播种面积变化

数据来源：《安徽统计年鉴》。

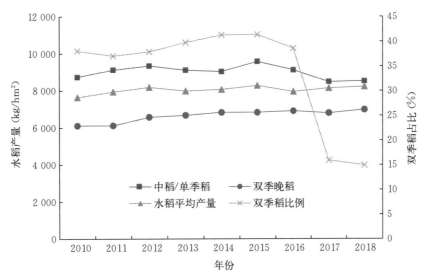

图 4-3　2010—2018 年湖北不同熟制水稻单产与双季稻播种面积变化

数据来源：《湖北统计年鉴》。

双季稻播种面积比例变化如图 4-3 所示，2010—2016 年占比变化在 37.1%～41.4%，2017 年开始急剧下降，从 2016 年的 82.28 万 hm² 下降到 2017 年的 37.64 万 hm²、2018 年的 35.67 万 hm²，双季稻占比分别为 15.9% 与 14.9%，与安徽相近。

3. 江西双季稻种植区　江西 1978—2018 年水稻播种面积与单产变化如图 4-4 所示，其变化可分为 3 个时期：开始稍微下降，中期急剧下降，后期平稳增加。开始阶段（1978—1990 年），播种面积从 338.0 万 hm² 下降到 329.3 万 hm²，12 年下降了 2.6%；中期（1992—2004 年），播种面积从 1990 年的 329.3 万 hm² 下降到 1992 年的 289.2 万 hm²，2 年下降 12.2%，其后一直在 289.2～305.3 万 hm² 波动；后期（2006—2018 年），2004—2006 年播种面积有一明显的增加，2 年增加了 6.9%，其后，2006—2018 年，12 年间播种面积增加了 6.1%。总体上，40 年间江西水稻播种面积增加了 5.59 万 hm²，增加了 1.65%。

水稻单产呈显著增加趋势，从 1978 年的 3 203 kg/hm² 增加到 2018 年的 6 089 kg/hm²，单产提高

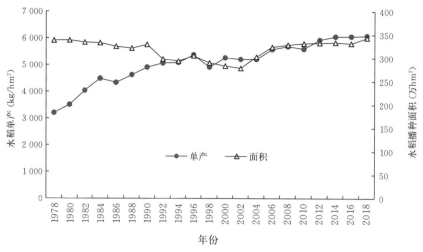

图 4-4　1978—2018 年江西水稻播种面积与单位面积产量变化

数据来源：《中国统计年鉴》。

了 90.1%，年均增加 2.3%。其中，1978—1996 年增加幅度较大，累计增加了 67.9%，年均增加 3.8%；1998 年，水稻单产有一较大幅度的下降（464 kg/hm²）；1998—2018 年呈平缓上升趋势，累计上升 23.9%，年均增加 1.2%。

四、长江中下游区稻田施肥状况变化

（一）区域农作物播种面积施肥量

1. 单位播种面积总化肥用量及其变化　表 4-5 是本区 7 省份 20 年（1998—2018 年）化肥用量及变化趋势，1998 年的总化肥用量依次是江苏＞湖北＞安徽＞上海＞全国＞浙江＞湖南＞江西，2018 年的总化肥用量依次是浙江＞江苏＞湖北＞安徽＞全国＞湖南＞上海＞江西，20 年来农作物单位播种面积总化肥用量增加率依次是浙江＞湖南＞全国＞安徽＞江西＞上海＞湖北＞江苏。

表 4-5　农作物单位播种面积化肥用量

地区	总化肥用量			化肥（N）用量			化肥（P₂O₅）用量			化肥（K₂O）用量			复合肥用量		
	1998 年 (kg/hm²)	2018 年 (kg/hm²)	增加 (%)	1998 年 (kg/hm²)	2018 年 (kg/hm²)	增加 (%)	1998 年 (kg/hm²)	2018 年 (kg/hm²)	增加 (%)	1998 年 (kg/hm²)	2018 年 (kg/hm²)	增加 (%)	1998 年 (kg/hm²)	2018 年 (kg/hm²)	增加 (%)
全　国	262.4	339.7	29.5	143.5	124.5	−13.2	43.9	43.9	0.2	22.2	35.6	60.0	52.8	136.8	159.0
上　海	266.0	297.6	11.9	199.5	134.6	−32.5	23.4	21.3	−9.0	5.4	10.6	97.1	37.7	134.6	256.6
江　苏	413.6	389.0	−6.0	244.1	193.6	−20.7	59.8	45.2	−24.4	18.1	22.9	26.2	91.6	127.3	39.0
浙　江	231.7	393.2	69.7	156.4	202.7	29.6	32.4	43.5	34.1	13.8	30.8	123.8	29.3	115.7	294.5
安　徽	296.3	355.5	20.0	143.5	109.0	−24.0	51.0	32.2	−37.0	26.6	31.8	19.5	75.2	182.5	142.7
江　西	194.9	221.8	13.8	94.6	61.2	−35.3	35.8	33.3	−7.1	31.7	32.2	1.6	32.7	95.2	190.9
湖　北	351.6	371.9	5.8	214.8	142.2	−33.8	64.7	57.8	−10.6	19.6	36.6	86.5	52.6	135.4	157.3
湖　南	226.7	299.1	31.9	124.4	116.0	−6.7	31.0	31.4	1.4	37.2	51.3	38.0	34.3	100.4	192.8

数据来源：《中国统计年鉴》。

2. 单位播种面积氮肥用量及其变化　1998 年与 2018 年农作物单位播种面积氮肥用量及变化如表 4-5 所示，1998 年的氮肥用量依次是江苏＞湖北＞上海＞浙江＞安徽＝全国＞湖南＞江西，

2018 年的氮肥用量依次是浙江＞江苏＞湖北＞上海＞全国＞湖南＞安徽＞江西；20 年来播种面积氮肥用量增加率依次是浙江＞湖南＞全国＞江苏＞安徽＞上海＞湖北＞江西，除浙江外，6 个省份的氮肥用量均呈下降趋势，其中，江苏、安徽下降 20.7％～24％，上海、湖北和江西下降 32.5％～35.3％。

3. 单位播种面积磷肥用量及其变化 各省份农作物单位播种面积磷肥（P_2O_5）用量及变化如表 4-5 所示，1998 年磷肥用量依次是湖北＞江苏＞安徽＞全国＞江西＞浙江＞湖南＞上海，2018 年的磷肥用量依次是湖北＞江苏＞全国＞浙江＞江西＞安徽＞湖南＞上海；20 年来单位面积磷肥用量增加率依次是浙江＞湖南＞全国＞江西＞上海＞湖北＞江苏＞安徽，与氮肥一样，浙江的磷肥用量增加率也最高，安徽、江苏两省的磷肥用量减少 24.4％～37％。

4. 单位播种面积钾肥用量及其变化 各省份农作物单位播种面积钾肥（K_2O）用量及变化如表 4-5 所示，1998 年钾肥用量依次是湖南＞江西＞安徽＞全国＞湖北＞江苏＞浙江＞上海，2018 年的钾肥用量依次是湖南＞湖北＞全国＞江西＞安徽＞浙江＞江苏＞上海；20 年来单位面积钾肥用量增加率依次是浙江＞上海＞湖北＞全国＞湖南＞江苏＞安徽＞江西，除江西外，钾肥用量均有较大幅度的增加。

5. 单位播种面积复合肥用量及其变化 各省份农作物单位播种面积复合肥用量及其变化，如表 4-5 所示，1998 年复合肥用量依次是江苏＞安徽＞全国＞湖北＞上海＞湖南＞江西＞浙江，2018 年的复合肥用量依次是安徽＞全国＞湖北＞上海＞江苏＞浙江＞湖南＞江西；20 年来单位面积复合肥用量增加率依次是浙江＞上海＞湖南＞江西＞全国＞湖北＞安徽＞江苏，与其他肥料不一样的是，7 个省份及全国的复合肥用量均在增加，且增加幅度较大，除江苏外，均超过 142％。

（二）农用化肥氮、磷、钾三要素投入比例变化

化肥施用的氮、磷、钾比例（$N : P_2O_5 : K_2O$）是衡量农作物施肥是否合理的标志之一。国外禾谷类作物的合理氮、磷、钾比例是 1：0.6：0.8，我国禾谷类作物建议比例为 1：0.5：0.5。本研究收集了 1998—2018 年长江中下游区农用化肥施用量的统计数据，对其进行了分析。《中国统计年鉴》中复合肥养分含量是按总量统计的，没有区分氮、磷、钾单质养分的含量，但考虑到复合肥是投入量比较大的肥料类型，这里把复合肥 $N : P_2O_5 : K_2O$ 养分含量按 1：1：1 的比例进行计算。图 4-5 是以化肥氮投入量作为 1，计算出相应的 P_2O_5、K_2O 投入量所占的比例。

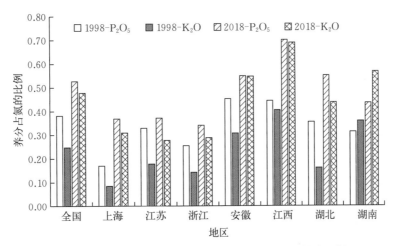

图 4-5　长江中下游区农田化肥投入氮、磷、钾养分比例

数据来源：《中国统计年鉴》。

图 4-5 是 1998—2018 年全国及长江中下游区农用化肥投入 P_2O_5、K_2O 比例变化，结果显示，全国及长江中下游区化肥磷、钾占氮的比例均有所提高；全国化肥磷、钾平均占比从 1998 年的

0.38、0.25，分别提高到 2018 年的 0.53、0.48；上海化肥磷、钾平均占比从 0.17、0.08，分别提高到 0.37、0.31；江苏化肥磷、钾平均占比分别从 0.33、0.18，提高到 0.37、0.28；浙江化肥磷、钾平均占比分别从 0.25、0.14，提高到 0.34、0.29；安徽化肥磷、钾平均占比分别从 0.45、0.31，提高到 0.55、0.55；江西化肥磷、钾平均占比分别从 0.44、0.40，提高到 0.70、0.69；湖北化肥磷、钾平均占比分别从 0.35、0.16，提高到 0.55、0.44；湖南化肥磷、钾平均占比分别从 0.31、0.36，提高到 0.43、0.57。

截至 2018 年，上海化肥 $N：P_2O_5：K_2O$ 比例为 1：0.37：0.31，江苏为 1：0.37：0.28，浙江为 1：0.34：0.29，安徽为 1：0.55：0.55，江西为 1：0.70：0.69，湖北为 1：0.55：0.44，湖南为 1：0.43：0.57。上海、江苏、浙江的磷、钾肥比例偏低，尤其是钾肥用量不足，考虑到秸秆还田携带养分钾素，比例要提高些。

第二节　长江中下游区水稻土质量现状与问题

一、水稻土肥力现状与演变趋势

（一）江苏水稻土肥力演变状况

太湖流域位于长江三角洲的南翼，面积 3.63 万 km^2。本区气候的特点是受东南季风的影响，温暖湿润，光照充足，生长季节较长，干湿季节明显。由于得天独厚的地理条件，区内土壤肥沃，气候温和，农业基础好，具有发展生态农业的良好条件。太湖流域耕种土壤以水稻土为主，占耕地土壤的 85% 以上。水稻土是我国四大类型耕地土壤中最为高产、稳产的土壤，同时作为人为作用形成的土壤，也是受人为活动影响剧烈、土壤质量变异最为显著的土壤。20 世纪 80 年代以来，本区经济飞速发展，农业在国民经济中的比例逐年下降，农业生产从精耕细作到简化作业，施肥从有机肥与无机肥结合到仅施用化肥。20 年来水稻土的肥力与质量变化如何？这是大家十分关心的问题。国家重大基础研究项目（"973" 项目）"土壤质量的演变规律与持续利用" 把太湖地区水稻土作为首选地区，于 2000 年进行了大规模的土壤质量调查采样，以分析土壤质量的演变趋势。本节以太湖流域的苏州、镇江两市为例，比较本次采样点与全国第二次土壤普查相对应采样点土壤养分的变化，结合调查地区社会、经济与农业生产等方面的资料，探讨本区土壤肥力变化的驱动因子。

本次 "973" 项目的采样点选择是以全国第二次土壤普查（1978—1982 年）有分析资料的采样点为基础，大致均匀地以每 10 km^2 一个采样点的密度采集土壤样品。在苏州市的常熟市采集了 63 个点、太仓市 41 个点、吴县（现为吴中区和相城区）74 个点，镇江市的丹阳市 69 个点、丹徒县（现为丹徒区）15 个点，在上述 5 县（市、区）共采集了 262 个样点（其中，与全国第二次土壤普查相对应的点有 234 个）。本次采样调查了采样地块的产量和轮作、施肥及灌溉等管理情况，并对部分样点进行定期重新采样，以分析土壤养分变化。

1. 土壤有机质与全氮　土壤全氮包括所有形式的有机和无机氮素，是土壤氮素总量和供应植物有效氮素的源与库，综合反映了土壤的氮素状况。氮在植物营养中具有重要作用，且与土壤有机质和全氮关系密切，故有机质和全氮一直被用于评价土壤的供氮水平。

土壤有机质不仅是作物生长所需各种营养元素的重要来源，也是维持土壤结构、微生物活动的重要物质。将全国第二次土壤普查（1980 年）农化分析结果与本次采样点分析结果相比较（表 4 - 6），结果表明，土壤有机质含量均呈增加趋势，2000 年与 1980 年相比，各地增加的比例分别为常熟市 23.9%、太仓市 14.4%、吴县 21.9%、丹阳市 23.7% 和丹徒区 26.6%。调查分析表明，土壤有机质含量的增加与秸秆还田量的增加密切相关，作物茎秆、根茬的碳氮比较高 [（50～80）：1]，在嫌气条件下分解缓慢，有机物质积累较多；另外，化肥投入的增加提高了作物的生物产量，增加了根茬的残留量，从而使土壤有机质含量显著增加。

表 4-6 1980—2000 年土壤有机质含量变化情况

项目	采样地点				
	常熟市	太仓市	吴县	丹阳市	丹徒区
1980 年有机质含量（g/kg）	25.60±11.57	22.64±5.52	29.98±7.32	20.72±4.81	16.83±4.59
2000 年有机质含量（g/kg）	31.72±12.47	25.9±4.60**	36.56±6.78**	25.63±4.88**	21.3±7.86**
变化率（%）	23.9	14.4	21.9	23.7	26.6

注：**表示极显著性差异（$P<0.01$），*表示显著性差异（$P<0.05$）。

氮是作物生长所需的大量营养元素之一，是衡量土壤肥力状况的重要指标。其含量与有机质含量呈正相关。分析资料表明（表 4-7），土壤全氮含量较全国第二次土壤普查时均有提高，增加的范围在 4.8%～15.4%。调查表明，由于氮肥对作物产量的影响最为显著，该地区农民普遍重视氮肥的施用，稻麦两熟年施纯氮达 $500\sim550\ kg/hm^2$，氮素出现盈余。

表 4-7 1980—2000 年土壤全氮含量变化情况

项目	采样地点				
	常熟市	太仓市	吴县	丹阳市	丹徒区
1980 年全氮含量（g/kg）	1.59±0.5	1.47±0.22	1.62±0.37	—	1.15±0.26
2000 年全氮含量（g/kg）	1.81±0.39**	1.54±0.26	1.87±0.41**	1.4±0.27	1.23±0.38
变化率（%）	13.8	4.8	15.4	—	7.0

注：**表示极显著性差异（$P<0.01$），*表示显著性差异（$P<0.05$）。

2. 土壤全磷、有效磷、速效钾 磷在水稻生长所需的大量元素中占有重要地位。由表 4-8 可以看出，太湖流域土壤全磷、有效磷含量均呈上升趋势。从所调查的 234 个样点统计结果来看，土壤有效磷含量在 5 mg/kg 以下的有 38 个，占 16.2%；土壤有效磷含量在 5～10 mg/kg 的 125 个，占 53.5%；土壤有效磷含量大于 10 mg/kg 的 71 个，占 30.3%。

近年来的许多研究表明，我国土壤磷素水平在增加。任何肥料的增产效果都随着土壤中该养分供应水平的提高而下降直至不再增产，对磷肥来说更是如此，这是因为土壤磷水平的提高速度通常高于其他养分（如氮、钾）。

表 4-8 1980—2000 年江苏太湖流域土壤全磷、有效磷、速效钾含量变化情况

采样点	全磷（g/kg）		有效磷（mg/kg）		速效钾（mg/kg）	
	1980 年	2000 年	1980 年	2000 年	1980 年	2000 年
常熟市	0.61±0.14	1.06±1.42**	6.39±3.67	14.97±7.39	76.3±34.1	69.6±41.2
太仓市	0.67±0.01	0.88±0.01**	6.12±3.31	10.1±7.38**	87.9±20.7	76.0±22.1*
吴县	0.47±0.17	0.66±0.14**	11.68±16.32	17.45±8.58*	81.7±36.2	87.6±25.9
丹阳市		0.13±0.03	7.64±7.31	9.5±6	78.8±38.4	83.1±26.0
丹徒区	0.28±0.13	0.49±0.18**	4.52±3.05	12.9±21.06	82.5±41.7	90.1±17.8

注：**表示极显著性差异（$P<0.01$），*表示显著性差异（$P<0.05$）。

钾是水稻生长发育所必需的营养元素之一，能增强光合作用，促进碳水化合物的代谢和合成，对

氮素和磷素的吸收、代谢以及蛋白质的合成也有很大作用。本研究土壤速效钾含量与全国第二次土壤普查结果基本持平（表4-8），谢金学等（2002）研究表明，丹阳市速效钾含量呈阶段性变化，1983—1991年持平略减，1991—1995年急剧下降，1995—1999年有所回升，但总体呈下降趋势。在氮肥、磷肥投入量加大的情况下，土壤钾素不足已成为太湖流域水稻产量的限制因子。据王柏英等（2000）研究，当钾肥的投入量大于吸收量的1.2倍时，土壤钾素才有积累。钾素投入不足造成了太湖流域部分地区钾素投入与产出的不平衡，从而导致土壤钾素难以提高。

以江苏省常熟市为例，1980—1999年水稻播种面积逐年减少，但单位面积产量却逐年上升（图4-6、图4-7），土壤养分被大量移出农田系统，因而要得到高产就必须加大肥料投入。图4-8是常熟市1980—1998年的肥料投入情况，从图4-8可以看出，单位面积总肥料投入量是不断增加的。资料表明，1975年前太湖流域耕地化肥用量一般不超过100 kg/hm^2；1980年以后化肥用量增加很快，1980—1990年10年间，平均每年增加9.2 kg/hm^2；1990—1998年，平均每年增加13.9 kg/hm^2。

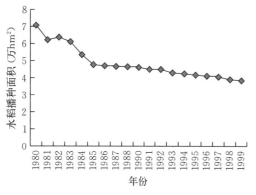

图4-6　1980—1999年常熟市水稻播种面积

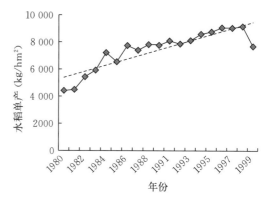

图4-7　1980—1999年常熟市水稻单位面积产量

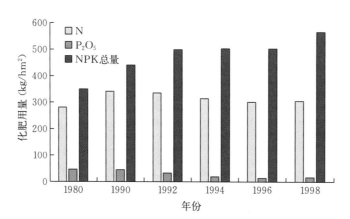

图4-8　1980—1998年常熟市单位面积施肥量

3. 土壤pH变化　pH是土壤的重要性质之一，对作物的生长、微生物的活动、养分的转化及有效性都有很大的影响。表4-9的数据表明，太湖地区土壤普遍存在着酸化的趋势。分析其原因：与大量施用化肥（氮肥、磷肥）有关；酸雨也是重要的影响因素；与植被类型和土地利用方式有关。

表4-9　土壤pH变化情况

年份	常熟市	吴县	太仓市	丹阳市	丹徒区
1980	7.19	6.5	7.72	6.9	/
2000	6.34	5.52	7.61	6.55	5.78

与全国第二次土壤普查资料相比较，太湖流域的土壤有机质、全氮、全磷、有效磷含量均有所上升，这与耕作方式、秸秆还田及化肥用量有关；土壤速效钾含量呈下降趋势，主要是由于农作物产量提高、钾肥投入不足，土壤钾素呈长期亏缺状态；土壤 pH 普遍呈下降趋势，其原因是长期的不平衡施肥与酸雨。

根据上述变化，在生产实践中，要大力推广秸秆还田、平衡施肥，控氮补钾，把有限的钾肥施在作物最需肥时期（分蘖盛期至孕穗期）（颜廷梅等，2001），增加有机肥投入，提高土壤钾素含量，增加无机钾肥用量，平衡化肥施用比例。总之，钾肥的科学投入，应依据作物产出的需要和农田土壤钾素的含量、供肥能力以及肥料效益，确定需要投入的数量、时间和方法，且要注重深耕晒垡，改良土壤结构，发展富钾绿肥。

（二）湖北水稻土肥力演变状况

1. 土壤养分含量现状　湖北是我国水稻主产区之一，水稻种植制度是单季稻两熟制、双季稻三熟制混合地区。王伟妮等（2012）以湖北水田为例，通过对 2008 年测土配方施肥项目所获取的土壤养分数据进行抽样（6 530 份）研究，比较分析了湖北不同稻区土壤的肥力现状，并将其与全国第二次土壤普查（1980 年开始）数据相比较，了解水田土壤养分的变化规律及变化原因。2008 年湖北水稻土养分含量特性如表 4-10 所示，土壤有机质、碱解氮、有效磷、速效钾含量及 pH 平均值分别为 26.1 g/kg、124.2 mg/kg、13.1 mg/kg、89.1 mg/kg 和 6.3，其主要分布范围为有机质 7.0～57.3 g/kg、碱解氮 21.0～233.0 mg/kg、有效磷 1.0～46.3 mg/kg、速效钾 17.0～243.0 mg/kg 和 pH 4.0～8.5。

表 4-10　2008 年湖北主要水稻土养分含量特性

类别	有机质（g/kg）	碱解氮（mg/kg）	有效磷（mg/kg）	速效钾（mg/kg）	pH
范围	7.0～57.3	21.0～233.0	1.0～46.3	17.0～243.0	4.0～8.5
均值	26.1	124.2	13.1	89.1	6.3
变异系数 CV（%）	35.4	28.8	62.2	46.4	13.9
样本数（个）	6 381	6 389	6 425	6 219	6 430

注：数据来源于王伟妮等（2012）。

2. 土壤有机质与全氮含量变化　由表 4-10 可以看出，2008 年湖北水稻土有机质含量变幅为 7.0～57.3 g/kg，平均为 26.1 g/kg，变异系数为 35.4%，属中等变异。与全国第二次土壤普查相比（图 4-9a），目前的土壤有机质主要处于 3 级水平（20～30 g/kg），其次是 4 级和 2 级水平。与全国第二次土壤普查不同的是，目前土壤有机质含量在 2 级水平所占比例提高了 7.2 个百分点，在 1 级、3 级、4 级和 6 级水平所占比例则分别下降了 1.4 个百分点、4.3 个百分点、0.9 个百分点和 0.5 个百分点，说明湖北水稻土有机质含量是有所提高。

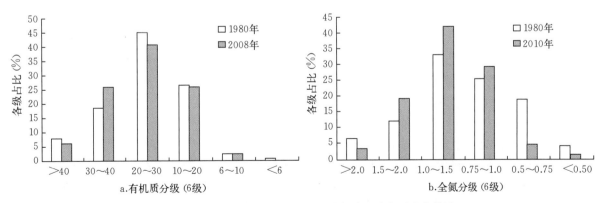

图 4-9　湖北水稻土有机质与耕地全氮含量分布及变化情况

注：有机质数据来源于王伟妮等（2012），耕地全氮数据来源于杨利等（2016）。

1980—2010 年，湖北主要农区耕地土壤全氮含量分布及变化情况如图 4-9b 所示，由图 4-9b 可以看出，2010 年土壤全氮含量主要分布在 3 级、4 级、2 级水平，占总比例的 90.4%。与全国第二次土壤普查相比，目前全氮 2 级、3 级、4 级水平分别提高了 7.3 个百分点、9.0 个百分点、3.8 个百分点，而全氮 1 级、5 级、6 级水平分别下降了 3.2 个百分点、14.3 个百分点、2.6 个百分点（杨利等，2016）。刘芳等（2016）抽样比较了湖北 26 个县（市、区）完成的耕地地力评价数据与 30 年前的全国第二次土壤普查数据。结果表明，本次地力评价土壤全氮加权平均为 1.392 g/kg，比全国第二次土壤普查的 1.245 g/kg，提高了 11.8%。

3. 土壤速效养分含量变化 湖北 2008 年水稻土速效养分含量变化如表 4-10、图 4-10、图 4-11 所示。其中，碱解氮含量变幅为 21.0～233.0 mg/kg，平均为 124.2 mg/kg，变异系数为 28.8%。由图 4-10a 可以看出，2008 年土壤碱解氮主要处在 3 级、2 级和 1 级水平，1 级、2 级水平分别比 1980 年提高 8.1 个百分点和 3.7 个百分点，3 级、4 级、5 级分别下降了 0.5 个百分点、8.7 个百分点和 2.5 个百分点，表明湖北水稻土碱解氮含量是提高的。

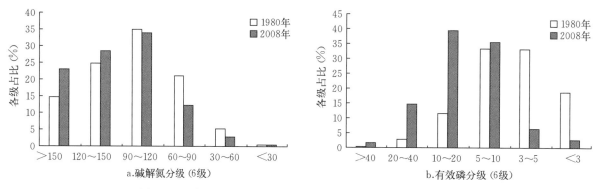

图 4-10　湖北主要水稻土碱解氮和有效磷含量分布及变化情况

注：数据来源于王伟妮等（2012）。

土壤有效磷含量变幅为 1.0～46.3 mg/kg，平均为 13.1 mg/kg，变异系数为 62.2%，属变异较大的养分（表 4-10）。2008 年，土壤有效磷主要分布在 3 级水平，其次分布在 4 级和 2 级。相较于全国第二次土壤普查，2008 年水稻土有效磷含量在 1 级、2 级、3 级和 4 级水平所占比例分别提高了 1.2 个百分点、11.7 个百分点、27.7 个百分点和 2.2 个百分点，在 5 级和 6 级水平的比例分别下降了 26.7 个百分点、16 个百分点（图 4-10b），表明土壤有效磷水平有明显提高。此外，2008 年水稻土缺磷比例约占 44.5%，明显低于全国第二次土壤普查时的 85.0%。以上结果均说明，1980—2008 年湖北水稻土供磷能力得到了较大幅度的提升。

土壤速效钾含量变幅为 17.0～243.0 mg/kg，平均为 89.1 mg/kg，变异系数为 46.4%（表 4-10）。与全国第二次土壤普查相比，速效钾 1 级、2 级水平分别下降了 5.9 个百分点和 3.5 个百分点，而 3 级水平增加 9.7 个百分点，4 级基本没变（图 4-11a）。据资料统计，湖北在全国第二次土壤普查时水稻土速效钾含量平均值为 99 mg/kg，1989 年为 92 mg/kg（湖北省农业科学院土壤肥料研究所，1996）。2008 年速效钾含量比全国第二次土壤普查时降低了 9.9 mg/kg，下降了 10%；比 1989 年降低了 2.9 mg/kg，下降了 3.15%。表明湖北水稻土速效钾总体含量在下降，但从 1989—2008 年下降趋势变缓。究其原因，与复合肥使用、秸秆还田补充钾素有关。

4. 土壤 pH 变化 表 4-10 显示，湖北水稻土 pH 变幅在 4.0～8.5，平均为 6.3，变异系数较低，仅为 13.9%。与全国第二次土壤普查相比（图 4-11b），2008 年 pH 在 7.5～8.5 土壤下降了 16.6 个百分点，pH 在 6.5～7.5、5.5～6.5 和＜5.0 土壤分别提高了 7.6 个百分点、4.4 个百分点和 4.3 个百分点。2008 年 pH＜6.5 的比例为 63.0%，而全国第二次土壤普查时为 53.9%。以上结果充分说明，与 1980 年相比，2008 年水稻土 pH 下降了。统计结果表明，湖北 26 个县（市、区）耕地土

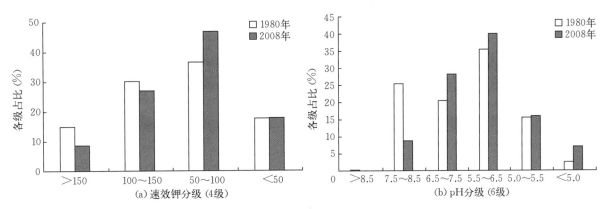

图 4-11　湖北主要水稻土速效钾含量和 pH 分布及变化情况

注：数据来源于王伟妮（2012）。

壤 pH 加权平均值为 6.44，比全国第二次土壤普查的 6.81 降低了 0.37，降低比例为 5.4%（刘芳等，2016）。这可能与该地区水田土壤施用的氮肥种类主要为尿素、碳酸氢铵及氯化铵以及大气污染有关（Guo et al.，2010）。

（三）江西耕地肥力演变趋势

江西现有耕地面积 308.913 万 hm²（国务院第二次全国土地调查数据），人均耕地 696.7 m²。其中，高产田占 33%，中产田占 47%，低产田占 20%。中低产田面积占比较大，严重制约了江西农业的可持续发展。为了掌握耕地质量的演变规律，从 1984 年开始，在江西布置了耕地地力监测点，包括国家级长期定位监测点 8 个、省级长期定位监测点 458 个，分布在江西 94 个农业县（市）。每个监测点设空白区（不施肥）和常规区（农民习惯施肥和田间管理）2 个处理。小区面积：空白旱地 60 m² 以上，水田为 30～70 m²；常规区 300 m² 以上。1984—2012 年连续近 30 年江西耕地地力变化趋势如下（涂起红等，2016）。

1. 土壤有机质与全氮的变化趋势　1984—2012 年耕地地力长期定位监测结果表明：①常规区的土壤有机质含量范围在 21.97～31.78 g/kg，平均为 27.49 g/kg（图 4-12），按国家耕地质量等级划分标准（GB/T 33469—2016）属 3～4 级。由图 4-12 可以看出，1984—2012 年常规区土壤有机质含量稳中有升，平均每年上升 0.2 g/kg；空白区土壤有机质含量总体呈现先下降后平稳的趋势。②2006 年后，常规区的土壤有机质含量增长较快，平均每年上升 0.4 g/kg。常规区土壤有机质含量明显高于空白区，平均高出 8.97 g/kg。③从不同地力情况来看，高产田有机质含量呈现先缓慢上升后平稳再急速上升的趋势，而中、低产田的有机质含量总体呈现先缓慢下降，2006 年后又上升的趋势。

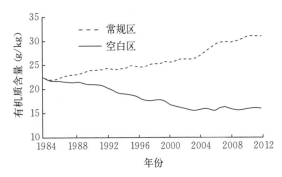

图 4-12　耕地监测点耕层有机质变化趋势

注：数据来源于涂起红等（2016）。

1984—2013 年，江西常规施肥农田土壤有机质含量稳定增长的主要原因：一是大量化肥的施用导致生物产量的大幅度提高，以及作物归还土壤的根茬量较大；二是江西较低的土壤 pH 也可能导致植物残体的分解速率较慢，从而提高了有机物料的腐殖化系数，有利于土壤有机质的积累。

土壤全氮含量变化情况如图 4-13 所示，常规区土壤全氮含量从 1984 年的 1.51 g/kg 上升到 2012 年的 1.64 g/kg，图中最后近 10 年土壤全氮平均含量为 1.56 g/kg。1984—2012 年，常规区土壤全氮含量变化趋势与土壤有机质基本一致，总体上升了 0.13 g/kg，年均上升 0.004 g/kg；空白区土壤全氮含量呈逐年下降趋势。图 4 - 13 还表明，常规区土壤全氮含量显著高于空白区，平均高出 0.27 g/kg，说明土壤全氮含量与施肥关系密切。

2. 土壤有效磷与速效钾的变化趋势　在常规施肥水平下，土壤有效磷含量呈明显上升趋势，从 1984 年的 12.3 mg/kg 升高到 2013 年的 24.4 mg/kg，30 年来累计上升 12.1 mg/kg，年平均上升 0.40 mg/kg；空白区的有效磷含量则呈下降趋势，显著低于常规区的有效磷含量。从不同地力情况来看，高产田的

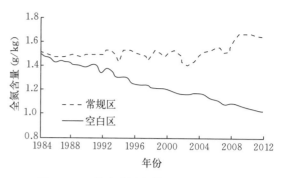

图 4 - 13　耕地监测点耕层全氮变化趋势
注：数据来源于涂起红等（2016）。

有效磷呈明显上升趋势，且在 2006 年后上升更为明显，到 2010 年后趋于平衡；中低产田的有效磷呈先缓慢下降后平稳再上升的趋势。土壤有效磷增加，与人们重视磷肥密切相关。

对于土壤速效钾含量变化，常规施肥区呈现先下降后平稳再缓慢上升的趋势。从 1984 年的 83.6 mg/kg 下降到 2003 年的 65.9 mg/kg，年均下降 0.88 mg/kg，这与农作物产量的大幅度提高及钾肥施用量不足有很大关系。2004—2013 年，常规施肥区土壤速效钾含量呈现上升趋势，从 69.1 mg/kg 上升到 83.4 mg/kg，年均上升 1.43 mg/kg，这主要得益于科学施肥和补钾工程的实施。空白区的土壤速效钾总体呈下降趋势，较常规施肥区平均低 12.6 mg/kg。不同地力农田中，高产田速效钾呈明显上升趋势，而中低产田速效钾呈先下降后平稳再上升的趋势。2008—2013 年，高产田、中产田、低产田速效钾含量分别为 97.5 mg/kg、71.2 mg/kg 和 47.2 mg/kg，说明施用钾肥（化学钾肥和有机钾肥）后，土壤速效钾含量有明显增长。

3. 土壤 pH 与耕层厚度变化趋势　1984—2013 年江西监测点土壤 pH 的变化趋势：①随着时间的推移，常规区和空白区的土壤 pH 均呈现明显下降趋势，常规区 pH 从 1984 年的 5.56 下降到 2013 年的 5.24。②1992—2002 年，土壤 pH 下降趋势最明显，推测可能与这些年的不合理施肥有关。③2003—2013 年，常规区的 pH 较空白区的 pH 平均值低 0.05，说明施肥对土壤酸化有一定的影响。

长期监测点土壤耕层厚度变化表明：①土壤耕层随着年份的增加而逐年变浅，从 1984 年的 24.3 cm 下降到 2013 年的 15.87 cm，年均下降 0.28 cm；②随着时间的推移，常规施肥区的耕层厚度比空白区的耕层浅 1.31 cm，年均浅 0.04 cm。水稻高产稳产要求土壤耕层厚度在 16 cm 以上，目前江西土壤耕层厚度为 15.87 cm 左右。相关研究表明，耕层厚度逐年变浅的主要原因：一是长期浅耕或免耕；二是长期使用旋耕机翻地及碾压；三是种植熟制降低。

二、水稻土物理障碍因子

土壤物理性质是土壤肥力的重要组成部分。影响稻田作物生长的土壤物理限制因子包括质地、颗粒、结构及其力学性质。例如，土壤质地过沙或过黏，土壤温度过低或过高，土壤剖面障碍层次等土壤自然属性。也有由于人为耕作与管理不当而带来的土壤物理问题，主要是土壤耕层变浅、土壤黏闭、犁底层增厚、渗透性下降。

（一）土壤耕层变浅

随着农业"轻、简"栽培技术的推广应用，稻田土壤耕作普遍实行机械旋耕、免耕，传统的耕翻基本没有。旋耕实行耕耙一体化，具有省工、省时的优点。但由此带来的问题是，由于配置机械动力不足，旋耕深度一般为 8～13 cm，平均为 10 cm 左右。长期的旋耕与免耕导致稻田土壤耕层变浅，大部分耕层厚度不足 15 cm。1999 年，土壤学首个国家重点基础研究发展规划项目"土壤质量演变规律与持续利用"，在确定水稻土区采样规范时根据水稻土壤耕层实际情况讨论决定耕层采样深度为 15 cm。水稻土耕层变浅问题有许多报道，江西 466 个长期定位监测点统计结果表明，土壤耕层深度从 1984 年

的 24.3 cm 下降到 2013 年的 15.87 cm（涂起红等，2016）。土壤耕层变浅减少作物根系生长的有效空间，不利于水稻高产。

（二）土壤黏闭、犁底层增厚

在长江中下游稻区，无论是水稻连作（双季稻）还是水旱轮种（稻-麦/油），都涉及水分利用与作物生长的关系。研究表明，在黏质土壤上，如果不具备排水条件，连作水稻并不利于水稻持续高产（姚贤良，1983）。在水旱轮种条件下，水稻后季种植旱作，由于水稻和旱作所需的土壤环境，特别是土壤物理环境迥然不同，黏闭的犁底层对水稻生长有利，但对水稻收割后的旱作不利。犁底层在植稻期间能阻止水分下渗和防止水分及养分流失，但如果犁底层太致密，又会影响有毒物质的排除及土壤气体的更新，特别是会影响旱作根系向下伸展。

在江苏、上海、浙江、安徽、湖北广泛分布的稻-麦/油轮作农田，由于水稻收获前稻田水分管理不善或收获期间遇上阴雨天气，田间水分不适宜机械收割、耕种，时常出现烂耕、烂种，日积月累造成耕层土壤黏闭，犁底层黏闭、板结。这不仅影响麦季排水与稻季渗漏，还会使得小麦与水稻根系难以下扎，从而导致小麦减产、水稻不能丰产。

肖参明等（1996）对广东省广州市 18 个不同肥力水平的水稻土进行犁底层容重测定及盆栽试验。结果表明，犁底层容重一般在 1.78～2.10 g/cm³，与耕层土壤物理性黏粒含量呈显著负相关，与水稻土的生产力也有一定的负相关性。高产水稻土犁底层容重平均为 1.81 g/cm³、中产水稻土犁底层容重平均为 1.91 g/cm³、低产水稻土犁底层容重平均为 2.10 g/cm³；水稻土犁底层容重影响耕层水分的渗漏，从而影响耕层土壤中还原物质的含量及根系活力；犁底层容重过大是水稻产量难以提高的障碍因子。

（三）土壤黏闭、渗透性下降

据江苏苏州，镇江句容、丹阳，无锡宜兴，泰州兴化等地采样与监测发现，水稻土犁底层黏闭、板结现象比较普遍，许多黏质土壤稻田渗漏量很低。2008 年，用水田渗漏仪在江苏常熟农田生态系统国家野外科学观测研究站测定稻田渗漏量（汪军等，2010）。在秸秆还田条件下，稻田渗漏量从水稻移栽后第 2 d（6 月 18 日）开始测定，以后每隔 7 d 测定一次，稻季共测定了 9 次（$n=15$），其平均渗漏速度分别为 15.2 mm/d、8.2 mm/d、6.2 mm/d、4.8 mm/d、3.8 mm/d、2.8 mm/d、1.5 mm/d、0.99 mm/d、0.62 mm/d。由此可知，稻田渗漏主要发生在水稻前半段生育期。稻田渗漏速度（y）与水稻移栽天数（x）之间的

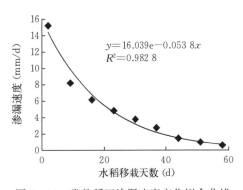

图 4 - 14 常熟稻田渗漏速度变化拟合曲线

拟合方程如图 4 - 14 所示，通过对拟合方程积分，得到水稻整个生长季（按水稻移栽后 120 d 计算）累积渗漏量为 298 mm，约 2.48 mm/d。稻田渗漏量随水稻移栽时间的延长逐渐减少，相关性分析表明，两者之间呈极显著负相关（$r=-0.992^{**}$）。

而在江苏省常熟市谢桥镇黄泥土区 2 块稻田进行渗漏量测定，等了近 4 h，渗漏仪水柱没有移动，没有测出渗漏量，观察稻田边上的河岸一点侧渗水都没有。

一般认为，适宜的稻田渗漏量有利于淋洗稻田在还原条件下产生的有毒有害物质，增加土壤中的氧气，提高水稻根系的活力，提高水稻产量。关于稻田适宜渗漏量，不同时期国内外有不同的报道。20 世纪 70 年代，日本学者研究认为，保持水稻高产的渗漏量为 15～25 mm/d。江苏 26 个灌溉试验站的资料显示，适宜的稻田渗漏量为 9～15 mm/d。江西的研究表明，双季早稻、晚稻不同生育期的适宜渗漏量：返青分蘖期 8 mm/d（晚稻可比早稻小），拔节孕穗期与抽穗成熟期 14 mm/d（吴福增，1986）。湖南省农业科学院土壤肥料研究所（1979）对湖南的丰产田渗漏量进行了测定，3 个丰产田渗漏量（晒田前测定）分别为 1 mm/d、2.7 mm/d 和 3.7 mm/d。据此认为，湖南的各类稻田中（河

边粗沙田除外），在晒田以前以及复水后犁底层闭合期间的实际日渗漏量不可能很大。

三、水稻土养分特征与推荐施肥

（一）土壤氮素与氮肥施用效应

氮素是构成一切生命体的重要元素。在作物生产中，作物对氮的需求量加大，土壤供氮不足是引起农产品产量下降和品质降低的主要限制因子；同时，氮素肥料施用过量会造成江湖水体富营养化、地下水硝态氮积累危害。

1. 我国水稻生产的氮肥用量与利用率

（1）氮肥用量。氮素对水稻生产的影响仅次于水，但却构成水稻生产成本投入的主要部分。从联合国粮食及农业组织提供的资料来看，中国 1995—1997 年水稻种植面积年均 $3.17 \times 10^7 \, hm^2$，占世界水稻种植面积的 20%。然而，我国水稻氮肥用量占全球水稻氮肥总用量的 37%，水稻总产量为世界水稻总产量的 35% 左右。我国稻田单季水稻氮肥用量平均为 180 kg/hm²，这一用量比世界稻田氮肥单位面积平均用量高 75% 左右。我国水稻平均单产为 6.18 t/hm²，比世界水稻平均单产高 65% 左右。我国稻田氮肥用量占氮肥总消费量的 24% 左右（彭少兵，2002）。

（2）氮肥利用率。氮肥利用率又称氮肥表观利用率，是指作物对施入土壤中肥料氮的回收率，即施氮区作物收获时地上部分吸氮总量与未施氮区作物收获时地上部分吸氮总量之差占氮肥施用总量的百分比。氮肥施用不合理、利用率低，一直是困扰我国农业生产的一个突出问题。朱兆良等（1992）对 782 个田间试验数据分析表明，主要粮食作物的氮肥表观利用率为 28%～41%，平均为 35%。1998 年，他进一步指出，主要粮食作物的氮肥利用率为 30%～35%。张福锁等（2008）对 2001—2005 年全国粮食主产区 1 333 个田间试验结果进行分析，得出该时段主要粮食作物氮肥利用率为 26.1%～28.3%，平均为 27.5%。在太湖地区，水稻试验与示范的氮肥利用率也在 35%～40%。氮肥用量过高、施肥时期与施肥方法不当、养分配比不合理、氮肥施用与作物高产栽培措施及灌溉等协调不当、有些作物品种对氮肥的吸收和利用效率低等，是造成我国氮肥利用率低的主要原因。彭少兵（2002）将我国水稻田氮肥利用率过低的原因归结为土壤背景氮过高、杂交水稻和超级稻品种的选用、氮肥施用时间不当、中期晒田等原因。

2. 土壤供氮与水稻吸氮特性

（1）土壤供氮特性及测定。在精确施肥中，一个重要的基础工作是快速、可靠地解析不同土壤的养分释放特性与作物养分吸收特性。由于受土壤类型和长期施肥措施的影响，土壤供肥能力是随地域和时间变化的。通过化学方法测定与生物吸收试验，可以确定土壤与作物的养分供需特性、确定土壤基础肥力。

稻-麦/油等水旱轮作是长江中下游稻区主要轮作制度，因此土壤氮素矿化测定分别采用好气培养与淹水培养两种方法。好气培养采用改进的 Gaillard 方法，淹水培养采用蔡贵信的淹水密闭培养法。田间原位矿化试验和作物吸收测定采用中国科学院常熟农业生态实验站的长期试验。试验在江苏（苏州）太湖平原 3 种主要土壤——黄泥土、乌沙土、乌栅土上进行（闫德智等，2005）。

① 淹水培养下的土壤氮素矿化特征。在 2003 年 2 月以及麦收后，分别采集了太湖地区上述 3 种主要类型土壤的耕层（0～15 cm）土壤样品，黄泥土采自常熟市谢桥镇、乌沙土采自太仓市板桥镇、乌栅土采自常熟市辛庄镇（中国科学院常熟农业生态站）；同时，在中国科学院常熟农业生态实验站大田上，采集乌栅土耕层（0～15 cm）和亚耕层（15～30 cm）的土样，进行室内淹水培养的土壤氮素矿化测定。

黄泥土、乌沙土、乌栅土 0～15 cm 土层的起始硝态氮（$NO_3^- - N$）和铵态氮（$NH_4^+ - N$）含量 32.51 mg/kg、18.45 mg/kg、33.50 mg/kg 和 0.80 mg/kg、1.45 mg/kg、1.17 mg/kg。在淹水密闭培养试验中，各土壤的 $NO_3^- - N$ 含量在 1 周内迅速下降，以后略有增加，但变化不大。3 种土壤矿化氮量累积特性如图 4-15 所示，各处理的矿化氮量迅速增加，第七周达到峰值；黄泥土和乌栅土的矿化氮量在培养期间始终大于乌沙土，乌栅土在前 3 周的矿化氮量与黄泥土相近，但乌栅土在 3～7 周仍能持续增长，而黄泥土却增长缓慢，甚至下降；3 种土壤矿化氮量的大小顺序依次为乌栅土＞黄泥土＞乌沙土。

按土壤容重 1.2 g/cm³ 计，黄泥土、乌沙土和乌栅土 0～15 cm 土层起始矿化氮量分别为 58.5 kg/hm²、33.2 kg/hm²、60.3 kg/hm²，7 周矿化培养的氮分别为 14.2 kg/hm²、9.7 kg/hm²、24.0 kg/hm²。根据上述结果与相对应土壤的田间原位矿化或无肥区作物吸氮量，可以求得矿化培养氮量与田间实际矿化氮量之间的关系，用以快速测定土壤的基础氮素供应量。

对乌栅土 0～30 cm 土壤矿化分层测定表明（图 4 - 16），0～15 cm 土层的矿化氮量占 0～30 cm 土层矿化氮量的 88%，说明在淹水条件下，0～15 cm 的耕层土壤为作物提供了绝大部分氮素。

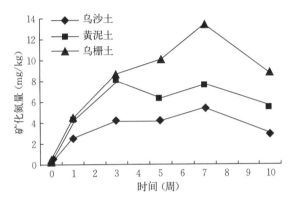

图 4 - 15　淹水培育下不同土壤的累积矿化氮量

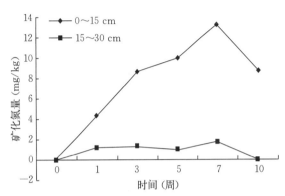

图 4 - 16　淹水培育下乌栅土上不同层次的累积矿化氮量

② 好气培养下的土壤氮素矿化特性。在 2003 年 2 月小麦生长期，采集了太湖地区 3 种主要土壤表层（0～20 cm）样品。同时，采集了中国科学院常熟农业生态实验站氮肥试验的 N_1（135 kg/hm²）和 N_4（270 kg/hm²）处理的土壤。3 种土壤的田间持水量（WFC）按黄泥土 32.5%、乌沙土 30.0%、乌栅土 35.0% 计算。

土壤填装在直径 100 mm、高 25 mm 的聚乙烯塑料环中，使其容重保持在 1.4 g/cm³，并用低密度聚乙烯塑料薄膜包裹，使其只能够通气而不透水。然后，塑料环被压在两块带孔的钢板之间，使土壤既能保持容重又有良好的通气。再放入培养箱内培养，保持在 15 ℃ 和 30 ℃ 下培养。分别在 0 周、1 周、2 周、4 周、8 周，用一个直径 15 mm 小土钻在每个塑料环中取 2 个小土柱，用氯化钾提取，测定提取液中的硝态氮和铵态氮。

在好气培养下，土壤矿化氮以硝态氮为主，占矿化氮的 95% 以上。3 种土壤在 70% 田间持水量下的矿化氮量差异明显（图 4 - 17），表现为黄泥土＞乌栅土＞乌沙土。8 周的矿化氮量分别为 34.6 kg/hm²、23.4 kg/hm² 和 17.6 kg/hm²。考虑到 3 种土壤的起始矿质氮量存在显著差异，将土壤起始矿质氮量和 8 周内土壤矿化氮量之和作为一定时期内土壤的供氮总量，那么 3 种土壤供氮总量为乌栅土（121.3 kg/hm²）＞乌沙土（91.2 kg/hm²）＞黄泥土（86.3 kg/hm²）。初始

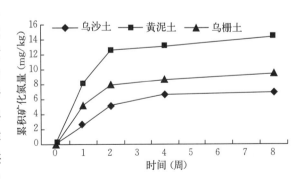

图 4 - 17　70% 田间持水量下的土壤矿化氮累积曲线

矿质氮量较高的土壤，其矿化培养氮量就相对较低，尤其是乌栅土和乌沙土，而作物生长的不同时期，土壤初始矿质氮量和矿化氮量的重要性不同，需要综合考虑土壤供氮能力进行施肥。

③ 田间原位条件下的土壤氮素矿化特性。在田间条件下，使用顶盖埋管［聚氯乙烯（PVC）管］

法测定土壤的氮素矿化特性，埋置深度为0～15 cm，培养15 d后，测定土壤硝态氮和铵态氮含量，通过连续多次的采样，测定水稻生育期内土壤的矿化氮量（Yan et al.，2006）。在试验期间，管内土壤每2周就能更新1次，PVC管中的土壤温度、含水量与管外的稻田基本一致；水稻根系无法进入PVC管内，对管内矿质氮的吸收很少；尽管PVC管内加入石蜡以减少氧气进入土壤，但是仍然无法避免氮素的反硝化损失和淋洗损失。

2004年，在中国科学院常熟农业生态实验站乌栅土氮肥试验的稻田测定了不施氮肥小区的土壤矿化氮量。结果表明，土壤矿化氮量的增加主要是 $NH_4^+ - N$ 的增加，$NO_3^- - N$ 变化极小。8月13日之前的矿化氮量很小，仅3 mg/kg左右；8月13日后迅速增长，尤其是在8月28日至9月12日，土壤矿化氮量达到30 mg/kg左右，是整个水稻生育期氮矿化速率最快的时期；随后土壤氮矿化累积量下降。也就是说，经过15 d培养后，PVC管内土壤的矿质氮量低于培养前，土壤矿化氮量小于氮损失量，净矿化氮量为负值（图4-18）。在水稻整个生育期，土壤 $NO_3^- - N$ 含量一直很低，在7月8日至9月12日，$NO_3^- - N$ 含量维持在2 mg/kg左右，其后直至收获一直低于0.5 mg/kg（图4-19）。

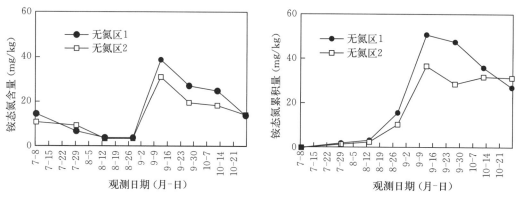

图4-18 2004年水稻生育期无氮区的乌栅土耕层（0～15 cm）铵态氮含量和累积量

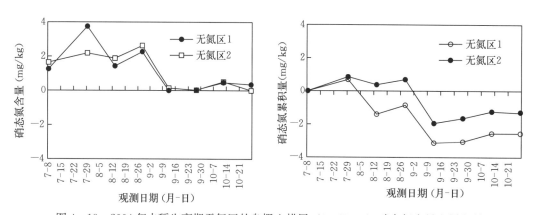

图4-19 2004年水稻生育期无氮区的乌栅土耕层（0～15 cm）硝态氮含量和累积量

根据田间原位土壤氮矿化量值计算，中国科学院常熟农业生态实验站乌栅土耕层（0～15 cm）的供氮量，在9月12日达到峰值时，无氮区累积矿化氮（N）平均值为83.3 kg/hm²，同期无氮区植株总吸氮量为81.8 kg/hm²，两者接近。但两个无氮区的差异较大，分别为96.7 kg/hm²和66.9 kg/hm²。

使用顶盖埋管法，通过连续多次的培养进行长时间的测定，为评价田间条件下整个水稻生育期土壤矿化氮量提供了一个简便的方法。由于田间土壤异质性的影响，不仅重复小区间的差异较大，同一小区内不同采样点的差异也很大。因此，使用顶盖埋管法测定的土壤矿化氮量仅是一个粗略的估算值。

（2）水稻吸氮特性。

① 水稻干物质累积特性。了解水稻的养分吸收特性是高效施肥的基础，通常是测定水稻生物量与植株养分含量计算其养分吸收量。水稻养分吸收特性按照每15 d采1次样品的频度测定，2002年在中国科学院常熟农业生态实验站氮肥用量（施氮量分为0 kg/hm²、180 kg/hm²、225 kg/hm²、270 kg/hm²、315 kg/hm²，分别用N_0、N_1、N_2、N_3、N_4表示）试验小区中测定水稻生物量的变化（闫德智等，2005）。从N_{15}与N_{21}两处理水稻生物量累积平均值来看（图4-20），水稻在7月22日至8月8日（水稻拔节期）处于生长高峰，生长量占水稻一生生物量的23.8%；而在8月8日至9月22日的孕穗抽穗期，每2周累积生物量占水稻总生物量的9.0%~15.8%。

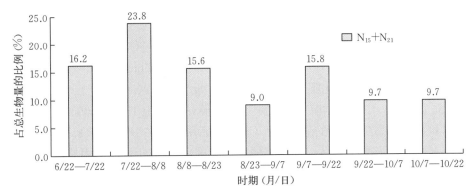

图4-20 水稻不同生育期内生物量的累积特性

② 水稻氮吸收特性。从各阶段水稻吸氮量来看（图4-21、图4-22），以施氮量为270 kg/hm²（N_3）为例，水稻对氮素的吸收以拔节孕穗期（7月22日至8月23日）最高，达76.8 kg/hm²，占48.9%；其次为移栽至分蘖期（6月8日至7月22日），吸氮量为58.0 kg/hm²，占36.9%；抽穗后（9月7日至10月31日）骤减为22.4 kg/hm²，占14.2%。水稻根系吸氮量通常只占总吸氮量的9%左右，在8月23日后就很少累积氮素。此外，结果表明，根系吸氮量随氮肥用量的增加而增加，收获时N_0、N_1、N_2、N_3和N_4处理的根系吸氮量分别为7.84 kg/hm²、9.27 kg/hm²、9.47 kg/hm²、13.42 kg/hm²、13.88 kg/hm²。

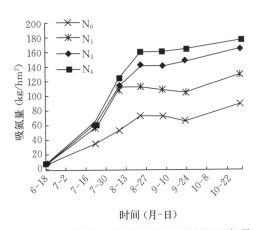

图4-21 不同施氮量下水稻植株的累积吸氮量

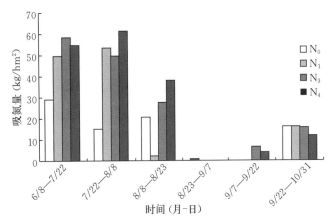

图4-22 不同施氮量下水稻植株的阶段吸氮量

水稻在8月23日以前（抽穗前1周）就吸收了大部分的氮素，占总吸氮量的80%~86%（图4-22）。水稻在抽穗前，施用270 kg/hm²的N_3处理的吸氮量比不施氮的N_0处理高很多，分别为135 kg/hm²与65.2 kg/hm²，但两者占总吸收量的比例相差不大，分别为79.8%与85.8%，表明水稻吸氮有其固有特性。8月23日至9月7日水稻吸收氮素很少，而在9月7日之后又有增加，与生物量的结果一致（图 4-20）。这说明在不同施肥量条件下，水稻在不同生育期的吸氮特性相似。稻季无氮区水稻平均吸氮量为 81.8 kg/hm²，可以作为稻季土壤基础供氮量，而施用270 kg/hm² 处理的吸氮量为 157.3 kg/hm²。

3. 稻麦轮作体系的氮肥施用 以往适宜肥料用量的确定通常从产量与经济效益两方面来考虑。近年来，随着人们对环境的关注，施肥对环境的影响也被重视，在确定适宜肥料用量时要综合考虑产量、经济和环境三方面的效益。以产量作为确定肥料适宜用量的最常用的方法有肥料效应函数法和Stanford 方程法，前者是根据田间试验中作物产量对施肥量的响应而确定适宜施肥量，后者是根据目标产量需肥量、土壤供肥量与肥料利用率来计算作物的适宜施肥量。为此，在江苏常熟通过氮肥用量长期试验对此进行探索。

水稻的氮肥适宜用量：1998 年，在中国科学院常熟农业生态实验站乌栅土上布置了氮肥用量长期试验，试验包括 6 个处理，即无肥对照与 5 个氮肥用量处理，简称为 CK、N_0、N_{180}、N_{225}、N_{270}、N_{315}，水稻季氮肥用量分别为 0 kg/hm²、0 kg/hm²、180 kg/hm²、225 kg/hm²、270 kg/hm²、315 kg/hm²，除对照外，各处理的化肥磷、钾分别为 20kg/hm²、90 kg/hm²。

高产的氮肥适宜用量：中国科学院常熟农业生态实验站乌栅土 1998—2005 年的田间试验统计分析表明（表 4-11），水稻高产最小肥料氮用量（临界氮肥用量）在 180～270 kg/hm² 波动，在 7 年的定位试验中（表 4-11 中仅列出 2002—2004 年的水稻产量），多数年份氮肥用量超过 270 kg/hm²，产量呈现下降趋势。氮肥的适宜用量随着水稻产量水平而变化，1999 年、2003 年是水稻减产年份，氮肥用量超过 180 kg/hm² 后，水稻产量不再增加。

表 4-11　中国科学院常熟农业生态实验站乌栅土水稻不同氮肥用量的产量与环境效益

处理	2002 年 （第 9 季） 产量 （kg/hm²）	2003 年 （第 11 季） 产量 （kg/hm²）	2004 年 （第 13 季） 产量 （kg/hm²）	平均产量 （kg/hm²）	边际产量 （kg/kg）	效益 临界值	环境 允许
CK	4 867d	4 346b	4 980c	4 731			√
N_0	5 808c	5 063b	6 050b	5 641	0		√
N_{180}	7 980b	6 353a	7 547a	7 293	9.2	>4.8	√
N_{225}	8 332ab	6 552a	7 412a	7 432	3.1		√
N_{270}	8 644a	6 620a	7 025a	7 430	−0.1		√
N_{315}	8 749a	6 291a	7 274a	7 438	0.2		√

注：在同一列内带相同字母的平均值之间无显著差异（$P=0.05$，新复极差测验）。

肥料效益函数极值解的氮肥用量：为了获得精确的氮肥用量，对表 4-11 的水稻产量与氮肥用量的关系进行拟合，发现以二次三项式函数 $y=ax^2+bx+c$ 拟合程度较高，R^2 在 0.98 以上，对该函数进行导数求解，可求得最高产量时的最少氮肥用量。用 Y_{max} 表示最高产量，X_{min} 表示最高产量时的氮肥用量。不同年份水稻产量与氮肥用量的关系曲线（图 4-23）与函数的极值解如下：肥料效应函数解析表明，除 2002 年外，水稻产量对氮肥用量的响应呈一明显的抛物线状。因此，函数有一适宜的解，适宜氮肥用量范围在 232～238 kg/hm²，相应的水稻产量在 6 528～7 133 kg/hm²。

解函数极值时的氮肥用量为：

2001 年：$Y=-0.039\,7X^2+18.49X+4\,980.8$　　$R^2=0.991\,7$

$\qquad X_{min}=232$ kg/hm²　$Y_{max}=7\,133$ kg/hm²

2003 年：$Y=-0.026\,1X^2+12.414X+5\,052.1$　　$R^2=0.981\,9$

$\qquad X_{min}=238$ kg/hm²　$Y_{max}=6\,528$ kg/hm²

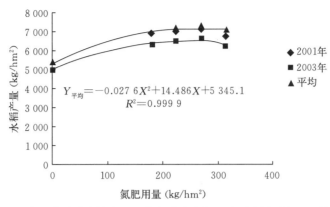

图 4-23 中国科学院常熟农业生态实验站乌栅土水稻产量对氮肥用量的效应

2004 年：$Y = -0.024\,1X^2 + 11.183X + 5\,542.1$　$R^2 = 0.914\,8$

$X_{min} = 232\ kg/hm^2$　$Y_{max} = 6\,839\ kg/hm^2$

地下水安全的氮肥适宜用量：中国科学院常熟农业生态实验站氮肥试验稻季 60 cm 深地下水监测表明，TN、$NO_3^- - N$ 浓度在淹水插秧后有一个氮素迅速淋洗期，大约 1 周后下降到较低水平，并一直延续到水稻收获（图 4-24、图 4-25）。地下水中的氮浓度有随施氮量增加而增加的趋势，但差异不大。2001 年稻季地下水 $NO_3^- - N$ 浓度变化如图 4-25 所示，从 6 月 11 日（插秧后第 2 d）1.6 mg/L 下降到 6 月 22 日的 0.2 mg/L 以下，以后再略有上升，并维持这一浓度直到水稻收获；2002 年地下水的 $NO_3^- - N$ 浓度则从 6 月 23 日的 1.2 mg/L 下降到 6 月 29 日的 0.45 mg/L（图 4-25）。从两年的监测结果来看，稻季地下水的 TN 与 $NO_3^- - N$ 含量均不高，比地下水 $NO_3^- - N$ 污染的标准低得多。这与稻季淹水还原环境条件不利于氮素转化为 $NO_3^- - N$ 有关。此外，稻季大量的灌溉水也稀释了浅层地下水。因此，在常规氮肥用量范围内，没有对稻田地下水构成污染威胁，也就是地下水的氮浓度不作为考虑水稻适宜氮肥用量的限制因子。

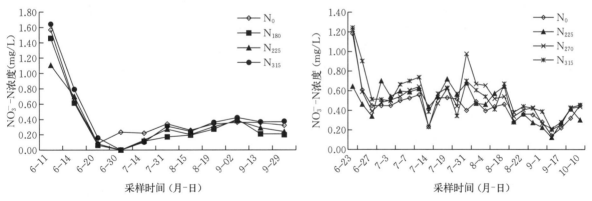

图 4-24　2001 年中国科学院常熟农业生态实验站乌栅　　图 4-25　2002 年中国科学院常熟农业生态实验站乌栅土
土稻季地下水 $NO_3^- - N$ 浓度变化　　　　　　　　　　　稻季地下水 $NO_3^- - N$ 浓度变化

高产、高效与环境协调的氮肥用量：在确定适宜氮肥用量的产量、经济和环境三因素中，由于稻季施氮对地下水的影响较小，不作为考虑限制施肥量的因子。从施肥的经济上考虑，"产出"大于"投入"是投肥的最基本依据，依据联合国粮食及农业组织的施肥经济标准，"产出/投入"应大于 2 才考虑增加肥料投入。目前，长江中下游地区市场肥料的零售价格为尿素 2 000 元/t、过磷酸钙 540 元/t、氯化钾 2 000 元/t，农产品的价格为水稻 1 800 元/t、小麦 1 300 元/t。按上述标准来计算，每千克氮应增产稻谷 4.8 kg、小麦 6.7 kg 以上，每千克磷应增产稻谷 9.8 kg、小麦 13.6 kg 以上，每千克钾增产稻谷 4.4 kg、小麦 6.2 kg 以上才有经济效益。

水稻高产的氮肥适宜用量为 232～238 kg/hm²，高效的氮肥用量为 180 kg/hm²。因此，适宜的氮肥用量为 180～240 kg/hm²。

（二）土壤磷素与磷肥施用效应

磷素是作物必需的重要营养元素之一，也是农业生产中最重要的养分限制因子。在磷肥未被利用于农业之前，土壤中可被植物吸收利用的磷基本上来源于地壳表层的风化释放，以及成土过程磷在土壤表层的生物富集。农业上，磷肥的应用在很大程度上增加了土壤磷素肥力，为农业生产带来了巨大的效益。但是，随着磷肥的长期大量应用，改变了土壤中磷的含量和有效性，增加了土壤磷素向水体环境释放的风险。

1. 土壤磷素含量 长江中下游区主要成土母质为黄土和江、河、湖冲积物，由黄土状母质发育成的黄棕壤、黄岗土、白土等，全磷含量较低，一般为 0.5～1.2 mg/kg；而土壤含磷量较高，大多为 1～1.6 mg/kg，高的可达 1.9 mg/kg（中国土壤，1990）。据江苏在全国第二次土壤普查时的资料（江苏土壤，1994），江苏土壤耕层土壤全磷含量为 0.52 g/kg，一般在 0.20～0.80 g/kg 变动。其中，0.41～0.60 g/kg 的土壤所占比例最大，占 40.35%；其次为 0.61～0.80 g/kg 的土壤，占 32.7%；小于 0.40 g/kg 的土壤，占 25.12%。

随着农业生产上磷肥用量的增加，各个地区水稻土无论是全磷还是有效磷含量均有提高。例如，2000 年江苏太湖地区 5 个县（市），除丹阳外，土壤有效磷含量均大于 10 mg/kg，变幅在 10.1～17.5 mg/kg，达到了 3 级水平；湖北水稻有效磷变幅在 1.0～46.3 g/kg，平均为 13.1 g/kg，土壤有效磷主要分布在 3 级水平，缺磷比例占 44.5%；江西长期肥力监测点土壤有效磷含量呈增加趋势，从 1984 年的 12.3 mg/kg 上升到 2013 年的 24.4 mg/kg，达到了 2 级水平（较丰）。

2. 磷肥施用的增产效应 中国科学院常熟农业生态实验站稻麦轮作农田上磷肥用量试验始于 1998 年，试验设无磷、低磷、中磷和高磷 4 个处理，水稻/小麦施磷量分别为 0/0 kg/hm²、10/20 kg/hm²、20/40 kg/hm²、30/60 kg/hm²，水稻分别用 P_0、P_{10}、P_{20} 和 P_{30} 表示，小麦分别用 P_0、P_{20}、P_{40}、P_{60} 表示；4 个处理的氮、钾肥用量相同，水稻氮、钾用量分别为 270 kg/hm² 和 90 kg/hm²，小麦氮、钾用量分别为 225 kg/hm² 和 60 kg/hm²。

表 4-12 是 2002—2004 年中国科学院常熟农业生态实验站乌栅土磷肥试验的水稻产量、边际产量与效应临界值分析，2002 年、2003 年和 2004 年分别是稻麦轮作顺序第 9 季、第 11 季和第 13 季的水稻。结果表明，磷肥在水稻上大多数没有显著增产效应，水稻无磷处理直到第 9 季、第 11 季才显示出明显减产效应，此时土壤有效磷含量为 4.8～5.6 mg/kg，而到了第 13 季，无磷处理产量又没有显著下降。高产的磷肥用量为 0～10 kg/hm²，高效的磷肥用量为 10 kg/hm²。因此，适宜磷肥用量为 8～10 kg/hm²。

表 4-12 中国科学院常熟农业生态站乌栅土不同施磷水平下水稻产量与效益

处理	2002 年（第 9 季）产量（kg/hm²）	2003 年（第 11 季）产量（kg/hm²）	2004 年（第 13 季）产量（kg/hm²）	平均产量（kg/hm²）	边际产量（kg/kg）	效益临界值	环境允许
P_0	8 536b	6 528b	7 697a	7 587	0		
P_{10}	8 757ab	7 241a	7 767a	7 922	33.5	>9.8	
P_{20}	8 955ab	6 701b	7 854a	7 837	−8.5		
P_{30}	9 290a	6 903ab	7 958a	8 050	21.4		

注：在同一列内带相同字母的平均值之间无显著差异（P=0.05，新复极差测验）。

2003—2005 年（对应第 10 季、第 12 季、第 14 季的小麦）中国科学院常熟农业生态实验站磷肥试验的小麦产量、边际产量与效应临界值如表 4-13 所示。结果表明，磷肥具有显著的增产效应，高产的临界磷肥用量 2003 年为 40 kg/hm²，2004 年与 2005 年均为 20 kg/hm²，函数极值解的磷肥用量

为 $41 \sim 42 \ kg/hm^2$；经济上有效的磷肥用量在 $20 \ kg/hm^2$ 以下。因此，乌栅土的小麦磷肥适宜用量为 $30 \ kg/hm^2$ 左右。

表 4-13　中国科学院常熟农业生态站乌栅土不同施磷水平下小麦产量与效益

处理	2003 年（第 10 季）产量（kg/hm²）	2004 年（第 12 季）产量（kg/hm²）	2005 年（第 14 季）产量（kg/hm²）	平均产量（kg/hm²）	边际产量（kg/kg）	效益临界值	环境允许
P_0	1 491c	4 460b	4 697b	3 550	0		
P_{20}	4 066b	5 781a	6 170a	5 339	89.5	>13.6	
P_{40}	4 259a	5 548a	6 268a	5 359	1		
P_{60}	4 182a	5 652a	6 573a	5 469	5.5		

注：在同一列内带相同字母的平均值之间无显著差异（$P=0.05$，新复极差测验）。

3. 长期施磷稻田磷素累积及其环境风险　磷是作物生长不可缺少的重要元素，也是引发水体富营养化的一个关键元素。据 Heckrath 等（1995）报道，英国自然水体中约 35% 的磷来自农业，德国的比例为 38%，而丹麦达到 70%。另据联合国粮食及农业组织估计，中国农田磷进入水体的量每年为 $19.5 \ kg/hm^2$。其中，太湖流域农田面源磷对水体磷的贡献率高达 19%（张维理等，2004）。

如何科学管理农田磷素并预防其向水体迁移，一直是各国研究的热点问题。Hesketh 等（2000）通过长期定位试验，提出了引发磷素淋溶的土壤有效磷"突变点"（Change-Point）理论。该理论认为，当土壤有效磷含量低于阈值时，磷素淋溶损失很少；反之，则易引起磷素淋溶。这一理论为预防农田磷素流失提供了一种有效手段。但磷的淋溶受土壤性质、气候、水文及农作管理等多种因素影响（Sharpley et al.，2003），不同地区、不同性质的土壤，磷的淋溶"突变点"差异较大。目前，土壤有效磷环境风险阈值研究多是以高磷量施肥来模拟 10 年或 20 年后土壤有效磷及土壤溶液磷的状况，对土壤磷素随时间的累积规律很少有探讨。并且，大多为渗漏计或室内培养模拟试验，田间定位试验较少。

2011 年，基于太湖地区中国科学院常熟农业生态实验站 13 年的磷肥用量长期定位试验，对稻麦轮作稻田磷素的长期累积规律、磷的地表径流及淋溶风险进行研究。试验包括不施磷（P_0）、低磷（P_1）、中磷（P_2）和高磷（P_3）4 个处理，稻麦轮作周年施磷量分别为 $0 \ kg/hm^2$、$30 \ kg/hm^2$、$60 \ kg/hm^2$、$90 \ kg/hm^2$（颜晓等，2013）。

（1）长期施磷对稻田耕层土壤有效磷的影响。连续 13 年的磷肥用量长期试验表明，不同磷肥施用量，耕层（$0 \sim 15 \ cm$）土壤有效磷（Olsen-P）表现出不同程度的累积（图 4-26）。而在同一年份，土壤有效磷含量均表现为随着施磷量的增加而有明显增加的趋势。

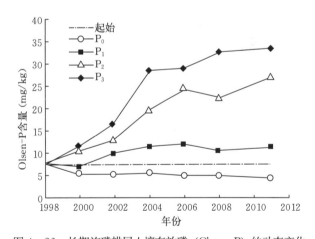

图 4-26　长期施磷耕层土壤有效磷（Olsen-P）的动态变化

耕层土壤有效磷含量的动态变化显示（表 4-14），长期不施磷肥（P_0），土壤有效磷含量不断降低，从 1998 年 7.56 mg/kg 降至 2011 年 4.73 mg/kg，减少率达 37.4%。1998—2000 年，土壤有效磷含量显著降低（$P<0.05$），从 7.56 mg/kg 降至 5.83 mg/kg；而 2000—2011 年，土壤有效磷含量差异不显著。这说明，长期不施磷肥与作物连续种植，土壤有效磷库首先快速耗竭，但当降至某一水平后，土壤有效磷含量下降变得缓慢。

表 4-14　不同施磷处理稻田耕层土壤有效磷含量的变化规律

年份	P_0		P_1		P_2		P_3	
	含量 (mg/kg)	增加率 (%)	含量 (mg/kg)	增加率 (%)	含量 (mg/kg)	增加率 (%)	含量 (mg/kg)	增加率 (%)
1998	7.56a	—	7.56c	—	7.56e	—	7.56e	—
2000	5.83b	−22.9	7.15c	−5.4	10.54d	39.5	11.49d	52.0
2002	5.43b	−28.1	10.13b	33.9	12.80d	69.3	16.48c	118.0
2004	5.89b	−22.2	11.55ab	52.7	19.54c	158.5	28.47b	276.6
2006	5.21b	−31.1	12.10a	60.0	24.35b	222.1	28.82b	281.2
2008	5.12b	−32.3	10.73ab	42.0	22.32b	195.2	32.71a	332.6
2011	4.73b	−37.5	11.56ab	52.9	26.89a	255.7	33.21a	339.3

注：同列数值带有不同字母的表示差异显著（$P<0.05$）。

1998—2000 年，连续低磷处理（P_1）下，土壤有效磷表现为负累积；2000—2002 年土壤有效磷显著累积；其后的 2002—2011 年，各年土壤有效磷含量变化不显著。长期连续低磷处理，土壤有效磷含量表现为由最初的亏缺状态转变为盈余累积，最后维持在基本稳定的水平。

连续中磷（P_2）和高磷（P_3）处理土壤，有效磷均表现为逐年累积的状态，但累积速率不同。1998—2000 年，中磷处理土壤有效磷含量增加 39.5%，而高磷处理增加 52.0%，这相当于低磷处理连续 13 年的累积量。2011 年，经过 13 年的累积，中磷处理土壤有效磷含量增加 255.7%，高磷处理增加 339.3%。

（2）稻田田面水中总磷的动态变化及环境风险。稻田田面水中总磷的动态变化表明（图 4-27），各处理小区田面水中总磷浓度在施磷肥 1 d 后均达到最大值，P_0~P_3 处理首次水样总磷浓度分别为 0.45 mg/L、1.69 mg/L、2.31 mg/L、2.45 mg/L，随后迅速降低。经 90 d 后，所有处理水样磷浓度趋于稳定并接近最低值，这与前人（张志剑等，2000）的研究结果相似。P_0、P_1、P_2 处理分别在施磷后 20 d、20 d、40 d 左右，各小区田面水中总磷浓度即能降至 0.1 mg/L 的水平，而 P_3 处理在施磷后的 75 d 左右田面水中总磷浓度才能降至这一水平。在动态监测的各阶段，P_1

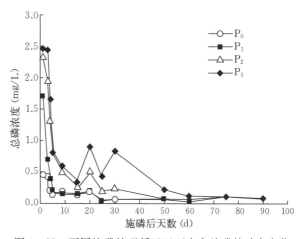

图 4-27　不同施磷处理稻田田面水中总磷的动态变化

处理田面水中总磷浓度与 P_0 处理相比均无显著差异；P_2 处理在施磷后前 9 d 内，稻田田面水中总磷浓度显著高于 P_0 与 P_1 处理（$P<0.05$），其他时段无显著差异；P_3 处理在施磷后 50 d 内，田面水中总磷浓度显著高于 P_0 与 P_1 处理，其他时段差异不显著。可见，长期施磷量越高，土壤有效磷累积量越大，稻田田面水中总磷浓度越高，磷的径流损失风险越大，风险期也越长。在水稻生长的中后期，各处理田面水中总磷浓度均略有波动，这可能是受追施氮肥、降水及搁田等因素的影响。

Sharpley 等（1994）研究认为，无论径流还是渗漏水中总磷的浓度长期超过 0.05 mg/L，都可能造成地面水的富营养化。生态环境部规定，允许直接进入湖、库的河流中总磷含量临界值仅为 0.05 mg/L。而综观整个动态研究时期（图 4-27），各处理小区田面水中总磷浓度几乎都超过易引发水体富营养化的临界水平，试验期间任一次田间排水都存在诱发附近水域水体富营养化的可能。

（3）稻田渗漏水中总磷的动态变化及环境风险。各施磷处理土壤 30 cm 与 60 cm 深渗漏水中总磷的动态变化表明（表 4-15），长期施磷量不同，土壤渗漏水中总磷浓度不同，大体表现为施磷量越高，渗漏水中总磷含量越高。在水稻生长各阶段，P_0、P_1、P_2 处理土壤 30 cm 深渗漏水中总磷浓度虽有随施磷量增加而增加的趋势，但处理间差异并不显著；而 P_3 处理土壤 30 cm 深渗漏水中总磷浓度在第 5 d、20 d、25 d、30 d 时均显著高于 P_0、P_1 及 P_2 处理（$P<0.05$）。在 60 cm 深渗漏水中，总磷浓度也有随施磷量增加而增加的趋势，但整个动态监测期间，所有处理间差异基本均未达显著水平。另外，同一施磷水平，不同层次土壤渗漏水中总磷浓度差异达显著者，也仅有 P_3 处理，表现为除第 75 d、第 90 d，其他各时段 30 cm 深渗漏水中总磷浓度显著高于 60 cm 深渗漏水。这说明，连续 13 年高磷施用，已导致稻田 30 cm 深渗漏水中总磷显著升高，而对 60 cm 深渗漏水中总磷水平影响不大。

表 4 - 15　不同施磷处理稻田 30 cm 与 60 cm 深渗漏水中总磷的动态变化

单位：mg/L

处理		施磷后天数									
		5 d	9 d	15 d	20 d	25 d	30 d	50 d	60 d	75 d	90 d
30 cm	P_0	0.12bc	0.14ab	0.04c	0.20b	0.01e	0.06b	0.06d	0.04cd	0.07d	0.04d
	P_1	0.12bc	0.12b	0.03c	0.19b	0.02de	0.05b	0.06d	0.11abc	0.09d	0.07bcd
	P_2	0.10c	0.16ab	0.20a	0.22b	0.03cde	0.07b	0.11abc	0.15ab	0.13bc	0.06cd
	P_3	0.22a	0.21a	0.20a	0.29a	0.06ab	0.18a	0.13a	0.17a	0.10cd	0.06cd
60 cm	P_0	0.12bc	0.21a	0.07bc	0.20b	0.04cd	0.04b	0.09c	0.03d	0.09d	0.06cd
	P_1	0.11bc	0.13ab	0.04c	0.20b	0.05abc	0.04b	0.09bc	0.06cd	0.10cd	0.08abc
	P_2	0.13bc	0.18ab	0.10abc	0.23b	0.06a	0.06b	0.11ab	0.09bcd	0.16ab	0.10ab
	P_3	0.14b	0.14ab	0.18ab	0.20b	0.04bcd	0.06b	0.09c	0.08cd	0.18a	0.11a

注：同列数值带有不同字母的表示差异显著（$P<0.05$）。

整个动态监测期间，$P_0 \sim P_3$ 各处理土壤 30 cm 深渗漏水中总磷浓度的平均值分别为 0.08 mg/L、0.09 mg/L、0.12 mg/L 和 0.16 mg/L；60 cm 深渗漏水中总磷浓度的平均值分别为 0.09 mg/L、0.09 mg/L、0.12 mg/L 和 0.12 mg/L。由表 4 - 15 可以看出，P_2 与 P_3 处理各层次土壤渗漏水中磷素平均浓度均超过 0.1 mg/L。本试验每个处理共采集 10 次渗漏水样品，30 cm 深渗漏水中总磷浓度超过 0.1 mg/L 的，P_0 处理有 3 次，P_1 处理 4 次，P_2 处理 7 次，P_3 处理 8 次；60 cm 深渗漏水中总磷浓度超过 0.1 mg/L 的，P_0 与 P_1 处理均有 3 次，P_2 处理 7 次，P_3 处理 6 次。可见，在水稻生长各生育期内，所有施磷水平均有机会导致磷素不同程度的淋溶，在不同土壤层次磷的淋出浓度均可达到使水体富营养化的水平（0.05 mg/L）。不施磷肥与低磷处理磷素的淋溶风险发生在水稻移栽或磷肥基施后的 20 d 内，而长期中磷与高磷处理，在水稻生长的整个生育期内均有淋溶磷的风险。

（4）表层土壤 Olsen - P 与土壤溶液中磷浓度的关系。根据 Hesketh 等（2003）导致磷素淋溶风险的土壤 Olsen - P "突变点" 理论，尝试用 split - line 模型对表层土壤 Olsen - P 浓度与土壤溶液中磷浓度之间的相关关系进行分段回归拟合。以 2011 年水稻收获时各小区表层土壤 Olsen - P 含量（$C_{Olsen-P}$）为横坐标，以水稻生长期间各小区所有监测时间点的田面水中总磷浓度的平均值（C_{TP}）为纵坐标作图（图 4 - 28），所得拟合方程为：

$$C_{TP} = 0.018\ 1 C_{Olsen-P} + 0.079\ 3\ (C_{Olsen-P} \leqslant 24.8\ mg/kg)$$

此分段函数的拐点处 Olsen - P 浓度为 24.8 mg/kg，即当表层土壤 Olsen - P 浓度低于该值时，田面水中总磷浓度随土壤 Olsen - P 含量增加而增大不显著；而当土壤 Olsen - P 浓度大于该值时，田面水中总磷浓度会在短期内迅速升高，易于随农田排水或降水而流失。

同样，以 2011 年水稻收获时各小区表层土壤 Olsen - P 浓度（$C_{Olsen-P}$）为横坐标，以水稻生长期间各小区所有监测时间点 30 cm 深渗漏水中总磷浓度的平均值（C_{TP}）为纵坐标作图（图 4 - 29），所得拟合方程为：

$$C_{TP} = 0.004 C_{Olsen-P} + 0.070\ 0\ (C_{Olsen-P} \leqslant 26.0\ mg/kg)$$

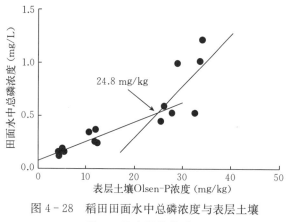

图 4 - 28　稻田田面水中总磷浓度与表层土壤
　　　　　Olsen - P 含量的关系

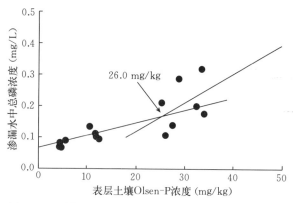

图 4 - 29　稻田 30 cm 深渗漏水中总磷浓度与表层土壤
　　　　　Olsen - P 含量的关系

此分段函数的拐点处 Olsen - P 浓度为 26.0 mg/kg，即当表层土壤 Olsen - P 浓度大于该值时，30 cm 深渗漏水中总磷浓度升高迅速，极易随渗漏水流失。

4. 水稻土的磷肥施用　本研究结果表明，在稻麦轮作体系下，连续不施磷肥，土壤 Olsen - P 在 2 年内就由 7.56 mg/kg 快速降至 5.83 mg/kg，之后消耗明显减缓，经 11 年后，Olsen - P 含量由 5.83 mg/kg 降至 4.73 mg/kg。曲均峰等（2009）通过 15 年的长期定位试验，在单施氮肥的条件下，对全国 6 个不同类型土壤的磷素变化进行研究，发现土壤 Olsen - P 含量基本不受土壤磷表观平衡的影响，Olsen - P 下降有一定阈值，在降至约 4 mg/kg 后，基本保持稳定。本研究还发现，连续 13 年低磷施用，土壤 Olsen - P 逐年累积不显著，平均含量为（10.1±2.0）mg/kg；从产量结果来看，在低施磷水平上继续增加施磷量，对稻麦产量均无显著影响。鲁如坤（2003）的研究也证明，土壤 Olsen - P 含量只要达到 5～7 mg/kg，即可满足水稻高产要求；在南方土壤上，当 Olsen - P 含量大于 10 mg/kg 时，施磷对水稻生长已无影响。

试验结果还表明，长期不同施磷处理导致稻田田面水及渗漏水中总磷浓度不同，大体表现为施磷量越高，则总磷含量越高，高磷与中磷处理存在潜在的环境风险。长期不施磷肥，在水稻移栽初期，稻田田面水与渗漏水中也有较高的总磷浓度。水稻移栽后 1 d 内，田面水中总磷浓度达到最大值 0.45 mg/L；水稻移栽后 20 d 内，渗漏水中总磷浓度也基本大于 0.1 mg/L。这可能是由于水稻移栽前，耕翻、耙田等农艺管理将下层相对还原性强的土壤翻至表层与田面水接触，有利于土壤磷素的释放，而耙田扰动过程本身也能加速土壤磷素的溶解（张志剑，2000）。同时，耙田导致表层土壤土质疏松，产生较大的土壤孔隙，田面水或降水等极易沿着这些大孔隙（优先流）迅速向土壤下层淋溶（Heckrath et al.，1995；Hesketh et al.，2000）。另外，旱田改水田后，淹水条件下土壤闭蓄态磷的释放以及有机阴离子会代换出部分被吸附的磷（鲁如坤，1990），这些均有可能致使土壤溶液总磷含量升高。

用 split - line 模型拟合得到本试验区土壤环境条件下，指示稻田磷素淋溶和径流风险的土壤 Olsen - P 突变点浓度分别为 26.0 mg/kg、24.8 mg/kg。张焕朝等（2004）和李卫正等（2007）在该区通过单季高量施磷以模拟 10 年或 20 年后土壤磷素累积，得到稻田磷素淋溶与径流风险的土壤 Olsen - P 临界值分别为 26.3 mg/kg、26.2 mg/kg。但是，单季一次性高量施用磷肥，施入的磷素与土壤的平衡反应时间较短，可能会导致当季土壤磷淋溶与迁移偏离实际。

连续 13 年的中磷、高磷施用，土壤 Olsen - P 含量已分别达 26.9 mg/kg、33.2 mg/kg，即便经过一个稻季的淋洗，仍均高于突变点浓度。土壤溶液中总磷浓度的动态变化也显示，高磷施用已导致稻田田面水与 30 cm 深渗漏水中总磷浓度显著升高。而连续长期中磷施用，土壤溶液中总磷浓度增大幅度虽不及高磷处理显著，但在监测的各阶段也有较高水平，基本都超过了可引起水体富营养化的临界值（0.05 mg/L）。李卫正等（2007）在太湖地区水稻土上进行高量施磷模拟试验，单季施磷高达150 mg/kg，即 2.5 倍于本试验的适磷处理才显著提高了当季土壤 30 cm 深渗漏水中的总磷浓度。而本试验高磷处理，施磷量虽仅为适磷施肥量的 1.5 倍，但因为是连续 13 年的长期施用，其对土壤 30 cm 深渗漏水中的总磷浓度影响已达显著水平。这充分说明，磷肥在土壤中的长期累积效应是不容忽视的。长期施磷，即使在磷肥用量适宜的情况下，随着土壤 Olsen-P 的不断累积，磷素的流失风险也会逐渐增大。当土壤 Olsen-P 累积量超过突变点时，磷素的流失风险会迅速升高，对附近水体环境造成威胁。

鉴于磷素在土壤中过量累积而引发的环境风险及磷肥施用作物产量边际效应的递减，在太湖地区稻麦轮作体系下，磷肥不宜以常规适磷水平长期施用，建议以低磷即每年 30 mg/kg 的水平长期施用或以每年 60 mg/kg 的适磷水平间歇式施用。

第三节　长江中下游区水稻土质量提升与培肥

据农业农村部《2019 年全国耕地质量等级情况公报》，长江中下游区耕地质量综合评价结果为：一至三等的耕地面积为 1.04 亿亩，占该区耕地的 27.3%，主要分布在江汉平原、洞庭湖平原、鄱阳湖平原、里下河平原、环太湖平原、杭嘉湖平原、宁绍平原、金衢盆地、南阳盆地、韶关盆地等区域，以水稻土、红壤、砂姜黑土为主；四至六等的耕地面积为 2.08 亿亩，占该区耕地的 54.6%，主要分布在淮北平原、低山丘陵下部和滨海岛屿区域，以潮土、紫色土为主；七至十等的耕地面积为 0.69 亿亩，占该区耕地面积的 18.1%，主要分布在丘陵、山地中上部及沿海区域，以黄棕壤、棕壤、褐土为主。长江中下游区水稻土，大部分位于中上等耕地。

一、高质量农田建设

（一）稳产高产农田土壤

《耕地质量等级》（GB/T 33469—2016）对长江中下游区耕地质量划分指标：一至三等（一共划分为十等）有效土层厚度≥100 cm，100 cm 内无障碍因素或障碍层出现，耕层质地为中壤、重壤、轻壤；水田有机质含量≥28 g/kg，土壤养分最佳水平。

其中，江苏对稳产高产农田土壤进行了培育与建设，并根据各地的实践，提出了如下要求（江苏省土壤普查办公室，1995）。

1. 土体构型　稳产高产水田土壤的土体构型都具有深厚熟化的耕层（一般深度 15 cm 左右）、适度发育的犁底层（一般厚度 10 cm 左右）、垂直节理明显的渗育层（一般 10~30 cm）、保水性能好的潴育层（深度在 70 cm 以下）。稳产高产旱地土壤的土体构型也都具有深厚肥沃的表土层（厚度 18~20 cm）、发育良好的深厚熟化的心土层（表土层以下 20~60 cm）、保水保肥好的底土层（深度在 60 cm 以下）。

2. 理化性状　稳产高产水田土壤有机质含量多在 25~30 g/kg，全氮含量在 1.5~2.0 g/kg，全磷含量在 0.75~1.5 g/kg，全钾含量一般在 15.0~20.0 g/kg，速效钾含量在 120~200 mg/kg。水田质地偏黏，多为壤质黏土、粉沙质黏土，小于 0.002 mm 的黏粒含量以 20%~30% 为宜；总孔隙度在 50%~55%，非毛管孔隙在 8%~10%。

（二）稳产高产农田建设的一般标准

稳产高产农田基本建设水平高，土地平整，格田成方，田、林、路、区规范化，灌排分开，能灌、能排、能降，水田旱季地下水在 100 cm 以下。

二、合理施肥

（一）化肥平衡施用

以水稻为主的禾谷类作物吸收氮、磷、钾三要素（N：P_2O_5：K_2O）的比例为 1：0.38：0.80，我国目前禾谷类作物推荐的 N：P_2O_5：K_2O 比例为 1：0.5：0.5。但是，根据 2018 年《中国统计年鉴》报告的农用化肥投入量计算，江苏、浙江、上海 3 个省份农用化肥投入的氮、磷、钾比例为 1：0.37：（0.29～0.31），安徽为 1：0.55：0.55，江西为 1：0.70：0.69，湖北为 1：0.55：0.44，湖南为 1：0.43：0.57。可以看出，江苏、浙江、上海 3 个省份的磷、钾肥比例偏低，尤其是钾肥用量不足，湖北钾肥比例也略低，江西磷肥投入量偏高。当然，考虑秸秆还田携带钾素的比例大，钾素亏缺情况有所减轻。因此，应根据土壤养分平衡状况以及作物产量对施肥的响应，进行测土配方施肥。

（二）增施有机肥，提高地力

通过秸秆还田、施用农家肥、种植绿肥等措施增加土壤有机质，提高土壤肥力，特别是秸秆还田是最经济有效的培肥土壤措施。根据多年的农田养分研究结果，在江苏太湖地区中等产量水平的稻麦轮作农田中，小麦秸秆所携带的氮、磷、钾养分占地上部分总量的比例分别为 19.1%、12.7%、82.6%，水稻秸秆分别为 38.9%、31.8%、84.5%。同时，可以补充土壤中量、微量元素的亏缺。

（三）中量、微量元素施用

稻田土壤缺乏中量、微量元素的比例不大。目前，在生产上施用的主要为硅（Si）、硼（B）、锌（Zn）、钼（Mo）等，应根据具体情况来处理。

三、土壤障碍因子消减

（一）酸性土壤治理

长江中下游区南部地区（浙江南部、安徽南部、江西、湖南）发育在红壤、黄红壤母质上的部分水稻土偏酸，影响水稻生长，应根据 pH 确定石灰与石膏的施用量。

（二）冷浸田改良

冷浸田是我国低产水稻土中的一种类型，广泛分布于南方山区谷地或丘陵低洼地段。冷浸田是因长期渍水形成的强还原土壤，根据冷浸类型，可分为冷浸田和沤田两种类型。冷浸田受山谷冷泉或冷水的影响，水土温度比一般水稻土低得多；沤田分布在湖滨水网地区或平原洼地，地下水位高，但地形开阔，日照充足，水温不像冷浸田那么低，可分为烂泥田、冷水田和锈水田。冷浸田低产的原因：一是水土温度低；二是土壤有效养分缺乏；三是土烂泥深；四是还原性物质多。改土措施（熊毅等，1990；焦加国，2012）如下。

1. 开沟排水 开沟排水是改造冷浸田的根本措施。在修地造田、平整土地的同时，做好"三沟配套、根治五水"。防洪沟（环山沟）：因地制宜地在山脚垄边开环山沟，以截断山洪。排水沟：根据冷泉的来源和垄宽决定排水沟的位置和沟形。灌水沟：开好灌水沟，改窜灌漫灌为轮灌浅灌。

2. 耕作改良 一是在开沟排水的基础上进行，在有条件的地方进行干耕晒垡，改善土壤通气状况，促进还原物质氧化、降低其毒性，以及促进有机物的分解和某些迟效养分的转化。二是实行水旱轮作。冷浸田经开沟排水后，除栽种水稻外，合理轮作油菜、蚕豆、豌豆、小麦和绿肥等旱作物，对调节土壤水气矛盾、充分用地养地、提高土壤肥力也有极为重要的作用。

3. 施肥改良 一是增施有机肥，最好施用"热性肥料"（如堆肥、厩肥等），以利于提高土温，改良土壤结构，提高土壤养分含量。二是改进施肥技术，因地制宜推广微肥。在冷浸田，应推广速效氮、磷、钾与微量元素配合施用。

（三）黏闭土壤治理

针对水旱轮作农田长期旋耕及烂耕导致的土壤耕层变浅，犁底层黏闭板结，严重影响作物根系生长与土壤渗漏性的问题，治理措施如下。

1. 水分管理 土壤黏闭主要是在土壤水分不适宜时进行耕作、收种产生的，即所谓烂耕烂种。产生烂耕烂种的原因：一是水稻收获时期天气连续阴雨；二是稻田水分管理不当，水稻收获前没有及时脱水搁田。因此，在稻田水分管理上要实行湿润灌溉，即每次灌溉时要等前面水落干后再灌溉，并做到水稻拔节期搁好田，水稻收获前 15d 控制水分。

2. 耕作措施　对已产生黏闭现象的土壤可以采用深翻、深松的耕作方式打破犁底层，可在旱季作物收获后深耕，也可结合冬季休闲进行深翻，一次性深翻到 20 cm，每隔 5 年左右深翻 1 次。对水旱轮作农田的耕作，可根据土壤质地、天气情况，因地制宜地采取旋耕、免耕、深耕的措施。例如，质地偏黏的土壤可采用免耕种麦、旋耕植稻；对沙质、壤质土壤可采用旋耕种麦、旋耕植稻；对秋种遇到持续阴雨天气，可采用免耕播种小麦。充分利用好冬季休闲、冬作绿肥种植进行土壤深翻，逐步打破黏闭犁底层。

3. 土壤培肥　改善土壤团粒结构也可以减轻土壤耕作造成的黏闭，可通过秸秆还田、种植绿肥、增施有机肥，改善土壤结构、培肥土壤。

四、构建合理轮作制度

（一）水旱轮作两熟制农田

水旱轮作一年两熟制是长江中下游稻区主要轮作制度，其中又以稻-麦（油）轮作为主，占总面积的 80% 以上。稻-麦（油）轮作具有较高的生产力与经济效益，但是长期稻-麦（油）轮作供应产品单一、经济效益下降，还会导致土壤养分的不均衡吸收、理化性状变差。近年来，各地发展了不同形式的水旱轮作两熟制、两旱一水三熟制。水旱轮作两熟制有小麦-水稻、油菜-水稻、蔬菜-水稻、绿肥-水稻、牧草-水稻，两旱一水三熟制有小麦-玉米-稻、麦-豆-稻、麦-瓜-菜-稻、禾本科和豆科轮作、粮肥轮作等。

（二）双季稻三熟制稻田

在长江中下游区南部双季稻区，传统轮作制度以绿肥-双季稻为主。据报道，南方双季稻占稻田总面积的 60%～70%，其中，肥-稻-稻又占双季稻总面积的 80% 左右。随着 2001 年我国加入 WTO，该区的农业耕作制度发生了很大变化，发展了多种形式的耕作制度。

1. 江西　2000 年后，涌现了一大批高产、高效水稻种植模式，如立体种养模式、复合种植模式、新型高效种植模式等。新模式一般可比常规种植模式增产 6%～12%，经济效益增加 15%～20%。从产品来看，由于推广新型水稻种植模式，使得产品数量增加、产品种类增加、绿色产品和有机产品增加。目前，江西早稻优质品率达到 78%，高档优质晚稻比例达到 27%，基本完成了从量变到质变，真正实现了新发展（黄国勤，2005）。

2. 湖南　打破了现行单一的油-稻-稻、肥-稻-稻、菜-稻-稻为主的传统轮作制度，作物布局的安排不以生育期为中心，而是以效益为重点，大力推行玉米-稻、菜-稻、瓜-稻、瓜-稻-油、烟-稻-菜等多种高效种植模式。同时，实行"三季改两季""双季改单季"，调出一部分稻田种植高产高效的经济作物，逐步建立一种以优质晚稻为核心、多种作物合理配置的多样性稻田轮作制度（汤少云等，2002）。

各地从 30 多种模式中筛选和推广了一批市场前景广阔的稻田高效种养模式，如春玉米-晚稻、大豆-晚稻、玉米间大豆（绿豆）-晚稻、赤小豆（或蚕豌豆）-晚稻、杂交优质油菜-一季优质晚稻等。这些模式的共同特点是产品基本不愁销路，马铃薯-单季晚稻、鲜食玉米-晚稻、西瓜间玉米-晚稻、油菜套西瓜-单季晚稻、稻鱼共生等一批立体种养模式也得到了较快发展（钟武云，2003）。

主要参考文献

国家统计局，1999. 中国统计年鉴 1998 [M]. 北京：中国统计出版社.

黄国勤，2005. 江西稻田耕作制度的演变与发展 [J]. 耕作与栽培（4）：1-3.

江苏省土壤普查办公室，1995. 江苏土壤 [M]. 北京：中国农业出版社.

焦加国，张惠娟，贺大连，2012. 我国冷浸田的特性及改良措施 [J]. 安徽农业科学，40（7）：4247-4248.

李庆逵，朱兆良，于天仁，1998. 中国农业持续发展中的肥料问题 [M]. 南昌：江西科学技术出版社.

李卫正，王改萍，张焕朝，等，2007. 两种水稻土磷素渗漏流失及其与 Olsen-P 的关系 [J]. 南京林业大学学报，31 (3)：6-10.

刘芳，梁华东，刘涛，等，2016. 湖北省近三十年耕地土壤肥力变化解析 [J]. 华中农业大学学报，35 (6)：79-85.

刘巽浩，牟正国，等，1993. 中国耕作制度 [M]. 北京：中国农业出版社.

鲁如坤，1990. 土壤磷素化学研究进展 [J]. 土壤学进展，18 (6)：1-5.

鲁如坤，2003. 土壤磷素水平和水体环境保护 [J]. 磷肥与复肥，18 (1)：4-8.

梅双全，吴宪章，姚长溪，等，1988. 中国水稻种植区划 [J]. 中国水稻科学，2 (3)：97-110.

彭少兵，黄见良，钟旭华，等，2002. 提高中国稻田氮肥利用率的研究策略 [J]. 中国农业科学，35 (9)：1095-1103.

曲均峰，李菊梅，徐明岗，等，2009. 中国典型农田土壤磷素演化对长期单施氮肥的响应 [J]. 中国农业科学，42 (11)：3933-3939.

汤少云，李逵吾，2002. 改革稻田耕作制度，推进农业结构调整 [J]. 湖南农业科学 (3)：1-2.

涂起红，朱安繁，张龙华，等，2016. 江西省耕地地力演变趋势研究 [J]. 江西农业学报，28 (2)：17-21.

汪军，王德建，张刚，等，2010. 秸秆还田配施氮肥下稻田氮素动态及损失通量研究 [J]. 中国环境科学，30 (12)：733-737.

王柏英，徐菊芳，钟火林，等，2000. 丘陵低产黄刚土有机质和磷钾养分平衡研究 [J]. 江苏农业研究 (1)：48-51.

王庆耆，1997. 江苏省稻区熟制改革简述 [J]. 古今农业 (1)：37-40.

王伟妮，鲁剑巍，鲁明星，等，2012. 水田土壤肥力现状及变化规律分析：以湖北省为例 [J]. 土壤学报，49 (2)：321-330.

王小治，盛海君，栾书荣，等，2005. 渗育性水稻土渗滤液中的磷组分研究 [J]. 土壤学报，42 (1)：78-83.

肖参明，柯玉诗，黄继茂，等，1996. 犁底层容重对水稻生长的影响研究 [J]. 广东农业科学 (2)：25-28.

谢金学，张炳生，谭荷芳，等，2002. 丹阳市土壤肥力演变趋势及原因分析 [J]. 土壤，34 (3)：149-155.

熊毅，李庆逵，1990. 中国土壤 [M]. 2 版. 北京：科学出版社.

宣林，1999. 安徽统计年鉴 1998 [M]. 北京：中国统计出版社.

闫德智，王德建，2005. 稻麦轮作条件下施用氮肥对土壤供氮能力的影响 [J]. 土壤通报，36 (2)：190-193.

颜廷梅，杨林章，2001. 苏南地区两种土壤钾素供应状况及其调节 [J]. 土壤通报，32 (1)：25-28.

姚贤良，1983. 关于水稻土的物理性质及其管理问题 [J]. 土壤通报，14 (6)：1-5.

张福锁，王激清，张卫峰，等，2008. 中国主要粮食作物肥料利用率现状与提高途径 [J]. 土壤学报，45 (5)：915-924.

张焕朝，张红爱，曹志洪，等，2004. 太湖地区水稻土磷素径流流失及其 Olsen-P 的 "突变点" [J]. 南京林业大学学报，28 (5)：6-10.

张维理，徐爱国，冀宏杰，等，2004. 中国农业面源污染形势估计及控制对策：Ⅲ. 中国农业面源污染控制中存在问题分析 [J]. 中国农业科学，37 (7)：1026-1033.

张志剑，王珂，朱荫湄，等，2000. 水稻田表水磷素的动态特征及其潜在环境效应的研究 [J]. 中国水稻科学，14 (1)：55-57.

钟武云，2003. 湖南稻田耕作制度改革的形势与对策 [J]. 作物研究，17 (3)：114-116.

朱兆良，文启孝，1992. 中国土壤氮素 [M]. 南京：江苏科学技术出版社.

Guo J H，Liu X J，Zhang Y，et al，2010. Significant acidification in major Chinese croplands [J]. Science (327)：1008-1010.

Heckrath G，Brookes P C，Poulton P R，et al，1995. Phosphorus leaching from soils containing different phosphorus concentrations in the broadbalk experiment [J]. Journal of Environmental of Quality (24)：904-910.

Hesketh N，Brookes P C，2000. Development of an Indicator for risk of phosphorus leaching [J]. Journal of Environmental of Quality (29)：105-110.

Sharpley A N，Withers Paul J A，1994. The environmentally-sound management of agricultural phosphorus [J]. Fertil Res (39)：133-146.

Yan D，Wang D，Sun R，et al，2006. N mineralization as affected by long-term N fertilization and its relationship with crop N uptake [J]. Pedosphere，16 (1)：125-130.

第五章 华南区水稻土健康培育与水稻绿色生产 >>>

华南区主要包括广东、广西、海南以及福建的中南部地区等。山多平原少，海域广阔，海岸线长，港湾岛屿多。地形起伏大，丘陵山地广布，平原狭小。全区山地丘陵约占总面积的 4/5，且 500 m 以下的丘陵分布最为广泛。由于山地多，也限制了农业规模化生产的发展。地势北高南低，有利于海洋水汽和暖气流往北输送，形成了夏秋季高温多雨的生态环境。该区岩溶地貌分布广泛，其中，以广西最为集中，其石灰岩面积占全区总面积的 51.8%。其余大部分地区皆为平缓起伏的丘陵，因受流水侵蚀而地形破碎，其间分布着许多大小不等的盆地，成为该区农业发展特别是水稻生产的主要区域。该区适宜水稻生长的时间可长达 260～365 d，日照时数为 1 000～1 800 h，≥10 ℃积温为 5 800～9 300 ℃，水稻生长期的降水量为 700～2 000 mm。水稻生产是以双季籼稻为主的一年多熟制。

第一节 华南区水稻土分布、肥力及质量状况变化

华南区是我国重要的水稻主产区之一，以双季稻为主，兼有中稻等一季稻种植。水稻土可见于该区的不同地貌部位，发育于不同的地带性土壤上，分布广泛。由于不同地区稻田利用方式各异，加之农业生产结构的改变、农用化学品等的大量投入，以及城市化和工业化的发展，水稻土的分布面积、肥力和土壤质量状况也在不断地发生变化。同时，由于特定气候、特定地貌部位等多方面的原因，该区也分布着一定面积的反酸田、冷浸田、盐渍化稻田等中低产土壤。

一、稻田空间分布和面积变化

华南区稻田主要分布在沿海平原和山间盆地，还有部分分布于坡地梯田上。稻田土壤多发育于地带性的赤红壤、红壤、砖红壤和黄壤，土壤较为肥沃。华南区主要属于双季稻区，该区又可分为两个稻作亚区：粤桂平原丘陵双季稻亚区、琼雷台地平原双季稻多熟亚区。除了双季稻作区外，广东北部和广西北部部分海拔较高的区域为中稻和一季晚稻种植区域。

华南区是我国主要的水稻种植区之一。近年来，水稻占该区作物总播种面积的比例有所下降，但仍占绝对优势。从 2000—2018 年水稻种植情况的变化来看，华南区水稻种植面积有一个持续下降的趋势，相应的，水稻土的分布面积也呈下降趋势（图 5-1）。由图 5-1 可以看出，2000 年华南区水稻土面积为 339.6 万 hm²，而到 2018 年降

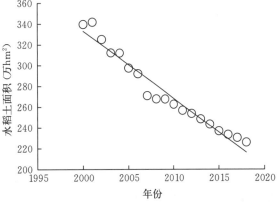

图 5-1 2000—2018 年华南区水稻土面积的变化趋势（国家统计局，2019）

至 226.0 万 hm²，水稻土面积减少 33.5%。这主要与华南区农业结构调整（如改种经济作物）、部分稻田弃耕撂荒，以及城市化和工业化发展占用耕地等有关。

二、稻田土壤肥力状况变化

土壤有机质含量作为土壤肥力的重要指标，其变化直接影响土壤的肥力水平。据相关资料报道（李建军，2015），华南区稻田土壤的有机质含量总体呈上升趋势，从监测初期的 37.7 g/kg 增加到监测后期的 41.2 g/kg，增幅为 9.3%（图 5-2）。

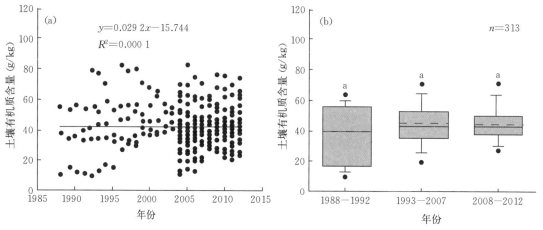

图 5-2 华南区稻田土壤有机质含量的变化趋势（李建军，2015）

华南区稻田土壤全氮含量的变化趋势与土壤有机质含量的变化类似，总体呈上升趋势。从监测初期到监测中期，增加趋势明显，由 1.8 g/kg 增加到 2.2 g/kg，增幅为 22.2%；而从监测中期到监测后期，基本趋于稳定，无明显增减变化趋势（图 5-3）。华南区土壤碱解氮含量由监测初期的 161.5 mg/kg 增加到监测后期的 178 mg/kg，总体呈上升趋势；但各监测时期土壤碱解氮含量无显著差异（图 5-4）。

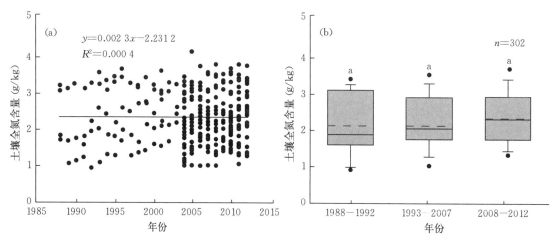

图 5-3 华南区稻田土壤全氮含量的变化趋势（李建军，2015）

华南区稻田土壤的有效磷含量一直呈上升趋势（图 5-5）。分析结果表明，监测初期土壤有效磷含量为 17.2 mg/kg，经过 20~25 年后，其总体含量增加到 28.6 mg/kg，呈上升趋势（$P<0.05$），增幅为 66.3%。土壤表层的有效磷含量与当季磷肥的施用量有显著的相关性。

华南区稻田土壤的速效钾含量在时间和空间上的变化也是土壤肥力演变趋势的重要表征。25 年监测的结果表明，华南区稻田土壤速效钾含量一直呈上升趋势（图 5-6）。尤其从监测中期到监测后期具有明显增加的趋势（$P<0.05$），由 59.8 mg/kg 增加到 76.3 mg/kg，增幅为 27.6%。

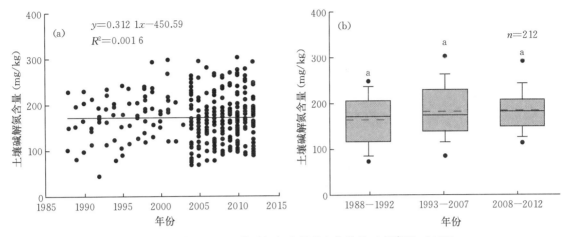

图 5-4　华南区稻田土壤碱解氮含量的变化趋势（李建军，2015）

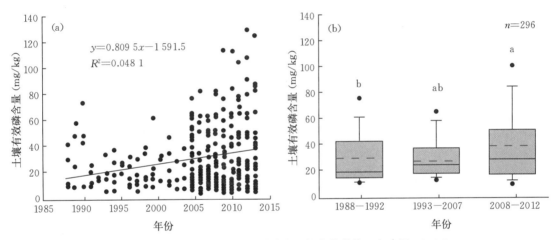

图 5-5　华南区稻田土壤有效磷含量的变化趋势（李建军，2015）

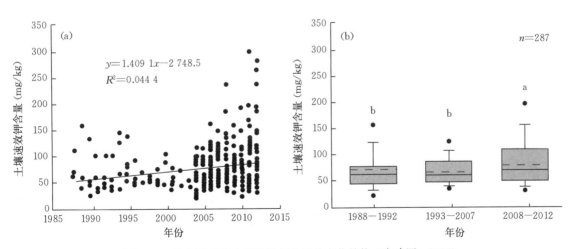

图 5-6　华南区稻田土壤速效钾含量的变化趋势（李建军，2015）

　　华南区稻田土壤的 pH 总体呈下降趋势。从监测初期（6.9）到监测中期（5.5）呈显著下降趋势（$P<0.05$），下降了 1.4 个单位；而从监测中期到监测后期基本保持稳定，无明显变化（图 5-7）。参照近 25~30 年生产者的施肥种类和习惯来看，化肥所占的比重越来越大，连续施用化学氮肥可能

是造成稻田土壤 pH 下降的主要原因。

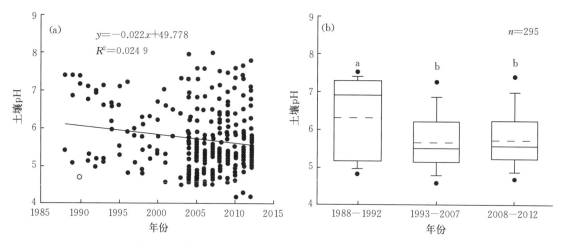

图 5-7　华南区稻田土壤 pH 的变化趋势（李建军，2015）

从土壤肥力的总体变化趋势来看，监测 25 年来，华南区稻田土壤肥力综合指数（IFI）上升的趋势明显（$P<0.01$）。与监测初期（0.160）相比，到监测后期（0.361），总体增加了 0.201 个单位；但从监测初期到监测中期，其增加趋势并不明显（图 5-8）。

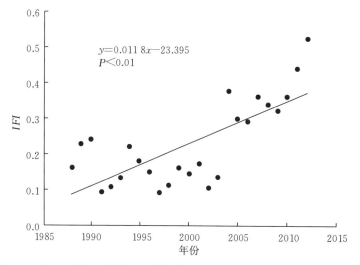

图 5-8　华南区稻田土壤肥力综合指数（IFI）的变化趋势（李建军，2015）

三、稻田土壤质量状况变化

华南区稻田土壤质量的变异明显，土壤有机质含量集中在 30～40 g/kg。我国南方稻区 90% 的水稻土为酸性水稻土。整个南方区域土壤有效锌含量均高于临界水平，表现为盈余。其原因可能是水稻土 pH 下降增加了土壤锌的有效性，以及化肥和农药的大量施用而带入一定量的锌。

低产水稻土是指水稻常年产量低于当地水稻平均产量的水稻土，主要分布于我国南方地区。据统计，华南区低产水稻土分布广、面积大，总面积为 99.82 万 hm²。

反酸田是分布在我国南方热带、亚热带沿海地区的一种主要的低产水稻土，约 6.34 万 hm²。酸度高、毒性强、质黏缺磷、耕性差是其低产的主要原因。反酸田中含有大量的硫化物，土壤通气条件改善后，硫化物会氧化形成硫酸，从而使土壤呈强酸性（pH 降到 4 以下）。大量氢离子对富铝风化物产生置换作用，使土壤中存在大量的可溶性硫酸铝等有毒物质，危害水稻生产。反酸田水稻土沙粒含量一般在 $24.5\%\sim45.3\%$，粉粒含量在 $28.9\%\sim36.7\%$，黏粒含量在 $25.9\%\sim38.8\%$，土壤容重在 $0.97\sim1.41$ mg/m^3。土壤 pH 在 $3.52\sim6.87$，土壤有机质含量在 $17.2\sim46.6$ g/kg，总氮含量在 $0.85\sim2.61$ g/kg，有效氮含量在 $46.5\sim223$ mg/kg，有效磷含量在 $3.3\sim41.2$ mg/kg，有效钾含量在 $31.2\sim161$ mg/kg。土壤微生物量氮在 $23.3\sim58.2$ mg/kg，土壤微生物量碳在 $199\sim1\,212$ mg/kg。反酸田土壤整体上呈强酸性，土壤有效磷和有效锌均表现为盈余，土壤速效钾和有效硅则表现为亏缺。较低的 pH、较低含量的有效硅和全氮被认为是低产反酸田的主要障碍因素。

第二节　水稻土健康培育与土壤地力提升

肥沃健康的水稻土是保障水稻高产和稳产的基础。稻田土壤是一个由水-土-气-生物等要素组成的生态系统，而且受到人为活动的调节和不断干扰。因此，加强对稻田土壤肥力保育的优化运筹与施肥管理、对中低产稻田土壤障碍因子的消减、改土培肥、提升土壤地力，是实现水稻高产高效生产、土壤生态系统可持续发展和"藏粮于地"的必然要求。

下面介绍一些适宜在华南区应用的稻田土壤优化施肥技术模式，以及酸化土壤、冷浸田、盐渍化稻田等中低产稻田土壤的改良、改土、培肥技术体系与模式。

一、水稻常规生产中稻田土壤优化施肥技术

水稻生产中多采用分次施肥的策略，即基肥、蘗肥和穗肥的分配施用。目前，我国水稻生产的基蘗肥施氮量所占比例过高，占总施氮量的 $60\%\sim80\%$。相关资料表明，利用 ^{15}N 示踪技术对水稻基肥、蘗肥和穗肥氮素去向的研究结果发现，水稻一生中吸收积累的氮素中，基肥的贡献占 $4.13\%\sim10.59\%$（平均 6.92%），蘗肥占 $3.98\%\sim11.75\%$（平均 7.58%），穗肥占 $13.32\%\sim37.56\%$（平均 26.02%），土壤的贡献在 $45.71\%\sim70.83\%$（平均 59.91%）。基肥氮和蘗肥氮的吸收利用率分别仅有 $20\%\sim21.4\%$ 和 $20\%\sim26.8\%$，远远低于穗肥（$66.1\%\sim71.6\%$）。基蘗肥中有 $55\%\sim70\%$ 损失到环境中，土壤残留只有 $10\%\sim22\%$，而穗肥的损失率不足 20%。基蘗肥用量越大，其损失也越大，总体氮肥利用率也越低。

水稻的氮肥运筹施用主要是根据一定的比例对水稻基肥、蘗肥和穗肥进行合理分配，如当前生产实际中常用的比例为 30∶30∶40、40∶30∶30 等。而要减量施肥，就必须明确减施"哪个时期"的肥料。下面介绍正在华南区大面积推广应用的水稻"三控"施肥技术、双季超级稻强源活库优米栽培技术。

1. 水稻"三控"施肥技术　广东稻区的氮肥主要作基肥、回青肥和促蘗肥施用，基蘗肥施氮量占总施氮量的 80%。由于稻区总施氮量和基蘗肥施氮量过大，导致无效分蘗大量发生，成穗率低、群体郁蔽，病虫害猖獗，生产者不得不大量使用农药，结果不仅影响稻米食用安全，而且杀灭大量有益生物，破坏生态平衡。化肥、农药的大量施用还增加种稻成本，影响种稻效益和农民增收。针对上述问题，广东省农业科学院水稻研究所和国际水稻研究所（IRRI）的科研人员研发了水稻"三控"施肥技术，其主要内容是控肥、控苗、控病虫，简称"三控"。"控肥"就是控制总施氮量和基蘗肥施氮量，提高氮肥利用率，减少环境污染；"控苗"就是控制无效分蘗和最高苗数，提高成穗率和群体质量，实现高产稳产；"控病虫"就是优化群体结构，控制病虫害的发生，减少农药用量，提升稻米的安全性。水稻"三控"施肥技术主要包括以下技术环节（图 5-9）。

（1）选用良种，培育壮秧。选择株型和通透性好、抗病性较强的高产、优质良种。

（2）合理密植，插足基本苗，适龄移栽。

（3）优化施肥。首先，根据目标产量和地力产量（即不施氮的空白区产量）的差异确定施氮量。

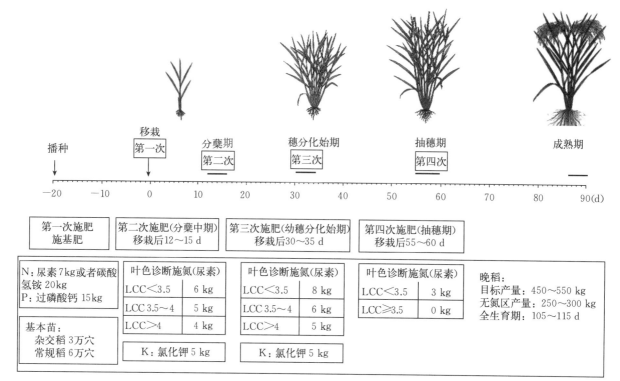

图 5-9 广东双季晚稻"三控"施肥技术规程（钟旭华等，2007）

以地力产量为基础，一般每增产 100 kg 稻谷施纯氮 5 kg 左右。在总施氮量确定后，即可按照基肥占 40%、分蘖肥占 20%、穗肥占 30%、粒肥占 5%～10%的比例，确定各阶段的施肥量。磷、钾肥的施用量也可以根据目标产量和地力产量确定。在地力产量的基础上，每增产 100 kg 稻谷需增施磷肥（以 P_2O_5 计）2～3 kg、增施钾肥（以 K_2O 计）4～5 kg。磷肥全部作基肥，钾肥的一半作基肥或分蘖肥施用，钾肥的另一半作穗肥施用。

（4）合理管理水分。插秧后保持浅水层，促进早回春、早分蘖。当全田苗数达到目标有效穗数的 80%左右时，开始晒田，此后保持水层至抽穗。抽穗后，保持田间干湿交替，养根保叶。收割前 7 d 左右断水，切勿断水过早。

（5）防治病虫害。以防为主，按照病虫测报及时防治病虫害。秧田期注意防治稻飞虱、叶蝉、稻蓟马、稻瘟病等，插秧前 3 d 左右喷"送嫁药"。插秧后，注意防治稻瘟病、纹枯病、稻飞虱、三化螟和稻纵卷叶螟等，插秧 40～50 d 后防治纹枯病 1 次。破口抽穗期防治稻瘟病、纹枯病、稻纵卷叶螟等，后期注意防治稻飞虱。

与常规水稻生产技术相比，"三控"施肥技术的最大特点是氮肥后移，前期的基肥和分蘖肥施氮量减少，而中后期的穗肥和粒肥施氮量大幅增加。在现行常规稻作技术中，基肥和分蘖肥施氮量占总施氮量的 80%以上，穗肥和粒肥占 20%以下；而在"三控"施肥技术中，基肥和分蘖肥所占比例一般在 60%左右，而穗肥和粒肥占 40%左右。氮肥后移有效减少了无效分蘖，并提高了氮肥利用率。

近年来，在广东、江西等地示范推广应用水稻"三控"施肥技术的结果表明，该技术具有三大特点：一是高产稳产，增产增收。一般增产 5%～10%，且抗倒性增强，稳产性好。每亩增收节支在 100 元以上。二是省肥、省药，安全环保。一般节省氮肥 20%左右，氮肥利用率提高 10 个百分点，减轻环境污染。纹枯病、稻纵卷叶螟和稻飞虱等病虫害减少，可少打农药。三是操作简便，适用性广。

2. 双季超级稻强源活库优米栽培技术 针对目前超级稻大面积栽培难以达到超高产，同时要求投入的劳动用工多以及技术要求高等问题，华南农业大学的科技人员开展了双季超级稻强源活库优米超高产栽培技术研究，将其核心技术物化，形成稻农容易掌握、操作简便、省工、省力、超高产、高效的"双季超级稻强源活库优米栽培技术"，即通过选用超级稻品种、合理密植、施用超级稻壮秧剂和超级稻专用肥以及喷施超级稻米质改良剂，减缓灌浆成熟期叶片叶绿素含量的下降，强化叶片"源"的功能和籽粒"库"的活性，从而改良米质。

双季超级稻强源活库优米栽培技术的要点包括以下 7 个方面：

（1）选用超级稻（大穗型）品种组合，如五丰优 615、深优 9516 等。

（2）秧田施用超级稻壮秧剂，适时播种，培育壮秧。

（3）适时、适密抛（插）秧。控制秧龄在 4.5 叶以内，保证每公顷抛（插）22.5 万～30.0 万穴。适度密植能在分蘖期较早地保证较大的叶面积指数，且在生育后期仍能维持较高的水平，保证群体齐穗前干物质积累优势，且能提高齐穗后茎鞘储藏物质向穗部的输出率和转换率。

（4）施用超级稻专用肥。整田时，超级稻专用肥作基肥，每公顷施 900～1 200 kg。抛（插）秧后 3～5 d，每公顷追施超级稻专用肥 300 kg 作分蘖肥。超级稻专用肥可促进早发分蘖，增加有效穗，提高齐穗后籽粒的蔗糖合成酶活性和每穗实粒数，具有强"源"、活"库"的作用，从而显著提高超级杂交稻产量。

（5）喷施超级稻米质改良剂。在齐穗期，每公顷用超级稻米质改良剂 4.5 kg 兑水 1 125 kg 喷施 1 次。超级稻米质改良剂能减缓超级稻灌浆成熟期剑叶叶绿素含量的下降，显著提高超级稻的籽粒产量，改良超级稻的外观品质和食味品质性状。

（6）节水灌溉。做到泥皮水抛（插）秧，抛（插）秧后前期保持浅水分蘖，够苗后排水露晒田。孕穗期至破口期保持浅湿交替、以湿为主，抽穗后保持浅水层以利于灌浆结实，蜡熟期后采取间歇灌溉、干湿交替，保持田间湿润。

（7）防治病虫害。抛秧前施 1 次"送嫁药"，做好稻瘟病、三化螟、福寿螺等的防治工作。分蘖期防治稻纵卷叶螟、三化螟、负泥虫等。孕穗期防治纹枯病、稻瘟病、稻纵卷叶螟等病虫害。破口期防治纹枯病、稻瘟病、稻飞虱、稻纵卷叶螟和三化螟。齐穗期防治纹枯病、稻瘟病和稻飞虱。

二、低产水稻土的类型和主要障碍因素

（一）低产水稻土类型

华南区低产水稻土存在黏、沙、冷、毒、酸和瘦等障碍因素，根据其主导障碍因素划分为以下几类：

1. 酸性水稻土 该类水稻土的酸含量和铝有效性高，养分流失风险大，磷有效性低，土壤肥力下降，导致水稻根系生长受害，稻谷减产、品质下降（徐仁扣等，2018）。

2. 潜育化水稻土 该类水稻土长期处于淹水还原状态，还原性毒物积累，土壤黏化，结构性和透气性差，养分流失严重，土壤供肥缓慢，且部分田块春季土壤温度低，导致水稻前期易发生黑根、僵苗、坐蔸等生长障碍，而后期又容易发生贪青、病虫害多等问题。

3. 沿海盐渍化水稻土 该类水稻土主要分布于华南沿海地区，含盐量高（0.10%～1%），盐分组成以氯化钠为主。早春少雨，土地易返盐，质地黏重，耕作困难，直接影响土壤肥力和水稻正常生长及产量。

4. 重金属污染水稻土 该类水稻土的镉、铅、砷、汞等重金属含量通常高于《土壤环境质量标准》中的二级标准，不仅影响水稻生长，而且会通过稻米食物链危害人体健康。

华南区低产水稻土的稻谷产量虽较低，但经科学合理改良与培肥，其潜力巨大。相关研究和实践表明，通过科学合理的改良措施，可有效改善土壤障碍性因素，低产水稻土的地力水平可提升 1 个等级以上（周卫，2014）。

(二)低产水稻土的主要障碍因素与改良培肥技术要点

1. 酸性水稻土 在土壤发生和发育过程中,由于碳酸和有机酸解离产生氢离子,导致土壤不断酸化。同时,发育于酸性硫酸盐土的水稻土由于成土母质黄铁矿在氧化过程中产生大量硫酸,也会导致土壤严重酸化。另外,大气酸沉降和不合理施肥等会进一步加快水稻土的酸化速度。

酸性水稻土的主要障碍因素:铝有效性和重金属活性增高,钙、镁、钾等盐基性养分阳离子流失风险增加,磷、钼和硼的有效性降低,微生物活动受限,土壤保肥能力下降(徐仁扣等,2018)。

酸性水稻土改良与培肥的关键技术要点:调酸改酸、合理施肥,提高土壤 pH,改善土壤酸环境。具体措施:施用石灰等碱性物质、秸秆还田、有机无机肥配施等(徐仁扣,2018;周晓阳等,2015);针对强酸性反酸田,还应结合挖沟排酸的工程措施,以及犁冬晒白、灌排洗酸等农艺措施(周卫,2014),降低土壤酸含量。

2. 潜育化水稻土 潜育化水稻土是在淹水条件下形成的还原性水稻土。其中,长期积水的强潜育性低产水稻土形成冷浸田。潜育化水稻土的形成主要有外因和内因两方面:外因主要是地形低洼、地下水位较高、水库侧渗等因素导致土壤长期处于淹水状态;内因主要是土壤质地黏重、底层土壤不透水等因素导致土壤排水不良,造成渍水潜育。另外,由于耕作制度不当,如单季稻改双季稻和长期稻-稻-肥轮作种植制度,强化土壤还原条件;不耕或浅耕使犁底层的厚度增加,也会使土壤排水性进一步降低。

潜育化水稻土的主要障碍因素:水分过多,土烂泥深,耕作性差;冷浸田早春土温低,土壤微生物活性弱,水稻生长缓慢;还原性物质过度积累,Fe^{2+}、Mn^{2+}、S^{2-} 含量较高;有机质矿化率低,速效钾、有效磷等土壤有效养分含量偏低,土壤结构性差,水、肥、气、热不协调,供肥能力弱(柴娟娟,2013)。

潜育化水稻土改良与培肥的关键技术要点:防积排水、深耕疏土、增氧增温,提高土壤的氧化还原电位,改善土壤结构和通透性。具体措施:挖沟排水、埋管排水、垄作改良、水旱轮作、犁冬晒田、施用有机肥、施用生物炭等热性肥料。

3. 沿海盐渍化水稻土 沿海盐渍化水稻土是指分布于滨海地区,土壤盐分含量过高的水稻土。该类土壤主要是由于开垦滨海沉积物或三角洲沉积物,成土母质即为盐渍沼泽土,盐含量较高;另有部分滨海低洼水稻土,因少雨干旱,导致潮水侵袭和海水倒灌,土壤耕层大量累积盐分,形成盐渍化水稻土(王旭明等,2018)。

沿海盐渍化水稻土的主要障碍因素:盐基饱和度高,土质黏重,土壤结构性差,水多气少,还原性强。

沿海盐渍化水稻土改良与培肥的关键技术要点:灌水洗盐、筑堤防盐,降低土壤盐分含量,防止海水倒灌,改善土壤理化性状。具体措施:农田高水位灌溉系统、开排盐沟、引淡水洗盐、翻耕淋盐、建造堤围防止海水倒灌、施用盐碱土壤修复材料、改种耐盐水稻品种、增施有机肥等(杨劲松,2015)。

4. 重金属污染水稻土 重金属污染水稻土是指受到镉、铅、铬、锌等重金属污染的水稻土。水稻土的重金属含量主要受到自然因素和人为因素的影响。自然因素主要是成土母质,人为因素主要包括采矿活动、提炼重金属、工业排放、大气降尘、汽车尾气、污水灌溉、污泥农用、农业施肥和农药使用等。华南区由于工业化和城镇化水平较高,水稻土的重金属污染情况较为严重(Li et al.,2020)。

重金属污染水稻土的主要障碍因素:重金属含量和活性较高,危害水稻根系生长,导致水稻减产;降低土壤缓冲性能,土壤肥力下降;稻谷重金属含量超标,进一步危害人体健康。

重金属污染水稻土改良与培肥的关键技术要点:通过源头控制、过程阻控及末端治理,降低土壤重金属含量、活性和有效性,提高土壤质量(Li et al.,2020)。具体措施:控制污染源、客土改良、深耕稀释、选用安全无毒的肥料和农药等农业投入品、施用调理剂、选用低累积品种、加强水分管理等(Li et al.,2020)。

三、酸性稻田土壤的基本特征及其改良与培肥技术

(一) 华南区酸性稻田概况

华南区稻田土壤呈逐渐酸化的变化趋势。如图 5 - 10 所示,1988—2013 年,华南区水稻土 pH 下降了 0.59 个单位(周晓阳等,2015)。大量施用氮肥是导致该区水稻土酸化的主要原因(Zeng et al.,2017)。同时,酸沉降、酸雨、收获水稻籽粒(甚至秸秆)、矿山开发等也是加速水稻土酸化的重要因素(徐仁扣,2018)。

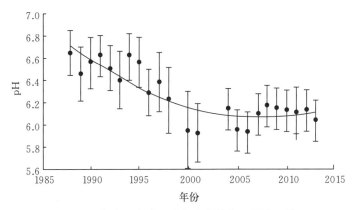

图 5 - 10   我国华南区水稻土酸化演变特征(周晓阳等,2015)

(二) 酸化对水稻土肥力和水稻产量的负面影响

1. 酸化导致水稻土养分有效性降低   在轻度酸化水稻土中(4.5<pH<7.0),吸附在土壤有机质和黏土矿物上的盐基性养分阳离子(如 Ca^{2+}、Mg^{2+}、K^+、Na^+ 等)被氢离子置换出来,导致这些盐基性养分阳离子大量淋失(Zhu et al.,2019)。另外,水稻土酸化会增加对磷酸根、钼酸根和硼酸根的吸附能力,降低磷、钼、硼的有效性,还会促使土壤矿物向 1∶1 型高岭石转化,降低土壤保肥能力(徐仁扣,2018)。

2. 酸化导致水稻土中毒性元素有效性提高   水稻土酸化后,土壤中 H^+、铝和锰等毒性元素有效性及含量增加(表 5 - 1),进而危害水稻生长。主要表现:破坏根尖结构,抑制根系的伸长,影响根系吸收功能,进而影响水稻生长和产量(徐仁扣,2018;Zhu et al.,2018)。当水稻土 pH 低于 4.5 时,铝毒成为水稻生长和产量的主要限制因子(Zhu et al.,2018)。酸化还会提高水稻土中镉等重金属的生物有效性,进而导致水稻籽粒重金属含量增加。

表 5 - 1   **土壤 pH 与重金属交换性含量的相关性**(Zeng, et al.,2011)

项目	EDTA - Cr	EDTA - Cu	EDTA - Fe	EDTA - Mn	EDTA - Pb	EDTA - Zn
pH	−0.689**	−0.554**	−0.790**	−0.800**	−0.729**	−0.396**

注:**表示达到极显著水平($P<0.01$)。

3. 酸化导致水稻减产   通过大量田间试验结果的统计分析发现,土壤 pH 与水稻相对产量呈显著非线性关系(图 5 - 11)。1980—2010 年,由于土壤酸化而导致水稻产量损失 3% 左右;预计到 2030 年,水稻产量损失将达 20%(Zhu et al.,2019)。强酸性水稻土(反酸田)生产的水稻产量仅有 100～200 kg/亩,严重酸化田块甚至出现绝收现象(周卫,2014)。

(三) 酸性稻田土壤的改良与培育技术

根据我国农田土壤酸化的主要驱动因素,Zeng 等(2017)认为,通过氮肥管理减少铵态氮的输入和硝态氮的淋溶,以及通过土壤盐基离子管理减少盐基离子的带走量和补充盐基离子两种策略,可减缓我国农田进一步酸化(图 5 - 12)。针对华南区不断酸化的水稻土,可采取以下改良与培肥技术

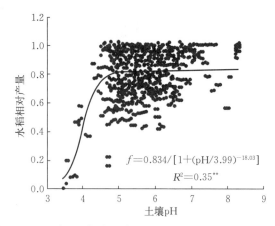

图 5-11 土壤 pH 与水稻产量的相关性（Zhu et al.，2019）

措施。

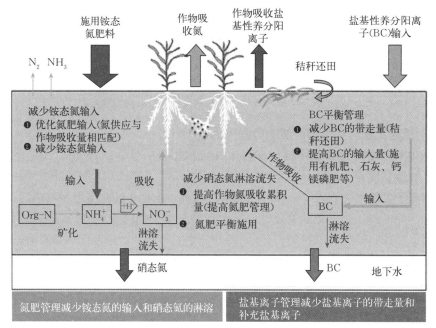

图 5-12 减缓农田土壤酸化的两种策略（修改自 Zeng et al.，2017）

1. 合理施用化肥

（1）采用科学的施肥技术。主要措施：①测土配方施肥技术。据全国农业技术推广服务中心统计，采用测土配方施肥技术，水稻化肥利用率提高了 7.2%，有效减少了氮肥用量。②水稻营养诊断与养分精准管理技术。建立实时实地氮肥管理系统，应用光谱技术，根据水稻叶色评估水稻植株的氮素营养水平，从而制定氮肥优化施用方案，实现水稻养分精准管理。③一次性施肥技术。采用作物专用控释肥料，与农业机械同步实施，可减少氮素流失风险，提高氮肥利用率，从而降低氮肥用量；同时，这种轻简化的施肥过程，大幅节省劳动力成本。④土壤养分专家系统推荐施肥技术。土壤养分专家系统是基于作物产量反应和农学效率的推荐施肥方法，结合计算机技术，建立问答式界面，把复杂的施肥原理简化为农技推广部门和农民方便使用的手段。

（2）应用新型高效肥料。不同类型氮肥产生的酸化效应不同，选用产酸较小的氮肥品种。减少铵基氮肥的使用，以尿素基氮肥为主。另外，推广应用缓控释氮肥，以减缓氮肥的释放速率。

（3）应用化肥深施技术。肥料表施的养分损失量较大，采用浅施或者深施技术可以将肥料养分施入水稻根系生长的土层，减少养分流失，促进根系生长，从而提高肥料施用效率。近年来，随着农业机械装备技术水平的提高，水稻机插侧深施肥技术逐渐发展起来。该技术是在水稻插秧机上加装一个施肥装置，实现插秧与施肥同步进行，通过施肥装置将肥料集中施入一定深度的土壤中。相关田间试验结果表明，采用侧深施肥技术可使氨挥发减少 20% 左右，年际氮流失量较常规施肥处理降低 3.54%～29.36%，氮肥利用率提高 8% 以上；侧深施肥技术与控释尿素配合使用，可进一步提高肥料施用效率，降低化肥施用量（Zhong et al.，2021）。

2. 秸秆还田　作物收获是导致土壤 H^+ 大量累积和农田酸化的主要因素之一。通过秸秆还田措施可以减少钙、镁、钾等盐基养分的流失量，提高土壤酸缓冲性能，减缓水稻土酸化速率。秸秆分解过程中的氨化和脱羧反应产生碱性物质，同时秸秆与 H^+ 发生的非生物关联反应，可中和土壤中的酸根离子，从而缓解土壤酸化（Hao et al.，2018）。长期田间试验结果表明，秸秆还田处理的土壤盐基离子饱和度下降趋势相对缓慢，能在一定程度上减缓土壤酸化（Zeng et al.，2017）。

3. 施用有机物料　大量研究表明，施用有机肥可以有效补充土壤盐基养分离子，降低土壤铝有效性，并提高土壤 pH（Zhu et al.，2018）。土壤有机质弱酸性官能团解离产生的有机阴离子质子化形成中性分子，同时，盐基养分离子从有机质上释放到土壤溶液中，从而提高土壤酸中和能力。长期定位试验发现（图 5-13），有机无机肥配施的土壤 pH 与不施肥处理基本一致，但显著高于常规化肥处理，且较原始 pH 提高了 0.21 个单位（Wang et al.，2019）。Zhu 等（2018）认为，若不采取任何优化措施，我国水稻土的酸化速率将进一步加速。研究表明，若氮肥施用量不再增加（保持 2020 年的施氮水平），我国农田土壤仍会持续酸化，但酸化速率相对较慢；若秸秆全量还田，我国农田土壤也将持续酸化，但酸化速率进一步减缓；若有机肥替代 30% 氮肥，将可以实现我国农田土壤酸碱平衡，实现我国农田土壤不继续酸化；若综合采用减氮、秸秆还田和有机肥替代 30% 氮肥 3 种措施，将有效提高我国农田土壤 pH，逆转我国农田土壤酸化趋势（图 5-14）。

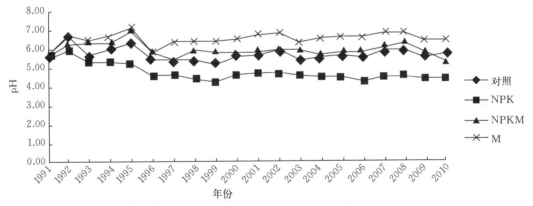

图 5-13　长期定位试验不同处理的土壤 pH 变化情况（Wang et al.，2019）

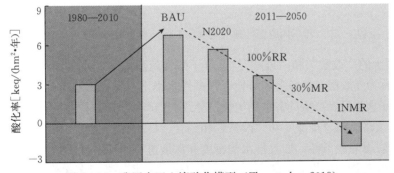

图 5-14　我国农田土壤酸化模型（Zhu et al.，2018）

注：BAU 表示养分管理照常，N2020 表示 2020 年后不再增加氮肥，100%RR 表示 100% 农作物残茬返回农田，30%MR 表示使用粪肥氮代替 30% 化学氮肥，INMR 表示 2020 年后将 N2020、100%RR 和 30%MR 结合起来。

近年来，生物炭对酸性土壤的改良应用受到国内外关注。生物炭是生物质材料在厌氧条件下低温热解的产物，富含盐基养分离子、羧基和酚羟基等含氧官能团、碳酸根等无机阴离子以及其他无机碱性离子（PO_4^{3-}、SiO_4^{4-}、$FeO-O^-$），其碱性物质含量高，可提高土壤 pH，减轻铝毒，从而改善土壤酸度。同时，生物炭具有丰富的孔隙结构，且表面带有大量负电荷，可有效提高土壤阳离子交换能力和 pH 缓冲容量，增强土壤抗酸化能力，不利于铝离子的活化，从而抑制土壤酸化（徐仁扣，2018）。田间试验结果表明，在华南区水稻田连续 4 年施用生物炭，土壤 pH 显著提高，可有效改善土壤酸度。

4. 施用石灰等碱性物质 施用石灰等碱性物质是改良农田土壤酸性的传统措施。如图 5-15 所示，施用石灰可在短期内显著提高土壤 pH，而且对土壤酸化的改善效果优于氮肥平衡管理、秸秆还田和有机替代等措施（Zeng et al.，2017）。长期配施石灰可有效改善华南区水稻土酸化现象，但石灰的溶解性和移动性较差，长期施用会导致土壤板结，以及土壤钙、镁和钾等养分不平衡。近年来，有些研究者将天然矿物（如白云石、膨润土、蛭石等）以及一些工农业废弃物（如粉煤灰、碱渣、贝壳等），作为原料开发土壤调理剂。这些物质多呈碱性，且富含钙、镁、钾、硅等多种矿物营养元素，不仅可以提高土壤 pH，而且能补充其他盐基养分离子，调节土壤养分平衡，有些土壤调理剂还有改善土壤结构的功效。

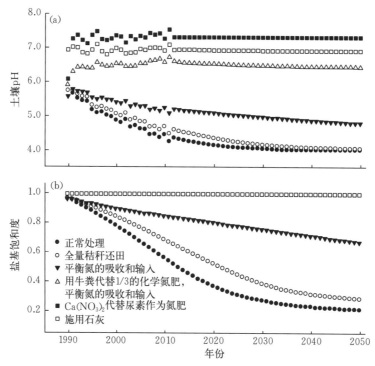

图 5-15　1990—2050 年不同施肥处理的土壤 pH（a）和盐基饱和度（b）的变化趋势预测

5. 强酸性水稻土的"改酸"和"排酸" 发育于酸性硫酸盐土的水稻土酸含量极高，土壤 pH 在 3.0～4.0，通常被称为反酸田，是华南滨海地区强酸性水稻土。反酸田土壤铝、锰等有毒金属活性高，而磷、钾等养分离子含量低，严重危害水稻生长，导致水稻产量极低，严重酸化田块甚至颗粒无收。

反酸田的改良策略需将"排酸"和"改酸"相结合。广东省农业科学院农业资源与环境研究所的科研人员通过改善农田灌溉条件，加大排水沟密度和深度进行周期性灌排，并结合犁冬农艺措施促使下层黄铁矿等还原性硫化物矿物充分氧化，在早稻种植前 1 个月进行多次灌排，达到"排酸"目标。同时，施用大量石灰中和土壤酸，补充一定的磷、钾等养分，并适当补充有机物质促使还原性硫-铁矿物的形成，多管齐下实现"改酸"的目的。广东省江门市台山市典型反酸田的多年试验结果表明，通过挖沟排酸、灌排洗酸、改种耐酸水稻品种、增施碱性物质等一整套改良方案，可实现反酸田土壤

pH 快速提升，显著提高水稻产量。

四、冷浸稻田土壤的基本特征及其改良与培肥技术

（一）冷浸田的基本特征与类型

冷浸田是我国主要的中低产田之一，分布于山区丘陵谷地、平原湖沼低洼地，以及山塘、水库堤坝下部等区域，具有长期冷浸渍水、土粒高度分散、养分有效性低和还原性有毒物质多等四大特征，简称"冷、烂、毒、瘦"。长期以来，冷浸田的耕地质量差，稻谷产量偏低，稻谷产量一般不及正常稻田产量的 1/2。全国约有冷浸田 346 万 hm²，占全国稻田面积的 15.07%，占低产稻田面积的 44.2%（柴娟娟，2013）。广东在全国第二次土壤普查时的资料显示，冷浸田总面积 18 万 hm²，约占广东中低产田面积的 30%，主要分布在山区，成土母质主要为谷底冲积物、河流冲积物、洪积物和滨海沉积物。

冷浸田属潜育型水稻土土属，土壤剖面构型的主要特征是由蓝灰色的潜育层（G）发育，冷浸田受积滞水分的长期浸渍，土体封闭于静水状态下，难以通气与氧化，会发生潜育化过程（也称灰黏化作用或青泥化过程）。同时，在易分解的有机物还原影响下，使土壤及积滞水的 Eh 值下降，土壤矿质中的铁、锰处于还原低价状态，土体显青色或青黑色。

冷浸田按其成因可分为原生型和次生型两类。原生型冷浸田主要受土壤质地、微地貌、水文地质条件等自然因素影响，大致可概括为 3 个方面：①所处地形低洼，排水不畅，造成地下水位升高，甚至溢出地表淹灌稻田；②光热资源不足，日照短、气温低，其水温、土温也偏低；③受周围山地压力作用，局部地方涌出冷泉或者常年被冷泉所浸渍。次生型冷浸田即次生潜育化水稻土，主要由于耕作制度不合理、管理不当、排灌不协调，或人为修筑渠道或水库，造成侧渗水抬高地下水位等致使土壤长期滞水而形成低产田。

（二）冷浸田土壤的障碍因子

1. 冷浸田土壤理化性状 与高产田土壤相比，冷浸田土壤 pH 普遍较低，全氮、全磷、有机质和有效锌含量较高，还原性有毒物质含量高度累积。部分地区冷浸田土壤中的有效磷、速效钾含量较低，平均值分别为 8.84 mg/kg 和 49.8 mg/kg，均低于水稻正常生长的临界值，为冷浸田重要的养分障碍因子。另外，如表 5-2 所示，冷浸田土壤的微生物量碳含量显著低于高产田土壤。

表 5-2　高产田与冷浸田土壤理化性状（柴娟娟等，2013）

项目		pH	有机质(g/kg)	有效磷(mg/kg)	速效钾(mg/kg)	全氮(g/kg)	全磷(g/kg)	亚铁(mg/kg)	还原态硫(mg/kg)	有效锌(mg/kg)	微生物量碳(g/kg)
高产田	浙江	5.04	16.94	97.65	6.13	2.25	3.38	11.37	15.84	8.22	0.09
	广东	5.69	17.64	43.40	24.03	2.19	4.07	3 629.99	144.49	4.75	0.82
	安徽	5.00	15.69	21.23	6.57	1.76	3.14	240.55	43.32	5.34	0.41
	福建	4.69	14.81	9.17	8.30	1.47	2.55	179.62	44.33	6.52	0.86
	江西	4.72	14.20	24.06	2.97	1.39	5.30	660.43	1 137.06	6.27	0.42
	湖南	5.29	18.31	18.44	3.00	1.93	4.53	497.14	75.07	6.76	0.64
	湖北	6.03	15.98	66.57	0.93	1.59	6.13	481.53	1 204.67	7.12	0.22
冷浸田	浙江	4.68	21.52	9.45	11.17	2.24	5.10	160.28	1 605.19	8.45	0.07
	广东	5.25	18.73	9.00	10.63	1.90	2.82	3 786.12	677.60	4.92	0.26
	安徽	4.93	13.76	5.44	3.27	1.71	4.09	537.11	296.12	6.03	0.31
	福建	4.47	21.48	3.49	4.67	1.97	2.78	1 367.50	638.22	10.30	0.11
	江西	4.48	16.62	1.90	0.13	1.51	3.82	1 618.64	1 337.64	5.56	0.15
	湖南	5.08	18.62	2.41	3.97	1.89	5.77	1 517.64	1 846.99	11.03	0.36
	湖北	5.32	15.42	30.20	1.00	1.39	11.36	1 072.24	3 069.33	10.78	0.11

2. 冷浸田土壤微生物特征 由表5-3、表5-4可知，冷浸田土壤中好氧与厌氧条件下总可培养的细菌、真菌、放线菌、固氮菌、纤维素分解菌的含量平均为 1.51×10^8 CFU/g（干土）、0.78×10^7 CFU/g（干土）、3.36×10^6 CFU/g（干土）、0.78×10^7 CFU/g（干土）、3.36×10^6 CFU/g（干土），分别为高产田土壤的 53.93%、43.33%、47.32%、43.33%、47.32%。由此可见，冷浸田土壤中的主要微生物数量少，参与物质循环功能微生物少，从而导致冷浸田土壤中有机质积累，潜在肥力高，但速效养分缺乏。冷浸田土壤中参与土壤硫化氢和亚铁产生相关的硫化细菌和铁还原菌在好氧与厌氧条件下总可培养的数量分别为 1.62×10^7 CFU/g（干土）、9.28×10^7 CFU/g（干土），高于高产田土壤中总可培养的硫化细菌和铁还原菌的数量 [1.30×10^7 CFU/g（干土）、7.32×10^7 CFU/g（干土）]。结果表明，冷浸田土壤中还原性毒害离子的微生物活动强度高于高产田土壤。

表5-3 高产田土壤好氧与厌氧培养条件下微生物特征（柴娟娟，2013）

项目		细菌 $\times 10^8$ CFU/g（干土）	真菌 $\times 10^7$ CFU/g（干土）	放线菌 $\times 10^6$ CFU/g（干土）	固氮菌 $\times 10^7$ CFU/g（干土）	纤维素分解菌 $\times 10^6$ CFU/g（干土）	硫化细菌 $\times 10^6$ CFU/g（干土）	铁还原菌 $\times 10^7$ CFU/g（干土）
好氧条件	浙江	2.43	0.41	3.45	5.55	2.23	6.64	3.63
	广东	1.90	0.79	4.53	3.23	6.77	10.88	3.44
	安徽	1.53	1.82	2.73	3.63	12.52	11.24	8.66
	福建	0.42	1.55	2.89	2.68	2.81	9.04	4.71
	江西	0.61	0.57	2.10	1.68	4.28	7.88	3.86
	湖南	1.47	1.02	10.37	5.20	5.41	7.42	11.51
	湖北	0.48	0.35	4.49	2.84	3.37	8.57	5.55
厌氧条件	浙江	2.99	0.43	3.17	4.59	2.38	3.63	1.06
	广东	1.96	0.94	2.99	2.36	5.38	3.72	1.30
	安徽	2.13	1.79	3.01	2.87	10.90	7.81	1.62
	福建	0.79	1.52	2.81	2.00	3.86	4.02	1.26
	江西	0.84	0.65	2.37	1.91	5.51	3.17	0.57
	湖南	1.23	0.45	1.53	1.89	2.76	2.67	3.52
	湖北	0.74	0.28	2.89	1.65	2.21	4.08	0.53

表5-4 冷浸田土壤好氧与厌氧培养条件下微生物特征（柴娟娟，2013）

项目		细菌 $\times 10^8$ CFU/g（干土）	真菌 $\times 10^7$ CFU/g（干土）	放线菌 $\times 10^6$ CFU/g（干土）	固氮菌 $\times 10^7$ CFU/g（干土）	纤维素分解菌 $\times 10^6$ CFU/g（干土）	硫化细菌 $\times 10^6$ CFU/g（干土）	铁还原菌 $\times 10^7$ CFU/g（干土）
好氧条件	浙江	1.59	0.23	1.75	1.71	2.17	6.01	3.57
	广东	1.26	0.10	1.50	1.47	2.24	6.26	1.36
	安徽	0.88	0.81	0.98	1.56	2.73	8.20	3.32
	福建	0.22	0.48	1.11	1.71	2.06	6.35	2.22
	江西	0.21	0.21	0.53	0.71	1.10	3.48	1.28
	湖南	0.59	0.38	6.86	1.49	3.67	2.35	3.19
	湖北	0.23	0.08	1.01	2.48	2.72	5.90	4.54

（续）

项目		细菌 $\times 10^8$ CFU/g （干土）	真菌 $\times 10^7$ CFU/g （干土）	放线菌 $\times 10^6$ CFU/g （干土）	固氮菌 $\times 10^7$ CFU/g （干土）	纤维素分解菌 $\times 10^6$ CFU/g （干土）	硫化细菌 $\times 10^6$ CFU/g （干土）	铁还原菌 $\times 10^7$ CFU/g （干土）
厌氧条件	浙江	1.90	0.12	1.20	1.67	2.29	8.30	4.38
	广东	1.50	0.24	1.57	0.84	2.48	10.18	5.25
	安徽	1.01	0.88	1.56	1.14	3.58	19.06	9.17
	福建	0.41	0.29	1.24	1.27	2.57	13.78	6.57
	江西	0.36	0.21	0.36	0.75	2.45	5.33	2.31
	湖南	0.31	0.14	0.62	1.14	1.52	7.76	15.68
	湖北	0.43	0.08	2.91	0.74	1.71	10.47	2.13

冷浸田受特殊水、热、气等条件的长期影响，演替形成了冷浸田土壤微生物在数量、群落组成和生化活性等方面的独特性。利用荧光定量 PCR、PCR - DGGE 等技术研究分析了冷浸田土壤中微生物群落的多样性组成。结果发现，冷浸田土壤真菌群落与土壤中耐冷真菌和纤维素降解真菌相似性较高，冷浸田土壤特有的菌属如 CWP04 与耐冷真菌（草茎点霉，*Phoma herbarum*）相似性为 99%；也有土壤中代谢分解活动的功能性真菌，如 CWP23 与产木质纤维素酶类真菌（草酸青霉，*Penicillium oxalicum*）相似性为 99%。这一研究结果表明，冷浸田特定环境下演替形成的土壤存在特有的两类真菌优势菌群：耐冷真菌（草茎点霉，*Phoma herbarum*）和产木质纤维素酶类真菌（草酸青霉，*Penicillium oxalicum*）。

综上所述，冷浸田土壤中主要微生物数量少、活性低，有机质矿化速度弱，有效养分释放慢。同时，因长期淹水，硫还原细菌和铁还原细菌相对较多，嫌气性微生物驱动土壤还原进程，易造成土壤中还原态硫离子和亚铁离子的富集。由于速效养分供应不足以及硫或铁的毒害相加，危害水稻生长并造成水稻产量下降。

（三）冷浸田改良与培肥技术

我国对冷浸田的调查和研究始于 20 世纪 50 年代，广东、湖北、湖南、江西、安徽等地相继开展了大规模的调查，并采用工程措施和农艺技术相结合的方法改良利用冷浸田。80 年代初，侯光炯从土壤热力学理论出发，提出"半旱式栽培"技术，提高了冷浸田水稻生产能力，为冷浸田改良利用开辟了新的途径。我国在冷浸田治理方面研究起步较早，在土壤、耕作、栽培、施肥等方面形成了一些冷浸田改良实用技术。这里介绍在生产实践中常用的几种技术。

1. 明沟排水与垄作栽培技术　水稻常规栽培以土壤水分管理为主，土壤水分状况直接影响土壤物理结构和水稻根系定植。长期处于浸渍状态的冷浸田通常失去正常的土壤结构，因此，改良冷浸田的首要任务是改善土壤水分状态。通过开沟排水措施，排除冷浸田中的渍水，达到降低地下水位、增加土壤通透性、提升土温的效果，进而形成良好的耕层结构。采取起垄栽培措施，并配合增施钾肥、锌肥和硅肥，可降低土层（>5 cm）的还原性物质总量，从而提高冷浸田土壤的肥力。

明沟排水法包含"三沟"——截水沟、排水沟和灌水沟，从土壤浸水的截流、排除土壤过多水分和合理灌溉水 3 个层次改善土壤的水、热、气、肥状况。明沟排水可显著改善土壤三相比，降低水相、提高固相和气相，增加土壤总孔隙度、通气孔隙度，降低土壤容重，增加土壤温度。在广东省惠州市惠阳区开展的定位试验研究表明，与对照处理相比，明沟排水处理下的土壤容重降低 11.0%，总孔隙度和通气孔隙度分别增加 6.0% 和 19.0%，地下水位下降 7.3 cm，土温较对照处理增加 1 ℃ 以上（徐培智等，2016）。明沟排水加快了耕层土壤有机质的矿化速率，促进养分向有效态转化，土壤有效磷、易氧化有机质含量显著提高，促进苗期植株生长，增加水稻分蘖，提升水稻产量。

为了更好地指导生产实践，徐培智等（2016）总结广东开展冷浸田耕层改良的经验，编制了一套冷浸田开沟排水技术规程。该规程的总体原则：排除渍水，降低冷浸田的地下水位；在稻田内采用"口""日""田""囲"字沟等开沟方式进行排水引流；禾苗移栽后，将排水沟清淤，以便形成排水良好的沟渠。

2. 养分运筹与优化施肥技术　根据冷浸田的土壤性质及养分释放特征，运用科学施肥原理，研究化肥种类及其施用数量、比例和方法，从而筛选出适用于冷浸田水稻生产的施肥技术，达到平衡施肥、提升水稻产量的目的。

在广东省惠州市惠阳区通过测土配方施肥技术的田间试验示范，综合比较肥料投入、作物产量和经济效益等指标。试验研究结果表明，与对照处理相比，各配方施肥处理水稻的产量均有所提高；以 $N_2P_2K_2$ 处理（养分配比 N 150 kg/hm²、P_2O_5 45 kg/hm²、K_2O 120 kg/hm²）的水稻产量最高，早稻、晚稻产量分别为 6 519 kg/hm² 和 6 757.5 kg/hm²。综合肥料间互作效应和最佳经济施肥量，结合当地农业生产实际和施肥经验，在冷浸田的水稻生产中，建议推荐施肥量为 N 165～195 kg/hm²、P_2O_5 45～60 kg/hm²、K_2O 120～165 kg/hm²（徐培智等，2016）。

针对冷浸田土壤温度低、土壤养分活化能力差等问题，广东省农业科学院农业资源与环境研究所的科研人员在山坑冷浸田水稻栽培上，提出了"促前攻苗"施肥法，以开沟排渍措施为基础，采用基肥与追肥相结合、以基肥为主、追肥为辅；75％～85％的氮肥以及 100％的磷钾肥基施（深施，若有条件，可结合硝化抑制剂一同混施），15％～25％的氮肥作前期追肥，在水稻生长初期集中供肥，培育庞大的根系，促进分蘖早生快发，及早够苗，做到生长前期迅速形成分蘖群体，保证稻田的分蘖数和有效穗数，进而实现冷浸田综合生产能力的提升（徐培智等，2016）。

有机肥含有丰富的有机质和作物生长必需的营养元素，不仅可以提高作物的产量和品质，还能改善土壤的物理性质和化学性质。增施有机肥，特别是具有热性特征的肥料（如厩肥、草木灰等），能够改善土壤供肥性能，提高土壤温度，这对改良冷浸田土壤具有特殊效果。通过在广东省惠州市惠阳区连续 3 年 6 季的定位试验研究表明，化肥配施不同有机肥（猪粪、鸡粪、牛粪等）的水稻产量显著高于化肥对照处理，增产 7.1％～12.1％，且均能提高土壤氮素循环相关功能微生物基因丰度以及酶活性，并显著提升土壤铵态氮、有效磷含量（徐培智等，2016）。

3. 土壤改良剂施用技术　近年来，采用土壤改良剂对冷浸田进行改良也是一种行之有效的方法。华南区的相关研究结果表明，施用土壤改良剂有助于提高水稻成穗数、穗粒数和结实率，提高水稻的总吸氮量。其中，脱硫灰和生物活性炭处理表现最为明显，分别比对照处理提高了 37.3％和 28.9％，并显著提高了土壤有效磷含量（徐培智等，2016）。

针对冷浸田土壤微生物总体活性低、速效养分供应不足的问题，广东省农业科学院农业资源与环境研究所的相关科研人员将嗜冷性功能微生物菌群与附着载体稻糠进行耦合富集培养，研发针对冷浸田土壤养分快速活化的生物稻糠。通过多年的生产应用表明，添加嗜冷性功能微生物的生物稻糠能显著增强水稻根际功能微生物活性、土壤微生物类群数量，改善土壤通透性，降低土壤还原性物质的含量，提高土壤碱解氮、有效磷和水溶性有机质的含量，水稻产量增加 16％～19％（徐培智等，2016）。

4. 综合技术措施　综合运用物理、化学和微生物技术手段对冷浸田进行系统治理，创新集成"促前攻苗施肥法＋生物稻糠＋改良剂＋明沟排水"冷浸田土壤养分活化及调控技术模式，挖掘冷浸田的潜在生产力（图 5-16）。在广东核心试验区，与对照处理相比，应用"冷浸田土壤养分活化及调控技术"集成模式，水稻产量从 313.5 kg/亩增加到 467.5 kg/亩，增产率 49.1％；在技术辐射推广区，平均每亩增加稻谷 74.2 kg，每亩新增效益 206.58 元（徐培智等，2016）。

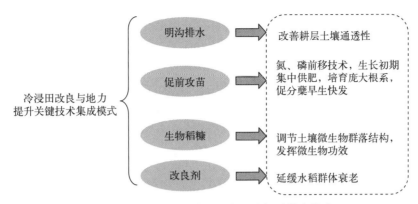

图 5-16　冷浸田综合治理与地力提升技术模式

五、沿海盐渍化稻田土壤的基本特征及其改良与培肥技术

(一) 沿海盐渍化土壤概况

盐渍土是我国主要的中低产田类型之一，我国盐渍土壤主要分布在干旱、半干旱、沿海地区。据统计，我国盐渍土面积为 3.69×10^7 hm²。其中，耕地盐渍化面积为 9.21×10^4 hm²，占全国耕地面积的 6.62%，80% 左右的盐渍土尚未有效得到开发利用。长江以南地区盐渍土面积约为 5.83×10^5 hm²，广东滨海盐土面积为 1.071×10^5 hm²，盐渍化稻田面积为 6.51×10^4 hm²。

滨海盐土的划分依据通常包括土壤含盐量、离子组成和 pH 等多个指标。刘庆生等（2008）综合分析土壤质地和土地类型对土壤盐渍化水平的指示作用，总结出不同盐化程度土壤的相关特点（表 5-5）。另外，结合农业生产情况，依据土壤全盐量对盐化等级进行划分（表 5-6），其标准存在区域性差异（董合忠等，2012）。与内陆地区干旱/半干旱盐渍土不同的是，华南区盐渍土主要分布在沿海地区，以滨海盐土、酸性硫酸盐土、潮盐土等类型为主。

表 5-5　不同盐化程度土壤的相关特点

盐化等级	土地类型	土壤质地	土壤类型
轻度盐化	幼年水稻土平地和盐化潮土河滩高地	黏土、沙壤	潮土
中度盐化	沙质黄河滩地和盐化潮土浅平洼地	黏土	潮土
重度盐化	獐茅、芦草潮盐土平地，盐化潮土浅平洼地和白茅、芦苇盐潮土平地	沙壤	滨海潮盐土或盐化潮土
盐土	滨海盐滩地，滨海芦苇沼泽湿洼地，獐茅、芦草潮盐土平地和白茅、芦苇盐潮土平地	重壤	盐化潮土

表 5-6　盐渍土盐化等级标准（全盐量）

单位：%

盐化等级	广东	江苏	河北	山东
正常耕地	—	<0.1	<0.2	<0.2
轻度盐化	<0.25	0.1~0.2	0.2~0.4	0.2~0.4
中度盐化	0.25~0.5	0.2~0.4	—	0.4~1.0
重度盐化	>0.5	>0.4	0.4~0.6	1.0~1.5
盐土	—	—	>0.6	>1.5

（二）沿海盐渍化稻田土壤的改良与培肥技术

自 20 世纪 50 年代以来，我国启动了盐碱地的资源调查与改良利用工作，从开沟排水、防渗、灌溉工程到选种耐盐品种、绿肥有机肥培肥改土，推动了盐渍土的改良。目前，我国在盐渍土改良方面，已形成了水利工程、生物、农艺、化学等多种技术手段。

1. 土壤水盐调控技术 水是盐的载体，土壤中盐分随水分向地表迁移从而引发表层土壤盐分含量提高，造成土壤盐渍化。因此，调控土壤水盐动态、抑制表层土壤返盐是提升沿海盐渍农田土壤质量、改良盐渍土的核心问题。土壤水盐随不同季节而发生动态变化，沿海盐渍土在雨季时由于降水而促进土壤脱盐，且季风性气候使得土壤盐分变化剧烈；在冬季则由于土壤表层蒸发强烈、地下水埋深浅、矿化度高等因素而极易返盐。

（1）水利工程措施。水利工程措施在盐渍土治理中起到阻断返盐、引水脱盐的效果，包括排灌、冲洗、引水、地表径流蓄积等。沿海地区盐渍土的含盐量较高，地下水矿化度大，在阻隔地下咸水后仍需建立良好的灌溉设施，建设蓄积地表径流的塘坝，扩大淡水拦蓄量，保障以淡水压咸，逐步淡化表层土壤。通过工程措施，设置隔离层截断矿化度高的地下水浸渍，可有效保障沿海盐渍土的返盐问题。

（2）农艺措施。主要包括土地平整、开沟排水、起垄、深松、覆盖。其中，以淡化表层土壤为目标的覆盖技术，是一种被广泛应用的阻控盐分的农艺措施。通过地表覆盖减低水分蒸发上行，打破土壤毛细管，达到控制返盐的效果。若为提高对作物根系的深层抑盐，则可通过增加秸秆覆盖深度来增强土壤深层的抑盐效果，以保障作物根系的正常生长发育。目前，深层覆盖技术多是将覆盖物（秸秆、沙石、麦糠等）深埋到地表下一定深度范围内，使其在水平面方向形成层状的结构打破毛细作用，达到阻隔上下土层的水分运输，即为"隔层控盐技术"。该技术体系包括旱作盐碱地"上覆下改"控盐培肥技术、次生障碍盐碱地"上膜下秸"控盐抑盐技术等，均能起到有效的控盐效果（杨劲松等，2015）。提高秸秆隔层埋藏深度和秸秆隔层厚度可进一步提高土壤含水量，增强洗盐控盐效果。其中，秸秆隔层厚度对控盐的影响更明显，当秸秆隔层深度在 10 cm 以下、隔层厚度达到 6 kg/m^2 时，改良效果更佳（范富等，2012）。周和平等（2007）研究了基于灌溉模式和有膜覆盖模式下的土壤水盐迁移特征（图 5-17、图 5-18），这些研究结果对利用灌溉和覆盖技术调控盐渍化稻田的盐分与改良治理具有一定指导作用。

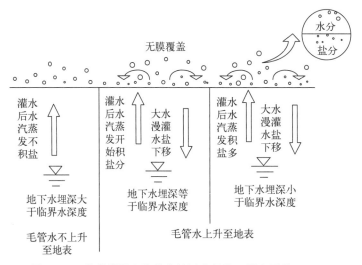

图 5-17　常规灌溉土壤的水盐运移规律（周和平等，2007）

2. 耐盐水稻种植技术 在沿海盐渍土上筛选耐盐水稻品种，是降低改良成本、提升种植效益的有效技术手段。种植水稻既能促进土壤盐分淋洗，又能实现对土壤的生态修复和土地资源的可持续利用，可谓"一举多得"。耐盐水稻品种可在盐碱浓度 0.3% 以上的土壤中正常生长，每公顷产量在

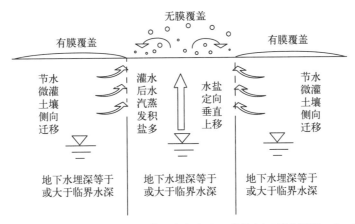

图 5-18　覆膜与裸地间隔微灌土壤的水盐运移特征（周和平等，2007）

4 500 kg 以上。在广东湛江，从沿海滩涂筛选出海稻 86 品种，可短期在 3‰～3.5‰的海水盐浓度下正常生长，且有抗病虫害的功效；通过进一步选育，形成了海红香稻品种，适合在湛江沿海的中高度盐碱地（土壤含盐量为 0.2%～0.6%）种植，产量可达每公顷 5 839.5 kg（王旭明等，2018）。育成的适宜沿海滩涂种植的耐盐水稻品种有南粳 9108、盐稻 12 号、固广油占、辽粳 1305、京宁等 20 多个耐盐新品种，每公顷产量可超过 7 500 kg（王才林等，2019）。

3. 土壤改良与培肥技术　土壤有机培肥、秸秆还田、土壤改良剂等技术措施在盐渍土壤的治理和修复中越来越受到重视。同时，运用多种土壤培肥措施形成综合性盐渍土改良技术的相关研究及应用日益增多。解雪峰等（2020）比较研究了不同改良方式对滨海土壤盐渍化的调控效果。结果表明，"秸秆覆盖＋有机肥"处理对土壤含盐量的抑制效果最好，达到 68.0%～73.6%，增产效果显著。通过施用微生物菌肥，可进一步降低 Na^+ 含量，减轻盐害，具有良好的盐渍土改良效果。

盐碱土改良剂的开发与应用是改良盐碱土的重要方法之一。常用的改良剂主要有高分子聚合物、有机废弃物、矿物材料等。相关研究表明，改良剂能够改善土壤结构，提升土壤肥力，且有效降低土壤含盐量，从而促进作物增产（万欣等，2017）。生物炭作为农田土壤改良的新兴材料，也被应用于盐渍土壤改良，通过施用生物炭可有效抑制土壤盐分积累，改善土壤肥力和结构。采用化学改良剂与有机物料配合使用，可进一步提高滨海盐渍土壤的肥力，降低土壤总盐分含量，增强盐碱土改良效果。

综上所述，在沿海盐渍土治理和改良时，应充分结合盐渍土类型、成因及气候特点进行有效的评估与监测；同时，通过水利工程、农艺措施、土壤培肥与改良技术措施，逐步降低土壤盐分和控制土壤返盐。

第三节　土壤生态健康与水稻绿色生产技术

土壤生态系统是一个由土壤及其地上部生物和地下部生物以及相关联的生态环境因子构成的一个有生命活力和持续生产力的生态系统。因此，土壤地力提升与生态健康发展离不开优良的稻田生产技术模式的应用。现行的水稻生产仍以大面积单一品种种植为主，且依赖化肥和农药等农用化学品的高投入，但由于农业化学品的不合理施用，以及工业"三废"物质向农田的排放和污水灌溉，结果导致了较为严重的粮食安全以及稻田生态环境安全问题。同时，现行的水稻生产方式导致稻田生物多样性减少以及农业生态系统中食物链的断裂，减弱了农业生态系统的稳定性和自身维持能力，使得农田生态系统变得较为脆弱，病虫害暴发更为频繁，生产力低下、生产效益也不高。因此，水稻的现行生产亟待走绿色高质高效发展之路。

为了更好地推动稻田土壤生态建设与健康可持续发展以及农业绿色发展，保障粮食安全和生态环境安全，本节介绍一些当前在我国已得到大面积推广应用的稻田生态种养技术模式、间/套/轮作的生物多样性综合利用技术体系及其功能效应。

一、稻田生态种养技术及其生态功能效应

稻田生态种养是将水稻生产与水产（禽类）养殖相结合的、利用生物间的互惠共生、协同增效而构建的稻田生态循环农业系统，具有减肥减药、稳产增效、资源节约、环境友好的综合效应，是实现农业绿色发展的重要途径。目前，在稻田生态种养方面已有很多的研究示范、生产实践与推广应用。

（一）稻田生态种养技术模式概述

目前，推广应用面积较广的稻田生态种养技术模式有稻鸭共作、稻鱼共作、稻虾共作、稻蛙共作、稻蟹共作、稻鳅共作、稻鳖共作等。

稻田生态种养是一种将水稻种植与水生或水产动物养殖相结合的生态农业技术模式（图5-19）。在该类系统中，稻田为鸭、鱼、河蟹等动物提供了优良安全的生长与栖息环境和多样性的饵料资源。同时，共养的动物在稻田中觅食和各种活动，可为稻田起到松土、中耕、除草、灭虫、防病、增温、增肥等作用，促进水稻生长，并保持稻田生态系统内能量和物质的良性循环与多级充分利用，可以实现化学农药和化肥等农用化学品的减量化或替代化使用，实现水稻-养殖动物间互利互惠和安全生产以及农业生态环境安全，做到"一水两用、一田多收"。

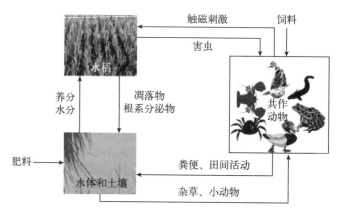

图5-19　稻田生态种养模式的基本结构

近年来，稻田生态种养循环技术已成为我国各地区大力推广应用的绿色技术。其中，以稻鸭共作技术和稻渔综合种养技术的研究与应用最为广泛。

稻鸭共作是在我国具有悠久历史的稻田养鸭基础上继承和创新发展的一项生态农业技术。稻鸭共作是利用鸭子旺盛的杂食性及其在稻田内不间断活动产生中耕浑水效果，鸭子捕食稻田内的杂草和害虫，同时鸭子的粪便作为肥料促进水稻生长，是减少稻田病虫草害、减少农药使用的一种环境友好型技术。20世纪90年代以来，该技术在中国、日本、韩国、越南、缅甸、菲律宾、马来西亚等亚洲国家和地区得到进一步完善与应用。

稻鱼共作系统也是我国的一项传统农业技术，在浙江永嘉、青田等县已有2 000多年的历史。该技术以水稻种植为基础，在稻田中养殖鱼类，将水稻种植和水产养殖技术、农机和农艺有机结合，构建稻田生物共生的互惠互促系统，提升稻田农产品质量，改善稻田生态环境，是一种稳产、高效、高质的现代生态农业生产模式。据统计，2019年，我国稻渔生态种养产业继续保持较快增长，种养面积接近3 500万亩，同比增长14.26%，稻谷产量达到1 750万t，水产品产量超过290万t。目前，我国开展稻渔生态种养报告的省份有27个。其中，湖北、湖南、四川、安徽、江苏、贵州、江西、云南8个省份种养面积超100万亩。其中，湖北689.78万亩、湖南469.52万亩、四川469.15万亩、安徽407.84万亩，这4个省种养面积占全国种养总面积的58%以上。从2021年稻田水产品的养殖面积占比来看，稻小龙虾、稻鱼、稻蟹的种养面积占比排在前3位，共占总稻渔种养面积的96.87%。其余的主要是稻鳅、稻鳖、稻蛙、稻螺、稻鱼鸭等。其中，稻小龙虾、稻鱼种养面积分别占到总稻渔种养面积的52.98%和37.84%（图5-20）。

（二）稻田生态种养的生态功能效应

1. 对稻田生态系统养分循环的影响　稻田养殖水生动物会改变土壤养分循环过程，进而对水稻的养分供应产生一定影响。有关早稻、晚稻两季"稻鸭共生"生态系统养分归还特征以及氮、磷循环

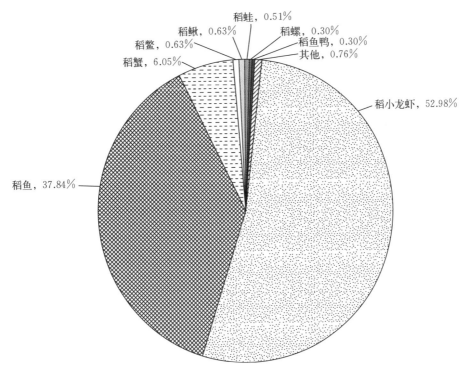

图 5-20　2021年全国稻渔生态种养模式面积占比

特征的研究结果表明，鸭粪中的氮、磷参与当季的稻田养分循环，其循环率分别达到 10.66% 和 28.16%，土壤全氮、全磷含量均有不同程度的提高，且提高了早稻、晚稻根系和秸秆的全氮、全磷含量以及早稻、晚稻籽粒的全磷含量，增加了早稻、晚稻秸秆的氮、磷吸收量和早稻、晚稻根的磷吸收量，降低了双季稻籽粒的氮、磷积累量（表 5-7、表 5-8）（Zhang et al.，2016；张帆，2012）。同样的，稻鱼共作系统中由于鱼类的取食习性和活动，对稻田土壤起到中耕、疏松的作用，有效减轻土壤的板结程度，降低土壤容重，增加土壤孔隙度。同时，稻鱼共作中鱼产出的排泄物，为稻田土壤补充养分，增加有机质含量，改善土壤结构和土壤肥力。Hu 等（2013）使用不同含氮量的饲料喂养稻田中的鱼。结果表明，大量的氮转移到稻田环境中，进而转化成有机质或者被微生物分解为水稻可吸收利用的养分。

表 5-7　早稻-鸭和晚稻-鸭生态系统中的氮循环

项目		早稻-鸭		晚稻-鸭	
		常规稻作	稻鸭共作	常规稻作	稻鸭共作
输入（kg/hm²）	水稻秧苗	2.11	2.11	15.21	15.21
	化肥	140.60	140.60	129.40	129.40
	灌溉水	23.44	24.91	16.76	17.80
	鸭饲料	—	40.28	—	61.76
	雏鸭	—	0.35	—	0.39
	合计	166.15	208.25	161.37	224.56
输出（kg/hm²）	水稻籽粒	131.40	129.70	211.10	184.50
	水稻秸秆	78.10	97.04	118.40	129.90
	鸭	—	12.77	—	23.35
	N_2O	—	0.03	—	0.99
	合计	209.50	239.54	329.50	338.74

（续）

项目		早稻-鸭		晚稻-鸭	
		常规稻作	稻鸭共作	常规稻作	稻鸭共作
归还量（kg/hm²）	水稻植株地下部分	18.06	17.12	24.31	30.68
	鸭粪	—	6.05	—	12.17
	合计	18.06	23.17	24.31	42.85
归还率（%）		0.11	0.11	0.15	0.19
循环养分（kg/hm²）		—	6.05	—	12.17
循环率（%）		—	2.50	—	3.53
输出/输入		1.26	1.15	2.04	1.51

表 5-8　早稻-鸭和晚稻-鸭生态系统中的磷循环

项目		早稻-鸭		晚稻-鸭	
		常规稻作	稻鸭共作	常规稻作	稻鸭共作
输入（kg/hm²）	水稻秧苗	0.17	0.17	1.71	1.71
	化肥	10.48	10.48	14.74	14.74
	灌溉水	0.64	0.68	6.67	7.08
	鸭饲料	—	22.50	—	34.50
	雏鸭	—	0.09	—	0.10
	合计	11.29	33.92	23.12	58.13
输出（kg/hm²）	水稻籽粒	32.40	32.20	61.61	60.04
	水稻秸秆	13.08	18.37	15.00	17.03
	鸭	—	1.71	—	6.17
	合计	45.48	52.28	76.61	83.24
归还量（kg/hm²）	水稻植株地下部分	2.13	2.34	3.12	5.05
	鸭粪	—	6.62	—	11.13
	合计	2.13	8.96	3.12	16.18
归还率（%）		0.16	0.45	0.13	0.41
循环养分（kg/hm²）		—	6.62	—	11.13
循环率（%）		—	12.51	—	13.55
输出/输入		4.03	1.54	3.31	1.43

2. 对田间水体及土壤养分的影响　稻田中放养鱼、鸭、蛙等生物后，水生动物的频繁活动会产生明显的浑水效应，使田间水体的理化性状和水体生物组成发生变化。同时，水生生物的取食等活动也会对稻田土壤起到中耕施肥作用，改善和提升土壤肥力。研究表明，鸭子在田间活动能够降低稻田表层水体的温度与 pH，提高电导率、氧化还原电位、浑浊度以及总氮、总磷和总钾的含量（图 5-21）。稻鸭共作对改善水体理化性状、提高植物生长的养分供应有积极作用，即通过鸭子的搅动而表现出"匀肥"效应；可以提高田间水面硝态氮和铵态氮的含量，并提高土壤有机质、全氮、碱解氮、有效磷、速效钾和微生物量氮含量以及土壤脲酶、蛋白酶活性；降低土壤容重，增加土壤团聚体，可明显改善土壤氧化还原状况。同时，通过对常规稻作、常规稻鸭共作、一稻两鸭轮养和一稻两鸭套养 4 种生产模式下的土壤养分进行对比观测试验，如图 5-22 所示，相对于常规稻作而言，其他 3 种稻鸭共作模式均能在一定程度上提高土壤全钾、全氮和有机质的含量，同时减少土壤碱解氮的消耗（梁开明

等，2014）。同样，在稻鱼共作系统中，Xie 等（2011）通过 4 年的研究结果表明，稻鱼共作减少肥料的投入后，可在稳定水稻产量的同时增加稻田土壤有机质、全氮和有效磷含量，并且可降低农田面源污染风险（图 5 - 23）。此外，Mohanty 等（2004）对稻鱼共作系统的水体环境研究结果表明，稻鱼共作系统增加了水体中亚硝酸盐、硝酸盐和氨的含量。Frei 等（2007）对稻鱼共作系统水体特性的分析结果表明，水体中存在较多的无机颗粒物质，使得水体较为浑浊，降低水层中植物和藻类的光合作用，同时降低了田间水体的 pH 和溶解氧含量。

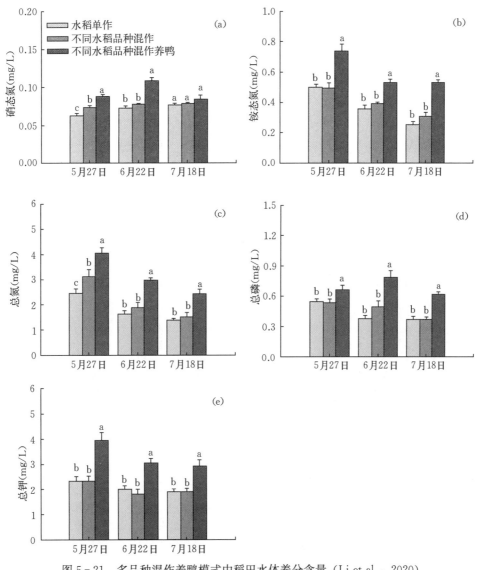

图 5 - 21　多品种混作养鸭模式中稻田水体养分含量（Li et al.，2020）

注：同一个图中柱形上方带有不同字母表示差异显著（$P<0.05$）。

3. 对水稻病虫草害的影响　常规稻作生产主要依靠施用化学药剂来控草、杀虫、灭菌，以获得水稻的高产稳产；而稻田养鸭、鱼等动物，可利用动物取食的多样性、活动的长时性和粪便的增肥性来完成上述功能。研究表明，鸭稻共作在鸭子取食、走动等活动作用下，可有效控制和减少田间稻瘟病、白叶枯病、条纹叶枯病等病害。魏守辉等（2006）研究发现，稻鸭共作显著降低了田间杂草的发生密度，对稻田主要杂草鸭舌草（*Monochoria vaginalis*）、异型莎草（*Cyperus difformis*）、矮慈姑（*Sagittaria pygmaea*）的防效均达到 95% 以上，总体控草效果显著优于化学除草和人工除草。稻鱼共作模式对稻飞虱、卷叶螟以及稻壳虫的控制率分别达到了 60%、47% 和 50%（Poonam et al.，

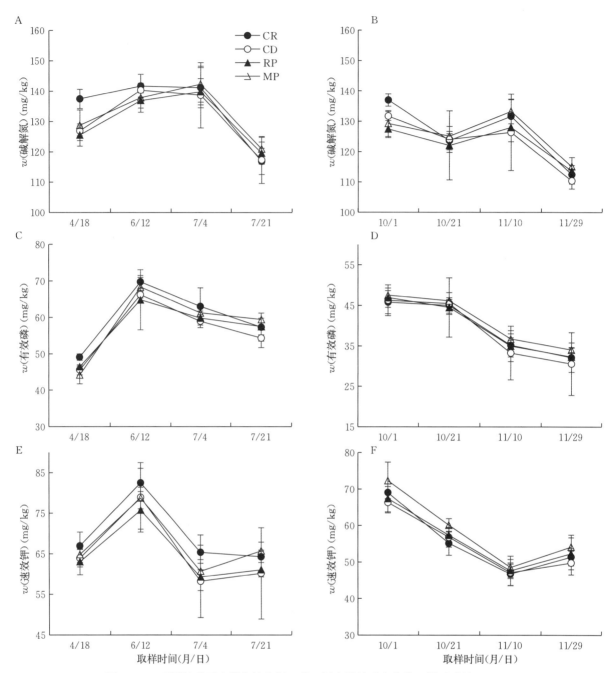

图 5-22　不同处理下土壤有效态氮、磷、钾含量的动态变化（梁开明等，2014）

注：图例中的 CR、CD、RP、MP 分别表示常规稻作、常规鸭稻共作、一稻两鸭轮作、一稻两鸭套养。图 A、图 C、图 E 均表示早稻生产前，图 B、图 D、图 F 表示晚稻生产结束后。

2019）。同时，在稻鸭共作中，鸭子还可通过改变稻飞虱及其天敌类群的空间分布格局和生态位特征等，进而影响稻飞虱种群的发生和数量消长（秦钟等，2011）。

同时，较多的研究结果表明，稻鱼共作系统中的鱼类可以通过掘食虫卵、草根等有效地减少和控制稻田虫害、草害的发生。胡亮亮等（2015）研究报道，稻鱼共作减少农药的使用，还可增加产量，主要原因是稻鱼共作系统中鱼可以撞击水稻而震落危害水稻基部的稻飞虱进而取食，同时鱼的搅动和取食可直接影响幼嫩杂草的生长，进而有效控制田间杂草。此外，稻鱼共作系统中鱼类在游动过程中可在一定程度上破坏一些病菌的发生条件，加之鱼类可以取食部分病原菌，从而使得水稻病害发生率降低。

稻鸭、稻鱼等共作系统在控制病虫害发生的同时，减少了农药、化肥等的施用。有研究表明，稻

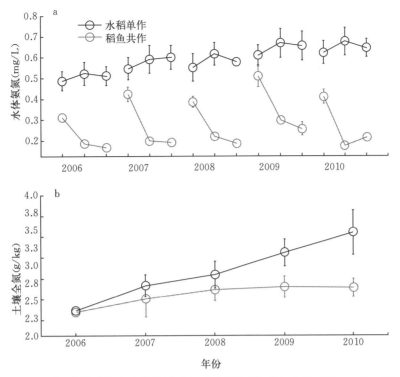

图 5-23　稻鱼共作系统中水体氨氮（a）和土壤全氮（b）含量（Xie et al.，2011）

鱼共作系统比水稻单作系统可减少 43.8% 农药的施用。

4. 对水稻生长、稻米产量及其品质的影响　稻米品质的优劣不仅受遗传因素的影响，而且与水稻生长期间的环境条件和栽培技术有密切关系，其品质的形成是品种遗传特性与生态环境条件综合作用的结果。在稻鸭、稻鱼共作模式下，由于鸭子、鱼在田间的取食、游动等活动，会对田间生态环境状况产生一定的影响。例如，改变稻田群体结构及其温湿度，促进水稻生长，增加产量（图 5-24），改善稻米品质。相关研究表明，稻鸭共作降低了水稻植株的高度和水稻地上部的生物量，增大了水稻地下部的生物量和根冠比，有利于水稻地下部根系的发育，从而在一定程度上增强了水稻抗倒伏能力。另外，有研究发现，稻鸭共作还能降低叶片的质膜透性、丙二醛含量和脯氨酸含量，提高超氧化

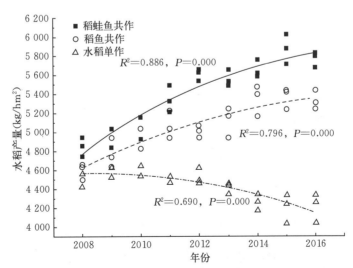

图 5-24　2008—2016 年稻蛙鱼共作、稻鱼共作、水稻单作模式下的
水稻产量（Lin et al.，2020）

物歧化酶、过氧化物酶、过氧化氢酶的活性及可溶性糖含量，说明稻鸭共作方式对提高水稻植株的抗性、延缓叶片衰老以及对水稻的生长发育均具有积极作用。王强盛等（2004）研究表明，稻鸭共作使稻米的加工品质、外观品质、营养品质及蒸煮品质得到改善，尤以降低垩白粒率效果最为明显。稻田养鱼也有类似的结果，Xie 等（2011）对稻鱼系统进行了多年的连续性试验及调查分析，结果表明，鱼产品产量在 500 kg/hm² 的水平时，水稻产量仍能保持稳产，且提高了经济效益（图 5 - 25）。Ren 等（2014）对国际上过去 20 年发表的稻鱼共作系统相关的研究论文进行了分析（meta‐analysis），结果发现，稻鱼共作系统水稻产量产生了正向促进作用。

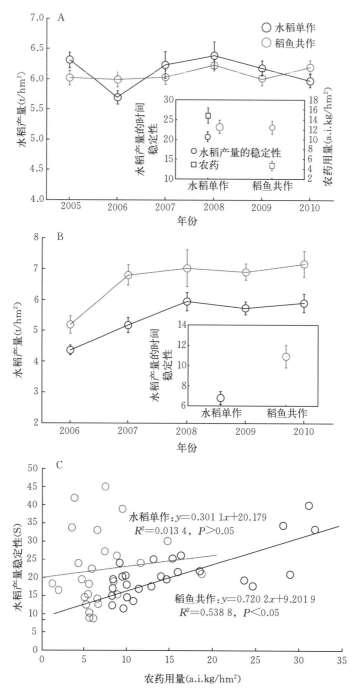

图 5 - 25　稻鱼共作模式中水稻产量及产量稳定性（Xie et al.，2011）

注：图 A、图 B、图 C 分别表示稻田调查的水稻产量及其稳定性和杀虫剂施用量、试验中水稻产量及其稳定性、调查中的水稻产量稳定性和杀虫剂用量之间的关系。

二、稻田间套轮作技术及其生态功能效应

(一) 稻田间套轮作技术概述

1. 稻田间套作技术 间作 (intercropping) 是指在同一地块上按照一定比例同时相间种植两种或两种以上作物的种植方式。套作 (relay intercropping) 又称套种，是指按照一定比例在前季作物生长后期的株、行、畦间播种或栽植后季作物的种植方式，是充分利用作物生长时间、空间及环境资源的农业生产模式。在许多热带和亚热带地区，不同作物的间套作占主导地位，特别是在发展中国家。20 世纪 60 年代以来，我国高矮秆作物间作、不同种类作物间作等已逐步得到广泛应用，并主要分布于东北、华北、西南等地区。其中，以玉米和豆类作物间作最为普遍，还有甘蔗与花生、大豆间作等。

目前，我国农作物间套作模式形式多样，但主要集中在旱地，稻田较少，且以旱作水稻与旱地作物间作研究较多。现行的有关稻田间作技术与模式主要有以下几类：①旱作水稻与粮油作物间套作模式，如旱作水稻与花生间作、旱作水稻与玉米间作、旱作水稻与小麦间作等；②旱作水稻与喜阳作物间套作模式，如旱作水稻与梨间作、旱作水稻与油茶间作、旱作水稻与橡胶间作；③旱作水稻与喜阴作物间作模式，如水稻与木耳间套作等；④不同品种水稻间作；⑤水稻与水生蔬菜的间套作模式（如水稻与水芹间作、水稻与慈姑间作、水稻与蕹菜间作、水稻与荸荠间作），以及水稻与水生花卉植物的间套作模式。

2. 稻田轮作技术 我国古代就有重视土地轮作休耕的传统。早在《汉书·食货志》中对轮作已有记载，当时由于无肥可施，土壤养分入不敷出，因此种植两三年就要休耕。为加强耕地保育和地力提升，《中共中央关于制定国民经济和社会发展第十三个五年规划的建议》中提出"探索实行耕地轮作休耕制度试点"，推进农业结构的调整，实现"藏粮于地、藏粮于技"目标，保障粮食安全。

目前，我国主要存在双季稻-油菜轮作、单季稻-小麦轮作以及双季稻-冬置闲田等轮作体系。其中，前两种轮作体系占我国稻田面积的 80% 以上。以广东为例，长期以来，就有在冬季稻田轮作种植白菜、菜心、芥菜、萝卜、蒜头等蔬菜的习惯。20 世纪 70 年代初期，广东茂名、广州等地率先进行"稻-稻-菜"规模化生产，将冬季生产的蔬菜销往我国北方城市，即称为北运菜生产，随后"稻-稻-菜"轮作形式在广东各地迅速发展。目前，在广东西部地区，以双季稻-冬种蔬菜模式最为突出，典型的轮作模式如早稻-晚稻-辣椒等；在广东北部地区，以单季稻水旱轮作模式为主，典型的水旱轮作模式有水稻-玉米、水稻-烟草、水稻-马铃薯；在广东东部地区，以双季稻-冬种蔬菜轮作为主，典型的轮作模式"稻-稻-菜"，主要种植的蔬菜为大芥菜等；在珠三角地区，以双季稻-冬种蔬菜和绿肥作物为主，典型的轮作模式有早稻-晚稻-菜心、早稻-晚稻-紫云英等。

(二) 稻田间套轮作技术的生态功能效应

1. 对稻田土壤肥力的影响 长期连作会导致连作障碍，造成作物病害和减产。但大多数研究表明，间套轮作可以改善土壤理化性状，提升土壤肥力。例如，水稻和番茄轮作，其稻田土壤 pH 上升 0.9，有效调节土壤酸碱度，减缓土壤酸化过程。在不同绿肥轮作模式中，绿肥轮作处理的土壤有机质、碱解氮和速效钾含量均显著高于水稻单作处理，烤烟-油菜-水稻、烤烟-苕子-水稻均能提高土壤有机质含量，增幅为 16.26%~45.14%。其中，烤烟-苕子-水稻轮作模式增幅最为显著，与本底土壤相比，烤烟-油菜-水稻轮作模式的有效氮含量提高了 32.5%；有效磷含量比本底土壤提高了 1.13~3.67 倍。Hei 等 (2022) 对水稻和水合欢间作的研究发现，水稻与水合欢间作的土壤氮含量显著高于水稻单作，且间混作系统显著减少了稻田氮流失和促进水稻对氮养分的吸收，减少化肥施用量（图 5-26）。Wang 等 (2021) 对稻田 4 种水生植物与水稻间作进行研究发现，水稻与菖蒲、再力花间作显著提高了稻田土壤有机碳含量，并且水稻与菖蒲间作提高了土壤总氮含量（图 5-27）。同时，间套轮作有利于增加土壤微生物多样性，减少土传病害，调节植物生长，并且能降解或修复土壤农药和重金属污染。

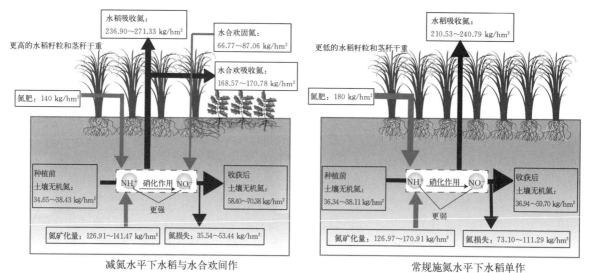

图 5-26　水稻与水合欢间作对土壤氮的利用及氮流失的影响（Hei et al.，2021）

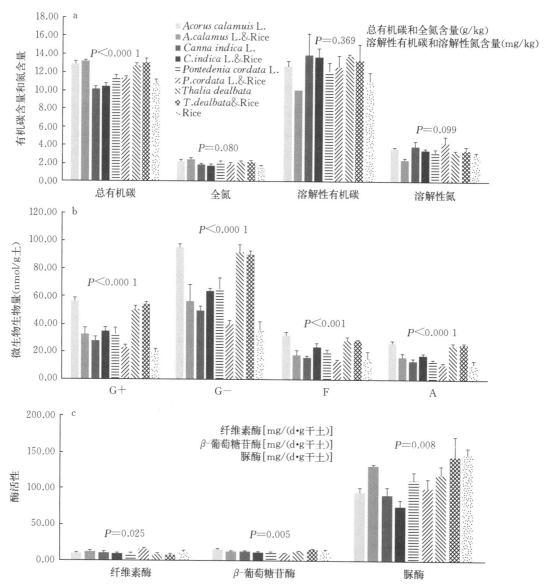

图 5-27　稻田不同种植系统中土壤养分、碳含量、微生物物种及土壤酶活性（Wang et al.，2021）

2. 对水稻病虫草害的影响　与单作相比，间套轮作系统的生物多样性增加，并可调节作物群体结构和农田生境的多样性，从而提高天敌密度，更好地发挥天敌的作用。同时，间套轮作系统也会提高土壤微生物多样性和活性，进而有效减轻植物和土传的病虫害。在间套轮作系统中，不同作物之间存在种间互惠和竞争关系，彼此之间相互作用、相互适应和选择，改变作物群体结构和小气候状况。另外，间套轮作系统可诱导作物启动抗性相关的分子和生理生化反应，进而增强对病虫侵害的自身防控能力。Zhu 等（2000）报道了水稻品种多样性混作对病虫害的防控效应，由于混合间栽不同品种株高的差异，形成立体植株群落，混栽的高、矮秆品种能够在不同的层次有效利用光能，同时对稻瘟病等具有良好的防控作用，抗倒伏和增产效果明显，比净栽杂交稻平均增产 6.5%～9.7%。有研究表明，水稻与蔬菜间套作可有效减少和控制病虫害，提高水稻产量。梁开明等（2014）研究水稻与慈姑间作栽培对水稻病虫害和产量的影响，结果表明间作栽培模式下拔节期和抽穗期水稻纹枯病病丛率分别比单作处理降低 64.3% 和 88.2%，稻瘟病病叶率在灌浆期和乳熟期显著低于单作处理。Ning 等（2017）研究水稻与蕹菜间作对水稻稻纵卷叶螟发生率的影响，结果表明与水稻单作相比，水稻与蕹菜间作能有效降低水稻稻纵卷叶螟的发生率（图 5-28）。

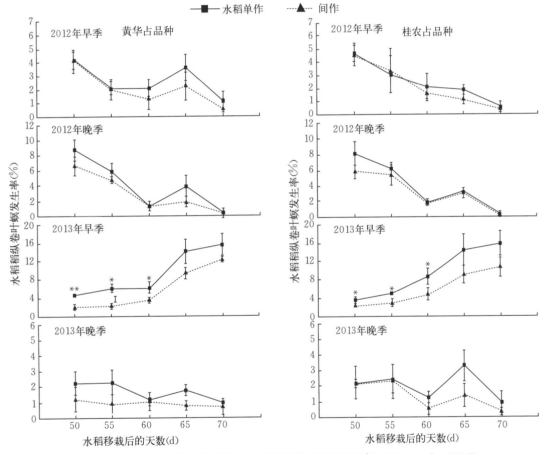

图 5-28　水稻与蕹菜间作模式下水稻稻纵卷叶螟的发生率（Ning et al.，2017）

注：*、**分别表示差异显著和差异极显著。

3. 对水稻产量及品质的影响　农田小气候的改善对作物产量和品质的形成具有一定促进作用。众多生产实践和研究表明，合理间套作可改善作物系统内的生态环境，有利于作物对养分的积累以及品质的改善，进而带来明显的产量优势。Liang 等（2016）对水稻与蕹菜间作的研究表明，水稻产量显著高于单作 14.40%，间作外行有效穗数显著高于种植内行与单作水稻。Qin 等（2013）研究结果表明，水稻与荸荠间作模式比单作水稻增产高达 70.80%。Xu 等（2021）对 11 个不同水稻品种间混作模式进行研究发现，与水稻单作相比，约 3/4 的混作品种提高了混作系统中长两优 772 的产量，约

2/3 的间作品种提高了间作系统长两优 772 的单株产量（图 5 - 29）。

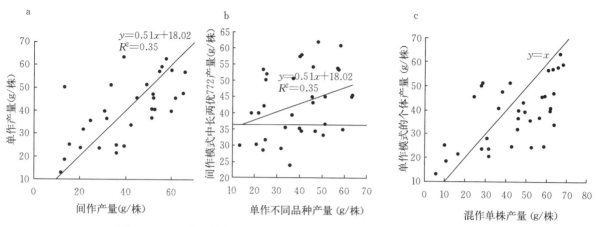

图 5 - 29　11 个不同水稻品种间混作模式下水稻产量（Xu et al.，2021）

4. 对作物养分利用效率的影响　合理间作能明显改善作物的矿质营养，提高养分利用效率，从而促进作物良好生长。不同作物间套作，由于根系大小、深浅以及对养分需求量的不同，可以从不同土层吸收养分，实现养分利用的互补，从而提高作物对土壤养分的利用率。Ning 等（2017）通过大田试验表明，水稻与蕹菜间作是通过两者根系的相互作用，显著增加了水稻对硅的吸收量以及成熟期水稻叶片中的硅含量，改善了水稻的营养组成，尤其晚季效果更明显（图 5 - 30）。相关研究表明，在旱稻与大豆间作系统中形成丛枝菌根增强了间作效应，两作物之间形成菌丝网，显著提高了旱稻和大豆对氮素和磷素的吸收量，即与非菌根植株相比，单作旱稻和间作旱稻对氮素吸收量分别提高47% 和 35%，单作旱稻和间作旱稻对磷素吸收量分别提高 21% 和 34%。相关研究发现，相比常规施氮水平下的水稻单作处理，在减量施氮水平下水稻与水合欢间作处理中，水稻的干重、氮含量和氮素利用效率更高，土壤中的铵态氮和硝态氮含量更高，而氮矿化和氮流失量较低。

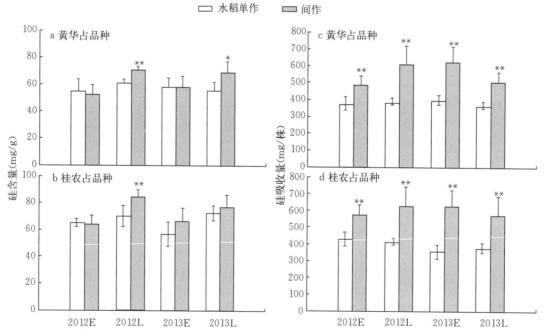

图 5 - 30　水稻与蕹菜间作模式下水稻对硅元素吸收量（Ning et al.，2017）

注：E 表示早季，L 表示晚季。＊、＊＊分别表示差异显著和差异极显著。

三、稻田冬种技术及其生态功能效应

1. 稻田冬种技术概述　冬季土地闲置一直是我国南方农业发展面临的重要问题之一。华南区冬季光热资源充足，发展冬季农业能有效利用气候资源和土地资源，增加农业收入和提升生态服务价值。但目前华南区耕作制度仍以双季稻为主，对冬闲田的利用仍较为薄弱。据不完全统计，广东冬闲田面积在 130 万 hm² 以上，广西和海南冬闲田面积分别在 120 万 hm² 和 26.7 万 hm² 左右，三者约占我国南方 15 个省份（不含港澳台）冬闲水田面积的 1/3。因此，在华南区发展冬季农业有很大的优势和潜力。

目前，华南区主要的冬种模式如下：①稻-稻-菜。此模式主要分布在广东中南部和西南部稻作区、广西南部稻作区和海南，是种植面积最大的水旱轮作模式。常见的蔬菜类别包括叶菜类、瓜菜类、茄果类、根茎类、豆类、甘蓝类、葱蒜类蔬菜。②菜-稻-菜。这一模式是在原来长期连作蔬菜的菜田，利用不适合种植蔬菜的 6—9 月高温季节（夏闲田）种植一季水稻，其他时间种植蔬菜等作物。③稻-稻-绿肥。绿肥以紫云英和油菜较为常见。这种模式以冬季绿肥保证双季稻的持续增产，是一种很好地将用地与养地相结合的轮作制度。④稻-稻-薯。该模式中的薯类为马铃薯和冬甘薯，菜粮兼用，近年来发展较快。⑤稻-稻-甜玉米。此模式分布在华南双季稻区，也是近年来发展较快的模式，甜玉米可在 11 月至翌年 2 月种植，市场需求大，有较好的发展前景。⑥水稻-花生（甘薯/玉米）。这类模式主要分布在广东东部、西部和中北部稻作区，广西中部、南部稻作区以及海南。⑦烟草-晚稻。此模式主要分布在广东北部和广西北部地区。这种模式有利于改良土壤理化性状与生物性状，减轻或避免烟草和水稻部分病虫危害。

2. 稻田冬种的生态功能效应

（1）对土壤养分和微生物群落的影响。冬种绿肥具有提高土壤有机质、改善土壤理化性状和生物群落结构等作用。相关研究表明，连续 2 年冬种并将绿肥翻压后，耕层土壤有机质含量增加 3.9%～11.8%、全氮含量提高 4.5%～10.8%。种植翻压绿肥能够改变土壤环境，并可为微生物生长繁殖提供碳源及氮源而影响土壤微生物的活性，进而能够改变微生物的群落组成和功能，增加土壤微生物多样性，影响微生物与土壤环境间的相互作用。同时有研究表明，南方双季稻区 6 种母质发育的土壤种植黑麦草作为冬季覆盖作物处理，比对照（冬闲）显著提高了土壤有机质含量和微生物量碳、微生物量氮。

另有研究表明，与长期双季稻-冬闲田相比，长期双季稻-油菜田的土壤略显紧实，最大持水量和毛管持水量下降 13%～14%，土壤呈酸化趋势，pH 降低 0.27 个单位；另外，土壤有机质含量和有效态钙、有效态镁含量分别降低 10%、27% 和 25%。然而，土壤全磷、有效磷、有效铜和有效锌含量分别大幅提升 51%、39%、33% 和 31%，土壤微生物生物量氮含量提高 22%。双季稻-冬闲田和双季稻-油菜田土壤肥力质量指数分别为 0.72 和 0.78，即后者土壤肥力质量优于前者（表 5 - 9）。

表 5 - 9　长期双季稻-冬闲和双季稻-油菜田土壤的物理、化学和生物性质（黄得志等，2019）

土壤肥力指标		双季稻-冬闲	双季稻-油菜
物理指标	容重（g/cm²）	1.34±0.03b	1.44±0.05a
	沙粒（%）	39±3a	42±4a
	粉粒（%）	34±3a	36±4a
	黏粒（%）	28±3a	22±2b
	最大持水量（%）	38±2a	33±2b
	毛管持水量（%）	37±2a	32±2b
	最小持水量（%）	18±3a	15±2b

（续）

土壤肥力指标		双季稻-冬闲	双季稻-油菜
化学指标	pH	5.65±0.10a	5.38±0.04a
	有机质（g/kg）	31.83±1.49a	28.49±0.98b
	全氮（g/kg）	1.76±0.15a	1.77±0.18a
	全磷（g/kg）	0.35±0.03b	0.53±0.04a
	全钾（g/kg）	20.98±0.32a	21.52±0.18a
	碱解氮（mg/kg）	128.7±10.9a	127.8±5.9a
	有效磷（mg/kg）	10.5±0.9b	14.4±1.8a
	速效钾（mg/kg）	53.0±7.6a	52.5±7.4a
	有效钙（mg/kg）	638.3±31.5a	465.3±12.9b
	有效镁（mg/kg）	45.5±2.0a	34.4±1.7b
	有效铁（mg/kg）	237.3±33.0a	257.0±35.0a
	有效锰（mg/kg）	35.2±6.0a	35.4±3.8a
	有效铜（mg/kg）	3.1±0.3b	4.1±0.4a
	有效锌（mg/kg）	2.7±0.2b	3.5±0.3a
生物指标	微生物量碳（mg/kg）	558.4±63.3a	534.4±83.6a
	微生物量氮（mg/kg）	61.4±6.7b	75.7±9.0a

注：同一列数值带有不同字母表示差异显著（$P<0.05$）。

（2）对稻田病虫草害的影响。稻田冬种对稻田病虫草害也有良好的防控作用。相关研究表明，冬种绿肥（紫云英-早稻-晚稻）对稻田杂草发生种类和密度有显著影响，杂草物种多样性较低，对杂草的抑制效果明显优于其他处理。其中，冬种紫云英对杂草抑制效果最好，油菜抑制效果次之，而黑麦草抑制效果较差。长期稻-稻-紫云英轮作能够明显地降低田间杂草密度，减少早稻期间田间杂草的种类；冬闲时种植黑麦草可以很好地抑制农田杂草的发生，还可减少土壤中活动的杂草种子数量。不同冬种绿肥（马铃薯、油菜和紫云英）翻压后，对后茬水稻病虫草害发生种类无影响，而对纹枯病、鸭舌草和稗草发生程度有显著抑制作用。但也有研究表明，与冬季闲田相比，稻田冬种紫云英、油菜和大蒜，对水稻二化螟、稻纵卷叶螟发生率及稻田害虫天敌（草间钻头蛛、锥腹肖蛸）的数量没有显著影响（图5-31）。

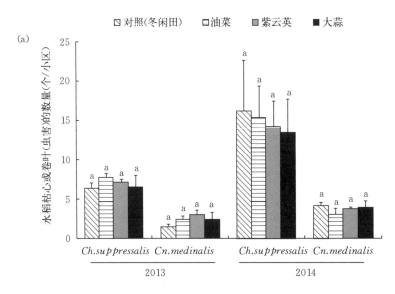

220

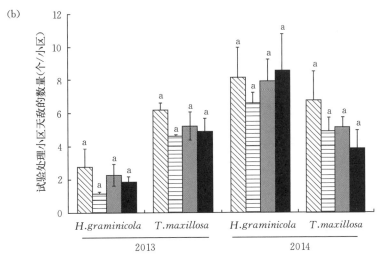

图5-31　南方双季稻区冬种作物模式对水稻两种害虫（二化螟、稻纵卷叶螟）发生危害率及
两种害虫天敌（草间钻头蛛、锥腹肖蛸）的影响（Luo et al.，2019）

注：带有相同字母表示差异不显著（$P>0.05$）。

（3）对稻田温室气体排放的影响。稻田冬种绿肥翻压还田可改变土壤环境，增加单位面积生物量、土壤有机碳和碳氮蓄积，从而影响稻田温室气体的排放。相关研究报道了不同覆盖作物残茬还田对稻田 CH_4 和 N_2O 排放的影响，发现冬季覆盖作物还田后，早稻田 CH_4 排放量最高的为翻耕稻草覆盖马铃薯-双季稻和免耕直播黑麦草-双季稻，晚稻田 CH_4 排放量最高的为翻耕稻草覆盖马铃薯-双季稻和翻耕移栽油菜-双季稻，早稻田、晚稻田 N_2O 总排放量均显著高于冬闲-双季稻。同时，有研究表明，与"稻-稻-闲"相比，稻田冬种模式不同程度地提高了 CH_4 和 CO_2 的排放量，而短期内冬种作物还田对温室气体排放强度无明显影响，但短期内冬种马铃薯秸秆还田能在一定程度上降低温室气体排放强度。Raheem 等（2019）研究发现，稻田冬种黑麦草和油菜显著提高了 CH_4 排放量，而冬种黄芪显著降低了 CH_4 排放量（图 5-32）；3 种模式对 N_2O 的排放没有显著影响（图 5-33）。

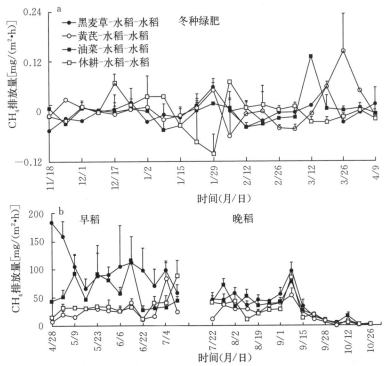

图 5-32　南方双季稻与冬种绿肥轮作模式下对稻田 CH_4 排放影响（Raheem et al.，2019）

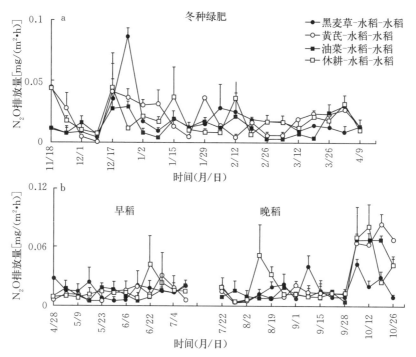

图 5-33　南方双季稻与冬种绿肥轮作模式下对稻田 N_2O 排放影响（Raheem et al.，2019）

　　（4）对水稻产量的影响。冬季绿肥是一种优质生物肥源，豆科绿肥还能进行根瘤固氮，能够增加土壤养分特别是有机质、速效钾、有效磷和碱解氮的含量，进而提高作物的产量。相关研究表明，连续 8 年冬种绿肥期间，水稻平均产量均高于冬闲田，但不同处理增产效果有所不同。其中，紫云英-早稻-晚稻处理增产 10.48%，油菜-早稻-晚稻处理增产 7.31%，黑麦草-早稻-晚稻处理增产 5.76%。连续 28 年的稻-稻-紫云英、稻-稻-油菜、稻-稻-黑麦草和稻-稻-冬闲长期定位试验发现，长期冬闲田轮作能提高水稻生物量，增加稻谷和稻草产量，且冬种紫云英的效果最好。田卡等（2015）以常规稻合丰占为材料，开展田间裂区试验，主因素设稻草不还田和稻草全部还田 2 种处理，副因素设冬闲和冬种绿肥并全部还田 2 种处理。研究结果表明，稻草全量还田显著提高水稻产量，平均增产 4.8%，主要原因是稻草还田促进水稻的干物质积累，增加了每穗粒数；冬种紫云英绿肥显著提高水稻产量，平均增产 3.6%。稻草还田和冬种绿肥处理对水稻产量无明显的互作效应（表 5-10）。

表 5-10　华南双季稻冬种绿肥模式下水稻产量及其构成要素（田卡等，2015）

因素		产量 (kg/hm²)	有效穗数 (穗/m²)	每穗粒数 (粒)	结实率 (%)	千粒重 (g)	总干物质积累 (kg/hm²)	收获指数
年份	2011	6 369	215.8**	208.1	77.1	19.6	11.304	0.523**
	2012	6 317	201.3	224.2**	76.2	19.5	11 594	0.505
季节	早季	5 686	200.8	218.2	72.9	19.1	10 770	0.494
	晚季	7 000**	216.4**	214.1	80.3**	19.9**	12 128**	0.534**
稻草	不还田	6 194	209.3	208.6	76.6	19.5	11.031	0.517
	还田	6 492**	207.8	223.7**	76.6	19.5	11 866**	0.511
冬作	冬闲	6 231	200.0	218.0	77.2	19.6	11 151	0.516
	冬种绿肥	6 455**	217.1**	214.3	76.1	19.5	11 746**	0.512

　　注：** 表示极显著差异（$P<0.01$）。

主要参考文献

柴娟娟，2013. 冷浸田养分障碍因子及其供应动态的研究 [D]. 杭州：浙江大学.

董合忠，辛承松，李维江，2012. 滨海盐碱地棉田盐度等级划分 [J]. 山东农业科学，44（3）：36 39.

黄得志，盛浩，潘博，等，2019. 双季稻-冬闲/油菜田长期种植模式下的土壤肥力质量特征 [J]. 土壤通报，50（4）：913-919.

李建军，2015. 我国粮食主产区稻田土壤肥力及基础地力的时空演变特征 [D]. 贵阳：贵州大学.

梁开明，章家恩，杨滔，等，2014. 水稻与慈姑间作栽培对水稻病虫害和产量的影响 [J]. 中国生态农业学报，22（7）：757-765.

田卡，张丽，钟旭华，等，2015. 稻草还田和冬种绿肥对华南双季稻产量及稻田 CH_4 排放的影响 [J]. 农业环境科学学报，34（3）：592-598.

王强盛，黄丕生，甄若宏，等，2004. 稻鸭共作对稻田营养生态及稻米品质的影响 [J]. 应用生态学报（4）：639-645.

魏守辉，强胜，马波，等，2006. 长期稻鸭共作对稻田杂草群落组成及物种多样性的影响 [J]. 植物生态学报（1）：9-16.

解雪峰，吴涛，沈洪运，等，2020. 滨海新围滩涂不同改良方式对土壤盐渍化调控效应及其主控因素 [J]. 水土保持学报，34（2）：340-347.

徐仁扣，李九玉，周世伟，等，2018. 我国农田土壤酸化调控的科学问题与技术措施 [J]. 中国科学院院刊，33（2）：160-167.

杨劲松，姚荣江，2015. 我国盐碱地的治理与农业高效利用 [J]. 中国科学院院刊，30（Z1）：162-170.

张帆，2012. "稻鸭共生"养分归还特征及水稻植株对氮、磷的吸收 [J]. 中国生态农业学报（3）：265-269.

钟旭华，黄农荣，郑海波，等，2007. 水稻"三控"施肥技术规程 [J]. 广东农业科学（5）：13-15.

周卫，2014. 低产水稻土改良与管理：理论·方法·技术 [M]. 北京：科学出版社.

周晓阳，徐明岗，周世伟，等，2015. 长期施肥下我国南方典型农田土壤的酸化特征 [J]. 植物营养与肥料学报，21（6）：1615-1621.

Frei M, Razzak M A, Hossain M M, et al, 2007. Methane emissions and related physicochemical soil and water parameters in rice-fish systems in Bangladesh [J]. Agriculture, Ecosystems & Environment, 120 (2-4): 391-398.

Hu L, Ren W, Tang J, et al, 2013. The productivity of traditional rice-fish coculture can be increased without increasing nitrogen loss to the environment [J]. Agriculture, Ecosystems & Environment (177): 28-34.

Li M, Li R, Zhang J, et al, 2020. Integration of mixed-cropping and rice-duck coculture has advantage on alleviating the nonpoint source pollution from rice (Oryza sativa L.) production [J]. Applied Ecology and Environmental Research, 18 (1): 1281-1300.

Mohanty R K, Verma H N, Brahmanand P S, 2004. Performance evaluation of rice-fish integration system in rainfed medium land ecosystem [J]. Aquaculture, 230 (1-4): 125-135.

Ning C, Qu J, He L, et al, 2017. Improvement of yield, pest control and Si nutrition of rice by rice-water spinach intercropping [J]. Field Crop Research, 208: 34-43.

Qing, Teng Xue-Feng, et al, 2016. Ecological effects of rice-duck integrated farming on soil fertility and weed and pest control [J]. Journal of Soils and Sediments, 16 (10): 2395-2407.

Ren W, Hu L, Zhang J, et al, 2014. Can positive interactions between cultivated species help to sustain modern agriculture? [J]. Ecological Society of America (12): 507-514.

Wang J, Lu X, Zhang J, et al, 2021. Intercropping perennial aquatic plants with rice improved paddy field soil microbial biomass, biomass carbon and biomass nitrogen to facilitate soil sustainability [J]. Soil and Tillage Research (208): 104908.

Xie J, Hu L, Tang J, et al, 2011. Ecological mechanisms underlying the sustainability of the agricultural heritage rice-fish coculture system [J]. Proceedings of the National Academy of Sciences, 108 (50): 1381-1387.

Zeng M F, Vries D W, Bonten L T C, et al, 2017. Model-based analysis of the long-term effects of fertilization management on cropland soil acidification [J]. Environmental Science & Technology, 51 (7): 3843-3851.

第六章 | 东北区水稻土培肥与水稻生产 >>>

第一节 东北区水稻土地域分布及种类

一、主要稻田种类和地域分布

东北区水稻土按水稻种植区域来看，分布广泛。黑龙江主要分布在三江平原、松嫩平原和牡丹江半山区谷地平原；吉林主要分布在松花江流域、松辽平原、大柳河流域和图们江流域；辽宁主要分布在辽河平原、东南沿海、辽东冷凉山区、辽西低山丘陵区。东北区稻田土壤按地形从缓坡岗地到平原或河谷平原以及沿江湖低洼地都有分布。东北区属温带大陆性季风气候，南北横跨纬度多，地形复杂，气候条件也有较大差异，且由于东北区种稻时间短，土壤受水耕熟化和人为耕作时间短，水稻土剖面层次分化不明显，没有完全形成真正意义上的水稻土，土壤仍保有原土壤的类型特征。按照这些特征在 1 m 土层内出现的状态为依据进行种类划分，可以分为以下 7 种水稻土：①暗棕壤、棕壤、褐土型；②石岗型；③黑土型；④白浆土型；⑤草甸土型；⑥沼泽土型；⑦盐渍土型。按照水文状况，分为地下水型、地表水型、过渡水型和良水型 4 种类型。根据排水特点分类，可分为排水良好的稻田、排水不良的稻田和排水中等的稻田。

二、水稻土的划分

（一）根据土壤类型分类

1. 暗棕壤、棕壤、褐土型 此类型水稻土分布在缓坡岗地上，属于地表水型，地下水位深，土壤含水量一般随着土层深度的增加而减少，灌水期间，除耕层处于还原状态外，心土层和底土层仍处于氧化状态，发育程度浅，土层分化不明显。土壤黏粒多，沙粒少，孔隙少，通气不良。需深耕并增施有机肥，客土掺沙改良。

2. 石岗型 此类型水稻土是一类特殊的土壤，直接发育于玄武岩台地冲淤积覆盖物母质上，土层薄，耕层在 10 cm 左右，其下是犁底层，25 cm 以下为过渡层，其下为玄武岩，玄武岩位置根据过渡层厚度决定。土壤质地黏重，耕层土壤容重大，总孔隙度低，不漏水，通气透水不良，需增施有机肥、细沙、精耕细作进行改良。

3. 黑土型 此类型水稻土一般分布在平原或河谷平原上，具有灌溉、排水、保墒的优良条件，一般灌溉、排水方便，灌溉水层与地下水层不连接，但通过毛细管可以上下流通，耕层和底土层含水量较高，心土层含水量较低，土壤氧化还原势较强，铁、锰等淋溶淀积现象较明显，生产性能和耕作性能较好。

4. 白浆土型 此类型水稻土一般多见于沿江低平地和低平原地区，成土母质较黏，黏粒多，沙粒少，透水不良，白浆土地区水源较充足。在灌溉期间的雨季和撤水之后，土壤干湿交替频繁，氧化还原势强，铁、锰等还原淋溶和氧化淀积现象较明显，土壤层次明显。白浆土有一层特殊的土层——白浆层，白浆层土壤坚硬、板结、不透水，是旱田土壤的障碍土层，但种稻后有保水的作用。

5. 草甸土型　此类型水稻土种类较多，按其亚类划分，主要包括典型草甸土、石灰性草甸土、白浆化草甸土和潜育草甸土。草甸土分布在沿江低地和低平原地区，地下水位较高，在 1.0~2.5 m。水位高的土壤潜育化现象明显，潜育层呈青灰色或灰蓝色，透水性好的在潜育层上层会有铁、锰氧化而生成的锈纹锈斑。

石灰性草甸土 HCO_3^- 和 Na^+ 含量高，可对作物产生危害。石灰性草甸土种稻可以通过灌水、排水降低土壤中的 HCO_3^- 和 Na^+ 含量，达到以水压盐、以水排盐的目的。潜育草甸土地表下 50 cm 土层为潜育层，潜育土主要分布在河川沿岸等低湿地，位于泥炭土周边地区。受地下水影响，土色呈青灰色至青绿色，强还原性，从耕层向下都潜育化。随着土壤排水性改良，潜育化土层下移，透水性不良、机械作业等问题可以得到改善；土壤质地黏重，纵向透水不良，一般高产土壤水分渗透量为 15~20 mm/d，合减水深 20~25 mm/d，但潜育层水分渗透量仅为 5 mm/d，渗透量小。该土壤地温上升慢，水稻返青慢，初期生育不好。到了夏天，随着地温上升，有机质迅速分解，发生根腐现象。生育后期土壤养分供给量大，易造成水稻贪青晚熟，产量低而不稳，品质变差。

6. 沼泽土型　此类型水稻土地势低洼，一般分布在冲积或湖积平原以及山沟谷地，地下水位高，排水不良，灌溉水层和地下水面常相连接。因而在土壤形成过程中，虽然水耕熟化起主导作用，但沼泽化过程仍占据一定优势，土壤处于强还原状态，有机质分解缓慢，耕层含水量较高，呈饱和状态，下层为水分过饱和的潜育化土层。沼泽土水分过饱和，排水、通气不良，水稻残留根系分解慢，在表土下形成一层草毡层。

7. 盐渍土型　此类型水稻土在东北区分布较广，东北区的盐渍土稻田主要包括滨海型盐渍土稻田和内陆型盐渍土稻田，内陆型盐渍土主要为碳酸钠、碳酸氢钠类型的碱化土壤，滨海型盐渍土主要为氯化物盐渍土、硫酸盐氯化物盐渍土、硫酸盐类盐渍土，主要分布在辽宁盘锦、营口和丹东地区。由于土壤盐害和碱害，这类土壤种稻前多为低产田，土壤养分瘠薄、盐基离子含量高、危害植物，尤其是以碳酸钠类为主、碱化度高的土壤，土壤质地差，旱时土壤坚硬，湿时土粒分散，团粒结构少。长期种稻，通过灌排技术可以淡化土壤表层盐分含量。

（二）根据水文条件分类

东北地区水稻土按水文状况分为地下水型、地表水型、过渡水型和良水型 4 种类型。地下水型在地势低洼的冲积或湖积平原以及山沟谷地，地下水位高，排水不良，沼泽化过程占据一定优势，沼泽土型水稻土属于地下水型。地表水型在平缓岗地，地下水位深，地表水靠灌溉和雨水，水稻土土层分化不明显，暗棕壤型水稻土属于地表水型。过渡水型是指基于地下水型和地表水型之间的过渡类型，多见于沿江低平地和低平原地区，地下水位为 1~2.5 m，土质较黏，透水不良，土层分异明显，白浆土型水稻土、草甸土型水稻土均属于过渡水型。良水型多分布在平原和河谷平原上，具有灌溉、排水、渗透保墒的优良条件，黑土型水稻土属于良水型。

（三）根据排水特点分类

水稻土壤一般要求土壤保水、保肥能力好，但高产稻田土壤的透水率每 24 h 要达到 1 cm。所以，排水良好的稻田是水稻高产的前提。而排水不好的稻田，因土壤滞水而长期处于还原状态，对水稻生长会产生不利的影响。东北区根据其排水特点可分为排水良好的稻田、排水不好的渍漏田。

排水良好的稻田主要发育于黑土、褐土、棕壤等类型的土壤上。这类土壤所处地形部位较高，地势平缓，地下水位很深，与灌溉水分离，属于淹育型稻田，土壤质地为壤土或沙壤土，土壤通透性能好。排水时，土壤水分会快速排出并落干。排水不良的稻田主要发育于黏质草甸土、沼泽化土壤和草甸白浆土、苏打碱土类型土壤上，排水不良的土壤质地主要为黏质或粉沙质土壤。这类土壤形成地势低，地下水位高，多属于潜育型，地上淹水与地下水连通，土壤排水性差，常造成土壤内积水或土壤含水不吐的现象。稻田排水效果差，不能达到排水晒田的效果，导致土壤长期处于还原状态，危害水稻根系生长。排水中等的稻田主要发育于岗地白浆土、暗棕壤、棕壤、褐土，这类土壤地势相对较高，地下水位较深，土壤质地较黏重。漏水的稻田主要发育于沙质土壤的风沙土和冲积平原上层状草甸土。例如，靠近松花江、黑龙江、乌苏里江沿岸的草甸土受古河道和近代河道变迁的影响，土壤质地在剖面上分布差异较大，成层性明显的层状草甸土上，不同冲积层其质地不同，有颗粒较大的沙砾在底层、上层是质地较细的土壤，这类土壤种稻后易造成漏水。

第二节　东北区水稻土的区域现状

一、东北区不同稻田土壤肥力演变特征

（一）北方稻田土壤有机质组分演变特征

土壤有机质组成、存在状态以及腐殖酸特性的变化，是水稻土是否可以获得高产的重要指标。除有机质的数量变化外，有机质的品质变化也是影响水稻土肥力状况或产量水平的重要因素。南北方水稻土性质存在差异：一方面，起源土壤不同，北方水稻土保留着起源土壤的特性；另一方面，成土过程不同，南方土壤中的腐殖质以富里酸为主，而北方水稻土腐殖质以胡敏酸为主（史吉平等，2002）。水稻土的形成过程受多种因素影响，既受人为因素影响，又受气候、温度及土壤特性的限制。因此，不同类型土壤形成水稻土的过程既具有共性又具有个性，需要根据不同的土壤、不同气候条件地区开展长期研究才能了解其演变规律和特征。由于东北区种稻时间短，对水田土壤演变规律的研究也刚刚起步，限制了从时间尺度研究不同土壤向水稻土的演变过程。因此，需要长期跟踪调查研究，了解土壤演变特性，为有目的地培肥和利用土壤提供理论依据。

辽宁水稻生产的发展从 1949 年开始，已有 70 多年的历史。在同一区域内，由于气候、母质、地形、生物等自然因素基本相同，因此时间和人为因素是影响水稻土发育特征的主要因素。其人为因素主要是土壤耕作，在耕作强度和水稻熟制变化不大的情况下，耕作年限成为引起水稻土发育特征差异的主导因素。王莹莹等（2019）以辽宁各地棕壤和草甸土上发育的不同开垦年限淹育型水稻土为研究对象，我国北方淹育型水稻土在开垦种稻 60 年间，随着耕种年限的延长，土壤中易氧化有机质含量、胡敏酸的活化度以及松结态腐殖质分别显著降低了 27%～36%、17%～18% 和 16%～17%，而胡富比、有机无机复合度则分别显著提高了 43%～56%、10%～11%。说明北方淹育型水稻土的土壤肥力状况有所恶化，特别是开垦 36 年以上的水稻土，土壤质量有退化趋势，如不及时加以调节，土壤肥力将会持续下降。张雯辉（2013）对吉林盐碱土稻田区土壤有机碳含量的研究结果表明，在 0～37 年，稻田土壤有机碳含量随着耕作年限的增加而增加，有机碳的纵向分布自上而下逐层减少，稻田开发 37 年后逐渐趋于稳定。

贾树海等（2017）结合野外实地调查，选择典型黑土区旱田土壤（种植大豆年限大于 60 年）和改种不同年限的稻田土壤（3 年、5 年、10 年、17 年、20 年和 25 年，旱田改稻田前种植历史基本相同，均为大豆），研究旱田改稻田后土壤有机碳、全氮含量的动态变化特征。结果表明，旱田改稻田 25 年间，在 0～60 cm 土层，土壤有机碳和全氮含量的变化趋势均表现为：在改种的前 3 年迅速下降，降幅分别为 13.60%～43.27% 和 10.40%～40.60%；在 3～25 年随着改种年限延长呈逐渐增加的趋势，且在 20～60 cm 土层出现累积，但在 3～5 年增加幅度较大，在 5～25 年增加较为缓慢，改种 17～25 年，稻田土壤有机碳和全氮含量均高于旱田土壤。0～60 cm 土层，土壤有机碳和全氮密度的变化趋势与其含量的变化趋势大致相同，在改种的前 3 年间 0～60 cm 土层土壤有机碳和全氮密度分别降低了 26.53% 和 21.89%，在改种 5～25 年间 0～60 cm 土层稻田土壤有机碳和全氮密度均大于旱田土壤，增幅分别为 9.87%～21.48% 和 10.2%～19.3%。综合分析，东北黑土区旱田改稻田大于 5 年后，稻田土壤具有明显的固碳（氮）能力，稳定性碳（氮）在 20～60 cm 土层累积；改种稻田年限小于 5 年，应注重有机碳（氮）的补充，以维持和提高土壤有机碳（氮）水平。

（二）北方稻田土壤化学性质演变特征

与全国相比，东北区水稻种植时间短，尤其是黑龙江很多地区水稻种植年限较短，如黑龙江三江平原 2015 年水田总面积 236.81 万 hm²，占黑龙江水田面积的 60% 以上（黑龙江统计年鉴，2016）。

三江平原水稻种植历史较短，长的不足40～50年，也有很多新开辟的水田。不同土壤开垦种植水稻后，其土壤化学性质会发生变化，明确随种稻年限推移土壤理化性状变化和物质迁移规律，可以为水田培肥及改良提供技术支撑，为高效水田土壤管理提供科学参考。

2015年水稻收获后，采集三江平原种稻年限为0～40年不同类型的稻田土壤（图6-1至图6-3）。研究表明，土壤有机碳含量在各类种稻土壤中均是耕层高于犁底层，白浆土和草甸黑土心土层土壤有机碳含量低于犁底层，草甸土心土层土壤有机碳含量与犁底层差异不大；三类土壤有机碳含量在耕层变化的趋势一致，随着种稻年限增加，土壤有机碳含量一直增加，草甸土土壤有机碳含量高于草甸黑土，白浆土土壤有机碳含量最低，相对于其他两类土壤，白浆土较贫瘠；在犁底层，草甸土和白浆土土壤有机碳含量在种稻后有增加的趋势，草甸黑土则无明显变化；在心土层，草甸土土壤有机碳含量随种稻年限增加有增加的趋势，白浆土和草甸黑土土壤有机碳含量无明显变化；白浆土无明显变化，可能是因为此层是白浆层，草甸黑土心土层土壤有机碳含量无明显变化，可能与这类土壤地下水位低、与地上淹水没有贯通、有机质没有向下淋溶有关，而耕层土壤有机碳含量得到积累主要是耕层土壤长期处于淹水状态，植物残体分解慢，土壤有机碳得到积累。

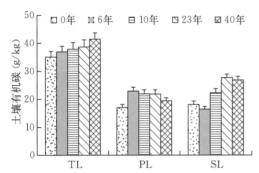

图6-1 草甸土不同种稻年限土壤有机碳变化
注：耕层（TL）、犁底层（PL）和心土层（SL）。

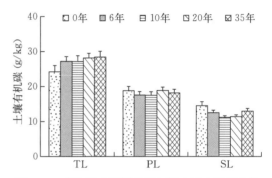

图6-2 草甸黑土不同种稻年限土壤有机碳变化
注：耕层（TL）、犁底层（PL）和心土层（SL）。

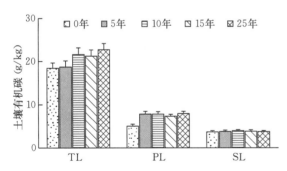

图6-3 白浆土不同种稻年限土壤有机碳变化
注：耕层（TL）、犁底层（PL）和心土层（SL）。

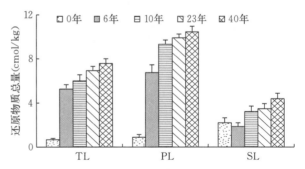

图6-4 草甸土不同种稻年限土壤还原物质总量变化
注：耕层（TL）、犁底层（PL）和心土层（SL）。

草甸土、草甸黑土、白浆土这3类土壤种植水稻后，土壤中还原物质总量在耕层、犁底层和心土层土壤中明显增加（图6-4至图6-6）；从种稻年限看，草甸土和草甸黑土土壤中还原物质总量在各层土壤中基本均表现随着种稻年限延长呈增加趋势，草甸土在种稻40年达最高，草甸黑土（耕层、犁底层）在35年达最高，白浆土耕层土壤还原物质总量随着种稻年限增加呈规律性上升趋势，犁底层土壤还原物质总量种稻后整体表现为升高趋势，随种稻年限增加的表现不规律，心土层土壤中的还原物质总量随着种稻年限增加表现出先升高后降低趋势，与前两种土壤趋势不一致。

与不种稻相比，草甸土、草甸黑土和白浆土种植水稻后各层土壤中Fe^{2+}含量明显增加。草甸土种稻6年后，耕层土壤中Fe^{2+}含量呈逐渐下降趋势。犁底层土壤中Fe^{2+}含量有先升高再下降的趋势。

心土层土壤中 Fe^{2+} 含量总体呈升高趋势，并在种稻 10 年后超过耕层和犁底层土壤中 Fe^{2+} 含量，草甸土土壤中 Fe^{2+} 含量随着种稻年限增加有向下迁移的现象，种稻 10 年就可迁移到心土层，到 40 年在心土层达到最大积累量。白浆土耕层土壤中 Fe^{2+} 含量随着种稻年限增加呈先升高后降低的趋势，犁底层和心土层土壤中 Fe^{2+} 含量随着种稻年限增加呈逐渐升高趋势，在种稻 15 年时，犁底层中 Fe^{2+} 含量超过耕层土壤并逐年增加，说明白浆土耕层土壤中的 Fe^{2+} 也有由表层向深层移动的现象，并且由耕层向犁底层移动明显，由犁底层向心土层移动较慢。草甸黑土种稻后，土壤中 Fe^{2+} 含量明显高于种稻前，心土层土壤中 Fe^{2+} 含量一直高于耕层和犁底层，随着种稻年限增加，土壤中 Fe^{2+} 含量没有明显变化趋势，暂时没有发生 Fe^{2+} 向下迁移的现象（图 6-7 至图 6-9）。

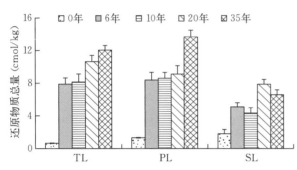

图 6-5 草甸黑土不同种稻年限土壤还原物质总量变化
注：耕层（TL）、犁底层（PL）和心土层（SL）。

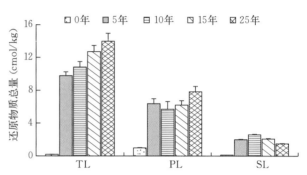

图 6-6 白浆土不同种稻年限土壤还原物质总量变化
注：耕层（TL）、犁底层（PL）和心土层（SL）。

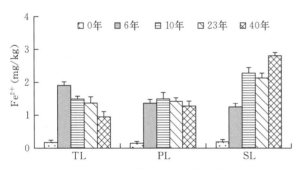

图 6-7 草甸土不同种稻年限土壤 Fe^{2+} 含量变化
注：耕层（TL）、犁底层（PL）和心土层（SL）。

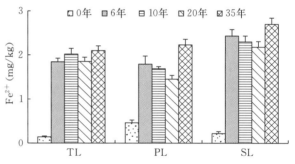

图 6-8 草甸黑土不同种稻年限土壤 Fe^{2+} 含量变化
注：耕层（TL）、犁底层（PL）和心土层（SL）。

与不种稻相比，草甸土和白浆土种植水稻后土壤中 Mn^{2+} 含量明显增加。草甸土种稻 10 年后，耕层土壤中 Mn^{2+} 含量呈下降趋势。犁底层土壤中 Mn^{2+} 含量有先升高再下降的趋势。心土层土壤中 Mn^{2+} 含量总体呈升高趋势，并在种稻 10 年后明显超过耕层和犁底层土壤中 Mn^{2+} 含量。草甸土土壤中 Mn^{2+} 含量变化趋势与 Fe^{2+} 含量变化有相似趋势，随着种稻年限增加有向下迁移的现象，在种稻第 10 年大量迁移到心土层，之后随着种稻年限增加迁移趋于平衡。白浆土土壤中 Mn^{2+} 的含量变化与 Fe^{2+} 变化趋势较为一致，种稻 0~10 年，耕层土壤中 Mn^{2+} 含量明显

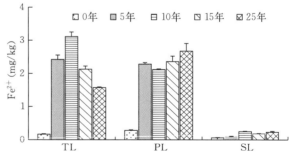

图 6-9 白浆土不同种稻年限土壤 Fe^{2+} 含量变化
注：耕层（TL）、犁底层（PL）和心土层（SL）。

增加，之后下降。犁底层土壤中 Mn^{2+} 含量随着种稻年限一直增加，从第 15 年开始，犁底层土壤中 Mn^{2+} 含量逐渐高于耕层，说明白浆土土壤中 Mn^{2+} 含量随着种稻年限增加有向下层土壤淋溶的现象，直到种稻 25 年，耕层土壤中的 Mn^{2+} 只迁移到犁底层，心土层基本没有迁移现象。与草甸土和白浆

土相比，草甸黑土种稻后，土壤中 Mn^{2+} 含量在耕层和心土层有增加的趋势，在犁底层没有增加的趋势，且没有 Mn^{2+} 的迁移现象，与草甸土和白浆土表现不一致（图 6-10 至图 6-12），有待于进一步调查研究。

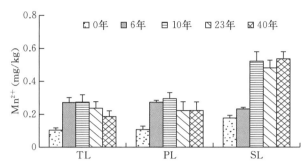

图 6-10　草甸土不同种稻年限土壤 Mn^{2+} 含量变化
注：耕层（TL）、犁底层（PL）和心土层（SL）。

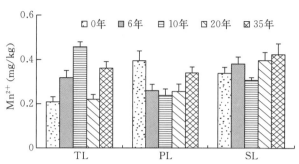

图 6-11　草甸黑土不同种稻年限土壤 Mn^{2+} 含量变化
注：耕层（TL）、犁底层（PL）和心土层（SL）。

　　3 类土壤种稻后，土壤化学性质变化趋势存在异同。草甸土、草甸黑土、白浆土土壤有机碳含量在耕层土壤均表现为随着种稻年限增加呈上升趋势，主要是由于耕层土壤长期处于淹水状态，有机残体分解慢，导致土壤有机碳的积累；而犁底层和心土层土壤有机碳含量在不同土壤间随着种稻年限增加的变化趋势不一致，草甸土犁底层和心土层土壤有机碳在种稻后有增加趋势，草甸黑土犁底层和心土层土壤有机碳没有增加趋势，可能与这两类土壤形成

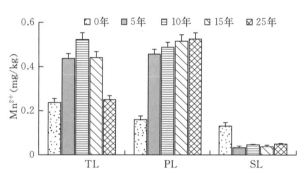

图 6-12　白浆土不同种稻年限土壤 Mn^{2+} 含量变化
注：耕层（TL）、犁底层（PL）和心土层（SL）。

的地形及土壤本身特性有关。草甸土的形成一般地势低，地下水位高，经种稻后，灌溉水与地下水位相连，各层土壤均处于淹水还原状态，土壤中有机物质分解慢，土壤有机碳在各层均得到积累。因此，随着种稻年限增加，草甸土各层土壤有机碳含量升高。草甸黑土形成于地势比较高的地区，地下水位低，与灌溉水没有相连，水稻灌溉时耕层土壤处于淹水状态，但由于犁底层的阻隔，犁底层下层和心土层仍处于氧化状态，有机碳与旱田相比没有发生大的变化。白浆土土壤犁底层有机碳含量有升高趋势，但随着种稻年限增加并无显著变化，心土层有机碳低于旱田土壤，主要是由于白浆土心土层是白浆层，白浆层有机质含量低、质地紧实、通气透水性差，导致灌溉水不能透过白浆层，水稻根系也无法穿透白浆层，此层土壤中残留有机残体少。因此，水田有机碳含量与旱田相比才会降低，旱田整地一般较深，可达到白浆层，有利于作物根系下扎，有机碳积累。3 类土壤的还原物质总量在各土层表现一致，主要是由于土壤处于还原状态时间长，因此土壤中还原物质随着种稻年限增加才会表现出逐渐增加的趋势。这也是旱田土壤与水田土壤的区别，种稻年限越长，差异越明显，前人研究也证实了这点（张甘霖、龚子同，2001）。从土壤 Fe^{2+} 变化趋势来看，种稻后 3 类土壤 Fe^{2+} 含量均明显增加，这是由土壤中氧化还原电位下降所致，但随着种稻年限延长，Fe^{2+} 在土壤剖面内的运移则不同。张甘霖等（1994）研究认为，淹水条件下可促进土壤元素迁移，包括铁离子、锰离子。草甸土随着种稻年限增加出现 Fe^{2+} 下移现象，在种稻 10 年后就可下移到心土层，并逐渐积累，草甸土 Mn^{2+} 与 Fe^{2+} 变化趋势一致，下移速度相同，草甸土种稻后土壤有向水稻土演变的特征；草甸黑土未出现 Mn^{2+} 与 Fe^{2+} 运移现象，原因不明，有待于进一步研究；白浆土在种稻 10 年后出现 Fe^{2+} 和 Mn^{2+} 下移现象，但只下移到犁底层，没有向心土层下移，可能与白浆层的特殊性有关，有待于随着种稻年限的持续延长继续调查研究。

二、东北区水稻生产土壤及肥料问题

（一）水稻生产中存在的主要土壤问题

东北区稻田土壤随着种稻年限延长，既受人为因素影响，又受自然因素限制，主要问题如下。

1. 耕层变浅、犁底层增厚　稻田土壤由于长期浅耕，导致土壤耕层厚度越来越薄，犁底层厚度增加。这类问题一般发生在排水良好的壤质或黏壤质稻田土壤。据调查，东北区稻田整地长期采用旋耕技术，旋耕深度一般为 $10\sim12$ cm，导致稻田土壤耕层变薄，犁底层逐渐升高加厚，水稻根系生存空间变小，单位面积土壤养分容量降低，限制了水稻生长和对土壤养分的吸收，水稻产量降低。如黑龙江省绥化市庆安县许多水稻种植区耕层变浅了 $8\sim9$ cm，严重影响了水稻产量的提高。由于耕层变浅，水稻根系固持土壤能力下降，从水稻抽穗灌浆到成熟期，如遇暴雨大风易发生倒伏现象，每年黑龙江秋季稻田倒伏问题都很严重。

2. 土壤质量下降、养分比例失衡　目前，黑龙江耕地质量逐年下降，水土流失严重，尤其是随着化肥施用量的逐年增加、农肥施用量的减少以及小型农机具的大量使用，土壤板结、犁底层上移，理化性状变劣，耕层变浅，稻田土壤养分不平衡现象加剧，氮、磷、钾养分比例失调，磷素供应相对过剩，钾素极为缺乏，有机无机肥比例失调。据调查，黑龙江 80% 以上的农户不施有机肥。部分地区水稻早衰、瘪粒、萎黄现象严重，影响了水稻产量和品质的提高。王远鹏等（2020）对东北典型县域稻田土壤肥力评价及其空间变异的研究表明，黑龙江省哈尔滨市方正县稻田土壤综合肥力指数的平均值为 0.60，土壤肥力处于中等水平（3 级），土壤呈微酸性，偏紧实，由于缺乏有机肥的投入，长期偏施无机肥，破坏土壤结构的稳定性，土壤容重增加，造成土壤酸化（孟红旗等，2013）；方正县稻区主要以草甸土和白浆土为主，土壤耕种年限在 $20\sim30$ 年，随着种稻年限的增加，草甸土和白浆土的土壤总孔隙度逐年减少，沙颗粒转变为粉沙颗粒，土壤容重逐渐增加（王秋菊等，2018）。

3. 土壤滞水、透水能力低　东北区稻田面积一半以上均为土质黏重、地势低平的土壤，主要分布在平原地区及山间沟谷盆地、冲积扇前或扇形地之间的洼地，尤其是三江平原地区及后期开发的稻田，滞水土壤所占比例大。土壤滞水与土质有关，草甸土、沼泽土、泥炭土、盐碱土稻田土壤质地黏重，均存在土壤滞水、透水能力低的问题。滞水会使土壤长期处于还原状态，土壤氧化还原电位低，H_2S、N_2O 等还原物质含量高，危害作物根系；长期滞水也会导致地温低，作物生长缓慢；滞水土壤（盐碱土型稻田除外）一般有机质含量高、土壤养分含量高，但有效养分含量低，限制了土壤养分的供给能力（王秋菊，2018）。土壤滞水还与机械耕作有关，随着机械化发展，稻田规模不断扩大，平整土地造成耕层土壤移动、踏压、黏闭，土层结构被破坏，进而导致稻田不透水。

（二）水稻生产中存在的主要施肥问题

肥料是作物的"粮食"，在作物生产中发挥着不可替代的支撑作用，是作物增产增收最基本的物质保障。当前，在东北区水稻生产中，普遍存在化肥过量施用及利用效率不高的问题。彭显龙等（2007）调查了黑龙江寒地稻田施肥情况，发现近 60% 的稻田氮素用量过高，稻田氮素有 17.2% 的盈余，氮肥利用率较低。张福锁等（2008）计算了 2001—2005 年全国粮食主产区的肥料利用率，指出水稻的氮肥利用率仅为 28.3%。其中，黑龙江水稻的氮肥利用率为 29.8%，虽略高于全国平均水平，但远低于国际水平。氮肥的过量施用不仅浪费资源、增加成本，而且增加了环境污染（氮素气态损失、淋溶、面源污染等）的风险。因此，在保证粮食产量合理稳定增长的同时，提高氮肥利用率、减少氮肥过量施用带来的不良影响，成为亟须解决的重要课题。

目前，东北许多地区施肥结构不合理现象仍然存在。水稻生产施肥技术中存在施肥次数多、施肥量大、施肥时间不明确、肥料利用率低等缺点。盲目增施化肥不仅造成水稻产量不稳定，土壤结构恶化、肥力下降，农业生产成本上升，肥料利用率低，也对生态环境造成严重威胁，主要问题如下。

1. 肥料施用不平衡现象严重　从目前水稻生产实践来看，化肥用量增加，肥效却明显下降。一些地区氮、磷肥严重过量，长期大量的化肥投入势必会造成土壤养分失衡，易引起土壤板结等问题的出现；一些地区氮、磷肥用量不足，水稻产量潜力没有得到充分发挥；钾肥用量普遍偏低，微量元素施用重视程度不够；若氮肥用量过多、钾肥不足，水稻易倒伏。据调查，黑龙江省绥化市庆安县有些地区水稻氮肥用量高达 $350\sim400$ kg/hm²。

2. 有机肥用量少、化肥种类繁杂　由于肥源及运输成本等问题，目前东北地区农户在水稻生产中很少施用有机肥。长期仅施用化肥而不补充有机肥，势必会对稻田土壤的理化性状产生不利影响。另外，农民在选择肥料时，80%以上施用复合肥，且肥料种类多、类型繁杂；由于肥料价格等方面问题，缓控释肥料的推广和应用受到一定程度的限制；另外，叶面肥的施用也不是十分普遍。

第三节　东北区水稻土培肥与改良技术

一、东北区水稻土培肥

东北区水稻土种植年限相对较短，水稻土培肥的主要措施：有机无机肥配施、秸秆还田、合理施用化肥等。

（一）有机无机肥配施

施用有机肥对于维持和提高土壤肥力具有重要的作用。在水稻生产中，仅靠每年残留的根茬补充有机质，难以满足水稻高产的要求，必须施用有机肥，才能维持和提高土壤有机质含量，达到培肥土壤的目的。有机肥分为农家肥、绿肥和腐殖酸肥三大类型。相关研究表明，有机肥和无机肥配施可显著提高土壤有机质含量，氮、磷、钾肥配施下土壤有机质含量仅仅维持或略有提高，单施或偏施化肥导致土壤有机质含量降低（刘畅等，2008）。水稻土基础肥力水平较高，作物产量连年增长。但是，目前的培肥措施仅满足作物生长需要，而对土壤有机质和全氮水平的提升效果不明显。因此，需要改善目前的施肥结构，在化肥施用的基础上，增加外源有机物料（有机肥和秸秆）的投入。

土壤生产力高低主要取决于土壤肥力水平及外源肥料的合理施用，土壤养分盈亏是导致土壤肥力水平出现时空差异的主要因素，而外源养分投入是调控土壤养分供给平衡以及满足作物生产需求的高效管理途径。武红亮等（2018）以 136 个国家级水稻土长期定位监测点为平台，对 20 世纪 80 年代以来近 30 年的水稻土肥力和生产力水平进行分析。研究结果表明，水稻土肥力演变的主要障碍因子是土壤有机质和全氮。所以，水稻土培肥应该在平衡施用氮、磷、钾肥的基础上合理配施有机肥或秸秆。

（二）秸秆还田培肥

土壤培肥是地力提升的主要途径，在东北区主要指禽畜粪便堆沤成的有机肥培肥土壤。近年来，秸秆还田培肥土壤的面积越来越大，尤其是禁烧令的颁布，使东北区作物秸秆都大量归还到土壤中，对土壤培肥地力有明显效果。秸秆还田配合施用化肥处理 1 年对土壤肥力影响不明显，处理 2 年可提高土壤肥力。与"翻地＋旋地＋平地"处理相比，平地埋茬配合秸秆还田处理使土壤容重平均降低4.92%。秸秆还田与化肥配施处理土壤有机质含量显著增加 5.16%～8.12%。与土壤有机质含量初始值相比，秸秆还田与化肥配施处理年均增加 1.37 g/kg。平地埋茬结合秸秆还田和化肥配合的耕作培肥模式，可以保证良好的土壤结构（王伟，2010）。经过 2 年的秸秆还田后，秸秆与化肥配施促进了水稻对养分和干物质的积累，提高了土壤有机质、铵态氮、有效磷和速效钾含量。在以秸秆还田为基础的条件下，秸秆深埋和配施碱性肥料对于促进成熟期水稻氮素、钾素的吸收以及干物质积累的效果最好，秸秆深埋和配施碱性肥料的氮肥偏生产力和产量也最高。与秸秆不还田处理相比，秸秆深埋和配施碱性肥料的产量增加约 5%。

1. 白浆土秸秆还田培肥效应　东北区白浆土是相对瘠薄的土壤。白浆土主要分布于半干旱和湿润气候之间的过渡地带，世界各地都有存在。我国主要分布在黑龙江东部、东北部和吉林东部，以三江平原最为集中。白浆土是东北区土壤肥力水平较低的类型土壤，有机质含量在 3% 左右，虽然种稻多年，但肥力水平仍低于该区的黑土和草甸土类型。因此，白浆土培肥有利于土壤肥力水平提高，可采用有机肥培肥，也可采用秸秆还田培肥。

（1）白浆土秸秆还田短期效应。不同肥力土壤秸秆还田对水稻产量影响不同。如表 6-1 所示，在有机质含量低于 4% 的中肥力土壤上秸秆还田处理第一年增产不显著，增施氮素后与不还田差异显著，可增产 5.19%；第二年秸秆还田处理增产 11.49%，差异极显著，秸秆还田增施氮素处理增产 10.34%，与不还田相比差异极显著，但产量低于秸秆还田不增施氮素处理，深耕与旋耕相比没有体现优势。低肥力土壤，秸秆还田连续 3 年均表现增产，平均增产幅度 8.64%，差异极显著，秸秆还田增施氮素增产幅度小于秸秆还田，深耕有利于低肥力土壤产量的提高。

表 6-1　不同肥力白浆土土壤秸秆还田对水稻产量的影响

肥力	耕深	处理	2017 年产量（kg/hm²）	增产（%）	2018 年产量（kg/hm²）	增产（%）	2019 年产量（kg/hm²）	增产（%）	平均产量（kg/hm²）	增产（%）
高肥力	旋耕（10~12 cm）	不还田	8 756.0bA	—	8 739.0aA	—	8 888.2aA	—	8 794.4aA	—
		还田	8 788.0bA	0.36	8 387.4bB	−4.02	8 120.4bB	−8.64	8 431.9bB	−4.12
		还田+调氮	9 147.5aA	4.47	5 955.9cC	−31.85	8 091.2bB	−8.97	7 731.5cBC	−12.09
	深耕（15~18 cm）	不还田	8 719.5aa	—	8 043.8aA	—	8 344.0bB	—	8 369.1aA	—
		还田	8 748.0aA	0.33	7 594.8bB	−5.58	8 446.9bB	1.23	8 263.3aA	−1.26
		还田+调氮	8 937.0aA	2.50	6 725.4cC	−16.39	9 243.8aA	10.78	8 302.1aA	−0.80
中肥力	旋耕（10~12 cm）	不还田	8 451.5bA	—	7 648.0bB	—	8 855.7aA	—	8 318.4bA	—
		还田	8 576.5bA	1.48	8 527.1aA	11.49	8 761.9aA	−1.06	8 621.8abA	3.65
		还田+调氮	8 890.5bA	5.19	8 438.8aA	10.34	9 030.2aA	1.97	8 786.5aA	5.63
	深耕（15~18 cm）	不还田	8 516.5aA	—	9 206.6aA	—	8 493.6bA	—	8 738.9aA	—
		还田	8 541.5aA	0.29	8 586.2bB	−6.74	8 519.7bA	0.31	8 549.1aA	−2.17
		还田+调氮	8 582.0aA	0.77	8 840.8bAB	−3.97	8 956.8aA	5.45	8 793.2aA	0.62
低肥力	旋耕（10~12 cm）	不还田	7 757.6bB	—	8 691.5bB	—	7 275.0bB	—	7 908.0bB	—
		还田	8 108.2aAB	4.52	9 650.1aA	11.03	8 022.0aA	10.27	8 593.4aA	8.67
		还田+调氮	8 199.0aA	5.69	8 819.3bB	1.47	7 461.0bB	2.56	8 159.8abAB	3.18
	深耕（15~18 cm）	不还田	7 862.7bB	—	9 586.2bB	—	8 457.0bB	—	8 635.3bB	—
		还田	8 081.6abB	2.78	10 736.5aA	12.00	9 327.0aA	10.29	9 381.7aA	8.64
		还田+调氮	8 418.3aA	7.07	9 777.9aA	2.00	8 394.0bB	−0.74	8 863.4aA	2.64

注：差异显著性分析为同一肥力条件下不同处理间比较。小写字母表示在 0.05 水平下差异显著，大写字母表示在 0.01 水平下差异极显著。

从土壤养分变化来看，秸秆连续还田 2 年后（即 2018 年）调查不同肥力土壤有机质、全氮、碱解氮含量。从总体来看，高肥力土壤有机质、全氮或碱解氮水平都明显高于中、低肥力土壤，属于供氮能力强的土壤，秸秆还田会导致土壤氮素含量增加（图 6-13 至图 6-15）。在高肥力土壤上，秸秆还田和秸秆还田+调氮处理对土壤有机质影响不明显，但土壤全氮、碱解氮含量增加，尤其是秸秆还田+调氮处理与正常施肥处理间差异达到显著水平，土壤供氮能力增加。中、低肥力土壤秸秆还田后，土壤全氮和碱解氮也有增加趋势，但全氮和碱解氮含

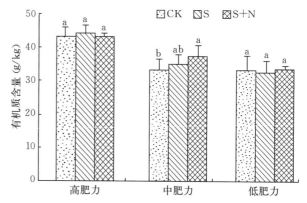

图 6-13　秸秆还田对土壤有机质含量的影响（2018 年）

注：图中 CK 表示常规施肥，S 表示秸秆还田+常规施肥，S+N 表示秸秆还田+常规施肥+调氮。差异显著性分析为同一肥力条件下不同处理间比较，不同小写字母表示差异显著（P<0.05）。

量仍明显低于高肥力土壤。中、低肥力土壤秸秆还田和秸秆还田＋调氮可以补充中、低肥力土壤肥力低的问题，增强土壤氮素供给能力。所以，在中、低肥力土壤上秸秆连续还田有增产作用，尤其在还田最初两年适合根据秸秆腐解特性调施氮素；而高肥力土壤秸秆还田调氮和不调氮处理土壤有机质和氮素含量都提高，调氮处理碱解氮更高，高肥力土壤本身肥力水平高，连年秸秆还田，秸秆腐解会使土壤中氮素逐渐累积，加上外源氮素的投入，导致土壤中氮素过剩。这也是导致产量降低幅度大的原因。所以，在高肥力土壤上，秸秆还田适合减施氮肥，白浆土秸秆还田减氮试验的结果验证了这个观点。

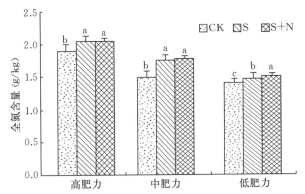

图 6-14　秸秆还田对土壤全氮含量的影响（2018 年）

注：图中 CK 表示常规施肥，S 表示秸秆还田＋常规施肥，S＋N 表示秸秆还田＋常规施肥＋调氮。差异显著性分析为同一肥力条件下不同处理间比较，不同小写字母表示差异显著（P＜0.05）。

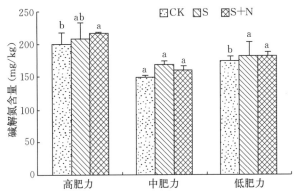

图 6-15　秸秆还田对土壤碱解氮含量的影响（2018 年）

注：图中 CK 表示常规施肥，S 表示秸秆还田＋常规施肥，S＋N 表示秸秆还田＋常规施肥＋调氮。差异显著性分析为同一肥力条件下不同处理间比较，不同小写字母表示差异显著（P＜0.05）。

通过试验表明，高肥力土壤氮素含量高，连续秸秆还田会导致土壤氮素过剩，水稻生育过旺、无效分蘖增加、贪青晚熟、产量降低。白浆土高肥力土壤有机质含量高，黑土层深厚，土壤氮素供应的容量和强度均高，连续秸秆还田会导致土壤氮积累，因此增施氮肥会严重减产。本研究的氮肥用量 124 kg/hm² 为常规氮用量，高于推荐施氮量。因此，在高肥力土壤上连续实施秸秆还田，可以制定以 3 年为周期的氮肥减施计划，即减氮 10%，连续减氮 3 年，第四年起恢复常规用氮量，3 年后再减氮。

（2）白浆土秸秆还田长期效应。2005 年，在黑龙江农垦总局建三江管理局的 859 农场开展了白浆土秸秆还田的长期定位试验，发现在低肥力土壤上，秸秆长期还田仍有增产作用，长期定位试验是短期试验的跟踪和补充。由表 6-2 可以看出，在第一个 5 年试验期间，秸秆还田配施化肥（SNPK）处理水稻 5 年平均产量高于单施化肥（NPK）、单施秸秆（S）及不施肥（CK）处理，且各处理间差异达到极显著水平（P＜0.01）；从第一个 5 年水稻平均产量来看，产量顺序为 SNPK＞NPK＞S＞CK，SNPK 处理水稻产量分别比 NPK 和 S 处理高 598.9 kg/hm² 和 4 261.1 kg/hm²，S 处理 5 年平均产量比 CK 处理高 999.9 kg/hm²，差异达到极显著水平。第二个 5 年试验期间，不同处理水稻产量为 SNPK＞NPK＞S＞CK，与第一个 5 年试验结果的趋势一致，但 SNPK 处理及 S 处理水稻产量与

表 6-2　长期秸秆还田对水稻产量的影响

处理	平均产量（kg/hm²）			增产（%）		
	2006—2010	2011—2015	2006—2015	2006—2010	2011—2015	2006—2015
CK	2 012.5±96.5eE	1 972.6±73.4dD	1 992.55±89.2dD	—		
S	3 012.4±187.6dD	3 407.1±203.1cC	3 209.75±213.3cC	61.09	—	
SNPK	7 273.5±436.5aA	7 698.4±502.3aA	7 485.95±526.4aA	275.70	133.23	14.17
NPK	6 674.6±412.5bB	6 438.7±442.6bB	6 556.65±476.3bB	229.06	104.27	—

注：CK 为不施肥处理，S 为单施秸秆处理，SNPK 为秸秆还田配施化肥处理，NPK 为单施化肥处理。各处理数字后不同大写字母表示在 0.01 水平上差异显著，小写字母表示在 0.05 水平上差异显著。

第一个 5 年相比有增加趋势，而 NPK 处理和 CK 处理水稻产量低于第一个 5 年，说明长期秸秆还田对水稻有增产作用。从 10 年产量平均来看，SNPK 处理水稻产量与 NPK 处理相比，增产 14.17%；与 S 处理相比，增产 133.23%；与 CK 处理相比，增产 275.70%。与 CK 处理相比，NPK 处理增产效果要高于 S 处理，10 年平均增产 229.06%，而 S 处理增产 61.09%。

秸秆长期还田对土壤物理性质有改善作用，随着还田年限增加，这种差异逐渐达到显著或极显著水平。由表 6-3、图 6-16 可以看出，与试验前土壤物理性质相比，对照处理由于连年耕作导致土壤容重、硬度增加。在 2010 年调查中，土壤容重处理间差异虽未达到显著水平，但均呈一定趋势变化。耕作 5 年、10 年后，对照处理的土壤容重与处理前相比增加幅度分别为 1.29%～4.14% 和 0.65%～6.21%。其中，20～30 cm 土层土壤容重增加幅度最大，30～40 cm 土层容重增加幅度相对较小，表明连年秸秆还田对土壤物理性质有影响。长期秸秆还田可以降低土壤容重、硬度，还田 10 年后，秸秆还田配施化肥处理土壤容重低于化肥单施、秸秆单施及对照处理，0～30 cm 土层土壤容重与对照相比降低 6.34%～10.00%；土壤硬度与容重趋势一致，还田 10 年后，秸秆还田配施化肥处理在 20～30 cm 土层与对照相比差异达到显著水平，土壤硬度与还田 5 年后相比有下降趋势。长期秸秆还田可以降低土壤固相比例，还田 5 年后，秸秆还田配施化肥处理比对照下降 3.65%～8.82%，还田 10 年后下降 4.67%～10.87%。

表 6-3　长期秸秆还田对土壤容重的影响

年份	处理	容重（g/cm³）			变异幅度（%）		
		0～20 cm	20～30 cm	30～40 cm	0～20 cm	20～30 cm	30～40 cm
2010	CK	1.21±0.03aA （—）	1.51±0.05aA （—）	1.57±0.07aA （—）	2.54±0.12	4.14±0.08	1.29±0.04
	S	1.18±0.02aA （−2.47）	1.45±0.04aA （−3.97）	1.55±0.05aA （−1.27）	0.00±0	0.00±0	0.00±0
	SNPK	1.16±0.02aA （−4.13）	1.39±0.03aA （−7.95）	1.54±0.04aA （−1.91）	−1.69±0.11	−4.14±0.34	−0.65±0.04
	NPK	1.19±0.03aA （−1.65）	1.48±0.04aA （−1.99）	1.55±0.05aA （−1.27）	0.85±0.04	2.07±0.12	0.00±0
2015	CK	1.23±0.03aA （—）	1.54±0.04aA （—）	1.56±0.04aA （—）	4.24±0.14	6.21±0.33	0.65±0.03
	S	1.17±0.02bAB （−4.87）	1.43±0.04aA （−7.14）	1.55±0.03aA （−0.64）	−0.85±0.04	−1.38±0.05	0.00±0
	SNPK	1.11±0.01cB （−9.76）	1.31±0.03aA （−14.93）	1.54±0.03aA （−1.28）	−6.34±0.35	−10.00±0.42	−0.42±0.02
	NPK	1.21±0.02abA （−1.63）	1.50±0.04aA （−2.60）	1.55±0.02aA （−0.64）	2.27±0.21	3.69±0.32	−0.21±0.01
年限间 F 值 （$F_{0.05,4.60}/F_{0.01,8.86}$）		1.61	0.57	0.02			

注：括号内数字代表处理间指标变化幅度，单位为%。CK 为不施肥处理，S 为单施秸秆处理，SNPK 为秸秆还田配施化肥处理，NPK 为单施化肥处理。各处理数字后不同大写字母表示在 0.01 水平上差异显著，小写字母表示在 0.05 水平上差异显著。

长期秸秆还田可以增加土壤有效孔隙的数量及有效孔隙比例，降低无效孔隙，而且随着还田时间延长，在 0～20 cm、20～30 cm 土层处理间和年限间差异达到极显著水平（表 6-4）。还田 10 年后，

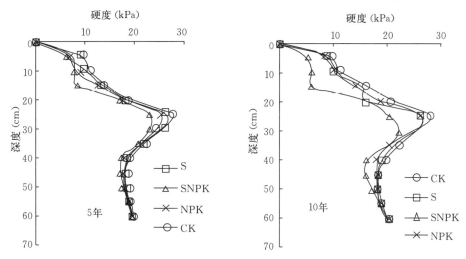

图 6-16 不同处理土壤硬度

注：CK 为不施肥处理，S 为单施秸秆处理，SNPK 为秸秆还田配施化肥处理，NPK 为单施化肥处理。

0～40 cm 土层秸秆还田配施化肥处理土壤有效孔隙比对照增加 23.40%～63.85%，与单施秸秆处理相比增加 19.68%～56.52%，与化肥单施处理相比，在 20～40 cm 土层有效孔隙增加 12.55%～62.96%；在 0～30 cm 土层，土壤总孔隙度和有效孔隙度各处理间差异极显著，且年际间差异极显著，与还田 5 年后相比，土壤有效孔隙度均呈现增加的趋势。

表 6-4 土壤孔隙方差分析

年份	处理	总孔隙度（%）			有效孔隙（%）		
		0～20 cm	20～30 cm	30～40 cm	0～20 cm	20～30 cm	30～40 cm
2010	CK	43.02±3.32cC	34.26±2.68dD	32.52±2.64dD	8.46±0.33bB	5.61±0.34bB	4.70±0.42bB
	S	42.77±3.48cC	35.95±3.03cC	33.53±2.59cC	8.53±0.27bB	5.70±0.22bB	4.61±0.24bB
	SNPK	45.55±3.67bB	43.92±3.45aA	37.26±2.88aA	9.64±0.32aAB	8.44±0.24aA	5.67±0.21aA
	NPK	47.74±3.76aA	39.87±2.34bB	34.36±2.45bB	10.08±0.42aA	7.22±0.24cC	4.28±0.26cC
2015	CK	42.53±3.22dD	34.00±2.78dD	32.44±2.86cC	8.21±0.31cB	5.56±0.17bB	4.70±0.15bB
	S	44.04±3.02cB	37.32±2.97cC	33.71±2.25bB	8.84±0.33bcB	5.82±0.18bB	4.66±0.12bB
	SNPK	47.75±3.79aA	46.40±3.67aA	37.51±2.77aA	10.58±0.46aA	9.11±0.43aA	5.80±0.23aA
	NPK	46.50±3.34bA	38.97±3.13bB	33.97±2.44bB	9.40±0.34bAB	5.59±0.27bB	4.25±0.24cC
F 值年季间		15.06**	15.12**	0.01	10.05**	213.02**	3.08

注：CK 为不施肥处理，S 为单施秸秆处理，SNPK 为秸秆还田配施化肥处理，NPK 为单施化肥处理。各处理数字后不同大写字母表示在 0.01 水平上差异显著，小写字母表示在 0.05 水平上差异显著。**表示在 0.05 水平上显著。

研究发现，长期秸秆还田可以降低土壤容重、硬度和土壤固相，提高土壤有效孔隙的比率，促进土壤通气、透水性，提高水稻对土壤水分的吸收。秸秆还田对耕层和犁底层土壤改善效果明显。传统观点认为，犁底层越硬、越厚，越有利于土壤保水、防渗漏。但是，这是针对漏水、漏肥的沙性土壤。白浆土是一种特殊的土壤，白浆层坚硬、致密、养分含量低，白浆层是作物生长的障碍土层，阻止水稻根系下扎，导致水稻根系生存环境变小，限制根系生长及其对土壤中养分的吸收，影响作物生长发育。在深翻作业下秸秆还田后，可以使秸秆混合在 0～30 cm 土层中，在秸秆腐解过程中可以改善土壤的不良性质。长期还田不仅降低土层硬度和容重，还可改善白浆层土壤结构，增加土壤大孔隙数量以及有效孔隙数量和比例，增加土壤的通气性。单独秸秆还田与常规施用化肥的处理相比会使作物产量降低，因为秸秆在分解过程中微生物活动需要养分的供应，土壤中的养分同时供应作物生育和微生物活动的需求，会导致作物从土壤中吸收的养分减少，导致水稻产量降低；长期施用化肥，虽然可以保证水稻稳产，但对土壤没有改善作用，而且会使土壤板结、土壤性质恶化。因此，要使土壤长期可持续利用，应合理实施秸秆还田，注重秸秆还田的长期效果。

（三）合理施用化肥

在有机肥或秸秆还田的基础上，合理施用化肥不但对水稻土中养分平衡具有重要的作用，也是实现水稻高产、高效的重要保障。施肥量适宜、配比合理才能获得高产。黑龙江水稻土类型很多，由于所处环境条件的差异和管理水平的不同，土壤的理化性状和肥力状况差异很大，因此很难确定适宜施肥量，施肥量没有统一模式。开展土壤测土配方施肥技术是确定不同地块具体施肥量最科学的方法。

2003—2010 年，在黑龙江省水稻主产区的方正县、桦川县、宁安市、庆安县和肇源县等地进行水稻平衡施肥试验。结果表明，平衡施肥对水稻生长发育、产量和经济效益有明显的促进作用。与最佳处理（OPT）相比，农民习惯施肥减产 10.4%，经济效益下降显著，说明农民施肥存在不合理性，应注意氮、磷、钾用量和比例以及微量元素的施用。影响黑龙江水稻产量的限制因子主要是氮、磷、钾，潜在因子是锌、硼和硫。N 142.4～157.5 kg/hm² 能满足黑龙江不同地区水稻高产的需要，同时略有剩余；P_2O_5 52.5～75.0 kg/hm² 基本能够满足水稻生长发育和较高产量的需要；K_2O 75～90 kg/hm² 不能满足水稻正常生长发育和高产优质的需要，应提高钾肥用量（李玉影等，2014）。平衡施肥对提高肥料利用率有积极的促进作用，尤其是提高了氮、磷肥的利用率。7 年试验结果表明，黑龙江水稻氮肥利用率范围为 20.4%～38.7%，平均为 31.8%；磷肥利用率范围为 18.2%～26.1%，平均为 21.4%；钾肥利用率范围为 38.4%～44.6%，平均为 40.6%（表 6-5）。水稻氮、磷、钾肥利用率还有很大的提升空间，应该进一步加强研究，提高肥料利用率，节省资源，减少环境污染。

表 6-5 2003—2010 年黑龙江肥料利用率概算

年份	地点	氮肥利用率（%）	磷肥利用率（%）	钾肥利用率（%）
2003	方正县	28.8	26.1	38.4
2004	方正县	30.1	24.1	42.7
2005	方正县	31.0	21.5	40.6
2006	桦川县	20.4	20.2	41.2
2007	桦川县	34.5	22.6	44.6
2008	桦川县	35.3	21.4	39.6
	宁安市	32.0	19.1	41.0
	五常市	35.4	18.2	40.3
	庆安县	33.3	20.5	40.1
2010	桦川县	38.7	21.1	38.8
	肇源县	30.4	20.2	39.6
平均		31.8	21.4	40.6

注：N 利用率=[OPT 吸氮量-（O-N）吸氮量]/施氮量×100%；P 利用率=[OPT 吸磷量-（O-P）吸磷量]/施磷量×100%；K 利用率=[OPT 吸钾量-（O-K）吸钾量]/施钾量×100%。

1. 白浆土施肥　在黑龙江高、中、低肥力白浆土上的水稻施肥试验研究表明，在相同氮肥用量、不同追肥次数及比例条件下，白浆土氮肥偏生产力和农学效率以氮肥三次施、四次施高于氮肥二次施高于氮肥一次施（表 6-6）。氮肥偏生产力和农学效率在高肥力区以处理 3（N 130 kg/hm²，氮肥三次施）最高，中低肥力区以处理 4（N 165 kg/hm²，氮肥三次施）最高。这个结果进一步说明，白浆土氮肥施用量要根据土壤背景氮含量来确定，高肥力区施氮量不高于 130 kg/hm²；中低肥力区施氮范围为 130～165 kg/hm²；水稻生育期全部磷、钾肥+40%氮基施、40%氮为分蘖肥、20%氮为穗肥可以提高氮肥利用效率。由于黑龙江水稻生育期短、气候冷凉，因此在黑龙江白浆土水稻生产中，要慎重施用粒肥，避免贪青晚熟。

表 6-6　白浆土氮肥偏生产力及农学效率

处理	氮肥偏生产力（kg/kg N）			氮肥农学效率（kg/kg N）		
	高肥力	中肥力	低肥力	高肥力	中肥力	低肥力
1	—	—	—	—	—	—
2	51.1	44.9	43.4	7.9	10.3	11.8
3	69.9	48.6	51.1	15.1	4.7	11.0
4	51.1	47.3	44.5	8.0	12.7	12.9
5	39.3	38.1	34.2	3.7	9.5	8.1
6	52.2	45.0	42.6	9.1	10.4	11.0
7	50.1	42.8	41.8	7.0	8.2	10.3

注：氮肥农学利用率（kg/kg N）＝（施氮区产量－空白区产量）/施氮量；氮肥偏生产力（kg/kg N）＝施氮区产量/施氮量。

　　不同水稻品种、土壤类型、施肥水平、施肥方式以及不同气候条件等，都会影响水稻对养分的吸收利用。杨树明等（2009）研究表明，在水稻整个生育期中，均衡把握基肥、分蘖肥和穗肥3个时期的养分管理十分重要。彭显龙等（2007）研究表明，寒地水稻生产中90%以上的氮肥投入在生育前期，而水稻吸氮高峰出现在幼穗分化始期。从穗分化期到减数分裂期，以及从减数分裂期到抽穗期，吸收氮速度较快，吸氮量大（彭显龙等，2006）。因此，研究认为，寒地水稻大量施用基蘖肥是不科学的，生产中适当前氮后移，有利于控制无效分蘖发生，提高分蘖成穗率，增加后期叶面积指数，改善水稻群体质量，促进抽穗后干物质和养分积累，从而提高水稻千粒重和结实率，增加水稻产量（彭显龙等，2006）。

　　2. 盐碱土施肥　从水稻产量可以看出（表6-7），在盐碱土地区种植水稻，采取合理的施肥调控技术能够显著增加水稻产量，与农民习惯施肥处理相比，施用有机肥（处理5）、石膏（处理1）、硫酸铝（处理2）、硫酸锌（处理4）和硫酸铵（处理3），水稻产量均显著高于农民习惯施肥，分别比习惯施肥增产40.0%、30.2%、28.4%、23.7%和10.5%。其中，有机肥处理增产最多、效果最好。通过本研究可以看出，农民习惯施肥技术存在着一定的不合理性，只有针对土壤和作物本身特性合理采取施肥调控技术，才可以显著提高水稻产量。盐碱土上施用有机肥及生理酸性肥料，可以提高水稻的产量。

表 6-7　不同施肥对盐碱土水稻产量的影响

处理	产量（kg/hm²）	增产（kg/hm²）	增产率（%）
1. 石膏	9 275ab	2 125	30.2
2. 硫酸铝	9 150b	2 025	28.4
3. 硫酸铵	7 875c	750	10.5
4. 硫酸锌	8 813bc	1 688	23.7
5. 有机肥	9 975a	2 850	40.0
6. 习惯施肥	7 125cd	—	—

注：产量数据后不同小写字母表示在0.05水平差异显著。

　　3. 东北区水稻施肥的原则　重施基肥不仅可以源源不断地供给水稻各个生育阶段对养分的需要，而且可以改良土壤，提高肥力。为使基肥持久，一般基肥用量应占总施肥量的50%～80%，并且都在插秧之前施下。基肥要坚持有机肥为主、化肥为辅。优化施肥中氮的调控原则是适当控制移栽至拔节前的氮肥用量，增加穗分化期至抽穗期的氮肥用量。

二、东北区水稻土改良

（一）耕层变浅、犁底层增厚土壤改良

东北区整地长期采用旋耕技术，旋耕深度一般为 10～12 cm，导致土壤耕层厚度降低，犁底层厚度增加。这类问题一般发生在排水良好的壤质或黏壤质稻田土壤。日本学者研究认为，土壤耕层厚度达到 15～20 cm 是合理的耕层厚度。因此，增加土壤耕层厚度、降低犁底层位置是改良排水良好的壤质或黏壤质稻田土壤的途径，深耕则是改良此类土壤的有效方法，深耕可将下层土壤中沉积的养分还原到耕层，扩大根系生存领域。水稻生育后期土壤养分供应充足，施入的肥料均匀保持在土层中，有利于养分均衡供给，有利于高产、稳产。深耕方法有两类：耕层土与下层土性质均匀一致或下层土好时，采用犁翻混合土层；但如果下层土性质不如耕层，则可以进行上翻下松，然后渐次增加耕层。深耕的效果涉及根际土壤物理性质优化、养分改善、透水性能增强等方面，不同土壤影响的侧重面也不同。2015 年，在黑龙江省绥化市庆安县黑土型稻田土壤上开展深翻技术研究，证明深翻可增加耕层厚度，降低犁底层，增加水稻根系生存空间。

1. 深耕改良土壤物理性质　庆安县黑土型稻田土壤试验结果表明，深翻可以增加土壤的通气性和透水性（表 6-8）。在 0～30 cm 土层，浅翻和深翻土壤固相比率比旋耕降低 0.74%～4.80% 和 1.86%～3.90%，土壤孔隙度增加，促进土壤的通气性和透水性，10～20 cm 土壤通气系数提高 4.04～4.42 倍，透水系数提高 2.14～2.17 倍，土壤容重随着土层加深而下降明显，达 0.08～ 0.09 g/cm³，20～30 cm 土层下降 0.03 g/cm³。

表 6-8　黑土深耕土壤物理性质变化

| 时间 | 耕作方式 | 土层(cm) | 三相比例（%） | | | 通气系数(×10⁻⁵cm/s) | 饱和透水系数(×10⁻⁵cm/s) | 孔隙度(%) | 容重(g/cm³) |
			气相	液相	固相				
第一年	旋耕	0～10	0.78	43.01	56.21	5.03	6.27	43.79	1.22
		10～20	0.25	37.18	62.57	0.78	1.56	37.43	1.42
		20～30	0.28	35.44	64.28	0.57	0.77	35.72	1.39
	浅翻	0～10	2.32	46.27	51.41	5.14	5.89	48.59	1.21
		10～20	0.96	40.7	58.34	3.15	4.23	41.66	1.33
		20～30	0.34	36.12	63.54	0.59	0.76	36.46	1.38
	深翻	0～10	1.24	46.48	52.33	5.36	7.56	47.72	1.21
		10～20	0.68	39.98	59.34	3.45	3.34	40.66	1.34
		20～30	0.36	37.22	62.42	1.06	2.21	37.58	1.36
第二年	旋耕	0～10	2.03	42.04	55.93	8.76	10.23	44.07	1.23
		10～20	0.28	38.24	61.48	1.09	2.69	38.52	1.44
		20～30	0.19	36.03	63.78	0.66	1.32	36.22	1.38
	浅翻	0～10	3.02	44.98	52.00	8.98	12.36	48.00	1.22
		10～20	2.34	40.48	57.18	5.36	6.78	42.82	1.34
		20～30	0.44	37.23	62.33	0.48	0.92	37.67	1.39
	深翻	0～10	2.25	45.54	52.21	7.93	11.36	47.79	1.23
		10～20	1.88	39.54	58.58	6.12	5.69	41.42	1.35
		20～30	0.87	38.49	60.64	2.45	4.36	39.36	1.35

2. 深耕改良土壤化学性质　黑土土层深厚，旋耕土壤有机质、碱解氮、有效磷、速效钾含量从表层到深层呈逐渐下降趋势，但各土层土壤养分差异并不很明显，翻耕后不会导致耕层土壤养分明显下降，深层土壤养分含量与旋耕相比有增加趋势（表 6-9）。深翻使黑土型稻田土壤各土层养分趋于平均

化，养分单位面积容量增加，可以提供较多的养分供水稻生长，深翻氮素累积量可比旋耕增加 20%。

表 6-9　黑土深耕土壤化学性质变化

时间	耕作方式	土层（cm）	有机质（g/kg）	碱解氮（mg/kg）	有效磷（mg/kg）	速效钾（mg/kg）
第一年	旋耕	0~10	40.39	203.31	32.34	134.31
		10~20	38.24	185.34	31.54	112.43
		20~30	36.93	148.98	29.89	95.45
	浅翻	0~10	39.70	188.34	31.34	121.39
		10~20	39.98	196.43	31.67	124.77
		20~30	36.70	154.35	29.46	97.39
	深翻	0~10	38.34	178.09	30.01	113.12
		10~20	39.45	187.67	30.58	120.15
		20~30	38.46	186.25	30.77	124.68
第二年	旋耕	0~10	36.11	212.35	34.56	123.36
		10~20	34.89	180.42	33.25	106.51
		20~30	34.23	152.46	30.28	90.45
	浅翻	0~10	37.31	192.36	33.24	124.69
		10~20	36.77	190.51	32.56	118.98
		20~30	35.27	159.68	30.21	103.25
	深翻	0~10	37.03	180.56	32.28	119.65
		10~20	36.24	192.76	31.77	126.35
		20~30	36.06	174.56	31.35	121.45

通过对庆安县黑土深翻试验中土壤物理性质和化学性质分析得出，黑土深翻（20~25 cm）第一年，水稻产量增加 9.81%，深翻第二年，水稻增产 7.84%；浅翻（15~20 cm）第一年，水稻产量增加 6.91%，第二年产量增加 6.59%，第三年与正常耕作产量相近。由此提出在此类土壤上，不需连年深耕，可以采用 5 年一个耕作周期，即第一年深翻 20~25 cm，第二年浅翻 15~20 cm，第三年到第五年采用正常旋耕耕作方式，耕深 12~15 cm。既可以增加耕层厚度，又可以降低犁底层，克服这类土壤的低产问题。

（二）滞水、透水能力低土壤改良

土壤滞水一方面与土质有关，草甸土、沼泽土、泥炭土、盐碱土稻田土壤质地黏重，均存在土壤滞水、透水能力低的问题；另一方面，与机械耕作有关，现代作业（如耕翻、水耙、收获等作业）是在大型机械化体系下进行的，所以要求土壤通透性好。

1. 排水及耕作改良　滞水土壤改良，首先要进行排水，降低土壤水分含量。在沼泽土、泥炭土、草甸土和盐渍土上尤为重要。

（1）沼泽土型土壤改良。沼泽土土壤容重 0.9~1.1 g/cm³。这类土壤孔隙少，透水在 10^{-8}~10^{-6} cm/s，透水性较低，甚至不透水。由于地下水位高，在 60 cm 以下，下层土比较松软，硬度小于 1 MPa，机械承载力差，限制机械作业，所以这类土壤改良的基本对策是排水。可以通过暗管排水，也可以采用不同的深耕方式，如深松、深翻、稻壳深松或暗管配合耕作。在暗渠基础上增加相应的耕作技术，作业方向与暗渠铺设方向垂直，在田间形成横纵的网状输水网络，可促进各层土壤的水分下渗。不同土壤深耕效果不同，沼泽土透水性差，深耕前首先要排水，其次是深耕。深耕改土增产幅度

0～14%，20%以上很少，平均在10%左右。有的也减产5%～10%，如不良下层土混入等。深耕20 cm是提高水稻产量的重要手段，但下层土有问题时，深耕应注意配合增施磷、硅等肥料。

三江平原地区八五九农场沼泽土上的暗渠排水试验表明，暗渠深0.7～1.0 m、间隔10 m，水稻增产幅度为4.24%～6.18%；暗渠配合深松、暗渠配合稻壳深施改良土壤的效果更好，暗渠配合深松增产11.00%。深松耕作深度30～40 cm，暗渠排水效果虽好，但在黏粒含量超过40%以上的黏质土壤上，暗渠后效一般为3年，3年后土壤透水效果下降。在正常年份，单独深松可以增产10.46%，稻壳深施也可以提高水稻产量。2019年7—9月，三江平原地区涝灾严重，影响各种土壤改良技术的效果。在此年份，土壤明渠排水受限、田间大水漫灌时，稻壳深施也有一定的增产作用，在正常年份还有待于进一步调查（表6-10）。沼泽土上下土层肥力水平差异大，深翻效果不如深松，且深翻有减产风险。

表6-10 暗管排水对水稻产量的影响

年份	处理	实测产量（kg/hm²）	增产（%）
2016	暗管	9 381.67	4.24
	无暗管	9 000.02	—
2017	暗管＋深松	10 465.93	11.00
	暗管	10 029.62	6.18
	无暗管	9 504.11	—
2018	旋耕	8 867.61	
	深松	9 795.06	10.46
2019	旋耕	11 914.82	
	稻壳深松	12 290.49	3.15

（2）草甸土型土壤改良。在黑龙江省绥化市绥棱县草甸土上开展的暗管排水和深松排水，效果均好于沼泽土上的效果。与沼泽土相比，草甸土地势相对较高，土壤通气、透水性优于沼泽土。暗管排水可提高水稻产量8.4%～9.5%，深松可提高水稻产量7.90%～10.82%（表6-11）。草甸土深松可以提高有机质、氮、磷、钾土壤养分，提高土壤养分库容量（表6-12）。

表6-11 草甸土改良效果

年份	处理	产量（kg/hm²）	增产率（%）
2016	暗渠	9 210.48	8.40
	深松	9 175.50	7.90
	旋耕	8 500.50	—
2017	暗渠	9 231.50	9.50
	深松	9 342.60	10.82
	旋耕	8 430.80	—

表6-12 草甸土改良效果

草甸土	土层	有机质（%）	碱解氮（mg/kg）	有效磷（mg/kg）	速效钾（mg/kg）	交换性钠（mg/kg）	交换性钙（g/kg）	交换性镁（g/kg）	全氮（g/kg）
深松	0～15	4.47	154.63	25.75	150.40	47.31	0.69	3.68	1.72
	15～30	3.62	126.99	34.19	249.80	88.51	0.65	3.87	1.4
	30～45	2.80	113.18	5.48	157.20	79.36	0.68	4.67	1.14

（续）

草甸土	土层	有机质 （%）	碱解氮 （mg/kg）	有效磷 （mg/kg）	速效钾 （mg/kg）	交换性钠 （mg/kg）	交换性钙 （g/kg）	交换性镁 （g/kg）	全氮 （g/kg）
	0～15	3.58	131.27	22.02	170.80	61.04	0.69	3.77	1.35
不深松	15～30	2.26	81.92	8.12	149.30	56.47	0.67	4.02	0.83
	30～45	1.98	64.81	7.54	142.50	65.62	0.65	4.06	0.69

（3）泥炭土型土壤改良。泥炭土以有机物为主体，土壤容重低，水稻根系与土壤接触少，故养分供给力弱。泥炭土地下水位高，改良的第一步是排水。泥炭土改良可通过明渠排水和暗管排水。明渠排水可使地表水迅速排出，暗管排水使土壤中的水垂直下渗，通过控制暗渠排出土体，配合明渠排水促进土壤中水分的快速排出，提高土壤的干燥速度，以达到预期的干燥效果。泥炭土由于地下水位高，土壤均一性不良，造成凹凸不平，影响排水效果。很多泥炭土上比较极端的表现是浮在水上的土地，排水后，泥炭分解、收缩等导致地面发生下降。特别是新鲜的泥炭土，因排水造成土壤收缩明显。据研究证明，开沟深 1 m，每年沉降达到 30 cm，15 年下降了 120 cm。泥炭土暗管排水的施工标准因构成植物、分解程度以及周边条件而异。①排水改良前后土壤变化。改土后 15 年的低位泥炭土理化性状会发生很大变化。表层的黏土层当初为 15 cm，15 年后变为 48 cm。这 15 年间泥炭分解，但残留下了黏粒。原来低位泥炭中有 30% 的黏粒，有机碳含量为 9%，下降到 7%～8%。因排水导致有机物分解减少，氮肥力趋于稳定，水稻的生育和产量得到改善。泥炭土因施工而使土壤剖面形态及理化性状得到很大改善。泥炭土土壤基础松软，伴随排水，地表会有不均匀下沉；排水改土后，地下水位下降，地温上升。地下水位 20 cm，地下水位较高，降低到 60 cm 后地温提高。特别是生育初期为重要时期，地表 0.5～1.2 ℃，地下 10 cm 处提高 1.3～1.5 ℃，这对寒地水稻生育意义很大。②暗管排水与产量的关系。泥炭土的稻田地下水与田面水相互联系，在水稻插秧后，地温冷凉会导致水稻生育初期分蘖不良，水稻返青慢。随着气温升高，土壤有效氮含量在水稻生育中后期大量增加，会导致水稻生育期延迟，水稻贪青现象表现明显，一些流行病害发病率高，且后期长势过旺、易倒伏、成熟不良。通过排水改良，水稻生产稳定性增加。

2. 客土改良 在改良土壤缺点时，最直接的方法就是把与其缺点相反的土壤客入农田。对于泥炭土和沙质土壤就是客入好的黏土，或者黏土中客入沙土等改良土壤性质。泥炭土栽培水稻有很多缺点，泥炭土以有机物为主体，土壤容重低，水稻根系与土壤接触少，故养分供给力弱；客土后，土壤容重可增加 50% 以上。泥炭土有机质、氮素含量高；客土后，土壤中的氮素单位体积下降，导致水稻生育延迟。在 300～1 200 m³/hm² 客土量之间比较，300 m³/hm² 客土量增产 18%，450～1 200 m³/hm² 客土量增产 24%～29%，差距小。客土量少，很难做到均一分布，所以客土标准为 600 m³/hm²。在评价土壤与客土效果时，最初养分低、无增产，客土 2～3 年后，土壤稳定，增产效果会显现。在泥炭土上客土有以下诸多目标：①改善持水性；②防止泥炭上浮；③增加肥料保持力；④补充养分不足；⑤调控氮素含量；⑥改善机械行走性。通过改良，泥炭土上述的综合改土效果就会发挥出来。

（三）盐渍化土壤改良

盐渍化土壤可以通过稻田排灌降低盐基离子浓度，降低土壤 pH，也可以通过深耕技术提高土壤通透性，降低表层土壤盐分（表 6-13 和表 6-14）。在哈尔滨地区的盐化草甸土上，分别采用深翻、深松的耕作技术改良土壤，深翻后造成表层土壤养分浓度降低、pH 增加，导致水稻减产。深翻在土壤物理性质上没有明显改善作用，甚至使土壤固相增加，土壤理化性状均有变劣的趋势（表 6-15）。深松可以使耕层土壤钠离子降低，淡化表层土壤盐分，且深松不翻动土层，不会使表层土壤肥力下降，连年深松可使水稻增产（表 6-16）。

表 6‑13　盐化草甸土不同深耕处理土壤化学性质

土壤类型	处理	土层（cm）	有机质（g/kg）	全氮（g/kg）	碱解氮（mg/kg）	pH	交换性钠（mg/kg）	阳离子交换量（cmol/kg）
盐化草甸土	旋耕	0～10	38.45±1.34	1.56±0.12	132.92±5.88	8.25±0.04	206.01±10.21	27.17±1.57
		>10～20	36.71±1.31	1.47±0.14	119.10±3.67	8.50±0.03	225.85±9.54	31.30±2.02
		>20～30	30.49±1.01	1.24±0.13	116.41±4.77	8.81±0.04	259.42±10.36	30.86±1.45
	浅翻	0～10	33.87±1.22	1.32±0.12	130.61±6.29	8.49±0.06	202.28±16.85	28.90±2.11
		>10～20	32.14±1.14	1.23±0.13	121.73±5.16	8.48±0.04	326.57±13.65	21.19±1.95
		>20～30	27.84±1.11	1.17±0.10	107.25±4.67	8.58±0.06	405.92±14.33	30.76±1.47
	深翻	0～10	31.79±1.08	1.25±0.21	237.00±6.11	8.30±0.04	244.16±6.22	29.96±1.88
		>10～20	30.02±1.15	1.20±0.12	210.90±5.38	8.36±0.03	294.52±7.36	27.63±1.67
		>20～30	33.12±1.24	1.26±0.12	208.40±4.87	8.68±0.04	302.15±8.96	28.89±1.89

表 6‑14　深松对盐化草甸土化学性质的影响

耕作方式	土层（cm）	有机质（g/kg）	全氮（g/kg）	碱解氮（mg/kg）	pH	水溶性钠（mg/kg）	阳离子交换量（cmol/kg）
旋耕	0～10	34.63	1.50	153.84	8.26	64.93	34.40
	10～20	24.34	1.43	129.44	8.45	59.56	32.58
	20～30	28.85	1.47	137.17	8.35	84.34	36.13
深松	0～10	33.55	1.50	149.01	8.29	54.46	31.75
	10～20	24.04	1.41	144.90	8.39	48.62	33.66
	20～30	19.50	1.13	103.36	8.50	54.49	29.69

表 6‑15　深翻对土壤物理性质的影响

土壤类型	耕作方式	土层	三相（%）			通气系数（×10⁻⁴cm/s）	透水系数（×10⁻⁶cm/s）	容重（g/cm³）
			气相	液相	固相	$(\times10^{-4}\,cm/s)$	$(\times10^{-6}\,cm/s)$	(g/cm^3)
盐化草甸土	旋耕	0～10	0.27±0.02	39.52±1.46	60.21±1.56	0.41±0.03	0.16±0.01	1.26±0.04
		10～20	0.00±0.00	33.57±1.23	66.43±1.34	0.03±0.00	1.66±0.11	1.38±0.02
		20～30	0.33±0.01	43.09±0.98	56.58±1.02	0.50±0.02	1.54±0.13	1.28±0.01
	浅翻	0～10	2.02±0.11	52.57±1.78	45.40±1.42	0.05±0.00	0.02±0.00	1.14±0.03
		10～20	0.69±0.05	42.03±1.56	57.28±1.43	0.03±0.00	0.04±0.01	1.31±0.02
		20～30	0.12±0.02	28.38±0.79	71.50±1.39	0.19±0.01	0.22±0.02	1.47±0.02
	深翻	0～10	1.14±0.12	35.73±1.45	63.13±1.32	0.18±0.01	0.12±0.03	1.31±0.04
		10～20	0.59±0.07	34.62±1.12	64.79±1.56	0.26±0.01	0.17±0.01	1.35±0.03
		20～30	0.51±0.03	29.65±1.13	69.84±1.48	0.09±0.00	0.06±0.00	1.42±0.03

表 6‑16　盐化草甸土水稻产量

土壤	年份	耕作方式	实收产量（kg/hm²）	增产（%）
盐化草甸土	2015	旋耕	6 887.98	—
		浅翻	6 900.04	1.75
		深翻	6 891.34	0.48

（续）

土壤	年份	耕作方式	实收产量（kg/hm²）	增产（%）
盐化草甸土	2016	旋耕	8 285.73	—
		浅翻	7 460.59	−9.96
		深翻	7 371.61	−11.03
	2017	旋耕	8 856.51	—
		浅翻	8 561.86	−3.33
		深翻	7 834.68	−11.54
	2018	旋耕	8 789.56	—
		深松	9 459.88	7.70
	2019	旋耕	6 182.5	—
		连年深松	7 412.5	19.59
		旋耕	8 192.5	—
		隔 1 年深松	6 107.5	−25.45
		旋耕	7 052.5	—
		隔 2 年深松	6 445.0	−8.26

第四节　东北区水稻生产

东北区水稻主要包括黑龙江、吉林和辽宁。与全国其他地区相比，该区具有土壤肥力相对较高、水稻生育期短、春季升温慢、秋季降温快等特点。因此，水稻种植品种、生育类型、肥水管理也有独特的特点。只有了解和掌握了该区水稻生产特点，才能有针对性地进行该区水稻土的培肥及生产管理。

一、东北区水稻品种、生育时期及生育类型

（一）水稻品种

按照温光条件和当地种植品种所需要的生育天数，可以将黑龙江、吉林、辽宁种植的品种分为早熟类型、中熟类型和晚熟类型。黑龙江水稻种植面积大、分布地域广阔，按照从南到北以≥10 ℃的活动积温进行水稻种植品种的划分：第一积温区的积温在 2 650～2 750 ℃，水稻生育期 142～146 d，主要种植 14 片叶及以上品种；第二积温区的积温在 2 450～2 650 ℃，水稻生育期 134～141 d，主要种植 12～13 片叶品种；第三积温区的积温在 2 250～2 450 ℃，水稻生育期 127～133 d，主要种植 11 片叶品种；第四积温区的积温在 2 150～2 250 ℃，水稻生育期 123～126 d，主要种植 10 片叶品种。吉林和辽宁以生育天数为依据，将种植的水稻品种进行划分。吉林划分为 6 个类型：120 d 以下的为极早熟类型，120～125 d 的为早熟类型，125～130 d 的为中早熟类型，130～135 d 的为中熟类型，135～142 d 的为中晚熟类型，142～145 d 的为晚熟类型；辽宁划分为 4 个类型：≤150 d 为早熟类型，151～155 d 的为中熟类型，156～160 d 的为中晚熟类型，＞160 d 的为晚熟类型。

（二）水稻生育时期及生育类型

水稻生育时期是指水稻从种子萌发到新种子形成的一生中其外部形态发生显著变化的若干个时期，包括出苗期、分蘖期、拔节期、孕穗期、抽穗期、开花期和灌浆成熟期等。根据水稻在各生育时期生长发育状况的不同，将水稻生育时期划分为营养生长阶段和生殖生长阶段。营养生长阶段一般是指从种子萌发到幼穗分化以前的这一阶段，包括出苗期、分蘖期和拔节期；生殖生长阶段一般是指幼

穗分化开始到新种子形成这一阶段，包括孕穗期、抽穗期、开花期和灌浆成熟期。水稻营养生长阶段的分蘖终止、拔节与幼穗分化之间的关系有重叠、衔接、分离 3 种关系，进而形成了 3 种不同的生育类型，分别为重叠型、衔接型和分离型。东北区水稻为早熟品种，水稻生长发育过程中具有营养生长与生殖生长并进的典型特征。因此，该区水稻生育类型属于重叠型，即营养生长与生殖生长部分重叠，幼穗分化后才拔节、分蘖终止，地上部伸长节间为 5 个以内。根据东北区水稻生育类型特点，应注意培育壮苗，使其移栽后早生快发，增强其分蘖力和抗逆性。

二、东北区水稻生产本田肥水管理

（一）整地

1. 按时间划分　东北区水稻本田从整地时间来看主要分为秋整地和春整地。在干旱的年份、水资源不足或采用井水灌溉的地区，主要采用秋旱翻、旱耙，以利于土壤熟化并节省泡田用水；在丰水年份、盐碱地区或地下水位较高的田块，主要采用秋旱翻、春旱耙，以利于晒垡熟化土壤，还能降低虫害和草害；春整地，主要采用旱翻、旱耙、旱平地，包括旋耕整地。由于东北区春季农时紧，农业生产易受到气温、降水等气候因素的影响，因此建议在时间允许的条件下，尽量在秋季进行翻地。一方面，可以抢农时；另一方面，秋季翻耕结合秸秆还田，有利于秸秆腐解、土壤熟化、培肥地力。

2. 按方法划分　东北区水稻本田整地方法主要有旱整地和水整地。旱整地包括旋耕、翻地、旱涝平和激光平地等作业。作业标准是整平、整细，同一田块内高低差小于 10 cm，地表松土层保证 10～12 cm；激光平地则要求同一田块内高低差小于 1 cm。水整地一般是泡田 3～5 d，拖拉机上配带不同整地机械进行水整地。作业标准是土地平整细碎，同池内地面高低差小于 3 cm，地表有泥浆 5～7 cm。

（二）插秧

东北区水稻插秧主要有机械插秧和人工插秧两种方式。其中，机械插秧又分为以机械为动力的插秧机插秧和以人为动力的半机械化手动插秧机插秧。水稻移栽日期要根据秧苗类型（即大苗、中苗和小苗）、水稻安全抽穗时期以及当地气温等来决定。东北区水稻一般都在 7 月末至 8 月上中旬抽穗，抽穗后需要 1 000 ℃左右的活动积温，才能保证安全成熟。一般以当地气温稳定达到 13 ℃、地温达到 14 ℃即可插秧。生产上，插秧应在安全生育范围内适期早插，可延长营养生长期，增加有效分蘖和低位分蘖，有利于增产。例如，黑龙江一般是在 5 月中下旬插秧，有"不插 6 月秧"之说。

1. 浅插促蘖　浅水插秧时，要求水整地要沉实 1～3 d。机械插秧深度一般以 2～3 cm 为宜，最深不超过 3 cm；人工手插秧深度以 2 cm 为宜。由于该区早春气温和土温低，而泥面升温快，通气状况好。因此，浅插促进分蘖，有利于形成大穗。若插秧过深，则土壤通气状况差，温度低，营养差，返青分蘖延迟，且分蘖节位升高，有效分蘖减少，穗小粒少，影响水稻产量。

2. 插秧密度　水稻本田的密度由单位面积的穴数和每穴苗数决定。不同地区要根据品种特性、土壤肥力、秧苗素质、栽植时间等因素，因地制宜地确定插秧密度，做到个体与群体协调发展。从品种来看，生育期长的稀些，生育期短的则密些，分蘖能力强的品种稀些，分蘖能力弱的则密些，株型收敛的密些，反之则稀些；从土壤肥力来看，土壤肥力高的稀些，土壤肥力低的则密些；从秧苗素质来看，壮苗稀些，弱苗则密些。插秧后，要及时查看是否有漏插，并及时进行补苗作业。

（三）施肥

目前，东北区水稻施肥主要有两种方法：一是前促中控后补施肥法，二是前后分期施肥法。这两种施肥措施主要是针对水稻对氮肥的吸收和土壤氮素释放而提出的。

1. 前促中控后补施肥法　主要是针对氮肥施用而提出的，注重施用基肥和分蘖肥，酌情施用穗肥。该施肥方法主攻水稻穗数，适当争取粒数和粒重。前促：以 40%～50%的氮肥、100%的磷肥、50%的钾肥作基肥，30%的氮肥作分蘖肥；中控：20%的氮肥结合 50%的钾肥作穗肥；后补：根据水稻田间长势适当补充粒肥，施氮量不超过氮肥施用总量的 10%。根据寒地土壤养分释放与水稻需肥的关系，由于寒地稻区 6 月气温偏低，该时期正处于水稻分蘖期，需肥量较高，土壤氮素养分释放难以满足水稻生育前期对氮的需求，至中期需氮与供氮相差不大，后期供氮略呈短缺（徐一戎、邱丽莹，1996）。可见，黑龙江寒地水稻种植适合前促中控后补施肥法。

2. 前后分期施肥法 前后分期施肥法是以水稻对氮素营养需要特点为依据而提出的。前期为水稻营养生长阶段，主要施用基肥和分蘖肥；后期为水稻生殖生长阶段，主要施用穗肥。前期施肥将100％有机肥和磷肥、50％钾肥以及30％～40％氮肥作基肥，20％～30％的氮肥在移栽后的10 d内作分蘖肥施用，在分蘖肥施用不均匀或补救部分生长较差的地块时，施用5％左右的调整肥。后期为水稻生殖生长阶段，主要施用穗肥和粒肥。其中，穗肥又分为保花肥和促花肥。在水稻倒二叶完全展开至剑叶伸出一半时，为保花肥最佳施用时间，施用量为氮肥总量的20％左右；粒肥通常在见穗到齐穗期间施用，施用量为氮肥总量的10％左右。在黑龙江，水稻粒肥的施用要慎重。因为该区生育期短、气候冷凉，施用粒肥要避免水稻的贪青晚熟，以免影响产量。另外，值得注意的是，在黑龙江第四积温带更应慎重施用粒肥。及时施用返青分蘖肥，插秧后3～5 d施用；4kg硫酸铵、4kg尿素作返青肥。

（四）灌水

水稻的需水包括生理需水和生态需水。生理需水是指水稻通过根系从土壤中吸入体内的水分，以满足个体生长发育和不断进行生理代谢所消耗的水量。生态需水是指稻株外部环境及其所生活的土壤环境的用水，是作为生态因子调节稻田湿度、温度、肥力和水质以及通气作用等所消耗的水量。水稻灌水的水层管理是根据个体生理需水和群体生态需水的统一关系来确定的，合理调整灌水量。

1. 插秧前后水分管理 插秧前，进行打浆、泡田，此时用水量达总用水量的40％～60％。因此，要用好封闭水，建议泡田5 cm水层。浅水插秧时，应保持浅水层（2～3 cm水层）。因为浅水可以提高水温和地温，增加水稻茎秆基部的光照和根际氧气供应；还能促进土壤养分释放，使水稻早生快发、低位分蘖、植株健壮、根系发达。但插秧后若遇到低温天气，则应灌保苗护苗水，水深应是苗高的1/2～2/3，不应超过第二叶和第三叶，否则会抑制分蘖。在水稻分蘖末期，应控制无效分蘖，此时水分管理上应加强排水晒田。晒田可以增加土壤氧气，减少还原物质，提高土壤有效养分含量，提高根系活力，改善群体结构和光照条件，使茎秆粗壮，控制低节位伸长，增强抗倒伏能力。晒田的适宜时期是分蘖末期至幼穗分化初期。

2. 幼穗分化期到抽穗开花期 此时期是东北区水稻生理需水最多的时期，植株生物量大，蒸腾作用旺盛，此时期可保持浅水层（3 cm左右）。在这个时期，水稻对外界的影响敏感，尤其在花粉母细胞减数分裂期，对水分反应较敏感。如果在此期间水稻缺水，会影响颖花分化，减少穗粒数和千粒重，增加秕粒数，缺水严重会影响水稻抽穗。

3. 生殖生长期水分管理 结实期在水层管理上要在出穗期保持浅水，齐穗后采用间歇灌溉的方式。这样既可以保证水稻的需水，又能保证土壤通气，促进根系活力，防止水稻早衰。间歇灌溉的方式是灌一次浅水，自然渗干到脚窝有水，再灌一次浅水，前期多湿少干，后期多干少湿。水稻收获前不可过早断水，至少保证出穗后35～45 d的灌溉，以利于水稻的高产和优质。因为断水过早，会降低根系活力，影响灌浆，使籽粒不饱满、千粒重下降、秕粒增多。可根据土壤含水量、天气情况以及籽粒成熟度，在成熟前7～10 d灌最后一次水。蜡熟后，可保持湿润状态和适度落干，促进水稻早熟。

三、东北区水稻土资源利用对策

（一）改造中低产田，创建稳产良田

东北区农业资源条件优越，但该区面临水资源短缺、土地退化和农业基础设施建设滞后等突出问题。中低产田一般是指那些环境条件不良、综合农业技术措施不力、农作物全部生活因素的配合不协调、产量水平不高的农田。《2019 年全国耕地质量等级评价公告》指出，东北区包括辽宁、吉林、黑龙江和内蒙古东北部。总耕地面积4.49 亿亩，平均等级为3.59 等。评价为四至六等的耕地面积为

1.80亿亩，占该区耕地总面积的40.08%。评价为七至十等的耕地面积为0.35亿亩，占该区耕地总面积的7.90%。根据中低产田的障碍类型，主要有贫瘠型、渍涝型、盐渍型、风沙型、坡耕型及其他类型（潜育、漏水漏肥型等）（邓伟等，2004）。中产田集中分布于松嫩平原和中部辽河平原区，低产田主要分布于北部、东部山区和三江平原（程叶青，2010）。

1. 松嫩平原中部黑土区以水土流失治理和土壤培肥为重点　该区面临水土侵蚀和水土流失严重、土壤自然肥力下降、耕层变薄、结构性变坏、耕性变差、抗旱涝能力降低等严重的生态环境问题。以保护黑土为主要内容，生物与工程结合，以小流域水土流失综合治理与农牧业种植结构优化相结合，提高农业生产力（程叶青，2010）。

2. 三江平原湿地农业区以渍涝型和瘠薄型中低产田治理为重点　该区以发展水稻为重点，实施水旱并举、旱涝兼治的综合治理，兴建"旱改水"工程、防洪除涝工程、湿地保护工程、农田林网修复改造工程。在"旱改水"工程中，严禁开垦湿地，把灌区发展与湿地保护相结合，综合治理三江平原。根据渍涝的不同类型特点，通过工程技术、耕作技术和生物技术相结合的途径，采取"沟、管、洞、缝"治理模式。从培肥耕层和改良土体结构入手，通过耕作与生物技术相结合的配套治理技术，如采取秸秆还田、种植绿肥、泥炭改土和增施有机肥等有机培肥模式、"松-旋-耙-卡-混"、超深松土作业及三段式心土混层犁等耕作技术改良模式对瘠薄型中低产田进行改造与治理。

3. 松嫩平原盐碱土区以盐碱土改良与风沙土地修复为重点　采取以农田水利灌溉工程建设为重点，完善排灌系统，合理布局规划农田灌溉渠系和水田井灌，以水洗碱、以稻治涝的盐碱地水稻开发治理模式。

4. 辽河平原东北部棕壤区以渍涝地和盐碱土改造与治理为重点　改良土壤理化性状，增加土壤营养物质含量，提高土壤肥力，使低产田变中产田、中产田变高产田，并通过土壤培肥、农作物结构优化以及耕作制度改善，使改良后的中低产田保持和不断提高土地生产能力。采用秸秆还田、增施有机肥和配方施肥等技术，用养结合，改良土壤理化性状，提高土壤肥力。

（二）建立合理耕作制度，构建良好耕层结构

稻田土壤合理耕层的理想条件：①50 cm以内无地下水；②50 cm以内无硬土层；③减水深15～20 mm/d；④耕层深度15～20 cm；⑤生育期内氮（N）均衡供给（发现量）；⑥有较高的保肥能力；⑦有效磷含量丰富；⑧除氮、磷、钾三要素之外，还需要硅等微量元素，养分均衡、丰富。

耕作通过改变土壤的物理结构而影响土壤肥力。旋耕和常规翻耕均可提高土壤质量，但翻耕处理土壤耕层较深，短时间内土壤养分含量提升幅度低（李纯燕等，2017）。旋耕处理土壤矿质结合态有机碳、土壤颗粒有机碳含量均高于常规耕作（姬强等，2012）。王秋菊等（2017）研究结果表明，连续多年稻田深翻处理各层次土壤容重比浅翻处理平均低0.38%，水稻产量高1.8%。从水稻根系生理角度来看，应有18 cm的活动空间，并不是越深越好。但目前黑龙江水稻土耕层多数在12～14 cm，活土层浅，根系弱，后期养分不足，容易落干。加深耕层可通过深耕、深松和客土实现。深耕要逐年加深，不要急于求成。客土是指大量施用河泥、塘泥以及在泥炭土型水稻土上铺沙。东北区水稻土应建立"以深松为主、翻耕耙结合"的耕作制度。加深耕层，维持良好的土层结构，打破犁底层，保持原来的土层，不把底土翻上来，每2～3年深耕1次，使耕层达到25 cm左右。

（三）推广有机无机培肥，构建肥沃耕层

水稻吸收的养分主要来自土壤养分的释放和肥料的施用。在施氮条件下，水稻所吸收的氮素60%～80%来自土壤、20%～40%来自化肥。根据养分归还学说，必须将作物带走的养分加以补充，才能维持土壤养分平衡。若只用不养，势必会造成养分偏耗、土壤肥力降低，从而影响水稻产量和品质。因此，合理利用水稻土、培肥地力是获得水稻高产优质的基础，是维持农业可持续发展的前提，对于保障东北区乃至全国粮食安全具有重要的意义。

水稻为维持自身生长发育需要，每年不但从土壤中吸收氮、磷、钾等大量元素，还需吸收钙、镁、硫、铜、锌、铁、镁、锰、硼、钼、氯等中微量元素。另外，有益元素硅的吸收量也极高，土壤中大量的营养元素除被作物吸收外，还有一部分淋溶损失，单靠施用无机肥无法满足水稻连年种植对养分的需求，难以维持稻田养分平衡。而增施有机肥，一方面，能够直接提供水稻生长发育所需要的各种营养元素，且有机肥在矿化的过程中能活化土壤中缓效性的磷和钾，产生促进水稻生长的生理活性物质；另一方面，在微生物的作用下，在有机物质分解过程中，一部分有机质通过腐殖化作用合成土壤腐殖质，从而增加了土壤胶体数量、促进土壤团粒结构的形成、改善土壤结构、提高土壤保肥和供肥能力。

为了不断培肥稻田，除合理耕作改良土壤外，在施肥方面要积极地、有计划地实施稻草还田、有机肥与无机肥配合、氮磷钾化肥与微肥合理配合，提高肥料利用率，促进农业的可持续发展。根据不同肥力水平做到合理施肥、坚持有机肥与无机肥的配合施用，实际上是迟效肥和速效肥的结合。有机肥养分释放过程缓慢，至少有 2 年的后效；化肥是速效性的，养分供应快。因此，有机肥与无机肥的配合施用，养分供应平稳，不仅有改土培肥效果，而且有显著的稳定增产效果。水稻土肥力水平是保证作物稳产高产的重要指标。李忠芳等（2015）研究表明，水稻土水热条件稳定，基础肥力对水稻产量贡献较大。土壤肥力还受当地自然环境、水稻品种、栽培措施等因素的影响。因此，不同肥力土壤培肥要做到"因地培肥、因肥施量"。东北区稻田农家肥的施用一般在秋翻前和春耕前，每亩施用量一般以 1 000～2 000 kg 为宜。

（四）实施秸秆还田，培肥地力

东北区是我国重要的粮食及商品粮生产基地，其作物秸秆资源十分丰富。2008—2015 年东北区主要作物秸秆可收集产量见表 6-17。2015 年，东北区可收集秸秆产量约 1.59 亿 t，约占全国秸秆总产量的 19.2%（李海亮等，2017）。该区水稻种植面积大，水稻秸秆总量约 0.43 亿 t（王金武等，2017）。水稻秸秆内含有大量的氮、磷、钾、硅等，如果将这部分秸秆归还土壤，不但能够培肥地力，也是秸秆资源化利用的有效途径。秸秆还田可有效平衡补充土壤养分，改善土壤物理性质及蓄水能力，提高作物产量与生产潜力。相关研究表明，秸秆还田在提高土壤养分的同时，可降低土壤容重，增加孔隙度，有利于作物根系生长，提高土壤质量，增加作物产量（Zhang P et al.，2014）。

表 6-17 2008—2015 年东北区主要作物秸秆可收集产量（王金武等，2017）

单位：万 t

| 年份 | 黑龙江 | | | | 吉林 | | | | 辽宁 | | | | | |
	玉米	水稻	大豆	总量	玉米	水稻	大豆	总量	玉米	水稻	大豆	高粱	花生	总量
2015	4 497	2 910	389	8 030	3 560	833	52	3 870	1 781	618	25	42	89	4 012
2014	4 242	2 978	596	7 857	3 468	777	48	4 504	1 485	597	28	44	124	2 216
2013	4 081	2 937	500	7 557	3 522	745	58	4 608	1 983	670	36	46	222	2 793
2012	3 664	2 872	600	7 185	3 272	703	52	4 250	1 806	671	40	48	233	2 617
2011	3 395	2 728	700	7 073	3 044	824	102	4 058	1 726	668	44	57	233	2 576
2010	2 949	2 439	757	6 411	2 543	752	112	3 607	1 460	605	44	56	192	3 877
2009	2 436	2 083	766	5 538	2 296	668	106	3 589	1 222	669	64	36	106	2 020
2008	2 395	2 008	803	5 372	2 643	766	117	3 621	1 508	668	63	50	90	2 356

东北区若秋季进行水稻秸秆还田，经过冻融交替及一年的耕作，到第二年秋季，水稻秸秆可分解 80% 以上。有机质含量的高低是土壤肥力高低的重要指标，一般每年稻草还田量 5 250 kg/hm²，可保持土壤有机质的平衡，随着秸秆还田量的增加，土壤有机质含量增加。对于水稻产量来说，秸秆还田量在 7 500 kg/hm² 以内，水稻产量随着秸秆还田量的增加而增加；当秸秆还田量达到 11 250 kg/hm² 时，第一年并不能表现出水稻产量的增加，反而有所降低。通过长期秸秆还田方式增加土壤养分，提高土壤肥力，秸秆还田的第二年、第三年水稻产量增加。秸秆还田要从提高水稻产量和培肥地力两方面考虑，就应该注意秸秆还田量。东北区秸秆还田量在 5 250～9 750 kg/hm²，既有利于培肥地力，

也有利于水稻产量的提高。

在实施秸秆还田和施用有机肥培肥稻田土壤时，应注意：一是因地制宜推广应用稻田秸秆翻压、覆盖还田技术；二是推广秸秆快速腐熟生物发酵技术；三是做好秸秆过腹还田；四是加大人畜禽粪便工厂化处理，实现有机肥产业化、商品化，降低价格。

（五）开展生态种养，实现水稻土可持续利用

长期以来，我国农业走的是一条传统的粗放型增长道路，这种经济发展方式的增长潜能已逼近极限。并且，随着工业化、城市化的推进以及消费者对农产品品质要求的提高，以资源要素投入为主，农林渔各业隔离的传统生产方式也难以为继。因此，我国农业必须转变发展方式，大力发展生态循环农业，在高产量、高质量、高效益的生态条件下，追求经济效益、社会效益和生态效益的高度统一；促进农业转型升级、生态文明建设以及农林渔融合发展；提高农业资源利用率、土地产出率和综合经济效益，促进农民增收；提高农产品品质，满足消费者对农产品的绿色消费需求；协调农业生产和生态的关系，使整个农业生产步入可持续发展的良性循环轨道（张建中、高佩民，2011）。

稻田开展生态种养的形式多样，如稻田养蟹、稻田养鱼、稻鸭共育等。东北区生态种养模式正在逐步兴起。2008 年，辽宁省沈阳市沈北新区稻田养鱼、蟹 106.7 hm²，2010 年于洪区稻田养鱼、蟹约 66.7 hm²，2008 年沈阳各县（市、区）利用果园、林下、河床、堤坝等资源养鹅、鸡和鸭近 30 万只。发展生态种养不仅能够提高经济效益、环境效益，同时能维持和提高水稻土肥力，实现水稻土的可持续利用。例如，开展稻鸭共育就有很多优点：①可以提高经济效益。按每 667 m² 放鸭 10 只计算，鸭的纯收入 50～80 元，节省农药 20 元，绿色稻谷多收入 50～100 元，每 667 m² 增收 200 元左右。②田间除草效果好。当稻鸭共育时，鸭子一般会啃食双子叶杂草、踩踏单子叶杂草，其除草效果要好于化学除草剂。③防虫效果明显。鸭子可以吃稻水象甲、二化螟、负泥虫等成虫和幼虫，从而减少害虫对稻苗的危害。④增加土壤肥力。鸭子在稻田中的排泄物就是很好的有机肥，稻鸭共育相当于向土壤中施入有机肥。长年养鸭可以改善土壤结构，提高土壤肥力，一般可增加土壤肥力 15% 左右，增加水稻产量 7% 左右。⑤改善稻田土壤环境。鸭子在稻田生活时会经常拱地，这样就可以起到为稻田中耕活水的作用，有利于疏松土壤，增加氧气，促进水稻根系发育，保证水稻成熟，促进干物质积累，提高千粒重。⑥减少环境污染。稻田养鸭会显著减少农药的用量，从而减少环境污染。当稻鸭共育时，施化肥应较常规施肥减少 10% 的氮肥用量。通过肥料和农药的减施，会减少环境污染（陈温福，2010）。

虽然东北区耕地资源丰富，但是储备耕地资源的贫乏是一个不容忽视的难题。水稻土是该区宝贵的土地资源，在保障国家粮食安全方面具有重要的作用。因此，合理利用和保护水稻土资源，对于保护生态环境、稳定和提高粮食产能意义重大。

主要参考文献

陈温福，2010. 北方水稻生产技术问答 ［M］.3 版 . 北京：中国农业出版社 .

程叶青，2010. 东北地区中低产田改造的区域模式与对策措施 ［J］. 干旱区资源与环境，24 （11）：120 - 124.

邓伟，张平宇，张柏，2004. 东北区域发展报告 ［M］. 北京：科学出版社 .

黑龙江省统计局，国家统计局黑龙江调查总队，2016. 黑龙江统计年鉴 ［M］. 北京：中国统计出版社 .

姬强，孙汉印，王勇，等，2012. 土壤颗粒有机碳和矿质结合有机碳对 4 种耕作措施的响应 ［J］. 水土保持学报，26 （2）：132 - 137.

贾树海，张佳楠，张玉玲，等，2017. 东北黑土区旱田改稻田后土壤有机碳、全氮的变化特征 ［J］. 中国农业科学，50 （7）：1252 - 1262.

李纯燕，杨恒山，萨如拉，等，2017. 不同耕作措施下秸秆还田对土壤速效养分和微生物量的影响 ［J］. 水土保持学报，31 （1）：197 - 201.

李海亮，汪春，孙海天，等，2017. 农作物秸秆的综合利用与可持续发展 ［J］. 农机化研究，39 （8）：256 - 262.

李玉影，刘双全，2014. 黑龙江省水稻高效施肥技术 [M]. 北京：中国农业出版社.

李忠芳，张水清，李慧，等，2015. 长期施肥下我国水稻土基础地力变化趋势 [J]. 植物营养与肥料学报，21（6）：1394－1402.

刘畅，唐国勇，童成立，等，2008. 不同施肥措施下亚热带稻田土壤碳、氮演变特征及其耦合关系 [J]. 应用生态学报，19（7）：1489－1493.

孟红旗，刘景，徐明岗，等，2013. 长期施肥下我国典型农田耕层土壤的 pH 演变 [J]. 土壤学报，50（6）：1109－1116.

彭显龙，刘元英，罗盛国，等，2006. 实地氮肥管理对寒地水稻干物质积累和产量的影响 [J]. 中国农业科学，39（11）：2286－2293.

彭显龙，刘元英，罗盛国，等，2007. 寒地稻田施氮状况与氮素调控对水稻投入和产出的影响 [J]. 东北农业大学学报，38（4）：467－472.

曲延林，贾文锦，1991. 辽宁土种志 [M]. 沈阳：辽宁大学出版社.

史吉平，张夫道，林葆，2002. 长期定位施肥对土壤腐殖质理化性质的影响 [J]. 中国农业科学，35（2）：174－180.

王金武，唐汉，王金峰，2017. 东北地区作物秸秆资源综合利用现状与发展分析 [J]. 农业机械学报，48（5）：1－21.

王秋菊，高中超，张劲松，等，2017. 黑土稻田连续深耕改善土壤理化性质提高水稻产量大田试验 [J]. 农业工程学报，33（9）：126－132.

王秋菊，焦峰，刘峰，等，2018. 三江平原草甸白浆土种稻后土壤理化性质变化 [J]. 应用生态学报，29（12）：4056－4062.

王伟，2010. 耕作培肥模式对寒地稻田土壤养分及水稻产量的影响 [D]. 哈尔滨：东北农业大学.

王莹莹，张昀，张广才，等，2019. 北方典型水稻土有机质及其组分演变特征 [J]. 植物营养与肥料学报，25（11）：1900－1908.

武红亮，王士超，闫志浩，等，2018. 近 30 年我国典型水稻土肥力演变特征 [J]. 植物营养与肥料学报，24（6）：1416－1424.

杨树明，曾亚文，张浩，等，2009. 不同时期养分管理对水稻产量及其构成因子的影响 [J]. 西南农业学报，22（5）：1363－1366.

张福锁，王激清，张卫峰，等，2008. 中国主要粮食作物肥料利用率现状与提高途径 [J]. 土壤学报，45（5）：915－924.

张甘霖，龚子同，1994. 淹水条件下土壤中元素迁移的地球化学特征 [J]. 土壤学报，30（4）：355－366.

张甘霖，龚子同，2001. 水耕人为土某些氧化还原形态特征的微结构和形成机理 [J]. 土壤学报，38（1）：11－16.

张建中，高佩民，2011. 沈阳地区生态循环农业发展现状与策略探讨 [J]. 宁夏农林科技，52（3）：13－14，27.

张雯辉，2013. 吉林前郭盐碱水田区土壤有机碳含量变化和温室气体排放规律研究 [D]. 长春：吉林大学.

朱兆良，金继运，2013. 保障我国粮食安全的肥料问题 [J]. 植物营养与肥料学报，19（2）：259－273.

Zhang P，Jia Z K，et al，2014. Soil aggregate and crop yield changes with different rates of straw incorporation in semiarid areas of northwest China [J]. Geoderma（230－231）：41－49.

第七章 | 低产水稻土障碍消减与改良 >>>

第一节　低产水稻土类型与障碍特征

一、低产水稻土的面积、分布与主要障碍类型

随着人口的增加和饮食结构的改变，以及对粮食的需求日益增加，耕地资源有限已经成为我国不争的事实。如何挖掘和进一步提高粮食的综合生产能力，已成为保障粮食安全重中之重的大问题。我国现有的耕地资源中存在大面积的中低产田，改造潜力十分可观。所以，应将中低产田改造作为提高我国粮食生产能力的一个重要手段。根据我国多年来改造中低产田的试验和实践：改造潜育型稻田、渍涝地、盐碱地和干旱缺水地，增产粮食可达 1 500～2 300 kg/hm²；改造坡耕地、风沙地、耕层浅薄地、过黏或过沙地，增产粮食可达 750～1 500 kg/hm²。据此推算，如果能将我国现有的中低产田初步改造一遍，粮食增产前景可观（张琳等，2005）。改造中低产田不但具有保证粮食安全和保护生态环境的双重意义，也是实现土地资源可持续利用和经济可持续发展的一个必要途径。

由于我国地域辽阔，影响作物产量的气候、土壤、水文、地形地貌等自然和社会经济条件存在着较大的区域差异。因此，关于中低产田，不同地区有不同的划分标准。例如，山西以单产 2 250 kg/hm²以下为低产田，2 250～4 500 kg/hm² 为中产田；内蒙古河套地区以 3 000 kg/hm² 以下为低产田，3 000～4 500 kg/hm² 为中产田；江汉平原和湖北北部地区以单产在 4 500 kg/hm² 以下作为低产田；而江苏则以单产在 7 500 kg/hm² 以下为低产田，7 500～9 000 kg/hm² 为中产田。虽然各地的标准不同，但总体来说，中低产田的产量与高产田相比，复种指数和每茬单产低，每年粮食单产仅为高产田的 40%～60%（张琳等，2005）。

1985—2008 年，我国耕地质量逐步提高，低产田的比例由 50.01% 下降到 28.61%，中产田的比例由 24.86% 提高到 37.91%，高产田的比例由 25.13% 增加到 33.48%。中低产田主要分布在东北区、华北区以及长江中下游区。东北区、华北区以及长江中下游区耕地基础地力提高最为显著，低产田比例减幅最大，均在 30 个百分点左右，中高产田的比例大幅度提高；而西北干旱区、黄土高原区、青藏高原区由于受自然生态脆弱、农业投入少、管理粗放、自然灾害频发等因素的影响，耕地退化现象仍在延续，低产田比例减幅最小，部分区域甚至呈扩大的趋势，中高产田的变幅也不大；西南区和华南区低产田的减幅较小，均在 10% 左右，但两地区中高产田的变化却不尽相同，西南区中产田比例不断扩大，高产田增幅甚微，而华南区高产田的比例增幅较大，中产田比例变化相对较小。1985—2008 年，高产田的主要分布区由华北区、长江中下游区以及西南区转移到东北区、华北区以及长江中下游区；中产田的主要分布区一直为东北区、华北区、长江中下游区；低产田的分布区逐渐由东北区、华北区、长江中下游区转移到东北区、黄土高原区以及西南区；从数量上看，中低产田面积最大的区域一直是东北区、华北区和长江中下游区（表 7-1）。

表 7-1　我国中低产田时空分布特征（石全红等，2010）

区域名称	1985 年		1995 年		2008 年	
	面积（万 hm²）	比例（%）	面积（万 hm²）	比例（%）	面积（万 hm²）	比例（%）
东北区	1 225.45	58.46	552.40	39.48	531.09	30.40
华北区	1 512.38	51.36	614.27	29.72	421.43	19.44
长江中下游区	1 242.41	45.21	434.13	23.29	342.87	15.81
西北干旱区	579.72	57.64	400.53	47.95	403.08	43.05
青藏高原区	49.44	49.06	30.87	38.08	45.63	62.11
黄土高原区	867.60	55.12	601.13	54.70	632.28	56.24
华南区	373.84	38.10	158.73	23.02	247.39	26.69
西南区	666.09	42.14	291.13	30.94	428.50	33.47
全国	6 516.93	50.01	3 083.20	34.35	2 982.27	28.61

我国低产水稻土类型复杂，按照其主导成因，大致可分为冷潜型、黏结型、沉板型和毒质型四类。

（1）冷潜型低产水稻土。包括沿湖水网地区长期沤水的潜育化水稻土以及冷浸田（如烂泥田、冷水田、锈水田、鸭屎泥田等）。潜育化水稻土主要分布在江西、湖南和江苏等沿湖稻区。土壤还原性强，铁的活化和迁移损失明显，土壤团聚体易遭破坏，土壤黏闭、通气性能差。冷浸田主要分布在四川、重庆、贵州和云南。水稻土长期渍水，土壤温度低、还原性物质多，有机质和全氮含量高，土壤有效养分偏低。

（2）黏结型低产水稻土。主要分布在浙江、湖北、江西和湖南等华中双季稻区。质地黏重、耕性发僵、土体黏结力大，石灰含量逐渐增高。根据成土母质及其黏性程度不同，可分为黄泥田、胶泥田和石灰泥田。该类水稻土土体黏粒含量高，一般在 30% 以上，结构不良，耕性差，有机质含量低，供肥保肥能力差。

（3）沉板型低产水稻土。沉板型低产水稻土是指土壤质地过沙或粗粉粒含量过高的一类低产水稻土，根据土壤的性状以及沉板的特点，可分为淀浆田、沉沙田和沙漏田。白土是典型的沉板型低产水稻土，主要分布在江苏、安徽等水旱轮作区的华中单季稻区。其土壤黏粒含量低，在水耕过程中，粗颗粒容易下沉，淀浆板结，土体紧实，土壤养分匮乏，保肥性能差。

（4）毒质型低产水稻土。毒质型低产水稻土是指土壤中含有的化学组成超过水稻适应的浓度，致使水稻生长受到毒害的一类低产水稻土。按其毒源，可分为咸田、反酸田、重金属和矿毒田。咸田又称为盐渍化水稻土，主要分布在西北地区和沿海地区。盐分含量为 0.1%～1%，表层土盐分含量多在 0.6% 以上。反酸田又称磺酸田，主要分布在广东、广西、福建和海南等华南沿海稻区。其含有大量的硫化物，酸性强，土壤水溶液中的硫酸铝含量高。矿毒田是由矿毒水污染而导致低产的水稻土。按矿毒水的成分不同，可分为重金属污染稻田、硫黄田、锰毒田和炭浆水田。

二、土壤的物理性障碍

1. 耕层厚度变薄　土壤耕层指在自然土壤的基础上，经过长期的耕作、施肥、灌溉等生产及自然因素的持续作用形成的农业耕作土壤，富集土壤主要的肥力，是土壤微生物和植物根系的主要活动空间，包括耕层（表土层）、犁底层、心土层和底土层。良好的耕层构造能使土壤中水、肥、气、热因素协调，促进作物生长。水稻产量与耕层深度、犁底层厚度呈现正相关关系，水田土壤耕层结构良好的多半是高产田。南方河网平原双季稻区水田合理耕层深度和犁底层厚度分别为 18～25 cm 和 7～10 cm。在排水落干条件下，理想耕层的硬度指标为 200～1 000 kPa，理想犁底层的硬度指标为 1 000～

2 000 kPa。但是，对于含水量很高的水田，由于水分显著影响土壤硬度数值变化，理想耕层土壤容重为 1.06~1.21 g/cm³，理想犁底层容重为 1.36~1.64 g/cm³；土壤微团聚体组成中以 0.05~0.25 mm 粒级为主，高产水田土壤特征团聚体比值（<0.01 mm/>0.01 mm）平均值为 0.26，而中低产田则为 0.21~0.26（张闫，2020）。对黄泥土型水稻土的结构特性进行比较研究，结果表明，高产水稻土耕性结构特征：耕作层一般在 15~20 cm 土层，该层土壤疏松，土块浸水易于化开，耕作容易，土壤容重多数小于 1.2 g/cm³，总孔隙度多数大于 55%，通气孔隙度大于 5%（聂军等，2010a）。长期的小机械耕作所造成的土壤板结、耕层变浅等土壤退化问题也在不断加重，这就导致了土壤肥力下降，作物产量也就随之大大降低，生产低效问题凸显。

2. 滞水或漏水等结构问题　长期水耕植稻还会导致黏粒和粉沙细颗粒流失，使耕层土壤沙化，影响土壤保水保肥能力。对浙江 456 个代表性剖面统计，与水稻土心土层相比，耕层和犁底层黏粒含量分别平均下降了 14% 和 10%。对植稻年限不同的浅海沉积物（从 10~20 年至 >80 年）、第四纪红土（从 5~20 年至 >70 年）和玄武岩风化物（从 5~20 年至 35~70 年）发育的水稻土比较发现，随着植稻年限的增加，耕层和犁底层土壤沙粒含量呈现增加趋势，黏粒含量明显下降，耕层、犁底层与心土层黏粒含量的比值逐渐下降（表 7-2）。农田排水中泥沙物质的黏粒和粉沙含量高于对应农田土壤，而沙粒含量则低于相应的土壤（章明奎等，2018）。长期水耕植稻导致耕层土壤沙化的原因：一方面，与水耕过程中黏粒淋淀有关；另一方面，排水中黏粒和粉沙细颗粒的选择性流失对耕层沙化也有较大的影响。各种类型的高产水稻土与中产水稻土的沙粒含量都非常接近，但均显著低于低产水稻土；中产和低产水稻土的粉粒含量变化与高产水稻土相似；高产、中产与低产水稻土的平均黏粒含量之间无明显差异（聂军等，2010a）。

表 7-2　植稻年限对典型样区水稻土颗粒组成的影响（章明奎等，2018）

样区	粒级	植稻年限（年）	样本数（个）	耕层（g/kg）	犁底层（g/kg）	心土层（g/kg）
黄筋泥田（第四纪红土发育水稻土）	黏粒	10~20	19	311±15a	331±11a	342±8a
		35~65	16	281±17b	298±12b	334±10a
		>80	15	198±31c	205±19c	335±11a
	粉粒	10~20	19	415±18a	406±14b	401±10a
		35~65	16	425±23a	419±16b	399±13a
		>80	15	458±34a	467±28a	391±19a
	沙粒	10~20	19	274±11b	263±9c	257±7b
		35~65	16	294±19b	283±13b	267±8ab
		>80	15	344±24a	328±21a	274±13a
滩涂泥田（浅海沉积物发育水稻土）	黏粒	5~20	22	277±10a	283±8a	294±7a
		30~50	15	266±13a	287±11a	309±9a
		>70	8	207±34b	249±19a	301±13a
	粉粒	5~20	22	486±12a	500±13b	478±8a
		30~50	15	467±15a	466±13a	467±7a
		>70	8	489±18a	473±19a	465±9a
	沙粒	5~20	22	237±10c	217±8ab	228±5a
		30~50	15	267±14b	247±12c	224±10a
		>70	8	304±19a	278±17b	234±13a

（续）

样区	粒级	植稻年限（年）	样本数（个）	耕层（g/kg）	犁底层（g/kg）	心土层（g/kg）
红黏田（玄武岩风化物发育水稻土）	黏粒	5～20	6	393±11a	429±9a	446±12a
		35～70	12	344±29b	407±19a	424±18a
	粉粒	5～20	6	374±14a	389±12a	381±9a
		35～70	12	395±28a	400±21a	389±14a
	沙粒	5～20	6	233±14b	182±11a	173±10a
		35～70	12	261±22a	193±18a	178±15a

注：同一行数值后边不同小写字母表示差异显著（$P<0.05$）。

连续的小机械耕作使得土壤板结、土壤间孔隙度越来越小、土壤容重提高等问题日益严重，土壤的透水透气性能越来越差，造成了作物根系不能够正常地下扎，同时降低了微生物的活性。这些因素都使土壤肥力不断下降，最终导致作物减产。不同类型的高产水稻土耕层土壤总孔隙度较高，一般在41.7%～65.0%，平均为51.4%；而中产水稻土的总孔隙度平均为49.0%，但与高产水稻土之间的差异未达到显著水平；低产水稻土的总孔隙度则显著低于高产水稻土和中产水稻土，平均仅为43.4%。高产水稻土的土壤容重较低，一般为0.88～1.19 g/cm³，中产水稻土的土壤容重为0.92～1.16 g/cm³，低产水稻土的土壤容重为1.08～1.30 g/cm³，显著高于高产水稻土和中产水稻土（聂军等，2010b）。

三、养分引起的土壤退化

1. 大量元素失衡 作物从土壤中获取氮、磷、钾等主要养分，满足其生长发育需要。土壤基础肥力越高，作物产量越高。水稻土对早稻、晚稻、单季稻和小麦产量的肥力贡献率分别为0.46、0.50、0.47和0.38（武红亮等，2018）。高产水稻土有机质、全氮、有效磷、速效钾含量非常丰富；中产水稻土的有机质、全氮、有效磷、速效钾含量处于丰富水平，与高产水稻土差异不显著；低产水稻土的有机质、全氮、有效磷含量显著低于高产水稻土和中产水稻土。因此，土壤培肥是低产水稻土改良和粮食产量提升的关键。

冗余分析结果表明，影响水稻土作物产量的肥力因子主要有土壤速效钾、土壤有效磷和土壤有机质。其中，对早稻、晚稻和单季稻产量影响最大的肥力因子为土壤速效钾（武红亮等，2018）。以浙江为例，近1/2的土壤速效钾含量处于偏低水平，水稻田常规施肥处理下养分特征为氮素盈余，磷素基本达到平衡，而钾处于亏损状态，土壤速效钾是影响水稻增产的制约因素之一（孔海民等，2020）。土壤速效钾与产量的相关性显著高于土壤全氮、有效磷和有机质与产量的相关性（图7-1）。对湖南水稻土调查也发现，高产水稻土的速效钾含量处于中等水平［(105.83±22.73) mg/kg］，中产水稻土和低产水稻土速效钾含量分别处于缺乏和严重缺乏水平。高产水稻田土壤的质地一般为壤土和黏壤土，固持钾的能力弱（郑圣先等，2011）。因此，应该重视施用化学钾肥、有机肥和秸秆还田，保持土壤钾库的平衡和提高，对于水稻产量的提高具有重要意义。

近30年来，我国水稻土有机质（31.3～32.2 g/kg）和全氮（1.88～1.92 g/kg）含量总体稳定，水稻土速效养分含量总体稳定。2012—2016年水稻土有效磷含量平均水平为20.1 mg/kg，显著高于监测前期平均水平（15.2 mg/kg）。大量研究表明，目前我国大多数农田土壤磷素的输入输出平衡处于盈余状态，且盈余量正以不同速度增长。磷素不参与大气循环，磷肥施入土壤后转化形成难溶性的磷酸盐，并迅速被土壤矿物吸附固定或被微生物固持，造成磷素移动性差，当季利用率低，在土壤中不断积累。同时，土壤中磷吸附位点被有机酸、有机阴离子等占据，降低对磷酸根的吸附固定，土壤有效磷含量也随之增加。另外，水稻土中有机质的矿化分解作用较强，会释放部分无机磷或低分子量活性有机磷。有机肥的投入会提高土壤有效态或活性养分含量，这些因素共同作用，促进土壤有效磷含量提高。目前，水稻土速效钾含量的平均水平（92.1 mg/kg）较监测初期（77.8 mg/kg）提高。

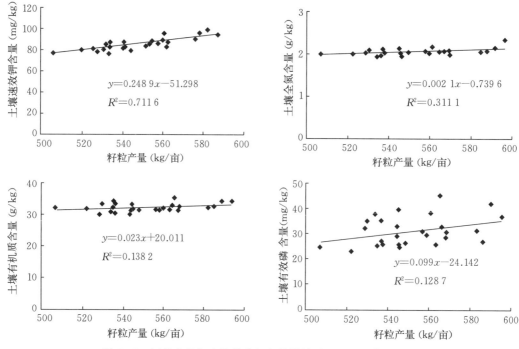

图 7-1　籽粒产量与土壤养分间相关性关系（孔海民等，2020）

土壤速效钾含量呈先降低、后升高、再稳定的趋势。初期，人们对钾肥及其贡献重视不足，施用量普遍较低，钾素来源主要取决于自身供应，速效钾含量只维持在前期较低水平，而作物收获和淋溶损失造成钾素进一步损失，从而引起土壤速效钾含量降低；随后，钾肥的施用和效益得到人们的关注和认可，钾肥施用量逐年升高，且作物收获后秸秆及根茬大多还田，显著降低土壤对外源钾素的固定量，土壤速效钾含量和比例迅速提高。主成分分析结果表明，水稻土肥力演变的主控因子是土壤速效钾和有效磷。在长期施肥条件下，土壤速效钾和有效磷含量显著提高，在满足作物生长需要的同时，培肥地力是土壤肥力的核心来源（武红亮等，2018）。

2. 中微量元素缺乏　随着高产水稻品种的大面积推广，氮、磷、钾肥用量逐年增加，中微量元素营养不平衡的现象日益突出。水稻大量元素与中微量元素肥料配合施用，既能提高水稻产量，又能降低氮、磷肥的用量，提高肥料的利用率，是水稻高产优质的重要施肥技术。中微量元素缺乏会抑制水稻生长发育，导致产量品质降低，严重的甚至绝收；而中微量元素在土壤中过量时，也会导致毒害作用。水稻土长期经历淹水过程，会影响微量元素溶解、沉淀和吸收。淹水会导致铁、锰等元素溶解度提高，尤其在通气性酸性土壤中可能造成铁、锰中毒。但淹水时，土壤还原性物质积累，会导致锌、铜等形成 ZnS、CuS、$CuSO_4$ 等，降低其溶解度。另外，pH 是影响微量元素溶解度的一个重要因素。土壤 pH 提高，会导致铁、锰、锌、铜、硼等元素有效性降低，而钙的有效性提高。

对不同省份调查发现，水稻土均存在不同的中微量元素缺乏问题。浙江稻田土壤有效钙和有效硫含量丰富，平均可达 1 924.4 mg/kg 和 49.0 mg/kg，而 60% 的土壤缺镁，甚至还有 1.54% 的稻田有效镁含量低于 50 mg/kg。土壤有效铁、有效锰、有效锌、有效铜平均含量较高（图 7-2）（计小江等，2014），但有效硼、有效硅含量较低。在江西鄱阳湖平原农田区，硼、钼含量均值处于丰富与上限值之间，锰含量均值为 330.24 mg/kg，处于缺乏水平（余慧敏等，2020）。湖北主要稻区土壤有效硅、有效锌、有效硼含量偏低，导致水稻生长过程中微量元素营养缺乏，出现僵苗、倒伏、病虫害严重、结实率低等现象（胡时友等，2016）。

四、产地生态条件引发的生产性障碍

1. 酸化　土壤 pH 是决定农田土壤肥力的重要特征参数之一。在当前高投入、高产出的现代农

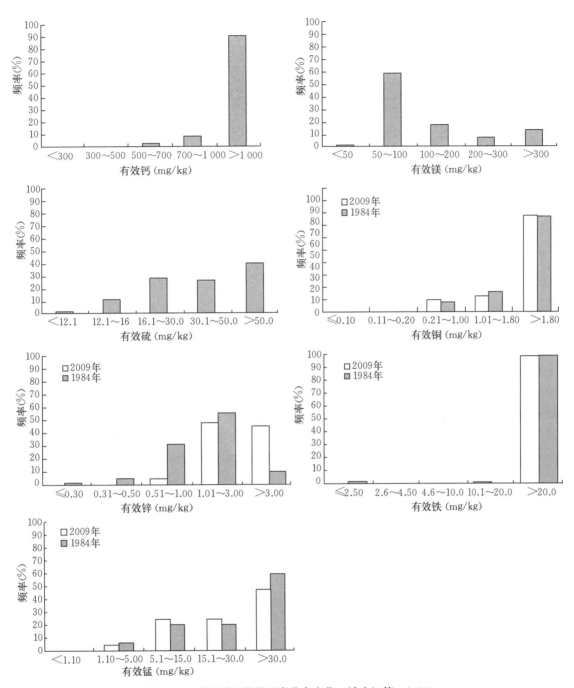

图 7-2　浙江稻田微量元素分布变化（计小江等，2014）

业中，土壤 pH 持续下降，即土壤酸化已成为全球耕地最为普遍的现象。以浙江为例，水稻土 pH 主要在 4.50～6.50，以酸性为主，与全国第二次土壤普查结果相比，目前水稻土呈现明显酸化。如表 7-3 所示，土壤 pH 在 5.5 以下的比例明显增加，而土壤 pH 在 5.5～7.5 的比例明显下降，pH 中值下降了 0.39 个单位（李艾芬等，2014）。广东也呈现相同的变化趋势，1984—2014 年，广东水稻土整体呈现明显的酸化趋势，其间水稻土 pH 下降了 0.33 个单位，强酸性和酸性土壤的分布频率呈明显上升趋势，分别增加了 3.2% 和 21.9%（曾招兵等，2014）。另外，不同地貌类型水稻土的酸化程度不一致，丘陵和河谷平原酸化程度高于滨海平原和水网平原，强酸性和酸性土壤比例均较高（表 7-4）。

表 7-3 浙江水稻土 pH 的变化（李艾芬等，2014）

项目	样本数（个）	pH 分级组成（%）					
		>8.5	7.5~8.5	6.5~7.5	5.5~6.5	4.5~5.5	<4.5
全国第二次土壤普查	28 144	0	3.30	28.40	58.20	10.10	0
2014 年耕地数据	32 441	0.21	5.08	13.85	39.98	38.32	2.56

表 7-4 浙江不同地貌类型水稻土的 pH 及其分级情况（李艾芬等，2014）

地貌	样本数（个）	pH		pH 分级比例（%）					
		范围	统计值	<4.5	4.5~5.5	5.5~6.5	6.5~7.5	7.5~8.5	>8.5
滨海平原	2 359	3.95~9.00	7.16±0.98	0.51	6.48	21.24	28.61	40.49	2.67
丘陵	10 766	3.30~8.45	5.47±0.68	4.53	58.10	29.92	5.80	1.65	0
河谷平原	7 371	3.02~8.70	5.54±0.71	3.89	52.54	34.84	6.44	2.25	0.04
水网平原	11 945	3.70~9.80	6.14±0.66	0.36	18.01	55.91	22.77	2.92	0.03

大气酸沉降是引起水稻土酸化的主要成因之一。此外，农业生产活动是导致土壤酸化的重要原因。土壤酸化主要是土壤生态系统中盐基阳离子净输出形成永久性质子负荷的过程，碳循环和氮循环是土壤酸化的主要驱动机制。生态系统碳循环通过生物量收获、有机酸根和碳酸氢根的淋溶等途径来移除土壤中的盐基阳离子。生态系统氮循环通过铵离子的净输入和硝酸根的净输出来实现对土壤碱性物质的移除。大气氮沉降和人为施氮肥超过生态系统的氮积累速率，将导致硝酸根的净输出（通过土壤淋溶和地表径流）增加，土壤酸化进程被生态系统氮循环加速。这种由农业生产而产生的永久性酸，其产生速率受土壤养分状态的限制，合理施肥改善了土壤养分状态，可以减缓农田土壤酸化进程。不同类型土壤酸化速率不同，其大小顺序为红壤＞紫色土＞黑土。这在一定程度上反映了土壤养分状况影响酸缓冲容量。有机肥中碱性物质的输入可抵消被收获生物量中碱性物质的输出，从而避免土壤碱性物质的过度消耗。磷、钾化肥或有机肥配施氮肥可增加植物或土壤的氮积累速率，从而通过降低生态系统氮循环效应来减缓农田土壤酸化进程。土壤酸化速率随着氮肥施用量的增加而明显增大。例如，黑龙江省哈尔滨市黑土上的施氮量增加 1 倍，土壤酸化速率提高 155%；红壤上的施氮量增加 1.5 倍，土壤酸化速率提高 49%。磷、钾化肥配施氮肥的土壤酸化速率较单施氮肥显著降低，多年磷、钾化肥配施氮肥处理与单施氮肥处理相比，土壤酸化速率降低 0.001~0.043 pH/年。有机肥配施化肥的土壤酸化速率较磷、钾化肥配施氮肥又进一步降低，这种效应在南方高降水量的红壤和紫色土上表现更为明显（0.020~0.040 pH/年），而在东北低降水量的黑土上表现不明显（曾招兵等，2014；孟红旗等，2013）。此外，在水旱轮作条件下，由于土壤中铵态氮与硝态氮频繁转化、损失增加，更容易导致土壤酸化。

2. 盐渍化 盐碱地对作物形成的危害主要是由碳酸钠、碳酸氢钠、氯化钠、硫酸钠 4 种钠盐引起的。其中，碳酸钠对作物生长危害最大，其余依次是碳酸氢钠、氯化钠、硫酸钠。碳酸钠盐碱地因主要含有较多的碳酸氢钠和碳酸钠，在盐碱浓度较低时，就会对农作物产生严重危害。种稻改良盐渍土历史悠久，其改良效果已被诸多研究证实。

（1）在水稻生长过程中，田面经常保持一定的水层，不但可以减少蒸发引起的耕层盐分向上移动，而且下渗水不断淋洗土壤中的盐分，使盐碱土在种稻过程中逐渐脱盐，改善了盐碱土 pH 和理化性状。

（2）田面水层与排水沟管始终保持一定的水位差，下渗水可排除原高矿化度潜水，使之从排水沟管中排出，从而排出土壤盐分。

（3）水稻在生长过程中，借助发达的根系，释放出大量的有机物质和 CO_2，提高了 CO_2 分压。CO_2 溶于水形成碳酸，可以降低土壤的 pH，促进土壤难溶性碳酸钙溶解，从而增加土壤中的钙离子浓度，改善土壤通透性，增强水分渗漏和盐分淋洗。

（4）种稻还通过压沙、调酸、耕作、施肥等途径实现盐渍土的改良。然而，碳酸钠盐碱地上种植水稻要想获得稳产高产必须先治理盐碱，碳酸钠盐碱地盐碱程度对水稻的生长起到决定性作用，盐碱严重的地块其水稻秧苗全部死亡，颗粒无收；轻者严重减产，一般减产幅度在 10%～90%。常规种稻方式下，不仅在整地过程中耗费大量的淡水资源，而且在秧苗移栽后出现"漂秧"和"淹苗"现象，种稻初期产量很低甚至绝收。因此，采取适宜的种稻方式，对于提高盐碱地水稻产量和改良盐碱地具有重要的意义。

3. 排灌问题 水稻是耐湿喜温作物，可长时间生长在有一定水层的农田中。但是，为了获得较高的产量，还需要进行有效的排水管理。一是在水稻淹灌期保持土壤有适宜的垂直渗漏量，使土层既通气爽水、环境不断得到更新，又不至于漏肥出现报酬递减；二是在水稻晒田期迅速降排地下水位，并保持适宜的地下水埋深，使耕层具有适宜的含水量，促进水稻高产稳产。在我国一些冲积或湖积平原上的水稻土，成土母质多为近代河流冲积物和湖相沉积物，一般土壤质地偏黏，沙粒甚少，透水性较差。垦殖以前的自然植被主要是芦苇、蒿草和各种水草，由于土体长期渍水，这些植被死亡以后，矿质化作用微弱，土壤有机质积累较多。由于以上原因，形成大面积渍害型稻田，其土壤组成、土壤结构、土壤剖面构型不良，土壤水、肥、气、热失调，土壤中对作物有毒的还原性物质大量积累，作物生长严重受阻，中稻亩产量只停留在 250 kg 左右。随着复种指数的不断提高和对水稻、小麦高产的需求，稻田排水已成为最重要的增产措施之一。排水能改善土壤的通气状况，增加根系活力，有利于稻麦增产。例如，植稻淹水期间，短期排水烤田可使根层的通气孔隙田增加 1%～10%，氧化还原电位由负值增至 50 mV，水稻不同生育期间的白根增多、黑根减少，水稻一般可增产 10%～20%。然而，目前我国农田普遍存在排灌措施不完善的问题，主要表现在以下 4 个问题：①田块普遍不规整，大小不一、形状不一，田块面积较小。②经过初步治理的涝渍中低产田，一般仅解决了排涝问题，排渍问题未能得到很好解决。③经过涝渍兼治的中低产田，由于在排水泵站兴建和干支沟开挖时对农田排渍缺乏充分认识，加之缺乏科学合理的排水调度，干支沟水位往往高于田间末级排水沟水位，田间末级排水沟水位常常高于排水暗管出口，因而地下排水工程实际上难以发挥其降低地下水位和治渍防渍的作用。④田间灌排配套工程简陋，难以实施有效的水分管理，跑水、漏水现象严重，伴随着肥料流失和水环境污染。

4. 冷浸田 冷浸型低产田主要分布在山垄谷地泉水溢出带或河谷平原的低洼地。由于这类土壤理化性状不良、生产条件差，多数种植单季稻，产量极低，我国约有 346 万 hm²，占低产稻田面积的44.2%，占全国稻田面积的 15.07%（柴娟娟等，2013）。冷浸田的双季稻年产量为 9 650～11 490 kg/hm²（王思潮等，2014；曹芬芳等，2014），低于 2023 年我国双季稻平均年产量（12 028.5 kg/hm²）（农业农村部种植业管理司，2024）。冷浸田单季稻产量范围为 4 552～7 185 kg/hm²（陈建民等，2022；王飞等，2017），远低于正常水稻田 8 520 kg/hm²（陈建民等，2022）。在山垄谷地，两侧山高林茂，光照不足，加上地下水溢出和引用冷泉水串灌，因而水冷、土温低。由于土体上段积水而产生渍害或者土体下段受地下水浸渍形成潜害，使土壤水分长期处于饱和状态，土粒高度分散，形成糊状烂泥田或无结构软粒的青泥层，土壤容重小，平均只有 0.86 g/cm³，而高产水稻土容重平均为 1.25 g/cm³，导致人畜耕作冷浸田困难。另外，土壤通气不良，还原物质过多积累，致毒因子还原态硫含量和亚铁含量过高。据测定，冷浸田土壤氧化还原电位通常在 200 mV 以下，还原物质总量达 1.5～30 cmol/kg。其中，亚铁含量在 41～600 mg/kg。还原物质的毒害直接影响水稻根系的活力和生长，水稻不能正常生长，早期返青慢，后期败根早衰。由于冷浸田存在土温低、通气性差、氧化还原电位低等问题，不但不利于水稻根系的生长和对养分的吸收，而且明显改变土壤微生物区系，阻碍土壤养分的释放和循环，因而有机质矿化缓慢，导致土壤速效养分严重不足。研究表明，高产田土壤微生物量均高于冷浸田。三大基础菌系（细菌、真菌、放线菌）及功能菌（氨化细菌、纤维分解菌、固氮菌）随季节的动态变化特征与土壤微生物量相似，存在数量上高产田土壤总体均高于冷浸田。而硫化细菌、铁还原菌随季节变化规律与其他微生物指标类似，但总体数量上是冷浸田大于高产田（图 7-3）。冷浸田土壤有机质高于高产田（表7-5），全氮含量较丰富，而有效磷、速效钾养分较贫乏，氮、磷、钾在水稻生长高峰期与高产田相比表现明显不足，尤其是有效磷，不能满足水稻正常生长需要。致毒因子亚铁和还原态硫随季节变化显著，但两者存在相互制约现象，全周期都高于高产田（柴娟娟等，2013）。因此，搞清楚冷浸田土壤潜渍问题，改善其土壤物理结构，提高土壤微生物活性促进土壤养分转化，提高冷浸田水稻高峰期速效养分供给，并控制和固定还原态硫和亚铁的活性，是提高冷浸田水稻产量的重要措施。

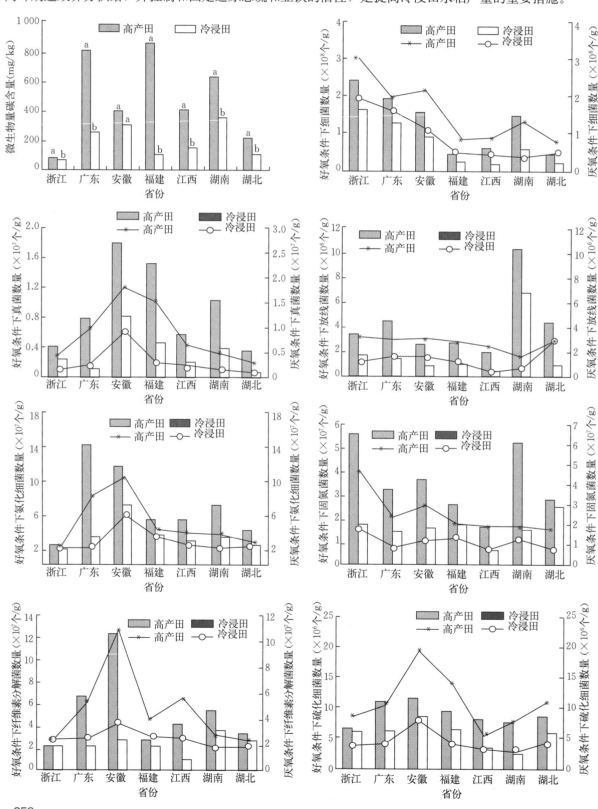

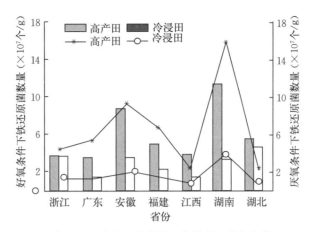

图 7-3　冷浸田土壤中可培养微生物数量（柴娟娟等，2013）

表 7-5　冷浸田和高产田土壤样品有机质含量和 pH（柴娟娟等，2013）

省份	地点	有机质含量（g/kg）		pH	
		高产田	冷浸田	高产田	冷浸田
浙江	义乌市赤岸镇柏峰水库下方	16.94	21.52	5.04	4.68
广东	惠州市良井镇前锋村	17.64	18.73	5.69	5.25
安徽	黄山市歙县定潭村	15.69	13.76	5.00	4.93
福建	福州市闽侯县白沙镇溪头村	14.81	21.48	4.69	4.47
江西	赣州市田村镇建新村	14.20	16.62	4.72	4.48
湖南	浏阳市镇头镇田坪社区排头组	18.31	18.62	5.29	5.08
湖北	白沙镇土库村	15.98	15.42	6.03	5.32

　　南方地区作为冷浸田形成的主要区域，其目前的分类体系过于繁杂且缺乏统一标准，不利于冷浸田中低产田标准化改良措施的制定和实施。因此，根据现有的资料以及国内的研究进展，结合各个省份冷浸田的土壤性质以及冷浸田的改良措施，对目前南方地区的冷浸田进行了分类，建立基于冷浸田共性土壤性质及其标准改良措施的分类框架。依据有无犁底层或耕层为分类的第一级，地理环境、特殊土壤类型、冷浸特征等为第二级，在上述分类原则的基础上，提出了新的冷浸田分类框架（表 7-6）。其中，无犁底层的冷浸田分为山垄烂泥田、低洼烂泥田和锈水烂泥田；而有犁底层的冷浸田则初步分为低洼冷水田、钙质冷水田、泥质冷水田、沙质冷水田、矿毒冷水田等。

表 7-6　南方地区冷浸田分裂框架（吕豪豪等，2015）

分类		原分类土属名	原分类土种名	土壤剖面层次结构	省份
	山垄烂泥田	陷泥田、烂泥田、灰烂泥田、烂浸田、冷泉田	陷泥田、烂泥田、蒿泥田、灰烂泥田、浅脚烂泥田、深脚烂泥田、石灰性烂泥田、烂潃田、冷泉田、冷涩田	A-G 或 Ag-G	浙江、湖南、湖北、安徽、福建、贵州、广东
无犁底层（烂泥型）烂泥田	低洼烂泥田	烂塘田、烂湖田、青潮泥沙田、烂泥田、烂涩田	烂塘田、烂湖田、紫泥湖田、烂湿田、湖泥田、滂眼田、烂涩田	A-G、Ag-G 或 Aag-G	浙江、湖南、广东、湖北
	锈水烂泥田	烂浸田、烂锈田、青灰泥田和冷浸田	烂灰田、烂浸田、烂锈田、萍乡青石灰泥田、滂泥田	A-G、M-G、A-(P)-G、Aa-G 或 Ag-G	浙江、贵州、江西、湖南

（续）

分类	原分类土属名	原分类土种名	土壤剖面层次结构	省份
低洼冷水田	烂塘田、青湖泥田	烂塘田、强青湖泥田、青湖泥田和腐泥心青湖泥田	A - Ap - G、Ag - Apg - G、A - Apg - G - Gh 或 A - Apg - Gh - G	浙江、安徽
钙质冷水田	冷浸田、青泥田、鸭屎泥田	石灰性冷浸田、石灰性青泥田、鸭屎泥田、苦鸭屎泥田和青鸭屎泥田	A - Apg - G、Aa - Ap - G、Aag - Apg - G - C 或 Aag - Apg - G	湖南、贵州
有犁底层（浸水型）冷水田　泥质冷水田	青潮沙泥田、青潮泥田、青泥田、青丝泥田、青紫泥田、青鳝泥田、青黄泥田、青潮黏田、青潮黏田、青黄泥田、青红泥田、青棕红泥田、青马肝田、马粪田、烂青紫泥、烂青泥田、乌泥底田、油格田、泥炭底田	青泥骨田、青潮泥田、青紫潮泥田、冷浸潮泥田、强青丝泥田、青丝泥田、万坊青紫泥田、青鳝泥田、青黄泥田、青潮黏田、腐泥心青丝泥田、低油格田、中油格田、高油格田、乌泥底田、青泥田、青夹田、次灰青泥田、强青泥田、青黄胶泥田、青红泥田、青棕红泥田、强青马肝田、青马肝田和高位马粪田、烂青紫泥田、烂青紫黏田、烂青泥田、强青潮沙泥田、青紫潮沙泥田、青紫泥田、鸭屎泥田、泥炭底田	A - Ap - G、Aa - Ap - G、A - Apg - G、A - P - G、A - Pg - G、Ag - Apg - G、Aa - Apg - G、A - Apg - G - Gh - C 或 Aa - Ap - G - GW - C	安徽、贵州、湖南、湖北、江西、广东、福建、浙江
沙质冷水田	青泥田、青潮沙泥田、青潮沙泥田、青麻沙泥田、黄沙泥田、青红沙泥田、青紫沙田、冷浸田和青湖泥沙田	青岩渣田、青潮沙田、青潮沙砾田、冷底田、青乌麻沙泥田、青灰麻沙泥田、青麻沙泥田、青黄沙泥田、青头红沙泥田、青紫沙田、冷浸沙田、铁锈水田、锈水田、青潮沙泥田、青沙泥田	A - Apg - G、A - Ap - G、A - Apg - G - S、Aa - Ap - G、Aag - Apg - G 或 Aa - Ap - G - CA - Apg - G	湖南、安徽、广东、江西、福建、湖北、湖南、贵州
矿毒冷水田	青矿毒田和矿毒青泥田	青金属矿毒田、青非金属矿毒田、青废水污染田和矿毒青泥田	A - Apg - G	湖南、湖北

5. 高温、低温等　人类活动频繁，加上自然环境波动等多种因素的影响，导致全球气候逐渐变暖，且呈日趋加重的态势。在人类活动频繁地排放温室气体等作用下，预计到 2100 年，全球地表温度平均值将比 1990 年高 $1.4 \sim 5.8$ ℃。在此基础上，极端高温发生的频率也逐渐增加，预计未来夏季高温情况发生的频率较高。在我国长江中下游地区，高温天气发生频繁，日平均气温 $\geqslant 30$ ℃和日最高气温 $\geqslant 35$ ℃的高温天气基本上每年都有发生，发生时段多集中于 7 月中下旬至 8 月上旬，而此时水稻正值孕穗后期和抽穗扬花期。极端高温对水稻的生长发育不利，明显抑制水稻结实，降低产量，尤其是在水稻结实关键期。研究表明，在高温条件下，温度每升高 1 ℃，水稻产量减幅达到 10% 左右（李正喜等，2019）。对于单季稻，一般在 7 月下旬至 8 月上旬遇到连续日均温大于 30 ℃、相对湿度低于 70% 的天气情况就会发生高温热害。水稻生长对高温敏感度高的时期主要包括孕穗期、开花期、灌浆期。水稻进入孕穗后期，尤其在减数分裂期，如果遇到高于 35 ℃的高温天气，会使每穗颖花数、结实率、粒重和产量明显降低。水稻进入开花期，高温会影响开花、花药开裂，降低花粉活力，并影响花粉管伸长和受精，从而导致结实率的降低。有研究表明，随着开花期高温持续天数的增加，结实率不断下降（表 7 - 7），并且水稻品种对高温胁迫最敏感的时期为开花第 3 d（图 7 - 4）（黄福灯等，2016）。灌浆结实期高温会抑制籽粒干物质积累，使得空瘪粒增加、千粒重下降。并且，气

温过高使得水稻灌浆速度加快，所形成的复合淀粉粒呈核状，排列疏松且颗粒间充气，引起光折射而呈白色不透明状，导致垩白米率和垩白面积增加，降低稻米品质。在不同强度和持续高温天数的影响下，早稻减产程度依次为灌浆期最大，开花期次之，孕穗期最小；而对于中稻来说，高温发生并不显著时，各发育期产量损失与早稻类似，但当高温强度及持续高温天数达较高值时，中稻开花期的产量损失就开始大于灌浆期，说明高温对中稻开花期危害更大。在高温热害典型年份，无论早稻还是中稻产量都有明显减少，产量损失最高均达 30% 以上。在相同高温年份，中稻的最大减产率值一般要大于早稻。因此，总的来说，高温热害对中稻产量的不利影响略大于早稻。

表 7-7　持续高温胁迫下水稻结实率及下降率（黄福灯等，2016）

高温持续天数（d）	协青早 B		钱江 3 号 B	
	结实率	下降率	结实率	下降率
0	96.36±0.28		91.29±1.77	
1	82.93±2.64	13.94	81.73±3.86	10.47
2	49.43±3.01	48.70	65.58±1.54	28.16
3	46.81±7.23	51.42	54.23±2.19	40.60
4	23.35±6.36	75.77	45.33±4.45	50.35
5	17.10±5.37	82.25	19.36±1.92	78.79

　　低温冷害是北方稻区生产过程中的一种灾难性气候，水稻是喜温作物，低温对水稻有明显的影响。低温冷害发生时，水稻的结实率、穗重等明显下降，造成大幅度减产。低温常伴的连阴雨、寡照、干旱等不利气象条件，则加重了其影响程度。低温冷害主要有两种：一是苗期低温，如双季早稻的低温冷害。3—4 月是一些地区双季早稻和晚熟中稻的播种育秧期，常遇低温加连阴雨的天气。低温冷害伴随浸水会导致种子发芽率降低，且在 0～12 ℃ 的低温范围内，水温越高，发芽率越低，浸水时间越

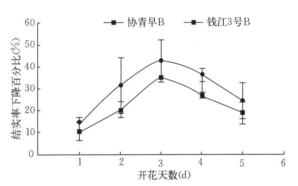

图 7-4　花期不同开花天数高温对水稻结实率的影响（黄福灯等，2016）

长，发芽率也越低（表 7-8）（叶胜海等，2012）；而苗期低温则是造成烂秧死苗的主要原因。二是后期低温，如双季晚稻的低温冷害。一些地区双季晚稻的抽穗扬花期，易遭受"寒露风"危害，造成"翘穗头"。在分蘖期、拔节期、抽穗期进行低温处理，均对稻穗形成起到抑制作用，但不同品种、不同生长期低温对产量的影响程度存在差异。相比分蘖期和拔节期低温处理，抽穗期低温处理对产量的影响较大，因而在种植水稻过程中应加大对水稻抽穗期的管理力度，预防冷害现象的发生。

表 7-8　不同温度对水稻种子发芽势和发芽率的影响（叶胜海等，2012）

处理	天数（d）	浙粳 22	浙粳 27	秀水 110	秀水 09	秀水 128	秀水 63	嘉 991	嘉花 1 号	平均
0 ℃	5	71.19	61.74	89.10**	60.72**	73.33**	69.17**	82.32**	50.17*	69.72**
		84.87	93.10	98.55	98.67**	92.00	92.89**	98.67	92.00	93.84
	10	41.38*	33.77**	48.00	27.58	40.67	32.81	37.33	20.00	35.19
		67.93	84.44	93.33	82.30	88.00	72.64**	96.00	82.67	83.41
	15	26.67**	37.32**	50.67	14.67	24.00	29.02	25.33*	28.39	29.51**
		60.00*	68.14*	82.67	78.67	73.33	86.10	86.67	80.00	76.95*
	20	25.16**	16.00**	36.89	13.33	20.00	29.67	23.64**	22.61	23.41**
		63.30*	57.33*	84.22	72.00	72.00	74.28**	84.00	86.15	74.16**

（续）

处理	天数（d）	浙粳22	浙粳27	秀水110	秀水09	秀水128	秀水63	嘉991	嘉花1号	平均
4 ℃	5	67.63	69.33	82.43**	57.51**	64.52**	53.88*	85.33	57.33	67.25**
		86.52	90.67	98.67*	82.09	94.32	81.30	98.67	92.00	90.53
	10	24.65**	29.33**	35.33	19.89	33.13	21.33	32.00	24.00	27.46**
		65.69*	86.67	90.00	88.25	86.27	65.33*	96.00	82.67	82.61
	15	24.33**	29.58**	20.00*	12.45	30.67	24.91	26.67	24.00	24.08**
		64.72*	64.45**	82.67	77.57	82.67	80.79	86.67	80.00	77.44*
	20	18.67**	29.78**	32.00	16.00	31.06	18.67*	22.67*	14.67	22.94**
		57.33**	72.99	82.67	69.33*	74.39*	66.67*	84.00	86.15	74.19**
8 ℃	5	53.88*	66.17	73.33**	60.00**	57.00**	49.33	80.83**	55.33**	61.98*
		80.14	90.56	92.00	88.94	90.32	77.33	97.22	94.67	88.90
	10	20.25**	13.56**	25.33	9.50	12.88**	13.33*	7.00**	4.00**	13.23**
		68.99*	73.17	96.00	85.17	82.58	77.33	87.14	76.00	80.80
	15	1.33**	2.67**	2.67**	1.33*	1.33**	8.33**	13.39*	0.00**	3.88**
		48.56**	44.00**	64.52**	56.86*	57.33**	73.33	69.00	50.67**	58.03**
	20	0.00**	1.33**	10.67**	0.00*	1.33**	0.00**	0.00**	2.38**	1.96**
		39.22**	42.67**	77.33	66.67	64.00*	33.61**	67.67	68.11	57.41**
12 ℃	5	61.72	66.67	74.67**	54.63**	68.08**	57.94**	80.83**	56.94**	65.19**
		89.00	93.33	93.33	88.86	84.76	83.67	100.00*	83.33	89.54
	10	10.72**	5.33**	9.33**	6.67**	2.67**	5.75**	9.33**	0.00**	6.23**
		51.22**	62.06**	85.33	77.33	73.33	49.61**	85.33	69.33	69.19**
	15	6.67**	4.00**	13.61**	5.44**	1.33**	3.85**	4.11**	1.33**	5.04**
		46.67**	39.17**	73.00**	66.00*	65.33**	69.74	85.06	64.00**	63.62**
	20	2.67**	0.00**	8.00**	0.00**	2.78**	2.62**	1.28**	2.00**	2.42**
		45.33**	45.33**	69.33**	73.33	67.50*	56.62*	73.19*	66.67**	62.16**
CK		68.28	69.77	41.67	20.91	33.08	35.88	39.81	33.6	42.88
		87.91	89.53	92.14	79.32	84.62	83.08	85.01	88.95	86.32

注：同一行数据后加 * 表示差异显著（$P \leqslant 0.05$），加 ** 表示差异极显著（$P \leqslant 0.01$）。

五、人为导致的产地环境新问题

1. 秸秆还田问题 秸秆还田是人类对稻田生态系统物质进行循环的过程，是秸秆的自然归宿和重要出路，它实现了农业废弃物的资源化利用，是国家实施"药肥双减"重大策略的主要技术。秸秆是宝贵的肥料资源，据《江苏省农作物秸秆综合利用规划（2010—2015年）》，近年来江苏水稻、小麦秸秆年平均产量为1 836.8万t、1 015.6万t，则稻麦秸秆携带的氮、磷、钾养分量分别为23.0万t、3.62万t、50.0万t。秸秆还田有利于提高土壤有机质、全氮、有效磷和速效钾含量（图7-5）（陈红金等，2019a），发挥作物增产潜力的作用，还能减少秸秆焚烧、减少碳排放，有利于保护环境。但是，由于秸秆还田技术综合性强，耕作类型和还田方式多，在实际应用过程中，还存在诸多问题。

（1）在稻麦一年两熟轮作中，由于农时季节紧，稻作秸秆还田往往来不及腐解就要插秧。这样不仅影响水稻插秧质量，而且大量秸秆淹水分解使土壤呈强还原状态，导致硫化氢、有机酸、酚类等物质积累，对秧苗根系造成毒害作用。

（2）秸秆还田量过大，前期秸秆分解导致土壤速效氮含量急剧下降。这些都影响稻麦有效分蘖的发生，形成前期秸秆腐熟与作物争氮的问题，需要调整施肥方案，但没有调整量的计算方法。

（3）田间秸秆为害虫的繁殖提供了环境，因此会导致病虫害的发生概率有所升高。

（4）农机具如何进行合理选择及操作存在技术瓶颈，尤其在南方稻麦轮作区，土壤质地黏重，不利于机械化秸秆粉碎还田作业。

（5）稻季秸秆还田导致甲烷排放增加，可溶性有机碳、养分与重金属活化迁移，增加了温室气体排放与面源污染的风险。因此，研究秸秆还田模式下适宜的田间管理模式，并全面评价秸秆还田培肥增产效应与环境弊端、趋利除弊，对秸秆还田农艺技术的进一步推广应用具有重要的指导意义。

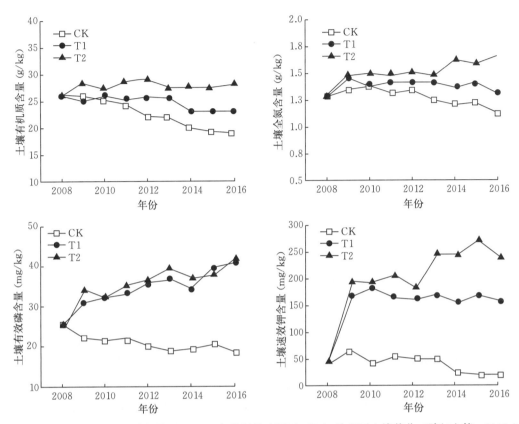

图 7-5 不施肥（CK）、常规施肥（T₁）和秸秆粉碎还田（T₂）处理下土壤养分（陈红金等，2019a）

2. 污水灌溉等 我国生活污水产生量大，氮、磷营养元素浓度高，生活污水农田回用不仅能够减少污水对水环境的污染负荷，而且能够在保证作物产量的同时减少化肥的投入。这对面源污染的防控和农业可持续发展有重要的意义。稻田作为一种特殊的人工湿地系统，对污水的消纳具有很大的潜力。所以，在保证食品安全的前提下，生活污水作为水稻的灌溉用水，具有巨大的经济效益和社会效益以及广阔的应用前景。然而，在利用污水灌溉时，需要综合评价其对土壤养分、水稻生长、有毒有害物质积累、土壤微生物群落和活性的影响。

（1）对土壤养分的影响。相对于施用化肥，生活污水灌溉下的养分分散进入稻田，而且氮、磷投入量偏低，导致种植水稻后，土壤总磷含量略有下降，土壤有效磷含量显著降低，但污水灌溉增加土壤对磷的最大吸附量，增强了土壤对磷的吸附和缓冲能力。长期养殖污水直接灌溉可显著提高稻田土壤中氮和磷的积累，积累量随着灌溉年限的增长而增加。其中，磷素的增幅高于氮素。养殖污水灌溉4年、7年和13年后，土壤表层中的全磷和全氮含量分别增加了43.6%、95.2%、148.4%和7.7%、17.0%、28.4%。然而，长期养殖污水灌溉可促进氮、磷在土壤剖面中的垂直迁移，增加对地下水的污染风险（章明奎等，2014）。

（2）对水稻生长的影响。高氮污水灌溉具有促进水稻生长的作用。

（3）对有毒有害物质积累的影响。环芳烃（PAHs）污染是最常见的有机污染之一，具有强烈的"三致"效应（即致癌、致畸和致突变），污水灌溉是我国土壤PAHs污染的主要方式之一。有研究表明，长期污水灌溉导致稻田土壤PAHs含量严重超过环境标准，但随着清水连续灌溉年限的增加，土壤 PAHs 总量不同程度地降低，直至低于土壤 PAHs 环境质量标准。因此，灌溉水中的重金属含量水平对土壤和粮食中重金属含量的影响明显，并有可能造成粮食重金属含量超标。

（4）对土壤微生物群落和活性的影响。含石油污染物污水灌溉导致土壤中石油烃（TPH）积累，刺激了土壤中好氧异养细菌（AHB）和真菌的生长。土壤脱氢酶、过氧化氢酶、多酚氧化酶活性与土壤中的 TPH 含量呈显著正相关，而土壤脲酶活性与土壤中 TPH 含量呈显著负相关。

第二节　低产水稻土障碍消减途径与技术

一、低产水稻土障碍消减的主要途径

（一）传统技术应用

由于连续多年的不合理耕作方式或受土壤本身性质的影响，低产水稻土表现出耕层浅、耕层沙化、土壤板结、犁底层厚、土壤孔隙度小等问题。这将影响土壤保水保肥性、土壤透气透水性，限制根系下扎和生长，导致微生物活性降低，并影响土壤养分转化，从而影响水稻生长发育，最终导致水稻产量和品质降低。应用深翻深耕、水旱轮作、有机培肥等技术改善土壤理化性状，是低产水稻土改良的传统有效方式。

1. 深翻深耕　翻耕指用带深翻犁的机械把犁底层的黏重土壤翻犁上来，使表层的轻质土壤能够与底层的黏重土充分掺和。通过翻耕的方式，可有效降低耕层土壤容重，打破土壤板结状况，调和土壤中固相和气相的比例，增加耕层土壤毛管孔隙度，从而改善耕层土壤物理性质，增强土壤透气透水性能，提高土壤持水能力。翻耕对土壤养分也具有重要的影响，翻耕降低 0～10 cm 土层土壤养分含量，而使 10～20 cm 土层有机质、全氮、有效磷和速效钾含量分别提高 3.2%～8.8%、4.5%～9.2%、5.2%～8.2%和 8.3%～17.7%（吴萍萍等，2018）。增加耕作深度打破犁底层，有助于提高耕层厚度，促进水稻根系生长发育。耕深 20 cm 处理的总根长、根系表面积、根系体积，在水稻生长的各个时期都高于耕深 14 cm 处理和耕深 17 cm 处理，说明耕深 20 cm 处理能够促进根系生长，增加根系的吸收范围。并且，土壤中碱解氮、有效磷、速效钾含量均为耕深 20 cm 处理最小，说明耕深 20 cm 处理能够促进速效养分转化，植株对速效养分吸收利用能力更强（王馨卉，2018）。实践表明，深翻深耕在提高水稻产量中发挥重要作用，5 年平均增产 428 kg/hm²，增幅约为 4.5%，主要是通过增加有效穗数和穗粒数来提高水稻产量（唐海明等，2019）。

水稻播种前整地包括旱整地和水整地，代贵金等（2020）提出了具体的技术规程。

（1）机械旱整地。旱整地包括翻耕、旋耕、整平等。旱整地有利于创造良好的土壤结构，使土壤孔隙度增大，氧化还原电位提高，有利于栽后秧苗的返青和生长发育。深翻深度控制在 20 cm 左右。稻田土壤质地结构、土壤硬度是把握稻田深翻时机的一个重要因素。研究表明，在辽宁中部稻田中，表层土壤 0～5 cm 的土壤硬度＜200 kPa，间隔 3 年或 3 年以上翻耕；土壤硬度为 200～400 kPa，间隔 2 年翻耕；土壤硬度＞400 kPa，间隔 1 年翻耕。翻耕时，土壤含水量以 15%～25%为宜。旋耕不要太早，一般插秧前 20 d 内旋耕。若旋耕太早，田间容易滋生杂草。旋耕技术要求土壤含水量为 10%～18%，旋耕深度为 12～15 cm。水稻插秧要求田块平整，格田内稻田地表高低相差不宜超过 3 cm。对于平整度不够的田块，可利用激光平地机进行平整。

（2）机械水整地。水整地包括水耙地、水平地等。水耙地的作用主要是起浆，水耙地一般与水平地同时进行。经过旱翻旋的地块，提前灌水泡田 0.5～1 d，拖拉机带水耙拖平机进行作业，耙深为 12～15 cm。另外，保水地和积水地应耙得上糊下松，而漏水田应耙得烂一些，以利于保水。未翻耕的地块，先灌水泡田 1～2 d，然后用水稻高留茬还田整地机或水田灭茬搅浆整地机进行灭茬搅浆整地作业，交叉作业两遍即能完成旋翻、搅浆、灭茬、杂草旋入泥浆，拖平地表作业，使多遍复式作业一次完成。耙深 12～15 cm，杂草、根茬旋压入泥浆中可达 12 cm 以上深处，压茬率达 95%以上，整个稻田地表面呈泥浆状。

2. 水旱轮作 水稻田长期淹水会破坏土壤结构，增加土壤容重，导致土壤板结现象的发生；同时，降低土壤氧化还原电位，发生次生潜育化现象，影响水稻根系发育。水旱轮作主要是在同一田块上有序地进行水稻和旱地作物轮流耕作的一种方式。水旱轮作后可有效疏松土壤，降低土壤容重，改善土壤透气透水性，促进土壤团聚体形成。并且，水旱轮作提高土壤氧化还原电位，有助于提高土壤养分有效性。与连作水稻相比，水旱轮作下水稻生长好，可减少化肥施用量 10%～30%，并使水稻增产 20%～30%，尤其在黏质水稻土上表现更好。

3. 有机培肥 有机物料的施用可以促进土壤团聚体的形成，降低土壤容重，保持土壤的孔隙度，并促进土壤微生物活性，加强土壤养分转化。它在提高土壤质量、保证粮食产量方面发挥重要的作用。有机无机肥配施处理的水稻产量较常规施肥增加 17.29%～31.43%，且明显提高了氮肥利用率、氮肥农学效率和氮肥偏生产力（陈琨等，2020）。并且，秸秆还田结合深耕可以改善土壤 0～20 cm 土层的理化性状，提高土壤有机质、碱解氮、速效钾和有效磷含量，改善土壤肥力，并有利于提高水稻叶片保护性酶活性、光合特性和干物质积累量，为水稻高产奠定基础。

（二）现代创新技术

1. 农机农艺结合 农艺与农机结合是现如今我国现代化农业发展的重要方向。在农业生产中为满足农艺发展需求，农机设备不断发展创新。为构建水稻高产耕层机械化作业模式，根据旱地深旋和水田旋耕等不同需求，应选择配套机具进行作业。旱地深旋机械化作业模式，可以采用 1GKNM-210 型双轴旋耕机，配备 1354 拖拉机作动力。在留茬高度≤35 cm、秸秆切碎后均匀抛洒、土壤含水量≤45% 的条件下，旋耕机可以实现高效作业，整地深度在 18 cm 以上，打浆后地表平整度为 4.8 cm，植被覆盖率 81%，秸秆均匀掩埋且分布在全耕层范围内。采用旱地旋耕埋茬模式，可免去泡田环节，节水效果明显，适合在春季干旱少雨的情况下作业（王金丽，2018）。双轴深旋技术能增加作业深度，效果优于 1GLZ-230A 型履带自走式旋耕机，土壤透气性提高，团粒结构得到改善。不足之处是作业环节和机具下地次数较多（王福义，2018）。水埋茬旋耕作业模式，可以采用 Z6/D235 单轴变速旋耕机，配套动力为东方红 754 拖拉机，输出轴转速为 540 r/min。工作幅宽为 2.35 m，刀轴最大回转半径为 255 mm。旋耕刀型号为 II255，共安装 54 把，为螺旋线对称排列。稻茬全部被埋入泥浆中，在 0～18 cm 深度均有分布，基本没有集中打捆现象。稻茬漂浮率为 0%，有 1%～3% 的稻茬外露在田面，稻茬埋深最大值达 22 cm。稻茬在不同深度的分布比例：50%～60% 分布在表层 0～8 cm，30% 分布在表层 8～12 cm，其余 10%～20% 分布在表层 12 cm 以下。旋耕深度为 15.5 cm，打浆后地表平整度为 4.8 cm，植被覆盖率 89.2%。增加泡田时间可提高作业质量，实现旋耕、埋茬、打浆一次性完成，埋茬深且均匀，起浆效果好（王金丽，2018）。

2. 区域种植养殖结合 稻田生态综合种养模式是一种生态循环、绿色发展的养殖模式，具有改善生态环境、提高稻田效益的作用，主要表现为以下 5 个方面的效应。

（1）改善土壤理化性状。实施综合种养模式（如稻虾轮作、稻鸭共作、稻鳅模式等）可有效改良表层土壤理化性状，提高沙粒分化率和土壤总孔隙度，降低土壤容重，调理土壤 pH 等。

（2）调理土壤微生物群落。有机稻鸭共作和稻虾轮作改变细菌群落组成，使不同耕层土壤具有更高比例的共同细菌门，同时提高了各耕层土壤细菌群落的丰富度和多样性，使细菌群落结构整体朝着更加稳定的方向发展。

（3）提高稻田养分。在稻田生态综合种养模式下，土壤肥力因子显著增加，稻鱼模式和稻鳅模式可增加土壤中全效养分含量，全氮、全磷、全钾含量在整个生育期内维持在一个相对稳定的状态，并提升孕穗期、灌浆期等关键生育时期中的速效养分含量。其中，以稻鱼处理效果更佳。稻田生态综合种养还有利于减缓土壤有机质含量的下降，提高腐殖质的活性和腐殖化程度。在稻草还田＋稻田养鸭模式下，土壤有机质和碱解氮含量分别提高了 21.3%～33.7% 和 15.1%～21.5%（王忍等，2020）。

（4）减少病虫害。采用稻蟹模式的稻田，能够显著抑制稻田 4 种优势杂草（稗草、水葱、扁秆藨草和水绵）的密度，对稻田阔叶杂草也有很好的控制效果。稻蟹模式对稻田藻类的生物量也有明显的控制作用，蟹田丝状藻类的生物量显著低于常规稻田。采用稻鳖模式的稻田，水稻迁飞性害虫的发生明显减少，做到不用农药或少用农药即可获得明显的生态效益（余开等，2020）。

（5）提高水稻产量。与稻田单作相比，4 种主要稻渔综合种养模式（稻鱼、稻虾、稻蟹、稻鳖）明显提高水稻分蘖率，提高根长 8.8%～31.3%，提高水稻产量 5%～25%（余开等，2020）。稻草还田＋稻田养鸭能显著降低水稻株高、提高水稻生物量，主要通过增加水稻有效穗数来提高水稻产量，一年内能使水稻增产 10%以上（王忍等，2020）。

3. 水稻-绿肥轮作制度　在长期生产实践中，栽培紫云英等绿肥作物对提升耕地质量和水稻产量具有重要作用，其重要性越来越被广大农民所认识和接受。种植紫云英，能增加土壤养分，提高土壤肥力，改善土壤理化性状，改良低产田，增加作物产量，增加土壤覆盖，防治土壤侵蚀。在同一块稻田连续 3 年冬种绿肥紫云英，土壤有机质含量提升 11.8%，土壤全氮、全磷、全钾含量分别增加 11.0%、37.8%、20.6%，土壤有效磷、速效钾含量分别提高 5.4%、64.7%，土壤阳离子交换量提升 11.3%，土壤容重下降 11.9%，水稻产量平均增加 32.5%（何艳明等，2019）。

二、低产土壤物理性障碍的消减技术

良好的土壤物理结构是高产水稻田形成的基础，长期水耕种植水稻会导致耕层土壤沙粒含量增加而黏粒土壤含量下降，土壤团聚体破坏，导致漏水漏肥。而连续的小机械耕作使得土壤犁底层变硬变厚、土壤板结、土壤孔隙度越来越小等，导致土壤的透水透气性差，抑制作物根系下扎，同时降低了微生物的活性。这些因素都使土壤肥力不断下降，最终导致作物减产。通过合理的耕作方式构建高产水稻田耕层结构，并配合有机物料施用，对于土壤物理性障碍的消减具有重要作用。

土壤质地过沙、淀浆板结、漏水漏肥、养分贫乏是造成沙漏田水稻土低产的主要因素，逐年深耕结合施用有机肥或秸秆还田，有利于形成厚沃耕层，是沙漏田改良的主要措施。反复耕耙来黏闭耕层土壤是减少漏水漏肥的重要措施。黏闭过程首先破坏土壤结构，使一个团聚状的多孔土壤变成黏糊状、大孔隙很少的土壤。黏闭能使 40%的团聚体破坏成<0.05 mm 的颗粒。对于具有良好结构的黏质土壤，土壤的渗漏量极大，黏闭破坏土壤结构，降低渗漏量，有利于水稻生长；易分散的黏质水稻土，由于淹水时能自行黏闭土粒，因而减少了渗漏。对具有低活度黏粒的粗质地土壤，由于存在单粒结构，土体疏松，透水性很高，黏闭后同样难以改变土壤的物理性质，所以对水稻生长影响也不大。另外，犁底层的存在对于减少漏水、漏肥也具有重要作用。犁底层是水稻土特有的层次，由于水稻栽培过程中长期进行黏闭，因此在物理压实和化学胶结作用影响下形成。在 20 cm 深度内有一层土壤容重为 1.65 g/cm² 的坚实层，可减少水稻 20%～40%的需水量。犁底层的存在具有保水和减少养分流失的作用，但长期耕作导致犁底层深度减少，会导致耕层变浅、土壤通透性下降。

针对通气性差的土壤物理障碍，施用生物炭及脱硫灰等土壤改良剂可有效提高通气性。猪粪、稻草与化肥长期配合施用均可显著降低土壤容重和土粒密度，提高孔隙度，有利于改善土壤通气性。有机肥在促进土壤团聚体形成方面发挥重要作用。施用猪粪和稻草显著地促进了 0.5～5 mm 水稳性团聚体的形成，进而提高土壤团聚体稳定性，加入干稻草及紫云英也具有提高团聚体数量和直径的作用。在脱水过程中，有机质还有助于土壤形成一些特性，如通气孔隙、土壤容重和坚实度在失水时的下降度较小，有利于迅速排水、通气和根系的贯入。

三、低产土壤肥力提升与保育技术

稻田养分管理是低产水稻土改良和产量提升的重要方面。土壤养分盈亏是导致土壤肥力水平出现时空差异的主要因素，而外源养分投入是调控土壤养分供给平衡以及满足作物生产需求的高效管理途径。针对我国肥料利用率低、小农户经营为主体、作物种植茬口紧、测土配方施肥困难等难题，推荐采用基于水稻产量反应和农学效率的作物养分管理方法。主要内容包括：①水稻高产品种氮、磷、钾养分需求特征参数。基于田间多年多点试验的作物产量和氮、磷、钾养分吸收数据，应用 QUEFTS

模型分析水稻现代高产品种养分需求特征参数，建立作物籽粒产量与养分需求之间的关系。②土壤养分供应与肥料农学效率的量化关系。研究典型区域土壤基础养分供应特征，不同种类肥料养分供给与作物养分需求的同步协调机制，主要作物肥料农学效率及作物产量反应，建立土壤基础养分供应、肥料农学效率与作物产量反应的量化关系。③农田养分协同优化原理与施肥模型。基于水稻最佳养分管理的"4R"（最佳肥料种类、用量、时间、位置）原理，以及秸秆还田、有机肥施用、土壤条件和作物生长环境（温度和水分）等对施肥参数的校正，构建水稻养分协同优化的推荐施肥模型。

基础肥力对水稻产量贡献较大，所以提升水稻土肥力水平是保证作物稳产高产的重要指标。施用腐熟有机肥来培肥土壤在我国有着悠久的历史，是改良土壤结构、提高土壤肥力和增加作物产量的有效措施。有机物施入土壤改善了土壤腐殖质的组成状况，从而增强土壤的保肥能力，减少土壤养分的损失。大量研究表明，有机肥或有机无机肥配施显著提高了土壤有机质、全氮和有效磷含量（图7-6）（陈红金等，2019b），使有机质库和磷库均处于盈余状态，而单施或偏施化肥的土壤培肥效果不显著。1986—2003年，无肥处理的稻田土壤有机碳和全氮含量略呈下降趋势，化肥（NPK）处理的有机碳和全氮含量基本保持稳定，而有机无机肥配施处理的有机碳和全氮含量均呈增加趋势。统计分析表明，土壤有机碳和全氮含量呈显著正相关（$P<0.01$），有机无机肥配施能在一定程度上促进稻田土壤碳、氮的固定与积累，稻田土壤碳、氮具有较好的耦合关系（刘畅等，2008）。此外，未腐熟的秸秆直接还田和30%有机肥-化肥处理相比，增产效果也基本一致。这可能是秸秆直接还田后，新鲜秸秆施入土壤能为土壤微生物提供更为丰富的碳源和能源，增强了土壤中的生物活性。这就加速和调节了土壤中的养分释放状况。另外，施用未腐解有机物可以增加土壤中的营养物质，进而供植物吸收利用。

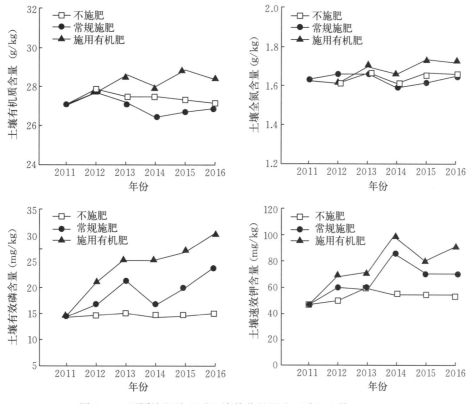

图7-6　不同施肥处理对土壤养分的影响（陈红金等，2019b）

采取不同的耕作制度对土壤培肥也具有不同的影响。稻田土壤在水旱轮作条件下，可以促进土壤有机质的更新和活化，提高土壤有机质的质量。而且，水旱轮作使胡敏酸分子结构趋于复杂，氧化度和芳香度提高，协调土壤有机质腐殖化和矿化比例，达到提高水稻土肥力的目的。免耕和秸秆还田可以提高表层的有机质、速效钾、有效磷等土壤养分含量。

四、产地环境的调节与改善技术

(一)酸化

农民习惯施肥导致土壤 pH、土壤交换性盐基离子和盐基饱和度逐年下降，土壤交换性酸逐年增加，南方稻田土壤大面积酸化是水稻生产的主要限制因子之一。筛选并种植耐酸水稻品种，采取土壤酸化改良措施，是提高反酸田水稻产量的有效途径。酸化改良措施主要包括以下 4 个方面。

1. 施用生石灰　施用石灰是中和土壤酸性、控制土壤酸化和提高土壤 pH 的重要措施，在酸化稻田施用 $600 \sim 750 \ kg/hm^2$ 农用石灰能明显提高土壤 pH，且随着石灰用量的增加，pH 增加越多。施用石灰能明显提高土壤碱解氮含量，并能明显促进水稻分蘖，提高水稻有效穗数，增加每穗实粒数和结实率，最终达到提高水稻产量的目的。尽管石灰作为酸化土壤调理剂已被广泛应用，但大量或长期施用石灰不仅会引起土壤板结，而且会导致土壤钙、钾、镁等元素的平衡失调。

2. 其他碱性物质施用　其他碱性物质（如钙镁磷肥、草木灰等）也可以起到中和土壤酸性的作用，是农业生产中改良反酸田的适宜改良剂。硅钙钾镁肥呈碱性，pH 为 $8 \sim 8.5$，由于其溶解度更低、养分全面，是良好的替代材料。硅钙钾镁肥有效促进了盐基离子在土壤中的积累和土壤交换性酸的消耗，特别是土壤交换性 Ca^{2+}、Mg^{2+} 的累积和土壤交换性 Al^{3+} 的消耗。硅钙钾镁肥在改良稻田土壤酸性的同时，土壤有效硅含量逐年增加，其涨幅随着硅钙钾镁肥施用量的增加而显著增大。

3. 养分管理　实施测土配方施肥，通过取土分析化验耕地中各种养分的有效含量，以此为主要依据，再根据不同作物需肥特点和产量水平，提出科学、合理的施肥技术和用量。这样不仅能显著提高作物产量和质量，而且显著降低了化肥施用量，减轻了因大量施用化肥对土壤造成的污染和酸化程度。另外，硝化抑制剂能够选择性地抑制土壤中硝化细菌的活动，从而减缓土壤中铵态氮转化为硝态氮的反应速度，减少养分流失和硝化作用过程中质子的释放，可有效减缓稻田酸化。

4. 有机物料施用　通过种植绿肥、施用有机肥、采取秸秆还田等措施提高土壤有机质含量，提高了土壤对酸碱度变化的缓冲性能。增施鸡粪可以提高土壤的有机质含量和交换性盐基离子（Ca^{2+}、Mg^{2+}、K^+、Na^+）含量，增加阳离子交换量，增加酸碱缓冲容量，从而改善土壤酸化状况（汪吉东等，2014）。

(二)盐渍化

在盐碱地上种植水稻，若保证水稻正常生长，20 cm 内的耕层必须经过治理达到一定标准，经治理后达标的耕层就是所谓的"淡化耕层"。"淡化耕层"标准根据水稻品种及盐分组成的不同而不同，一般新开垦盐碱地水田经过硫酸类化学原料处理，其可溶性盐含量<0.30%，pH<9.5，土壤碱化度（ESP）<35%。而未开垦、未经过化学处理的盐碱地种植水稻分为两类：第一类是以碳酸钠为主的，"淡化耕层"量化标准为其可溶性盐含量<0.12%，pH<9.5，ESP<35%；第二类是以碳酸氢钠为主的，"淡化耕层"量化标准为其可溶性盐含量<0.20%，pH<9.0，ESP<35%。目前，有效的治理方法有水洗、压沙、生物改良以及化学改良等方法。水洗的方法简单快捷，但由于碳酸钠和碳酸氢钠的土壤吸附性强，会带走大量泥土，效果有限。压沙的方法由于使用土方量大，因此成本过于高昂，目前应用范围不太广泛。生物改良的方法是种植耐盐碱植物（如碱蓬、碱草等），经过 $3 \sim 4$ 年即可达到"淡化耕层"标准。该方法改良成本低且效果好，但由于治理周期较长，目前生物改良方法应用较少。化学改良是目前生产上最快捷的改良方法。用于化学改良的原料有很多，目前可使用的化学改良剂包括低分子改良剂、工业废渣、有机物料、高分子聚合物等。低分子改良剂有氯化钙、石膏、磷石膏、烟气脱硫石膏、硫酸、盐酸、绿矾、硫酸铁、硫酸铝、硫黄、硫铁矿、天然沸石、硅藻土、膨润土等，工业废渣包括糠醛渣、粉煤灰、柠檬酸渣等，有机物料有腐殖酸、鸡粪、酒糟、沼液、沼渣、猪粪、牛粪、马粪、羊粪等，高分子聚合物有聚丙烯酰胺、乳化沥青、醋酸乙烯-马来酸或丙烯酸甲酯的共聚物、聚丙烯酸的盐类等。目前，化学改良生产上使用较多的是工业废硫酸、烟气脱硫石膏。这两种化学原料相较于其他原料价格低廉、使用效果好。另外，生物炭能够促进土壤的脱氢-产氢过程，进而增加碳酸盐向碳酸氢盐的转化，通过强化微生物铁还原过程增加对碳酸盐的固定，可作

为新型的化学改良剂。

盐碱土改良后，栽培水稻还应注意以下 3 个方面。

1. 合理选择品种　目前，耐碳酸钠盐碱的水稻品种主要以吉林、黑龙江两省选育的品种为主。吉林省农业科学院水稻研究所的长白系列水稻品种耐盐碱性较好，黑龙江省农业科学院的松粳系列部分品种较耐盐碱，在生产上有广泛应用。在选择水稻品种时，除了考虑其耐盐碱性，还应综合考虑该品种的生育期、品质等因素。

2. 合理灌排水　水稻控制灌溉技术是盐渍化稻田改良的重要措施之一。盐碱地的田面水除满足水稻水分需求外，还可以通过水分的下渗抑制底层盐碱土持续"返盐碱"现象发生，从而不断降低耕层土壤中盐碱浓度。水稻插秧前泡田洗盐以降低土壤盐分，是盐渍土地区种稻的首要条件。泡田冲洗须使耕层土壤全盐量降低到 0.15% 以下。泡田时，表层 0～20 cm 土壤脱盐迅速，待盐分降低至一定程度后，虽然继续加大泡田用水定额，但是表层脱盐速度仍会锐减。由于生长期内的灌水对表层土壤还要继续起淡化作用，因此为了节约泡田水量，泡田定额不宜过大，只需使表层土壤达到脱盐目的即可。盐碱地种植水稻要定期换水，渗透性差和盐碱含量高的盐碱地换水周期应当缩短，从而不断降低土壤和田间水层含盐量，减轻盐碱危害。长期以来，人们习惯采用深水淹灌的方式进行盐渍土水稻田生育期的灌溉。然而，许多学者研究发现，盐渍土水稻田实行节水灌溉，与实行深水淹灌相比，不但节约了大量水资源，而且大幅提高了水稻产量。盐碱地可以采取"薄灌频排"和"浅灌多排"的模式，排水频率越大，水稻耕层土壤含盐量降低得越多。另外，根据水稻的不同生育期施加不同的灌水量，设置适宜的排水时间，在各生育期环节上节水。一般来说，返青期是水稻对盐分最为敏感的时期，此时应实行浅水灌溉；而在分蘖后期，则应实行深水灌溉或落干晒田，以控制无效分蘖；其他时期应实行浅水灌溉或保持田面湿润（不建立水层）或浅湿交替灌溉。水稻黄熟期排水后，稻田土壤盐分呈上升趋势，且盐分含量随着土层深度增加而增加。但延期排水有利于降低土壤盐分的上升，尤其在表层土壤中效果更显著，并有利于水稻增产（图 7-7）（郭彬等，2012）。

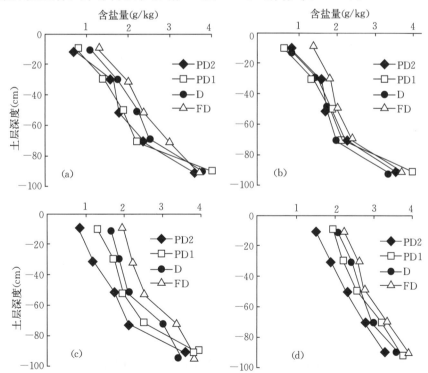

图 7-7　水稻黄熟期不同排水时间处理对稻田土层盐分含量的影响（郭彬等，2012）

注：图中处理 FD、D、PD1 和 PD2 分别表示提前 2 d 排水、常规排水（10 月 7 日）、推迟 14 d 排水和推迟 29 d 排水。(a)、(b)、(c)、(d) 分别表示采样时间为 10 月 6 日、10 月 21 日、11 月 4 日、11 月 15 日。

3. 合理施肥　碳酸钠盐碱地具有碳酸钠盐碱含量高、危害大，氮素和有机质严重缺乏，缺磷、缺锌比较普遍的特点。在低盐和高盐水平的滨海淹水均出现水稻产量随着氮、磷施用量增加而提高的现象，并有利于提高利润（表7-9）（俞海平等，2016）。施肥应坚持"多施肥，每次少施勤施，注重各种营养元素平衡施肥"的原则，还需多施有机肥，注意多补施锌肥等中微量元素，施用的各种肥料应选择酸性肥。另外，合理的钾肥种类及其配比和稻草覆盖，可有效降低水旱轮作制度下旱季作物生长期内土壤总盐分量。

表7-9　不同氮磷施用量下水稻产量、产量构成及施肥利润（俞海平等，2016）

盐分水平	处理	产量 (kg/hm²)	增产率（%）	有效穗数 (万/hm²)	每穗实粒数（个）	千粒重（g）	施肥利润 (元/hm²)
低盐水平	N₀P₂	1 260e	—	130d	51c	19.8d	2 978
	N₁P₂	3 140d	149	213c	67b	22.4c	7 426
	N₂P₂	5 118c	306	243b	81b	24.2b	12 352
	N₃P₂	6 530a	418	283a	92a	26.5b	15 698
	N₄P₂	6 256ab	397	275a	91a	25.4a	14 455
	N₅P₂	6 052b	380	272a	89a	25.2a	13 827
	N₃P₀	3 812d	—	224c	78c	22.3d	8 981
	N₃P₁	4 721c	23.8	246b	84b	23.7c	11 170
	N₃P₂	6 530a	71.3	283a	92a	26.5a	15 698
	N₃P₃	6 221b	63.2	279a	89a	25.3b	14 720
高盐水平	N₀P₂	520f	—	76f	34d	18.2d	1 002
	N₁P₂	1 820e	250	170e	50c	21.4c	4 072
	N₂P₂	3 200d	515	208d	74b	21.8c	7 350
	N₃P₂	4 194c	707	243c	82a	22.3b	9 624
	N₄P₂	5 030a	867	275a	85a	23.7ab	11 518
	N₅P₂	4 717b	807	263b	82a	24.4a	10 394
	N₃P₀	2 331c	—	167c	67c	19.4c	4 871
	N₃P₁	2 941b	31.8	197b	75b	21.6c	6 542
	N₃P₂	4 194a	66.7	243a	82a	22.8a	9 624
	N₃P₃	4 410a	52.0	246a	79a	23.6a	10 011

注：试验设置6个施氮水平，分别为0 kg/hm²（N₀）、75 kg/hm²（N₁）、150 kg/hm²（N₂）、225 kg/hm²（N₃）、300 kg/hm²（N₄）、375 kg/hm²（N₅）；4个施磷水平，分别为0 kg/hm²（P₀）、37.5 kg/hm²（P₁）、75 kg/hm²（P₂）、112.5 kg/hm²（P₃）。在计算施肥利润时，设定过磷酸钙（P_2O_5 12%）价格560元/t，尿素（N 46%）价格1 900元/t，稻米收购价格2.6元/kg。

（三）排灌问题

在我国长江中下游平原地区，特别是滨湖地区，分布有大量的涝渍中低产水稻田，对这类土地资源采取适宜的排灌排涝措施是涝渍地域农业和农村经济可持续发展的客观需要。开挖深暗沟或埋暗管，结合明沟或划线沟均，能迅速地排除田面积水和降低地下水位，在春季多雨时，可使水稻增产40%左右。通过地下排水措施，土壤的物理性质（土壤三相组成、结构性、孔性、透水性、持水性、供水性等）和土壤环境条件得到了明显改良，从而提高了土壤对于水、肥、气、热4个肥力因素及其环境状态的内调能力，改变了土壤发生发育方向，迅速地促使土壤由渍害型低产稻田土壤向爽水型熟化农田土壤发展。就南方易涝易渍地域而言，应当学习借鉴日本农田建设的先进经验，并结合我国南方平原湖区的实际，构建新型稻田结构。新型稻田结构的主要内涵是在骨干灌排体系已经基本形成的条件下，确立适度规模的农田小区，进行高水平的土地平整，建立完善的田间灌排工程体系。形成相对独立的灌排单元，建立明排暗降工程体系，做到能灌能排、灌排分开、排涝排渍分开。实现田间输水渠道暗化、塑管化。建立相对独立的灌排体系，使农田小区排渍不受干沟、支沟水位的影响。每一农田小区通过集水井（池）与排水支（干）沟相接，在连接处设有排水控制装置和"排为灌用"（将排水沟中的水再作为灌溉用水），实现部分排出水的再循环利用，并能持续有效地进行水旱轮作和高效种植。

（四）冷浸田

冷浸田是我国西南地区主要的低产水稻田，主要存在渍害易发、土壤温度低、土壤还原性物质积累等问题，不利于水稻根系生长。但冷浸田土壤基础地力较高，有机质含量丰富，通过土壤改良增产潜力较大。目前，主要有以下 6 项措施改良冷浸田。

1. 开沟排渍 根除水害一是降低地下水位，改善土壤物理性质，提高土壤氧化还原电位。二是提高水、土温度，增强土壤微生物的数量和活力，促进土壤养分和能量的转化，为作物生长创造良好的水、肥、气、热土壤环境，有利于水稻活根、保蘖、争大穗、增粒重，从而获得高产。

2. 垄畦栽培、垄作覆膜 起垄栽培可提高冷浸田土壤温度，改善小气候，增加光照，降低还原性物质。并且，减少土壤重力水，降低地下水位，充分发挥毛管水作用，从而减轻和排除田间渍害，创造深厚和结构良好的耕层，促进水稻早生快发。垄作显著提高了水稻产量，3 年平均产量提高 4.9%～16.8%（王文军等，2016）。垄作覆膜对水稻增产的效果更佳，能提高水稻生育前期土壤温度，显著提高土壤 0.5～1 mm 团聚体含量，降低土壤氧化稳定系数，提高土壤易氧化有机质含量，促进有机质矿化分解。

3. 科学养分管理 由于冷浸田有机质含量丰富，但有效养分贫乏，加上土温低和还原物质的毒害，影响作物根系的发育和对养分的吸收，普遍存在前期坐苗、中后期败根早衰现象。因此，在施肥时，应以速效化肥为主，推广氮、磷、钾及微肥配合施用，达到平衡施肥。在氮肥运筹方面，由于土壤养分转化速度慢，提高基肥与追肥比有利于增产。另外，配施有机物料也可以提高土壤速效养分，改善土壤氧化还原状态，对冷浸田增产效果较好。采取秸秆还田，以及施用鸡粪、猪粪、菇渣、牛粪、油菜籽干饼等的冷浸田，水稻籽粒产量表现出一定的增产趋势。

4. 施用化学调理剂 施用化学调理剂（如过氧化钙、石灰、粉煤灰等）也能改善土壤氧化还原状况，提高活性有机碳含量，改良土壤结构，实现水稻增产。冷浸田施用生石灰或生石灰配施有机肥，均不同程度地提高了水稻籽粒产量。施用生石灰或生石灰配施有机肥，不同程度地降低了冷浸田土壤亚铁含量，但提高了土壤微生物量碳、微生物量氮含量，大团聚体（>2 mm）比例呈下降趋势，而中团聚体（0.25～2 mm）与微团聚体（<0.25 mm）比例呈上升趋势，土壤理化性状得到改良。

5. 改革耕作制度 推广水旱轮作犁冬晒白，促进土壤熟化，加速土壤养分转化。此外，在地势平缓、田面较宽又无锈水的山垄冷浸田，可结合沟坑养鱼，发展稻-萍-鱼立体农业，以提高土地利用率和经济效益。

6. 调整品种和播期 冷浸田春季回暖迟，秋季降温快，土壤养分释放慢。在栽培上，播、插、抽穗期要调早一候左右，同时应调整品种布局以保证安全齐穗过关。

（五）高温低温等

1. 高温 近年来，极端高温现象频发，尤其是在 7 月下旬至 8 月上旬，此时正值水稻开花、灌浆等关键时期，成为限制水稻产量的重要非生物胁迫之一。应对高温胁迫可以采取以下 3 项措施。

（1）选择耐高温水稻品种，调整播种时间。不同的水稻品种对高温的耐受能力有所不同。研究表明，不同水稻品种在高温胁迫下其花粉育性和花药开裂性存在差异（图 7-8）（黄福灯等，2010）。一般熟期中等或者偏早的品种受害程度最重，而熟期相对较晚的品种受害程度也相对较轻，结实率高。随着气象部门预测预报水平的不断提高，其对天气的预测精准度越来越高，可在此基础上，结合水稻品种的特性等科学安排播种时间，再通过加强水分管理、科学施肥等，适当控制水稻生育阶段，将水稻生育期中对温度敏感的关键期与当地的高温时段错开，有效缓解高温热害。

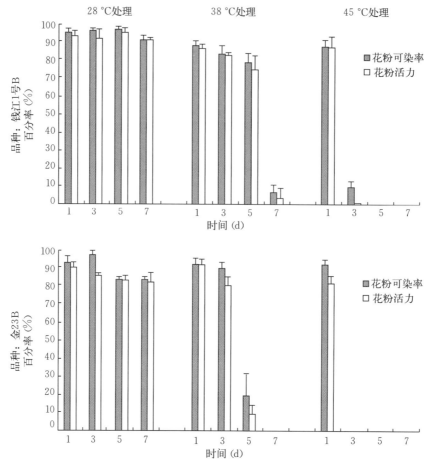

图 7-8　不同水稻品种在不同温度处理下不同时间的花粉可染率和花粉活力（黄福灯等，2010）

（2）加强栽培管理。水稻生长前期良好的田间微环境可以为水稻生长提供良好的条件，使水稻生长健壮，提高其自身的抗逆性，在一定程度上有助于减弱高温热害造成的不利影响。另外，前期适度的胁迫锻炼也可以提高水稻在关键生育时期对高温的耐受能力。可通过合理控制水稻的栽植密度、优化田间水分管理、适当控制氮肥施用量等，创建出一个结构合理、通风透气性良好的高产稳产群体结构，对高温胁迫的危害有着很好的缓解作用。

（3）实施人工辅助授粉措施。高温条件下水稻结实率不高的一个主要原因是花药开裂受阻、柱头花粉量不足。因此，提高水稻授粉率的一个重要措施就是人工辅助授粉。在高温条件下，花药开裂受到阻碍，花药散粉时间有所推后，降低了自然授粉率。在人工辅助授粉过程中，"赶粉"可让花粉提前散落，提高柱头的受精率。

2. 低温　低温冷害是北方稻区常见的非生物胁迫，应对低温胁迫可以采取以下 6 项措施。

（1）选择耐低温水稻品种，调整播种时间。一般是粳稻的耐低温性能强于籼稻，在同一类型的水稻中，也有某些品种的耐低温性能较强。晚稻以粳稻品种为主，重点是开花灌浆期耐低温性能较强。调整播期应根据当地的气候规律有 80% 以上的保证率来确定水稻的安全播种期、安全齐穗期和安全成熟期，以避开低温冷害。用日平均气温稳定通过 10 ℃和 12 ℃的 80% 保证率日期，作为粳、籼稻的无保温设施的安全播种期。采用旱育秧加薄膜覆盖保温措施，则可使双季早稻播种期提早 1 周。双季晚稻播种期的确定要以保证避开"寒露风"危害为依据，再根据早稻让茬时间、品种特性和秧龄综合确定，尽可能早播早栽。

（2）培育壮秧。在同期播种的情况下，不同的育秧方式和播种量培育出的秧苗素质和抗低温性差异很大。旱育壮秧在插秧后具有较强的抗冷能力，能早生快发，提早齐穗。旱育的壮秧不仅能防御秧苗期冷害，而且能有效地防御出穗后的延迟型冷害。并且，在相同旱育条件下，适当追施氮肥，控制苗床水分，也有利于提高秧苗素质，增强抗寒能力（图 7-9）（蒋彭炎等，1999）。在秧田的施肥上，采用适氮、高磷钾的方法，即适当控制氮肥用量，少施速效氮肥，施足磷、钾肥。这种磷、钾含量高的壮秧，不仅抗寒力强，而且栽插到冷浸田中的应用性也很强。

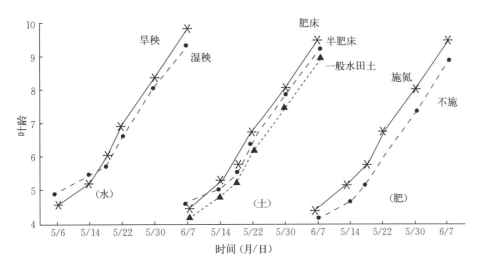

图 7-9　秧田生态因素对移栽后低温胁迫下秧苗出叶的影响（蒋彭炎等，1999）

注：图中显示 5 月 6 日至 6 月 7 日的趋势，每条曲线的起始日期都是 5 月 6 日，由于前一个曲线的尾端横坐标与后一个曲线的头端横坐标基本重合，因此标注为 6 月 7 日。

（3）合理施肥。为防御晚稻后期低温冷害，在施肥上，采取促早发施肥。在施肥水平较高的稻田，推荐基肥∶分蘖肥∶孕穗肥的比例为 4∶3∶3，分蘖肥还可提早作为叶面肥施用；施肥水平较低的稻田，肥料的施用以全部作基肥或留少量作分蘖肥，均能促进水稻早期的营养生长，提早齐穗和成熟。若施肥过迟，很容易出现因抽穗延迟而发生冷害。有机肥腐熟后施用，配施锌肥（每亩施用硫酸锌 1.5 kg 左右）也能起到促进秧苗早发，防御冷害的效果。

（4）以水调温。水的比热大、汽化热高和热传导性低，在遇低温冷害时，可以用水调温，改善田间小气候。在气温低于 17 ℃的自然条件下，采用夜灌河水的办法，可以使夜间稻株中部（幼穗处）的气温比对照的高 0.6~1.9 ℃，对减数分裂期和抽穗期冷害都有一定的防御效果，结实率可提高 5.4%~15.4%。在连续低温危害时，每隔 2~3 d 更换水层 1 次，以补充水中的氧气，天气转暖后逐渐排出稻田中的水。双季晚稻抽穗期若遇低温，应及时采取灌深水护根。据试验观察，9 月下旬在气温 16 ℃的情况下，田间灌水 4~10 d 比不灌水的土温提高 3 ℃左右，可促进晚稻提早抽穗。

（5）施用叶面保温剂和生长调节剂。喷施叶面保温剂（如长风Ⅲ号等）在秧苗期、减数分裂期及开花灌浆期防御冷害上都具有良好的效果。有关试验表明，水稻开花期遇 17.5 ℃低温 5 d 时，喷洒保温剂的空瘪率比对照减少 5%~13%。低温胁迫下，可以通过提前喷施水杨酸、聚乙二醇等调节物质来增加水稻体内耐低温能力的活性物质含量或活性，提高水稻的耐低温能力，减轻低温胁迫对水稻叶片的伤害，降低低温胁迫对水稻产量的影响。此外，在水稻开花期发生冷害时，喷施硼砂、萘乙酸、激动素、2,4-D、尿素、过磷酸钙和氯化钾等都有一定的防治效果。

（6）覆膜栽培。将稻田做成厢，重施有机肥和底肥，厢面无水，厢沟保持水层，塑料薄膜平铺于厢面，将水稻种植于厢面上。这种技术在海拔较高、气温较低的地方应用，能显著提高膜下温度，增加水稻生育期的有效积温，起到抗寒、增产、增效的作用。

五、秸秆还田

秸秆还田在改良土壤理化性状、土壤障碍消减中发挥重要的作用，但稻麦轮作制下，秸秆还田特别是秸秆全量机械化还田中还存在一些亟须解决的问题。例如，还田麦秸腐解产生的毒害物质会对水稻产生不利影响，麦秸有氧腐熟阶段短、腐熟速度慢影响水稻苗期生长，全量旋耕还田带来的秸秆在耕层表聚导致分解不完全等。因此，在秸秆还田过程中，应注意以下6个方面的技术要点。

1. 适宜的秸秆还田量　中等肥力农田以单季秸秆还田量 5～6 t/hm²、全年秸秆还田量 10～12 t/hm² 比较适宜，超过的秸秆量建议通过综合利用方式加以解决。

2. 延长茬口期并配合腐熟剂　适当延长麦稻茬口交接时间，筛选加快秸秆腐熟的有效菌剂，提高秸秆腐熟剂在稻田上的施用效果，以利于麦秸有氧腐解。

3. 合理施肥　肥料配施采取以氮肥全季调施、前期适当增施，钾肥适当减施为主的秸秆还田施肥策略。在秸秆全量还田下，随着施氮量的增加，稻田土壤有机质、全氮、有效磷、速效钾、碳库和微生物数量呈先增后减的趋势。因此，适宜的施氮量有利于秸秆还田条件下改善土壤养分含量、土壤碳库和土壤微生物活性，增加作物产量。研究发现，秸秆还田配合茬口期氮肥前移有助于提高土壤微生物量，改善土壤微生物活性（图 7-10）；并提高各生育期土壤中有效氮含量，且配合沼液施用效果更佳（图 7-11）（王青霞等，2020）。早稻还田时，由于气温高、周期短，建议辅施适量尿素并配合添加秸秆腐解菌剂，侧重秸秆快腐；而晚稻还田时，气温低、周期长，建议辅施缓效猪粪，侧重土壤固碳。

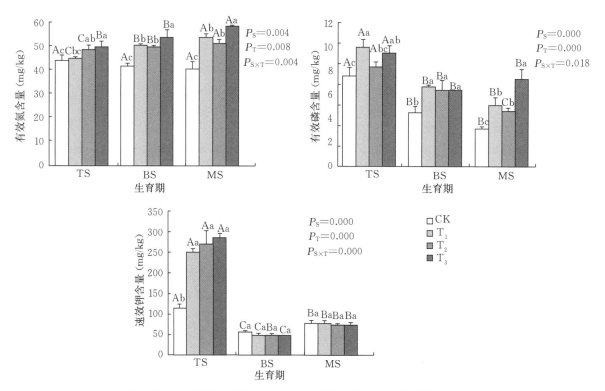

图 7-10　秸秆还田下不同施肥模式稻田土壤养分含量（王青霞等，2020）

CK：对照，T₁：麦秸还田＋尿素，T₂：麦秸还田＋尿素＋茬口期氮肥前移，T₃：麦秸还田＋尿素＋沼液＋茬口期氮肥前移。TS：分蘖期，BS：孕穗期，MS：成熟期。不同大写字母表示差异极显著（P＜0.01），不同小写字母表示差异显著（P＜0.05）。

4. 注重病虫害防治　秸秆还田后，为土传病害提供了良好的栖息环境。因此，采取提前翻耕、秸秆深埋、淹水闷田的措施防治病虫害。

5. 适宜的田间管理　水分管理以易于机械耕作和秸秆还田后保持土壤湿度促进秸秆腐解为原则，晚稻提倡干湿交替的灌溉管理方式。延长泡田时间能有效降低稻田田面水的酚酸含量，减缓麦秸还田对水稻生长带来的负面效应，进而促进植物养分吸收及增加作物产量；考虑环境风险等综合效应，在

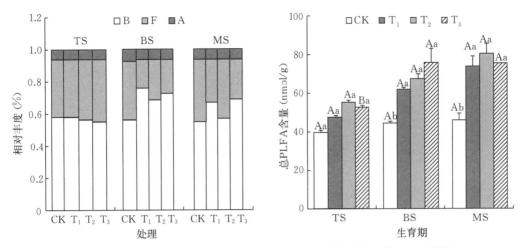

图 7-11　秸秆还田下不同施肥模式稻田土壤 PLFA 相对丰度和总含量（王青霞等，2020）

CK：对照，T_1：麦秆还田＋尿素，T_2：麦秆还田＋尿素＋茬口期氮肥前移，T_3：麦秆还田＋尿素＋沼液＋茬口期氮肥前移。TS：分蘖期，BS：孕穗期，MS：成熟期。不同大写字母表示差异极显著（$P<0.01$），不同小写字母表示差异显著（$P<0.05$）。

麦秸还田时，采用翻耕和延长泡田时间是较好的稻田田间管理措施。

6. 配合机械化　机械类型应选择带有秸秆切碎装置的收割机，耕作机械要保证翻埋深度，以实现稳定与均匀的还田作业。研究发现，在秸秆全量还田模式下，与抛秧方式相比，机插秧可显著提高水稻产量（表 7-10）（闫川等，2011）。

表 7-10　不同稻作方式的产量结构（闫川等，2011）

品种	种植方式	穗数（万/hm²）	穗粒数（粒/穗）	结实率（%）	千粒重（g）	理论产量（kg/hm²）	实际产量（kg/hm²）
秀水 03	手移栽	328.83c	115.5a	91.6a	24.8a	8 627a	7 757a
	机插	353.57b	107.6b	91.6a	24.3a	8 480a	7 589a
	抛秧	368.56a	99.1c	88.5b	24.4a	7 878b	7 050b
秀水 33	手移栽	336.66c	111.4a	92.1a	24.4a	8 435a	7 695a
	机插	355.23b	104.6b	91.6a	24.6a	8 327a	7 548a
	抛秧	368.55a	97.3c	90.3b	24.2a	7 829b	6 822b

注：同一列数据不同小写字母表示差异显著（$P<0.05$）。

主要参考文献

曹芬芳，曾燕，夏冰，等，2014. 冷浸田双季稻品种和栽培方式比较研究 [J]. 作物研究，28（1）：1-6.

柴娟娟，廖敏，徐培智，等，2013. 我国主要低产水稻冷浸田土壤微生物特征分析 [J]. 水土保持学报，27（1）：247-251，257.

陈红金，陶云彬，吴春艳，2019a. 长期秸秆粉碎还田对水稻产量和耕地质量的影响 [J]. 浙江农业科学，60（12）：2342-2344，2348.

陈红金，章日亮，吴春艳，2019b. 长期施用有机肥对稻田的改良培肥效应 [J]. 浙江农业科学，60（8）：1356-1359.

陈建民，王慧荣，谢小聪，等，2022. 肥料配施对冷浸田单季稻产量及肥料效率的影响 [J]. 浙江农业科学，63（6）：1211-1214.

陈琨，喻华，上官宇先，等，2020. 有机无机肥配施对冬水田水稻产量和耕层土壤性质的影响 [J]. 中国稻米，26（2）：32-35，40.

代贵金，于广星，刘宪平，等，2020. 辽宁中部稻区水田合理耕层构建技术规程［J］. 粮食科技与经济，45 (1)：92-94.

郭彬，傅庆林，林义成，等，2012. 滨海涂区水稻黄熟期不同排水时间对土壤盐分及水稻产量的影响［J］. 浙江农业学报，24 (4)：658-662.

何艳明，杨庆祝，何红喜，2019. 绿肥对提升耕地质量与水稻产量作用的研究［J］. 农业与技术，39 (14)：36-38.

胡时友，刘凯，马朝红，等，2016. 中微量元素肥料配合施用对水稻生长和产量的影响［J］. 湖北农业科学，55 (20)：5196-5198，5206.

黄福灯，曹珍珍，李春寿，等，2016. 花期高温对水稻花器官性状和结实的影响［J］. 核农学报，30 (3)：565-570.

黄福灯，李春寿，刘鑫，等，2010. 高温胁迫对水稻花粉活力的影响［J］. 浙江农业科学 (6)：1272-1274.

计小江，陈义，吴春艳，等，2014. 浙江稻田土壤有效态中微量元素养分状况分析［J］. 浙江农业科学 (2)：252-255.

蒋彭炎，洪晓富，丁茂干，等，1999. 土壤生态条件与水稻秧苗抗寒能力的关系研究［J］. 作物学报 (2)：199-207.

孔海民，李艳，陈一定，等，2020. 浙江省水稻田土壤理化性状及养分平衡特征［J］. 中国农技推广，36 (2)：49-53.

李艾芬，麻万诸，章明奎，2014. 水稻土的酸化特征及其起因［J］. 江西农业学报，26 (1)：72-76.

李正喜，纪宗锐，2019. 高温热害对水稻生长的影响及应对措施［J］. 安徽农学通报，25 (8)：33-34.

刘畅，唐国勇，童成立，等，2008. 不同施肥措施下亚热带稻田土壤碳、氮演变特征及其耦合关系［J］. 应用生态学报，19 (7)：1489-1493.

吕豪豪，刘玉学，杨生茂，等，2015. 南方地区冷浸田分类比较及治理策略［J］. 浙江农业学报，27 (5)：822-829.

孟红旗，刘景，徐明岗，等，2013. 长期施肥下我国典型农田耕层土壤的pH演变［J］. 土壤学报，50 (6)：1109-1116.

聂军，郑圣先，廖育林，等，2010a. 湖南双季稻种植区不同生产力水稻土的物理性质［J］. 应用生态学报，21 (11)：2777-2784.

聂军，郑圣先，杨曾平，等，2010b. 长期施用化肥、猪粪和稻草对红壤性水稻土物理性质的影响［J］. 中国农业科学，43 (7)：1404-1413.

农业农村部种植业管理司，2024. 对十四届全国人大二次会议第2372号建议的答复［EB/OL］. 2024-07-25 [2024-09-11]. http://www.moa.gov.cn/xxgk/202407/t20240725_6419701.htm.

石全红，王宏，陈阜，等，2010. 中国中低产田时空分布特征及增产潜力分析［J］. 中国农学通报，26 (19)：369-373.

唐海明，肖小平，李超，等，2019. 不同土壤耕作模式对双季水稻生理特性与产量的影响［J］. 作物学报，45 (5)：740-754.

王飞，林诚，李清华，等，2017. 不同氮肥用量与施肥时期对冷浸田单季稻生长及农学效率的影响［J］. 土壤，49 (5)：882-887.

王福义，2018. 水稻秸秆还田高产耕层构建试验初报［J］. 农业科技与装备 (6)：16-17.

王金丽，2018. 水稻秸秆还田及耕层构建作业试验［J］. 农业科技与装备 (3)：20-21.

王青霞，李美霖，陈喜靖，等，2020. 秸秆还田下氮肥运筹对水稻各生育期土壤微生物群落结构的影响［J］. 应用生态学报，31 (3)：935-944.

王忍，伍佳，吕广动，等，2020. 稻草还田+稻田养鸭对土壤养分及水稻生物量和产量的影响［J］. 西南农业学报，33 (1)：98-103.

王思潮，曹凑贵，李成芳，等，2014. 耕作模式对冷浸田水稻产量和土壤特性的影响［J］. 中国生态农业学报，22 (10)：1165-1173.

王文军，张祥明，江小伟，2016. 垄作覆膜对冷浸田的改良效果研究［J］. 中国农学通报，32 (29)：113-119.

王馨卉，2018. 不同耕作深度对水稻生长和土壤养分的影响［D］. 沈阳：沈阳农业大学.

吴萍萍，李录久，耿言安，等，2018. 耕作与施肥措施对江淮地区白土理化性状及水稻产量的影响［J］. 水土保持学报，32 (6)：243-248.

武红亮，王士超，闫志浩，等，2018. 近30年我国典型水稻土肥力演变特征［J］. 植物营养与肥料学报，24 (6)：1416-1424.

闫川，范天云，郑学强，等，2011. 秸秆全量还田下连作晚稻不同栽培方式比较研究［J］. 中国农学通报，27 (5)：80-84.

叶胜海，赵宁春，陈萍萍，等，2012. 低温湿害对成熟期晚粳稻种子发芽率的影响［J］. 中国稻米，18 (3)：39-40.

余慧敏，朱青，傅聪颖，等，2020. 江西鄱阳湖平原区农田土壤微量元素空间分异特征及其影响因素［J］. 植物营养与肥料学报，26 (1)：172-184.

余开，宋迁红，赵永锋，2020. 江苏省稻渔综合种养现状与产业化发展思考 [J]. 中国农学通报，36 (23)：161 - 164.

俞海平，郭彬，傅庆林，等，2016. 滨海盐土肥盐耦合对水稻产量及肥料利用率的影响 [J]. 浙江农业学报，28 (7)：1193 - 1199.

曾招兵，曾思坚，刘一锋，等，2014. 1984 年以来广东水稻土 pH 变化趋势及影响因素 [J]. 土壤，46 (4)：732 - 736.

张琳，张凤荣，姜广辉，等，2005. 我国中低产田改造的粮食增产潜力与食物安全保障 [J]. 农业现代化研究 (1)：22 - 25.

张闫，2020. 我国不同区域高产水稻土理想物理性状分析与构建 [D]. 沈阳：沈阳农业大学.

章明奎，Elgodah A，鲍陈燕，2014. 养殖污水直灌对稻田土壤氮、磷积累与垂直迁移的影响 [J]. 应用生态学报，25 (12)：3600 - 3608.

章明奎，邱志腾，毛霞丽，2018. 长期水耕植稻对水稻土耕层质地的影响 [J]. 水土保持学报，32 (6)：249 - 253.

郑圣先，廖育林，杨曾平，等，2011. 湖南双季稻种植区不同生产力水稻土肥力特征的研究 [J]. 植物营养与肥料学报，17 (5)：1108 - 1121.

第八章 | 水稻土污染与安全利用和修复 >>>

第一节 水稻土污染现状与成因

土壤是构成生态系统的基本环境要素，也是人类赖以生存和农业生产的重要资源。自改革开放以来，在工业化、城市化、农业现代化的高速进程中，土壤遭受到了不同程度的污染。2014 年发布的《全国土壤污染状况调查公报》显示，耕地土壤点位污染超标率最高，污染类型以重金属污染为主，有机污染次之，特别是在长三角、珠三角、东北老工业基地等部分区域，土壤污染问题较为突出。

一、水稻土污染现状

（一）水稻土重金属污染现状

土壤是重金属（如砷、镉、铅、锌、铜、镍和铬等）主要的汇，这些元素在土壤中不会发生化学降解，一旦被释放，便可在土壤-水稻系统中长期存在。然而，不同地区水稻土重金属积累状况有所差异，且水稻不同部位（即根、茎、叶和稻谷）中重金属积累也存在差异。探明土壤中重金属污染积累状况以及时空演变规律，是进一步开展土壤污染防治工作的重要基础和前提。

当前，针对不同地区的稻田土壤及稻米重金属污染调查研究较多。Yang 等（2006）抽样调查了广东省韶关市乐昌市铅锌矿周边稻田土壤镉污染情况，稻田土壤中镉均值为 13.59 mg/kg，已达到严重污染水平；Sun 等（2010）研究了湖南省湘西自治凤凰县茶田镇汞矿周围 18 个稻田土壤及对应水稻中的镉含量，数据显示土壤及糙米中的镉含量严重超标；长江三角洲地区稻田土壤重金属污染调查显示，该地区水稻土中镉、铬、铜、汞和锌含量分别是背景值的 3.1 倍、2.7 倍、1.5 倍、1.1 倍和 1.1 倍（肖俊清等，2010）；一项针对我国南方水稻主产区之一湖南省湘西州凤凰县、常德市石门县、湘潭市等地的水稻土重金属污染分析也指出，这 3 个区域水稻土镉均值是世界卫生组织允许的土壤镉限值的 5 倍（0.35 mg/kg），超过了我国国家标准的限值，与稻田积累结果相一致，这 3 个区域水稻糙米中的镉均值也超过了《食品安全国家标准　食品中污染物限量》（GB 2762—2022）的限值（0.2 mg/kg）（Zeng et al.，2015）。此外，Ali 等（2020）总结了我国南方水稻主产区稻米重金属污染状况，发现稻米中大部分重金属元素均值超过了食品安全国家标准限值，这一结果证实了居民食用受重金属污染的大米，其大米摄入健康风险将会增加。总体而言，我国稻田土壤特别是南方酸性稻田存在重金属污染风险，其污染程度、污染面积在不同地区之间存在相当大的差异，并且现有针对水稻土重金属污染的区域大多集中在污灌区、金属采矿区、工业区及乡镇企业周围等区域（尚二萍等，2017；徐建明等，2018、2023）。

（二）水稻土有机污染现状

有机污染物被认为是危害土壤环境及农产品安全的最危险污染物之一，与重金属污染相比，土壤有机污染物种类繁多、性质复杂，土壤有机污染物进入土壤后，能与土壤各组分形成多种吸附结合状态，并经历一系列多介质迁移、积累、代谢和转化行为，进而影响土壤有机物的生物有效性和作物吸收，增加环境暴露风险。目前，我国耕地有机污染以多环芳烃（PAHs）等污染物为主，局部地区土壤滴滴涕（DDT）等污染较重，以下重点对这两种有机污染物的现状分布分别阐述。

1. 水稻土 PAHs 污染现状　　PAHs 是指由两个或两个以上苯环以稠环或非稠环形式连接在一起形成的一类持久性有机污染物，因其致畸、致癌、致突变性效应而备受关注，被美国国家环境保护局列为优先控制污染物。PAHs 具有较低的蒸气压、较高的辛醇-水分配系数、极难溶于水的性质，PAHs 进入土壤后，极易被土壤中的有机质吸附后储存于土壤中并逐渐积累，土壤类型和性质（如有机碳含量等）对土壤中 PAHs 的吸附起着重要作用。

目前，针对我国表层土壤（含城市及农田土壤）中 PAHs 污染积累状况的综述较多。Zhang 等（2017）对我国 6 000 多个表层土壤样品 PAHs 的含量文献统计发现，我国表层土壤中 16 种美国国家环境保护局优先控制 PAHs 总量的平均值为 730 ng/g，在全国范围内具有明显的地理分布，PAHs 总量呈东北>北>东>南>西的空间分布模式；同时，表层土壤中 PAHs 浓度沿城乡梯度下降，PAHs 含量水平受区域经济发展程度和气候条件影响较大。

此外，不同区域间农田土壤 PAHs 积累状况差距较大。长三角区域农田土壤 PAHs 污染状况调查显示，该区域农田土壤中 27 种母体 PAHs 总量平均达 310.6 ng/g，最高值达 3 563.2 ng/g，有 50% 的点位超过污染限值（200 ng/g）（Chen et al.，2017）。Jiang 等（2011）调查研究了上海地区农业土壤 PAHs 含量状况，该地区 PAHs 平均值为 666 μg/kg，低于江苏南京农业土壤 PAHs 的平均含量，但上海农业土壤中 PAHs 含量（223～8 214 μg/kg）均远高于西藏地区农业土壤中 PAHs 含量（6～389 μg/kg）。一些经济相对发达地区的工业集聚地，如废弃电子垃圾拆解地、金属矿采集、有色金属冶炼、污水灌溉等周边农田，PAHs 污染问题更为突出。污灌区土壤及生长的稻米、蔬菜中和工业区土壤中 PAHs 含量也被证实显著高于其他地区，表明高密度的工业活动是稻田土壤中 PAHs 的重要来源。

2. 水稻土中有机氯农药污染现状　　有机氯农药是一大类含有氯原子的有机杀虫剂，主要包括六六六（HCHs）、艾氏剂、滴滴涕（DDT）、林丹（Lindane）等，其本身具有毒性高、降解难的特点。我国曾将有机氯农药广泛应用于农业、林业等领域，这些农药的使用有效抑制了农业害虫导致的疾病传播，进一步保障了农作物的高产。虽然我国早在多年前禁止使用有机氯农药，但在某些地区环境中，尤其是在农业土壤中仍然有相当高的残留，其检出水平仍然较高。

调查显示，我国太湖流域耕地土壤中 HCHs、DDT 等有机氯农药时有检出。2004 年，针对我国环渤海西部地区农田土壤有机污染数据显示，该地区农田土壤有机氯农药污染程度及检出率存在差异。其中，土壤有机氯检出率大部分地区低于 80%，最主要的污染物为 DDT 和 HCHs，高浓度的 DDT 和 HCHs 残留分布在天津中部、河北东北部和西南部以及山东大部分地区（刘文新等，2008）。2002—2005 年，广东典型区域农业土壤中有机氯农药的检出率高达 99.8%，有机农药残留最大值达 936.94 μg/kg，平均值为 49.53 μg/kg，残留农药以硫丹硫酸盐、甲氧氯、硫丹为主。2013 年，我国对环鄱阳湖区水稻田土壤有机农药的监测结果表明，有机氯农药中 HCHs、DDT、七氯、六氯苯和氯丹均有残留。其中，HCHs 检出率为 63%，平均残留量为 10.64 μg/kg；DDT 检出率则更高（88%），平均残留量为 6.25 μg/kg（胡春华等，2016）。

总体上，我国大部分地区农业土壤中滴滴涕和六六六尚有残留。在全国尺度上，如表 8-1 所示，各地农田土壤有机农药残留检出均有发生，但不同区域检测率及超标率均有明显差异，部分典型流域耕地土壤（如太湖流域、环渤海流域、环鄱阳湖区域）超标相对严重，这说明土壤有机氯农药污染仍需引起重视。

表 8-1　我国不同地区农田土壤有机氯农药残留含量（杨代凤等，2017）

地点	六六六含量（μg/kg）	滴滴涕含量（μg/kg）	采样年份
天津	1.3～1 094.6	ND～963.8	2001
江苏南部地区	5.6～22.7	17.0～1 115.4	2002
江苏南京	2.7～130.6	6.3～1 050.7	2002—2003
北京	0.64～32.32	1.42～5 910.80	2003
黄淮海地区	0.53～13.94	ND～126.37	2003
太湖地区	0.68±0.40	7.80±6.70	2004
黑龙江流域	0.003 7～9.82	0～6.11	2005
山东青岛	0.41～9.67	3.88～79.55	2005
江苏北部地区	NA	0.765～6.13	2006
上海	0.38～1.19	1.66～16.14	2007
湖南	0.20～17.89	5.05～45.96	2009
洪泽湖周边	0.95～4.80	3.43～12.82	2009
安徽	0.92～13.49	3.78～13.83	2010
华北典型污灌区	2.84～9.18	31.41～63.51	2012
湖北	4.9～27.0	8.0～570.0	2013
黄河流域	1.23～8.29	2.56～42.41	2014

注：ND 表示未检出；NA 表示文献未报道。

（三）水稻土生物污染现状

近年来，农业废弃物消纳和资源化利用过程导致的土壤生物污染对人类健康的潜在风险引起了公众的特别关注，尤其是在全球新冠疫情暴发之后。与重金属和有机污染物相比，土壤中的生物污染物具有隐蔽性，不易通过肉眼或简单的检测手段发现。这些污染物一旦进入土壤，可以利用土壤养分进行增殖，并通过污染农产品和水体等途径威胁人体健康。目前，我国农田土壤已发现大量的生物污染物，如抗生素抗性基因（antibiotic resistance genes，ARGs）和病原微生物。

1. 水稻土 ARGs 污染现状　农田土壤作为 ARGs 的重要储存库，是 ARGs 污染的"汇"与"源"。四环素类（*tet*）、磺胺类（*sul*）、喹诺酮类（*qnr*）、多药性类、β-内酰胺类、氨基糖苷类、氯霉素类、万古霉素类、大环内酯类-林可酰胺类-链阳性菌素 B 类（MLSB 类）等是农田土壤生物污染主要的 ARGs 种类。在珠三角地区的农田土壤中，*tetA* 和 *tetO* 的丰度远高于其他四环素类和磺胺类抗性基因，为主要的 ARGs 污染物。在研究区域 6 个位点的大部分土壤中，3 种 *sul*（*sul1*、*sul2*、*sul3*）抗性基因的丰度也处于较高水平，其丰度都超过了 2.15×10^{-3} ARG 拷贝数/16S rRNA 基因（Pan and Chu，2018）。相比之下，ARGs 在长三角地区的相对丰度较低。一项针对长三角地区的 ARGs 污染程度和分布的研究指出，ARGs 主要存在于长三角地区的水稻主产区——太湖沿岸的农业土壤中，其 ARGs 的最大丰度达到 10^{-1} ARG 拷贝数/16S rRNA 基因（Sun et al.，2020）。

目前，较多的研究揭示了有机粪肥施用、再生水灌溉等农业活动加剧了水稻土中 ARGs 的污染。一项我国东部水稻土的田间调查显示，相较于施用无机肥，长期施用猪粪的稻田土壤中 ARGs 的丰度显著上升，尤其是磺胺类（*sul1* 和 *sul2*）和四环素类抗性基因（*tetM* 和 *tetO*）（Guo et al.，2022）。此外，一项在湖南长达 10 年的田间试验表明，猪粪施用显著增加了水稻土中 ARGs 的丰度，其中多药类抗性基因的丰度显著上升（Li et al.，2023）。除了有机粪肥的施用，再生水灌溉也能影响水稻土中 ARGs 的污染情况。研究表明，再生水灌溉能显著提高水稻土中的 ARGs 种类和丰度，其中磺胺类抗性基因的丰度显著提高了 4 倍（Zheng et al.，2023）。这些农业活动加剧了水稻土中 ARGs 污染的原因可能与外源引入的抗生素及重金属有关，抗生素可以诱导微生物生成 ARGs，而重金属污染则可以加快 ARGs 扩散和传播（Guo et al.，2022；Yan et al.，2024）。

2. 水稻土病原微生物污染现状　病原微生物（如病毒、细菌、真菌和寄生虫）在土壤生态系统中广泛存在，农田土壤中的病原微生物可以通过食物链威胁人体健康。一项全球土壤的宏基因组分析指出，相较于非农田土壤，农田土壤中含有更多的病原菌多样性。此外，*Escherichia*、*Enterobacter*、*Streptococcus*、*Enterococcus* 等是农田土壤中的主要病原菌（Wang et al.，2023）。安徽某地的田间调查揭示农田土壤中病原菌的丰度为 $8.77 \times 10^{-4} \sim 1.09 \times 10^{-3}$ 拷贝数/细胞，其中丰度前 3 位的病原菌分别为 *Cystobacter fuscus*（8.16×10^{-4}）、*Escherichia coli*（5.02×10^{-4}）和 *Streptococcus pneumoniae*（2.56×10^{-4}）（Li et al.，2024）。此外，陕西某地的田间调查揭示了 *Escherichia coli*、*Streptococcus equi*、*Clostridium tetani* 和 *Bacillus anthracis* 是农田土壤中丰度最高的病原菌（Chen et al.，2024）。

目前，专门针对我国水稻土病原微生物污染积累现状的大面积普查鲜有报道，但较多的研究表明，与旱地相比，水稻土中的病原菌丰度更高。例如，一项全国 257 个点位的田间调查显示，水稻土含有更多的病原菌数量和更高的 *Gaiellales* 丰度（Wang et al.，2022）。安徽的田间调查表明，与种植蔬菜、大豆和玉米的旱地相比，水稻土含有更高的 *Cystobacter fuscus* 和 *Salmonella enterica* 丰度（Li et al.，2024）。此外，施肥会影响水稻土中的病原微生物污染情况。一项上海的田间研究指出，猪粪施用增加了水稻土中微生物多样性，但同时增加了与腹泻相关病原菌 *Clostridium _ sensu _ stricto _ 1* 和 *Rhodobacter* 的丰度（Wang et al.，2021）。然而，浙江一项长达 4 年的田间试验指出，施用氮肥会降低水稻土中的病原菌丰度（Wang et al.，2024）。总体来看，我国水稻土中的生物污染物积累现状的研究相对匮乏，未来需进一步地开展研究，为保障我国粮食生物安全提供数据支持。

（四）水稻土复合污染特征

土壤复合污染可以定义为在土壤中存在两种或两种以上的污染物，并且它们的浓度超过了国家土壤环境质量标准或者超过了土壤的自净能力，已严重影响土壤环境质量水平的土壤污染（周东美等，2004）。土壤复合污染形式多样，按污染物类型可以分为有机复合污染、无机复合污染、有机-无机复合污染（杨强，2004）。水稻土的重金属复合污染状况尤为严重，有机污染物如多环芳烃（PAHs）、多氯联苯（PCBs）等的存在，也进一步加剧了复合污染的复杂性。总体来看，我国水稻土复合污染表现为污染源多样、污染物种类复杂、化学形态多样化以及生态系统的综合影响显著等特点。

中国科学院南京土壤研究所调查发现，在长三角某电子废弃物拆解区，其水稻土壤中存在着重金属与持久性有机污染物共存的混合污染问题，并且传统农药（如 HCHs、DDT）与现代工业有机污染物（如 PCBs）新老复合污染物叠加共存。江西省德兴铜矿区是我国最大的铜矿区之一，矿区周边的水稻土受到了严重的铜、铅、锌等重金属污染，同时受到了邻苯二甲酸酯类塑化剂等有机污染物的影响，造成了严重的土壤重金属和有机物复合污染。浙江省湖州市南浔区水稻土中铜、镍、铅、锌的空间分布特征显示，南浔区东北部地区镉的污染含量较高（Zhao et al.，2015）。

二、水稻土污染溯源

辨识和解析土壤中污染物的来源、明确不同污染源的贡献率是有效防控的前提。通常污染物通过自然和人为两种途径进入农田生态系统。其中，自然来源包括风化、荒漠化、侵蚀和其他地质过程，人为来源包括农业活动（施肥、灌溉等）、工矿活动、交通运输、燃煤冶炼和大气沉降等。污染物溯源分析包括定性识别和定量解析。

（一）定性识别水稻土中污染物的来源

多元统计分析是定性识别土壤中重金属自然和人为来源的经典统计方法，包括相关性分析、聚类分析和主成分分析（PCA）等。统计发现，贵州中南部水稻土中砷、镉、汞和铅浓度显著正相关，而铬与其他元素相关性不显著；溯源发现，砷、镉、汞和铅主要来源于当地铅锌矿开采、冶炼和燃煤燃烧等，而铬主要来源于成土母质（敖明等，2019）。湖南益阳水稻土中重金属镉、锑和锌主要来自农业、采矿和冶炼活动，砷、铜和铅主要来源于农业活动，铬、钒、锰和镍则主要来源于自然源（Zhang et al.，2019）。

通常农田土壤中重金属含量的变化程度可以表明是否存在外部污染源，并有助于评估人类活动的贡献。然而，重金属的自然输入和人为输入都可能表现出高的空间变异性，尤其是当研究区域较大时，识别与解析自然来源和人为来源的贡献极具挑战。为此，可使用地理信息系统（GIS）进行地统计学和地理空间分析，绘制研究区域尺度上土壤中重金属的空间变异性，通过地统计学插值法可以明晰污染物的空间分布特征，探讨导致土壤中污染物含量高值热点分布的原因，从而辨识土壤中污染物的人为来源和自然来源。

另外，条件推理树模型是一种能够精确筛查影响重金属污染空间分布参数的有效工具，它有助于明确各因素的影响能力。相比于决策推理树模型，条件推理树模型不仅能避免过度拟合和偏倚，还在缺失值处理、避免错误分裂的长度控制、多变量应用的灵活性和解释诊断功能等方面具有显著优势。在实际污染源解析时，条件推理树模型常与其他方法联用，如有研究结合地统计信息绘图技术、条件推理树模型和主成分分析法，研究湖南省某县的水稻土中砷、镉、铬、汞、铅的污染来源，发现高镉分布区域主要位于工业基地周边。条件推理树模型表明，该水稻土中镉污染的首要贡献因子是距采矿企业的距离，其次是农业投入品的数量、畜禽粪便的承载量、距城镇的距离等，且这些要素的贡献逐渐降低。主成分分析表明，镉和铅污染主要与工业污染源及交通运输有关，砷和汞污染主要与居民活动、生活和工业废弃物堆放及污灌有关，而铬主要与自然活动有关（穆莉等，2019）。

（二）定量解析水稻土中污染物的来源

利用有效工具来识别和量化农田土壤中污染物的来源，对于预防和控制土壤污染至关重要。与定性识别污染源的大量工作相比，定量解析不同污染源贡献的研究较为有限，主要是因为缺乏有效的方法。近年来，受体模型和稳定同位素比值法常用于定量解析不同污染来源对土壤中污染物的贡献。

1. 受体模型定量解析水稻土污染物的来源 受体模型是定量解析土壤污染物来源的重要工具，包括化学质量平衡（CMB）和因子分析。在因子分析方法中，正定矩阵因子分解（PMF）模型、主成分分析-绝对主成分得分（PCA/APCS）和UNMIX模型是常用的方法。相比于CMB模型，因子分析方法更加灵活，且无需潜在污染源排放的概括信息，通过将环境观测值输入模型中，因子分析能够有效进行来源解析。PCA/APCS通过将因子分析与多元线性回归（PCA/APCS-MLR）相结合以量化因子的贡献，由于其操作简单且计算速度快，已被广泛用于解析农田土壤中重金属的来源。

（1）正定矩阵因子分解（PMF）模型。作为最流行的来源解析工具之一，PMF模型已被用于辨识重金属的来源并定量解析污染源对稻田土壤中重金属的贡献率。例如，利用PMF模型定量解析陕西省汉中市稻田土壤中重金属的来源，模型获得了代表该土壤中重金属有5种主要来源的5个因子。研究表明，化肥的施用农业活动（因子1）是土壤中镉污染的主要来源，其贡献率大于85%；交通排放（因子2）是土壤铜和铅的主要来源，其贡献率分别为40.2%和56.6%；农药/除草剂的使用（因子3）是土壤砷和铜的来源，其贡献率分别为68.6%和37.6%；煤炭燃烧（因子4）是土壤汞的主要来源；工业的冶炼活动（因子5）是土壤锌、铅和铜的来源，其贡献率分别为72.7%、27.3%和17.0%。这些结果表明，应执行有效的法规以确保该水稻土的农产品安全，包括使用安全的肥料、农用化学品以及企业安装除尘设备等（Xiao et al.，2019）。与之类似，也有学者利用PMF模型定量解析了浙江省某电子拆解场地周边稻田土壤中重金属的源贡献。解析结果显示，源成分谱中因子1中所载荷的铬和镍的浓度远低于背景值，表明土壤中的铬和镍主要来自土壤母质；因子2和因子3所载荷的镉、铜、铅和锌的浓度接近或甚至高于背景值，这表明这些元素的积累主要受到人类活动的干扰。其中，因子2代表工业活动，其主要负载的镉、铜元素是冶炼和电子拆解活动排放的主要重金属；因子3代表交通排放，其主要负载的铅、锌元素聚集于道路网络密集和商业活动密集的地区（Yang et al.，2019）。

（2）PCA/APCS－MLR 模型。PCA/APCS－MLR 模型作为常用的因子分析方法，可以量化所有来源对每一污染物的贡献。例如，有学者结合 PCA－MLR 模型和克里格插值的地统计法，研究了湖南水稻土中有效态重金属（DTPA 提取）的空间分布和来源。结果表明，自然来源对有效锌和有效镍的贡献为 31.78%，农业来源对有效砷、有效铜和有效铅的贡献为 27.90%，工业活动对有效铬的贡献为 15.48%（Yang et al.，2018）。APCS－MLR 模型是基于 PCA 分析的定量源解析方法，如Huang 等（2019）利用 APCS－MLR 模型分析了我国九龙江流域的表层水稻土中重金属的污染源，该水稻土中的重金属具有较高的潜在生态风险，其中，镉和汞对生态风险的贡献率最高，分别为59.4% 和 26.2%。源解析结果显示，自然资源对铬、镍和铜的贡献最大，贡献率分别为 68.74%、60.23% 和 60.76%；农业活动对铅、镉和锌的贡献最大，贡献率分别 66.33%、54.63% 和 47.43%。工业排放对砷的贡献最大，贡献率为 74.51%；燃煤对汞的贡献最大，贡献率为 89.03%。

（3）UNMIX 模型。UNMIX 模型也常用于土壤污染物的来源解析，如利用 UNMIX 模型解析湖南中南部 3 个区域稻田土壤中重金属的污染来源，发现 3 个区域中，表层土壤锌、铜均主要来源于施肥、灌溉等农业活动；3 个区域中镉和铅的来源差异较大，对于郴州和衡阳区域，土壤镉主要来源于工业活动（贡献率＞65%），铅来源于工业活动（贡献率 49.10%～54.28%）以及交通运输和自然源（贡献率 43.24%～50.23%）；对于长沙区域，镉主要来源于农业生产（贡献率 61.50%），而铅主要来自交通运输和自然污染的综合源，贡献率高达 94.29%（段淑辉等，2018）。另有研究者针对甘肃武威农田土壤的重金属污染进行了污染源解析。结果显示，农业活动是该农田土壤的主要人为来源（贡献率 51.06%～61.56%），其次是化石燃料（煤和石油）的燃烧（贡献率 27.92%～28.66%）和建筑材料相关的活动来源（贡献率 10.52%～20.29%），在农业活动中，肥料和杀虫剂（67.88%～74.81%）的贡献超过交通排放（25.19%～32.12%），表明应该减少化肥、农药的使用以及重视工业活动所造成的污染，该源解析结果为减少当地农田土壤重金属污染提供了参考（Guan et al.，2019）。

2. 稳定同位素比值法解析水稻土重金属的来源　同位素分析是鉴定和定量识别重金属污染源的有效工具。其中，铅同位素比值法的应用范围最广，主要是由于铅同位素在环境介质迁移过程中不会发生明显的质量依赖性分馏。例如，结合现场监测和铅同位素分析，研究了广西河池市环江县水稻土中铅的年输入量和来源，由于现场监测无法提供地质背景信息或历史资料，计算发现大气沉降是土壤铅的主要输入途径，其贡献率高达 95.3%，而肥料和灌溉水的贡献分别仅占 3.11% 和 2.57%；然而，利用铅同位素的 IsoSource 程序进行计算进一步表明，土壤铅的来源包括地质背景、大气沉降、施肥和灌溉水，其贡献率分别为 20%～84%、16%～42%、0～42% 和 0～28%（Liu et al.，2019）。

非传统的稳定同位素（如镉、铜、铁、汞和锌同位素）也已成功用于识别污染物的来源。多介质样品的同位素分析是追踪污染物迁移过程和解析污染物来源的关键，通过表征喀斯特地区水稻土、基岩、尾矿、地质学成因土壤、灰尘、沉积物、河水、肥料等样品中锌同位素（$\delta^{66}Zn$），探索水稻土中锌的来源及其运输途径（Xia et al.，2020）。结果发现，水稻土和沉积物中锌至少来自 3 个锌端元的混合源：具有高锌浓度但低 $\delta^{66}Zn$ 值的端元 A（尾矿源），具有中等锌浓度且相对较高 $\delta^{66}Zn$ 值的端元 B（灰尘源），具有低锌浓度且高 $\delta^{66}Zn$ 值的端元 C（地球成因学土壤源），即水稻土的锌同位素数据位于采矿输入、农业输入和背景之间，土壤锌源的贡献通过土壤样品和主要锌污染源的同位素特征的线性混合模型进行估算。

总体而言，土壤重金属污染源解析中的研究大多数集中于重金属的总量。目前使用的定性识别源解析方法，如相关性分析、GIS 制图和空间分布分析、多元统计分析等，只能粗略地识别污染物的来源，无法量化源贡献。相比之下，定量解析不同污染源贡献的研究非常有限，这主要是因为缺乏有效的方法和数据支持。利用受体模型解析源贡献最重要的是将受体模型得出的因子分配给实际的排放源，其依靠其他的分析数据对获得的代表源成分的因子进行解释，且 PMF 模型估算出的源因子贡献存在相当大的不确定性，尤其是保证源贡献率＜20% 的准确性。稳定同位素的比值分析能够定量解析土壤中重金属的来源，但前提是土壤与潜在端元之间存在明显的重金属同位素组成差异，且这种方法仅适用于选择的元素（如铅、镉和汞等）进行来源解析，目前铅同位素示踪的应用相对比较广泛。

第二节　水稻土污染过程与机制

一、重金属污染过程与机制

水稻土的物理性质、化学性质和生物学性质因水稻生长、水分条件和微生物活动等呈现时间和空间上的规律性变化，重金属进入土壤后，在土壤中不断进行氧化还原、吸附解吸、沉淀溶解、络合解离等过程，进而影响重金属的有效性与形态转化。

（一）水稻土中重金属的有效性与迁移

重金属的有效性是指土壤吸附固定的重金属被生物吸收利用或产生毒害效应的能力。吸附固定是重金属在土壤中积累的一个重要过程，直接决定重金属在土壤中的有效性（Meng et al.，2018）。施入外源性物质可能显著影响土壤中重金属的吸附固定，这主要是由于外源性物质能够与重金属竞争吸附土壤中的吸附位点，不同重金属阳离子间可能产生竞争吸附。这是因为其吸附途径相似，且土壤中仅有有限的吸附位点。重金属阳离子在土壤中的竞争吸附能力取决于该离子的水解常数、离子半径和吸附位点的结合方式等。另外，土壤中的阴离子（如磷酸根、硫酸根、碳酸根等）和有机物质（如低分子有机酸等）同样会影响重金属的吸附反应。一方面，阴离子和有机物质会改变土壤表面的电荷性质；另一方面，阴离子和有机物质直接与重金属离子反应形成稳定的络合物，从而改变重金属在固、液两相的分配。

重金属进入水稻土后，土壤环境条件（如 pH、Eh、有机质、黏土矿物等）会影响重金属的有效性（Arao et al.，2009；Zou et al.，2018）。pH 是控制土壤重金属生物有效性的关键环境因子。随着 pH 升高，土壤胶体和矿物表面负电荷增多，重金属阳离子易被吸附固定；土壤溶液的 pH 也会显著影响溶解态重金属离子的活度（Pantsar-Kallio and Manninen，1997）。有机质上的极性官能基团［如羟基（—OH）、羧基（—COOH）和氨基（—NH$_2$）等］能够与重金属阳离子发生络合反应，通过络合固定重金属降低其生物有效性。有研究显示，添加有机质可降低土壤中砷的有效性，其主因是有机物与砷络合形成不溶性沉淀（Wang and Mulligan，2009）。铁氧化物在稻田土壤重金属的迁移过程中也具有重要作用：一方面，铁氧化物能够为重金属离子提供大量的吸附位点，促进重金属的吸附固定；另一方面，当铁氧化物被异化铁还原菌还原溶解时，其表面吸附的重金属离子同时被释放入土壤溶液中，显著增加重金属的移动性（邹丽娜，2018；Wang et al.，2019）。铁锰氧化物的形态转变也会显著增加重金属的吸附，新形成的次生矿物又会使重金属进一步被固定在土壤中（Wang et al.，2019；赵文亮，2019）。Liu 等（2020）研究发现，水稻土在高 pH 条件时会在水稻根表铁锰膜形成 OH$^-$，从而增强根表铁锰氧化物对镉和砷的固持作用，减少土壤中镉和砷的有效性。此外，水稻土表面生长的自然生物膜也会对重金属的有效性和迁移转化产生影响。研究发现，水稻土表面的自然生物膜通过不断增加土壤 pH 和减少土壤 Eh，有效地增加水稻土中砷的移动性和生物可利用性（Guo et al.，2020）。

（二）水稻土中重金属的形态转化

土壤中重金属的形态决定了其有效性和作物吸收，而有效性的变化又与土壤质地和理化性状等有关。研究发现，将生物质炭加入重金属污染的水稻土中，土壤 pH 显著增加，CaCl$_2$ 提取态的重金属浓度显著减少；与此同时，其可交换态含量显著降低，而其碳酸盐结合态含量显著增加，说明生物质炭的加入可以使得土壤中重金属从可交换态转变为较为稳定的形态（Meng et al.，2018）。对某些重金属而言，土壤中的有效性还与其价态有关，不同价态的重金属对生物的毒性也不一样。以砷为例，土壤中砷主要以无机砷和有机砷的形式存在。其中，无机砷包括亚砷酸［As（Ⅲ）］和砷酸［As（Ⅴ）］等，通常而言，As（Ⅴ）的移动性和毒性低于 As（Ⅲ），有机砷的毒性低于无机砷。

在水稻种植过程中，不同的水分管理措施也会导致土壤中的 pH、Eh、有机质等发生改变，从而间接影响重金属在土壤中的形态转化和作物吸收。在淹水环境下，土壤体系的 Eh 快速降低，pH 趋于中性，金属氧化物还原溶解，土壤中重金属形态呈现两种变化趋势：一方面，随着金属氧化物的还原溶解，被吸附的重金属离子同步被释放进入土壤溶液中，重金属的活性和移动性增强，例如，淹水稻田土壤中的铁锰氧化物溶解可释放大量的砷，进而显著增加水稻中的砷吸收（Arao et al.，2009）；另一方面，当淹水导致微酸性土壤 pH 升高时，铁氧化物表面基团中的 H^+ 被中和，其所带负电荷增加，因此对重金属阳离子的吸附能力增加（Wang et al.，2019）。此外，有机质也能够影响砷在土壤中的形态转化。例如，大田试验研究表明，施用猪粪肥促进了稻田土壤中稳定态砷向非稳定态砷的转化，显著增加水稻组织中砷的累积，特别是 As（Ⅲ）的积累显著增加（Tang et al.，2021）。

二、有机污染物污染过程与机制

有机物在水稻土中的行为主要表现为吸附、解吸、扩散以及降解等作用，影响这些作用的主要因素包括有机物分子结构、在水中的溶解度、土壤组分性质、温度等，水稻土干湿交替等造成水稻土氧化还原环境的急剧变化，使有机物在水稻土中具有特殊的环境行为。

（一）水稻土中有机污染物的迁移转化过程

有机污染物的迁移转化在很大程度上取决于土壤理化性状及其在土壤中的生物可利用性，并受到众多同时发生的生物、物理和化学反应的影响。例如，土壤质地或土壤粒径分布会影响孔隙水在土壤中的渗透性以及土壤颗粒的比表面积。此外，土壤 pH 也是影响污染物的溶解度和调控生物过程介导的污染物去除的关键环境因子之一，酸性土壤往往会增加污染物的溶解度，减少土壤颗粒上的吸附，并降低生物修复的有效性。

林丹（γ-HCH）是六六六（hexachlorocyclohexane，HCHs）的一种异构体，于 20 世纪 40—90 年代被广泛用作杀虫剂，是我国农田土壤和地下水中最为典型的氯代有机农药之一。HCHs 在水稻土中的降解主要受土壤温度和有机质含量的影响。一般来说，温度升高促进 HCHs 降解，增加土壤有机含量有利于其降解，这主要是由于土壤温度和有机质含量会影响微生物的活性和数量。但在实际试验中发现，过量的有机质反而有抑制作用，这可能是由于有机质的吸附保护作用所致。

五氯酚（pentachlorophenol，PCP）是一种剧毒、致突变和致癌的多氯化有机化合物，被广泛用作木材防腐剂和多功能杀虫剂。PCP 在土壤中的环境行为取决于一系列物理（挥发、浸出、吸附、固着）、化学和生物转化。土壤中 PCP 的含量可能受到土壤性质（有机质含量、土壤质地和 pH）的影响。例如，有机物对 PCP 的吸附固定随着 pH 的升高而降低。已有较多的研究表明，PCP 降解更易在厌氧条件下发生，这与 PCP 的分子结构密切相关。PCP 苯环上的氯原子对电子具有较强的吸引力，从而使电子偏向氯原子，导致苯环上的电子云密度显著降低，在好氧环境中，氧化酶较难与 PCP 的苯环竞争电子；但在厌氧环境中，由于氧化还原电位急剧降低，在相关酶的作用下，PCP 易受潜在还原剂的亲核攻击，PCP 上的氯原子较易被亲核基团取代，发生还原脱氯（Pimviriyakul et al.，2019）。

在淹水厌氧环境中，还原性脱氯是土壤中有机氯污染物的主要降解途径。该过程可能受到与其他末端电子受体［如 NO_3^-、Fe（Ⅲ）、Mn（Ⅳ）和 SO_4^{2-}］相互作用的影响（Xu et al.，2015）。补充电子供体可增强厌氧土壤的脱氯能力，在长期淹水的土壤中，醋酸作为重要的碳源和电子供体可被多种微生物种群广泛利用，可用于加速土壤还原过程的形成（Xu et al.，2019），在产甲烷的环境中转化为甲烷，或以 NO_3^-、Fe（Ⅲ）、SO_4^{2-} 作为替代电子接受体转化为 CO_2。此外，在富含 Fe（Ⅲ）的土壤中，活性 Fe（Ⅲ）还原作用能促进 PCP 脱氯为较少的氯化氯酚。生物质炭能够充当不同微生物间的电子穿梭体进而提高污染物的降解速率。生物质炭的存在极大地增强了 PCP 的微生物转化，其中，生物质炭可能在生物降解过程中充当还原性土壤杆菌的电子导管。生物质炭还可以通过重塑微生物群落结构并促进受污染土壤中功能性微生物的生长和代谢来促进污染物的转化。在利用改性生物质炭的试验中发现，3，4，5-三氯苯酚（3，4，5-trichlorophenol，3，4，5-TCP）和3-氯苯酚（3-chlo-rophenol，3-CP）是PCP主要的降解产物，而在没有生物质炭的情况下，3-CP是主要的最终产物（Xu et al.，2017）。

（二）有机污染物的消减与微生物作用机制

微生物降解是有机污染物自然衰减的关键过程。从本质上讲，氯代有机污染物在厌氧条件下的转化是一个微生物脱氯呼吸介导的电子转移代谢过程。通常，土壤中氯化芳香化合物的还原脱氯取决于是否存在有能力进行这一过程的微生物菌群。在低氧条件下，*Dehalococcoides* 和 *Dehalobacter* spp. 属的微生物能利用氢气作为电子供体降解卤化化合物。这些功能微生物除了能够卤化有机氯污染物外，还可以利用多种电子受体，如 NO_3^-、Fe（Ⅲ）、SO_4^{2-} 和腐殖酸等（Xu et al.，2018）。

迄今为止，一些从纯培养物中分离出来的厌氧脱卤菌已经证明了PCP脱氯与细菌生长的强耦合性。例如，厌氧脱卤菌 *Desulfomoniletiedjei* DCB-1 是第一个被分离出来能够对PCP进行还原性脱氯的菌株。另据报道，*Dehalococcoides* 属是还原性脱氯中的主要贡献者，但严格限于使用氢气作为电子供体，而一些低分子量的有机酸（如乳酸和葡萄糖），通常以易代谢碳源的形式作为电子供体，随后在厌氧条件下电子转移过程中被脱氯菌用作电子供体。零价铁（Zero-valent iron，ZVI）腐蚀产生的氢气可以被还原脱氯菌 *Dehalospirillum multivorans* 和 *Desulfitobacter* sp. 利用从而将氯酚还原脱氯最终生成 CO_2 和 CH_4（Dai et al.，2016）。在ZVI-微生物体系中，ZVI的添加促进了微生物的代谢和多样性，外源添加多糖极大地促进了PCP的还原降解（Wang et al.，2016）。此外，土壤中小分子有机物如蒽醌-2，6-二磺酸钠（anthraquinone-2，6-disulphonate，AQDS）可以作为电子供体和异养微生物间的电子穿梭体。土壤中Fe（Ⅲ）还原菌广泛分布于各种生境及不同微生物类群中。因此，铁的氧化还原循环与氯化有机污染物的厌氧转化之间的关系越来越受到人们的关注。例如，添加乳酸和葡萄糖后，土壤中Fe（Ⅲ）还原和有机氯农药（DDT）转化明显加快（Xu et al.，2014）。Fe（Ⅲ）还原菌可能具有降解含氯有机污染物的潜能，所采用的机制可能不是通过脱氯菌所采用的直接脱氯机制，而是通过铁氧化还原循环与还原脱氯之间的生化电子转移过程相配合的间接催化脱氯机制。值得注意的是，许多种脱硫细菌经鉴定，可以使包括PCP在内的各种卤代苯甲酸酯和氯酚脱卤。硫酸盐还原细菌可以利用乳酸盐产生丙酮酸盐和两个电子，从而增加脱氯速率。因此，*Desulfosporosinus* 属的物种不仅可以在乳酸发酵过程中利用氢气自养生长、硫酸盐作为末端电子受体，而且可以作为主要的PCP脱氯菌。产甲烷菌也是通过协同代谢脱氯生物降解氯化污染物的关键微生物，少数甲烷菌可能产生氢气、维生素 B_{12}，促进还原性脱氯。甲烷八叠球菌可能通过 *Dehalococcoides* 推动氯化有机污染物的氢营养性脱卤，同时将乙酸盐分解为甲烷，并将乙酸盐氧化为 CO_2 和 H_2。在还原条件下，外源电子供体促进甲烷的产生，加入丙酮酸和乳酸后，可以被产酸酶代谢产生氢气或碳酸氢盐，脱氯速度加快，进一步促进产甲烷作用（Zhu et al.，2019）。综上所述，污染物在水稻土中的迁移和转化是一个十分复杂的环境过程。重金属进入土壤后，不断进行吸附解吸、溶解沉淀及氧化还原等反应，有机污染物会也会发生吸附、解吸、扩散以及降解等过程，不断影响污染物的生物有效性和水稻吸收，水稻土污染过程与机制相关工作仍然是未来的研究热点。

第三节　水稻土污染的生态效应与风险评价

一、水稻土污染的生态效应

土壤微生物在维持土壤健康和稳定性中发挥着极其重要的作用，污染物进入土壤后可能会抑制土壤微生物数量和酶活性，改变其群落结构和功能，从而扰乱土壤的生态健康和营养循环。

（一）水稻土污染对微生物生物量的影响

土壤中微生物种类繁多、数量庞大、代谢活动旺盛，相对于土壤动植物，土壤微生物对土壤环境变化的响应更为灵敏。因此，水稻土中微生物生物量在一定程度上能反映水稻土受污染的程度。

重金属的长期积累会对土壤微生物造成严重损害。目前，已有大量研究关注镉对不同类型水稻土微生物生物量的影响。在红壤性水稻土中，土壤微生物生物量碳、生物量氮含量随外源镉胁迫浓度的增加呈现先上升后降低的趋势，当外源镉胁迫浓度为 1 mg/kg 时，土壤微生物生物量碳、生物量氮含量达到最大值；当外源镉胁迫浓度超过 3 mg/kg 后，土壤微生物生物量碳、生物量氮含量呈明显下降的趋势。在黄红壤性水稻土中，微生物生物量碳与对照组相比在 3 mg/kg 处理时出现转折。黄松田水稻土微生物生物量碳对镉浓度变化的响应趋势与黄红壤性水稻土相似，但因土壤性质不同而存在差异拐点，但整体变化趋势相似（曾路生等，2005）。

研究认为，水稻土微生物生物量碳含量的变化主要是外源镉直接作用的结果，这可能是低浓度镉可以刺激土壤微生物的生长代谢，微生物活动增强，在一定程度上提高水稻土微生物生物量碳含量；而随着镉胁迫浓度的增加，其毒害作用逐渐超过刺激作用，进而抑制了土壤微生物的正常生命活动，微生物种群的生存和竞争能力衰弱，导致微生物生物量碳含量降低。此外，微生物生物量氮含量变化主要受到外源镉的间接作用，镉通过影响土壤酶活性间接导致了土壤微生物生物量氮含量的变化存在波峰（郭碧林等，2018）。

当然，重金属污染往往不表现为单一的金属污染，通常呈现多金属复合或与有机污染复合的形式，从而对水稻土微生物生物量产生更复杂的影响。由平板计数确定浙江某电子垃圾拆解厂回收车间附近的水稻土微生物数量，从距离车间最近的位点到最远的位点，细菌数量有较缓慢的增长。相反，放线菌计数在不同位点间波动，未显示出良好的规律信息。相关分析结果表明，水稻土中细菌、放线菌的数量与重金属和多氯联苯污染之间没有显著的相关性（Tang et al.，2014）。有研究通过仿熏蒸法和稀释平板培养法，发现自然状态下铜、锌、镉、铅复合污染使浙江某冶炼厂附近的水稻土微生物生物量碳、生物量氮和 PLFAs（磷脂脂肪酸）降低，随着距离冶炼厂越远，则污染程度下降，这些指标有明显的增加趋势（吴建军等，2008）。

（二）水稻土污染对微生物酶活性的影响

水稻土中的酶主要来自土壤微生物，在生物地球化学循环、污染物解毒的代谢和反应过程中发挥着重要的催化作用，并为微生物和植物的生长提供某些化合物。因此，土壤酶活性是反映水稻土肥力状况、土壤自净能力以及土壤重金属污染程度的重要指标。

镉对水稻土中过氧化氢酶、蔗糖酶和脲酶活性的抑制作用是典型的重金属污染反应之一，镉形态的分布和变化规律与酶活性呈现一定的相关性（沈秋悦，2017）。添加了外源镉的红壤性水稻土微生物过氧化氢酶、脲酶和脱氢酶活性均随着外源镉胁迫浓度的增加而减少，且外源镉胁迫浓度越大，下降趋势越明显。

当重金属综合污染程度加剧时，土壤中脲酶、磷酸酶和脱氢酶的酶活性均呈现降低的趋势。皮尔森相关系数分析结果表明，磷酸酶和脱氢酶的酶活性与镉、锌和铅的浓度呈显著负相关；而脲酶酶活力与重金属浓度没有明显的相关性，仅与砷浓度表现出较弱的负相关关系（张雪晴等，2016）。根据对数剂量-反应模型预测水稻土钒的平均有效浓度中值（EC_{50}）阈值，脱氢酶的 EC_{50} 为 417 mg/kg，对钒的添加敏感，可作为评估土壤钒污染的生物指标。同时，微生物脲酶酶活性在前期 1~3 周土壤钒含量达到 154~604 mg/kg 时高于对照，中低土壤钒污染水平可能在一定程度上激活了脲酶酶活性。而在钒含量高达 1 104 mg/kg 的土壤中，脲酶酶活性较对照显著下降，从 29.6% 下降到 11.1%（Xiao et al.，2017）。

众多研究结果表明，水稻土微生物酶活性受到进入土壤生态系统中的重金属污染胁迫，但重金属污染对酶活性的生态效应并不总是一致。微生物酶活对重金属污染的响应因其自身酶结构特点的差异以及作用机制的不同而有所区别。相比于脲酶等在细胞外工作的酶，一般来说，细胞内酶（如脱氢酶、过氧化氢酶等）对重金属的毒性作用更加敏感。土壤酶活性受重金属影响的作用机制主要分为 3 类：①重金属未表现出明显的抑制或促进酶活的生态效应；②重金属离子作为辅基参与酶促反应，促进了酶与底物的配位作用，改变酶表面电荷等进而使酶活性增强；③重金属影响了酶中心物质的合成过程，从而导致部分参与反应必需物质合成受阻，抑制了酶的活性（沈秋悦，2017）。金属离子可以通过与酶的巯基反应来抑制酶基团，改变酶结构及其催化活性位点；也可以通过与底物螯合或与酶基质复合物反应而使酶失活。此外，由于能量转移的生理适应可能会受到重金属胁迫，如细胞内外的隔离重金属的糖类或蛋白质的合成导致酶活性下降。如外源镉的加入抑制脱氢酶、过氧化氢酶和脲酶活性的机制，主要是因为 Cd^{2+} 可以与酶分子中的活性部位（巯基和含咪唑的配位体）等结合，形成比较稳定的络合物，从而与底物发生竞争作用，抑制酶活性。另外，由于重金属污染土壤微生物的生存环境，抑制了土壤微生物的生长和繁殖，从而减少了微生物体内酶的分泌和合成，最后导致土壤酶活性下降。较低浓度的镉还可以促进蔗糖酶的活性中心与底物间的配位结合，保持酶分子的专性结构，同时改变了酶催化反应的平衡条件，增加蔗糖酶活性。而当镉胁迫浓度增加时，镉占据了酶分子的活性中心，或与酶分子的羧基、巯基和氨基等相结合，导致酶活性降低（郭碧林等，2018）。

除此之外，多种人为活动（如施用肥料、除草剂、杀虫剂等）也会影响水稻土微生物酶活性。在达到最适施用浓度前，除草剂丁草胺施用浓度的增加会增强土壤脱氢酶活性。脱氢酶活性在施入浓度为 22.0 mg/g 丁草胺的第 16 d 后达到了峰值（Min et al.，2001）。丁草胺和镉的复合污染对脲酶和磷酸酶活性的综合影响在很大程度上取决于它们的添加浓度比（Wang et al.，2009）。

（三）水稻土污染对微生物群落结构的影响

重金属污染会导致水稻土微生物多样性和群落结构发生显著变化（Dai et al.，2023）。其机制可能是进入土壤中的重金属改变了原有微生物种群内、种群间的关系，导致原有占据优势地位的微生物种群失去了优势作用，或者部分微生物种群在重金属的污染下产生了抗性进而保护了其他微生物种群，微生物群落结构发生变化（吴建军等，2008）。Lin 等（2019）利用 16S rRNA 高通量测序技术对我国东部沿海地区某县重金属污染水稻土不同重金属污染水平下的土壤微生物群落调查发现，变形菌门、酸杆菌门、拟杆菌门等分别在不同重金属污染水平下对重金属表现出更强的耐受性；而子囊菌纲、担子菌纲、壶菌纲、小球菌纲、接合菌纲和罗泽菌纲的优势真菌与低中污染区的重金属污染程度密切相关。污染土壤的微生物种群受到调控措施的影响也会作出相应反馈。施用 300 ℃ 制备的猪粪生物质炭可通过增加土壤 pH 来刺激拟杆菌门并抑制酸杆菌门，而施用 700 ℃ 制备的猪粪生物质炭伴随着锌的释放和镉的吸附使绿弯菌门占主导，两种猪粪生物质炭的施用都增加了能量代谢和脂质代谢的功能，这有可能帮助污染土壤中占主导地位的细菌更好地抵抗重金属胁迫（Meng et al.，2023）。

二、水稻土污染风险评价

土壤污染风险评价是评价土壤污染的方法之一，是指通过一定的原则和标准来评价土壤污染对生态环境和人体健康的危害程度及可能性（朱成，2008）。评价结果能够为污染土壤提出有效的风险管控措施，从而降低生态环境和人体健康的潜在风险。土壤污染风险评价作为国际上广泛认可的污染预防和管控的决策辅助工具，在土壤污染研究中，已被应用于描述有毒有害物质对生态环境和有机体损害与影响评价系统。近 40 年来，土壤污染风险评价研究已成为土壤环境研究的重要前沿，也被逐渐运用于稻田生态系统环境风险评估中。水稻土污染风险评价按照评价的受体对象，分为水稻土污染生态风险评价和人体健康风险评价，分别为保护生态环境和人体健康提供参考。

（一）水稻土污染生态风险评价

水稻土污染生态风险评价是以整个土壤-水稻生态系统为研究对象，评价该系统在受到外界污染胁迫时，种群和生态系统功能受损的可能性及不利的生态效应（宋恒飞等，2017）。我国在生态风险评价方面也开展了许多研究，主要采用的方法包括风险熵值法、污染指数评价法、潜在生态风险评价法和生物评价法等。这些方法主要集中在评估水稻土重金属污染带来的生态环境风险，结果可为研究区域提供有关重金属的污染防控与风险评估管理信息。

目前，在进行水稻土污染生态风险评价时，大多采用污染指数评价法、地累积指数法、潜在生态风险评价法。其中，潜在生态风险评价法是最常用的方法，即根据土壤中金属的毒性和环境效应，对土壤中的重金属进行生态风险分级评估。在传统的污染指数评价法等生态风险评价的基础上，研究学者通过结合多元统计分析发展了多介质生态风险评价新方法。例如，Shi 等（2016）提出了多介质概率生态风险评价五步法，其步骤分为问题提出、暴露分析、效应分析、风险表征和验证。该方法通过联合多介质中受影响的物种敏感度分布，将不同介质中的暴露数据与介质相对应的物种敏感度分布相结合，形成联合概率曲线来评估该介质的复合风险。以污染物镉为例，作者在环渤海区域采集了土壤、河水、海水、河流沉积物和海洋沉积物样品 157 个，测定了其中镉的含量，并进行了风险评估和验证。在稻田土壤污染生态风险评价中，Hakanson 潜在生态风险指数法不仅考虑了重金属的实际含量，还与重金属毒理效应联系在一起。当前，在生态环境风险研究中，Hakanson 潜在生态风险指数法运用最为广泛。概率生态风险方法的提出为复杂多介质区域开展污染物生态风险评价提供了可借鉴的有效应用方法和经验。

（二）水稻土污染健康风险评价

土壤污染人体健康风险评价是在收集和整理污染区域人群暴露情况、流行病学、毒理学等资料的基础上，通过模型来评估某污染物的暴露对人体健康造成损害的可能性和程度（赵沁娜，2006）。健康风险评价起源于欧美发达国家。1983 年，美国国家科学院提出了污染物通过危害鉴定、剂量-效应评估、暴露估计和风险表征 4 个步骤的健康风险评价方法。随后，美国国家环境保护局又颁布了一系列健康风险评价指南。我国从 20 世纪 90 年代开始开展健康风险评价，但是，在健康风险评价方面的基础仍然比较薄弱。例如，污染物危害评估和剂量效应评估等没有适当的技术和模型。

对于农田土壤污染健康风险评价，目前我国仍没有系统性技术方法和评价指标，水稻土污染健康风险评价主要按照国外"四步法"的健康风险评价模型和标准，对不同污染物、不同暴露人群经不同暴露途径的健康风险进行量化，使健康风险评价在土壤污染领域得到了广泛的运用和发展。当前，水稻土污染对人体的健康风险评价研究主要集中在重金属和有机污染物（如多环芳烃、多氯联苯等）。例如，Li 等（2014）评估了我国不同矿区的土壤重金属污染对人体所产生的健康风险，其中对镉、砷、铬、铜、镍和汞进行了非致癌风险评估，而对砷进行了致癌风险评估。Yang 等（2014）评估了土壤多环芳烃污染经不同暴露途径（经口摄入、皮肤接触和呼吸吸入）产生的致癌风险。不同暴露人群因不同的暴露剂量以及对污染物的敏感程度不同而在健康风险评价过程中需要使用不同的暴露参数，从而进行更准确的健康风险评价。在健康风险评价过程中，由于污染物浓度范围差异大，选取的暴露参数大多来自参考文献而并非污染场地的实际调研，因而在健康风险评价过程中存在一些不确定性。为更准确地评估污染场地的人体健康风险，将概率方法与传统的采用单点值所进行的确定性健康风险评价方法相结合，利用概率健康风险来降低健康风险评价中的不确定性的研究和运用已越来越受到关注（Augustsson et al.，2018）。李飞等（2015）基于美国国家环境保护局健康风险评价体系的方法，利用蒙特卡罗模拟方法进行参数不确定性分析。结果表明，通过蒙特卡罗模拟进行概率健康风险评价的结果值与确定性健康风险评价结果有所差距。Koupaie 和 Eskicioglu（2015）通过概率健康风险评价方法对蔬菜和大米中镉、铜、锌所致的健康风险进行评估。结果表明，蔬菜和大米摄入途径对镉及铜的健康风险有较大的贡献。

总体而言，我国在土壤污染物健康风险评价理论与方法方面取得了一些研究进展。但是，相关的技术方法还不够成熟，主要还是采用国外的风险评价模型和毒性参数。今后，应加强对稻田中新型污染物的生态风险评价方法研究以及不同环境介质中多种污染物共存时所导致风险的研究，丰富生态风险评价方法体系，为土壤-水稻生态系统污染风险评价、环境管理提供技术支持。

第四节 污染水稻土的安全利用与修复

为了应对日益严峻的耕地土壤污染问题，保障农产品产地质量安全和耕地资源可持续利用，我国已陆续开展了关于耕地污染治理与安全利用的实践工作。经过多年对水稻田的修复治理实践探索，初步形成了针对受污染水稻田安全利用和治理修复的基本思路与技术措施。对轻中度污染水稻土，采取安全利用的技术措施，主要包括镉低积累水稻品种选育、水肥管理、叶面阻控、原位钝化等技术措施；而对于重度污染的水稻土，则应采取严格管控的措施，通过种植结构调整、生物修复技术等方式对污染水稻田进行管控和治理修复。

一、镉低积累水稻品种选育

水稻作为我国的主要粮食作物，通过种植镉低积累水稻品种，不仅能够保证污染土壤的安全生产，保持现有的耕作方式，同时不会增加水稻安全生产的额外成本，是一种较为理想的污染土壤安全利用方式（Yu et al.，2006）。研究表明，不同水稻品种糙米对重金属镉的吸收存在显著差异，在研究的 7 种类型水稻中，糙米含镉量从高到低依次为特种稻、常规早籼稻、三系杂交晚稻、两系杂交晚稻、常规晚籼稻、常规粳稻、爪哇稻（曾翔等，2006）。水稻作物对于污染物的吸收和积累效果同时受到土壤理化性状、农艺措施、环境因素以及水稻遗传等因素的影响（周志波，2018）。因此，选育出适合当地种植的镉低积累水稻品种是保证污染土壤安全利用的关键。自 2014 年以来，湖南开展了大规模的镉低积累水稻品种的选育工作，通过盆栽、大田以及安全利用区的推广利用，在 685 个主栽水稻品种中，筛选出了 59 个镉积累相对较低的水稻品种，包括早稻中嘉早 17、中稻 C 两优 386、晚稻金优 59 等（陈彩艳等，2018）。在浙江地区，近年来，通过对 60 余种镉低积累水稻品种筛选试验，筛选出了早籼稻甬籼 15、常规晚粳稻秀水 134、杂交晚稻甬优 1540 等 10 余个适合当地生产种植的镉低积累水稻品种（孟龙，2018，2019）。

二、水肥管理

水肥管理措施是重金属污染稻田安全利用的一项重要措施，通过调节水稻生长不同时期土壤中水分和肥力，进而调控土壤的 pH、Eh 和氧化还原环境，从而降低土壤中重金属的有效性及其向水稻籽粒中迁移。

研究表明，土壤淹水以后，空气和土壤之间的气体交换受阻，土壤微生物需氧代谢导致土壤中的氧气迅速减少，形成厌氧或兼性厌氧环境，兼性或专性嫌气性微生物不能完全分解土壤中的有机物质而生成还原性物质，这些还原性物质又还原酸性土壤中的铁锰氧化物等电子供体，并消耗 H^+，导致 Eh 下降、pH 上升（Esther et al.，2015）。当土壤 Eh 持续下降，SO_4^{2-} 被还原为 S^{2-}，S^{2-} 能够结合金属阳离子形成金属硫化物胶体或沉淀，降低金属有效性（Hofacker et al.，2013）。通过对比不同水分管理模式对水稻籽粒吸收镉的影响表明，全生育期淹水能够显著降低水稻糙米中镉的含量，在红黄泥田和潮泥田中，全生育期淹水与分蘖-乳熟期两次晒田相比，水稻糙米中镉的含量分别减少了57.5％和43.6％（刘昭兵等，2010）。大量研究表明，在水稻整个生育期保持淹水，能够显著降低酸性土壤溶液中有效镉的浓度，抑制重金属镉向水稻体内转移，显著降低水稻籽粒中重金属镉的含量（Honma et al.，2016）。而镉砷复合污染土壤中，土壤在淹水条件下降低重金属镉有效性的同时，会增加土壤中砷的活性，通过旱作、干湿交替能够降低砷的活性，降低水稻籽粒中砷的积累（杨永强等，2019）。

施用有机肥能够提高土壤 pH，增加土壤的阳离子交换量，与重金属阳离子结合形成难溶性金属有机络合物，从而降低土壤中重金属的生物有效性（叶胜兰等，2020）。研究证实，在盆栽试验中通过施用菜籽饼和猪粪有机肥两种处理与施用普通化肥处理相比，糙米中镉、铜和锌浓度分别降低47.6％、35.2％、21.5％ 和 9.5％、21.2％、9.3％，同时水稻籽粒的产量也有所增加（周利强等，2012）。同时，无机化肥的施用可以改变土壤的 pH、Eh、阳离子交换量等理化性状，影响土壤中重金属的吸附和解吸过程，从而影响土壤中重金属的生物有效性。研究发现，通过施用钙镁磷肥，显著提高土壤 pH，通过向水稻田中添加 8 g/kg 钙镁磷肥，土壤中可交换态镉、铜、铅和锌的比例分别减少 62.5%、69.0%、69.6%和 73.0%，显著降低了重金属的生物活性（吴文成等，2015）。然而，也有研究表明，长期施用有机肥会导致土壤中铜、锌、镉和铅的全量增加（任顺荣等，2005），过量施用含高量重金属磷肥，也会导致重金属在土壤中的积累（陈宝玉等，2010）。因此，对于肥料的施用要谨慎选择，应选择合适的肥料种类，关注土壤与稻米中重金属含量的变化。

三、叶面阻控技术

叶面阻控技术是指向水稻叶片表面直接喷施叶面肥，阻控水稻对重金属的吸收和积累，具有操作简单和经济高效等优点。目前，市场上叶面阻控剂的种类繁多，主要包括非金属元素型叶面阻控剂、金属元素型叶面阻控剂等（邓思涵等，2020）。

非金属元素型叶面阻控剂主要包括硅、硒等。研究表明，喷施叶面硅肥后，硅可以向根部移动，与重金属发生沉淀反应，从而降低重金属在水稻体内向上运输的过程，最终减少地上可食用部分中重金属的含量（Liu et al.，2009）。也有研究表明，通过对每季水稻在拔节期喷施 1 L 含 20%二氧化硅的重金属阻隔剂，与喷施清水的对照相比，叶面喷施重金属阻隔剂稻谷增产 29.6%；稻米中砷和镉含量分别下降 40.2%和 28.2%，大面积实施此项喷施措施后，稻米重金属的达标率提升了 40%（李芳柏等，2013）。硒是植物体内抗氧化酶（谷胱甘肽过氧化物酶和硫氧化蛋白还原酶）的活性中心（Zhang et al.，2012），施用叶面硒肥能参与水稻的能量代谢、蛋白质代谢，使重金属在细胞点位上发生移动和改变细胞膜的通透性，抑制水稻各器官对重金属的吸收（Wan et al.，2016）。研究表明，喷施叶面硒肥能提升水稻的产量和品质，当施用 120 kg/hm² 硒肥时，有效抑制了水稻穗部铬和镉的积累量（53%和 45%），而对铅无明显抑制作用（管文文等，2018）。

金属元素型叶面阻控剂主要包括锌、铁和钼叶面肥等。锌是水稻生长必需的微量元素之一，在植物体内与重金属镉表现为拮抗作用。一方面，锌与镉竞争细胞膜表面的吸收位点；另一方面，锌与镉在植物体内共用相同的转运蛋白，从而抑制根系对镉的吸收和转运，降低镉在植物体内的积累。有研究通过叶面喷施锌肥，在轻度、中度和重度镉污染土壤中与对照相比，水稻籽粒中的镉含量分别下降了 25.93%、20.51%和 16.17%（应金耀等，2018）。铁和钼都属于微量元素，其作用是提高植株细胞内抗氧化系统保护酶的活性，清除重金属产生的大量自由基，降低作物膜脂过氧化程度，保护细胞的完整性，缓解重金属的毒害，达到阻控重金属进入细胞内部的作用（张梅华等，2017）。

四、原位钝化技术

原位钝化技术是指向土壤中加入一种或多种钝化材料，通过增加土壤有机质、氧化物及黏粒的含量，调节土壤 pH、阳离子交换量、氧化还原电位等物理化学性质，降低重金属在土壤中的有效性，从而减少作物对重金属的吸收，以实现污染土壤的安全利用（Guo et al.，2006）。原位钝化技术主要机制包括吸附和离子交换、化学沉淀、络合作用、氧化还原以及金属阳离子间的竞争作用等反应，从而降低重金属在土壤的生物有效性（官迪等，2016）。钝化材料主要包括无机钝化剂、有机钝化剂、新型钝化剂等。

1. 无机钝化剂类　无机钝化剂类包括硅钙材料、含磷材料、黏土矿物以及金属氧化物等。石灰和硅酸盐等是常用的硅钙材料，通过施用硅钙材料可以提高土壤的 pH，增加土壤表面的负电荷，促进重金属阳离子的吸附，同时与重金属形成碳酸盐和硅酸盐沉淀，从而降低土壤中重金属的迁移性和生物有效性（李剑睿等，2014）。石灰适用于偏酸性的重金属污染稻田，但在砷污染超标的稻田中，由于土壤 pH 的增加会促进砷的溶解，增加土壤溶液中砷的溶度，因此应谨慎施用（陈同斌，1996）。

含磷材料主要分为易溶性含磷材料和固体性含磷材料。易溶性含磷材料包括磷酸、各类磷酸盐和钙镁磷肥等，固体性含磷材料主要包括磷灰石、磷矿石和骨粉等。含磷材料主要通过吸附、沉淀、络合等反应，降低土壤中重金属的生物活性。研究表明，这两类含磷材料施用均能有效地降低污染土壤中铅和锌的生物有效性（Austruy et al.，2014）。然而，过量施用含磷材料可能会引起地表水体富营养化、地下水污染以及作物营养缺失等问题。因此，应控制施用量。

黏土矿物是一类环境中分布广泛的天然非金属矿产，主要包括高岭石、海泡石、沸石、凹凸棒石、蛭石、蒙脱石、坡缕石等。黏土矿物具有比表面积大、极性、吸附性、离子交换性强等突出的特性，通过吸附、配位反应和共沉淀反应等作用，降低土壤中重金属的生物活性（林云青等，2009）。研究表明，在镉-铅复合污染土壤中，通过施用海泡石，土壤中可溶态镉和铅含量分别较对照降低了1.4%～72.9%和11.8%～51.4%，水稻体内各部分重金属含量总体上随着海泡石含量的增加而减少，与对照相比，水稻糙米中镉和铅含量最大可分别降低55.2%和43.5%（孙约兵等，2014）。

金属氧化物主要来源于冶金工业的废弃物，如赤泥和粉煤矿等，主要通过表面吸附、共沉淀途径完成对土壤中重金属的钝化固定。研究表明，施用一定量的赤泥能促进水稻的增产，同时与对照相比，早稻和晚稻糙米中镉的含量分别降低了64.5%和46.43%（范美蓉等，2012）。Meng 等（2018）研究发现，针对酸性中度镉污染稻田土壤，施用 2.33 t/hm² 的电石渣使土壤中 0.1 mol/L 氯化钙浸提态镉的含量下降 35%～41%，水稻精米中镉的含量下降幅度高达 67%。

2. 有机钝化剂类 有机钝化剂类主要包括有机肥和农业废弃物等。农业废弃物主要是水稻、玉米和棉花的秸秆等，通过秸秆还田在腐熟分解过程中产生的有机酸、糖类及含氮、硫杂环化合物，能与重金属离子发生络合反应，形成金属有机络合物，从而降低土壤中重金属的生物有效性（吴涌泉等，2009）。通过采用室内培养试验方法，向铅锌尾矿沙中添加油菜秸秆、芒草秸秆和水稻秸秆等，这些农业废弃物能有效地降低铅、锌、镉的移动性和生物有效性（朱佳文等，2012）。对于农业废弃物的施用，应避免直接施用污染农田中的农业废弃物，以免造成二次污染。

3. 新型钝化剂类 新型钝化剂类主要包括生物质炭、纳米材料和介质材料等。生物质炭是农业有机废弃物及其他生物质材料在厌氧条件下热解产生的产物（Sohi et al.，2010）。生物质炭具有多孔结构、比表面积大，且表面带有大量的负电荷，能够吸附可交换的金属阳离子，同时生物质炭含有一定的碱性物质，有利于土壤 pH 的升高。生物质炭也含有丰富的含氧官能团，能够在降低土壤重金属可利用性的同时，提高土壤肥力（Wu et al.，2018；Wu et al.，2020a；Wu et al.，2020b；Wang et al.，2021）。例如，针对酸性中度镉污染稻田土壤施用稻壳生物炭，使土壤中 0.1 mol/L 氯化钙浸提态镉的含量下降 13%～14%，水稻精米中镉的含量下降 36%～42%（Meng et al.，2018）。通过两年的田间试验表明，施用低剂量铁基生物炭后，土壤可提取镉和砷在小麦季分别降低 57%和 18%，在水稻季分别降低 63%和 14%（Tang et al.，2020）。近年来，还有一些介孔材料、纳米材料等新型材料的应用，这类材料具有独特的组成成分和复杂的表面结构，通过较低的施用水平可以对土壤重金属钝化修复起到较好的效果。

五、种植结构调整

根据 2018 年 6 月 22 日生态环境部发布的《土壤环境质量 农用地土壤污染风险管控标准（试行）》（GB 15618—2018），当农用地土壤中的污染物含量超过土壤污染风险管制值时，食用农产品不再适合种植，应采取严格管控措施。同样，当稻田土壤中污染物含量超过土壤污染风险管制值时，可以通过种植结构调整种植非食用的经济作物或者种植超富集植物对污染稻田进行治理修复。

非食用经济作物具有不进入食物链、生物量大、环境适应性强、在充分利用重金属污染耕地的同时带来经济效益（吴科堰等，2019）。棉花是我国重要的纤维作物。研究表明，棉花对重金属镉具有较强的吸收、转运和聚集能力，同时棉花具有较大的生物量，在镉污染农田有很大修复潜力（李玲等，2012）。甜高粱是我国重要的能源作物和粮食作物，生物量巨大，可用于生产乙醇。研究表明，甜高粱对重金属镉具有较强的吸收能力和耐性，单株镉的积累量最高可达到 0.84 mg（土壤镉含量为18 mg/kg），在镉污染农田种植甜高粱具有很好的经济效益和环境效益（薛忠财等，2018）。除以上提到的这些作物，还有很多纤维作物（亚麻和红麻等）、花卉植物（金盏菊和蜀葵等）、油料作物（蓖麻和油葵等）以及能源作物（巨菌草和皇竹草等）都可以用于农田管控区的替代种植。对于农田管控区的种植结构调整，应因地制宜地种植合适的作物品种。

除种植非食用经济作物外，超富集植物因其具有超量吸收、积累重金属和超强的重金属耐受能力，是一类非常有潜力的污染区修复植物。目前，已发现的超富集植物有500多种，其中70%以上是镍超富集植物（Reeves，2003）。我国从20世纪90年代才开始陆续有研究报道超富集植物，主要有砷超富集植物蜈蚣草（Ma et al.，2001）、锌镉超富集植物东南景天（Yang et al.，2004）、镉超富集植物龙葵（魏树和等，2004）等。超富集植物虽然具有超强的重金属提取能力，但是大多数的超富集植物都具有生物量小、对污染修复时间较长的特点。因此，对于严格管控区农田土壤，要综合考虑生态效益和经济效益，适当调整作物种植结构。

六、联合调控技术

面对复杂的土壤环境与土壤污染状况，单一的安全利用与修复技术往往不能完全确保农产品的安全生产，通过技术集成综合多种安全利用与修复技术联合调控更能保证农产品的安全。Huang等（2010）研究了玉米和东南景天套种体系与化学洗脱对镉、锌、铅富集土壤的复合修复效果。田间试验数据表明，经过近9个月的处理，土壤中镉、锌、铅含量分别下降24.8%～44.6%、12.6%～16.5%和3.6%～5.7%。此外，与不洗脱对照相比，东南景天地上部镉含量和铅含量分别增加了8%和15%。原位钝化技术与植物修复相结合，也有助于增强镉污染土壤修复。余海波等（2011）开展了一项2 870 m²的示范研究，涉及植物修复以及原位钝化技术，在镉污染土壤中，当添加0.1%的石灰石和0.2%的磷酸盐后，种植甜高粱、甘蔗和香根草等植物，土壤中植物有效镉含量降低了50%以上，但作物中总糖和还原糖的含量并没有下降。张鹏等（2018）通过种植耐性作物（苎麻和红麻等）联合改良剂（石灰、有机肥和生物质炭等）对广东大宝山多金属复合污染土壤进行治理，改良剂能够在促进植物生长的同时，有效减少地表径流以及径流液中重金属的含量，限制土壤中重金属的扩散。联合调控能够克服单一安全利用与修复技术的不足，具有在空间尺度上衔接不同技术的优势，提高了安全利用与修复效率，缩短了治理周期（徐建明等，2020、2023）。

七、应用实例

1. 镉污染耕地土壤污染防治实践　2015年，浙江发布了《浙江省农业"两区"土壤污染防治三年行动计划（2015—2017年）》，在11个设区的市各落实1个县（市、区）的典型区域，开展以农业"两区"土壤重金属污染治理为重点的试点工作。基于此，在浙江台州镉中重度污染区域，建立了以超富集植物为主要修复手段的试验区，利用皇竹草、巨菌草等生物量大（成熟期达2 m）、生长快、具有一定经济价值且有较好镉富集能力的超富集植物，降低土壤镉含量。以皇竹草为例，其产量约为30 t/（季·亩），保守估计每季可带走土壤中的镉约100 g，如按土壤镉含量为2 mg/kg计，用3年左右的时间就可以将土壤中的镉含量降到0.3 mg/kg，同时筛选出适合当地种植的镉低积累水稻品种（甬优1540、甬优538、秀水14及中早39等）及应用的土壤调理剂、叶面阻控剂等材料（孟龙，2018；Meng et al.，2019；Cheng et al.，2022、2024；Jin et al.，2024）。污染水稻土的安全利用取得初期效果，示范区的水稻籽粒合格率从原先的早稻10%、晚稻60%，整体提高到90%以上。示范区中水稻土中有效镉的含量显著降低，最高可达50.2%，并且水稻的产量变幅维持在10%以内。通过对前期多年受镉污染耕地安全利用及其治理修复实践的探索和实践，编写并发布了《镉砷复合污染稻田安全利用技术规程》（T/ZNZ 032—2020）、《镉污染耕地水稻安全生产技术规程》（T/ZNZ 035—2020）以及《镉污染耕地安全利用效果评估技术规范》（T/ZNZ 034—2020）等技术规程和规范，并建立了省级受污染耕地安全利用长期观测研究站。

2. 地质高背景区土壤-水稻体系降镉富硒实践　2015年，浙江省衢州市开化县提出3年污染防治计划，着力实施废弃矿山、矿井生态环境修复以及矿尾水治理工程，重点治理因黑色岩系中重金属释放所导致的耕地土壤超标问题。基于此，2022年起开展了开化县镉和硒地质高背景区受污染耕地安全利用项目，在开化县杨林镇建设了水稻筛选、肥料施用以及调理剂应用三大安全利用技术示范小区。通过开展连续多年的低镉富硒水稻品种筛选试验，筛选出了泰丰优2号、嘉禾优1号、嘉丰优911和中浙优8号4个适合镉、硒地质高背景区推广种植的优选水稻品种，示范品种符合《食品安全国家标准 食品中污染物限量》（GB 2762—2022）的镉限量标准（0.20 mg/kg）和《富硒稻谷》（GB/T 22499—2008）的富硒标准（0.04～0.30 mg/kg）。在以氮、磷、钾、有机肥、生物质炭及其组合肥料试验中，比较肥料对镉、硒的吸收、转运和富集特征，结合水稻产量指标，结果表明，减氮降氮更有利于水稻降镉富硒，磷肥、钾肥、磷肥＋钾肥和生物质炭在籽粒降镉富硒方面表现效果最好（Zhou et al.，2024）。在调理剂应用效应试验区中，根据国内外报道以及前期试验所筛选出来的17种不同品牌土壤调理剂产品进行比选，结果表明，铁改性木本泥炭、秸秆生物质炭、钙镁磷肥、某商品化土壤调理剂等材料的钝化效果突出，对水稻籽粒中镉含量的降低幅度最高可达到57.8％，对硒的提升最高可达到66.7％。在前期调查中发现，开化县杨林镇有4/5以上的水稻稻米镉含量超标，依托项目实施，最终实现了开化县杨林镇全域共15个乡村5 800亩土壤安全利用技术集成示范与推广应用，施用某商品化土壤调理剂后水稻籽粒达标率在90％以上。通过展示和推广高背景区水稻降镉富硒技术，能显著降低稻米中的镉含量（降低50％以上），提升稻米中的硒含量（提高至0.04 mg/kg以上），达到稻米降镉富硒的效果，实现了区域耕地资源可持续利用能力的提升。

主要参考文献

敖明，柴冠群，范成五，等，2019. 稻田土壤和稻米中重金属潜在污染风险评估与来源解析［J］. 农业工程学报（35）：198-205.

陈宝玉，王洪君，曹铁华，等，2010. 不同磷肥浓度下土壤-水稻系统重金属的时空累积特征［J］. 农业环境科学学报，29（12）：2274-2280.

陈彩艳，唐文帮，2018. 筛选和培育镉低积累水稻品种的进展和问题探讨［J］. 农业现代化研究，39（6）：156-163.

陈同斌，1996. 土壤溶液中的砷及其与水稻生长效应的关系［J］. 生态学报（2）：148-153.

陈铮铮，2020. 土壤六氯环己烷污染强化生物修复技术及微生物作用机制研究［D］. 杭州：浙江大学.

邓思涵，陈聪颖，严冬，等，2019. 水稻重金属污染及其阻控技术研究［J］. 中国稻米，25（4）：27-30.

邓思涵，龙九妹，陈聪颖，等，2020. 叶面肥阻控水稻富集镉的研究进展［J］. 中国农学通报，36（1）：1-5.

翟伟伟，2018. 畜禽废弃物堆肥过程中砷的形态转化规律及其微生物驱动机制研究［D］. 杭州：浙江大学.

段淑辉，周志成，刘永军，等，2018. 湘中南农田土壤重金属污染特征及源解析［J］. 中国农业科技导报（20）：80-87.

范美蓉，罗琳，廖育林，等，2012. 赤泥使用量对Cd污染稻田水稻生长的影响和修复机制［J］. 安全与环境学报，12（4）：36-41.

龚伟群，潘根兴，2006. 中国水稻生产中Cd吸收及其健康风险的有关问题［J］. 科技导报（5）：43-48.

官迪，纪雄辉，2016. 镉污染土壤钝化修复机制及研究进展［J］. 湖南农业科学（4）：119-122.

管文文，戴其根，张洪程，等，2018. 硒肥对水稻生长及其重金属累积的影响［J］. 土壤，50（6）：1165-1169.

郭碧林，陈效民，景峰，等，2018. 外源Cd胁迫对红壤性水稻土微生物量碳氮及酶活性的影响［J］. 农业环境科学学报（37）：1850-1855.

郭志磊，2017. 土壤重金属污染及修复技术综述［J］. 农业开发与装备（10）：124.

何明江，2020. 区域农田土壤重金属和多环芳烃的污染特征及风险评价［D］. 杭州：浙江大学.

何玉垒，2021. 生物炭对Cd污染钝化修复稳定性及其机制研究［D］. 北京：中国农业科学院研究生院.

胡春华，陈禄禄，李艳红，等，2016. 环鄱阳湖区水稻-土壤有机氯农药污染及健康风险评价［J］. 环境化学（35）：355-363.

胡鹏杰，李柱，吴龙华，2018. 我国农田土壤重金属污染修复技术、问题及对策刍议［J］. 农业现代化研究，39（4）：535-542.

李本银，黄绍敏，张玉亭，等，2010. 长期施用有机肥对土壤和糙米铜、锌、铁、锰和镉积累的影响［J］. 植物营养与肥料学报，16（1）：129-135.

李芳柏，刘传平，2013. 农作物重金属阻隔技术新型复合叶面硅肥及其产业化 [J]. 中国科技成果 (16)：77-78.

李飞，王晓钰，李雪，2015. 土壤重金属的健康风险评价及其参数不确定性的量化研究 [J]. 湖南大学学报（自然科学版），46（6）：119-126.

李剑睿，徐应明，林大松，等，2014. 农田重金属污染原位钝化修复研究进展 [J]. 生态环境学报，23（4）：721-728.

李玲，陈进红，何秋伶，等，2012.3 个陆地棉种质（系）重金属镉的积累、转运和富集特性分析 [J]. 棉花学报，24（6）：535-540.

李胜涛，蔡五田，张敏，等，2010. 我国土壤污染风险评价的研究进展 [J]. 黑龙江水专学报，37（2）：120-123.

林云青，章钢娅，2009. 黏土矿物修复重金属污染土壤的研究进展 [J]. 中国农学通报，25（24）：422-427.

刘锋，应光国，周启星，等，2009. 抗生素类药物对土壤微生物呼吸的影响 [J]. 环境科学 (30)：1280-1285.

刘文新，李尧，左谦，等，2008. 渤海湾西部表土中 HCHs 与 DDTs 的残留特征 [J]. 环境科学学报 (28)：142-149.

刘昭兵，纪雄辉，彭华，等，2010. 水分管理模式对水稻吸收累积镉的影响及其作用机制 [J]. 应用生态学报，21（4）：908-914.

马骄，陈杖榴，2010. 恩诺沙星对土壤微生物群落代谢功能多样性的影响 [J]. 生态毒理学报 (5)：446-452.

孟俊，2014. 猪类堆制、热解过程中重金属形态变化及其产物的应用 [D]. 杭州：浙江大学.

孟龙，黄涂海，陈謇，等，2019. 镉污染农田土壤安全利用策略及其思考 [J]. 浙江大学学报（农业与生命科学版），45（3）：263-271.

孟龙，2018. 轻中度镉污染农田土壤安全利用研究 [D]. 杭州：浙江大学.

穆莉，王跃华，徐亚平，等，2019. 湖南省某县稻田土壤重金属污染特征及来源解析 [J]. 农业环境科学学报 (38)：573-582.

任顺荣，邵玉翠，高宝岩，等，2005. 长期定位施肥对土壤重金属含量的影响 [J]. 水土保持学报 (4)：96-99.

单平，伍震威，葛高飞，2016. 外源汞添加对土壤微生物区系的影响 [J]. 安徽农业大学学报 (43)：248-251.

尚二萍，张红旗，杨小唤，等，2017. 我国南方四省集中连片水稻田土壤重金属污染评估研究 [J]. 环境科学学报，37（4）：1469-1478.

沈秋悦，2017. 镉污染条件下农田土壤微生物活性研究 [D]. 苏州：苏州科技大学.

沈欣，朱奇宏，朱捍华，等，2015. 农艺调控措施对水稻镉积累的影响及其机制研究 [J]. 农业环境科学学报，34（8）：1449-1454.

宋恒飞，吴克宁，刘霈珈，2017. 土壤重金属污染评价方法研究进展 [J]. 江苏农业科学 (45)：11-14.

孙国红，王鹏超，徐应明，等，2019. 施用钾肥对稻田土镉污染钝化修复效应影响研究 [J]. 灌溉排水学报，38（5）：38-45.

孙约兵，王朋超，徐应明，等，2014. 海泡石对镉-铅复合污染钝化修复效应及其土壤环境质量影响研究 [J]. 环境科学，35（12）：4720-4726.

田小松，2021. 铁基改性生物质炭对水稻土砷镉活性的同步钝化及机制研究 [D]. 重庆：西南大学.

汪峰，类成霞，蒋瑀霁，等，2014. 长江中下游两种典型水稻土微生物对砷污染的响应 [J]. 中国环境科学 (34)：2931-2941.

王恒，2014. 吉林省土壤-水稻系统环境质量分析评估及重金属复合污染研究 [D]. 哈尔滨：中国科学院研究生院.

王家嘉，2008. 废旧电子产品拆解对农田土壤复合污染特征及其调控修复研究 [D]. 贵阳：贵州大学.

王晶，张旭东，李彬，等，2002. 腐殖酸对土壤中 Cd 形态的影响及利用研究 [J]. 土壤通报 (3)：185-187.

王开峰，彭娜，王凯荣，等，2008. 长期施用有机肥对稻田土壤重金属含量及其有效性的影响 [J]. 水土保持学报 (1)：105-108.

魏树和，周启星，王新，等，2004. 一种新发现的镉超积累植物龙葵（*Solanum nigrum* L.）[J]. 科学通报 (24)：2568-2573.

吴建军，蒋艳梅，吴愉萍，等，2008. 重金属复合污染对水稻土微生物生物量和群落结构的影响 [J]. 土壤学报 (45)：1102-1109.

吴科堰，敖明，柴冠群，等，2019. 非食用经济作物修复重金属污染土壤研究进展 [J]. 山地农业生物学报，38（1）：

62 - 67.

吴文成，陈显斌，刘晓文，等，2015. 有机及无机肥料修复重金属污染水稻土效果差异研究 [J]. 农业环境科学学报，34（10）：1928 - 1935.

吴涌泉，屈明，孙芬，等，2009. 秸秆覆盖对土壤理化性状、微生物及生态环境的影响 [J]. 中国农学通报，25（14）：263 - 268.

肖俊清，袁旭音，李继洲，2010. 长江三角洲地区土壤和水稻重金属污染特征研究 [J]. 安徽农业科学（38）：10206 - 10208.

徐建明，何丽芝，唐先进，等，2023. 中国重金属污染耕地土壤安全利用存在问题与建议 [J]. 土壤学报，60（5）：1289 - 1296.

徐建明，刘杏梅，2020. "十四五"土壤质量与食物安全前沿趋势与发展战略 [J]. 土壤学报，57（05）.

徐建明，孟俊，刘杏梅，等，2018. 我国农田土壤重金属污染防治与粮食安全保障 [J]. 中国科学院院刊，33（2）：153 - 159.

薛忠财，李纪红，李十中，等，2018. 能源作物甜高粱对镉污染农田的修复潜力研究 [J]. 环境科学学报，38（4）：1621 - 1627.

闫华，欧阳明，张旭辉，等，2018. 不同程度重金属污染对稻田土壤真菌群落结构的影响 [J]. 土壤（50）：513 - 521.

杨代凤，刘腾飞，谢修庆，等，2017. 我国农业土壤中持久性有机氯类农药污染现状分析 [J]. 环境与可持续发展（42）：40 - 43.

杨强，2004. 有机污染物-重金属复合污染土壤植物修复技术研究 [D]. 杭州：浙江大学.

杨寿南，2018. 探究我国耕地土壤重金属污染现状与防治对策 [J]. 环境与发展，30（6）：57，60.

杨小粉，刘钦云，袁向红，2017. 综合降镉技术在不同污染程度稻田土壤下的应用效果研究 [C]. 全国第十七届水稻优质高产理论与技术研讨会论文摘要汇编.

杨永强，胡红青，付庆灵，等，2019. 不同水分管理方式对土壤-水稻系统中砷移动性的影响 [C]. 中国土壤学会土壤环境专业委员会，中国土壤学会土壤化学专业委员会.

叶胜兰，王璐瑶，2020. 钝化剂联合有机肥修复重金属污染土壤研究进展 [J]. 中国金属通报（2）：100，102.

应金耀，徐颖菲，杨良觚，等，2018. 施用锌肥对水稻吸收不同污染水平土壤中镉的影响 [J]. 江西农业学报，30（7）：51 - 55.

余海波，宋静，骆永明，等，2011. 典型重金属污染农田能源植物示范种植研究 [J]. 环境监测管理与技术，23（3）：71 - 76.

曾路生，廖敏，黄昌勇，等，2005. 镉污染对水稻土微生物量、酶活性及水稻生理指标的影响 [J]. 应用生态学报，16（11）：2162 - 2167.

曾翔，张玉烛，王凯荣，等，2006. 不同品种水稻糙米含镉量差异 [J]. 生态与农村环境学报（1）：67 - 69，83.

查婷，2015. 浙江温岭稻田土壤中多环芳烃的空间分布及风险评价 [D]. 杭州：浙江大学.

张敬锁，李花粉，张福锁，等，1998. 不同形态氮素对水稻体内镉形态的影响 [J]. 中国农业大学学报（5）：3 - 5.

张梅华，姜朵朵，于松，等，2017. 叶面肥对农作物阻镉效应机制研究进展 [J]. 大麦与谷类科学，34（3）：1 - 5.

张鹏，杨富淋，蓝莫茗，等，2019. 广东大宝山多金属污染排土场耐性植物与改良剂稳定修复研究 [J]. 环境科学学报，39（2）：545 - 552.

张雪晴，张琴，程园园，等，2016. 铜矿重金属污染对土壤微生物群落多样性和酶活力的影响 [J]. 生态环境学报（25）：517 - 522.

赵科理，2010. 土壤-水稻系统中重金属空间对应关系和定量模型研究 [D]. 杭州：浙江大学.

赵沁娜，2006. 城市土地置换过程中土壤污染风险评价与风险管理研究 [D]. 上海：华东师范大学.

赵文亮，2019. 钛石膏对水稻土中镉、铅、砷稳定化效果的研究 [D]. 杭州：浙江大学.

郑涵，2020. 稻田土壤中 Cd 形态与有效性主要影响因子与调控关键技术 [D]. 杭州：浙江大学.

周东美，王玉军，仓龙，等，2004. 土壤及土壤-植物系统中复合污染的研究进展 [J]. 环境污染治理技术与设备（5）：1 - 8.

周利强，吴龙华，骆永明，等，2012. 有机物料对污染土壤上水稻生长和重金属吸收的影响 [J]. 应用生态学报，23（2）：383 - 388.

周志波，2018. 不同水稻品种 Cd 积累规律及差异性研究 [D]. 长沙：湖南农业大学.

朱成，2008. 重庆市典型搬迁企业土壤污染现状及健康风险评价 [D]. 重庆：西南大学.

朱佳文，邹冬生，向言词，等，2012. 钝化剂对铅锌尾矿沙中重金属的固化作用 [J]. 农业环境科学学报，31（5）：920－92.

邹丽娜，2018. 硫肥和猪粪肥对土壤-水稻系统砷迁移转化的影响及微生物作用机制 [D]. 杭州：浙江大学.

Afzaal M，Mukhtar S，Malik A，et al，2018. Paddy soil microbial diversity and enzymatic activity in relation to pollution [J]. Environmental Pollution of Paddy Soils（53）：139－149.

Alberto F，Hullebusch E D V，David H，et al，2015. Application of an electrochemical treatment for EDDS soil washing solution regeneration and reuse in a multi－step soil washing process：Case of a Cu contaminated soil [J]. Journal of Environmental Management（163）：62－69.

Ali W，Mao K，Zhang H，et al，2020. Comprehensive review of the basic chemical behaviours，sources，processes，and endpoints of trace element contamination in paddy soil－rice systems in rice－growing countries [J]. Journal of Hazardous Materials（397）：122720.

Andersson D I，Hughes D，2012. Evolution of antibiotic resistance at non－lethal drug concentrations [J]. Drug Resistance Updates（15）：162－172.

Arao T，Ishikawa S，Murakami M，et al，2010. Heavy metal contamination of agricultural soil and countermeasures in Japan [J]. Paddy & Water Environment，8（3）：247－257.

Arao T，Kawasaki A，Baba K，et al，2009. Effects of water management on cadmium and arsenic accumulation and dimethylarsinic acid concentrations in Japanese rice [J]. Environmental science & technology，43（24）：9361－9367.

Augustsson A，Uddh－Söderberg T，Filipsson M，et al，2018. Challenges in assessing the health risks of consuming vegetables in metal－contaminated environments [J]. Environment International（113）：269－280.

Austruy A，Shahid M，Xiong T，et al，2014. Mechanisms of metal－phosphates formation in the rhizosphere soils of pea and tomato：environmental and sanitary consequences [J]. Journal of Soils & Sediments，14（4）：666－678.

Bian R，Joseph S，Cui L，et al，2014. A three－year experiment confirms continuous immobilization of cadmium and lead in contaminated paddy field with biochar amendment [J]. Journal of Hazardous Materials（272）：121－128.

Boleas S，Alonso C，Pro J，et al，2005. Toxicity of the antimicrobial oxytetracycline to soil organisms in a multi－species－soil system（MS. 3）and influence of manure co－addition [J]. Journal of Hazardous Materials（122）：233－241

Chen H P，Tang Z，Wang P，et al.，2018. Geographical variations of cadmium and arsenic concentrations and arsenic speciation in Chinese rice [J]. Environmental Pollution（238）：482－490.

Chen W，Wu X，Zhang H，et al，2017. Contamination characteristics and source apportionment of methylated PAHs in agricultural soils from Yangtze River Delta，China [J]. Environmental Pollution（230）：927－935.

Chen Y，Zhang Y，Xu R，et al，2024. Effects of anaerobic soil disinfestation on antibiotics，human pathogenic bacteria，and their associated antibiotic resistance genes in soil [J]. Applied Soil Ecology（195）：105266.

Cheng Z Y，Shi J C，He Y，et al，2022. Assembly of root－associated bacterial community in cadmium contaminated soil following five－year consecutive application of soil amendments：Evidences for improved soil health [J]. Journal of Hazardous Materials（426）：128095.

Cheng Z Y，Han Q Y，He Y，et al，2024. Contrasting response of rice rhizosphere microbiomes to in situ cadmium－contaminated soil remediation [J]. Soil Ecology Letters，6（2）：230203.

ClementeR，Hartley W，Riby P，et al，2010. Trace element mobility in a contaminated soil two years after field－amendment with a greenwaste compost mulch [J]. Environmental Pollution（158）：1644－1651.

Cui Z W，Wang Y，Zhao N，et al，2018. Spatial distribution and risk assessment of heavy metals in paddy soils of Yongshuyu irrigation area from songhua river basin，Northeast China [J]. Chinese Geographical Science（28）：797－809.

Dai R，Chen X，Ma C，et al，2016. Insoluble/immobilized redox mediators for catalyzing anaerobic bio－reduction of contaminants [J]. Reviews in Environmental Science & Bio/Technology，15（3）：379－409.

Dai Z M，Guo X，Lin J H，et al，2023. Metallic micronutrients are associated with the structure and function of the soil microbiome [J]. Nature Communications（14）：8456.

Esther J, Sukla L B, Pradhan N, et al, 2015. Fe (Ⅲ) reduction strategies of dissimilatory iron reducing bacteria [J]. Korean Journal of Chemical Engineering, 32 (1): 1 - 14.

Guan Q, Zhao R, Pan N, et al, 2019. Source apportionment of heavy metals in farmland soil of Wuwei, China: Comparison of three receptor models [J]. Journal of Cleaner Production (237): 117792.

Guo G, Zhou Q, Ma L Q, 2006. Availability and assessment of fixing additives for the in situ remediation of heavy metal contaminated soils: a review [J]. Environmental Monitoring & Assessment, 116 (1 - 3): 513 - 528.

Guo X, Wei Z, Wu Q, et al, 2016. Effect of soil washing with only chelators or combining with ferric chloride on soil heavy metal removal and phytoavailability: Field experiments [J]. Chemosphere (147): 412 - 419.

Guo T, Zhou Y J, Chen S C, et al, 2020. The influence of periphyton on the migration and transformation of arsenic in the paddy soil: Rules and mechanisms [J]. Environmental Pollution (263): 114624.

Guo Y W, Xiao X, Zhao Y, et al, 2022. Antibiotic resistance genes in manure - amended paddy soils across eastern China: Occurrence and influencing factors [J]. Frontiers of Environmental Science & Engineering, 16 (7): 91.

He K, Sun Z, Hu Y, et al, 2017. Comparison of soil heavy metal pollution caused by e - waste recycling activities and traditional industrial operations [J]. Environmental Science and & Pollution Research (24): 9387 - 9398.

Hettiarachchi G M, Pierzynski G M, 2002. In situ stabilization of soil lead using phosphorus and manganese oxide: Influence of plant growth [J]. Journal of Environmental Quality, 31 (2): 564 - 572.

Hofacker A F, Voegelin A, Kaegi R, et al, 2013. Temperature - dependent formation of metallic copper and metal sulfide nanoparticles during flooding of a contaminated soil [J]. Geochimica Et Cosmochimica Acta (103): 316 - 332.

Honma T, Ohba H, Kaneko - Kadokura A, et al, 2016. Optimal soil Eh, pH, and water management for simultaneously minimizing arsenic and cadmium concentrations in rice grains [J]. Environmental Science & Technology, 50 (8): 4178.

Hu P, Yang B, Dong C, et al, 2014. Assessment of EDTA heap leaching of an agricultural soil highly contaminated with heavy metals [J]. Chemosphere, 117 (1): 532 - 537.

Huang H B, Lin C Q, Yu R L, et al, 2019. Contamination assessment, source apportionment and health risk assessment of heavy metals in paddy soils of Jiulong River Basin, Southeast China [J]. Rsc Advances (9): 14736 - 14744.

Huang X H, Wei Z B, Guo X F, et al, 2010. Metal removal from contaminated soil by co - planting phytoextraction and soil washing [J]. Environmental Science, 31 (12): 3067 - 3074.

Islam S, Ahmed K, Masunaga S, 2015. Potential ecological risk of hazardous elements in different land - use urban soils of Bangladesh [J]. Science of the total Environment (512): 94 - 102.

Jiang Y, Wang X, Wu M, et al, 2011. Contamination, source identification, and risk assessment of polycyclic aromatic hydrocarbons in agricultural soil of Shanghai, China [J]. Environmental monitoring & assessment (183): 139 - 150.

Jin Y, Cheng Z Y, He Y, et al, 2024. Dynamic response of cadmium immobilization to a Ca - Mg - Si soil conditioner in the contaminated paddy soil [J]. Science of The Total Environment (908): 168394.

Jugder B E, Ertan H, Bohl S, 2016. Organohalide respiring bacteria and reductive dehalogenases: key tools in organohalide bioremediation [J]. Frontiers in Microbiology (7): 249.

Kaschl A, RöMheld V, Chen Y, 2002. Cadmium binding by fractions of dissolved organic matter and humic substances from municipal solid waste compost [J]. Journal of Environment Quality, 31 (6): 1885.

Koupaie E H, Eskicioglu C, 2015. Health risk assessment of heavy metals through the consumption of food crops fertilized by biosolids: A probabilistic - based analysis [J]. Journal of Hazardous Materials (300): 855 - 865.

Li X, Zhu L, Zhang S Y, et al, 2024. Characterization of microbial contamination in agricultural soil: A public health perspective [J]. Science of The Total Environment (912): 169139.

Li Z M, Shen J P, Wang F F, et al, 2023. Impacts of organic materials amendment on the soil antibiotic resistome in subtropical paddy fields [J]. Frontiers in Microbiology (13): 1075234.

Li Z, Ma Z, van der Kuijp T J, et al, 2014. A review of soil heavy metal pollution from mines in China: Pollution and health risk assessment [J]. Science of The Total Environment (468 - 469): 843 - 853.

Lin Y, Ye Y, Hu Y, et al, 2019. The variation in microbial community structure under different heavy metal contamination levels in paddy soils [J]. Ecotoxicology & Environmental Safety (180): 557 - 564.

Liu C, Li F, Luo C, et al, 2009. Foliar application of two silica sols reduced cadmium accumulation in rice grains [J]. Journal of Hazardous Materials, 161 (2 - 3): 1466 - 1472.

Liu G F, Meng J, Huang Y L, et al, 2020. Effects of carbide slag, lodestone and biochar on the immobilization, plant uptake and translocation of As and Cd in a contaminated paddy soil [J]. Environmental Pollution (266): 115194.

Liu J, Wang D, Song B, et al, 2019. Source apportionment of Pb in a rice - soil system using field monitoring and isotope composition analysis [J]. Journal of Geochemical Exploration (204): 83 - 89.

Luis Rodríguez Lado, Hengl T, Reuter H I, 2008. Heavy metals in European soils: A geostatistical analysis of the FOREGS Geochemical database [J]. Geoderma, 148 (2): 189 - 199.

Lyu J, Yang L, Zhang L, et al, 2020. Antibiotics in soil and water in China - a systematic review and source analysis [J]. Environmental Pollution (266): 115147.

Ma L Q, Komar K M, Tu C, et al, 2001. A fern that hyperaccumulate arsenic [J]. Nature (411): 579.

Maphosa F, De Vos W M, Smidt H, 2010. Exploiting the ecogenomics toolbox for environmental diagnostics of organohalide - respiring bacteria [J]. Trends in Biotechnology, 28 (6): 308 - 316.

Mari P, Pentti K G M, 1997. Speciation of mobile arsenic in soil samples as a function of pH [J]. Science of the Total Environment, 204 (2): 193 - 200.

Meng L, Huang T H, Shi J C, et al, 2019. Decreasing cadmium uptake of rice (*Oryza sativa* L.) in the cadmium - contaminated paddy field through different cultivars coupling with appropriate soil amendments [J]. Journal of Soils and Sediments (19): 1788 - 1798.

Meng J, Li Y, Qiu Y B, et al., 2023. Biochars regulate bacterial community and their putative functions in the charosphere: a mesh - bag field study [J]. Journal of Soils & Sediments (23): 596 - 605.

Meng J, Tao M M, Wang L L, et al, 2018. Changes in heavy metal bioavailability and speciation from a Pb - Zn mining soil amended with biochars from co - pyrolysis of rice straw and swine manure [J]. Science of the Total Environment (633): 300 - 307.

Mignardi S, Corami A, Ferrini V, 2012. Evaluation of the effectiveness of phosphate treatment for the remediation of mine waste soils contaminated with Cd, Cu, Pb, and Zn [J]. Chemosphere, 86 (4): 354 - 360.

Min H, Ye Y F, Chen Z Y, et al, 2001. Effects of butachlor on microbial populations and enzyme activities in paddy soil [J]. Journal of Environmental Science and Health Part B - Pesticides Food Contaminants and Agricultural Wastes (36): 581 - 595.

Monique B, Fritz H F, 2003. Arsenic - a review. Part I: Occurrence, toxicity, speciation, Mobility [J]. Acta Hydrochim Hydrobiol, 31 (1): 9 - 18.

Pan M, Chu L M, 2018. Occurrence of antibiotics and antibiotic resistance genes in soils from wastewater irrigation areas in the Pearl River Delta region, southern China [J]. Science of the Total Environment (624): 145 - 152.

Pantsar - Kallio M, Manninen P K G, 1997. Speciation of mobile arsenic in soil samples as a function of pH [J]. Science of the Total Environment, 204 (2): 193 - 200.

Panu P, Thanyaporn W, Ruchanok T, et al, 2020. Microbial degradation of halogenated aromatics: molecular mechanisms and enzymatic reactions [J]. Microbial Biotechnology, 13 (1): 67 - 86.

Reeves R D, 2003. Tropical hyperaccumulators of metals and their potential for phytoextraction [J]. Plant & Soil, 249 (1): 57 - 65.

Shang H T, Yang Q, Wei S Y, et al, 2012. The effects of mercury and lead on microbial biomass of paddy soil from southwest of China [C]. International Conference of Environmental Science and Engineering (12): 468 - 473.

Shen C, Chen Y, Huang S, et al, 2009. Dioxin - like compounds in agricultural soils near e - waste recycling sites from Taizhou area, China: chemical and bioanalytical characterization [J]. Environment International (35): 50 - 55.

Shi L D, Guo T, Lv P L, et al, 2020. Coupled anaerobic methane oxidation and reductive arsenic mobilization in wetland soils [J]. Nature Geoscience (13): 799 - 805.

Shi Y, Wang R, Lu Y, et al, 2016. Regional multi - compartment ecological risk assessment: Establishing cadmium pollution risk in the northern Bohai Rim, China [J]. Environment International (94): 283 - 291.

Sohi S P，Krull E，Lopez－Capel E，et al，2010. A review of biochar and its use and function in soil［J］. Advances in Agronomy，105（1）：47－82.

Sun H F，Li Y H，Ji Y F，et al，2010. Environmental contamination and health hazard of lead and cadmium around Chatian mercury mining deposit in western Hunan Province，China［J］. Transactions of Nonferrous Metals Society of China（20）：308－314.

Sun J，Jin L，He T，et al，2020. Antibiotic resistance genes（ARGs）in agricultural soils from the Yangtze River Delta，China［J］. Science of the Total Environment（740）：140001.

Tang X，Hashmi M Z，Long D，et al，2014. Influence of heavy metals and PCBs pollution on the enzyme activity and microbial community of paddy soils around an e－waste recycling workshop［J］. International Journal of Environmental Research and Public Health，11（3）：3118－3131.

Tang X J，Shen H R，Chen M，et al，2020. Achieving the safe use of Cd－and As－contaminated agricultural land with an Fe－based biochar：A field study［J］. Science of the Total Environment（706）：135838.

Tang X J，Zou L N，Su S M，et al，2021. Long－term manure application changes bacterial communities in rice rhizosphere and arsenic speciation in rice grains.［J］. Environmental science & technology，55（3）：1555－1565.

Tang X，Li Q，Wu M，et al，2016. Review of remediation practices regarding cadmium－enriched farmland soil with particular reference to China［J］. Journal of Environmental Management（181）：646－662.

TangX J，Li X，Liu X M，et al，2015. Effects of inorganic and organic amendments on the uptake of lead and trace elements by *Brassica chinensis* grown in an acidic red soil［J］. Chemosphere（119）：177－183.

Thiele－Bruhn S，Beck I C，2005. Effects of sulfonamide and tetracycline antibiotics on soil microbial activity and microbial biomass［J］. Chemosphere（59）：457－465.

Toth G，Hermann T，Da Silva M R，et al，2016. Heavy metals in agricultural soils of the European Union with implications for food safety［J］. Environment International（88）：299－309.

Van Doesburg W，Van Eekert M H，Middeldorp P J，2005. Reductive dechlorination of β－hexachlorocyclohexane（β－HCH）by a *Dehalobacter* species in coculture with a *Sedimentibacter* sp.［J］. FEMS Microbiology Ecology，54（1）：87－95.

Van Eekert M H A，van Ras N J P，Mentink G H，et al，1998. Anaerobic transformation of β－HCH by methanogenic granular sludge and soil microflora［J］. Environmental Science&Technology（32）：3299－3304.

Walter W W，Natalie K，Thomas P，et al，2001. Arsenic fractionation in soils using an improved sequential extraction procedure［J］. Analytica Chimica Acta，436（2）：309－323.

Wan Y，Yu Y，Wang Q，et al，2016. Cadmium uptake dynamics and translocation in rice seedling：Influence of different forms of selenium［J］. Ecotoxicology & Environmental Safety（133）：127－134.

Wang B，Xu J，Wang Y，et al，2023. Tackling soil ARG－carrying pathogens with global－scale metagenomics［J］. Advanced Science，10（26）：2301980.

Wang C，Huang Y，Zhang C，et al，2021. Inhibition effects of long－term calcium－magnesia phosphate fertilizer application on Cd uptake in rice：Regulation of the iron－nitrogen coupling cycle driven by the soil microbial community［J］. Journal of Hazardous Materials（416）：125916.

Wang H，Liu S，Li H，et al，2022. Large－scale homogenization of soil bacterial communities in response to agricultural practices in paddy fields，China［J］. Soil Biology and Biochemistry（164）：108490.

Wang J H，Ding H，Lu Y T，et al，2009. Combined effects of cadmium and butachlor on microbial activities and community DNA in a paddy soil［J］. Pedosphere（19）：623－630.

Wang J，Wang P M，Gu Y，et al，2019. Iron－manganese（Oxyhydro）oxides，rather than oxidation of sulfides，determine mobilization of Cd during soil drainage in paddy soil systems［J］. Environmental science & technology，53（5）：2500－2508.

Wang S，Mulligan C N，2009. Effect of natural organic matter on arsenic mobilization from mine tailings［J］. Journal of Hazardous Materials（168）：721－726.

Wang W，Wang S，Zhang J，et al，2016. Degradation kinetics of pentachlorophenol and changes in anaerobic microbial community with different dosing modes of co－substrate and zero－valent iron［J］. International Biodeterioration &

Biodegradation（113）：126 – 133.

Wang Y, Cai J, Chen X, et al, 2024. The connection between the antibiotic resistome and nitrogen – cycling microorganisms in paddy soil is enhanced by application of chemical and plant – derived organic fertilizers [J]. Environmental Research（243）：117880.

Wu G, Kang H, Zhang X, et al, 2010. A critical review on the bio – removal of hazardous heavy metals from contaminated soils： Issues, progress, eco – environmental concerns and opportunities [J]. Journal of Hazardous Materials, 174（1 – 3）：1 – 8.

Wu J Z, Huang D, Liu X M, et al, 2018. Remediation of As（Ⅲ）and Cd（Ⅱ）co – contamination and its mechanism in aqueous systems by a novel calcium – based magnetic biochar [J]. Journal of Hazardous Materials（348）：10 – 19.

Wu J Z, Li Z T, Huang D, et al, 2020a. A novel calcium – based magnetic biochar is effective in stabilization of arsenic and cadmium co – contamination in aerobic soil [J]. Journal of Hazardous Materials, 387（5）：122010.

Wu J Z, Li Z T, Wang L, et al, 2020b. A novel calcium – based magnetic biochar reduces the accumulation of As in grains of rice（*Oryza sativa* L. ）in As – contaminated paddy soils [J]. Journal of Hazardous Materials（394）：122507.

Wang L, Li Z T, Wang Y, et al, 2021. Performance and mechanisms for remediation of Cd（Ⅱ）and As（Ⅲ）co – contamination by magnetic biochar – microbe biochemical composite： Competition and synergy effects [J]. Science of the Total Environment（750）：141672.

Wang X H, Dai Z M, Lin J H, et al, 2023. Heavy metal contamination collapses trophic interactions in the soil microbial food web via bottom – up regulation [J]. Soil Biology & Biochemistry（184）：109058.

Xia Y, Gao T, Liu Y, et al, 2020. Zinc isotope revealing zinc's sources and transport processes in karst region [J]. Science of the Total Environment（724）：138191.

Xiao R, Guo D, Ali A, et al, 2019. Accumulation, ecological – health risks assessment, and source apportionment of heavy metals in paddy soils： A case study in Hanzhong, Shaanxi, China [J]. Environmental Pollution（248）：349 – 357.

Xiao X Y, Wang M W, Zhu H W, et al, 2017. Response of soil microbial activities and microbial community structure to vanadium stress [J]. Ecotoxicology and Environmental Safety（142）：200 – 206.

Xu D M, Fu R B, Wang J X, et al, 2021. Chemical stabilization remediation for heavy metals in contaminated soils on the latest decade： Available stabilizing materials and associated evaluation methods – A critical review [J]. Journal of Cleaner Production（1）：128730.

Xu Y, He Y, Egidi E, et al, 2019. Pentachlorophenol alters the acetate – assimilating microbial community and redox cycling in anoxic soils [J]. Soil Biology & Biochemistry（131）：133 – 140.

Xu Y, He Y, Feng X L, et al, 2014. Enhanced abiotic and biotic contributions to dechlorination of pentachlorophenol during Fe（Ⅲ）reduction by an iron – reducing bacterium *Clostridium beijerinckii* Z. [J]. Science of the Total Environment（473）：215 – 223.

Xu Y, He Y, Tang X J, et al, 2017. Reconstruction of microbial community structures as evidences for soil redox coupled reductive dechlorination of PCP in a mangrove soil [J]. Science of the Total Environment（596）：147 – 157.

Xu Y, He Y, Zhang Q, et al, 2015. Coupling between pentachlorophenol dechlorination and soil redox as revealed by stable carbon isotope, microbial community structure, and biogeochemical data [J]. Environmental Science & Technology, 49（9）：5425 – 5433.

Xu Y, Xue L L, Ye Q, et al, 2018. Inhibitory effects of sulfate and nitrate reduction on reductive dechlorination of PCP in a flooded paddy soil [J]. Frontiers in Microbiology（9）：567.

Yan Q, Zhong Z, Li X, et al, 2024. Characterization of heavy metal, antibiotic pollution, and their resistance genes in paddy with secondary municipal – treated wastewater irrigation [J]. Water Research（252）：121208.

Yang Q, Lan C, Wang H, et al, 2006. Cadmium in soil – rice system and health risk associated with the use of untreated mining wastewater for irrigation in Lechang, China [J]. Agricultural water management（84）：147 – 152.

Yang S, He M, Zhi Y, et al, 2019. An integrated analysis on source – exposure risk of heavy metals in agricultural soils near intense electronic waste recycling activities [J]. Environment International（133）：105239.

Yang W, Lang Y H, Li G L, 2014. Concentration, source, and carcinogenic risk of pahs in the soils from Jiaozhou Bay wetland [J]. Polycyclic Aromatic Compounds (34): 439 - 451.

Yang X E, Long X X, Ye H B, et al, 2004. Cadmium tolerance and hyperaccumulation in a new Zn - hyperaccumulating plant species (*Sedum alfredii* Hance) [J]. Plant and Soil, 259 (1 - 2): 181 - 189.

Yang Z H, Dong C D, Chen C W, et al, 2018. Using poly - glutamic acid as soil - washing agent to remediate heavy metal - contaminated soils [J]. Environmental Science and Pollution Research, 25 (6): 5231 - 5242.

Yang Z, Jing F, Chen X, et al, 2018. Spatial distribution and sources of seven available heavy metals in the paddy soil of red region in Hunan Province of China [J]. Environmental Monitoring and Assessment (190): 611.

Yu H, Wang J, Fang W, et al, 2006. Cadmium accumulation in different rice cultivars and screening for pollution - safe cultivars of rice [J]. Science of the Total Environment, 370 (2 - 3): 302 - 309.

Zeng F, Wei W, Li M, et al, 2015. Heavy metal contamination in rice - producing soils of Hunan province, China and potential health risks [J]. International Journal of Environmental Research and Public Health (12): 15584 - 15593.

Zeng S, Ma J, Yang Y, et al, 2019. Spatial assessment of farmland soil pollution and its potential human health risks in China [J]. Science of the Total Environment (687): 642 - 653.

Zhai L M, Liao X Y, Chen T B, et al, 2008. Regional assessment of cadmium pollution in agricultural lands and the potential health risk related to intensive mining activities: a case study in Chenzhou City, China [J]. Journal of Environmental Sciences (20): 696 - 703.

Zhang H, Feng X, Zhu J, et al, 2012. Selenium in soil inhibits mercury uptake and translocation in rice (*Oryza sativa* L.) [J]. Environmental Science & Technology, 46 (18): 10040 - 10046.

Zhang L, Zhu G, Ge X, et al, 2018. Novel insights into heavy metal pollution of farmland based on reactive heavy metals (RHMs): Pollution characteristics, predictive models, and quantitative source apportionment [J]. Journal of Hazardous Materials (360): 32 - 42.

Zhang P, Chen Y, 2017. Polycyclic aromatic hydrocarbons contamination in surface soil of China: A review [J]. Science of the Total Environment (605): 1011 - 1020.

Zhang Q, Ye J, Chen J, et al, 2014. Risk assessment of polychlorinated biphenyls and heavy metals in soils of an abandoned e - waste site in China [J]. Environmental Pollution (185): 258 - 265.

Zhang Z X, Zhang N, Li H P, et al, 2019. Risk assessment, spatial distribution, and source identification of heavy metal (loid) s in paddy soils along the Zijiang River basin, in Hunan Province, China [J]. Journal of Soils and Sediments (19): 4042 - 4051.

Zhao K, Fu W, Ye Z, 2015. Contamination and spatial variation of heavy metals in the soil - rice system in Nanxun County, Southeastern China [J]. International journal of environmental research and public health (12): 1577 - 1594.

Zheng X, Zhong Z, Xu Y, et al, 2023. Response of heavy - metal and antibiotic resistance genes and their related microbe in rice paddy irrigated with treated municipal wastewaters [J]. Science of The Total Environment (896): 165249.

Zhou C, Zhu L, Zhao T, et al, 2024. Fertilizer application alters cadmium and selenium bioavailability in soil - rice system with high geological background levels [J]. Environmental Pollution (350): 124033.

Zhu G, Guo Q, Yang J, et al, 2015. Washing out heavy metals from contaminated soils from an iron and steel smelting site [J]. Frontiers of Environmental Science & Engineering, 9 (4): 634 - 641.

Zhu M, Zhang L J, Franks A E, et al, 2019. Improved synergistic dechlorination of PCP in flooded soil microcosms with supplementary electron donors, as revealed by strengthened connections of functional microbial interactome [J]. Soil Biology & Biochemistry (136): 107515.

Zhu Y G, Johnson T A, Su J Q, et al, 2013. Diverse and abundant antibiotic resistance genes in Chinese swine farms [J]. Proceedings of the National Academy of Sciences (110): 3435 - 3440.

Zou L N, Zhang S, Duan D C, et al, 2018. Effects of ferrous sulfate amendment and water management on rice growth and metal (loid) accumulation in arsenic and lead co - contaminated soil [J]. Environmental Science and Pollution Research, 25 (9): 8888 - 8902.

Zou M M, Zhou S L, Zhou Y J, et al., 2021. Cadmium pollution of soil - rice ecosystems in rice cultivation dominated regions in China: A review [J]. Environmental Pollution (280): 116965.

第九章 | 镉污染水稻土修复治理与安全利用 >>>

第一节　水稻土镉污染基本特征与安全利用思路

一、水稻土镉污染的基本特征

水稻土因为长期从事水稻生产，在灌溉、施肥等人为因素和土壤镉含量、镉形态等内在因素的相互影响下，使水稻土镉污染具有与其他土壤镉污染截然不同的特点。不仅与成土母质、成土过程直接相关，而且与灌溉水、大气降尘、水稻品种及肥水管理水平等因素紧密相连。一般具有以下5个方面的特点。

（一）土壤本底值越高，镉污染风险越大

镉并非水稻必需营养元素，是水稻在吸收必需矿质营养元素时被动吸收的。排除灌溉、大气降尘等外源因素的影响，一般情况下，稻田耕层土壤镉含量（全量，下同）与成土母质中的镉含量呈正相关，但稻米中的镉含量与土壤中的镉含量相关性不明显，而与耕层土壤有效态镉的含量密切相关。每年冬春时节，由于水稻土的土温、水温相对较低，镉的生物有效性较低；夏秋时节，随着气温升高，镉的生物有效性也随之提高，导致同一区域晚稻米镉含量普遍高于早稻米镉含量。因此，水稻土镉污染主要源于成土母质和成土过程，一般本底值越高，污染越严重，但必须因地、因时、因作物而论。

（二）离污染源越近，土壤镉超标越严重

由于镉在土壤中移动性小，受灌溉水和大气降尘影响，在土壤中的分布很不均匀；但总体上呈现离污染源越近，土壤镉含量越高、污染越严重的特点。从垂直分布来看，不同土层全镉含量均表现为由表层向下递减的趋势，0～5 cm 土层含量较高，15～30 cm 土层含量较低；从水平分布来看，一般以污染源为核心，沿灌溉方向或风向呈带状分布，离污染源较近的土壤其全镉含量较高，距离较远的土壤其含量较低。湖南是一个人工栽培水稻历史悠久的水稻主产省，2019 年湖南共有稻田 326.44 万 hm²，约占全省耕地总面积的 78.6％。常年水稻播种面积稳定在 396.67 万 hm² 以上、稻谷总产量稳定在 2 200万 t 左右，水稻播种面积和总产量分别占湖南粮食的 90％以上，对确保我国粮食安全具有举足轻重的战略地位。但湖南也曾是"有色金属之乡"，具有几百年的有色金属开采冶炼历史，而受当时主观认识局限和客观条件限制，局部地区"三废"治理并未完全达标，存在重金属污染隐患。据湖南农产品产地重金属污染普查和农用地土壤污染状况详查，耕地土壤污染集中在水稻土，污染物以镉为主；主要分布在湘江中下游沿线，长株潭地区，以苏仙、北湖为中心的湘南地区，以花垣为中心的湘西地区，南洞庭湖沿线；共计严格管控类耕地 3.17 万 hm²，占湖南耕地面积的 0.76％，总体呈"三大片、五小片"的分布特点。

（三）品种之间存在明显的镉积累差异

多年实践证明，水稻品种之间存在显著的镉积累差异。湖南省农业科学院柏连阳科研团队经过连续 6 年（2014—2019 年）的努力，已筛选出应急性镉低积累水稻品种 49 个；精确定位了 4 个控制水稻镉低积累的关键基因；筛选出了一批镉低积累水稻资源；选育出了一批具有镉低积累特性的水稻不育系与恢复系（含常规稻）材料和镉低积累新品系（组合），为深化镉低积累水稻品种研究，选育可

供大面积优质、高产、高效、安全生产的镉低积累水稻品种奠定了坚实基础。在"基于基因组定点编辑技术创制低镉籼稻新材料研究"中，建立了低镉杂交水稻及相应技术体系；以大面积应用的杂交稻骨干亲本华占和隆科638S为材料，通过基因组编辑技术 CRISPR/Cas9，定点突变镉吸收主效基因，有效阻断水稻吸收镉的过程；在后代群体中筛选无外源基因的纯合突变系，结合综合农艺性状考察和稻米中镉等元素含量测定，分别研创出农艺性状稳定尤其是其稻米镉低积累的恢复系新品系低镉1号及温敏核不育系低镉1S；再用低镉1号与低镉1S配组，培育了低镉杂交组合两优低镉1号。通过多年多点高镉大田（总镉含量0.6 mg/kg以上）试验，其糙米镉含量稳定在0.08 mg/kg以下，低于0.2 mg/kg的国家标准，且产量、品质等综合农艺性状较原始品种（系）无显著差异，在镉污染水稻土水稻安全生产上具有广阔的推广应用前景。此外，湖南农业大学唐文邦团队选育的2个镉低积累新品种常优051和常优722，在湘种联合体区试和湖南省种子协会组织的镉积累特性鉴定试验中表现优秀；在土壤全镉含量0.9～1.0 mg/kg的稻田土壤上种植，稻米镉含量分别介于0.117～0.142 mg/kg和0.050～0.101 mg/kg，平均分别为0.081 mg/kg和0.132 mg/kg，完全达到<0.2 mg/kg的国家食品卫生限量标准（表9-1）。

表9-1　枫林丝苗（常优051）和麓山丝苗（常优722）与对照稻米镉含量差异

单位：mg/kg

品种	区组1	区组2	区组3	平均值
枫林丝苗（常优051）	0.142	0.117	0.136	0.132
麓山丝苗（常优722）	0.050	0.091	0.101	0.081
对照1（玉针香）	0.469	0.447	0.419	0.445
对照2（泰优390）	0.605	0.578	0.581	0.588

（四）田间水分管理直接影响稻米镉积累

实践证明，土壤含水量及饱和度直接影响土壤镉的生物有效性。通过优化田间水分管理，调节土壤pH和Eh，降低土壤镉的生物有效性，减少水稻对镉的吸收与积累，是轻中度污染稻田尤其是轻度镉污染稻田（土壤全镉含量<0.6 mg/kg）实现达标生产与安全利用最经济、最简便的技术措施。据多年多点调查监测，与农民习惯田间灌水相比，采用全生育期淹水灌溉方式，早稻米镉可降低16.8%～29.6%、晚稻米镉可降低14.1%～23.2%（黄道友，2019），可保证土壤全镉含量在0.6 mg/kg以内的轻度污染稻田基本实现达标生产与安全利用。但对于中度污染稻田（0.6 mg/kg<全镉含量<0.9 mg/kg），需配合应用其他的相关技术措施方可实现这一目标。究其原因：

1. 淹水能提高土壤pH　研究结果表明，淹水约3 d后，酸性土壤的pH最高可提高到6.5左右。土壤pH的提升可使土壤镉的有效性显著降低。

2. 淹水可使土壤中的Cd^{2+}与S^{2-}形成CdS沉淀　研究结果表明，淹水后2～10 d，土壤中的SO_4^{2-}被还原成S^{2-}，与土壤中的Cd^{2+}形成有效性低的CdS，大幅降低了土壤镉的活性。

3. 淹水可增加有效性低的铁锰氧化物态镉的含量　淹水2 d后，土壤中铁的形态逐渐发生转变，比表面积更大的无定型铁、水合氧化铁和水合氢氧化铁等所占的比例大幅上升，并与Cd^{2+}形成有效性较低的铁锰氧化物结合态镉，且铁锰氧化物结合态镉的含量随着淹水时间的延长而增加。

4. 淹水可增加有效性低的有机结合态镉含量　长期淹水条件下，在一定程度上降低了土壤有机质的矿化速率，增加了土壤中有机结合态镉的含量，有效降低了土壤中交换态镉的含量。

（五）生态环境及土壤理化性状直接影响稻米镉含量

水稻土镉污染表现在影响水稻长势、长相、产量和品质上，实质上是水稻土质量即土壤环境容量下降和土壤中的有毒有害物质积累到一定程度的综合反映。但水稻所吸收的镉主要是土壤中的有效态镉，并非土壤镉的全部。而影响镉生物有效性的因素很多，不仅有外因（包括水文气候状况、大气干湿降尘和灌溉水保证率和水质，以及作物品种、肥水管理水平等），而且有内因（包括土壤质地，有机质，酸碱度，氧化还原电位，铁、锰、铜、锌、钼等氧化物含量，土壤微生物活性等）。究竟是外因起主导作用，还是内因起主导作用，必须具体问题具体分析，不能一概而论。与水污染和大气污染相比，水稻土镉污染具有隐蔽性、滞后性、累积性等特点，必须未雨绸缪、预防为主、综合施策。

二、镉污染水稻土修复治理与安全利用基本思路

水稻土是耕地的精华，是我国永久基本农田的主要组分，是保障国家粮食安全特别是口粮绝对安全的重要基石。目前，我国耕地镉污染主要体现在水稻土上，但我国人多地少、耕地后备资源严重不足。为保障国家粮食安全，把中国人的饭碗牢牢端在自己手上，必须立足现有耕地，充分合理利用每寸土地，不能因为某种重金属超标而轻言弃耕。要坚持"预防为主、保护优先、分类管理、安全利用、风险管控"的基本国策，始终把确保耕地安全、保护水稻土稻作功能，作为受污染耕地安全利用工作的出发点和落脚点。因此，我国镉污染水稻土安全利用的基本思路如下。

（一）摸清污染底数

严格按照土壤调查与制图的基本原理和方法，坚持技术人员、村组干部、农户代表三结合，深入现场开展精准定位、野外采样、边界核定、草图勾绘和入户调查，通过精准调查、采样测试和定位监测，找准污染源，掌握污染程度及其分布，掌握当地水源条件、耕作制度、主栽品种、经营主体、施肥水平、灌溉习惯等，为有的放矢、精准施策、开展镉污染水稻土修复治理与安全利用奠定可靠基础。

（二）切断污染源

因地制宜，加强源头管控，采取以工程措施为主、农艺生物措施为辅的综合配套技术，统筹推进大气污染、水污染和土壤污染防治，全面、彻底、永久性地切断污染源，防止边修复边污染。

（三）科学分级分区

在广泛调查的基础上，根据污染类型和污染程度，以县（市、区）为单元，对区域内的水稻土进行科学评价与分级分类（表9-2）。将区域内的水稻土分为优先保护类、安全利用类和严格管控类，划定水稻严格管控区域，分级分类建立水稻土污染档案。

表9-2 镉污染耕地土壤环境质量类别划分标准

分类	主要指标	辅助指标
优先保护类	米镉<0.2 mg/kg，且土镉≤0.3 mg/kg	pH≤5.5
	米镉<0.2 mg/kg，且土镉≤0.4 mg/kg	5.5<pH≤6.5
	米镉<0.2 mg/kg，且土镉≤0.6 mg/kg	6.5<pH<7.5
	米镉<0.2 mg/kg，且土镉≤0.8 mg/kg	pH≥7.5
安全利用类	0.3 mg/kg<土镉<1.5 mg/kg，且米镉>0.2 mg/kg；或土镉>1.5 mg/kg，且米镉<0.2 mg/kg	pH≤5.5
	0.4 mg/kg<土镉<2.0 mg/kg，且米镉>0.2 mg/kg；或土镉>2.0 mg/kg，且米镉<0.2 mg/kg	5.5<pH≤6.5
	0.6 mg/kg<土镉<3.0 mg/kg，且米镉>0.2 mg/kg；或土镉>3.0 mg/kg，且米镉<0.2 mg/kg	6.5<pH<7.5
	0.8 mg/kg<土镉<4.0 mg/kg，且米镉>0.2 mg/kg；或土镉>4.0 mg/kg，且米镉<0.2 mg/kg	pH≥7.5
严格管控类	土镉>1.5 mg/kg，且米镉>0.2 mg/kg	pH≤5.5
	土镉>2.0 mg/kg，且米镉>0.2 mg/kg	5.5<pH≤6.5
	土镉>3.0 mg/kg，且米镉>0.2 mg/kg	6.5<pH<7.5
	土镉>4.0 mg/kg，且米镉>0.2 mg/kg	pH≥7.5

注：米镉指稻米中的镉含量，土镉指土壤中的镉含量。

（四）精准落实防控措施

按照"一地一策""一户一策"的防治策略，以控制污染增量、减少污染存量、确保农产品质量安全为目标，分别采取优先保护、安全利用和风险管控措施。

近年来，湖南立足当地实际，坚持源头管控为先、农艺措施为主、安全利用为要，边生产边修复，控增量、减存量，依据农产品产地土壤污染普查与加密详查结果，2014年，在长株潭地区率先开展重金属污染耕地修复及农作物种植结构调整试点，探索了分级分类安全利用污染耕地的宝贵经验和有效模式。

1. 对未污染或轻微污染的水稻土 坚持用养结合，严守永久基本农田保护红线，建立健全耕地质量监测预警体系，落实"预防为主、保护优先"措施，推广测土配方施肥、病虫害绿色防控、秸秆还田、绿肥种植等保护性耕作技术，确保优先保护类耕地永续安全利用。

2. 对中轻度污染的水稻土 采取以农艺措施为主的安全利用技术。在水源条件好的地方，通过改选适宜品种（推广重金属低积累品种）、改善灌溉方式、改良土壤性状（如调酸改土）、改革施肥技术（如测土配方施肥、增施有机肥）、改进耕种措施（如改浅耕、旋耕为深翻耕）、改变越冬状况（改长期淹水为水旱轮作），加强农业投入品监管，控存量、防增量，继续种植水稻。同时，委托第三方开展修复治理暨水稻安全生产效果监测与评价，不断调整优化以淹水管理为主的综合农艺措施。

3. 对重度污染的水稻土 通过种植结构调整，改对抗性种植为适应性种植，优先种植对目标污染物（如镉）不敏感的可食用作物，或开展健康水产养殖；然后，改种棉花、苎麻（黄麻、亚麻）、香料、蚕桑等非食用作物，再考虑退耕还林还草。

（五）加强动态监测

建立健全耕地质量监测预警体系，以土种为基础、以自然村为单元，科学布设土壤与稻谷"一对一"协同监测点，科学开展定位监测、随机抽测。及时全面地掌握水稻土镉污染变化情况，定期开展风险评估，修订受污染水稻安全利用方案，调整水稻严格管控区范围及相关政策措施。

第二节　镉污染水稻土修复治理与安全利用技术路线

2014年，农业部、财政部支持湖南在长株潭地区启动水稻土镉污染修复治理试点，把该区域镉污染耕地分为可达标生产区（稻米镉含量在0.2～0.4 mg/kg的耕地）、管控专产区（稻米镉含量＞0.4 mg/kg且土壤镉含量≤1 mg/kg的耕地）、作物替代种植区（稻米镉含量＞0.4 mg/kg且土壤镉含量＞1 mg/kg的耕地），实行分区应急修复治理。

在可达标生产区，着力示范推广"VIP+n"控镉技术（V为选育推广镉低积累水稻品种，I为淹水灌溉，P为调节土壤酸碱度，n为钝化土壤镉活性和阻控水稻中镉传递等辅助措施），组织实施施用石灰、优化水分管理、增施商品有机肥、喷施叶面阻控剂、施用土壤调理剂、种植绿肥和深翻耕7项耕地质量提升与重金属污染修复技术，力争实现达标生产。

在管控专产区，探索试行专企收购、专仓储存、专项补贴、专用处置、封闭运行的"四专一封闭"运行管理机制。严格管控与处置管控专产区生产的超标稻谷，确保超标稻谷不进入口粮市场。

在作物替代种植区，暂时退出水稻生产；允许"非粮化"，但不允许"非农化"。鼓励改种对镉不敏感的替代作物，实行种植结构调整。首先，根据土壤镉含量分布梯度选择调整模式，在土壤镉含量相对较低的区域，改种经过安全评估的食用旱粮、油料、蔬菜、饲料等一年生可食用作物；在土壤镉含量相对较高的区域，选择种植纤维作物、花卉苗木、能源作物等非食用作物。其次，根据区位优势选择调整模式，在城市周边、旅游景点和交通便利的地方，改种花卉、苗木和盆栽植物、香料植物、经过安全评价的多年生特色水果等，发展观光、休闲农业，改善城市周边生态环境，提升城市品位；在交通相对较差的地方，改种省时、省力、省工的桑、麻、生物质能源等工业原料作物。最后，根据地形地势选择调整模式，在地下水位较低、排水条件好的区域，实行"水改旱"，改种经过安全性评价的旱粮或棉麻桑等纤维作物、油料作物及其他工业原料作物；在地下水位较高、水源充沛、不易排水的区域，因地制宜地发展特色健康水产养殖或休闲渔业，在不改变稻田基本性状的前提下养殖虾、蟹等附加值高的水产品。

2016 年 5 月，在充分吸纳湖南长株潭地区试点经验的基础上，国务院印发《土壤污染防治行动计划》[①]，明确实施农用地分类管理，即按污染程度将农用地划为 3 个类别：未污染和轻微污染的划为优先保护类，轻度和中度污染的划为安全利用类，重度污染的划为严格管控类。以耕地为重点，分别采取相应管理措施，保障农产品质量安全。按照农业农村部"先行先试"的工作要求，湖南在长株潭地区组织开展了"农用地土壤环境质量类别划定试点"，利用 2014 年完成的耕地土壤与农产品"一对一"加密调查（每 10 hm² 为一个调查点位）成果，综合考虑土壤全镉与中晚稻米镉双因素，对该区域种植中晚稻的水稻土进行了污染分区。同时，在湘江流域的苏仙、桂阳、衡东、衡南、冷水滩、零陵、邵东、涟源、冷水江、湘阴 10 个县（市、区）同步开展示范验证。试点成果为生态环境部、农业农村部制定《农用地土壤环境质量类别划分技术指南（试行）》和《农用地土壤环境质量类别划分技术指南》[②] 提供了重要参考。

2019 年，根据《农用地土壤环境质量类别划分技术指南》和《土壤环境质量　农用地土壤污染风险管控标准（试行）》(GB 15618—2018)[③]，利用农用地土壤污染状况详查成果，湖南率先开展全省性的耕地土壤环境质量类别划定及受污染耕地安全利用工作。

各地在受污染耕地安全利用实际工作中，应坚持因地制宜、稳中求进、立足当前、着眼长远、注重实效，在充分调查研究的基础上，进行耕地土壤环境质量类别划分、边界核实、上图汇总和后续动态调整管理，系统开展镉污染水稻土修复治理与安全利用（图 9-1）。

一、划分水稻土环境质量类别

（一）基础资料和数据收集

1. 图件资料收集　主要包括行政区区域（到行政村级别）、土地利用现状图、土壤类型（土种图 1∶50 000 或更大比例尺图）、地形地貌、河流水系、道路交通等图件及最新高分遥感影像数据。

2. 土壤污染源信息收集　主要包括行政区域内工矿企业所属行业类型（重点是全国土壤污染状况详查确定的重点行业企业）、空间位置分布；农业灌溉水质量，农药、化肥、农膜等农业投入品的使用情况，畜禽养殖废弃物处理处置情况，固体废物堆存、处理处置场所分布等。

3. 土壤环境和农产品质量数据收集　主要是详查数据及其他数据，包括普查、国家土壤环境监测网农产品产地土壤环境监测、多目标区域地球化学调查（土地质量地球化学调查）、土壤环境背景值，以及生态环境、自然资源、农业农村、粮食等部门的相关历史调查数据。要依据相关标准和规范，对有关数据质量进行评价，剔除无效数据，保障数据质量。

4. 社会经济资料收集　主要包括人口状况、农业生产、工业布局、农田水利和农村能源结构情况，以及当地人均收入水平、种植制度和耕作习惯等。

（二）初步划分水稻土环境质量类别

1. 详查单元（含详查范围外增补单元）**内耕地**　详查单元是详查布点时基于污染类型和污染物传输扩散特征、土地利用方式、地形地貌等因素划分的相对均一性调查单元。《农用地土壤环境质量类别划分技术指南》中详查单元包含详查范围外根据相关技术规定纳入详查统计的增补单元。详查单元内的耕地，类别划分方法参照《农用地土壤环境风险评价技术规定（试行）》的 5 项综合（镉、汞、砷、铅、铬）评价相关规定，主要步骤如下。

[①]国务院，2016.《土壤污染防治行动计划》。网址：http: www.gov.cn /zhengce /content /2016 - 05/31 /content_5078377.htm.

[②]生态环境部，农业农村部，2019.《农用地土壤环境质量类别划分技术指南》，环办土壤〔2019〕53 号。

[③]生态环境部，国家市场监督管理总局，2018.《土壤环境质量　农用地土壤污染风险管控标准（试行）》(GB 15618—2018)。

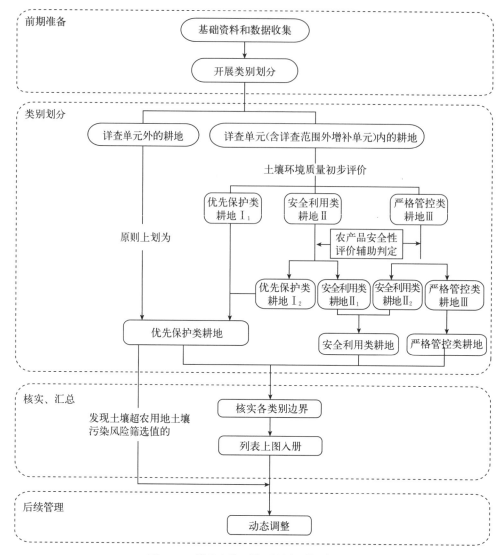

图 9-1　耕地土壤环境质量类别划分流程

（1）详查点位表层土壤环境质量评价。依据《土壤环境质量　农用地土壤污染风险管控标准（试行）》（GB 15618—2018）中的筛选值 S_i 和管制值 G_i，基于表层土壤中镉、汞、砷、铅、铬的含量 C_i，评价耕地土壤污染的风险，按表层土壤镉、汞、砷、铅、铬中类别最差的因子确定该点位综合评价结果，最后将土壤环境质量分为 3 类：

　　Ⅰ类：$C_i \leqslant S_i$，土壤污染风险低，可忽略，应划为优先保护类。

　　Ⅱ类：$S_i < C_i \leqslant G_i$，可能存在土壤污染风险，但风险可控，应划为安全利用类。

　　Ⅲ类：$C_i > G_i$，土壤存在较高污染风险，应划为严格管控类。

（2）划分评价单元并初步判定水稻土环境质量类别。当详查单元内点位水稻土环境质量类别一致，则详查单元即为评价单元；否则，应根据详查单元内点位土壤环境质量评价结果，依据聚类原则，利用空间插值法结合专家经验判断，将详查单元划分为不同的评价单元。尽量使每个评价单元内的点位水稻土环境质量类别保持一致。

初步判定评价单元水稻土环境质量类别，包括 4 种情形：一是当评价单元内点位类别一致时，该点位类别即为该评价单元的类别。二是当评价单元内存在不同类别点位时，某类别点位数量占比超过 80%，其他点位（非严格管控类点位）不连续分布，该单元则按照优势点位的类别计；如存在 2 个及以上非优势类别点位连续分布，则按地物边界（地块边界、村界、道路、沟渠、河流等）划分出连续的非优势点位对应的评价单元。三是对孤立的严格管控类点位，根据影像信息或实地踏勘情况划分出对应的严格管控类范围；如果无法判断边界，则按最靠近的地物边界（地块边界、村界、道路、沟渠、河流等）划出合理较小的面积范围。四是当评价单元内存在不连续分布的优先保护类和安全利用类点位，且无优势点位时，可将该评价单元划为安全利用类。

在镉、汞、砷、铅、铬单因子评价单元划分及水稻土环境质量类别初步判定的基础上，将以上因子叠加形成新的评价单元，评价单元内部耕地土壤环境质量类别按最差类别确定。

（3）水稻土环境质量类别辅助判定。初步划定为安全利用或严格管控类的评价单元，在详查中采集过稻谷样品的，根据稻谷质量状况辅助判定其土壤环境质量类别，判定依据见表9-3。

表9-3　利用农产品安全评价结果调整质量类别

评价单元土壤环境质量初步判定	判定依据（评价单元内或相邻单元农产品重金属超标情况）		综合判断[c]单因子土壤环境质量类别
	评价单元内农产品点位3个及以上	评价单元内农产品点位小于3个	
优先保护类	—	—	优先保护类（I_1）
安全利用类	均未超标[a]	均未超标，且周边相邻单元农产品点位未超标	优先保护类（I_2）
		上述条件都不满足的其他情形	安全利用类（II_1）
严格管控类	未超标点位数量占比≥65%，且无重度超标[b]的点位	均未超标，且周边相邻单元农产品点位未超标	安全利用类（II_2）
		上述条件都不满足的其他情形	严格管控类（III）

[a]　主要食用农产品中5项重金属国家标准限量值，见《农用地土壤环境质量类别划分技术指南》。

[b]　指农产品中重金属含量超过2倍国家标准限量值，见《农用地土壤环境质量类别划分技术指南》。

[c]　单因子辅助判定后的单元农用地土壤环境质量类别仍需进行5因子（镉、汞、砷、铅、铬）综合，单元类别按类别最差的因子计。

未采集过稻谷样品的，可直接划定类别；或根据需要，结合稻谷质量实况（包括历史状况），按照《农用地土壤污染状况详查点位布设技术规定》《农产品样品采集流转制备和保存技术规定》的要求，在详查原点位适当补充采集检测水样品（一般每个评价单元不低于3个农产品点位），开展辅助判定。

2.详查单元外耕地　对于详查单元以外的耕地，原则上划为优先保护类耕地。对发现土壤镉超过农用地土壤污染风险筛选值的，再及时进行动态调整。

二、核实土壤环境质量类别边界

重点完成以下2项内容的校核：一是边界划分时的重要依据（如行政边界、灌溉水系、土地用途变更等）是否发生重大调整；二是划分结果与当地历年土壤和稻谷质量监测数据、群众反映情况等是否吻合。

三、汇总土壤环境质量类别划分成果

各地要编制《耕地土壤环境质量类别划分技术报告》，建立耕地土壤环境质量类别分类清单，制作耕地土壤环境质量类别划分图件。

四、落实修复治理与安全利用关键技术

（一）优先保护类水稻土

对无污染或轻微污染的优先保护类稻田，应加强耕地质量监测，全面普及测土配方施肥、病虫害绿色防控、秸秆还田、绿肥种植等技术；推广以干湿灌溉为主的水稻高产高效节水灌溉技术，即浅水返青、薄水分蘖、晒田控蘖、湿润孕穗、浅水抽穗、干湿壮籽、黄熟断水。

（二）安全利用类水稻土

主要是因地制宜，落实落细"六改"技术措施。

1. 改选适宜品种 推广稻米镉低积累水稻品种，是解决稻米镉超标问题最普遍、最直接、最经济、最有效的途径之一。

（1）加强稻米镉低积累水稻品种选育联合攻关。在保证品种丰产性、适应性、抗逆性的前提下，引种、育种、区试、审定各环节都要把有利于选育稻米镉低积累水稻品种作为重要目标，加速选育一批稻米镉低积累性状稳定的新品种。

（2）积极开展稻米镉低积累水稻品种筛选工作。各地要广泛开展稻米镉积累量田间品比试验，从现有主推水稻品种中筛选出一批适合当地环境的稻米镉低积累品种。

（3）稳步推广稻米镉低积累水稻品种。在安全利用区示范推广稻米镉低积累、抗倒伏、耐迟收、不穗萌、落粒适中的高产优质水稻品种。同时，不断探索总结稻米镉低积累水稻品种配套栽培技术，促进水稻产量和质量稳步提升。

2. 改善灌溉方式 稻田缺水，特别是后期过早脱水容易增加稻米镉积累风险，应在保证灌溉水质达到《农田灌溉水质标准》（GB 5084—2021）（其中，镉限量值不得超过 0.01 mg/L）、完善配套田间排灌设施的基础上，切实改善稻田灌溉方式，坚持科学管水降镉。大力推广"淹水法"，即改干湿灌溉为浅湿灌溉，确保水稻抽穗前后 20 d 淹水灌溉，防止后期过早脱水。水稻生育期不同阶段对田面水深及允许缺水时限的要求不同（表 9-4）。在整个生育期内，要定时巡查田面水深，及时灌水补水。中晚稻收割后，应尽力发展冬季农业，实行水旱轮作，防止长期淹水导致稻田潜育化。积极发展稻渔综合种养。严格按照《稻渔综合种养技术规范 第 1 部分：通则》（SC/T 1135.1—2017），通过对稻田实施工程化改造，构建稻渔共（轮）作系统，实现水稻稳产提质、水产品增值、农药和化肥施用量减少的可持续安全高效利用目标。在实际操作中，要保证水稻有效种植面积，保护稻田耕层，沟坑占比不能超过 10%；要科学设定水稻种植与水产养殖动物放养的密度配比，采用稻渔共作模式的，要通过边际密植，最大限度地保证单位面积水稻种植穴数；采用轮作模式的，要做好茬口衔接，保证水稻有效生产周期，促进水稻稳产。

表 9-4 水稻不同生育期田面水深及允许缺失时限

水稻季别	项目	水稻生育期					
		返青分蘖期	分蘖末期至孕穗期	扬花期	灌浆期	乳熟期	蜡熟期及以后
早稻	水深（cm）	3~4	5~6	4~5	4~5	3~4	自然落干
	允许缺水时限（d）	<2	<1	<1	<1	<1	
晚稻	水深（cm）	4~5	6~7	5~6	4~5	3~4	自然落干
	允许缺水时限（d）	<2	<1	<1	<1	<1	
中稻/一季稻	水深（cm）	4~5	6~7	5~6	4~5	3~4	自然落干
	允许缺水时限（d）	<2	<1	<1	<1	<1	

数据来源：湖南省农业农村厅《镉污染稻田安全利用 田间水分管理技术规程》（HNZ 143—2017）。

3. 改良酸性土壤 土壤酸化不仅导致土壤肥力下降，而且使土壤镉活性提高，水稻对镉的吸收和籽粒累积增加。改良酸性土壤是当前恢复与提高酸性稻田综合产能、降低土壤镉活性最普遍、最经济、最有效的措施，但必须与增施有机肥或种植绿肥相结合，防止土壤有机质加速矿化分解，导致土壤板结。

（1）石灰调节。科学施用石灰不仅能提高土壤 pH、降低土壤镉活性，还能为作物提供钙素营养。施用生石灰（CaO）改良酸性土壤的频率为每年 1 次，可选择在当年第一季水稻移栽前或中稻、晚稻收获后的冬闲田或秋冬作物种植前施用（表 9-5）；当施用石灰后，作物在收获时土壤 pH 达到 6.5 以上，应停止施用；当土壤 pH 降至 5.5 时，再恢复施用。

表 9-5　治理酸性镉污染稻田石灰（CaO）建议施用量

单位：kg/（亩·年）

土壤镉含量范围	土壤 pH	土壤质地		
		沙壤土	壤土	黏土
1~2 倍筛选值（含）	<5.5	100	150	200
	5.5~6.5	75	100	150
2 倍筛选值以上	<5.5	150	200	250
	5.5~6.5	<1	<1	200

数据来源：农业农村部《轻中度污染耕地安全利用与治理修复推荐技术名录》（2019 年版）（农办科〔2019〕14 号）。

（2）原位钝化与定向调控。对酸性轻中度镉污染稻田施用土壤调理剂、土壤钝化剂等，可降低土壤有效态镉含量，减少稻米镉积累。推广使用经农业农村部登记许可的土壤调理剂，并遵循"试验—示范—推广"三步走的农业技术推广原则，事先开展适应性试验示范，再逐步推广。应用土壤钝化剂时，要正确选择钝化材料种类，精准把握施用时机和剂量，并跟踪监测钝化效果，防止过度钝化和二次污染。

4. 改革施肥技术　过量和盲目施用化肥是导致土壤酸化的重要原因之一。应按照平衡施肥原理，坚持以有机肥为基础，实现化肥减量增效。

（1）坚持测土施肥。根据水稻栽培区域土壤供肥能力、水稻季别、目标产量等，细化、实化测土配方施肥技术方案，因地制宜，确定有机肥、氮、磷、钾等肥料的施用量（表 9-6），科学补施中微量元素肥料。加强农企合作和产需对接，大力推广水稻专用配方肥，落实落细"大配方、小调整"施肥方案。

表 9-6　湖南水稻推荐施肥量

水稻产区	水稻季别	产量水平（kg/亩）	推荐施肥量（kg/亩）			
			有机肥	化肥		
				N	P_2O_5	K_2O
湘北洞庭湖双季稻区	早稻	<375	腐熟农家肥 600	7.5~8.0	3.5~3.8	3.5~4.0
		375~450		8.0~8.5	3.8~4.0	4.0~4.3
		>450		8.5~9.0	4.0~4.2	4.3~4.5
	晚稻	<400	早稻草全量还田	8.5~9.0	0~2	3.0~3.2
		400~500		9.0~9.5	0~2	3.2~3.5
		>500		9.5~10.0	0~2	3.5~4.0
长株潭双季稻区	早稻	<375	绿肥＋商品有机肥 100~200	6.0~7.0	4.0~4.2	4.0~4.3
		375~450		6.0~7.5	4.2~4.5	4.3~4.5
		>450		6.5~8.0	4.5~4.8	4.5~4.7
	晚稻	<450	商品有机肥 100~200	7.0~8.5	0~2	3.0~3.5
		450~500		7.5~9.0	0~2	3.5~4.0
		>500		8.5~10.0	0~2	4.0~4.5
湘中湘南双季稻区	早稻	<375	腐熟农家肥 600	8.3~8.6	4.2~4.5	4.0~4.3
		375~450		8.6~9.0	4.5~4.7	4.3~4.5
		>450		9.0~9.5	4.7~5.0	4.7~5.0
	晚稻	<450	早稻草全量还田	9.3~9.5	0~2	3.2~3.5
		450~500		9.5~9.8	0~2	3.5~4.2
		>500		9.8~10.5	0~2	4.2~4.5

（续）

水稻产区	水稻季别	产量水平（kg/亩）	推荐施肥量（kg/亩）			
			有机肥	化肥		
				N	P_2O_5	K_2O
湘西湘东一季稻区	中稻	<500	腐熟农家肥 800	9.5～10.5	4.5～5.0	4.3～4.8
		500～600		10.5～11.5	5.0～5.5	4.8～5.0
		>600		11.5～12.5	5.5～6.0	5.0～5.5

数据来源：《湖南省 2017 年科学施肥指导意见》（湘农办土肥〔2017〕56 号）。

（2）调减施肥总量。根据水稻目标产量和土壤养分丰缺指标，不断调优施肥量，实行氮肥总量控制（表 9-7）、分期调控，磷、钾养分恒量监控，中微量元素肥料因缺补缺，防止过量施肥，避免盲目减肥。

（3）提升肥料品质。淘汰高耗能、高污染、易挥发、易淋失的低品位化肥，大力推广高浓度的优质专用肥料。示范推广缓控释肥料、精制有机肥、生物有机肥、有机无机复混肥料。

表 9-7　湖南水稻产区氮肥定额用量

湖南水稻产区	水稻季别	产量水平（kg/亩）	推荐氮肥施用量（kg/亩）
湘东北长江中游单双季稻区	单季稻	550～733	10～12
	双季稻	475～633	8～11
湘中南丘陵山地单双季稻区	单季稻	525～700	9～12
	双季稻	475～663	8～11
湘西高原山地单季稻区	单季稻	525～700	9～12

数据来源：农业农村部种植业管理司《全国水稻产区氮肥定额用量（试行）》（农农（肥水）〔2020〕4 号）。

（4）优化施肥结构。根据配方肥养分配比、基肥用量和水稻需肥规律，调整优化有机肥、大量元素肥和中微量元素肥的养分配比。根据土壤理化性状和水稻全生育期需求，调整肥料品种，对酸性土壤，选用硝酸钾、硝基复合肥等生理碱性肥料；同时，改施氯化铵、硫酸铵为尿素、硝酸铵，改施过磷酸钙为钙镁磷肥等。对强酸性土壤，在推广碱性肥料的同时，适量施用石灰，防治土壤酸化，提高施肥效果。大力推广溶解性好、作物吸收快、养分利用率高的水溶肥料。因地制宜地恢复稻田紫云英绿肥种植，减少氮肥用量。大力推进畜禽粪便、农作物秸秆等农业农村废弃物无害化处理与肥料化利用。在无污染或轻微污染的优先保护区和轻度污染的安全利用区，大力推广秸秆粉碎还田、快速腐熟还田、覆盖还田、过腹还田等技术，提高秸秆资源肥料化利用水平，科学调减钾肥用量。坚持种养结合、农牧循环，大力推广畜禽粪便堆腐还田，将畜禽粪便变废为肥，或采用“稻-沼-畜”生态种养模式就近就地还田，力争有机氮达到总施氮量的 40%以上。

（5）调整施肥时期。根据土壤质地和水稻需肥规律，合理确定基肥追肥比例。在坚持合理密植的前提下，倡导增苗减氮，减少基蘖肥的氮肥用量。推广氮钾肥后移技术，减少前期肥料损失。

（6）改进施肥方式。按照农艺农机融合、基肥追肥统筹的原则，因地制宜地推进化肥机械深施。坚持根际施肥与根外追肥相结合，大力推广叶面施肥，提高肥料利用率。

5. 改进耕种措施　镉主要分布在稻田表层，易被水稻吸收。长期采用浅耕、旋耕、直播等耕种方式，导致稻田耕层变浅；既影响水稻产量又增加稻米镉超标风险，必须改进稻田耕种方式。

（1）改浅耕为深耕。稻田耕层厚度≤15 cm、犁底层厚度≥10 cm 时，要求深耕达到耕层加犁底层厚度在 25 cm 以上，深翻耕不适用于连续两年深翻的稻田、沙漏田、潜育性田。冬闲田深翻耕在一季稻或晚稻收获后进行；冬种绿肥田深翻耕在春季绿肥盛花期进行，免耕冬种田在冬季作物收获后进行，平均耕深（20±1.5）cm。深翻耕时，土壤应保持湿润，深翻耕后立即晒垡并进行配套施肥。

（2）改旋耕为翻耕。在土壤镉超标的稻区，要逐步淘汰旋耕方式，大力推广大中型耕整机械。翻耕机具配套翻转犁或铧式犁，保证在耕作时耕层土壤犁坯能翻转 $130°\sim180°$，使底土翻至表面；翻转犁的入土深度应稳定控制在 20 cm。

（3）杜绝水稻直播。水稻直播的稻田脱水时间比其他耕种方式明显更长，导致稻米镉积累量提高。必须大力推广软盘抛秧和机插秧，坚决杜绝水稻直播。

（4）因地制宜地开展稻草移除。在重金属中度污染的安全利用区和重度污染的严格管控区，稳步开展稻草移除试点；将稻草集中收集离田，进行生物发电或用作建筑原料等；通过生物移除，逐步降低稻田土壤镉含量。

6. 改变越冬状况　镉超标稻田长期淹水灌溉，导致稻田土壤潜育化和次生潜育化加剧、耕性变差、还原性有毒物质增加、综合生产能力下降。各地要因地制宜地分区域调整优化稻田种植制度，改变稻田越冬状况；对潜育性稻田要改冬泡为冬翻晒垡，对其他稻田要改冬闲为冬种。季节矛盾突出的双季稻区（如湘北洞庭湖）晚稻收获后，可抢种肥用油菜、满园花、蚕豌豆等肥田作物，培肥地力；对不存在季节矛盾的双季稻区，在合理搭配早稻、晚稻品种的基础上，可推广稻-稻-油、稻-稻-肥、稻-稻-菜等水旱轮作高产高效种植模式；对一季稻区，可大力推广稻-油、稻-肥、稻-菜、稻-马铃薯等水旱轮作方式，防止长期淹水引起稻田潜育化。

（三）严格管控类水稻土

1. 划定水稻严格管控区　根据农业农村部印发的《特定农产品严格管控区划定技术导则（试行）》[①]，依次分 10 个步骤划定水稻农产品严格管控区，即收集基础资料、确定待划定范围、开展农产品质量监测（或收集已有监测资料）、核算农产品超标情况是否符合划定标准、确定管控区边界、提出管控区划定建议、建立管控区清单、例行监测与跟踪管理、每 5 年进行 1 次风险评估决定是否调整、若需要调整则提出确定面积和调整措施，具体方法如下。

（1）确定待划定区域。根据农业农村部《特定农产品严格管控划定技术导则（试行）》，若耕地在耕地土壤环境质量类别划分清单中被列为严格管控类，主栽农作物种类为水稻（或小麦）的耕地，且符合下列情形之一，则列为待划定区域。

① 评价单元内，农产品点位少于 3 个（含）时，农产品全部超标；农产品点位大于 3 个时，水稻超标点位占比＞65％，或小麦超标点位占比＞25％。

② 在有关监测、调查、科学研究中普遍发现当地种植的水稻（或小麦）严重超标。

③ 信访、投诉、社会舆论和媒体中频繁出现当地水稻（或小麦）严重超标事件并经查属实。

④ 有其他明显证据表明当地种植的水稻或小麦严重超标。

（2）开展水稻质量监测。一是在待划定区域的每个评价单元内，按照《农用地土壤污染状况详查点位布设技术规定》[②] 布设监测点，开展水稻质量监测。二是监测点布设根据科学性与可行性相结合的原则，综合考虑待划定区域污染物类型、种植环境、作物特点、土地利用方式、土壤类型、地形地貌、灌溉水系分布等多种因素，布点密度一般为 15～150 亩/点，原则上不少于 10 个点。监测实施过程参照《农、畜、水产品污染监测技术规范》（NY/T 398—2000）的规定执行。凡现有调查监测数据能够满足划定工作需要的，即评价单元内已有 10 个以上水稻质量监测点数据的，可不另行增加该农产品质量监测点。另外，从事管控区待划定区域水稻质量监测工作的检测实验室，应通过盲样考核，符合监测质量控制要求才能承担该任务，并自觉接受县级以上农业农村部门组织的全程质量控制。

（3）划定水稻严格管控区。一是判断是否符合划定标准。根据管控区待划定区域评价单元内监测点的特定农产品可食部位中目标污染物单因子污染指数算术平均值和单因子样本超标率是否同时满足

---

① 农业农村部，2020.《特定农产品严格管控区划定技术导则（试行）》（农办科〔2020〕3 号）。

② 生态环境部《农用地土壤污染状况详查点位布设技术规定》，环办土壤函〔2017〕1021 号。

以下两个条件，来综合判定是否将该评价单元划定为特定农产品严格管控区（农业农村部，2020）：①评价单元内的监测点特定农产品中目标污染物单因子污染指数算术平均值显著大于 2（单尾 t 检验，显著性水平一般≤0.05）；②评价单元内的监测点同一污染物单因子样本超标率水稻＞70％（或小麦＞30％）。二是确定水稻严格管控区边界。

将管控区待划定区域内符合以上划定标准的评价单元合并为水稻严格管控区。

2. 提出水稻严格管控措施　根据当地实际情况，因地制宜地选用以下严格管控措施。

（1）种植结构调整。退出食用农产品生产，改种纤维作物、饲料作物、能源作物等非食用农产品。

（2）休耕。可采用季节性休耕或治理式休耕。季节性休耕指每年种植一季以上的养地作物，使其休养生息。治理式休耕指依据当地土壤污染情况种植生物产量高、富积镉能力较强的东南景天、烟草、甜高粱、籽粒苋、杂交高粱草、苎麻等植物，并统一移除、集中处理、综合利用、严禁还田；同时，套种豆科绿肥，培肥地力；或实施翻耕旋转、灌溉淋洗等其他耕地治理措施。

（3）退耕还林还草。纳入退耕还林还草范围，加强政策、规划引导，因地制宜，合理安排规模和进度。

3. 提出水稻严格管控区划定建议　根据《中华人民共和国土壤污染防治法》有关要求，向所在县级以上地方人民政府提交特定农产品严格管控区划定建议。建议中应包括但不限于以下内容：

（1）管控区总体状况。

（2）管控区内土壤污染与特定农产品质量状况。

（3）管控区内土壤污染风险评估报告。报告中除《中华人民共和国土壤污染防治法》规定的内容外，还应包括土壤与特定农产品污染原因分析、土壤与特定农产品污染的相关性分析、评价方法与主要结论等。

（4）管控区边界、面积及拟调整的农产品种类。

（5）管控区相关图件与表格。

（6）管控区严格管控措施。

（7）专家论证报告。

（8）其他相关材料。

4. 建立水稻严格管控区清单　《特定农产品严格管控区划定建议》经县级以上人民政府批准后，建立特定农产品严格管控区清单（表 9 - 8），注明管控区地点、范围、面积、管控措施、批准单位等信息。

表 9 - 8　水稻严格管控区清单（样式）

| 序号 | 行政区 | | | | 地理位置 | 面积（亩） | 水稻（或小麦）超标污染物 | 管控措施 | 种植结构调整方式 | 批准单位 |
	省（自治区、直辖市）	市（州、盟）	县（市、区）	乡镇（街道）						
1	××省	××市	××区	××街道办事处	经度，纬度	1 234	镉	Ⅰ	棉花	××县人民政府
								Ⅱ		××县人民政府
								Ⅲ		××县人民政府

注：①地理位置格式：用管控区域外包矩形边界描述（即经纬度范围），填写格式如下：经度（X_{min}—X_{max}），纬度（Y_{min}—Y_{max}）。采用坐标系 CGCS 2000，十进制经纬度，小数点保留 6 位数，默认为东经与北纬。②管控措施：种植结构调整为Ⅰ，休耕为Ⅱ，退耕还林还草为Ⅲ。③种植结构调整方式：当管控措施为Ⅰ（种植结构调整）时，列出水稻（或小麦）等农产品类型。④批准单位：县级以上地方人民政府。

5. 加强水稻严格管控区动态管理

（1）例行监测。针对特定农产品严格管控区，应根据相关标准规范，因地制宜地制定例行监测计划，对土壤、灌溉水、大气沉降、农业投入品等相关环境要素进行长期的、定期的、经常性的监测，及时掌握产地环境动态，开展管控区内土壤污染风险评估。

（2）跟踪管理。对特定农产品严格管控区应开展定期巡视和检查，走访了解管控区内严格管控措施的落实情况。

（3）管控区动态调整。根据例行监测结果，分析管控区内污染物变化趋势，每 5 年编制一次管控区土壤污染风险评估报告，综合判定是否继续实施特定农产品严格管控，并向所在县级以上地方人民政府提出管控区是否调整的建议。建议中应包括但不限于以下内容：

① 管控区总体状况。

② 5 年来管控区内土壤、灌溉水、大气沉降、农业投入品等环境要素的监测情况及严格管控措施的实施情况。

③ 管控区土壤污染风险评估报告。

④ 管控区面积或严格管控措施是否调整的建议。

⑤ 管控区调整后的其他后续措施。

⑥ 专家论证报告。

⑦ 相关图件与表格。

⑧ 其他相关材料。

第三节　镉污染水稻土安全利用技术模式

根据《中共中央　国务院关于全面加强生态环境保护坚决打好污染防治攻坚战的意见》《国务院土壤污染防治行动计划》，各地闻风而动、积极作为。其中，湖南出台《湖南省人民政府办公厅关于长株潭地区重金属污染耕地种植结构调整及休耕治理工作的指导意见》（湘政办发〔2018〕10 号），按照"省级统筹、市县负责、绩效考评"的总体思路，统筹推进长株潭地区重金属污染耕地修复及农作物种植结构调整，在轻中度镉污染耕地暨安全利用类耕地上，全面推广以"淹水法"为主的"VIP"或"VIP＋n"控镉技术模式，实现水稻安全生产；在镉重度污染耕地暨严格管控类耕地上，坚持"政府主导、市场运作、农户自愿"原则，暂时退出水稻生产，实行种植结构调整，改种镉不敏感作物或发展健康水产养殖，改对抗性种植为适应性种养，保护水稻土的稻作属性，提高稻田综合效益。

一、轻中度酸性镉污染稻田水稻"VIP"和"VIP＋n"控镉技术模式

在 2014—2017 年应急修复治理试点的基础上，自 2018 年开始，湖南在长株潭地区选择 10 个基础较好县（市、区）的 5 000 亩轻度酸性镉污染稻田和 5 000 亩中度酸性镉污染稻田开展"VIP"和"VIP＋n"控镉技术模式原位示范展示；通过政府采购招标，由第三方企业实施效果承包，落实落细推广镉积累水稻品种、施用生石灰和淹水管理等技术措施。

施用生石灰和淹水管理的技术要点如前所述。自 2020 年开始，经过 7 年试验示范和筛选，推介以下镉低积累品种和淹水灌溉耐迟收品种。

（一）应用于轻中度镉污染区的镉低积累的水稻品种

1. 镉低积累品种

（1）早稻品种：中安 2 号、中安 7 号、湘早籼 42、湘早籼 45、株两优 189、中嘉早 17、株两优 819、株两优 729。

（2）中稻（含一季晚稻）品种：臻两优 8612、Y 两优 2108、Y 两优 488、Y 两优 9918、C 两优

386、Y 两优 19、C 两优 651、C 两优 755、建两优华占、泸优 9803。

(3) 晚稻品种：西子 3 号、湘晚籼 12、湘晚籼 13。

2. 应急镉低积累品种

(1) 早稻品种：株两优 211、湘早籼 32（长宽比<2.5）。

(2) 中稻（含一季晚稻）品种：晶两优华占、德香 4103、深两优 5814、和两优 1 号、深优 9519、皖稻 153。

(3) 晚稻品种：两优 336、隆香优 130、C 两优 396。

（二）应用于中轻度镉污染区淹水灌溉耐迟收的水稻品种

(1) 中稻（含一季晚稻）品种：黄华占、隆两优 1308、隆两优 1813、隆两优 1988、隆两优 1212、Y 两优 800、Y 两优 372、C 两优 258、C 两优 755、晶两优 641。

(2) 晚稻品种：玖两优黄华占、玖两优 1212、农香 42、桃优香占。

（三）应用效果

通过第三方监测与效果评估，2014 年以前，长株潭地区镉污染耕地栽种的水稻全部超标。示范推广"VIP"和"VIP＋n"控镉技术后，2015—2016 年，早稻平均达标率稳定在 50％左右、中晚稻接近 40％；其中，144 个"VIP＋n"精准小区试验点、28 个 500 亩示范片、26 个千亩片、1 个万亩示范片采用"VIP＋n"技术模式后，轻度污染区稻米镉达标率保持在 80％以上，基本实现安全生产；中度污染区稻米镉达标率保持在 60％以上，重度污染地区稻米镉达标率 50％左右。

2017 年，通过政府采购对轻度污染区采取第三方措施承包，对中度污染区采取第三方效果承包。在大株潭地区 10 个县（市、区）中，采取措施承包的 79 个实施单元，符合相关达标要求（湘农联〔2017〕125 号）的 37 个，占比 47％；采取效果承包的 176 个，符合相关达标要求的 167 个，占比 95％。

2018 年，在长株潭地区 10 个县（市、区）10 万亩实施区共抽检稻谷样品 1 405 个，稻米镉含量达标样品（镉含量<0.2 mg/kg）1 083 个，总达标率为 77.08％；其中，早稻 61.74％、中稻 82.92％、晚稻 81.24％。

2019 年，共抽检稻谷样品 1 985 个，总达标率为 93.65％，比 2018 年提高 16.57 个百分点；其中，早稻 90.67％、中稻 93.26％、晚稻 97.67％。

二、重度镉污染水稻土严格管控与安全利用技术模式

经过多年多点探索总结，在重度镉污染水稻土严格管控与安全利用方面，形成了 39 种高效种养模式。按照调整之后的主导作物（或产品），将 39 种技术模式分为 4 个大类：①一年生作物类，包括玉米优质高效全程机械化生产、玉米＋油菜高效种植、高粱（双季）高效种植、高粱＋油菜高效种植、棉花＋油菜绿色高效种植、紫苏＋油菜高效种植、甘薯高效种植、油菜＋甘薯种植、马铃薯＋甘薯高效种植、油葵＋油菜高效种植、甜玉米高效种植、精品蔬菜轮作种植、城郊设施蔬菜高效种植、黄辣椒＋油菜种植；②多年生作物类，包括菊花、姜黄、瓜蒌、韭黄、葛根、迷迭香、苎麻、杂交桑、构树、蚕桑、蓝莓、葡萄、无花果高效种植与综合利用模式；③水产养殖类，包括莲＋虾高效种养、莲＋鱼立体种养、莲＋鱼＋鸡生态种养、小龙虾高效养殖、稻虾连作＋共作、稻鱼综合种养；④其他高效种养类，包括芡实高效种植、湘莲高效种植、红檵木＋油菜套作、象草＋油菜种植、"象草＋养牛"高效循环种养、湘莲＋油菜套作。

（一）青贮玉米优质高效全程机械化生产技术模式

1. 模式背景　玉米籽粒和茎叶均为较优质饲料。其中，青贮玉米具有植株高大、茎叶繁茂、营养成分含量丰富等特点，是理想的畜禽饲料。因此，在镉重度污染的严格管控区，大力发展青贮玉米，实现种养结合、就地消化，对促进畜牧业发展、调整优化种植业结构、提高农业综合效益、增加农户收入具有重要意义。

一年种植两季青贮（普通）玉米，既可避免春玉米因受播种期低温、雨水过多、播种机械不能正常下地的问题，又能充分利用玉米夏季生长期间光温资源丰富的优势。主要技术要点：以机械化精量播种为核心，选用适宜单粒精量播种的优质种子；改春后整地播种为冬前整地、春后玉米单粒精播；选用耐密型玉米品种，适当密植，建立合理群体结构，保证群体密度和整齐度；科学施肥，有效防治病虫害，适时收获。

以青贮（普通）玉米全程机械化技术为核心，选用适宜机械化生产的玉米品种，可实现种植效益高于"油-稻"或"稻-稻"模式的目标，是一种较为理想的结构调整模式。

2. 适宜区域　该技术适宜长江中下游地势相对平坦（坡度15°以下）、地力均匀、肥力较好的区域推广。

3. 技术要点

（1）品种选择。根据生态条件，选用审定推广的生物产量高、优质、适应性强、生育期适中且适宜机械化生产的品种。第一季青贮玉米品种宜选择早熟或中熟、耐涝渍、耐旱、耐密性好、抗倒性强、持绿性好、抗病性强的品种，推荐雅玉青贮04889、双玉919、京科968、京科青贮516、先玉1788、金玉818等品种。

（2）茬口衔接。一般在连续3 d气温≥10 ℃时，即在湖南南部为3月15日、在湖南西北部为3月20日前后，可开始播种第一季青贮（普通）玉米，7月开始视籽粒发育情况及时收割；第二季青贮（普通）玉米在上茬玉米收获后抢时间及早播种，10月中旬、初霜到来之前，视籽粒发育情况及时收获。规模化种植时，还应制定科学的种植计划，分期播种，以便于实现分批收获。

（3）播前准备。选择纯度高、发芽率高、活力强、大小均匀、适宜单粒精量播种的优质种子，要求种子纯度≥98%、种子发芽率≥92%、净度≥98%、含水量≤13%。所选种子应进行种衣剂包衣，重点预防玉米丝黑穗病。种衣剂的使用应按照产品说明书进行，且符合GB/T 8321.8的规定。

（4）机械直播。

①播种机械。地形复杂、土地零散的地区可采用2行播种机；地形比较整齐、地势开阔的地区，可采用机械式仿形或气吸式4行玉米精量播种机。

②播种方式。采用单粒精量播种机精量播种，行距60 cm，第一季青贮（普通）玉米播深3 cm，第二季青贮（普通）玉米播深4～5 cm。要求匀速播种，播种机行走速度应控制在5 km/h左右，避免漏播、重播或镇压轮打滑；播种后地块小的，应人工整理开通田间排水沟。为保证播种质量，第二季青贮（普通）玉米播种行应与上茬根茬错开。

③种植密度。一般比人工播种适宜种植密度增加10%～20%，选用紧凑型玉米品种，留苗4 500～5 000株/亩。

④种肥。采用带有施肥装置的播种机施用种肥。施肥量按照 N - P_2O_5 - K_2O 配比为 20 - 15 - 10 的配方施肥，配方肥每亩推荐用量为40～50 kg，缺锌田每亩加施硫酸锌1.5 kg。

施用玉米缓控释肥的，氮肥（N）、磷肥（P_2O_5）、钾肥（K_2O）的养分含量分别为每亩15～16 kg、6～8 kg和12～13 kg。种肥一次性同播，后期不再追施肥料。种肥侧深施，与种子分开，防止烧种和烧苗。

（5）田间管理。

①化学除草。苗前除草，玉米可在播种前全田喷施灭生性除草剂草甘膦一次，也可在播种后至出苗前，用芽前除草剂喷雾封闭土壤，每亩用禾耐斯50～60 g或72%都尔50 mL兑水50 kg满幅喷雾。苗后除草，玉米可见叶3～5叶期、杂草2～4叶期是苗后除草的最佳喷药时间，每亩使用乙阿合剂（乙草胺和莠去津1∶1混剂）150～200 mL或38%莠去津悬浮剂65～100 mL＋4%烟嘧磺隆悬浮剂65～100 mL。可采用高地隙喷雾器喷雾，用量严格按照使用说明进行。

②防治病虫害。苗期加强粗缩病、灰飞虱、黏虫、蓟马、地老虎和二点委夜蛾等病虫害的综合防控。小喇叭口至大喇叭口期有效防控锈病、褐斑病和玉米螟等，发病初期用药1～2次，可采用飞机

喷雾或者高地隙喷雾器防治玉米中后期多种病虫害，减少后期穗虫基数，减轻病害流行程度。针对新入侵物种草地贪夜蛾，幼虫可采用甲氨基阿维菌素苯甲酸盐、氟虫苯甲酰胺、多杀菌素、乙基多杀菌素等杀虫剂喷雾处理，成虫可搭配性诱剂和食诱剂，集中连片可采用杀虫灯诱杀。加强综合防控，以预防为主。

③遇涝及时排水。苗期如遇涝渍天气，应及时排水。

④追肥小喇叭口期至大喇叭口期，追施穗肥。每亩追施氮肥 12～15 kg。在距植株 10～15 cm 处，利用耖耕施肥机开沟深施，施肥深度应在 10 cm 左右。

⑤防旱防涝。孕穗至灌浆期如遇旱应及时灌溉，尤其要防止"卡脖旱"。若遭遇渍涝，则及时排水。

（6）收获。

①收获时间。一般在乳熟末期至蜡熟初期，乳线位于籽粒基部与顶部的 1/2～3/4 处时，抽雄后 30 d 左右为最佳收割时期。此时玉米植株鲜重开始下降但没有急剧下降，籽粒开始收浆（蜡熟）但没有变硬，绿叶数没有明显减少，植株含水量正适于青贮发酵。因此，此时期是青贮质量最好的时期。当面积大、收获困难时，也可当乳线在籽粒基部与顶部的 1/2 时开始收获（图 9-2）。

②收获方法。玉米收获机按行走方式可分为背负式和自走式两种。背负式玉米收获机的优点是结构紧凑，价格低廉，转弯半径小；每小时加工 30 t，切削长度 10～60 mm，籽粒破碎率低。自走式玉米收获机集动力部件、行走部件及工作部件于一体，结构紧凑，效率高，质量好；每小时加工 300 t，切削长度 4～20 mm，但价格较高，籽粒破碎率高（图 9-3）。

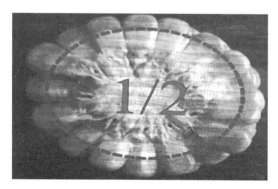

图 9-2　乳线位于籽粒基部与顶部的 1/2 处

图 9-3　青贮玉米机械化收割

收获时，宜大面积连片推进、整村整镇推进，农机与农艺联合推进，农机手与农户一起行动，避免联合收割机过早或过迟下地。

4. 配套设施　改制地应具有较好的灌排设施，农用道路能适于中小型农机通行。

5. 效益分析　该技术已在长株潭地区的重金属污染种植结构调整部分区域、洞庭湖地区大面积推广，一般每亩配人工 1 名。每亩青贮（普通）玉米第一茬预期可收获 3～4 t、第二茬预期可收获 2～3 t，按每吨 300～400 元出售，除去成本 800～1 000 元/亩（含土地流转费用 200～400 元/亩），种植效益预期可达 650～1 400 元/亩。

（二）玉米＋油菜高效种植技术模式

1. 模式背景　在镉污染水稻土上，实行种植结构调整要解决好两个问题：一是种植的作物要能够稳产、高产、质量好；同时，产品要符合市场需求，效益好、稳得住。二是选择一种好的技术模式，提高种植效益。长株潭地区经过多年探索试验，在严格管控区积累了一定的种植结构调整经验，探索出了很多好的结构调整模式。其中，玉米、油菜轮作模式不仅符合当地的种植习惯，而且产品市场对路、效益稳定，值得推广。

2. 适宜区域　玉米、油菜均是旱土作物，忌溺水，但又需水。特别是油菜在播种发芽和齐苗过程中如果缺水，很可能会导致发芽率和成苗率低，进而影响产量。所以，在选择区域时，要求田块光照条件好、肥沃疏松、土层深厚、富含有机质、排灌方便。同时，尽量选择能集中连片种植的田块，便于统一管理和机械化生产。常年洪涝灾害易发、深脚冷浸、遮阴的丘块不宜种植。

3. 技术要点

（1）茬口搭配。要合理安排玉米、油菜播种期。油菜对气候条件要求相对严格。所以，玉米、油菜连作茬口搭配应以优先油菜为原则，直播油菜适宜播种期在 9 月 20 日至 10 月 10 日。油菜品种在 5 月上旬成熟的，应当及早播种玉米；5 月中旬后成熟的玉米，宜选择中晚熟品种，选择在 6 月中旬播种，以避免开花期高温危害。

（2）品种选择。玉米、油菜品种的选择要视市场需求和效益而定。按用途分，玉米可作饲料、青贮饲料、鲜食、加工。靠近城区和交通便利的地方，建议推广鲜食甜玉米和糯玉米，价格好、销售畅、效益好。甜（糯）玉米推荐选用湘农白糯 2 号、浙甜 11、美玉 3 号、沣甜糯 1 号、沣甜糯 3 号（甜糯型白糯玉米）等品种。

油菜可作乡村旅游观赏、薹用和油用；"薹用＋油用"是个不错的选择，因为油菜薹和菜油都很受市场欢迎。直播油菜建议推广抗倒伏、抗病性强、品质优的双低油菜品种。目前，较好的品种有亮油 99、湘杂油 631、金香油 11、庆油 3 号、中油杂 11、中双 11 和沣油 698 等。种植搭配推荐鲜食甜玉米或糯玉米加"前薹后油"油菜的模式。

（3）直播油菜关键技术。

①开沟整地。按厢面宽 1.67 m、沟宽 0.33 m 开沟整地，开好"三沟"，厢沟深 0.2 m、腰沟深 0.3 m、围沟深 0.4 m。整地时，要削高补低、整平田面，使土块细碎、土质松软。开沟结束后，应清除沟中的碎土，做到"沟沟相通、雨住田干、排灌方便"。

②施足基肥。直播油菜施肥以底肥为主，占施肥总量的 60%。一般每亩施入氮、磷、钾比例为 15∶15∶15 的复合肥 30 kg，加硼肥 1 kg。种子切不可与肥料直接接触；否则，种子不能发芽，从而影响出苗。

③及时匀播。直播油菜的播种期对产量影响很大，在适播期内，播种越早则越有利于高产。播种时，土壤要保持湿润。播种前，如遇土壤过分干燥，在播种后应灌跑马水，待厢面土壤湿润后，再排干水。采用撒播，每亩用种 300～400 g。播种早的，用种量适当减少；迟播的，则适量增加。

④间苗和定苗。直播油菜要保证苗全、苗壮。出苗后 10 d 左右、油菜苗有 2 片真叶时，及时间苗，间去弱苗、瘦苗、丛苗，留下壮苗。4～5 片真叶时定苗，一般早播的每亩留足 2 万～2.5 万株成苗，迟播的应留 3 万株以上。

⑤化学除草。播种前 3～5 d，每亩用"农达"100 mL 加水 30 kg 进行喷雾，杀灭"老草"。播后，每亩及时用 50% 乙草胺 75 mL 或者 60% 丁草胺 100 mL 兑水 30 kg 喷施，进行封闭除草。苗期视杂草种类用盖草能、高特克或油劲（稀草酮）防除。

⑥科学追肥。一般进行 2～3 次追肥。播种后 25～30 d，每亩追尿素 5.0～7.5 kg；播种后 80 d 左右，每亩施畜禽栏肥 1 000 kg 或氯化钾 5 kg 作腊肥，结合培土防冻保暖；薹肥一般在播种后 110 d 左右施用，每亩施尿素和氯化钾各 3～4 kg，并结合喷施 30～50 g 富乐硼等高效硼肥。

⑦清沟排水。冬季降雪或雨季来临之前，应清理"三沟"，做好田间排水系统，使沟渠相通，及时排除积水以防止渍害。

⑧病虫害防治。苗期主要是蚜虫和菜青虫，中后期重点防治油菜菌核病和霜霉病。

⑨适时收获。薹油两用油菜薹采收要注意以油菜籽高产为原则，便于侧薹生长，采密留稀，根据

市场销售情况分批采收，防止过度采摘。油菜籽收获一般在全田 90% 成熟时进行收割，避免裂角掉粒。

（4）玉米关键技术

①施基肥。基肥在播种前 7 d 左右结合整地碎土时一次施入。每亩施腐熟有机肥 1 500 kg 加 45% 三元复合肥 20～30 kg、锌肥 1 kg；或用 45% 复合肥 40～50 kg 加锌肥 1 kg。

②整地。播种前精细整地，保持土质松软、细碎平整。玉米种植包括清种和间套作两种模式，采用宽窄行栽培。

③播种。夏播甜、糯玉米播种密度为每亩 3 500～4 000 株，用种量一般为 2 kg，每穴 1～2 粒，播后覆土 5～6 cm。做到深浅一致、覆土均匀。

④田间管理。主要做好查苗补缺，间苗、定苗、中耕培蔸、去分蘖、去雄等工作。

⑤中耕除草。芽前除草，用乙草胺在播种后至出苗前进行喷雾。中耕一般在拔节前（5～8 叶期）进行。

⑥追肥。提苗肥在玉米 4～5 叶期施用，每亩施尿素 5～8 kg。在玉米大喇叭口期重施穗肥，每亩施尿素 10～15 kg。粒肥一般每亩用磷酸二氢钾 150 g 加尿素 0.5 kg，或谷粒饱 100 g 兑水 30 kg，在授粉后 5-10 d 抢晴天均匀喷叶。在土壤肥力高的地块，采用一次性施用 42% 的缓控释玉米专用肥（20-10-10），一般每亩施用 65 kg 左右，后期不再施追肥。

⑦病虫害防治。重点防治地老虎、玉米螟、蚜虫、纹枯病和茎基腐病等。苗期地老虎用速灭杀丁防治。玉米螟、草地贪夜蛾用氯虫苯甲酰胺、甲维盐、阿维菌素等药剂防治。蚜虫用吡蚜酮或噻嗪酮防治，纹枯病用 25% 肟菌酯＋50% 戊唑醇（拿敌稳），茎基病用 70% 甲基托布津或 50% 多菌灵进行防治。

⑧适时采收。甜、糯玉米一般在花丝变褐色、玉米粒表面有光泽时采收，收获时鲜苞保留 5～6 片苞叶。由于要鲜棒上市，可根据玉米成熟和市场销售情况，分批采收。

4. 效益分析

（1）鲜食甜玉米、糯玉米效益。每亩栽种甜玉米、糯玉米 3 500 株，可产玉米棒 3 200 个，批量销售平均价格 0.8 元/个，收入 2 560 元。甜玉米、糯玉米种植的物化和人工成本 1 000 元/亩，土地流转费分摊 150 元/亩。种植鲜食甜玉米、糯玉米纯收入达每亩 1 410 元。

（2）薹油两用油菜效益。薹油两用油菜一般前期每亩可采收油菜薹 500 kg，平均销售价 2.4 元/kg，收入 1 200 元/亩；采收人工运输成本 700 元/亩，油菜薹每亩平均收入 500 元。油菜菜籽产量一般每亩在 120 kg 以上，按出油率 40% 计算，可产油 48 kg；销售价格按 20 元/kg 计算，每亩平均收入可达 960 元。每亩物化和人工成本 400 元，平均纯收入 560 元。土地流转费分摊 150 元，每亩薹油两用油菜纯收入 910 元。

鲜食甜玉米、糯玉米与薹油两用油菜，两项合计每亩平均纯收入可达 2 320 元。

（三）高粱＋油菜高效种植技术模式

1. 模式背景　高粱＋油菜高效种植模式是针对镉污染耕地种植结构调整背景提出的一种新型种植模式。多年实践证明，用含镉的高粱酿酒、用含镉的油菜籽榨油，其酒和油中几乎不含镉，高粱是酿酒的优质原料，油菜是食用油和饼粕蛋白的重要来源；而且，油菜和高粱秸秆及菜籽饼粕均用于还田养地，防止土壤肥力下降。油菜根系具有活化、利用土壤中难溶性磷的特性，作物吸磷量较高。据报道，5 年以上的油菜轮作，土壤有机质含量可提高 0.2% 左右，后茬作物单产提高 5%～8%，节肥 10% 左右，养分利用率提高 8% 左右，周年经济效益每公顷增收 300～450 元。另外，油菜秸秆比小麦腐解快，氮、磷养分释放率比小麦高 10% 以上。

2. 适宜区域　在长江中下游海拔 100～1 200 m、排水条件好的耕地均适合栽种。

3. 技术要点

（1）合理选择种植模式及品种。选择高粱、油菜轮作模式。其中，高粱选择红缨子，是茅台酒的专用高粱品种，株高 2 m 左右，产量 300～400 kg/亩，全生育期 131 d 左右。油菜品种选择湘杂油 4

号,是国家审定品种,选育单位为湖南省作物研究所,株高 1.7 m,产量 100～150 kg/亩,全生育期为 210～230 d。

(2)适时播种。高粱采用直播的方式,夏播在 4 月下旬至 5 月下旬播种。每亩用种量 1 kg 以上,每亩种植 7 000～9 000 株,行距 24～33 cm,窝距 49～60 cm。油菜在 9 月中下旬播种育苗。叶龄 6～7 片及时移栽。合理密植,行距 50.0～66.7 cm,窝距 26.7～33.3 cm,每亩种植 8 000～10 000 株。

(3)施肥管理。每亩施用腐熟农家肥 500～1 000 kg。高粱、油菜每季每亩施用专用配方肥 30～40 kg。

(4)病虫害防治。根据田间生长情况及病虫害发生规律,及时除草、中耕、抗旱排渍、开展病虫害防治。

(5)适时采收。高粱籽粒变硬、叶子变黄、穗粒 3/4 成熟发红时收割,晒 2～3 d 后进行脱粒去杂质即可装袋运输。油菜在全田有 50% 以上角果变黄、种子呈红黑色泽时收割,去杂质即可装袋运输。

(6)注意事项。高粱、油菜对有机磷农药有过敏反应,应使用拟除虫菊酯类农药。

4. 效益分析　高粱＋油菜高效种植技术模式,结合耕整地一次性深施有机肥 20 cm 以下,可减少化肥使用量 80% 以上,提高土壤有机质含量,实现高粱 300 kg/亩、油菜籽 150 kg/亩的产量目标。通过种植结构调整后,彻底改变原来的种植模式,降低劳动力及其他投入成本,以新的种植模式降低耕地中重金属含量,切实使农民增产、增收。

(四)油菜＋甘薯种植技术模式

1. 模式背景　当农田土壤中目标重金属(如镉、铅等)土壤含量介于 GB 15618—2018 中规定的风险筛选值和管制值,可能存在食用农产品不符合质量安全标准等污染风险。原则上应当采取农艺调控、替代种植等安全利用措施。油菜＋甘薯种植技术模式选用经过广泛品种筛选,种植具有重金属镉低累积、生物量大、适宜在湖南大面积种植的油菜和甘薯品种,并开展农业种植结构调整。在种植过程中,配合施用土壤调理剂,使重金属污染土壤种植的油菜籽粒和甘薯块中的重金属含量符合《食品安全国家标准　食品中污染物限量》(GB 2762—2022)的要求,实现重金属污染耕地的安全生产。该种植技术模式能够提高耕地质量,强酸性水稻土 pH 提升 0.5 个单位以上。

2. 适宜区域　该种植技术模式适用范围广,可以适用于南方轻度(土壤镉<0.6 mg/kg)、中度(0.6 mg/kg≤土壤镉<1.5 mg/kg)和重度(1.5 mg/kg≤土壤镉<4.0 mg/kg)镉污染土壤,且土壤 pH >4.5 以上的种植结构调整区。

3. 技术要点

(1)关键技术。本种植技术模式包括以下两项关键技术:一是镉污染耕地经济作物安全种植技术。镉污染耕地经济作物(油菜、甘薯)特定品种的规模化种植技术,包括土壤重金属钝化剂逐步调减施用技术、甘薯丰产种植技术等,使镉污染耕地安全高效利用。二是科学选择镉污染农田土壤调理剂。选择已经依法登记,对土壤镉离子具有较好钝化、稳定效果,能显著降低镉生物有效性及可迁移性,同时能提高土壤 pH 的土壤调理剂,改良南方地区酸性土壤,保障土壤和农作物种植安全。

(2)土壤调理剂施用技术。

①施用原则,应根据耕地镉污染风险等级及含量,合理计算土壤调理剂的施用量。原则上,每年施用 1～2 次,以不造成农田土壤镉累计风险为准。一般每公顷每年施用量不超过 4 500 kg。

②施用方式与熟化培养。土壤调理剂在甘薯种植前施用,并进行熟化培养。具体操作:油菜收获后移除秸秆,进行第一次旋耕;接着取对应用量土壤调理剂,均匀地撒施到田间;然后,再多次旋耕,旋耕深度 20 cm,使得土壤调理剂均匀地分布于耕层;最后,喷水,使土壤维持湿润状态 7 d。在旋耕整田过程中,应尽可能地移除前茬油菜根兜。

(3)油菜种植技术。

①油菜品种选择。选用通过国家或省级审(认)定、适合本地栽培的、种子质量合格的双低油菜品种,如沣油(丰)、阳光、中油杂、禾盛油等优质杂交油菜品种。

②大田准备。前茬作物收获后，应移除秸秆再进行旋耕。旋耕后大田作厢开沟，沟深 15～20 cm。如果是机械化大田整理，则应使开沟机作厢宽度与播种、收获机械作业宽度相对应，厢沟、腰沟、边沟配套。

③科学施肥。应根据当地土壤肥力和农艺条件，合理计算肥料的施用量。禁止使用油菜秸秆、果壳制备的农家肥，禁止使用重金属含量超标的肥料。平衡施肥，实行有机肥与无机肥结合，氮、磷、钾、硼肥配合施用。一般人畜肥用量 1 000～1 500 kg/亩，氮、磷、钾复合肥 20～40 kg/亩或缓释专用肥 30～40 kg/亩，硼肥（以硼砂计）0.50～0.75 kg/亩。腐熟的人畜肥、沟肥、堆肥、厩肥、土杂肥、饼肥等农家肥和化学磷肥及硼肥均作为基肥施用；钾肥 60% 作基肥底施，40% 作追肥施；氮肥 50% 作基肥底施，其余作追肥施用。基肥在最后一次旋耕前施入，间隔 1～2 d 后，即可作厢开沟播种。

④育苗移栽。一般大面积油菜生产可采用直播与育苗移栽两种方式；但因甘薯收获较迟，该模式下油菜生产只能采取育苗移栽方式。要求 9 月下旬至 10 月上中旬播种，播种量为 0.2～0.3 kg/亩，油菜出苗株数应不少于 2.5 万株/亩。播种后 25～35 d、苗高达到 20～30 cm、叶龄 4 叶 1 心至 5 叶 1 心时移栽，移栽密度不低于 8 000 株/亩，行距 30～40 cm；移栽时，土壤湿度应不大于 30%，应移大弃小、移壮弃弱、移纯弃杂、分级移栽、浇水保苗。

⑤田间管理。根据排灌面积和排水量，选择适宜的排灌方式和排灌泵，做到旱能灌、涝能排。追肥：总施肥量的 30% 左右作腊肥一次性追施或根据生长情况按腊肥和薹肥 70∶30 施入。

⑥病虫害防治。种植过程中可能会出现霜霉病、菌核病、蚜虫、菜青虫以及草害等，需使用高效低毒农药进行防治。具体防治措施如下。

霜霉病：每亩使用 50% 2-苯并咪唑基氨基甲酸甲酯（多菌灵）100 g 兑水 30 kg 喷雾；或每亩使用 75% 四氯间苯二甲腈（百菌清）可湿性粉剂 60 g 兑水 30 kg 喷雾。

菌核病：按照《油菜菌核病防治技术规程》（NY/T 794—2004）的规定操作。

菜青虫、蚜虫等害虫：每亩使用 5‰ 甲氨基阿维菌素苯甲酸盐 12 g 兑水 30 kg 喷雾；或者使用菜青虫、小菜蛾专用性诱剂，悬挂黄板诱杀蚜虫。

草害：播种前，每亩使用 10% 草甘膦水剂 750～1 000 mL 兑水 30 kg 喷雾；移栽后，每亩使用 50% 乙草胺 60 mL 兑水 30 kg 喷雾。

⑦收获。人工收获：终花后 30 d 左右，当全田绝大部分植株主花序角果现黄、主轴基部角果呈枇杷色、种皮呈黑褐色时，即应收获。油菜收割应在早晨带露水收割，收割时做到轻割、轻放，以防裂角落粒。机械收获：机械收获可推迟 5～7 d，按照机具使用说明书的操作规程进行作业。收获后，油菜籽应及时晾晒、清杂，在水分降低到 12%～15% 时入库存放；若长期存放，应将含水率降至 8% 以下。油菜秸秆应尽可能离田进行无害化处置。

（4）甘薯丰产种植技术

①甘薯品种选择。市场在售并种植的甘薯品系众多，推荐种植淀粉类甘薯，如湘薯 98、徐薯 22、商薯 19、苏薯 24、万薯 9 号、渝薯 98 等；不推荐种植紫薯类和鲜食类，尤其是紫薯类。

②大田准备。前茬作物收获后，应移除秸秆再进行旋耕。前茬作物的留茬高度应≤30 cm。旋耕后大田按 1 m 包沟起垄，垄高 30～40 cm，保证垄面宽 50～60 cm，沟宽 15～20 cm，然后垄面并排开穴。如果是机械化大田整理，则应使开沟机作厢宽度与播种、收获机械的作业宽度相对应，厢沟、腰沟、边沟配套。

③土壤调理剂施用。施用兼具调酸改土和补充钙、镁、硅等矿质养分的土壤调理剂，改良土壤，钝化土壤镉。

④基肥施用量。一般每亩施用菜枯饼 50 kg，氮、磷、钾复合肥 50 kg，中耕时一次性穴施或沟施覆土。

⑤栽插。甘薯可自行育苗栽插，也可采购健康薯苗栽插。栽插技术如下。

时间：6 月中下旬开始栽插，适时早插。

密度：3 200~4 000 株/亩，株间距 30 cm。

栽插方式：斜插，薯苗与田面呈 30°左右的斜角插植，深度 3~5 cm，薯苗入土 3 节。

⑥田间管理。中耕、除草和培土：在栽插后 15 d 进行第一次中耕，中耕深度 7~10 cm；栽插后 25~30 d 进行第二次中耕，中耕深度比第一次要浅。在中耕的同时，除草、清沟、理蔓。

追肥：甘薯一般不追肥，若田块肥力水平低，薯苗长势差，可酌情追肥。一般在薯苗栽插 7 d 后追催苗肥，用量为每亩施用腐熟的农家粪肥 500 kg、复合肥 4 kg，兑水后逐株浇施；在薯苗栽插 90 d 后追施裂缝肥，用量为每亩追施复合肥 4 kg，雨前撒施或兑水后垄顶浇施。

水分管理：薯苗栽插后如遇晴天，应灌（浇）水保苗，在茎叶盛长阶段，要及时清沟排水。在 7—8 月夏秋干旱严重时，应灌水抗旱，灌水深度以垄高 1/2 为宜，即灌即排。

藤蔓管理：一般不翻蔓。在雨水较多、地上部生长过旺时，可提蔓。

⑦病虫害防治。在种植过程中可能出现小象甲、斜纹夜蛾等，需使用高效低毒农药，不应使用国家禁用农药。

防治小象甲：在甘薯藤蔓 60~80 cm 长时，可选 30％噻虫嗪悬浮剂 5 000 倍液或 48％噻虫胺悬浮剂 2 000 倍液喷雾，隔 7~10 d 施药 1 次。

防治斜纹夜蛾：用瘟死 50 g 或菜虫一扫光 80 mL，或抑太保 40~80 mL，或辛氰菊酯乳油 20 mL，1 000 倍喷雾防治。

⑧收获与储存。10 月上旬收获，留作种薯的可于 10 月下旬收获。收获时，做到轻挖、挖净、轻装、轻卸，尽量减少薯块损伤。甘薯采用窖藏，收获后直接入窖。种薯入窖至 11 月下旬，开窖门、窗及时通气，降温排湿 12 月至翌年 2 月，密封窖门窗及通气孔，保持窖温 11~15 ℃。2 月中旬至出窖前，注意调节窖温，通气排湿，并保持温度适宜。储藏期间，及时清除烂薯。

4. 效益分析　按《全国农产品成本收益资料汇编》并参考《2016 年湖北油菜生产成本收益情况调查分析》，按每季种植油菜收获油菜籽 1 500~2 250 kg/hm^2 计，农户净收益为 1 500~2 550 元/hm^2；按《全国农产品成本收益资料汇编》并参考《中国甘薯育种与产业化》，按每季种植甘薯收获鲜薯 30 000~45 000 kg/hm^2 计，农户净收益为 30 000~45 000 元/hm^2。

（五）油葵＋油菜高效种植技术模式

1. 模式背景　该种植技术模式采用高富集油葵-油菜轮作模式来治理镉污染稻田，通过改变传统农业耕作制度，实现边生产边修复，是既有经济效益又有明显降镉效益的种植结构调整模式。收割后的农副产品油葵种子直接榨油，一般含油量达到 50％左右，葵花油含有 71％左右的"亚油酸"，而镉未检出，且油品清亮透明，油炸食品鲜黄美观。精炼油后的副产品是极好的化妆品原料。榨油后油饼含有 30％~36％蛋白质，具有较高的营养价值，镉含量远低于 1.0 mg/kg 的饲料重金属限量标准。通过油葵、油菜种植，形成连片花海，可以有效带动乡村旅游业，提高当地村民经济收入，形成美丽的乡村景观点。

2. 适宜区域　长江中下游地区旱田均适合栽种（海拔 100~1 200 m）。

3. 技术要点

（1）油葵种植。

①品种选择。选用适合本地栽种的耐渍性较强的油葵品种。

②播种。播种前深翻整地，一般深翻 20~25 cm；根据地力情况，每亩施农家肥 2~3 m^3、过磷酸钙 20~25 kg、碳铵 10~15 kg、硫酸钾 10~15 kg，或每亩施 45％的复合肥（15 - 15 - 15）30~40 kg。油葵耐低温性很强，在保证能出苗的情况下，尽量早播，一般在 5 月初播种，采用等行距种植，行距 50 cm，株距 35~40 cm。根据土壤情况，地力好的适宜密度为 4 000~4 500 株/亩，地力差的适宜密度为 4 500~5 000 株/亩，以点播或机播的方式进行播种。

③田间管理。

一是及时查苗补苗，确保全苗。点播时，可在行间播种备用苗，缺苗时及时移苗补栽，补苗后立即浇水。

二是间苗与定苗。油葵第一对真叶展开时进行间苗；第二对或第三对真叶展开时进行定苗。

三是中耕除草培土。油葵生育期内要进行 2～3 次中耕除草：第一次中耕结合间苗进行，第二次中耕定苗 1 周后进行，第三次中耕在封垄前进行。结合中耕进行培土，培土高度 10 cm，以促进油葵根深叶茂，防止倒伏。

四是打杈打叶。有些品种在花盘形成期，中上部的腋芽会长出分枝，虽然也能长出花盘，但通常花盘小、籽粒不饱满，还会影响到主茎花盘的发育。要及时摘除分枝，促进主茎花盘的生长。有病斑发生的叶片和下部的老叶、黄叶要及时摘除，以利于通风透光。

五是施肥管理。油葵对肥料的吸收前期较少，后期较多。播种时没有施基肥的，可在 7—8 月开沟追施氮、钾肥，每亩施尿素 8 kg、氯化钾 10 kg。夏播油葵在苗期每亩追施尿素 5～7 kg，现蕾开花前结合浇水每亩追施尿素 15～20 kg、硫酸钾 10～15 kg，同时浇施 3 kg 黄腐酸活化土壤重金属，施肥深度 10 cm 左右。油葵生长前期需水量小，抗旱能力强，宜进行蹲苗以促进根系生长。地表积水时，应及时排水，防止烂根死亡。在现蕾至开花前，如遇到旱情，应及时浇水。

六是适时收获。油葵成熟后要及时收获。收获适宜期时植株茎秆变黄，叶片大部分枯黄、下垂或脱落，花盘背面变成黄褐色，舌状花瓣干枯脱落，果皮变坚硬。收获后要及时摊开晾干，防止霉变。

④病虫害防治。油葵苗期主要虫害是地老虎和象鼻虫。春播油葵棉铃虫发生危害轻，一般不用防治。夏播油葵后期如果危害重，需防治。

防治地老虎：每亩可用 50%辛硫磷乳油 500 mL 加水 1～2 kg，掺入 40～60 kg 细沙土，于傍晚撒在幼苗旁。

防治象鼻虫：选用 50%辛硫磷乳油或功夫菊酯 1 000 倍液喷雾。

⑤收割。油葵一般在终花后 30 d 左右，当花盘中心的小花凋萎、籽粒变黑、植株上部 4～5 片叶以及花盘背面变黄、苞叶变褐、茎秆黄老、籽粒变硬时，收获。收获后要及时晾晒，切忌堆在一起，以防霉烂。

（2）油菜大田种植。

①大田处理。油葵收获后，提前开好"三沟"（沟深 30 cm 以上），确保农田不积水，能够及时旋耕。一般按 2 m（含沟）分厢，厢宽 1.8 m，沟宽 0.2 m，沟深 0.3 m（人工清理并开好围沟）；每厢播种 6 行，行距 0.3 m，株距随机。

②品种选择。选择适合本地种植的优质油菜品种。

③油菜播种。首先旋耕松土，然后在 9 月 10—20 日趁土壤湿润时播种，确保一播全苗。每亩用种 300～400 g，确保每亩基本苗在 1.8 万株以上。

④田间管理。一是施好基肥。一般每亩施用 50 kg 菜籽饼肥、45%的三元复合肥 30 kg、硼肥1.5 kg，机播时一同深施。注意硼肥与复合肥需拌和均匀。二是适时追肥。3～4 叶期追施苗肥，一般每亩用尿素 7.5 kg 于行间撒施。入冬前（叶片封行前）追施腊肥（越冬肥），一般每亩于雨后晴天傍晚叶片无露水时追尿素 10 kg。2 月下旬，叶面喷施 0.2%硼肥或硼酸，现蕾期再喷雾 1 次。三是田间除草。油菜 3～5 片叶时，每亩使用 10%丙酯草醚乳油 40～50 mL、或 10%异丙酯草醚乳油 40～50 mL、或 10%氨苯磺隆可湿性粉剂 10～20 g、或 15%精吡氟禾草灵乳油 75～100 mL 兑水 45～60 kg 均匀喷施。

⑤病虫害防治。主要虫害有菜青虫和蚜虫。菜青虫防治：应在幼虫 3 龄以前喷药，可用 90%敌百虫结晶稀释 1 000～1 500 倍液，每亩每次用药液 75 kg 左右，于早上露水未干时叶面喷施。蚜虫防治：当 10%的花蕾上有蚜虫，平均单蕾有蚜虫 3～5 头时进行防治，每亩使用 10%吡虫啉 20 g、或 4.5%高效氯氰菊酯 30 mL、或 3%啶虫脒乳油 40～50 mL 等兑水喷施防治。

病害主要有霜霉病和菌核病。

霜霉病防治：在早春始病期和抽薹开花期及时防治，每亩使用 75%百菌清 100 g、或 70%代森锰锌 100 g、或 66.5%霜霉威（普力克）水剂 50～75 mL、或 58%甲霜灵锰锌 150～175 g。

324

　　菌核病防治：在主茎开花株率 90%、一次分枝开花株率在 50% 左右时防治，每亩使用 25% 多菌灵可湿性粉剂 150～250 g、或 40% 菌核净可湿性粉剂 100～150 g、或 50% 腐霉利（速克灵）可湿性粉剂 35～50 g 加水喷施；也可在油菜盛花期，人工辅助摘除植株中下部的黄叶、老叶和病叶，带到田外集中沤制肥料。

　　⑥收获。早春清沟沥水，防油菜田渍水，适时收获。一般是在油菜终花后 25～30 d、角果呈现"半黄半青"、主茎和叶片干枯脱落、茎秆变黄时即可收获。机收则需要成熟度高一点，因为收获后及时脱粒无后熟过程。

4. 效益分析

　　（1）经济效益。全程机械化播种以及收割，可最大限度地降低生产成本，提高田间作物产量，最终保证油葵每亩产量在 150 kg 以上，可榨葵花油 50 kg，葵花油市场价 32 元/kg，不深加工的油葵干籽售价 6 元/kg。油菜每亩产油菜籽 120 kg，可榨菜籽油 40 kg，菜籽油市场价 20 元/kg。

　　（2）社会效益。

　　一是符合当前政策。油葵、油菜作为旱地作物替代了当地传统种植作物水稻，符合当前区域实施的种植结构调整政策，提高了土地利用率。

　　二是解决当地部分农民就业。虽然播种、收割为全程机械化作业，但是在田间管理、翻晒、榨油等相关环节需要人工作业。

　　三是促进当地其他产业发展。油葵、油菜作为观赏性开花作物，在每年的盛花期间可吸引周边游客前来郊游、赏花，直接带动当地旅游经济发展。

　　（3）生态效益。油葵属于富吸镉作物品种，镉离子被油葵吸收后以螯合态的形式被蛋白质固定，但不会被油脂固定，加之油葵茎秆粗壮、叶面积大、生物量高，是理想的镉污染土壤修复作物。通过大面积推广种植油葵并采取将作物移除的方式，可以实现降低耕地镉污染的目的。

（六）瓜蒌高效种植技术模式

1. 模式背景　　本种植技术模式采用多年生作物瓜蒌并辅以配套技术，是重度镉污染稻田退出水稻生产后的高效结构调整模式。目前，对瓜蒌食用性开发主要体现在瓜蒌籽上，瓜蒌籽占瓜蒌果实净重的 1/3，一个瓜蒌果实中含种子 70～220 粒。瓜蒌籽含不饱和脂肪酸 16.8%、蛋白质 5.46%，并含 17 种氨基酸、三萜皂苷、多种维生素，以及钙、铁、锌、硒等 16 种矿物质元素。收获后的瓜蒌籽经干制，可以加工成高档休闲食品。瓜瓤可以酿酒，瓜皮药用，瓜根可以制成天花粉。

2. 适宜区域　　南方镉污染稻田经过"水改旱"之后均适合栽种，规避低洼积水地块。

3. 技术要点

　　（1）选择良种。宜选择已通过试验栽培的皖蒌 7 号、皖蒌 8 号、皖蒌 9 号和徽记 1 号等性状稳定的优良品种。

　　（2）切根育苗。将粗 2～4 cm 的一年生块根切成 6～10 cm 的小段，阳光下晒 4～5 h 后，用 1.5% 菌线威 4 000 倍液浸泡消毒，塑料大棚加营养钵育苗。

　　（3）整土移栽定植。大田耙平，行距 3.5 m，畦宽 3 m，畦高 30～40 cm，施好基肥。一般于 4 月上中旬带土移栽，每亩栽 180～200 株。按照（8～10）：1 的雌雄株比例，在田间均匀分布定植。

　　（4）搭架建棚。可以用水泥柱、竹竿、木柱相结合作为主柱，标准为 3.5 m×3.5 m，柱上端拉不锈钢丝成 1.5 m×1.5 m 的方格、上面覆

图 9-4　瓜蒌搭架建棚种植

20 cm×20 cm 网眼的尼龙网，构建高 1.8 m 左右的平面棚架（图 9-4）。

（5）中期管理。主苗长至 0.3～0.5 m 时，用软绳扶苗引蔓上棚；除草中耕谨慎使用除草剂；6—8 月重施花果肥，每亩沟施饼肥 50 kg 加硫酸钾 15～30 kg，果实膨大期结合喷药，加入 0.2% 磷酸二氢钾根外追肥；合理整枝，及时抹除架面下主茎上的新生芽，枝蔓上架后，做到均匀引蔓、全面铺开；架面主茎长到 1～1.5 m 时断头，促进第一分枝生长，增加坐果率。

（6）病虫害防治。主要防治根结线虫病、枯萎病、瓜绢螟和蚜虫等，可选择相应的高效低毒农药喷施。

（7）采收加工。11—12 月果皮金黄变软时即可采收。剪下瓜果，剖开取瓤，洗籽，日光或低温干燥，使水分含量降至 13% 以下，在 18 ℃ 以下储藏。

4. 效益分析

（1）经济效益。多年来，研发小组对瓜蒌产品反复进行了可行性调研，从种植气候、土壤、生产、加工、市场营销等多方面进行了综合论证，瓜蒌适合南方种植。正常年份，瓜蒌可实现当年种植、当年受益。第二年进入盛产期，每亩产瓜蒌籽 100 kg、天花粉 15 kg、瓜蒌酒 60 kg，瓜蒌籽市场价 35～40 元/kg。瓜蒌收获后，通过深加工每亩收入可达 1 万元。瓜蒌产业前景良好，是农业种植结构调整和农民致富的有效途径之一。

①纯种植收入估算。

种植成本。第一年：每亩田租金 400 元、翻耕 200 元、种苗 700 元、肥料 500 元、农药 150 元、设施 150 元、人工 1 600 元、其他 500 元，合计 4 200 元。瓜蒌为多年生作物，第二年以后成本递减：每亩田租金 400 元、人工 1 600 元，合计 2 000 元。

种植收入。第一年：瓜蒌籽 75～100 kg/亩，收购价 40 元/kg，平均产值 3 500 元/亩。第二年开始产量逐年增加，瓜蒌籽 90～120 kg/亩，平均产值在 4 000 元/亩以上。到第四年，可考虑瓜蒌深加工和综合利用提高产品附加值，瓜皮、瓜瓤可酿酒，瓜根可制作天花粉。据测算，可增加产值 3 000 元/亩以上，4 年累计纯收入可达 9 000 元/亩。

②加工收入估算。以加工 100 t 为例。年收购瓜蒌籽 100 t，收购成本计 400 万元。在炒制过程中，由于瓜蒌籽去杂质、干燥损耗达 10%，消耗香料、白糖、食盐 400 元/t，水、电、气成本 100 元/t，合计加工成本 5 万元。瓜蒌籽成品约 90 t，炒制后的瓜蒌籽销售批发价格 54 元/kg，销售收入约 480 万元。排除加工设备投入，可获纯收入 75 万元。

（2）社会效益。瓜蒌是多年生旱地作物，可替代当地传统水稻作物，为湖南种植结构调整推荐作物之一。该技术模式符合重金属污染耕地治理政策。从瓜蒌建园、栽植、田间管理到收获等相关环节，均需要人工作业，可以解决当地部分农民就业。

（3）生态效益。瓜蒌籽通过安全评估，产品中镉含量为 0.11 mg/kg，符合食用标准。该技术模式可以在重金属污耕染地上种出安全食用的农产品。通过大面积推广种植瓜蒌，可以达到种植结构调整、耕地治理的目的。

（七）苎麻高效种植技术模式

1. 模式背景　该种植技术模式采用高富集作物苎麻来治理重金属污染土壤，苎麻可加工成粗麻、饲料或以鲜叶饲喂鱼、猪、牛、羊等。该种植技术模式利用率高，产品适销对路，效益稳定，推广应用前景广阔。

2. 适宜区域　南方镉污染稻区除冷浸田、地下水位高的稻田外，通过"水改旱"，均适合种植。

3. 技术要点

（1）品种选择。目前，较好的品种有湘饲苎 1 号、湘饲苎 3 号、中苎 1 号等，以湘饲苎 1 号最适宜。

湘饲苎 1 号：高产优质的饲纤兼用苎麻新品种，株型紧凑，生长旺盛，发蔸再生能力强，耐刈割，适应性较好。在亚热带地区能较好地生长和收获，常用扦插繁殖，抗病性较强。作饲草用，生育期 270 d 左右，一年收获 10 次，收获时株高 51.9 cm，平均每公顷产量在 150 t 以上；作纤维用，生育期 270 d 左右，一年收获 3 次，一般在黑秆 1/2～2/3 时收获，株高 162.2 cm，平均每亩纤维产量 200 kg。

（2）繁殖技术。

①嫩梢扦插。

苗圃准备：一是材料准备。应备齐农用透明塑料薄膜、消毒药品（高锰酸钾、多菌灵、甲基托布津）、竹拱篾片（2 m、2.7 m 两种规格）、遮阳网（90%密度）等物资。二是扦插时间为每年 4—10 月。

剪枝取苗：选择晴天 6：00 以后取苗，削取长度为 8～15 cm 的插枝。插枝保留茎尖的 3～5 片小叶，下部 1 cm 左右处保证有一个节。将削好的插枝在消毒液（每包 250 g 的甲基托布津、多菌灵等杀菌剂浸泡 4 000～5 000 根苗）中浸 2～3 min 后放在阴凉处备用。

扦插：按"整土-浇水-插苗-浇水-插竹拱-盖膜-遮阳"的步骤操作，将经消毒处理的插枝密集地扦在放有细沙的条沟上，扦入深度为 2～3 cm；行距 13～15 cm、株距 6～7 cm 排列条插，每亩苗床以扦插 8 万～10 万株为宜。插苗后，及时用洒水壶浇上清水，至湿透苗床为止。

出苗：扦插后搭拱棚，盖农用薄膜，薄膜内温度应控制在 40 ℃以内。若温度过高，可敞开两头通风。25 d 出苗，移栽到大田，每亩栽植 2 500～3 000 株。

②种子繁殖。

材料准备：应备齐农用型透明塑料薄膜（4 月之前加薄膜，6 月之后不需要加）、竹拱篾片（无薄膜只需 2 m 长，有薄膜则需额外准备 2.7 m 长）、遮阳网（90%密度）等物资。

育苗：苎麻种子很小，每千克种子有 1 500 万粒以上，育苗期间对环境条件要求较严，技术难度较大，要特别注意对覆盖物和水分的管理。

选好苗床：苗床应选择背风向阳、排水方便、距水源近、土质疏松肥沃、杂草少的沙壤土或壤土。春季干旱的地区或秋季育苗地，应选择地势平坦、便于灌水抗旱的地块作苗床。

精细整地：苎麻种子繁殖的幼芽、幼苗细小嫩弱，麻苗顶土力和抵御不良环境能力弱。因此，精细整地是保证全苗、齐苗的关键。要求土细土平，整土深度以 10～12 cm 为宜。但要开厢作畦，畦宽 1～1.3 m，使畦面略呈龟背形。畦沟宽 0.33 m，沟深 0.13～0.17 m。地下水位高、易积水的苗床还应开好排水沟。苗床地为防蚯蚓拱土伤苗，在整地的同时，每亩使用 25%杀虫双水剂 0.5 kg 兑水 1 500 kg 杀蚯蚓。

施足基肥：施足、施好畦面基肥是促进麻苗快长早发的主要措施。每亩施用人畜粪 750～1 000 kg，与表土混匀拍紧。

适时播种：春、秋两季均可育苗。当土温在 12 ℃时，即可进行春播。在 3 月中下旬播种。秋季育苗，以 8 月下旬至 9 月上旬为宜。播种量视发芽率而定。当种子发芽率在 30%左右时，每亩播种 0.5 kg 为宜。播种时，先将种子与干陈草木灰（1：9）拌匀，再按畦数划分成相应等份，每畦一份种子，做到弯腰低播、来回播匀。播后用喷雾器喷水湿润畦面，再撒一薄层敲碎过筛的土杂肥，以不见种子为度，使种子紧贴土壤以利于吸水发芽。

覆盖护苗：从播种到麻苗出现 5 片真叶前，用松毛、巴茅直接覆盖畦面或用去叶的稻草、麦秆或松针覆盖。用薄膜覆盖，薄膜内温度以 28 ℃为宜。若超过 30 ℃，白天需揭开薄膜两端通风降温，或在薄膜上盖草遮阳，以防高温烧伤麻苗。当麻苗长到 4～5 片真叶后，气温稳定在 14 ℃以上，可以选择阴天或 16：00 后揭膜炼苗。揭膜应逐步进行，开始先揭两端，1～2 d 后再揭去膜的半边，再过 1～2 d 将全部膜揭去。

水分管理：播种到 4 片真叶期，要保持土壤湿润，畦面不能显白，晴天要每天浇水。有条件的苗床，可采用灌半沟水的办法。

除草间苗：苗床杂草生长快于麻苗，须及时拔除。在 4 片真叶时进行第一次间苗，5～6 片真叶时再进行第二次间苗，6 片真叶以后即可定苗。

合理追肥：第一次追肥在麻苗出现 3～4 片真叶时进行，每担水兑腐熟人尿 1 kg 或尿素 50 g，以后每隔 3～5 d 施 1 次。移栽前 1 周应断肥，以免苗嫩移栽时难以成活。

及时防病：麻苗易发立枯病和猝倒病。用 70％甲基托布津可湿性粉剂 800 倍液喷雾防治。

（3）栽培技术。

①选用良种。选用良种是夺取苎麻高产的基础，要因地制宜地选用优良品种，做到良种区域化种植。

②繁殖方法。为保持苎麻的种性，尽量采用无性繁殖方法。选用细切种根或嫩梢带叶水插、沙插、压条，或脚苗、芽苗移栽等新的无性繁殖方法。新麻区确无无性繁殖材料需用种子繁殖的，必须坚持用良种。

③地膜覆盖。麻苗长出 6 片真叶时，揭去地膜，露地约 1 周后，即可起苗移栽，早育早栽。

④合理密植。宽窄行或等行种植，密度为每亩 533～666 株（或 166～200 蔸）。以后逐年抽行取蔸，直至永久密度达 133 蔸/亩左右。

⑤合理施肥。基肥：每亩施 30 kg 45％复合肥（15-15-15），或者每亩施 75～100 kg 菜枯。追肥：三季麻施肥（头麻、二麻、三麻），一年施 3 次。每亩施 10 kg 尿素＋20 kg 45％复合肥。施肥要看天、看时来施用，最好是在雨前或雨后麻叶上的露水干后施肥，若带露水施肥会伤害麻苗或叶片。

⑥壮苗打顶。麻苗移栽成活后，对生长健壮的麻苗在 5～6 片真叶时进行打顶处理，留叶 2～4 片。当地上部分长到 4～5 cm 时，打掉上部生长点（嫩梢）；当分枝长到 10～25 cm 时起土培蔸，培至分枝处 1～2 cm。对僵苗、弱苗、高脚苗采用压秆的办法，使麻苗顶端在土外，7～10 d 后打掉顶端生长点。

⑦培苗管理。苎麻苗移栽成活后，要立即查苗补苗、松土、追肥。每隔 8～10 d 追施 1 次肥，每次追施尿素 2.5～3 kg。苗高 40 cm 左右，用 10.8％盖草能除草，根外喷施 1 次 4 000～5 000 倍植物生长调节剂"802"，做好病虫害防治工作（图 9-5）。

图 9-5　苎麻田间管理和收获

⑧适时早收头麻。5 月上旬移栽结束的麻，当年可收 3 季。收获的时间分别是 7 月中旬、9 月初、10 月底至 11 月初。在早育早栽的基础上，采用适当早收破秆麻的措施。一般当麻株黑秆 1/3 以上时就开始收获。收获破秆麻，要采用枝剪或镰刀从麻茎基部割断的方法，不能损失麻芽。收麻时，要做到收麻"四快"，即快收麻、快砍秆、快中耕、快施肥，以缩短收麻时间。二麻、三麻生长期间常遇干旱，要做好抗旱工作。

⑨合理疏蔸，狠抓冬培。新植苎麻移栽密度大，容易满园。在当年冬天或翌年春天进行合理疏蔸，保持麻园的合理密度。冬培工作是施好冬肥，做到每亩施土杂肥 10 000 kg 以上，并加水肥 1 000～1 500 kg、钾肥 25 kg。

4. 效益分析 首先，种植苎麻不仅可以富集重金属、提高 pH、增加土壤有机质，还能起到改良修复土壤的目的，生态效益明显。其次，纺织用纤维每次可收 75～100 kg/亩，一年可收 3 次，每年纯收入约 2 800 元/亩。青贮饲料每次收割 500 kg/亩，一年可收 3 次，每年纯收入 1 200 元/亩。此外，苎麻生态循环农业示范园常年安排 10 多名劳动力就业，使得该产业成为当地的助农产业。

（八）杂交桑高效种植技术模式

1. 模式背景 杂交桑具有蛋白质含量高、生长势旺、适应性强、生长快、耐剪伐等特点，是长株潭地区重金属污染耕地种植结构调整选择的重要替代作物品种。据研究，杂交桑对土壤重金属有较强的耐受性和富集性，在桑树体内主要分布在根部和主干中，枝、叶的含量相对较低。因此，桑叶作为畜禽饲料是安全的，符合《饲料卫生标准》（GB 13078—2017）。湖南以"公司＋基地＋科技＋农户"的模式，以地方畜禽为养殖对象，系统地进行饲料桑产品开发。以完整产业链为理念，以产业联盟为依托，形成特色养殖产业链，开发猪、牛、羊、禽系列桑叶生态畜禽产品。

2. 适宜区域 适宜湖南全境区域，含重金属污染耕地、尾矿区等。

3. 技术要点

（1）育苗技术。

①品种选择。用蛋白质含量高的杂交桑品种作饲料桑种植，主要有粤桑 11 号、桂特优 2 号等。

②繁殖技术。杂交桑采用种子繁殖育苗。

苗床选择：苗床选择背风向阳、水源充足、排灌方便、地势平坦、土质疏松肥沃的沙壤土。

精细整地：要求土细、土平，整土深度以 10～15 cm 为宜。开厢作畦，畦宽 1.2 m，使畦面略呈龟背形，畦沟宽 0.3 m，沟深 0.2 m，并开好排水沟。

施足基肥：每亩施有机肥 500 kg。为了防治地下害虫和蚯蚓等，每亩苗床地用 3％呋喃丹 3.0～4.0 kg 拌土 100 kg 撒施。

适时播种：春、秋两季均可育苗。当地温在 15 ℃以上时，即可播种。每亩播种 1.0～1.5 kg 为宜。播种时，先将畦面压实，种子与沙（1∶10）拌匀后均匀撒播，播后用细土和稻草等覆盖，再灌水保湿。

揭草护苗：出苗后逐步揭去稻草，以防出现高脚苗。

水分管理：播种到 4 片真叶期，保持苗床土壤湿润，畦面不显白。可采用灌半沟水的办法。

除草控苗：桑苗有 4 片真叶后开始人工除草，之后用选择性除草剂化学除草。当苗高 40 cm 时，齐 30 cm 处水平割掉，确保出苗大小整齐。

合理追肥：桑苗有 5～6 片真叶时进行第一次追肥，每 50 kg 水兑腐熟人尿 1 kg 或尿素 50 g，后面看苗施肥。

（2）杂交桑栽培技术。

①栽植时期。一般以桑苗落叶后至立春前栽植为宜。

②栽植密度。宽窄行或等行种植，密度为 6 000～8 000 株/亩。

③合理施肥。基肥：每亩施 500～1 000 kg 有机肥。追肥：杂交桑一般每年可以收割 4～5 次，每收割 1 次要施 1 次肥，每次每亩施 80 kg 复合肥（15-15-15）。施肥要看天、看时施用，最好是在雨前或雨后施肥。

④适时收割。杂交桑采用割粉一体专业机械收割。一般桑树长高至 80～100 cm 时即可收割，离地面 5 cm 左右割伐。割茬要平，尽量做到不撕皮（图 9-6）。

图 9-6 杂交桑机械收获

4. 效益分析

（1）经济效益。杂交桑每年可产出鲜桑枝叶 4 t/亩，按桑叶收购价格 400 元/t，每亩每年产值为 1 600 元。若加工成桑叶粉，每亩产出桑叶粉 1.25 t，按桑叶粉收购价格 3 000 元/t 计算，每亩产值为 3 750 元，加工成桑叶饲料则经济效益更好。

（2）社会效益。饲料桑基地通过杂交桑生产、桑叶饲料加工、生态养殖场、电商平台等可带动农资服务、物流业、服务业等各行业的发展，对解决社会就业、活跃地方经济、维护社会稳定有积极意义。同时，饲料桑的开发利用扩充了非粮饲料资源，对缓解人畜争粮矛盾发挥了一定作用。

（3）生态效益。通过杂交桑替代种植与生产，可有效利用重金属污染农田。同时，使农田镉及其他重金属逐渐下降，从而达到污染农田修复的目的。复耕后，既减少了稻谷的重金属含量，也减少了地下水的污染源。

（九）葡萄高效种植技术模式

1. 模式背景 葡萄是深受我国消费者喜爱的一种传统水果。近年来，随着人们生活水平的提高、市场需求的增长和农村产业结构调整的需要，葡萄生产快速发展，全国许多地方都把发展优质葡萄生产作为一项调整农村产业结构、促进农民致富、形成农业产业化的主要途径。研究表明，葡萄富含白藜芦醇和多种维生素，对防治癌症和心血管疾病有良好的作用，是国际公认的保健果品。葡萄酒属绿色健康饮料，常饮能促进人体健康。水果还可以加工成果酒、蜜酱等。随着国民经济的发展和生活水平的提高，人们对果品特别是对优质果的需求越来越大。

葡萄生产是劳动密集型和技术密集型相结合的产业，对促进农民增收、建设美丽乡村意义重大。而且，葡萄容易栽培，从育苗到栽植，从管理到保鲜储藏，各项技术都容易推广普及，可谓"一学就会，一栽就灵"。葡萄花芽容易形成，大部分品种第一年栽植，第二年即可结果，在良好的管理条件下，第三年每亩产量可达 1 t 以上，第四年即可进入丰产期，产量达 1～2 t/亩，收益远远高于水稻种植收益。

2. 适宜区域 基地远离城市和交通要道，距离公路 50 m 以外，周围 3 km 以内没有工矿企业的直接污染源（"三废"的排放）和间接污染源（上风口或上游的污染）区域。土壤疏松、土层深厚、地势高爽、排水便利、有机质含量≥2%、土壤 pH 为 5.0～8.0，当 pH 为 6.0～7.5 时，生长发育最好。

3. 技术要点

（1）品种选择。选择适宜本地区栽培的品种。主要考虑内在品质、外观品质、储运性能、适应当地气候条件等。

（2）定植沟开挖与回填。按定植要求开挖定植沟，深 50 cm，宽 120 cm，将挖出园田土与有机肥混合后回填，每亩有机肥用量 8 t。

（3）定植。

①苗木选择。选择优质壮苗进行定植。壮苗标准：7～8 条以上直径 2～3 mm 的侧根和较多的须根，根上部 10 cm 处茎直径在 5 mm 以上并完全木质化，有 3 个以上饱满芽；若是嫁接苗，最好应用贝达砧木，嫁接口完全愈合无裂缝；根系无发霉、苗茎皮层变皱，经过检疫部门审定后无染病现象的健康苗。

②定植。

温室规格：56 m×8 m×5 跨。

定植密度：每亩定植 42 株，单垄种植，株距 2 m，温室每跨 1 行。

定植时间：3 月上旬。

定植方法：按株距在定植沟中挖定植穴，直径 20～30 cm，深度根据根系长度而定，一般在 30 cm 左右。栽植深度以原苗根际与栽植沟面平齐为宜。栽后灌一次透水，水渗透后培土将苗茎全部用土埋上。培土高度以超过最上一个芽眼 2 cm 为宜，以防芽眼抽干。

（4）土肥水管理。

①土壤管理。

清耕法：一般中耕深度以 5～10 cm 为宜，耕作工具高度一般不超过 15 cm。每年从早春到 8 月均可进行，每年清耕以 2～3 次为宜。

生草法：行间生草、行内除草，具有保持土壤湿度、提高果品质量的作用。

②施肥。

原则：以有机肥为主、化肥为辅，平衡施肥。

肥料种类：以营养全面的农家肥和有机复合肥为主。根据测土配方，确定有机复合肥氮（N）、磷（P_2O_5）、钾（K_2O）施用量。

施肥方法：采用沟施或穴施，沟、穴深度一般为 10 cm。

基肥：第一次 12 月施肥，第二次翌年 5 月施肥。葡萄采收后或早秋 9 月下旬至 10 月上旬，以农家肥或畜禽粪、厩肥等为主，施肥量按结果量的 3 倍计算。可采用沟施，距树干 0.5 m 左右向外分别挖深、宽约 40 cm 的沟施入、填平。

追肥：一是催芽肥。早春葡萄出土后结合深翻畦面，在植株周围施用氮肥，适量配比磷钾肥。二是催果肥。落花后浆果膨大期施肥，以磷、钾肥为主，适量配比氮肥。三是催熟肥。葡萄浆果着色时进行叶面喷肥，每隔 7～10 d 连续喷施磷酸二氢钾等磷钾肥 2～3 次。四是生物有机肥。既可作基肥也可作追肥，每亩施肥 1 000 kg，于早春一次性施入地下，全年不再追施其他化肥。根据树势发育状况，可采取叶面喷施微肥，以弥补微量元素的不足。

数量：有机肥追肥按每亩 1 000 kg；复合肥每次追肥用量为每株 100 g，每亩不超过 5 kg。

③水分管理。掌握好 4 个灌水时期：一是催芽水。葡萄出土上架后，灌一次透水，灌水量以葡萄枝蔓剪口出现伤流为度。二是催花水。开花前 10 d 左右灌水，提高坐果率。三是催果水。落花后幼果膨大期至幼果黄豆粒大小时灌水，促进果粒迅速膨大。四是封冻水。葡萄采收下架防寒前，一般浇水 1～2 次，以利于安全越冬。

其他时期，则根据土壤水分含量情况采用滴灌随时灌溉。

（5）整形修剪。整形修剪的时期可分为冬季修剪和夏季修剪，其修剪程度以冬季为主、夏季为辅。

①夏季修剪。

抹芽定枝：春季萌芽时，对不留新梢部位，如主蔓基部 30 cm 以下的萌芽一次性抹掉。结果母枝上的副芽去弱留强，保留一个壮芽。定枝是确定结果母枝上结果枝和预备枝的位置及数量。一般每平方米配置 6～7 个新梢。

新梢摘心：结果新梢摘心时，新梢长度 100～110 cm 进行摘心；营养新梢摘心时，留 1 叶摘心，最后一个新梢不摘心，以保持新梢活力。

②冬季修剪。采用超短梢修剪技术。每枝条留 1～2 芽短截，主蔓有超过 30 cm 无侧枝处以后放枝条补芽。

（6）病虫害防治。

①防治原则。贯彻"预防为主、综合防治"的方针，选用生物农药和高效、低毒、低残留的化学农药，交替用药，改进施药技术，降低农药用量。

②主要病虫害。主要病虫害有灰霉病、黑痘病、霜霉病、白腐病和红蜘蛛等。

③防治方法。

人工防治：12 月下旬结合冬季修剪，剪除病枝、虫枝，清除杂草，消灭越冬的病虫。结合深翻冬剪，将土壤翻耕 10 cm，消灭土壤中越冬的害虫。

化学防治：预防为主、综合防治。农药必须高效、低毒、残效期短。400 g/L 氟硅唑乳油（福星）防治黑痘病、霜霉病、灰霉病、白腐病；80%代森锰锌（美生）防治白粉病、炭疽病、霜霉病、白腐病、黑痘病；功夫防治蚜虫、蓟马、粉虱、叶螨；其他可选农药有 10％溴虫腈、50％醚菌酯、60％吡唑醚菌酯·代森联、10％苯醚甲环唑、52.5％嘧唑菌酮·霜脲氰、嘧唑菌酮·氟硅唑（206.7 g/L）等。

化学防治必须做到在果熟期前 30 d 至采果结束不施用农药。

生物防治：有计划地实行天敌保护措施，在基地周围设置绿化带，种植以花蜜为主的绿化植物，营造天敌诱集环境，增加天敌种群和数量。

物理防治：采用性诱剂等诱杀成虫。

（7）采收、分级、包装、运输。

①采收。葡萄在花序中开花次序有先有后，果实的成熟期也不一致，应分批采收。一般鲜食葡萄在果实达到生理成熟时采收，即品种表现出固有的色泽、果肉由硬变软而有弹性、果梗基部木质化由绿色变为黄褐色，达到该品种固有的含糖量和风味。采摘应选择 10：00 前或傍晚为宜，一般果穗梗要剪留 3～4 cm。采摘时轻摘、轻拿、轻放，对病果、畸形果应单收单放。

②分级、包装、运输。采收后，要立即对果穗进行分级。选用承受压力大的纸箱做容器，每箱重量在 5～10 kg。先在箱内衬上 PVC 气调膜或一般塑料膜，然后将果穗轻放在果箱内，穗梗倾斜向上，摆放紧凑，放满后轻轻压而不伤果，果穗不能超出箱口，封箱后放在葡萄架下阴凉处。包装要紧实，以免运输中果穗窜动引起脱粒。运输前，装车要摆严、绑紧，层间加上隔板，防止颠簸摇晃使果实损伤。

4. 效益分析

（1）经济效益。种植葡萄周期长，且又是逐年投资、逐年建园、逐年收益、逐年偿还投资的农业项目，加上葡萄生长周期长、产期成本因素多样化的影响，是个比较复杂的农业工程，难以详尽、准确地计算经济效益。现仅以项目建成后，进入盛产期大体计算出产量和效益。

葡萄园生产每亩成本计算：土壤管理（500 元）＋肥料（600 元）＋水费（100 元）＋植保费（400 元）＋管理用工（400 元）＋临时用工（800 元）＋管理费（400 元），合计 3 200 元。葡萄园每亩效益计算：产量（800 kg）×单价（20 元/kg）－生产成本（3 200 元），盈利 12 800 元。

（2）社会效益。

①葡萄高效种植模式调整农业产业结构，不但依靠葡萄产业产生高效益，而且可通过葡萄种植和产后加工带动相关产业的发展，全面促进区域的经济发展。

②葡萄种植既具有涵养水源、保持水土、保护农田的生态效益，又具有美化环境、改善人类生存环境的美化效益。尤其是它能充分利用地下水，减少无效蒸发，降低地下水位，可促进农业的可持续发展。

③葡萄栽培是一项技术性较强的产业，通过各种方式培训农民，不但提高了他们的技术水平，也提高了他们的文化素质。同时，公司和个人经济实力增强后，将会投资教育和各种福利事业，创造新的精神文明，维持社会的繁荣与安定。

④通过增加就业机会，带动当地葡萄产业的发展，增加农民收入，对乡村振兴起到巨大的促进作用。

（3）生态效益。葡萄园充分利用现有土地，可增加土地植被覆盖率，改善生态环境，降低空气污染，也为实现园区绿化作出贡献。

葡萄等绿色植物在生长过程中能吸收空气中的有害气体，起到净化空气的作用。植被覆盖的地面、空气中粉尘量只有裸露地的 1/5～1/3，可减少空气含菌量的 80％左右，并可调节大气的温度和湿度，从而显著改善生态环境。

葡萄高效种植模式推广绿色栽培技术，不会过多地使用化肥、农药，不会造成对项目区土壤、水体和大气的污染。

（十）莲＋虾高效种养技术模式

1. 模式背景　小龙虾肉高蛋白、低脂肪，人体易于吸收，且虾肉内富含锌、碘、硒等微量元素；

同时，小龙虾具有药用价值，具有化痰止咳、促进手术后伤口肌肉愈合的作用。目前，小龙虾主要生长在长江中下游地区的江、河、湖泊等水体中。伴随着城乡居民生活水平的不断提高，小龙虾需求量越来越大，市场基本处于供不应求的状态。小龙虾项目符合国家产业政策，也是各级政府部门都重视、引导、支持和推介的重点农业产业化项目。

2. 适宜区域 水源丰富、冬暖夏凉、气候宜人、土地肥沃、交通方便的地区。

3. 技术要点

（1）虾池要求。

①虾池建设标准。

地址选择：选择水源便利、排灌方便、夏季不旱、雨季不涝的地块；无化工污染，无农药残留；四周无遮挡、通风向阳、地势平坦；光照好、坡度小；水质清澈无污染，符合《渔业水质标准》（GB 11607）；土质以保水力强的土壤为好，且肥沃疏松、腐殖质丰富，呈中性偏碱（pH 7.0～8.2）；软泥层深度以 20 cm 为宜。

环沟开挖：每个虾池面积以 40～60 亩为宜，方形，南北向。围绕田埂，中部保留 3 m 宽的平台，以便于投饵及捕虾操作。沿平台内挖一条宽 3 m 的环沟，环沟深度为 0.6 m，环沟上宽下窄，截面为梯形。

荷花池的建设：虾池中央设置一小型荷花池稀植莲藕，荷花池四周用砖块砌好围实，与养殖塘口隔离（起到隔离小龙虾作用和防止莲藕地下茎向虾池四周蔓延）；小型荷花池种植荷花的面积不超过虾田总面积的 10%。

筑堤：在田埂上向外筑堤，堤宽 3 m，堤内高 1.2 m，堤内坡坡度比为 1∶1.5。利用开沟泥土加高、加固田埂并夯实成池堤，池堤要保证不开裂、不漏水、不垮塌，池堤截面为梯形。

②进、排水系统。每个虾池应有独立的进水口和排水口。进、排水口设在虾池相对的两角，进水口设在田埂上，出水口设在环形沟底部。进、排水口采用直径 30 cm 的 PVC 管道，并用 60 目以上的不锈钢网片封口，防止有害生物的卵或幼体侵入以及小龙虾外逃。

③机耕道。每个虾池预留一条 3 m 宽的机耕道，以方便播种机和收割机下田操作。

④防逃设施。虾池四周用硬质塑料板、密眼聚乙烯网布或石棉瓦围严，围栏在田块拐角处呈圆弧形。围栏的底部要埋入土中 20 cm，出土面 50 cm 以上，每隔 1.5 m 左右用竹竿固定。大面积养殖需在虾池边设置超声波驱鸟器驱鸟。

⑤安置增氧装置。根据虾池面积等情况，按照每亩 3 个的要求安置微孔增氧设备。

（2）放养前准备。

①荷花种植。

品种选择：荷花品种以花莲为主。为保持品种特性，生产上都采用无性种藕做种。种藕要求品种纯正、单产高、未发生病害的留种田里的种藕，具有本品种特色，即色泽新鲜、藕身粗壮、节间短、无病斑、顶芽完整、具有 3 个节以上的主藕和 2 节以上。

种藕消毒：为了防治莲藕腐败病、褐斑病，种藕在定植前，用 50% 咪鲜胺锰盐可湿性粉剂 800～1 000 倍液浸种 1 h 或 98% 噁霉灵可溶粉剂 2 000 倍液浸种 30 min，捞起晾干后备用。种藕一般是随挖、随选、随栽，注意保湿，防止叶芽干枯，保护顶芽和须根，防止损伤。

移栽：莲藕-小龙虾共作的虾池，均匀撒施经腐熟的有机肥（农家肥）翻耕入土，并将畦面整平耙碎。荷花要求温暖湿润的环境，主要在炎热多雨的季节生长。当气温稳定在 12 ℃ 以上时就可以栽培，以 4 月上中旬移栽为宜。种植时，虾池中央的荷花池畦面保持 3～5 cm 的浅水层，按每亩荷花池选种藕约 300 支，每穴栽 2～3 支，株行距以（1.5～2.0）m×3.0 m 为宜。早栽宜稀，迟栽宜密；高肥宜稀，中低肥宜密。各行种藕的藕头栽植方位要相互错开，边行藕头一律朝向荷花池内。栽种时，藕头呈 15° 斜插入泥中 10 cm，末梢露出泥面。利用光照提高温度，促进萌芽。从第二年开始不再每年定植，而采取子藕留地的方式留种。

②水草种植。水草是小龙虾在天然环境下的饲料来源和栖息、生活场所。在虾池中栽种水草，可以提高小龙虾的成活率和虾的品质。栽种水草的目的在于利用它们吸收部分残饵、粪便等分解时产生的养分，起到净化池塘水质的作用，保持水体有充足的溶解氧量。水草可遮挡部分夏天的烈日，对调节水温的作用很大，同时是小龙虾蜕壳的隐蔽场所。

水草的栽培不宜种植太多。若水草过多，在夜间会使水中缺氧，造成小龙虾缺氧、浮头，甚至死亡。目前，适合小龙虾生长的水草有伊乐藻、苦草、轮叶黑藻等。水草种植可以根据种养过程的实际情况随时补栽。11月至翌年1月在虾池内种植伊乐藻，4—6月种植轮叶黑藻。伊乐藻俗称"吃不败"，是一种优质、速生、高产的沉水植物，茎长可达2 m，具分枝，是小龙虾养殖中的主栽水草之一。水草种植面积占虾池的30%～50%。

③清塘。水草种植1周左右进行清池消毒。常用的方法：用茶粕饼和石灰清池效果较好，可有效杀灭池中的敌害生物，如蝌蚪、黑鱼、鲇鱼、黄鳝、泥鳅、鲫鱼、福寿螺等野杂动物。

茶粕饼清池消毒：先将养殖池整体注水10～20 cm，茶粕饼的用量一般为每亩20 kg左右，先用50 kg水泡2 d，然后全池撒泼；或每亩用茶粕饼20～25 kg，全池均匀投撒。使用茶粕饼清杂一般在连续晴天的上午进行，阳光越充足效果越好。

生石灰清池消毒：每亩用生石灰50 kg兑水全池泼洒。约7 d后，待水体毒性消失，再放养小龙虾。

④肥水管理。早春时节，经过一个冬天的低温，池塘中很多的藻类已经死亡，这个时候需要补充藻种。所以，在施肥的时候，可以根据池塘情况适当地使用一些补藻产品。这样可以促进池塘中藻类快速繁殖，从而达到快速肥水的目的。一般用氨基酸肥水膏和藻生源等补藻类产品。

（3）放养虾苗。

①种苗选择。

种苗质量：大小规格及颜色基本一致，附肢齐全、活力强，体表光滑无附着物，健康无病。

②虾苗运输。原则上就近收购本地的虾苗，做到随购随放。如果外地购买的虾苗或长途运输，需带水运苗。注意遮阳，避免高温晴天运输，应选择阴雨天运苗。同时，使用专业的虾苗冷藏车长途运输，且运输时间控制在4 h以内。放养时，应采取缓苗处理。

③虾苗投放。同一规格的虾苗放入同一虾田，规格相差较大的虾苗要进行分养，以防发生大吃小现象。投放时间宜在晴天清晨进行，放苗适宜温度为18～25 ℃，避免高温、阳光直射，并使用抗应激产品提高成活率。

放养密度：第一季幼虾放养时间为8月中旬至9月初，放养体重30～40 g/只的亲虾，放养密度以每亩大田15～20 kg为宜。体表发暗、鳃丝变黑和有病患的个体须剔除。雌雄配比以（2～3）：1为佳。而且，要求雌雄个体尽量从不同种群选择，以发挥其杂交优势。第二季幼虾放养时间为翌年3—4月，选择体青色、体肢完整、无病无伤、活动力强、体质健壮、生长发育良好的幼虾，不选黑苗、红苗和弱苗，体重要求在6～8 g/只，放养密度为每亩大田20～40 kg。

放养前消毒和试水：放养前用3%～5%食盐水浸洗消毒，消毒时间一般控制在5 min左右，以杀灭寄生虫和致病菌。同时，放养时应采取缓苗处理，处理技巧就是将虾苗在池水中浸泡2～3 min，提起干置3～5 min再次浸泡，如此反复3次，让虾苗体表和鳃腔吸足水分，小龙虾虾鳃粘连的情况缓解后再放养可提高成活率。最好在气温较低的早晨起捕过数后，尽快均匀分散地放入莲田，降低虾苗受到伤害的程度。

重养莲田（种植花莲并养殖小龙虾一年后的水田）于4—5月在大虾出售后，迅速将水位下降，使虾苗落沟以便于莲叶快速生长。待莲叶封行后，再逐步加深水位。

（4）投喂。投饲按"四定四看"的原则，即定时、定量、定质、定位和看季节、看天气、看水质、看虾的活动情况，确定投喂量的增减。严防饲料浪费且污染水体，以及产生有害物质影响虾的生长。

①饲料。小龙虾食性杂，喜动物性食物。鲜嫩水草、底栖动物、软体动物、浮游动物、小鱼虾都是喜好食物。黄豆、小麦、小杂鱼和全价颗粒料都可作为小龙虾的饲料。定期在饲料中添加适量的维生素C、维生素E、钙和中草药等，以增强虾体的抗病力和免疫力。

②投饲量。日投饲量主要依据季节及放养的小龙虾密度来确定。一般为虾重的2%～6%，以2.5 h内吃完为宜。

③投喂次数。通常每天喂1～2次，投喂时间分别在上午和傍晚。春季和晚秋水温较低时，每天1次，在15：00—16：00投喂；每天喂2次，应以傍晚投喂为主，投喂量占全天投喂量的70%。5—10月每天投食占虾重的3%左右，水草丰富的虾池、连续阴雨天气、水质过浓、大批虾蜕壳和虾发病季节可以少投喂或不投喂。当水温低于10℃时可以不投喂，当水温上升到12℃以上时再投喂。

（5）巡查。

①主要任务。早上检查有无残食，以便调整当天的投喂量；中午测量水温，观察池水变化；傍晚或夜间观察虾的活动与觅食情况；经常检查、维修防逃设施，检查虾池堤有无渗水、漏水等情况。

②加强防逃管理。小龙虾有较强的攀爬能力和迁移能力，在水体缺氧、污染、饵料不足等环境条件下会越池逃跑。在密度较高、水质污染、暴雨季节，小龙虾最易外逃。每天坚持多次巡田，检查防逃设施。若发现破损及时修补，并及时查明原因和采取措施。饲喂过程中勤观察，及时清理吃剩的饲料，清洁食场，清除敌害，调控浮水植物数量。防止有害污水进入虾沟。发现有病虾，要立即隔离，准确诊断和治疗。

③水质管理。

一是水质调节对养殖的影响。小龙虾对环境的适应力及耐低氧能力很强，甚至可以直接利用空气中的氧，但长时间处于低氧、水质过肥或恶化的环境中会影响虾脱壳，从而影响生长。不良的水质还可能助长寄生虫、细菌等有害生物的大量繁殖，导致疾病发生和蔓延；当水质严重不良时，还会造成小龙虾死亡。

在高密度养殖小龙虾时，经常使用微生态制剂调节水质，使池水透明度控制在40 cm左右。按照季节变化及水温、水质情况及时调整，适时加水、换水、喂料，营造一个良好的水体环境，始终保持虾池水体"肥、活、嫩、爽"。

二是水质调控。为保证水体质量，平时应注意换水，用生石灰杀菌消毒，用EM菌、底改颗粒、过硫酸氢钾等勤改底，勤开增氧机。物理方法：适当注水、换水，保持水质清新。当池水的透明度低于20 cm时，可以考虑放出老水的约1/3，然后注入新水。换水时，温差不得超过3℃，否则造成冷、热应激，导致小龙虾产生应激反应，影响生长。保持池水溶氧量在4 mg/L以上，pH为7～8.5，水的透明度在30～40 cm。一般每15～20 d换水1次，每次换水为原水量的1/3左右，分2 d完成。适时增氧，保持池水溶氧丰富，用增氧机增氧是调节改良水质最经济、有效、常用的方法。化学方法：定期对水体进行消毒和改良。一般每隔20 d，每亩用生石灰约5 kg定期抛撒。虾池施用生石灰，主要基于虾田消毒杀菌、调节pH、补充钙质三大原因。或在虾的生长期内，定期使用分解型底质改良剂，每月2～3次，晴天上午使用为宜。

三是水位管理。荷花栽种以后，应缓慢加深水位，水深从10 cm逐渐增加到20 cm。一方面，有利于土温上升快、荷花发苗快；另一方面，由于水浅，小龙虾只在深沟活动，不进入中央荷花池种植的浅水区，避免小龙虾夹断藕尖。

以小龙虾为主，兼顾荷花生长要求，合理控制水位。在放养初期，田水可浅，保持在田面以上15 cm左右即可。随着虾的生长，其需要的活动空间加大以及湘莲开花需要大水量，水位可控制在30 cm左右；夏季水位达到最高，环沟正常水深保持在1 m以上。遇大雨或洪涝灾害时，要及时排水。冬季为了保温，提高水位至50～60 cm为宜。

四是培藻。养殖小龙虾需水质清新、溶解氧含量高，同时需要施肥培育浮游生物，为虾苗在入池后直接提供天然饲料。根据水体情况，在虾苗放养的前期及初期，池水水位较浅，水质较好；在饲养的中后期，随着水位加深，要逐步增加施肥量，保持水质透明度在 35～50 cm。一般使用氨基酸肥水膏和藻生源等补藻类产品培藻。

④病害管理。病害会严重威胁小龙虾的生长，需要养殖户做好虾池的管理，定期换水消毒，保证水质良好，及时打捞下风口杂质、青苔等，促进小龙虾的生长，营造一个健康的生长环境。虾病防治，坚持"预防为主、防重于治"的方针，进行综合防控。

一是完善设施、清除淤泥、做好消毒、植好水草、培养浮游生物、调节水质，优化环境。

二是做好虾病预防。无病先防，定期用生石灰水泼洒虾田。应用大蒜素预防虾肠炎病，硫酸亚铁合剂预防鳃隐鞭虫、斜管虫、车轮虫、口丝虫等寄生性虾病等。

三是及时治疗虾病。坚持有病早治、防治结合的方针。常见虾病有白斑病、黑鳃病、螯虾瘟疫病、烂鳃病、甲壳溃烂病、纤毛虫病等。定期在饲料中添加 EM 菌、光合细菌、免疫多糖、多种维生素（0.2%稳定型维生素 C）以及抗病毒、抗细菌的中草药等。并根据水体情况，适时采用碘制剂进行水体消毒。白斑病等病害易发期间，用 0.2%维生素 C 加 1%的大蒜和 2%的强力病毒康，水溶解后用喷雾器喷在饲料上投喂；发病后及时将病虾隔离，防止病害进一步扩散。

（6）商品虾捕捞与运输。

①捕捞。适时捕捞、捕大留小是降低成本和增加产量的一项重要措施。将达到商品规格的小龙虾捕捞上市出售，未达到规格的继续留在虾池中进行养殖，降低虾池内的小龙虾密度，促进小龙虾的快速增长。

可用虾笼、地笼网等工具进行捕捉。地笼网形状、大小各异，用规格为 25 m 长、4～4.5 cm 网目的地笼网，直接将地笼网置于虾池的平台内，隔一段时间转换一个地方，直至捕到的虾下降为一定量（每条地笼网捕虾量低于 0.4 kg）时为止，以确保亲虾存田量每亩不少于 25 kg，留足繁殖的亲虾。

②运输。相对于虾苗来说，成虾个头大、生存能力强，所以运输起来较为容易。在运输时，环境湿度的控制很重要。相对湿度为 70%～95%可以防止小龙虾脱水，降低运输中的死亡率。一般以泡沫箱运输为主，在四周打 6 个洞以上，以利于空气流通。如遇高温季节，箱内放置冰块，减少成虾活动量，提高运输成活率。

4. 配套设施 灌排设施、沟渠管道、农田道路基本完善，农田配套设施基本齐全。

5. 效益分析

（1）经济效益。

①以每亩水田计，养 1 季虾约需虾苗 25 kg，以价格 42 元/kg 来计，一年 2 季虾种成本为 2 100元。

②以每亩水田 1 季产虾 150 kg 计，一年可生产小龙虾 2 季，年产量可达 300 kg，以均价 30 元/kg，来计，产虾年销售收入 9 000 元，除去虾苗及其他费用 4 200 元，每亩水田养虾每年可创收 4 800 元。

（2）社会效益。发展小龙虾养殖，通过加大资金及科技的投入，变粗放型为集约型，使农业综合效益成倍增长，为走农业产业化道路指明了方向。一方面，既可以丰富市场供应，增加农民收入，帮助农民致富；另一方面，它能增加财税收入，对强镇富民、保证社会稳定有着重要的意义。同时，解决了部分农村劳动力的就业问题，增强农民的商品意识，引导农民转变观念，适应市场经济的需要，并依据市场行情，利用科学养殖技术来指导水产养殖，以获取最大的经济效益。此外，示范基地的建成可以带动其他服务行业的发展。

（3）生态效益。项目示范基地对水源、水质要求较高，通过荷虾共生、寄养结合的模式能有效地控制农田重金属超标的情况，促进生态平衡，符合绿色环保产品的要求；并且，小龙虾能吃掉虫害卵，保田丰收。

（十一）莲＋鱼立体种养技术模式

1. 模式背景 湘莲是湖南传统优势产业，产地以湘潭为中心，遍布三湘四水。湘莲洁白圆润，质地细腻，清香鲜甜，具有降血压、健脾胃、安神固清、润肺清心的功效，且藕尖、荷叶、荷花、莲蓬、莲心乃至莲壳，样样值钱。因而，产业链发展空间很大，把"莲"的产业链积极延伸，打造多种"莲系列"产品，建立稳定的销售渠道，加强种苗繁育，着力完善"三品一标"的要求，打造优质品牌。在此基础上，因地制宜，放养鲫鱼、草鱼等常规鱼种，对促进锦污染稻田产业转型和农民增收具有重要的意义，因而具有广阔的产业发展前景。近年来，长株潭地区实施种植结构调整，助推产业发展，积极招商引资，发展湘莲种植，创立和完善了该种养模式。

2. 适宜区域　莲田应选择排灌条件好、水源充足、土层深厚、富含有机质的沙质壤土或紫沙泥的肥沃水田，以河湖冲积物形成的水田种植最好。种植莲藕的区域均适合莲鱼综合种养，同时要求一块田的面积为 5～40 亩为宜，水平落差低于 60 cm；养殖用水应当符合《渔业水质标准》（GB 11607），水源充足，排灌方便。

3. 技术要点　在莲鱼综合种养中，可省去追肥、中耕除草等工作。同时，降低了莲病虫害防治工作的难度和频率。

（1）鱼沟、鱼溜建设。鱼沟、鱼溜开挖的目的是解决莲田与养鱼间需水的矛盾，确保莲田施用化肥、农药和晒田时，可让鱼群躲避于鱼沟、鱼溜内；也便于收获鱼类。鱼沟、鱼溜的开挖一般在莲田施足底肥耕翻平整后进行。鱼沟、鱼溜开挖的形状、位置、大小应视莲田的具体情况而定。鱼溜多设在鱼沟交叉处即莲田的中央部位，也有在靠边的中间部位。其形状为长方形、正方形、椭圆形等。鱼溜面积 5～8 m²。鱼沟是鱼溜的配套设施，是鱼群进入莲田的通道，鱼沟宽 50～60 cm、深 30 cm 左右；可开挖成"十""井"字沟，沟与沟相通。鱼沟、鱼溜占地面积一般为莲田面积的 5%～10%。

（2）湘莲种植。

①种藕准备与消毒。种藕应在原田内越冬，种植前随挖随栽，不宜在空气中久放，从采挖到栽种不超过 10 d。短期储藏，可用浇水保湿或浸泡水中。种藕应来自无严重病虫害区域，无病虫危害，机械损伤少，并以粗壮的主藕为好，每一节间不超过 20 cm，至少有 2 节充分成熟的藕身，顶芽完整，并带有 1～2 支子藕，重量在 0.5 kg 左右。取种藕时，应带 15%左右的泥，起到保护的作用。种藕的消毒可在种植田中直接建简易消毒水凼，一般每亩建 4 个，规格为 1.5 m 宽、2 m 长、30 cm 深。每凼内放药剂 99%噁霉灵 WP 0.3 kg＋多菌灵 WP 0.9 kg，噁霉灵药液浓度为 3 000 倍液，多菌灵药液浓度为 1 000 倍液，放入种藕 40 枝，浸泡 24 h 消毒。

②莲藕种植。清明前后、当气温稳定在 12 ℃以上时就可定植，湖南一般在 4 月上中旬定植。一般行距 3 m、株距 2 m，每穴种植 2 枝，采用斜植法，按一定的距离扒一斜形沟，深 13～17 cm，将种藕藕头与地面呈 20°～30°角，埋入泥中，以免莲鞭抽生时露出泥面，尾节露出水面，有利于阳光照射，提高温度。采用水凼种植；稻草盖种保温，每凼覆盖稻草 3～5 kg；浅水增温，栽植凼内保持浅水层 3～5 cm，若遇到寒潮，则加深水层至 10 cm。

③莲田管理。一是水位管理，莲田在整个生长季节内都应保持一定水位，但不同时期有所不同。生长时期气温较低时，水位应适当浅一些；萌芽前水深 6 cm，发芽至立叶出现前水深 4～7 cm。夏季高温时，水位应深一些，为 15～25 cm；冬季应适当灌深水防冻和抑制病虫害，水深 15～20 cm。二是肥料管理，基肥一般每亩施腐熟人畜粪或厩肥 1 500～2 500 kg，或施绿肥 3 000～3 500 kg。深水藕田易缺磷，还应施过磷酸钙 30～40 kg 作基肥。在兼顾鱼安全的前提下，进行莲田合理追肥。施肥时，若气温低时则多施，若气温高时则少施。为防止施肥对鱼的生长造成影响，采取半边先施、半边后施的方法交替进行。施肥应选晴朗无风天气，避免在烈日中午进行，浅水施肥。

④病虫害防治。一是按前述方法进行土壤消毒和种藕消毒。二是清洁田园，冬季灌水以遏制病虫。及时拔除病株，带出地块进行无害化处理，降低病虫基数。三是注意种藕培育，种藕健壮不带病菌。加强水肥管理，防偏施氮肥，增施磷、钾肥，提高抗逆性。施用生石灰，调节酸碱度。四是轮作换茬。实行严格的轮作制度，同一地块连作 3 年后要实行轮作。五是杀虫灯或糖醋液（糖 6 份、醋 3 份、白酒 1 份、水 10 份及 90%敌百虫 1 份）诱杀斜纹夜蛾成虫。杀虫灯悬挂高度一般为灯的底端离地 1.2～1.5 m，每盏灯控制面积一般在 20～30 亩。六是黄板诱杀。在田间悬挂黄色黏虫板诱杀有翅

蚜，每亩放 30 cm×20 cm 的黄板 30～40 块，悬挂高度与植株顶部持平或高出 5～10 cm。七是药剂防治原则。药剂防治所使用的农药应符合 GB/T 8321 的要求，注意各种药剂交替使用，严格控制各种农药的安全间隔期。

⑤籽莲采收。当莲子成熟时，莲蓬呈青褐色，孔格部分带黑色，莲子与莲蓬稍离瓤。当见到孔格变黑色时，可进行采收。采后摊晒 7～10 d，直到充分干燥。

⑥生产档案。对无公害食品籽莲生产过程，要建立田间生产资料使用记录、生产管理记录、收获记录、产品检测记录及其他相关质量追溯记录，并保存 2 年以上，以备查阅。

（3）养鱼技术。

①适宜放养品种。一般放养品种有鲫鱼和草鱼，草鱼以培养鱼种为主。虹鳟、鲟鱼不适宜莲田养殖。

②规格及放养密度。莲田主养鲫鱼和草鱼：每亩放当年夏花规格的鱼苗均为 600～800 尾。放养鱼体要求体质健壮、无病无伤，下池前，用 3% 的食盐水溶液浸洗鱼体 8 min。

③放养时间。待莲藕种植以后，鱼苗放养时间在 5 月上旬。为节约成本和提高商品鱼规格，也可提早到 3 月中旬在鱼坑内集中放养。

④投饲。莲田中的杂草、底栖动物、浮游动物等可为鱼类提供一定的天然饵料。但要取得较高产量，必须像池塘养鱼那样投喂适量的人工饲料，以 2 h 内饲料全部吃完为准。根据吃料情况进行调整。若饲料吃得快、鱼散得慢，则需适当加大投饲量；反之则减少。

⑤日常管理。莲田内放鱼后要有专人管理。坚持每天巡池，注意观察鱼类摄食是否正常、是否浮头、池内是否有敌害生物、鱼是否患病等。要经常检查进、出水口的拦鱼设施，防止鱼逃跑，做好日常记录。

⑥鱼病防治。投放鱼种前，可用生石灰对鱼溜、鱼沟消毒，每亩用生石灰 50 kg 左右，消毒 7 d 后可放鱼苗。放鱼种前，要进行苗种消毒，防止将带有病原的苗种带进莲田。常用苗种消毒浸洗药物有 3%～5% 的食盐水、8 mg/L 的硫酸铜溶液、10 mg/L 的漂白粉溶液、20 mg/L 的高锰酸钾溶液等。在养殖期间，每隔 10～20 d 用漂白粉或生石灰兑水全池泼洒一遍。发现鱼病则及早治疗、对症用药，禁止加大药物剂量。

4. 配套设施

（1）养殖用水预处理设施。建设预处理池，在预处理池内进行养殖用水的沉淀、消毒、调水。待预处理后，再通过水泵抽入养殖池塘内；还可安装紫外线消毒灯，利用辐射波长为 253.7 nm 的紫外线进行灭菌消毒。

（2）养殖尾水处理设施。建设尾水处理池，在尾水处理池中对尾水进行处理：一是生物处理。种植具有较强吸收能力的植物对废水中的相应物质进行吸收；或者向水产养殖废水中注入空气，促进水体中微生物的快速繁殖，并使之形成污泥状的絮凝物，再通过投入具有较强氧化能力以及吸附能力的微生物群对该絮状物进行氧化分解以及吸附，从而去除水产养殖废水中的有机污染物。二是过滤。利用相应的过滤设备，或者使用具有过滤功能的物质对水体中的大颗粒悬浮物质进行过滤，或者是利用过滤物质的吸附作用，对水产养殖废水中所含有的如氮、氨以及部分金属元素等溶解态污染物进行吸附，使之与水体分离，达到净化水体的效果。

（3）场内道路硬化，可根据每个养殖场内的实际情况对场内的路面进行硬化，宽度至少可以使农用拖拉机通过，水泥厚度一般在 10 mm 以上。

5. 效益分析

（1）经济效益。产莲 70.7 kg/亩，剥好的白莲 40 元/kg，带壳的 20 元/kg，铁莲即老莲子 16 元/kg，平均价格 18 元/kg，每亩莲产值为 1 272.6 元；产鱼 134.5 kg/亩，因鱼的种类不同、大小重量不同，平均单价约 10 元/kg，每亩鱼产值为 1 345 元。因此，莲鱼综合种养模式每亩产值可达到 2 617.6 元，纯利润可达 1 000 元。

（2）社会效益。

①土地利用率提高。莲鱼综合种养属于集约经营的一种，是解决我国人多田少状况的有效办法。这种方式能立体利用莲田，以尽可能少的物质和能量投入，生产出数量更多、质量更佳的莲子和水产品。这对于构建优质高产、高能低耗、合理的农业生态系统有很大帮助，也是现代农业的目标之一。

②单一生产模式的革新。莲鱼综合种养改善了莲出经济结构，是农民致富的有效途径。

③消灭寄生虫。鱼能够吃掉莲田当中的孑孓、血丝虫等害虫，进而避免疟疾和丝虫病的发生与流行。鱼可以消灭害虫，少用甚至不用农药，减少对环境的污染，改善农村卫生状况。此外，减少农药的使用，直接或间接地减少有害物质在人体中的积累，有利于提高消费者的健康水平。

（3）生态效益。莲鱼综合种养改善了莲田生态环境，可防止水土流失。莲田病虫害、杂草明显减少，减少了农药、化肥使用，治理农田有机废物污染。降低生产成本，保护生态环境，提高莲子和水产品的品质，为推进绿色生态农业发展、促进本地水产品生产安全起到了积极的作用，符合农业可持续发展战略和现代农业的发展需求。

（十二）稻+虾连（共）作技术模式

1. 模式背景　稻渔综合种养模式是在稻虾连作模式基础上发展起来的一种集约化程度更高的种养模式（图9-7）。其操作流程：将稻虾轮作中的稻沟加宽、加深，第一年的3—5月投放虾苗（或8月至10月初，中稻收割后投放亲虾），4月中旬至6月上旬收获成虾，同时补投幼虾，5月底至6月初整田、插秧，8—10月收获亲虾或商品虾，第二年的3—4月收获虾苗或商品虾，如此循环轮替。这种模式有效提高了稻田的综合利用率，所生产的虾、稻质量安全可控。

图9-7　稻渔综合种养模式（垄面上种稻，垄沟养虾，一田双收）

2. 适宜区域　稻田集中连片、水源丰富，无工业和生活污水污染，土壤镉含量在0.9 mg/kg以下的地区。要求"三通"，即水通、电通、路通，特别是秋季、冬季、早春的水源要充沛；"三好"，即水好、土好、环境好，水质清新无污染，土质为壤土，不易淹没，与周边农田隔开，避免农药直接进入稻虾种养区，防止产生药害。

3. 技术要点

（1）改田。根据稻田地貌类型，选择适宜的单块稻田面积及虾沟类型。例如，平原地区1～3 hm² 挖环沟，丘陵地区0.3～1 hm² 挖"U"形沟，山区0.1～0.3 hm² 挖"L"形沟，沟面宽3～4 m，沟深0.8～1.2 m，坡比1∶（1.2～1.5），虾沟面积占稻田面积10%以内。挖出的泥土加固、加高田埂，埂高0.8～1 m，埂宽1 m以上。繁育池虾沟与稻田边要筑起高0.3 m、宽0.5 m的小土埂，以便于小龙虾打洞繁育。进排水口设置过滤密眼网布，防止野杂鱼等进入（图9-8）。

（2）种草。水草为小龙虾提供隐蔽、栖息、蜕壳的场所，还能作为小龙虾的食物且净化水质。理想种植水草品种为伊乐藻，12月底以前种植。在田埂上每隔8 m旋耕2 m的栽草区，在旋耕区内每隔5～6 m种植一团水草，浅水移栽，慢加水，保持草头淹没水下。为保证水草生长，在水草种植区施有机肥。4月上旬，小龙虾放养前水草覆盖面要达40%。

（3）除害。一是清除野杂鱼，养殖第一年，环沟中的野杂鱼可用生石灰、漂白粉、茶粕等药品清除；养殖第二年，结合稻田8月、9月两次烤田，可选择茶粕、茶皂素、皂角素、鱼藤酮等药物清除野杂鱼。二是防控青苔，主要措施是保持适度肥水。早期，水稻收割后施有机肥；中期，根据水质肥度用氨基酸肥水膏调水。

（4）放种。虾苗自繁自育，是解决苗种问题的根本措施。外购种虾要求脱水时间不超过2 h，虾苗不宜超过1 h。每年7—9月，每亩投放规格为25～35 g/尾的亲虾10～15 kg，雌雄比例为（2～3）∶1；

图 9-8　稻渔综合种养模式田间改造

或者 3 月底至 4 月下旬，放养规格为 160～200 尾/kg 的虾苗，每亩放养 25～30 kg（虾苗 4 000～5 000 只/亩）；以后根据存虾量，适当补充亲虾。

（5）投饲。一般 3 月初开始投喂，日投饲率 1%～4%，至 5 月底，可投喂颗粒饲料、发酵豆粕、黄豆、玉米等；6 月上中旬，小龙虾养殖强行结束；7-8 月，田坂上可不投喂饲料，环沟可适当少量投喂；9 月，投喂颗粒饲料、黄豆、玉米，日投饲率 2%～3%；10 月，根据稻田虾苗及天气情况，适当投喂颗粒饲料和经 EM 菌发酵的豆粕；11 月至翌年 3 月，温度低，保持水体肥度，无需投喂。

（6）管水。一是水位调控。水稻收割后，加水至 10～20 cm 深，入冬前逐渐加深至 25～30 cm；翌年 3—4 月，逐渐加深水位至 30～40 cm；5 月将水位加深至 50～60 cm；6 月，逐渐降低水位至 40 cm 左右；7—9 月，在满足水稻生长需求的同时，尽量深灌水。二是水质调节。11 月至翌年 3 月，及时适量施用有机肥，防止青苔滋生；翌年 4—6 月随着温度升高，每隔 7～10 d 使用一次微生物制剂，每隔 10 d 换水 1 次，每次换水 20% 左右。高温季节，每隔 5～7 d，虾沟排换底层水 1 次，每次换水 10～20 cm，定期使用生物底改等改良虾沟底质、水质，保持水质肥活嫩爽。

（7）防病。疾病预防主要需要做好彻底晒田，清沟消毒；定期利用生物底改、生物制剂调节水质；4 月下旬至 5 月中旬，可使用碘制剂消毒 2 次；定期做好补钙，内服大蒜素、中草药制剂、免疫增强剂、EM 菌、乳酸菌等，增强小龙虾抗病力。

（8）种稻。一般 6 月 20 日左右定植秧苗，宜采用机插或人工移栽。采用大垄双行，行距 20 cm 和 40 cm 相间，株距 18 cm，每亩 1.3 万～1.4 万穴。也可采用直播方式，每亩直播稻种 4～5 kg。采用物理防治、生物防治等防治方法，控制水稻病害发生，10 月上中旬收割水稻。

（9）捕虾。适时捕捞，减少小龙虾相互残杀死亡，提高产量，均衡上市，增加效益。每年 4 月初开始，利用网目尺寸为 3.2 cm 左右的虾笼捕捞第一批虾，捕捞规格为 25 g 以上的商品虾，至水稻插秧前自然结束。8 月初开始捕捞第二批虾，8 月下旬停止捕捞，少量未捕尽的成虾留在虾沟中繁育虾苗，以备翌年养殖所用。

4. 配套设施　根据生产规模，配备必要的饲料和药品仓库、稻谷储存设施。同时，为减少面源污染，最好配套尾水处理净化塘，面积占总面积的 5%～10%。

5. 效益分析　每亩可产小龙虾 100～150 kg、优质稻 400～500 kg，每亩产值 7 000～8 000 元，利润 2 000～3 000 元。稀养速成、养大规格虾、错峰销售、均衡上市，是确保小龙虾养殖效益的技术关键。同时，打造生态优质大米品牌，建立销售渠道，也是提高种养效益的必要措施。

（十三）稻鱼综合种养技术模式

1. 模式背景　湖南稻田养鱼历史悠久，湘西、湘南是我国稻田养鱼的发源地之一。稻田养鱼（一般以鲤、鲫为主）是在不改变水田种稻的前提下，适当加高、加固田埂，开挖少量沟坑，鱼在稻田浅水中生活。鱼和稻共同形成一种"稻鱼互利共生"的生态种养模式，具有投入少、周期短、见效快、稳粮增收、提高农田综合效益等特点（图 9 - 9）。稻田生态养鱼，每亩可增收稻谷 40～50 kg，节省施肥和农药费用 50～70 元；养鱼可获纯利 1 000 元以上，增产、增收效果显著。

图 9 - 9　稻鱼综合种养

2. 适宜区域　单块田块面积均在 1 000 m² 以上，地势平坦、灌排方便；水源供给充足，水质清新无污染，pH 为 6.8～8（可用石灰调酸）；土壤为黏土或壤土，有较好的保水保肥能力，土壤全镉含量在 0.9 mg/kg 以下的地区。

3. 技术要点

（1）改田。田埂要加高至 0.8～1.2 m，宽为 0.6～0.8 m，一般外田埂高 80 cm、顶宽 60 cm、底宽 80 cm，内田埂高 50 cm、顶宽 40 cm、底宽 60 cm。作业时应夯实，确保不塌也不漏。鱼凼一般占总面积的 5%～8%，可建在田中央、田边或田角。鱼凼深 0.8～1 m，底部用水泥铺面，以防漏水。鱼沟占总面积的 3%～5%，在插好秧后挖鱼沟，一般宽 40～50 cm、深 35～45 cm，沟与溜相通。根据田块大小和形状，开挖成"十""井"或"田"字形，围边鱼沟应离田埂 1.5 m。

（2）配套设施。进排水口应开挖在稻田相对应的两角田埂上，以使灌排通畅。灌排水口最好用砖和水泥砌成，大小根据需要而定，以安全不逃鱼为准。拦鱼栅可用竹帘、铁帘窗、胶丝制成或尼龙线制作的窗框等做成，长度为排水口的 3 倍，使之成弧形，高度应超过田埂 0.1～0.2 m，底部插入硬泥 0.2～0.3 m 深，最好设置 2 层。

（3）苗种放养。夏花鱼种，体长 3～4 cm，推荐放养密度为每亩 350～800 尾。春片鱼种，规格 50～100 g/尾，放养密度为 150～200 尾/亩。稻田秧苗返青后放养，避免鱼种活动造成浮秧。

（4）投饲。日投喂量为鲤、鲫鱼总重量的 3%～5%，每天投喂食物，以 30 min 吃完为宜。日投饵量要视鱼的密度、水温、水质等而定，阴天和气压低的天气应减少投饵量。春季气温低，少投饵；7—9 月相应多投饵；10 月以后渐减投饵量。饲养鲤、鲫鱼鱼苗，以施有机肥或投喂豆浆等培育浮游生物为主；饲养鲤、鲫等成鱼，以投喂配合饲料为主，辅以米糠、酒糟、花生饼等农副产品下脚料。

（5）日常管理。

①施肥。施足基肥，放鱼后少施肥，一般只施蘖肥、穗肥。稻田养鱼后，鱼类排泄物较多，起到增肥作用，肥料要相对减少。

②水位控制。秧苗返青前，水位控制在 5～10 cm。放养鱼种后，逐步提升到 10～30 cm。雨季和台风季节应加强巡田，防止漏水、漫水及冲垮田埂等。

③投饲。遵守"四定"原则，即定质、定点、定时和定量；要注意抓住田鱼的最佳生长时节，主要是 7—9 月要加大配合饲料的投喂量，投饲量为稻田鱼体重的 3%～5%，以 2 h 左右吃完为宜。

④防天敌。采取灭鼠、灭蛇措施；在鱼坑上方，搭棚遮阳等措施。

（6）水稻种植与管理。水稻品种应选择生育期适宜、茎秆粗壮、耐肥、不易倒伏、分蘖性较强、抗逆性强、抗病虫害、米质最好达到国家标准二级米以上的优质水稻品种。整田前，每亩要施入腐熟厩肥 200～300 kg、磷肥 20～25 kg、饼肥 15～20 kg，翻、耙 2 次，力争田面平整、土碎无硬块。若不慎破坏鱼凼、鱼沟，应抢修好。4 月底至 5 月底移栽，如条件许可，最好尽早移栽，可以增加田鱼在稻田里的共生期。稻田养殖宜采用宽行窄株、东西向种植的方式，栽插规格为 16.7 cm×33.3 cm，增加通透性，有利于鱼的生长。同时，还要适当增加鱼沟两边的栽插密度，充分发挥边际优势。虫害防治坚持预防为主、综合防治原则。在防治纹枯病、稻飞虱、水稻螟虫和稻瘟病时，有效采用物理防治与生物防治相协调的模式。对水质进行定期监测，科学合理地灌溉。过深不利于稻苗的生长，过浅则会导致鱼类受到危害。

4. 配套设施 根据生产规模，配备必要的饲料和药品仓库、稻谷储存设施。

5. 效益分析 每公顷可产鱼 600～750 kg、优质稻 6～7.5 t，产值在 52 500 元左右，利润在 22 500元左右。结合休闲观光，发展体验式农业，打造生态优质大米品牌，拓展销售渠道，是提高种养效益的重要措施。

第十章 新垦稻田土壤障碍与改良利用 >>>

第一节 新垦滨海盐土稻田土壤障碍特征和改良利用技术

一、滨海盐土稻田土壤的形成与分布

滨海盐土稻田土壤是由滨海盐渍土垦种的稻田土壤，土壤中含有较多的氯化钠、碳酸钠、重碳酸盐及硫酸盐等。因土壤剖面构型中还没有明显的犁底层，所以严格意义上还不能称为盐渍型水稻土，姑且称为滨海盐土稻田土壤，剖面构型为 A–C 型。当进一步种植水稻 16 年后，逐渐出现了犁底层，才形成了盐渍型水稻土，剖面构型为 A–Ap–Bwg–C 或 A–P–G 型（Fu et al.，2014）。

（一）滨海盐土稻田土壤的形成

滨海盐土稻田土壤是滨海潮滩盐土、滨海盐土和灰潮土等亚类的土壤种植水稻时，在灌排水、耕作和施肥的影响下，经过盐渍化、脱盐、脱钙、潴育化等过程而形成的稻田土壤。其成土过程依次为潮间带的潮滩盐土→滨海盐土→灰潮土→稻田土壤→淹育型水稻土→渗育型水稻土→潴育型、潜育型或脱潜型水稻土。滨海平原的水稻土，种稻历史短，地下水对剖面发育的影响不大，土体内水分运输移动以下渗为主，还原性较弱，加上土体又含有较多的碳酸钙，剖面物质的移动和淀积均以锰为主，多属渗育型水稻土。

（二）滨海盐土稻田土壤的分布

在我国，滨海盐土稻田土壤主要分布于滨海地带，因由盐渍土垦种的稻田土壤中含有较多的氯化钠、碳酸钠、重碳酸盐及硫酸盐等，致使禾苗受害。在华南沿海地带，还有含碳酸盐及氯化物较少的酸性硫酸盐土。它的含硫量较高，排水后氧化成硫酸，土壤呈强酸性反应，同时伴有活性铝等危害。

二、滨海稻田土壤形态特征

滨海盐土稻田土壤的环境形态，在平原泥质海岸地区，由海域至陆域，首先是水下浅滩，其次为滨海盐渍母质区，进而为潮滩（潮间带下带和中带）、光滩（潮间带中带和部分上带）、草滩（海岸线以内的陆域及部分潮间上带），渐次延展到广阔滨海农区。

（一）剖面形态

滨海盐土稻田土壤在其形成过程中，受自然条件和人为活动的综合影响，导致土壤盐分在剖面中的积累发生差异，因而形成表土层积盐、心土层积盐和底土层积盐 3 种基本积盐动态模式或复式积盐模式。剖面中积盐有一层，也有多层；并且，成土历史短，剖面发育差，土壤剖面中层次分化发育不明显，土壤发生型为 A–C 型。

（二）土壤盐分状况

滨海盐土稻田土壤含有大量的可溶性盐类，1 m 土体内含盐量平均在 1.0～5.0 g/kg，呈碱性反应，pH 在 7.5～8.5，对水稻生长有较强的抑制或毒害作用。灌溉种植水稻时，以脱盐为主，土体的含盐量一般在 6.0 g/kg 以下，最低为 1.0 g/kg，并且呈上低下高的分布形态。但是，在排水后受毛细管水上升的影响，引起上层土壤的积盐（返盐），盐分在土体中分布呈上高下低的状态。土壤盐分

组成以氯化物为主，一般当含盐量 3.0 g/kg 以上时，氯离子占阴离子的 70%～80%；当含盐量 3.0 g/kg 以下时，重碳酸根所占的比重明显增加。土壤 pH 随着成土过程的变化也有所变化，当土壤处于盐渍过程时，表层土壤 pH 在 8.0 以上，1 m 土体变化不大；当土壤进入脱盐过程后，表层土壤的 pH 有所下降，在 7.5 左右，在 1 m 土体内呈上低下高的分布形态。

（三）土壤养分状况

滨海盐土稻田土壤的养分状况，除了与母质原始养分状况相关外，还受后期土壤发育的环境条件和发育程度的深刻影响。特别是养分元素的迁移和富集，是在土壤发育过程中逐渐发生的。在整个土体中，有机质含量平均为 12.4 g/kg，全氮含量为 0.84 g/kg，并且土壤有机质和氮素含量受土壤质地和耕作的影响。稻田土壤有机质、氮素与土壤黏粒含量呈正相关；土壤质地与养分、盐分含量明显相关，一般黏质土壤有机质、养分和盐分含量较高，壤质土居中，沙质土最低。滨海盐土稻田经过脱盐和培肥熟化后，土壤有机质、全氮含量均有增加。土壤全磷含量较高，平均为 0.61 g/kg，与土壤质地关系不大，经过脱盐熟化，全磷含量也有提高。土壤全钾含量（特别是有效钾含量）比较丰富，微量元素硼和锰的含量相对丰富，而锌、铁、铜的含量比较贫乏。

（四）土壤质地

滨海盐土稻田土壤质地在颗粒组成上，粉沙粒含量较高，在 50%～80%，质地以壤质土为主。由于一个地方的海水动力条件比较恒定，因此从单一的土壤剖面来看，上下之间的土壤质地较为均一。只有一些河口或人为堵港工程等环境条件发生变化的地段，才出现土壤剖面中质地较轻或较重的夹层或上下质地不一的现象。但在不同的岸区、潮带和河口处，其粉沙粒含量相差较大。例如，浙江滨海地区 5 种不同土壤质地稻田土壤的颗粒组成如图 10-1 所示，黏粒含量在中黏土中最高，在沙壤土中最低；其含量依次为沙壤土＜中壤土＜重壤土＜轻黏土＜中黏土。同时，粗粉沙粒含量在沙壤土中最高，在中黏土中最低；而沙粒含量在沙壤土中最高，在中黏土中最低。粗粉沙粒和沙粒含量均按沙壤土＞中壤土＞重壤土＞轻黏土＞中黏土的顺序排列。土壤深度和土地利用类型显著影响着土壤颗粒的分布。在沙壤土荒地土壤中，随着土壤深度的增加，O 层黏粒的含量降低，C 层黏粒的含量升高，而 C 层的粗粉沙粒含量则增加。O 层随着土壤深度的增加而增加，C 层随着土壤深度的增加而逐渐下降。但是，沙壤土水稻土黏粒和沙粒的含量随着土层深度的增加而降低，而粗粉沙粒含量随着土层深度的增加而升高。与沙壤土荒地土壤相比，沙壤土水稻土的黏粒和粗粉沙粒含量较高，而沙粒含量较低。此外，双因素分析结果表明，土壤深度和土地利用类型对土壤颗粒分布有着显著协同作用（$P<0.01$）。在中壤土和重壤土未开垦土壤中，黏粒含量随着土壤深度的增加而增加，粗粉沙粒和沙粒的含量随着土壤深度的增加而减少；与荒地土壤相比，中壤土水稻土中的黏粒含量较高，而重壤土中的黏粒含量较低，但是土壤质地不受土地利用类型的影响。此外，在中壤土和重壤土中，土壤深度和土地利用类型与土壤深度之间存在显著的相互作用（$P<0.05$），而重壤土中黏粒含量的土壤深度与土地利用类型没有显著的相互作用（$P=0.88$）。在轻黏土和中黏土荒地土壤中，随着土壤深度的增加，黏土含量减少，淤泥和沙粒的含量增加。此外，轻黏土和中黏土的水稻土中的黏粒含量分别低于轻黏土和中黏土的荒地土壤，并且轻黏土和中黏土中的土壤颗粒含量对土壤的深度和土地利用类型具有显著的协同作用（$P<0.05$）。但与土壤深度和土地利用类型之间的交互作用对轻黏土中的黏土含量（$P=0.37$）和中黏土中的粗粉沙粒含量（$P=0.085$）没有显著影响。

（五）土壤矿质化学成分与黏粒矿物

滨海盐土稻田土壤的矿质化学组成多以二氧化硅和氧化铝为主。黏粒矿物主要是伊利石，其含量约为 70%；高岭石、蒙脱石、蛭石和绿泥石的含量有高低不同，但差异不大。不同岸段间的伊利石含量差异不大，而蒙脱石含量变化较大，绿泥石和高岭石含量变化居中。黏粒含量的变化主要受沉积物源的影响。滨海盐土稻田土壤的黏土矿物以伊利石为主，土壤供应钾素的能力较强。蒙脱石含量较多，土壤的保水保肥性能较好。

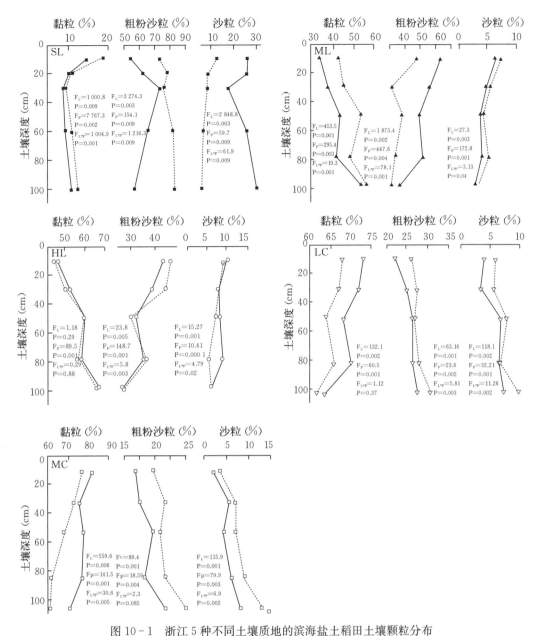

图 10-1　浙江 5 种不同土壤质地的滨海盐土稻田土壤颗粒分布

注：上虞沙壤土 SL■、慈溪中壤土 ML▲、象山重壤土 HL○、乐清轻质黏土 LC▽和温岭中质黏土 MC□。荒地为实线，
　　稻田为虚线。F_L、F_P 和 F_{L*P} 分别是土地利用类型、土壤深度及其协同效应的 ANOVA - F 值。

（六）地下水矿化度

滨海盐土稻田土壤所处地形平坦，一般地下水埋深在 1 m 以内，只有在旱季短时间内会超过 2 m。地下水的矿化度较高，大都在 10 g/L 以上。

（七）种稻对土壤养分的影响

1. 土地利用方式对土壤养分的影响　不同土地利用方式下土壤养分含量差异较大（表 10-1），土壤有机质及碱解氮含量为棉地和稻田的较高，其次为菜地和林地，荒地土壤最低。林地树木稀疏，林下枯枝落叶等有机物质覆盖较少；菜地中的大部分有机物质被人为收获，土壤表层腐殖质积累不多，且其植被覆盖时间相对较短。因此，林地和菜地的有机质及碱解氮含量低于稻田和棉地。农业利用土地的土壤有效磷含量高于荒地土壤，这可能是因为农业利用土地施用磷肥，提高了土壤有效磷的含量。荒地土壤速效钾含量处于很高的水平，农业利用后土壤速效钾含量均显著下降，这可能是由于农业利用土壤降盐改良引起了钾的流失。

表 10 - 1　农业利用对 0～20 cm 耕层土壤养分的影响（上虞）

土地利用方式	pH	有机质(g/kg)	碱解氮(mg/kg)	有效磷(mg/kg)	速效钾(mg/kg)
棉地	7.81	12.43	108.97	13.45	146.02
菜地	7.67	9.10	82.47	12.88	53.85
稻田	8.02	11.83	79.80	11.35	204.03
林地	7.70	6.83	58.33	13.95	75.77
荒地	8.43	3.97	40.30	3.00	295.90

数据来源：刘琛等（2012），土壤通报，43（6）。

2. 种植年限对土壤养分的影响　由表 10 - 2 可以看出，同一种植方式下，随着种植年限延长，土壤有机质、全氮、碱解氮和有效磷含量增加，而土壤速效钾含量减少。在同一种植年限下，土壤有机质、全氮、碱解氮和有效磷的含量表现为棉地高于稻田和菜地，而土壤速效钾含量则表现为稻田最高、棉地次之、菜地最低。

表 10 - 2　种植年限对 0～20 cm 耕层土壤养分的影响（上虞，2014）

土地利用方式	种植年限(年)	pH	有机质(g/kg)	全氮(mg/kg)	碱解氮(mg/kg)	有效磷(mg/kg)	速效钾(mg/kg)
棉地	60	6.34	12.05	30.61	15.12	71.32	64.50
	40	6.55	8.18	20.62	10.10	65.48	74.26
	20	7.76	5.03	17.92	8.79	61.28	142.70
稻田	60	6.33	10.96	16.98	8.28	22.40	42.20
	40	6.94	7.31	16.61	8.12	39.32	75.26
	20	7.65	3.84	15.77	7.95	54.92	228.90
菜地	40	7.72	7.75	17.64	8.75	63.12	66.46
	20	8.49	4.17	8.40	4.22	37.52	91.53

三、滨海盐土稻田土壤障碍因子消减与改良措施

（一）滨海盐土稻田土壤的障碍因子

由于滨海盐土稻田分布于滨海地带，土壤盐分随着离海的远近而变化，盐分组成以氯化钠为主。地下水位高、矿化度大，土壤水分和地下水经常受海水补给，而呈强盐渍化过程。土壤盐碱作为影响滨海盐土稻田土壤质量的两大主要障碍因子，抑制了土壤地力的发挥及作物的生长，导致了土地生产效率普遍偏低。滨海盐土稻田土壤的主要障碍因子为土壤可溶性盐分含量高、土壤 pH 高、有机质含量低、结构不良耕性差和淡水来源不足。

1. 可溶性盐分含量高　1 m 土体内含盐量平均在 1.0～5.0 g/kg，呈碱性反应；pH 在 7.5～8.5，对水稻生长有较强的抑制或毒害作用。表层与底层的盐分各地差异颇大，并随季节而有明显的变化。在雨季时，上层盐分被淋洗，表层盐分可能大大降低；而在旱季，盐分又随毛细管水蒸发上升，使表层盐分有提高的趋势。在可溶性盐分中，含氯化物达 60%～80%，硫酸化合物仅是微量存在。

2. 土壤 pH 高　土壤 pH 随着成土过程的变化也有所变化。当土壤处于盐渍过程时，表层土壤 pH 在 8.0 以上，1 m 土体变化不大；当土壤进入脱盐过程后，表层土壤的 pH 有所下降，在 7.5 左右，在 1 m 土体内呈上低下高分布。

3. 有机质含量低　土壤因含有较多的可溶性盐分，一般植物生长困难，所以有机质积累少，耕层土壤有机质含量低于 10 g/kg，碱解氮和有效磷含量均较低，但速效钾含量高。

4. 结构不良耕性差　滨海盐土的质地固然有沙壤质的，但以重黏土为多。其黏土粒吸收大量的

钠盐，起到分散作用。因此，湿时又烂又黏，干时表层呈片状或板状，底层则呈土块状，坚硬难碎。这样的不良结构致使土壤的通气透水性和耕性都很差。由于滩涂成土时间和耕种时间较短，土壤理化性状、土壤剖面层次发育程度较差。

5. 淡水来源不足　根据滩涂种稻经验，水稻栽插前要灌淡水 3～5 次，以冲洗田间盐分，且水稻的整个生育期须始终保有淡水层。实践证明，若有充足的淡水资源保证灌溉，并将洗出的盐分及时排离，经过 3 年左右，土壤上层盐分便会降到 2.0 g/kg、pH 降到 8.0 以下。但是，沿海地区地势平坦，缺少建设大型水库的条件，汛期径流难以有效拦蓄，且滩涂大多处于外来水源末梢，配套灌溉条件差，排灌方面不能满足水稻生长对淡水的需求，导致水稻产量较低。

（二）滨海盐土稻田土壤障碍因子消减措施

滨海盐土稻田土壤改良，必须根据土壤中不同障碍或危害因子及其产生的原因有针对性地采取措施。由于土壤因素比较复杂，各种障碍因素又互有关联，因而必须抓住其主导因素兼顾其他因素，采取综合措施治理。

1. 降低土壤盐碱措施

（1）灌溉冲洗。在滨海盐土开垦种植水稻时，必须先进行土壤盐分冲洗。在盐分较轻的地方，可采用加大灌水定额淋洗土壤中的盐分。冲洗脱盐标准包括冲洗后脱盐层土壤的允许含盐量及脱盐层厚度。脱盐层土壤的允许含盐量是指土壤含盐量降低到作物正常生长的范围，这主要取决于土壤盐分组成、水稻品种。不同水稻品种的耐盐能力不一样，同一作物不同生长期的耐盐能力也有差异。一般认为，作物苗期耐盐能力最低。在滨海地区，一般设计土壤脱盐层厚度为 0.8～1.0 m，氯化物盐土冲洗脱盐标准采用 2.0～3.0 g/kg。冲洗定额是指单位面积上使土壤达到冲洗脱盐标准所需的洗盐水量。影响冲洗定额的因素主要有土壤类型、冲洗前土壤含盐量、土壤质地、排水条件、冲洗技术和冲洗季节。冲洗压盐措施主要用在土壤盐分含量较高的新围滨海盐土或盐田改造为稻田的滨海盐土，用泡水洗盐方法改良了大量盐土。但是，冲洗必须要有排水条件作保证；否则，冲洗引进的水量会引起地下水位上升，土壤次生盐渍化。而且，在冲洗之前，应分畦打埝、平整土地，使水层均匀、脱盐一致。冲洗后，要加强田间管理和农业措施，巩固脱盐效果，防止土壤返盐。

滨海盐土灌溉既要满足作物需水，又要淋洗土壤盐分，调节土壤溶液浓度。为此，需要加大灌溉定额，使土壤水盐动态向稳定方向发展。滨海盐土灌溉必须针对土壤盐渍状况及季节性变化，掌握有利的灌溉时期和适宜的灌水方法。灌溉种稻改良滨海盐土的主要措施：①田间水利工程布局。田间水利工程包括灌溉渠和排水沟，是保证滨海盐土脱盐和种稻后地下水水位回落到适合于耕作的水位。一般要求末级的灌排渠分系。田间毛渠应修成半挖半填式，毛渠水位不宜过高，防止大水漫灌，浪费水资源和抬高地下水位而引起土壤次生盐渍化。毛排是排泄稻田退水和汛期涝水的作用，而稻田表层盐分主要是通过毛排排出。特别对于土质黏重的土壤，由于土壤透水性差，排盐更是靠毛排。一般毛排间距以 40～60 m 为宜。在种稻期间，为了加快土壤表层脱盐，必须勤灌勤排，保证田面水的 pH 不超过 8.5。田块面积以 0.13～0.26 hm² 为宜，若田块过小，地埝占用太多，浪费土地；若田块过大，土地平整不容易，灌水和排水不均匀，影响脱盐。②稻田灌溉技术。稻田的水层管理，直接影响秧苗生长。一般采用大小水间灌，插秧初期要深灌，田间保持水层在 7～10 cm，深水层的水温低，盐分浓度小，对水稻危害小，而静水压力大，有利于盐分淋洗。水稻返青期要浅水勤灌，保证田面不断水，以利于发棵，也避免表土干后返盐造成秧苗死亡。分蘖前期，浅灌促进分蘖，后期深灌抑制无效分蘖。拔节期、抽穗期、扬花期是水稻需水最多的时期，要深灌。为保证水稻后期不倒伏，在抽穗前烤田一次，以促进根系发育、秸秆坚实。后期水层宜浅，实行间歇性浅灌，收割前 10 d 田面落干。

（2）暗管排水。暗管排水既不占耕地，同时也要避免坍塌淤积。土壤脱盐速度比明沟高 10%～30%（1 m 土体），而且排水排盐量也较为稳定。虽然投资比明沟高 2～3 倍，但是修建暗管排水工程只需 6～7 年的时间就可完全弥补投资与明沟投资的差额。因此，暗管排水可作为土质轻或底土含有流沙地区排水改良滨海盐土的方向。当确定改良时间、脱盐目标等指标后，可以计算暗管间距参数。

同样，当明确暗管间距、埋深等指标后，也可以计算漫灌淋洗一段时间后田间各点土壤盐分变化。

暗管埋深 D：

$$D=h_p+\Delta h+h_0 \tag{10-1}$$

式中，h_p 为植物要求的土壤改良深度或地下水位埋深（m）；Δh 为两排水暗管中间点地下水位与暗管中水位之差（m），该值大小与土壤质地和暗管间距相关，一般取 0.2 m；h_0 为排水暗管中水深（m），通常取管径的一半。

暗管间距 L：因离暗管最远的流管的单位面积平均流量 q_N 近似等于离暗管水平距离最远处（$x=L/2$）流线所在位置的田面入渗强度 $\varepsilon_{L/2}$，根据公式（10-2）计算。

$$q_N=\varepsilon_{L/2}=-\frac{w}{ft}\ln\frac{C_t-C_i}{C_0-C_i}=\frac{KH}{AL}\cdot\tan h\frac{\pi D}{L} \tag{10-2}$$

式中，q_N 为通过流管上口单位横截面积的平均流量（m/d）；$\varepsilon_{L/2}$ 为距暗管中心 $L/2$ 水平距离处的田面入渗强度（m/d）；w 为改良土层饱和的水量（m）；f 为淋洗效率系数，一般中、细质地土壤为 0.85，沙质土壤为 0.95～1.0；t 为灌溉淋洗改良时间（d）；C_t 为淋洗后改良土层平均盐分质量浓度（mg/L）；C_i 为灌溉淋洗用水盐分质量浓度（mg/L）；C_0 为改良土层初始平均盐分质量浓度（mg/L）；K 为土壤渗透系数（m/d）；H 为有效水头，等于田面水头与暗管水头之差（m）；A 为排水修正系数；L 为暗管间距（m）；D 为暗管埋深（m）；$\tan h$ 是双曲正切函数。

淋洗灌溉定额 I（m）：ε_a 为田面平均入渗强度（m/d），根据公式（10-3）计算如下。

$$I=\varepsilon_a t=\frac{\varepsilon_{L/2}}{\tan h\dfrac{\pi D}{L}}\cdot t \tag{10-3}$$

暗管排水流量 Q_s：在确定暗管长度 l 后，可计算暗管排水流量，具体见公式（10-4）。

$$Q_s=ql=\varepsilon_a lL=\frac{\varepsilon_{L/2}}{\tan h\dfrac{\pi D}{L}}\cdot lL \tag{10-4}$$

式中，Q_s 为暗管排水流量（m³/d）；l 为暗管长度（m）。当暗管埋设方式采用中间高、向两端排水时，l 取暗管实际长度的一半；当暗管埋设坡向一致，并向一端排水时，l 取暗管的实际长度。

暗管内径与排水流量、设计坡降和管材等因素相关：

$$d=1.548\ (nQ_s)^{0.375}i^{-0.188} \tag{10-5}$$

式中，d 为暗管内径（m）；n 为曼宁糙率系数，波纹塑料管通常取 0.016；i 为暗管设计坡降，一般为 0.001～0.003。

（3）控制地下水。

①分区治理。当开发一个新的滨海灌区时，要认真研究该灌区出现的设计降雨频率时的径流过程与相应的外河洪水过程的遭遇关系，从而正确地确定排水出口的设计标准与工程措施。对于抽排区要建造排水站进行排水。对于自排区，应增设排水口，修建防潮闸，加大河、沟、渠的过水断面，抓住落潮抢排。对半自排区，高地可以自排，洼地则需辅以抽排。各区排水系统要配套，支、干、河各级排水沟逐段加深，合理衔接，保证水流畅通。

②合理确定田间排水沟沟深和沟距。以种稻改良为前提进行水旱轮作，控制水旱轮作区的地下水位的田间排水工程规模是以旱作物的排水排盐要求作为设计依据，根据初步调查，旱作物要求雨后 2 d 内将地下水位下降到 0.5 m 以下。防止返盐的地下水埋深在 1.5 m 左右。

③减少稻田对地下水的侧向补给。旱地地下水除降水补给外，绝大部分是由稻田或蓄水河的侧向补给。稻田灌溉对旱田的浸润影响不仅增加灌溉定额，而且严重地造成土壤过湿对作物发生渍害和阻碍地下水淡化层的形成。水旱轮作灌区最好以支渠为单位进行轮作，每 10～50 hm² 为一个单元区，有利于减少灌溉水的损失。在轮作区间，应有较深的排水沟隔开，以缩小浸润范围。若灌区内有专门用的蓄水河，也应考虑面积的大小与布局；否则，过多的旁侧渗漏量使蓄水建筑物利用率不高。

④充分利用种稻改良期间建立地下水淡化层。种稻由于长期淹灌，大量淡水不断将矿化度高的地下水挤向排水沟，使地下水逐步淡化在实施"先水后旱"的改造新围滨海盐土措施中，应在种稻期间调控地下水位，以加速地下水淡化层的形成。在调控地下水位中，要掌握水盐变化规律，保持适宜的地下水位，尽量延长低水位期，使雨水充分淋洗土壤盐分。在泡田洗盐前期，要尽可能地使地下水位降到最低，以利于土壤洗盐和扩大地下水淡化层的范围。在稻田搁水期，要求地下水位尽快降到 1 m以下，以利于冬作播种。稻田灌溉时，要按灌溉水质标准进行灌溉，防止高浓度水质进入田间，并杜绝海水倒灌。

2. 土壤培肥措施　在新围滨海盐土种植水稻，施用化肥虽能获得高产，但从长远角度来看，要使新围滨海盐土稻田迅速成为高产稳产农田，一定要就地解决有机肥源。

（1）开辟有机肥源。种植黄花苜蓿，滨海盐土用短期泡洗和播后覆盖的办法，可直接种植黄花苜蓿。经短期泡洗，可将上层土壤中的大量盐分洗去，然后开沟条播黄花苜蓿，再以秸秆覆盖，可以保证成苗生长。滨海盐土种稻后，可套播黄花苜蓿。滨海盐土稻田套种黄花苜蓿，播种较早，只要掌握好土壤水分，保证全苗，可以获得较好的产量。种植田菁，采用水播水育，可在含盐量 6.0～10.0 g/kg 的滨海盐土稻田种植田菁，发芽后适当落干，立苗后间隙灌水护苗，可以保证立苗生长。在水源不足、秋季种稻有困难的地区，于早稻收前 10 d 左右套播田菁，割稻后追施一些过磷酸钙，每亩收鲜草 250～500 kg，可供冬作基肥之用。放养绿萍，发展养猪积肥，也是滨海盐土稻田增加有机肥的重要途径。

（2）有机肥与秸秆覆盖配套。通过秸秆或薄膜覆盖、有机肥施用、肥料运筹等，构建有机肥与秸秆覆盖传统农艺措施的有效配套组合，可较好地调控滨海盐土稻田土壤水盐，消减滨海盐土稻田的盐碱障碍因子，促进作物增产。

（3）施用磷肥。滨海盐土土壤全磷含量较高，但有效磷含量很低，施用磷肥增产效果颇为显著。在萧山头蓬垦试验，水稻施用不同磷肥都有增产效果。按每亩施磷（P_2O_5）3.5 kg 计算，施用过磷酸钙早稻增产 17%，后效晚稻增产 1.5%，施用钙镁磷肥早稻增产 11.9%，后效晚稻增产 9.1%；施用磷矿粉早稻增产 8.5%，后效晚稻增产 16.7%。两季合计，各种磷肥的全年肥效大致相近。每亩施用过磷酸钙 10 kg，黄花苜蓿鲜草增产 122%；每亩施过磷酸钙 12.5 kg，田菁鲜草增产 125%；每亩施过磷酸钙 25 kg，棉花增产 30.3%；每亩施过磷酸钙 15 kg，油菜籽增产 19.1%。磷肥施于黄花苜蓿，提高了苜蓿产量，再以苜蓿作水稻肥料，既可提高经济效益又能改良土壤，是经济合理施用磷肥的重要措施。但是，在黏涂地上，新围涂地的磷肥肥效与土壤中碳酸钙的含量有关。土壤碳酸钙含量高，则施用磷肥的效果较低。

（4）合理轮作，实行养用结合。合理的轮作，可安排豆科作物与非豆科作物、深生作物与浅生作物轮换种植，水旱交替，深耕浅耕交换进行，可增厚耕层，丰富土壤有机质及植物养分，消减土壤有毒物质，为不同作物之间互相创造有利的养分条件。特别是水旱轮作，由于水旱交替，改善了土壤的通气状况，可减轻嫌气过程的影响，消减或减少还原物质的毒害，促进有机质的矿化及其更新，达到用中有养、地力常新。轮作的方式多种多样，可适当推广水稻与花生、番薯、豆类等作物的轮作。如春花生-晚稻水旱轮作，晚稻收割后，水旱轮作的稻田与对照田块相比，土壤有机质含量增加 2.9 g/kg，碱解氮增加 7.02 mg/kg，有效磷（P_2O_5）增加 2.9 mg/kg，速效钾（K_2O）增加 10.2 mg/kg。从这些数据可以看出，通过种花生，不但增加了土壤有机质，促进了土壤结构的改善，提高了土壤保水保肥性能，补充了土壤中氮素的不足，为后作水稻提供水、肥、气、热比较协调的土壤环境。而且，由于花生是对难溶性矿物磷吸收利用能力较强的豆科作物，可以把土壤中难以吸收利用的磷素进行吸收转化，起到挖掘土壤潜在肥力、增加有效磷含量的作用，从而达到培肥地力的目的。

3. 加深耕层，改良土壤结构　稻田土壤在淹水条件下，土块不断分散。随着淹水时间的增长，可使大小土块结构遭到破坏，土粒处于高度分散状态。在干旱情况下，土壤脱水收缩，拆裂成大土块。自然条件下的干湿交替、冷热交替与冻融交替，对大土块的破碎起着重要作用。土块的细碎程度还与耕作方式和犁耙方式有关，机械耕作的则细碎效果大。土壤破碎的最终要求是大小土块配比恰当、大小孔径组合适宜。因此，良好的耕作措施与水旱轮作相结合是确保稻田土壤具有适宜结构组合的关键。据 108 个丰产水稻土田块的调查，耕层原为 15~20 cm，实际耕作时仅 12~15 cm，活土量偏小，妨碍了作物的根系生长，须逐年加深耕作，其深度以 18~20 cm 为宜。在春深耕时，结合施肥措施进行深耕，才能使土壤形成良好的结构，提高土壤的熟化度。

四、滨海盐土种稻改土效果

（一）土壤迅速脱盐淡化

1. 土壤脱盐淡化 通过引水种稻和其他耕作培肥措施，加快了土壤脱盐淡化。浙江省农业科学院在浙江滨海盐土地区上虞沙涂土壤、温岭黏涂土壤和乐清黏涂土壤垦种前，0~100 cm 土层的全盐含量黏涂土壤为 9.0 g/kg 左右，沙涂土壤为 6.0 g/kg 左右。通过 2~3 年的引水种稻，耕层（0~20 cm）脱盐 65%~70%，0~100 cm 土层脱盐 30%~77%（表 10-3）。由于沙涂土壤比黏涂土壤的水渗透性大，因此淋盐较快。种稻一年后，耕层土壤盐分含量迅速降到 2.0 g/kg 以下。由表 10-3 可以看出，同样种稻 3 年后，1 m 土层的全盐量沙涂土壤为 1.3 g/kg，而黏涂土壤则为 4.8 g/kg。因此，新围涂地通过引淡水种稻，土壤可以迅速脱盐淡化。

表 10-3 新垦滨海盐土种稻前后土壤盐分含量的变化

滨海盐土类型	地点	种稻年限（年）	0~20 cm 土层全盐含量（g/kg）			0~100 cm 土层全盐含量（g/kg）		
			种稻前	种稻后	脱盐率（%）	种稻前	种稻后	脱盐率（%）
沙涂土壤	上虞	3	4.0	1.4	65.0	5.7	1.3	77.0
黏涂土壤	温岭	2	5.8	1.7	70.2	8.6	6.0	29.8
黏涂土壤	乐清	3	9.4	3.0	67.8	9.0	4.8	46.1

2. 离子组成发生了变化 随着土壤的脱盐，离子组成也发生了变化。不论沙涂土壤或黏涂土壤，耕层土壤中阳离子的脱盐率为 $K^+ + Na^+ > Mg^{2+} > Ca^{2+}$；阴离子的脱盐率为 $Cl^- > SO_4^{2-} > HCO_3^-$（表 10-4）。$HCO_3^-$ 在 1 m 土层中有增加，其增加的趋势是先上层、后下层。新围涂地种稻后，Cl^- 和 $K^+ + Na^+$ 的淋洗速度较快，Ca^{2+} 含量的相对积累，以及 HCO_3^- 的增加后逐渐减少。这样不仅有利于土壤的脱盐淡化，而且也不会迅速碱化。

表 10-4 种稻前后土壤离子组成的变化

离子种类	土层深度（cm）	土壤中离子含量（me/100 g）					
		上虞（沙涂土壤）			乐清（黏涂土壤）		
		种稻前	种稻后	脱盐率（%）	种稻前	种稻后	脱盐率（%）
Ca^{2+}	0~20	0.29	0.45	−55.2	1.04	0.49	52.9
	0~100	0.34	0.24	30.2	0.86	0.42	51.2
Mg^{2+}	0~20	0.90	0.29	67.0	1.25	0.36	71.3
	0~100	1.44	0.43	70.6	1.08	0.38	64.6
$K^+ + Na^+$	0~20	5.71	1.65	70.1	13.30	3.82	71.2
	0~100	8.06	1.38	82.8	12.90	7.40	65.9
HCO_3^-	0~20	0.35	0.40	−15.9	0.37	0.45	−21.7
	0~100	0.36	0.44	−23.0	0.36	0.50	−37.4
SO_4^{2-}	0~20	1.01	0.46	55.0	3.19	1.13	64.7
	0~100	1.14	0.37	67.0	2.63	1.35	48.4
Cl^-	0~20	5.16	1.44	71.5	11.90	3.13	73.9
	0~100	8.11	1.26	84.4	12.1	6.34	47.7

根据在上虞沙涂区种稻过程中对土壤盐分变化观察表明（图 10-2），新围涂地第一年种稻的脱

盐效果显著，尤其是在耕层。如种植一季早稻后表土（0～10 cm）全盐量从 24.5 g/kg 下降到 9.1 g/kg，脱盐率为 92.4%；1 m 土层全盐量从 6.0 g/kg 降到 2.8 g/kg，脱盐率为 53.6%。表土 0～40 cm 在一季种稻后，脱盐率都在 80% 以上；含盐在 2.0 g/kg 以下的，脱盐深度可达 50 cm 左右；种稻两季，脱盐深度可达 80 cm 左右。当土壤脱盐到一定程度时，继续种稻表层土壤脱盐不明显，但下层土壤仍在脱盐。1 m 土层土壤脱盐动态：土壤盐分随种稻灌水不断向下淋洗，从上而下逐层脱盐，其脱盐程度随种稻灌水时间的增加而增加，其速度表现为上层大于下层，当表土脱盐最大时，中下层土壤盐分大量增加。此后继续种稻表土含盐量渐趋稳定，下层土壤盐分开始逐渐下降。因此，新垦滨海盐土在种稻一季后表土脱盐虽然明显，但中下

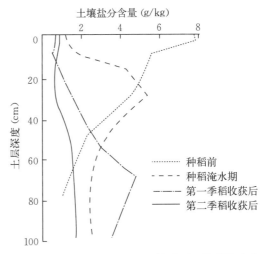

图 10 - 2　上虞沙涂区 1 m 土体种稻土壤脱盐变化

层土壤盐分却大量增加，必须继续种稻把下层盐分排除，才能使地下水淡化，巩固脱盐效果。

（二）土壤理化性状显著改善

1. 土壤的肥力变化　由于土壤质地的不同，土壤肥力及垦种 3 年后土壤的肥力变化也有较大的差异（表 10 - 5）。上虞沙涂土壤的粗粉沙含量高，土粒分散，养分含量低，是一种严重缺氮、缺磷、缺有机质的土壤。温岭黏涂土壤的养分含量虽较高，但由于土壤黏粒含量高，质地黏重，土壤通气不良，失水后收缩开裂，土块僵硬，耕作相当困难。通过 3 年垦种，土壤有机质提高 46%～60%，全氮提高 26%～50%，碱解氮、有效磷提高 58%～170%（表 10 - 6）。但是，垦种后的土壤全磷含量，沙涂土壤增加不多，而黏涂土壤因施磷较少而有所下降。因此，施用磷肥有一定的增产效果。

表 10 - 5　浙江 3 种滨海盐土稻田土壤机械组成

土壤	各粒级的土粒含量（%）						
	0.05～1 mm	0.01～0.05 mm	0.005～0.01 mm	0.001～0.005 mm	<0.01 mm	>0.01 mm	<0.01 mm
上虞沙涂	12.20	81.44	1.40	1.85	3.11	93.64	6.36
温岭黏涂	0.00	13.70	15.30	28.00	43.00	13.70	86.30

表 10 - 6　种稻前后 0～20 cm 土壤养分的变化

土壤	项目	有机质（g/kg）	全氮（g/kg）	全磷（g/kg）	碱解氮（mg/kg）	有效磷（mg/kg）	pH
上虞沙涂	垦前	4.8	0.28	1.18	10.17	10.9	9.0
	垦后	7.7	0.35	1.23	29.5	25.0	7.8
温岭黏涂	垦前	9.9	0.8	1.3	49.7	29.8	8.1
	垦后	14.5	1.2	1.21	77.5	22.0	7.95

2. 土壤物理性质的变化　垦种水稻后，试点土壤物理性质的变化主要表现在容重下降、结构性改善、耕性变好。特别是沙涂土壤，由于物理性质的改善，土粒沉实速度减慢，松软度提高，渗漏量减少，蓄肥能力增强。种稻后土壤孔隙度提高，表层 0～8 cm 土壤容重从种稻前的 1.32 g/cm³ 降低到 1.19 g/cm³。由于人为带水耕作影响，心底土的容重却有不同程度的增大，特别是紧接表土 8～20 cm 处的容重从 1.30 g/cm³ 增大到 1.43 g/cm³，初步形成紧实的犁底层。这有利于土壤的保水保肥，促进表土肥力的发展。

3. 土壤酸碱度的变化　耕层土壤的酸碱度，在垦种以前，沙涂土壤比黏涂土壤略高；但垦种以

后，沙涂土壤下降幅度较大，黏涂土壤下降很少，因此反而比沙涂土壤高。上虞沙涂土壤种稻 2 年以后耕层土壤 pH 已降到 8.0～8.1（表 10 - 6），但同时中下层土壤酸碱度有所增加，一般 pH 都在 9.0 以上，特别是刚开始种稻尤为明显。在继续种稻脱盐的过程中，这种现象逐渐减轻。当土壤溶液中钠和钾当量之和与钙和镁当量之和的比值大于 4 时 [$(Na^+ + K^+)/(Ca^{2+} + Mg^{2+}) > 4$]，$Na^+$ 被土壤吸收性复合体强烈地吸收，使土壤代换性钠含量增高，引起土壤碱化。种稻后，出现 pH 升高的土层 $(Na^+ + K^+)/(Ca^{2+} + Mg^{2+})$ 比值均大于 10，同时这些层次（在耕层以下）种稻后重碳酸根离子（HCO_3^-）大量增加，这可能与引起 pH 升高有关。

（三）种稻后对地下水含盐的影响

在种稻土壤迅速脱盐的同时，地下水逐渐淡化。在上虞沙涂区田间灌水或降水的条件下，地下水位在 1 m 土层以内的含盐量比垦种前同等水位的含盐量要低，目前保持在 5 g/L 以下变动。只有在地下水埋藏深度大于 150 cm 时，其含盐量才有所增加。但是，由于土壤脱盐程度不同以及灌溉水质差，使地下水含盐量处于不稳定状态。因此，在水稻生长期，地下水的盐分动态与灌溉水质的好坏有直接关系。在雨季结束后的 7—8 月高温季节，地下水含盐量随着灌溉水质的恶化而有升高的趋势。这种现象在水稻收割后或改种旱作时，含盐地下水仍会向土壤表层蒸发从而影响土壤脱盐效果的稳定。

五、滨海盐土水稻高产的土壤肥力状况

（一）高产稻田土壤肥力

根据浙江滨海盐土稻田（$n = 128$ 个土样）调查，在人们长期利用自然的有利条件和综合土壤改良措施后，高产稻田土壤出现了显著脱盐。土壤不仅具有较好的保肥能力，同时有较高的供肥能力。其土壤含盐量达到了 1.2～2.0 g/kg，pH 处于 6.7～7.9，有机质为 17.2～21.6 g/kg，全氮为 1.1～1.2 g/kg，全磷在 1.2 g/kg 左右，全钾在 20.3 g/kg 以上，阳离子交换量为 18.9～28.7 cmol/kg。高产稻田滨海盐土在施用大量有机肥的作用下，耕层土壤物理性质得到了较大改善，较高的土壤通透性可促进水稻根系发育，夺取了水稻高产，其土壤容重为 1.13～1.35 g/cm^3，总孔隙度为 45.5%～55.9%，沉降系数为 0.45～0.65。

（二）高产稻田的土体构型

滨海盐土丰产稻田土体发育层次与一般水稻土相比，有较为深厚的耕层、发育明显且有一定厚度的犁底层、协调和供应水肥的初期潴育层以及保水保肥力强的潴育层（其构型为 A - Ap - Bwg - C）（Fu et al.，2014）。A 层一般厚度为 15～20 cm，灰色，团粒状结构，土层疏松，结构面布满鳝血斑，富含有机质，耕作阻力较小，透水、透气，水、肥、气、热协调能力强；Ap 层一般厚度为 6～10 cm，板块状，较坚实，容重 1.45～1.50 g/cm^3，非毛管孔隙 40%～45%，既有一定的水气通透能力又能较好地托水托肥，作物根系也能穿透；Bwg 层一般厚度为 20～40 cm，发育不深，色泽分化不明显，多为竖向发育，大棱柱状结构，结构面可见胶膜，铁锰新生体多锈斑出现，这是通气透水的标志；C 层一般厚度在 40 cm 左右，发育较深，黄色或灰黄色，多属黄色黏土，少数为黄泥夹沙，呈大块状或块状结构，土层紧实，有较多的铁锰结核出现。土体结构内可见锈纹锈斑，作物根系能下扎到此层，具有较强的保水保肥作用。要使土壤整体结构良好，关键是加强农田基本建设，搞好排灌系统，使地下水位下降；并实行水旱轮作，适当加厚耕层，重施有机质肥料，使之松软肥厚。

（三）高产稻田的生产能力

浙江滨海盐土稻田水稻产量一般在 8 250～9 750 kg/hm^2，小麦产量为 4 500～6 000 kg/hm^2，油菜产量为 2 250～3 000 kg/hm^2。

六、滨海盐土种稻实践案例

针对浙江上虞滨海盐土区种植水稻，提出滨海盐土水稻高产栽培技术（应永庆等，2018），包括农田基本建设、淡化耕层土壤、选用良种、旱育壮秧技术、移栽技术、水肥管理技术、病虫害防治技术等。

(一) 农田基本建设

在滩涂围垦利用过程中，应注重完善闸、站、渠、涵、路等配套工程建设，并相应地提高土地平整性和田块建设标准。有条件的地方，可对盐分含量较高的滩涂盐碱地进行深翻，将含盐量较高的表层土壤翻埋至底部，从而使含盐量较少的底层土被翻至土壤表层。同时，可适当在盐分含量较高的滩涂围垦区种植田菁、苜蓿、黑牧草等耐盐植物，有条件的地方也可通过秸秆还田、增施有机肥等农艺措施来改良土壤；围垦较长的地区，还可通过轮作、套种等方式，建立粮、菜、油、果等多元种植模式，保持田面绿色覆盖，并根据土壤状况适时施肥保养，避免因重垦殖轻保养使地力下降。此外，应加强滩涂防护林及农田林网建设，以改善滩涂农田生态条件。

1. 条田的大小 条田的质量是影响土壤脱盐的主要因素，也是园田化质量的标志之一。为了加速换水、换水彻底，应平整土地，以适合田间管理，符合当前机械化水平。由于土质、地形条件和利用方式的不同，条田的大小也不一致。沙涂土壤的条田长 60～70 m、宽 100 m，为了加速垦种初期的土壤脱盐，条田又从中对开，田块划成每块 0.067～0.13 hm²；黏涂土壤的条田，以按等高矩形划格田，长 60～70 m、宽 20～25 m，每块以 0.13～0.17 hm² 为宜。稻田排灌单独进出，力求速灌速排，以防止田内死角咸水滞留，引起局部地段的死苗。又因黏涂土壤收缩性大，失水后裂隙较深，剖面层密布孔穴。因此，在造田时，必须做好田埂的切土踏漏工作，以节省淡水和提高洗盐效果。

2. 灌渠排沟分系 垦区灌排渠系分干、支两级，毛渠、毛排大部分为临时性的设置，支级的灌排渠系相间排列。在干渠或沿老塘堤设提水机埠，利用内塘淡水，实行咸淡水分系。有了咸淡水分系的设施，还要配合抽（排）咸水换（引）淡水的措施，即在淡水引入前，先排去垦区河道内的咸水，以确保灌溉水的含盐量能在 1 g/L 以下。沙涂土壤的沟渠易冲塌方，边坡比要较黏涂大，为 1∶1.5 左右；黏涂土壤的边坡比为 1∶(1～1.3)。同时，排沟必须及时维修，使支排保持深 1 m 左右，干排保持深 1.5 m 以上，以保证排水畅通，加速土壤脱盐和地下水的淡化。排沟设置强调排水通畅，不宜过深，以约 50 cm 为宜，以免塌方、漏水。做好渠岸的土建工作，新围滨海盐土要十分重视切沟（切深约 50 cm）踏漏，逐层回土夯实，做好大小包围圈的堵漏工作是建立田面水层的必需条件。围后几年的涂地也得趁雨后土壤湿润状况下把渠岸线基础夯实，并要尽量缩短土建工程时间，抓紧上水以防止渠岸土体因龟裂而返工。

3. 平整土地 抽条取土，掘高填低，先找平、粗平，后打水平，再用"溜板"（或其他工具）打溜运土，精细平整田面，务求全田高差在 3～5 cm 以内。

(二) 淡化耕层土壤

1. 泡田洗盐指标 泡田洗盐指标是指通过泡田洗盐后，能确保水稻成活的土壤含盐量。即当 0～10 cm 的立苗层土壤含盐量 1.5 g/kg、10～20 cm 土壤含盐量 3.0 g/kg 时，需要泡田洗盐以确保水稻成活。但它还与土壤质地、灌溉水质、栽培管理技术有关。一般情况下，黏涂土壤、水质好及管理水平高的，土壤含盐量可以略为偏高一些。水稻返青至分蘖期田面水矿化度控制在 1.5～2 g/L，封行期后可略高，短暂间的土壤高盐量 3.0～5.0 g/kg，也不会导致盐害死苗。

2. 泡田洗盐方法 黏土可燥耕晒垡，灌水后进行耕耙，经 5～6 h 后排去田面咸水，换上淡水。这样泡洗 2～3 次后，即可达到满足水稻扎根立苗的要求，保持田面有水，等待插秧。沙涂土壤泡田洗盐比较容易，只要在耕耙后结合田面排水换水 1～2 次，并保持田面有水，浸泡 1 周也能基本达到要求。浸泡达到要求后保持田面有水，等待插秧。泡田期间，如能 4～5 d 耕 1 次，可提高泡田效果。泡田洗盐的用水量为每亩 20～30 m³。

(三) 选用良种

水稻不同种质资源间的耐盐差异明显，如籼稻的耐盐性强于粳稻；同一种质资源不同发育时期的耐盐性也存在较大差异，如水稻幼苗期和生殖生长阶段对盐胁迫敏感，而营养生长阶段对盐胁迫的耐性逐渐增强。因此，迫切需要对耐盐水稻的种质资源进行筛选，加强对耐盐种质资源的相关研究，了解其耐盐的生理机制。同时，在育种方法上，要把耐盐性分子育种技术与常规育种技术相结合，在现有高产种质资源的基础上进行耐盐性改良,加快选育出高产优质、耐盐性强的水稻新品种。早稻以迟中熟抗病高产品种为主,晚稻以迟中熟抗病高产晚稻品种为主,搭配晚粳。咸田种稻,稻苗转青发育迟缓,生育期有所推迟(约 7 d)。因此,必须掌握早稻插秧不过"立夏"关,晚稻不过"立秋"关,且要早管促早发,力争早熟增产。

(四)滨海盐土种稻技术

1. 育秧密植

(1)咸田育秧。咸田育秧可提高秧苗耐盐能力,插秧后败苗轻、转青快、成活率高。用 0.3%食盐水浸种催芽,半旱式育秧,二叶期前湿润育秧,二叶期后薄水护秧,铲秧前排水烤秧。深施适量氮肥作基肥,早施分次酌量面施氮肥。早稻适当推迟播种,清明前播好种,每亩播 200~250 kg,培育适龄秧(早稻 25~30 d,晚稻 15~25 d)。

(2)密植浅插。由于滨海盐土盐分重、土性差、养分贫乏、分蘖力弱,因此必须坚持密植浅插。依靠主穗,争取早分蘖来实现增穗高产。黏涂土壤由于脱盐慢,耕层下部含盐量较高,加上田土糊烂,带土浅插可以防止秧苗沉陷,有利于提早返青发棵。沙涂土壤硬,汀板性强,随耕随插,秧苗下沉严重。因此,更要重视浅插。带土浅插,一般插深以 1.7~3 cm 为宜,沙涂土壤以 17 cm×10 cm、每丛 8~10本、每亩 30 万基本苗为宜;黏涂土壤以 17 cm×13 cm、每丛 8 本、每亩 25 万基本苗为宜。

2. 护苗搁田

(1)活水护苗。插秧以后,合理的水浆管理可以促使土壤继续脱盐和防止盐害,早活早发。黏涂土壤插秧后,如水质较好,氯化钠含量不超过 1.5 g/L,以勤灌水、勤换水为主。封行前,早耘田、多耘田,加深淡化土层,为根系发育改善条件;封行后,排水搁田,促使水稻青秆黄熟。沙涂土壤在灌溉水质优良(如氯化钠 1 g/L)时,插秧后先深水护苗,数日后即可改灌浅水,待发到每亩50 万~60 万苗时开始搁田。

(2)适当搁田。一般长势差的田块可轻搁,每次 3~4 d;长势好的田块可搁 1 周左右,如遇阴雨还可延长。新垦滨海盐土一定要注意搁田,防止黑土黑根,避免"软脚",促使青秆黄熟防止早衰减产。在灌溉水质恶化时(氯化钠含量达到 2~3 g/L),需要采用短时期的咸水深灌(6.5~7 cm 深),日深夜浅,隔天换水(阴雨天排咸蓄淡,让其自然落干)的办法来稳定田水的含盐量,可起到良好的保苗效果。引水种稻,耗水量大,每季每亩水稻的用水 600~800 m³(不包括泡田洗盐),沙涂土壤大于黏涂土壤,晚稻大于早稻。

3. 增施有机肥,深施化肥

(1)增施有机肥。①冬种黄花苜蓿。每亩播黄花苜蓿种子5~8 kg,管好播后的田水,以免烂芽、死苗。未经垦种过的沙涂土壤荒地,只要在播前做好泡洗工作,使耕层氯化钠降到 2.0 g/kg 左右,再配合盖草、浅沟条播以及增施磷肥等措施,每亩产鲜草也可达 1 000 kg 左右。②稻田养萍,对解决垦种第一季水稻的有机肥的问题具有重要意义。但由于绿萍的耐盐性不强,在灌溉水质含盐量超过2 g/L 时,就会产生盐害。③夏播田菁。在早稻行间套种田菁,平均每亩可生产田菁茎叶 900 kg,足够晚稻基肥之用。四是稻草还田。早稻草是新围垦区较丰富的有机肥源,试点早稻草还田数量一般为每亩还田 200~300 kg 干草。

(2)深施化肥。黏涂土壤是氮素供应不足,而沙涂土壤则是氮、磷都缺。因此,黏涂土壤主要施氮肥为主,而沙涂土壤需要氮、磷配施。为了尽量减少由于经常换水而造成的化肥流失,提高化肥的利用率,黏涂土壤采用化肥深施,沙涂土壤对水稻施用化肥可采用"前重、中稳、后补足"的分配原则。稻草还田,配施速效氮肥作底肥,在泡田洗盐 2~3 次后施用,每亩施有机肥 100~150 kg,全层深施氮肥。追肥强调化肥深施,面施少量氮肥,深施速效氮肥占总肥量的 75%~80%,面施占20%~25%,早稻插秧后约 7 d(晚稻 7~10 d)先施肥后耘田。

4. 灌溉

插秧后,如逢灌溉水质差(氯化钠 2~3 g/L),需要深灌勤换水时,其施肥就要结合灌水和天气条件灵活进行。一般可利用阴天,放浅水层后施肥,待田水自然落干后再复水。如遇下雨,则放干咸水，承接淡水，施重肥而让其自然落干。水稻插秧至分蘖初期，灌水保持水层 3～5 cm，耕层土壤盐分超过 1.5 g/kg、田面水 pH 超过 7.5 时，及时换水冲洗；分蘖初期至盛期，灌水保持水层 5 cm，如田面水 pH 超过 8.0 时，换水冲洗；水稻分蘖末期，耕层土壤盐分低于 2.0 g/kg、田面水 pH 小于 8.5 时进行排水，保持湿润土壤 5～7 d，如湿润土壤期间，土壤盐分 2.0～5.0 g/kg、田沟水 pH 8.5～9.5 时进行复水 1～2 d，保持土壤湿润；拔节孕穗期，灌水深 5 cm，如田面水 pH 超过 8.0 及时换水冲洗；抽穗开花期，灌水深 3 cm，如田面水 pH 超过 8.0 时，应换水冲洗；乳熟期，保持水深 3 cm；黄熟期，田面间歇灌溉保持水层 3 cm，延长落干时间至收获前 7 d，继续保持压盐的效果。

第二节　新垦稻田酸性土障碍特征和改良技术

一、新垦稻田酸性土障碍特征

新垦稻田是指在适宜水稻种植的气候区域，在具备灌溉条件的地方，通过人为措施生成的用于种植水稻等水生作物为主的新垦水田耕地。多数新垦稻田耕层土壤尚处在水稻土的发育初期，水稻土特有的剖面结构特征并不明显。pH 是反映稻田土壤环境特征的重要指标。新垦稻田耕作土根据 pH 特征划分，一般可分为酸性、偏酸性、中性、偏碱性和碱性。新垦酸性土稻田从地理区域来看，主要分布在我国南方红壤、砖红壤广布的山地和丘陵区。

（一）新垦稻田酸性土障碍因子的多样性

耕层土壤由酸性土组成的新垦稻田除了构成稻田土壤的 pH 表现出酸性特征外，往往还伴随着土壤有机质、养分和微生物等方面的多重障碍。多因子障碍是新垦稻田酸性土障碍的显著特征。新垦稻田的多因子复合障碍，最终影响水稻等水生作物的生长和经济产量的形成。

（二）新垦稻田酸性土的主要障碍

1. 新垦酸性土稻田的 pH 以酸性、偏酸性为主　当新垦稻田耕层的土壤 pH 小于 6.5，一般可以认为新垦稻田存在 pH 酸性障碍。根据稻田土壤酸性的强弱，又可分为微酸性（pH 5.5～6.5）稻田、酸性（pH 4.5～5.5）稻田和强酸性（pH<4.5）稻田。笔者对浙江 2017—2020 年采集到的 13 个新垦酸性土稻田的 pH 测定结果进行分析。其中，属微酸性的 5 个、酸性的 7 个、强酸性的 1 个。分析表明，绝大多数的新垦稻田酸性土属微酸性和酸性，只有少数是强酸性。

2. 新垦酸性土稻田的土壤有机质含量普遍偏低　土壤有机质是表征土壤碳库水平的主要指标，对稻田土壤的肥力形成和调控土壤微生态环境具有重要的作用。新垦稻田的耕作土多数由没有经过熟化的生土构成。生土的有机质含量往往都处在较低水平。通过对前面采集到的 13 个新垦酸性土稻田的耕层土壤有机质含量进行分析，测得新垦酸性土稻田的土壤有机质含量在 1.40～18.2 g/kg，平均含量为 8.20 g/kg。一般南方稻田成熟水田的土壤有机质都在 20.0 g/kg 以上，说明新垦酸性土稻田土壤有机质的障碍是很明显的。

3. 新垦酸性土稻田的土壤氮、磷养分库容明显不足　氮、磷、钾是作物产量形成的三大营养元素，缺一不可。通过对采集到的 13 个已有新垦酸性土稻田的氮、磷、钾元素含量进行分析，其平均含量分别为 0.42 g/kg、0.48 g/kg 和 20.8 g/kg，土壤中碱解氮、有效磷、速效钾的平均含量分别为 51.5 mg/kg、0.48 mg/kg、68.7 mg/kg。这一结果表明，新垦酸性土稻田的氮、磷总养分含量和有效养分含量明显低于发育成熟的水稻土，虽然钾的总养分含量较高，但有效养分含量仍处于较低水平。新垦酸性土稻田氮、磷养分的缺失直接导致水稻主要养分的缺乏和低产。

4. 新垦酸性土稻田的土壤微生物总量较少、种类结构简单　土壤微生物是土壤养分循环的重要驱动力。笔者通过对采集到的新垦酸性土稻田的土壤微生物状况与经过培肥熟化的水稻土微生物状况进行比较，发现新垦酸性土稻田的土壤微生物量碳为 34.63 mg/kg，显著低于经过培肥熟化的水稻土微生物量碳 78.95 mg/kg。对土壤 16S DNA 进行分析发现，土壤微生物的多样性（Shannon Index=8.96）和丰富度（Chao1=2 571.0）在新垦酸性土稻田土壤中显著低于经过培肥熟化的水稻土中微生物的多样性（Shannon Index＝9.44）和丰富度（Chao1＝3 403.4）。并且，新垦酸性土稻田的土壤与培肥熟化水稻土的土壤微生物群落组成结构也有较大差异。根据采集土壤分析发现，Deltaproteobacteria（变形菌）的相对丰度显著少于培肥熟化水稻土，而Bacteroidia（拟杆菌）和Clostridia（梭菌）的相对丰度则多于培肥熟化水稻土。这一结果表明，新垦酸性土稻田的土壤微生物数量、多样性和丰富度都显著低于已培肥熟化的水稻土。

二、新垦稻田酸性土改良技术

为了使新垦酸性土稻田尽快适宜水稻种植并形成有效的经济产量，需要针对酸性土稻田不同的障碍因子采取不同的改良技术。

（一）酸性土稻田pH矫治技术

1. 微酸性土稻田的pH矫治技术　酸性土壤pH矫治一般采用碱性物料（石灰物质）中和技术。但当新垦酸性土稻田的土壤pH在5.5～6.5时，不建议采用碱性物质直接中和技术，而是采用提升土壤有机质和阳离子交换量，控制酸性与生理酸性肥料的施用，选择配施碱性肥料等措施逐年矫治。

2. 酸性与强酸性稻田土的pH矫治技术　当新垦酸性土稻田的pH＜5.5时，需采用碱性物料（石灰物质）中和技术。选用的石灰粉细度以60目为宜，适宜用量及使用间隔主要依据土壤理化性状和矫治目标pH而定，采用《森林土壤石炭施用量的测定》（LY/T 1242—1999）规定的方法测定或由试验模拟确定，具体用量参见表10-7。采用其他石灰物质改良的，其用量可根据中和值进行折算。石灰粉施用采用表面撒施后再深翻入土，使目标土壤与石灰粉均匀混合。使用石灰粉矫治土壤pH时，应适当增加目标土壤有机肥和磷肥的施用量。依据石灰用量的大小，在原有磷肥施用量的基础上，增加20%～50%。

表10-7　不同土壤酸度矫治的石灰用量

单位：t/hm²

pH矫治目标值	沙土及壤质沙土	沙质壤土	壤土	粉质壤土	黏土
4.5～5.5	0.5～1	1～1.5	1.5～2.5	2.5～3	3～4
5.5～6.5	0.75～1.25	1.25～2	2～3	3～4	4～5

注：引自浙江省地方标准《耕地土壤综合培肥技术规范》（DB 33/T 942—2014）。

（二）酸性土稻田有机质提升技术

新垦酸性土稻田在消碱土壤pH障碍的同时，需要进行土壤有机质的提升改良。为了加快新垦酸性土稻田的培肥熟化进程，促进水稻土发育，建议采用向新垦稻田一次性添加有机物料和实施绿肥与水稻轮作的耕作模式，并结合水稻秸秆还田方式综合提升酸性土稻田的土壤有机质。

1. 有机物料施用技术　为加快新垦酸性土稻田有机质的积累速度，同时保证绿肥和水稻作物的正常生长，建议在有机物料的选择上，把矿化速度快的商品有机肥与矿化速度慢的腐殖酸类肥料或生物炭类肥料结合起来施用，并一次性添加到酸性土稻田。结合现有的土壤有机质平衡和盈亏评估分析模型、维持耕层土壤有机质盈亏平衡的有机肥用量测算公式和土壤有机质提升年度目标投入测算公式，综合测算不同有机物料的一次性添加量。

2. 绿肥与水稻轮作技术　在新垦酸性土稻田有机质提升实施过程中，一般先向酸性土稻田一次性添加适宜量的有机物料并通过翻耕与土壤混合均匀，然后种植绿肥。南方酸性土稻田一般宜选用紫云英或黑麦草绿肥，通过有机肥与化肥配合施用促进绿肥高产，然后在盛草期将绿肥翻压还田，腐解20 d以后种植水稻。水稻采用常规施肥和病虫害防治管理。水稻收获后将稻草还田。

（三）酸性土稻田大量元素养分均衡化施肥矫治技术

大量元素养分均衡化施肥矫治技术以化肥为主，但需要考虑大量施用有机肥、绿肥和秸秆还田等带入的养分量。

1. 酸性土稻田氮素调控施肥矫治技术　在绿肥和水稻种植前，根据酸性土稻田的土壤氮素养分背景值和一次性添加有机物料投入的氮素养分量，结合土壤供氮状况和作物需氮量，进行实时动态监测和精准测算绿肥与水稻的化肥氮养分投入量，并按作物基肥和追肥分次施用，避免化肥氮一次投入过多对绿肥和水稻生长产生负面影响。

2. 酸性土稻田磷素调控施肥矫治技术　在绿肥和水稻种植前，测定土壤有效磷含量，依据土壤有效磷、常规作物养分丰缺指标和耕地地力分等定级指标水平分值，增大需要量到作物带走量的150%～200%测算酸性土稻田磷肥施用量。并根据土壤有效磷和当季作物对磷肥的反应情况，确定下季作物的磷肥施用量。结合绿肥与水稻的生长情况逐次增施磷肥，直至酸性土稻田土壤有效磷含量升至当地常规水稻土有效磷含量后进入作物正常施磷肥管理。

（四）酸性土稻田土壤微生态环境改良技术

新垦酸性土稻田土壤微生态环境改良是一个渐进的过程。首先，向酸性土稻田一次性添加有机物料会快速改良土壤的微生态环境。有机物料可以选用一些含有有益菌的微生物有机肥，这对酸性土稻田土壤微生态环境改善有进一步的促进作用。其次，通过绿肥与水稻轮作，利用绿肥生长过程中的根系分泌物和绿肥翻压，腐解会对酸性土稻田土壤微生物量增加和种类结构丰富有正向作用。总之，酸性土稻田微生态环境的改良主要结合有机肥施用和作物自然生长逐步实现，合理施用菌肥会加快新垦酸性土稻田土壤微生态环境的重建。一般通过一次性有机物料施用和两个年度的绿肥与水稻轮作以及合理配施化肥，酸性土稻田的土壤微生物总量和群落结构会逐步趋向成熟水田水稻土的微生态环境状况。

第三节　土地整治新垦稻田土壤障碍特征和改良技术

一、我国土地整治的现状

（一）土地整治概念

根据《土地整治术语》（TD/T 1054—2018），土地整治是土地开发、土地整理、土地复垦、土地修复的统称。土地整治是为了增加有效耕地面积、提高耕地质量，对未利用或者未合理利用的土地进行整理、垦造和开发，包括农用地整理、建设用地垦造为农用地和宜耕后备土地资源开发等活动。

（二）土地整治后的耕地类型与分布

近年来，通过土地整治，我国耕地面积得到了有效补充。以2012—2016年为例，新增耕地面积共计145.46万 hm²。其中，2012年新增31.28万 hm² （21.51%），2013年新增 35.67万 hm²（24.52%），2014年新增 27.94万 hm²（19.21%），2015年新增 23.76万 hm²（16.33%），2016年新增 26.81万 hm²（18.43%），整体新增耕地面积呈先增后降再增的趋势（图10-3）。全国范围土地整治后的新增耕地类型主要是旱地，其次是水浇地，而水田的新增面积最小。根据《中国土地整治发展研究报告（No.5）》，我国新增水田主要集中在江苏、安徽、浙江、福建、重庆、四川等南方省份；新增水浇地主要集中在新疆、山东、河南、内蒙古、陕西、河北、宁夏等省份；新增旱地在各省份的分布比较均匀，无明显的空间地域差异。从整体来看，我国新增耕地面积的重心由东向西移动。

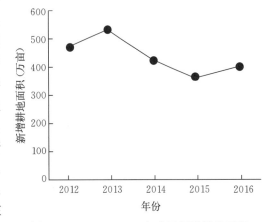

图 10-3　2012—2016 年全国新增耕地面积

二、土地整治后障碍因子消减与改良技术

（一）土地整治后的养分特征与质量评价

针对耕地质量等级调查评价与监测工作，国土资源部（现为自然资源部）发布了《农用地质量分

等规程》（GB/T 28407—2012）、《农用地定级规程》（GB/T 28405—2012）和《农用地估价规程》（GB/T 28406—2012）3 项国家标准。根据当地实际情况，农用地质量评价一般采用因素法。其中，推荐因素由国家统一确定，分区、分地貌类型给出，自选因素由省级土地行政主管部门确定，一般不超过 3 个。因此，不同省份土地整治的评价标准略有不同。以浙江为例，按照《浙江省耕地质量分等指南（因素法）》开展土地整治项目耕地质量等别评定。共有 10 个分等因素，分别为基础肥力、表层土壤质地、土壤有机质含量、耕层厚度、灌溉保证率、排水条件、坡度、pH、海拔、有效土层厚度。此外，规定对于有效土层小于 30 cm、土壤 pH≥9.5 或 pH≤4.0、没有排水设施等任何一种情况的，土地整治项目不予以评定。由于土地整治工程影响的分等指标较少，造成等别提升困难，土地整治的效果未能得到充分反映，农业部于 2016 年发布了《耕地质量调查监测评价规范（试用稿）》，主要从地学特征、土壤特性、耕作条件、健康状况、生物特性 5 个方面建立耕地质量评价指标体系。此外，有专家学者建议采用定级指标修正法，在分等评价的基础上，增加了衡量耕作条件的指标，补充整治工程涉及的土地平整、田间道路、灌溉与排水、农田防护与生态环境保持等方面，对于整治前后的耕地质量评价更为科学。

国土资源部发布的《2016 年全国耕地质量等别更新评价主要数据成果的公告》显示，截至 2015 年底，我国共评定 201 935.95 万亩耕地。其中，优等地和高等地占 29.49%，中等地占 52.72%，低等地占 17.79%。从全国分布来看，优等地主要分布在湖北、湖南和广东，低等地主要分布在内蒙古、甘肃、黑龙江、山西、河北和陕西。其中，新增耕地主要以中低等为主，约占新增耕地面积的72.1%。通过实施土地整治工程，可以有效提高耕地的质量等别。以 2015 年为例，全国因土地整治、土地复垦、高标准农田建设等项目实施后，项目区耕地质量平均等别相比 2014 年提高了 0.58 等，耕地面积呈优高等别增加和中低等别下降趋势，耕地质量等别结构优化明显。

（二）土地整治后的障碍因子

整治后的新垦耕地主要有以下方面的障碍因子：一是土地整治后耕地的有机质含量低，新垦水田和旱地的有机质含量大部分不足 20 g/kg，土壤基础肥力偏低；二是耕层浅，耕层的厚度也是影响作物生长的重要障碍因子；三是新垦耕地土壤酸碱度普遍较低，pH 为 5.05 左右，特别是由竹园、茶园和林地垦造而来的新增耕地，土壤 pH 只有 4.3 左右。土壤需要满足一定的土壤肥力性状标准以支撑作物生长。以水田土壤为例，为了满足水稻生长需求，耕层土壤有机质含量应大于 15 g/kg，耕层和犁底层总厚度应大于 18 cm，土壤 pH 应大于 5.50。因此，需要采取必要的技术措施以消减土地整治后的障碍因子。郑铭洁等（2020）提出，新垦耕地培肥熟化指标主要包括 pH、有机质、容重、阳离子交换量、有效磷、速效钾和水稳性团聚体等。经过土壤培肥熟化，多数垦造耕地土壤质量均有明显改善，一些限制因素逐渐消失，能够适合大部分农作物生长。因此，土地整治后的培肥也是土壤障碍因子消减的过程。

（三）土壤障碍因子消减措施

1. 提高土壤有机质　土壤有机质作为土壤肥力的最重要指标之一，是土壤中形成的和外加入的所有动、植物残体不同阶段的各种分解产物和合成产物的总称。它包括高度腐解的、解剖结构尚可辨认的有机残体和各种微生物体。土壤有机质显著影响土壤的物理性质、化学性质和生物学性质，包括且不局限于土壤团聚体的形成、养分循环、保水性能、pH 和阳离子交换量等。随着土壤有机质含量的增加，土壤肥力水平（水肥气热状况）提升显著影响水稻的产量（李艳等，2018）。武红亮等（2018）研究发现，常规施肥下早稻、晚稻、单季稻和小麦产量（y）与无肥区相应作物产量（x，基础肥力）呈显著正相关，土壤基础肥力越高，作物产量越高（图 10-4）。因此，提高土壤有机质含量成为土地整治后地力提升的重要抓手。土壤中的有机质主要为土壤腐殖物质，是土壤中稳定性高的有机质。通过农业措施进入土壤中的各种传统有机肥、植物的枯枝落叶等是土壤腐殖物质的原料，它们在进入土壤后通过矿化分解转化为土壤腐殖物质。因此，提高土壤有机质含量需要较长的时间。

（1）有机肥。商品有机肥施用是提高土壤有机质的重要农艺措施之一。相比其他有机物料，商品

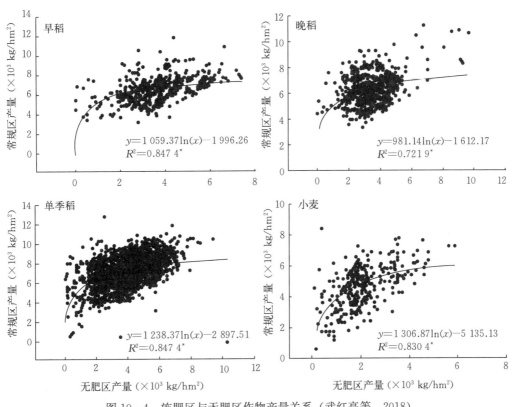

图 10-4　施肥区与无肥区作物产量关系（武红亮等，2018）

有机肥在土壤中不易于矿化分解。有机物料经过堆置腐熟后可以形成较稳定的腐殖质，增加了有机肥碳氮的稳定性。目前，我国农业生产中使用的商品有机肥种类繁多，主要有普通有机肥、有机无机混合肥、微生物菌剂、生物有机肥、复合微生物肥料和全元生物有机肥。不同种类的有机肥，如商品有机肥、油菜饼肥和秸秆堆肥的有机碳、全氮、碳氮比、矿质氮含量和 pH 等基本性状差异明显，肥效也有所不同。相比无机化肥，有机肥的肥效相对缓慢，但两者差异会随着时间的延长而逐渐缩短，具有持续培肥地力的优势。施用有机肥可以有效地改善土壤理化性状和生物特性，显著提高土壤有机质含量，熟化土壤，增强土壤的保肥供肥能力和缓冲能力，为作物的生长创造良好的土壤条件。有机肥腐解后，为土壤微生物活动提供能量和养料，促进微生物活动，加速土壤中植物残体等高氮有机物质的分解，提高土壤活性有机质组分比重（张玉军等，2019）。有机肥施用还可以提高和稳定土壤氮、磷、钾养分，促进土壤均衡良性发展，提高土壤肥力质量指数。有机肥的培肥效果受供试土壤特性、有机肥种类、自身氮磷钾含量、施肥年限及方式等复杂因素的影响。有机肥对提高土壤有机质的效果具有随着施用量增加而增加的趋势。单施有机肥短期内对土壤氮、磷、钾速效养分提升作用不明显，通过有机无机配施或连续施用可显著提升低产田的碱解氮、速效钾、有效磷等含量，对降低作物生长消耗带来的养分亏损具有积极作用。因此，在实际生产中，需要根据农田土壤基本肥力状况，合理选取有机肥种类和施肥方式。建议每年投入商品有机肥 15 t/hm² 以上，若施用农家肥，则用量建议为商品有机肥的 2 倍左右。有机肥一般作为基肥施用，既可一次性施入，也可按种植茬口分次施入。施用方式主要有条施、沟施和环沟施。

（2）腐殖酸肥料。腐殖酸主要是动、植物的遗骸，经过微生物的分解、转化以及地球化学的一系列过程形成和积累起来的一类成分复杂的天然有机物质，是土壤的有机成分。制造腐殖酸肥料的原料来源主要是风化煤、褐煤、泥炭和草炭与普通肥料形成的高效肥料。腐殖酸对土壤结构的改善作用明显，有利于土壤中水、肥、气、热状况的调节；促进土壤团聚体形成，改善孔隙状况；提高土壤的阳离子吸收性能，增加土壤的保肥供肥能力；增强土壤缓冲系统，改良酸性土；促进土壤有益微生物的活性，改善植物根系营养。因此，腐殖酸肥料非常适合改良贫瘠土壤。长期坚持施用腐殖酸肥料会从根本上把贫瘠的土壤改造为良田。在河南省焦作市博爱县开展的田间定位试验表明（图 10-5），施用两年，常规施肥减氮 15% 配施腐殖酸肥料可以显著降低土壤容重，提高土壤有机质及速效养分，与常规施肥相比，有机质增加了 0.44%（裴瑞杰等，2018）。此外，施用腐殖酸肥料还可以改善稻米品质，增加水稻的理论产量，降低常规肥料的使用量。

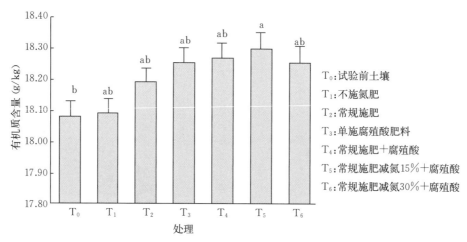

图 10-5　不同施肥处理对土壤（0~20 cm）有机质含量的影响（裴瑞杰等，2018）
注：不同小写字母表示差异显著（$P<0.05$）。

　　（3）生物炭。生物炭是一种新兴的含碳材料，来源于可再生资源（牲畜粪便和农林废弃物等）。根据国际生物炭咨询委员会的标准化定义，生物炭是"在氧气受限的环境中通过生物质的热化学转化获得的固体材料"，具有丰富的孔隙结构、巨大的比表面积和较强的吸附能力，是良好的土壤改良剂（侯红乾等，2020；Han et al.，2020）。在《巴黎协定》通过后，法国农业部发起了"千分之四全球土壤增碳倡议"。该倡议旨在将全球农业土壤中的碳储量每年增加 0.4%，基于农业废弃物炭化技术不仅可以响应国际碳汇减排倡议，而且对土壤增碳培肥和农业减肥减排有重要意义。

　　土壤添加生物炭后，根据生物炭的生产条件（如原料、热解温度和时间）和土壤条件（如黏粒含量和土壤温度），生物炭中有 80%~97% 的有机碳未被矿化为二氧化碳。因此，生物炭含有的稳定性有机碳可以通过物理混合直接增加土壤有机质含量。不仅如此，生物炭还可以通过吸附和黏合微团聚体促进土壤大团聚体（$>250~\mu m$）的形成，尤其是直径在 $250~2\,000~\mu m$ 的大团聚体。生物炭在短期和长期内均能增加土壤有机质含量。有研究表明，土壤添加生物炭培养 112 d 后，土壤有机质含量从 12.0 g/kg 显著增加到 17.7 g/kg（Yin et al.，2014）。另外，在江苏宜兴的长期定位试验表明，水稻土添加生物炭 6 年后有机质含量显著增加了 18.1 g/kg（Lu et al.，2020）。通过生物炭与其他有机物料的混施，可以达到良好的增肥增产效果。例如，南京农业大学在江西鹰潭"旱改水"项目区，通过生物炭配施腐熟秸秆种植一季水稻后，该新垦红壤水稻田的土壤有机质含量从 4.0 g/kg 显著增加到 6.4 g/kg，增幅高达 60%，且水稻产量提高了 23.1%。由此说明，在高强度管理水平下，新垦土地的土壤有机质不仅可以快速提升，而且可以边生产边提升。

　　与腐殖酸相同，生物炭也可补充土壤的有机物含量，改善土壤环境，保存水分和养料。从技术角度来说，运用腐殖酸、生物炭来提升有机质含量均可。腐殖酸直接提升土壤有机质含量，生物炭主要通过抑制有机质矿化和促进土壤腐殖化来提升土壤有机质含量。因此，采用腐殖酸提升土壤有机质含量更直接。腐殖酸的有机质含量要大于生物炭，因此使用腐殖酸总体用量可减少。

　　（4）秸秆还田。农作物秸秆是农业生产中主要的农业废弃物，我国秸秆资源丰富，农业生态系统每年产生各类秸秆约为 7 亿 t，以水稻、小麦和玉米等大宗农作物秸秆为主，农作物秸秆富含氮、磷、钾元素以及木质素、蛋白质和纤维素等有机能源。秸秆还田作为一种重要的保护性耕作措施，在微生物的作用下发生腐解，所含养分被释放到土壤中，增加土壤有机质和土壤养分，从而优化作物生长环境，促进作物生长发育，提高作物产量。秸秆还田有多种还田方式，主要包括秸秆粉碎还田、秸秆焚烧还田和秸秆高留茬还田。不同的秸秆还田方式均能促进土壤有机质及速效养分含量增加。秸秆粉碎还田具有长期、持续培肥土壤的作用。有研究人员通过 8 年的长期定位试验探究了秸秆粉碎还田对土壤有机质含量和水稻产量的影响，结果表明，秸秆粉碎还田结合常规施肥的土壤有机质含量和水稻产量均高于常规施肥，且试验年限越长，其差异越大；8 年后的有机质含量增量为 5.3 g/kg，水稻产量增幅为 8.5%（陈红金等，2019）。

秸秆还田是减少作物施肥量和提高肥料利用率的重要途径。理论上在双季稻种植区，早稻秸秆全量还田平均可以替代晚稻 N 施用量的 29.8%、P_2O_5 施用量的 27.8% 和 K_2O 施用量的 85.8%，晚稻秸秆全量还田平均可以替代早稻 N 施用量的 32.8%、P_2O_5 施用量的 27.1% 和 K_2O 施用量的 102.7%。然而，秸秆还田存在腐解速率慢、养分释放延迟等问题。因此，在应用秸秆还田技术对整治后土壤的培肥过程中，需要考虑与其他农艺措施结合以提升秸秆利用率，实现土壤快速培肥。例如，在湖南双季稻种植区，研究人员通过秸秆还田结合稻田养鸭在短期内（1 年）显著增加了土壤有机质和碱解氮含量，并使水稻增产 10% 以上（图 10-6）（王忍等，2020）。

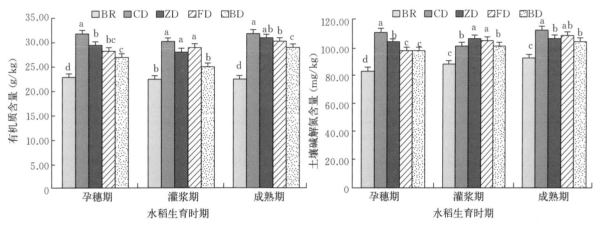

图 10-6　不同处理方式对土壤有机质和碱解氮的影响（王忍等，2020）

注：BR 表示稻草不还田不养鸭；CD 表示稻草炭化还田＋养鸭；ZD 表示稻草直接还田＋养鸭；FD 表示稻草粉碎还田＋养鸭；BD 表示稻草不还田＋养鸭。不同小写字母表示差异显著（$P<0.05$）。

（5）种植绿肥。绿肥是用新鲜的绿色植物本体作为肥料基础，直接或间接地将植物体鲜样翻压到土壤中，经过微生物腐解后释放养分到土壤中为主作物生长提供养分，或是通过主作物与绿肥作物的间作、套作、轮作为主作物提供养分，起到促进主作物生长、发育，改善土壤理化性状等作用的优质无污染生物肥料源，以其特有的生物富集性、生物覆盖性和生物适应性，在供应养分、改良土壤和防止土壤侵蚀等方面发挥重要的作用。绿肥富含有机质，平均为 15% 左右。绿肥经翻压或沤制还田可以降低土壤容重，增加土壤孔隙度和土壤含水量，改善土壤通透性等物理性状，提高土壤松结态、稳结态和紧结态腐殖质的含量，促进土壤有机质的形成、分解与积累。此外，绿肥含有氮、磷、钾等大量元素和多种微量元素养分。因此，针对新垦耕地结构差、耕性不良和肥力偏低等问题，利用农田空闲期种植绿肥还田能够助推新垦耕地的培肥增质。

在种植绿肥前，首先要按不同作物的需肥特点，合理安排好绿肥的品种结构。例如，紫云英、豌豆和豇豆等豆科绿肥由于其根部有根瘤菌，具有固氮能力强、腐解速度快等特点，经翻压还田后能显著提高土壤全氮和碱解氮含量，为当季水稻提供养分。这类绿肥能有效替代部分氮肥，改善土壤结构，提高土壤有机质含量。研究表明，通过种植紫云英全量压青还田 3 年，酸性和微酸性水稻土的有机质增量分别达到 3.53 g/kg 和 4.59 g/kg，全氮、全磷、全钾、有效磷、速效钾等养分含量显著提升（表 10-8），同时后季水稻平均增产 6%（张世昌，2016）。其次是选用优质、高产、对路的绿肥品种，科学种植、科学管理。例如，接种根瘤菌、施用生物磷肥、生物钾肥等；加强绿肥对土壤的养分供应，灵活变换栽培方式，同其他作物进行轮作、间作或混作；在充分发挥绿肥多重生物功能的前提下，最大限度地提高绿肥单位面积产量。

表 10-8　持续实施 3 年种植绿肥处理在酸性、微酸性水稻土与
试验对照处理土壤的养分变化对比（张世昌等，2016）

监测项目	酸性				微酸性			
	增量	增幅（%）	增幅范围（%）	t 值	增量	增幅（%）	增幅范围（%）	t 值
有机质（g/kg）	3.53	12.67	(2.48)～32.45	18.83**	4.59	15.43	(7.27)～32.77	8.57**
容重（g/cm³）	(0.06)	(5.39)	(16.67)～(0.83)	17.72**	(0.08)	(6.36)	(16.00)～(0.72)	12.09**
全氮（g/kg）	0.16	10.65	(6.67)～37.72	16.03**	0.2	11.94	(1.74)～38.4	7.27**
全磷（g/kg）	0.06	8.44	(13.1)～37.5	10.83**	0.05	7.9	0.19～29.27	11.59**
全钾（g/kg）	1.17	6.74	(5.26)～34.48	11.12**	1.59	9.29	(7.19)～29.83	8.27**
有效磷（mg/kg）	2.57	10.11	(10.33)～34.33	13.64**	2.67	11.08	2.06～30.53	11.09**
速效钾（mg/kg）	12.63	16.01	(9.42)～39.68	11.37**	14.7	18.86	5.1～33.33	15.64**
缓效钾（mg/kg）	1.22	5.27	(11.46)～31.62	5.24**	5.45	2.01	(7.64)～29.54	1.88*
阳离子交换量（cmol/kg）	0.91	9.84	(5.56)～32.97	13.67**	1.31	12.57	(6.42)～32.99	9.56**
pH	0.28	5.58	(4.08)～23.08	10.87**	0.26	4.45	(1.96)～11.32	10.85**

注：* 表示 $P < 0.05$ 水平上的显著性差异；** 表示 $P < 0.01$ 水平上的显著性差异。

2. 增加耕层厚度　耕层是作物根系生长的主要区域，厚度一般为 10～35 cm。耕层的厚度跟作物生长密切相关，能够直接影响作物根系生长情况、土壤水肥养分在土壤中的运移和土壤水分与外界的交换速率，也对作物地上部分的茎叶生长有所影响。新垦耕地土层相对较薄，增加其耕层厚度的工程措施主要包括：

（1）建设占用土地实行耕层剥离再利用。2015 年中央 1 号文件《关于加大改革创新力度加快农业现代化建设的若干意见》明确提出全面推进建设占用耕地剥离耕层土壤再利用，充分利用可剥离耕层土壤，将其用于中低产田提质改造，是遏制耕层资源浪费、保障补充耕地质量的有效途径。开展耕层土壤剥离再利用必须因地制宜，尽可能匹配填土区和取土区的供需状况。

（2）就近取土，在新垦耕地上增添客土来增加耕层厚度。研究表明，在玉米-小麦轮作体系增加 5 cm 耕层，土壤有机质、全氮、有效磷和速效钾等养分含量明显提高，并在 3 个轮作周期后仍处于较高水平（表 10-9）。在农艺措施上，可以通过土壤深翻耕技术和土壤深松技术来增加耕层厚度。该技术的使用有助于打破坚硬厚实的犁底层、改善土壤理化性状、改良土壤结构、防治病虫草害，有利于作物根系的下扎。根系能更好地吸收水肥，从而促进作物生长，获得高产（易铁坤等，2019）。

表 10-9　不同耕层厚度下土壤有机质和全氮含量变化（韩上等，2018）

处理	有机质（g/kg）			全氮（g/kg）		
	2013 年	2014 年	2015 年	2013 年	2014 年	2015 年
TS	15.74ab	15.24b	15.54b	0.95b	0.97b	0.95b
TS-5	14.96b	15.01b	14.70b	0.91b	0.92b	0.95b
TS+5	16.72a	16.95a	16.65a	1.06a	1.06a	1.05a

注：TS 表示原始耕层；TS-5 表示原始耕层厚度人工削减 5 cm；TS+5 表示原始耕层厚度人工增加 5 cm。表中同列数字后的不同小写字母表示同一土壤类型不同处理间差异显著（$P < 0.05$）。

3. 调节土壤酸碱度 土壤 pH 过低或过高，直接影响土壤养分的转化与供应，影响土壤团粒结构。土地整治后的稻田多为偏酸性，提高土壤 pH 是提升农田土壤质量不可缺少的一个重要环节。目前，土壤酸化改良技术主要包括使用土壤改良剂、生物改良和农业措施。传统上，酸性土壤改良通常采用碱性物质（如石灰石粉、磷矿粉等）中和等技术。施用石灰可有效中和土壤的活性酸和潜性酸，生成氢氧化物沉淀，抑制铝释放，从而快速降低土壤酸性。虽然石灰对土壤酸性改良效果较好，但是也存在一定的弊端。例如，施用石灰后土壤复酸现象明显，大量或长期施用会引起土壤板结；同时，引起钙、镁、磷等元素失衡，从而导致作物减产。

富里酸是土壤腐殖质的组分之一，具有很高的阳离子交换量，含羧基、羟基、羰基、醌基、甲氧基等众多的有机官能团，其中的弱酸性官能团能够通过解离产生大量负电荷。因此，富里酸具有较强的离子交换能力和吸附能力，不仅能增加土壤对养分的保持能力，改良土壤理化性状，还能提高土壤对酸碱变化的缓冲能力。由于土地整治后的稻田同时存在土壤有机质和养分亏缺等问题，通过添加富里酸不仅可以缓解土壤酸化现象，还能提高土壤肥力。潘晓莹等（2020）研究了富里酸对不同母质发育红壤酸度的影响。结果表明，富里酸能够缓解土壤酸化，并提高土壤 pH 缓冲容量（表 10-10）。除了添加改良剂，还可以通过优化耕作模式、利用水旱轮作和间作套种等方式来缓解土壤酸化。其次，可以种植耐酸性较强的农作物，如马铃薯、甘薯、茶叶、板栗和紫花苜蓿等，直接降低土壤酸化对植物造成的伤害。由于不同酸性土壤改良技术均有优缺点，因此只有根据土壤酸化原因，综合应用物理方法、化学方法和生物方法，才能实现新垦土壤酸化的快速改良。

表 10-10 添加富里酸对土壤 pH 和土壤 pH 缓冲容量的影响（潘晓莹等，2020）

土壤类型	地点	处理	培养前 pH	培养后 pH	土壤 pH 缓冲容量 [mmol/(kg·pH)]	R^2
红黏土	安徽省郎溪县	对照	4.31±0.01a	4.19±0.03d	20.73±0.29d	0.988 0
		10 g/kg 富里酸	4.00±0.01c	4.42±0.01c	24.41±0.15c	0.996 8
		20 g/kg 富里酸	4.08±0.01b	4.86±0.01b	27.45±0.37b	0.998 1
		50 g/kg 富里酸	4.30±0.01a	5.91±0.01a	35.31±0.29a	0.998 1
红沙土	江西省鹰潭市	对照	5.05±0.01a	4.97±0.05c	7.78±0.26d	0.989 0
		10 g/kg 富里酸	4.69±0.01d	5.52±0.07b	10.22±0.04c	0.994 4
		20 g/kg 富里酸	4.76±0.00c	6.25±0.01a	13.62±0.09b	0.994 6
		50 g/kg 富里酸	4.82±0.00b	5.97±0.04a	23.30±0.30a	0.995 8

注：表中同列数字后的不同小写字母表示同一土壤类型不同处理间差异显著（$P<0.05$）。

三、土地整治稻田土壤种稻实践案例

江西省南昌市南昌县蒋巷镇五丰村土地整治项目为江西省土地整治示范建设重大工程子项目。项目区地处温带季风气候，以平原地貌为主，灌溉水源主要靠提灌，土壤类型以水稻土为主。项目区土地利用主要存在 5 个方面的问题：①水利设施不完善，农田春季旱时不能灌溉；②夏秋季涝时不能排，影响了粮食产量增长；③现有耕地利用程度低，项目区内大部分耕地为中低产田，生产效益低，生态效益、经济效益、社会效益不明显；④项目区的土地耕作过程中未达到高质量格田化农业生产标准，需进行部分土地平整工作；⑤田间及生产道路建设标准低，多为土质路面，且宽窄不一、高低不平，降雨过后路面泥泞，行人难走，机械难行。田间道路网络不完善，给项目区农田作业和农民的生产活动带来不便。

针对以上问题，该项目实施了土地平整工程、农田水利工程和道路工程。项目区内田块划分主要以路沟渠为主要框架，适当调整补充田间道，同时充分考虑机械化以及根据农作物种植要求，确定规划田块以长方形为主，长 100~300 m，宽 60~150 m，共分为 511 个田块。项目采用局部平整，根据现场调查及当地村民对项目内土地平整度要求，确定 228 个田块，共平整面积 473.07 hm²，占总面积的 37.05%。土地平整工程包括田块平整、表土剥离和回填、田埂修筑、坑塘填埋、沟渠清淤、废弃沟填平和废弃道路填平。项目区农田水利工程修复支渠 18 390 m；新建斗渠 33 842 m，修复斗渠 6 746 m；新建农渠 119 389 m，修复农渠 8 230 m；新建斗沟 18 756 m，修复斗沟 5 456 m；新建农沟 61 846 m，修复农沟 8 105 m；新建过水涵 589 座、斗门 172 座、农门 384 座，新建渡槽 13 座，新建机耕桥 17 座、人行桥 21 座；新建提灌站 12 座，修复提灌站 11 座。

项目区通过土地整治后，建立了以高效、高产、优质作物为主导的农业种植结构，总新增耕地面积 42.85 hm²，综合新增耕地率 3.34%。整治后，新增水田种植水稻和油菜，年总净增效益 395 万元，耕地直接经济效益非常显著。另外，如果考虑到项目区实施后经济结构调整和升级等间接经济收益，项目区经济效益将更为可观。

主 要 参 考 文 献

陈红金，陶云彬，吴春艳，2019. 长期秸秆粉碎还田对水稻产量和耕地质量的影响 [J]. 浙江农业科学，60 (12)：2342 - 2344.

韩上，武际，夏伟光，等，2018. 耕层增减对作物产量、养分吸收和土壤养分状况的影响 [J]. 土壤，50 (5)：881 - 887.

李艳，陈义，唐旭，等，2018. 长期不同施肥模式下南方水稻土有机碳的平衡特征 [J]. 浙江农业学报 (12)：2094 - 2101.

刘琛，丁能飞，郭彬，等，2012. 不同土地利用方式下围垦海涂微生物群落和土壤酶特征 [J]. 土壤通报，43 (6)：1415 - 1421.

潘晓莹，时仁勇，洪志能，等，2020. 富里酸对红壤酸度的改良及酸化阻控效果 [J]. 土壤，52 (4)：685 - 690.

裴瑞杰，王俊忠，冀建华，等，2018. 腐殖酸肥料与氮肥配施对土壤理化性质的影响 [J]. 江苏农业科学，46 (19)：331 - 334.

王忍，伍佳，吕广动，等，2020. 稻草还田＋稻田养鸭对土壤养分及水稻生物量和产量的影响 [J]. 西南农业学报，33 (1)：98 - 103.

武红亮，王士超，闫志浩，等，2018. 近 30 年我国典型水稻土肥力演变特征 [J]. 植物营养与肥料学报 (6)：1416 - 1424.

易铁坤，李仟，黄煌，等，2019. 基于田间工程建设项目的耕地地力评定 [J]. 湖南农业科学 (11)：55 - 58.

应永庆，林义成，傅庆林，2018. 滨海盐土水稻高产栽培技术规程 [J]. 浙江农业科学，59 (11)：1973 - 1975.

张世昌，2016. 稻田持续 3 年种植绿肥对土壤肥力影响 [J]. 福建热作科技，41 (4)：11 - 15.

张玉军，黄绍敏，李斌，等，2019. 长期施肥对潮土不同层次活性有机质及碳库管理指数的影响 [J]. 水土保持学报 (3)：160 - 165.

郑铭洁，姜铭北，章明奎，等，2020. 浙江省新垦耕地土壤熟化指标研究 [J]. 浙江农业学报，32 (10)：1835 - 1841.

Fu Q L，Ding N F，Liu C，et al，2014. Soil development under different cropping systems in a reclaimed coastal soil chronosequence [J]. Geoderma (230 - 231)：50 - 57.

Han L F，Sun K，Yang Y，et al，2020. Biochar's stability and effect on the content，composition and turnover of soil organic carbon [J]. Geoderma (364)：114 - 184.

Lu H F，Bian R J，Xia X，et al，2020. Legacy of soil health improvement with carbon increase following one time amendment of biochar in a paddy soil - a rice farm trial [J]. Geoderma (376)：114567.

Yin Y，He X，Ren G，et al，2014. Effects of rice straw and its biochar addition on soil labile carbon and soil organic carbon [J]. Journal of Integrative Agriculture (13)：491 - 498.

第十一章 | 水稻土微生物群落组成、分布与功能 >>>

第一节　东北区和东南沿海区水稻土微生物群落组成

土壤细菌和真菌在有机物质分解、养分运转、能量转化、土壤结构维持、毒物降解和作物病害发生等方面发挥着重要的调节作用，是土壤肥力和健康的重要指标之一（Edwards et al.，2015）。同时，土壤微生物的群落组成、丰度及功能受到多种因素的影响，如土壤结构、土壤理化性状（土壤 pH、有机质含量、含水量）、降水量、温度、海拔、纬度等（Angel et al.，2010）。此外，土地利用方式、施肥方式和耕作方式也会影响土壤微生物群落结构及丰度的变化。

水稻土是长期种植水稻并且在翻耕和水肥管理措施下形成的一类独特的土壤资源，水稻可以沿着东亚的纬度梯度在不同的气候和土壤类型中生长。我国是世界上最主要的稻米产区之一，从南到北分布的水稻土类型复杂多样。根据全国第二次土壤普查数据统计，我国水稻土共分为潴育、淹育、渗育、潜育、脱潜、漂洗、盐渍和咸酸水稻土 8 个亚类，共 114 个土属（王晓洁等，2021）。所形成的生态系统已经构成地球上第三大农田面积和最大的人为湿地，这种被认为是独特的"湿地"类型，稻田在水稻种植期间一直处于淹没状态。淹没的稻田会产生厌氧的土壤环境，代表典型的淡水微生物生境，这会影响微生物群落组成。同时，水稻土发生和发育过程，也离不开土壤微生物的参与。全国尺度水稻田土壤样品微生物多样性研究发现，水稻田具有较高的古菌多样性，且土壤 pH 和年均温是影响古菌群落构建的主要因素。其中，土壤因素是贡献最大的部分，南方水稻田生物类群在南方的相对丰度大于北方。氨氧化古菌 *Nitrososphaera* 和 *Nitrosotalea* 属分别更喜欢高 pH、低 pH 环境，而产甲烷古菌更偏好高年均温环境，表明环境过滤对农田土壤古菌群落生物地理分布起到关键作用；优势古菌类群在稻田生境中表现出明显不同的空间分布和生态位分化，且分别与土壤 pH 和年均温有关。这些结果对于深入揭示农田土壤地力可持续性的微生物学机制具有重要意义，也可为调控微生物参与的碳氮循环增效提供理论依据（Jiao et al.，2019a）。Jiao 等基于全国尺度不同地力土壤样品，进一步解析核心类群微生物在维持相互关系及生态系统功能方面的作用。结果表明，核心类群在共发生网络中处于更中心的位置，且其子网络的平均度、聚类系数、网络密度更高，平均路径长度和网络直径更小、连接更多且更复杂。从水稻田中找到了 1 383 个核心类群，通过随机森林模型方法评估不同类群对农田土壤多养分循环指数的贡献，发现核心类群贡献更大。多元回归模型评估发现，核心类群对土壤营养元素差异有不同的贡献。其中，Fimbriimonadia 纲对有效氮、有效磷和可溶性有机碳的变化贡献较大，Cytophagia 纲和 Phycisphaerae 纲与土壤有效钾的变化有关，Clostridia 纲和 Bacilli 纲是预测土壤铵态氮的重要类群。该结果揭示了微生物核心类群维持土壤养分循环具有重要作用（Jiao et al.，2019b）。对土壤微生物群落的构建机制分析发现，水稻田更多地受扩散限制的控制，北方地区水稻田受物种选择的作用比南方地区高。通过评估群落水平的生境生态位宽度（B_{com}）可帮助揭示物种选择和扩散限制对微生物群落构建的贡献，发现北方地区水稻田的平均 B_{com} 值明显低于南方地区。研究人员更进一步探讨驱动群落变化的内在因素，发现在南方地区差异较大，网络中负相关连接的比例也更高，说明微生物共存与群落结构差异有显著联系，微生物多样性产生和维持的机制至关重要，了解不同生境和区域农业生态系统土壤微生物群落构建与物种共存生态策略之间的联系，可促进农田生态系统微生物群落的定向调控。因此，了解不同地区水稻土中的微生物组成及功能对维持土壤的生产力具有重要的现实意义。

东北黑土是我国珍贵的土壤资源，黑土因具有腐殖质层厚、肥力较高、团粒结构良好等优势，成为东北地区主要的耕作土壤，在确保国家粮食安全方面发挥着至关重要的作用（Liu et al.，2012）。近些年，受环境和人为等因素的影响，黑土旱田作物的单位面积产值下降、效益降低。为了改善东北黑土区农田生态环境，提高粮食产量，农民将旱田改为收益较高的稻田（简称"旱改稻"），且旱田向稻田转变的面积逐年增多。因此，黑土稻田种植面积大幅增加，提高了单位面积土地的效益。截至2018年，东北水稻种植面积达到 5.26×10^6 hm²，水稻年产量为 3.93×10^7 t（中国统计年鉴，2018）。但由于旱田改稻田后，土壤环境发生明显的变化，这必然会影响土壤碳、氮的循环和转化，影响土壤中的生物活性和各种理化特性，也改变了土壤微生物群落功能的多样性，导致土壤肥力水平发生变化。

东南沿海地区属温暖湿润的亚热带海洋性季风气候和热带季风气候，气候温和，非常适宜种植水稻，是我国水稻的重要产区之一。但随着农业生产的发展，我国水稻面积扩大主要集中在东北稻区和长江中游稻区两大主产区，而东南沿海水稻种植面积越来越小。当前，东南沿海水稻种植区土壤的理化性状及养分状况已经发生了显著的变化（黄继川等，2014）。在长期种植水稻的区域，土壤出现了酸化现象。pH 作为土壤质量等级评定的重要参考指标之一，通过改变土壤的化学、物理、生物化学过程影响着土壤环境，从多方面干扰生态系统的功能（Ho and Li，2017）。东南沿海水稻种植区土壤酸化除受自然、种植方式和施肥等因素的影响外，也有微生物的作用，如有些土壤微生物与植物根系代谢过程中也会产生碳酸。

土壤细菌和真菌群落驱动养分循环并响应稻田的长期管理（Jiang et al.，2016），而古细菌（如氨氧化古细菌）在功能上仅在碱性土壤（pH>8）中支配硝化作用。因此，了解不同土壤类型细菌和真菌的多样性及其功能至关重要。本研究选择我国东北区和东南沿海区水稻土的多个土壤样本，阐明两个地区细菌和真菌群落结构的多样性及主导微生物类群，探究两个地区细菌和真菌的功能。结果表明，土壤微环境对塑造微生物群落结构起着关键作用。通过对东北区和东南沿海区多个水稻种植区的土壤细菌和真菌组成及功能探究发现，不同地区由于气候环境、土壤环境等因素，其细菌和真菌群落结构有差异，优势细菌种群的类型在门水平上差异不大，但在属水平上差异很大；而优势真菌种群的类型在门水平和属水平上差异均不大。两个地区的细菌和真菌所行使的功能相同，细菌的主要功能为化学趋化（chemoheterotrophy）、有氧趋化性（aerobic chemoheterotrophy），功能真菌主要为腐生营养型（saprotroph）真菌。

一、东北区水稻土微生物群落组成与功能

（一）东北区水稻土微生物群落组成

采用高通量测序方法对我国东北区水稻土微生物的组成进行分析。测序结果表明，以 97% 的相似度划分，细菌共获得 6 774 个 OTU，分属于 41 个门 102 个纲 210 个目 264 个科 488 个属；真菌共获得 1 643 个 OTU，分属于 18 个门 47 个纲 87 个目 159 个科 234 个属。

从东北区水稻土的细菌组成来看（表 11-1），在门水平上，细菌主要由绿弯菌（Chloroflexi，28.30%）、变形菌（Proteobacteria，24.99%）、放线菌（Actinobacteria，16.46%）、酸杆菌（Acidobacteria，14.00%）、拟杆菌（Bacteroidetes，4.24%）组成。在纲水平上，主要由厌氧绳菌（Anaerolineae，19.98%）、γ-变形菌（Gammaproteobacteria，10.45%）、α-变形菌（Alphaproteobacteria，7.58%）、Thermoleophilia（7.26%）、δ-变形菌（Deltaproteobacteria，6.96%）组成。在目水平上，主要由厌氧绳菌（Anaerolineales，14.40%）、norank（13.47%）、β-变形菌（Betaproteobacteriales，8.58%）、根瘤菌（Rhizobiales，5.28%）、Gaiellales（5.05%）组成。在科水平上，主要由 norank（28.01%）、厌氧绳菌

（Anaerolineaceae，14.40%）、黄色杆菌（Xanthobacteraceae，3.89%）、亚硝化单胞菌（Nitrosomonadaceae，2.61%）、芽单胞菌（Gemmatimonadaceae，2.49%）组成。在属水平上，主要由 norank（44.41%）、未培养细菌（uncultured bacteria，18.88%）、Ellin6067（1.93%）、厌氧绳菌（Anaerolinea，1.89%）、慢生根瘤菌（Bradyrhizobium，1.16%）组成。

表 11-1　东北区水稻土主要细菌属的相对丰度

门	纲	目	科	属	相对丰度（%）
Acidob-acteria	Acidobacteriia	Acidobacteriales	uncultured	norank	1.93
		Solibacterales	Solibacteraceae (Subgroup 3)	Bryobacter	0.83
				Candidatus Solibacter	0.79
				GB8	0.16
		Acidobacteriales	Koribacteraceae	Candidatus Koribacter	0.40
		Subgroup 2	norank	norank	0.19
	Aminicenantia	Aminicenantales	norank	norank	0.17
	Blastocatellia (Subgroup 4)	Pyrinomonadales	Pyrinomonadaceae	RB41	0.55
		Blastocatellales	Blastocatellaceae	JGI 0001001-H03	0.17
		11-24	norank	norank	0.14
	Holophagae	Subgroup 7	norank	norank	2.92
	Subgroup 17	norank	norank	norank	4.56
	Thermoanaerobaculia	Thermoanaerobaculales	Thermoanaerobaculaceae	Subgroup 10	0.38
Actinob-acteria	Acidimicrobiia	IMCC26256	norank	norank	0.99
		Microtrichales	uncultured	norank	0.30
			Ilumatobacteraceae	CL500-29 marine group	0.16
			Ilumatobacteraceae	uncultured	0.14
		Propionibacteriales	Nocardioidaceae	Nocardioides	0.97
		Frankiales	Acidothermaceae	Acidothermus	0.60
		Micrococcales	Micrococcaceae	Arthrobacter	0.60
			Intrasporangiaceae	Janibacter	0.58
			Micrococcaceae	Pseudarthrobacter	0.38
		Frankiales	Frankiaceae	Jatrophihabitans	0.36
		Corynebacteriales	Mycobacteriaceae	Mycobacterium	0.30
		Micrococcales	Microbacteriaceae	Cryobacterium	0.27
		Frankiales	Geodermatophilaceae	Blastococcus	0.23
		Kineosporiales	Kineosporiaceae	Kineosporia	0.15
		Frankiales	uncultured	norank	0.15
	Coriobacteriia	OPB41	norank	norank	0.45
	MB-A2-108	norank	norank	norank	1.01
	Thermoleophilia	Gaiellales	uncultured	norank	3.98
			Gaiellaceae	Gaiella	1.08
		Solirubrobacterales	Solirubrobacteraceae	Conexibacter	0.69
				Solirubrobacter	0.11
				uncultured	0.11
			67-14	norank	1.16

（续）

门	纲	目	科	属	相对丰度（%）
Armatim-onadetes	Chthonomonadetes	Chthonomonadales	norank	norank	0.17
	uncultured	norank	norank	norank	0.13
	Fimbriimonadia	Fimbriimonadales	Fimbriimonadaceae	norank	0.11
Bacteroi-detes	Bacteroidia	Bacteroidales	Bacteroidetes vadinHA17	norank	0.81
		Chitinophagales	Chitinophagaceae	uncultured	0.34
				Flavisolibacter	0.15
				Ferruginibacter	0.14
			Saprospiraceae	uncultured	0.28
		Sphingobacteriales	Lentimicrobiaceae	norank	0.17
			env. OPS 17	norank	0.13
		Bacteroidales	SB-5	norank	0.13
	Ignavibacteria	SJA-28	norank	norank	0.20
		OPB56	norank	norank	0.16
		Ignavibacteriales	Ignavibacteriaceae	*Ignavibacterium*	0.15
		Kryptoniales	BSV26	norank	0.49
Chloroflexi	Anaerolineae	Anaerolineales	Anaerolineaceae	uncultured	10.52
				Anaerolinea	1.89
				UTCFX1	0.81
				RBG-16-58-14	0.53
				Leptolinea	0.50
			uncultured	norank	0.35
		RBG-13-54-9	norank	norank	2.09
		SBR1031	norank	norank	1.53
		SJA-15	norank	norank	0.99
		SBR1031	A4b	norank	0.38
		Caldilineales	Caldilineaceae	uncultured	0.12
	Chloroflexia	Chloroflexales	Roseiflexaceae	uncultured	0.63
		Thermomicrobiales	JG30-KF-CM45	norank	0.15
	Gitt-GS-136	norank	norank	norank	0.14
	JG30-KF-CM66	norank	norank	norank	0.18
	Ktedonobacteria	C0119	norank	norank	0.45
		Ktedonobacterales	Ktedonobacteraceae	HSB OF53-F07	0.77
				JG30a-KF-32	0.17
				Mar-21	0.15
				G12-WMSP1	0.14

（续）

门	纲	目	科	属	相对丰度（%）
Proteobacteria	Alphaproteobacteria	Rhizobiales	Xanthobacteraceae	uncultured	1.71
				Bradyrhizobium	1.16
				Pseudolabrys	0.67
				Rhodoplanes	0.33
			Methyloligellaceae	uncultured	0.31
			Rhizobiales Incertae Sedis	*Bauldia*	0.15
			Hyphomicrobiaceae	*Hyphomicrobium*	0.11
		Sphingomonadales	Sphingomonadaceae	*Sphingomonas*	0.24
		Rhodospirillales	Rhodopirillaceae	*Defluviicoccus*	0.21
		Reyranellales	Reyranellaceae	*Reyranella*	0.16
		Micropepsales	Micropepsaceae	uncultured	0.16
		Elsterales	uncultured	norank	0.14
		uncultured	norank	norank	0.14
		Caulobacterales	Caulobacteraceae	*Phenylobacterium*	0.37
	Deltaproteobacteria	MBNT15	norank	norank	1.29
		Myxococcales	Archangiaceae	*Anaeromyxobacter*	1.12
			Haliangiaceae	*Haliangium*	0.92
			bacteriap25	norank	0.12
			P3OB－42	norank	0.25
			BIrii41	norank	0.10
			Archangiaceae	norank	0.23
			Polyangiaceae	*Pajaroellobacter*	0.21
		Oligoflexales	0319－6G20	norank	0.19
		Desulfarculales	Desulfarculaceae	uncultured	0.17
		Deltaproteobacteria Incertae Sedis	Syntrophorhabdaceae	*Syntrophorhabdus*	0.15
		Desulfuromonadales	Geobacteraceae	*Geobacter*	0.36
		Syntrophobacterales	Syntrophobacteraceae	*Syntrophobacter*	0.25
				Syntrophus	0.11
	Gammaproteobacteria	Betaproteobacteriales	Nitrosomonadaceae	Ellin6067	1.93
			Burkholderiaceae	uncultured	0.60
			A21b	norank	0.51
			Gallionellaceae	*Sideroxydans*	0.45
			Burkholderiaceae	*Massilia*	0.41
				Ramlibacter	0.35
				Xylophilus	0.32

（续）

门	纲	目	科	属	相对丰度（%）
Proteobacteria	Gammaproteobacteria	Betaproteobacteriales	Nitrosomonadaceae	GOUTA6	0.30
			SC-I-84	norank	2.17
			Nitrosomonadaceae	MND1	0.25
			TRA3-20	norank	0.21
			Gallionellaceae	*Candidatus Nitrotoga*	0.21
		Steroidobacterales	Steroidobacteraceae	uncultured	0.20
		Xanthomonadales	Rhodanobacteraceae	*Rhodanobacter*	0.20
			Xanthomonadaceae	*Luteimonas*	0.12
				Lysobacter	0.22
				Arenimonas	0.28
		Gammaproteobacteria Incertae Sedis	Unknown Family	*Acidibacter*	0.20

注：norank 表示此等级未定名。

从东北区水稻土的真菌组成来看（表 11-2），在门水平上，真菌主要由子囊菌（Ascomycota，49.65%）、担子菌（Basidiomycota，24.05%）、Mortierellomycota（14.16%）组成。在纲水平上，主要由粪壳菌（Sordariomycetes，27.32%）、未定义真菌（unidentified fungi，15.52%）、Mortierellomycetes（14.16%）、银耳菌（Tremellomycetes，11.70%）、伞菌（Agaricomycetes，10.11%）组成。在目水平上，主要由未定义真菌（unidentified fungi，23.20%）、粪壳菌（Sordariales，15.21%）、被孢霉（Mortierellales，14.16%）、伞菌（Agaricales，9.67%）、柔膜菌（Helotiales，8.92%）组成。在科水平上，主要由未定义真菌（unidentified fungi，36.92%）、被孢霉（Mortierellaceae，14.15%）、毛球壳菌（Lasiosphaeriaceae，5.01%）、侧耳科（Pleurotaceae，4.20%）、毛壳菌（Chaetomiaceae，4.03%）组成。在属水平上，主要由未鉴定真菌（unidentified fungi，59.68%）、被孢霉属（*Mortierella*，5.18%）、侧耳属（*Pleurotus*，4.20%）、*Solicoccozyma*（3.57%）、*Guehomyces*（2.81%）、*Mrakiella*（2.45%）、镰孢菌（*Fusarium*，2.31%）、柄孢壳菌（*Zopfiella*，1.78%）、柄孢壳菌（*Podospora*，1.68%）、*Mrakia*（1.64%）、*Schizothecium*（1.25%）、*Phialocephala*（1.01%）组成。

表 11-2　东北区水稻土主要真菌属的相对丰度

门	纲	目	科	属	相对丰度（%）
Ascomycota	Dothideomycetes	Pleosporales	Sporormiaceae	unidentified	1.65
			Pleosporaceae	*Exserohilum*	0.12
			unidentified	unidentified	0.19
			Cucurbitariaceae	*Pyrenochaetopsis*	0.15
		unidentified	unidentified	unidentified	0.12
		Capnodiales	Cladosporiaceae	*Cladosporium*	0.25
		Venturiales	Venturiaceae	unidentified	0.74
	Eurotiomycetes	Eurotiales	Aspergillaceae	*Penicillium*	0.24
	Leotiomycetes	Helotiales	unidentified	unidentified	5.49
			Vibrisseaceae	*Phialocephala*	1.01
			Helotiaceae	unidentified	0.77

（续）

门	纲	目	科	属	相对丰度（%）
Ascomycota	Leotiomycetes	Helotiales	Helotiaceae	*Dimorphospora*	0.50
				Anguillospora	0.38
			Helotiales_fam_Incertae_sedis	*Spirosphaera*	0.30
			Hyaloscyphaceae	*Cistella*	0.26
				Lachnum	0.11
		Thelebolales	Pseudeurotiaceae	*Pseudogymnoascus*	0.14
			Pseudeurotiaceae	*Geomyces*	0.44
	Pezizomycetes	Pezizales	Pezizaceae	unidentified	0.98
			Pyronemataceae	unidentified	0.46
	Sordariomycetes	Boliniales	Boliniales_fam_Incertae_sedis	*Junewangia*	0.15
		Coniochaetales	Coniochaetaceae	*Lecythophora*	0.38
			unidentified	unidentified	0.23
		Hypocreales	Nectriaceae	*Fusarium*	2.31
				unidentified	1.06
			unidentified	unidentified	0.71
			Hypocreaceae	*Trichoderma*	0.18
				Acremonium	0.52
			Clavicipitaceae	*Metarhizium*	0.38
			Cordycipitaceae	*Cordyceps*	0.15
				unidentified	0.15
			Stachybotryaceae	unidentified	0.14
		Microascales	Ceratocystidaceae	*Ceratocystis*	0.15
		Sordariales	unidentified	unidentified	5.09
			Lasiosphaeriaceae	unidentified	1.86
				Cercophora	0.11
				Podospora	1.68
				Schizothecium	1.25
			Sordariaceae	*Diplogelasinospora*	0.12
				Neurospora	0.85
			Chaetomiaceae	*Trichocladium*	0.56
				unidentified	0.48
				Chaetomium	0.30
				Humicola	0.88
				Zopfiella	1.78
		unidentified	unidentified	unidentified	5.02
	unidentified	unidentified	unidentified	unidentified	7.00

（续）

门	纲	目	科	属	相对丰度（%）
Basidio-mycota	Agaricomycetes	Agaricales	Pleurotaceae	*Pleurotus*	4.20
			Cyphellaceae	unidentified	3.41
			Strophariaceae	unidentified	1.65
			unidentified	unidentified	0.14
		Sebacinales	Serendipitaceae	unidentified	0.10
	Cystobasidio-mycetes	Cystobasidiomycetes_ord_Incertae_sedis	Microsporomycetaceae	*Microsporomyces*	0.16
	Microbotryo-mycetes	unidentified	unidentified	unidentified	1.10
		Kriegeriales	Camptobasidiaceae	*Glaciozyma*	0.44
		Leucosporidiales	unidentified	unidentified	0.11
	Tremellomycetes	Filobasidiales	Piskurozymaceae	*Solicoccozyma*	3.57
		Cystofilobasidiales	Cystofilobasidiaceae	*Guehomyces*	2.81
				Mrakiella	2.45
			Mrakiaceae	*Mrakia*	1.64
		unidentified	unidentified	unidentified	1.09
	unidentified	unidentified	unidentified	unidentified	0.19
Blastocla-diomycota	Blastocladiomycetes	Blastocladiales	Catenariaceae	*Catenaria*	0.60
	unidentified	unidentified	unidentified	unidentified	0.11
Cercozoa	unidentified	unidentified	unidentified	unidentified	0.13
Chytridio-mycota	unidentified	unidentified	unidentified	unidentified	0.78
	Chytridiomycetes	unidentified	unidentified	unidentified	0.29
	Rhizophydiomy-cetes	Rhizophydiales	Alphamycetaceae	*Betamyces*	0.13
			Rhizophlyctidaceae	*Rhizophlyctis*	0.11
Entomopht-horomycota	Basidiobolomycetes	Basidiobolales	Basidiobolaceae	*Basidiobolus*	0.22
Monobleph-aromycota	Monoblephari-domycetes	Monoblepharidales	unidentified	unidentified	0.41
		Mortierellales	Mortierellaceae	unidentified	8.97
				Mortierella	5.18
Mucoro-mycota	Endogonomycetes	Endogonales	unidentified	unidentified	1.05
Rozello-mycota	unidentified	unidentified	unidentified	unidentified	0.17
uniden-tified	unidentified	unidentified	unidentified	unidentified	7.14

（二）东北区水稻土微生物群落功能

FAPROTAX 是根据已测微生物基因组的 16S rRNA 基因序列进行功能预测，FAPROTAX 整合了多个已发表的可培养菌文章的原核功能数据库，包含超过 4 600 个物种的 7 600 多个功能注释信息。这些信息共分为硝酸盐呼吸（nitrate respiration）、产甲烷（methanogenesis）、发酵作用（fermentation）和植物发病机制（plant pathogenesis）等 80 多个功能分组，主要用于微生物生态功能预测。功能预测结果表明，东北区水稻土细菌可能包含的主要功能为化学趋化性（chemoheterotrophy，

6.96%）、有氧趋化性（aerobic chemoheterotrophy，5.94%）、掠夺性或外部寄生（predatory or exo-parasitic，1.01%）。

　　FUNGuild是根据真菌对环境资源的吸收利用方式，若采取相似的方式则将真菌划分为同一类的功能分组方法。此方法不需要关注物种系统进化上是否相关，可以从复杂的群落分类中提取出更易处理和理解的生态单位，因其关注营养策略，所以提供了与物种丰富度和分类鉴定不同的视角。目前，根据真菌的营养方式，可以将不同的真菌分为病理营养型（pathotroph）、共生营养型（symbiotroph）和腐生营养型（saprotroph）三大类。东北区水稻土真菌功能预测结果表明，在一级分类上，真菌的营养方式可能主要以腐生菌（saprotroph，23.07%）、腐生-共生菌（saprotroph - symbiotroph，18.21%）、病原-腐生菌（pathotroph - saprotroph，6.93%）、病原-腐生-共生菌（pathotroph - saprotroph- symbiotroph，5.45%）为主。在二级分类上，真菌的营养方式可能主要以未定义腐生菌（undefined saprotroph，14.48%）、未定义的土壤植物内生腐生菌（endophyte - litter saprotroph - soil saprotroph - undefined saprotroph，14.15%）、植物病原内生-木材腐生菌（endophyte - plant pathogen - wood saprotroph，4.20%）、粪便腐生菌（dung saprotroph，3.20%）、动物病原体-内生植物-地衣寄生虫-植物病原体-土壤腐生-木材腐生（animal pathogen - endophyte - lichen parasite - plant pathogen - soil saprotroph - wood saprotroph，2.31%）为主。

　　通过高通量测序方法可以了解东北区水稻土微生物的存在情况。根据研究结果，对于细菌群落而言，绿弯菌（Chloroflexi）、变形菌（Proteobacteria）、放线菌（Actinobacteria）和酸杆菌（Acidobacteria）是主要群体，这些门类常见于稻田土壤中。在本研究中，绿弯菌门（Chloroflexi），尤其是其中的厌氧绳菌纲（Anaerolineae）细菌是水稻土中的优势细菌类群，变形菌门（Proteobacteria）中的 γ-变形菌纲（Gammaproteobacteria）、α-变形菌纲（Alphaproteobacteria）、δ-变形菌纲（Deltaproteobacteria）是优势细菌类群，放线菌门（Actinobacteria）中的 Thermoleophilia 纲是优势细菌类群，这与 Jiang 等（2016）研究东北地区旱地转化为水田40年后的土壤细菌组成相同，表明这几类细菌是东北区水稻土长期稳定存在的优势微生物类群，在水稻种植到收获的过程中发挥着作用。绿弯菌门细菌（Chloroflexi）广泛存在于土壤、淤泥、热泉等多种环境中，可能参与生态系统中的硝化作用。变形菌门细菌广泛存在于各种生态环境中，参与多种生物过程，在全球碳、氮和硫等元素循环中具有重要的意义（Spain et al.，2009）。丰富的放线菌门（Actinobacteria）有可能通过固氮、溶磷等作用促进必需营养物质的循环，这可能在一定程度上提高土壤肥力和作物生产力。酸杆菌门（Acidobacteria）细菌在土壤中广泛存在，其新陈代谢功能以及在生态环境中的作用尚不明确。但是，因为它在土壤中的含量非常丰富，因此被认为是生态系统中重要的贡献者（Eichorst et al.，2007）。此外，东北区水稻土中相对丰度较高的慢生根瘤菌科（Bradyrhizobium）细菌，可以作为水稻系统中固定 N_2 的活性细菌。功能预测结果表明，东北区水稻土细菌的主要功能为化学趋化（chemoheterotrophy）和有氧趋化性（aerobic chemoheterotrophy）。

　　对真菌群落来说，子囊菌门（Ascomycota）、担子菌门（Basidiomycota）和丝孢菌门（Mortierellomycota）是主要真菌类群。子囊菌门真菌占绝对主导地位，这表明该真菌群无处不在，并且在水稻生态系统中起着重要作用。研究表明，子囊菌门的真菌能够分解木质素和角质素等难分解物质，有利于稻田养分循环，促进土壤质量的提升（阳祥等，2020）。其中，子囊菌门中的粪壳菌纲（Sordariomycetes）真菌在稻田土壤和其他土壤生态系统的反硝化中起重要作用。子囊菌门真菌多为腐生菌，这与真菌功能预测的真菌主要为腐生营养型（saprotroph）的结果一致，腐生菌在降解土壤有机质方面具有重要的作用，是土壤中重要的分解者。担子菌门（Basidiomycota）真菌也是水稻土中常见的一类相对丰度较高的真菌，因水稻种植地区土壤、气候等的差异，其丰度有所不同且变化较大。在已有的水稻土微生物的研究中，丝孢菌门并不如子囊菌门真菌普遍分布且占主导地位，在水稻土发育、形成以及水稻种植过程中所起到的生态作用值得继续探究。普遍存在的细菌和真菌群落在氮循环中的关键作用与稻田土壤的强反硝化活性相吻合。

二、东南沿海区水稻土微生物群落组成与功能

（一）东南沿海区水稻土微生物群落组成

采用高通量测序方法对我国东南沿海区水稻土的微生物组成进行分析。测序结果表明，以 97% 的相似度划分，细菌共获得 6 950 个 OTU，分属于 45 个门 104 个纲 206 个目 261 个科 481 个属；真菌共获得 1 298 个 OTU，分属于 16 个门 33 个纲 67 个目 121 个科 180 个属。

从东南沿海区水稻土的细菌组成来看（表 11-3），在门水平上，细菌主要由变形菌（Proteobacteria，31.37%）、放线菌（Actinobacteria，28.28%）、绿弯菌（Chloroflexi，13.70%）、酸杆菌（Acidobacteria，7.55%）、拟杆菌（Bacteroidetes，5.95%）组成。在纲水平上，主要由 γ-变形菌（Gammaproteobacteria，22.87%）、放线菌（Actinobacteria，21.37%）、厌氧绳菌（Anaerolineae，7.05%）、拟杆菌（Bacteroidia，5.57%）、Thermoleophilia（5.54%）组成。在目水平上，主要由微球菌（Micrococcales，18.06%）、β-变形菌（Betaproteobacteriales，15.43%）、黄色单胞菌（Xanthomonadales，6.44%）、norank（4.95%）、Gaiellales（4.12%）组成。在科水平上，主要由微球菌（Micrococcaceae，16.57%）、伯克氏菌（Burkholderiaceae，13.85%）、norank（13.72%）、未培养细菌（uncultured bacteria，5.60%）、Rhodanobacteraceae（5.27%）组成。在属水平上，主要由 norank（24.68%）、马赛菌（*Massilia*，12.29%）、节杆菌（*Arthrobacter*，11.51%）、未培养细菌（uncultured bacteria，9.29%）、*Pseudarthrobacter*（5.05%）组成。

表 11-3　东南沿海区水稻土主要细菌的相对丰度

门	纲	目	科	属	相对丰度（%）
Acidobacteria	Acidobacteriia	Acidobacteriales	uncultured	norank	1.77
			Koribacteraceae	*Candidatus Koribacter*	1.03
			Acidobacteriaceae (Subgroup 1)	uncultured	0.38
				Granulicella	0.35
		Solibacterales	Solibacteraceae (Subgroup 3)	*Candidatus Solibacter*	0.34
				Bryobacter	0.35
	Holophagae	Subgroup 7	norank	norank	1.04
	Subgroup 17	norank	norank	norank	0.15
					1.18
	Thermoanaerobaculia	Thermoanaerobaculales	Thermoanaerobaculaceae	Subgroup 10	0.15
Actinobacteria	Acidimicrobiia	IMCC26256	norank	norank	0.59
		Microtrichales	uncultured	norank	0.16
	Actinobacteria	Micrococcales	Micrococcaceae	*Arthrobacter*	11.51
				Pseudarthrobacter	5.05
				Agromyces	0.14
				uncultured	0.14
			Intrasporangiaceae	*Janibacter*	0.44
				Terrabacter	0.29
				Phycicoccus	0.11
				Oryzihumus	0.15
				Intrasporangium	0.15

（续）

门	纲	目	科	属	相对丰度（%）
Actinobacteria	Actinobacteria	Corynebacteriales	Mycobacteriaceae	*Mycobacterium*	0.62
		Streptomycetales	Streptomycetaceae	*Streptomyces*	0.16
		Frankiales	uncultured	norank	0.15
			Acidothermaceae	*Acidothermus*	0.29
			Frankiaceae	*Jatrophihabitans*	0.24
				Frankia	0.14
		Propionibacteriales	Nocardioidaceae	*Nocardioides*	0.50
				Marmoricola	0.10
	Coriobacteriia	OPB41	norank	norank	0.17
	MB - A2 - 108	norank	norank	norank	0.26
	Thermoleophilia	Gaiellales	uncultured	norank	3.50
			Gaiellaceae	*Gaiella*	0.63
		Solirubrobacterales	Solirubrobacteraceae	*Conexibacter*	0.45
				uncultured	0.11
			67 - 14	norank	0.76
Bacteroidetes	Bacteroidia	Sphingobacteriales	Sphingobacteriaceae	*Pedobacter*	3.37
				Mucilaginibacter	0.22
			env. OPS 17	norank	0.16
		Chitinophagales	Chitinophagaceae	uncultured	1.14
				Flavisolibacter	0.36
	Ignavibacteria	Kryptoniales	BSV26	norank	0.15
Chloroflexi	Anaerolineae	Anaerolineales	Anaerolineaceae	uncultured	2.28
				Anaerolinea	0.86
				RBG - 16 - 58 - 14	0.22
				Leptolinea	0.11
	Chloroflexia	Chloroflexales	Roseiflexaceae	uncultured	0.32
	Ktedonobacteria	C0119	norank	norank	0.50
		Ktedonobacterales	JG30 - KF - AS9	norank	1.48
			Ktedonobacteraceae	HSB OF53 - F07	0.94
				norank	0.30
				FCPS473	0.19
				uncultured	0.13
	JG30 - KF - CM66	norank	norank	norank	0.12
	KD4 - 96	norank	norank	norank	1.19
	P2 - 11E	norank	norank	norank	0.29
	SHA - 26	norank	norank	norank	0.21
	TK10	norank	norank	norank	0.17
	Anaerolineae	RBG - 13 - 54 - 9	norank	norank	1.74
		SBR1031	norank	norank	0.40
		SJA - 15	norank	norank	1.00

门	纲	目	科	属	相对丰度（%）
Firmicutes	Bacilli	Bacillales	Bacillaceae	*Bacillus*	1.88
			Alicyclobacillaceae	*Tumebacillus*	0.62
			Paenibacillaceae	*Ammoniphilus*	0.56
			Paenibacillaceae	*Paenibacillus*	0.47
			Planococcaceae	*Planococcus*	0.12
	Clostridia	Clostridiales	Clostridiaceae 1	Clostridium sensu stricto 1	0.13
Plancto-mycetes	Phycisphaerae	Tepidisphaerales	WD2101soil group	norank	0.29
		Pirellulales	Pirellulaceae	uncultured	0.15
		Isosphaerales	Isosphaeraceae	uncultured	0.73
				Singulisphaera	0.60
				Aquisphaera	0.51
Planctom-ycetes	Planctomycetacia	Gemmatales	Gemmataceae	uncultured	0.11
Proteo-bacteria	Alphaproteobacteria	Micropepsales	Micropepsaceae	uncultured	0.58
		Caulobacterales	Caulobacteraceae	*Phenylobacterium*	0.47
				uncultured	0.21
		Elsterales	URHD0088	norank	0.12
		Rhizobiales	Xanthobacteraceae	uncultured	0.83
				Pseudolabrys	0.41
				Bradyrhizobium	0.31
			Methyloligellaceae	uncultured	0.23
			Rhodomicrobiaceae	*Rhodomicrobium*	0.19
			Beijerinckiaceae	*Methylocystis*	0.12
			Devosiaceae	*Devosia*	0.12
			Rhodopirillaceae	*Defluviicoccus*	0.18
		Sphingomonadales	Sphingomonadaceae	*Sphingomonas*	0.48
	Deltaproteobacteria	MBNT15	norank	norank	0.16
		Sva0485	norank	norank	0.12
		Myxococcales	Haliangiaceae	*Haliangium*	0.80
			Archangiaceae	*Anaeromyxobacter*	0.38
			Polyangiaceae	*Pajaroellobacter*	0.22
			Archangiaceae	norank	0.15
			P3OB-42	norank	0.12
		Oligoflexales	0319-6G20	norank	0.29
	Gammaprote-obacteria	Betaproteobacteriales	Burkholderiaceae	*Massilia*	12.29
				Ramlibacter	0.91
			SC-I-84	norank	0.70
			Nitrosomonadaceae	Ellin6067	0.45
			Burkholderiaceae	uncultured	0.36
			Burkholderiaceae	*Herminiimonas*	0.13
			Nitrosomonadaceae	MND1	0.13

（续）

门	纲	目	科	属	相对丰度（%）
Proteo-bacteria	Gammaprote-obacteria	Xanthomonadales	Rhodanobacteraceae	*Dyella*	3.66
				Rhodanobacter	1.57
			Xanthomonadaceae	*Luteimonas*	1.11
		Gammaproteobacteria Incertae Sedis	Unknown Family	*Acidibacter*	0.27
		HOC36	norank	norank	0.36

注：norank 表示此等级未定名。

从东南沿海区水稻土的真菌组成来看（表 11-4），在门水平上，真菌主要由子囊菌（Ascomycota，39.50%）、Mortierellomycota（39.35%）、担子菌（Basidiomycota，11.59%）组成。在纲水平上，主要由 Mortierellomycetes（39.35%）、散囊菌（Eurotiomycetes，13.01%）、粪壳菌（Sordariomycetes，11.43%）、座囊菌（Dothideomycetes，10.67%）、伞菌（Agaricomycetes，10.25%）组成。在目水平上，主要由 Mortierellales（9.35%）、未定义真菌（unidentified fungi，13.60%）、散囊菌（Eurotiales，12.91%）、伞菌（Agaricales，10.11%）、格孢腔菌（Pleosporales，9.53%）组成。在科水平上，主要由 Mortierellaceae（36.78%）、未定义真菌（unidentified fungi，26.81%）、曲霉菌（Aspergillaceae，12.53%）、侧耳菌（Pleurotaceae，9.48%）、粪壳菌（Sordariaceae，4.90%）组成。在属水平上，主要由未鉴定真菌（unidentified fungi，43.63%）、被孢霉（*Mortierella*，22.66%）、青霉菌（*Penicillium*，12.13%）、侧耳菌（*Pleurotus*，9.48%）、脉胞菌（*Neurospora*，4.80%）组成。

表 11-4 东南沿海区水稻土主要真菌的相对丰度

门	纲	目	科	属	相对丰度（%）
Ascomycota	Dothideomycetes	Pleosporales	unidentified	unidentified	7.91
			Sporormiaceae	unidentified	1.32
				Westerdykella	0.14
		unidentified	unidentified	unidentified	0.73
		Venturiales	Sympoventuriaceae	*Scolecobasidium*	0.29
	Eurotiomycetes	Eurotiales	Aspergillaceae	*Penicillium*	12.13
			Aspergillaceae	*Aspergillus*	0.27
			Trichocomaceae	unidentified	0.18
				Talaromyces	0.13
			Aspergillaceae	*Xeromyces*	0.10
	Leotiomycetes	Helotiales	unidentified	unidentified	0.51
			Myxotrichaceae	*Oidiodendron*	0.13
	Sordariomycetes	Hypocreales	Hypocreales_fam_Incertae_sedis	*Acremonium*	0.92
			Nectriaceae	*Fusarium*	0.67
			Hypocreaceae	*Trichoderma*	0.46
			Bionectriaceae	unidentified	0.16
			unidentified	unidentified	0.11
		Microascales	unidentified	unidentified	0.11
		Coniochaetales	unidentified	unidentified	0.81

（续）

门	纲	目	科	属	相对丰度（%）
Ascomycota	Sordariomycetes	Sordariales	Sordariaceae	Neurospora	4.80
			unidentified	unidentified	1.05
			Lasiosphaeriaceae	Apiosordaria	0.76
				unidentified	0.14
			Chaetomiaceae	Zopfiella	0.13
			Lasiosphaeriaceae	Podospora	0.12
		unidentified	unidentified	unidentified	0.47
	unidentified	unidentified	unidentified	unidentified	3.42
Basidio-mycota	Agaricomycetes	Agaricales	Pleurotaceae	Pleurotus	9.48
			Strophariaceae	unidentified	0.15
			Tricholomataceae	unidentified	0.42
		unidentified	unidentified	unidentified	0.27
	Tremellomycetes	Cystofilobasidiales	Cystofilobasidiaceae	Guehomyces	0.80
		Tremellales	Bulleribasidiaceae	Vishniacozyma	0.13
Chytridio-mycota	Chytridiomycetes	unidentified	unidentified	unidentified	0.48
Entomophthoromycota	Basidiobolomycetes	Basidiobolales	Basidiobolaceae	Basidiobolus	0.28
Glomero-mycota	Glomeromycetes	Diversisporales	Diversisporales_fam_Incertae_sedis	Entrophospora	0.23
Mortiere-llomycota	Mortierellomycetes	Mortierellales	Mortierellaceae	Mortierella	22.66
			Mortierellaceae	unidentified	14.11
			unidentified	unidentified	2.58
Mucoro-mycota	Mucoromycetes	Mucorales	Pilobolaceae	Pilobolus	0.18
Rozello-mycota	unidentified	unidentified	unidentified	unidentified	0.13

（二）东南沿海区水稻土微生物群落功能

基于 FAPROTAX 对东南沿海区水稻土细菌功能的预测结果表明，细菌可能的主要功能为化学趋化性（chemoheterotrophy，8.50%）、有氧趋化性（aerobic chemoheterotrophy，7.93%）。基于 FUNGuild 对东南沿海区水稻土真菌功能的预测结果表明，在一级分类上，真菌的营养方式可能主要以腐生-共生菌（saprotroph-symbiotroph，33.93%）、腐生菌（saprotroph，22.08%）、病原-腐生菌（pathotroph-saprotroph，11.01%）为主。在二级分类上，真菌的营养方式可能主要以未定义的土壤植物内生腐生菌（endophyte-litter saprotroph-soil saprotroph-undefined saprotroph，33.69%）、未定义腐生菌（undefined saprotroph，19.76%）、植物病原内生-木材腐生菌（endophyte-plant pathogen-wood saprotroph，10.27%）为主。

通过高通量测序方法探究了东南沿海区水稻土微生物的存在情况。研究结果表明，对于细菌群落而言，变形菌门（Proteobacteria）、放线菌门（Actinobacteria）、绿弯菌门（Chloroflexi）、酸杆菌门（Acidobacteria）细菌是主要群体，与东北区水稻土优势细菌类型相同，但相对丰度的比例差异较大。细菌的功能预测结果与东北区水稻土细菌功能预测结果相似，可能的优势功能群均为化学趋化性（chemoheterotrophy）和有氧趋化性（aerobic chemoheterotrophy）。对真菌群落而言，子囊菌门

（Ascomycota）、Mortierellomycota、担子菌门（Basidiomycota）真菌是主要群体，同细菌一样，东南沿海区水稻土中优势真菌与东北区水稻土优势真菌类型相同，但相对丰度的比例差异较大。真菌的功能预测结果也与东北区水稻土相同，可能的功能真菌都主要为腐生营养型（saprotroph）真菌。

三、水稻土细菌-真菌网络结构特征

高通量测序方法获得了整个东亚区域的土壤微生物，通过计算网络分析中常用的拓扑属性来描述细菌与真菌的相关关系。经验网络的平均聚类系数（avgCC）、平均测量距离（GD）和模块化的值明显高于其具有相同大小的随机网络的值，这表明观察到的网络具有典型的小世界和模块化特征（表11-5），水稻-豆科轮作有较大的连接数（avgK值），表明其网络最为复杂（Montoya et al.，2006）。此外，网络分析确定了每个OTU在由所有土壤样品组成的微生物网络中的拓扑作用（图11-1）。10个细菌模块中的3个分别与变形杆菌和放线菌相关，而其他属于不同的类群，包括绿弯菌门、厚壁菌门、酸杆菌和硝化螺旋藻。3个真菌模块与特定的子囊门相关。特别的，一个共有的细菌（根瘤菌/慢生根瘤菌属）被认为是连接点，而另一种真菌（肉座菌）被认为是模块核心点（图11-1和图11-2）。

表 11-5　水稻土生物类群经验网络和随机网络的典型拓扑结构

耕作模式	经验网络							随机网络		
	相似度阈值	网络规模	连接数	平均连通性	平均测量距离	平均聚类系数	模块化	平均测量距离标准差	平均聚类系数标准差	模块化标准差
Whole	0.74	457	1 183	5.18	8.53	0.41	0.82	3.48±0.03	0.068±0.003	0.58±0.01
单季水稻	0.89	468	1 219	5.21	5.34	0.43	0.78	2.48±0.07	0.047±0.005	0.43±0.01
水稻/小麦	0.89	535	1 585	5.92	5.21	0.47	0.82	2.97±0.03	0.054±0.004	0.57±0.01
双季水稻	0.90	561	2 057	7.33	5.33	0.45	0.77	2.81±0.04	0.046±0.004	0.59±0.01
水稻/豆科/水稻	0.89	622	2 379	7.65	7.37	0.41	0.81	3.24±0.06	0.06±0.005	0.64±0.01

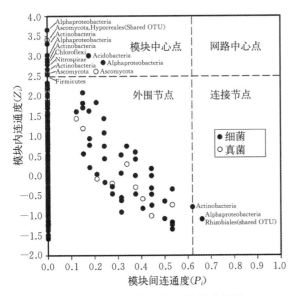

图 11-1　网络节点的 zp 值分布情况

注：每一个点代表一个OTU。

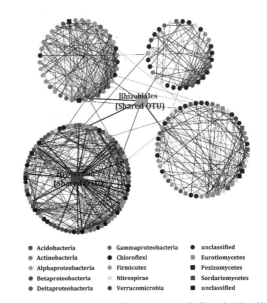

图 11-2　水稻土中细菌（圆形）和真菌（方形）的网络结构

注：黑线表示正相关关系，灰线表示负相关关系。粗线表示共有 OTU 与其他节点的连线。

高通量技术的出现为表征微生物之间复杂而多样化的相互作用提供了机会（Raes and Bork，

2008）。通常这些网络是非随机的，并且比随机网络具有更高的平均聚类系数、平均测量距离和模块化。结果表明，共有细菌慢生根瘤菌（根瘤菌）和肉座菌是细菌真菌网络的连接器和模块中心（图 11-1 和图 11-2）。根据网络理论的预测，网络的连接点和模块中心通常被认为是网络的关键物种（Montoya et al.，2006）。与子网中系统发育相关的模块中心相关的生物表明了复杂的群落相互作用。例如，与硝化念珠菌（Nitrososphaera clusters 1.1）密切相关的 crenarchaeotal OTUs 被描述为土壤中普遍存在的成员（Bates et al.，2010），并在微生物网中被归类为通才（Jiang et al.，2015）。有人提出相关的 Crenarchaeota 门可能在氮循环中起重要作用，如氨氧化和甲烷氧化（Leininger et al.，2006）。与伯克氏菌密切相关的草螺菌在 β 变形杆菌中占主导地位。先前已证明，草螺菌与稻田土壤的硝酸盐还原有关（Ishii et al.，2009）。通过功能性单细胞分离获得的草螺菌株携带 nosZ 并将外源 N_2O 还原为 N_2，表明它们也是 N_2O 还原的重要参与者。关键物种通常对整个网络至关重要，将其从特定的生态系统中移除可能会导致灾难性的变化（Montoya et al.，2006）。但是，土壤生物丧失的影响取决于它们在网络中的特定位置以及它们与其他生物联系的关键性质（Eiler et al.，2012）。

第二节　长江中下游区水稻土微生物分布格局

长江中下游区是我国重要的水稻产区之一。该区稻作制度单季稻、双季稻兼具，品种类型包括籼稻、粳稻及杂交稻等，以占全国 19% 的耕地生产出约占全国 51% 的稻谷（葛道阔等，2009），对维护我国粮食安全具有重要意义。水稻土是在长期水耕和植稻作用下形成的一种特殊的人为土壤，具有明显区别于其他土壤类型的土壤发生学特性。水稻土独特的氧化还原特性使其富集了好氧、厌氧、兼性厌氧等多种微生物，这些微生物调控稻田土壤的碳氮循环过程，参与关键元素氧化还原的电子传递，从而调控氧化亚氮、氮气、硫化氢、甲烷和氨气等气体的排放。例如，水稻土淹水、排水的干湿交替过程导致土壤氧化还原电位不断改变。在好氧条件下，土壤有机碳在微生物的作用下降解为 CO_2，排放到大气中（Kimura et al.，2004），或者被微生物同化固定并转化为土壤有机质；在厌氧条件下，土壤有机碳通过一系列的微生物发酵降解过程产生小分子有机酸，最终产生甲烷排放至大气（Kimura et al.，2004）。水稻田中甲烷氧化细菌与氨氧化细菌相互耦合，可以调控温室气体 N_2O 排放（Sutka et al.，2003）。此外，施加氮肥能够有效促进水稻光合作用及水稻根际的碳沉积，并显著影响土壤微生物量碳的更新率（Ge et al.，2015），土壤氮的生物有效性也与有机质的周转密切相关。水稻土中微生物群落的多样性决定了可利用有机质底物的种类和数量，同时影响了 pH、氧化还原电位等。鉴于微生物群落对水稻土有机质生物地球化学过程的介导作用，以及微生物群落对碳平衡、温室气体产生或损耗、水体富营养化以及作物产量的重要影响，有必要深入了解水稻土的微生物群落多样性、结构组成、分类学组成、功能组成以及群落的形成机制。

生物地理学是研究生物（种群、群落等不同层次）的时空分布格局及其形成因素的科学，是群落生态学、农林学科非常重要的一门分支。微生物生物地理学由生物地理学衍生而来，其目的是揭示微生物（细菌、古菌、真菌、功能微生物等）的时空分布格局、组成以及驱动机制。微生物数量大、种类多、生物量大，是最丰富的"生物资源库"。1913 年，荷兰细菌学家 Beijerinck 首次提到微生物可能无处不在，第一次提及微生物的地理分布问题。1934 年，Becking 进一步提出了"微生物无处不在，但环境会对它们进行选择"的论点。从此，人们认识到环境选择对微生物的重要性，有关微生物生物地理学的研究逐渐开始。然而，由于自然界中的微生物绝大多数不可培养，长期以来，微生物的生物地理学发展十分缓慢，远远滞后于动植物的生物地理学研究。21 世纪以来，高通量测序、生物信息等技术的革命性突破进一步推动了微生物生物地理学的发展。开展微生物生物地理学研究有助于深入挖掘未知的生物资源，深刻理解环境中微生物多样性产生、维持的机制，了解森林、草地、水稻田等不同生态系统中微生物的地理分布格局，并预测生态系统功能的演变方向。水稻土微生物种群主要为细菌、古菌、真菌等。其中，细菌的数量最大。固氮菌由于在固氮方面的巨大潜力并有利于减少氮肥使用，近年来越来越受到重视；水稻土中的产甲烷古菌是全球第二大温室气体甲烷的主要产源；真菌对于碳降解具有重要作用，在调控温室气体排放方面起到重要作用。因此，水稻田在生态学、环境学、微生物地理学、生物医学、农学等诸多学科被视为重要的研究对象之一。

一、水稻土微生物多样性

（一）微生物多样性特征与主要种群

微生物多样性是微生物的种类、基因以及生态功能的多样化程度，可以分为基因、物种、种群和群落 4 个层面，是所有微生物生态系统的基本属性，同时又与研究所处的时间尺度和空间范围有关，呈现出明显的尺度依赖性（Ladau et al.，2019）。通过对水稻田土壤 DNA 样品的 16S 核糖体 RNA 基因（16S rRNA）、固氮基因（$nifH$）以及内转录间隔区基因（ITS）进行扩增并高通量测序，可以获得细菌、固氮菌和真菌信息。在长江中下游区广泛采集了 188 个水稻土样本，以 97% 的相似度划分，细菌共获得个 32 015 个 OTU，分属于 35 个门 55 个纲 63 个目 71 个科 207 个属。其中，约 10% 的细菌 OTU 未被注释。在门水平上，细菌主要由变形菌（Proteobacteria，40.25%）、酸杆菌（Acidobacteria，12.62%）、绿弯菌（Chloroflexi，7.74%）、拟杆菌（Bacteroidetes，4.63%）、放线菌（Actinobacteria，4.57%）、疣微菌（Verrucomicrobia，4.49%）、厚壁菌（Firmicutes，3.12%）、泉古菌（Crenarchaeota，1.26%）组成（表 11 - 6）。在纲水平上，主要以 δ -变形菌（Deltaproteobacteria，13.72%）、α -变形菌（Alphaproteobacteria，9.44%）、β -变形菌（Betaproteobacteria，8.81%）、厌氧绳菌（厌氧绳菌纲，5.45%）、γ -变形菌（Gammaproteobacteria，4.99%）为主。

表 11 - 6　长江中下游区水稻土主要细菌和真菌属的相对丰度

	门	纲	目	科	属	相对丰度（%）
细菌	Acidobacteria	Acidobacteria _ Gp1	Unclassified	Unclassified	Gp1	3.08
		Acidobacteria _ Gp3	Unclassified	Unclassified	Gp3	1.03
		Acidobacteria _ Gp7	Unclassified	Unclassified	Gp7	1.16
	Proteobacteria	Deltaproteobacteria	Desulfuromonadales	Geobacteraceae	*Geobacter*	1.84
			Myxococcales	Cystobacteraceae	*Anaeromyxobacter*	1.23
		Betaproteobacteria	Hydrogenophilales	Hydrogenophilaceae	*Thiobacillus*	0.51
		Alphaproteobacteria	Sphingomonadales	Sphingomonadaceae	*Sphingosinicella*	0.47
					Sphingomonas	0.46
			Rhizobiales	Xanthobacteraceae	*Pseudolabrys*	0.44
				Bradyrhizobiaceae	*Bradyrhizobium*	0.41
真菌	Ascomycota	Sordariomycetes	Hypocreales	Ophiocordycipitaceae	—	—
			Sordariales	Chaetomiaceae	*Ophiocordyceps*	83.98
		Zygomycota	Mucoromycotina _ Incertae _ sedis	Mortierellaceae	*Chaetomium*	2.11
		Pezizomycotina _ Incertae _ sedis	Pezizomycotina _ Incertae _ sedis	Pezizomycotina _ Incertae _ sedis	*Mortierella*	1.15
					Dokmaia	0.56
		Agaricomycetes	Agaricales	Bolbitiaceae	*Ochroconis*	0.09
					Bolbitius	0.02

在 188 个样本中，鉴定了超过 6 000 个固氮菌 OTU（Gao et al.，2019）。其中，约 10% 的细菌 OTU 未被注释。δ -变形菌是细菌群落中最丰富的，其次是酸杆菌、α -变形菌、β -变形菌、Chlo-

roflexi 和 γ-变形菌。对于固氮菌而言，α-变形菌丰度最高，其次是 δ-变形菌和 β-变形菌。与细菌相比，可以被注释的固氮菌序列只占 42%，表明目前人们对水稻土中固氮菌的分类信息了解非常有限。在相同的样本中，鉴定出 11 342 个真菌 OTU，但只有 13.9% 的 OTU 能被注释。真菌中最丰富的种群是 Sordariomycetes 纲，占总丰度的 22.3%。丰度最高的 OTU 为被孢霉属，占总丰度的 3.8%。总体而言，不同样品中微生物多样性差别很大，但有部分丰度很高的细菌、固氮菌和真菌 OTU 在所有的样本中均能检出，说明水稻土中存在核心微生物种群。

古菌作为一个独立的生命领域，与细菌和真核生物截然不同。古菌广泛存在于极端环境，具有嗜酸、嗜碱、嗜盐和嗜热等特殊的生物学特征。例如，盐古菌生活在盐碱等极咸的环境中，其数量超过了该生境细菌数量的 20%。嗜热古菌的生存温度最高可达 45 ℃，可在热泉等生境下广泛分布；超嗜热古菌的最适生长温度超过 80 ℃；甲烷菌中的 "Methanopyrus kandleri Strain 116" 可以在 122 ℃ 条件下繁殖，是目前生物体生长温度的最高纪录。除了中高温环境，古菌在极地海洋等低温环境中也同样存在，且具有很高的丰度。古菌在极端环境中的数量可高达微生物量的 40%，是特殊环境中重要的微生物资源库。但目前能在实验室纯化培养的古菌物种极少，人们对古菌的生理特征、功能特性及分布规律的了解十分缺乏。

古菌的多样性和类群可通过目前广泛使用的 16S rRNA 扩增的方式获得。但是，由于针对 16S 特定区域的研究存在精度较低等问题，基于鸟枪法短序列测序和纳米孔的长序列测序，逐渐成为研究环境中古菌的最主要手段。水稻土中广泛分布着古菌。其中，人们认识较早、研究较多的主要为氨氧化古菌（AOA）和产甲烷古菌。在氨氧化古菌中，*Nitrososphaera* 属是水稻田生态系统中主要的氨氧化古菌类群，对铵态氮肥的响应非常敏感（Fu et al.，2020），而且氨氧化古菌在水稻根系比氨氧化细菌更为丰富。产甲烷古菌是水稻田生态系统碳循环的重要参与者，在水稻田淹水季节是非常重要的甲烷排放源。产甲烷古菌包含多个类群，参与调控厌氧条件下的碳循环。水稻田生态系统中主要包括 Methanobacteriales 目、Methanocellales 目、Methanosarcinaceae 目为主的氢型产甲烷古菌和 Methanosarcinaceae 目、Methanotrichaceae 目为主的乙酸型产甲烷古菌。近年来新发现的厌氧甲烷氧化古菌（ANME）广泛存在于各种湿地生态系统中，被证明参与很多厌氧环境中甲烷排放的调节。其中，硝酸盐依赖（n-damo）和铁锰依赖的厌氧甲烷氧化是最为主要的厌氧甲烷氧化途径。目前，多数水稻田古菌的研究基于培养或者 16S rRNA、amoA 基因扩增子测序，还不足以更好地理解特定的 AOA、产甲烷古菌和甲烷氧化古菌类群在水稻田生态系统中的多样性、功能等。

（二）水稻土微生物多样性的影响因素

水稻土微生物地理空间分布的驱动因子包括当代环境条件，如气候条件（光照、降水、温度）、土壤理化性状（pH、营养状况）、地理因素（距离分隔、物理屏障、扩散限制）和历史进化因素（过去环境的异质性）等。然而，当代环境条件与历史进化因素对于微生物群落空间变异的相对贡献仍存在很大的争议，主要与生态系统类型、研究尺度、微生物类群、个体大小以及研究技术手段等相关。

1. 气候条件 气候条件是影响土壤温度和水分的关键因素，间接影响土壤微生物群落的构建和分布（Nemergut et al.，2005）。已知年均温度和年均降水量对氨氧化古菌和氨氧化细菌的分布影响很大。其中，氨氧化古菌的丰度及多样性与年均温度有明显的正相关关系（$P<0.01$），而与纬度呈显著负相关（$P<0.01$）；氨氧化细菌与年均温度显著负相关（$P<0.01$），而与纬度呈显著正相关（$P<0.01$），气候条件会对微生物的地理分布格局产生影响（Hu et al.，2015）。Methanocellaceae 目在年均温度 26 ℃ 的海南水稻土产甲烷古菌中的比例为 32.0%，而在年均温度 15 ℃ 的江苏扬州所占比例为 13.0%（Feng et al.，2013）。另有研究表明，温度是影响我国水稻田产甲烷古菌分布的重要因素（俎千惠等，2014）。这主要是由于温度升高通过增加底物供应而影响产甲烷古菌群落的结构和功能。另外，温度对产甲烷古菌的生长和代谢速率也会产生直接影响。同时，不同微生物对土壤水分条件的适应程度不一样，导致不同物种的繁殖生长速度形成差异。土壤细菌群落丰度与土壤的含水量成正比，真菌和放线菌群落丰度与土壤的含水量成反比。随着气候变暖以及极端天气的频发，长江中下

游地区特别是湖北、湖南等省份将成为我国南方稻区中增温最显著的区域之一，高温、洪涝和季节性干旱等灾害性天气也将明显影响稻田生态系统。

2. 土壤理化性状 土壤作为各种微生物生存的大本营，对生物的新陈代谢至关重要，对土壤微生物可产生重要影响的理化性状包括土壤粒径、酸碱性、有机质、各类营养元素的含量以及 C/N 等。

土壤有机质为土壤微生物的新陈代谢提供能源和基本营养物质，土壤中有机质的种类及含量为土壤各种生物反应提供能量、底物，对土壤微生物多样性极其重要。在多数情况下，土壤中微生物的丰度与有机碳库中可利用碳源的含量呈正相关关系。研究表明，土壤溶解性有机碳元素的含量是驱动真菌多样性的主要环境因子（Zhao et al.，2019）。水稻田中溶解性的碳含量较低。地上部的生物量由于收割而被去除，地下植物残体的分解速度不足以供给微生物的需要。因此，溶解性的有机碳含量成为非常重要的限制因素。研究表明，真菌群落和土壤养分（溶解性有机碳、氮）之间具有显著相关性（Yuan et al.，2018）。水稻土中丰度最高的真菌为子囊菌门的 Sordariomycetes 纲。Sordariomycetes 纲在 C/N 较低的土壤中较为丰富（Yuan et al.，2018）。水稻收割或氮肥施用造成的土壤 C/N 降低可能是导致 Sordariomycetes 纲丰度增加的重要原因。产甲烷古菌的丰度主要受土壤碳（$P=0.001$）和氮（$P=0.001$）含量的影响。土壤 C/N 也是影响土壤微生物群落结构及多样性的重要因素。

土壤颗粒会影响土壤有机质的含量。以往的研究发现，土壤颗粒的团聚效应使得微生物在土壤团块内部更为相似，而土壤团块之间的差异较大，微生物群落多样性差异更明显（Faust et al.，2012）。不同微生物在土壤团块的分布也不同，细菌主要分布在黏粒部分，真菌主要分布在较大颗粒的土壤中。

土壤的酸碱性对土壤养分的运输和转化及其生物有效性具有较大影响。当土壤 pH 降低时，土壤有机物质的可溶性会有所降低，从而影响土壤微生物活性，改变土壤微生物的群落结构。相关研究也发现，pH 是影响水稻土中氨氧化古菌、细菌以及产甲烷古菌的主要因素（俎千惠等，2014），而 C/N 是次要因素（Hu et al.，2015）。与细菌和古菌不同，土壤真菌的空间分布与土壤 pH 相关性较小，这可能是由于真菌适应土壤 pH 的范围比细菌更宽。

3. 植被 微生物群落结构会由于植被类型造成的土壤理化差异而变化。通过对 6 个品种水稻土的微生物测序发现，不同品种的水稻对氨氧化古菌和细菌的丰度与分布有明显的影响（宋亚娜等，2009）。

二、地理分布格局

（一）微生物地理分布格局特征

地理距离衰减规律，即随着地理距离的增加，微生物群落的相似性降低，是表征这一差距的重要地理学分布规律之一（Green et al.，2006）。这一规律揭示了随着空间距离增加，微生物群落多样性增加。地理衰减的速率显示了微生物群落多样性增加的速率。水稻土特殊的耕作方式——定期翻耕，使得水稻土中微生物更容易进行地理扩散。此外，长期翻耕使得水稻土的异质性比其他农田土壤要低（Ranjard et al.，2013），相似的土壤环境更容易选择出相似的微生物。基于这些假设，水稻土中微生物群落的地理衰减速率应比其他环境要低。同时，不同的微生物群落，如细菌、真菌、古菌和固氮菌微生物群落的地理衰减规律可能存在差异（Angermeyer et al.，2015）。

尽管微生物的地理衰减规律被广泛研究，但是水稻田中微生物群落的地理衰减规律的研究比较缺乏（Angermeyer et al.，2015）。长江中下游区水稻土分布广泛，且温度、湿度等气候条件差异相对较小。研究表明，在小尺度（1～113 m）、中尺度（3.4～39 km）、大尺度（103～668 km）上，细菌和固氮菌的地理衰减速率具有显著差异，表现为固氮菌地理衰减速度总的变化幅度比细菌群落的大3～5 倍（图 11-3）。原因是固氮菌序列保守片段较少，因此分辨率更高，使得易于检测出固氮菌群落的相似性变化（Gao et al.，2019）。水稻土中细菌群落在中尺度和大尺度上均没有地理扩散（Gao et al.，2019），在小尺度的地理扩散速率与在沉积物中相似（0.003～0.07）（Schauer et al.，2010），这表明水稻土中细菌的扩散限制较小。

固氮菌在中尺度并没有显著的地理衰减规律，说明我国不同水稻土之间固氮菌的相似度比较高，微生物固氮功能比较稳定（Gao et al.，2019）。按照细菌或固氮菌在所有样品中出现的概率，将细菌和固氮菌群落分为稀有种群（在 25% 及以下的样品中被检测到）和核心种群（在超过 75% 的样品中被检测到）。地理衰减的空间依赖性在稀有固氮菌群落以及核心固氮菌群落中都存在（图 11-4b），表明固氮菌地理衰减空间依赖性具有普适性（Gao et al.，2019）。地理衰减速率的空间尺度依赖性并没有在核心细菌种群中发现（图 11-4a），这可能是因为核心细菌种群比核心固氮菌拥有更多的生态位，地理距离增加对核心细菌种群 β 多样性的影响会小得多。

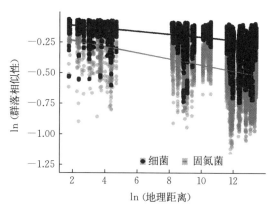

图 11-3 长江中下游区水稻土细菌和固氮菌的地理距离衰减关系

再者，由于细菌群落具有更多的物种，物种的迁移、飘散、定植过程会更加随机。

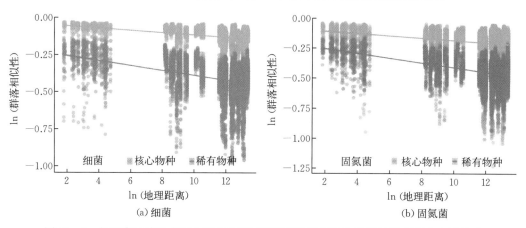

(a) 细菌 (b) 固氮菌

图 11-4 长江中下游区水稻土细菌和固氮菌稀有种群与核心种群的地理距离衰减关系

真菌群落的非度量多维尺度分析（NMDS）表明，水稻土真菌具有地理分布格局，同一区域之中的真菌群落结构较为相似（图 11-5），与 PERMANOVA 结果类似（$F=13.60$，$R^2=0.23$，$P<0.01$）。水稻土中真菌群落在纲水平上的组成分析表明，Sordariomycetes 纲是丰度最高的纲类，其次是 Agaricomycetes 纲、Tremellomycetes 纲和 Dothideomycetes 纲。在纲水平上，真菌群落组成在不同地区之间变化较小（图 11-6）。真菌群落在大尺度上没有观察到距离衰减关系，在中尺度上距离衰减关系的斜率最大，且显著大于小尺度的距离衰减关系的斜率（slope=-0.246，$P<0.01$）。Mantel Correlogram 分析与距离衰减关系一致，即距离在 10~25 km 存在显著的空间结构，也即中尺度的距离衰减关系最为强烈。而在较大的研究尺度下尤其是大于 250 km，群落结构与空间距离之间的关系则非常弱。

在传统的微生物地理学研究中，通常将地理距

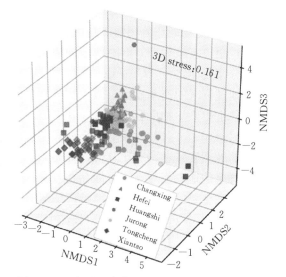

图 11-5 水稻土真菌群落结构的非度量多维尺度分析（NMDS）

注：NMDS 基于 Bray-Curtis 不相似性指数，选取了 NMDS 的前三个维度，NMDS 的压力已经标在图中。

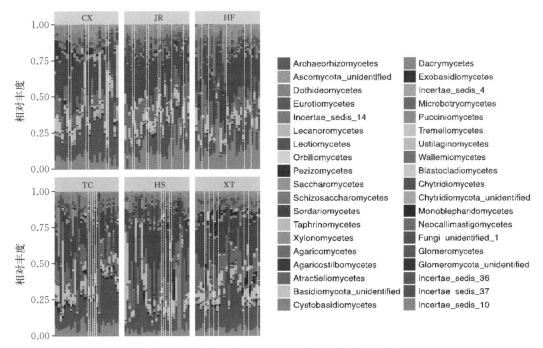

图 11-6 水稻土真菌群落结构在纲水平上的组成

离、环境差异作为驱动微生物地理衰减的主要因素。然而，微生物物种之间通过相互作用形成复杂的网络结构，微生物网络的拓扑学性质对微生物群落 β 多样性的空间异质性也具有最重要的影响。目前，已有研究通过构建微生物网络、计算网络拓扑学性质，将生物因素即网络拓扑学性质纳入微生物地理学研究中（Gao et al.，2019）。对微生物群落在多个空间跨度上构建共现性网络。结果表明，水稻土细菌、固氮菌和真菌的共现性网络结构并非随机，均为无尺度（scale-free）网络，并且都具备复杂网络的典型特征：小世界（small-world）和模块性（modularity）。这些网络结构特征对于微生物生态系统的稳定性和适应性具有非常重要的生态学意义。首先，网络结构中的任何两个物种都能通过一定的联系方式产生必然的关系（小世界），网络中物种之间的交流有效且快，这使得生态系统的结构甚至功能能够对外界环境变化迅速产生响应。其次，在无尺度网络中，绝大部分物种只与很少的物种相联系，而极少数物种（关键物种）与非常多的物种相联系。这些关键物种的存在使得网络结构对随机物种的消亡有着强大的承受力和稳定性。但是，协同性攻击造成的关键物种消亡，则可能会引发网络结构及功能的巨变。同时，网络模块可被当做微关联的模块，模块化体现了细菌群落的生态位（Chaffron et al.，2010）。生物群落功能相似的群体容易相互关联，形成密切的网络关系。模块特性可以在一定程度上减缓局部扰动对整个网络结构的影响。总的来说，水稻土微生物共现性网络在应对外界环境变化时可以通过平衡网络拓扑结构特征的利弊来维持生态系统的稳定性。

水稻土微生物共现性网络中所识别的关键物种可分为网络中连接度极高（network hub）、模块内连接度极高（module hub）以及模块间连接度极高（connector）的物种。固氮菌网络中的 network hub 均为未培养物种；真菌网络中的 network hub 隶属于柄孢壳菌属、被孢霉属、红酵母属以及一个未知属（子囊菌门）。这些真菌对于土壤酶活以及地上植物生长发挥着重要作用。真菌网络物种间的负相关关系较多，表明可能存在较多的种间竞争关系。细菌、固氮菌以及真菌网络中的关键物种很少重复出现在多个不同的网络中，即呈现一定的空间动态性（Wan et al.，2020）。该结果支持背景依赖理论（context dependency theory），即网络中的关键物种只在某一特定的环境背景下发挥重要作用，具有时空依赖性，表明了将生物因素纳入地理学研究具有重要意义。绝大部分关键物种的相对丰度极低（0.002%～0.099%）。在以往的研究中，高丰度菌群受关注较多；在今后的研究中，需要更多地关注低丰度的关键物种。

（二）水稻土微生物群落结构的影响因子

在不同的空间尺度上，环境因子的差异性不同。在一块稻田中，土壤湿度、温度、含水量相似性高；而在大尺度上，不同水稻土的环境因子差异性则会远远高于小尺度。同时，地理扩散的限制在不同尺度上也有巨大差距：在一块水稻田中，土壤微生物容易随风或随水飘移，而在不同省份之间，由于山川阻隔，微生物的长距离飘移则变得十分困难。基于以上两点，微生物群落在大尺度上的相似性应小于在小尺度上的相似性。因此，在不同空间尺度和区域中，影响水稻土微生物群落结构的影响因子差异较大（图11-7）。

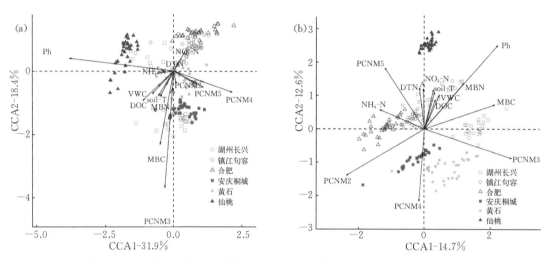

图11-7 环境因子与细菌群落（a）和真菌群落（b）之间的典范对应分析
注：PCNM代表空间距离临近矩阵的主成分。不同的灰度代表不同城市。典范对应分析模型和图中所示因子均为显著（P<0.05）。

地理距离和物种之间的相互作用关系如平均连接度、平均聚合度等重要网络性显著影响了小尺度、大尺度的固氮菌群落地理衰减规律。地理距离、物种相互作用和土壤pH显著影响了中尺度细菌群落的地理衰减距离（Gao et al.，2019）。真菌在水稻土中的分布受到环境因素的强烈选择作用。其中，溶解性有机碳的含量是决定真菌多样性和群落组成重要的因素（Zhao et al.，2019）。非生物因素对细菌和固氮菌的影响相似。相比生物因素与非生物因素，地理距离对真菌群落的影响更大。此外，植被类型是土壤微生物群落结构多样性的关键因素之一，微生物群落结构会根据植被类型呈现不同的分布格局。植被类型对土壤微生物群落数量、生物活性、功能类群及代谢等方面有不同的促进或干扰抑制作用。

三、水稻土微生物群落构建机制

为了解释微生物地理分布格局，已有多种理论模型。其中，两个主要的微生物地理学理论为生态位理论和中性理论。生态位理论是假设物种在不同的生态位中具有差异，物种由环境中的确定性过程（包括环境过滤作用和各种生物关系，如竞争、互利、偏利和捕食等）决定。而中性理论假定所有物种或个体在生态学上等价，其物种由随机性过程（包括概率分布、随机的物种形成和灭绝以及生态漂移）控制。中性理论挑战了生态位理论的两个基本概念：①所有物种和个体的生态功能不同；②环境因子决定了微生物群落分布。但是，生态位理论和中心理论对于微生物地理分布格局的形成并不完全对立。两者之间具有互补关系，共同决定了微生物地理分布格局。

从群落构建理论角度来看，造成不同尺度下土壤微生物群落空间分布格局差异的原因在于群落构

386

建机制的差异。目前，生态学家趋向于认为，生态位理论和中性理论都对群落构建产生影响，但这种影响具有明显的尺度依赖性。小尺度下生态位理论的作用大于中性理论，而大尺度下中性理论的作用大于生态位理论（贺纪正等，2015）。在认可微生物扩散限制的前提下，扩散过程在小尺度比在大尺度更容易实现。

地理距离衰减关系在不同空间尺度上具有差异的主要原因是驱动微生物群落多样性分布的生态学过程在不同的空间尺度上并不相同，如确定性的环境选择、扩散限制，以及随机性的出生、死亡、随机飘变等（McGill et al.，2010）。其中，在较大的空间尺度下，确定性的环境选择过程更加重要；而在较小的空间尺度下，扩散过程和随机漂变过程更加重要。这一发现与植物群落构建驱动因素的尺度依赖性相一致。通过比较真菌和细菌群落构建机制的差异发现，在大尺度上，确定性过程更为重要（Zhao et al.，2019）。其中，土壤环境因素比地理距离相关的空间变量解释了更多的真菌群落结构的变异 [9.0%和5.4%，图11-8（a）]，而在较小的尺度上（如中间尺度上），地理距离相关的空间变量比土壤环境因素解释了更多的真菌群落结构的变异 [图11-8（b）～（g）]。这说明在较大的区域研究尺度下，环境选择比空间变量所指征的扩散和随机漂变等过程更加重要。而当研究尺度减小时，空间距离相关的扩散和随机漂变等过程比环境选择更加重要。由于真菌个体尺寸较大，与细菌相比，真菌对环境变化的容忍力更小，因此易于受到环境的过滤作用。而且，真菌的生态位宽度比细菌更窄，支持了个体尺寸-可塑性假说（size-plasticity hypothesis）。漂变等随机性过程在小尺度（63.9%）、中尺度（50.2%）和大尺度（17.6%）对真菌的解释量逐渐减小，说明小尺度上的随机作用更强。

探究土壤菌群相互作用的环境影响因素能帮助了解土壤菌群对外界环境变化的适应机制，以及如何更好地预测其对环境变化的响应。本研究选择了9种土壤理化因子（含水量、温度、铵态氮等）以及2种生物因子（微生物丰度和微生物系统发育多样性）。多元回归模型分析结果表明，细菌网络结构仅受温度显著影响（图11-9）。固氮菌和真菌网络共有的影响因素包括铵态氮、微生物丰度和温度。此外，含水量显著影响固氮菌网络结构；溶解性总氮显著影响真菌网络结构。基于环境因子数据与网络拓扑结构（连通性，connectivity）相关关系结果间接表明，细菌及固氮菌网络连通性与所选全部土壤理化因子显著相关。其中，绿弯菌门对土壤理化因子的变化更为敏感。这些结果表明，不同菌群的共现性网络拓扑结构中的关键物种及影响因素存在差异，为了更加全面地了解土壤微生物的结构和功能，今后的研究需要涵盖更多不同的微生物类群。本研究为探明微生物生物地理规律、微生物组成及对土壤生态系统功能的影响提供了新的视角。

在区域尺度上，旱地土壤古菌群落的丰富度和多样性指数显著低于水稻土，水稻土中辽宁沈阳的古菌丰度最低，江西南昌的古菌丰度最高，古菌群落β多样性在各个地区差异不显著。氨氧化古菌和产甲烷古菌的丰富度在空间尺度上的分布会随着距离产生变化。有关学者提出了土壤微生物群落空间分布的4种理论假设（图11-10）。有研究发现，亚热带地区长期施肥和秸秆还田条件下，水稻土微生物构建主要是随机性和确定性过程占主导（Capek et al.，2018）。华北平原上麦田土壤根际和非根际微生物的群落构建结果表明，古菌群落的构建为随机性过程主导，细菌、真菌群落的构建为确定性过程主导（Thakur et al.，2018）。在群落构建的过程中，环境因子尤其是土壤环境，如温度、土壤pH、有机碳、氮、磷等将在很大程度上影响土壤中古菌、真菌、细菌的演替方向。

目前，有关长江中下游稻区土壤微生物地理分布的研究都还处于初级的层面。土壤微生物在大空间尺度上的分布，既受当代环境条件（如土壤pH、土壤养分、生物互作等）的影响，又受历史进化因素的影响。这就需要在样品采集时更加严谨地设计试验，采用先进技术手段与多种分析方法区分环境因素、生物因素及历史因素的相对贡献。

土壤微生物时空演变研究是以对微生物功能的关注为根本驱动力的，其主要内涵是土壤微生物维持陆地生态系统生物多样性和功能所发挥的作用。因此，微生物地理学还应关注土壤微生物与植物群落的协同分布及共进化问题。例如，微生物多样性与植物产量及生长互作机制、环境因子调节微生物活动机制、微生物在外界环境变化后的响应机制等问题，还需进行室内培养或田间及野外试验进行验

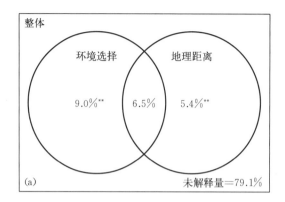

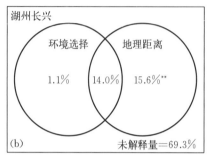

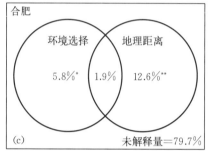

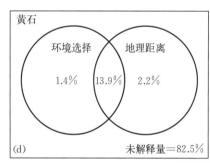

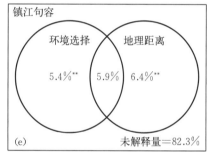

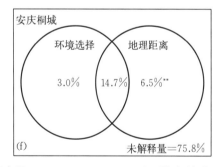

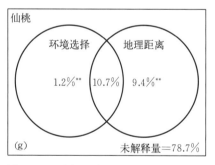

图 11-8　空间变量（PCNM2～PCNM5）和环境变量对区域（a）和中间尺度（b～g）的真菌群落变化的相对作用

注：标记的值表示每个分数解释的群落变异的百分比，包括单独的、共享的解释部分和无法解释的变异部分。前向选择用于选择解释群落变异的最佳环境和空间变量。基于 RDA 的 ANOVA 置换检验是根据每组解释量的变化计算的，排除了另外一组的影响。*、** 表示差异显著水平，** 为 $P<0.01$，* 为 $P<0.05$。

证和研究。氮素是土壤中的常见限制性营养元素，而植物本身不能固氮。因此，固氮微生物对植物初级生产力有着更加明显的影响。植物的内生菌、根际微生物可以更直接地影响植物，也可以通过介导植物和非根际微生物之间的物质和能量交换。两者相互影响、相互改变，形成正反两方面的反馈，共同驱动了各自群落结构的演变，也影响了土壤元素循环过程。因此，在当前全球气候变化的背景下，关注土壤微生物和植物的格局及其在时空尺度上的演变规律，有助于研究人员更为准确地评估气候变化的环境和生态效应。

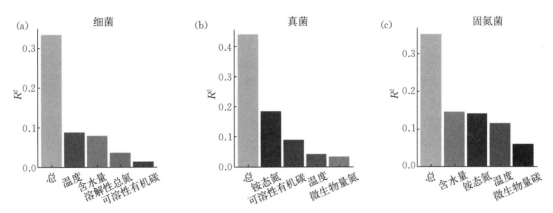

图 11-9 环境因子对细菌、真菌和固氮菌基因水平分子网络的贡献度

注：R^2 根据多元回归模型计算。

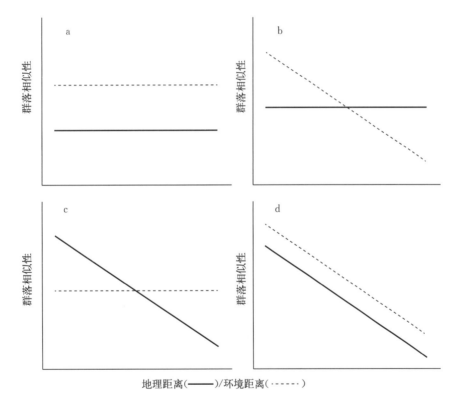

地理距离（————）/环境距离（‥‥‥‥）

图 11-10 土壤微生物空间分布格局形成和维持机制的 4 种理论假设

注：（a）土壤微生物群落相似性不变，即不受地理距离或者环境距离的干扰，微生物群落表现为随机分布；（b）土壤微生物群落相似性随着环境距离增大而减小，说明土壤微生物的分布与环境因子相关，与地理距离无关；（c）土壤微生物群落相似性随着环境距离的增大而减小，但不随着环境距离改变，说明微生物的空间分布受地理距离影响较大；（d）土壤微生物群落相似性同时随着地理距离和环境距离的增大而减小，土壤微生物的空间分布是两种因子共同作用的结果，当距离发生变化时，土壤微生物群落会发生演替。

土壤微生物时空分布的研究难点是将特定的微生物与复杂的功能直接联系起来，最终实现以土壤微生物为核心的人为管理调控生态服务功能。关于这一问题，目前还存在着诸多挑战。随着技术手段和分析方法的不断发展，未来有可能将复杂的微生物群落与其功能耦合，找到起核心作用的微生物种属；预测核心土壤微生物多样性与功能改变给农作物产量带来的影响。

第三节　水稻土产甲烷古菌共存模式与功能

产甲烷古菌是古菌域内一类负责产生甲烷（CH_4）的微生物。CH_4 是全球第二大温室气体，其温室效应比 CO_2 高 25 倍（Bridgham et al.，2013）。目前，产甲烷古菌的组成、结构、功能与生物地理分布从局部到全球范围都已得到广泛研究（Conrad，2007；Garcia et al.，2000）。

一方面，产甲烷古菌的分布受环境条件的影响。例如，pH 是影响水稻土、湖泊和旱地中产甲烷古菌生物地理模式的重要因素（Hu et al.，2013）。温度会影响土壤中产甲烷古菌的多样性和丰度，以及产甲烷系统的碳循环和电子流（Yvon - Durocher et al.，2014）。CH_4 排放随着温度的升高而显著增加，这与温度对产甲烷古菌群落组成及代谢活性的影响密切相关。

另一方面，产甲烷古菌的共存是微生物间相互作用的结果。产甲烷古菌参与种间和种内的共生及竞争。产甲烷古菌与共生伙伴合作，可获得甲酸盐/H_2 用于甲烷合成。这些合作关系可以通过代谢互作或氨基酸营养缺陷补偿（Embree et al.，2015）。当前，人们对于微生物之间复杂的相互作用认识尚且不足（Layeghifard et al.，2017）。近年来，共现网络方法越来越多地被用于生态学来推断微生物之间潜在的相互作用（Barberan et al.，2012）。例如，在一项野外试验中，研究人员建立了与根相关的产甲烷古菌的共现网络，并确定参与 CH_4 循环的共同群体（Edwards et al.，2015）。虽然共存不能严格地与共生混为一谈，但共现关系为阐明各种生态系统中从成对到复杂分类群的潜在共存模式提供了一些视角。

除了这些确定性过程（如环境过滤和物种相互作用）之外，群落构建还受到生态位漂移、基因突变、随机出生和死亡等随机性过程的影响（Stegen et al.，2013；Zhou et al.，2013）。相关研究表明，相比于旱地，随机性过程在驱动稻田古菌 β 多样性方面有更强的效应，频繁地淹水可能会促进生态漂移和减少扩散限制（Jiao et al.，2019）。随着对微生物共存重要性认识的不断加强，解析土壤产甲烷古菌的共存模式和影响其群落构建的潜在机制有助于在大空间尺度上确定产生甲烷的潜在关键物种（微生物群落）。

稻田是重要的人工湿地，是最大的 CH_4 人为排放源，每年的 CH_4 排放量为 $25 \sim 300$ Tg（Bridgham et al.，2013）。了解典型水稻土中产甲烷古菌的共存模式和群落组成及其与甲烷排放量的关系对调控温室气体排放具有重要意义。

一、产甲烷古菌的分布及主导甲烷排放的关键因素

（一）产甲烷古菌的多样性及其主要影响因素

为了探究产甲烷古菌在水稻土中的多样性分布，在我国从北到南的 13 个典型水稻种植区选取了 39 个样地（表 11 - 7），共采集 429 个水稻土样本进行测序分析。稀释曲线和 Shannon - Wiener 曲线的结果表明，随着测序深度的增加，曲线逐渐趋于平稳，已经能够反映出绝大多数的微生物信息（图 11 - 11）。整体上，从产甲烷古菌的相对丰度来看，中温带和热带较低，暖温带次之，亚热带区域较高。此外，产甲烷古菌的 α 多样性在 13 个采样区域之间存在显著差异（$P < 0.05$，ANOVA）。并且，随着温度的升高而增加，在亚热带和热带地区最高（图 11 - 12）。

表 11 - 7　13 个采样区域的信息（每个区域 3 个样地）

采样区域	经度	纬度	年均温（℃）	年均降水量（mm）
海伦 HL（Hailun）	126.97°E	47.82°N	1.5	556
长春 CC（Changchun）	125.35°E	44.74°N	4.5	520
沈阳 SY（Shenyang）	123.86°E	41.57°N	8.3	400

（续）

采样区域	经度	纬度	年均温（℃）	年均降水量（mm）
原阳 YY（Yuanyang）	113.36°E	35.14°N	14.4	550
封丘 FQ（Fengqiu）	114.85°E	34.89°N	13.9	615
临安 LA（Lin'an）	116.52°E	30.61°N	16.1	1 613
衢州 QZ（Quzhou）	118.91°E	27.24°N	17.9	1 971
资溪 ZX（Zixi）	117.92°E	27.75°N	17	1 934
建瓯 JO（Jian'ou）	118.72°E	27.05°N	18.8	1 664
长汀 CT（Changting）	116.52°E	26.61°N	19	1 700
衡阳 HY（Hengyang）	112.18°E	25.52°N	18	1 500
清新 QX（Qingxin）	112.72°E	23.53°N	21.6	2 215
海口 HK（Haikou）	110.01°E	19.72°N	23.8	1 664

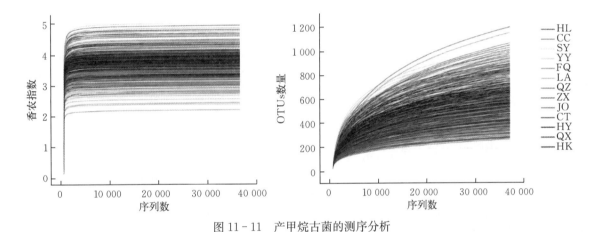

图 11-11　产甲烷古菌的测序分析

注：横坐标表示从样本中随机选择的序列数；纵坐标表示可以通过随机采样序列表示的物种多样性和OTU数量。图中的每个
曲线代表一个样品。

　　通过典范对应分析（CCA）探究15个环境因子对产甲烷古菌群落结构的影响。产甲烷古菌群落
分别聚集在中温带、暖温带、亚热带和热带4个区域。在环境因子中，对产甲烷古菌分布影响较大的
主要有年均温（MAT）、年均降水量（MAP）、土壤pH、阳离子交换量（CEC）和总有机碳（TOC）
等（$P<0.05$）。为了探究产甲烷古菌随地理距离的变化，建立了距离衰减曲线，分析了产甲烷古菌
群落相似性与地理距离的关系。产甲烷古菌群落在3种尺度上的分布结果各不相同（图11-12）：在
小尺度（1～100 m）上，群落相似性不存在显著的距离衰减关系；在中尺度（0.1～50 km）和大尺
度（50～3 500 km）上，群落的相似性随地理距离显著降低（$P<0.01$）；并且，尺度越大，群落相
似性越低，线性拟合的斜率从0.029 8变化到0.166 9。这些结果表明，从北到南，产甲烷古菌群落
的分布在距离尺度上有明显的差异性。回归分析表明，MAT显著影响产甲烷古菌的丰度和多样性，
并且CH₄排放量随着产甲烷古菌的多样性升高而增大（图11-13）。

（二）产甲烷古菌的共存模式及其主要影响因素
　　构建了39个样地产甲烷古菌的分子生态网络（图11-14、图11-15），不同温度带的网络结构，
从北到南逐渐复杂（表11-8），节点数由39增加到147，边数由45增加到1 039。无论网络的结构
是简单还是复杂，*Methancregula*、*Methanothrix*、*Methanocella*、*Methanosarcina*、*Methanobacterium*

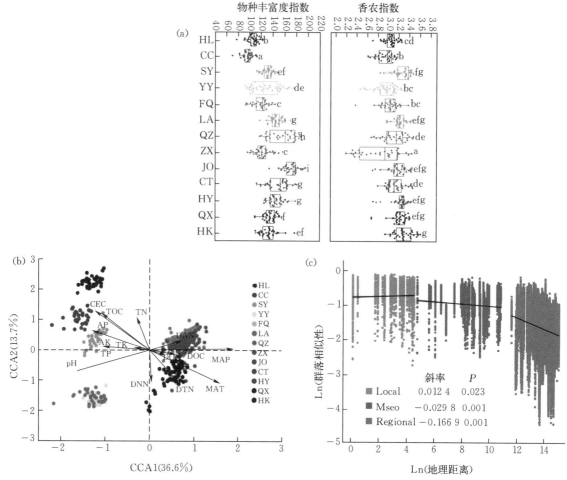

图 11-12　水稻土中的产甲烷古菌

注：（a）产甲烷古菌的物种丰富度指数和香农指数。（b）产甲烷古菌群落结构在 OTU 级别的典范对应分析（CCA）结果。
（c）3 种尺度上的稻田产甲烷古菌群落的相似性距离衰减关系。

（属水平）以及 Methanomicrobiales、Methanosarcinales（目水平）这 7 类物种在网络中的节点占比都比较高，最低占比 62.2%（QZa），最高占比 95.0%（HLb）。这些物种在维持各个地区的产甲烷古菌网络结构中可能占据重要地位。

表 11-8　网络拓扑属性随纬度的变化

项目	斜率	R^2	P
节点数	−2.61	0.441	<0.001
边数	−10.40	0.149	0.011
正相关关系	−8.77	0.185	0.007
负相关关系	−2.16	0.065	0.014
模块化	−0.140	0.222	0.002
网络直径	−0.005	0.130	>0.05
平均聚类系数	−0.147	0.156	0.021
特征路径长度	−0.057	0.161	0.015

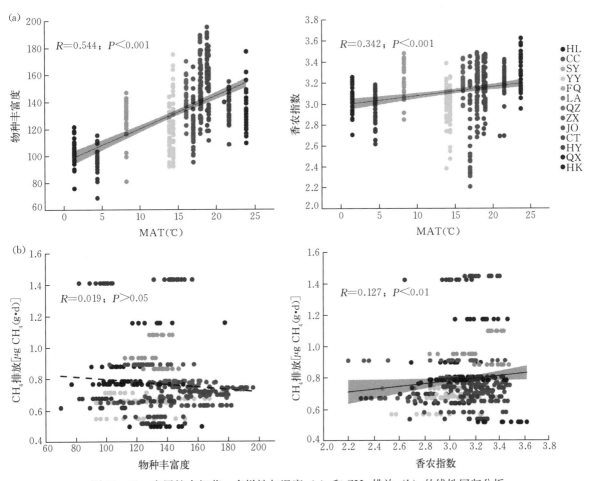

图 11-13　产甲烷古细菌 α 多样性与温度（a）和 CH₄ 排放（b）的线性回归分析

注：实线表示普通的最小二乘线性回归。虚线表示 $P > 0.05$，黑色区域是 95% 的置信区间（Spearman 的 $P < 0.01$，$P < 0.001$）。

在主要的环境因素中，MAT 是微生物群落差异和 8 种网络拓扑属性（节点数、边数、正相互关联数、负相互关联数、模块化、平均聚类系数、网络直径、特征路径长度）差异的最强预测因子（图 11-16）。线性回归分析进一步表明，MAT 与所有网络属性呈正相关（$P < 0.05$）（图 11-14、图 11-16）。此外，物种丰富度对网络结构也有影响（图 11-17）。通过控制变量，探索了温度和丰富度对网络的重要性，结果表明温度更加重要（表 11-9）。相比其他环境因素，MAT 与产甲烷菌群落的网络结构关系更密切。

表 11-9　网络拓扑属性与环境因素之间的部分 mantel 检验

因素	控制变量	网络拓扑属性	
		R	P
年均温（MAT）	物种丰富度（Richness）	0.254	0.004
物种丰富度（Richness）	年均温（MAT）	−0.004	0.472

注：网络拓扑属性包括节点数、边数、模块化、正相关关系、负相关关系、平均聚类系数、网络直径、特征路径长度。

（三）产甲烷古菌共存模式与甲烷排放的关系

与气候因子（MAT 和 MAP）、主要土壤因子［TOC、pH、总氮（TN）和总磷（TP）］及产甲烷古菌群落多样性与共现网络解释了 CH₄ 排放总量变化的 75.28%。其中，产甲烷古菌相互作用占最大的百分比（37.5%）（图 11-14）。线性回归分析表明，在 8 个网络拓扑属性中，模块化、平均

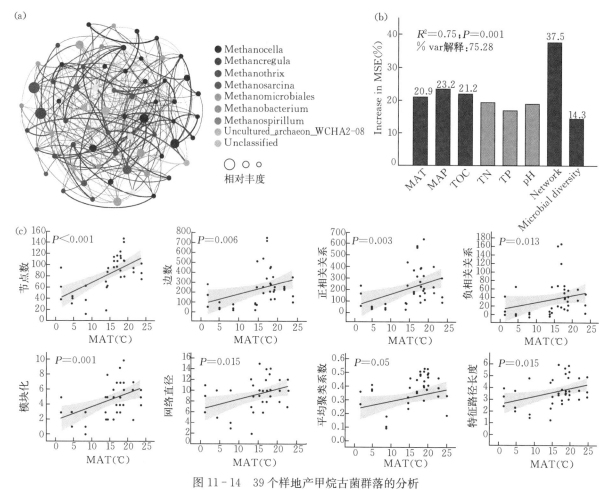

图 11-14　39 个样地产甲烷古菌群落的分析

注：（a）39 个稻田产甲烷群落的整个共生网络结构。（b）基于随机森林回归分析的气候因子［年均温（MAT）、年均降水量（MAP）］、主要土壤因子［全有机碳（TOC）、全氮（TN）、全磷（TP）、pH］和产甲烷古菌群落网络结构和多样性对 CH_4 排放的预测。（c）网络拓扑属性与 MAT 的 Spearman 相关分析。阴影区域是 95% 的置信区间。

R^2 表示决策系数。"%var 解释"表示模型的拟合优度。图（b）中的黑色表示有显著影响的因素（$P < 0.05$；ANOVA，Duncan test），灰色表示无显著影响的因素。模型中使用的网络指标是共现网络 8 个主要拓扑属性（节点数、边数、模块化、正相关关系、负相关关系、平均聚类系数、网络直径、特征路径长度）主成分分析的第一成分（56.9%）。微生物多样性是香农指数。

聚类系数和网络直径与 CH_4 排放量呈正相关关系（$P < 0.05$）（图 11-18）。这些结果表明，产甲烷古菌的共存可能是影响甲烷排放的主要原因。

二、甲烷排放的关键物种及 5 类共现关系物种的群落构建

（一）土壤产甲烷古菌中常见的和特有的共存类群

根据两个 OTU 之间的连线在 39 个网络共现关系中出现的频率，将网络的连线分为 5 类：总是地方性共现、有条件地方性共现、中等共现、有条件普遍性共现、总是普遍性共现，它们包含的相关可操作分类单元（operational taxonomic units，OTUs）数量分别为 314 个、209 个、131 个、32 个和 9 个（表 11-10）。5 种分类的微生物物种丰富度和香农指数显著不同（$P < 0.05$，ANOVA）（图 11-19）。通过构建随机森林模型来预测 5 种共现关系对 CH_4 排放的影响（图 11-20）。普遍性共现关系（有条件普遍性共现＋总是普遍性共现）的贡献最高，为 53.3%；地方性共现关系（有条件地方性共现＋总是地方性共现）的贡献为 36.8%。因此，将普遍性共现关系中包含的 33 个 OTUs（包含在 7 个属）

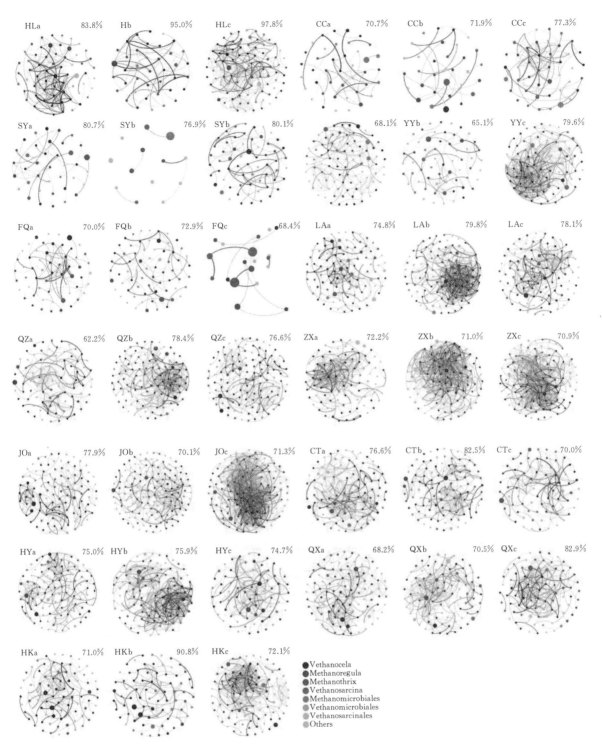

图 11-15　39 个样地产甲烷古菌群落的共现网络结构

注：右上角的"百分比"表示 39 个关键 OTUs 占各网络总节点数的比例。

作为 CH_4 排放的潜在 OTUs（表 11-11）。这些 OTUs 包括 17 个高丰度富的物种和 16 个低丰度物种（图 11-21）。此外，还发现这些关键物种的丰度分布与温度有关（图 11-22）。例如，在 20～25 ℃的温度条件下，Methanomicrobiacea 纲的丰度最高；在 8～15 ℃的温度条件下，Methanosarcinaceae 纲和 Methanobacteriaceae 纲的丰度最高；在 8～19 ℃的温度条件下，Methanocellaceae 纲的丰度最高。基于随机森林回归模型，在 OTUs 水平上筛选了 CH_4 排放的生物标志物种（图 11-20）。

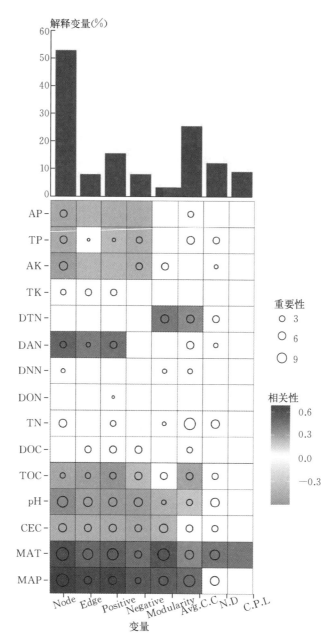

图 11-16　基于相关性和随机森林回归模型的土壤性质对网络拓扑属性的贡献

注：分析了成对土壤样品中值与土壤性质差异的相关性，确定了主要预测因子。圆圈大小代表变量的重要性（即通过森林回归分析计算得出的解释变异性的比例）。不同灰度表示 Spearman 的相关性大小。Node 表示节点数；Edge 表示边数；Modularity 表示模块化；Positive 表示正相关关系；Negative 表示负相关关系；Avg. C. C 表示平均聚类系数；N. D 表示网络直径；C. P. L 表示特征路径长度。

表 11-10　根据两两 OTUs 共现关系的频率划分为 5 组

项目	边数（个）	比例（%）	相关 OTUs（个）
总是地方性共现（出现在 1 个地方）	4 049	41.28	314
有条件地方性共现（1＜出现区≤3）	2 928	30.24	209
中等共现（3＜出现区≤10）	2 206	22.78	131
有条件普遍性共现（10＜出现区≤20）	342	3.53	32
总是普遍性共现（出现区＞20）	157	1.62	9

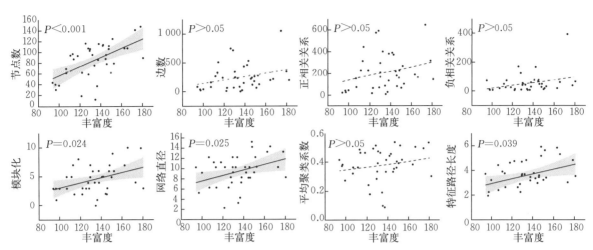

图 11-17　网络拓扑属性与物种丰富度的 Spearman 相关分析

注：阴影区域是 95% 置信区间。

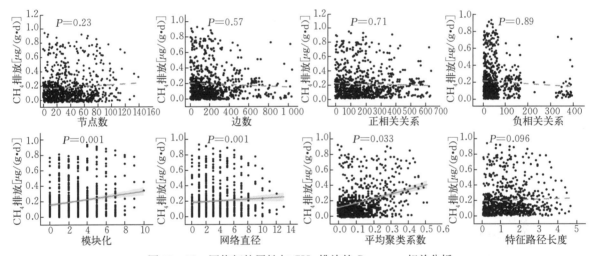

图 11-18　网络拓扑属性与 CH_4 排放的 Spearman 相关分析

注：虚线表示 $P > 0.05$，实线表示显著相关（$P < 0.05$），阴影区域表示 95% 置信区间。

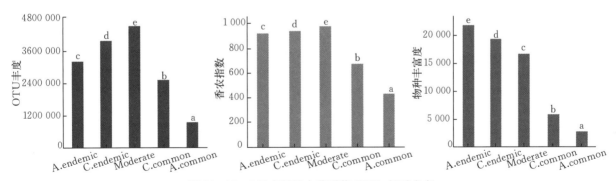

图 11-19　5 组产甲烷古菌群落 OTUs 相对丰度

注：不同字母表示差异显著（$P < 0.05$；ANOVA，Duncan test）。A. endemic 表示总是地方性共现组，C. endemic 表示有条件地方性共现组，Moderate 表示中等共现组，C. common 表示有条件普遍性共现组，A. common 表示总是普遍性共现组。

表 11-11　共现关系中 33 个关键 OTU 的信息

Name	纲	目	科	属	种
OTU1	Methanomicrobia	Methanomicrobiales	Methanoregulaceae	*Methanoregula*	/
OTU2	Methanobacteria	Methanobacteriales	Methanobacteriaceae	*Methanobacterium*	/
OTU5	Methanomicrobia	Methanosarcinales	Methanosarcinaceae	*Methanosarcina*	/
OTU6	Methanomicrobia	Methanosarcinales	Methanosarcinaceae	*Methanosarcina*	*uncultured_Methanomicrobia_archaeon*
OTU12	Methanomicrobia	Methanosarcinales	Methanotrichaceae	*Methanothrix*	/
OTU14	Methanomicrobia	Methanomicrobiales	Methanoregulaceae	*Methanoregula*	*Candidatus_Methanoregula_boonei*
OTU17	Methanomicrobia	Methanocellales	Methanocellaceae	*Methanocella*	*uncultured_Methanomicrobia_archaeon*
OTU24	Methanobacteria	Methanobacteriales	Methanobacteriaceae	*Methanobacterium*	/
OTU31	Methanomicrobia	Methanomicrobiales	Methanoregulaceae	*Methanoregula*	/
OTU37	Methanomicrobia	Methanosarcinales	Methanotrichaceae	*Methanothrix*	/
OTU38	Methanobacteria	Methanobacteriales	Methanobacteriaceae	*Methanobacterium*	/
OTU47	Methanobacteria	Methanobacteriales	Methanobacteriaceae	*Methanobacterium*	*Methanobacterium_lacus*
OTU64	Methanomicrobia	Methanosarcinales	Methanotrichaceae	*Methanothrix*	/
OTU77	Methanomicrobia	Methanosarcinales	Methanotrichaceae	*Methanothrix*	*uncultured_archaeon_OS-18*
OTU89	Methanomicrobia	Methanomicrobiales	/	/	/
OTU97	Methanomicrobia	Methanosarcinales	Methanotrichaceae	*Methanothrix*	*uncultured_archaeon_OS-18*
OTU165	Methanomicrobia	Methanosarcinales	/	/	/
OTU174	Methanomicrobia	Methanosarcinales	/	/	/
OTU256	Methanomicrobia	Methanomicrobiales	Methanoregulaceae	*Methanoregula*	*uncultured_Methanomicrobia_archaeon*
OTU340	Methanomicrobia	Methanocellales	Methanocellaceae	*Methanocella*	/
OTU367	Methanomicrobia	Methanocellales	Methanocellaceae	*Methanocella*	*Methanocella_paludicola_SANAE*
OTU442	Methanomicrobia	Methanosarcinales	/	/	/
OTU448	Methanomicrobia	Methanomicrobiales	/	/	/
OTU476	Methanomicrobia	Methanosarcinales	/	/	/
OTU518	Methanomicrobia	Methanomicrobiales	Methanoregulaceae	*Methanoregula*	*Methanoregula_formicica_SMSP*
OTU519	Methanomicrobia	Methanomicrobiales	Methanoregulaceae	*Methanoregula*	*uncultured_Methanomicrobia_archaeon*
OTU593	Methanomicrobia	Methanocellales	Methanocellaceae	*Methanocella*	*Methanocella_paludicola_SANAE*
OTU856	Methanomicrobia	Methanocellales	Methanocellaceae	*Methanocella*	/
OTU1100	Methanomicrobia	Methanosarcinales	/	/	/
OTU1136	Methanomicrobia	Methanosarcinales	/	/	*archaeon_enrichment_culture_clone_LCB_A1C7*
OTU1148	Methanomicrobia	Methanosarcinales	/	/	*archaeon_enrichment_culture_clone_LCB_A1C7*
OTU1164	Methanomicrobia	Methanocellales	Methanocellaceae	*Methanocella*	*Methanocella_paludicola_SANAE*
OTU1208	Methanomicrobia	Methanosarcinales	Methanotrichaceae	*Methanothrix*	/

33 个关键 OTUs 和产甲烷功能基因的网络分析表明，它们潜在的紧密互作关系（图 11-20、图 11-23）。在 92 个节点的所有 1 119 个联系中，有 64.2% 的基因与基因连线、4.6% 的物种与基因连线以及 3.7% 的物种与物种连线。基因与基因、物种与基因以及物种与物种之间的连线权重之和分别为 1.26、1.01、0.40，表明物种与基因之间存在相对较强的相互作用。在这些相互作用中，包含

的基因和物种主要是 *mcrA*（methyl‐coenzyme M reductase alpha subunit）、*fwdB*（molybdenum/tungsten formylmethanofuran dehydrogenases）、*mtbA*（methylcobalamin：coenzyme M methyltransferase）、*mtbC*（B12 binding domain of corrinoid proteins）、Methanocella、Methanothrix、Methanosarcina 和 Methanobacterium。线性回归分析表明，物种和基因的连线权重与 CH₄ 排放量显著相关（图 11-20）。

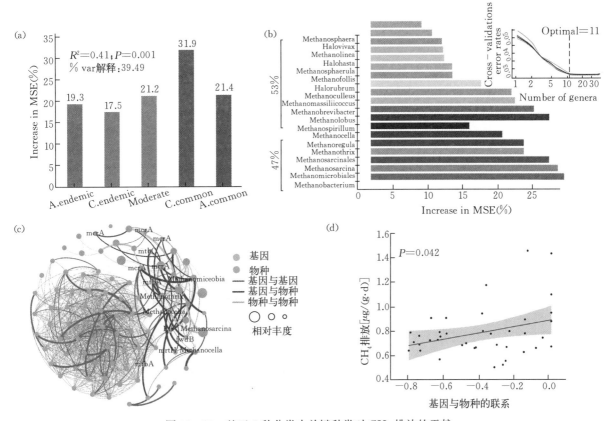

图 11-20　基于 5 种分类中关键种类对 CH₄ 排放的贡献

注：（a）基于随机森林回归模型的 5 种分类 OTUs 对 CH₄ 排放的贡献。图中横坐标从左至右分别表示总是地方性共现组、有条件地方性共现组、中等共现组、有条件普遍性共现组、总是普遍性共现组。（b）随机森林模型可检测出能够准确预测 CH₄ 产生亚种的分类单元。通过对相对丰度进行随机森林分类，确定了前 19 种。生物标记分类单元以对模型准确性的重要性降序排列。在这 19 种物种中，7 种物种对 CH₄ 排放的贡献为 47%，12 种物种对 CH₄ 排放的贡献为 53%。（c）基于相关性分析得出的 33 个主要 OTUs 和功能基因的网络。（d）基因与物种的联系和 CH₄ 排放的线性回归分析，阴影区域为 95% 置信区间。*R*² 表示决策系数。"%Var 解释"表示模型的拟合优度。

（二）不同类型土壤产甲烷古菌群落的共现关系

5 种分类下的 βNTI 计算值主要分布在 -2~2：总是地方性共现（98.76%）、有条件地方性共现（93.2%）、中等共现（97.58%）、有条件普遍性共现（74.21%）、总是普遍性共现（71.52%）。其中，βNTI 值在普遍性共现关系中的分布更广泛，相对频率较低；总是地方性共现关系、有条件地方性共现关系的 βNTI 值主要集中在 -2~2，相对频率更高（图 11-24）。5 种类别下的 βNTI 值从总是地方性共现关系到总是普遍性共现关系，群落构建以随机性过程为主，并且趋向确定性过程。线性回归分析表明，地方性共现关系的 βNTI 值与温度呈显著负相关（*R*=-0.045，*P*<0.001）。常见的共现关系与温度呈显著正相关（*R*=0.208，*P*<0.001；*R*=0.005，*P*=0.024）（图 11-25）。

以上结果证明，温度驱动的群落构建过程以随机性过程为主，并且从地方性到普遍性群落构建中确定性过程增加。首先，特异性关系主要存在于小尺度的环境下，受当地环境影响较大。因此，随机性过程在局部范围内起着相对重要的作用。与单个采样区相比，从北到南 13 个地区的地形和栖息地

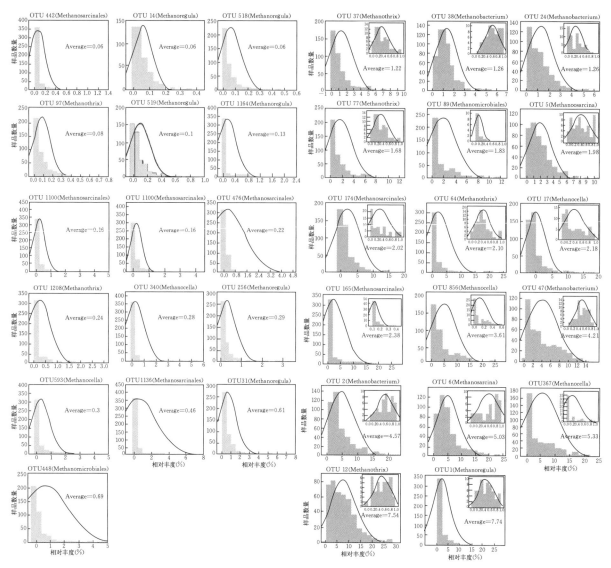

图 11-21 429 个样品中 33 个关键 OTUs 的相对丰度频率直方图

注：左起前 3 列柱状图显示稀有 OTUs（429 个样品中平均相对丰度<1%）。右起前 3 列直方图表示丰富 OTUs（429 个样本中平均相对丰度>1%），内嵌图表示平均相对丰度<1% 的 OTUs。

更加多变，土壤会产生更大的异质性。共现关系下的群落构建也是由随机性过程主导。如果生态位分配与环境随机性（即干扰机制）相互作用或关键非生物因素发生极端变化（如水的可用性和温度），由物种相互作用和生态位划分驱动的确定性过程会在物种共存方面产生分异。随着共现关系的普适性增强，群落构建向确定性过程发展。环境过滤和生物关系都是确定性过程的主要驱动因子，由此推测温度主导产甲烷古菌群落的随机性过程，产甲烷古菌之间的相互影响让群落向确定性发展。

三、区域尺度水稻土产甲烷古菌群落的功能基因和构建机制及其对甲烷排放的影响

使用网络分析来探索在复杂多样的群落中共存的微生物类群之间的直接和/或间接合作，有助于确定微生物群落在生态策略中的功能角色和构建过程（Barberan et al.，2012）。在本研究中，年均温（MAT）介导跨大陆尺度水稻土中产甲烷古菌的复杂共现关系，网络的所有拓扑属性都与 MAT 呈正相关。平均聚类系数和特征路径长度的增加表明，高度连接的 OTUs 被分组在它们的邻域中，并聚集在一起，而不是随机的（Barberan et al.，2012）。温度决定了水稻土中产甲烷古菌不同的群落组成

（Jiao et al.，2019）。根据生态学的代谢理论和纬度多样性分布理论，温度会增加土壤微生物丰富度和空间异质性。参与水稻土中乙酸盐和丙酸盐周转的产甲烷古菌和细菌群落的结构随着 25～50℃ 的温度梯度而变化（Noll et al.，2010）。网络拓扑属性变化另一个可能的解释是环境过滤影响微生物竞争和互利共生（Barberan et al.，2012）。一种微生物对环境压力的适应可能会增加或减少对另一种微生物的选择压力，从而产生拮抗或协同作用。研究结果表明，MAT 与产甲烷古菌的正向相互作用具有更高的相关性，而不是负向相互作用。温度可以增强产甲烷古菌的合作相互作用，对稻田群落功能有重要影响。在本研究中，与微生物多样性相比，共存关系可以更好地预测 CH_4 排放的变化。该结果与先前基于网络的研究结果一致，当网络连接指数从 0.626 增加到 1.278 时，土壤食物网对碳的吸收从 50% 增加到 75%，这表明网络结构与生态系统功能过程密切相关（Morriën et al.，

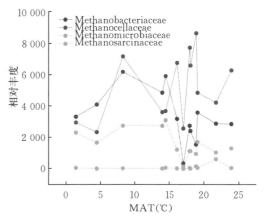

图 11-22 关键物种分类群（科水平）的相对丰度与年均温（MAT）的变化关系

注：HL 为 1.5℃，CC 为 4.5℃，SY 为 8.3℃，YY 为 14.4℃，FQ 为 13.9℃，LA 为 16.1℃，QZ 为 17.9℃，ZX 为 17℃，JO 为 18.8℃，CT 为 19℃，HY 为 18℃，QX 为 21.6℃，HK 为 23.8℃。

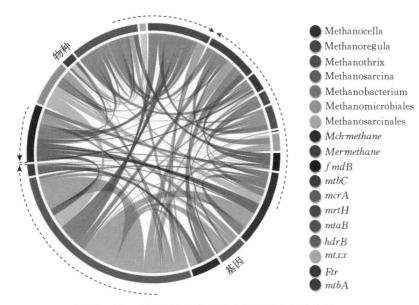

图 11-23 关键物种与产甲烷功能基因之间的关系

注：连接两个区段的条带表示两者之间的相互作用。色带的大小与连接的数量成正比。

2017）。分类单元之间的紧密联系可能有助于揭示群落成员共有的潜在生态位占用特征。此外，长期的地质作用给当代环境产生了持久的遗留效应（Hu et al.，2020）。地质过程直接或间接地影响生物多样性和生态系统功能。例如，先前的研究表明，气候区域尺度变化可以决定生物多样性对生态系统多功能性的影响（Jing et al.，2015）。Hu 等（2020）探索了生物群落的关键驱动因素，发现 MAT 对细菌群落的影响最大。另外，地质过程可能导致生物物种形成和进化。Poltak 等（2011）提出了一种进化方案，古菌的共同祖先具有甲烷代谢的能力（包括含甲基辅酶 M 还原酶的温泉古细菌的进化）。物种间的协同进化可以增强生态系统特征。例如，物种进化出互补的资源利用方式，从而提高了生态系统的生产力。

　　在共存模式的研究中，总体趋势（通才边）和局部信号（专家边）在适应环境因素以及对抗/合

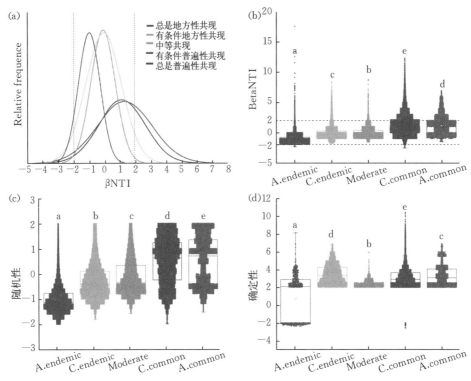

图 11-24　5 种分类 OTUs 的群落构建

注：(a) 5 种分类的最近分类单元指数（βNTI）的分布。每个观察值都是观察值与其关联的零值分布平均值的零模型标准差的数量。

（b）5 类 OTUs 的 βNTI。（c）随机性过程。（d）确定性过程。框内的水平条表示中位数。框的顶部和底部分别代表第 75 个百分点和第 25 个百分点。对于这两个度量，低于−2 或高于+2 的单个值在统计上均显著，其中的值表示中性社区聚集下的期望。

A. endemic 表示总是地方性共现，C. endemic 表示有条件地方性共现，Moderate 表示中等共现，C. common 表示有条件普遍性共现，A. common 表示总是普遍性共现。不同小写字母表示差异显著（$P<0.05$）。

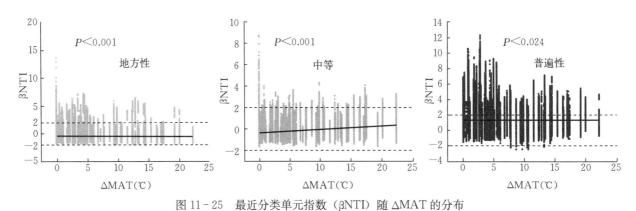

图 11-25　最近分类单元指数（βNTI）随 ΔMAT 的分布

注：黑色水平虚线（高于+2 或低于−2 在统计上是显著的）显示了在群落构建下期望值的 95% 置信区间。

作相互作用的共存模式中的作用至关重要（Lima-Mendez et al.，2015）。在本研究中，超过 72% 的边被确定为特有边（在 39 个网络中，边数 ≤ 3）。其中，超过 75% 的 OUTs 处于产甲烷古菌群落的共现关系中。然而，地方性共现关系对甲烷生成的贡献（36.8%）远低于普遍性共现关系的贡献（53.3%）。这一结果与专家边比通才边消耗资源更快的观点相矛盾（Nunan et al.，2020）。

根据占用情况（即栖息地通才和栖息地专家），进一步对潜在的重点类群进行分类（Barberan et al.，2012）。普遍性共现关系中，潜在的关键物种属于 Methanosarcinaceae 科、Methanocellales 科、

Methanobacteriales 科和 Methanomicrobiales 科。这些类群在维持群落中重要的共现关系方面可能具有很强的适应性。例如，Methanosarcinaceae 科也可以使用 H_2/CO_2 作为底物，尽管不如 Methanobacteriaceae 科和 Methanocellaceae 科有效。Methanosarcinaceae 科包括 *Acetoclastic methanogens* 和其他广义产甲烷菌，Methanocellaceae 科、Methanomicrobiacea 科、Methanoregulaceae 科和 Methanobacteriaceae 科都是氢营养型的（Bridgham et al.，2013）。产乙酸细菌形成的乙酸盐可以被一些产甲烷菌（*Methanosarcina* spp. 和 *Methanosaeta* spp.）直接使用，也可以被细菌（如共生的乙酸盐氧化者）和耗氢的产甲烷古菌的共生组合降解。氢营养型产甲烷作用可以通过种间电子转移充当电子的汇，从而减少产氢的产乙酸细菌和耗氢的古菌之间的当量。在之前的研究中，氢营养型产甲烷菌（如 *Methanoregula* 属和 *Methanocella* 属）可以在低溶解 H_2 浓度下存活，并为 *Methanosarcina* 属产生乙酸盐（Schmidt et al.，2016）。温度影响微生物群落的整体多样性。不同的产甲烷菌群可能在不同的温度下占优势（Lu et al.，2015）。大多数已知的产甲烷古菌是嗜温的和中等至极端嗜热古菌。例如，Methanobacteriaceae 科在 30 ℃时具有最大的活性，而 Methanocellaceae 科在 45 ℃下更受青睐。对于乙酸发酵型甲烷化产甲烷菌，Methanobacteriacea 科可以在中等温度（10～30 ℃）下通过氢营养和乙酸发酵型甲烷化过程产生甲烷，在较高温度（45 ℃）下专门消耗 H_2/CO_2 而不是乙酸盐。它们的丰度在 8～21.6 ℃最高。与文献报道的最佳生长温度相比，它们并不完全相同。这种灵活的策略导致了生态系统过程和功能的转变，从而提高了甲烷生产的效率。

关键类群与参与产甲烷过程的功能基因 *mcrA*、*fwdB*、*mtbA* 和 *mtbC* 高度相关。甲基甲酰胺：CoM 甲基转移酶（*mtbA*）在甲基营养型甲烷生成过程中参与了 CO_2 还原成甲烷以及乙酸盐歧化成甲烷和 CO_2 的过程。这些过程可能是关键物种主导甲烷排放的原因。本研究涉及的功能基因均与产甲烷有关（21 个功能基因），这些功能基因在之前的研究中已得到广泛研究和验证，如 *mcrA*、*fwdB* 和 *mtbA*。在本研究中，使用 GeoChip 芯片测定包括甲烷代谢过程在内的功能基因的丰度。GeoChip 芯片是一个闭环系统，不能发现新的功能基因（除非这种新基因已经被发现并放入 GeoChip 芯片库中）。因此，使用网络分析可以识别更多的可用基因。根据网络分析筛选出的所有功能基因和关键基因，都经过统计和分析得到了证实。

与产甲烷相关的群落构建过程同时受到确定性和随机性过程的影响。共存物种通过在环境过滤和扩散限制之间进行权衡来适应环境条件，从而改变对其他物种的选择压力以及它们如何利用可用资源。物种选择是一个确定性过程，是由于生物之间的适合度差异和环境异质性而改变群落结构的生态力量；相反，扩散限制可以是确定性的、随机的或者两者都有（Zhou and Ning，2017）。Jiao 等（2019）研究指出，物种选择导致古菌的共存关系在低纬度稻田中更为频繁。在本研究中，MAT 是主要的环境过滤器，随着共现关系的增加，βNTI 的分布向边缘移动（βNTI＝2），确定性过程对群落构建的相对贡献具有类似的趋势。尽管随机性过程仍然在驱动微生物群落组装中起主导作用，但经过强环境选择（MAT）和生存适应的共存类群更有可能结合在一起，并在 CH_4 排放中发挥更重要的作用。先前的一项研究表明，生物选择（物种选择）比水稻土中的其他作用对微生物构建过程的贡献更大。由于产甲烷作用受到不同温度的选择，随着生态位占有率更高，通常共存类群之间将表现出更紧密的共存关系，从而提高了甲烷生产的效率。在未来的研究中，可以考虑将这种共存关系添加到气候变暖模型（如 GISS 全球气候模型）中，以提高模型预测的准确性。

此外，水稻在不同发育阶段对产甲烷古菌群落组成的影响也会影响甲烷的排放。Kimura 等（1979）指出，水稻根向根际供应的各种化合物的类型和数量在不同的生长阶段有所不同。本研究中一些关键类群，如 Methanosarcinaceae 目、Methanobacteriales 目和 Methanomicrobiales 目，在水稻生长期显著影响了稻田甲烷的排放。因此，尽管在目前的研究中没有考虑作物对产甲烷古菌组成和功能的影响，但作物的作用不容忽视。

在我国中东部大陆尺度上，对稻田中产甲烷古菌共存模式的研究发现，MAT 高度介导了产甲烷古菌的网络结构。在产甲烷的微生物中，普遍的共存关系可能比特定的共存关系更重要。随机性过程和确定性过程的相对重要性在普遍共存的群落与特定共存的群落之间是不同的。这些结果表明，微生物共存模式与群落的功能密切相关，特别是普遍共存类群的重要性，进一步表明复杂的相互作用网络可能比物种多样性对土壤功能的贡献更大。需要进行野外和实验室试验来进一步研究驱动生态时间尺度上的群落组成和功能，以及物种相互作用进化的产甲烷古菌共存模式。

主 要 参 考 文 献

国家国统计局，2018. 中国统计年鉴 [M]. 北京：中国统计出版社.

黄继川，彭智平，徐培智，等，2014. 广东省水稻土有机质和氮、磷、钾肥力调查 [J]. 广东农业科学 (6)：70 - 73.

宋亚娜，林智敏，林捷福，2009. 不同品种水稻土壤氨氧化细菌和氨氧化古菌群落结构组成 [J]. 中国生态农业学报 (17)：1211 - 1215.

王晓洁，卑其成，刘钢，等，2021. 不同类型水稻土微生物群落结构特征及其影响因素 [J]. 土壤学报，58 (3)：767 - 776.

阳祥，黄晓婷，王纯，等，2020. 典型稻田土壤真菌群落结构及多样性对比 [J]. 中国环境科学，40 (10)：4549 - 4556.

俎千惠，王保战，郑燕，等，2014. 我国 8 个典型水稻土中产甲烷古菌群落组成的空间分异特征 [J]. 微生物学报，54 (12)：1397 - 1405.

Angel R，Soares M I M，Ungar E D，et al，2010. Biogeography of soil archaea and bacteria along a steep precipitation gradient [J]. ISME J.，4 (4)：553 - 563.

Angermeyer A，Crosby S C，Huber J A，2015. Decoupled distance - decay patterns between dsrA and 16S rRNA genes among salt marsh sulfate - reducing bacteria [J]. Environ. Microbiol.，18 (1)：75 - 86.

Barberan A，Bates S T，Casamayor E O，et al，2012. Using network analysis to explore co - occurrence patterns in soil microbial communities [J]. ISME J. (6)：343 - 351.

Bates S T，Berg - Lyons D，Caporaso J G，et al，2010. Examining the global distribution of dominant archaeal populations in soil [J]. ISME J. (5)：908 - 917.

Capek P，Manzoni S，Kastovska E，et al，2018. A plant - microbe interaction framework explaining nutrient effects on primary production [J]. Nat. Ecol. Evol. (2)：1588 - 1596.

Chaffron S，Rehrauer H，Pernthaler J，et al，2010. A global network of coexisting microbes from environmental and whole - genome sequence data [J]. Genome Res. (20)：947 - 959.

Chin K J，Lukow T，Conrad R，1999. Effect of temperature on structure and function of the methanogenic archaeal community in an anoxic rice field soil [J]. Appl. Environ. Microb. (65)：2341 - 2349.

Conrad R，2007. Microbial ecology of methanogens and methanotrophs [M] //Sparks D L. Advances in Agronomy.

Edwards J，Johnson C，Santos - Medellín C，et al，2015. Structure, variation, and assembly of the rootassociated microbiomes of rice [J]. P. Natl. Acad. Sci. USA，112 (8)：911 - 920.

Eichorst S A，John A Breznak J A，Schmidt T M，2007. Isolation and characterization of soil bacteria that define Terriglobus gen. nov.，in the phylum Acidobacteria [J]. Appl. Environ. Microb. (73)：2708 - 2717.

Eiler A，Heinrich F，Bertilsson S，2012. Coherent dynamics and association networks among lake bacterioplankton taxa [J]. ISME J. (6)：330 - 342.

Elliott T L，Davies T J，2017. Jointly modeling niche width and phylogenetic distance to explain species co-occurrence [J]. Ecosphere (8)：e01891.

Embree M，Liu J K，Al - Bassam M M，et al，2015. Networks of energetic and metabolic interactions define dynamics in microbial communities [J]. P. Natl. Acad. Sci. USA (112)：15450 - 15455.

Faust K，Raes J，2012. Microbial interactions：from networks to models [J]. Nat. Rev. Microbiol. (10)：538.

Feng Y，Lin X，Yu Y，et al，2013. Elevated ground - level O_3 negatively influences paddy methanogenic archaeal community [J]. Sci Rep - UK (3)：3193.

Fu Q，Xi R，Zhu J，et al，2020. The relative contribution of ammonia oxidizing bacteria and archaea to N_2O emission from two paddy soils with different fertilizer N sources：A microcosm study [J]. Geoderma (375)：114486.

Gao Q, Yang Y, Feng J, et al, 2019. The spatial scale dependence of diazotrophic and bacterial community assembly in paddy soil [J]. Global Ecol. Biogeogr. (28): 1093 – 1105.

Garcia J, Patel B K C, Ollivier B, 2000. Taxonomic, phylogenetic, and ecological diversity of methanogenic archaea [J]. Anaerobe (6): 205 – 226.

Ge T, Liu C, Yuan H, et al, 2015. Tracking the photosynthesized carbon input into soil organic carbon pools in a rice soil fertilized with nitrogen [J]. Plant Soil (392): 17 – 25.

Giovannoni S J, Stingl U, 2005. Molecular diversity and ecology of microbial plankton [J]. Nature (437): 343 – 348.

Green J, Bohannan B J, 2006. Spatial scaling of microbial biodiversity [J]. Trends Ecol. Evol. (21): 501 – 507.

Hewson I, Steele J A, Capone D G, et al, 2006. Temporal and spatial scales of variation in bacterioplankton assemblages of oligotrophic surface waters [J]. Mar. Ecol. Prog. Ser. (311): 67 – 77.

Ho D, Li F, 2017. Complexities surrounding China's soil action plan [J]. Land Degrad. Dev. , 28 (7): 2315 – 2320.

Hu A, Wang J, Sun H, et al, 2020. Mountain biodiversity and ecosystem functions: interplay between geology and contemporary environments [J]. ISME J. (14): 931 – 944.

Hu H W, Zhang L M, Yuan C L, et al, 2015. The large – scale distribution of ammonia oxidizers in paddy soils is driven by soil pH, geographic distance, and climatic factors [J]. Front. Microbiol. (6): 938.

Hu H, Zhang L, Yuan C, et al, 2013. Contrasting Euryarchaeota communities between upland and paddy soils exhibited similar pH – impacted biogeographic patterns [J]. Soil Biol. Biochem. (64): 18 – 27.

Ishii S, Yamamoto M, Kikuchi M, et al, 2009. Microbial populations responsive to denitrification – inducing conditions in rice paddy soil, as revealed by comparative 16S rRNA gene analysis [J]. Appl. Environ. Microb. (75): 7070 – 7078.

Jiang Y, Liang Y, Li C, et al, 2016. Crop rotations alter bacterial and fungal diversity in paddy soils across East Asia [J]. Soil Biol. Biochem. (95): 250 – 261.

Jiang Y, Sun B, Li H, et al, 2015. Aggregate – related changes in network patterns of nematodes and ammonia oxidizers in an acidic soil [J]. Soil Biol. Biochem. (88): 101 – 109.

Jiao S, Xu Y, Zhang J, et al, 2019a. Environmental filtering drives distinct continental atlases of soil archaea between dryland and wetland agricultural ecosystems [J]. Microbiome (7): 15.

Jiao S, Xu Y, Zhang J, et al, 2019b. Core microbiota in agricultural soils and their potential associations with nutrient cycling [J]. M. Systems (4): 313 – 318.

Jing X, Sanders N J, Shi Y, et al, 2015. The links between ecosystem multifunctionality and above – and belowground biodiversity are mediated by climate [J]. Nat. Commun. (6): 8159.

Johnson J S, Krutovsky K V, Rajora O P, et al, 2018. Advancing biogeography through population genomics [M]. Springer International Publishing: Cham.

Kimura M, Murase J, Lu Y, 2004. Carbon cycling in rice field ecosystems in the context of input, decomposition and translocation of organic materials and the fates of their end products (CO_2 and CH_4) [J]. Soil Biol. Biochem. (36): 1399 – 1416.

Kimura M, Wada H, Takai Y, 1979. The studies on the rhizosphere of paddy rice [J]. Soil Sci. Plant Nutr. (25): 145 – 153.

Ladau J, Eloe – Fadrosh E A, 2019. Spatial, temporal, and phylogenetic scales of microbial ecology [J]. Trends. Microbiol. (27): 662 – 669.

Layeghifard M, Hwang D M, Guttman D S, 2017. Disentangling interactions in the microbiome: A network perspective [J]. Trends. Microbiol. (25): 217 – 228.

Leininger S, Urich T, Schloter M, et al, 2006. Archaea predominate among ammonia – oxidizing prokaryotes in soils [J]. Nature (442): 806 – 809.

Lima – Mendez G, Faust K, Henry N, et al, 2015. Ocean plankton determinants of community structure in the global plankton interactome [J]. Science (348): 1262073.

Liu X, Burras C L, Kravchenko Y S, et al, 2012. Overview of mollisols in the world: distribution, land use and management [J]. Can. J. Soil Sci. , 92 (3): 383 – 402.

Lu Y, Fu L, Lu Y, et al, 2015. Effect of temperature on the structure and activity of a methanogenic archaeal community during rice straw decomposition [J]. Soil Biol. Biochem. (81): 17 – 27.

McGill B J，2010. Matters of scale [J]. Science (328)：575－576.

Montoya J M，Pimm S L，Solé R V，2006. Ecological networks and their fragility [J]. Nature (442)：259－264.

Morriën E，Hannula S E，Snoek L B，et al，2017. Soil networks become more connected and take up more carbon as nature restoration progresses [J]. Nat. Commun. (8)：14349.

Nemergut D R，Costello E K，Meyer A F，et al，2005. Structure and function of alpine and arctic soil microbial communities [J]. Res. Microbiol. (156)：775－784.

Noll M，Klose M，Conrad R，2010. Effect of temperature change on the composition of the bacterial and archaeal community potentially involved in the turnover of acetate and propionate in methanogenic rice field soil [J]. FEMS Microbiol Ecol.，73 (2)：215－225.

Nunan N，Schmidt H，Raynaud X，2020. The ecology of heterogeneity：soil bacterial communities and C dynamics [J]. Philos. T. R. Soc. B (375)：20190249.

Poltak S R，Cooper V S，2011. Ecological succession in long－term experimentally evolved biofilms produces synergistic communities [J]. ISME J. (5)：369－378.

Raes J，Bork P，2008. Molecular eco－systems biology：towards an understanding of community function [J]. Nat. Rev. Microbiol. (6)：693－699.

Ranjard L，Dequiedt S，Prévost－Bouré N C，et al，2013. Turnover of soil bacterial diversity driven by wide－scale environmental heterogeneity [J]. Nat. Commun. (4)：2431.

Schauer R，Bienhold C，Ramette A，et al，2010. Bacterial diversity and biogeography in deep－sea surface sediments of the South Atlantic Ocean [J]. ISME J. (4)：159－170.

Schmidt O，Hink L，Horn M A，et al，2016. Peat：home to novel syntrophic species that feed acetate－and hydrogen－scavenging methanogens [J]. ISME J. (10)：1954－1966.

Spain A M，Lee R Krumholz L R，Elshahed M S，2009. Abundance，composition，diversity and novelty of soil Proteobacteria [J]. ISME J.，3 (8)：992－1000.

Stegen J C，Lin X，Fredrickson J K，et al，2013. Quantifying community assembly processes and identifying features that impose them [J]. ISME J. (7)：2069－2079.

Sutka R L，Ostrom N E，Ostrom P H，et al，2003. Nitrogen isotopomer site preference of N₂O produced by *Nitrosomonas europaea* and *Methylococcus capsulatus* Bath [J]. Rapid Communications in Mass Spectrometry (17)：738－745.

Thakur M P，Reich P B，Hobbie S E，et al，2018. Reduced feeding activity of soil detritivores under warmer and drier conditions [J]. Nat. Clim. Chang. (8)：75－78.

Wan X，Gao Q，Zhao J，et al，2020. Biogeographic patterns of microbial association networks in paddy soil within Eastern China [J]. Soil Biol. Biochem. (142)：107696.

Yuan C，Zhang L，Hu H，et al，2018. The biogeography of fungal communities in paddy soils is mainly driven by geographic distance [J]. J. Soil. Sediment. (18)：1795－1805.

Yvon－Durocher G，Allen A P，Bastviken D，et al，2014. Methane fluxes show consistent temperature dependence across microbial to ecosystem scales [J]. Nature (507)：488－491.

Zhao J，Gao Q，Zhou J，et al，2019. The scale dependence of fungal community distribution in paddy soil driven by stochastic and deterministic processes [J]. Fungal Ecol. (42)：100856.

Zhou J，Liu W，Deng Y，et al，2013. Stochastic assembly leads to alternative communities with distinct functions in a bioreactor microbial community [J]. mBio (4)：584－612.

Zhou J，Ning D，2017. Stochastic community assembly：does it matter in microbial ecology? Microbiol [J]. Mol. Biol. Rev. (81)：2－17.

第十二章 稻田周丛生物特征及其对氮、磷利用的影响 >>>

第一节 稻田周丛生物及其生消影响因素

一、稻田周丛生物及其性质

稻田是我国重要的农作生态系统。然而，近几十年来水稻种植过度依赖化肥，不仅造成了土壤板结，而且导致养分利用率低、流失量大。因此，提高氮、磷利用率，减少稻田养分流失是我国水稻种植实现增产增效的关键。在稻田生态系统内，水稻土表层与田面水之间的界面上生长着一层由着生藻类、细菌等为主要成分的周丛生物，形成了土-水界面微环境，藻类可吸收并储存氮、磷养分，部分蓝藻可进行生物固氮，而细菌则可通过氨氧化、硝化、反硝化、溶解结合态磷、水解有机磷等一系列过程进行氮、磷转化。周丛生物生长在土-水界面上，为养分等物质在土、水间迁移转化的必经之地，在稻田养分的生物地球化学循环中起着不容忽视的作用，并显著影响着土-水界面微环境。

（一）周丛生物与土-水界面环境

1. 周丛生物的定义 土-水界面是稻田养分生物地球化学循环过程中的重要界面，在稻田养分转化、利用、流失等过程中扮演着重要角色。土-水界面存在的生物相包括底栖动物（如水生寡毛类、软体动物和水生昆虫幼虫等）、着生生物（如固着藻类等）和微生物（包括细菌、真菌和放线菌等）。然而，当这些生物共同结合在一起时，会形成膜状结构的聚集体，即周丛生物。周丛生物是淹水固体表面所有微型生物及其与周边非生物物质共同构成的聚集体，在稻田、溪流等浅水生态系统中尤为常见。周丛生物是一种稳定的由多种微生物组成的微生物群落，如图12-1所示，周丛生物的主要组成包括着生藻类、细菌、真菌、原生动物、后生动物、胞外聚合物、矿物质、有机碎屑等，在稻田土-水界面上形成微界面环境。

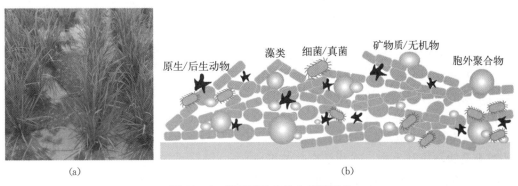

（a）　　　　　　　　　　　　　　　　（b）

图 12-1　稻田周丛生物和群落结构

注：（a）为稻田周丛生物实物图；（b）为周丛生物群落结构示意图。

最近也有学者将周丛生物定义为一个形成于淹水基质表面的微生物聚集体及其交织的非生物物质的集合体。从环境化学的角度来看，周丛生物被定义为由金属氧化物（铁、锰和铝氧化物）、有机质

（如多糖、类脂、DNA 及蛋白质等）和其他无机矿物质（如磷、钙、硅等）组成，它可以影响水中物质吸收和离子交换等过程，改变周围水体的微生态环境。虽然其中的无机组分在整个稻田周丛生物基质中所占的质量很小，但决定着整个周丛生物的地球化学反应活性。周丛生物是稻田等湿地营养物质循环发生的主要场所，在湿地营养物质循环过程中具有重要的作用。

2. 周丛生物与土-水界面的关系　周丛生物生长在土-水界面上，以独特的结构和特征在稻田等浅水生态系统中扮演着重要角色。周丛生物附着在土壤表层，介于水稻土与田面水之间，通过多种生物、物理及化学过程联通土、水间的物质迁移和信息交流。就群落结构而言，周丛生物是由着生藻类、细菌、真菌、原生动物、后生动物以及它们的分泌物组成的多物种群落，集光合自养生物（藻类）及异养（细菌）生物于一体。二者之间复杂的相互作用及互补功能使得周丛生物在以 CO_2 和水为基本物质进行光合作用的同时，也能通过细菌的分解作用从水稻土有机质中获取无机氮、磷、微量元素、氨基酸等生长所必需的物质。物种间的互补性大大降低了周丛生物对环境中生物可利用态营养物质的依赖性，提高了周丛生物对环境的适应性、群落结构的稳定性及生态功能的持续性。

生长在动态变化的稻田环境中，周丛生物也是一个开放的微生物群落，其优势物种组成、物种多样性、光合作用效率、生物量累积速率以及碳、氮、磷代谢等一直处于动态变化之中。首先，土-水界面环境（如光照、温度、pH、氧化还原环境、水深、养分浓度、水肥管理等）会造成周丛生物中物种组成及生长速率的变化。其次，表层土壤及田面水中的各种非生物物质会聚集、吸附并被吸收转化成周丛生物的组成成分，改变周丛生物生物量。最后，周丛生物中的部分细胞会随着外界环境条件的变化或自身生长周期而凋落、死亡，最终返回至水稻土中，变为土壤的一部分，并将其储存的氮、磷等元素释放至土壤中。周丛生物的这种组成结构、表面物质及生长消亡特征，使其在土-水界面上养分等物质的形态变化及不同介质间的转化过程中起重要作用。

（二）周丛生物的形成过程与生态特征

1. 周丛生物的形成过程　周丛生物的形成是一个快速、有序的生态过程。大体上分为以下 3 个阶段（图 12-2）：第一阶段，在充分的碳、氮、磷等养分供给及淹水条件下，细菌首先可逆地附着在土壤等淹水固体表面，在此阶段，细菌易随轻微的水流而移动。第二阶段，细菌膜产生大量的胞外聚合物，包括胞外多糖、胞外蛋白质等，黏附性极强，细菌黏附在土壤表面并大量增殖，并形成细菌膜或细菌群落。第三阶段，细菌产生的胞外聚合物慢慢地将附近的藻类黏附起来，促进微藻菌团的形成，藻、菌的聚集进一步促进黏附和胞外聚合物分泌，并为其他微生物提供场地及养分，藻类之外的其他真核生物逐渐被胞外聚合物吸引过来，开始在土壤表面生长，并逐渐发育，形成具有三维结构的周丛生物稳定群落。发育成熟的周丛生物具有较强的抵抗水力扰动及细胞脱落的能力。

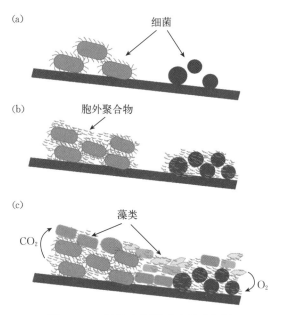

图 12-2　周丛生物形成过程示意图

2. 胞外聚合物与周丛生物　在周丛生物的形成与生长过程中，细菌和着生藻类分泌的胞外聚合物构成整个周丛生物骨架结构的基础，为微藻和细菌的附着生长及包裹吸附其他物质提供了物质基础。胞外聚合物不仅能增强微生物间的相互黏附，还能防止微生物脱水及有毒物质对微生物的损伤，并为微生物提供碳源和能量，在周丛生物的形成和生长过程中发挥着关键作用。

3. 稻田周丛生物特征　在稻田生态系统中，周丛生物一般出现在秧苗返青之后。此时，土壤中的氮、磷供给充足，且秧苗较小，不会遮挡阳光，养分、光照、温度等条件均适合周丛生物形成及快速生长。然而，不同于溪流等水体，稻田内周期性的灌水、晒田、烤田以及水稻秧苗的生长均对周丛生物的生长消亡有影响。如前所述，周丛生物只出现在淹水环境中，因此，在晒田尤其是烤田时，周丛生物得不到足够的水分，并暴晒于阳光下，快速脱水死亡，进而腐烂、分解。此外，随着水稻生长，光照的遮挡效应越来越强。尤其是拔节期之后，周丛生物在土-水界面上得到的光照越来越少，藻类光合作用逐渐减弱，周丛生物进入衰亡期。因此，稻田不同于溪流等生态系统，周丛生物生长及存活时间较短，为1～2个月，并随着施肥、晒田、烤田等水肥管理活动呈现阶段性的生长消亡变化。

类似于其他浅水生态系统中的周丛生物群落结构，稻田周丛生物也以硅藻、绿藻、金藻、蓝藻、变形菌、杆菌等为优势物种。同时，稻田周丛生物群落组成随着环境条件变化呈较大的变化，温度、光照、水深、水流速度、养分的生物可利用性以及水肥管理活动等均会影响周丛生物的群落结构。施肥后，稻田周丛生物中的绿藻丰度显著增加。在养分供给不足时，硅藻取代绿藻成为优势物种。而蓝藻在周丛生物形成初期丰度较低，但在后期占据优势地位。随着水流速度增加，周丛生物叶绿素含量及周丛生物厚度降低，周丛生物生物量与水流速度之间的负相关关系在水体磷酸盐含量浓度较低时尤其明显。据报道，当温度较高时，稻田蓝藻以单细胞种类为主，而丝状蓝藻的丰度随降雨增加而增加。

在稻田生态系统中，适宜条件下周丛生物生长茂盛，尤其是在水稻分蘖期覆盖率最高，生物量累积速率高，生物量总量大（图12-3）。每公顷稻田内周丛生物藻类的生物量约为1 t，而据估算，蓝藻向水稻土中输入的有机碳量可达0.45 t/hm²，每个水稻生长季内稻田周丛藻类的生物量为6～8 t/hm²。可见，在每个水稻生长季内，稻田周丛生物可积累大量的生物量。巨大的生物量不仅使得周丛生物能够富集大量的氮、磷，而且向土壤中输入了大量的有机质，显著改变着稻田土-水界面的pH、氧化还原环境、养分的生物可利用性等状况，并伴随着稻田养分流失量减少等宏观生态环境效应。

图12-3 水稻分蘖期周丛生物
注：采集点位于广东省江门市。

4. 周丛生物中的藻-菌相互作用关系 作为多物种组成的微生物群落，周丛生物对土-水界面环境条件变化（如温度、光照、水流、水深、pH、氧化还原环境、营养盐浓度、污染物胁迫等）具有较强的适应性，并维持稳定的生理活性及生态功能。周丛生物的这种群落及功能稳定性与其多样化的物种组成不无关系，丰富的物种组成伴随着多样化的代谢途径及复杂的种间相互作用关系。着生藻类和细菌是周丛生物群落形成及发挥其生态功能的关键，而二者之间密切的相互作用关系及功能互补性在很大程度上促进了周丛生物群落的稳定和功能的持续。

在成熟的周丛生物中，细菌以群集的形式附着在藻类表面，着生藻类为细菌提供附着场所，并分泌多糖、脂类、肽类等活性物质，从而被细菌吸收利用。随着细菌的生长，其分泌的黏液有利于藻类固着、黏附于土壤表层。同时，细菌产生一些胞外物质，如生长素、维生素等，而且细菌可分解、矿化环境中的有机物并释放无机营养盐及矿物质等，均为藻类生长发育所必需，有助于促进藻类生长（图12-4）。研究表明，在养分供给充足时，藻类生物量和细菌生物量呈正相关，说明二者之间存在着积极的相互作用关系。然而，在养分极度贫瘠等条件下，藻、菌之间也存在竞争关系，如对碳源的竞争等。此时，二者之间的关系演变为相互竞争，藻类可分泌具有抑菌或杀菌功能的次生代谢物，而细菌分泌抗生素等抑制藻类生长，二者通过抑制对方生长从而获得竞争优势。

5. 周丛生物的功能冗余性 周丛生物物种多样性高，与其他微生物群落一样，周丛生物中的部

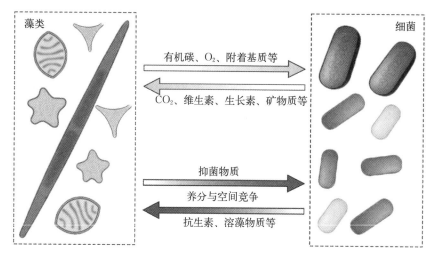

图 12-4　周丛生物群落内藻类与细菌的相互作用

分物种在养分转化、次生代谢物分泌等功能上存在一定程度的重叠。这使得周丛生物在群落组成发生变化时功能得以持续，即具有较高的功能冗余性。在金属纳米颗粒等污染物胁迫下，周丛生物群落中的优势物种组成发生较大变化。然而，其光合作用效率以及氮、磷富集速率等未出现显著变化，说明在环境胁迫致使部分物种死亡后周丛生物整体的生态功能得以持续、稳定进行。这也说明，即便在受到污染的稻田环境中，周丛生物的生态功能仍然具有较高的持续性和稳定性。

二、稻田周丛生物的主要功能

（一）周丛生物与稻田养分转化

周丛生物是稻田土-水界面上分布最广、最普遍以及最主要的生物相，周丛生物的生长和群落演替与土-水界面环境密切相关。同时，周丛生物在土-水界面上广泛存在，不仅改变了土-水界面的物质输送和交换过程，影响土-水界面上养分含量的时空变化，而且改变了稻田土-水界面的微生态环境，影响界面的理化性状，进而间接影响养分等物质在土-水界面的迁移转化过程。这些过程对于研究稻田等生态系统中养分等物质的迁移转化过程具有指导意义。现有研究表明，周丛生物改变土-水界面上养分等物质的生物地球化学循环过程，尤其在土壤、水体、水稻之间的养分转化中起重要作用，不仅改变养分形态，而且能减少养分流失并降低养分流失造成的环境效应。

1. 稻田周丛生物在碳转化中的作用　光合作用是周丛生物群落的基本代谢活动之一，通过光合作用，周丛生物中的藻类等自养生物将 CO_2 转化为有机质储存在细胞内，并在一定的条件下释放至土壤中，从而增加土壤有机质含量。稻田表层 0～1 cm 土壤中藻类及细菌的生物量碳为 600～1 200 mg/kg，并与大气 CO_2 浓度呈现一定的正相关性。除增加土壤有机质含量外，周丛生物还可分泌胞外多糖等具有黏结性的化合物。这些化合物可沿土壤颗粒边缘进行扩散，将土壤颗粒胶结起来形成微团聚体，进而形成大团聚体，提高大团聚体含量并加快土壤有机质的周转。另外，具有交织作用的藻体细丝和通过藻体生物量增加的有机质能够共同起到胶结土壤颗粒的作用，促进土壤团聚体的改善，提高土壤稳定性。

2. 稻田周丛生物的氮转化途径　氮是周丛生物、水稻等生长必需的大量元素之一，是构成生物细胞中氨基酸、蛋白质、酶、叶绿素、RNA、DNA、ATP、ADP 等关键生命物质的基本元素之一，维持着各种生物代谢活动。如图 12-5 所示，同化吸收是周丛生物利用无机氮素的主要途径之一，如周丛藻类细胞中氮含量可达 6% 以上。此外，周丛生物中有多种具有固氮功能的蓝藻，将大气中 N_2 转化为有机氮储存在细胞内。无论是通过同化吸收还是生物固氮，周丛生物细胞内储存的氮素均可在周丛生物凋亡后分解、释放至土壤中，延长土壤肥力。

除富集氮素外，周丛生物还可通过其他途径进行氮的转化。在稻田生态系统中，氨挥发及反硝化是与周丛生物相关的氮转化过程。周丛生物的迅速生长促进了日间田面水 pH 的升高，从而加快氨挥发速率。反硝化是硝酸盐和亚硝酸盐通过异养菌的厌氧呼吸作用由一氧化氮和二氧化氮转变为氮气，周丛藻类虽然能通过光合作用释放 O_2，然而稻田淹水环境下存在厌氧环境，反硝化过程有一定的速率。除此之外，周丛生物还可以进行硝化、有机氮矿化等过程，完成氮素的形态转化，进而改变氮素被水稻利用的过程及效率。

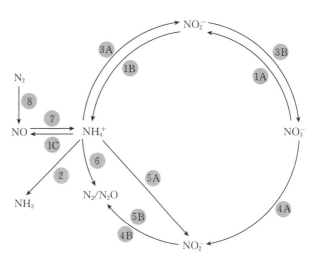

图 12-5 周丛生物对氮素的转化途径

1. 周丛生物对无机氮的吸收　2. 氨挥发　3. 硝化过程
4. 反硝化　5. 短程反硝化　6. 厌氧氨氧化　7. 有机氮分解
8. 蓝藻的生物固氮作用

3. 周丛生物的磷转化途径　与氮类似，磷也是周丛生物、水稻等生长必需的大量元素之一，磷素是细胞中核酸、蛋白质、脂类、ATP、ADP 等物质的关键组成元素之一。在水稻土中，施肥后大部分磷与钙、镁、铝、铁等结合变为非生物可利用态，这也是水稻种植中磷利用率低下的主要原因之一。然而，周丛生物中物种丰富，对磷的转化途径也多样化（图 12-6）。水解是周丛生物转化有机磷的基本方式，通过分泌碱性磷酸酶等增加土壤中的有效磷含量。对于 Ca-P、Fe-P、Al-P 等结合态磷，周丛生物可分泌有机酸进行溶解，而藻类的分解能增加土壤的还原条件，促使不溶性磷如 Fe^{3+}-P 向可溶态 Fe^{2+}-P 转化。藻类的分解还会生成多种具有螯合功能的化合物，螯合难溶性 Fe-P、Al-P 中的铁和铝，从而将其中的磷释放出来变为生物可利用态磷。最终，周丛生物可增加稻田中生物可利用态磷含量，提高水稻对磷素的利用率。

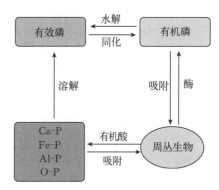

图 12-6 周丛生物对稻田中磷形态转化的影响途径

作为必需元素，周丛生物中藻类在生长过程中吸收大量的磷素，尤其是土壤孔隙水中的磷，这对于减少磷从土壤向田面水的扩散起着积极作用。此外，周丛生物表面的黏附特性有利于吸附有机磷及钙、镁、铝、铁结合态磷，降低田面水中该部分磷的浓度，减少磷的流失。

简而言之，周丛生物与稻田土-水界面环境之间存在复杂的作用过程，在受土-水界面环境影响的同时，也通过多种途径改变稻田中养分的形态及其在土-水界面上的转化行为，在提高稻田养分利用率等方面存在较大的潜力。

（二）周丛生物的指示作用与修复功能

1. 作为水环境评价的指示生物　在水环境中，周丛生物群落及其环境构成了一个统一的系统。当水体受到污染时，周丛生物的种类、数量和群落结构就会发生变化。这种变化常可综合指示环境特征和质量。由于周丛生物是固定生活在一定位置上的，因而在流速较大的河流和水库中，它们对水质状况和变化的反应要比浮游植物好。此外，利用周丛生物作为指示生物还具有取材方便、成本低、具代表性、可纯系培养等优势。

2. 吸附和降解污染物　由于周丛生物结构的复杂性和群落结构的多样性，使得周丛生物在水生态修复与自然水体水环境治理中越来越得到普遍关注和广泛应用。周丛生物在适应污染物胁迫中具有明显的耐污性强和适应环境变化快等集体优势。研究表明，周丛生物不仅对周围微环境的特征影响很大，而且对水环境中污染物的吸附、富集和降解转化等均具有明显作用。周丛生物能够影响水体中金属［Cr（Ⅲ）、Pb（Ⅱ）、Zn（Ⅱ）、Mn（Ⅱ）、Cd（Ⅱ）］的迁移转化行为，存在于周丛生物中的铁、锰氧化物和有机质是吸附水体痕量金属的重要物质。同时，周丛生物对水体中的有机污染物也存在着明显的吸附和降解行为。周丛生物中的微生物和胞外聚合物（EPS）是吸附有机物的关键成分，微生物细胞和 EPS 中的带电组分可与有机污染物进行离子交换，为吸附有机污染物提供吸附位点。除周丛生物的吸附作用外，周丛生物对有机物也具有明显的降解作用。有研究表明，周丛生物能降解部分有机污染物，如除草剂、多环芳烃、抗生素、脂类以及微囊藻毒素等。综上可见，周丛生物对自然水体污染物的环境行为具有重要的影响。由于水体污染具有分布范围广、污染量大以及难以集中控制等特点，传统的点源处理工艺已不适合，且难以达到满意的去除效果。相比于传统的生物技术，周丛生物技术不仅制造成本低，而且具有更强的环境适应性、广泛的应用性和较好的环境安全性。

3. 增加了水生态系统的层次，提高了水生态系统的平衡能力　生态系统作为生物群落与理化环境的统一体，同其他生命系统一样，具有自我维持、自我调节的能力。在一定时间内，生态系统中各生物成分之间以及结构与功能之间的相互关系可以达到相对的稳定和协调，并且在一定强度的外来干扰下能通过自我调节恢复稳定状态，这就是所谓的"生态平衡"。这种平衡能力随着物种多样性的增加而增强。周丛生物的出现使得生态系统的层次结构增加，同时增加了物种多样性。因此，系统的稳定性随之增强，以至抵抗外来干扰的能力不断增强，因而起到了维护生态系统自动平衡的作用。

三、影响周丛生物的因素

周丛生物是一个半稳定和半开放的动力学微系统，周丛生物的形成过程和组分都处于动态变化之中。水环境中的多种成分在周丛生物上发生合成、聚结、转化以及降解等作用，并变为周丛生物的一部分；同时，还会随着周丛生物的衰落分解重新进入水相中。周丛生物有时可以均匀地分布在载体表面，有时又变得薄厚不一；有时仅由单层的微生物细胞组成，有时却由微生物细胞堆积形成。周丛生物的生长情况和状态会随着营养底物、时间和空间的改变而发生变化，环境条件的改变能引起微生物种群及生理学上的变化，再加上自然环境条件下形成的周丛生物其物种组成和群落结构比较复杂，使得群落演替不仅受本身自发过程的影响，也受到诸多外源因素（如水深、载体类型、光照、温度和营养盐等）的影响。

（一）营养盐含量对周丛生物的影响

碳、氮、磷元素是周丛生物生长所必需的营养物质，它们可以通过周丛生物中的光合作用合成有机物并入周丛生物的生物量。周丛生物中微生物能够利用无机氮作为氮源用于自身生长，并且可以吸收利用附着载体（土壤）中的养分供自身生长。研究表明，在营养水平较低时，周丛生物中的运动型细菌会增加，从而提高周丛生物的附着率，并且有利于菌群初期均匀附着；而在营养水平较高时，周丛生物中的非运动细菌在初期附着中占优势。不同的营养水平可以改变周丛生物中细菌的运动方式和运动速度，同时改变周丛生物的表面电荷、胞外聚合物分泌、群体感应、控制信号因子等变化，进而影响周丛生物的形成和状态。

（二）载体对周丛生物的影响

载体是周丛生物附着和生长的基质，是周丛生物形成的前提。载体的材质和表面性质对周丛生物的形成和生长有重要影响，载体材料、粗糙度、接触角和电荷等是影响周丛生物形成和发展的重要因素。粗糙的基质也有利于周丛生物的生长，粗糙基质和高河水流速的结合可以极大地增加周丛生物上的生物量。如在基质上涂一层硬脂酸，可以提高周丛生物的增长速度。通过对 2 种天然载体（樟子松、花岗岩）和 3 种人造载体［玻璃、聚对苯二甲酸乙二醇酯 PET（弱极性表面）、PP（极性表面）］进行研究表明，不同载体上的周丛生物优势特征不同：PP 有利于周丛生物生物量的积累、蓝细菌的附着，周丛生物光合效率相对较低；花岗岩有利于原核生物与真核生物的附着，尤其是高光合效率物种；樟子松上的周丛生物具有污水脱氮潜力，并且载体表面亲水性有利于多种细菌的黏附定植，表面接触角越小、越亲水，越容易附着更多种类的物种等。

（三）光照对周丛生物的影响

光照是影响周丛生物形成的重要参数，已被证明可以影响周丛生物的结构、生物量和代谢能力等。光是初级生产和藻类生长的最终能源，初级生产在某些局域内和地理区域间的变化可以归因于光可用性的变化，同样的光照在时间上的变化也被证明有很大的重要性。首先，光照影响周丛生物生物量和周丛生物中藻类的初级生产，光入射的减少会造成周丛生物生物量的减少。研究表明，有光照条件下培养的周丛生物的厚度和体积均明显大于无光照条件下培养的；同时，无光照条件下生长的周丛生物中小颗粒物分布比较多，而有光照条件则有利于形成较大的颗粒，周丛生物含有较多的叶绿素和藻类以及较少的营养物质，并且实验室试验表明，光照变化比水流变化诱导周丛生物生物量的差异更大。其次，光照影响周丛生物群落的营养状态，从而影响周丛生物提供给牧食者的食物数量和食物质量。周丛生物中的非自养组成部分虽不受光直接作用，却往往从自养的藻类部分在有光条件下生产的胞外有机分泌物中受益。在静水生态系统中，周丛生物所受光照的空间变化往往由浮游植物的遮蔽程度和水深的变化共同影响。当水环境中浮游植物大量繁殖时，会减少光照的传输，进而影响周丛生物的生长。光照也会随着水体深度的增加而减弱，静水中的周丛生物在群落结构和功能上形成垂直格局。最后，周丛生物可用自身结构来进行光衰减，利用光纤维微探头技术可以测定周丛生物内部的光强变化，并且光的选择性吸收也影响通过周丛生物渗透的有效光合辐射质量。有研究表明，由于叶绿素 a 选择性吸收蓝光和红光，使得周丛生物下层的蓝光和红光减少。并且，光照变化可通过调节光合效率和最大光合速率获得补偿。虽然强光经常抑制浮游植物的生产力，但是作为群落存在的周丛生物生产力则往往不受强光抑制。

（四）温度对周丛生物的影响

不同的温度条件可以对周丛生物中的微生物酶活性和生物量产生显著影响。当温度适宜时，周丛生物中的微生物可以加速生长，进而提高周丛生物的生物量。在一定温度范围内，适当提高温度有利于促进微生物的新陈代谢。20~30 ℃是周丛生物生长的最适温度，超过或低于这一温度范围，周丛生物的生长都会受到抑制，且低温的抑制作用更为明显。研究发现，温水中的细菌相对于冷水来说生长更加迅速。同时，温度影响周丛生物的微生物活力，特别是对周丛生物中氧化细菌的反应活性影响很大，包括利弊两方面：一方面，在一定范围内，随着温度的升高，周丛生物可以加快内部化学反应和酶反应速率，温度每升高10 ℃，反应速率就增加约 1 倍，使周丛生物生长变得更加迅速；另一方面，温度可以显著影响微生物的蛋白质、核酸和其他细胞组分，温度过高可能导致不可逆的失活。因此，在适当范围内增加温度，可以增加周丛生物的生长和代谢功能。但是，当超过临界温度，周丛生物中的微生物酶活性下降甚至发生细胞死亡，从而失去功能。同理，当温度低于最低临界温度时，周丛生物的生长也会受到抑制甚至停止生长。周丛生物的氮循环功能容易受温度变化的影响，当温度<10 ℃或 >35 ℃时，反硝化速率都不理想；温度为 30 ℃时，脱氮能力最强。主要原因是反硝化细菌大多属于中温型细菌，在中温阶段，随着温度的升高，细菌体内酶的活力增强，代谢速度加快；温度过低，细菌体内酶的活力受到抑制，代谢速度较慢；温度过高，导致细菌体内的酶发生变性，影响反应进行，导致去除效果下降。此外，铁和锰等氧化物的重要来源是周丛生物中铁离子和锰离子的微生物氧化。当周丛生物中微生物的代谢活动发生改变时，可以改变环境中铁和锰的形态改变。研究证明，在实验室培养条件下，随着温度的提高，铁和锰等金属氧化物的含量也随之增加，并且水体温度与周丛生物铁、锰等金属氧化物含量呈显著的正相关关系。

（五）水动力条件对周丛生物的影响

水流速度可以影响周丛生物的空间分布和局域密度。研究表明，一方面，水流的运动直接影响周丛生物的定植脱落与群落组成；另一方面，水流通过扰动稻田土壤、增加浊度间接影响周丛生物的垂直迁移和生产力。在自然水体中，高流速使周丛生物易于形成单层结构，而低流速使周丛生物形成复杂结构，低流速和小扰动有利于周丛生物中藻类的生长和聚集，流速增大则导致叶绿素 a 含量先递增后递减。周丛生物中藻类生长随着湍流程度的增加而逐渐受到抑制，藻类种类的差异也随着对水流剪应力的响应而产生变化。有研究表明，水力扰动使得浮游植物和周丛生物群落发生了更加密切的联系，并且在浅水湿地，营养水平常与波浪活动有关，波浪扰动提高了水体营养物的供应，有益于光照条件较好的水体上层中周丛生物生长。另外，水深也可以直接或间接地影响其他因素来影响周丛生物。首先，水深的变化会引起不同的水位波动，进而可以直接影响周丛生物结构。其次，水深影响稻田土壤在波浪扰动下的再悬浮，影响水体浊度，从而影响周丛生物对光的获得和周丛生物中非有机物的比例。最后，由于水位可以影响沉水植物的生长和分布，即使水位对与沉水植物紧密联系的周丛生物没有直接影响，但是通过增加宿主植物生长，也可以促进整体周丛生物生物量的增长。

（六）其他条件对周丛生物的影响

环境中的溶解氧（DO）浓度、pH、水生植物、牧食者等都可以对周丛生物产生影响。环境中 O_2 的浓度可以对周丛生物的生成产生影响。DO 可以增加胞外聚合物中的碳水化合物含量，而在较低的 DO 条件下，可以使胞外聚合物中的碳水化合物和蛋白质都保持在稳定水平。同时，周丛生物中的氧化还原电位可以影响微生物的活动，而 O_2 浓度又可以影响氧化还原电位，并影响周丛生物中的电子传递系统和生物合成。pH 也可以改变周丛生物的生长及组成。首先，pH 可以改变周丛生物中细胞膜的电荷，从而改变周丛生物中微生物对营养物质的吸收以及周丛生物中微生物的酶活性，进而改变周丛生物中微生物的代谢活动。研究表明，酸性环境容易造成藻类多样性的下降。其次，pH 的变化与水体的钙循环相联系，可以影响周丛生物沉积磷的能力。大型水生植物可以直接为周丛生物提供附着基质，并吸收利用大型水生植物释放的养分供自身生长。水生植物也可以间接通过营养竞争，改变水体物理环境（遮光、减缓风浪、稳定稻田土壤、提高透明度等）和化学环境（改变水体无机碳和 pH，消耗 DO 等）来影响周丛生物的生长。牧食者是影响周丛生物的重要生物因子，螺类的牧食、大型甲壳动物都可以大量减少周丛生物的生物量，进而改变周丛生物的生物组成及群落结构。

第二节　周丛生物对稻田反硝化的影响

一、稻田反硝化过程与影响因素

（一）稻田反硝化过程

反硝化能够把生态系统固定的氮和人为活化氮以 N_2 的形态返回到大气氮库中，是实现完整氮素循环不可缺少的一环，其基本过程是 $NO_3^- \rightarrow NO_2^- \rightarrow NO \rightarrow N_2O \rightarrow N_2$。在稻田土壤中，反硝化是氮素损失的主要途径之一，其损失可达施氮量的 $16\% \sim 41\%$，因而大大降低了氮肥利用率和土壤肥力。反硝化过程中产生的 N_2O 是一种重要的温室气体，其温室效应为 CO_2 的 298 倍。N_2O 还参与大气中许多光化学反应，破坏大气臭氧层，从而增加紫外线到地球表面的辐射量，对地球生命产生多方面的伤害。

反硝化是氮循环过程的最后一步。氮肥在稻田系统中的迁移转化途径主要有水解、氨挥发、淋洗、硝化、反硝化、厌氧氨氧化等。以常用的氮肥尿素为例，施于土壤后在水解作用下迅速转化为铵态氮（$K1$）；除被作物吸收外，铵态氮容易挥发到大气中去，在好氧条件下，铵态氮会被亚硝化细菌氧化成 NO_2^-（$K2$）；NO_2^- 极不稳定，容易失去电子被硝酸细菌进一步氧化成 NO_3^-（$K3$）；NO_3^- 除被作物利用和淋洗损失外，在厌氧条件和硝酸还原酶的作用下，以 NO_3^- 作为电子受体，又被还原成 NO_2^-（$K4$）；由兼性好氧的异氧微生物利用同一个呼吸电子传递系统，以 NO_2^- 作为电子受体，NO_2^- 又被逐步还原成 N_2（$K5$）；在厌氧条件下，厌氧氨氧菌还能够以 NO_2^- 作为电子受体，将 NH_4^+ 氧化成 N_2（$K6$）。以上各过程由微生物主导，反应速度 K 基本符合米氏方程。稻田系统施加尿素后，反硝化过程在氮素循环中的作用如图 12-7 所示。

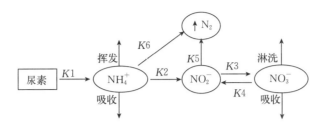

图 12-7　稻田系统施肥后反硝化过程在氮素循环中的作用

（二）稻田反硝化过程影响因素

反硝化速率受环境因素和生物因素共同影响。影响反硝化的环境因素主要有温度、pH、Eh、有机碳、氮浓度等。反硝化速率一般随着温度的升高而增加，但温度过高或过低均会对其产生抑制作用。pH 主要影响反硝化产物的 N_2O/N_2。研究发现，当 pH<6 时，N_2O 还原酶的活性受到抑制，从而增大了 N_2O 在产物中的比例。pH 主要通过影响 NH_3 和 NO_2 的有效性而影响反硝化速率，其适宜的 pH 为 6.8~8.3；Eh 可间接反映稻田土壤的 O_2 状况，厌氧条件将有利于反硝化作用的进行。研究表明，Eh<300 mV 的厌氧条件是反硝化作用进行的必要条件。由于反硝化微生物需要有机物作为电子供体和细胞能源，因此有机物的生物有效性直接影响反硝化速率。当碳源为反硝化作用的限制性因子时，加入有效碳可以提高碳和硝态氮的有效性，进而可显著促进反硝化作用的进行。同时，易分解有机物的分解还会消耗土壤中的 O_2，促进厌氧环境的形成，从而在一定程度上促进反硝化作用的进行。但如果易分解有机物质的含量过高（C/N 过高），又会导致硝化速率降低，从而影响反硝化作用所需 NO_3^- 的供给。目前，硝酸盐对反硝化速率的影响结论不一，在低氧的海洋环境里，由于 NO_3^- 很容易转化为 NO_2^-，硝酸盐与反硝化速率无相关关系；而在稻田土壤的厌氧层，反硝化速率大都与 NO_3^- 浓度呈显著正相关。

生物因素在反硝化过程中扮演双重角色：一方面，在新陈代谢过程中直接主导反硝化过程；另一方面，对周边环境的作用反过来又影响其活性。许多不同种类的微生物都具有反硝化能力，如热袍菌门、产金菌门、厚壁菌门、放线菌门、拟杆菌属和变形菌门等。此外，某些真菌和古菌也具有反硝化的能力。很多研究表明，稻田土壤反硝化速率随着反硝化微生物丰度的增加而增加。生物在生长代谢以及死亡分解过程中，其代谢产物和死亡残体会逐渐沉降并覆盖到稻田土壤上，自身所含的有机氮化合物也逐渐被分解矿化，营养元素因此得以循环，环境条件逐渐发生变化。由于生物生长繁盛、大量耗氧，使稻田土壤中的反硝化作用增强。Pastor 研究发现，在稻田土壤中加入藻类，提高了环境的 pH，可以导致 NH_4^+ 从稻田土壤中快速逸出，并能降低反硝化作用与矿化作用的比值。生物新陈代谢后，排泄物和死亡的个体、组织等形成有机碎屑，是稻田土壤中有机质的主要来源。这些有机碎屑往往会改变稻田土壤原有的 C/N、pH 和 DO 等指标，从而改变微生物的生活环境，影响稻田土壤的反硝化速率。

二、周丛生物对稻田反硝化的影响与机制

（一）周丛生物对稻田反硝化过程的影响

周丛生物生长在稻田土-水界面，是稻田系统中的重要初级生产者。相对于单一微生物群落，周丛生物具有多种特殊的功能，如具有多种酶促协同作用。周丛生物含有多种酶蛋白（如碱性磷酸酶、蛋白酶、脲酶和过氧化氢酶等），这些酶的活性能直接或间接影响反硝化速率。例如，过氧化氢酶能促进过氧化氢分解为水和氧气，从而影响反硝化速率。周丛生物系统内部较高的氮浓度和厌氧条件，也会促进反硝化速率。有研究表明，周丛生物的反硝化速率显著高于稻田土壤的反硝化速率。周丛生物光合作用过程中可以释放大量的氧气，提高田面水和稻田表层土壤的氧化还原电位，从而有利于硝

化反应。硝态氮扩散至毗邻的厌氧层，在反硝化细菌的作用下转化成氮气，最终损失到大气中。但也有研究表明，在周丛生物的衰亡期，微生物与叶绿素含量降低，周丛生物内硝化速率和反硝化速率受到抑制。

为探明周丛生物对稻田反硝化过程的影响，设计如下试验：将通过 2 mm 孔径筛的稻田土壤样品装入培养柱中，随机布置 54 个处理，设置氮素处理和周丛生物处理两种控制试验。设置 8 个不同氮素添加量处理（0 kg/hm²、50 kg/hm²、100 kg/hm²、200 kg/hm²、400 kg/hm²、600 kg/hm²、900 kg/hm²、1 300 kg/hm²），以便各处理之间有明显的氮浓度梯度，并且尽可能有较大的氮浓度变化范围。周丛生物处理主要通过遮光实现，通过 7 个不同强度的遮光处理〔分别为 0 μmol/(m²·s)、25 μmol/(m²·s)、50 μmol/(m²·s)、150 μmol/(m²·s)、300 μmol/(m²·s)、600 μmol/(m²·s)、1 100 μmol/(m²·s)〕，周丛生物的生长速度受到不同程度的抑制，因此产生相应的周丛生物梯度。试验稳定 1 个月后，用无扰动稻田土壤采样器采集原状稻田土壤，用膜进样质谱法测定反硝化速率。同步测定的环境因素有水体硝态氮浓度、铵态氮浓度、总氮浓度、DOC、pH、DO、土壤铵态氮浓度、土壤硝态氮浓度、土壤全氮浓度。同时，测定周丛生物叶绿素含量、生物量以及优势物种分布。对于稻田土壤，还应用定量 PCR 方法来测定 AOA、AOB、nosZ、nirK 基因含量。培养试验如图 12-8 所示。

图 12-8 周丛生物对反硝化影响的培养试验

光照培养试验结果如图 12-9 所示，随着光照度的增加，不管氮素添加量多少，反硝化速率都逐渐增加。由于光照度越强，周丛生物生物量越大，因此反硝化速率随着周丛生物生物量的增加而增加。

（二）周丛生物对稻田反硝化过程的影响机制

周丛生物对稻田反硝化过程的影响复杂：一方面，周丛生物本身含有营养物质、多种酶以及微生物，这些生物因素和非生物因素共同影响周丛生物内部的反硝化过程；另一方面，周丛生物由于具有

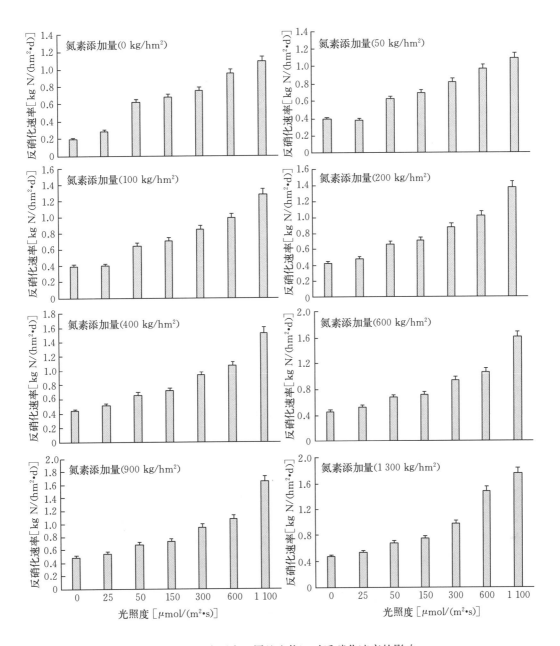

图 12-9　光照度（周丛生物）对反硝化速率的影响

丰富的生物条件，会影响田面水以及稻田土壤的营养物质交换，改变反硝化发生的环境条件，进而影响反硝化过程与速率。为深入了解周丛生物对稻田反硝化过程的影响机制，构建结构方程模型来解释周丛生物对稻田反硝化过程的直接作用和间接作用。

从界面角度，稻田系统可以分为田面水、周丛生物、稻田土壤三界面，每个界面包含若干与反硝化相关的因子。构建如图 12-10 所示的结构方程模型，模型考虑了田面水、周丛生物、稻田土壤对反硝化速率的影响，同时考虑到周丛生物对田面水和稻田土壤的影响。田面水的因子包括 DOC、硝态氮、铵态氮、pH 和 DO；周丛生物的因子包括生物量、叶绿素含量和优势种群；稻田土壤的因子包括铵态氮浓度、硝态氮浓度、稻田土壤反硝化细菌丰度。

为了减少参数的数量，在结构方程模型运行之前，应用主成分分析方法（PCA）提取相似因子的第一主成分作为模型的因子，如周丛生物优势种群和稻田土壤中反硝化细菌丰度。通过主成分分析，可得第一主成分可解释周丛生物优势种群的 78.56%，而第一主成分可解释稻田土壤反硝化细菌

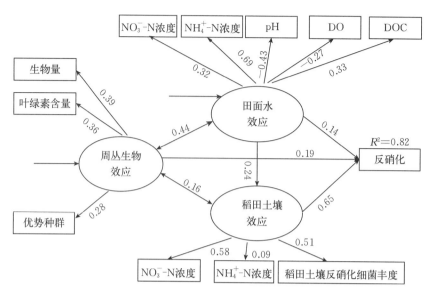

图 12-10　周丛生物影响稻田反硝化的因素

丰度的 91.9%。因子简化后输入 LISREL v8.70，解析结果如图 12-10 所示。

各因子对反硝化的贡献都达到显著水平，卡方检验结果为 $\chi^2 = 14.78$，$P = 0.432$，表明模拟结果与观测值无显著差异，模型的解释度高达 82%。同时，结构方程模型不受各因子之间共相关关系的影响。该研究表明，周丛生物的生物量、叶绿素含量以及优势种群是影响稻田反硝化的主要因素。同时，周丛生物会影响田面水理化性状（如硝态氮含量、铵态氮含量、pH、DO、DOC 等）从而间接影响反硝化速率；周丛生物影响稻田土壤理化性状（如硝态氮含量、铵态氮含量、稻田土壤反硝化细菌丰度等）从而间接影响反硝化速率。

上述结果阐明了周丛生物对反硝化过程的直接影响和间接影响，为进一步探讨周丛生物对田面水和稻田土壤各因子的影响途径和大小，进而构建了周丛生物影响反硝化速率机制的结构方程模型。从因子角度来看，影响反硝化的因子众多，但是直接影响反硝化过程的是氮素浓度和微生物丰度。微生物是反硝化过程的主体，氮素是反硝化过程中微生物利用的底物。其他环境因素都影响这两类因子，从而影响反硝化速率。

如图 12-11 所示，为了减少结构方程模型参数数量，进一步应用主成分分析方法提取田面水氮素和稻田土壤氮素的第一个主成分，第一主成分能解释氮素变异的 84.23%。由于本试验各处理之间初始条件一样，通过添加氮素和控制周丛生物，各因子发生很大的变化。研究认为，氮素添加不能改变 pH、DOC、DO，这 3 个因素是受周丛生物的影响。而改变 pH 会引起反硝化的变化，因此会影响氮素浓度；DOC 能给微生物提供能量，改变 DOC 会影响稻田土壤反硝化功能微生物；硝化细菌是好氧微生物，反硝化细菌是厌氧微生物，因此改变 DO 也会影响稻田土壤反硝化功能微生物。

各因子对反硝化的贡献都达到显著水平，卡方检验结果为 $\chi^2 = 12.16$，$P = 0.508$，表明模拟结果与观测值无显著差异，模型的解释度高达 84%。同时，结构方程模型不受各因子存在共相关关系的影响。该研究结果表明，周丛生物与田面水 pH 呈正相关，表明周丛生物能提高田面水 pH，而 pH 又与田面水和稻田土壤中硝态氮、铵态氮呈负相关，从而增加了系统中氮素损失。周丛生物与田面水 DOC 浓度呈正相关，表明周丛生物能提高田面水 DOC 浓度，而 DOC 又与稻田土壤微生物丰度呈正相关，尤其是 nosZ 和 nirK 功能基因，从而促进了稻田土壤微生物生长。周丛生物与田面水 DO 浓度呈正相关，表明周丛生物能提高田面水 DO 浓度，而 DO 又与稻田土壤微生物丰度呈负相关，从而抑制了稻田土壤微生物生长，尤其是抑制反硝化功能微生物。最终，周丛生物影响了氮素浓度和反硝化微生物，从而影响了稻田反硝化过程。

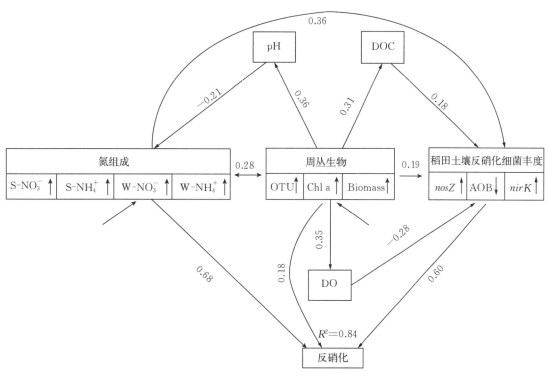

图 12-11　周丛生物影响稻田反硝化的机制

三、周丛生物对稻田反硝化的贡献

由上述模型分析可知，周丛生物对反硝化速率有直接贡献和间接贡献。为了全面评估周丛生物对反硝化的贡献，基于上述结构方程模型的计算结果，分别从界面角度和因子角度进行评估。

从界面角度来看，田面水对反硝化的直接贡献最小，其次为周丛生物，稻田土壤对反硝化的直接贡献最大（图 12-12）。但是，田面水由于给稻田土壤反硝化提供基质，因而对反硝化的间接贡献较大。周丛生物同时对田面水和稻田土壤反硝化有间接贡献。总体来说，稻田土壤对反硝化的贡献最大，其次是水体，周丛生物贡献最小。在模型构建中，如果只考虑稻田土壤的贡献，模型解释度为56%；进一步考虑周丛生物和田面水的贡献，模型解释度可分别提高15%和11%。

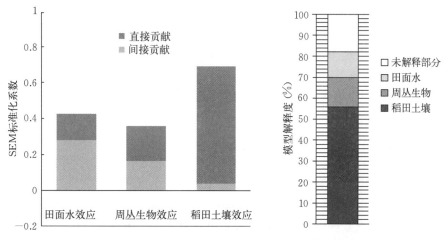

图 12-12　各界面对反硝化的直接贡献和间接贡献

从因子角度来看，整合各因子对反硝化的贡献可知，周丛生物对反硝化的直接贡献最小，其次为稻田土壤反硝化细菌丰度，氮素对反硝化的直接贡献最大（图 12 - 13）。除直接贡献外，氮素和周丛生物还存在较大的间接效应。总体来说，氮素对反硝化的贡献最大，其次是稻田土壤反硝化细菌丰度，周丛生物贡献最小。在因子模型中，周丛生物的贡献与界面模型中周丛生物的贡献基本相当，也间接证明了模型的可靠性和周丛生物对反硝化的贡献。在模型构建中，如果只考虑氮素的贡献，模型解释度为 44%；进一步考虑周丛生物和稻田土壤反硝化细菌丰度的贡献，模型解释度可分别提高 14% 和 26%。

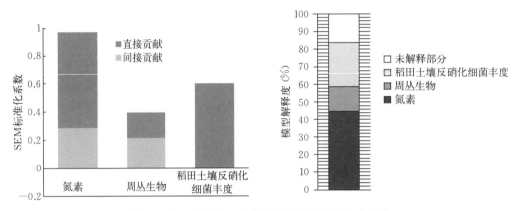

图 12 - 13　各因子对反硝化的直接贡献和间接贡献

在本研究中，应用结构方程模型从界面角度和因子角度解释了稻田土壤反硝化速率的影响因素。研究结果表明，周丛生物对反硝化有不同程度的促进作用，该结果对于模型构建与稻田氮素管理有重要意义。当前，稻田反硝化统计模型和过程模型都是基于田面水-稻田土壤两相界面基础之上，不考虑周丛生物界面。在因子考虑上，也只考虑了田面水和稻田土壤中的影响因子。因此，如能将周丛生物界面纳入考虑，通过增加周丛生物生物量、叶绿素 a 含量、OTU 等表征因子，有望大大减小模型不确定性。在稻田氮素管理中，由于周丛生物能促进氮素反硝化损失，在氮素管理过程中，可以通过抑制周丛生物生长来达到减少氮素反硝化损失的目标。周丛生物对氮素循环的综合影响需要进一步研究。

四、周丛生物对稻田氨挥发的影响

（一）稻田氨挥发过程与影响因素

活性氮的过度释放对氮素生物地球化学循环产生不利影响，造成各种生态环境问题。作为一种活性氮，氨（NH_3）通过挥发而损失，是农业系统中氮损失的主要途径之一，农业氮肥的广泛使用大大增加了向大气排放的氨。每年全球范围内约有 11×10^6 t 氮肥通过氨挥发的形式损失，约占全球施氮量的 18%；在我国稻田系统中，氨挥发损失可达总施氮量的 9%～14%；在某些环境和土壤条件下，土壤氨挥发量超过施用氮量的 40%。

稻田氨挥发是指氨自稻田土壤表面或田面水表面散逸至大气的过程，其路径可以表示为 NH_4^+（土壤）$\rightleftharpoons NH_4^+$（溶液）$\rightleftharpoons NH_3$（溶液）$\rightleftharpoons NH_3$（气体）。当稻田土壤表面或田面水表面外体空间的氨分压大于其上方空气的氨分压时，这一过程即可发生（图 12 - 14）。氨挥发过程受水体理化性状、土壤理化性状和气候条件等多因素的影响，具有很强的时间和空间变异性。其中，水体理化性状包括氮素含量、pH 等，土壤理化性状包括氮素含量、土壤质地、土壤有机质含量、pH 等。此外，温度、作物遮挡率、风速以及天气状况（日照时间、降水量）等也是影响氨挥发的重要因素。

氨挥发对温度和 pH 具有较高的敏感度，挥发量随着温度及土壤溶液或田面水 pH 的升高而加剧。NH_4^+ 是酸性阳离子，水解成酸性，当溶液 pH 增加时，溶液中 OH^- 增多，由于 $NH_4^+ + OH^- \rightleftharpoons NH_3 + H_2O$，氨挥发量增加。相关研究表明，在 25 ℃条件下，当 pH 从 5.0 增加到 8.9 时，气态氨的相对浓

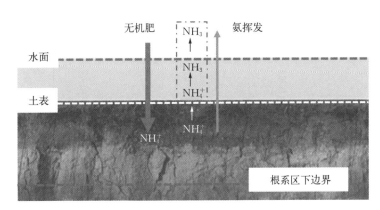

图 12-14　稻田氨挥发示意图

度将从 0.005% 增加到 31.1%。土壤黏粒和有机质对 NH_4^+ 的吸附作用会降低环境中的铵态氮浓度，进而减少氨挥发损失量。氮肥表施增加氨挥发，同时氨挥发量随着施氮速率的增加而增加，随着土壤阳离子交换量的增加而降低。稻田氨挥发量随着风速和光照度的增大而增多，降水的淋溶作用将氮肥带入深层土壤，减少氨挥发损失。

（二）周丛生物对稻田氨挥发的影响与机制

周丛生物是在一定环境条件下产生的藻类、细菌和其他微生物及其交织的非生物物质的集合体，周丛生物在水生生态系统中广泛存在。在养分充足的环境条件下，土著微生物能自发形成组织分工明确的"生产者-消费者-分解者"等级结构的周丛生物，具有一定的生态稳定性和应用普适性，它的存在可能会改变环境因素（如氧化还原电位、溶解氧浓度、pH 以及田面水和稻田土壤中的有机碳和氮素浓度）。相对于单一的微生物群落调控养分而言，周丛生物表现出多种特殊的集体功能，如多种酶可协同促进氮素活化和转化。从结构上看，周丛生物中存在大量的空洞结构，具有巨大的比表面积和暂时存储养分的功能，当条件适宜时，周丛生物又可充当养分释放角色。光合自养微生物为优势种群的周丛生物还具有生物固氮功能。

稻田由于长期处于浅水层状态，加之施肥的影响，田面水中的营养物质水平较高，藻类、微生物迅速繁衍，形成周丛生物，与田面水和稻田土壤共同构成稻田浅层水生系统。稻田浅层水生系统中的非生物因素和周丛生物相互作用，对稻田氨挥发产生复杂的影响。藻类等微生物群落生长和衰落，对稻田土壤肥料氮的转化以及土壤肥力的变化都有着直接或间接的关系。稻田浅层水生系统中随机控制的养分和周丛生物引起的微生物群落以及非生物因素变化是引起氨挥发产生的主要原因。由氨挥发与相关因素之间的线性二元关系（图 12-15）可知，氨挥发与田面水 pH 和 $NH_4^+ - N$ 浓度、周丛生物的生物量、叶绿素 a 含量以及稻田土壤中 $NH_4^+ - N$ 浓度呈正相关，与田面水的 DOC、DON、$NO_3^- - N$、DO 以及稻田土壤的 $NO_3^- - N$、DON 浓度没有显著的线性关系。

在二元回归分析中，氨挥发与各因素之间的弱相关性，可能是由于因素之间的共现性掩盖了其与氨挥发之间的关系。采用结构方程模型（SEM）对"稻田土壤-周丛生物-田面水"三相体系影响氨挥发过程进行多元分析，使用"界面"和"因子"两种模型探究稻田浅层水生系统中环境因素对氨挥发的直接控制和间接控制机制。在"界面"模型中引入"田面水效应""周丛生物效应""稻田土壤效应"3 个潜在变量，以明确这 3 个界面对氨挥发的重要性（图 12-16）；使用"因子"模型探究观测变量对氨挥发的直接影响和间接影响（图 12-17）。两种 SEM 模型都很好地拟合了试验数据。"界面"模型解释了氨挥发的变化是由田面水、周丛生物和稻田土壤的相互作用引起的，模型解释度达到 72%（$\chi^2 = 18.64$，$P = 0.38$）。

"因子"模型对 NH_3 挥发变化的解释度达到 76%（$\chi^2 = 17.32$，$P = 0.41$）。田面水的 pH 对氨挥发有显著的直接正向影响，另外，pH 对氮素浓度产生负向效应，而对氨挥发有显著的负向影响（标准

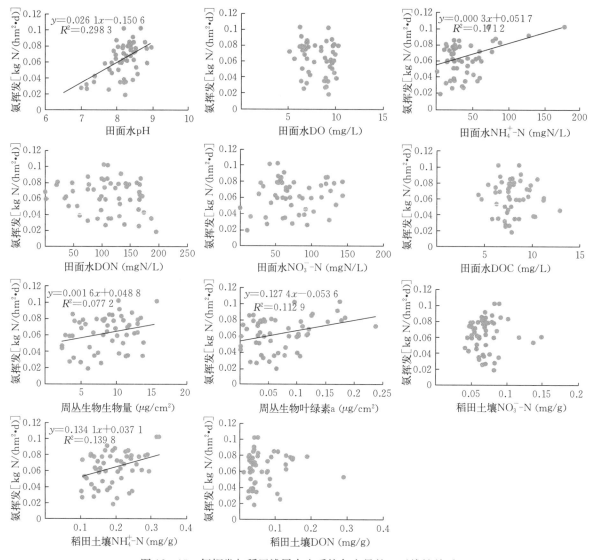

图 12-15　氨挥发与稻田浅层水生系统各变量的二元线性关系

化路径系数为 -0.14，即 -0.33×0.41）；田面水和稻田土壤中 NH_4^+ - N 和 NO_3^- - N 的氮素组分对氨挥发也表现出强烈的直接正向影响。与"界面"模型结果相同，"因子"模型中由于周丛生物对氨挥发正向效应和负向效应相互抵消，周丛生物对氨挥发的总影响不显著。虽然周丛生物直接降低了氨挥发速率，但由于周丛生物对田面水和稻田土壤中 NH_4^+ - N、DOC 浓度和 pH 的正向影响而对氨挥发产生了间接正向影响。如果只考虑稻田浅层水生系统中的周丛生物的间接影响，氨挥发的比例将会被高估 19%。

　　SEM 模型揭示了各因子与氨挥发之间复杂的相互作用关系。田面水和稻田土壤中碳、氮和氧的浓度影响稻田浅层水生系统的氨挥发，DOC、NO_3^- - N、DO 浓度在很大程度上决定了 NH_4^+ - N 的可利用性和 pH 状态，从而影响氨挥发。然而，当进行双变量回归分析时，DOC、NO_3^- - N、DO 与氨挥发之间的关系由于它们的共线性而被隐藏。在 SEM 模型中，使用两个潜在变量"稻田土壤效应"和"田面水效应"确定这些参数对氨挥发的影响，并将高度相关的自变量收集到主成分中，同时纳入"周丛生物效应"，充分模拟田面水-周丛生物-稻田土壤三相界面的相互作用关系以及各解释变量与氨挥发之间的多元关系。采用 SEM 模型分析将净效应划分为直接效应和通过系统其他因素产生的间接效应，可以深入理解氨挥发的影响机制，在多个机制中量化了 DO、DOC 和 pH 对氨挥发的间接影响。

　　周丛生物与氨挥发之间存在着复杂的联系。稻田土壤表面的周丛生物阻碍氨气体流动，从而对氨

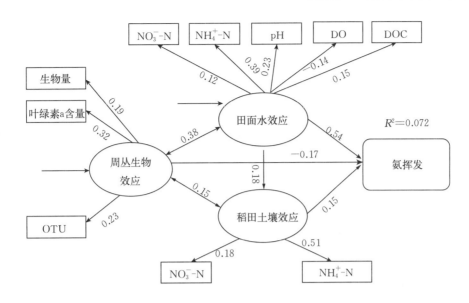

图 12 - 16　田面水-周丛生物-稻田土壤三相体系影响氨挥发的界面模型解析结果

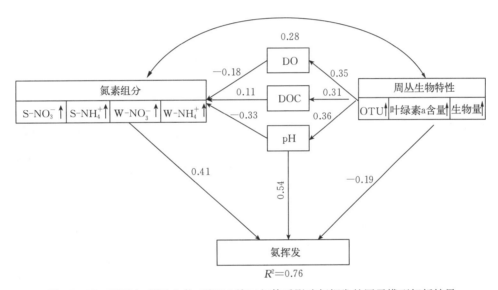

图 12 - 17　田面水-周丛生物-稻田土壤三相体系影响氨挥发的因子模型解析结果

挥发产生负向效应。同时，由于周丛生物的协同代谢，形成周丛生物内部及下方的厌氧区，促进氮循环中的厌氧氨氧化和反硝化过程，消耗稻田中的氮源，从而降低稻田浅水系统中 $NH_4^+ - N$ 和 $NO_3^- - N$ 的浓度，在一定程度上抑制了氨挥发过程。这一结果得到了周丛生物微生物多样性检测结果的支持。

　　尽管周丛生物直接阻碍氨气体流动，但周丛生物通过直接正向影响氮素水平、pH 和 DOC 浓度，进而对氨挥发产生强烈的间接正向影响。周丛生物是氨挥发的重要营养来源（$NH_4^+ - N$、$NO_3^- - N$、DOC），周丛生物中的光合微生物能够有效地同化或吸收生长所需的营养物质，使得周丛生物成为养分的储藏点。然而，周丛生物中的有机质可以被微生物分解，$NH_4^+ - N$ 和 $NO_3^- - N$ 在矿化过程中释放，从而进一步促进氨的挥发。周丛生物与 DO 和 pH 的正向关系，使其对氨挥发产生间接的正向影响。由于附生藻类的光合作用，周丛生物可能是水生系统中的一个重要氧源，从而增加田面水中的 DO 含量。周丛生物周围的活性光合微生物（如蓝杆菌）可能导致田面水和稻田土壤表面 pH 增加，高 pH 导致氨挥发速率增加，硝化/反硝化过程减少。总的来说，周丛生物相对较强的正向间接效应被其直接负向效应所抵消，导致正向效应不显著。

周丛生物会通过改变稻田浅水系统环境因子而影响氨挥发速率，稻田土壤氨挥发速率受氮素水平、DO 和 pH 影响。尿素施入稻田后，水解之后的产物是碳酸铵。由于其特殊的化学弱酸性质会使土壤的 pH 升高，而周丛生物的存在可加快尿素的水解，进一步增大环境的 pH，藻类的光合作用也会导致田面水的 pH 上升。pH 是影响氨挥发过程的重要因子，当遇到风速较大、作物遮挡率较低、温度比较高等外界条件时，极易引起氨挥发损失。所以，在作物生长早期，尤其施肥后的一段时间，氨挥发是稻田主要的氮素损失途径。周丛生物影响氨挥发速率的机制主要可能有两个：一是周丛生物有巨大的比表面积和电位，能够吸收浅水系统中铵态氮，并阻碍氨挥发；但当周丛生物释放铵态氮时，会增加水体和土壤中的铵态氮浓度，从而提高氨挥发速率；二是周丛生物内的藻类光合作用能够提高田面水的 DO 和 pH，从而间接地增加稻田氨挥发的损失量。

（三）周丛生物对稻田氨挥发的贡献

在界面模型中，田面水对氨挥发的贡献最大，显著直接正向影响抵消了不显著的间接负向影响，表现出对氨挥发最大的正向总效应；稻田土壤对氨挥发的贡献次之，表现出较大的直接正向影响；周丛生物在稻田浅层水生系统中对氨挥发的贡献最小，其作用较为复杂，直接负向效应抵消了相对较强的间接正向效应，使得周丛生物对氨挥发的总效应不显著。

在因子模型中，田面水的 pH 对氨挥发的贡献最大，对氨挥发有显著的直接正向影响。另外，由于其对氮素浓度的负效应，使得其对氨挥发具有显著的负效应，较大的直接正向效应抵消了相对较小的负向间接效应，表现出对氨挥发显著的正向总效应；氮素组分对氨挥发的贡献次之，主要表现为对氨挥发有显著的直接正向影响；周丛生物对氨挥发的贡献与界面模型结果相同，正向效应和负向效应相互抵消，使得其对氨挥发的总影响不显著（图 12 - 18）。

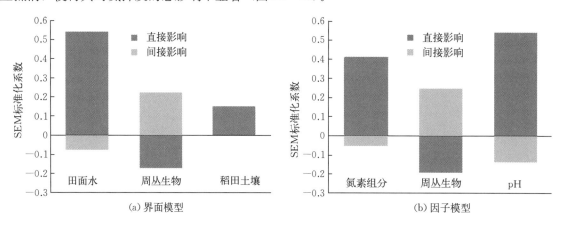

图 12 - 18　结构方程模型各因素对氨挥发的直接贡献和间接贡献

结构方程模型揭示了控制因子与稻田氨挥发之间复杂的相互作用关系。田面水和稻田土壤以及氮素组分和 pH 对氨挥发有很大的贡献，良好的 pH 环境和较高 NH_4^+ - N 浓度的田面水对氨挥发具有较大的正向影响。周丛生物对氨挥发的影响存在一个平衡关系，虽然周丛生物抑制了 NH_3 气体的直接流动，但是通过周丛生物对田面水和稻田土壤的 NH_4^+ - N、DOC 浓度、pH 的正向影响，对氨挥发产生了间接的正向效应。

第三节　周丛生物对稻田磷循环的影响

一、周丛生物对土-水界面磷迁移转化的影响

（一）稻田周丛生物生物量及其磷含量

通过对两个处理组的周丛生物生物量进行测量（鲜重）结果，如图 12 - 19（a）所示，可以看

出，增加曝气的周丛生物生物量明显高于没有曝气的处理，且达到显著水平（$P<0.05$）。图 12-19（b）是单位周丛生物含磷量的变化，无论曝气与否，随着时间的延长，单位周丛生物含磷量呈明显增加的趋势，且曝气与不曝气相比无显著差异（$P>0.05$）。这可能是因为曝气导致周丛生物生物量的增加，但没有增加其除磷能力。图 12-19（c）是周丛生物中总含磷量，可以看出，在试验第 15～30 d，周丛生物中总含磷量增幅最大；在第 45 d 后，周丛生物中总含磷量的增加逐渐趋于平稳；第 60 d 后，周丛生物中总含磷量达到最大，无曝气处理由 72.13 mg 增加到 131.78 mg，曝气处理由 69.03 mg 增加到 139.25 mg。

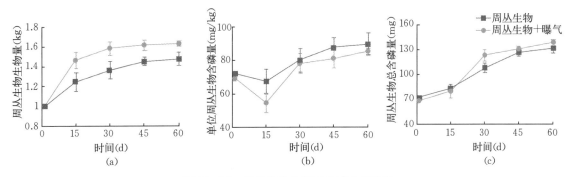

图 12-19　周丛生物生物量及磷含量变化

周丛生物磷含量可以反映出周丛生物对磷的吸收能力，从而可以认识到周丛生物的生长对系统中磷的影响。同时，由于周丛生物的新陈代谢以及代谢物质的影响，因此导致稻田土壤中磷的变化。初期外界条件适宜，田面水中有丰富的营养盐，周丛生物生长迅速；30 d 后，随着营养物质的逐渐减少，周丛生物逐渐由生长成熟期逐渐转变为稳定期以及衰退期，生物量趋于稳定。曝气有利于周丛生物生物量的累积，这可能是由于充足的氧气导致一些好氧型细菌和藻类快速生长所致。此外，曝气除了增加水体氧气含量之外，也增加了水体的流动，从而增加了水体中营养盐与周丛生物的交换。但是，伴随着周丛生物生物量的增加，在整个试验期间，周丛生物中总含磷量始终在增加，曝气对周丛生物总含磷量的影响并未达到显著水平（图 12-19c，$P>0.05$）。一方面，可能是因为曝气导致周丛生物生物量的增加，但是抑制了对磷具有吸收作用的细菌或藻类，如某些厌氧细菌；另一方面，很可能是因为周丛生物生物量的增加往往会形成一层致密层，而这层致密层几乎对磷的吸收不起作用，仅仅导致生物量的徒增。

（二）田面水中各形态磷含量

水中磷含量变化直接与水体中藻类、细菌、真菌的生长密切相关。当外界环境适宜，且水体氮、磷营养，特别是限制因子磷浓度满足微生物的生长要求时，湖泊水华暴发的风险明显增大。水体中磷的形态大体分为可溶性总磷、溶解性磷酸盐。其中，溶解性磷酸盐可以直接被水生生物利用。

试验所取用的田面水 TP 初始含量为（0.99±0.02）mg/L，DTP 为（0.89±0.018）mg/L，DIP 为（0.74±0.017）mg/L。由图 12-20 可以看出，对照组田面水 TP、DTP、DIP 含量随着时间的延长呈上升趋势，而对照组 PP、DOP 含量在试验期间基本平稳没有明显波动，表明稻田土壤底泥在试验期间存在一个明显的磷释放过程。周丛生物存在的处理组田面水 TP、DTP、DIP 含量则呈单峰趋势变化，在试验进行到第 15 d 时，添加周丛生物的处理组中（无论曝气与否）TP、DTP、DIP 含量分别达到最大值，第 15 d 后随着时间的推移而下降，第 45 d 后趋于稳定；与对照组相比，周丛生物的存在降低了田面水中 TP、DTP、DIP 含量，且这种作用与对照组相比达到显著水平（$P<0.05$）。这表明周丛生物的存在可以显著降低田面水中磷含量，从而减少水体富营养化发生的风险。

通过对田面水各形态磷含量随时间的变化特征分析可以看出（图 12-20），稻田土壤-周丛生物-田面水三相系统中，周丛生物的存在使田面水 TP、DTP、DIP 含量明显降低。周丛生物在水体中常充当"磷库"的作用，周丛生物对磷的去除、吸收、转化以及生物有效性等方面都起着非常重要的作用。对比图 12-20（d）、（e）可以看出，周丛生物对 DIP 的影响要大于 DOP。这是因为水体中可被

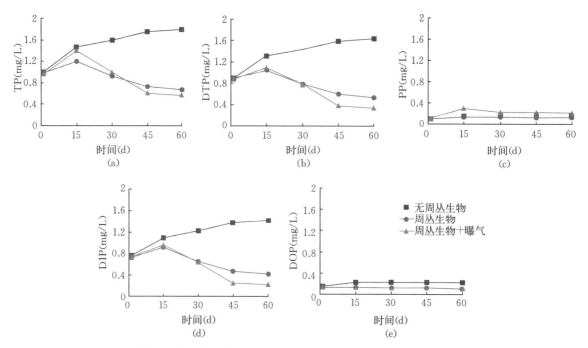

图 12-20 田面水中 TP、DTP、PP、DIP 和 DOP 含量的变化

生物利用的磷多为无机磷（DIP）。随着周丛生物的生长，包括硅藻含量的增加以及水体中其他藻类的生长，田面水中大量的无机磷被吸收。另外，增加曝气的处理组在第 15 d 时，其 PP 达到最大值[（0.30±0.001 5 mg/L）]，这可能是由于曝气人为增加了稻田土壤-周丛生物-田面水系统的扰动，使稻田土壤表面的颗粒性磷随着扰动混入田面水，使磷含量增加；随后便呈下降趋势直至趋于稳定，这可能归因于周丛生物的吸附作用。周丛生物的胞外聚合物与泥污周丛生物很相似，具有更多可以吸持污染物的吸附位点。

（三）稻田土壤各形态磷含量

稻田土壤中磷含量及其形态分布是影响湖泊富营养化进程的重要因素之一。有研究认为，稻田土壤磷的释放可使水体的富营养化问题持续数十年。因此，控制稻田土壤磷的释放刻不容缓。通过对比添加周丛生物的处理组与对照组稻田土壤中的 TP、Exch-P、NH₄Cl-P 含量随时间的变化规律（图 12-21）不难发现，无论是处理组还是对照组，试验初期稻田土壤 TP 含量总是处于下降状态；随着试验时间的延长，试验后期稻田土壤 TP 含量逐步趋于稳定，且处理组与对照组含量变化表现出显著性差异变化（$P < 0.05$）。这表明稻田土壤在试验期间是不断向水环境中释放磷，而周丛生物的存在并未改变这种释放趋势，但显著改变了稻田土壤磷释放强度。同时发现，在曝气（人为扰动）条件下，稻田土壤中 TP 含量相比于无曝气处理，下降幅度稍大。这也意味着曝气处理可能使得稻田土壤-周丛生物-田面水系统扰动更为频繁，促进了磷的迁移交换。

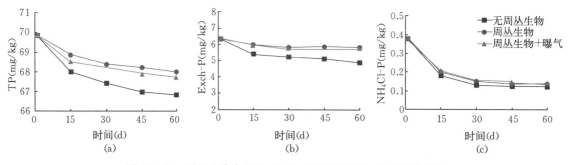

图 12-21 稻田土壤中 TP、Exch-P 和 NH₄Cl-P 含量的变化

Exch-P主要是指稻田土壤中氧化物、氢氧化物以及黏土矿物颗粒表面等吸附的磷。有研究表明，稻田土壤中的Exch-P是富营养化水体中蓝藻和水华生长的主要磷源。由图12-21（b）可以看出，无论是对照组还是处理组，稻田土壤中的Exch-P含量随着时间的延长都呈下降趋势，添加周丛生物的处理组在第45 d后逐渐趋于平稳，对照组由最初的6.32 mg/kg下降到4.86 mg/kg，其下降程度与处理组相比达到显著水平（$P<0.05$），说明周丛生物显著减少了稻田土壤中Exch-P的释放。在曝气处理下，稻田土壤Exch-P含量也表现出相同的变化趋势，但与无曝气处理相比差异不显著（$P>0.05$）。这一结果与前人的研究结果一致，证实了稻田土壤表面周丛生物的存在，不仅可以吸收田面水中的营养盐，还可以通过光合呼吸作用等改变稻田土壤-水界面氧化还原电位以及pH，从而抑制稻田土壤磷释放。

弱吸附态磷（NH_4Cl-P）属于易释放态磷，这类形态的磷极易被生物利用。由图12-21（c）可以看出，不论是否添加周丛生物，稻田土壤中的NH_4Cl-P含量总体变化趋势相同，都呈现初期下降、后期（30 d后）逐渐趋于稳定的趋势；而添加周丛生物的处理组NH_4Cl-P含量下降程度较对照组轻，分别由原来的0.38 mg/L下降到0.14 mg/L（无曝气）和0.15 mg/L（有曝气）。这表明周丛生物可以减少NH_4Cl-P的释放。

为了进一步了解稻田土壤中其他形态磷的迁移转化规律，本试验还对稻田土壤的钙结合态磷（Ca-P）、铝结合态磷（Al-P）、铁结合态磷（Fe-P）和闭蓄态磷（Oc-P）进行了测定。Ca-P在稻田土壤中属于相对惰性的一种形态磷，这是由于其具有较高的溶解度常数。由图12-22a可以看出，对照组Ca-P含量在试验过程中随时间延长基本保持不变，但有小幅波动。不论曝气与否，处理组Ca-P含量在整个试验过程中都呈上升趋势，在第30 d时达到最大值，之后便逐渐稳定，且末期Ca-P含量与对照组相比差异显著（$P<0.05$）。这表明周丛生物增加了稻田土壤中Ca-P含量。Al-P与Fe-P具有很强的释放活性，又被称为活性磷，是内源负荷的重要来源。由图12-22（b）、（c）可以看出，对照组的Al-P和Fe-P含量随时间延长都呈下降趋势，而处理组（无论曝气与否）与对照组均达到显著差异（$P<0.05$）。这表明周丛生物有效地遏制了稻田土壤中Al-P和Fe-P向水体中迁移，这也与上述可交换态磷的结果相一致。Oc-P是稻田土壤中某些矿物颗粒（铁、铝等）包裹磷所形成的，一般较难释放。图12-22（c）是稻田土壤中Oc-P含量的变化，可以看出，对照组与处理组在试验过程中没有显著性变化，自始至终保持在某一稳定值[（4.34±0.025）mg/kg]。

在一般环境条件下，Ca-P很难分解并参与短时间的磷循环（王吞玲等，2011）。稻田土壤中的Ca-P主要包括两部分：与某些自生碳酸钙共同沉淀的磷以及河流或者湖泊中风化侵蚀产物（磷灰石岩等）。分析对照组与处理组Ca-P含量变化特征可以发现，由于周丛生物使田面水相关理化性状发生改变，周丛生物可以改变水体的pH，初期周丛生物生长旺盛，水体pH上升而呈现碱性。在这种环境条件下，钙离子极易形成沉淀，同时与某些磷结合，以钙沉淀-磷复合形式共同沉降，导致这个时间Ca-P含量上升。后期，随着周丛生物生长成熟，稻田土壤中Ca-P含量逐渐趋于稳定。

有机质对Al-P、Fe-P、Oc-P这3种形态的磷含量影响较大（戴纪翠等，2007）。许金树等（1990）指出，Al-P和Fe-P可以作为指示稻田土壤质量的重要指标之一。由于周丛生物使稻田浅层水生系统中的有机质含量升高，有机质在降解过程中所释放的溶解态磷被铁、铝的（氢）氧化物吸附、沉降。因此在试验初期，稻田土壤中Al-P含量有小幅波动。但是，随着稻田土壤中氧化还原环境的形成与稳定，Al-P、Fe-P在稻田土壤氧化还原条件的影响下可以转化成溶解态磷（DP），通过间隙水进入田面水，进而被周丛生物吸收。所以，在15 d后，Al-P、Fe-P含量呈下降趋势。有研究指出，在厌氧环境条件下，稻田土壤中Fe-P能够释放来供环境中生物的生长。Oc-P主要包括两类：闭蓄态Al磷（Oc-Al-P）和闭蓄态Fe磷（Oc-Fe-P），其实质是被Fe_2O_3胶膜所包裹的具有还原性的磷酸铁与磷酸铝。在稻田土壤中，Oc-P与Fe-P性质相似，受周围环境的pH、氧化还原电位（Eh和Es）的影响较大。但是，本试验结果发现，Oc-P含量并没有显著性变化。这可能是因为Oc-P在非还原条件下很难被其他生物吸收利用（如周丛生物），这部分磷在这个系统中就很

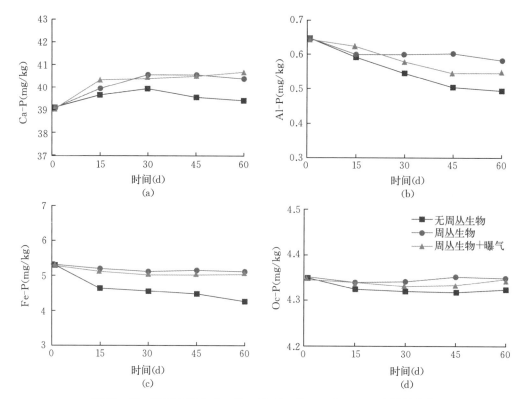

图 12-22　稻田土壤中 Ca-P、Al-P、Fe-P 和 Oc-P 含量的变化

难参与稻田土壤-田面水-周丛生物的磷循环。

（四）水体 pH 变化

由图 12-23 可知，在对照组（无周丛生物附着）中，水体中 pH 由最初的 7.5 增加到 60 d 后的 7.8 左右；而在有周丛生物的水体中，pH 随时间延长呈不断上升然后稳定的趋势，由最初的 7.5 增加到 10.1 左右，变化显著（$P<0.05$）。这说明周丛生物可以明显增加水体的 pH，这与国外研究者的结果相类似。周丛生物影响了稻田土壤-水界面附近溶液中磷的浓度，周丛生物中存在可产生光合作用的藻类和微生物作用，改变了水中的溶解氧和 CO_2 浓度，进而改变了界面附近 pH 和氧化还原电位，在界面附近形成不同的 pH 和浓度梯度。周丛生物

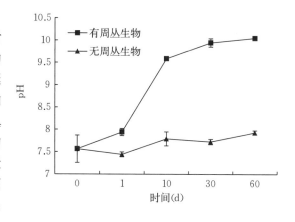

图 12-23　水体中 pH 的变化

强烈的光合作用会导致水体氧气含量超饱和，周丛生物表面微环境中较大的 pH 差值，有利于水体金属磷盐的沉降，从而将水体中的磷去除，这也是周丛生物除磷的一个重要机制。

（五）稻田土壤微生物多样性变化

AWCD 值是表征微生物对各类碳源总体利用情况的重要指标，其变化速率反映了微生物的代谢活性，并与稻田土壤中能利用单一碳源的微生物数量和种类密切相关，在一定程度上反映了稻田土壤中微生物种群的数量和结构特征。AWCD 值越大，表明微生物密度越大、活性越高；反之，微生物密度越小、活性越低。如图 12-24 所示，本试验发现，有周丛生物的稻田土壤微生物 AWCD 值均高于无周丛生物的稻田土壤，但并未达到显著水平（$P>0.05$）。

Biolog 板中共有 31 种碳源，根据 Insam 的碳源分类方法，可将其分成六大类：4 种聚合物、10 种糖类、7 种羧酸、6 种氨基酸、2 种胺类和 2 种酚酸。本研究以 96 h 的 Biolog 数据评价各稻田土

壤样品中微生物群落对不同碳源的利用程度（图 12-25）。总体而言，稻田土壤中微生物均对酚酸和多聚物有较强的利用能力，其次是碳水化合物、羧酸和氨基酸，对胺类的利用能力最低。附着周丛生物的稻田土壤对酚酸、多聚物、碳水化合物和羧酸的利用能力均强于无周丛生物附着的稻田土壤，除酚酸外，其余均未达到显著水平（$P > 0.05$）。这与上述 AWCD 值变化相一致，表明附着周丛生物的稻田土壤中的微生物具有更强的碳源利用能力。

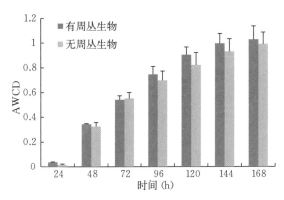

图 12-24 稻田土壤微生物碳源代谢强度的变化

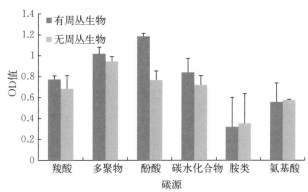

图 12-25 稻田土壤微生物对各组碳源利用的平均吸光度值

香农指数反映了微生物群落功能多样性，是最常见的多样性指标之一。由图 12-26 可以发现，附着周丛生物的稻田土壤中微生物多样性高于无周丛生物附着的稻田土壤，其中在 72 h 和 96 h 达到显著水平（$P < 0.05$）。Magurran 指出，香农指数受群落物种丰富度影响较大，其同时包含碳源利用丰富度和均匀度信息。本研究结果表明，附着周丛生物会增加稻田土壤表面微生物多样性，增强稻田土壤微生物的代谢能力。

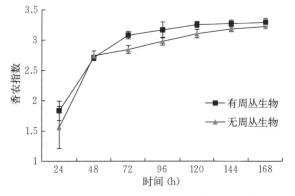

图 12-26 稻田土壤微生物群落功能多样性指数

（六）小结

稻田土壤中的磷是水体富营养化的一个重要来源，在适宜条件下，可以通过间隙水向田面水体释放，影响水体的富营养化程度。本试验表明，周丛生物能够有效降低稻田土壤中可交换态磷（Exch-P）和弱吸附态磷（NH_4Cl-P）向田面水的释放，使稻田土壤-田面水中磷的迁移发生了显著变化。因此，研究稻田土壤-田面水界面磷的迁移转化过程必须要考虑到生物层的存在。

通过观察对照组与处理组田面水以及稻田土壤各形态磷含量变化可以发现，周丛生物的存在不仅可以降低水体中磷的含量，而且能抑制稻田土壤中磷的释放。因此，基于周丛生物的水体富营养化生态修复工程，不仅能在一定程度上净化田面水水质，而且能有效地减缓稻田土壤磷释放，从而缓解某些高磷水体的富营养化程度。

二、稻田周丛生物对无机磷行为的影响

（一）无机磷去除过程

如图 12-27（a）所示，周丛生物对磷的去除率在 1~48 h 内从 6% 上升到了 100%，磷的释放率是从 1% 上升到了 5%。周丛生物能迅速、有效地吸收磷，在大约 12 h，它对磷的去除率能达到 90% 左右。有研究表明，周丛生物对磷有很大的亲和力，而且对水体中磷的摄取与存储都起着关键作用。本试验在一定程度上验证了周丛生物的这种能力。结果表明，周丛生物能在 48 h 内彻底地除去磷，

同时除磷后的周丛生物基本没有大量地释放磷到水体中去，磷的释放率平均为 $1.4\%\sim4.7\%$。以上结果表明，周丛生物是一种可以快速除磷的优良生物材料。图 12-27（b）显示出不同周丛生物的量对磷去除率的影响。在 48 h 内，磷去除率在不同周丛生物的量（0.1 g/L、0.2 g/L、0.4 g/L 和 0.6 g/L）下呈现一致的变化趋势，即随着时间的推移，磷去除率不断增加，分别从 13%、6%、9% 和 20% 增加到 87%、100%、100% 和 100%。各处理除去磷的量与达到最高磷去除率的时间不同。由图 12-27（b）可以发现，周丛生物的量越多，无机磷的去除量就越多，彻底除磷所用的时间就越少。

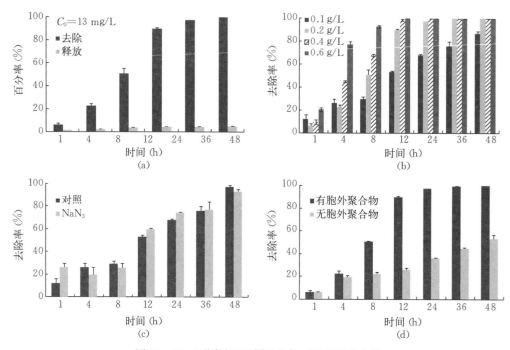

图 12-27 不同处理下周丛生物对无机磷的去除

大量研究证实，NaN_3 可以抑制微生物的呼吸作用和生物降解过程。图 12-27（c）表明，在加入 NaN_3 的条件下，周丛生物的磷去除率与对照相比没有显著变化。此外，图 12-28 表明，在有 NaN_3 的情况下，随着时间的推移，AWCD 值一直是 0。这说明周丛生物内微生物的呼吸作用是完全被抑制的。图 12-27（d）表明，在最初的 4 h 内，胞外聚合物对于周丛生物的磷去除率没有显著影响。但是，在随后的 48 h 内，磷的去除率有显著差异。48 h 后，无胞外聚合物的周丛生物对磷的去除率大约为 54%，有胞外聚合物的周丛生物对磷的去除率达到了 100%。这说明在 48 h 内，胞外聚合物在周丛生物除磷过程中起着很大的作用，表明胞外聚合物是周丛生物除磷的关键因素。这进一步说明了在潜在的适应阶段里，吸附是周丛生物去除无机磷的主要过程。这些结果与前面所提到的结论是相一致的，在磷的去除过程中，从试验之初到 12 h

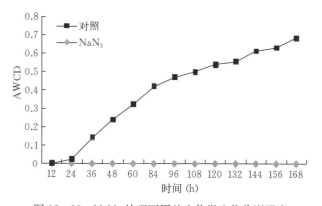

图 12-28 NaN_3 处理下周丛生物微生物代谢强度

内的磷去除率比后期大。上述结果表明，周丛生物在潜在适应期内，吸附作用是主要的除磷过程，这也为后续对生物吸附热力学与动力学的研究提供了基础。

(二) 生物吸附过程

1. 生物吸附特性 周丛生物的除磷速率在开始的 12 h 内是迅速增大的。此后，对磷的吸收速率开始呈现递减的趋势，导致在 12~48 h 内，除磷率不到 10%。同时，周丛生物单位吸附量 q_t 随吸附剂和吸附质增加的变化趋势一致，都是不断地下降。从对周丛生物的观察中可以发现，生物量的增大往往使得周丛生物越来越厚，而并没有使得周丛生物的表面积变大。有研究发现，蓝藻细菌（如席藻）经常形成厚厚的表面层，这就有可能对里面周丛生物的吸附构成了一个障碍，从而使得单位质量的周丛生物吸附位点减少。因此，推断周丛生物对无机磷的吸附主要发生在开始到中间这一阶段。这与大多数物理固体吸附剂（如活性炭）的表面吸附过程是相似的。这也进一步表明，周丛生物的吸附过程可以用机械模型（如表面吸附模型）来描述。不同处理下周丛生物对无机磷吸附特征见图 12-29。

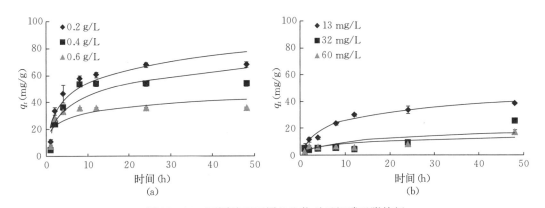

图 12-29 不同处理下周丛生物对无机磷吸附特征

注：图（a）为 3 种不同周丛生物含量处理，图（b）为 3 种不同磷含量处理。

2. 生物吸附动力学 准一级和准二级动力学方程是两个使用比较广泛的动力学模型。本研究运用这两种模型以及内部分子扩散模型描述在 3 种不同的初始磷含量和不同周丛生物含量的条件下周丛生物对无机磷的吸附过程。由表 12-1 可知，对于不同周丛生物含量的处理，所有准二级动力学模型拟合的决定系数 R^2 是很高的（$R^2 > 0.99$），都高于准一级动力学模型。这一结果表明，基于周丛生物吸附磷的过程更符合准二级动力学过程，这与以前许多的吸附试验结果是相似的。此外，q_2 值非常接近试验测得值 q_e，并且随着周丛生物含量的增加而降低。但是，从不同磷含量的处理来看，磷含量越低，拟合效果越好。这个结果表明，由于无机磷含量高而导致的胁迫，使得周丛生物对磷的吸附过程变得相对复杂。

表 12-1 不同处理下周丛生物对无机磷的吸附动力学模型拟合结果

处理		准一级动力学模型			准二级动力学模型			内部分子扩散模型		
		k_1 (h^{-1})	q_1 (mg/g)	R^2	k_2 [g/(mg·h)]	q_2 (mg/g)	R^2	k_{id} [mg/(g·h$^{0.5}$)]	C (mg/g)	R^2
周丛生物含量 (g/L)	0.2	0.165	104.400	0.863	0.007	70.922	0.999	9.993	14.926	0.750
	0.4	0.098	56.195	0.869	0.012	56.180	0.997	8.352	11.650	0.676
	0.6	0.392	52.312	0.971	0.099	36.232	0.999	4.695	13.350	0.529
磷含量 (mg/L)	13	0.084	32.137	0.943	0.003	44.643	0.994	5.665	4.234	0.891
	32	0.006	22.444	0.839	0.001	29.326	0.355	2.466	1.511	0.739
	60	0.009	13.483	0.682	0.005	18.116	0.738	2.064	1.162	0.846

当提到固体-液体的吸附系统，溶质分子的转移通常是以边界层的扩散、内部分子的扩散或二者兼有来描述，因而就可以确定吸附过程的控制是粒子内部还是外部的扩散，又或是两者共同控制的。

为了更好地理解周丛生物吸附磷的吸附机制，通过内部分子扩散和 Boyd 模型进一步分析了周丛生物吸附动力学数据。

由表 12-1 可知，内部分子扩散模型的拟合系数 R^2 在 0.529~0.891 变化，这表明内部分子扩散不是控制吸附过程唯一的决定因素，其他过程也能控制生物吸附速率。由图 12-30（a）可知，整个曲线至少包含 3 个线性阶段。根据内部分子扩散模型可知，如果内部分子扩散发生在吸附过程，那么 q_t 与 $t^{0.5}$ 的比值应该是呈线性的。如果这些点代表多线性关系系数，那么说明在吸附过程中发生了以下 3 步作用：开始的剧烈运动是分子通过边界层从溶液扩散到吸附剂的外表面；然后，分子从外表层进入吸附剂气孔的过程；最后，达到最终的平衡阶段，表现为这些分子被吸附到气孔内表层的活性位置。由于在溶解状态下，溶质的浓度变得越来越小，内部分子的扩散运动也随之减弱。因此，周丛生物对无机磷的吸附过程可分为以下 3 步：开始阶段的外表层转移、中间阶段的内部分子扩散、最后阶段的吸附平衡过程。这与用其他生物材料进行吸附所得结论是相似的。

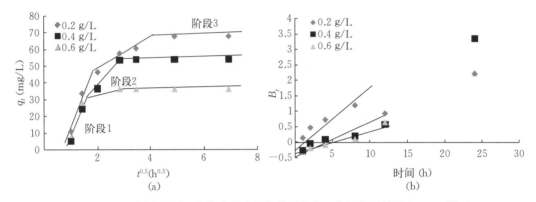

图 12-30　不同含量周丛生物除磷过程的模型拟合（内部分子扩散和 Boyd 模型）

此外，图 12-30（b）显示了 B_t 值与时间的函数关系。这种函数关系可以为区分分子内部扩散运动还是边界层影响吸附速率提供了有利信息，如果函数构成了一条过原点的直线，那么吸附过程是受边界层影响的。很显然，在本试验中，函数在吸附过程的初始阶段呈现出直线，也没经过原点。这说明在吸附的初始阶段是外部转移控制吸附速率，其后才是分子内部的扩散过程。内部分子扩散模型中 C 值可以反映边界层的影响，C 值越大，意味着表层吸附对吸附速率的贡献越大。由表 12-1 可知，随着周丛生物含量和磷含量的增加，C 值呈现出递减的趋势。这表明在周丛生物含量和磷含量都较低时，具有较大的边界层效应。同样的，k_{id} 的值也表现出类似的变化。

3. 生物吸附等温试验　通常使用 Langmuir 模型和 D-R 模型等来检验从不均匀的表面收集来的吸附数据。考虑到周丛生物表层的非均匀性，试验选择了 Langmuir 模型和 D-R 模型来描述其吸附特征。如图 12-31 所示，在初始无机磷浓度为 32 mg/L 的情况下，q_e 达到最大值，约为 29.3 mg/g。这说明，当磷浓度较高时，周丛生物对磷的吸附并不完全是一个物理过程。C_e/q_e 与 C_e 的函数关系被用来确定 q_m 和 K_L 的值。由表 12-2 可知，Langmuir 模型拟合决定系数高达 0.997，这表明 Langmuir 模型可以较好地描述周丛生物对磷的等温吸附过程。

基于 Langmuir 模型的分析，吸附强度（R_L）值在 0~1，表明周丛生物对无机磷的吸附是有效的。采用 D-R 模型分析周丛生物对磷的吸附是物理过程还是化学过程。由表 12-2 可知，β 值为 1×10^{-7} mol²/J²。根据 β 值，算出吸附自由能（E）为 4.083 kJ/mol（小于 8 kJ/mol）。这表明周丛生物对无机磷的吸附过程是自然的物理过程。同时，通过热力学方程计算得出吉布斯（ΔG°）为 -6.651 kJ/mol，这也表明周丛生物对无机磷的吸附是一个自发过程。这些结果与前人对周丛生物吸附藻毒素的研究结果类似。众所周知，Langmuir 模型和 D-R 模型在许多吸附等温试验的研究中被认为是经验模型，而不是机制模型。本试验结果可以很好地拟合这些经验模型，表明周丛生物对无机磷的吸附过程具有机械关联性。

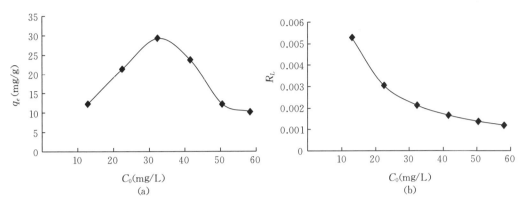

图 12 - 31　不同初始磷浓度下周丛生物的吸附强度变化

表 12 - 2　Langmuir 模型和 D - R 模型对周丛生物除磷等温拟合参数

处理	Langmuir 模型				D - R 模型			
	q_m	K_L	R^2	ΔG° (kJ/mol)	β (mol^2/J^2)	$\ln q_m$	R^2	E (kJ/mol)
0.6 g/L	22.779	14.6	0.997	−6.651	1×10^{-7}	3.246	0.835	4.083

之前有研究发现，由周丛生物占主导的沼泽可以大量地吸附磷，估算可以占到不可恢复磷的 48%～72%。有研究指出，在发展农业导致的富营养化水体中，周丛生物对磷的这种吸附作用可以作为一种有效的处理机制。因为这些水体的自然条件（高 pH、低 CO_2 分压等）有利于碳酸钙沉淀的发生，从而使得磷伴随着沉淀物发生共沉降。

在本研究中也发现了类似的现象，如高 pH（pH＝11.60±0.5）和碳酸钙的沉降。这些都表明，周丛生物对水体磷的去除具有巨大的潜在应用前景。另外，如此大尺度的除磷是其他单点处理措施无法达到的，这也意味着周丛生物可以被用来治理面源污染。本研究表明，周丛生物对无机磷具有有效的去除能力。同时，这也是首次表明潜在适应期内周丛生物对磷的去除过程主要是由吸附机制主导的，后期由吸收或降解主导。通过吸附动力学和等温模型拟合结果表明，自然生物对无机磷的吸附是自发的物理过程。本试验结果也为其他类似的微生物聚合体对无机营养物的去除机制提供理论依据。

（三）环境因素影响

为了鉴定不同环境因素对周丛生物除磷过程的影响，选择了两个主要因素（光照和温度）来进行研究。光照度分别设为 12 000 lx、4 800 lx 和 0 lx，温度分别设为 45 ℃、25 ℃和 5 ℃。此外，研究了不同初始磷浓度（13～114 mg/L）对周丛生物去除无机磷的影响。周丛生物对水体中磷的吸收或去除是由许多因素决定的，如周丛生物的生长阶段、厚度，自然水体中磷的浓度和磷的存在形态等。因此，为了探讨周丛生物去除无机磷的能力，对无机磷初始浓度、光照和温度的影响进行了研究。

由图 12 - 32（a）可以看出，随着初始无机磷浓度的增大，周丛生物对磷的去除率急剧地下降，在 25 ℃、45 ℃和 5 ℃条件下，分别从 96%、35% 和 22% 下降到 10%、4% 和 6%。这一结果与 Paul 在对亚热带湿地中固着周丛生物对不同初始磷浓度的响应是相似的。Paul 指出，初始磷浓度的增大可能降低周丛生物的丰富度以及营养元素的储存能力，继而影响周丛生物的结构与功能。与本研究相比，他的这一推断也很好地解释了周丛生物在高浓度磷溶液下磷的去除率低的原因。在除磷过程中，正是高浓度的磷酸盐抑制藻类的生长或微生物的活性，从而降低了除磷效率。

温度可以影响周丛生物物种的丰富度与生物多样性，进而改变自然生物的功能。由图 12 - 32（a）可以看出，在温度为 25 ℃的情况下，周丛生物有较高的磷去除率。总体来说，在温度为 45 ℃和 5 ℃时，周丛生物的磷去除率显著下降，并且 45 ℃时比 5 ℃时降低得少。当在高磷浓度下，45 ℃和 5 ℃这两个条件下的磷去除率没有显著区别。以往的研究表明，生物除磷系统中周丛生物除磷的效率在很大程度上取决于温度的控制。研究者们发现，随着温度从 20 ℃增加到 35 ℃时，磷的去除率是下降

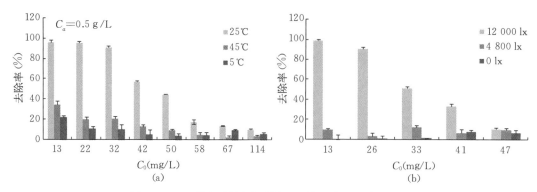

图 12-32　不同环境因素对周丛生物去除无机磷的影响

的。主要是由于微生物群体分别经历了从磷聚集微生物转变为糖原聚集微生物，再到普通的异养微生物 3 个阶段的变化。当温度减少到 5 ℃时，生物的除磷效率显著下降。本研究也验证了这一点。

由图 12-32（b）可以看出，当光照度从 12 000 lx 减少到 0 lx 时，磷的去除率呈现明显的降低趋势。同时，在较低的光照度下（4 800 lx 和 0 lx），磷的去除率不到 17%。这些都表明，光照度在很大程度上影响了周丛生物对无机磷的去除率，在用固着生物进行的试验中也有类似的发现。对于磷去除率的下降，可能的原因就是周丛生物的生长受到了限制。这也是可以预见的，因为光照可以促进光营养微生物与藻类的生长，而且在生物合成过程中磷又是必需的营养元素。反过来讲，如果光照度降低，周丛生物的生长将会受到限制甚至停止，从而可能改变它的生存策略，进而减少甚至停止从水中吸收或存储磷。

（四）周丛生物特性对磷的吸附

由图 12-33 可以看出，周丛生物群落主要由绿藻类组成，它们相互重叠构成了周丛生物基质。与此同时，通过光学显微镜（OM）还可以观察到硅藻类、细菌类和原生动物类生物栖息在周丛生物上。另外，Biolog 试验结果也验证了周丛生物具有较高的生物多样性。以上这些都表明了周丛生物微生物群落的生物多样性是较高的。

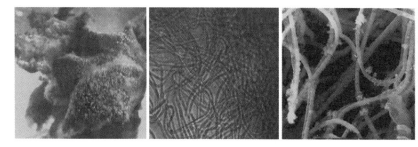

图 12-33　不同显微镜下周丛生物的形态特征

Guzzon 使用透射电子显微镜（TEM）与扫描电子镜像（ESI）发现磷可以储存在光养生物的细胞里面。例如，当绿藻类积累大量的磷时，可以观察到有许多磷酸盐出现在绿藻类的细胞质里。由图 12-33 可以发现，周丛生物不仅拥有吸附所需的多孔结构，还拥有较大的表面积。早在 1995 年，Flemming 就提出，周丛生物可以吸附无机溶剂、有机溶剂和颗粒。他提出了周丛生物的 4 个部分可以充当吸附位点：胞外聚合物、细胞壁、细胞膜和细胞质。本研究的结果表明，藻类构成的周丛生物基质能主动地捆绑较大的颗粒，这些颗粒可能会给磷元素的吸附提供更多的位点。这种主动性的"捆绑"行为是周丛生物吸附过程与物理固体吸附剂（如活性炭）吸附过程之间一个很大的不同点。这种现象也证实了周丛生物对水系系统中净化能力的贡献功不可没。

（五）小结

在 48 h 内，周丛生物在一定的条件下可以将水体中的无机磷全部去除。同时，发现 NaN₃ 处理后的去除率与对照相比无显著差异，表明周丛生物对磷的去除主要是以吸附为主。吸附试验结果发现，动力学和热力学方程能够较好地拟合周丛生物的吸附过程，意味着周丛生物对无机磷的吸附过程具有机械关联性。进一步表明，周丛生物对无机磷的吸附是物理的自发过程。另外，水体磷浓度、温度和光照都显著影响周丛生物对水体磷的去除。本研究表明，周丛生物以及类似的周丛生物聚合体在适应期对无机磷的去除主要是依靠吸附过程，然后周丛生物的降解可能再发挥一定作用。研究结果充分证明了周丛生物可以作为一种有效的措施来去除面源污水中的无机磷。

三、周丛生物对有机磷的矿化作用

有机磷在土壤中占总磷的 30%～65%，在高有机质土壤中甚至可达 90% 以上。因为植物和微生物难以直接利用有机磷，有机磷通常被认为是地球化学循环中的非活性组分磷，但其潜在的生物有效性不能忽视。磷是水稻生产中的一种限制养分，有机磷的矿化被认为是维持稻田环境中磷生物可利用性的重要途径。有机磷矿化主要依赖于磷酸酶的存在和活性，以及在不同环境条件下磷酸酶与有机磷的相互作用，磷酸酶在有机磷的生物利用中起着重要的作用。与植物磷酸酶相比，土壤中有机磷的循环主要归因于细菌和真菌磷酸酶具有更强的催化性能。周丛生物是广泛存在于稻田、湿地等生态系统土-水界面之间的微生物聚集体，主要由藻类、细菌、真菌和原生动物等组成。这些微生物可以通过分泌酸性或碱性磷酸酶来矿化环境中的有机磷。分析周丛生物的磷酸酶活性特征、矿化能力和影响因素等，有助于深入了解稻田生态系统中磷的生物地球化学循环过程，为当前稻田磷素管理和农业面源污染控制提供科学依据与新的思路。

（一）稻田周丛生物磷酸酶活性特征

稻田周丛生物中具有丰富的磷酸酶活性。根据 Michaelis - Menten 方程，分析周丛生物的酸性磷酸单酯酶（酸性 PMEase）、碱性磷酸单酯酶（碱性 PMEase）和磷酸二酯酶（PDEase）的动力学参数（K_m 和 V_{max}）。由表 12 - 3 可以发现，碱性 PMEase 的 K_m 值最低，V_{max} 值最高；而 PDEase 的 K_m 值最高，V_{max} 值最低。这表明碱性 PMEase 具有对底物最强的亲和力和最大的反应催化速度。V_{max}/K_m 的比值通常代表酶的催化效率。因此，催化效率碱性 PMEase＞酸性 PMEase＞PDEase。碱性 PMEase、酸性 PMEase 和 PDEase 的 E_a 值分别为 22.02 kJ/mol、26.67 kJ/mol 和 36.52 kJ/mol。3 种磷酸酶的 K_m 值在 128.57～212.96 $\mu mol/L$，约为小麦胚芽酸性磷酸酶、甘薯和马铃薯碱性磷酸酶以及大肠杆菌碱性磷酸酶的 1/10，说明稻田周丛生物的磷酸酶比单一物种有着更强的底物亲和力。

表 12 - 3 稻田周丛生物 3 种磷酸酶的动力学参数

磷酸酶	V_{max} [$\mu mol\ pNP/(g \cdot h)$]	K_m ($\mu mo/L$)	R^2	V_{max}/K_m	E_a (kJ/mol)
酸性磷酸单酯酶	95.24	141.03	0.98	0.66	26.67
碱性磷酸单酯酶	158.73	128.57	0.97	1.23	22.02
磷酸二酯酶	58.14	212.96	0.99	0.27	36.52

稻田周丛生物的磷酸酶活性受 pH 的影响较大，PMEase 和 PDEase 受 pH 影响如图 12 - 34 所示。当 pH 3.0～12.0 时，PMEase 活性在 pH 6.0 达到峰值，在 pH 7.0 急剧下降，在 pH 7.0～9.0 缓慢上升，然后在 pH 9.0～12.0 显著升高。PDEase 活性仅在 pH 8.0 时出现一个峰值。因此，稻田周丛生物在 pH 6.0～12.0 均保持了较高的磷酸酶活性，表明其对 pH 有较强的适应性。

另外，酸性和碱性 PMEases 的最适温度为 50 ℃，PDEases 的最适温度为 60 ℃。由于周丛生物是由多种微生物群落组成的复杂微生态系统，对外界环境条件变化具有缓冲作用，使其比纯化后的磷酸酶更具有耐受温度变化的能力。为了确定 3 种稻田周丛生物磷酸酶的温度敏感性，选择了经典的

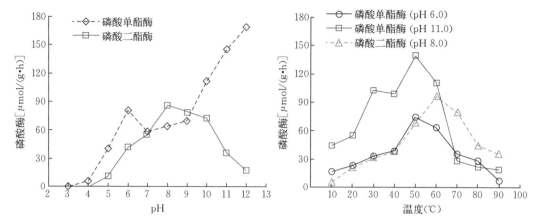

图 12-34　稻田周丛生物中磷酸单酯酶（PMEase）和磷酸二酯酶（PDEase）活性随 pH 和温度的变化分布

Q_{10} 指数进行表征。结果表明，在 20～90 ℃，酸性 PMEase、碱性 PMEase、PDEase 的 Q_{10} 值平均分别为 1.48、1.37 和 1.59。与 PMEase 相比，PDEase 的平均 Q_{10} 更高，表明 PDEase 受温度驱动的酶活性变化要大于 PMEase。与土壤磷酸酶以及纯化磷酸酶 Q_{10} 的值相比，周丛生物磷酸酶具有与土壤磷酸酶相似的温度敏感性，但比纯化磷酸酶显示出更大的耐受性。

（二）对不同模式有机磷或聚磷酸盐的矿化效率

如表 12-4 所示，除了在 pH 8.0 时对葡萄糖-6-磷酸没有矿化作用外，周丛生物在不同 pH 下能矿化多种结构的有机磷。总的来说，在所选 3 个 pH 条件下对聚磷酸盐具有最强的矿化作用，尤其是对焦磷酸钠水解释放的无机磷达到了 23.78～44.28 mg/g。相比之下，周丛生物对磷酸单酯和磷酸二酯的催化效率较低，pH 6.0 和 pH 8.0 条件下释放量小于 15 mg/g；但在 pH 11.0 时，对硝基苯磷酸、甘油磷酸、葡萄糖-6-磷酸的催化效率较高，释放量为 23.45～33.74 mg/g。值得注意的是，磷酸酶对肌醇六磷酸也表现出了矿化作用，在 pH 6.0、pH 8.0 和 pH 11.0 条件下，周丛生物对肌醇六磷酸的矿化效率分别为对硝基苯磷酸的 131%、36.9% 和 6.7%。

表 12-4　周丛生物对不同模式有机磷或聚磷酸盐化合物矿化 10 h 的无机磷释放量

化合物	类型	无机磷释放量（mg/g）		
		pH 6.0	pH 8.0	pH 11.0
对硝基苯磷酸	磷酸单酯	6.58±0.14	9.21±0.14	33.74±0.37
葡萄糖-6-磷酸	磷酸单酯	5.72±0.08	0±0	23.45±0.78
甘油磷酸	磷酸单酯	4.28±0.16	5.48±0.14	26.38±1.59
肌醇六磷酸	磷酸单酯	8.62±0.08	3.40±0.12	2.25±0.34
双（4-硝基苯基）磷酸钠	磷酸二酯	4.68±0.06	14.52±0.33	6.00±0.26
DNA	磷酸二酯	4.18±0.13	8.30±0.33	3.18±0.13
ATP	聚磷酸盐	19.40±1.00	32.38±1.84	31.12±2.66
焦磷酸钠	聚磷酸盐	32.08±0.60	23.78±1.83	44.28±2.63

肌醇六磷酸是土壤中主要的有机磷形态，可占土壤总有机磷的 80% 以上。由于肌醇六磷酸抗矿化能力较强，生物利用性较差，因此稻田周丛生物矿化肌醇六磷酸的能力对稻田有机磷生物利用性具有重要的意义。由于所选择的有机磷化合物与土壤中广泛存在的一些有机磷或聚磷酸盐的性质类似，因此本研究表明周丛生物对提高稻田土壤有机磷的生物可利用性具有很大潜力。然而，这种潜力受环境 pH 的影响较大。

（三）不同磷源供应下周丛生物磷酸酶活性的变化

环境中的磷营养供应是影响微生物磷酸酶活性的重要条件。由图 12-35 看出，在充足无机磷供应处理中，磷酸单酯酶和磷酸二酯酶活性均在第 1 d 急剧上升，然后从第 1~8 d 显著下降。随后，碱性 PMEase 活性逐渐下降至第 45 d，酸性 PMEase 活性变化不大，PDEase 活性逐渐升高。在有机磷处理中，3 种磷酸酶活性在第 1 d 也急剧增加，PMEase 从第 1~45 d 显著下降；PDEase 活性从第 1~8 d 显著下降，然后到第 45 d 一直保持稳定。在磷限制处理中，3 种磷酸酶的活性在第 1 d 也急剧增加，然后从第 1~45 d 始终保持上升趋势。培养 45 d 后，处于磷限制处理下的磷酸酶活性明显高于充足磷供应处理。由此可见，在环境中的有效磷匮乏时，周丛生物能够通过自身分泌大量的磷酸酶来矿化有机磷以满足自身对磷的需求；而在磷营养充足的情况下，这种功能便受到抑制。此外，PMEase 活性变化较快，而 PDEase 在所有处理中活性均较低且更稳定。这表明，PMEase 的产生是周丛生物克服磷限制条件的一种适应性生物学策略，而 PDEase 活性是对磷限制条件的一种次生响应。

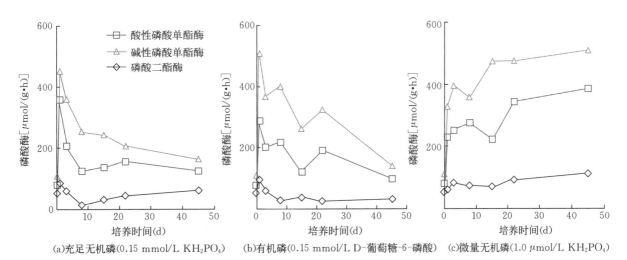

(a)充足无机磷(0.15 mmol/L KH$_2$PO$_4$)　(b)有机磷(0.15 mmol/L D-葡萄糖-6-磷酸)　(c)微量无机磷(1.0 μmol/L KH$_2$PO$_4$)

图 12-35　不同磷供应条件下，周丛生物酸性磷酸单酯酶（pH 6.0）、碱性磷酸单酯酶（pH 11.0）和磷酸二酯酶（pH 8.0）活性的变化趋势

（四）不同金属离子对周丛生物磷酸酶活性的影响

周丛生物中磷酸单酯酶的活性最高，但磷酸单酯酶是广泛存在于微生物中的一种金属酶，其活力受到金属离子种类和浓度等影响。研究发现，金属离子对周丛生物磷酸酶活性影响的类型有 4 种：抑制型、激活型、混合型和相对无害型。如表 12-5 所示，正一价碱金属离子（K$^+$ 和 Na$^+$）在 0~1.0 mmol/L 均对酸性和碱性 PMEase 活性无明显影响，属于相对无害型。

Ca^{2+} 可以提高酸性和碱性 PMEase 活性，浓度在 0.1~1.0 mmol/L 时，最大可提高磷酸酶活性达 14.1%。Mg^{2+} 对酸性和碱性 PMEase 活性均有显著的激活效应，随着离子浓度的增大，酸性和碱性 PMEase 活性不断增强；Mg^{2+} 浓度为 1.0 mmol/L 时，酶活性最大可提高 54.4%，属于激活型。Zn^{2+}、Cu^{2+}、Mn^{2+}、Al^{3+} 对酸性和碱性 PMEase 均有显著抑制作用，属于抑制性。但是，这些离子对于酸性和碱性 PMEase 活性的抑制程度不同，Cu^{2+}、Al^{3+} 对酸性 PMEase 活性的影响明显大于碱性的，而 Zn^{2+} 对碱性 PMEase 活性的影响明显大于酸性的。Ni^{2+}、Ag$^+$ 在低浓度（0.1 mmol/L）时，对酸性 PMEase 活性无明显影响；随着离子浓度的增加，酸性和碱性 PMEase 活性降低。

Co^{2+} 在低浓度时，对酸性和碱性 PMEase 活性有一定的激活作用，随着离子浓度的增大则变为抑制作用，属于混合型。Cr（Ⅵ）在低浓度（0.1 mmol/L）时对酸性 PMEase 活性有促进作用；而离子浓度为 0.25~1.0 mmol/L，均对酸性 PMEase 活性产生抑制作用；当 Cr（Ⅵ）离子浓度达到 1.0 mmol/L 时，周丛生物已丧失酸性 PMEase 活性。而 Cr（Ⅵ）对碱性 PMEase 活性具有激活作用，随着离子浓度的增大，碱性 PMEase 活性不断增加。

表 12-5　不同金属离子对周丛生物磷酸单酯酶活性的影响

金属离子	酸性磷酸酶相对活性（%）					碱性磷酸酶相对活性（%）				
	金属离子浓度（mmol/L）									
	0	0.1	0.25	0.5	1.0	0	0.1	0.25	0.5	1.0
K^+	100a	102.5a	101.5a	103.4a	102.5a	100a	98.1a	103.2a	103.5a	102.8a
Na^+	100a	100.5a	101.9a	100.9a	99.6a	100a	99.8a	98.5a	103.3a	102.8a
Ca^{2+}	100b	113.9a	108.5ab	112.4a	109.7a	100bc	94.0c	93.7c	102.6b	114.1a
Mg^{2+}	100c	116.0b	118.6b	144.4a	154.4a	100d	103.4d	109.1c	123.4b	146.7a
Zn^{2+}	100a	73.8b	76.2b	67.2b	53.6c	100a	29.1b	23.8c	17.9d	14.8d
Cu^{2+}	100a	79.2b	73.5b	59.9c	1.1d	100a	85.6b	80.9c	75.7d	75.4d
Mn^{2+}	100a	66.0b	58.9b	22.0c	14.1c	100a	39.4b	31.2c	28.6c	16.3d
Al^{3+}	100a	48.9b	41.5c	27.7d	21.9d	100a	98.5a	93.5b	90.1b	78.4c
Ni^{2+}	100a	103.7a	89.9b	87.3b	65.5c	100a	95.6a	83.75b	78.2bc	72.9c
Ag^+	100a	101.7a	66.1b	43.9c	39.0c	100a	73.3bc	78.2b	69.2c	69.8c
Co^{2+}	100a	125.3a	86.4a	55.2ab	12.9b	100ab	121.3a	119.1a	95.3ab	62.2b
Cr（Ⅵ）	100ab	132.4a	68.6b	25.5c	0.0d	100b	114.6b	118.1ab	123.7ab	143.7a

注：每种离子对酸性磷酸酶、碱性磷酸酶的影响分别做统计性分析。同一列数值后不同小写字母表示在 0.05 水平上差异显著。

　　金属离子对酶活性的影响可表现为对酶蛋白的作用，一般分为 3 种类型：①一些金属离子的加入，可以促进酶活性中心与底物间的配位结合，改变酶蛋白的表面电荷以及催化反应的平衡性质，从而增强酶活性，即有激活作用。②一些金属离子占据了酶的活性中心或与酶分子的巯基、胺基和羧基结合，导致酶活性降低，即有抑制作用。③重金属与酶没有专一性的对应关系，对酶活性影响小。而且，金属离子会影响磷酸酶基因的表达，如细菌碱性磷酸酶的种类多样，根据碱性磷酸酶蛋白序列的相似度和底物的不同，可主要分为 3 种类型：phoA、phoX 和 phoD。由于 Zn^{2+} 与 Mg^{2+} 是碱性磷酸酶 phoA 的辅基，一定浓度的 Zn^{2+} 和 Mg^{2+} 会促进细菌 phoA 基因的表达，而一定浓度的 Ca^{2+} 和 Co^{2+} 能重新促进 phoX 基因的表达。因此，一定浓度的金属离子通过促进磷酸酶基因的表达，提高酶活性。但这种作用与金属离子种类、浓度和磷酸酶基因的类型有关。

　　通常来说，抑制剂对酶促反应的作用可分为：

　　（1）竞争性抑制。竞争性抑制是指当抑制物与底物的结构类似时，它们将竞争酶的同一可结合部位，阻碍了底物与酶相结合，导致酶催化反应速率降低。这种抑制使得 K_{max} 增大，而 V_{max} 不变。

　　（2）非竞争性抑制。抑制剂与酶的非活性部位相结合，形成抑制物-酶的络合物后，会进一步再与底物结合；或是酶与底物结合成底物-酶络合物后，其中有部分再与抑制物结合。虽然底物、抑制物和酶的结合无竞争性，但两者与酶结合所形成的中间络合物不能直接生成产物，导致了酶催化反应速率的降低。这种抑制使得 V_{max} 变小，但 K_m 不变。

　　（3）反竞争性抑制。抑制剂不直接与游离酶相结合，而仅与酶-底物复合物结合形成底物-酶-抑制剂复合物，从而影响酶促反应的现象。这种抑制作用使得 V_{max}、K_m 都变小，但 V_{max}/K_m 比值不变。

　　如表 12-6 所示，Mg^{2+} 同时降低了酸性 PMEase 的 K_m 值，说明其有助于提高周丛生物磷酸酶与底物结合的能力。Cu^{2+} 对酸性 PMEase 的非竞争性抑制作用说明 Cu^{2+} 不能直接与酶结合，但可与酶促反应中的酶与底物结合复合物结合并阻止产物生成，使酶的催化活性降低。而 Zn^{2+} 对于磷酸酶以及 Cu^{2+} 对于碱性 PMEase 的抑制作用并不符合竞争抑制性、非竞争抑制性或反竞争抑制性作用，可能是直接对周丛生物产生了毒害作用。通常来说，在土壤、植物、活性污泥或动物粪便中的酸性或碱性磷酸酶动力学常数 K_m 值是相似的，为 $0.2 \sim 0.8$ mmol/L。而本研究发现，周丛生物磷酸酶的 K_m 值在 0.1 mmol/L 左右，即使在金属离子的影响下，K_m 值仍小于 0.2 mmol/L。这说明周丛生物磷酸酶对底物有更强的亲和力，而且这种亲和力受金属离子的影响相对较小。

表 12-6 不同浓度 Mg^{2+}、Cu^{2+}、Zn^{2+} 作用下酸性和碱性 PMEase 动力学常数 V_{max} [$\mu mol/(pNP\ g \cdot h)$] 和 K_m（$\mu mol/L$）的变化

酶类型	离子类型	0 mmol/L		0.25 mmol/L		0.5 mmol/L		1.0 mmol/L	
		V_{max}	K_m	V_{max}	K_m	V_{max}	K_m	V_{max}	K_m
酸性磷酸酶	Mg^{2+}	138.9	164.6	172.4	151.2	196.1	129.9	212.8	129.6
	Cu^{2+}	138.9	164.6	109.9	168.0	99.0	169.2	nd	nd
	Zn^{2+}	138.9	164.6	71.4	63.9	68.9	71.3	51.3	75.6
碱性磷酸酶	Mg^{2+}	256.4	76.9	357.1	78.6	370.4	94.2	384.6	81.4
	Cu^{2+}	256.4	76.9	208.3	81.6	133.3	128.9	120.5	135.2
	Zn^{2+}	256.4	76.9	67.6	59.8	52.6	88.4	47.2	106.6

注：nd 表示未测定。

第四节　常用农艺措施对周丛生物的影响

一、深层施肥对稻田周丛生物生长及氮循环的影响

施肥方式是影响养分迁移转化的重要因素，不同的养分供应位置显著影响作物根系生长及养分的吸收。在我国，化肥深施技术已得到各方面的普遍认可，并从 20 世纪五六十年代开始得到了广泛推广，已经成为一种提高氮素利用效率的有效管理措施。近年来，我国小麦种植基本实现了机械化，而水稻的种植机械化程度仍处于较低水平，基肥施用方式还是以人工表面撒施为主。这种施肥方式不但在机械化种植的基础上增加了劳动力，而且表层施肥养分流失量大，根系吸收利用的养分有限，肥料利用率低，不利于农业可持续发展。而化肥深施技术可以将肥料集中施于水稻根系附近，不仅有利于根系对养分的吸收利用、促进水稻的生长发育，而且在减少劳动力投入的同时，还能增加稻农收益、改善生态环境、实现现代农业可持续发展。目前，水稻化肥机械化深施技术成为我国重点推广的农机化技术之一。

表层施肥作为一种我国水稻栽培中最常见的做法，容易导致田面水中 NH_4^+ 的大量存在，增加了氨挥发及地表径流损失的风险，造成大量氮素损失和环境污染。而合理的化肥深施技术可以降低氨气的扩散，并且可以被周围的各种粒子所吸附、固定，进而提高 NH_4^+-N 被土壤胶体吸附的概率，增加了 NH_4^+-N 向 NO_3^--N 的转化率，可以满足淹水条件下作物整个生育期的养分需求，减少化肥施用次数，节约化肥施用量，使作物生长健壮、产量提高。另外，化肥深施可以显著提高氮肥的当季利用率。由于土壤具有保肥性，因此可以使氮肥有效残存于土壤中，提高土壤有机质含量，降低后续化肥的施用量，节本降耗。同时，化肥深施可以有效减少由于表面挥发和流失造成的浪费。研究发现，氮肥施用在距表层土 $10 \sim 11$ cm 的深度，可以有效降低稻田中田面水的氮浓度，能减少 $30\% \sim 40\%$ 的稻田氮损失。此外，深度施用氮肥可以有效防止反硝化反应引起的脱氮损失，显著减少 N_2O 和 NO 的排放，使粮食产量增加 $15\% \sim 20\%$。因此，深层施肥对降低农业生产成本、减少和控制污染、实现农业可持续发展具有重要的现实意义。

土壤中的养分迁移和转化不仅受到养分浓度、温度、光照、施肥条件等因素的影响，也受到土壤微生物的影响，不同的施肥方式会通过改变水稻土的养分分配来影响周丛生物中微生物的生长。目前，人们对深层施肥的研究除了围绕改进深层施肥技术、解决表面撒施的弊端、增加下层土壤中根系

生物量、提高作物产量、提高肥料利用率和增强作物的抗旱性等方面，还对深层施肥方式中土壤微生物的变化开展了一些研究。例如，深层施肥可以提高稻田中蓝藻类的固氮能力，可以增加氨氧化古菌的相对丰度等。

本研究的目的：一是描述不同施肥方式下周丛生物的发育特征；二是研究深层施肥对周丛生物功能的影响；三是通过氨挥发和反硝化损失量来评估体系氮排放量；四是探讨深层施肥方式对周丛生物在氮循环中的作用。研究结果有助于加深对周丛生物作用的认识，为更好地减少水稻氮损失的管理实践提供科学依据。

本试验所使用的土壤来自湖北省农业科学院，深度为 $0\sim20$ cm 未施肥的稻田土。土壤带回实验室后，过 80 目筛去除大的颗粒物和动植物残体后，混匀备用。取用 2 g 复合肥（$N - P_2O_5 - K_2O \geqslant$ 58%，B$\geqslant$0.25%，Zn$\geqslant$0.15%，Fe 0.05%，Mn 0.05%，Mo 0.01%，微量元素 0.30%$\sim$0.50%）与 0.17 kg（鲜重）处理后土壤样品充分混合，用作施肥土壤填充。试验稻田土壤性质如表 12 - 7 所示。

表 12 - 7　试验稻田土壤性质

参数	pH	OM (g/kg)	TKN (g/kg)	TP (g/kg)	$NH_4^+ - N$ (g/kg)	$NO_2^- - N$ (g/kg)	$NO_3^- - N$ (g/kg)	有效磷 (mg/kg)	速效钾 (mg/kg)
新鲜土	7.15	37.92	1.16	2.18	0.53	0.002	0.21	1.53	0.41
施肥土	7.18	38.06	4.77	7.26	3.54	0.025	0.50	5.24	2.17

本试验装置为直径 12 cm、高度 32 cm 的玻璃容器。4 个处理分别为 BL 组（表层施肥、光照）、BD 组（表层施肥、黑暗）、SL 组（深层施肥、光照）、SD 组（深层施肥、黑暗）。试验共有 36 个培养器，每 9 个为一组。在 16 h∶8 h 的光照/黑暗周期下，所有培养器在温度为（28±3）℃的恒温室培养。在 BL 组和 BD 组中（表层施肥组），每个培养容器底部填充 2.17 kg 的新鲜土壤，并在其顶部添加 0.172 kg 的施肥土壤。土壤表面距离容器底部约 16 cm。在 SL 组和 SD 组中（深层施肥组），每个培养器底部先填入 0.72 kg 的新鲜土壤，然后再填入 0.172 kg 的施肥土壤，之后再填入 1.45 kg 的新鲜土壤。土壤表面离容器底部约 16 cm，施肥层离土壤表面约 10 cm。将铝箔包裹在土壤层的玻璃容器外面，以创造黑暗的条件。每个容器中加入 850 mL 蒸馏水，水的表面距离土壤表面约 5 cm。所有容器的顶部都覆盖透气膜，以防止水蒸发，同时允许气体交换。BD 组和 SD 组（无周丛生物组）被放置在黑暗条件下，抑制周丛生物中藻类生长。BL 组和 SL 组（有周丛生物组）在光照度为（40±5）$\mu mol/(m^2 \cdot s)$ 的条件下进行培养。

为了收集氨挥发量，在每个容器的上方放置了 2 块海绵，每块海绵厚度为 2 cm、直径为 13 cm。按以下的方法操作：将海绵均匀地沉浸在 15 mL 磷酸甘油溶液中（50 mL 磷酸+40 mL 丙二醇，容量为 1 000 mL），然后在每个培养器中放置 2 块海绵，一块距离水面 4 cm，另一块放在容器的顶部。

（一）稻田周丛生物的生物量

叶绿素 a 是藻类生物量指标，有机质是土壤肥力的重要指标，与土壤微生物量密切相关。叶绿素 a 和有机质含量在不同处理下的变化情况如图 12 - 36 所示。叶绿素 a 含量在黑暗条件下（BD 组和 SD 组）低于检测下限，所以没有测量数据。有机质和叶绿素 a 含量在 BL 组和 SL 组随着处理时间的增加而增加（$P<0.05$）。BD 组和 SD 组中有机质含量在整个试验中无显著差异（$P>0.05$）。并且，在不同处理中，BD 组和 SD 组有机质含量在所有取样阶段最低，说明黑暗条件可以有效抑制稻田周丛生物的生长。BL 组有机质和叶绿素 a 含量最高，说明表层施肥更有利于稻田周丛生物的生长。

（二）田面水中的氮含量

图 12 - 37 展示了田面水中 TKN、$NH_4^+ - N$、$NO_3^- - N$ 和 $NO_2^- - N$ 含量的变化，这 4 种氮的含量均随着时间的增加而降低。在各处理组的田面水中，BD 组在各采样时间的 TKN、$NH_4^+ - N$ 含量

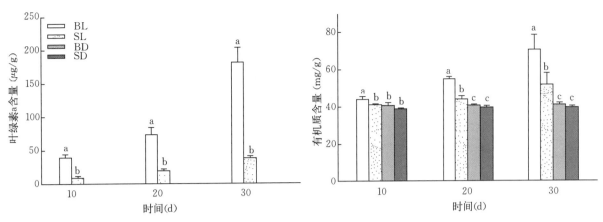

图 12-36 不同处理对稻田周丛生物中叶绿素 a 和有机质含量的影响

注：不同小写字母表示差异显著（$P < 0.05$）。

最高。这是由于表层施肥导致土壤表层和表层水体的养分水平较高。BL 组和 BD 组在 30 d 内含量显著降低（$P < 0.05$），表明无论有没有周丛生物，表层施肥都会减少水中氮含量，而周丛生物则会加快水中氮的减少。但在第 10 d，除 $NO_2^- - N$ 外，SL 组和 SD 组均无显著差异（$P > 0.05$）。这说明无论有没有周丛生物，深层施肥并没有增加水中氮含量。但 BL 组中，$NO_2^- - N$ 和 $NO_3^- - N$ 含量最高，这可能是硝化速率的增加所造成的。

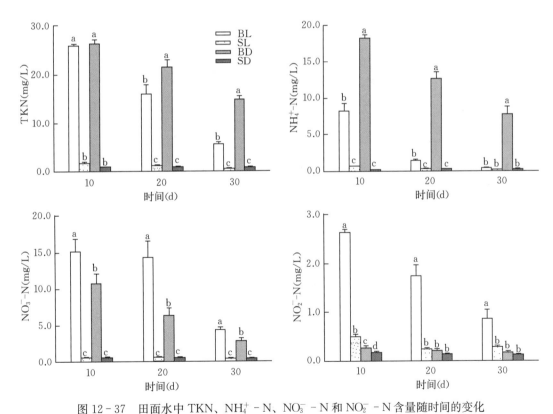

图 12-37 田面水中 TKN、$NH_4^+ - N$、$NO_3^- - N$ 和 $NO_2^- - N$ 含量随时间的变化

（三）周丛生物和土壤剖面中的氮含量

稻田周丛生物和土壤剖面中 TKN 含量随时间的变化如图 12-38 所示。在 BL 组和 BD 组中，TKN 含量以稻田周丛生物层最高，并随着深度的增加而降低。在 SL 组和 SD 组中，TKN 在土壤剖面中分布得更加均匀。在周丛生物层中，BD 组中 TKN 含量随着时间的增加而减少，其余处理组则随着时间的增加而增加（$P < 0.05$），并且在 BL 组中最高，SD 组中最低，这是由于周丛生物的吸收

和同化作用。在上层土壤中，BL 组 TKN 含量显著降低（$P<0.05$），在第 20～30 d 达到最低，BD 组在第 30 d 显著降低（$P<0.05$），但 SL 组和 SD 组在第 30 d 显著增加（$P<0.05$），这表明周丛生物的存在影响了氮的向上迁移。在中低层土壤中，BL 组、BD 组和 SD 组在第 30 d 没有显著差异（$P>0.05$），SL 组在第 30 d 有所下降（$P<0.05$）。

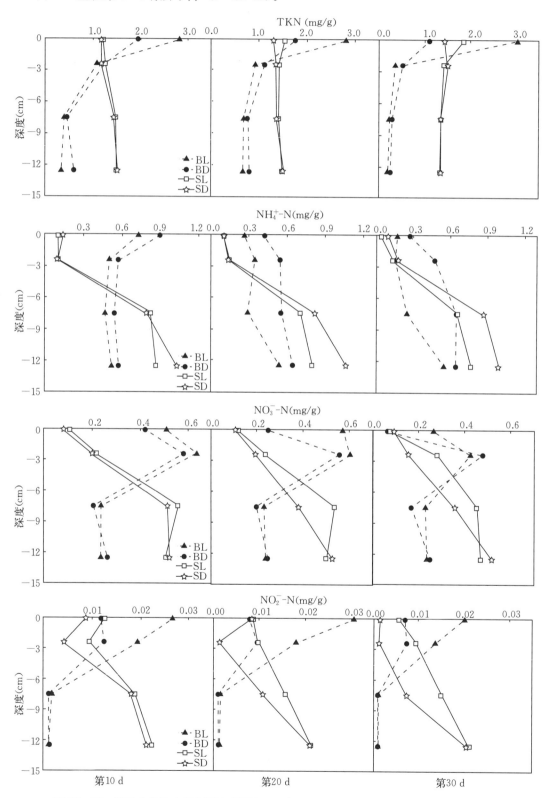

图 12-38　周丛生物和土壤剖面中 TKN、NH_4^+ - N、NO_3^- - N 和 NO_2^- - N 含量的变化

在稻田周丛生物和土壤剖面中，NH_4^+-N 含量随时间的变化如图 12-38 所示。在周丛生物层和上层土壤中，BL 组和 BD 组的 NH_4^+-N 含量要远高于在 SL 组和 SD 组中的含量（$P<0.05$），并且 BD 组最高、SD 组最低（上层土壤在第 30 d 除外）。而且，BL 组和 BD 组中的 NH_4^+-N 含量随着培养时间的增加而减少（$P<0.05$），BL 组中 NH_4^+-N 含量的减少更为剧烈。而 SL 组无显著差异（$P>0.05$），SD 组在第 30 d 内升高（$P<0.05$），这种现象可能是由于铵态氮响应土壤中的浓度梯度而迅速扩散到土壤中。在中层土壤中，SL 组和 SD 组中的 NH_4^+-N 含量要远高于在 BL 组和 BD 组中的含量（$P<0.05$），并且 SD 组在第 20 d 达到最高，BL 组始终最低。BD 组在第 30 d 显著增加（$P<0.05$），其他处理组显著下降（$P<0.05$）。在下层土壤中，SD 组中 NH_4^+-N 含量始终最高，BL 组和 BD 组中的 NH_4^+-N 含量无显著差异（$P>0.05$）。

在稻田周丛生物和土壤剖面中，NO_3^--N 含量随时间的变化如图 12-38 所示。在周丛生物层和上层土壤中，BL 组和 BD 组中的 NO_3^--N 含量要远高于在 SL 组和 SD 组中的含量（$P<0.05$），并且 BL 组最高、SD 组最低（上层土壤在第 30 d 除外）。BL 组和 BD 组中的 NO_3^--N 含量随着培养时间的增加而减少（$P<0.05$），而 SL 组则显著增加（$P<0.05$），SD 在第 30 d 内升高（$P<0.05$）。在中低层土壤中，SL 组中的 NO_3^--N 含量随着时间变化而显著降低（$P<0.05$），而其他处理组无显著差异（$P>0.05$），并且在第 30 d，BL 组和 BD 组中的 NO_3^--N 含量最低。

在稻田周丛生物和土壤剖面中，NO_2^--N 含量随时间的变化如图 12-38 所示。NO_2^--N 含量远低于 NH_4^+-N 和 NO_3^--N 的含量，特别是在中层和下层土壤的 BL 组和 BD 组中。在周丛生物层和上层土壤中，NO_2^--N 含量随着时间的增加而增加，并且在 BL 组和 BD 组中具有较高的浓度（$P<0.05$）。但是，在下层土壤中，SL 组和 SD 组含量最高，SL 组中 NO_2^--N 含量都高于 SD 组。

土壤既是营养物质的汇源，也是营养物质的来源，在生态系统动力学中扮演着重要的角色。结果表明，周丛生物依靠土壤中的养分维持自身生长，同时将养分固定在土壤表面，使周丛生物层总氮含量升高。由于周丛生物对地表养分的影响，所以氮含量的垂直分布也发生了变化。周丛生物层的铵态氮含量随时间逐渐减少，而周丛生物层中硝态氮和亚硝态氮含量较高，这是由于周丛生物的存在改变了土壤的氧气含量。有研究报道，周丛生物中藻类的存在增加了土壤-水界面的氧土层深度。

（四）周丛生物中的固氮酶活

固氮酶活（NA）反映了生物固氮潜力，可以作为水稻系统潜在的氮源，研究者也对水稻固氮开展了很多研究。周丛生物中 NA 随时间的变化如图 12-39所示，BL 组和 SL 组随着时间的增加而增加（$P<0.05$），而 SD 组在第 20 d 下降（$P<0.05$），BD 组在 30 d 内随时间的变化无显著差异（$P>0.05$）。在所有处理组中，SL 组 NA 值最高，BD 组最低。已知高氮水平可抑制 N_2 的固定。在表层施肥时，周丛生物中的 NA 被抑制；而深层施肥时，周丛生物中的 NA 则保持在较高水平，并且光照条件下周丛生物的存在有助于固氮酶活性的提高，特别是光照条件下有助于固氮蓝藻的生长。BL 组中

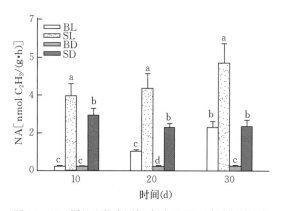

图 12-39 周丛生物中固氮酶活（NA）随时间的变化
注：不同小写字母表示差异显著（$P<0.05$）。

的 NA 值随着时间的增加而增加，可能是由于环境中氮浓度随时间的减少造成的。因此，深层施肥不仅可以减少氮素损失，还可以维持水稻系统的氮素固定功能。

（五）周丛生物的反硝化速率

在 BL 组、BD 组和 SD 组中，反硝化速率（DNP）随着时间的延长而显著降低（$P<0.05$）（图 12-40），

只有 SL 组中的 DNP 随着时间的延长先增加后下降。在各采样时间中，DNP 最高的是 BL 组。SL 组 DNP 在第 10 d 显著低于 BD 组（$P<0.05$）；在第 20 d，SL 组和 BD 组没有显著差异（$P>0.05$）；在第 30 d，SL 组显著高于 BD 组（$P<0.05$）。SD 组中的反硝化速率一直处于最低值。由此可见，不论在光照条件还是在黑暗条件下，表层施肥的 DNP 明显高于对应的深层施肥组。DNP 升高可能与 $NO_3^- - N$ 水平有关。土壤-水界面 $NO_3^- - N$ 水平的升高促进了周丛生物的反硝化作用。在相同施肥方式下，光照处理组的 DNP 比黑暗组高，这是因为周丛生物促进了 $NH_4^+ - N$ 迅速转化为 $NO_3^- - N$，使得 $NO_3^- - N$ 水平升高进而促进了反硝化作用。此外，在光照条件下发育的周丛生物可以释放有机碳源，这些有机碳源可以被反硝化细菌利用。

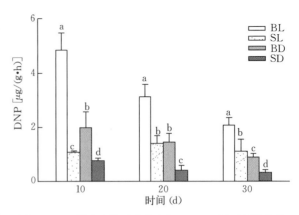

图 12-40 周丛生物反硝化速率（DNP）随时间的变化

注：不同小写字母表示差异显著（$P<0.05$）。

（六）氨挥发量

体系中氨挥发量的变化如图 12-41 所示。在试验初期，BL 组中的氨挥发量高于 BD 组（$P<0.05$），并且它们的挥发量都显著高于 SL 组和 SD 组（$P<0.05$）。之后，BL 组中的氨挥发量在 15 d 内迅速下降（$P<0.05$），并在第 15 d 后，与 SL 组和 SD 组中的氨挥发量无显著差异（$P>0.05$）。从第 5 d 开始，BD 组中的氨挥发量最高，而在第 6~20 d 中，SL 组中的氨挥发量显著低于 SD 组。这是由于光照条件下周丛生物增加了田面水中的 pH，后期稻田周丛生物同化吸收减少了田面水中的 $NH_4^+ - N$ 浓度。表层施肥方式容易导致 $NH_4^+ - N$ 迅速转化为 $NO_3^- - N$，特别是在光照条件下，

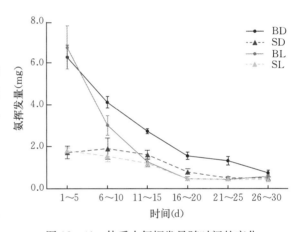

图 12-41 体系中氨挥发量随时间的变化

好氧环境促进了这一过程。表层施肥的氨挥发损失远大于深层施肥，尤其是在试验前几天。不论是深层施肥还是表层施肥，黑暗处理的氨总挥发损失均高于光照条件下，这可能是 $NH_4^+ - N$ 向 $NO_3^- - N$ 的快速转化，降低了田面水中 NH_4^+ 的浓度。此外，周丛生物的生长也将 NH_4^+ 同化为生物量，进一步降低了田面水体中 NH_4^+ 的浓度，减少了氨的挥发。

（七）小结

研究了不同施肥方式对稻田周丛生物发育和氮循环的影响。表层施肥和光照条件促进了水-土界面中周丛生物的生长，而深层施肥和黑暗条件则不利于周丛生物的生长。表层施肥增加了田面水和上层土壤的氮浓度，使得氨挥发和反硝化作用增强，固氮能力受到抑制。稻田周丛生物增加了体系反硝化损失，但降低了氨挥发损失，从而增加了水稻系统的总氮损失。因此，控制水稻系统中的周丛生物可能是减少氮素损失的有效途径。

二、除草剂（丁草胺）对稻田周丛生物生长及氮循环的影响

杂草生长一直是水稻生产过程中的一个严重问题，控制杂草生长是获得水稻高产的关键环节。近年来，我国化学除草剂施用面积以每年 200 万 hm^2 的速度递增，目前已达 0.6 亿 hm^2，施用化学除草剂控制杂草生长已经成为普遍做法，为提高农作物产量作出了突出贡献。

丁草胺（butachlor），又名马歇特、灭草特、去草胺、丁草锁等，自 1982 年在我国正式推广以来，成为用量最大的 3 种除草剂之一（其余两种是乙草胺和草甘膦），也是目前水稻田应用最普遍的除草剂。丁草胺是一种氯代乙酰胺类选择性内吸传导型除草剂，化学名称 N-（丁氧甲基）-2-氯-N-2′,6′-二乙基乙酰替苯胺 [N-（butoxymethyl）-2-chloro-N-2′,6′-dimethylacetanilide]，分子式 $C_{17}H_{26}ClNO_2$，分子量 311.9，化学结构式见图 12-42。它

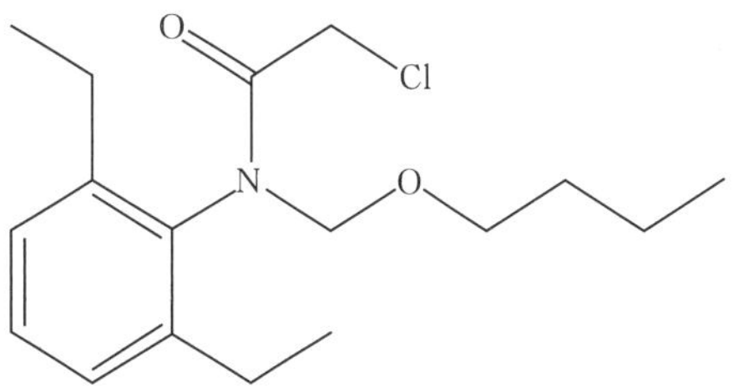

图 12-42 丁草胺化学结构式

主要通过杂草幼芽和幼根吸收后抑制氨基酸活性和脂肪的合成，来防除大多数一年生禾本科杂草和部分阔叶杂草，如稗草、千金子、异型莎草和牛毛毡等杂草的生长。

过去研究丁草胺对杂草的抗性、丁草胺对水稻的生理及稻米产量影响等方面已经取得了诸多成果。当前，由于环境问题日益严重，土壤中丁草胺污染与水稻土微生物之间的关系及其环境意义成为研究热点。研究报道，丁草胺疏水性大，易被吸附，淋溶性小，光解和水解是两种降解途径，但主要的降解途径还是微生物降解。土壤中部分微生物可以有效降解丁草胺，但丁草胺的施用也影响了微生物的生长及土壤酶活性。有研究发现，丁草胺可以对土壤氮素的迁移转化产生影响，当稻田施加 10 mg/kg（干土计）的丁草胺时，对尿素氨化作用不产生抑制作用，甚至出现促进效果，并且对反硝化作用有极显著的促进作用。

稻田周丛生物作为微生物聚集体含有多种微生物，结构更为复杂，但有关丁草胺施用后对稻田周丛生物的生长及稻田氮循环影响的研究报道较少。因此，本研究的目的在于：一是研究丁草胺对稻田周丛生物生长发育的影响；二是研究丁草胺对稻田生物氮循环功能的影响。

试验中使用的土壤样本取自湖北省农业科学院，选择了深度为 0~20 cm 未施用过除草剂的稻田土。土壤参考本节第一部分试验的方法前处理。土壤 pH 为 7.15，有机质、总氮（TN）、总磷（TP）、有效磷、速效钾含量分别为 37.92 g/kg、1.16 g/kg、2~18 g/kg、1.53 mg/kg、0.41 mg/kg。

本试验装置为 500 mL 的烧杯。4 个处理分别为 BL 组（丁草胺、光照）、BD 组（丁草胺、黑暗）、L 组（无丁草胺、光照）、D 组（无丁草胺、黑暗）。试验共有 36 个培养器，每 9 个为一组，并且每个烧杯底部添加 0.25 kg 新鲜土壤，再用虹吸的方法加入 340 mL 含有 0.1 g 复合肥（N-P_2O_5-K_2O≥58%，B≥0.25%，Zn≥0.15%，Fe 0.05%，Mn 0.05%，Mo 0.01%，微量元素 0.30%~0.50%）的去离子水。其中，18 个烧杯中添加了推荐浓度的丁草胺（60% 有效成分），使每个体系中的丁草胺有效浓度为 2.0 L a.i./hm²。所有烧杯的顶部参考本节第一部分试验覆盖了透气膜，在土壤层的玻璃容器外面用铝箔包裹，并在温度为（25±3）℃的恒温室培养。BD 组和 D 组（无周丛生物组）被放置在黑暗条件下，抑制周丛生物中光合微生物的生长；BL 组和 L 组（有周丛生物组）在光照度为（40±5）μmol/(m²·s) 的条件下进行培养，光照：黑暗为 16 h：8 h。

（一）田面水的 pH 和 DO

在试验过程中，田面水 pH 和 DO 随时间的变化如表 12-8 所示。分析发现，BL 组和 L 组中的 pH 和 DO 显著高于 BD 组和 D 组（$P<0.05$），这是由于光照条件促进了周丛生物中藻类的生长所致。

在光照条件下，BL 组中的 pH 和 DO 在第 7 d 明显高于 L 组（$P<0.05$），在第 14 d 无显著差异（$P>0.05$），到第 21 d 又显著低于 L 组（$P<0.05$）。在黑暗条件下，BD 组除了第 7 d 与 D 组无显著差异（$P>0.05$），第 14 d 和第 21 d 都明显高于 D 组（$P<0.05$）。以上原因可能是除草剂抑制了某些微生物的生长，降低了呼吸作用的耗氧量。有研究报道，丁草胺在淹没条件下可以促进厌氧水解发酵菌、硫酸盐还原菌和反硝化菌的生长，并且在实验室条件下施用丁草胺可以降低微生物的呼吸率。

表 12-8　不同处理组的田面水中 pH 和 DO 随时间的变化

处理组	pH			DO（mg/L）		
	7 d	14 d	21 d	7 d	14 d	21 d
BL	9.60±0.33	10.17±0.11	9.15±0.16	11.68±1.01	12.81±0.33	9.45±0.18
L	8.81±0.42	10.24±0.08	9.85±0.19	9.87±0.60	12.15±0.5	11.01±0.18
BD	7.19±0.04	8.16±0.23	7.76±0.45	6.81±0.08	6.46±1.01	5.61±0.60
D	7.38±0.06	7.50±0.22	7.10±0.14	6.50±0.09	4.45±0.50	4.22±0.91

（二）周丛生物的生物量

不同处理下有机质和叶绿素 a 含量随时间的变化如图 12-43 所示。在黑暗处理（BD 组和 D 组）中，叶绿素 a 含量低于检查下限，所以没有测量数据。光照处理（BL 组和 L 组）的有机质和叶绿素 a 含量在第 14 d 显著升高（$P<0.05$），第 21 d 下降。第 7 d 的 L 组显著高于 BL 组（$P<0.05$），但第 14 d 和第 21 d 的 BL 组最高。黑暗处理组的有机质含量在第 14 d 前无显著性差异（$P>0.05$），且几乎不随时间的变化而变化，但第 21 d 的 D 组显著高于 BD 组（$P<0.05$）。这表明除草剂在光照条件下前期抑制了周丛生物的生长，但第 7 d 后抑制作用减小；在黑暗条件下，添加除草剂对前期周丛生物的生物量没有显著影响。

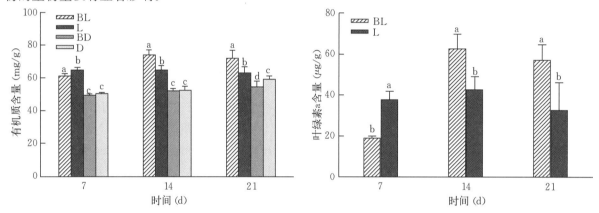

图 12-43　不同处理对稻田周丛生物中有机质和叶绿素 a 含量的影响
注：不同小写字母表示差异显著（$P<0.05$）。

（三）周丛生物微生物群落组成

在不同处理条件下，原核生物群落和真核生物群落在纲水平上的相对丰度如图 12-44 所示。相对丰度小于 1% 的纲被认定为其他纲类。BD 组和 D 组在暗处理下随时间变化的趋势相似，以放线菌纲（Actinobacteria）和变形菌纲（Gammaproteobacteria）为优势原核生物，而光照条件下则是以蓝细菌纲和放线菌纲最为丰富。蓝细菌纲是 BL 组中含量最丰富的类群，在试验开始时，蓝细菌纲数量最多，但在第 7 d 下降，在第 21 d 时又增加。共球藻纲（Trebouxiophyceae）和隐真菌纲（norank_p_Cryptomycota）是 BL 组占主导地位的真核生物，但是 L 组最丰富的种类是共球藻纲和绿藻纲（Chlorophyceae）。此外，鞭目纲（Imbricatea）一直是 D 组最多的原核生物，但隐真菌纲是 BD 组占主导地位的真核生物。结果表明，丁草胺的施用改变了周丛生物微生物群落的组成。

（四）周丛生物中微生物的丰富度

Rank-abundance 曲线可用来解释物种丰度和物种均匀度。在水平方向，物种的丰度由曲线的宽度来反映，物种的丰度越高，曲线在横轴上的范围越大；曲线的形状（平滑程度）反映了样品中物种的均度，曲线越平缓，物种分布越均匀。周丛生物的 Rank-abundance 曲线随时间的变化如图 12-45所示。在原核生物中，D1 组呈缓慢下降趋势，且沿属水平轴长度最长，说明 D1 组在所有处理组中的丰富度和均匀度最高。BL1 组、BL3 组和 L3 组属水平上表现出较短的长度，说明其丰富

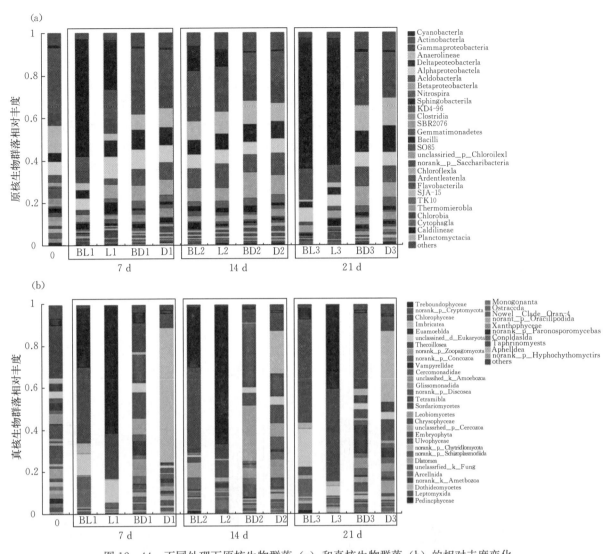

图 12-44　不同处理下原核生物群落（a）和真核生物群落（b）的相对丰度变化

度低于其他处理组。在真核生物中，0 组在属水平上长度最长，丰富度最高。暗处理组长度大于光处理组，这说明光照条件下的周丛生物中微生物在属水平上丰富度降低。结果表明，丁草胺和光照都对周丛生物的丰富度和均匀度产生了影响。

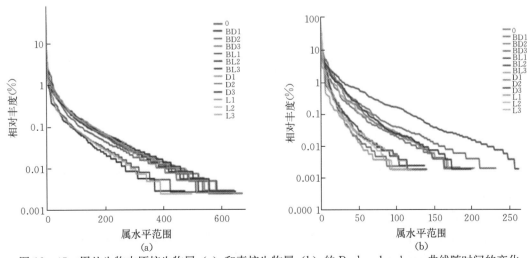

图 12-45　周丛生物中原核生物属（a）和真核生物属（b）的 Rank-abundance 曲线随时间的变化

（五）田面水中的氮含量

田面水中 TN、NH_4^+-N、NO_3^--N 和 NO_2^--N 含量随时间的变化如图 12-46 所示。除 NO_2^--N 含量外，各处理组中田面水的氮含量随时间的增加而显著降低（$P<0.05$）。在第 7 d 时，BL 组 TN、NH_4^+-N、NO_2^--N 含量均高于 L 组。在第 14 d 时，L 组的 TN 含量高于 BL 组（$P<0.05$），但 NH_4^+-N 和 NO_3^--N 含量在第 14 d 与 BL 组无显著差异（$P>0.05$）。在第 21 d 时，L 组 TN 和 NH_4^+-N 含量高于 BL 组（$P<0.05$）。在黑暗条件下，第 7 d SD 组与 D 组的 4 种氮含量都无显著差异（$P>0.05$）；第 14 d BD 组的 TN、NH_4^+-N 含量均高于 D 组（$P<0.05$）；第 21 d 时，D 组 TN 与 BD 组无显著性差异（$P>0.05$），并且 D 组的 NH_4^+-N 和 NO_2^--N 含量高于 BD 组（$P<0.05$）。以上可以看出，在光照处理下，周丛生物的存在促进了 NH_4^+-N 向 NO_3^--N 的转化。

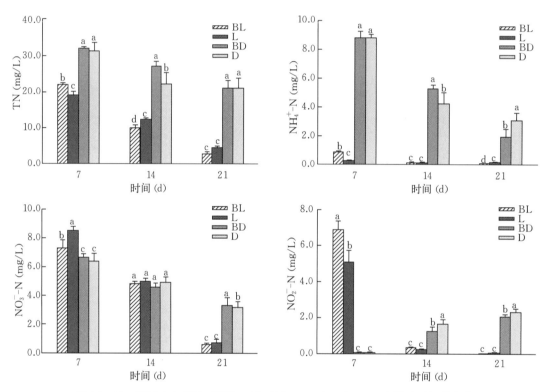

图 12-46　田面水中 TN、NH_4^+-N、NO_3^--N 和 NO_2^--N 含量随时间的变化

注：不同小写字母表示在 0.05 水平上差异显著。

（六）周丛生物中的氮含量

周丛生物中 TN、NH_4^+-N、NO_3^--N 和 NO_2^--N 含量随时间的变化如图 12-47 所示。BL 组的 TN 含量随时间增长先升高后下降，L 组则随时间变化而不断下降，并且 L 组 TN 含量在第 7 d 高于 BL 组（$P<0.05$），但在第 14 d 和第 21 d 却低于 BL 组（$P<0.05$）。黑暗处理的 TN 含量变化相对稳定（$P>0.05$），并且 TN 含量始终低于光照处理组（$P<0.05$）。NH_4^+-N 含量在光照处理组出现随时间变化先升高后下降的趋势。黑暗处理组的 NH_4^+-N 含量变化相对稳定，在第 21 d 时，出现 D 组低于 BD 组的现象（$P<0.05$）。NO_3^--N 含量在光照处理组中也出现随时间变化先升高后下降的趋势（$P<0.05$），在黑暗条件下变化相对稳定。周丛生物中的 NO_2^--N 含量变化较不稳定，在第 14 d 和第 21 d，BD 组高于 D 组（$P<0.05$）。

（七）氨挥发量

各处理组中的氨挥发量均出现先升高后下降到较低水平的趋势，并在光照处理的第 4 d 和黑暗处理的第 8 d 出现转折点（图 12-48）。前 6 d，光照处理的氨挥发量显著高于暗处理组（$P<0.05$）；但

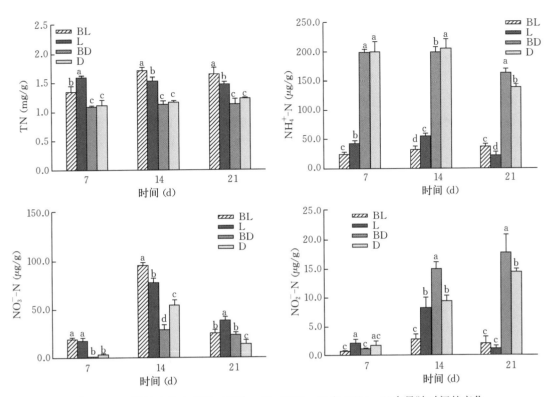

图 12-47　周丛生物中 TN、NH_4^+-N、NO_3^--N 和 NO_2^--N 含量随时间的变化

注：不同小写字母表示在 0.05 水平上差异显著。

是从第 7～18 d，光照处理组氨挥发量低于暗处理组（$P<0.05$）。这是因为周丛生物中的藻类消耗大量的 NH_4^+-N 进行了同化作用，降低了水中的 NH_4^+-N 浓度所致。

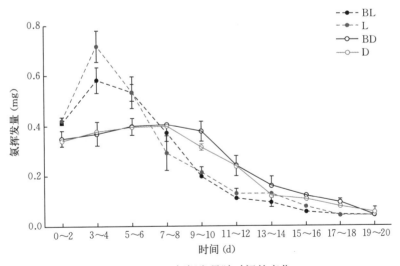

图 12-48　氨挥发量随时间的变化

　　在前 6 d，BL 组显著低于 L 组（$P<0.05$），并在第 8～11 d 短暂地高于 L 组后又低于 L 组的氨挥发量（$P<0.05$）。BD 组和 D 组在前 8 d 没显著性差异（$P>0.05$），之后 D 组迅速下降，并在第 9～10 d 低于 BD 组（$P<0.05$），可能是施用丁草胺后对微生物呼吸作用的影响，改变了田面水的 pH 所致。

（八）周丛生物的硝化速率、反硝化速率以及氮循环相关功能基因

周丛生物的硝化速率（NP）变化如图 12-49（a）所示，光照处理组随时间的变化出现先升高后下降的趋势，并且 BL 组始终高于 L 组（$P<0.05$）。黑暗处理的 BD 组随时间的变化不断升高，但 D 组是先升高后下降，BD 组和 D 组在第 7 d 和第 14 d 没有显著性差异（$P>0.05$），但是在第 21 d 时，BD 组显著高于 D 组。光照处理组的 NP 要高于黑暗处理组（$P<0.05$）。AOA 作为编码氨氧化古菌的基因变化趋势并不与 NP 相似（图 12-49b），光照处理的 BL 组在第 7 d 显著低于 L 组，但在第 14 d 升高后与 L 组无显著性差异（$P>0.05$），并在第 21 d 后显著高于 L 组（$P<0.05$）。而黑暗处理的 BD 组除在第 14 d 高于 D 组外（$P<0.05$），其他时间并无显著性差异（$P>0.05$）。AOB 作为编码氨氧化细菌的基因与 NP 变化趋势相似（图 12-49c），并且 BL 组在所有处理中具有最高的 NP 值，BD 组和 D 组除在第 7 d 无显著性差异外（$P>0.05$），其他时间 D 组的 NP 值都是最低的。

周丛生物的反硝化速率（DNP）变化如图 12-49（d）所示，所有处理组均出现随着时间的变化出现先升高后下降的趋势，并且光照处理组始终高于黑暗处理组（$P<0.05$）。光照处理的 BL 组除在

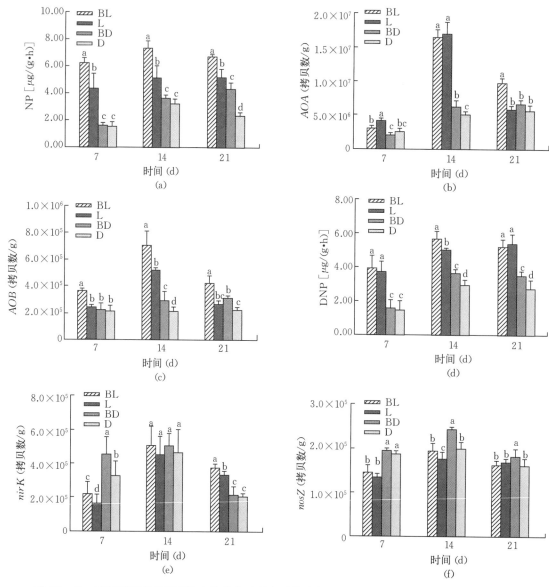

图 12-49　不同处理条件下周丛生物发育过程中硝化速率（a）、反硝化速率（d）以及 AOA（b）、
AOB（c）、nirK（e）和 nosZ（f）丰度的变化
注：不同小写字母表示在 0.05 水平上差异显著。

第 14 d 显著高于 L 组外（$P<0.05$），在第 7 d 和第 21 d 没有显著性差异（$P>0.05$）。黑暗条件下的 BD 组除在第 7 d 与 D 组无显著性差异外（$P>0.05$），其他时间都明显高于 D 组（$P<0.05$）。$nirK$ 总体变化与 DNP 有类似的趋势（图 12-49d）。$nosZ$ 的变化相对稳定，BD 组具有最高的 $nosZ$ 量。

（九）小结

通过对光照和黑暗条件下的施加与不施加丁草胺处理组对比发现，丁草胺的推荐浓度并没有完全抑制藻类的生长，蓝藻是原核生物中的优势种，共球藻是真核生物中的优势种；丁草胺的施用降低了稻田周丛生物中原核生物的丰富度和多样性，增加了稻田系统中周丛生物真核生物的丰富度和多样性；施用丁草胺可以导致田面水 pH 升高，增加前期氨挥发速率，但不增加氨挥发总损失量。研究发现，施用丁草胺可以促进硝化作用，并为反硝化作用提供氮源，进而使反硝化损失成为主要的氮损失途径。

三、硝化抑制剂（DCD）对稻田周丛生物生长及氮损失的影响

由于氮肥利用率低，过量施用的氮肥会被稻田土壤中的微生物经过硝化作用转化为 $NO_3^- - N$；而 $NO_3^- - N$ 的大量存在不仅破坏土壤结构，增加氮损失，还造成严重的环境问题。研究发现，硝化过程中会释放出 H^+，使土壤酸化，进而使钙离子、镁离子等营养物质溶解流失，土壤肥力遭到破坏。并且，大量的 $NO_3^- - N$ 积累在土层中，还会引起土壤的次生盐渍化，破坏土壤结构。大量 $NO_3^- - N$ 的刺激反硝化细菌的生长，进而促进反硝化作用。长期以来，反硝化作用一直被认为是水稻氮肥损失的主要机制，$NO_3^- - N$ 经过反硝化作用转化为一系列的氮氧化气体（如 N_2O）排放到大气中，造成农田氮损失及影响全球气候变化。并且，由于 $NO_3^- - N$ 难以被土壤颗粒吸附，是土壤氮素转化、迁移过程中最活跃的氮素形态，很容易随着灌溉或雨水淋失，进而对地下水或湖泊、海洋等造成污染。

硝化抑制剂作为氮肥增效剂的一种，可以在一段时期有效抑制土壤氨氧化微生物活性，从而推迟氨的氧化，抑制 $NO_3^- - N$ 的产生，使得土壤中的氮主要以 $NH_4^+ - N$ 的形式存在，以延长或者调整氮素供应时间，防止 $NO_3^- - N$ 通过反硝化作用损失，从而增加土壤的氮肥利用率。目前，硝化抑制剂成为农业生产中常用的一种有效提高水稻氮素利用率和减少 N_2O 排放的管理方式。

双氰胺（dicyandiamide，简称 DCD，化学式为 $C_2H_4N_4$）能够非常有效地抑制硝化过程的第一步（$NH_4^+ - N$ 向 $NO_3^- - N$ 的转化），使 $NH_4^+ - N$ 在土壤中保存的时间更长，从而减少土壤中 $NO_3^- - N$ 的量，抑制反硝化作用，减少土壤中 N_2O 的排放。DCD 具有相对稳定的物理性质和化学性质，价格低廉、易溶于水、含氮量高，并且在土壤中最终会生成 CO_2 和 NH_4^+，在土壤中无残留。DCD 不仅对氮素损失有一定的抑制功效，而且可作为缓释氮肥施入土壤中，是目前农业生产中最为广泛应用的硝化抑制剂之一。

有研究报道，DCD 对氨氧化细菌的活性有很强的抑制作用，但是对亚硝酸氧化细菌的活性没有影响，对其他土壤微生物和异养生物也没有直接的影响。有研究表明，从农业土壤中浸出的 DCD 进入水生生态系统，可以明显地改变底栖生物细菌和藻类的群落组成，并影响河流营养循环化学计量。虽然有很多文献报道硝化抑制剂的作用机制和益处，但 DCD 在水稻系统中对其他微生物影响的研究较少。

水稻作为人工湿地系统，广泛生长着周丛生物。周丛生物作为复杂的微生物聚集体，受到多种因素的影响。而周丛生物与硝化抑制剂的相互关系鲜有报道。本研究的目的：一是研究 DCD 对周丛生物生长发育的影响；二是研究 DCD 对稻田生物氮循环功能的影响；三是通过探讨周丛生物对 DCD 的影响，进而探讨周丛生物与 DCD 之间的相互作用，以及对水稻系统中氮排放量的影响。本研究结果有助于更好地了解水稻系统氮素循环过程，为提高氮肥利用率和控制非点源污染提供一定的科学依据。

试验中使用的稻田土壤采样地点及预处理方式参考上一部分。土壤的理化性状为 pH 7.15、有机质含量（OM）38.72 g/kg、总氮（TN）1.02 g/kg、总磷（TP）2.08 g/kg、铵态氮（$NH_4^+ - N$）0.36 g/kg、硝态氮（$NO_3^- - N$）0.11 g/kg、亚硝态氮（$NO_2^- - N$）0.004 g/kg、磷 1.33 g/kg、可用钾 0.40 g/kg。

试验包括 6 个处理组：L 组（光照，无 DCD）、5 NL 组（光照，5% DCD）、10 NL 组（光照，10% DCD）、D 组（黑暗，无 DCD）、5 ND 组（黑暗，5% DCD）和 10 ND 组（黑暗，10% DCD）。

所有烧杯的顶部都覆盖透气膜，在土壤层的玻璃容器外面用铝箔包裹，并在温度为（25±3）℃的恒温室培养。D 组、5 ND 组和 10 ND 组（无周丛生物组）被放置在黑暗条件下，抑制周丛生物中光合微生物的生长；L 组、5 NL 组和 10 NL 组（有周丛生物组）于光照度为（40±5）$\mu mol/(m^2 \cdot s)$ 的条件下进行培养，光照：黑暗为 16 h : 8 h。

（一）田面水温度和 pH 的变化

不同处理组田面水 pH 和温度的变化如表 12-9 所示。光照条件和施加 DCD 导致田面水中的 pH 增加。随着时间的推移，光照处理的 pH 高于黑暗处理的 pH（$P < 0.05$）。不管是光照条件还是黑暗条件，施加 DCD 处理组均高于未施加 DCD 处理组。正如先前的报道所述，使用 DCD 可以增加 pH。此外，应用 10% DCD 处理组 pH 要高于 5% DCD 处理组。田面水温度受光照条件的影响，而并未发现施加 DCD 处理组与未施加 DCD 处理组之间存在显著差异（$P > 0.05$）。

表 12-9　不同处理组的田面水 pH 和温度随时间的变化

处理组	pH				温度（℃）			
	4 d	8 d	12 d	16 d	4 d	8 d	12 d	16 d
L	9.22±0.17	9.51±0.23	9.67±0.28	9.22±0.17	29.97±0.19	35.47±0.33	36.60±0.16	35.73±0.39
5NL	9.41±0.20	9.88±0.08	9.77±0.41	9.41±0.20	29.23±0.24	35.17±0.49	35.87±0.82	35.53±0.29
10NL	9.63±0.25	9.92±0.21	9.94±0.29	9.63±0.25	29.80±0.08	36.20±0.49	36.37±0.41	37.20±0.08
D	7.01±0.18	6.99±0.24	7.24±0.15	7.01±0.18	25.30±0.08	25.00±0.16	27.40±0.00	27.13±0.05
5ND	7.38±0.33	7.18±0.22	7.43±0.28	7.38±0.33	25.20±0.05	25.23±0.05	27.67±0.38	27.01±0.05
10ND	7.67±0.19	7.46±0.36	7.39±0.49	7.67±0.19	25.27±0.09	25.20±0.08	27.27±0.05	26.87±0.05

（二）稻田土-水界面间溶解氧变化

溶解氧穿深是反映氧气从水中渗入稻田土壤的深度，被认为是土壤硝化和反硝化过程的主要控制因素。结果表明，随着时间的推移，光照处理的水体溶解氧（DO）和稻田土-水界面溶解氧穿深均高于暗处理组（$P < 0.05$）（图 12-50）。因为藻类的光合作用消耗 CO_2、释放 O_2，导致稻田土-水界面 DO 增加。此外，不论是光照条件还是黑暗条件，在施加 DCD 处理的水中，DO 和稻田土-水界面的溶解氧穿深均高于不施加 DCD 处理组，并且 5% DCD 处理组均高于 10% DCD 处理，说明溶解氧随着 DCD 剂量的增加而增加。

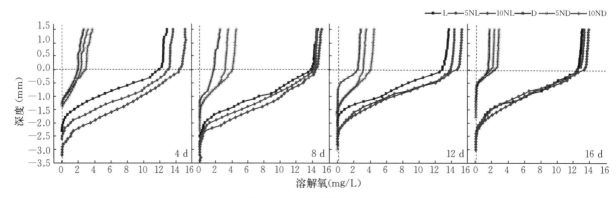

图 12-50　稻田土-水界面的溶解氧随时间的变化

（三）体系中DCD的变化

DCD易溶于水、流动性强，是一种稳定的化学物质，并且湿润土壤表面不会发生DCD挥发。不论是5％DCD处理组还是10％DCD处理组（图12-51），光照条件下的DCD浓度随着时间下降的趋势较为明显，厌氧土壤条件下的DCD降解率下降较慢，光照处理组的DCD损失高于暗处理组。5％DCD处理组的DCD损失高于10％DCD处理组，说明高剂量DCD比低剂量DCD损失少。另外，DCD在水中的残留量高于土壤。这可能是由于稻田周丛生物的生长影响了DCD的损失率。

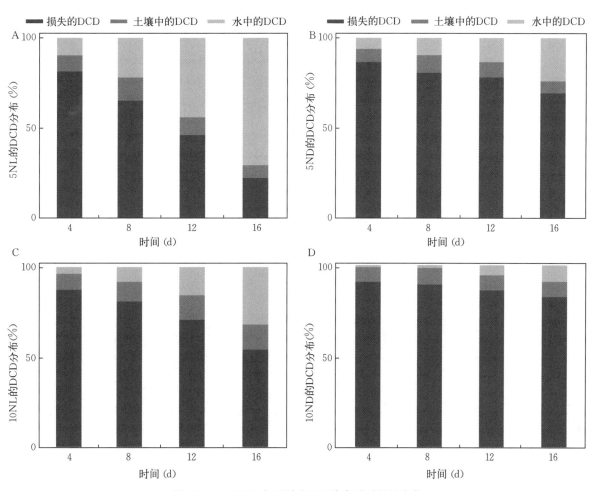

图12-51　DCD在不同处理组分布随时间的变化

（四）周丛生物的生物量

叶绿素a和土壤有机质含量是衡量土壤肥力的重要指标，与土壤微生物量密切相关。在试验过程中，不同处理组的叶绿素a和有机质含量如图12-52所示。暗处理组叶绿素a含量低于检出限，所以没有测量数据。但在光处理组中，叶绿素a含量在试验开始的前几天增加，在试验结束时减少。在第16 d，叶绿素a含量在10 NL组中最高，在L组中最低。有机质含量在光照处理组中总是高于黑暗处理组（$P<0.05$）。在黑暗处理组中，有机质含量随着时间的增加而增加；而在光照处理中，试验开始前几天有机质含量增加，在试验最后阶段没有显著性变化（$P>0.05$）。从第12 d开始，有机质含量在5 NL组和10 NL组中显著高于L组（$P<0.05$）。

（五）田面水中的氮含量

田面水中TN、NH_4^+-N、NO_3^--N和NO_2^--N含量随时间的变化如图12-53所示。随着培养时间的延长，TN、NH_4^+-N和NO_3^--N含量在所有处理组中均下降（$P<0.05$），而NO_2^--N含量在光照处理组下降（$P<0.05$），在黑暗处理组上升（$P<0.05$）。黑暗处理组TN和NH_4^+-N含量均

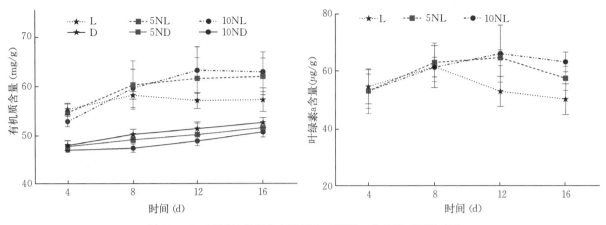

图 12-52　不同处理组中有机质和叶绿素 a 含量随时间的变化

高于光照处理组（$P<0.05$），光照处理组 $NH_4^+ - N$ 含量下降较快，以 L 组处理下降幅度最大，10 NL 组在光照处理条件下始终最高。黑暗处理组的 $NO_3^- - N$ 浓度低于光照处理组，5% 的 DCD 处理高于 10% 的 DCD 处理。光照处理组的 $NO_2^- - N$ 含量在早期高于黑暗处理组，而在第 16 d，光照处理组含量下降，黑暗处理含量迅速上升，扭转了这一情况。在各处理中，除了光照处理组的 TN 外，DCD 剂量越高，总氮和铵态氮含量越高（$P<0.05$）。而在 DCD 剂量较高的处理中，$NO_3^- - N$ 和 $NO_2^- - N$ 含量较低（$P<0.05$）。

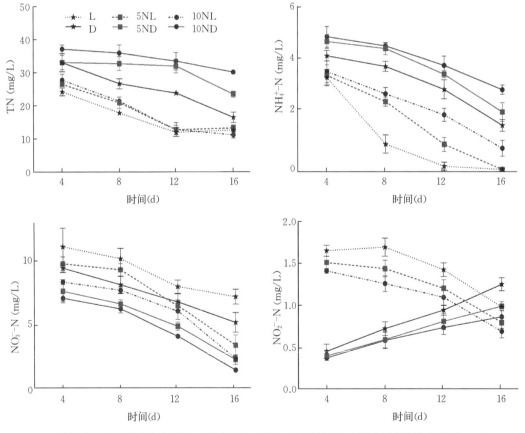

图 12-53　田面水中 TN、$NH_4^+ - N$、$NO_3^- - N$ 和 $NO_2^- - N$ 含量随时间的变化

（六）周丛生物中的氮含量

不同处理组周丛生物中的氮形态变化如图 12-54 所示。在黑暗处理组中，TN 含量随着时间

的增加而增加；而在光照处理组中，TN 在第 12 d 之前增加，之后开始下降（$P<0.05$）。光照处理组的 TN 含量明显高于相应的黑暗处理组（$P<0.05$）。在黑暗条件下，TN 在 D 组最高，在 10 ND 组最低。在光照条件下，L 组在第 12 d 之前 TN 含量是最高的。在各处理中，周丛生物中的 NH_4^+-N 随时间呈下降趋势，但黑暗处理组中含量高于光照处理组（$P<0.05$）。在 DCD 较高处理组中，周丛生物 NH_4^+-N 含量普遍较高。NO_3^--N 含量随时间呈下降趋势，光照处理组 NO_3^--N 含量高于相应的黑暗处理组，而无 DCD 处理组的 NO_3^--N 含量始终高于有 DCD 处理组（$P<0.05$）。NO_2^--N 含量在光照处理组中随时间减少，而在黑暗处理组中表现为随时间增加。与 NO_3^--N 含量一样，NO_2^--N 含量在无 DCD 处理组中更高（$P<0.05$）。

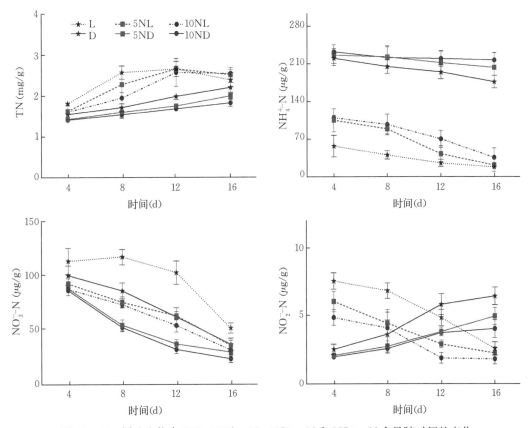

图 12-54　周丛生物中 TN、NH_4^+-N、NO_3^--N 和 NO_2^--N 含量随时间的变化

（七）体系氨挥发

试验过程中氨挥发如图 12-55 所示。氨挥发在试验开始时较高，在第 4 d 达到顶峰，之后不断下降至试验结束。光照处理组中的氨挥发在前 8 d 显著高于黑暗处理组，之后迅速下降并低于黑暗处理组。不论是光照还是黑暗条件下，DCD 处理组氨挥发均高于无 DCD 处理组（$P<0.05$）。各处理氨挥发均以 10 ND 组最高，L 组最低。

（八）硝化与反硝化速率

在试验过程中，周丛生物硝化速率（NP）和反硝化速率（DNP）的变化如图 12-56 所示。光照处理组 NP 在试验开始时先升高，在试验结束时降低，而黑暗处理组中的 NP 随时间呈缓慢上升趋势，说明光照处理组中的 NP 高于对应的黑暗处理组。D 处理组的 NP 在黑暗处理中最高，L 组虽然在 8 d 后下降（$P<0.05$），但依然在所有处理组中最高，说明无 DCD 处理的 NP 明显高于有 DCD 处理组（$P<0.05$）。由于土壤中含有一些 NO_3^--N，在施用 DCD 处理时，NP 和 DNP 没有随时间明显变化的趋势。L 组中的 DNP 在前 8 d 明显升高（$P<0.05$），之后呈下降趋势，而黑暗处理组的 DNP 不断下降（$P<0.05$），光照处理的 DNP 明显高于相应的黑暗处理（$P<0.05$）。在光照条件下，L 组

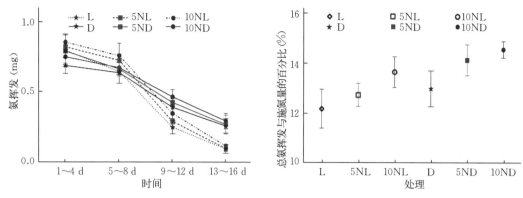

图 12-55 氨挥发和总氨挥发与施氮量的百分比

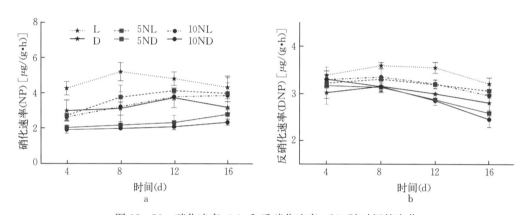

图 12-56 硝化速率（a）和反硝化速率（b）随时间的变化

DNP 最高，5 NL 组和 10 NL 组无显著性差异（$P>0.05$）。而在黑暗条件下，D 组的 DNP 在第 4 d 最低；但在第 8 d 升高后，变为黑暗处理组中最高的。

（九）与氮循环相关的功能基因

与氮循环相关的功能基因丰度变化如图 12-57 所示。在黑暗条件下，AOA 丰度随时间不断增加，但在光照条件下 AOA 丰度先增加后减少。在第 12 d 之前，光照处理组的 AOA 丰度高于相应的黑暗处理组（$P<0.05$）。施加 DCD 组要高于未施加 DCD 组，并且 DCD 剂量越高的处理在试验结束时的 AOA 丰度越高；10% DCD 处理组不论在黑暗还是在光照条件下，都具有最高的 AOA 丰度。AOB 丰度高于 AOA，AOB 丰度的变化趋势与 NP 相似。AOB 丰度在光照处理中较高，DCD 高剂量处理组 AOB 丰度较低（$P<0.05$）。nirK 和 nosZ 丰度的变化趋势与 DNP 相似。光照处理组 nirK 和 nosZ 丰度高于相应的黑暗处理组（$P<0.05$）。而 DCD 对 nirK 和 nosZ 丰度的影响则与时间有关。

（十）RDA 分析

环境变量与周丛生物特性的 RDA 分析如图 12-58 所示。轴 1 和轴 2 的特征值分别为 0.424 和 0.305，共同解释总方差的 72.9%。光照条件和 DCD 与有机质、叶绿素 a、氨挥发、反硝化速率、nosZ 和 nirK 丰度呈正相关性。光照条件与水中 NH_4^+-N、周丛生物 NH_4^+-N 呈较强的负相关性。DCD 与上述参数呈正相关性。此外，DCD 与 NO_3^--N 和 NO_2^--N、硝化速率和 AOB 呈强负相关性。DCD 损失与 DCD 剂量和光照条件呈正相关性。这说明在光照条件下的周丛生物生长对 DCD 的损失有很大的影响。

（十一）小结

研究了水稻系统中 DCD 与周丛生物的相互作用及其对氮循环的影响。在光照条件下形成的周丛

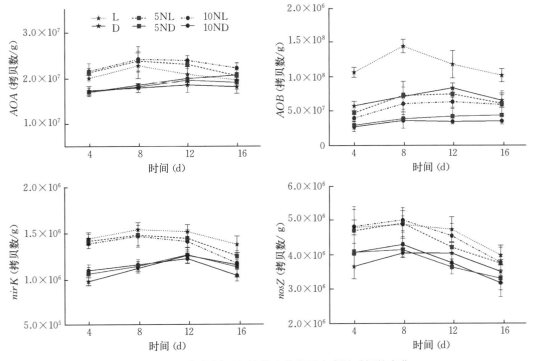

图 12-57 与氮循环相关的功能基因丰度随时间的变化

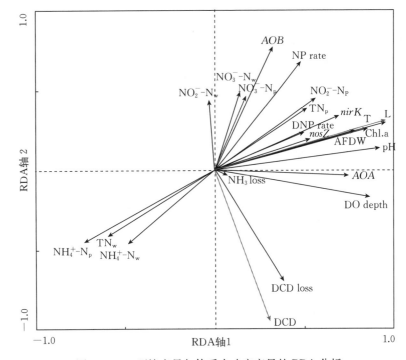

图 12-58 环境变量与体系中响应变量的 RDA 分析

注：响应变量以用不同灰度的线区分表示，环境变量用不同灰度的线区分表示。田面水中的指标带"w"，周丛生物中的指标带"p"（$P=0.002$）。

生物改变了水稻的理化条件，加速了 DCD 的降解。然而，DCD 的施用直接或间接地促进了周丛生物的生长。DCD 的施用增加了铵态氮的保留量，但也增加了氨挥发。当周丛生物出现时，铵态氮的同化作用和硝化作用增强。研究结果表明，在水稻系统中，DCD 的施用和稻田周丛生物以及它们之间的相互作用对稻田氮循环有相当大的影响。在未来的营养管理中，应该考虑硝化抑制剂和周丛生物的作用。

主 要 参 考 文 献

蔡述杰，邓开英，李九玉，等，2020. 不同金属离子对稻田周丛生物磷酸酶活性的影响 [J]. 土壤，52 (3)：525-531.

陈建贞，2013. 温度、CO_2 浓度变化对自然生物膜的影响 [D]. 南京：南京林业大学.

花日茂，李湘琼，李学德，等，1999. 丁草胺在不同类型水中的光化学降解 [J]. 应用生态学报，10 (1)：511-59.

黄益宗，冯宗炜，王效科，等，2002. 硝化抑制剂在农业上应用的研究进展 [J]. 土壤通报，33 (4)：310-315.

倪秀菊，2010. 几种抑制剂对尿素水解和土壤硝化作用的影响 [D]. 北京：中国农业科学院研究生院.

欧伟，李琪，梁文举，等，2004. 不同水分管理方式对稻田土壤生物学特性的影响 [J]. 生态学杂志，23 (5)：53-56.

彭术，张文钊，侯海军，等，2019. 氮肥减量深施对双季稻产量和氧化亚氮排放的影响 [J]. 生态学杂志，38 (1)：153-160.

舒时富，唐湘如，罗锡文，等，2011. 机械深施缓释肥对精量穴直播超级稻生理特性的影响 [J]. 农业工程学报，27 (3)：89-92.

王静，王允青，张凤芝，等，2019. 脲酶/硝化抑制剂对沿淮平原水稻产量、氮肥利用率及稻田氮素的影响 [J]. 水土保持学报，33 (5)：211-216.

王一茹，刘长武，牛成玉，等，1996. 丁草胺在水体中的光解和稻田中归趋的研究 [J]. 环境科学学报，16 (4)：475-481.

伍良雨，吴辰熙，康杜，2019. 载体对自然生物膜生物量和群落的影响研究 [J]. 环境科学与技术，39 (1)：50-57.

杨帆，2005. 自然水体生物膜上主要组分生长规律及吸附特性 [D]. 长春：吉林大学.

杨林章，吴永红，2018. 农业面源污染防控与水环境保护 [J]. 中国科学院院刊 (33)：168-176.

姚斌，徐建民，张超兰，2003. 除草剂丁草胺的环境行为综述 [J]. 生态环境，12 (1)：66-70.

张金莲，张丽萍，武俊梅，等，2009. 不同营养源对人工湿地基质生物膜培养液 pH 值的影响 [J]. 农业环境科学学报，28 (6)：1230-1234.

张琳，2014. 不同调控措施对设施菜田土壤氮素损失的影响 [D]. 保定：河北农业大学.

张启明，铁文霞，尹斌，等，2006. 藻类在稻田生态系统中的作用及其对氨挥发损失的影响 [J]. 土壤 (38)：814-819.

郑和辉，叶常明，2001. 乙草胺和丁草胺的水解及其动力学 [J]. 环境化学，20 (2)：168-171.

周光来，2002. 丁草胺对水稻根系活力和 C/N 的影响 [J]. 湖北民族学院学报（自然科学版），20 (2)：37-39.

Arnosti C, Bell C, Moorhead D, et al, 2014. Extracellular enzymes in terrestrial, freshwater, and marine environ-ments: perspectives on system variability and common research needs [J]. Biogeochemistry, 117 (1)：5-21.

Azim M E, 2009. Photosynthetic periphyton and surfaces [M]//Likens G E. Encyclopedia of Inland Waters. Oxford: Academic Press.

Battin T J, Kaplan L A, Newbold J D, et al, 2003. Contributions of microbial biofilms to ecosystem processes in stream mesocosms [J]. Nature (426)：439-442.

Bharti A, Velmourougane K, Prasanna R, 2017. Phototrophic biofilms: diversity, ecology and applications [J]. Journal of Applied Phycology (29)：2729-2744.

Cai Shujie, Deng Kaiying, Tang Jun, et al, 2020, Characterization of extracellular phosphatase activities in the peri-iphytic biofilm from paddy fields [J]. Pedosphere (6)：12-21.

Choudhary P, Malik A, Pant K K, 2017. Algal biofilm systems: An answer to algal biofuel dilemma [M]. Algal Biofuels, Springer.

Huda A, Gaihre Y K, Islam M R, et al, 2016. Floodwater ammonium, nitrogen use efficiency and rice yields with fertilizer deep placement and alternate wetting and drying under triple rice cropping systems [J]. Nutr. Cycl. Agroecosys. (104)：53-66.

Kalscheur K N, Rojas M, Peterson C G, et al, 2012. Algal exudates and stream organic matter influence the structure and function of denitrifying bacterial communities [J]. Microb. Ecol. (64)：881-892.

Liu J, Wu Y, Wu C, et al, 2017. Advanced nutrient removal from surface water by a consortium of attached microalgae and bacteria: A review [J]. Bioresour. Technol. (241)：1127-1137.

Lu H, Feng Y, Wu Y, et al, 2016. Phototrophic periphyton techniques combine phosphorous removal and recovery for sustainable salt – soil zone [J]. Sci. Total Environ. (568): 838 – 844.

Lu H, Wan J, Li J, et al, 2016. Periphytic biofilm: A buffer for phosphorus precipitation and release between sediments and water [J]. Chemosphere (144): 2058 – 2064.

Ma J, Bei Q C, Wang X J, et al, 2019. Paddy system with a hybrid rice enhances cyanobacteria Nostoc and increases N₂ fixation [J]. Pedosphere (29): 374 387.

Mager D M, Thomas A D, 2011. Extracellular polysaccharides from cyanobacterial soil crusts: A review of their role in dryland soil processes [J]. J. Arid Environ. (75): 91 – 97.

McDowell R W, Noble A, Pletnyakov P, et al, 2020. Global mapping of freshwater nutrient enrichment and periphyton growth potential [J]. Sci. Rep. (10): 3568.

Razavi B S, Blagodatskaya E, Kuzyakov Y, 2016. Temperature selects for static soil enzyme systems to maintain high catalytic efficiency [J]. Soil Biol. Biochem. (97): 15 – 22.

Salis R, Bruder A, Piggott J, et al, 2017. High – throughput amplicon sequencing and stream benthic bacteria: identifying the best taxonomic level for multiple – stressor research [J]. Sci. Rep. (7): 44657.

She D, Wang H, Yan X, et al, 2018. The counter – balance between ammonia absorption and the stimulation of volatilization by periphyton in shallow aquatic systems [J]. Bioresource Technology (248): 21 – 27.

Shi G L, Lu H Y, Liu J Z, et al, 2017. Periphyton growth reduces cadmium but enhances arsenic accumulation in rice (*Oryza sativa*) seedlings from contaminated soil [J]. Plant Soil (421): 137 – 146.

Su J, Kang D, Xiang W, et al, 2017. Periphyton biofilm development and its role in nutrient cycling in paddy microcosms [J]. J. Soil. Sediment. (17): 810 – 819.

Tao G C, Tian S J, Cai M Y, et al, 2008. Phosphate – solubilizing and – mineralizing abilities of bacteria isolated from soils [J]. Pedosphere (18): 515 – 523.

Wang J, Zhang L, Lu Q, et al, 2014. Ammonia oxidizer abundance in paddy soil profile with different fertilizer regimes [J]. Appl. Soil Ecol. (84): 38 – 44.

Wang Q, Chen G, Jiang Y, et al, 2015. Sensitivity of Echinochloa species to frequently used herbicides in paddy rice field [J]. Journal of Nanjing Agricultural University (38): 804 – 809.

Wood S A, Kuhajek J M, de Winton M, et al, 2012. Species composition and cyanotoxin production in periphyton mats from three lakes of varying trophic status [J]. FEMS Microbiol. Ecol., 79 (2): 312 – 326.

Wu M, Li G L, Li W T, et al, 2017. Nitrogen fertilizer deep placement for increased grain yield and nitrogen recovery efficiency in rice grown in subtropical China [J]. Front Plant Sci. (8): 1227.

Wu Y, 2016. Periphyton: Functions and Application in Environmental Remediation [M]. Elsevier.

Wu Y, Li T, Yang L, 2012. Mechanisms of removing pollutants from aqueous solutions by microorganisms and their aggregates: a review [J]. Bioresource Technology (107): 10 – 18.

Wu Y, Liu J, Rene E R, 2018. Periphytic biofilms: A promising nutrient utilization regulator in wetlands [J]. Bioresource Technology (248): 44 – 48.

Wu Y, Liu J, Lu H, et al, 2016. Periphyton: an important regulator in optimizing soil phosphorus bioavailability in paddy fields [J]. Environ. Sci. Pollut. Res. (23): 21377 – 21384.

Xia Y Q, She D L, Zhang W J, et al, 2018. Improving denitrification models by including bacterial and periphytic biofilm in a shallow water – sediment system [J]. Water Resour. Res. (54): 8146 – 8159.

Xu H, Zhang W, Jiang Y, et al, 2012. Influence of sampling sufficiency on biodiversity analysis of microperiphyton communities for marine bioassessment [J]. Environ. Sci. Pollut. Res., 19 (2): 540 – 549.

Xu X, Boeckx P, Van Cleemput O, et al, 2005. Mineral nitrogen in a rhizosphere soil and in standing water during rice (*Oryza sativa* L.) growth: effect of hydroquinone and dicyandiamide [J]. Agr. Ecosyst. Environ. (109): 1011 – 117.

Yang L, Li H, Zhang Y, et al, 2019. Environmental risk assessment of triazine herbicides in the Bohai Sea and the Yellow Sea and their toxicity to phytoplankton at environmental concentrations [J]. Environ. Int. (133): 105175.

Yang Y, Meng T, Qian X, et al, 2017. Evidence for nitrification ability controlling nitrogen use efficiency and N losses via denitrification in paddy soils [J]. Biol. Fert. Soils (53): 349 – 356.

Yang Y, Zhang H, Shan Y, et al, 2019. Response of denitrification in paddy soils with different nitrification rates to soil moisture and glucose addition [J]. Sci. Total Environ. (651): 2097 - 2104.

Yu Y L, Chen Y X, Luo Y M, et al, 2003. Rapid degradation of butachlor in wheat rhizosphere soil [J]. Chemosphere (50): 771 - 774.

Zhang J, Wang J, Müller C, et al, 2016. Ecological and practical significances of crop species preferential N uptake matching with soil N dynamics [J]. Soil Biol. Biochem. (103): 63 - 70.

Zhang Y, Duan P, Zhang P, et al, 2018. Variations in cyanobacterial and algal communities and soil characteristics under biocrust development under similar environmental conditions [J]. Plant Soil (429): 241 - 251.

Zhao M, Tian Y H, Ma Y C, et al, 2015. Mitigating gaseous nitrogen emissions intensity from a Chinese rice cropping system through an improved management practice aimed to close the yield gap [J]. Agric Ecosyst Environ. (203): 36 - 45.

Zhao Y, Xiong X, Wu C, X, et al, 2017. Influence of light and temperature on the development and denitrification potential of periphytic biofilms [J]. Sci. Total Environ. (613): 1430 - 1437.

第十三章 水稻土养分循环的微生物学机制与调控技术 >>>

第一节 水稻土碳循环的微生物学机制与调控技术

一、水稻土碳循环的微生物学机制

（一）有机碳形成转化过程微生物作用机制

稻田是我国典型的农田生态系统，现有稻田面积 330 多万 hm^2，约占全国耕地总面积的 27%；水稻产量居世界第一位，占全国粮食总产量的 50%左右。稻田是具有重大经济意义的土壤资源，对我国粮食安全具有举足轻重的作用。而水稻土有机碳积累对土壤生产力提升和农田可持续管理具有重要意义。

土壤-水稻-微生物的相互作用以及土壤发生过程中物理-化学-生物学的相互耦合过程共同驱动厌氧环境下土壤有机碳的积累。大量研究已经证实，稻田土壤有机碳含量较高并呈现持续积累的趋势，是陆地生态系统一个重要的碳汇。秸秆还田与有机肥施用是稻田土壤有机碳的重要来源，这些有机物经过复杂的分解过程后形成土壤有机碳组分。有关这两个来源的碳对土壤有机碳积累转化作用已有大量研究，认识也较为清楚。而根际沉积碳和微生物同化碳也是土壤碳的重要来源，其在水稻土碳积累转化过程中的贡献及其转化影响机制，特别是微生物介导的碳转化过程在近年来有了深入研究。

根系分泌物及其脱落物的根际沉积碳，由于其代谢周转快，具有复杂性和多变性，其在土壤碳库中的转化与稳定性受到广泛关注。较多的研究利用 ^{14}C 连续标记示踪技术开展了水稻光合碳（通过根际沉积作用）在土壤碳库中的分配、转化与稳定性机制方面的研究。有研究对分别生长在高有机质、低有机质水稻土上的水稻进行 $^{13}C\text{-}CO_2$ 脉冲标记（Zhu et al.，2017）。结果表明，进入低有机质土壤的光合碳（通过根际沉积作用），大部分以呼吸形式消耗掉（60%的光合碳在 1 个月内以呼吸形式释放），表现出了较高的微生物碳周转率。而进入高有机质土壤的光合碳，则具有较低的微生物碳周转率，对土壤有机碳库贡献较高（12%），水稻光合碳在不同有机质水稻土壤出现转化和周转的差异。这种差异强弱与土壤有机质、土壤养分、土壤质地及其微生物功能等有关。另外，Zhu 等（2016）利用不同来源的"新碳"（^{13}C-标记的水稻秸秆、根系、根际沉积碳以及微生物同化碳）在水稻土中的矿化分解特性及其激发效应开展了研究，发现根际沉积碳（66.3 d），尤其是微生物同化碳的持留时间是 195 d，是根系和秸秆的 4~5 倍，说明根际沉积碳和微生物同化碳在土壤中由于表现出了较低的矿化速率和较长的保留时间，使得它们对土壤有机质累积的效应更强。此外，水稻根系、秸秆的输入促进了土壤原有有机质的矿化（正激发效应），而根际沉积碳以及微生物同化碳对水稻土原有有机碳矿化有抑制作用（负"激发效应"），进一步验证了根际沉积碳和土壤微生物同化碳在水稻土中的固碳正效应。

除微生物分解代谢产物对土壤固碳起作用外，研究者逐渐认识到微生物合成代谢是实现土壤固碳作用的重要途径。有研究表明，微生物细胞残体（微生物同化合成的产物）是土壤稳定有机碳库的重要组分。认为长期微生物同化过程导致微生物残留物的迭代持续积累，促进了包含一系列微生物残留物在内的有机物质的形成，最终导致此类化合物稳定存留于土壤中。基于此，梁超研究团队提出了"土壤微生物碳泵"观点，认为微生物来源碳是土壤长期固碳的重要途径（Zhu et al.，2020）。在稻田土壤微生物固碳（同化大气 CO_2）功能方面，研究人员利用 ^{14}C 连续标记技术开展了农田土壤微生

物 CO_2 同化能力研究。结果表明，在光照处理下，微生物对 CO_2 的日同化速率在 $0.01\sim0.1\,g\,C/m^2$；而遮光处理条件下，土壤微生物的碳同化功能被完全抑制（Ge et al.，2013）。土壤微生物的光合固碳作用只发生在表层土壤，但表层同化碳可以向下传输，这可能为底层的化能自养微生物提供碳源和电子供体，从而诱导化能自养微生物参与碳同化过程。对土壤固碳微生物群落组成、结构和数量分析表明，稻田土壤固碳细菌的优势种群可能是红假单胞菌、慢生根瘤与劳尔氏菌等，而藻类则以黄藻和硅藻为主，明确了稻田土壤微生物参与 CO_2 光合同化的功能基因（$cbbL$）及其丰度（$0.04\times10^8\sim$ 1.3×10^8 copies/g）（Yuan et al.，2012a）。同时，在稻田长期定位试验的土壤中也发现，大田条件下稻田土壤也存在相当数量的细菌 $cbbL$ 基因拷贝数及较高的 $RubisCO$ 酶活性，这为量化微生物对 CO_2 的同化量提供了计算依据（Yuan et al.，2012b）。

土壤有机碳的稳定机制主要从削弱微生物对碳利用的物理、化学角度来分析。大部分的碳库由于受到土壤中复杂的物理、化学或者物理化学相互作用的保护，很难被微生物利用而表现出稳定的特征。土壤有机碳主要受团聚体物理保护、有机质与土壤矿物质结合保护而稳定。团聚体颗粒的形成是土壤物理、化学和微生物相互作用的动力学过程，其保护作用主要是通过在微生物和酶及其底物之间建立物理障碍来阻止有机质被分解。有机碳化学结构转化为稳定结构（难分解有机碳组分），可以利用有机质内在的分子抗性来抵抗生物化学的腐解作用而稳定，这是有机碳稳定的化学机制。此外，矿物质保护作用主要是通过有机质与土壤矿物质进行分子间的反应形成复杂的官能团，改变有机质的构造，从而降低有机质的微生物可利用性。

（二）CH_4 产生和转化过程微生物作用机制

甲烷（CH_4）是大气中仅次于二氧化碳（CO_2）的重要温室气体，其增温效应是等摩尔量 CO_2 的 28 倍（IPCC，2013）。IPCC 第五次评估报告指出，当前大气 CH_4 年排放量为 $500\sim600$ Tg。其中，有超过 60% 源于人类活动。农业生态系统是重要的 CH_4 排放来源，1990—2005 年，农业生产造成的 CH_4 排放量已占到全球人类活动 CH_4 排放总量的 50%（Mer and Ronger，2001）。稻田生态系统是受人类活动影响的重要 CH_4 排放来源。据 IPCC（2007）估算，全球稻田 CH_4 年排放量为 $31\sim112$ Tg，占 CH_4 总排放量的 5%$\sim$19%。稻田 CH_4 的排放是土壤中 CH_4 产生和氧化两个方向相反过程与传输过程综合作用的结果（图 13-1）。

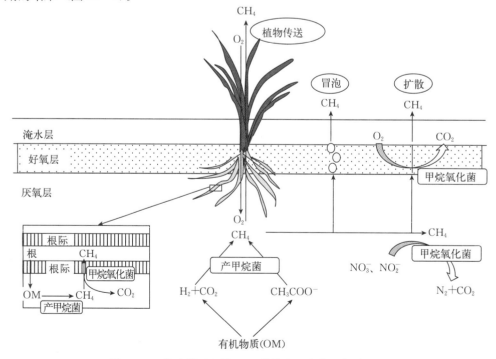

图 13-1　淹水稻田土壤 CH_4 的产生、氧化和排放途径

稻田土壤中 CH_4 的产生是一个生物化学过程，主要是在严格厌氧的环境下，产 CH_4 菌通过发酵分解土壤有机质碳或还原 CO_2 等过程形成的。目前，发现的 CH_4 生物合成过程有 3 种。

（1）乙酸营养型产 CH_4 过程。乙酸脱甲基生成 CH_4，或乙酸首先分解成 CO_2 和 H_2，然后 CO_2 被 H_2 还原生成 CH_4：

$$CH_3COOH \longrightarrow CH_4 + CO_2$$
$$CH_3COOH + 2H_2O \longrightarrow 2CO_2 + 4H_2$$
$$CO_2 + 4H_2 \longrightarrow CH_4 + 2H_2O$$

（2）氢营养型产 CH_4 过程。利用 H_2 将 CO_2 还原生成 CH_4。

$$CO_2 + 4H_2 \longrightarrow CH_4 + 2H_2O$$

（3）甲基营养型产 CH_4 过程。利用甲基化合物为底物，还原生成 CH_4。

$$4CH_3OH \longrightarrow 3CH_4 + H_2O + CO_2$$

其中，利用乙酸腐解途径产 CH_4 的产甲烷菌称为嗜乙酸产甲烷菌（或称乙酸营养型产甲烷菌），而利用 $H_2 + CO_2$ 还原途径产 CH_4 的产甲烷菌属嗜氢产甲烷菌（或称氢营养型产甲烷菌）。在稻田土壤中，仅有少数产甲烷菌能利用乙酸作为碳底物，但其 CH_4 产生量占稻田土壤 CH_4 总产生量的 2/3（Conrad et al.，2000、2006）。研究表明，稻田土壤中大约 77% 的产甲烷菌为氢营养型，由该途径还原产生的 CH_4 仅占稻田生态系统 CH_4 排放总量的 30% 左右（Conrad et al.，1999）。第三种产 CH_4 途径甲基营养型途径只在极端环境下发生作用，如高盐和高温等条件。一般认为，稻田土壤中的 CH_4 主要是通过乙酸腐解和 $H_2 + CO_2$ 还原途径产生的（Conrad et al.，1999）。产甲烷菌是古细菌域微生物，包括泉古菌门（Crenarchaeota）和广古菌门（Euryarchaeota）。其中，泉古菌门属于极端嗜热细菌，广古菌门属于嗜盐菌。按照产甲烷菌适应温度划分，可将其分为嗜冷菌、嗜热菌和极端嗜热菌等菌群，稻田内的产甲烷菌多数为嗜温菌和嗜热菌。由于 3 种产 CH_4 途径最终都形成甲基辅酶 M，甲基辅酶 M 在甲基辅酶 M 还原酶的催化下最终形成甲烷。因此，甲基辅酶 M 还原酶编码基因（mcrA）被广泛应用于研究产甲烷菌的群落结构、丰度及活性。已有研究证实，产甲烷菌基因丰度与土壤 CH_4 排放有较好的相关性。产甲烷菌产生 CH_4 需要在严格厌氧条件下（Eh < −200 mV）进行，当环境氧化还原电位从 −200 mV 下降到 −300 mV 时，甲烷产量会增加 10 倍，其排放量则会增加 17 倍（陈槐等，2006）。

目前，CH_4 生物沉降的唯一途径就是微生物氧化 CH_4 过程。CH_4 氧化主要是通过甲烷氧化菌的代谢活动完成的。甲烷氧化菌是甲基氧化菌的一支，为革兰氏阴性菌，以 CH_4 作为主要的碳源和能源。按照是否利用环境中的氧气作为电子受体，可以将甲烷氧化菌分为好氧甲烷氧化菌（Aerobic methane‐oxidizing bacteria）和厌氧甲烷氧化菌（Anaerobic methane‐oxidizing bacteria）。

好氧甲烷氧化菌是在有氧条件下，以 CH_4 作为唯一碳源和能源物质的细菌，其广泛存在于湖泊、河流、稻田、海洋、泥炭地、泥沼、湿地和其他一些极端的自然环境或人工环境中。目前，已发现了多种不同类型的甲烷氧化菌，并已确定它们分属不同的 3 个门：变形菌门（Proteobacteria）、疣微菌门（Verrucomicrobia）和 NC10 门。其中，属于变形菌门的甲烷氧化菌在自然界中广泛存在，根据其甲醛吸收和代谢途径、所属磷脂脂肪酸（PLFA）的类型和细胞膜结构的差异，将其划分为 I 型菌和 II 型菌。I 型菌属于 γ‐变形菌纲，II 型菌属于 α‐变形菌纲。I 型甲烷氧化菌均属于 γ‐变形菌纲的 Methylococcaceae 科，目前已发现了 15 个属。Hanson 和 Hanson 将 I 型甲烷氧化菌进一步分为 I a 型（Methylobacter、Methylomicrobium、Methylomonas 和 Methylosarcina）和 I b 型（Methylococcus 和 Methylocaldum），I b 型菌也即是在之前的许多研究中被命名为 X 型的甲烷氧化菌。II 型甲烷氧化菌包括 Methylocystaceae 和 Beijerinckiaceae 两个科，前者包含了 Methylocystis 和 Methylosinus 属，后者包括 Methylocapsa、Methylocella 和 Methyloferula 属。

一般认为，I 型甲烷氧化菌对 CH_4 亲和力较低，当环境中 CH_4 浓度高于 40 μL/L 时，这类细菌才会具有氧化 CH_4 的作用。而 II 型菌对 CH_4 具备高亲和力，即使环境中的 CH_4 浓度小于 2 μL/L，

也具有氧化 CH_4 的能力。Ⅱ型甲烷氧化菌普遍存在于低铵态氮土壤中，大约可以贡献 10% 的 CH_4 氧化总量（Chowdhury and Richard，2013）。在微生物氧化 CH_4 的过程中，CH_4 中的 C 转化成 CO_2，或者被同化成甲烷氧化菌细胞生物量。在好氧或厌氧环境中，甲烷氧化菌都能生存并且具有氧化 CH_4 的能力。好氧甲烷氧化菌可氧化 43%～90% 土壤中产生的 CH_4（Chowdhury and Richard，2013）。甲烷氧化菌的特征酶是甲烷单加氧酶（Methane monooxygenase，简称 MMO），包含两种形态：颗粒状细胞膜结合态的 pMMO 和溶于细胞质中的 sMMO。MMO 具有较低的底物特异性，能够以三氯乙烯、烷烃、烯烃和芳香烃作为底物，MMO 能够催化甲烷转化为甲醇。pmoA 基因编码甲烷单加氧酶的一个亚组。除了专性甲烷氧化细菌外，还发现一些有限度地利用多碳化合物的甲烷氧化菌。因为与 NH_4^+ 的形似性，CH_4 也可以被硝化细菌氧化。甲烷氧化细菌氧化甲烷的最适温度是 24 ℃，pH 为中性（6.8～7.0）的环境中－2～30 ℃都具有甲烷氧化作用，极端环境中也有甲烷氧化细菌被分离出来。接近 0 ℃的低温时，Ⅰ型甲烷氧化细菌主导甲烷氧化作用（Knoblauch et al.，2008）；在 20～30 ℃的高温环境中，Ⅱ型甲烷氧化细菌占主导作用（Ho and Frenzel，2012）。这就更增加了全球气候变化后土壤 CH_4 释放这一自然现象的复杂性。

二、水稻土碳转化过程调控技术

（一）水分管理方法与技术

淹水厌氧环境降低了土壤有机碳的分解速率，提高投入有机物的有机碳形成速率，这是稻田土壤有机碳持续积累的关键驱动因素之一。

稻田的水分总体管理方式为淹水灌溉，又根据水稻不同生育期不同的需水要求，把水分分成 4 个时期进行常规管理，分别为返青期、分蘖期、幼穗发育期、抽穗开花期的控水管理。具体为返青期适宜水层促生根返青，分蘖期浅水促分蘖、排水晒田抑分蘖，幼穗发育期维持水层保障生理需水（生理需水临界期），抽穗开花期间隙灌水（干旱敏感期）。在生产实践中，还要根据天气和植株生长状况适当调整。例如，南方双季稻田，早稻期间低温多雨，即使不进行灌溉也能实现早稻产量的 90% 以上，早稻期间水层较深，反而需要通过排水来控制返青期（持水过深，影响稻苗的恢复生长）和分蘖期（分蘖末期排水以控无效分蘖）的水分条件。而在每年的 7—9 月南方大多数区域出现季节性干旱，降水少而蒸发量大，水稻分蘖期的晒田管理易于实现，水分管理面临的主要问题是幼穗发育期的水层维持。近 10 年来，南方双季稻区寒露风对晚稻产量的影响逐渐加剧，水分管理上一般要求维持一定的水层来维持土温，在生产实践中起到了一定的作用。

这些水分管理方法不仅有利于维持土壤厌氧环境，也有利于水稻正常的生理需水和生态需水，从而促使水稻正常生长发育，形成更高的生物量和产量，进而提高有机物的归还潜力。但近 20 年来，南方传统稻作区面临着土地利用方式变化的威胁，如水田改为菜地、稻田弃耕等，这种土地利用方式转变显著改变了稻田土壤的水分管理状况。一般认为，农田生态系统频繁耕作降低了土壤碳库，而退耕（弃耕）还林、还草有利于生态系统的恢复，有利于土壤碳库的积累。但是，稻田土壤碳库是在长期人为水耕条件下形成的，其土地利用变化前后的物理、化学和生物学特征的改变显著有别于其他农田生态系统的弃耕改变。例如，稻田弃耕，土壤水分的管理方式由周期性的淹水厌氧转变为完全好氧状态。因此，稻田弃耕后，土壤碳库的变化特征可能不同于其他弃耕农田。Chen 等（2017）利用稻田弃耕长期定位试验开展了弃耕对红壤稻田土壤有机碳影响的研究。结果表明，弃耕 8 年后稻田土壤有机碳及碳库分别降低了 9.9%～20.9% 和 10.2%～20.8%，即平均降低速率为 0.30～0.60 g C/(kg·年) 和 0.50～1.15 t C/(hm²·年)，碳下降速率是碳积累速率的 1.5～1.8 倍。高碳土壤对弃耕更为敏感，总体表现为弃耕前稻田碳含量越高，弃耕后下降的速度越快。快速下降的 DOC 和 SOC 表明，弃耕后土壤有机碳的形成量远小于碳的分解量，从弃耕前碳库向弃耕后碳源转变。研究认为，SOC 显著下降的关键原因是土壤由稻田的厌氧环境转变为弃耕后的好氧环境，加速了有机物和土壤有机碳的分解，同时降低了土壤团聚体、土壤矿物及铁氧化还原过程对土壤碳的固持及保护作用（Chen et al.，

2017）。弃耕后，土壤碳的来源主要为杂草，长期弃耕后，杂草根系生物量显著高于弃耕前水稻残茬生物量。但是，大量植物碳的投入并没有弥补土壤有机碳的损失（Chen et al.，2017）。土壤微生物是碳转化的关键驱动因素。研究表明，稻田土地利用方式改变后，土壤微生物群落组成、结构和多样性及其关键功能过程发生变化，特别是土壤氨氧化细菌群落结构发生显著变化（Sheng et al.，2013）。

可见，除稻田常规淹水灌溉管理外，还要关注稻田土地利用方式改变对稻田土壤有机碳的影响。稻田土地利用方式改变对土壤有机碳的影响研究，为稻田土地利用方式管理提供了很好的借鉴和启示作用，有必要增强稻田土地利用变化后的水分及有机碳归还等措施的实施管理，用以维持土壤碳库的稳定。

（二）有机物还田方法与技术

我国作为农业大国，有机物资源丰富。据估算，仅农作物秸秆年产量可达 9 亿 t，占全世界秸秆总量的 20%～30%。有机物除含有大量有机碳等能源物质外，还含有氮、磷、钾等矿质元素。有机物还田是增加农田土壤有机碳的重要途径，也是提高农田土壤肥力、促进固碳减排的重要措施。研究表明，在我国南方稻田中，施用 35 年生绿肥和秸秆可使土壤有机碳含量增加 8.7%～31.9%（Bi et al.，2009）。由于不同有机物料的化学组成不同，其对土壤有机碳固持的影响也不尽相同。通过收集我国亚热带双季稻田土壤 28 个长期田间施肥试验的 106 个配对数据点的 Meta 分析发现，长期施用有机肥（猪粪或牛粪）处理的土壤有机碳固持率 [0.67 mg/(hm²·年)] 明显高于长期秸秆还田处理 [0.48 mg/(hm²·年)]，且土壤固碳率随着试验持续时间的延长而降低，导致有机肥和秸秆处理土壤分别需要 65 年和 55 年以达到新的有机碳平衡值（Zhou et al.，2016）。有机物料还田对稻田土壤碳转化的调控除了受自身化学组成性质的影响外，还与土壤类型、土壤肥力、土壤含水量及耕作制度等因素密切相关。因此，需要系统研究来量化各影响因子与有机物料还田后土壤碳转化分配比例间的关系，进而指导农田管理措施的制定和调整，使有机物料还田技术能在满足作物养分需求、保障作物产量的同时，实现土壤肥力和土壤固碳能力提升的目标。

作为有机物料还田的重要部分，农作物秸秆还田是利用秸秆直接有效的主要途径，在作物增产、培肥地力和固碳减排等方面已被许多研究所证实。随着社会的发展和国家对农作物秸秆综合利用的重视与政策鼓励，农民秸秆还田的意识逐步加强，秸秆还田的数量逐渐增加，秸秆还田技术也日益成熟。总体来说，秸秆还田方式可以分为两大类：直接还田和间接还田。通常所说的秸秆直接还田是指作物收获后剩余的茎秆等直接还田，不包括地下根茬，主要有 3 种形式，即翻压还田、覆盖还田和留高茬还田；秸秆间接还田是指秸秆作为其他用途后产生的废弃物继续还田，包括秸秆沼肥还田、秸秆过腹沼肥还田、秸秆菌糠还田、秸秆菌糠沼肥还田、秸秆堆沤还田、外置式秸秆生物反应堆气渣液综合利用技术以及草木灰还田等方式。目前，全国各地的秸秆还田主要采用 3 种方式，即机械粉碎翻压还田、覆盖还田和留高茬还田。我国南方水稻种植区水热资源充足，宜采用覆盖还田。除了合理选择还田方式外，还需要注意以下 3 点。

1. 秸秆还田量 秸秆还田数量基于两方面考虑：一方面，能够维持和逐步提高土壤肥力；另一方面，不影响下季作物耕作。因此，从生产实际来说，以秸秆原位还田为宜。在免耕直播单季晚稻上，油菜秸秆还田量 1 800～5 400 kg/hm² 时，水稻产量随着秸秆量的增加而增加。但是，当油菜秸秆量达到 7 200 kg/hm² 时，没有增产的效果（王月星等，2007）。当秸秆还田量达到 11 250 kg/hm² 时，水稻产量下降。因此，从培肥地力和人力资源角度出发，稻草还田量在 5 250～9 750 kg/hm² 较为适宜，在适宜的范围内全部直接还田省工、省时。秸秆用量过大，在微生物作用下消耗较多的土壤氮素，使土壤氮素供应不足，使秧苗的返青和生长受到明显的抑制。秸秆还田对土壤环境的影响是由土壤类型、气候、耕作管理等因素共同作用的结果。因此，秸秆还田量主要由当地的作物产量、气候条件、耕作方式以及利用方式决定。

2. 秸秆还田时间 秸秆还田时间的选择在实际生产中至关重要。秸秆还田后，在微生物作用下分解，与作物争夺氮源；同时，在稻田淹水条件下会形成一定的还原条件，产生过量的硫化氢，导致水稻根部发黑，影响水稻的正常生长发育。在实际生产中，要注意还田时间，并结合作物需水规律协调好水分管理，适当搁田、烤田、晒田，消除还原物质对下季作物产生的不利影响，充分发挥秸秆的优越性和环境效应。秋季秸秆还田后，经过一个冬季的冻融，使 C/N 降低，可以减轻插秧后稻草与秧苗竞争氮素的现象。

3. 秸秆还田配套措施　在我国南方稻区，复种指数较高，每季作物之间间隔较短，同时秸秆 C/N 较高，不易腐烂，出现妨碍下季作物耕作而影响出苗、烧苗、病虫害加重的现象，有时甚至造成减产。为了克服秸秆还田的盲目性、提高效益，在秸秆还田时，需要注意相应的配套技术措施。在稻田淹水环境中，秸秆漂浮会影响作物正常生长，增加农事操作的复杂性，且秸秆在淹水还原条件下产生 CH_4、N_2O、H_2S 以及还原性离子，对作物产生毒害作用。因此，水田秸秆还田后，应适当排水晾田，以增加土壤的通透性。秸秆还田，特别是秸秆覆盖还田为病虫提供了栖息和越冬的场所。因此，减少还田秸秆病株的残存量是减少病虫害的有效措施。

（三）养分管理方法

我国粮食增产的 40% 以上来源于化肥施用的贡献（农业部，2015）。秸秆等有机物资源还田量伴随着水稻产量提升而提高，这是我国水稻土有机碳提高的另一个重要原因。但对化肥的依赖会造成以下两个主要问题：一是化肥过量施用。我国农作物亩均化肥用量 21.9 kg，远高于世界平均水平（每亩 8 kg），是美国的 2.6 倍、欧盟的 2.5 倍。二是有机肥资源利用率大幅降低，如农作物秸秆养分还田率为 35% 左右。过量化肥使用不仅造成环境问题，还加剧病虫害对水稻的危害，过量氮肥的施用导致土壤酸化和降低水稻土有机碳的积累。2015 年，农业部提出"到 2020 年化肥使用量零增长行动方案"。具体要求是增加有机物的还田量，化肥投入量增幅为零，甚至于减少化肥的施用量。

而对于南方双季稻田，上述问题尤为严重。减少稻田施肥对环境不良影响及提高肥料利用效率的有效途径之一是减少化肥投入量。减少投入量的前提是保障粮食产量安全，这不仅是减少过量的化肥施肥量，还要满足水稻养分需求。节肥或者减肥的第一个关键步骤是避免施用过量的化肥，需要对施肥量进行调控。关于施用量控制经历了两个发展阶段：一是施肥技术的进步阶段。在此阶段形成测土推荐施肥、氮肥深施、灌溉施肥、以水代氮、前氮后移、缓控施肥等成熟的施肥技术，推动了施肥技术的进步。二是区域用量控制施肥理念及技术体系的发展阶段。由于我国农田分散、地块面积小等现实问题，使得实现科学施肥的推广难度较大。因此，在已有的施肥技术基础上，形成了"区域用量控制与田块微调相结合推荐施肥"和"土壤养分分区管理和分区平衡施肥技术"的理念，用来指导区域上化肥施用量的调控。另外，不同生态区域土壤肥力高，但是气候生产力低，因此要从区域分类总体上调整施肥措施。上述方法及理念对提高区域养分利用效率起到了较好的推动作用。节肥或者减肥的第二个关键步骤是充分利用有机资源来替代部分化肥，即减少可替代的化肥施用量。目前，稻田有机养分替代资源，如湖南秸秆资源按年产 2 880 万 t 计算，替代养分潜力巨大，每年可替代 23.8 万 t 的纯氮、3.4 万 t 的纯磷肥和 49.2 万 t 的纯钾肥。另外，稻田休闲期长及休闲面积不断扩大，绿肥紫云英的种植潜力变大。两者都是比较清洁的有机肥资源，作为稻田养分的天然来源，使得化肥养分的替代实施方便。

第二节　水稻土氮循环的微生物学机制与调控技术

一、水稻土氮循环的微生物学机制

水稻生长期间，农户为提高产量往往采取淹水、落干、间歇灌溉等水分管理模式。频繁的水分变化，为土壤微生物提供独特的生存环境。在水稻土中，可以发生各种好氧和厌氧生化过程，包括硝化作用、硝酸盐呼吸、反硝化作用、Mn^{4+} 和 Fe^{3+} 还原、硫酸盐还原和甲烷生成等。对于氮循环，水稻土可以发生生物和非生物的氮素转化反应，包括氨化（有机氮矿化）、氮固持、硝化作用、反硝化作用、硝酸铵异化还原（DNRA）、厌氧氨氧化（anammox）、固氮等。虽然硝化和反硝化作用在水稻土中的重要性已经得到了很好的研究，对参与这些过程的微生物有了较深入的认识，但最近发现的新过程，如古菌氨氧化、真菌反硝化、厌氧甲烷氧化耦合的反硝化、厌氧氨氧化（anammox）在水稻土环境中对氮循环贡献的研究尚不多见。本节简要总结水稻土中各种氮素转化过程及其研究进展。

（一）水稻土氮的矿化作用

土壤氮的矿化作用是指土壤有机氮通过微生物转化为铵态氮的过程。有机氮的矿化过程分为两个步骤：通过解聚作用，将有机大分子化合物分解为生物单体——可溶性有机氮（DON），随后被氨化生成铵态氮。土壤中蛋白质、氨基多糖和核酸等有机氮的矿化过程中会产生氨基酸、氨基糖、嘌呤和嘧啶等中间产物。矿化过程涉及的酶类（如水解酶、氧化酶、脱氨酶和裂解酶等），主要来自植物根系、土壤动物和微生物分泌。

稻田土壤氮素的矿化过程受多种因素的影响，如土壤性质、水热条件和水稻生长等。研究表明，土壤有机氮的矿化速率大多与土壤全氮含量呈显著或极显著的正相关关系。由于稻田土壤长期处于淹水状况，土壤中氧气含量较低，水稻田的氨化速率比旱地慢。然而，低水平的 O_2 也会限制硝化作用（如 NH_4^+ 氧化为 NO_3^-）以及氮的固持（如微生物同化吸收 NH_4^+，将无机氮转化为有机氮，导致土壤 NH_4^+ 的积累）。因此，水稻土中有机氮矿化过程对氮转化影响较小。

（二）水稻土微生物固氮作用

在稻田系统中，大气 N_2 也可以通过生物固氮作用转化为 NH_4^+ 进入土壤。固氮微生物是稻田中重要的功能微生物菌群之一，通常存在于水稻根际生态系统中，对水稻氮素营养起着重要的调节作用。目前，已发现的固氮微生物大都属于原核生物界，包括固氮菌属（Azotobacter）、固氮单胞菌属（Azotomonas）、德克斯氏菌属（Dexia）、甲基单胞菌属（Methylomonas）、芽孢杆菌属（Bacillus）、括梭菌属（Clostridium）、脱硫肠状菌属（Desulfotomaculum）、拜叶林克氏菌属（Beijerinckia）、粪产碱菌属（Alcaligenes）、节杆菌属（Arthrobacter）、肠杆菌属（Enterobacter）、克雷伯氏菌属（Klebsiella）、红细菌属（Rhodobacter）、红螺菌属（Rhodospirillum）等。这些微生物体内都存在编码固氮酶组分铁蛋白亚基的 nifH 基因，因此 nifH 基因常被作为标记基因来研究固氮微生物群落。

在稻田生态系统中，固氮微生物种群结构和活性受土壤类型、田间管理（施肥、灌溉等）、水稻基因型等多种环境因素的影响。施用水稻秸秆可以增强生物固氮活性，而施用尿素等氮肥可以抑制生物固氮活性（Tang et al.，2017）。秸秆配施氮、磷、钾肥能够防止植物与微生物竞争氮源，有利于固氮微生物的生长繁殖。但由于秸秆还田后，通过矿化和降解作用释放氮以补偿植物和微生物的可利用氮库，导致固氮微生物可以直接从土壤中吸收氮而不需要固氮消耗能量，从而导致 nifH 基因表达水平和固氮酶活性下降（图 13-2）。另外，土壤磷素水平对土壤生物固氮活性的影响也尤为显著，缺磷会显著抑制固氮微生物表达活性（Tang et al.，2017）。此外，除草剂的使用也会影响水稻土自生固氮菌的生长，丁草胺、氯乙氟灵、噁草酮和乙氧氟草醚等除草剂可刺激固氮微生物生长，提高水稻根际土壤固氮活性（Das et al.，2006）。但也有研究报道，适量的农药使用对水稻土自生固氮微生物无显著影响。

（三）硝化作用

硝化作用是微生物介导的将铵（NH_4^+）氧化成硝酸盐（NO_3^-）的过程。自养硝化菌可以从这一过程中获得能量。一些异养生物可以转化无机氮，如 NH_4^+ 和有机氮到 NO_3^- 或 NO_2^- 过程称为异养硝化。目前的研究表明，自养硝化过程对氮循环的贡献远大于异养硝化菌，因此大部分研究只关注自养硝化作用。硝化作用包括 2 个过程：氨氧化（$NH_4^+ \rightarrow NO_2^-$）和亚硝酸氧化（$NO_2^- \rightarrow NO_3^-$）。氨氧化细菌负责将铵氧化为亚硝酸盐，主要功能菌包括氨氧化古菌（AOA）和氨氧化细菌（AOB）。AOB 主要分布在 β-变形菌门和 γ-变形菌门，所涉及的属包括亚硝化螺菌属（Nitrosospira spp.）、亚硝化单胞菌属（Nitrosomonas spp.）以及亚硝化球菌属（Nitrosococcus spp.）。目前，已知的 AOA 都属于奇古菌门。亚硝酸盐氧化为硝酸盐的过程由亚硝酸盐氧化细菌（NOB）完成。NOB 主

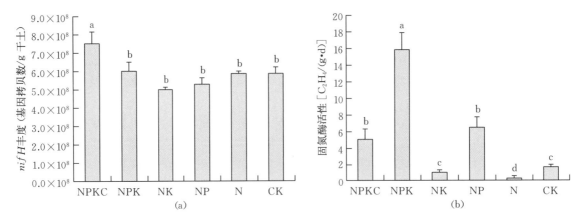

图 13-2　施肥制度对稻田土壤固氮基因丰度（a）和固氮酶活性（b）的影响（Tang et al.，2017）

注：不同小写字母表示差异显著（$P < 0.05$）。

要分布在硝化菌属（*Nitrobacter*）（α-变形菌门）、亚硝化球菌属（*Nitrococcus*）（δ-变形菌门）、硝化螺菌属（*Nitrospira*）（硝化螺旋菌门）和硝化刺菌属（*Nitrospina*）（δ-变形菌门）。然而，水稻土中 NOB 的种群结构尚不清楚。近年来，通过 16S rRNA 基因测序分析发现，水稻土中存在一种类似 *Nitrospira* 的 16S rRNA 序列，说明 *Nitrospira* 在水稻土中具有亚硝酸盐氧化的潜能。细菌和古细菌均具有编码氨单加氧酶（AMO）的 *amoA* 功能基因，其具有一定的序列保守性，通常用来标记硝化过程。编码羟胺氧化酶（HAO）的基因 *hao*，也是研究氨氧化阶段的标记基因。氨氧化细菌属于化能自养型微生物，广泛分布于湖泊、底泥、土壤和海洋环境中。水稻土常处于淹水状态，但水稻土表层和根际含氧量较高，仍可进行硝化作用。

尽管人们对土壤中的硝化作用进行了广泛研究，但对其中的微生物作用机制却知之甚少。通过培养试验，Chen 等（2008）首次发现了我国水稻土中也存在大量 AOA 种群，且 AOA 的丰度比 AOB 高，该结论在酸性水稻土以及其他不同类型水稻土的研究中也得到了进一步证实。在旱地土壤中，*Nitrosophaera* 是主要的 AOA 类群，其适宜的生存环境是中性或碱性条件（Gubry-Rangin et al.，2011）；在水稻土中，*Nitrososphaera* 也是主要的 AOA 类群，该类群菌可能对低 pH 较敏感，但是在酸性土壤中仍然占有一定比例。*Nitrosophaera* 的广泛分布可能与其基因组成有关，它们具有进行化学自养（硝化）与异养生长的混合营养代谢潜力，能够利用各种铵态氮源，适应广泛的环境条件（Walker et al.，2010）。酸性土壤中主导的氨氧化古菌为 *Nitrosotalea*，被认为是一种嗜酸菌。无论有氧还是缺氧条件，该菌在酸性土壤硝化中均有重要作用（Zhang et al.，2012）。

近年来，围绕氨单加氧酶（ammonia monooxygenase）基因（*amoA*）开展了大量的研究，包括氨氧化细菌（AOB）和氨氧化古菌（AOA）。研究表明，土壤 pH、氮水平、施肥、温度、土壤类型等因素均可能影响硝化微生物的群落结构、组成及丰度，并认为土壤 pH、氮水平是调节 AOB 和 AOA 功能活性及生态位分化的决定性因子。国内外研究者对不同水稻土中硝化过程以及 AOB 和 AOA 的多样性及其对施肥等环境因子的响应也作了部分研究，发现种植水稻可显著提高根际土壤硝化活性，但水稻种植增加了 AOA 丰度而不是 AOB（Chen et al.，2008）。在水稻栽培过程中，常用的氮肥是尿素，土壤中的铵浓度会直接影响硝化微生物活性。研究发现，在中性水稻土中，施用氮肥（尿素）会显著增加 AOB 丰度，并对 AOB 种群结构有显著影响，但 AOA 种群响应不敏感（Wang et al.，2009a）。在酸性（pH 5.7）和碱性（pH 8.3）水稻土中也发现，AOA 种群对土壤环境和氮添加的响应均不敏感。通过对比分析发现，在氨浓度相对较低或需要矿化有机氮供应铵的情况下，AOA 能够生长繁殖并进行硝化作用；而在氨浓度较高的情况下，AOB 基因丰度和对硝化过程的贡献高于 AOA。但也有报道认为，在酸性水稻土中，AOA 对施肥和其他管理措施的反应较 AOB 更为敏感。由于目前关于水稻土硝化微生物种群的研究较少，对于土壤 pH 是否是决定 AOA 和 AOB 种群生态位分异的关键调控因子还不清楚，还需要进一步研究。

水分和氧气也会影响水稻土硝化微生物种群结构和功能活性。由于好氧硝化作用依赖于氧气，因此对淹水水稻土中硝化作用的研究集中在两个氧化还原界面——土壤表面和根际。在根际土壤的硝化势最高，分别是表层土壤和深层土壤的 1.6 倍和 2.5 倍（Ke et al.，2013）。此外，水稻土干湿交替变化频繁。研究表明，水稻土落干过程会显著增加 AOB 丰度，并改变其种群结构（Yang et al.，2016）。在酸性红壤性水稻土的培养试验中也发现，硝化作用主要发生于 60% WHC 和 90% WHC 处理土壤，其中 90% WHC 处理土壤硝化作用最强，而 AOB 的丰度也是随着水分增加而增加，但在淹水时降低。

（四）反硝化作用

反硝化作用是多种反硝化微生物参与的将硝酸盐逐步还原为 N_2 的过程，通常发生于兼气或低氧土壤环境中。通过对氨挥发、硝化、硝酸盐流失和反硝化导致的氮损失的相对贡献进行分析发现，反硝化过程是水稻土氮素损失的主要途径。反硝化作用的第一步，硝酸盐还原酶将硝酸盐还原为亚硝酸盐，其中，硝酸盐还原酶由 narG 和 napA 基因编码。第二步，亚硝酸盐在亚硝酸还原酶作用下还原为 NO。该过程可以由两种亚硝酸盐还原酶催化：一种酶活中心含有铜离子，另一种含有细胞色素 cd1，分别由 nirK 和 nirS 基因编码。它们都位于细胞质膜上，因为还没有发现两者同时存在于同一个菌株中，目前研究者普遍认为，这两个基因具有明显的生态位分化。第三步，NO 被一氧化氮还原酶（由 norB 编码）还原为 N_2O。反硝化细菌含有两种一氧化氮还原酶，分别由 qnorB 和 cnorB 基因编码。由于非反硝化细菌也可能含有 norB 基因，因此目前对反硝化微生物的研究中少有关注 norB 基因。反硝化过程的最后一步，N_2O 被氧化亚氮还原酶还原为 N_2，其中，氧化亚氮还原酶由 nosZ 基因编码。

具有反硝化功能的微生物种类分布广泛，包括多种细菌、古菌和真菌。占总细菌数目 0.5%～5% 的细菌可以进行反硝化作用，其中，常见的反硝化细菌优势属有假单胞菌属（Pseudomonas）、芽孢杆菌属（Bacillus）、微球菌属（Micrococcus）、黄杆菌属（Flavobacterium）、不动细菌属（Acinetobacter）和肠细菌属（Enterobacter）等。其中，以假单胞菌属最为常见，反硝化作用能力最强。由于参与反硝化过程的微生物类群繁多，且是在硝酸盐还原酶（nar）、亚硝酸盐还原酶（nir）、氧化氮还原酶（nor）和氧化亚氮还原酶（nos）4 种酶的连续催化下完成的。反硝化过程也可以看作是不同种类微生物共同作用的结果，因此对反硝化微生物的研究相对更为复杂。目前，亚硝酸盐还原酶 nirS、nirK 基因和氧化亚氮还原酶 nosZ 基因常被用作反硝化细菌的分子标记。

土壤类型、pH、氮水平、施肥、温度等因素也会影响反硝化微生物种群结构和活性。一般认为，在中性 pH（6～8）条件下，最适宜反硝化过程的发生，酸性土壤条件会降低反硝化微生物多样性。土壤 pH 由酸性变为中性过程中，反硝化基因丰度增加。由于水稻土特殊环境导致其 pH 变化幅度较小，所以在水稻土中反硝化过程受 pH 限制情况发生较少。氧气含量是影响反硝化过程的另一个因子。一方面，微生物反硝化过程发生需要厌氧环境；另一方面，在淹水条件下，反硝化速率又受硝化速率的控制，当土壤中 O_2 含量较低而抑制硝化过程 NO_3^- 的产生时，反硝化速率也会随之降低。因此，水稻土中抑制硝化作用可以提高氮肥的利用效率。

不同类型水稻土优势反硝化细菌种群存在显著差异。例如，对意大利水稻土的研究表明，添加硝酸盐后红环菌目（Rhodocyclales）的 Dechloromonas 增加；而对日本水稻土的研究表明，反硝化细菌则以 Bradyrhizobium 和 Pseudogulbenkiania 为主。但不同反硝化微生物类群对土壤类型、水稻品种和水分管理等因素变化的响应程度存在差异。例如，土壤类型是影响 nirS 型反硝化菌种群结构的关键因素，但对 nirK 型种群无显著影响（Azziz et al.，2017）。在同一水稻土中，施肥、水分等管理措施同样会影响反硝化微生物种群组成结构和功能活性。长期定位试验结果表明，施用化肥和化肥配施稻草可显著提高土壤潜在反硝化速率、硝酸还原酶活性和反硝化细菌数量（Chen et al.，2010；2012），施用有机肥也会增加 narG、nirK 和 nirS 基因丰度（Hallin et al.，2009）。含有反硝化基因的功能细菌种群组成对施肥制度的响应不尽相同。其中，施肥明显改变了含 narG、nirK 和 nosZ 基因的反硝化细菌的群落组成，但对 *nirS* 种群影响不明显（Chen et al.，2010；Chen et al.，2012）。土壤磷营养水平同样会影响反硝化微生物种群。研究发现，在严重缺磷水稻土中加施磷肥会显著提高土壤中反硝化细菌数量（*narG*、*nirK*、*nirS* 和 *nosZ* 型），并改变其种群组成结构。其中，*nirS* 比 *nirK* 型种群对响应更敏感（湛钰等，2019）。

水分也会影响水稻土反硝化微生物种群结构和功能活性。通过水稻土干湿交替培养试验发现，随着水分的增加，反硝化微生物丰度显著增加（Abid et al.，2018）。但魏文学团队的系列研究表明，在水稻土落干过程中，硝化作用增强，为反硝化作用提供了更多的底物，最终导致反硝化微生物丰度显著增加，种群结构也发生显著变化（Liu et al.，2012；Yang et al.，2016）。反硝化菌在不同水分条件下对环境变化的响应也存在差异，如在淹水条件下，*nirS* 对氮肥添加的响应比 *nirK* 更敏感；而在落干条件下，*nirK* 类群对施肥措施的响应似乎比 *nirS* 类群更敏感（Yuan et al.，2012；Chen et al.，2010）。由此可以推测，不同类型反硝化细菌可能存在生态位分异。此外，通过盆栽试验发现，水稻根系生长会刺激反硝化微生物的生长繁殖（湛钰等，2019），这可能是因为水稻植株通过根系分泌物和根系凋落物等向根际输入易于被土壤微生物利用的含碳有机物。含碳有机物的分解不仅为反硝化微生物提供了有机底物，还可以提供电子，并且有机物质的分解作用需要消耗氧气，可以促进厌氧环境的形成，有利于反硝化作用。

近年来，自从有报道称，反硝化真菌 *Fusarium oxysporum* 携带编码亚硝酸盐还原酶的 *nirK* 基因后，逐渐从许多菌种中发现 Cu-型的亚硝酸盐还原酶的存在，如 *Fusarium oxysporum* 和 *Aspergillus oryzae* 等。尽管针对编码 Cu-型的亚硝酸还原酶的 *nirK* 基因陆续设计了引物，但用 *nirK* 基因研究环境样品中反硝化真菌的群落结构特征才刚刚处于起步阶段。已有的研究表明，真菌的反硝化作用主要发生在真核生物线粒体内。绝大多数的反硝化真菌缺乏氧化亚氮还原酶，而真菌反硝化作用的产物绝大部分为 N_2O，少数真菌与其他微生物共同脱氮生成 N_2。因此，有学者猜测真菌对于土壤 N_2O 排放可能有较大贡献。Xu 等（2019）通过抑制剂法分析了不同类型旱作农田土壤中真菌对 N_2O 排放的贡献。结果发现，红壤和黑土中真菌对 N_2O 排放的贡献分别高达 66% 和 55%；潮土中贡献较低，平均约为 21.4%。但针对稻田土壤中真菌对 N_2O 排放的贡献还需要进一步探索。

（五）厌氧氨氧化

厌氧氨氧化（anammox）与亚硝酸盐还原反应相结合的生物脱氮过程是近年来发现的，目前研究表明，该过程主要由 Planctomycetes 门细菌介导，在农业土壤中至少已发现 5 个属具有 Anammox 功能，包括 *Candidatus Brocadia*、*Candidatus Kuenenia*、*Candidatus Anammoxoglobus*、*Candidatus Jettenia* 和 *Candidatus Scalindua*，由 3 个亚基（*hzsA*、*hzsB* 和 *hzsC*）组成的功能基因 *hzs* 常被用来作为研究 anammox 细菌的特异性生物标记。

自从首次在废水处理系统中被发现以来，anammox 过程一直被认为是各种海洋和淡水及沉积物中主要的 N_2 来源（20%～80%）。在海洋和淡水生态系统中，约有不到 25% 的氮通过 anammox 流失。随后，在许多土壤中也发现了 anammox，包括冻土、泥炭土、旱作农田土壤、水稻土和森林土壤。水稻田的特殊环境条件有利于 anammox 过程发生，因此，anammox 可能是水稻土壤中氮肥大量流失的原因之一。Zhu 等（2011）首次在长期施肥的水稻土中发现 anammox，认为水稻土中 23% 的肥料氮通过 anammox 流失，每年约有 76 g/m²。Shen 等（2014）通过估算认为，anammox 可以引起约 50.7 g/m² 的氮损失。在更大尺度上，有人估算发现，anammox 引起的氮损失可高达 2.50×10^{12} g N/年，相当于我国南方铵态氮肥投入量的 10%（Yang et al.，2015a）。Anammox 引起的显著氮损失可在一定程度上解释部分其他原因无法解释的稻田氮肥流失。

不同土壤深度和土壤类型对稻田氮素流失的贡献大小不同。总体来说，在施用高量粪肥的水稻土中，潜在厌氧氨氧化速率介于 0.5～2.9 nmol N/(g·h)（对 N_2 产生量的贡献为 4%～37%）；在高硝酸盐含量的水稻土中，为 0.3～5.4 nmol N/(g·h)（对 N_2 产生量的贡献为 1%～5%）；在长期施肥的水稻土中，为 5.6～22.7 nmol N/(g·h)（对 N_2 产生量的贡献为 8.7%～29.8%）；在典型水稻土中，为 $0.02 \sim 5.25$ nmol N/(g·h)（对 N_2 产生量的贡献为 $0.4\% \sim 15\%$）。土壤中 NH_4^+/NO_3^- 浓度是调控 anammox 的关键因子。厌氧氨氧化细菌可以耐受高铵盐浓度环境，在施肥频繁的稻田中，NH_4^+ 的浓度比 NO_3^- 高很多，而 anammox 活性与 NH_4^+ 浓度呈显著正相关关系。但是，在 NH_4^+ 浓度较低时，anammox 活性似乎与 NO_3^- 更相关而不是 NH_4^+。这可以用氮调节机制来解释，当 NH_4^+ 有效性较高时，其他备用氮源（如 NO_3^- 或有机分子）的利用将会受到抑制。由此推测，厌氧氨氧化细菌在高 NH_4^+ 浓度条件下可能利用硝化作用产生的 NO_2^- 进行 anammox 反应；而在低 NH_4^+ 浓度条件下，则倾向于利用反硝化作用产生的 NO_2^-。

（六）硝酸铵异化还原（DNRA）和氨发酵

除反硝化作用外，硝酸盐在厌氧条件下还可通过亚硝酸盐作为中间体异化还原为铵。DNRA 是指厌氧条件下，NO_3^- 还原为 NO_2^- 和 NH_4^+ 的过程，且 NH_4^+ 为主导产物。研究人员通常用功能基因 *nrfA* 来研究 DNRA 功能微生物的多样性。能够进行 DNRA 的细菌包括专性厌氧菌、兼性厌氧菌和需氧菌。

以往的研究一般认为，反硝化作用是水稻土中硝酸盐还原的主要过程。由于水稻土碳化合物含量相对较低，且在淹水条件下存在多种替代电子受体（Mn^{4+}、Fe^{3+} 等）。因此，在正常条件下，DNRA 在稻田中并不十分活跃（无外源碳添加时）。但近期的研究表明，DNRA 在水稻土氮转化过程中扮演了重要角色，通过对 11 个典型水稻土硝酸盐转化过程的分析发现，不同类型水稻土 DNRA 速率在 $0.03 \sim 0.54$ nmol N/(g·h)，占总硝酸盐还原量的 $0.54\% \sim 17.63\%$，土壤中 DNRA 速率与土壤 C/N、可溶性有机碳/ NO_3^- 和硫酸盐含量显著相关（Shan et al.，2016）。在施用液态牛粪的水稻土中，DNRA 速率为 $3.06 \sim 10.40$ mg N/(kg·d)，对硝酸盐还原的贡献达到 $3.88\% \sim 25.44\%$（Lu et al.，2012）。也有研究发现，DNRA 对水稻土总 NO_3^- 还原的贡献比例高达 55%，但这一比例在施用氮肥后有所降低。在施低量氮肥的稻田中，DNRA 速率是反硝化速率的 8 倍；而在施高量氮肥土壤中，DNRA 约为反硝化速率的一半，DNRA 在总 NO_3^- 还原中占的比例与土壤有机碳和硝酸盐的比例呈显著正相关，与土壤 NO_3^- 含量呈显著负相关（Pandey et al.，2019）。

最新的研究表明，与低有机碳含量水稻土相比，高有机碳含量土壤有利于 DNRA 的发生（Wang et al.，2020a）。在河岸带土壤中的研究也发现，DNRA 在硝酸盐还原过程中扮演了重要角色（$4.4\% \sim 67.5\%$）。DNRA 微生物种群分布广泛，但它们的活性主要取决于土壤有机质含量，添加还原物质或碳源（巯基乙酸钠和 L-半胱氨酸或葡萄糖）可显著提高水稻土 DNRA 速率（Yin et al.，2002）。综合上述研究可以推测，土壤有机碳含量可能是限制土壤 DNRA 速率的主要因素。这可能是因为 DNRA 在接受每个 NO_3^- 的电子方面的能力比反硝化作用更强，在富碳、缺少电子受体的环境中，硝酸盐转化为铵的概率较高；相反，在碳基质供应相对较少的土壤中，大多数硝酸盐通过反硝化作用转化为气态化合物，可能是因为反硝化作用每个电子供体产生的能量比 DNRA 要多。

DNRA 对水稻土氮素转化过程的贡献可能也与土壤 pH 密切相关。在淹水条件下，反硝化过程和 DNRA 过程共同参与 NO_3^- 还原，加入尿素提高土壤 pH 可增加黄泥土 DNRA 过程对反硝化过程的基质竞争能力（蔡祖聪，2003）。Zhang 等（2015）的研究表明，在中性（pH 6.2）和碱性（pH 8.2）水稻土中，DNRA 在土壤氮固持过程中扮演了重要角色，但在酸性（pH 4.7）水稻土中速率很低，几乎可以忽略。

与 DNRA 相似，一些真菌也可以把 NO_3^- 还原为 NH_4^+，这个过程被称为氨发酵。因为在厌氧条件下，乙醇氧化为乙酸伴随着 NO_3^- 还原。但与 DNRA 不同的是，NO_3^- 是作为发酵的最终电子受体。这一过程在稻田等土壤生态系统中的发生尚不清楚。

（七）N_2O 产生与转化过程微生物驱动机制

N_2O 是全球第三大温室气体，其百年尺度单分子增温潜势约为 CO_2 的 298 倍，对全球变暖的贡献约为 6%（IPCC，2007）。除此之外，N_2O 可以与平流层中的臭氧发生反应，导致臭氧层的破坏。因此，未来的气候变化和平流层的分配将在很大程度上取决于 N_2O 排放和大气中 N_2O 的浓度变化。

土壤中的 N_2O 主要是通过一系列土壤微生物过程产生，而后在土壤剖面内迁移扩散，部分被截留在土壤水或土壤孔隙中，部分被土壤微生物利用进一步转化为分子氮（N_2），剩余部分以 N_2O 形式排放至大气。由此可见，土壤不仅具有产生 N_2O 的能力，还具有吸收和消纳 N_2O 的能力。通常监测到的 N_2O 排放通量是土壤中 N_2O 产生和转化消纳后的结果。

目前，对稻田 N_2O 排放通量和排放过程机制有了较多的研究。大量研究表明，土壤中 N_2O 的产生主要是在一系列氮循环相关微生物的协同作用下进行的，包括硝化作用、异养反硝化作用、自养反硝化作用、硝酸盐异化还原作用、硝酸盐同化作用等。但在陆地生态系统中，微生物硝化作用和异养反硝化作用被认为是土壤 N_2O 的主要来源（Barnard et al.，2005）。硝化微生物可以利用氮肥释放的 NH_3 和有机质及根系分泌物的矿化作用产生的铵在水稻土的氧化层和根际进行硝化作用，产生的 $NO_3^- - N$ 和 $NO_2^- - N$ 扩散到还原层，然后在反硝化作用下逐步还原为 N_2O 和 N_2。硝化作用的终产物硝酸盐是反硝化作用的反应底物，因此硝化-反硝化作用通常耦合发生，二者的共同作用是土壤氮肥损失的主要途径。

与 N_2O 产生过程不同，由含氧化亚氮还原酶基因（$nosZ$）的微生物驱动的 N_2O 还原为 N_2 的过程被认为是唯一生物消纳 N_2O 的途径。近年来的研究发现，土壤中不仅存在 I 型（$nosZ$ I）氧化亚氮还原菌，而且有 II 型（$nosZ$ II）氧化亚氮还原菌菌群存在。它们在基因组成、生理和生态特征等方面均存在明显差异（Hallin et al.，2018），其中，I 型氧化亚氮还原菌是较典型的反硝化细菌，通常含有其他反硝化基因如 $nirK/nirS$，而约 51% 的 II 型氧化亚氮还原菌仅含有 $nosZ$ 基因，因此也被称为非典型反硝化细菌。两类氧化亚氮还原菌都具有 N_2O 还原功能，但在不同土壤环境条件下，两者可能存在生态位分化甚至是竞争关系。如通过对比 5 株 N_2O 还原菌株发现，$nosZ$ II 型微生物菌株的生长速率和对 N_2O 的亲和力均比 $nosZ$ I 型菌株高（Yoon et al.，2016）。但 Conthe 等（2018）的研究结果表明，在生物富集条件下，$nosZ$ I 型类群可能对 N_2O 的亲和力更强。然而，关于两类氧化亚氮还原菌在不同土壤环境条件下的分布特征及其对土壤 N_2O 还原过程机制等还缺乏清晰认识。

农田管理措施在很大程度上影响 N_2O 排放。其中，氮肥施用量和水分是控制稻田土壤 N_2O 排放的主要因素。例如，在稻田中期排水和干湿交替期间，硝化微生物（AOB）与反硝化微生物（$narG$）的协同作用增强，从而导致 N_2O 大量排放，其中表层 0～5 cm 土壤是 N_2O 排放的主要来源（图 13-3）（Liu et al.，2012；Yang et al.，2016）。但在淹水条件下，由于水稻土的强还原条件抑制了硝化作用，反硝化作用的底物（NO_3^-）供应受到限制，同时淹水环境促进了 N_2O 进一步还原为 N_2，从而使 N_2O 排放量降低（王玲等，2017）。研究发现，土壤中有机碳和氮含量与 N_2O 生成量呈正相关，施用有机肥和化肥会显著提高反硝化微生物丰度，改变其种群组成结构，从而促进 N_2O 的排放。

二、水稻土氮转化过程调控技术

（一）水分管理方法与技术

传统上，水稻栽培多采用连续淹水灌溉，具有抑制部分杂草发芽、淋洗盐分及其他有毒物质（重金属、农药）等优势。但连续淹灌耗水量大，与我国日益紧缺的农业水资源供给相悖。前期淹水、中期烤田、后期干湿交替为主要特征的间歇灌溉，是东亚以及东南亚地区常用的稻田灌溉方式。其在分蘖后期排水烤田控制了无效分蘖，同时改善土壤通透性，有利于根系形态构建，对于提高水稻产量十分重要。但干湿循环引起的硝化-反硝化连续过程可能导致氮的损失增加，N_2O 排放量随之增加，高氮素渗漏损失可能加剧水环境的恶化。节水灌溉技术主要包括控制灌溉、薄浅湿晒、厢沟灌溉、覆膜微灌以及蓄雨型灌溉等。其共同特征是在水稻种植季的特定时间段内，排干使田面无水层或土壤含水量低于饱和含水量。薄浅湿晒灌溉与间歇灌溉相比，田面水层深度更低。节水灌溉模式最有利于抑制稻田氮素淋溶损失，可以减少 NH_3 挥发排放量，显著提高水稻植株吸氮量。

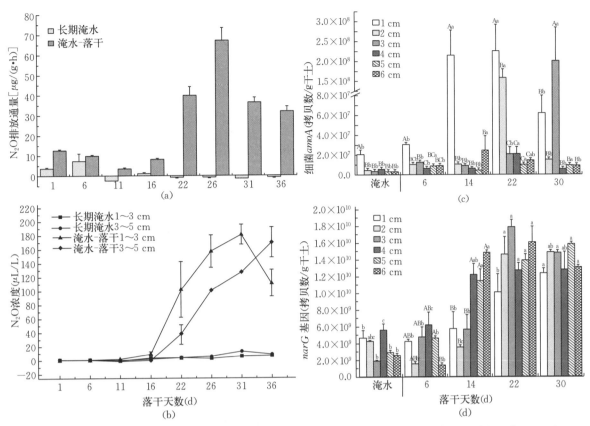

图 13-3　水稻土淹水-落干过程中 N_2O 排放量（a）、土体 N_2O 浓度（b）和各土层硝化细菌（c）及
反硝化细菌丰度（d）变化（Yang et al.，2016）

注：1～3 cm 和 3～5 cm 分别表示该厚度土层 N_2O 浓度。不同小写字母表示差异显著（$P<0.05$），不同大写字母表示差异极显著（$P<0.01$）。

（二）施肥管理方法与技术

科学合理的氮肥施用与调控措施是提高作物氮肥利用率、减少活性氮排放的关键。目前，广受推荐的优化氮肥施用措施主要有优化氮肥用量、实施"前氮后移"策略、肥料深施、有机无机配施等（颜晓元等，2018）。优化氮肥用量主要是通过测土配方的方法确定适宜氮肥用量。"前氮后移"策略主要是降低农作物生长前期的氮肥施用比例，增加后期（如开花、灌浆等关键生长期）的氮肥施用比例。此外，适当增加作物生长后期的氮肥施用次数也是实现"前氮后移"的有效措施。氮肥深施是将氮肥施用于易被作物吸收利用的位置，是提高作物氮肥利用率的有效措施之一。但是，我国耕地以小面积田块占主导，缺乏经济可行的施肥工具，限制了氮肥深施技术的大面积推广。秸秆以及动物有机肥中含有一定量有机质、氮、磷、钾和微量元素等，实施秸秆以及动物有机肥的还田不仅可以提高土壤有机质含量，还能够改善土壤的理化性状，从而有助于作物对氮肥的吸收利用以及提高产量。

（三）新型肥料和抑制剂调控技术

施用新型高效氮肥的具体做法主要有缓（控）释氮肥（包膜肥料）以及向普通尿素中添加硝化抑制剂或者脲酶抑制剂（颜晓元等，2018）。缓（控）释氮肥主要为包膜肥料或包衣肥料，是水溶性肥料颗粒表面包被一层半透性或难溶性膜，具有缓慢释放养分特性的一类肥料。用作包膜材料的种类很多，主要有硫黄、高分子聚合物、树脂、石蜡、沥青等。这些成膜物质包裹在水溶性颗粒肥料的表面，避免肥料与土壤和作物根系直接接触，水分进入薄膜内使养分溶解，渗透压升高，促使养分透过薄膜向土壤溶液扩散，或通过薄膜小孔向外缓慢释放，不断被作物吸收利用，减少可溶性养分的淋失、氨的挥发损失和磷的固定等，有利于提高肥料利用率（周建民，2013）。除了控（缓）释氮肥的施用，向普通尿素中添加商品硝化抑制剂（如双氰胺，简称 DCD；3,4－二甲基吡唑磷酸盐，简称 DMPP）或者脲酶抑制剂（如氢醌，简称 HQ；正丁基硫代磷酰三胺，简称 NBPT）也是提高作物氮肥利用率、减少氮肥损失的一种措施（颜晓元等，2018）。硝化抑制剂主要是通过抑制铵态氮向硝态氮的转化过程，脲酶抑制剂则是抑制酰胺态氮向铵态氮的转化过程来减少氮肥的氨挥发、淋溶损失等来提高作物的氮肥利用率。

（四）其他调控技术

微生物固氮技术是指接种根瘤菌、固氮菌和 AM 菌等有益微生物中的一种或几种，通过有益微生物的大量繁殖而发挥其固氮、扩大根系吸收面积和抑制有害菌繁殖等功能，从而达到降低氮肥用量、提高氮肥利用效率、抑制土传病害发生、刺激作物生长和提高农产品品质的目的。复合微生物肥料以功能性生物活性菌为主体，以作物秸秆和畜禽粪等肥料型有机质为载体，加入微生物菌剂，配以一定比例的无机养分，使生物肥的增效、促效作用与有机肥的稳效、长效作用和无机肥的速效作用相互结合，对生产优质农产品、减轻环境污染有很大作用，从而达到种养结合和农业可持续发展的目的。

第三节 水稻土磷循环的微生物学机制与调控技术

磷在植物呼吸作用、细胞分裂过程中发挥着重要作用，参与能量转化和生物合成等反应，是植物生长不可或缺的元素之一。水稻缺磷时，常常出现分蘖少甚至不分蘖、叶片直立等现象。严重时，水稻会出现稻丛紧束，叶片纵向蜷缩，且有红褐色斑点等现象，引起生育期迟缓。因此，大田施用磷肥是目前农业生产中解决作物缺磷的常见途径。然而，由于磷在土壤中移动能力很差，与土壤矿物的结合能力强，土壤颗粒固定了大量磷素，导致可供作物利用的有效态磷含量很低。目前，我国主要粮食作物对磷肥当季利用率仅 10%～25%。物质循环是生态系统的基本特征，磷也不例外。微生物是磷循环的动力，介导着土壤磷库向植物的供应。微生物通过多种途径参与影响磷的迁移、转化、吸收、分配等过程，在活化土壤磷库和提高植物磷利用效率等方面发挥着重要作用。

一、水稻土磷循环的微生物学机制

土壤中的磷虽然存储量大，但其中约 95% 的磷不能被植物直接吸收利用。这些不能被植物吸收利用的土壤磷分为有机态磷和无机态磷。这些难溶性的磷被 40% 以上的土壤微生物活化，转化成微生物磷，形成土壤微生物量磷库。磷活化微生物主要有两种：有机溶磷菌和无机解磷菌。在这些微生物中，土壤溶磷微生物是作用最大的，常分为溶磷细菌、真菌和放线菌 3 类。它们是土壤磷循环中的重要成员，将无效磷转化为有效磷。这些被活化的有效磷才能被植物吸收，进而完成发育生长（图 13-4）。

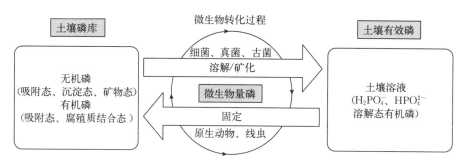

图 13-4 微生物对土壤磷循环的作用机制示意图（Richardson and Simpson，2011）

（一）有机磷矿化及其生物学机制

据统计，全球土壤全磷中有机磷含量占比为 20%～80%。我国大部分土壤有机磷在土壤全磷中的占比较大，最大时可达一半，是土壤磷素的重要组成之一。有机磷矿化过程，是植物和土壤微生物释放相关酶，逐步水解土壤中有机态磷化合物，使其最终转化为无机态磷的过程。酶解作用是有机磷矿化过程中的主要作用，常见的有机磷分解酶包括磷酸酶、植酸酶、C-P 裂解酶、核酸酶等。其中，磷酸酶和植酸酶（肌醇六磷酸酶，对肌醇六磷酸具有活性的单酯磷酸酶）参与有机磷矿化最为频繁，土壤中存在大量它们活动所需要的反应底物。土壤中一半以上的有机磷能被磷酸酶水解，但是，有机磷主要以肌醇磷酸盐为主。因此，水解释放出的正磷酸盐占比最大的不是磷酸酶而是植酸酶。在整个生态系统中，植物和微生物都能释放磷酸酶促进土壤有机磷的矿化，但是，相比之下，微生物释放的磷酸酶具有更高的有机磷矿化速率（胡斌等，2002）。

（二）无机磷的活化及其生物学机制

土壤全磷含量中 50%～80% 是无机磷，常常以难溶性的状态存在，这种难溶性的磷很难被植物直接吸收利用。因此，植物若想利用这部分无机磷，就必须通过一种媒介将其转化成能够吸收利用的磷。这个媒介就是无机解磷菌。土壤中含有大量的无机解磷菌，它的功能就是活化土壤难溶性的无机磷。正是由于无机解磷菌的这个功能，常被用于制作生物肥料，促进植物生长。其微生物作用机制：在面对无磷和低磷的环境下，从两个方面着手解磷：一是无机解磷菌分泌的有机酸类（如柠檬酸、葡萄糖酸、乳酸富里酸、吲哚乙酸、丙酮酸、草酸等）来同土壤固相中铁、镁、钙、铝金属离子螯合而释放磷酸根。二是通过释放分泌上述有机酸降低土壤 pH。原因是有机酸离子与磷离子在土壤中存在竞争关系，这些酸根离子与磷离子竞争相同的吸附位点，大量的磷酸根离子被释放，加快土壤难溶性无机磷溶解。而有一部分的溶磷微生物溶解无机磷酸盐需要大量 NH_4^+ 存在，NH_4^+ 在同化作用过程中会使 pH 降低。原因是，该过程利用 ATP 转换时产生的能量，然后质子泵释放大量的 H^+，H^+ 的增多有利于磷的溶解。这种现象在固氮菌中最常见，固氮菌需要 NH_4^+ 的存在才能溶解羟基磷灰石。这类菌以 NH_4^+ 为唯一氮源时，明显比以 NO_3^- 为唯一氮源时培养介质的 pH 显著降低，提高溶磷菌溶磷能力。以往的研究表明，土壤中存在大量可培养的无机解磷细菌和真菌，如 *Pseudomonas*、*Burkholderia*、*Bacillus*、*Enterobacter*、*Aspergillus* 和 *Penicillium* 等菌属。

（三）磷的微生物固持

土壤无机磷和有机磷之间的转化，其关键过程就是有机质的矿化作用和微生物的固持作用。这一过程可简单地表示为：

$$有机磷化合物 \xrightleftharpoons[\text{生物固持}]{\text{矿化}} PO_4^{3-}$$

同时进行而方向相反的两个过程的相对速率影响土壤中磷酸盐的浓度（黄敏等，2003）。解磷微生物通过新陈代谢作用，分解难溶性磷酸盐并吸收进入胞内完成磷的固定。待微生物死亡后，细胞内可溶磷释放，供给植物生长发育。

（四）磷转化影响因素

1. 土壤环境因子影响　有机磷矿化和无机磷活化都有微生物和相关酶参与。因此，影响微生物和酶的活性可进一步控制有机磷矿化和无机磷活化速率。

（1）土壤温度。土壤温度影响微生物和酶的活性，土壤微生物活动最适宜的温度为 25～30 ℃。有研究表明，当土壤温度为 45～65 ℃，磷酸酶最快，活性最好，其活性与温度变化呈显著相关。当温度为 37 ℃时，磷酸酶有机磷矿化量最高；然而，碱性磷酸酶有机磷矿化量低，因为碱性磷酸酶有机磷矿化量高的温度为 17 ℃。土壤磷酸酶活性易受温度影响，温度过高或过低都会降低其活性。某些种类的磷酸酶在 0 ℃ 及以下仍具活性，当温度继续降低时，磷酸酶的活性越来越低，直至失活，此时温度可低至 -30 ℃。所以，温度是影响微生物和酶活性的因素之一。总体来说，当土壤温度在 30 ℃以下时，微生物的活动是土壤有机磷矿化的决定性因素，而酶的活性是次要因素；而温度增高时，酶的活性和微生物活动开始增强，20 ℃比 10 ℃的状态要强；当温度高于 30 ℃，在它们共同作用下，有机磷矿化迅速（赵少华等，2004）。

（2）土壤湿度。土壤干湿交替会加快有机磷矿化率。在干湿交替的条件下，土壤水稳性团聚体会被破坏。干燥土壤促进了稳定有机物质的形成以及细胞的分解，同时有机磷化学组成发生了变化，土壤有机磷溶解能力大大提高，从而加大矿化速率。而湿润土壤中含有丰富的铁、铝导致有机磷吸附在其表面，这些有机磷不断累积，同时释放出可溶性的有机磷进入土壤，从而加快有机磷矿化。在淹水土壤或者水分高的土壤中，某些真菌和细菌表现出很强的活动能力，更多的有机磷被矿化和固定。

2. 土壤质地影响

（1）土壤孔隙度。土壤孔隙度的大小决定土壤的通气状况，控制着土壤空气通量，厌氧和无氧环境是影响微生物活性、有机物质分解和土壤氧化还原电位的关键因素。当土壤孔隙度小，土壤空气通量较小，整体上处于厌氧情况。此时土体处于还原状态，氧化还原电位改变铁、铝在土壤中存在的价态，影响土壤对有机磷的吸附，有机磷的矿化速率便会增加，进而改变土壤有机磷的含量，同时有利于肌醇六磷酸盐矿化、核酸磷矿化和固定作用。当土壤孔隙度大，土体稍显疏松，此时土壤处于通气良好的环境，氧气充足，氧气给予了好氧微生物生理反应过程的能量支持，好氧微生物活性增强，有利于沉积物中核酸磷的矿化过程。

（2）土壤 pH。土壤 pH 是影响微生物群落和多样性的一个重要因子。当土壤 pH 处于 5.5～7.0 时，大部分土壤磷有效性最高。在中性条件下，沉积物中核酸磷的矿化作用明显；在碱性条件下，当 pH 为 8.5 时，透水黏土层有机磷矿化率最高，矿化率可达 99.95% 以上。相比来说，真菌最佳生长的 pH 范围更宽，细菌群落对 pH 变化的响应更加敏感。所以，土壤中大多数细菌、藻类和原生动物最适 pH 为 4.0～7.5，真菌类最适宜 pH 为 5.5～8.5，放线菌最适宜 pH 为 7.5～8.0。这些适宜的土壤 pH 环境大大提高了微生物的活性，加快了有机磷的分解。在较高的 pH 环境下，黏性土层对磷的吸附能力增强，阻止有机磷渗透，进而影响有机磷的溶解性；同时，由于羟基与磷酸盐竞争有机键或者金属-有机键的结合点，磷与钙形成稳定的钙磷，促进了有机磷的矿化。部分无机解磷菌可通过释放分泌有机酸降低土壤 pH，溶解土壤难溶性无机磷，但有机磷在酸性环境中与铁、铝形成铁磷和铝磷，不易矿化。

（3）土壤 C/P 和磷含量。土壤微生物代谢生长需要碳、氮、磷等多种元素。众所周知，有机碳是土壤生物体所需的碳源的主要来源，也是能量的来源。有机磷的矿化程度和活化土壤难溶性无机磷的难易可以通过微生物对碳的需求量来判断。相对来说，在充足的碳供应下，微生物能够吸收富集土壤中的无机磷，微生物磷利用率的增加可以满足微生物 C/P 的化学计量比的需求并提高微生物活性，从而加速土壤有机质的矿化速率。磷素的有效性通过调节微生物的活性和代谢功能，对土壤碳的循环周转具有重要的反馈效应。然而有研究发现，土壤中有机碳含量低的有机磷矿化速率可能大于土壤中有机碳含量高的。所以，在长期的试验中，有机碳主要为微生物提供碳源和能量。土壤有机碳含量高、能量充足，增强了微生物活性，从而增大有机磷矿化速率。而在短期试验中，由于有机碳对有机磷起到保护作用，因此降低了有机磷的矿化速率。

（4）土壤电荷。土壤中游离着不同的阴离子、阳离子，土壤磷酸酶的活性随这些离子吸附有机磷的作用而改变，进而影响有机磷矿化。例如，大量的肌醇磷极易在土壤表面上积累，可溶性和易被矿化性大大降低。电荷量高的阴离子能够结合土壤中复杂的阳离子，与无机正磷酸盐竞争土壤结合点，吸附在铁氧化物的表面，土壤静电能吸附磷酸带有的正负官能团，它们都是能影响有机磷矿化产生磷离子数量的关键过程。

3. 田间管理制度的影响　耕作和施肥是常见的田间管理措施。田间耕作易改变土壤粒级结构，改变土壤孔隙度，影响微生物活动。当孔隙度变大时，土壤通气状况良好，有利于土壤中气体的流通和有机物质转化，改变土壤有机磷的含量，含量的改变导致矿化量的改变。施肥改变了微生物群落结构，微生物的活性受到影响，磷的转化也随之改变。施用有机物料或者有机肥，为微生物提供大量碳源和矿物质。其中，有机物料本身就含有一定的有机磷，这些物料提高解磷菌和磷酸酶的活性，促进有机磷和无机磷的转化，且不同的有机物料其有机磷含量也不同。这些物料在分解初期矿化进程相似，但是矿化量和矿化率都有所区别。施用无机磷肥增加可溶性有机磷的含量，对有机磷的矿化也有积极影响，但对无机磷的矿化毫无作用。

二、水稻土磷转化过程调控技术

长期以来，人们施入大量磷肥。然而，磷素的转化利用率很低，往往导致土壤磷素累积。人们总是认为施磷越多作物越好，殊不知施磷量越高，土壤磷素的流失潜能就越大，作物生长反而没有想象中那么好。土壤中参与磷循环的功能微生物种类多、过程复杂，微生物在有机磷矿化、难溶性无机磷溶解以及磷吸收等过程中都有着重要作用。利用微生物对难吸收利用的无机态磷和有机态磷进行转化，使其变为可利用态的磷，提高磷肥利用率，对农业的可持续发展和生态系统的保护具有积极的意义。一般认为，微生物主要通过磷酸酶矿化作用和解磷微生物所分泌的有机酸将土壤中难溶性磷转化成可溶性磷，故这些微生物在土壤磷素循环过程中扮演着重要的角色。通过分析影响土壤磷酸酶酶促反应的主要因素入手，如底物和酶的浓度、活性、反应温度、pH等。对此，可以利用微生物学机制来设计水稻土磷转化过程调控技术。

（一）控制土壤温度

前边提到土壤温度影响微生物活动和磷酸酶的活性。所以，将土壤温度控制在30℃以上，有利于同时增强微生物活动和酶的活性。在微生物和酶的共同作用下，矿化速率增高。

（二）调节土壤pH

不同土壤的酸碱条件对土壤中无机磷的存在形态与生物有效性的影响不同。石灰性土壤根际pH的降低，显著增加土壤磷素的有效性。在酸性土壤中，增加施用生石灰量提高pH，该值控制在一定的范围内，提高了作物吸磷能力，吸附强度和吸持度降低，说明这部分吸附态磷较易被作物吸收。在酸性红壤中，为显著提高土壤有效磷含量，每公顷可施用7.5 t石灰。局部区域内增加有机酸的含量，可使土壤pH降低。主要是由于有机酸能与金属离子发生络合或螯合作用，从而使难溶态磷酸盐转化为可溶态磷。在低磷环境中，植物根系会分泌大量有机酸促进土壤磷素的活化，从而提高土壤磷素的生物有效性（杨绍琼等，2012）。常见的有机酸有两类：高分子有机酸和低分子有机酸。低分子有机酸有柠檬酸、酒石酸、苹果酸等。高分子有机酸类物质有腐殖酸、木质素等。

（三）利用VA菌根真菌的作用提高作物吸磷率

真菌能提高作物对土壤中难溶性磷酸盐的有效利用。相对来说，有菌根真菌存在时，植物吸磷能力明显增强，吸磷速度明显加快。目前，90%以上的重要农作物上都有VA菌根。特别是豆科和禾谷类作物，这些菌根在利用低品位磷灰石方面较其他作物有明显效果。菌根真菌利用菌丝的延伸扩大植物根的吸收面积，从而使植物吸磷能力明显加强。在固磷能力强的土壤上，土壤溶液中磷的浓度通常很低，磷向植物根系扩散的速度很慢，植物吸磷往往受磷向植物根系移动性的限制。因此，所有增加植物根系吸收面积的因素都能增加植物对磷的吸收。

（四）施用有机物料、种植绿肥

为了达到减少土壤对磷的固定、活化土壤中难溶态磷的目的，可向大田中施用有机物料。有机物料提高磷转化的机制：一是通过有机磷的矿化改善土壤磷素含量；二是降低土壤对磷的吸附，增加磷的解吸能力，提高磷素利用率；三是通过还原、酸溶、络合溶解作用促进解磷微生物增殖，将土壤中难溶态磷活化为可溶性磷。土壤磷的吸收系数随有机物（如稻草还田）施用量的增加而提高。而有机肥中含有具有活化和减弱磷素固定作用的磷酸酶，在分解过程中形成有机酸等物质，在施用后能够大大加强土壤对磷的吸持能力。通常来说，这些有机肥可以作为磷素活化剂施用，绿肥等也有相似作用。

（五）合理制定种植制度

选择合适种植制度对田地翻耕，增加土壤孔隙度，为微生物提供一个合适的氧气环境，提高微生物活性。同时，可将旱田、水田轮作，淹水还原条件下土壤Ca-P体系的活性提高，能显著提高石灰性土壤有效磷含量，或生成的弱酸可使土壤磷活化有机质分解产生的有机离子代换吸附态磷。淹水条件有利于磷酸铁、铝被水解，可改善土壤供磷能力；反之，淹水后的土壤落干，土壤的供磷能力下降。

（六）增强土壤溶磷微生物的解磷作用

土壤中许多微生物具有将植物难利用的磷转化为可利用形态磷的能力，微生物的这种能力是通过解磷或溶磷作用实现的（黄敏，2002）。使用还原型谷胱甘肽、抗坏血酸等对磷酸酶起激活作用的物质，改变土壤中磷酸酶活性，进而影响土壤的供磷潜力。同时，可提高其他具有解磷能力的微生物含量（包括细菌、真菌和放线菌），提高其在土壤中的丰富度和网络共生强度，并增强解磷能力。

第四节　水稻土养分耦合循环的微生物学机制

一、水稻土碳、氮、磷耦合的微生物学机制研究

（一）水稻土碳、氮耦合的微生物学机制

稻田土壤碳、氮生物地球化学循环涉及多种反应以及多种功能微生物的参与，且各循环过程互相依赖、紧密联系。稻田土壤碳、氮耦合的微生物过程研究一直以来都是土壤微生物生态学研究的热点之一。研究表明，较高的施氮水平可明显促进水稻新鲜根际碳的沉积，并显著影响土壤微生物量碳的更新率（Ge et al.，2015）。土壤中碳、氮的周转受其计量比控制（Chen et al.，2014），在氮素充足的条件下，土壤中较高的植物残体投入量及其较低的C/N导致微生物更倾向于选择"新鲜"碳源底物，进而减少原有有机碳的矿化。相反，在氮素受限条件下，高C/N的植物残体可能会增加微生物对无机氮素的需求，刺激土壤原有有机质的分解。同时，微生物对氮的固持又会造成植物生长养分受限，从而改变外源氮和土壤原有氮素在生态系统的循环特征。

氮肥的施用同样会影响土壤甲烷的产生和转化过程。研究表明，氮肥施用可以通过促进植物生长为产甲烷菌提供更多的底物，从而促进甲烷的产生。氮肥还可以改变土壤中甲烷氧化菌的活性，但关于氮肥对甲烷氧化菌的影响结论不一，还存在争议。有研究认为，施用尿素可以刺激甲烷氧化菌活性，从而增强土壤甲烷氧化能力。但也有研究发现，氮肥施用会抑制甲烷氧化菌活性，推测原因可能是由于甲烷氧化菌与氨氧化细菌在基因结构上的相似性，当土壤中铵态氮含量较高时，甲烷氧化菌可以从利用甲烷改为利用铵态氮作为底物（Hanson and Hanson，1996）。

反硝化和甲烷氧化过程的耦合发生是微生物驱动的稻田碳、氮耦合机制的另一个典型例子。水稻土碳、氮循环过程发生在同一反应体系，它们之间可能存在物质流和能量流联系以及微生物互作调控作用。近年来，在污泥富集培养体系中，发现了依赖 NO_3^- 的甲烷氧化作用和 NO_2^- 驱动甲烷氧化过程等现象。这类过程是主要由厌氧甲烷氧化古菌（anaerobic methanotrophic archaea，ANME）中的ANME-2d（厌氧甲烷氧化菌）古菌和NC10门的细菌主导完成。目前研究认为，反硝化厌氧甲烷氧化（DAMO）主要发生在 CH_4、NO_2^- 和 NO_3^- 共存及缺氧的环境中，水稻土由于长期淹水，具有好氧、厌氧界面，同时土壤中含有丰富的有机质，再加上长期施肥，会产生 CH_4 以及通过硝化和反硝化作用产生硝态氮和亚硝态氮，为反硝化型甲烷厌氧氧化过程的发生提供良好的环境。通过富集培养，水稻土中也出现了占优势的厌氧 NO_3^- 依赖型甲烷氧化古菌（*Candidatus Methanoperedens nitreducens*），发现在水稻土中施用 NO_3^- -N 可以抑制甲烷产生菌活性（Roy and Conrad，1999）。这些现象表明，水稻土中反硝化过程与 CH_4 产生和氧化过程可能存在紧密的联系，从而影响 CH_4 和 N_2O 的排放。

（二）水稻土碳、氮、磷耦合的微生物学机制

土壤中碳、氮、磷循环是一个有机的整体，土壤磷素微生物转化与碳、氮生物地球化学循环相互耦合，磷素盈亏对土壤碳、氮循环过程及其微生物都有显著影响。对于缺磷水稻土，磷肥施用能够提高微生物量碳、转化酶活性、呼吸强度及微生物碳代谢活性，促进水稻生长，促进固碳微生物生长繁殖，有利于水稻土碳的固持。相反，在不施磷肥的条件下，土壤微生物不仅代谢效率低下，而且代谢

过程会散佚相对多的热量，排放相对多的 CO_2，不利于土壤碳累积，导致土壤质量明显下降。但是，在缺磷条件下，添加外源碳能够促进解磷微生物生长繁殖，进而活化土壤中不可利用态磷，达到"增碳活磷"的效果。

研究发现，土壤和沉积物碳、氮、磷比例可以控制生态系统中养分和能量的流向，异养微生物同化碳、氮、磷的酶活性呈现固定的计量关系。土壤微生物在促进磷素吸收的同时会加快土壤有机质的周转。Du 等（2020）研究了不同化学计量条件下水稻土壤根系分泌物的矿化作用及其激发效应，发现与仅添加根系分泌物相比，同时添加氮、磷肥可减少水稻土根系分泌物的矿化作用，以及根系分泌物来源的 CO_2 和 CH_4 排放。在湖泊体系中，磷沉降的加剧改变了水体中的 N/P，导致其生态系统由磷限制因子转变为氮限制因子。在稻田土壤中，同样存在土壤碳、氮、磷耦合的微生物机制。例如，Li 等（2012）应用生态化学计量学的原理和方法，从区域景观单元上，量化了稻田土壤微生物量（碳、氮、磷）与元素碳、氮、磷的生态化学计量关系，提出稻田土壤微生物 C/P 受土壤 C/P 控制的观点。微生物可以通过调控无机磷和微生物生物量磷的周转，促进土壤难溶性无机磷的活化。土壤有机磷循环与转化的关键过程，如植酸磷的矿化、磷酸酯的形成，也均由微生物驱动。同时，微生物对磷素的活化需要碳源供给，其活化过程受碳源质量与输入量调控。研究表明，葡萄糖和丙氨酸小分子物质能够刺激磷素的微生物活化，但小分子甲硫氨酸却对磷素的微生物活化影响较小，推测原因可能是甲硫氨酸的碳硫键稳定，难以被微生物作为碳源利用（Spohn et al.，2013a）。尽管土壤微生物过程对磷素转化与供应的影响较大，但近年来的研究进展相对缓慢，尚缺乏土壤磷素微生物转化过程与碳、氮过程耦合的系统研究，特别是缺少对特定磷活化功能微生物和功能基因与碳、氮过程的关联研究，严重制约了稻田碳、氮、磷耦合的微生物机制的深入认识。

二、其他元素与碳、氮、磷养分耦合循环过程机制

（一）氮、铁耦合的微生物学机制

水稻土中存在着丰富的铁氧化物，在周期性灌溉-排水的管理模式下，微生物对土壤铁的氧化还原不仅决定着铁的生物有效性，还通过改变土壤氧化还原势来调控其他元素的氧化还原过程。在水稻土中，有机物分解、矿质元素的溶解与侵蚀、地质矿物的形成、重金属离子的移动或固定、养分高效利用和温室气体排放等过程中都有微生物铁氧化过程的发生。

研究表明，微生物对 Fe（Ⅱ）的氧化作用往往与 NO_3^-、ClO_3^-、ClO_4^- 的还原过程耦合，而微生物介导的硝酸根还原耦联铁 [Fe（Ⅱ）] 的氧化作用广泛存在于水稻土中。通过研究施氮肥（尿素）对稻田土壤中依赖于乙酸盐同化的 Fe（Ⅲ）还原微生物群落的影响，发现长期施氮肥能够提高铁还原菌 *Geobacter* spp. 的活性，促进稻田土壤中 Fe（Ⅲ）的还原过程，并改变依赖于乙酸盐的 Fe（Ⅲ）还原细菌的群落结构（Ding et al.，2014a）。同时，Ding 等（2014）采用基于 $^{15}N-NH_4^+$ 的稳定性同位素示踪以及乙炔（C_2H_2）抑制技术，证明了稻田土壤中存在铁氨氧化过程（feammox），发现水稻耕作可提高土壤微生物可还原 Fe（Ⅲ）水平，促进铁氨氧化反应，增加土壤氮损失。而 *Geobacter*、GOUTA19、*Nitrososphaeraceae* 和 *Pseudomonas* 等微生物类群被认为可能与水稻土 feammox 过程密切相关。另外，通过水稻土厌氧培养试验发现，Fe（Ⅱ）氧化可与硝酸盐还原耦合发生，并伴随着 N_2O+N_2 排放发生，外源铁可通过参与反硝化过程调控 N_2O 排放。最新的研究发现，在淹水水稻土中的部分铁还原菌具有固氮功能，当添加葡萄糖刺激铁还原菌活性时，可能会同时促进生物固氮作用（Li et al.，2020）。这些研究扩大和丰富了人们对稻田土壤中微生物介导的异化 Fe（Ⅲ）还原与氮元素循环相耦合的过程的认识。

（二）碳、氮、铁耦合的微生物学机制

稻田土壤可能存在强烈的土壤碳、氮、铁生物地球化学循环的微生物耦合过程。在淹水稻田中，有机质不仅为微生物生长提供能源，也为 Fe（Ⅲ）还原微生物提供电子。有研究表明，经历反复干湿交替的稻田中微生物兼性共代谢还原可能是 Fe（Ⅲ）还原的主要途径。铁还原微生物广泛分布在

水稻土中，包括古菌、细菌和真菌。目前发现的稻田土壤铁还原菌大多属于 *Geobacteraceae* 属，而且该类群可能还与稻田土壤有机碳代谢有关。在淹水条件下，稻田土壤有机质分解不彻底，导致乙酸、丙酸、乳酸和丁酸等易降解有机酸的累积，为铁还原菌提供了电子供体。乙酸同时可作为电子供体将 $Fe(III)$ 还原为 $Fe(II)$，$Fe(II)$ 在厌氧条件下将硝态氮还原为亚硝态氮，亚硝态氮与可溶性土壤有机质可形成络合物。此外，有研究报道，由微生物介导的铁还原可直接影响甲烷合成等其他代谢途径，铁还原条件会抑制产甲烷过程，并认为铁还原菌和产甲烷菌竞争共同的底物（如乙酸、氢气等）是产生抑制的主要原因（Reiche et al.，2008）。

（三）多元素（碳、氮、磷、硫、铁等）**耦合过程的微生物互作机制**

水稻土典型的淹水-排干的干湿交替管理措施为土壤中变价元素的氧化还原提供了有利条件。水稻土淹水后，随着土壤氧化还原电位的逐渐下降，微生物利用有机物作为电子供体，NO_3^-、$Mn(IV)$、$Fe(III)$、SO_4^{2-}、CO_2 等逐渐取代 O_2 作为电子受体而发生一系列的氧化还原反应。在淹水稻田中，$Fe(III)$ 的还原偶联着碳、氮、磷、硫等元素的生物地球化学循环，进一步影响着土壤营养元素的生物有效性。一方面，NO_3^- 还原、SO_4^{2-} 还原与 $Fe(III)$ 还原之间存在电子竞争关系，同时 NO_3^- 的还原偶联了厌氧环境下 $Fe(II)$ 的氧化，且部分 SO_4^{2-} 还原菌液可能兼具 $Fe(III)$ 还原的功能；另一方面，$Fe(III)$ 还原可以释放出部分被铁氧化物结合的磷，从而提高稻田中磷的生物有效性，以满足水稻生长对铁元素的需求。

土壤中有机质与氮、磷、硫、铁等关键元素之间存在着相互耦合关系（吴金水等，2015）。例如，有研究报道发现了可耦合厌氧甲烷氧化与亚硝酸盐还原的细菌以及耦合厌氧甲烷氧化与硝酸盐还原的古菌，通过稳定同位素和元基因组的分析也发现，厌氧氨氧化细菌可通过乙酰 CoA 途径固定二氧化碳（Schouten et al.，2004）。由此可以推测，这些氮素转化功能微生物对碳循环也具有重要影响。此外，有研究发现，水稻土中参与硫的氧化还原的微生物除了主导硫的生物地球化学循环，同时参与其他元素循环。有研究表明，硫酸盐还原菌能够参与甲烷的厌氧氧化过程和含氮有机物的产氨过程（贺纪正等，2014）。不仅如此，硫还原微生物除了在硫和碳循环中的重要作用外，还参与调控氧、氮、氯、溴和碘等多种硫驱动耦合的元素生物地球化学循环（Bao et al.，2018）。由此可见，稻田生态系统各元素循环过程紧密耦合，而微生物驱动的多元素过程耦合机制是目前微生物生态学和生物地球化学过程研究的前沿，对于深入解析土壤生物地球化学的微生物机制、调控生物地球化学过程具有重要的理论意义和实际意义。

主 要 参 考 文 献

蔡祖聪，2003. 尿素和 KNO_3 对水稻土无机氮转化过程和产物的影响：Ⅰ. 无机氮转化过程 [J]. 土壤学报，40（2）：239-245.

陈槐，周舜，吴宁，等，2006. 湿地甲烷的产生、氧化及排放通量研究进展 [J]. 应用与环境生物学报（12）：726-733.

贺纪正，陆雅海，傅伯杰，2014. 土壤生物学前沿 [M]. 北京：科学出版社.

胡斌，段昌群，王震洪，等，2002. 植被恢复措施对退化生态系统土壤酶活性及肥力的影响 [J]. 土壤学报（4）：604-608.

黄敏，吴金水，黄巧云，等，2003. 土壤磷素微生物作用的研究进展 [J]. 生态环境，12（3）：366-370.

王玲，邢肖毅，秦红灵，等，2017. 淹水水稻土消耗 N_2O 能力及机制 [J]. 环境科学（4）：1633-1639.

王月星，陈叶平，高松林，等，2007. 不同油菜秸秆还田量对免耕直播单季晚稻产量的影响 [J]. 作物研究（21）：438-439.

吴金水，葛体达，胡亚军，2015. 稻田土壤关键元素的生物地球化学耦合过程及其微生物调控机制 [J]. 生态学报，35（20）：6626-6634.

颜晓元，夏龙龙，逄超普，2018. 面向作物产量和环境双赢的氮肥施用策略 [J]. 中国科学院院刊，33（2）：177-183.

湛钰，高丹丹，盛荣，等，2019. 磷差异性调控水稻根际 *nirK*/*nirS* 型反硝化菌组成与丰度 [J]. 环境科学，40（7）：

1-14.

周健民，2013. 土壤学大辞典 [M]. 北京：科学出版社.

Abid A A，Gu C，Zhang Q，et al，2018. Nitrous oxide fluxes and nitrifier and denitrifier communites as affected by dry-wet cycles in long term fertilized paddy soils [J]. Applied Soil Ecology (125)：81-87.

Bao P，Li G X，Sun G X，et al，2018. The role of sulfate-reducing prokaryotes in the coupling of element biogeochemical cycling [J]. Science of the Total Environment (613-614)：398-408.

Barnard R，Leadley P W，Hungate B A，2005. Global change，nitrification，and denitrification：A review [J]. Global Biogeochemical Cycles，19 (1)：1007.

Bi L D，Zhang B，Liu G R，et al，2009. Long-term effects of organic amendments on the rice yields for double rice cropping systems in subtropical China [J]. Agriculture Ecosystems & Environment (129)：534-541.

Chen A L，Xie X L，Ge T D，et al，2017. Rapid decrease of soil carbon after abandonment of subtropical paddy fields [J]. Plant and soil (415)：203-214.

Chen X P，Zhu Y G，Xia Y，et al，2008. Ammonia oxidizing archaea：Important players in paddy rhizosphere soil？ [J]. Environmental Microbiology (10)：1978-1987.

Chen Z，Liu J B，Wu M N，et al，2012. Differentiated response of denitrifying communities to fertilization regime in paddy soil [J]. Microbial Ecology，63 (2)：446-459.

Chen Z，Luo X，Hu R，et al，2010. Impact of long-term fertilization on the composition of denitrifier communities based on nitrite reductase analyses in a paddy soil [J]. Microbial Ecology，60 (4)：850-861.

Chowdhury T R，Dick R P，2013. Ecology of aerobic methanotrophs in controlling methane fluxes from wetlands [J]. Applied Soil Ecology (65)：8-22.

Conrad R，1999. Contribution of hydrogen to methane production and control of hydrogen concentrations in methanogenic soils and sediments [J]. FEMS Microbiology Ecology (28)：193-202.

Conrad R，Erkel C，Liesack W，2006. Rice Cluster Ⅰ methanogens，an important group of Archaea producing greenhouse gas in soil [J]. Current Opinion in Biotechnology，17 (3)：262-267.

Conrad R，Klose M，Claus P，2000. Phosphate inhibits acetotrophic methanogenesis on rice roots [J]. Applied and Environmental Microbiology，66 (2)：828-831.

Conthe M，Wittorf L，Kuenen J G，et al，2018. Growth yield and selection of *nosZ* clade Ⅱ types in a continuous enrichment culture of N_2O respiring bacteria [J]. Environmental Microbiology Reports，10 (3)：239-244.

Das A C，Anjan D，2006. Effect of systemic herbicides on N_2-fixing and phosphate solubilizing microorganisms in relation to availability of nitrogen and phosphorus in paddy soils of West Bengal [J]. Chemosphere，65 (6)：1082-1086.

Ding L J，An X L，Li S，et al，2014a. Nitrogen loss through anaerobic ammonium oxidation coupled to iron reduction from paddy soils in a chronosequence [J]. Environmental Science & Technology (48)：10641-10647.

Ding L J，Su J Q，Xu H J，et al，2014b. Long-term nitrogen fertilization of paddy soil shifts iron-reducing microbial community revealed by RNA-^{13}C-acetate probing coupled with pyrosequencing [J]. The ISME Journal，9 (3)：721-734.

Du L S，Zhu Z K，Qi Y T，et al，2020. Effects of different stoichiometric ratios on mineralisation of root exudates and its priming effect in paddy soil [J]. Science of The Total Environment (743)：140808.

Ge T D，Liu C，Yuan H Z，et al，2015. Tracking the photosynthesized carbon input into soil organic carbon pools in a rice soil fertilized with nitrogen [J]. Plant and Soil，392 (1/2)：17-25.

Ge T D，Wu X H，Chen X J，et al，2013. Microbial phototrophic fixation of atmospheric CO_2 in China subtropical upland and paddy soils [J]. Geochimica et Cosmochimica Acta (113)：70-78.

Gubry-Rangin C，Hai B，Quince C，et al，2011. Niche specialization of terrestrial archaeal ammonia oxidizers [J]. Proceedings of the National Academy of Sciences of the United States of America，108 (52)：21206-21211.

Hallin S，Jones C M，Schloter M，et al，2009. Relationship between N-cycling communities and ecosystem functioning in a 50-year-old fertilization experiment [J]. The ISME Journal，3 (5)：597-605.

Hallin S，Philippot L，Loffler F E，et al，2018. Genomics and ecology of novel N_2O-reducing microorganisms [J]. Trends in Microbiology，26 (1)：43-55.

Ho A，Frenzel P，2012. Heat stress and methane-oxidizing bacteria：Erects on activity and population dynamics [J].

Soil Biology & Biochemistry (50): 22 - 25.

Ke X B, Angel R, Lu Y H, et al, 2013. Niche differentiation of ammonia oxidizers and nitrite oxidizers in rice paddy soil [J]. Environmental Microbiology, 15 (8): 2275 - 2292.

Knoblauch C, Zimmermann U, Blumenberg M, et al, 2008. Methane turnover and temperature response of methane - oxidizing bacteria in permafrost - affected soils of northeast Siberia [J]. Soil Biology & Biochemistry (40): 3004 - 3013.

Li L, Jia R, Qu Z, et al, 2020. Coupling between nitrogen - fixing and iron (Ⅲ) - reducing bacteria as revealed by the metabolically active bacterial community in flooded paddy soils amended with glucose [J]. Science of The Total Environment (716): 137056.

Li Y, Wu J S, Liu S L, et al, 2012. Is the C : N : P stoichiometry in soil and soil microbial biomass related to the landscape and land use in southern subtropical China? [J]. Global Biogeochemical Cycles, 26 (4): 4002.

Liu J B, Hou H J, Sheng R, et al, 2012. Denitrifying communities differentially respond to flooding drying cycles in paddy soils [J]. Applied Soil Ecology (62): 155 - 162.

Lu W W, Riya S, Zhou S, et al, 2012. In situ dissimilatory nitrate reduction to ammonium in a paddy soil fertilized with liquid cattle waste [J]. Pedosphere, 22 (3): 314 - 321.

Mer J L, Roger P, 2001. Production, oxidation, emission and consumption of methane by soils: A review [J]. European Journal of Soil Biology, 37 (1): 25 - 50.

Pandey A, Suter H, He J Z, et al, 2019. Dissimilatory nitrate reduction to ammonium dominates nitrate reduction in long - term low nitrogen fertilized rice paddies [J]. Soil Biology & Biochemistry (131): 149 - 156.

Reiche M, Torburg G, Küsel K, 2008. Competition of Fe (Ⅲ) reduction and methanogenesis in an acidic fen [J]. FEMS Microbiology Ecology, 65 (1): 88 - 101.

Richardson A E, Simpson R J, 2011. Soil microorganisms mediating phosphorus availability update on microbial phosphorus [J]. Plant Physiology (156): 989 - 996.

Schouten S, Strous M, Kuypers M M M, et al, 2004. Stable carbon isotopic fractionations associated with inorganic carbon fixation by anaerobic ammonium - oxidizing bacteria [J]. Applied and Environmental Microbiology, 70 (6): 3785 - 3788.

Shan J, Zhao X, Sheng R, et al, 2016. Dissimilatory nitrate reduction processes in typical Chinese paddy soils: Rates, relative contributions, and influencing factors [J]. Environmental Science & Technology, 50 (18): 9972 - 9980.

Shen L D, Liu S, Huang Q, et al, 2014. Evidence for the Co - occurrence of Nitrite - dependent anaerobic ammonium and methane oxidation processes in a flooded paddy field [J]. Applied and Environmental Microbiology (80): 7611 - 7619.

Sheng R, Meng D L, Wu M N, et al, 2013. Effect of agricultural land use change on community composition of bacteria and ammonia oxidizers [J]. Journal of Soils and Sediments (13): 246 - 1256.

Spohn M, Ermak A, Kuzyakov Y, 2013. Microbial gross organic phosphorus mineralization can be stimulated by root exudates—A ^{33}P isotopic dilution study [J]. Soil Biology & Biochemistry (65): 254 - 263.

Tang Y F, Zhang M M, Chen A L, et al, 2017. Impact of fertilization regimes on diazotroph community compositions and N_2 - fixation activity in paddy soil [J]. Agriculture, Ecosystems and Environment (247): 1 - 8.

Walker C B, Torre D L, Klotz J R, et al, 2010. *Nitrosopumilus maritimus* genome reveals unique mechanisms for nitrification and autotrophyin globally distributed marine crenarchaea [J]. Proceedings of the National Academy of Sciences of the United States of America (107): 8818 - 8823.

Wang M L, Hu R G, Ruser R, et al, 2020. Role of Chemodenitrification for N_2O emissions from nitrate reduction in rice paddy soils [J]. ACS Earth and Space Chemistry, 4 (1): 122 - 132.

Wang Y A, Ke X B, Wu L Q, et al, 2009. Community composition of ammonia - oxidizing bacteria and archaea in rice field soil as affected by nitrogen fertilization [J]. System and Applied Microbiology (32): 27 - 36.

Xu H F, Sheng R, Xing X Y, et al, 2019. Characterization of fungal *nirK* - containing communities and N_2O emission from fungal denitrification in arable soils [J]. Frontiers in Microbiology (10): 117.

Yang H C, Sheng R, Zhang Z X, et al, 2016. Responses of nitrifying and denitrifying bacteria to flooding - drying cycles in flooded rice soil [J]. Applied Soil Ecology (103): 101 - 109.

Yang X R, Li H, Nie S A, et al, 2015. Potential contribution of anammox to nitrogen loss from paddy soils in southern

China [J]. Applied and Environmental Microbiology (81): 938 - 947.

Yin S X, Chen D, Chen L M, et al, 2002. Dissimilatory nitrate reduction to ammonium and responsible microorganisms in two Chinese and Australian paddy soils [J]. Soil Biology & Biochemistry, 34 (8): 1131 - 1137.

Yoon S, Nissen S, Park D, et al, 2016. Nitrous oxide reduction kinetics distinguish bacteria harboring clade Ⅰ *NosZ* from those harboring clade Ⅱ *NosZ* [J]. Applied and Environmental Microbiology, 82 (13): 3793 - 800.

Yuan H Z, Ge T D, Chen C Y, et al, 2012a. Significant role for microbial autotrophy in the sequestration of soil carbon [J]. Applied and Environmental Microbiology, 78 (7): 2328 - 2336.

Yuan H Z, Ge T D, Wu X H, et al, 2012b. Long - term field fertilization alters the diversity of autotrophic bacteria based on the ribulose - 1, 5 - biphosphate carboxylase/oxygenase (rubisco) large - subunit genes in paddy soil [J]. Applied Microbiology and Biotechnology (95): 1061 - 1071.

Yuan Q, Liu P F, Lu Y H, 2012. Differential responses of *nirK* - and *nirS* - carrying bacteria to denitrifying conditions in the anoxic rice field soil [J]. Environmental Microbiology Reports, 4 (1): 113 - 122.

Zhang J B, Lan T, Mueller C, et al, 2015. Dissimilatory nitrate reduction to ammonium (DNRA) plays an important role in soil nitrogen conservation in neutral and alkaline but not acidic rice soil [J]. Journal of Soils and Sediments, 15 (3): 523 - 531.

Zhang L M, Hu H W, Shen J P, et al, 2012. Ammonia - oxidizing archaea have more important role than ammonia - oxidizing bacteria in ammonia oxidation of strongly acidic soils [J]. The ISME Journal (6): 1032 - 1045.

Zhou P, Sheng H, Li Y, et al, 2016. Lower C sequestration and N use efficiency by straw incorporation than manure amendment on paddy soils [J]. Agriculture, Ecosystems and Environment (219): 93 - 100.

Zhu G B, Wang S Y, Wang Y, et al, 2011. Anaerobic ammonia oxidation in a fertilized paddy soil [J]. The ISME Journal, 5 (12): 1905 - 1912.

Zhu Z K, Ge T D, Xiao M L, et al, 2017. Belowground carbon allocation and dynamics under rice cultivation depends on soil organic matter content [J]. Plant and Soil (410): 247 - 258.

Zhu Z K, Zeng G J, Ge T D, et al, 2016. Fate of rice shoot and root residues, rhizodeposits, and microbe - assimilated carbon in paddy soil—Part 1: Decomposition and priming effect [J]. Biogeoences, 13 (15): 4481 - 4489.

Zhu X F, Jackson R D, DeLucia E H, et al, 2020. The soil microbial carbon pump: From conceptual insights to empirical assessments [J]. Global Change Biology, 26 (11): 6032 - 6039.

第十四章 | 稻田养分管理与面源污染控制 >>>

第一节 稻田养分管理与面源污染现状

中国水稻研究所根据积温、水资源、日照、海拔、土壤等水稻主要生态因子并综合社会、经济等因素将中国稻区划分为 6 个稻区，即华南双季稻区、华中单双季稻区、西南高原单双季稻区、华北单季稻区、东北早熟单季稻区和西北干燥单季稻区。其中，华南双季稻区、华中单双季稻区、东北早熟单季稻区为我国三大主产稻区。对稻田氮、磷流失的相关研究主要集中于我国南方水稻主产区域，以华南双季稻区和华中单双季稻区数量居多，尤其是太湖流域的江浙一带，而其余稻区的研究相对较少。为此，本节重点对长江中下游稻麦轮作区和双季稻区、华南双季稻区开展讨论。

一、长江中下游稻麦轮作区养分管理与面源污染现状

稻麦轮作种植是世界上面积最大的种植方式之一，种植面积达 2 400 万 hm^2，主要分布在东亚和南亚地区。其中，我国的稻麦轮作种植主要分布在长江流域，种植面积达 1 050 万 hm^2。根据中国统计年鉴数据统计，2017 年长江中下游江苏、浙江、上海、安徽、江西、湖北、湖南的稻谷和小麦种植面积分别为 223.8 万 hm^2、62.1 万 hm^2、10.4 万 hm^2、260.5 万 hm^2、350.4 万 hm^2、236.8 万 hm^2、423.9 万 hm^2 和 241.3 万 hm^2、10.4 万 hm^2、2.1 万 hm^2、282.2 万 hm^2、1.5 万 hm^2、115.3 万 hm^2、2.8 万 hm^2，稻谷和小麦产量分别为 1 892.6 万 t、444.9 万 t、85.6 万 t、1 647.5 万 t、2 126.1 万 t、1 927.2 万 t、2 740.4 万 t 和 1 295.8 万 t、41.9 万 t、10.2 万 t、1 644.5 万 t、3.1 万 t、426.9 万 t、9.6 万 t。

施肥是保证水旱轮作生产力可持续的重要因素。该地区稻麦轮作系统化学氮肥（以纯氮计）的投入量为 550～600 kg/hm^2。其中，稻季氮肥的用量就高达 300 kg/hm^2。而该地区水稻的推荐化学氮肥用量为 202 kg/hm^2，麦季推荐施氮量为 205 kg/hm^2。2010 年，江苏省苏州市 15 个稻麦轮作省级耕地质量监测点的监测数据分析表明，该地区周年磷肥投入量约为 120 kg/hm^2（稻季约 61.8 kg/hm^2，麦季约 58.65 kg/hm^2），而稻麦植株吸收量约 93.75 kg/hm^2。过量的磷肥投入使大部分施入土壤中的磷肥转变为难溶、作物难利用态在土壤中累积。近年来，长江中下游地区农田土壤有效磷含量不断增加，普遍呈现土壤磷盈余现象。这些未被作物吸收利用的养分，通过径流淋溶的形式进入水体，导致该地区地表水体富营养化、地下水硝酸盐含量过高等面源污染问题。2018 年太湖健康状况报告的监测数据显示，太湖整体处于中度富营养状态，总氮为 1.55 mg/L，总磷为 0.079 mg/L，铵态氮为 0.11 mg/L；其中，竺山湖和西部沿岸区总氮浓度仍在 2.0 mg/L 以上，为劣V类。太湖流域 22 条主要入湖河道中，有 19 条河流总氮浓度在 3～5 mg/L，有 9 条河道总磷浓度超过 0.15 mg/L。据太湖流域水环境综合治理总体方案（2013 年修编），面源（种植、畜禽养殖、农村生活、水产养殖和城镇面源）对太湖铵态氮、总磷、总氮的污染贡献分别占到 46%、68% 和 45%。其中，综合治理区种植业总氮、总磷、铵态氮和 COD 的比重分别为 24.24%、19.07%、24.99% 和 21.96%。

二、华南双季稻区养分管理与面源污染现状

本稻作区以双季稻三熟制为主（即一年两次水稻、一次其他），双季稻占种植面积的 94% 左右，品种以籼稻为主，山区偶有粳稻分布。华南双季稻区位于南岭以东，包括福建、广东、广西、台湾平原丘陵双季稻亚区，滇南河谷盆地单季稻稻作亚区和琼雷台地平原双季稻多熟亚区，稻作面积约占全国稻作总面积的 22%。根据中国统计年鉴数据统计，2017 年，广东、广西、福建和海南的水稻播种面积分别为 180.5 万 hm²、180.1 万 hm²、62.9 万 hm² 和 24.7 万 hm²，产量分别为 1 046.3 万 t、1 019.8 万 t、393.2 万 t 和 123.2 万 t。

华南双季稻区年降水量为 1 300～1 500 mm。由于降水充沛，田面积水高度超过最低田埂高度的频率增加。因此，氮、磷随着径流而流失的风险大幅升高（张子璐等，2019）。而且，华南一带的水稻土多为砂页岩发育成的赤红壤或砖红壤，沙质土比例较高且土质较疏松，因此淋溶量也较高。由于降水更多地分布在早稻生产季，因此在早稻季的氮、磷淋失和径流损失更高，而不适宜的施肥时间和施肥量是造成面源污染的一个主要原因。江西南昌灌溉中心的双季稻田径流检测结果表明，稻田地表径流在降水量大于 24.4 mm 时产生，流失的氮、磷形态主要是铵态氮和悬浮颗粒结合态磷。其中，农户施肥习惯下（早稻 N 180 kg/hm²、P_2O_5 90 kg/hm²、晚稻 N 225 kg/hm²、P_2O_5 113 kg/hm²）早稻和晚稻季的全氮流失量分别为 17.94 kg/hm² 和 12.0 kg/hm²，全磷流失量分别为 0.2 kg/hm² 和 0.28 kg/hm²（钱银飞等，2018）。水稻对磷肥的利用率很低，通常情况下当季作物只利用 5%～15%，加上后效一般也不超过 25%。因此，有 75%～90% 的施入磷滞留在土壤中，增加了稻田磷素随地表径流或淋溶向水体迁移的风险。湖南省长沙市的双季稻定位试验结果表明，该区域的早、晚稻施磷（P_2O_5）阈值分别为（48.53±7.07）kg/hm² 和（56.87±7.90）kg/hm²，增加磷肥不仅没有增产效果，反而会增加田面水磷素流失风险和土壤磷素过量积累风险。但是，当地的农户施肥（P_2O_5）习惯仍为早稻 75 kg/hm² 和晚稻 45 kg/hm²（朱坚等，2017）。综合来看，节肥控污及研究推广精准施肥有利于减轻该稻区氮、磷的面源污染状况。

三、四川盆地和西南区稻田养分管理与面源污染现状

本区以单季稻水旱轮作制为主（一季水稻、一季果菜类经济作物），贵州东部、湖南西部高原山地多以稻油轮作（水稻-油菜两熟、水旱轮作）为主，滇川高原岭谷区多以蚕豆（小麦）-水稻轮作为主，还有少量分布在青藏高寒河谷区的低海拔的河谷地带。西南稻区位于云贵高原和青藏高原，不同区域的海拔差异较大，低海拔区域种植籼稻，高海拔地区种植粳稻，中间地带为籼粳稻交错分布区。稻作面积约占全国稻作总面积的 6%。根据中国统计年鉴数据统计，2017 年，四川、重庆、贵州和云南的水稻播种面积分别为 187.5 万 hm²、65.9 万 hm²、70.1 万 hm² 和 87.1 万 hm²，产量分别为 1 473.7 万 t、487.0 万 t、448.8 万 t 和 529.2 万 t。

西南稻区的水稻产量普遍不高，平均单产约为 7 813 kg/hm²。其主要原因在于肥料利用率低，如三峡库区酸性紫色土农户习惯施肥（磷用量 87 kg/hm²，以 P_2O_5 计）下的磷肥利用率仅为 14.7%（吴先勤等，2016）。这与西南一带广泛分布的酸性红壤和紫色土土层薄、耕作频繁、有机质含量低、土壤相对疏松等性质有关。因此，该区的稻田保水保肥能力较弱，氮、磷淋溶更加严重。过去 30 年大量施用化肥导致耕层土中的有效磷平均浓度从 7.4 mg/kg 增加到了 24.7 mg/kg（Li et al.，2011），四川盆地土壤磷的年增加速率达到 26 kg/hm²（Cao et al.，2012）。这些土壤中积累的磷在降水冲刷下迁移到地表水体，造成水体富营养化。重庆紫色水稻土长期定位试验发现，稻田磷素流失总负荷随着施磷水平的提高而提高。在不施磷肥和施磷肥（P_2O_5）240 kg/hm² 的情况下，磷的损失量分别为 0.358 kg/hm² 和 2.579 kg/hm²。另外，种植前 30 d，田面水磷平均含量在 0.259～1.433 mg/L，超过了水体富营养化的临界值，是磷流失的高风险期。此期如遇中耕排水或暴雨就会造成农田磷素流失，引起水体污染（李学平、石孝均，2008）。而在坡耕地紫色土稻田中，氮、磷的流失主要以泥沙

颗粒为载体。其中，磷主要以胶体磷的方式损失，约为 139.52 g/hm²，占径流水中总磷的 64.3%（He et al.，2019）。曹瑞霞等（2019）动态监测了三峡库区新政紫色土小流域氮、磷在降水径流中的流失规律，发现新政小流域年径流氮、磷流失量分别为 13.69 kg/hm² 和 1.50 kg/hm²，氮素流失主要通过可溶态的方式，而磷素迁移则以颗粒态为主；稻田农肥所含氮、磷和降水冲刷是三峡一带小流域径流污染的主要原因，小流域的总氮和总磷平均浓度分别达到 10.05 mg/L 和 1.10 mg/L，远超过富营养化发生标准。总之，西南一带的稻田由于其土壤的特殊性质、频繁的降水以及坡耕地的特殊地形等，农田氮、磷流失风险加大，增加了面源污染的治理难度。

四、东北区稻田养分管理与面源污染现状

东北稻区主要为早熟单季稻稻作区，包括黑龙江和吉林全部、辽宁大部以及内蒙古东北部。主要种植方式为稻油或稻菜轮作，水稻品种类型为粳稻。东北稻区为我国最重要的粳稻产区，仅黑龙江就占据全国粳稻种植面积的 46%，产量更达全国 50% 以上。根据中国统计年鉴数据统计，2017 年，内蒙古、辽宁、吉林和黑龙江的水稻播种面积分别为 12.2 万 hm²、49.3 万 hm²、82.1 万 hm² 和 394.9 万 hm²，产量分别为 85.2 万 t、422.0 万 t、684.4 万 t 和 2 819.3 万 t。

东北稻区水肥投入量较大，稻田氮肥用量平均为 150 kg/hm²，平均灌溉水量达 1.125 万 m³/hm² 以上。肥料利用率不高，如在松花江流域的稻田主产区，氮肥利用率在 30%～35%，磷肥利用率在 15%～25%。稻田过量施肥以及水肥粗放管理，导致大部分氮、磷肥经各种途径损失到环境之中。松干流域方正灌区 2017 年的监测表明，在常规施肥处理下，稻田氮流失量在 3.96～12.8 kg/hm²，磷流失量在 0.48～0.76 kg/hm²。在稻田地表径流中，随土壤颗粒侵蚀而损失的颗粒氮、磷是该地区稻田面源污染的主要途径。较高的水肥投入和较低的氮、磷利用率导致东北稻区的氮、磷流失严重。根据对全国各稻田生育期内田表水养分流失的统计，东北稻区氮和磷的径流损失量平均值分别约为 15.24 kg/hm² 和 1.83 kg/hm²，仅次于华南双季稻区和华中单双季稻区（张子璐等，2019）。另外，由于化肥利用率不高，土壤中剩余的养分除了径流以外，还可以通过淋溶、氨挥发、反硝化等途径进入环境，给稻田周围环境带来压力。

第二节　稻田养分流失与面源污染发生规律

一、稻田氮、磷损失途径与主要监测方法

（一）氮、磷主要损失途径

农田氮素损失的途径主要有径流、渗漏、氨挥发、氧化亚氮排放以及反硝化损失。相对于氮素而言，农田磷素损失途径相对比较简单，主要通过地表径流和渗漏两种途径。其中，与面源污染密切相关的是径流和渗漏损失。降水时，土壤中的氮、磷养分随地表径流水平迁移到沟渠最后排入周围水体，部分养分则随渗漏向下迁移而逐步进入地下水。长江中下游地区属于水网地区，地下水位较浅（0.8～1 m），最终又汇入地表水体，水体中营养盐浓度升高而引发水体富营养化。在气态损失中，氨挥发是主要损失途径，而且挥发到大气的氨有很大一部分又通过干湿沉降回到地面而被认为对面源污染有间接贡献。

（二）主要监测与计算方法

1. 径流　稻田径流除了因降水事件产生的排水外，通常还包括稻季插秧前泡田后以及晒田期的主动排水。田间小区试验目前常采用经典的径流池/箱法进行监测，每次降水后收集测定径流水量和径流水中氮、磷浓度，两者的乘积加和即该小区径流氮、磷总损失量。若为大田块尺度，则多采用在区域排水口处安装流量计并进行人工/自动采样的方法。

2. 渗漏（又称淋溶）　主要通过埋设渗漏水收集管或收集盘的方法来测定。渗漏水体积与氮、磷养分浓度的乘积加和，即渗漏氮、磷总损失量。此法只能测定渗漏液养分浓度，渗漏水量通常通过水

量平衡法或土柱模拟法来估算，淹水稻田可利用无扰动渗漏计，越冬小麦旱作季可利用原状土柱的方式分别获取稻麦生长季渗漏水量。监测采样频率一般设置为施肥后隔天监测，监测时间跨度一般为 7～14 d。监测深度的确定通常有两种方法：一是考虑到该深度以下的氮、磷是否会被作物吸收，可采用 40 cm 土层深度；二是考虑到地下水位深度，如太湖地区多采用 80～100 cm 土层深度。磷素的移动性较小，30 cm 深处的土壤淋溶水中溶解磷浓度变化情况就可以代表进入环境的磷素变化情况。

3. 氨挥发　比较常用的测定方法有密闭室间歇抽气-酸碱滴定/分光光度法、通气式氨气捕获-分光光度法和微气象学法。其中，密闭室间歇抽气-酸碱滴定/分光光度法是利用空气置换密闭室内的氨，挥发出来的氨随着抽气气流进入吸收瓶中，被瓶中氨吸收液吸收，通过酸碱滴定或分光光度法测定氨浓度，估算土壤表面挥发氨量及累积量。该方法适用于具备动力源的农田。通气式氨气捕获-分光光度法通过通气式氨气捕获装置将土壤罩住，利用装置内含氨吸收液的海绵吸收土壤挥发出来的氨气，通过测定海绵内氨的含量，估算土壤表面挥发氨量及累积量。微气象学法则是通过测定待测农田中圆形区域内一定高度的空气氨浓度和周围背景氨浓度，计算得出氨的垂直通量密度即氨挥发量，适用于空旷平坦、肥力水平均衡的农田。一般施肥后需连续监测 7～14 d，如果采用缓控释肥和有机肥，监测时间需要更长些。整个生育期内的氨挥发排放总和即为稻季氨挥发损失总量。

4. N_2O 排放　主要采用静态暗箱-气相色谱法测定。监测频次一般是施肥后每隔 2～3 d 监测 1 次，施肥 1 周后可每隔 7～10 d 采样 1 次，采样时间为 8：00—11：00。

5. 反硝化损失　主要采用乙炔抑制法。最新的膜进样质谱法（MIMS）因其测定精度高而被认为是目前最具潜力的反硝化测定方法。

二、稻田氮、磷损失通量及流失规律

关于稻田氮、磷流失的相关研究，经文献检索发现，主要集中在长江中下游的单双季稻区以及华南双季稻区，而东北单季稻区和西南稻区只有零星几篇文献。为此，本部分重点围绕长江中下游稻麦（油/绿肥/休耕）轮作区、双季稻区以及华南双季稻区开展阐述。

（一）稻麦轮作农田

为精确估算稻麦轮作农田氮素损失的通量，选择太湖流域江苏宜兴地区的稻麦轮作农田，对常规农户施肥模式下（N：稻季 300 kg/hm²，麦季 200 kg/hm²；P_2O_5：稻季和麦季均为 60 kg/hm²）农田的氮、磷损失进行了连续多年的定位监测。其中，径流损失采用径流池法，渗漏损失采用渗漏收集管的方法，氨挥发采用连续通气-密闭收集法，N_2O 排放采用静态箱法。氮损失通量（年）由径流损失量、渗漏损失量、氨挥发损失量及估算的反硝化损失量相加而得，磷损失通量则由径流损失量加上渗漏损失量而得。

1. 氮素

（1）径流损失。径流是稻麦轮作农田氮素排放进入水环境的主要路径。连续 6 年的监测结果表明，径流氮总损失量为 36.9～70.5 kg/hm²，占施氮量的 9%～18%，平均为 11.5%，其中稻季 6.28～57.6 kg/hm²，以铵态氮为主；麦季 6.6～64.3 kg/hm²，以硝态氮为主。农田径流损失主要受降水事件驱动，稻季插秧前的整地排水和麦季的开沟排涝是养分流失的主要窗口期。正常降水年份稻季氮径流损失高于麦季，在麦季雨水较多的条件下，氮素径流损失可达周年流失总氮量的 50% 以上。水稻移栽至分蘖期、小麦播种至返青拔节期是径流损失高风险期，此期遭遇降水，径流样中氮浓度最高可达 40～60 mg/L。

（2）渗漏损失。稻季由于犁底层的存在使得渗漏氮损失相对稳定，氮浓度在 2.28～5.03 mg/L，渗漏损失氮为 4.97～9.76 kg/hm²，占施氮量的 1.7%～3.2%，平均为 2.6%。麦季由于旱作导致渗漏氮损失受降水量影响极大，氮浓度变化在 10.4～20.7 mg/L，主要为硝态氮，损失总量为 1.44～19.0 kg/hm²，占施氮量的 0.7%～9.5%，平均为 4.2%。周年氮的渗漏损失量占施肥量的 3% 左右。

（3）氨挥发损失。氨挥发是稻田活性氮排放的重要途径。水稻生长季氨挥发损失为 60.6～

97.1 kg/hm²，平均为 76.4 kg/hm²，占施氮量的 20.2%~32.3%。小麦生长季氨挥发损失 10.9~50.8 kg/hm²，平均为 27.3 kg/hm²，占施肥量的 5.5%~25.4%。稻季氨挥发损失主要受田面水中氨浓度和 pH 的影响，麦季则主要受施肥量、施肥时间、施肥方法和温度等的影响。据报道，太湖流域宜兴地区湿沉降（雨水）的铵有 70% 左右来源于农田氨挥发，干沉降中有 40% 来源于农田氨挥发。

（4）氧化亚氮和反硝化损失。N_2O 的排放呈现脉冲式的特点，其排放峰仅发生在施肥、降水后，或者是发生在稻季烤田期间。而且，稻季 N_2O 的排放量远远小于旱地作物季。总体上，氧化亚氮排放量相对较小，仅占氮肥施用量的不到 2%。而反硝化损失是稻田氮素损失的一个主要途径，膜进样质谱法测定结果表明，稻季每年通过反硝化损失的氮素平均为 54.8 kg/hm²，占施氮量的 18.3%。稻麦轮作系统氮素的输入输出状况见图 14-1。

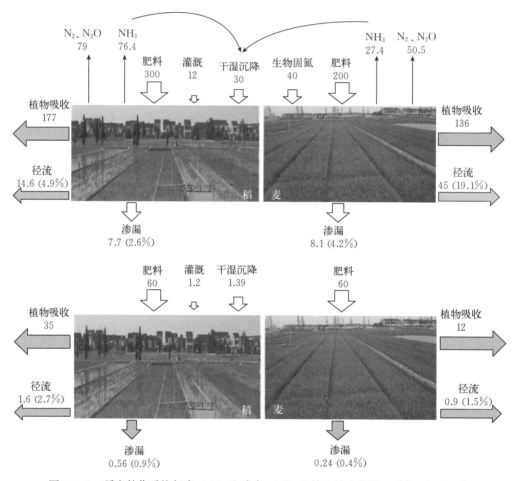

图 14-1　稻麦轮作系统氮素（上）和磷素（下）的输入输出状况（单位：kg/hm²）

注：百分比为所占施肥量的比例。

2. 磷素　磷损失以地表径流为主，占稻麦轮作农田磷总损失的 76% 左右，颗粒态磷是主要形态。稻季的磷损失量为 0.69~2.66 kg/hm²，占施磷量的 1.1%~4.4%；麦季为 0.55~1.26 kg/hm²，占施磷量的 0.9%~2.1%；周年径流磷损失平均为 2.58 kg/hm²，占总施磷量的 2.1%。磷的渗漏损失较少，稻季平均为 0.56 kg/hm²，麦季平均为 0.24 kg/hm²，周年为 0.80 kg/hm²，占总施磷量的 0.7%。稻麦轮作系统磷素的输入输出状况见图 14-1。

（二）水稻-油菜轮作模式

水稻-油菜的水旱轮作制主要分布在长江流域的江苏、浙江、湖北、安徽等省份，是长江中下游和西南地区一带广泛分布的代表性耕作制度。农户为了追求高产，往往过量施用氮肥。氮肥和磷肥利用率低，易造成养分随径流、淋溶及挥发损失，导致农业面源污染的产生。

1. 氮素

（1）径流损失。安徽省桐城市典型稻油轮作区连续 3 年（2012—2014 年）田间试验结果表明，当地施氮量为油菜季 205 kg/hm²、水稻季 600 kg/hm²。2012—2014 年油菜季的总氮流失系数分别为 0.75%、2.62% 和 0.85%，总氮流失量为 3.44～11.34 kg/hm²；水稻季的氮流失系数在 2012—2014 年分别为 1.09%、1.41% 和 2.21%，总氮流失量为 3.69～15.81 kg/hm²。在安徽省巢湖市稻油轮作区 2016—2018 年的径流监测试验结果表明，当地常规施氮量油菜季 165 kg/hm² 和水稻季 480 kg/hm² 条件下，油菜季总氮流失量在 2017 年和 2018 年分别为 25.81～27.59 kg/hm² 和 20.34～20.64 kg/hm²，水稻季为 20.49～26.70 kg/hm² 和 23.38～26.79 kg/hm²。水稻的施氮量远高于油菜，加上水稻生长期灌溉量较大，且恰逢雨季，导致氮、磷的淋失和流失损失主要发生在 6—8 月的稻季，因此稻季径流损失要高于油菜季。

（2）渗漏损失。湖北省荆州市水稻-油菜轮作田的土壤 90 cm 深处渗漏损失监测结果表明，水稻季氮素渗漏液中硝态氮和铵态氮各占约 50%，而油菜渗漏液中氮素损失以硝态氮为主；在油菜季和水稻季施氮量均为 210 kg/hm² 的农户习惯施肥情况下，油菜季和水稻季的氮淋失量分别为 6.88 kg/hm² 和 12.72 kg/hm²，淋失率分别为 3.3% 和 6.1%，氮素淋失主要发生在水稻季。

（3）氨挥发。对浙江省嘉兴市和杭州市余杭区的两个典型稻油轮作示范区的研究发现，在当地水稻季和油菜季施氮量均为 180 kg/hm² 的情况下，水稻季和油菜季的氨挥发量分别为 14.0 kg/hm² 和 10.2 kg/hm²，分别占施氮量的 7.8% 和 5.7%。氨挥发主要发生在施加基肥和两次追肥后的前 3 d（Li et al.，2009）。

（4）氧化亚氮和反硝化损失。通过不同水旱轮作稻田旱季作物对 N_2O 排放的影响比较发现，N_2O 平均排放通量的顺序为油菜>冬小麦>黑麦草>休闲>紫云英。其中，稻油轮作油菜季的 N_2O 总排放量为 294.7 mg/m²。而水旱轮作系统的 N_2O 排放量显著高于持续淹水农田系统，与冬闲水田相比，冬季旱作处理的油菜耕作土壤中 N_2O 排放量明显升高，通过对不同地区水稻-油菜轮作体系的宏观分析，统计出水稻-油菜轮作体系中 N_2O 排放的增温潜势约为 5 300 kg/hm²（以 CO_2 计）。

2. 磷素　安徽省桐城市典型稻油轮作区连续 3 年（2012—2014 年）田间试验结果表明，常规施磷肥量（P_2O_5）油菜季为 27 kg/hm²、水稻季为 288 kg/hm²，2012—2014 年油菜季的总磷流失系数分别为 0.05%、0.07% 和 0.02%，水稻季的总磷流失系数分别为 0.1%、0.1% 和 0.17%，油菜季总磷平均流失量为 0.07～0.23 kg/hm²，水稻季总磷流失量为 0.22～0.33 kg/hm²，水稻季的总磷流失量明显高于油菜季。安徽省巢湖市稻油轮作区 2016—2018 年的径流监测试验结果表明，当地农民习惯油菜季施磷肥 48 kg/hm²、水稻季施 240 kg/hm²，油菜季总磷流失量在 2017 年和 2018 年分别为 1.96～2.06 kg/hm² 和 0.95～0.97 kg/hm²，水稻季为 2.64～2.92 kg/hm² 和 1.90 kg/hm²。总体而言，水稻季的磷损失量明显高于油菜季，径流中总磷浓度油菜季平均为 0.72 mg/L，高于稻季的 0.58 mg/L，均超过地表水 V 类水标准。

（三）早-晚稻种植模式

双季稻区主要分布在华南以及长江以南地区，包括广东、广西、福建、海南、台湾、安徽、浙江、江西、湖南、湖北、重庆、四川等地。不同区域的降水以及土壤等条件不同，施肥量也有所差异，面源污染发生特征也略有不同。

1. 氮素

（1）径流损失。华南双季稻区的年降水量为 1 300～1 500 mm。由于降水量充沛，造成田面积水高度超过最低田埂高度的频率增加。因此，氮、磷随着径流而流失的可能性大幅升高。这些因素导致了华南双季稻区有较高的氮流失量，且时空变异较大，变化在 8.71～88.16 kg/hm²，平均为 21.32 kg/hm²。其中，粤西>粤中>粤北（张子璐等，2019）。由于降水主要集中在夏季，因此 53%～86% 的氮径流损失发生在早稻季（Liang et al.，2017）。姚建武等（2015）和宁建凤等（2018）对分布于广东中部、北部和西部的不同稻田试验点连续 5 年的监测试验结果表明，依照当地农户的种植和施肥习惯，三地试验点的总氮年流失量分别为 24.31～53.68 kg/hm²、8.71～23.76 kg/hm² 和 13.22～88.16 kg/hm²。其中，53%～86% 的总氮流失发生在降水量较多的早稻季。湖南省岳阳市双季稻在农户施肥习惯下（早稻 130 kg/hm² 和晚稻 150 kg/hm²），全年氮径流损失量为 9.57 kg/hm²。其中，铵态氮损失量为 3.74 kg/hm²（段然等，2018）。而在施氮量更低（早稻 105 kg/hm² 和晚稻 135 kg/hm²）的情况下，稻田全年氮径流损失量平均为 6.75 kg/hm²（朱坚等，2016）。可见，合理制定施肥量和施肥时间有利于减少氮径流损失。稻田田面水全氮的高峰期往往出现在施肥后 1～3 d，径流中全氮的峰值多出现在早稻季的较大降水之后。因此，将一部分基肥转为追肥以及减少灌溉用水，建立节肥节水的种植业生产体系有助于避免稻田早期的氮损失。

（2）渗漏损失。华南双季稻区的水稻土多为砂页岩发育成的赤红壤或砖红壤，沙质土比例较高且土质较疏松，因此淋溶量也较高。在广东省大丰双季稻实验基地的研究发现，当地农户施肥习惯为早稻季 180 kg/hm² 和晚稻季 210 kg/hm²，早稻和晚稻的氮渗漏损失分别为 17.13 kg/hm² 和 18.6 kg/hm²，氮渗漏损失主要发生在水稻的分蘖期（Liang et al.，2017），而且一般晚季稻氮的渗漏损失高于径流损失（晚稻季的径流损失为 15.7 kg/hm²）。江西省千烟洲双季稻长期定位试验表明，氮素淋失以铵态氮为主，在当地农户习惯尿素施用量（225 kg/hm²）下，早稻季以及晚稻的生殖生长期土壤渗漏液铵态氮浓度均低于 2 mg/L，但是，在晚稻的营养生长期，土壤铵态氮淋失浓度高达 5.8～8.5 mg/L（刘希玉等，2014）。长江中游双季稻区农民习惯施氮量一般为早稻 150 kg/hm²、晚稻 180 kg/hm²，其中，早稻季全氮渗漏的峰值高达 21.82 mg/L、铵态氮的峰值为 15.09 mg/L，晚稻季分别为 24.0 mg/L 和 18.78 mg/L，早稻和晚稻的氮淋失量分别为 26.2 kg/hm² 和 27.8 kg/hm²（田昌等，2018）。以上结果表明，华南稻区的降水更多分布在夏季。因此，早稻的径流氮损失高于晚稻，而早稻季土壤中积累的氮素在晚稻季形成更高的负荷，导致晚稻季的渗漏氮损失量高于早稻季。

（3）氮的气态损失。稻区氮的气态损失主要包括氨挥发和氧化亚氮的排放。土壤中硝化、反硝化、硝化微生物反硝化和硝态氮异化还原成铵等作用是 N_2O 生成的主要过程。2007—2009 年在湖南省常德市桃源县进行的双季稻长期定位试验表明，在早稻和晚稻的施氮量分别为 81.3 kg/hm² 和 101.7 kg/hm² 的情况下，早稻季的氨挥发量为 12.8～27.3 kg/hm²，而晚稻季的氨挥发量为 17.3～32.7 kg/hm²（Shang et al.，2014）。在广东省大丰双季稻实验基地的研究发现，当地农户施肥习惯为早稻季 180 kg/hm² 和晚稻季 210 kg/hm²，当地早稻季和晚稻季的氨挥发量分别为 44.9 kg/hm² 和 46.5 kg/hm²（Liang et al.，2017）。对华南双季稻区的氮足迹宏观分析发现，华南双季稻区的单位产量氮气态损失量（包括氨挥发和氧化亚氮排放）在早稻季和晚稻季分别为 10.47 g/hm² 和 10.89 g/hm²。其中，广东、广西和海南双季稻区的气态氮损失更高（Xue et al.，2016）。

2. 磷素　根据宏观分析，华南稻区的磷径流和渗漏年损失总量约为 3.22 kg/hm²（张子璐等，2019）。其中，广东中部、北部和西部三地稻田总磷年流失负荷分别为 0.63～4.05 kg/hm²、0.33～2.91 kg/hm² 和 1.10～6.68 kg/hm²（宁建凤等，2018）。湖南长沙双季稻田 2008—2011 年的磷径流损失为 0.13～0.22 kg/hm²，而 2011—2014 年增加到 0.35～0.56 kg/hm²，暗示了水稻较低的磷利用率导致土壤磷素不断积累，随着时间的推移，径流的损失负荷逐渐增加（朱坚等，2016）。

（四）单季稻区

东北地区是我国单季稻主产区，该地区水稻水分生产率较低，年际变化大，平均在 1.125 万 m³/hm² 以上。由于常规淹水灌溉条件下，水稻生态耗水远大于生理需水，因此稻田节水灌溉主要依靠减少生态耗水。东北地区的稻田退水存在两个主要途径：一是自然下渗补充地下水，二是直接进入河网汇入干流。由于稻田过量施肥以及水肥粗放管理，化肥施用量高，有效利用率低，氮、磷在土壤中的累积残留量和单季残留量均较高，并随退水流失，释放到河流水体或者地下水体中，造成面源污染。

1. 氮素

（1）径流损失。东北不同地区灌溉用水差异量较大，这导致了不同地区氮素径流损失差别明显。单季稻稻田径流损失中铵态氮一般高于硝态氮，其中，辽宁省盘锦市在常规生产模式下径流水中铵态氮和硝态氮的损失通量分别为 3.60 kg/hm² 和 1.28 kg/hm²，铵态氮的损失量是硝态氮的 2.8 倍（陈淑峰等，2012）。黑龙江省哈尔滨市方正县水稻研究院实验基地的监测结果表明，依照当地农户施肥习惯单季稻全生育期总氮径流损失量为 2.76 kg/hm²，占氮肥施用量的 1.8%，田面水中总氮浓度在插秧后的 10 d 和追肥后的 10 d 出现峰值，最高达到 9.43 mg/L（刘汝亮等，2018），远高于富营养化水体的氮阈值。

（2）渗漏损失。东北单季稻区渗漏损失的监测研究相对较少。利用 SWAT 模型对吉林省松原市前郭县水稻区稻田渗漏量的模拟结果表明，铵态氮渗漏损失量为 1.75 kg/hm²、硝态氮为 127 kg/hm²，占总施氮量（30.42 kg/hm²）的 15.3%。其中，有 3.45% 渗出的氮直接进入排水系统，对灌区附近造成严重的面源污染压力（李颖等，2014）。

2. 磷素　以黑龙江省哈尔滨市方正县水稻种植区的田间试验为例，该地区灌溉方式主要为井灌和自然灌，用水量为 9 000 m³/hm²。在当地常规施肥条件下，磷肥利用率仅为 18.8%。单季稻径流总磷损失通量为 0.75~1.46 kg/hm²，有效磷为 0.059~0.112 kg/hm²。

三、稻田氮、磷径流损失的主要影响因素

1. 降水　氮、磷损失长期原位监测显示，径流损失是稻麦轮作农田造成农业面源污染的主要途径。为此，对我国主要稻区地表径流氮、磷流失现状特征，以及降水、种植模式、栽培技术、施肥管理、水分管理方式和其他影响因素进行了总结，发现六大稻区全氮（TN）、全磷（TP）径流损失量分别为 5.09~21.32 kg/hm² 和 0.70~3.22 kg/hm²。其中，降水是稻田径流氮、磷流失的主要驱动因素（张子璐等，2019）。降水因年际效应具有随机性高、难预测等特点，因此由不同强度和历时的降水造成的稻田产流将导致不同的氮、磷流失特征。模拟降水研究试验发现，在等降水量下，降水强度影响了降水产流的发生时间和径流中的污染物浓度变化规律，但对径流氮、磷损失量并无显著影响。

通过对长江中下游地区太湖流域江苏省苏州市 1965—2016 年的降水量数据分析，并结合实际径流监测结果，识别了太湖流域稻季和麦季的径流易发期。其中，稻季基肥期和蘖肥期（6 月初至 7 月中下旬）是径流发生的高风险期，而麦季中 2 月和 3 月是径流发生的高风险期，12 月、4 月和 5 月是次高风险期。

2. 施肥量　降水决定了径流是否发生，而氮、磷径流损失的大小则受施肥量影响显著。研究发现，长江中下游地区稻麦轮作农田无论是径流氮损失、渗漏损失还是氨挥发损失均随施氮量的增加而增加。其中，氨挥发损失与施氮量呈显著线性正相关，而径流和渗漏氮损失则与施氮量呈显著指数正相关。Meta 分析表明，我国稻田总氮和总磷径流损失与施肥量和降水量呈显著正相关，总氮径流损失量 $Y_N=-0.958+0.027X_1$（施肥量）$+0.005X_2$（降水量）（夏永秋等，2018），总磷径流损失量 $Y_P=0.958-15.808X_1$（土壤全磷含量，%）$+0.008X_2$（施磷量，以 P_2O_5 计，kg/hm²）$+0.001X_3$（降水量，mm）（杨旺鑫等，2015）。

3. 土壤质地与养分含量　通过文献检索，Meta 分析了我国农田氮、磷背景径流流失量（即不施肥下的氮、磷流失量）及其影响因素。结果发现，稻田径流氮损失还与土壤黏粒含量和总氮含量呈显著正相关，与土壤 pH 和有机质呈负相关，而农田全磷径流损失量与土壤全磷、黏粒含量呈显著负相关。研究还发现，土壤磷素随径流流失的量随土壤有效磷含量增加而增加，但在土壤有效磷含量达到一定累积水平之前，径流流失的磷量随有效磷的增加非常有限，一旦达到临界值后，径流流失的磷量便会迅速增加，这个临界值称为土壤磷素的环境警戒值（break point）。曹志洪等（2005）研究结果表明，太湖地区水稻土磷素环境警戒值为 25~30 mg/kg（以 Olsen - P 为准）。

第三节　稻田面源污染防控策略与技术途径

一、稻田面源污染控制的关键路径与节点

1. 径流损失控制是农田面源污染减排的重点　农田径流直接排放至周边水体，加剧了水体的富营养化，相对于渗漏等其他损失贡献最大且影响最为直接，是农田面源污染减排的重点。流失的氮、磷随地表径流经沟渠、塘/浜最后迁移到河湖，需要在迁移的过程中利用物理、化学、生物以及生态的方法对氮、磷进行拦截和净化，最大限度地减少其进入水体的量。

2. 减少化肥氮、磷用量是减少农田氮、磷流失的关键　从农田氮、磷流失规律来看，化肥氮、磷用量与氮、磷径流和损失量呈显著正相关，表明减少化肥用量是减少农田氮、磷流失的关键。而农田氮平衡分析发现，当前的肥料施用量远高于植物对氮的吸收量，因此环境损失比例较高。根据作物养分需求规律，当前太湖流域稻、麦保证高产且环境友好的适宜施氮量分别为 $210\sim240~kg/hm^2$ 和 $180\sim210~kg/hm^2$。

3. 作物生长前期是径流拦截控制的重要时段　多年监测结果表明，无论稻季还是麦季，生育前期径流损失氮均占全生育期的 $60\%\sim80\%$。这主要是因为作物苗小，对养分需求量低，且此期也是降水频发期。所以，生育前期肥料的施用量和施用方法对径流损失至关重要。在减少化肥用量的同时，应配合氮肥运筹的优化调整，减少前期肥料用量，保证高产并有效减少氮的流失。大力推广肥料深施技术，将基蘖肥深施到土壤，有条件的地方同步采用作物专用缓控释肥。此外，采用水稻栽插/小麦播种缓控释肥深施一体机械化作业，在节工的同时增产增效并减排。

二、稻田氮、磷损失的源头控制技术

化肥的大量施用是造成稻田面源污染的重要原因。而农田面源污染因其污染源的高度分散性以及污染排放的时空不确定性，使得管理者很难确定具体的责任主体和责任分担。鉴于过程监控的难度和末端治理的滞后效应及高成本等，从源头上控制氮、磷向环境水体的排放是防治农业面源污染的最佳对策。根据面源污染的发生规律，源头减量可以通过减少肥料用量或者减少径流和排水量两种途径实现。减少肥料用量，可采用基于目标产量和肥料效应函数的氮肥优化减量技术、按需施肥技术、平衡施肥技术、有机无机配合技术、新型缓控释肥等技术，也可采用肥料深施提高利用率或者改变轮作制度等来实现。从源头上减少径流和排水量，则需要对水分进行优化管理，根据作物水分需求采用节水或精确灌溉技术等。

（一）化肥氮的优化减量技术

优化施肥技术是以保证作物产量为核心，以作物养分需求为指导，并考虑土壤的养分供应能力进行施肥，使得施入的肥料尽量能被作物完全吸收利用，从而提高肥料利用率，达到减少化肥投入、降低面源污染的目的。

1. 基于目标产量和肥料效应函数的氮肥优化技术　农民为了确保高产往往施入过量的氮肥，但稻田长期定位试验结果发现，水稻产量与氮肥用量之间并不是简单的线性关系，而是二次曲线函数关系。氮素损失与氮肥用量存在着一个指数函数关系（图 14 - 2），表明过多的氮肥投入不仅产量有所下降，而且环境污染比较严重。因此，适当减少施氮量，不仅能提高产量，还能减少面源污染。根据肥料-产量效应函数法，太湖流域稻田的最佳施氮量在 $210\sim270~kg/hm^2$，而目前太湖流域稻田平均施氮量在 $352~kg/hm^2$，这表明目前农户的化肥用量水平普遍过量30%左右。化肥减量试验结果也证实，在当前农户施肥水平下（$270\sim300~kg/hm^2$），稻季化肥用量减量 $20\%\sim30\%$ 是可行的，对产量没有显著影响（Xue et al.，2014）。但这均是短期（$2\sim3$ 年）少数试验田块的结果，而我国土地实行农户分散经营制，田块小且田块间土壤肥力的时空变异性巨大。在确保水稻高产可持续性（即不以

牺牲土壤肥力为代价）的前提下，面对千家万户，化肥减量应该减多少、能减多久关系到合理施氮量的计算问题。

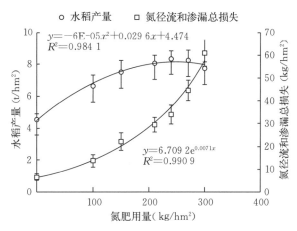

图 14-2　不同施氮量下水稻产量和氮肥流失的变化

目前，我国水稻生产上普遍采用凌启鸿提出的精确定量施氮法：施氮量＝（目标产量－基础产量）×百千克籽粒吸氮量/氮肥利用率。该方法基于斯坦福方程，通过确定基础产量、百千克籽粒吸氮量和氮肥利用率 3 个参数来计算合理的施氮量。虽然百千克籽粒吸氮量经过多年、多点、多品种的试验研究已基本明确，参数相对比较稳定，但基础产量（即无氮区的产量）的精确确定仍然是一个难题。该指标可通过田间试验得出或者通过土壤速效养分指标来估算，但无法解决这一参数的时空变异性问题。朱兆良（2006）提出了区域平均适宜施氮量的概念和做法，推荐在土壤、气候、生产条件、农艺管理和产量水平相对一致的区域内，采用平均施氮量来代替每个田块的经济最佳施氮量。这无疑为区域化肥总量的控制提供了一个可行的办法，但区域平均适宜施氮量的计算仍然需要通过大量的田间试验来获得。其采用的仍是肥料产量效应函数法，同样无法解决地块之间的空间变异性问题。巨晓棠（2015）在以往理论氮量概念和方法的基础上，考虑了其他来源氮素输入情况，包括秸秆还田、干湿沉降、灌溉水带入以及非共生固氮等，进一步推导出根据百千克籽粒需氮量的理论施氮量计算方法。该方法综合考虑作物的持续高产稳产以及土壤氮素的平衡，认为高产不能以牺牲土壤地力为代价，简化了斯坦福方程中土壤基础供氮量的计算过程，只需百千克籽粒需氮量这一参数，便可根据相应地块的目标产量口算出合理施氮量。为了确保高产的可持续性，同时避免农户施入过量的化肥，巨晓棠提出的理论施氮量无疑是一种最为简便且易于推广应用的方法，其具体计算公式如下：

$$N = \frac{Y}{100} \times N_{100}$$

式中，N 为理论推荐施氮量（kg/hm^2）；Y 为目标产量（kg/hm^2）；N_{100} 为百千克籽粒吸氮量（或者称为施氮系数）。在当前高产条件下，太湖流域主推的籼稻品种建议取值 1.8，粳稻品种建议取值 2.1，杂交稻建议取值 1.7。

2. 运筹优化技术　为提高肥料利用率，目前水稻生产中多采用分次施肥的策略。例如，长江中下游区域多施 3～4 次肥，即基肥、蘖肥和穗肥。当前，在生产实际中，常用基-蘖-穗肥的比例为 4∶3∶3、5∶2∶3 等。要减量施肥，首先必须明确减施哪个时期的肥料。目前，我国稻田基蘖肥用量比例过高，占总施氮量的 60%～80%。利用 ^{15}N 示踪技术，以目前太湖流域常用的常规粳稻武运粳 23 以及杂交稻 Y 两优 2 号为供试材料，对水稻基肥、蘖肥和穗肥的氮素去向进行了系统研究。结果发现，水稻一生中吸收积累的氮素中，基肥的贡献占 4.13%～10.59%（平均 6.92%），蘖肥占 3.98%～11.75%（平均 7.58%），穗肥占 13.32%～37.56%（平均 26.02%），土壤的贡献占 45.71%～70.83%（平均 59.91%）；基肥氮和蘖肥氮的吸收利用率分别仅有 20%～21.4% 和 20%～

26.8%，远远低于穗肥（66.1%～71.6%），基蘖肥中有55%～70%损失到环境中，土壤残留只有10%～22%，而穗肥的损失率不足20%（图14-3）（林晶晶等，2014）。基蘖肥用量越大，其损失也越大，总体氮肥利用率也越低。因此，从提高肥料利用率方面考虑，减少基蘖肥用量、增加穗肥比例是比较科学的方法。而且，重后期、轻前期的施肥策略可增加产量，并提高氮肥利用率。例如，在同等氮肥用量（225 kg/hm²）下，重穗肥不施基肥（基肥、蘖肥和穗肥的分配比例为0∶50∶50 和0∶30∶70）比传统施肥（36∶24∶40）高产且肥料利用率提高。太湖流域两年大田的试验研究也证实，氮肥用量从300 kg/hm²降低到150 kg/hm²，同时将基蘖肥用肥比例从75%降低到50%时，常规粳稻武运粳23的产量并没有出现下降，肥料利用效率显著提高；但如果在减氮的同时不调整基蘖肥比例，则产量下降3%～8%（表14-1）。这表明，在减量施肥的情况下要确保高产，更要注意前后期运筹比例，氮肥要重点用在肥料利用率高的后期。

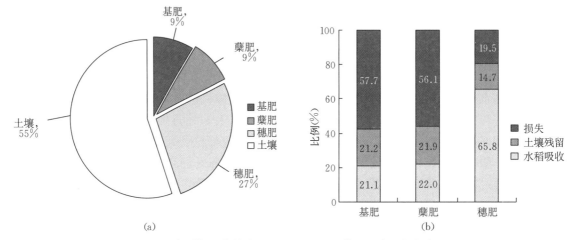

图14-3　水稻氮吸收的来源（a）和基肥、蘖肥、穗肥的去向（b）

表14-1　不同氮肥用量和运筹比例对水稻（武运粳23）产量和氮肥利用率的影响

处理	2012 年		2013 年	
	产量（t/hm²）	NUE（%）	产量（t/hm²）	NUE（%）
N1R1	10.73b	49.0b	10.80b	46.9b
N1R2	11.57a	64.6a	11.48ab	57.3a
N2R1	11.72a	37.1c	11.54ab	40.2c
N2R2	12.26a	45.5b	12.42a	47.4b

注：N1 为150 kg/hm²，N2 为300 g/hm²；R1 为基蘖肥比例75%，R2 为基蘖肥比例50%。同列数据后的不同小写字母表示差异显著（$P<0.05$）。

　　为明确基肥和蘖肥的运筹比例是否受土壤肥力的影响，选用武运粳23 为供试品种，采用大田小区试验，考察不同基蘖肥运筹比例在高、低肥力水平下，对水稻产量及产量构成因素、氮素利用率和群体质量的影响。试验结果表明，基蘖肥运筹比例对产量及氮素利用率的影响因地力水平的差异而不同。在低肥力土壤中，随着蘖肥比例的增加，分蘖速度增加，高峰苗数降低，干物质积累和产量均呈现先增加后减少的趋势。在基蘖肥比例为3∶7 时（总氮用量为300 kg/hm²），产量和氮肥利用率也最高，分别为13.12 t/hm²和41.50%（图14-4）。在高肥力土壤中，随着蘖肥比例的增加，高峰苗数和分蘖速度均有所下降，最终穗数也呈现下降的趋势，产量及氮素利用率也发生相应的变化，但差异未达到显著水平。低肥力下要保证高产，必须注重基蘖肥的合理运筹；高肥力下基蘖肥的运筹对产量影响不显著。

　　3. 根据作物长势的穗肥实时微调技术　在实际生产中，为确保高产，弥补前期水肥管理不当或

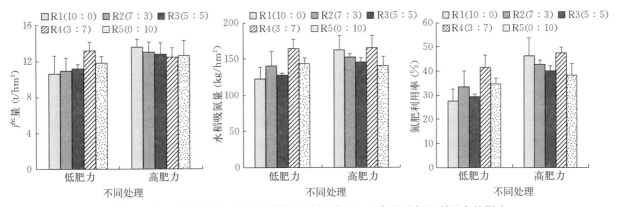

图 14-4　不同土壤肥力下基肥蘖肥比例对产量、吸氮量及氮肥利用率的影响

者土壤-气候条件变化对水稻生长和群体构建造成的影响，需要根据作物的实时长势对穗肥用量进行微调。根据高产栽培经验，长江中下游区域早熟晚粳群体高峰苗应为适宜穗数的 1.3～1.4 倍，叶色于无效分蘖期正常落黄，穗肥于倒 4 叶、倒 3 叶期正常施用；若群体茎蘖数不足，叶色落黄早，需要早施、重施穗肥；若中期群体大，茎蘖数过多，叶色不落黄，穗肥则要推迟、减量施用；若剑叶抽出期仍未明显褪黄，则不必施穗肥。为了精确调整穗肥用量，可利用叶绿素仪（SPAD 仪）、便携式光谱仪或光谱传感器等测定的叶色或冠层反射光谱对水稻生长进行无损快速评估，并对穗肥氮用量进行决策，从而有效解决作物长势和土壤养分存在的时空变异性问题。

基于叶色的水稻实地氮肥推荐法（SSNM），在保证产量的基础上，可减少农户氮肥用量 20%～40%、减少全氮渗漏和径流损失分别为 38% 和 26%。该施肥技术的关键点是在水稻关键施肥期根据水稻叶片叶色（SPAD 读数）对追肥用量进行实时调整，若实测叶片 SPAD 值低于临界值，说明水稻呈缺氮状态，则需要在原追肥用量的基础上多施氮肥；若高于临界值，则说明水稻呈氮过剩状态，则需要在原追肥用量的基础上减少用量。大量研究表明，江苏地区常规籼稻品种的叶片 SPAD 阈值为 35，常规粳稻品种为 37；而对于超级稻甬优 12 号，其穗分化期的 SPAD 临界值为 49。在实际应用中，一般取临界值加减一个单位为适宜的 SPAD 范围，增减的氮肥用量多以 10 kg/hm² 为标准。如籼稻，36 为临界值。若为叶片，SPAD 在 35～37，按原计划施氮；若低于 35 时，则需要在原计划施氮量的基础上增加 10 kg/hm²；若高于 37 时，则要少施 10 kg/hm²。巨晓棠（2015）发现，利用 SSNM 法推荐出的总施氮量一般均要略低于计算出的理论施氮量。若长期维持这一低施氮量，则会造成土壤本底氮的消耗，引起产量下降现象。如薛利红等（2014a）在江苏省宜兴市周铁镇的研究表明，水稻连续 3 年施氮 150 kg/hm²，尽管与农户对照在统计上差异不显著，但第二年起水稻产量会出现轻微下降。若要保证高产，必须考虑土壤地力的变化，根据作物长势，每年都对追肥用量进行调整。在江苏江都的研究结果表明，SSNM 法推荐的施氮量第二年比第一年高 20 kg/hm²，此时水稻保持持续高产并比对照农户增产 8% 左右。

作物冠层光谱指数以其反映的冠层群体信息可以从遥感影像获取等优点，在近年来备受关注。其中，传统的 NDVI 因其容易获取而常被用来诊断作物的氮素营养状况并进行推荐施肥研究。薛利红等（2014a）基于冠层 NDVI 构建了面向目标产量的水稻光谱诊断追肥算法（SDNT），与传统氮肥报酬曲线计算出的最佳施肥量和最高产量相差无几。在江西双季稻区的示范应用结果发现，推荐施氮量因土壤田块地力的不同而不同，早晚稻的推荐施氮量变化在 157.5～181.5 kg/hm² 和 165～187 kg/hm²，比农户施氮量减少了 1%～18%，平均减少 8%～9%，但早晚稻产量分别比农户平均增产 7.1% 和 7.6%，氮肥农学效率分别提高了 30% 和 47%（表 14-2）。这些表明，基于作物长势的穗肥调控技术能够根据作物的实时长势以及作物高产氮素需求对氮肥用量进行及时校正，从而可以有效避免过量施肥或者施肥不足带来的不利影响，确保高产并减少氮素的损失。

综上所述，为保证稻田的高产稳产和可持续发展，必须在保证土壤肥力不下降的基础上，对氮肥用量进行合理减量。低土壤肥力下化肥减量空间较小,高土壤肥力下化肥减量空间较大。适宜施氮量的计算宜采用基于目标产量的理论施氮量计算方法,即目标产量与百千克籽粒吸氮量的乘积。应减施的化肥量等于农户施氮量与理论施氮量的差值。化肥减量应重点减施前期用肥,即基蘖肥。氮肥运筹应根据土壤肥力的高低进行优化调整。低土壤肥力下应重视前期用肥,促进水稻早发、快发,基蘖肥施用比例以 60% 为宜。其中,基肥与蘖肥的比例以 3:7 为宜;中高土壤肥力下,基蘖肥的比例降低到 50% 左右为宜。在此基础上,可利用叶色或冠层光谱无损监测技术对水稻长势进行实时无损诊断,并根据作物高产氮素需求对穗肥用量进行实时动态调整,从而确保高产。

表 14-2 基于光谱的水稻氮肥推荐方法在江西早晚稻的应用

田块	氮肥推荐方法	早稻			晚稻		
		施氮量 (kg/hm^2)	产量 (t/hm^2)	氮肥农学效率 (kg/kg)	施氮量 (kg/hm^2)	产量 (t/hm^2)	氮肥农学效率 (kg/kg)
田 1	SDNT	166.5	7.77	17.0	165	5.98	10.59
	SN	183.0	7.35	13.2	195	5.50	6.51
田 2	SDNT	181.5	7.94	17.6	187	5.71	7.93
	SN	183.0	7.36	14.3	195	5.41	6.05
田 3	SDNT	157.5	7.65	18.0	184	5.82	8.66
	SN	183.0	7.10	13.6	195	5.37	5.86

注：SDNT 表示光谱推荐施肥法，SN 表示常规多次施肥对照。

(二) 化肥磷的周年运筹优化条件技术

土壤有效磷累积在 10 mg/kg 以上时,粮食作物施磷肥不再增产。目前,南方稻麦轮作农田土壤有效磷大都在 15 mg/kg 以上。由于水稻季淹水条件下土壤磷的有效性会提高,而旱季从淹水到落干的过程磷的有效性会降低。因此,需在一个轮作周期中统筹考虑不同作物季磷肥的分配,充分利用残留磷肥的后效。20 世纪 60 年代,鲁如坤先生利用盆栽试验得出,水稻-旱作轮作系统将磷肥施用于旱作季的产量比施用于水稻季的产量增加了 80%,并且提出了"旱重水轻"的施磷理念。然而,农民仍在稻麦两季均大量施用化学磷肥或者复合肥,导致土壤磷素盈余,磷素利用率低,流失风险加大。针对太湖流域农田磷肥施用过量、利用率低、环境风险加剧等问题,根据淹水土壤磷有效性提高的原理,中国科学院南京土壤研究所在太湖地区江苏宜兴和常熟建立了稻麦农田磷肥减施长期定位试验,优化磷肥施用的周年运筹,实施"稻季不施磷"的稳产减排策略。经过 4 年 10 种水稻土盆栽试验以及迄今 8 年田间定位试验,证明稻季不施磷可以在保证稻麦作物产量的同时提高磷肥平均周年利用率 5.42%,径流总磷排放量减少 20.6%,磷输入输出总体平衡。并进一步利用 $^{31}P-NMR$、土壤磷酸盐氧同位素、高通量测序、薄膜扩散梯度技术 (DGT-P) 等技术发现:稻季不施磷,根际土中有效磷源足够水稻生长,且主要来源于无机磷库 $NaHCO_3-Pi$ (活性磷源) 及 $NaOH-Pi$ (中活性磷源),磷的移动与释放受铁循环控制,与土壤磷素转化相关的细菌为变形杆菌及鞘脂杆菌 (Wang et al., 2016)。因此,建议稻麦轮作农田仅旱季作物基肥正常施用磷肥 75~90 kg/hm²,稻季不施磷,稻麦轮作周年可减少磷肥用量 60~75 kg/hm²。

(三) 有机替代减量技术

这类技术多以农业废弃物(如秸秆、处理过的畜禽粪便、沼液沼渣、菌渣)、绿肥等富含一定氮、磷养分的有机物料来替代部分化肥,利用有机物料中养分缓慢释放的特点,达到减少化肥用量、减少面源污染排放的目的。稻麦轮作系统采用有机肥与无机化肥配施,与传统农户施肥处理相比,可减少氮用量 25% 左右,产量略有增加,氮肥利用效率增加,稻季径流氮损失减少 6%~28%,麦季径流和渗漏损失减少 25%~46%。与等氮量的纯化肥处理相比,径流减排效果因径流产生的时间而变化,若径流发生在施肥后期,有机肥处理因其养分缓慢释放特性而导致径流损失略高于纯化肥处理;若径流发生在施肥后 1 周内，则低于纯化肥处理。秸秆还田处理使稻麦两熟制农田周年作物产量略有增加，减少稻麦周年的氮、磷径流损失量 7%～8%。双季稻采用绿肥还田，能减少化肥氮投入 115.5 kg/hm²，径流氮损失减少 8.9 kg/hm²。

若采用商品有机肥还田，有机肥的比例以占氮总量的 20%～30% 为宜，注意有机肥带入的磷也要计算在磷肥用量中。若基肥时施入，既能维持土壤肥力、保证产量，又不过多增加投入成本，是一项经济简单又能减少面源污染的实用技术。

（四）新型缓控释肥及肥料深施技术

鉴于传统速效化肥释放速度快、需多次施肥等缺点，发展了新型缓控释肥技术。新型缓控释肥通过对传统肥料外层包膜处理来控制养分释放速度和释放量，使其与作物需求相一致，可显著提高肥料利用率。另外，包膜材料阻隔膜内尿素与土壤脲酶的直接接触及阻碍膜内尿素溶出过程所必需的水分运移，减少了参与氨挥发的底物尿素态氮，还抑制了土壤脲酶活性，从而明显降低氨挥发损失。在江苏宜兴大埔连续 3 年的田间试验结果表明，不论稻季或麦季，与等氮量的普通尿素处理相比，缓控释肥明显降低了径流氮浓度，减少径流氮损失 50% 左右，降低氨挥发损失 15%～30%，减少基肥期淋洗氮损失 35% 左右。无论是在单季稻区还是双季稻区，稻田施用缓控释肥，能比农户常规施肥减少氮肥用量 10%～26%，产量不减少甚至增加，径流总氮损失降低 36%～53%。

随着土地流转规模的日益扩大，劳动力日益紧缺，对机械化技术的需求呼声越来越高，水稻插秧侧深施肥技术（图 14-5）逐渐得到了发展应用，并入选了 2018 年度农业农村部十大引领性技术。江苏省农业科学院利用水稻插秧同步深施机械，在南京汤山开展了稻田不同施肥深度（撒施、深施 5 cm 和深施 10 cm）对水稻产量、氮肥利用及损失的影响。结果表明（表 14-3），在等氮用量下，无论是化肥还是缓控释肥，深施都起到了增加产量、减少氮素径流损失的作用，5 cm 施肥深度优于 10 cm。普通化肥深施效果更显著，基肥侧深施 5 cm＋追肥处理比常规撒施处理产量显著增加了 28.8%，径流氮减排 23.5%；缓控释肥侧深施在氮用量减少 20% 的情况下也能比对照处理增产 29.5%，田面水氮素浓度降低 43.4%，氨挥发损失降低 81.2%，氮径流减排 29.4%，温室气体排放

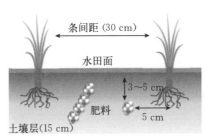

图 14-5　水稻插秧侧深施肥技术示意图

表 14-3　普通化肥和缓控释肥深施对产量及径流氮损失的影响（南京汤山）

处理	氮用量（kg/hm²）	产量（kg/hm²）	氮径流损失（kg/hm²）
化肥分次撒施（对照）	225	8 595b	2.55a
基肥侧深施 5 cm＋追肥	225	11 070a	1.95b
基肥侧深施 10 cm＋追肥	225	10 800a	1.8b
缓控释肥一次性撒施	225	10 200a	2.4a
缓控释肥一次性侧深施 5 cm	225	12 120a	2.1ab
缓控释肥一次性侧深施 10 cm	225	11 265a	2.1ab
缓控释肥减量一次性侧深施 5 cm	180	11 130a	1.8b

注：同列数据后不同小写字母表示差异显著（$P<0.05$）。

强度也显著降低（侯朋福等，2017）。化肥深施处理促进了水稻根系的生长发育，鲜重、干重、根长等都高于化肥撒施处理，增加了水稻对氮的吸收利用，有效降低了稻田田面水中的氮浓度，从而减少了氨挥发损失以及径流氮损失，提高了氮肥利用效率。因此，缓控释肥结合机械深施是当前适应机械化操作需求、省工减排的一项好技术措施。2020 年度，由南京农业大学、江苏省农业科学院等单位共同研发的"水稻机插缓混一次施肥技术"入选为农业农村部十大引领性技术和江苏省主推技术。利用水稻专用的缓控释掺混肥结合侧深施，氮肥总用量可在推荐施氮量标准的基础上减少 20% 左右，一次性施肥就能满足水稻全生育期养分需求，氮肥利用率大幅提高，高产、高效且省工，适宜规模化农田及劳动力比较紧张的情况。

在太湖地区稻麦轮作系统下，麦季当前多采用免耕/旋耕＋种子撒播＋肥料分次撒施方式，肥料利用率低。试验发现，采用小麦条播-深施肥一体化技术，在等氮用量下，普通复合肥正位深施比撒施处理亩增产 21%，缓控释肥正位深施比缓控释肥撒施增产 10.3%，比普通化肥撒施增产 47%；径流氮损失也相应下降了 7%~36%（表 14-4）。大田示范结果表明，采用条播深施肥一体化技术，可节约 25% 的用种量，减少氮肥用量 10% 的处理比不减少氮肥用量处理增产 8%，氮肥利用率提高 5.4 个百分点（表 14-5）。

表 14-4 等氮用量下小麦不同施肥处理下的产量与径流氮损失（南京汤山）

施肥处理	产量（kg/hm²）	增产（%）	径流氮损失（kg/hm²）	氮减排（%）
化肥分次撒施	3 720c	—	12.0a	—
化肥基肥深施	4 515b	21	11.2a	7
缓控释肥撒施	4 965b	—	9.9ab	17
缓控释肥深施	5 475a	47	7.6b	36

注：同列数据后不同小写字母表示差异显著（P<0.05）。

表 14-5 小麦条播深施肥一体化技术大田示范效果（苏州太仓）

播种施肥模式	施氮量（kg/hm²）	产量（kg/hm²）	氮肥利用率（%）
撒播	0	3 345c	—
撒播撒施	300	6 405b	42.1b
条播深施	270	6 930a	47.5a

注：同列数据后不同小写字母表示差异显著（P<0.05）。

（五）肥料增效剂/土壤增效剂与化肥配施模式

土壤添加剂一般均通过各种途径或作用使养分离子固持于土壤中，提高作物吸收利用量从而减少其损失。目前，应用比较广泛的添加剂主要有生物炭、硝化抑制剂、脲酶抑制剂、微生物菌肥等。生物炭具有较大的比表面积，表面具有丰富的官能团，特别是含氧官能团，可以大大提升生物炭对土壤中养分的吸附固持作用，改善土壤理化性状。常规裂解生物炭由于 pH 偏高，稻田施用会导致氨挥发排放量增加，但低量处理下单位产量的氨挥发排放量有所降低；而采用水热炭或改良后的水热炭，由于其呈弱酸性，可有效降低稻田氨挥发，并增加水稻产量，微生物陈化水热炭可减少稻田氨挥发排放 11.5%，增产 24.4%（Yu et al.，2020）。稻田单独施用微藻水热炭可获增产但气态损失增加，施用膨润土热活化后的微藻水热炭，稻田氨挥发减少了 41.8%，水稻产量增加了 18.8%。低量的生物质副产品（木醋液）和生物炭配施，可实现氨挥发的减量和产量的增加，并显著降低温室气体排放（Sun et al.，2020）。低肥力稻田土壤施用水热炭效果更佳。

稻田施用硝化抑制剂 CP，在增产的同时提高了肥料利用率，降低了田面水中的硝态氮浓度，但增加了田面水中的铵态氮浓度，增加了氨挥发损失。为明确适宜长江中下游地区稻麦轮作农田的添加剂组合，在对氮、磷进行源头减量的基础上采用盆栽试验，探究不同土壤添加剂及其组合应用对稻麦作物生长、产量以及氮、磷损失的控制效果。两年试验结果表明，在减施化肥的同时配施生物炭和硝化抑制剂，可显著增加小麦产量，氮肥农学效率和生理效率显著提高，整个麦季通过径流和渗漏损失的氮、磷分别减少了 68.8％和 26.1％；稻季则以微生物菌肥与生物炭的组合处理表现最佳，与对照相比，可显著提高水稻产量 45.4％，有效降低水稻生育前期氮素流失风险，缩短养分流失风险期，并能维持土壤肥力。

（六）种植制度/轮作制度调整技术

轮作制度或者耕作制度不同，化肥的投入量及水分管理方式也会不同，从而造成的面源污染情况也不尽相同。在太湖流域江苏宜兴连续 8 年的定位试验结果表明，与稻麦轮作农户常规施肥模式相比，稻-紫云英、稻-黑麦草和稻-休闲轮作下水稻无氮区产量可达最高产量的 75％～85％，这 3 种轮作方式稻季氮肥用量分别减至 150 kg/hm²、200 kg/hm² 和 200 kg/hm² 时产量还略有增加，径流总氮损失可减少 18％～45％；由于冬季不施氮肥，冬季径流总氮损失减少了 70％～90％。洱海流域水稻 4 种不同轮作模式（水稻-蚕豆、水稻-油菜、水稻-大蒜、水稻-黑麦草）的调查也表明，水稻-蚕豆比水稻-大蒜模式减少氮素流失风险 38％。利用豆科植物轮作还田，可提高土壤肥力，降低稻季施肥量，减少稻季氮肥流失引起的环境风险。另外，由于冬季不施氮肥有效降低了土壤中速效氮含量，从而使冬季径流氮损失显著减少，无疑是河网地区环境敏感区面源污染削减的有效方法之一。连续 3 年绿肥还田后，土壤有机质和全氮含量分别比传统稻麦轮作田增加了 17.5％和 10.9％。Zhao 等（2015）根据田块尺度的监测结果评估了稻-蚕豆、稻-紫云英替代传统稻-麦轮作的氮素减排潜力和农业环境经济效益，3 年田间观测结果证实，稻-蚕豆和稻-紫云英可在稳定或小幅提高水稻产量的前提下，减少氮肥投入 50％～60％，有效削减氨挥发（38％～43％）和径流（70％～74％），降低氮素淋失（15％～22％）和 N₂O 排放（49％～53％）；产量与环境经济效应分析表明，尽管种植豆科作物是以牺牲小麦产量为代价的，但豆科作物因其目前较旺盛的市场需求和较高的价格，可在一定程度上弥补小麦收益损失。由此看来，基于豆科作物或绿肥多元化轮作搭配应是实现太湖平原稻区水稻高产和环保双赢的有效方法之一。不仅可以维持水稻高产和保证农民收益，也可明显降低农田氮素环境损失，同时具有一定的生态服务价值。因此，在太湖一级保护区以及水环境敏感区域，建议将稻麦轮作模式改为稻-绿肥轮作模式或稻-休闲种植模式，在培养地力的同时，最大化地减少氮、磷排放。在其他区域，则推荐麦季每 3～5 年种植一次豆科绿肥或豆科经济作物。但将来还要进一步从长期稻-麦-豆科作物或绿肥等多元化轮作模式下的碳氮减排潜力和生态系统净效益进行分析，为稻作区减氮增效和污染控制提供有效的解决方案和可行途径。

（七）节水灌溉减排技术

稻田田面平整，犁底层结实，并在田埂的保护下形成封闭径流体系。只有在特殊情况（如暴雨发生时），田面水才会溢出形成机会径流。因此，通过水分管理在源头上控制氮、磷流失是可行的而且较易实施。在同一施氮水平下，水稻控制灌溉可明显减少灌水次数和灌水量，节水 25％左右，并降低渗漏水量 32.7％。尽管渗漏水中氮浓度略有上升，但渗漏氮损失量仍减少了 16％～49％，产量还有所增加。水稻采用间歇灌溉和湿润灌溉相比常规淹灌能显著减低排水中氮、磷浓度。研究发现，在节水灌溉的基础上，组合降水信息，用田间烤田取代人工田间排水，确保在水稻全生育期内只灌不排的稻田"零排放"水分管理技术，可使一季水稻的总磷、溶解态磷和颗粒态磷的净排放负荷分别降到 0.65 kg/hm²、0.30 kg/hm² 和 0.17 kg/hm²，使稻田由输出磷素的"源"转而成为截流净化磷素的"汇"，起到了净化水体的作用（Zhang et al.，2007）。乔欣等（2011）则提出了稻田的浅灌深蓄模式，即提高田埂高度、降低每次灌水的深度，比常规灌溉能减少排水量 44.7％。在此基础上，又发展到智能灌溉系统。在江西双季稻的应用表明，早稻可节水 50％以上，增产 6.4％～14.3％，减少排水 56％～72％，降低氮、磷流失 60％以上；晚稻可节水 14％～24％，增产 9.1％～10.4％，减少排水 80％以上，降低氮、磷流失 80％以上（表 14-6）。

表 14-6　智能灌溉系统在双季稻中的应用效果

项目	节水		增产		减排					
	节水量 (m³/hm²)	比例 (%)	量 (kg/hm²)	增幅 (%)	排水量 (m³/hm²)	减幅 (%)	氮减排 (kg/hm²)	减幅 (%)	磷减排 (kg/hm²)	减幅 (%)
2017 早稻	1 430	50	412	6.4	1 105	72	25.86	85	2.43	80
2017 晚稻	528	14	795	10.4	436	83	9.38	90	0.71	83
2018 早稻	840.5	90	811.5	14.3	462	56	23.1	65	4.61	66
2018 晚稻	1 120	24	766.5	9.1	0	—	—	—	—	—

注：本表数据由江西省农业科学院钱银飞提供。

稻田节水灌溉减少氮、磷流失的机制主要体现在：一是减少了稻田机会径流，降低了排水量；二是降低了稻田表层水的水压，削弱了稻田水分下渗的动力，抑制了氮、磷的淋失；三是薄水层增加了土壤及其表层水中微生物的数量和活性，提高了氮素吸收利用率；四是土壤通气性增强，氧化还原电位增加，加速了磷的固定，降低了磷素流失的潜能。在大面积推广应用时，稻田只要在施肥后1周内避免排水事件的发生，就能有效避免氮、磷随径流或排水的流失，起到良好的减排效果。

三、稻田流失养分的生态阻控技术

（一）稻田排水口原位促沉技术

暴雨径流时，农田排水中颗粒态污染物较高，综合考虑氮、磷污染物迁移途径和特点，在农田排水口处设置原位促沉净化装置，内填充能高效吸附、过滤的环保材料，可实现对悬浮物的高效阻控以及氮、磷的初步净化。根据农田规模大小，研发了两种装置：适合于农田集中排水口的农田排水促沉净化池和适用于小田块排水口的生物强化净化反应器（图 14-6）。农田排水促沉净化池主要由外围过滤带和内部促沉净化系统两部分组成，工程部分主要包括渠体及生态拦截坝、节制闸等，生物部分主要包括渠底、渠两侧的植物。根据"兼顾农田排水管理与拦截净化功能，尽量少占土地，经济实用，生态安全"的原则，在农田原有排水系统的基础上，因地制宜地对现有的农田排水口进行工程改造，建设农田排水促沉净化池，对农田排水中的颗粒态污染物及部分溶解态污染物进行原位拦截和净化，达到削减农田氮、磷流失的功能。农田排水促沉净化池借鉴潜流-垂直流人工湿地的技术思路，是一种原位拦截净化农田排水污染物的治理措施。在空间结构设计的基础上，利用水流速的改变和填料的合理配置，使颗粒、悬浮物、胶体等污染物被高效拦截、沉淀和去除。

多田块集中排水口
促沉净化池

单田块排水口
生物强化净化反应器

图 14-6　农田排水促沉净化池和生物强化净化反应器

农田排水促沉净化池的作用机制：针对农田排水以颗粒态污染物为主的特点，综合考虑污染物迁移途径和迁移特点，在靠近污染物产生区域内设置污染物促沉净化装置，通过空间结构设计改变农田排水水流路径，带动污染物，尤其是颗粒态污染物在预设路径内流动，增加污水在迁移路径上的水力停留时间，并通过三角堰布水、集水管集水和布水管二次布水的方式，使水流在下行-上行-下行中流动，促进颗粒态污染物的沉降。同时，通过在装置空间布局条件下的填料布设，进一步实现对污染物的拦截、过滤和沉淀，最终通过填料表面和内部形成的微生物群落，部分降解去除污染物，延长填料的使用寿命和作用时间。因此，该装置是通过内部集水管串联外围过滤带和内部促沉净化系统，使污水经过外、内两次拦截、过滤和沉淀，最终实现污染物的部分去除。

研究结果表明，促沉净化池对悬浮物的去除效果可达 52%～68%，对排水中全氮的去除率可达 14%～38%，去除率随排水中氮浓度的增加而提高。生物强化净化反应器对农田排水中氮的平均去除率为 16%。

（二）生态沟渠拦截技术

径流排放是农田氮、磷排放的主要途径，其离开农田后一般经沟渠等汇入周围水体。太湖流域稻麦轮作农田多以水泥沟渠为主，部分为传统的土质沟渠。近年来，生态拦截沟渠逐渐在太湖流域得到推广应用。生态拦截沟渠主要是通过对现有排水沟渠的生态改造和功能强化，或者额外建设生态工程，利用物理、化学、生物的联合作用对污染物（主要是氮、磷）进行强化净化和深度处理，不仅能有效拦截、净化农田污染物，还能汇集处理农村地表径流以及农村生活污水等，实现污染物中氮、磷等的减量化排放或最大化去除。该技术具有不需额外占用耕地，资金投入少，农民易于接受，又能高效阻控农田氮、磷养分流失等特点。生态拦截型沟渠系统（图 14-7）主要由工程部分和植物部分组成。沟渠采用带有植物定植孔的硬板材构建而成，沟内每隔一定距离设置一个小型的拦截坝（高度 10～20 cm），也可放置一些多孔的拦截箱，拦截箱内装有能高效吸附氮、磷的基质，沟底、沟壁以及拦截箱内均可种植高效吸收氮、磷的植物。通过工程和植物的有效组合，农田排水中的氮、磷通过植物吸收、基质吸附、泥沙沉降以及流速减缓等被有效去除（杨林章、周小平，2005）。

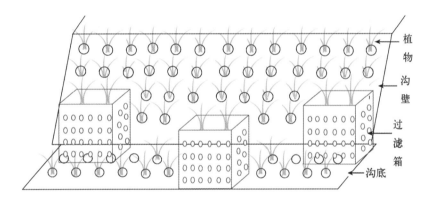

图 14-7 生态拦截型沟渠的示意图

注：图示为一个沟壁和沟底。

生态沟渠、混凝土沟渠和土质沟渠等不同类型沟渠对氮、磷拦截效果的野外模拟试验发现，无论是静态试验（水力停留时间 24 h 和 48 h）还是动态流水试验（固定进水流速），生态沟渠对不同进水浓度的氮、磷去除率明显高于土质沟渠和混凝土沟渠。在太湖流域江苏省宜兴市大浦镇汤庄村的连续 3 年监测表明，生态拦截型沟渠对稻田径流排水中氮、磷的平均去除率可达 48.36% 和 40.53%（杨林章、周小平，2005）。在珠江三角洲地区的应用实践表明，在原有排灌沟渠基础上改建的生态沟渠，能在满足原有排灌功能的前提下，对稻田排水径流中固体悬浮物、总磷、总氮、化学需氧量、铵态氮的去除效率分别达到 71.7%、63.4%、49.9%、26.6%、14.5%（何元庆等，2012）。这些均证实了生态沟渠对稻田排水氮、磷存在较好的拦截效果。

生态沟渠的构造类型会影响其对污染物的拦截效率，加之农田面源污染物浓度具有较大的变异性，为进一步明确生态拦截沟渠的适宜构造类型，分别比较了不同规格和不同构造的生态沟渠对氮、磷拦截效果的影响。刘福兴等（2019）通过控制相同的表面水力负荷，比较研究了动态进水

（TN 0.86～6.13 mg/L、TP 0.11～0.28 mg/L）条件下 3 种不同深度规格的生态沟渠（E0.80 表示深度 0.8 m、E1.05 表示深度 1.05 m 和 E1.30 表示深度 1.30 m）对农业面源主要污染物的去除效果（表 14-7），发现 3 种不同深度规格的生态沟渠对 NH_4^+ - N、TN、TP 和悬浮物（SS）的去除率均达到 50% 以上。其中，E1.30 对污染物的去除效率较高，NH_4^+ - N、TN、TP 和 SS 的总平均去除率分别为 64.9%、63.1%、71.8% 和 60.8%，且污染物出水浓度较为稳定，耐冲击负荷能力相对较强。在此基础上，利用动态进水试验进一步比较了 3 种不同构造的 1.30 m 深生态沟渠（沟壁种植狗牙根）对排水中氮、磷去除效果的影响：①植被生态沟渠，在沟底种植相同密度（45 株/m²）的常绿苦草；②填料生态沟渠，填料为粒径为 4～6 cm 的沸石，采用网带装填后置于沟底，装填厚度为 0.4 m；③植被＋填料生态沟渠，在沟底种植常绿苦草并铺设沸石填料。结果表明，在进水污染物 NH_4^+ - N 浓度为 0.17～1.23 mg/L、TN 浓度为 0.86～6.13 mg/L、TP 浓度为 0.11～0.24 mg/L、SS 浓度为 24.0～70.0 mg/L 条件下，3 种构造生态沟渠对 NH_4^+ - N、TN、TP 和 SS 的去除效率均达到 50% 以上（表 14-8）。其中，植被＋填料生态沟渠对污染物的去除效率最高，NH_4^+ - N、TN、TP 和 SS 的总平均去除效率均超过 70%，稳定性也相对较强。沟渠中 TN 和 TP 浓度随迁移距离呈指数递减趋势。生态沟渠长度在 110 m 长时对污染物的处理效果较好，表明生态沟渠是能够有效去除农业面源污染物的技术。在实际应用中，可因地制宜地建设 E1.30 规格的生态沟渠，辅以高效吸附氮、磷的材料以及氮、磷高效吸收的植物，并结合小拦截坝等措施以及强化净化反应装置等，进一步提高对农业面源污染物的去除能力。每 100 亩农田至少建设 110 m 长的生态沟渠。

表 14-7　不同规格生态沟渠对面源污水中污染物的去除效率和变异系数

沟渠规格	NH_4^+ - N		TN		TP		SS	
	去除效率（%）	变异系数（%）	去除效率（%）	变异系数（%）	去除效率（%）	变异系数（%）	去除效率（%）	变异系数（%）
E0.80	61.4±29.0	47.2	58.7±18.6	31.7	64.0±16.3	25.5	58.5±26.7	45.7
E1.05	54.7±31.2	57.1	62.5±13.7	21.9	70.2±13.8	19.7	50.3±36.6	73.7
E1.30	64.9±14.2	21.9	63.1±14.6	23.1	71.8±8.6	11.9	60.8±21.8	35.8

表 14-8　不同构造生态沟渠对农田面源污染物的去除效率和变异系数

沟渠构造	NH_4^+ - N		TN		TP		SS	
	去除效率（%）	变异系数（%）	去除效率（%）	变异系数（%）	去除效率（%）	变异系数（%）	去除效率（%）	变异系数（%）
E草	64.9±14.2	21.9	63.1±14.6	23.1	71.8±8.6	11.9	60.8±21.8	35.8
E填	62.8±27.0	42.9	53.2±10.2	19.1	73.7±6.4	8.7	64.1±21.7	33.9
E草+填	70.3±11.7	16.7	70.6±14.3	20.3	74.3±5.9	7.9	80.2±11.1	13.8
P 值	0.590		0.006		0.724		0.022	

注：E草、E填 和 E草+填 分别表示沟底植被、沸石填料和植被＋沸石填料 3 种构造生态沟渠。

（三）生态塘浜湿地净化技术

利用稻田周边的低洼地或断头浜等构建生态塘浜湿地对稻田排水进行净化，是当前常用的技术之一。太湖流域开展的研究发现，生态塘对稻季 3 场降水径流 TN 的平均去除率为 34.7%，TP 平均去除率为 34.8%；生态塘对降水径流中不同形态氮、磷的去除率大小排序为铵态氮（NH_4^+ - N）＞颗粒态氮（PN）＞硝态氮（NO_3^- - N），颗粒态磷（PP）＞溶解态磷（DP）；降水径流结束后，TN 在生态塘中的去除率为 50.4%，TP 在生态塘中的去除率为 52.3%。生态塘的净化效率与污染负荷、植被类型等有关。在江西稻田的研究发现，生态塘对排水中总氮和总磷的去除率分别达 25.19% 和 30.42%。为实现农田排水"达标"排放，人们在排灌单元的基础上，通过在农田排水沟末端设置生态塘，生态塘中配置以水葫芦为主的养分富集植物来净化农田排水。监测结果发现，水稻季农田生态塘水生植物氮、磷、钾养分总富集量占整个稻季农田养分流失量的 65.1%～86.2%，经净化后可实现达标排放，并推荐每 100 亩稻田配置 2～3 亩的生态塘。

四、农田面源污染的"4R"防控策略及应用

针对集约化稻田化肥施用量高以及河网区氮、磷迁移路径短而引起的氮、磷流失负荷大等问题，杨林章研究团队以减少农田氮、磷投入为核心，拦截农田径流排放为抓手，实现排放氮、磷回用为途径，水质改善和生态修复为目标，研发了高产环保的稻麦农田养分精投减投，流失氮、磷的多重生态拦截，环境源氮、磷养分的农田安全再利用以及污染水体的生态修复等关键技术，形成了可复制、可推广的"源头减量-过程拦截-养分再利用-生态修复"的农田氮、磷流失综合治理"4R"集成技术（图 14-8）；并在《农业环境科学学报》发表了专栏文章对"4R"技术及应用成效进行了系统的详细介绍（杨林章等，2013）。

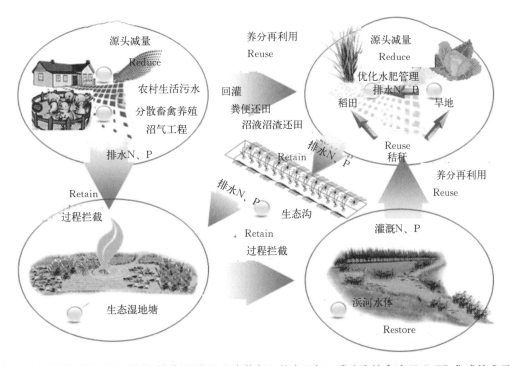

图4-8 "源头减量-过程拦截-养分再利用-生态修复"的农田氮、磷流失综合治理"4R"集成技术示意图

在"4R"理论与技术的指导下，研究团队 2016—2018 年在江苏省镇江市姚桥镇打造了万亩级别的稻麦农田面源污染综合防控基地，因地制宜地进行了稻麦周年化肥"源头减量-过程拦截-养分再利用-生态修复"技术的应用与工程示范。在化肥源头减量方面，稻季主要应用示范的有基于水稻插秧侧深施肥一体化的新型缓控释肥技术以及基于化肥总量削减-运筹优化-叶色诊断穗肥的精确施氮技术；麦季主要示范的是基于化肥总量削减的运筹优化技术、有机无机配施技术和稻麦周年磷肥优化运筹技术。在过程拦截方面，主要应用示范了农田排水的促沉净化技术、生态拦截沟渠和湿地塘净化技术，在核心示范区的农田排水口安装了 2 处小型净化反应器和 3 处大型的促沉池，建设了 3 条生态拦截沟渠（长度分别为 660 m、330 m 和 420 m，合计 1 410 m），并利用废弃的垃圾堆放地建设了一处大型的净化湿地塘（48 000 m²），平常核心示范区所有的地表径流均汇集到该湿地塘进行净化，大暴雨时，高浓度污染物的初期地表径流汇集到该湿地塘，后期的低浓度径流则经旁路系统直接排放至河道，基本实现了核心示范区农田排水的全部拦截与净化。在正常降水年份下，可实现核心示范区农田排水不外排。此外，对核心示范区的农田汇水重污染河道上社河的水质也进行了强化净化，建立了 1 km 长的河道水质修复工程，包括生态岸坡、强化净化生态浮岛、河道滨水生态系统以及漂浮水生

植物净化带建设。每年11月，对河道及湿地的水生植物进行收获，收获后的水生植物进行堆肥后重新回用到农田。

两年的运行监测效果表明，采用基于新型缓控释掺混肥的水稻插秧侧深施肥一体化技术，在化肥减量27%（施氮量可由正常的337.5 kg/hm²降低到240 kg/hm²）的条件下，产量由对照的8.16 t/hm²增加到8.92 t/hm²，氮肥利用率由36.2%提高到48.5%，氨挥发损失率由27.9%降低到13%，径流氮浓度也降低了近50%（由3.70 mg/L降低到1.95 mg/L），净收益增幅17%。生态沟渠对农田排水中氮、磷的平均去除率分别为40.7%和43.7%，农田排水中总氮浓度有80%的时间低于2 mg/L（图14-9），达到国家地表水V类水标准。示范区河道水质明显改善（图14-10），TN、NH₄⁺-N、TP和COD$_{Cr}$浓度分别下降28.9%、30.4%、21.9%和35.5%，达到地表V类水标准。

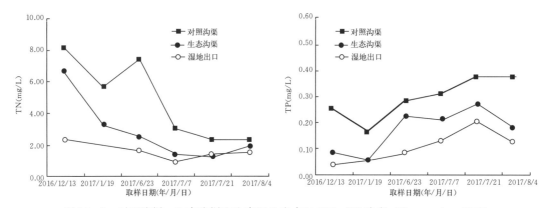

图14-9　对照沟渠、生态沟渠和生态湿地出水口 TN、TP 浓度（Xue et al.，2020）

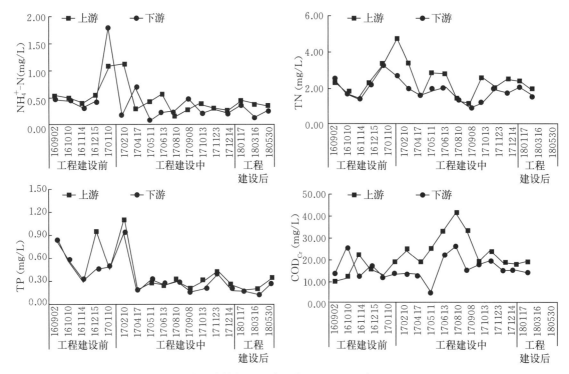

图14-10　上社河工程区水生态修复工程建设前后 TN、NH₄⁺-N、TP 和 COD$_{Cr}$ 浓度变化

"南方水网区农田氮、磷流失治理集成技术"入选农业农村部2018年度十大引领性技术和2019年度主推技术，已在江苏、浙江、江西、安徽、湖南、湖北等地进行了大面积应用。在保证产量的前

提下，可有效减少化肥氮、磷投入，降低农田氮、磷污染负荷 30% 以上，农田排水水质可达地表水 V 类水标准。区域水体环境明显改善，为我国南方水网区集约化稻田的面源污染控制提供了示范样板。

第四节　稻田养分管理与面源污染防控未来发展方向

稻田作为一种人工湿地，在做好水肥管理的前提下，具备净化周围水体的功能，是污染的"消纳汇"而不是污染源（曹志洪等，2005；薛利红等，2015）。因此，如何充分发挥稻田的湿地净化功能是稻田面源污染防控的关键，而水肥管理是重点。未来农田规模化程度不断加大、劳动力日益紧缺，农业生产对机械化和智能化技术需求越来越迫切，亟须轻简化、全程机械化或智能化的水肥管理技术，既能保证高产，又能实现稻田氮、磷排放的最小化。习近平总书记高度重视面源污染防控工作，提出了生态振兴、山水林田湖草沙系统治理等概念。如何提高区域尺度稻田系统的生态服务功能，在保障粮食生产的同时，为防洪减灾、美丽乡村建设添砖加瓦也是未来重点发展的方向。笔者认为，未来稻田养分管理及面源污染防控研究要在以下几个方面加强研究。

一、养分在稻田土-水界面及向水体的迁移转化研究

农业面源污染产生的实质，其实就是养分或污染物从"土相"向"水相"的运移，本质就是养分或污染物在土-水界面的迁移转化行为。因此，需要强化土-水界面间的污染物生物地球化学循环研究。然而，传统土-水界面的生物地球化学循环研究，忽视了土壤表层（尤其是稻田土壤表层）上的微生物聚集体的存在（水生生物学上被定义为周丛生物或自然生物膜），而它们可通过同化、吸收、吸附、硝化、反硝化、水解、降解等过程影响氮、磷、有机物等的转化和运移过程，进而影响农业面源污染形成、发生和发展。可见，为精准了解养分或污染物在土-水界面的行为及其对农业面源污染产生和排放的影响，需要强化周丛生物参与下的土-水界面间的污染物生物地球化学循环研究。

现在稻田田块尺度下氮、磷排放量的研究相对较多，但氮、磷在向水体迁移的沿程消纳研究不足，导致最终的入河量、入湖量不清。而农田排出的氮、磷在向最终大水体迁移的过程中有许多通过沉降、植物吸收、硝化、反硝化而被自净掉了，由于这部分数据不清楚，导致农田面源污染的贡献被高估，这也是当前很多人认为农田面源污染排放量高、贡献大的主要原因之一。为精确评估稻田面源污染负荷及其对水质的贡献，需要加强排水中氮、磷通过沟渠、塘、浜等向河湖水体迁移过程中的转化吸收降解规律研究，利用一些先进的膜进样质谱法（MIMS）等，量化水体反硝化脱氮的贡献，研究其与水生植物等周边环境之间的关系，利用同位素示踪技术对农田排水中的氮、磷进行示踪，并建立相关水文水质模型，精确估算农田排水中氮、磷的入河系数及其主要影响因素。

二、面向未来机械化智能化需求的稻田养分精准管理

2018 年，江苏土地流转总面积达 3 113 万亩，流转比例为 60%，我国部分地区高达 80%。土地流转加快，家庭农场、农业专业合作社等新型经营主体涌现，数量合计超过 12 万家。加上劳动力短缺，对全程机械化生产技术以及智慧化管理技术的需求日益迫切。如何面对未来规模化农业中的面源污染防控，应该在以下两个方面开展深入研究。

1. 绿色投入品的创制及配套高效施用技术　未来化肥投入向减量化和精准化发展。在减量的同时又保障粮食高产，守护住我们国家的粮食安全，必须大幅提高土壤养分的利用率，减少养分损失。因此，需要从品种、肥料、农药、水分等多方面入手，研发高效绿色投入品，包括养分高效利用型的水稻高产品种、一次性施肥就能保障全生育期所有养分需求的高效新型缓控释掺混肥料、可根据作物根系传导出来的养分需求信号而自动释放养分的智能肥料、能调控土壤养分平衡及供应的土壤调节剂、能有效阻控氨挥发损失的表面成膜剂等，也包括绿色农药与生物农药（植物免疫诱抗剂、生长发

育调控剂、高效除草剂和生物除草剂等)、可降解农膜等。同时，还需要研制配套的高效实用技术及农机装备等，适应未来规模化、现代化农业发展的需求。

2. 现代农艺与智慧农机融合的作物智慧生产理论与技术装备创新 包括作物及土壤信息的实时传感与响应技术；基于北斗导航以及数据控制系统的无人智能变量作业机械的研发，覆盖播种、插秧、施肥、喷药、收获等所有生产环节；基于大数据分析的农业投入品精准化、智能化管理技术，耦合作物模型、经济模型以及生态环境模型，考虑区域生态环境特征(如土壤肥力、水系水质等)的差别而形成不同的管理方案，如太湖一二级保护区等水质敏感区，执行严格的生态限量投入标准，其他区域则执行高产环保的投入标准，确保在粮食安全、农民增收的前提下，最大化地减少氮、磷排放。

三、稻田排灌系统优化布局及生态化改造

科学的水分管理是养分高效利用的前提，也是面源污染控制的关键之一。要有效控制面源污染，在田块尺度上要研发稻田智能灌排系统，可根据土壤墒情、植物需要以及天气预报(大气降水)精准控制灌溉量，尽量做到稻田零排水；在区域或小流域尺度上，需要对排灌水系进行梳理沟通及系统设计，以排灌单元为单位，充分发挥水体自身的生态净化功能，利用区域内部的沟渠塘浜等小微水体，通过合理的生态化改造(如关键节点建设生态沟渠、生态湿地塘浜等)，对农田排水进行调蓄和净化，并通过泵站的合理调度，构建小区域的循环灌溉体系，实现单元尺度的污染物"近零"排放。

四、强化稻田系统的生态服务功能，提升区域生态自净能力

现有面源污染防控技术仅关注源头减量或过程阻断，缺少从"土相""水相""生物相"等多层面上对污染物的生物地球化学循环过程的揭示，也缺少在生态系统的层面上的调控，忽略了生态系统自身的调控功能与机制，制约着农业面源污染防控措施的有效实施。生态系统自身具有调控功能，尤其是稻田生态系统。在稻田生态系统内部，可通过优化土地利用格局，如适当发展稻渔共生体系，建设生态田埂及生态沟渠，优化田、沟、塘浜的配置及连接方式等，提高生物多样性，从而提高氮、磷等营养盐的利用率，阻断污染物的迁移过程(图14-11)。当然，优化生态系统服务功能，并不是简单地在控制区内机械地进行植被恢复，还可从以下3个方面入手：① 研究基于区域污染物总量削减的农业用地格局的空间优化配置，以及各利用方式之间的空间衔接技术，有效阻断污染物的空间隔离带技术；② 研究合理的种植制度或轮作方式，优化"种植-养殖-加工"链中养分的循环模式与再利用技术；③探索集约化农田的排水方式，建立能逐级削减污染物的沟-渠-塘结构与工艺，延长污染物在沟-渠-塘中的停留时间，提高降解能力，实现农业生态系统的稳态转化和自净能力提升，促进污染物的区域联控。

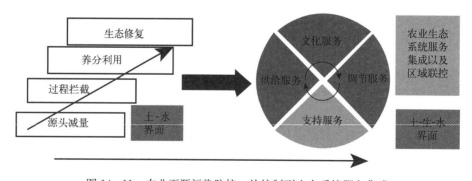

图14-11 农业面源污染防控：从控制到生态系统服务集成

在对稻田生态系统提升改造的基础上，开展稻田生态系统的全方位综合监测，覆盖水-生-土-气等多要素。水包括灌溉水和排水的量与质、地表水和地下水的周年变动规律，生包括种植结构演变、作物产量、品质、养分吸收等，土包括土壤理化性状、肥力指标以及生物学指标(如微生物和土壤动

物等生物多样性），气除了传统的气象监测外，还包括氨挥发和温室气体等，搭建稻作区农业环境的大数据库。在此基础上，从污染物的消纳净化、温室气体减排、防洪减灾以及区域气候调节等方面开展稻田生态系统的生态环境服务功能评价，研究农业系统生物多样性、区域"生产、生态和生活"协调的稻作区生态系统优化配置与功能提升、防灾减灾的生物和斑块多样性重建等关键技术，集成稻作区绿色宜居的环境构建技术体系。

五、相关标准与政策研究

1. 稻田养分投入限量标准的制定及配套政策研究　根据水系的功能分区制定相应的稻田养分投入限量标准，包括化肥和有机肥的投入。一级保护区等水质敏感区以生态环保优先，执行严格的化肥限量标准；其他区域在保证高产的前提下兼顾环境排放，实施经济施肥量。

2. 强化农业保护支持政策研究，扩充生态补贴范畴　包括农业保险制度的进一步细化和覆盖范围的拓宽，生态补贴范畴要拓展到新型缓控释肥、肥料深施机械、秸秆深还机械、与农业生态环境保护密切相关的田间工程建设和运维补贴（如建设农田排水促沉池、生态沟渠以及湿地塘的建设运维补贴等）。

3. 高素质农民和专业化科技服务队伍的培育体系建立与扶持政策　高素质农民是未来农业的主体，需要充分利用现有科研院所的优势，建立多手段、多途径的高素质农民教育体系，将最新研发的技术及时传播到农户手上。此外，专业化的定制服务将是未来规模化农业需求的重点，需要大力培育专业化科技服务队伍，如施肥管理、病虫害防治专业服务队，让专业的人干专业的事，并定期组织学习和培训，使其及时掌握最新技术。

主 要 参 考 文 献

曹瑞霞，刘京，邓开开，等，2019. 三峡库区典型紫色土小流域径流及氮磷流失特征 [J]. 环境科学，40 (12)：5330-5339.

曹志洪，林先贵，杨林章，等，2005. 论"稻田圈"在保护城乡生态环境中的功能：Ⅰ. 稻田土壤磷素径流迁移流失的特征 [J]. 土壤学报，42 (5)：97-102.

陈淑峰，孟凡乔，吴文良，等，2012. 东北典型稻区不同种植模式下稻田氮素径流损失特征研究 [J]. 中国生态农业学报，20 (6)：728-733.

段然，汤月丰，王亚男，等，2018. 不同施肥方法对双季稻区水稻产量及氮素流失的影响 [J]. 中国生态农业学报，25 (12)：1815-1822.

何元庆，魏建兵，胡远安，等，2012. 珠三角典型稻田生态沟渠型人工湿地的非点源污染削减功能 [J]. 生态学杂志，31 (2)：394-398.

侯朋福，薛利祥，俞映倞，等，2017. 缓控释肥侧深施对稻田氨挥发排放的控制效果 [J]. 环境科学，38 (12)：5326-5332.

巨晓棠，2015. 理论施氮量的改进及验证：兼论确定作物氮肥推荐量的方法 [J]. 土壤学报，52 (2)：249-261.

李学平，石孝均，2008. 紫色水稻土磷素动态特征及环境影响研究 [J]. 环境科学，29 (2)：434-439.

李颖，王康，周祖昊，2014. 基于 SWAT 模型的东北水稻灌区水文及面源污染过程模拟 [J]. 农业工程学报，30 (7)：42-52.

刘福兴，陈桂发，付子轼，等，2019. 不同构造生态沟渠的农田面源污染物处理能力及实际应用效果 [J]. 生态与农村环境学报，35 (6)：787-794.

刘汝亮，王芳，王开军，等，2018. 不同类型肥料对东北地区稻田氮磷损失和水稻产量的影响 [J]. 灌溉排水学报，37 (10)：63-68.

刘希玉，邹敬东，徐丽丽，等，2014. 不同肥料种类对稻田红壤碳氮淋失的影响 [J]. 环境科学，35 (8)：3083-3090.

宁建凤，姚建武，艾绍英，等，2018. 广东典型稻田系统磷素径流流失特征 [J]. 农业资源与环境学报，35 (3)：257-268.

钱银飞，谢江，陈先茂，等，2018. 节肥控污施肥模式对双季稻田氮磷径流损失的影响 [J]. 江西农业学报，30 (11)：40-44.

田昌，周旋，刘强，等，2018. 控释尿素减施对双季稻田氮素渗漏淋失的影响 [J]. 应用生态学报，29（10）：3267-3274.

吴先勤，丁红利，付莉，等，2016. 三峡库区酸性紫色土磷淋溶特征研究 [J]. 西南大学学报，38（9）：175-181.

杨林章，施卫明，薛利红，等，2013. 农村面源污染治理的"4R"理论与工程实践：总体思路与"4R"治理技术 [J]. 农业环境科学学报（32）：1-8.

杨林章，周小平，2005. 用于农田非点源污染控制的生态拦截型沟渠系统及其效果 [J]. 生态学杂志，24（11）：1371-1374.

杨旺鑫，夏永秋，姜小三，等，2015. 我国农田总磷径流损失影响因素及损失量初步估算 [J]. 农业环境科学学报，34（2）：319-325.

姚建武，宁建凤，李盟军，等，2015. 广东稻田氮素径流流失特征 [J]. 农业环境科学学报，34（4）：728-737.

张子璐，刘峰，侯庭钰，2019. 我国稻田氮磷流失现状及影响因素研究进展 [J]. 应用生态学报，30（10）：3292-3302.

朱坚，纪雄辉，田发祥，等，2016. 秸秆还田对双季稻产量及氮磷径流损失的影响 [J]. 环境科学研究，29（11）：1626-1634.

朱坚，纪雄辉，田发祥，等，2017. 典型双季稻田施磷流失风险及阈值研究 [J]. 农业环境科学学报，36（7）：1425-1433.

朱兆良，2006. 推荐氮肥适宜施氮量的方法论刍议 [J]. 植物营养与肥料学报，12（1）：1-4.

Cao N，Chen X，Cui Z，et al，2012. Change in soil available phosphorus in relation to the phosphorus budget in China [J]. Nutr Cycl Agroecosyst（94）：161-170.

He X，Zheng Z，Li T，et al，2019. Transport of colloidal phosphorus in runoff and sediment on sloping farmland in the purple soil area of South-western China [J]. Environ Sci Pollut Res，26（23）：24088-24098.

Li H，Chen Y，Liang X，et al，2009. Mineral-nitrogen leaching and ammonia volatilization from a rice-rapeseed system as affected by 3，4-Dimethylpyrazole phosphate [J]. J Environ Qual.（38）：2131-2137.

Li H，Huang G，Meng Q，et al，2011. Integrated soil and plant phosphorus management for crop and environment in China [J]. Plant Soil（349）：157-167.

Liang K，Zhong X，Huang N，et al，2017. Nitrogen losses and greenhouse gas emissions under different N and water management in a subtropical double-season rice cropping system [J]. Sci Total Environ（609）：46-57.

Shang Q，Gao C，Yang X，et al，2014. Ammonia volatilization in Chinese double rice-cropping systems: a 3-year field measurement in long-term fertilizer experiments [J]. Biol Fertil Soils（50）：715-725.

Sun H，Feng Y，Xue L，et al，2020. Responses of ammonia volatilization from rice paddy soil to application of wood vinegar alone or combined with biochar [J]. Chemosphere（242）：125247.

Wang Y，Zhao X，Wang L，et al，2016. Phosphorus fertilization to the wheat-growing season only in a rice-wheat rotation in the Taihu Lake region of China [J]. Field crops research（198）：32-39.

Xue J，Pu C，Liu S，et al，2016. Carbon and nitrogen footprint of double rice production in Southern China [J]. Ecol Indic（64）：249-257.

Xue L H，Li G H，Qin X，et al，2014a. Topdressing nitrogen recommendation for early rice with an active sensor in South China [J]. Precision Agriculture，15（1）：95-110.

Xue L H，Yu Y L，Yang L Z，2014b. Maintaining yields and reducing nitrogen loss in rice-wheat rotation system in Taihu Lake region with proper fertilizer management [J]. Environmental Research Letter（9）：115010.

Zhang Z，Zhang J，He R，et al，2007. Phosphorus interception in floodwater of paddy field during the rice-growing season in TaiHu Lake Basin [J]. Environmental Pollution（145）：425-433.

Zhao X，Wang S Q，Xing G X，2015. Maintaining rice yield and reducing N pollution by substituting winter legume for wheat in a heavily-fertilized rice-based cropping system of Southeast China [J]. Agriculture Ecosystems & Environment（202）：79-89.

第十五章 稻田种植制度演变及其对气候变暖的响应 >>>

第一节 我国古代稻作种植制度变迁

一、我国稻作的起源

水稻是全球最重要的口粮作物,全球一半以上的人口以稻米为主食。稻作农业的起源和发展,一直是世界考古学界持续不衰的热门课题。我国考古学者陆续在湖南省永州市道县玉蟾岩、江西省上饶市万年县仙人洞、浙江省金华市浦江县上山等遗址发现年代超万年的水稻遗存。20世纪90年代,中外考古学家联合对江西万年仙人洞遗址和吊桶环遗址两处洞穴遗址进行了多次发掘,在旧石器晚期的G层(15 000～20 000年前)发现了大量野生稻植硅石,特别是在新石器时代早期的E层(约12 000年前)发现栽培稻植硅石。该发现把世界栽培水稻的历史推前了5 000年,万年县仙人洞、吊桶环遗址成为当今所知世界上最早的栽培稻遗址之一(陈章鑫等,2012)。谢华安院士认为,以江西万年仙人洞-吊桶环遗址为代表、以稻作为标志性特征的长江中下游远古农耕文明,在漫长的历史岁月中,成为人类社会重要的古老文明之一。2018年,植物考古学家在位于浙江省衢州市龙游县的荷花山遗址中也找到了距今1万多年前野生稻存在以及逐渐被"驯化"的证据。一系列的考古新发现均揭示了约1万年前,长江中下游地区的人们已开始耕种野生稻,开启了水稻的驯化过程,同时也标志着人类社会开始由采集狩猎向稻作农业逐步转变。

江西万年仙人洞遗址和吊桶环遗址栽培稻的出现,并不能完全代表稻作农业的形成。根据考古记载,该遗址中出土的石器多为直接利用的或者简单加工的砾石工具,没有明确的农耕工具,仍以骨器、角器、蚌器等典型的渔猎工具为主,像箭头、鱼叉等,仍处于采集狩猎阶段。但是,该遗址栽培稻的出现为稻作农业的形成提供了重要的先决条件。因此,这一时期也可以称为稻作农业的孕育阶段。随着农业生产农具的出现与使用,稻作农业不断发展,并形成了不同的稻作文化。通过对我国史前时期稻谷遗存谱系的分析,史前稻作文化主要包括:①彭头山-皂市下层-大溪-屈家岭文化谱系。其中,彭头山文化是该谱系中稻作文化初始阶段的代表。彭头山文化主要分布在洞庭湖西北的澧水流域,现已确认属于彭头山文化的遗址已有10余处。该文化遗址已发现有聚落遗址,并且都发现了水稻遗存。这不仅是我国稻作农业的最早证据,而且是现阶段世界上最早的稻作遗存之一。②马家浜-河姆渡-崧泽-良渚文化谱系。该谱系中已出现多种农业生产工具,像骨耜、木铲、鹿角鹤嘴锄、穿孔石斧、穿孔石铲、有段石锛、石锄、石犁和耘田器等,由刀耕农业阶段进入了耜耕阶段,同时还出现了籼稻和粳稻,这标志着水田耕作技术的进步。③裴李岗、贾湖类型-仰韶-龙山文化谱系。其中,贾湖遗址是目前中原地区所见到的最早的稻谷遗存,打破了过去认为中原地区单纯粟作的认识,形成了以粟作为主,粟、稻兼营的新概念。④广东、福建、台湾三省稻作遗存谱系。三省稻作遗存发现较少,年代较晚,谱系难寻。

为此,形成了几种不同的稻作起源说法:①华南起源说。我国著名农学家丁颖教授早在1949年就提出"中国之稻种来源,与古之南海即今之华南有关",并且在1957年《中国栽培稻种的起源及其演变》一文中再次论证,认为我国的栽培稻种起源于华南。②长江下游起源说。江西万年仙人洞和吊桶环遗址，把世界稻作起源由 7 000 年前推移到 12 000～14 000 年前，江西万年稻作文化反映了 12 000 年前新石器时代早期阶段的文化。③长江中游起源说。湖南澧县彭头山早期新石器文化遗址的发现，被誉为 1989 年我国考古的重大发现之一。彭头山稻谷遗存的发现，将我国的稻作历史推前到了 9 000 年前。④黄淮流域起源说。河南舞阳贾湖遗址发现距今 7 000～8 000 年的稻谷遗存。⑤其他稻作起源说，如印度起源说以及中国云南说、云贵高原说等。

研究发现，从普通野生稻的分布来看，我国北纬 30°以北的平原河谷、沼泽是栽培稻起源的可能地区。其中，长江中下游地区普通野生稻分布广泛，是我国稻作起源的适宜地区，而黄淮流域稻作可能是由长江流域引入；从稻作文化遗存谱系上看，长江中游的彭头山-皂市下层-大溪-屈家岭谱系、长江下游的马家浜-河姆渡-崧泽-良渚文化谱系、黄淮地区的裴李岗贾湖类型-仰韶-龙山文化的稻作遗存均具有连续性，可能是稻作起源的适宜地区；从考古结果来看，最早的稻作遗存发现在长江中游的彭头山，该遗址的农业处于刀耕或火耕阶段，有可能是稻作农业的始发时期；马家浜和河姆渡的稻作遗存晚于彭头山，但其农业已进入粗耕阶段，其稻作年代可能要相应推前。因此，我国稻作可能起源于长江中下游地区。

二、我国传统稻作技术演变

史前稻作农业大致经历了"火耕-锄耕（耜耕）-犁耕" 3 个不同发展阶段，即从无耕具的"脚耕手种"或"徒手而耕"逐渐发展为"牛踏耕作"，伴随着耕作农具的产生（如石锄、石铲、耒耜等）逐渐进入了锄耕农业，最终随着科技的发展与进步，稻田耕作由"铁犁牛耕"逐步进入机械旋耕时代，使得原来的粗放耕作走向了精细耕作。对于江西万年仙人洞、吊桶环遗址，在旧石器时代末期（距今 11 000～12 000 年）人类已经开始了野生稻的采集；随后在距今 8 000～10 000 年，人类同时进行野生稻和栽培稻收获；最后在距今 7 000 年左右，栽培稻成为人类的主要食物。并且，在水稻生产早期，万年人就发明了放红绿萍选田、打桩排泉、扎草人拒鸟、油茶籽壳磨粉防虫等原始的水稻栽培管理方法。因此，在稻作农业发展过程中，野生稻驯化、稻作农业生产工具和栽培技术起到了关键作用。基于此，以我国长江中游稻作技术发展为例（笪浩波，2014），将我国史前稻作技术演变分为 3 个发展阶段：初步发展阶段、稻作农业区格局及稻田灌溉体系形成阶段、稻谷品种和栽培技术优化阶段。

1. 稻作农业初步发展阶段（距今 7 000～10 000 年）　长江中游的稻作遗存大多都分布在澧阳平原，是长江中游人类最先进行农业开发的地区。如距今 7 000 年以上的稻作遗存共 12 处，其中，7 处都在澧阳平原的澧水流域。1988 年，彭头山遗址首次发现了澧阳平原上最早的稻谷遗存，距今 8 000 年以上。彭头山遗址的稻谷遗存全部见于陶器胎壁，几乎所有陶器器壁都可以观察到许多清晰的稻壳和谷粒的炭化痕迹。1995 年，八十垱遗址的发掘，发现当时的稻谷品种是一种正在分化的小粒型古栽培稻。稻作农业的开展离不开农业生产工具。该遗址出土了多种生产工具，像砍砸器、刮削器、斧、凿等石器，骨锥和骨铲等骨器，木铲、钻、杵、耒等木器。同时，从彭头山、八十垱、杉龙岗等遗址的位置、堆积状况、规模、村落布局以及遗迹现象分析，它们已具备了早期定居农业聚落的一般特征及功能。稻作农业技术的传播增加了稻作农业的分布范围。考古发现，距今 7 000～8 000 年，稻作农业的分布范围有所扩大，除澧阳平原继续发展外，向北扩展到了长江边，甚至远播汉水上游，向东则伸展到了洞庭湖东部。目前，在这些区域都发现有 7 000 年前的稻谷遗存。

2. 稻作农业区格局及稻田灌溉体系形成阶段（距今 5 500～7 000 年）　汤家岗和大溪文化时期稻作农业区格局和稻田灌溉体系的形成，标志着稻作农业进一步得到发展。随着气温升高、降水丰沛、气候波动幅度小、生态环境趋于稳定，稻作农业有了很大发展，主要表现为这一阶段的稻作遗存较多，且范围较广。目前，已发现的稻作遗存共 35 处，分布在洞庭湖平原、峡江沿岸、江汉平原、汉东区、汉水中游等地。同时，该阶段还发现了许多与稻作农业有关的工具，如铲、镰、刀、锄、磨盘、磨棒、臼、杵等石制工具，以及储存粮食的窖穴。这表明，该阶段稻作农业生产的规模和产量有所增加，稻作农业在经济生活中的占比增大，逐渐形成了长江中游的稻作农业文化传统。同时，该阶段还形成了较完善的稻田灌溉体系和农具。湖南澧县城头山遗址中发现了新石器时代最早的稻田灌溉系统和大量的农具。其中，骨耒、骨耜的发现说明城头山的稻作农业已发展为耜耕农业。

3. 稻谷品种和栽培技术优化阶段（距今 4 000～5 500 年） 随着水稻品种优化，稻谷产量大大提高。在长江中游地区的屈家岭遗址中发现了大量稻谷遗存和沟渠等水利灌溉设施。与城头山古城稻谷相比，栽培稻品种已进行优选优育，从籼稻到粳稻，从小粒型粳稻到大粒型粳稻，水稻的育种和栽培技术得到了增强，水稻品种的质量和产量提高。这也间接反映出人们对稻米食物的依赖性越来越强，水稻种植已经成为长江中游主要的农业形式。

第二节 东北一熟区稻田种植制度演变

一、主体模式及其概况

我国东北稻区，由于冬季温度低、夏季生长季节短，为一熟稻田区，常实行水稻连作、冬季休闲，部分稻田实行隔年水旱两熟，即稻/稻/绿肥、稻/稻/豆类、稻/稻/春小麦，大多分布在三江平原、辽河、松花江流域的大型灌区以及东部山区的河谷盆地。

该地区的黑土地是世界上仅有的三大黑土地之一，水稻生产自 20 世纪 80 年代起增长较快（图 15-1）。2017 年东北三省的水稻总播种面积 7 893.60 万亩（其中，辽宁 739.05 万亩、吉林 1 231.20 万亩、黑龙江 5 923.35 万亩），分别比 2010 年、2000 年、1990 年和 1980 年增加 1 213.95 万亩、4 024.2 万亩、5 440.05 万亩和 6 621.30 万亩。水稻单位面积产量也得到快速增长，2017 年辽宁、吉林、黑龙江的水稻平均亩产分别为 571.00 kg、555.90 kg 和 475.97 kg，与 2000 年相比，分别增长 11.74%、7.66% 和 10.02%；与 1990 年相比，分别增长 23.86%、20.55% 和 53.28%；与 1980 年相比，分别增长 40.29%、96.04% 和 87.74%。随着东北三省水稻种植面积快速增长，我国水稻生产空间分布中心迅速北移，东北一熟稻区在我国水稻生产中的地位逐渐显现。

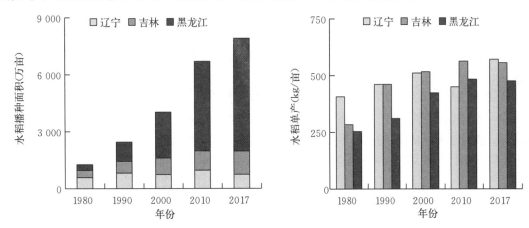

图 15-1 1980—2017 年东北三省水稻播种面积和单位面积产量演变

二、稻田耕作与栽培技术的创新与发展

东北稻区传统的稻田耕作通常采用铧式犁翻耕，然后再进行重耙、耢、刮等作业各 1 遍，轻耙 2～3 遍。这种作业方式能够较好地翻埋杂草及稻茬，并起到晒垡、熟化土壤的作用。但该方式作业成本高，同时还暴露出如下问题：一是地不平。用铧式犁翻地，由于形成开闭垄，再进行整地费工、费时，特别在黑龙江等地生育期短、地多人少、人均耕地面积大、春耕春种有效时间短的条件下，问题就显得更为突出。二是耕层硬。传统耕法为了整平、耙碎，需要多遍作业。机具轮压面积高达耕作面积的 2 倍以上，压实了耕层和犁底层，使稻田土形成了坚硬的犁底层，造成土壤僵硬黏闭。犁底层土

壤呈片状结构，土壤容重加大，影响水稻根系扩展。三是透性差。由于耕层被压实，耕层土壤透性下降。据测定，传统耕法的水田日垂直渗透量仅 1～2 mm，与水田渗透量要求（13 mm 左右）相差甚远。四是坷垃多。因传统耕法只是单一的耕翻，在多变的自然条件下，稻田耕作时常需要在非适耕状况下进行，导致土壤干耕时坷垃多、湿耕时起黏条且土干后也会形成死坷垃，严重影响播种、插秧质量，造成缺苗而减产。五是耕层架空。翻耕的垡块一般长 50～80 cm、宽 25～35 cm，在非适耕的状况下，形成大垡块，很难耢碎、耙透，易在耕层中被架空，进而影响出苗和根系生长。六是层次乱。土壤养分层次和杂草种子分布乱，已耕土壤和未耕土壤同样存在土壤养分上多下少的分布规律。而翻耕土壤打乱了土壤养分层次，与水稻根系"上多下少"的吸肥特点不相适应。同时，连年翻耕使杂草种子散布于全耕层，不利于化学除草。

为了解决以上问题，20 世纪 90 年代初，黑龙江省农业技术推广站、东北农业大学、黑龙江省农垦科学院水稻研究所等单位先后对水稻田以旋耕犁为主体的耕翻体系进行了研究，提出了以松代翻、以旋代耙的"松旋耕法"稻田耕作体系。该方法采用联合松耕机，松耕间隙为 35 cm，耕幅为 315 cm，碎土铲入土深度 7 cm，松土铲入土深度 18 cm，以秋松为主，代替五铧犁翻地，秋、春季再进行旋耕，旋耕深度 10～12 cm，代替耙地。该方法具有以下特点：一是地平土碎。由于松耕采用碎土铲和松土铲联合作业，碎土铲对 0～7 cm 土壤有一定的碎土能力和部分翻扣作用，松土铲对 7～18 cm 的土壤有松动作用，当土壤水分 30% 左右时，松耕后的土壤垡片体积是翻耕的 1/6，松耕散墒之后再旋耕碎土，两种农具各作业一遍，基本可达到地平、田面净（掩埋 70% 稻茬）的标准。二是上松透水。松旋耕法作业次数由传统的 8 遍减少到 4 遍，减轻了农机具对土壤耕层和犁底层的挤压，降低了耕层和犁底层的土壤容重，同时土壤孔隙度增加，渗透状况改善。三是散墒适耕。因寒地稻区无霜期短，水稻收获后，天气急剧变冷结冻，稻田水分不易挥发，加之稻田地一般比较低洼，水分含量高，秋季降水稍多，机具下地作业困难。采用松耕的稻田有利于降低土壤水分，这是因为深松铲可打破犁底层、促进水分下渗，碎土铲翻松上层，形成了较多的犁沟和一定的垡块架空，加速水分的散失。四是深松扩库。长期应用深松机进行稻田耕作，为逐步加深耕层、熟化土壤创造条件。深松有利于创造疏松、深厚的耕层，改善土壤结构，提高土壤供肥能力，弥补旋耕耕层浅和连年旋耕使潜育层增高的缺陷。五是上肥下瘦。松旋耕法不像传统耕法对土壤进行 180°的翻转，有利于保持上肥下瘦的土壤层次，适合水稻根系分布特点。六是有利于化学除草。松旋耕法上层草籽多，杂草出得齐，有利于除草剂集中灭草。

此外，该方法具有节油、高效、省工、降药、增产等作用，经济效益高。进入 21 世纪，随着水稻生产机械化水平的不断提高，土壤耕作技术也得到了改进与发展。稻田整地主要使用水田犁和旋耕机进行耕地，泡水后用水耙轮进行耙浆整地，基本实现了机械化作业（梁丙江等，2007）。

20 世纪 60 年代中期以来，水稻栽培技术也取得了重要进展。营养土保温旱育苗铲秧带土移栽、软盘育苗全根移栽、钵盘育苗抛秧或摆秧移栽技术的研究和推广，使秧苗素质明显提高，返青期明显缩短。在壮秧的基础上，采用以减少每穴插秧基本苗数和扩大穴距为特点的稀植栽培，不仅协调了群体与个体的关系，改善了群体质量，而且缩短了插秧期，保证水稻安全抽穗、成熟。节水灌溉、配方施肥、化学除草、综合防治病虫害、抛秧栽培、模式化栽培等技术的研究和推广，迅速提高了水稻产量，有效地提高了水稻种植效益。进入 21 世纪，水稻种植技术主要以旱育稀植为主，部分地区也有抛秧和直播，并试验推广以优质超级稻、宽行超稀植、持续超高产为主要内容的"三超"高产栽培技术和钵育摆栽种植技术（梁丙江等，2007）。随着水稻种植机械化水平的提高，机插稻及采用侧深施肥方式的稻田面积迅速扩大。

长期以来，单纯追求产量、掠夺式耕种、重用轻养等不合理的利用方式，导致东北黑土层逐年变薄。据统计，吉林 40% 以上的黑土层不到 30 cm，15% 左右的黑土层不到 20 cm，有机质含量减少，黑土退化严重且逐年加剧，发展稻田保护性耕作成为增强黑土抗蚀性、减少黑土区水土流失、缓解传统耕作破坏压力的有效措施之一。围绕稻田保护性耕作，研发的主要技术有稻田免耕技术（如免耕轻耙、免耕直播、免耕抛秧等）、秸秆还田覆盖保护性耕作技术（如秸秆覆盖免耕直播、栽插和抛秧等）（张俊等，2020）。

三、稻田耕作模式拟解决的问题与技术途径

1. 土壤肥力特点 以黑龙江为例，通过对主要稻田的近 3 000 个土样分析，土壤有机质平均值为 45 g/kg，比 1982 年全国第二次土壤普查时农田有机质有所增加（平均含量 43.2 g/kg）。其中，土壤有机质含量低于 20 g/kg 的约占 3%，低于 30 g/kg 的约占 15%，30~40 g/kg 的约占 1/3，高于 40 g/kg 约占 50%。总体而言，稻田土壤有机质含量下降不太明显。稻田土壤有效磷含量平均为 30 mg/kg（$n=2$ 858），土壤磷含量差异比较大。总体上，低于 10 mg/kg 的约占 4%，10~20 mg/kg 的约占 19%，多数土壤磷含量较高。稻田土壤速效钾平均含量为 116 mg/kg，约有 54% 的土壤速效钾含量低于 100 mg/kg。总体上，土壤速效钾含量偏低，这与钾肥施用量低以及稻田钾素淋洗有关。土壤 pH 平均值为 6.3，低于 5.5 的约占 13%（其中，低于 5.0 的约占 2%），黑龙江种植水稻年限较短，土壤酸化不太严重。但对于种稻超过 20 年的稻田，土壤 pH 低于 5 的占 7% 以上。因此，稻田土壤酸化应引起重视。在土壤微量元素方面，约有 22% 的稻田缺锌。

2. 主要存在问题 一是培肥措施单一，缺乏适合大面积应用的培肥技术，使土壤理化性状恶化。稻田施用有机肥和秸秆还田的比例很低，寒地稻田主要靠化肥，且化肥中也是以氮、磷、钾肥为主，中微量元素施用较少。稻田主要是淹水还原的条件，即使不施用有机肥，稻田有机质含量也不会明显下降，但是有机质的质量下降。偏施化肥，尤其是尿素、硫酸铵等大量施用造成了土壤酸化（部分老稻田土壤 pH 低于 5）、土壤板结、变硬，锌、镁等中微量元素缺乏。这些已经成为限制土壤肥力提高的主要因素。二是耕作措施不合理。众所周知，旱田改水田基本不用施肥或者少施肥就可以获得较高的产量。但是，种稻时间长的老稻田，肥力越来越差，施肥量增多，但是施肥效果不好。稻田土壤水、肥、气、热不协调是造成施肥量增加的主要原因，这是长期种稻条件下普遍存在的问题。三是实现水稻秸秆还田存在较多难点，制约着秸秆机械化还田的发展。

3. 原因分析 分析培肥措施单一的原因：首先，农户没有积制有机肥的习惯。虽然到处都有有机肥资源，但是农户没有收集和施用有机肥的习惯，直接导致稻田有机肥施用少。如何改变农户认识或者引导农户就近生产有机肥还田的难题还需进一步解决。其次，稻田秸秆还田技术不配套。寒地稻田产量高，水稻秸秆量大，秸秆还田不粉碎会影响整地和插秧质量。但是，秸秆收获粉碎效果较好的机械较为缺乏，还田后整地的机具不配套。因此，秸秆还田难度较大。

分析耕作措施不合理的原因：水稻收获后，要进行土壤翻耕。为了保持稻田原有的平整性，需要通过水耙地以整平田面，便于插秧等作业。通过水整地，虽然短期内土壤松软有利于水稻插秧，但是长时间的水整地严重破坏土壤团粒结构，致使土壤水、肥、气、热很难协调。长时间的水整地会破坏稻田土壤结构，使其板结、变硬。尽管土壤有机质含量不低，但土壤供肥能力下降、肥效不易发挥。

分析秸秆难以还田的原因：水稻种植密度大、秸秆数量大、韧性强，以及冬季温度低、秸秆不容易腐烂等，增加了机械配套的难度。水稻秸秆还田作业仍存在较多问题，如收获机配套的粉碎抛撒装置切碎、抛撒不匀，以及秋季整地时容易造成秸秆堵塞、缠绕，春季搅浆时秸秆漂浮等，都制约着东北一熟区秸秆还田技术的推广。

4. 拟解决的途径

（1）构建稻田耕作优化模式。通过尽可能地减少耕翻、少水整地或者不进行水整地的耕作模式，以减少对稻田平整性、土壤团粒结构的破坏，同时结合施用有机肥或者秸秆还田，改善土壤物理性质，提高土壤肥力。

（2）构建秸秆还田耕作培肥模式。通过秸秆粉碎（或留高茬）还田、条带耕作施肥、机插秧侧深施肥和调酸等技术配套，实现农机农艺相结合，研发秸秆还田耕作培肥技术体系。

（3）改进和创新配套装备。针对秸秆粉碎抛撒不匀严重限制后期的整地作业，造成春季大量的秸

秆漂浮等问题，可以通过改进粉碎刀刀形、布置方式，改进粉碎装置箱体形状及抛撒形式等方面来改善联合收割机配套的粉碎抛撒装置性能。

第三节　水旱两熟区稻田种植制度演变

一、主体模式及其概况

稻田水旱两熟是指在同一田块上，按季节有序地交替种植水稻和旱地作物的一种种植方式（刘益珍、姜振辉，2019）。水旱两熟导致土壤系统季节间的干湿交替变化、水热条件的强烈转换，引起土壤物理、化学和生物学特性在不同作物季间交替变化。水旱两季相互作用、相互影响，构成一个独特的农田生态系统。该系统在物质循环及能量流动、转换方面都明显不同于旱地或湿地生态系统（范明生等，2008）。

我国水旱两熟稻作区主要分布在长江流域的江苏、浙江、湖北、安徽、四川、重庆、云南、贵州等省份，集中分布在北纬 $28°\sim35°$ 的平原地区（范明生等，2008）。

20 世纪 50 年代以前，该区稻田种植制度多采用冬闲-中稻一年一熟的长期连作制。有的年份因雨季来迟误了中稻季节，则改栽单季晚稻。若遇干旱年份，缺水高田则改种大豆、夏甘薯、绿豆等旱粮作物，形成麦、稻、杂等作物水旱两熟，一般亩产粮食 200 kg 左右。20 世纪 60 年代以后，农田灌溉条件逐步改善，水稻面积迅速扩大，加之于绿肥（紫云英等）种植与化肥的推广使用，水稻产量也不断提高且趋于稳定。作物布局以水稻为主，麦、稻两熟发展成为本区主要复种方式，一般亩产粮食提高到 $250\sim300$ kg。50 年代中后期，本区南部开始试种双季稻，受水、肥条件限制，以及栽培技术落后，产量不高。60 年代中期以后，随着水、肥条件的改善，水稻优良品种的更换和栽培技术的改进，双季稻面积逐步扩大。一般早稻亩产 $200\sim250$ kg，双季晚稻亩产 $100\sim150$ kg。到 70 年代末期，实行了家庭联产承包责任制，本区进行耕作制度调整，压缩了双季稻和绿肥种植面积，扩大中稻和小麦、油菜面积，从而形成了以麦稻两熟为主的稻田种植制度。其中，大部分稻田采用麦稻两熟的复种连作制，部分稻田则采用小麦-中稻→油菜-中稻→绿肥-中稻的复种轮作制。20 世纪 80 年代中期以后，随着农村产业结构的进一步调整，大麦、玉米等粮食作物和棉、麻等经济作物的播种面积有所扩大，蚕豆、豌豆等粮肥兼用的作物有所回升，蔬菜和瓜类作物也纳入城郊的稻田作物布局中，从而形成了多元化的水旱两熟种植模式，如大麦/瓜类（豆类）-晚稻、大麦（小麦）/玉米-晚稻、油菜-早稻-秋大豆或绿豆等。

20 世纪 90 年代以来，随着我国国民经济的不断发展，以及人们生活水平的不断提高，特别是由计划经济体制向社会主义市场经济体制的转变，农业劳动力大量向二、三产业转移，稻田生产已由单纯追求数量型增长逐步向数量与质量、效益并重和以质量、效益为主转变。水旱两熟稻田种植结构转向以提高效益和优化品质为中心。一方面，在确保粮食稳定增长的同时，适当减少粮食作物的播种面积，以市场为导向，把经济、饲料、蔬菜、瓜类等作物纳入稻田种植制度中去，运用间套作等复种模式和配套技术，通过作物的合理接茬，建立起以水稻为主体、以提高经济效益和作物品质为重点的多元化高产高效种植制度，不断提高光、热、水及土地等自然资源的利用率，实现土地生产率与劳动生产率的同步提高。例如，减少稻田传统的麦类（或绿肥、油菜）-单季稻的比例，大力发展冬季蔬菜（或瓜果、食用菌、中药材、饲料）-单季稻种植制度。另一方面，在过去稻田养鱼、稻田放鸭等种养业的基础上，根据农田生态系统理论和种养结合原理，开发和推行了一批以水稻为基础、种植业与养殖业有机结合的稻田种养复合型立体农业生产模式（如稻鸭共育、稻饲鹅轮作、稻＋虾等）。稻田种植除占据主导地位的稻麦、稻油两大类型模式外，还有水稻-蔬菜、水稻-瓜果、水稻-饲肥、水稻-食用菌、水稻-中药材等。

二、稻田耕作与栽培的创新与发展

稻田耕作方式随着生产条件变化、机械化改进与技术创新而演变发展。新中国成立初期，我国土壤耕作普遍使用畜力旧犁耕种，如广为流传的一犁挤、二犁扣、三犁塌。20 世纪 50 年代，推广双轮一铧犁和双轮双铧犁耕翻土壤，耕深由旧犁的 12～14 cm 加深到 14～16 cm，耕翻后再耙地、耖田和耥田。随后，伴随拖拉机及农机具的增加，耕翻面积逐步扩大，耕层加深至 16～20 cm。20 世纪 70 年代末期至 80 年代初期，则开始研究少耕、免耕技术，长江中下游地区也开始探索以水稻少免耕、分厢撒直播、垄作稻萍鱼立体栽培、麦类少免耕高产栽培技术等多种形式的保护性耕作技术。随着现代工业和第三产业发展，种植业投入的劳动力不断减少，现代稻作亟须寻求轻型简化的技术措施。免耕直播稻作为一种省工节本的水稻高产轻型种植技术，引起稻作界的重视。通过集成配套形成了旱直播稻和水直播稻两大类型技术体系，在水旱两熟区得到较大面积的推广应用，其直播机械也得到相应配套并不断加以改进。

20 世纪 90 年代以来，我国农业处于调整结构和发展高产、优质、高效农业阶段，农业生产不仅要保障我国粮食的数量安全，而且要讲究粮食的品质和质量，提高生产效益，增加农民收入。在此背景下，稻田耕作与栽培，在稳产的基础上，把优质、高效作为新的主攻目标，进一步调整稻田种植结构和发展多元化农作制度，围绕简化稻田生产作业程序、减轻劳动强度和省工、节本、增效，开展了水稻轻简高效栽培技术研究与推广；围绕稻米品质形成、品质优化与质量提高，开展了以保优栽培、无公害栽培等为主的水稻优质栽培技术研究；围绕水稻产量"源"与"库"、个体与群体、地上部与地下部等关系，开展了以稀植栽培、群体质量栽培、超级稻栽培等为主的水稻高产超高产技术研究与应用；围绕节约资源和改善生态环境，开展了以节水、节肥栽培及秸秆还田为主的资源高效利用技术研究与开发。

过去，水旱两熟稻田水稻种植方式以育秧人工手栽为主，随着稻作科技的不断进步和农村劳动力的大量转移，逐渐由单一的传统手栽发展为手栽、抛秧、机插、直播等多种方式并存，并逐步发展为机插稻占据主导。以江苏水旱两熟稻田为例（图 15-2）：①手栽稻。手栽稻曾经是江苏应用面积最大的一种稻作方式，最大年份占江苏水稻总面积的 80% 以上，2010 年以前仍是一种主体稻作方式，应用面积占水稻总面积的近 40%，但需要劳动力多、劳动强度大、效率低，使得应用面积持续下降。②抛秧稻。抛秧稻应用面积占江苏水稻总面积的 10% 左右，应用地区也相对集中于中部地区。③机插稻。机插稻是水稻生产机械化发展的基本方向，应用面积不断增加，尤其是自 2008 年以后随着高产创建及其农机具购置补贴政策的推动，机插稻面积迅速增加，从 2001 年的 15 万亩增加到 2009 年的 750 万亩，到 2011 年已达 1 422 万亩，成为江苏应用面积最大的一种稻作方式，2014 年应用面积占江苏水稻总面积的 55.8%，近年来应用面积进一步扩大。④直播稻。直播稻省去了育秧和栽插 2 个环节，直接将种子撒播（或条播、点播）到大田，具有显著的轻简化特点。直播稻最早主要分布在季节矛盾相对较小的苏南和沿江部分地区，应用面积在 100 多万亩左右。后来，随着高效除草剂的研究使用和直播技术的进步，有效解决了直播稻长期以来"出苗难、齐苗难、除草难"三大难题，直播稻得到了发展。尤其是 2004 年以后，受水稻条纹叶枯病大暴发和农村青壮年劳动力大量转移的影响，直播稻被广大农民自发地接受，应用范围逐步向苏中、苏北地区延伸，面积也迅速扩大，2008 年应用面积占江苏水稻总面积的 31%。由于直播稻的种植风险大、产量潜力低且稳产性差，出于保障粮食安全的考虑，自 2009 年开始，各级政府和农业部门出台了一系列控减直播稻的政策措施，使得直播稻的发展得到了有效遏制。

由于适宜品种不同，生育期长短不一，加之田间管理、生产过程等不同，不同种植方式的产量、产值和生产投入存在明显差异。据江苏作物栽培管理部门调查统计（表 15-1），2011—2014 年不同种植方式的水稻产量以抛秧稻最高，机插稻次之，直播稻最低，手栽稻、机插稻、抛秧稻的产量在 609.75～643.56 kg/亩，产量之间差异较小，直播稻的产量只有 547.51～589.47 kg/亩，产量明显低于其他 3 种种植方式。4 年平均直播稻产量较抛秧稻低 9.7%，比机插稻和手栽稻分别低 9.1% 和 7.9%。水稻纯收益以抛秧稻最高，4 年平均达到 1 114.42 元/亩；机插稻次之，为 1 032.36 元/亩；手栽稻排第三位，为 977.54 元/亩；直播稻最低，只有 862.66 元/亩，直播稻比抛秧稻、机插稻、手

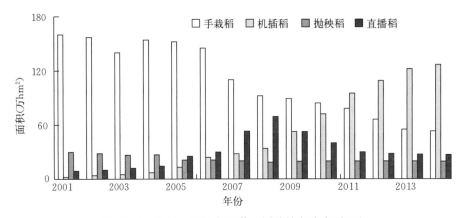

图 15-2 2001—2014 年江苏不同种植方式水稻面积

栽稻分别低 22.6%、16.5% 和 11.8%。生产上，大部分农民选用直播方式主要是认为直播稻省事、用工少、生产成本低，但从大面积生产调研实际来看，用工量最少的是机插稻，其次才是直播稻；而直播稻生产成本也比机插稻和抛秧稻高，仅低于手栽稻。其原因主要是直播稻虽然前期免育秧、免移栽，直接将种子撒于大田，但其后期的匀苗、补苗、除草、除杂稻等用工量较多，而且直播稻用种、用药量大。实际上，农民在估算生产成本时，大都没有把自家人上下班之余用于匀苗、补苗、除草、除杂稻等用工成本计算在内，即直播稻的现金生产成本低，加之直播稻种植程序简化、省时省力，比较符合当前农村劳力老龄化的趋势。虽然其产量低，但生产上仍有一定的面积。

表 15-1 2011—2014 年江苏不同种植方式水稻产量及其种植效益比较

年份	种植方式	产量 （kg/亩）	产值 （元/亩）	生产投入 （元/亩）	用工成本 （元/亩）	净收益 （元/亩）	纯收益 （元/亩）
2011	机插稻	616.96	1 730.09	581.60	217.03	931.46	1 034.45
	手栽稻	609.75	1 707.29	503.98	313.89	889.43	990.69
	抛秧稻	622.90	1 744.12	470.33	244.49	1 029.30	1 133.23
	直播稻	547.51	1 533.04	516.01	260.25	756.77	859.00
2012	机插稻	638.84	1 788.75	626.17	244.06	918.53	1 043.59
	手栽稻	626.39	1 753.88	535.25	354.04	864.59	986.51
	抛秧稻	643.56	1 801.90	496.03	293.61	1 012.26	1 133.85
	直播稻	582.09	1 629.86	559.06	324.82	745.98	869.01
2013	机插稻	641.51	1 847.56	653.02	256.31	938.23	1 056.33
	手栽稻	630.47	1 815.77	562.08	380.33	873.36	987.09
	抛秧稻	632.29	1 840.21	520.95	317.12	1 002.14	1 109.59
	直播稻	589.47	1 697.67	569.18	343.86	784.63	901.21
2014	机插稻	626.17	1 834.69	696.82	267.56	870.31	995.05
	手栽稻	622.14	1 822.87	603.11	391.75	828.02	945.89
	抛秧稻	632.97	1 854.59	557.45	332.37	964.78	1 081.03
	直播稻	573.68	1 680.88	616.82	365.20	698.86	821.43
平均	机插稻	630.87	1 800.27	639.40	246.24	914.63	1 032.36
	手栽稻	622.19	1 774.95	551.11	360.00	863.85	977.54
	抛秧稻	632.93	1 810.21	511.19	296.90	1 002.12	1 114.42
	直播稻	573.19	1 635.36	565.27	323.53	746.56	862.66

注：数据来源于江苏各地作栽部门；净收益=产值-生产投入，纯收益=净收益+各项补贴。

伴随着农业生产和农民生活方式的转变、农村劳动力转移、能源消费结构改善和各类替代原料的应用，作物秸秆区域性、季节性、结构性过剩现象不断凸显（肖敏等，2017）。以江苏为例，常年稻麦两熟水旱两熟稻田 2 600 万亩左右，占江苏水稻、小麦面积的 70%～75%。由于稻麦产量不断提高，其秸秆量也显著增加。如图 15-3 所示，江苏 2018 年水稻亩产 589.4 kg、小麦亩产 357.5 kg，比 1993 年分别增加 18.59%、27.22%；2018 年稻麦秸秆亩产 953.0 kg，秸秆总产量 3.27×10^6 万 kg，比 1993 年分别增加 21.84%、22.47%。目前，稻田秸秆全量还田已成为耕作栽培领域的一项重点性工作。随着单位面积秸秆量的不断增加，围绕秸秆还田的耕作模式及其配套机具也不断创新并加以完善，以期实现秸秆高质量还田，减少重金属、化学农药、植物生长调节剂等在稻米中的残留、富集，减轻稻作生产中化肥、农药对环境的面源污染，研发并形成了一系列成果，如绿色食品和有机食品稻米栽培、稻米重金属污染修复与降解、稻麦化肥减量高效施用、水稻精确定量管理等。

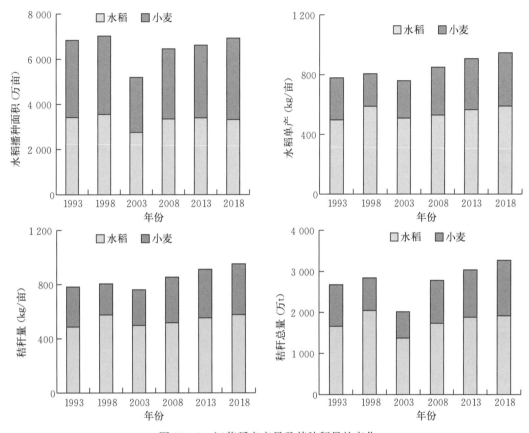

图 15-3　江苏稻麦产量及其秸秆量的变化

注：数据来源于《江苏统计年鉴》；秸秆量以水稻和小麦的草谷比分别为 0.98 和 1.05 估算（顾克军等，2012、2015）。

通过不断完善与技术配套，在水旱两熟稻田秸秆还田耕作技术上形成了以下主要模式。

（1）切碎匀铺旋耕（翻埋）还田。2010 年前，生产上推广使用的稻麦收获机绝大多数不带秸秆粉碎装置，稻麦收割后均留有 20 cm 以上高茬，秸秆机械还田需要着重解决破茬与秸秆切碎问题。近年来，随着秸秆禁烧工作强力推进，为防止秸秆及残茬田间焚烧，联合收割机生产企业加大了联合收割机动力配置，设计了秸秆粉碎抛撒装置。带秸秆粉碎抛撒装置的联合收割机的广泛应用，从技术装备上杜绝了田间秸秆焚烧，为秸秆还田提供了便利，大大推进了秸秆机械还田技术的推广与应用。在此基础上，秸秆还田机械研发逐渐转向提升秸秆翻埋质量，以及还田、耕整、施肥一体化方向发展。同时，秸秆还田的农艺技术也取得了一些成果，总结出 2 套不同的耕整技术方案：一是旱旋水整，先用中型拖拉机干旋埋草，晒垡 3～5 d，然后上水浸泡 2～3 d，耙糖整平；二是水旋耕整，麦草切碎分散后，泡田 3～4 d，一次性旋耕埋草耕整。

（2）稻麦免耕套种秸秆全量还田。

①稻套麦种植。稻套麦模式是指在水稻收获前的断水期间适期套播小麦。该技术模式融免耕、套种、秸秆还田技术于一体，在省工节本、解决多熟复种的季节紧张等问题上具有极为突出的优越性。自 20 世纪 90 年代起，我国围绕稻套麦的生育特点及其配套技术开始了系统研究（张洪程等，1994），并制定了稻套麦技术规程。

②麦套稻种植。麦田套播水稻栽培实践源自 20 世纪 60 年代日本福冈正信的研究。20 世纪 80 年代，南京农业大学、江苏里下河地区农业科学研究所开展麦田套播稻研究。20 世纪 90 年代初，系统地开展了超高茬麦套稻秸秆全量还田与稻作技术研究（杜永林等，2004），超高茬麦套稻秸秆全量还田技术自 1995 年起在江苏等地开始示范与推广，目前已趋于完善，并已在生产中得到一定面积的推广应用。

（3）秸秆集中沟埋还田。水稻、小麦收获后，田间按 2.5～3.0 m 的间距，开挖出沟宽 20～25 cm、沟深 25～30 cm 的埋草沟，将作物秸秆集中填埋在沟内并压实，覆土 8～10 cm 厚并齐田面刮平，进行秸秆深埋，埋草沟的位置逐年轮换。这样既能保证田面清洁，又可以轮换地对局部土壤进行深耕（朱琳等，2012）。

（4）苗带洁茬条带耕作秸秆行间集覆还田。根据稻麦丰产要求，合理配套稻麦宽窄行行距，通常设置宽行 30～35 cm、窄行 15～20 cm，在窄行种植区进行洁茬处理，将区内秸秆（连同根茬）集中覆盖在宽行区内，仅在洁茬处理区内施肥、旋耕、播种、覆盖、镇压，形成条带耕作。该方式由江苏沿江地区农业科学研究所提出（刘建等，2015），并与相关企业合作完成了机械研发与配套，通过多点示范展示，表现出强根壮苗、强株大穗、丰产增效等技术效果。

三、稻田耕作模式拟解决的问题与技术途径

1. 主要存在问题　目前，我国水旱两熟体系中养分投入越来越依赖于大量的化肥施用，有机肥施用量少，加之不合理的耕作措施、施肥方式，导致稻田土壤板结、耕层浅化、肥料利用效率低，资源浪费和生态环境问题严重。随着水稻、小麦单产的持续增加，其秸秆量越来越大，加之稻麦生产季节紧、适耕期短，实现稻麦秸秆高质量还田难度加大，在配套技术不到位的情况下，缺苗、弱苗现象占比较大。长江中下游地区秋播期间雨水天气多，稻田土壤难以高质量耕作，小麦适期播种难度大，稻茬麦晚播占比大。

2. 主要技术途径

（1）创新秸秆全量还田新型耕作模式。随着稻麦产量的提高，其还田的秸秆量也越来越大，针对现行大面积推行的秸秆匀铺耕翻还田或免耕覆盖还田，所造成的土壤耕层质量、稻麦生长及其稻田环境等方面的不良影响，创新并完善稻麦条带耕作、苗带洁区播种，并集成配套秸秆集中沟埋、高留茬条带还田、行间集覆还田等新型耕作模式，研发相配套的新型农机装备，推进耕作、施肥、播种、开沟、覆土、镇压等作业环节的一体化、精准化和智能化，实现秸秆全量还田下的低碳高效和全苗壮苗。

（2）研发以健康土壤为目标的管理模式。构建有利于耕层质量提升和环境友好的少免耕、旋耕和深翻耕有机结合的合理轮耕技术体系，促进稻田耕层质量提升和环境友好的协同发展。绿肥作为一种清洁的有机肥源，不仅在增加作物产量方面具有较高的经济价值，更在提高土壤肥力、改善土壤结构、促进作物养分循环、防止水土流失、消解农业面源污染和节能减排等方面具有更为显著的生态价值。将绿肥作物纳入水旱两熟系统，可有效实现水旱两熟稻田的土壤改良。根据不同区域生产特点，可种植鲜食蚕豆、豌豆和黄花苜蓿等具有经济价值的绿肥作物，或种植油菜、紫云英等具有观赏价值的绿肥作物。生物炭作为新型培肥产品关键原料，其具有比表面积大、含碳率高、多孔结构等特点。有研究表明，在农业生产中，将生物炭均匀撒至土壤表面并与耕层土壤均匀混合，可以改变耕层土壤的理化性状，提高土壤肥力，有利于促进作物增产和温室气体减排（Zhang et al.，2012）。在节水灌

溉稻田中，施加生物炭不仅可以提高水稻产量和水分利用率，还能有效减少 CH_4 的排放量（张卫建等，2021）。施用生物炭还可改善土壤性质，抑制土壤 CO_2 排放，快速提高农田有机质的含量（裴俊敏等，2016）。在农田中施加生物炭，对农业生产和土壤改良具有积极的影响，将其运用到水旱两熟种植模式中，具有提升作物产量和防治生态环境污染的潜在价值。但目前的相关研究与应用还相对较少，需要进一步探索和完善配套。

（3）协调水肥供应，建立精准简化的栽培管理模式。以优质丰产增效和健康可持续为目标，根据新型耕作模式的特征特点，以稻麦（油）等水旱两熟稻田的水肥高效调控为重点，根据作物养分和水分需求特点进行精准施肥与水分管理，建立集中施肥、根层施用的高效简化肥料施用技术体系。

第四节 双季稻区稻田种植制度演变

一、主体模式及其概况

我国双季稻稻田集中在华中、华南、江南和西南 4 个稻区，主要包括浙江、安徽、福建、江西、湖北、湖南、广东、广西、海南和云南，是我国粮食的重要产区。我国南方稻区具有光热资源丰富、热量充足、雨水充沛、严寒期短、无霜期长等特点，通过发展双季稻生产，能够充分地利用土地和温光资源，提高水稻播种面积，增加水稻总产量，有效地降低资源与环境压力；同时，由于双季稻生产互补性强，能较好地抵御严重自然灾害（邹应斌、戴魁根，2008）。提高双季稻种植面积、增加水稻复种指数，是保证我国农作物播种面积稳定增加和粮食产量稳步提高的重要途径之一。

新中国成立前，由于我国稻田生产条件长期得不到改善，耕作制度墨守成规，现行的双季稻区大部分只种一季水稻且产量很低。新中国成立后，双季稻区的稻田耕作制度大致经历了改革开放前的恢复发展期、稳定发展期和快速发展期，以及改革开放后的调整发展期、结构优化发展期和结构调整、缩减与恢复发展期等演变历程。

1. 恢复发展期（1950—1960 年） 新中国成立后，通过不断改善生产条件，以发展国民经济、恢复农业生产、主攻粮食生产为中心任务，推动了稻田耕作制度的改革和发展，推行"单季改双季、旱土改水田、冬闲改冬种"等增产措施，耕作制度的研究重点是组织科技人员进行调查研究，以总结群众经验为主，积极探索新的增产技术，推广劳模的经验。在调查总结耕作制度改革经验的同时，对双季稻水稻品种进行了调查、征集、评选。在进行品种区试的同时，还进行了品种资源、新品种选育及水稻育秧、密植、施肥、灌溉等双季稻栽培技术的研究，推广新式农机具和劳模经验，使农业生产得到迅速恢复和发展，对推动双季稻发展起到了重要作用。

2. 稳定发展期（1961—1970 年） 进入 20 世纪 60 年代，为稳定双季稻发展，针对生产中出现的水稻高秆品种容易倒伏和肥源缺乏等问题，以优化稻田耕作制度与改善生产条件相结合，兴修农田水利基础设施，并围绕水稻高秆改矮秆，冬闲田、冬泡田发展水旱轮作技术，改良中低产稻田，发展冬季绿色生产等方面开展工作。为适应双季稻发展，由过去种植兰花草（苕子）改种为红花草（紫云英）。通过加速中低产田的改造发展水旱轮作技术，实现用地与养地结合，提高土壤肥力，稳定发展绿肥-双季稻复种制。

3. 快速发展期（1971—1980 年） 该阶段主要是在大麦-双季稻、油菜-双季稻等模式创新与优化、水稻矮秆品种应用方面取得进展。通过"农业学大寨"，大兴农田基本建设，改善农业生产条件，坚持"良田、良制、良种、良法"综合配套，发展稻田多熟种植，加上化肥、农药、农膜、农机等推广应用，进一步促进了双季稻田耕作制度改革与快速发展。

4. 调整发展期（1981—1990 年） 农村推行以家庭联产承包责任制为主体的一系列经济体制改革，我国粮食连年丰收，群众温饱问题逐步得到解决，国家逐步放开了粮食市场，实现了由计划经济逐步转变为市场经济。农业发展转型迫切需要发展适应市场经济规律的农业结构，对种植结构、方式、熟制、布局等进行调整。这一阶段稻田耕作制度任务是适度调整农业结构，由"粮-粮"型种植结构转变为"粮-经-饲"三元种植结构,双季稻稻田主要是研究开发稻田冬季农业,发展冬种油菜、大麦、蔬菜-双季稻,建立稻田高产高效的农作制度技术体系(杨光立等,2002)。

5. 结构优化发展期(1991—2000年) 进入20世纪90年代,随着市场经济体制的建立,农业已由单纯追求粮食高产向优质、高产、高效方向发展。在确保粮食高产的前提下,把耕作制度研究工作的重点放在持续高产高效、节本增效种植模式、减灾避灾农作制度与提高产品质量方面。通过稻田种植模式的优化和关键配套技术的创新,建立适应市场经济发展的耕作栽培技术体系。持续高产、优质高效的农作制度成为双季稻田耕作制度发展的主要特征,各地相继开展了成建制的"良田、良制、良种、良法"相结合的"吨粮田开发",比较系统地研究了绿肥、油菜、裸大麦-双季稻复种制土壤肥力演变规律,制定出稻田不同种植模式平衡施肥与水分管理技术,集成并推广应用了水稻少耕分厢撒直播、水稻旱育抛栽、稻田少免耕栽培与稻草还田等技术,使得水稻单产、总产量不断提高。

6. 结构调整、缩减与恢复发展期(2001年至今) 进入21世纪,双季稻稻区稻田耕作制度的发展经历了调整压缩期和恢复发展期两个时期。从1998年起到2003年为调减压缩期,在水稻连年丰收、粮食库存积压、种粮效益持续偏低、财政负担过重的条件下,对稻田农作制度进行战略性调整。通过调整复种指数,实行三熟改两熟、双季稻改一季稻,发展优质旱粮和高效经济作物。从2004年开始进入恢复发展期,为了确保粮食生产安全,保障市场需求和有效供应,明确提出,集中力量支持粮食主产区粮食产业,促进种粮农民收入增长。从"十五"以来,在双季稻稻区启动实施了"粮食丰产科技工程""沃土工程""保护性耕作技术研究与示范"等科技项目,研发并推广应用了双季稻区冬季绿色生物覆盖、双季稻多熟制保护性耕作等关键技术。2008年以后,为了适应现代农业发展和农业防灾减灾的要求,优化种植结构和品种结构,适应农产品国内外消费需求,确保粮食生产安全和农产品质量安全,稻田耕作制的研究领域不断拓展,其重点是围绕农业的区域布局进行耕地资源优化配置,种植结构的调整和优化,突出水稻专业化生产、集约化经营、省工节本、轻型高效、防灾减灾、优质高产、生态环境的综合治理与发展高效农业等方面,旨在进一步促进稻田耕作制度快速、持续、稳定发展。

二、稻田耕作与栽培的创新与发展

双季稻多熟制发展离不开稻田耕作技术的创新与突破。随着双季稻区耕作制度的演变,稻田耕作技术及其栽培管理得到不断改进与应用,在促进双季稻高产、高效、优质、安全等方面发挥了重要作用。

20世纪50年代开始大量引进苏式五铧犁平翻,60年代创造带心土铲的双层深翻犁,从日本引进手扶拖拉机开始,南方链轨拖拉机用牵引犁、轮式拖拉机用犁、水田耕翻机、机耕船、旋耕机、耕整播种机以及牵引式钉齿耙相继应运而生,促进了水田土壤耕作机械化。通过整地作业的"耕、耙、耖、耥"四大工序,扩大耕层容积,蓄积水分和养分,实现用养结合。"耕田"是耕翻破碎土块,掩埋绿肥、杂草,混合有机肥,深耕松动底土。一般有干耕和水耕两种,以水耕为主。"耙田"是碎土和初步平整田面,有水耙和干耙,以水耙为主,通过耙田使土肥融合。"耖田"是耙田之后再浅耕,一般以水耖为主,保持3 cm以内的浅水层,耖田后再耙平,使田面平整、水肥泥活。"耥田"是平田作业,以利于播种、栽插。

在采用传统土壤耕作的过程中,早稻一般"两犁多耙"、晚稻"一犁两耙"。全层碎土,土壤融烂,往往导致表层土壤和亚表层的分离,表层土壤被水冲走,容易造成土壤有机质流失,土壤肥力无法满足水稻生长的需求。20世纪80年代后,随着商品经济的发展、工业化的加速,农村剩余劳动力逐步向第二、第三产业转移,迫切需要发展省工省力、节本增产、轻简高效的耕作栽培技术。同时,在一些地方出现了油菜、大麦、小麦、蚕豆、豌豆少耕免耕栽培。为了适应这一变化,湖南等地研究出"早稻少耕分厢撒直播种植模式",并配套干耕干整、开沟分厢、定量撒播、化学除草、干湿灌溉等关键技术,逐步扩展到南方各稻区应用。进入21世纪,随着城镇化进程的推进、农村劳动力的战略转移，稻田少耕免耕保护性耕作技术得到快速发展。稻田土壤耕作的研究重点则放在少耕免耕的种植模式、增产机制和经济效益、社会效益、生态效益方面，相继研发出稻田"两免、两杂、双抛"高产栽培技术、晚稻稻草覆盖免耕栽培综合丰产技术、水稻"早旋、晚免"丰产栽培等保护性耕作技术。这些耕作模式与技术省工节本、轻简高效、适用性和可操作性强，目前已从稻田少耕免耕栽培扩大到稻田免耕直播油菜，免耕种植大麦、小麦，免耕种植马铃薯，以及茎瘤芥-两季稻多熟制。在双季稻多熟制稳定发展过程中，早晚稻的栽培管理也得到较大创新。

合理搭配水稻品种，实现良种良法配套。通过合理安排早稻茬口，研究早晚稻育秧技术。以湖南为例，由于早稻季早春寒流发生频繁，易出现低温烂秧，晚稻则易受到9月寒露风的影响，要确保晚稻安全齐穗，避开9月的寒露风危害，同时存在着"双抢"季节紧、时间短、早稻和晚稻茬口衔接的矛盾。因此，在水稻育秧技术研究方面，先后进行了"改水稻大秧板田为合式秧田，改落谷密为落谷稀、培育稀播壮秧，改水育秧为泥浆踏谷、湿润育秧，改露天育秧为薄膜覆盖育秧"（佟屏亚，1994）。1958年，总结推广了煤灰催芽经验；60年代，总结推广了"高温破胸、适温催芽、恒温保芽"技术；60年代中期，研究并推广应用了塑料薄膜育秧和两段育秧等技术；进入80年代，在双季稻快速发展过程中，因气候变化异常，常出现极端低温寒潮，在湘北洞庭湖区如早稻播种过早，在一部分地区常出现早稻烂秧。为此，科技人员研究出早稻分厢撒直播配套技术，即在选择早熟品种的基础上，推迟到4月10—15日播种，采取分厢撒播、泥浆踏谷、播后露田，三叶期后复水，施用除草剂化学除草。为了促进早晚稻平衡增产，1990—1997年，湖南省土壤肥料研究所联合湖南省农业厅粮油生产处等单位科技人员，进行了"水稻塑料软盘旱育抛栽增产效益及机制的研究"，重点对水稻抛秧品种选择与合理搭配、抛栽水稻播种期、秧龄期、抛栽期、抛栽密度、肥水运筹、秧苗化学调控等方面进行了系统性研究，提出了中高产稻区水稻旱育秧、抛秧"壮根壮秆重穗"综合配套栽培技术模式，中低产稻区水稻旱育秧、抛秧"旺根壮秆足穗"综合配套栽培技术模式，研究形成了"水稻旱育抛栽适用性研究与推广应用"科技成果。

推进防灾减灾与稻作节水管理。双季稻主产区的区域范围广，多数地区处于季节性干旱区，其灾害性天气发生频率高、持续时间长、威胁危害大。针对双季稻多熟农作制面临旱灾的威胁，一方面，加强农田水利建设，确保稻田灌溉用水；另一方面，加强双季稻防灾减灾技术体系研究，发展水稻节水灌溉技术。通过耐旱性水稻品种的引进筛选与适应性研究，筛选出了一批耐旱高产品种；通过对不同农艺措施节水技术研究，相继提出并推广应用了稻田"早蓄晚灌"综合丰产栽培技术，抓好雨季结束时塘坝水库蓄水，充分利用雨季保收高产栽培、堵漏防渗等稻作节水技术，晚稻免耕覆盖稻草高产栽培技术，以肥调水、以水促肥节水抗旱技术，以及化学调控节水栽培技术等。

长江中游东南部地区是我国重要双季稻区。然而，在该区域的双季稻生产上，存在有效积温偏少（全年≥10 ℃积温5 300～6 500 ℃）、季节紧张（10～22 ℃天数176～212 d）、春秋低温和夏季高温危害多等不利的气候因素，导致双季稻前期早发难、中期成穗率低、后期易早衰等问题。针对上述问题，自"十五"起，开展双季稻前期促早发、中期控蘖、后期防早衰关键技术研发及其耕作模式配套，创建了超高产栽培技术和绿色高效栽培模式。例如，集成以"免耕＋化学除草＋泡田松土＋小苗移栽（直播）＋分次施用＋浅水勤灌"等为核心技术的水稻免耕栽培技术模式，较翻耕栽培增产3.2%～9.6%，每亩节支增收50～100元；集成以"稻鸭共育＋灯光诱虫＋种草诱螟＋稻糠除草＋双草培土＋健身栽培＋精准用药"为关键的绿色水稻清洁生产技术，每亩可增效100元，而且可减少化学农药用量50%～60%、化肥用量50%。

针对双季稻稻田种植模式较单一，特别是种植制度年间复种模式较少、资源利用效率不高、耕地和环境质量下降，以及农业生产资料投入高、利用率低导致资源浪费、环境污染、产投比小等问题，江西省农业科学院通过多年科学试验，总结出油菜-稻-稻、绿肥-稻-稻、菜-稻-稻、薯-稻-稻等多种高效种植模式，以提升双季稻种植的综合效益。2015—2017年，通过对江西双季稻＋冬季作物模式的系统研究，基于自然资源、市场、社会等背景，从经济效益、生态效益和社会效益3个方面对双季稻田三熟制种植模式进行了综合评价（周海波等，2019）。由表15-2可以看出，绿肥-稻-稻和薯-稻-稻等稻田三熟制模式不仅能够提高水稻种植的经济效益，其综合效益也明显高于江西传统的冬闲-稻-稻种植模式，特别是绿肥-稻-稻模式综合效益最好。但在具体的绿肥品种上，须根据不同的种植条件进行选择。薯-稻-稻也具有较高的经济效益和社会效益，综合效益也表现良好，可因地制宜地进行推广。

表 15-2　双季稻田三熟种植模式综合效益评价

模式	双季稻产量（kg/亩）	总产量（kg/亩）	总产值（元/亩）	净利润（元/亩）	劳动净产值率（%）	资金净产值率（%）	耕地资源生产率（%）	水资源生产率（%）	光能资源生产率（%）
冬闲-稻-稻	893.48	893.48	1 206.20	515.13	171.12	400.69	100.00	111.67	21.68
绿肥-稻-稻	1 028.60	1 028.60	1 388.61	667.54	214.62	446.45	115.12	128.56	20.35
油菜-稻-稻	988.14	1 048.14	1 585.99	656.90	134.32	324.30	117.31	148.50	19.43
薯-稻-稻	955.83	1 655.83	2 130.37	928.25	263.68	605.16	185.32	153.30	26.89
菜-稻-稻	967.32	982.32	1 326.88	499.80	125.88	334.19	109.94	90.53	19.63

注：表中绿肥表示紫云英，薯表示马铃薯，菜表示蚕豆。

三、稻田耕作模式拟解决的问题与技术途径

1. 土壤肥力特点　双季稻稻田土壤养分表观平衡状态是氮、磷养分盈余，钾素亏缺。土壤基础地力下降，肥料施用效益降低。20世纪80年代初，双季稻稻田的基础地力贡献率为60%～80%，现在已下降至50%～60%。以湖南为例，1995年施用1 kg化肥可生产粮食11.7 kg，2013年施用1 kg化肥只生产粮食9.5 kg，比1995年降低18.8%。

2. 主要存在问题

（1）土壤养分不平衡。氮、磷、钾施用比例不协调，导致土壤氮、磷、钾养分不平衡。根据湖南长期定位监测的结果，种植20年双季稻后，施化学氮、磷、钾区土壤氮、磷、钾收支的盈余量分别为96.6 kg、55.0 kg、-42.2 kg（徐明岗等，2006）。

（2）土壤酸化。根据湖南长期定位监测的结果，土壤20年连续施用化肥区，土壤pH由6.5下降到5.1，中性土壤变为酸性土壤，长期施用化肥导致土壤酸化（徐明岗等，2006）。

（3）耕层浅、土壤结构差。长期用轻型农机具耕作的稻田耕层浅，一般只有12 cm左右（高产稻田的适宜耕层厚度为18 cm），保水保肥能力弱。采用大型农机具耕作的稻田，易打破犁底层，导致耕层过深，土壤结构被破坏。

（4）有机无机养分施用比例失调。目前，施用的有机肥养分占总养分的比例不到20%。根据已有研究结果，为了维持稻田地力稳定，通常要求有机养分占总养分的35%左右（侯红乾等，2011）。

3. 原因分析

（1）钾肥资源较缺乏。双季稻区施用钾素量远远低于水稻吸收量，出现土壤钾素亏损，加上氮、磷施用量较大，土壤氮、磷盈余，导致土壤养分不平衡。

（2）长期单施化肥。由于长时间地大量施用化肥，产生大量的氢离子残留在土壤中，使土壤中碱性（盐基）离子淋失，导致土壤酸化。

（3）不合理的土壤耕作方式。长期采取轻型农机具旋耕，耕作方式单一，缺乏合理的土壤轮耕技术，导致耕层变浅，土壤库容量降低，保水保肥能力弱。

（4）不合理的肥料施用与生产管理模式，造成有机肥养分供给严重不足。过度依赖化肥的增产能力，导致化肥施用量越来越大；农村劳动力向二、三产业转移，使得劳动力缺乏，也直接导致稻田有机肥施用量的减少；早稻抛栽期前移，晚稻收获期后推，面对双季稻生产变化的新形势，缺乏相应的绿肥品种和技术措施；绿肥产量低，导致绿肥种植面积减少；早稻稻草还田季节紧、还田耕作困难、

稻草腐解慢，加之缺乏相应的农机和快速腐解的微生物菌剂，导致早稻稻草还田困难。

4. 主要技术途径 针对上述双季稻稻田土壤存在的问题，应重点围绕稻田轮作系统优化及技术配套和产品筛选开展研究，形成双季稻区土壤培肥技术体系和丰产增效耕作模式。

（1）优化轮作培肥模式。进行用养结合轮作培肥模式优化研究，研究长期轮作培肥下的化肥施用量控制基准、水稻肥料运筹比例及其调控技术，明确轮作培肥模式的适宜化肥用量，促进土壤养分平衡。

（2）配套早稻秸秆还田技术。研究早稻秸秆还田技术，筛选秸秆快腐产品，进行秸秆还田的耕作机具选型配套，研究基于早稻秸秆还田的晚稻氮肥运筹技术，研究"早旋晚免"水稻秸秆覆盖全量还田土壤培肥技术，有效地解决早稻稻草还田难的生产问题。

（3）土壤轮耕周期及配套机具改型研究。研究不同轮耕周期下土壤肥力、耕层变化特征，明确不同区域、不同土壤类型双季稻田的适宜轮耕周期及适宜农机具。

第五节 我国稻作制度对气候变暖的响应

一、我国近 50 年气候变化与水稻生产的变迁

（一）我国粮食主产区气候变暖的基本态势

根据历史气象监测，全球气候变暖呈现明显的地区、季节和昼夜差异（IPCC，2013）。基本态势是高纬度地区的气温升高幅度明显高于低纬度地区的升幅，作物的种植北界将北扩，面积扩大；夏、秋季的变暖幅度显著低于冬、春季，冬、春季作物的低温冷害将可能减少或减轻；白天的气温升高幅度明显低于夜间，昼夜温差将缩小，可能不利于作物产量和品质的形成。由于不同地区和季节作物生长季的背景温度差异，以及相应地区和季节气温升高幅度的不同，气候变暖对作物生产的影响存在明显的时空特征。因此，掌握具体国家（种植区域）气温变化的时空特征及其趋势，将有利于全面了解作物生产对气候变暖的综合响应。

现有的大量气象监测数据和模型预测分析结果表明，近年来我国气候变暖的趋势明显高于全球平均水平（中国气象局，2018）。依据 1970—2017 年我国气象观察站点的监测数据（Chen et al.，2020），我国东北、华北、长江三角洲粮食主产区气温升高的时空差异显著。与 20 世纪 70 年代相比，东北 21 世纪第一个 10 年作物生长季日最低温度和最高温度分别升高了 1.39 ℃和 0.70 ℃，华北相应升高了 1.35 ℃和 0.86 ℃，长江三角洲升高了 1.28 ℃和 1.10 ℃。在相同年代内，东北的冬春和夏秋的平均气温升高幅度分别达到 1.18 ℃和 0.89 ℃，华北相应季节的平均气温升高幅度分别为 1.31 ℃和 0.67 ℃，长江三角洲的相应升幅为 1.28 ℃和 0.99 ℃，增温趋势与全球基本一致，但增幅显著高于全球平均。

在整体呈现变暖趋势的同时，我国粮食主产区作物生长季的降水量及其降水天数也发生了明显变化。但是，也存在很大的区域差异。例如，西部降水呈增加趋势，东部降水呈下降趋势。大雨和暴雨的频率增加。如在我国东南地区，总降水量呈微弱下降趋势，但大雨和暴雨呈显著上升趋势。总体来看，作物生长季降水总量变化不显著，但降水天数明显减少，日降水强度显著提高，作物关键生育期水热不协调问题更为突出。

在这种气温和降水的变化影响下，干旱以及极端性变温等灾害天气的发生频率也呈递增趋势。夏季高温干旱灾害在我国大部分地区（华中地区除外）的发生均呈现增加趋势，而不同区域表现有差异。Vicente - Serran 等（2010）提出的标准化降水蒸散指数（SPEI）是通过标准化潜在蒸散与降水的差值表征一个地区干湿状况偏离常年的程度，是分析干旱演变趋势的指标，以 1970—2017 年我国粮食主产区作物耕种期 SPEI 为例，东北春耕季的 SPEI 值提高了 0.36，华北夏耕季下降了 0.59，而长江三角洲秋耕季节提高了 0.86。东北、华北和长江三角洲的区域差异明显，分别呈现了明显的暖干化、干热化和湿热化的新趋势。同时，气候变化导致了极端变温灾害频发，其空间分布也具有显著

差异。与东北、西北、华北地区相比，南方地区气候变化幅度较小，但亚热带高压在夏季增强，导致南方极端高温事件增多。另外，西北地区虽表现增温趋势，但自 20 世纪 80 年代以来，其极端低温事件显著增加。总体来看，西北和长江中下游地区的极端气候事件较多，东北和长江流域西北部地区则相对较少（潘根兴，2011）。

（二）我国典型稻作系统的背景气温及其变暖趋势

我国典型稻作系统包括以东北为代表的北方一熟区单季稻、长江中下游的水旱两熟区中稻和南方双季稻三大系统，三大稻作系统的气候背景差异显著。依据 1980—2015 年的常年气温变化（Chen et al.，2020），北方单季稻水稻生长季日平均气温、日最高气温和日最低气温分别为 18.8 ℃、24.4 ℃、13.6 ℃，升温幅度分别为 0.31 ℃/10 年、0.29 ℃/10 年、0.36 ℃/10 年。同期水旱复种两熟中稻生长季的日平均气温、日最高气温和日最低气温分别为 23.0 ℃、28.0 ℃、19.3 ℃，升温幅度分别为 0.34 ℃/10 年、0.39 ℃/10 年、0.32 ℃/10 年。南方双季稻区的早稻季相应背景温度分别为 23.3 ℃、27.7 ℃、20.0 ℃，升幅分别为 0.28 ℃/10 年、0.29 ℃/10 年、0.29 ℃/10 年；双季稻区的晚稻季相应背景温度分别为 26.0 ℃、30.7 ℃、22.6 ℃，气温升高幅度分别为 0.25 ℃/10 年、0.26 ℃/10 年、0.25 ℃/10 年。从整体趋势来看（图 15 - 4），三大稻作系统水稻生长季的气温均呈现明显的升高趋势。中稻和南方双季稻早稻的背景温度相似，北方单季稻背景温度升高幅度显著高于其他稻作系统。北方一熟区水稻花后的背景温度与双季稻晚稻花后的背景温度相似，明显低于中稻和双季稻早稻花后的温度。由于不同稻作系统背景温度和升温幅度的差异显著，气候变暖的影响也明显不同。

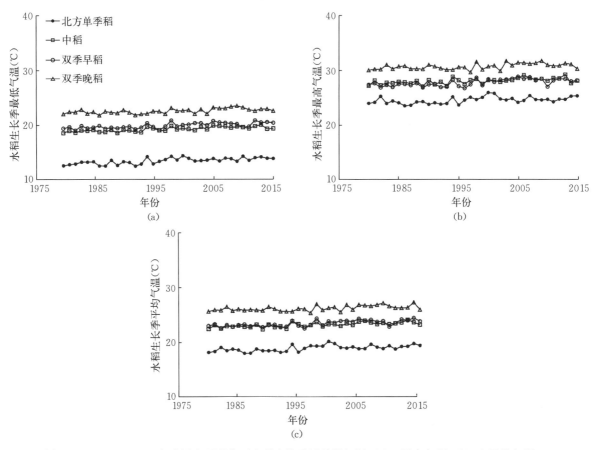

图 15 - 4　1980—2015 年我国主要稻作区水稻生长季日最低气温（a）、最高气温（b）和平均气温（c）

（三）我国稻作制度的变迁

随着气温的升高和社会经济的发展，我国水稻种植区域出现了明显改变，不同区域稻作系统水稻产量对全国水稻总产量的贡献份额也发生了明显变化。在南方水稻种植面积，尤其是在双季稻面积大幅下降的同时，北方水稻种植区域快速扩展（图 15 - 5）。例如，与 1980 年相比，2015 年广东水稻种植面积缩小了 60% 多，只有 1.8×10⁶ 多 hm²；而黑龙江的水稻种植面积递增近 30 多倍，超过了 4.0×10⁶ hm²。除了与南北方经济发展差异相关外，也与东北气温显著上升相关，是气候变暖和经济发展的综合效应。

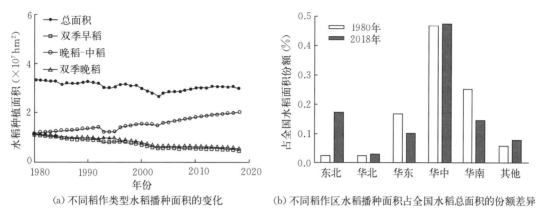

(a) 不同稻作类型水稻播种面积的变化　　(b) 不同稻作区水稻播种面积占全国水稻总面积的份额差异

图 15 - 5　1980—2018 年我国水稻播种面积的变化

在水稻种植区域变化的同时，三大稻作系统的产量贡献份额也在发生明显变化。南方双季稻面积显著下降，中稻面积快速递增，中稻对我国水稻总产量的贡献逐步递增（图 15 - 5）。1980 年我国南方双季稻播种面积和产量分别占全国水稻总播种面积和总产量的 65.8% 和 61.4%。到 2018 年，其份额分别下降到 33.3% 和 28.3%，变化显著。随着气温进一步升高，我国北方水稻适种区域进一步扩张（Chen et al.，2017），国民经济的进一步发展挤压了南方地区稻田面积，不同水稻种植区的区域优势明显改变，我国水稻区划和稻作系统也相应发生变化。由于气候变暖对水稻区划和稻作系统的改变，如未来南方中稻面积扩展，而中稻对温度变化最为敏感，势必会进一步加重温度升高对我国水稻生产的不利影响，危及国家粮食安全。

二、气候变化与稻作变迁对水稻生产的综合影响

为了降低模型分析和统计数据挖掘的不确定性，近年来，关于气候变暖对水稻生产影响的田间试验研究越来越受到重视，基于田间长期观察的资料也日益丰富。为此，在总结笔者多年田间增温试验的基础上，综合长期田间观察和省级统计数据，系统分析了我国三大稻作系统水稻产量对温度升高 1.5 ℃ 的响应特征。

笔者在我国主要稻作区开展了大量田间开放式增温试验，如 2016—2020 年在北方一熟单季稻区黑龙江哈尔滨设置全天增温试验，2008 年在水旱两熟中稻区江苏南京设置全天、白天、夜间增温试验，2007—2011 年在南方双季稻区江西南昌开展夜间增温试验等。通过这些试验来尝试阐明我国不同稻作系统水稻生育期和生产力对未来气温升高 1.5 ℃ 的响应与适应差异（Chen et al.，2017）。总结多年多点的田间增温试验结果发现，在温度升高 1.5 ℃ 的情况下，水稻播种到抽穗开花的生育期显著缩短，但籽粒灌浆充实期变化不大，黑龙江一季稻和江西南昌的双季稻晚稻籽粒灌浆期甚至有所延长。总体而言，尽管温度升高明显缩短水稻的全生育期，但需要注意的是，增温会缩短水稻的花前生育期，花后的生育期基本不变甚至延长。

田间多年的增温试验还发现，不同稻作系统下水稻生产力的响应也存在显著差异（Deng et al.，2017）。气温升高 1.5 ℃ 时，黑龙江哈尔滨单季稻的生物学产量和籽粒产量都呈显著递增趋势，江苏南京中稻的生物学产量和籽粒产量呈下降趋势，而江西南昌双季稻早稻呈减产趋势、晚稻呈增产趋势。利用所有增温试验进行 meta 分析发现，增温 1.5 ℃ 左右分别增加单季稻产量 9.0% 和晚稻产量 6.7%，但分别降低了中稻产量 11.9% 和早稻产量 6.2%（图 15 - 6）。基于 3 个稻作系统的长期定位试验以及省级统计数据分析，获得上述类似的气温升高效应（图 15 - 7）。田间长期定位试验结果表明，

水稻生长季平均气温每升高 1.0 ℃，东北一熟区单季稻单产提高 15.3%，水旱两熟区中稻减产 10.9%，南方双季稻早稻减产 6.7%、晚稻增产 12.1%。而省级统计数据也表现出相似结果，即水稻生长季平均气温升高 1.0 ℃，东北一熟区单季稻平均增产 3.8%，水旱两熟区中稻减产 0.6%，南方双季稻区早稻和晚稻分别减产 3.7% 和增产 8.9%。预计到 2060 年，如果不考虑水稻种植面积的变化，气候变暖将降低水稻产量 5%。如果考虑各稻区种植面积的变化，水稻种植面积下降将引起总产量下降 7.4%，气候变暖和种植面积变化的综合影响将降低水稻总产量 13.5%（图 15 - 8）。

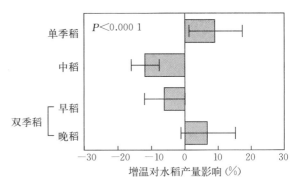

图 15 - 6　增温对水稻产量影响的 meta 分析

注：误差线为 95% 置信区间。

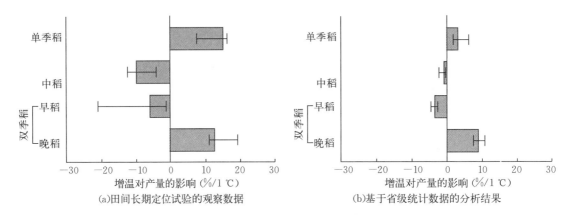

(a)田间长期定位试验的观察数据　　(b)基于省级统计数据的分析结果

图 15 - 7　气候变暖对不同稻作系统水稻单产的影响差异

注：误差线为 95% 置信区间。

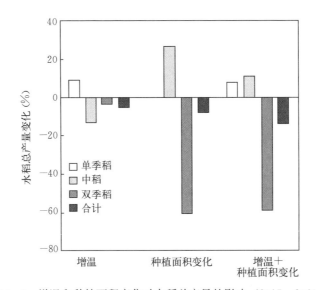

图 15 - 8　增温和种植面积变化对水稻总产量的影响（2015—2060 年）

　　进一步分析区域联合多年多点的播期试验结果，发现水稻生产力主要受开花后的背景温度影响。一方面，增温会使水稻叶面积显著增加，有利于群体的干物质积累和产量形成，而水稻在 16～35 ℃时，温度越高，分蘖越强；另一方面，当夜温大于 29 ℃或日温大于 33 ℃时，水稻易受高温热害，显著影响水稻结实率。因此，在水稻花后背景温度高的区域，如江苏南京的中稻和江西南昌双季稻的早稻，气温升高 1.5 ℃，当水稻穗分化和开花受精时，易受热害而影响结实率，穗粒数的下降导致减产；而若背景温度较低，如黑龙江哈尔滨的单季稻和江西南昌双季稻的晚稻，这些区域过去主要是热量不足，气温升高 1.5 ℃，反而可以增强水稻的光合过程，促进了有效穗数和每穗粒数的提升，有利于增产（Chen et al.，2017）。

随着人们对生活质量要求的提高，优质稻米的需求也越来越大。温度变化会显著影响稻米品质的优劣，水稻籽粒直链淀粉和蛋白质含量是气温升高后响应最敏感的参数（Siddik et al.，2019；杨陶陶等，2019），增温显著降低了直链淀粉含量，提高淀粉颗粒平均粒径，并显著增加了蛋白质含量。这种淀粉和蛋白质含量的变化会使得稻米在加工过程中易碎，破坏稻米的碾米和外观品质，造成糙米、精米和整精米率等显著降低，同时提高稻米的垩白度（Siddik et al.，2019）。增温还会提高稻米淀粉的峰值黏度、热浆黏度、最终黏度、崩解值和糊化温度，降低食味品质（杨陶陶等，2019）。

前期研究发现，气候变暖不仅是生长期内气温升高对水稻籽粒形成的影响，还有水稻生育进程改变后水稻生育期内极端温度发生的阶段及持续时长的变化（Chen et al.，2017；陈金等，2013；张鑫等，2014）。笔者在江西双季稻区的一项增温试验发现（Siddik et al.，2019），抽穗后第二周是温度变化对稻米品质形成产生影响的关键时期，温度升高，水稻精米率和整精米率、籽粒长宽比显著降低，垩白率、垩白度和垩白粒率均显著增加，糊化温度和蛋白质含量均显著增加，而直链淀粉含量降低。而杨陶陶等（2019）则认为，花后增温虽导致早晚稻的外观品质变差，但对晚稻的加工品质有改善作用，同时提高了早晚稻的营养品质。一般来说，对水稻品质的影响更多是在籽粒形成的关键期遭遇了极端温度，对籽粒灌浆与物质积累造成了不可逆改变而形成的。当水稻灌浆期温度超过临界阈值（>33 ℃）时，会对水稻产量和品质造成灾难性的影响（Siddik et al.，2019）；而水稻在灌浆期若遭遇极端低温，其外观、食味和营养品质也会受到显著破坏。总体来看，气候变暖对稻米品质的影响弊大于利。在优质水稻的生产中，需要重视推广与开发应对气候变化的稻作措施。

三、应对气候变暖的气候智慧型稻作技术创新建议

近年来，虽然国内外已经就气候变暖对作物生产的综合影响及其应对措施进行了大量研究，基本阐明了气候变暖的趋势和作物生育期与生产力的响应特征，并针对性地研发了一些应性种植技术和应对策略。但是，至今在具体区域和作物对其生长季未来气候变暖的响应与适应认识，仍存在较大的不确定性。在适应性生产和应对策略层面，缺乏整体性应对技术，急需开展系统性理论研究和区域适应性关键技术与模式创新。

首先，在作物对气候变暖的响应与适应理论研究层面，今后应进一步加强田间实证研究与区域模型分析。现有的研究多集中在模型分析和历史数据挖掘层面，不多的田间实证研究也主要侧重于温度变化单一因素。但事实上，气候变暖不是单一的平均温度变化，还包括极端性天气、降水变化以及伴随的大气组分变化，尤其是大气 CO_2 和近地表 O_3 等变化。因此，气候变暖对作物生产的影响是多因子的综合，需要田间综合实证和多因子模型挖掘，以阐明气候变暖，乃至气候变化对作物生产的综合影响，降低对未来认识的不确定性。

其次，在研究内容与方法及手段方面也急需创新。已有的研究多集中在作物生育期和生产力方面，对社会日益关注的作物产品品质及其安全的研究还非常不清楚，研究内容和目标难以满足我国农业提质增效和绿色发展的新要求。在研究对象方面，现有研究多集中在主要粮食作物，且多针对少数品种类型。但是，气候变暖对非粮食作物的影响也非常突出，而且同一作物类型的不同品种差异也非常显著。过少的作物类型和单一品种的研究，很难满足适应性技术和应对策略的创新需求。在研究方法与手段层面，尤其是田间实证研究方面，目前多停留在单一因子，部分涉及两因子，急需创建多因子综合的田间设施以及相应的综合模型，提升研究手段和方法，模拟真正的气候系统。

最后，在应对气候变暖的水稻生产技术与模式方面，更多侧重在策略上，关键技术的系统集成不

够，应对技术的适应性和实用性不足。水稻生产应对气候变暖应该考虑多个层面，包括如何提升水稻生产系统的适应能力，以及降低气候变暖对粮食安全和水稻有效供给的影响；同时，还应该包括如何促进稻田土壤有机碳固存与温室气体减排的协调，尤其是甲烷气体减排，为减缓气候变暖作出贡献，创建气候智慧型农业（FAO，2019）。

基于已有研究，笔者对气候智慧型稻作技术体系的构建提出以下建议：一要加强气候变化的预警预报能力建设、高标准生态稻田建设、丰产抗逆水稻品种选育及抗逆稻作技术配套创新，提升稻田生态系统对气候变暖的综合适应能力，实现水稻周年丰产稳产优质安全；当前的气候变化并不是一个均匀的增温过程，频发的极端气候灾害事件增加了农业生产的风险，需要设立极端天气预警预报体系，如强降水、季节性干旱、极端变温等自然灾害等的提前预警，可降低灾害风险，同时政府牵头建设现代化农田，完善稻田生产设施，选育丰产抗逆水稻品种，并配套现代化稻作技术，普及生态友好型的稻田生产方式。二要加强水稻生产系统及稻田生态系统的优化与布局，促进产业链延伸和农产品提质增效，实现农业增效和农民增收。例如，热量资源的增加以及优质稻米需求的提升，在东北地区可适度扩大水稻的生产，并推广生长周期长的优质稻米品种，生产优质稻米，同时建设稻米产业集群，打造品牌，增加经济效益（Chen et al.，2017）。三要重视稻作区土地利用规划、稻田土壤有机质提升和农用化学品增效减量，提高农业系统尤其是农田土壤的有机碳固存能力，尽量降低农业源温室气体排放；可根据各稻作区实际情况开展适宜的配套栽培耕作措施，如双季稻区可实施冬季绿肥覆盖、石灰改良剂等保护性措施，推广秸秆还田、间歇灌溉等节约型农艺措施，同时扩大测土配方施肥和精准施肥，发展固碳减排的稻作模式（Jiang et al.，2017、2018、2019）。总之，气候智慧型稻作技术体系包括三大模块，即水稻生产力提升技术（适应性栽培技术）、土壤有机碳固存技术和稻田温室气体减排技术，通过技术集成，进行模式创新，实现保障粮食安全、改善稻农生计和减缓气候变化的共赢，促进水稻产业可持续发展。

主 要 参 考 文 献

陈章鑫，林海，应兴华，等，2012. 万年稻作农业文化系统的开发、保护及发展对策 [J]. 中国稻米，18 (6)：23 - 26.

笪浩波，2014. 长江中游史前稻作农业的发展 [J]. 农业考古 (1)：1 - 10.

杜永林，黄银忠，2004. 超高茬麦田套播水稻轻型栽培技术及其应用 [J]. 耕作与栽培 (1)：7 - 9，25.

范明生，江荣风，张福锁，等，2008. 水旱轮作系统作物养分管理策略 [J]. 应用生态学报，19 (2)：424 - 432.

侯红乾，刘秀梅，刘光荣，等，2011. 有机无机肥配施比例对红壤稻田水稻产量和土壤肥力的影响 [J]. 中国农业科学，44 (3)：516 - 523.

梁丙江，刘希锋，付胜利，等，2007. 东北地区水稻机械化发展现状及措施 [J]. 农机化研究 (10)：249 - 250.

刘建，魏亚凤，杨美英，等，2015. 稻麦丰产增效栽培实用技术 [M]. 北京：中国农业科学技术出版社.

潘根兴，高民，胡国华，等，2011. 气候变化对中国农业生产的影响 [J]. 农业环境科学学报，30 (9)：1698 - 1706.

裴俊敏，李金全，李兆磊，等，2016. 生物质炭施加对水旱轮作农田土壤 CO_2 排放及碳库的影响 [J]. 亚热带资源与环境学报，11 (3)：72 - 80.

佟屏亚，1994. 当代农作技术的成就、特点和趋势 [J]. 古今农业 (1)：58 - 66.

肖敏，常志洲，石祖梁，等，2017. 秸秆过剩原因解析及对秸秆利用途径的思考 [J]. 中国农业科技导报，19 (5)：106 - 114.

徐明岗，梁国庆，张夫道，等，2006. 中国土壤肥力演变 [M]. 北京：中国农业科学技术出版社.

杨光立，李林，彭科林，等，2002. 优化资源配置，发展劳动和技术密集型高效农作制度 [M]//区域农业发展与农作制建设. 兰州：甘肃科学技术出版社.

杨陶陶，孙艳妮，曾研华，等，2019. 花后增温对双季优质稻产量和品质的影响 [J]. 核农学报，33 (3)：169 - 177.

张洪程，戴其根，钟明喜，等，1994. 稻田套播麦高产高效轻型栽培技术研究 [J]. 江苏农学院学报，15 (4)：19 - 23.

张洪涛，刘喜，1992. 黑龙江省稻田耕作现状与对策 [J]. 现代化农业 (3)：5 - 7.

张俊，张卫建，李成玉，等，2020. 稻田秸秆还田技术手册［M］. 北京：中国农业出版社．

张卫建，张俊，张会民，等，2021. 稻田土壤培肥与丰产增效耕作理论和技术［M］. 北京：科学出版社．

朱琳，刘春晓，王小华，等，2012. 水稻秸秆沟埋还田对麦田土壤环境的影响［J］. 生态与农村环境学报，28（4）：399-403.

邹应斌，戴魁根，2008. 湖南发展双季稻生长的优势［J］. 作物研究（4）：209-213.

Chen C Q，Van Groenigen K J，Yang H，et al，2020. Global warming and shifts in cropping systems together reduce China's rice production［J］. Global Food Security（24）：100359.

Chen J，Chen C Q，Tian Y L，et al，2017. Differences in the impacts of nighttime warming on crop growth of rice-based cropping systems under field conditions［J］. European Journal of Agronomy（82）：80-92.

Deng A X，Chen C Q，Fen J F，et al，2017. Cropping system innovation for coping with climatic warming in China［J］. The crop journal，5（2）：136-150.

FAO，2019. Climate-smart agriculture［EB/OL］. http：//www. fao. org/climate-smart-agriculture/en/.

IPCC，2013. Climate change 2013：The physical science basis. working group Ⅰ contribution to the fifth assessment report of the intergovernmental panel on climate change［M］. Cambridge，UK，and New York，USA：Cambridge University Press.

Jiang Y，Qian H，Huang S，et al，2019. Acclimation of methane emissions from rice paddy fields to straw addition［J］. Science Advances（5）：9038.

Siddik M A，Zhang J，Chen J，et al，2019. Responses of indica rice yield and quality to extreme high and low temperatures during the reproductive period［J］. European Journal of Agronomy（106）：30-38.

Zhang A，Bian R J，Pan G X，et al，2012. Effects of biochar amendment on soil quality，crop yield and greenhouse gas emission in a Chinese rice paddy：a field study of 2 consecutive rice growing cycles［J］. Field Crops Research（127）：153-160.

第十六章 稻田生物多样性与生态服务功能 >>>

稻田生态系统是重要的农田生态系统之一，也是最为重要的人工湿地生态系统之一。20世纪80年代末，环境保护的重点是保持原始的生态环境，而当时全世界仅有5%的自然保护区。然而，当人们开始意识到生态环境保护的重要性时，至少2/3的陆地环境生态系统已遭到严重破坏，科学家们开始将注意力集中在农林系统。越来越多的证据表明，稻田等农业生态系统有助于维持区域物种的生物多样性（Koshida et al.，2018）。维护稻田生物多样性对生态农业质量和稳定性至关重要，反过来，生态农业也会促进生物多样性的保护（Bambaradeniya et al.，2004）。稻田生物多样性是农业生物多样性的重要组成部分，在稻田生态系统中维持适当水平的生物多样性，通过稻田生物多样性的恢复、利用和重构，构建集约化的稻田生态强化系统，是实现稻田环境改善、资源高效利用、绿色产品多元、产量与质量稳定提升、抗灾能力增强、生态服务完善、绿色品牌创建、农业面源污染防治等多重服务功能的根本途径。

第一节 稻田生物多样性概况

一、稻田生物多样性的组成

稻田生物多样性是指稻区各种生命形式的资源，包括栽培稻和野生稻，与之共生的植物、动物、微生物，各个物种所拥有的基因和由各种生物与环境相互作用所形成的生态系统，以及与此相关的各种生态过程。它们是稻区生命系统的基本特征，包括遗传（基因）多样性、物种多样性、生态系统多样性（汤圣祥，1999）。稻田生物多样性的监测指标通常包括水稻品种及其分布、稻田昆虫（有害昆虫、有益昆虫和中性昆虫）的种类与数量、稻田环境植物的种类与数量、稻田水生生物的种类与数量、稻田微生物的种类与数量等。

（一）水稻品种多样性及分布

我国的水稻种植有着悠久的历史，根据国家统计局公布的2023年粮食产量数据，水稻种植面积占全国粮食作物总面积的24.3%。人们通过不断地改良、筛选，形成了丰富的栽培稻种质资源。普通栽培稻是由普通野生稻进化而来的。而野生稻在进化过程中，通过生态环境和人类的共同筛选，不断适应环境的变化和人类的需求，具备了较高的适应性和稳定性。此外，稻田地理环境（如水热条件、土壤、水质）以及耕作方式的差异也会导致其生理特性的改变及成分的差异。近年来，随着人工育种技术的发展以及人们喜好的不同，出现了不同的品种，如黑米、紫米、红米等水稻品种。

水稻品种主要包括：

（1）地方品种：对于生长条件和种植方式具有很强的适应性和多样性，具有某种特异性，可经人工技术改良成为新的优良品种。

（2）现代育成品种：作为稻区的主栽品种，可就某一优良特性进行技术改良，以达到产量高、品质好、受病虫害干扰小的目的。

（3）国外引进品种：我国改良品种的基因来源之一。

（4）杂交水稻：生长快、产量高、穗大粒多、抗逆性强。

（5）野生稻及其近缘野生种：野生稻及其近缘野生种是我国水稻基因库的重要组成之一。

我国水稻种植面积的90％以上分布在秦岭、淮河以南地区，成都平原、长江中下游平原、珠江流域的河谷平原和三角洲地带。此外，云南、贵州的坝子平原，浙江、福建沿海地区的海滨平原，以及台湾西部平原，也是我国水稻的集中产区。我国野生水稻主要分布在湖南、福建、江西、广东、广西、海南、云南、台湾，在广东、广西和云南还分布着许多药用品种。由于气候、海拔、地形、地貌等生态环境的差异较大，经过千百年来的繁衍生息，造就了我国野生稻资源的多样性。普通野生稻多生长在海拔2.5～552 m、温暖、潮湿、日照充足的栖息地；疣粒野生稻多生长在山坡或山腰的灌木、乔木下且较为干旱的栖息地，不喜阳光直射；药用野生稻喜阴，多生长在温暖潮湿、四周有杂草和乔灌木的栖息地。

（二）稻田生物种群和群落特征

稻田生态系统由短期内的物理、化学和生物变化所控制（Fernando，1993）。一些稻田已经存在了几千年，其中的生物已经适应了稻田环境的变化，如干旱缺水和各种农艺措施引起的变化。因此，这些生物的生存在很大程度上取决于它们对逆境条件的生理耐受性或有效迁徙能力。大多数稻田生物群落具有抗干扰和迅速恢复的能力，稳定性较高，能在每个水稻周期迅速地进行次生演替。这些生物普遍具有较高的繁殖能力，生长速度快，生命周期短。几乎所有稻田脊椎动物，大多数杂草植物群、鱼类、两栖动物和啮齿动物，都能在水稻的生长周期内完成生命周期。而在稻田觅食的鸟类、爬行动物和其他哺乳动物则依靠更广阔的环境来完成它们的生命周期。

（三）稻田无脊椎动物

目前发现，在稻田生态系统中，共有494种无脊椎动物，分属原生动物门、刺胞动物门、外肛动物门、腹毛动物门、轮虫动物门、扁形动物门、线虫动物门、环节动物门、软体动物门、节肢动物门10门。其中，节肢动物共405种，以昆虫为主（317种）。在这些节肢动物中，有342种（282种昆虫和60种蛛形纲动物）是适应陆地生活方式的成年个体。属于膜翅目（26科81种）的种类最多，以蜜蜂为主。第二大昆虫目是鳞翅目，共有7科58种，以蛱蝶科为主（24种）。

稻田生态系统中记录的节肢动物类群可根据食物习性分为4类，即植食性、捕食性、寄生性和食腐性（表16-1）。水稻生态系统中，有131种植食性昆虫，其中，55种被认为是水稻害虫。在节肢动物中，有200种是水稻害虫的生物防治剂（捕食者154种、寄生蜂46种）。

表16-1　以食物习性为基础的节肢动物结构

分类	目	科
植食性昆虫（水稻害虫）		
	同翅目	叶蝉科、飞虱科、蚧科、短足蜡蝉科
	半翅目	蝽科、缘蝽科、蛛缘蝽科
	缨翅目	蓟马科
	双翅目	蝇科、摇蚊科、瘿蚊科、水蝇科
	鞘翅目	叶甲科、叩甲科、象甲科
	鳞翅目	弄蝶科、夜蛾科、螟蛾科、蛱蝶科
	等翅目	白蚁科
	直翅目	蝗科
植食性昆虫（非水稻害虫/访客）		
	鳞翅目	凤蝶科、灰蝶科、粉蝶科、蛱蝶科、弄蝶科
	膜翅目	隧蜂科、条蜂科、蜜蜂科、切叶蜂科
	鞘翅目	叶甲科、象甲科

（续）

分类	目	科
肉食性昆虫		
	半翅目	盲蝽科、姬蝽科、猎蝽科、宽肩黾科、水蝽科、尺蝽科
	鞘翅目	瓢虫科、隐翅虫科、步行虫科、拟步甲科
	直翅目	螽斯科、蟋蟀科、蚤蝼科
	膜翅目	蚁科、胡蜂科、蛛蜂科、泥蜂科、螺赢科
	双翅目	水蝇科、广口蝇科
	蜻蜓目	蜻科、春蜓科、细蟌科、原蟌科
	革翅目	蠼螋科
	螳螂目	螳螂科
	竹节虫目	竹节虫科
	脉翅目	蝶角蛉科
	蜱螨目	植绥螨科
	蜘蛛目	蜘蛛科、四爪螨科、水蚤科、皿蛛科、狼蛛科、跳蛛科、蟹蛛科、猫蛛科、管巢蛛科、巨蟹蛛科、圆颚蛛科、逍遥蛛科、平腹蛛科
	蜉蝣目	蜉蝣总科
拟寄生物		
	膜翅目	园蛛科、肖蛸科、寡节小蜂科、缨小蜂科、粗脚小蜂科、金小蜂科、旋小蜂科、褶翅蜂科、广腹细蜂科、缘腹细蜂科、锤角细蜂科、肿腿蜂科、螯蜂科、土蜂科、蚁蜂科、臀钩土蜂科
	双翅目	头蝇科、寄蝇科
	捻翅目	栉蝙科、栉角蝱科
清理/分解者		
	鞘翅目	芫菁科
	双翅目	虻科、麻蝇科、殊蠓科、蠓科
	蜚蠊目	蜚蠊科
	弹尾目	等节跳虫科、圆跳虫科、长角跳虫科

（四）稻田脊椎动物

1. 稻田脊椎动物区系组成　稻田脊椎动物主要包括淡水鱼、两栖动物、蛇形爬行动物、四足爬行动物、鸟类、哺乳动物。

超过一半的稻田脊椎动物物种是鸟类，包括 7 种迁徙物种。除候鸟外，其余物种约占脊椎动物群的 16%。稻田脊椎动物物种中约 42% 出现在稻田的水生阶段，而半水生和陆地干旱阶段分别约有 35% 和 23%。除了觅食以外，大约 32% 的稻田脊椎动物物种把稻田这个人工栖息地作为繁殖场所。

大多数脊椎动物以动物为食，其中，以水生食肉动物为主，其次是食虫动物和陆生食肉动物。植食性（即食草动物和颗粒食动物）和全食性脊椎动物的比例相等，如图 16-1 所示。在记录的所有脊椎动物物种中，约 12% 的脊椎动物对稻田有害，而 70% 是以害虫、螃蟹和啮齿动物为食。

2. 稻田脊椎动物类群结构

（1）淡水鱼。稻田常见的鱼类有 19 种，隶属于 3 目 6 科。其中，鲤形目 15 种，占 78.9%；鲇形

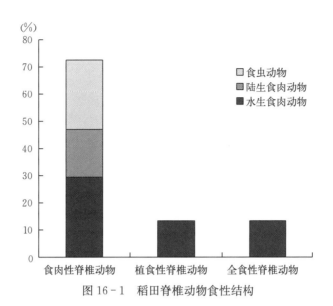

图 16-1　稻田脊椎动物食性结构

目 3 种，占 15.8%；合鳃目 1 种，占 5.3%。长期生长在池塘和沟渠中的鲫和麦穗鱼为优势种群。泥鳅、黄鳝、中华鳑鲏、鲤、棒花鱼和翘嘴鲌等比较常见，江西鳈、红鳍原鲌、鲇、叉尾斗鱼、瓦式黄颡鱼和马口鱼比较少见。偶有养殖品种出现在沟渠或池塘中，多数为养殖场流出，如鳊、草鱼、青鱼、鳙和鲢。

（2）两栖动物。两栖动物介于水生与陆生之间，其数量变化可以用来评估水体和陆地污染水平，能够很好地反映出栖息地的生态环境质量。稻田常见的两栖类动物有 4 种，隶属于 1 目 2 科，包括虎纹蛙、中华蟾蜍、泽陆蛙和福建侧褶蛙。泽陆蛙呈土褐色，群居，蝌蚪较小，主要生长于沟渠、稻田、岸边等水质清澈、日照充足的地方，为优势种；其次是福建侧褶蛙，黑褐色，蝌蚪较大，主要生长于水草丛中；中华蟾蜍的卵带呈长条形，偶见于稻田边、河塘边或乡间路边；虎纹蛙较为罕见，生长于长期积水的水沟、河塘等栖息地，属于国家二级保护动物。

（3）爬行动物。稻田常见的爬行动物有 4 种，分别为红纹滞卵蛇、短尾蝮、赤链蛇和多疣壁虎，分别隶属于 2 目 3 科。红纹滞卵蛇，即水蛇，生长于稻田、河塘及沟渠内；赤链蛇生长于岩石缝隙、稻田间草丛或道路两边的草丛中；短尾蝮生长于稻田间、草丛内或干旱地区等；多疣壁虎多生长于村舍内。

（五）稻田环境植物

稻田水生植物以单子叶植物纲的禾本科植物为稻田优势杂草种群，与水稻伴生性强，其次是双子叶植物和蕨类植物。单子叶植物以禾本科为主，其次是莎草科。在双子叶植物中，以玄参科和蓼科为主，其次是菊科和豆科。在所记录的水生植物中，有一半以上是中生植物，46% 是湿生植物，3.5% 为水生植物。稻田环境植物的种类随土壤和水质的酸碱性、土壤肥力、温度、湿度、海拔的变化而产生一定的差异性。在现代农业中，受人为因素的影响，稻田环境植物也可作为一种景观，美化乡村；其中，一些植物还可作为药材、饲料或食物，成为经济作物（Fried et al.，2018）。

1. 稻田浮游植物组成　浮游植物是稻田水体生态系统的重要组成部分，既可以为植食性动物提供食物，又可以减少氮、磷的流失，提高土壤肥力，改善水质。在稻田生态系统中，浮游植物群落包含蓝藻门、甲藻门、隐藻门、裸藻门、绿藻门和硅藻门 6 门，共 38 属 93 种。主要是绿藻、硅藻和蓝藻，分别占浮游植物总数量的 28.70%、28.47% 和 19.37%。

2. 稻田植物区系组成　植物区系物种组成多样性的差异与稻田的种植强度有关，也受除草剂和化肥施用量的影响。常见的单子叶植物有 19 种，其中，禾本科 5 种、莎草科 7 种；常见的双子叶植物有 8 种，其中，玄参科 2 种、蓼科 3 种（表 16-2）。

表 16-2　稻田植物区系常见植物

纲	科	属/种
单子叶植物	禾本科	稗属、游草、双穗雀稗、荩草、水虱草
	莎草科	萤蔺、异型莎草、野荸荠、牛毛草、日照飘拂草、水莎草、碎米莎草
	其他	水竹叶、矮慈姑、鸭舌草、节节菜、青萍、槐叶萍、四叶萍
双子叶植物	玄参科	陌上菜、泥花草
	蓼科	丁水蓼、小花蓼、香蓼
	其他	水车前、鳢肠、空心莲子草
其他		水苋菜、轮藻、满江红、珊瑚轮藻、尖头丽藻

3. 畦畔植物组成　畦畔植物常见的单子叶植物有 46 种，以禾本科（32 种）为主，其次是莎草科（10 种）；常见的双子叶植物有 54 种，主要包括玄参科（7 种）、蓼科（6 种）、菊科（6 种）和豆科（4 种）（表 16-3）。

表 16-3　稻田常见畦畔植物

纲	科	属/种
单子叶植物	禾本科	狼尾草、大狗尾草、金狗尾草、狗尾草、荩草、莠竹、白茅、柳叶箬、结缕草、牛筋草、牛鞭草、游草、大叶直芒草、狗牙根、菩提子、双穗雀稗、圆果雀稗、矶子草、莴草、稗、无芒稗、光头稗子、旱稗、画眉草、鼠尾草、水竹、雀稗、糠稷、千金子、芒、荻、马唐
	莎草科	日照飘拂草、两歧飘拂草、异型莎草、三棱草、碎米莎草、扁穗莎草、畦畔莎草、旋鳞莎草、夏飘拂草、水蜈蚣
	其他	鸭拓草、水竹叶、灯芯草、节节菜
双子叶植物	玄参科	母草、长蒴母草、羊角草、鸭脷草、陌上菜、通泉草、婆婆纳
	蓼科	水蓼、丁香蓼、小花蓼、杠板归、四叶律稀花蓼、箭叶蓼
	菊科	马兰、山苦荬、黄篙、艾篙、泥湖菜、野菊
	豆科	野豌豆、鸡眼草、紫云英、小巢菜
	其他	珍珠菜、仙鹤草、蛇莓、糯米团、鳢肠、野艾篙、石荠苎、堇菜、防己、天胡荽、积雪草、山莓、黄珠子草、白花蛇舌草、水芹、野薄荷、毛茛、半边莲、田间鸭嘴草、空心莲子草、天胡荽、爵床、铁苋菜、星宿菜、老鹳草、盒子草、雪见草、大果榕、小飞蓬、土牛膝、蝶兰属
其他		蕨、海金沙、卷柏

4. 沟渠植物组成　沟渠植物常见的单子叶植物有 17 种，主要包括禾本科（6 种）和莎草科（3 种）；常见的双子叶植物有 8 种，以蓼科（4 种）为主（表 16-4）。

表 16-4　稻田常见沟渠植物

纲	科	属/种
单子叶植物	禾本科	稗、无芒稗、萆草、双穗雀稗、茭白、游草
	莎草科	红鳞扁莎、野荸荠、猪毛草
	其他	水竹叶、鸭舌草、旱蓼、四叶萍、青萍、菖蒲、黑藻、菹草
双子叶植物	蓼科	水蓼、小花蓼、丁香蓼、鸡爪大黄
	其他	毛茛、空心莲子草、金鱼藻、黄花蒿
其他		水绵

（六）稻田生物群落变化的周期性

在水稻种植期间，随着水稻生长阶段的不同，稻田生态环境的变化导致稻田动植物群落结构也发生变化。

1. 丰水期　在每个水稻周期的开始，人类的耕作行为导致稻田生境发生变化，很多动物物种死亡或迁徙到稻田外的生境。当土地耕作完毕、开始灌溉时，各种原生动物、轮虫、涡虫和微型甲壳类动物通过灌溉水在农田中得以生存。在同一时期，植物鞭毛虫（眼虫、茧藻和衣藻）开始繁殖，并在水面上形成一定规模。其他纤毛虫和细菌（如绿藻和蓝绿藻）也开始大量繁殖。其次是表层底栖丝状藻类，包括水绵藻和颤藻，当日照充足的时候，可以在水面形成一层密集的席状物。在这一时期，以节肢动物为食的肉食性蚂蚁，如大齿猛蚁和细颚猛蚁等大量出现在稻区。另外，在早期水生阶段，出现了腐生弹尾虫和双翅目昆虫。在作物种植前，某些幼虫为水生的飞行昆虫（蜻蜓目、双翅目、蜉蝣目等）在稻田上空活动并在稻田的灌溉水中产卵。一些水生昆虫，如异翅目和鞘翅目昆虫从稻田周围或其他邻近的水生栖息地（如水塘、沼泽和池塘）飞来，与此同时，螃蟹等甲壳类动物也开始在稻田中生长。在脊椎动物中，鱼类和两栖动物最早在稻区出现，一些蛙科动物开始在稻田中产卵繁殖。而这些生物反过来又吸引了翠鸟、白鹭和苍鹭等水生鸟类以及水蛇来到稻区。初级消费者（如蚊子幼虫、摇蚊、软体动物和介形虫）的数量，在水稻种植后 0～25 d 的早期水生阶段达到初始峰值。在水稻种植周期的早期，由于稻区水域开阔，产生了大量由藻类和其他水生生物组成的复合水生生物群落。随着水稻的种植和生长，各种节肢动物从周边地区通过飞行或空气扩散进入稻区。种植后的第一周内，第一批出现的水生植物是鸭舌草（*Monochoria vaginalis*）和四叶金丝莲（*Marsilia quadrafolia*）。接下来是单子叶植物，在种植后第二周和第三周出现，如田间鸭嘴草（*Ischaemum rugosum*）、帝汶鸭嘴草（*I. timorense*）、莎草（*Cyperus haspan*）、水虱草（*Fimbristylis miliaceae*）和稗属（*Echinochloa* spp.），以及双子叶植物蝶兰属（*Sphenoclea zeylanica*）。在水稻分蘖期形成了第一波害虫，包括稻纵卷叶螟、褐飞虱。随着这些害虫的到来，它们的捕食者如草生蜘蛛（肖蛸属、锯螯蛛属）、步行虫和蟋蟀，以及膜翅目寄生蜂（如缨小蜂、藤蜂和腐生弹尾虫）出现在稻区。水稻孕穗期主要种群为害虫天敌，包括蜘蛛、黑肩绿盲蝽、长翅草蛉、瓢虫、赤眼蜂科的水稻三化螟和寄生蜂。在水稻开花期，取食汁液的半翅目害虫（主要是大稻缘蝽）出现在稻区。随着每个阶段的变化，稻田灌溉水和植被中不同类群的水生与陆生无脊椎动物的数量随自然或人为原因而波动。

2. 陆生旱期　在水稻成熟期，由于排水的原因，有 5～10 d 短暂的半水期。在这一阶段，许多水生无脊椎动物被困在田间的小水坑里。随着水坑的干涸，这些动物逐渐死亡。一些水生生物随着排出的水进入运河，其他一些动物（如两栖动物和螃蟹）则在干燥的土地裂缝中开始夏眠。潮生和水生杂草开始逐渐消亡，田间堤岸的中生杂草开始入侵干燥的稻区。啮齿类动物（如板齿鼠）在此阶段定居于水稻边境的栖息地，而这些小型哺乳动物又吸引蛇类从周围的栖息地转移到稻区。在水稻的成熟阶段，田地经常被成群的肉食性动物入侵，以昆虫为食的鸟类在水稻冠层上筑巢。此外，农作物的收割对陆生节肢动物群落造成了很大干扰，许多节肢动物要么死亡，要么转移到周围的陆地栖息地。在干旱休耕期，从干土样品中收集到甲壳类、涡虫类、线虫类、轮虫类、原生动物类、软体动物类和寡毛类动物，证实当田地开始干旱时，上述水生生物进入土壤，并以休眠/半休眠状态存在，直到下一个水稻种植周期苏醒。此外，这些生物主要在水稻干茬根系及其周围相对湿润的土壤介质中生存。干稻茬为黄蜂等筑巢昆虫提供了理想的栖息地，而某些种类的蜘蛛也留在稻区，等到下一个丰水期，稻田会迅速地被水草、苔藓等植物所占领。

二、稻田生物多样性存在问题分析

我国 60% 的消费群体以水稻为主要食物。长期大面积单一化地种植高产水稻品种，实施耕作、施肥、除草、杀虫等集约化管理措施，导致物种逐渐趋于简单化，引起稻田生物多样性下降，随之稻田的稳定性和自我调节能力变差。原有生物群落结构中的食物链断裂，致使某些有害生物因缺乏天敌而形成优势种群。如果这些优势种群侵袭稻区，水稻就容易遭受损害而成灾。稻田生物多样性的破坏，是多原因、长时间重叠累积的结果。

1. 连作模式单一　适度规模种植，实行农业标准化生产，可以提高农产品产量、品质和效益。但生产上过分强调单一作物的连作模式，由于稻田种植过程中品种、作物、模式单一，导致稻田系统物种的单一化，与其他品种共生的动植物、微生物消失。因此，稻田生态系统无法通过自身恢复重构生物多样性，无法形成良好的食物链以达到物种之间的平衡。大多数高产品种的亲本相同或相似，造成遗传背景单一化，且难以抵抗外界突发的变化。此外，单一连作模式也导致土壤中一些养分过度流失，影响生态系统的自我修复。同时，稻区半自然生境内大量使用灭杀性农药，减少了稻田生物多样性，弱化了稻田生态系统的服务功能，降低了稻田抗灾能力和景观效果。

2. 农药、化肥过量施用　近年来，优质高产的水稻在全国大面积种植，为了追求作物高产，往往依靠大量化肥、农药的投入。广谱农药由于其高回报率和较低成本在稻区广泛施用，而一些针对性强的靶标性农药和低残留可降解农药由于其成本高和低回报率而难以推广。广谱农药在施入稻田后，不但杀死了害虫，还杀死了稻田中的其他生物，导致害虫抗药性增加，天敌种类和数量减少，严重破坏了生态系统平衡，导致稻田丧失自我调节能力。此外，长期高强度耕作和大量施用化肥加剧土壤酸化、板结等土壤肥力退化过程，造成化肥养分利用效率降低，稻田的面源污染负荷增加，稻田生境遭到严重破坏，也促进了病虫害的发生。总之，稻田生态系统中长期农药的滥用和化肥过量施用，其结果是破坏稻田生物群落结构，导致病虫害越来越严重，稻田生物多样性降低，最终造成农产品产量和品质下降。

3. 非作物生境减少　在新农村和高标准农田建设进程中，人地矛盾逐渐突出。为了改变农村面貌，改善农业生产设施，不少地方无论是抗旱渠道还是排水渠道，甚至连水稻田埂都加以硬化，稻田生态系统的主要构成要素（包括田埂、田间路、沟、塘等）连年退缩，集约化稻田发展带来的景观同质化导致非作物生境减少，使原本可以在田埂和沟塘上繁衍、栖息的花、草、虫、鸟失去家园。非作物生境的缩减往往使农田物种丧失了觅食地、栖息地、避难场所和扩散廊道，直接威胁到稻田生物多样性的水平，使稻田生态自净能力下降，严重影响着地表水、地下水和大气环境质量。此外，随着我国工业化和城市化的不断发展，很多野生稻栖息地被改建为工厂、住宅、商圈，或者开垦为新的稻区。野生稻是科研工作者培育优良品种的基因库，它们携带了很多未知的优良基因，是极其宝贵的珍稀资源。野生稻栖息繁衍场所的减少或消失，将给水稻种群造成无可挽回的损失。管理良好的农田边界能够在野生动物保护过程中发挥关键作用，为许多物种提供额外的适宜栖息地，也能提供许多可以作为害虫生物防控的天然物质。然而，在稻田系统中，农民通常用化学或机械方法将稻田边界植物直接清除，从而限制了非作物生境在维持农业生态系统功能方面的潜在作用。

4. 生物多样性下降导致的负面效应　稻田产出的单一性、作物产量对外部资源投入的依赖性及产品品质的下降，也不利于稻田产出效益的提高和农民收入的增加。此外，稻田生态系统中的沟塘渠坝可以充当农业湿地，自我消纳剩余流失的农药、化肥，减少其对环境的损害，可以维系正常的生态系统功能。但是，近年来，稻区沟塘渠坝遭受淤积、废弃和填埋的情况较为严重，导致支持稻田生态系统的水生生物种类和数量减少，其消纳、吸收和降解功能逐步消退。针对目前的形势，迫切需要寻找可以维持生态平衡，保护甚至恢复从前稻田生物多样性的综合稻田生态治理方法。通过集成采用科学灌溉、合理施肥、种养结合、绿色防控等手段，在实现水稻安全、高效、绿色生产的同时，维护稻区生态环境，保护生物多样性，提高生态稳定性，达到可持续发展目标。

三、主要农业措施对稻田生物多样性的影响

（一）立体种养

稻田立体种养是指在水稻生产季节，通过对原有稻田的改造，人工引进鱼、虾、蟹、鸭、鸡等一个或多个水产动物（水禽），使种植业与养殖业相结合，达到"一田多用、一水多产"目的，实现经

济效益、生态效益和社会效益的提升，形成集约高效的动植物共生稻作系统。有研究表明，稻田立体种养会降低杂草群落的物种多样性（魏守辉，2006）。稻田立体种养会降低稻田水体藻类植物的种类、数量，由于水禽和水产动物的活动，稻田水体变浑浊，可见度降低，影响藻类的光合作用，表现为对光照要求严格的绿藻、硅藻显著减少，而对光照要求相对较低的蓝藻则数量和种类变化不大。在稻-鸭-红萍共作系统中，红萍能抑制杂草的光合作用，从而抑制杂草发生和作物损害（束兆林等，2004）。在稻鸭共生系统中，鸭子经常在稻田垄之间走动和搜寻，主要吃非禾本科杂草，从不破坏田里的稻苗。在鸭子频繁出没的地区，甚至还清理了稻垄之间的空隙（图16-2）。通过鸭子在稻田里啄、踩、摇等习惯动作干扰可以抑制70%～80%的杂草，同时增强了水稻的抗倒伏能力（张苗苗等，2010）。总之，稻田管理者可以通过引入其他物种建立人工生物多样性，抑制有害杂草的生长和繁殖，为促进稻田生物多样性平衡创造有利条件。

图16-2　稻鸭共作对照组与无鸭空白组杂草危害比较
(仿自 Qing Teng et al.，2016)

大量研究表明，稻田立体种养影响稻田系统的昆虫多样性，对稻田内病虫害有明显控制效果。与单一栽培相比，动植物共作水稻系统可以使天敌数量增加72%，害虫数量减少74%（Letourneau et al.，2011）。稻鸭共作系统对水稻虫害（包括水稻二化螟、稻飞虱和稻纵卷叶螟）防治效果显著，能减少化学农药施用量70%，对田间天敌起到一定的保护作用（姚卫平等，2006）。在水田养鸭，可延缓稻鞘枯萎病的发展。调查显示，稻鸭共作处理下的植物枯萎率平均为4.1%，显著低于无鸭空白组（平均为59.7%），使病情严重程度降低约50%（图16-3）。稻鸭萍共作模式能显著提高稻飞虱控制效果，放养红萍对杂草生长也有显著的抑制作用（束兆林等，2004）。与常规稻田相比，稻鱼共生降低了二化螟对水稻的危害，稻鱼共生系统中的杀虫剂使用量显著低于常规稻田（Hu et al.，2016）；稻鱼共作系统通过鱼类捕食降低了浮游动物个体总数和类群数量，提高了浮游动物的多样性（Tsuruta et al.，2011）。在稻蟹共作中，螃蟹可以控制稻飞虱的危害，养蟹稻田在稻飞虱一般发生年份无需用药防治，稻蟹共作系统还可以降低稻瘟病和稻曲病的发病率（Yang et al.，2004）。与常规稻田相比，稻鳖共生模式下的稻飞虱卵量、虫量少；稻鳖共生后期可以有效控制稻纵卷叶螟卵量，减轻稻纵卷叶螟危害（蔡炳祥等，2014）。

（二）多样化种植

以水稻为基础的多样化种植是指在原稻作系统中，引入新的水稻品种或其他作物物种，以增加稻

无鸭空白组　　　　　　　　　　　稻鸭共作对照组

图 16-3　在水稻黄熟期，无鸭空白小区发生植株萎蔫现象

（仿自 Qing Teng et al.，2016）

作系统的物种多样性，间作或在土壤中同时种植两种（或两种以上）作物是多样化种植制度中比较常见的形式。有研究表明，多样化种植有助于控制稻田杂草群落，对病虫害防治也有明显效果。采用间隔种植方式种植多品种水稻可抑制杂草的生长，从而减少稗草的发生，二者相互影响和竞争（汤圣祥等，1999）。稻田中投入浮萍、满江红，可明显抑制稗草的萌发并降低其生物量。稻糠加浮萍混合施用，能够增强对主要杂草和水稻纹枯病的控制效果。以水稻为基础的多样化种植还是一种可以有效控制稻飞虱（白背飞虱、褐飞虱）的害虫治理措施，多作稻田比单作稻田少 49%～55% 的飞虱（Lin et al.，2011），玉米间作稻田也可显著减少 26%～48% 的稻飞虱（Yao et al.，2012）。与常规种植的稻田相比，在水稻中嵌入西瓜、蔬菜或其他旱地作物，可使稻飞虱、螟虫和卷叶蛾分别减少 314 头/100 丛、24 300 头/hm² 和 25 800 头/hm²（陈玉君，2008）。然而，间作对寄生蜂和捕食者的数量均无显著影响。

（三）耕作方式

1. 传统耕作　在过去的几十年里，传统集约化、大规模单一品种的耕作方式一直是农业生物多样性下降的主要驱动因素。将排水不良的传统稻田改为排水良好的现代化稻田，再加上农药的过量施用，导致水稻生态系统中水生生物和陆生生物的生境质量下降（Kiritani，2000）。为了尽量减小对稻田生物多样性的破坏，同时维持正常的水稻生产，应在水稻有益生物受到干扰时提供避难栖息地，采用更可持续的、较低农用化学品投入且对野生动物友好的替代耕作方法（Washitani，2007）。

2. 免耕直播　水稻直播是传统稻田移栽系统的一种替代方式。20 世纪 90 年代初，日本爱知县农业研究中心开发了 V 形沟免耕直播法。由拖拉机带动机械行播机完成播种，减少了劳动力投入和耗水量，降低了水稻生产成本。V 形沟免耕直播显著影响了稻田水生昆虫、陆生节肢动物和植物多样性。免耕直播由于灌溉期和昆虫繁殖期之间的高度亲和性，以及没有使用苗箱杀虫剂，促进了水生动物物种的大量聚集。与常规稻田相比，免耕直播显著提高了田间所有节肢动物的聚集密度，提高了弹尾目、蜘蛛目、半翅目、膜翅目、鞘翅目和直翅目的密度，但也提高了黑尾叶蝉和稻水象甲两种水稻害虫的密度（Koji et al.，2015）。免耕直播田在夏季的持续注水为水生植物提供了稳定的栖息地，增加了稀有植物种群的生存能力，在区域尺度上增强了物种多样性。

3. 秸秆还田　稻田实行秸秆还田措施，可以提高土壤肥力，影响杂草群落特征及稻田土壤微生物多样性。有研究表明，秸秆还田配施氮肥可显著影响稻田杂草群落分布和杂草种群生物多样性，长期秸秆还田和有机肥施用显著降低杂草多样性，秸秆冬季覆盖还田显著降低稻田杂草密度和生物量。与未秸秆还田的稻田相比，秸秆还田处理下的杂草总密度降低 50.3%（陈浩等，2018）。秸秆还田通过增加土壤可溶性有机碳残基，为土壤微生物提供能源，从而提高土壤微生物量；不同秸秆影响了微生物种群之间的竞争，改变了微生物群落的结构和关键物种（Wang et al.，2021）。

（四）灌溉方式

我国传统水稻栽培采用漫灌方式，20 世纪 90 年代起，发展了水稻栽培节水灌溉技术，包括控制灌溉、间歇灌溉、半干式栽培、覆地膜栽培、干式栽培、淹水-不淹水交替栽培和湿干交替栽培系统等。与传统的漫灌方式不同，这些水稻节水灌溉方法使水田表面不会连续积水或土壤含水量低于饱和点，从而影响稻田的生物多样性。与漫灌相比，在节水灌溉方式下，杂草的总丰度可能相似，但杂草群落的物种组成差异很大。此外，节水灌溉可以显著降低水稻病虫害的发生。在半干式栽培条件下，纹枯病发病率减少 24%，稻飞虱减少 46%，水稻卷叶蛾减少 70%。与此同时，病虫害率由 36.7% 下降到 3.3%，植物病虫害率由 12.8% 下降到 0.4%（方荣杰，2001）。与水稻常规灌溉相比，覆膜旱作下水稻纹枯病的发病率减少，寄生蜂和蜘蛛的种群密度发生变化，天敌和分解者的种群密度下降（祝增荣等，2000）；与此同时，薄叶双子叶杂草幼苗数量减少，而阔叶双子叶杂草幼苗数量增加。在传统的水稻栽培中，许多灌溉池塘为稻田直接供水，但随着灌溉系统的改进，大多数灌溉池塘已经消失。Choe（2016）等的研究以稻田大型底栖无脊椎动物为研究对象，探讨了灌溉池塘的生态功能。与无灌溉池塘稻田相比，有灌溉池塘的稻田物种丰富度和密度均提高，生物多样性增强效应度（BEED 值）较高的分类类群为软体动物和环节动物（非昆虫），而水生昆虫（蜉蝣目、齿形目、半翅目、鞘翅目、双翅目）的 BEED 值较低。此外，稻田干式栽培和春季延迟淹水，也会影响冬眠后不久的蝙蝠在淹水稻田中的觅食活动（Roberto et al.，2020）。

（五）农用化学品投入

过去几十年，农用化学品投入极大地提高了稻田生产率。然而，大量使用化肥和农药也带来了许多负面影响，如环境污染、杂草草害、害虫频出以及产生农药抗性等。农用化学品投入对稻田生物多样性的影响也受到越来越多的关注。

1. 化肥　在现代集约化农业中，农民不断增加化肥（主要是氮肥）的施用量，以获得水稻高产。根据 2023 年统计年鉴数据，我国化肥平均施用量为 426.9 kg/hm²。然而，化肥的利用率仅为 30%～40%，磷的利用率仅为 10%～20%。施用化肥后，水稻植株生长迅速，但生长特征发生变化，水稻抗虫性降低，为害虫提供了适宜的营养条件和环境。随着施肥量的增加，害虫种群快速增长，加重对水稻作物的损害。与此同时，作物和杂草在生长过程中对化肥养分进行选择性吸收，改变了原有的竞争关系，促使杂草群落向不同的方向发展。在稻田施氮，不仅会影响杂草物种的丰富度和多样性，还会影响杂草种群大小，进而影响群落均匀度水平，NP 处理和 NPK 处理下的物种丰富度水平均较低。在水稻-油菜种植系统中，施肥方式影响了杂草群落组成和优势种，有机肥与无机肥联合施用比单一无机肥更有助于提高水田杂草生物多样性（李昌新等，2009）。同时，水田中性昆虫和掠食性天敌的丰度也会随着土壤有机质的增加而增加（Settle et al.，1996）。平衡施用化肥可以提高水稻生物多样性，在增加氮投入的同时，适当增加磷和钾的数量及其比例，可以显著降低水稻主要害虫的丰度和危害程度（黄志农等，2000）。此外，平衡施用氮、磷、钾肥可以显著改变水田杂草群落的组成和物种优势格局，减少杂草对水田的危害。

2. 农药　水稻生产中的主要问题是病虫害，30% 的农作物在田间受损，10%～12% 在储存中损耗。在水稻栽培过程中，植株生长的各个阶段包括稻谷储存期，害虫可能侵袭水稻植株的所有生长部位。过度使用杀虫剂与除草剂破坏了稻田耕作区及周围的自然植被、水生环境和野生动物种群，从而减少了稻田生物多样性（吴春华等，2004）。杀虫剂引起淹水稻田中无脊椎动物数量普遍减少，随之导致主要消耗者数量激增，特别是介形虫、摇蚊幼虫和软体动物等，而像蜻蜓幼虫这样的捕食者数量却显著减少。国际水稻研究所的研究表明，当虫螨威的施用量从 0.1 kg/hm² 增加到 1.5 kg/hm² 时，稻田中寡毛纲动物类群减少了 70%（Ishibashi et al.，1981）。与化学防治相比，在害虫综合防治措施下，害虫、寄生虫和蜘蛛群的物种丰富度大约增加了 1 倍，捕食者种群的物种丰富度大约增加了 2 倍，群落对环境灾害的抵御能力和自我调节能力均显著提升（万方浩等，1986）。

除草剂施用引起的杂草群落变化表现出演替性行为，长期施用化学药剂可以有效控制目标杂草，但会改变稻田优势杂草种类，促进非目标物种成为主要杂草群落。不同除草剂对稻田杂草群落影响的研究结果表明，杂草群落结构与除草剂使用年限密切相关，目标杂草的丰度和除草剂的使用年限之间存在显著的线性关系（吴竞仑等，2006）。化学除草剂对稻田害虫天敌的影响也有大量研究。施用丁草胺使稻田昆虫天敌群落的物种数、个体数及多样性指数下降，丁草胺对生活在稻丛基部或常在水面活动的天敌影响较大，而对栖息在稻叶或稻茎上的物种影响不明显。施用除草剂禾草丹，摇蚊类和蚊幼虫等各类群的种群数量均明显下降。以 2，4-二氯苯氧乙酸和敌草快为活性成分的除草剂对布袋莲象鼻虫和小盲蝽（半翅目：盲蝽科）的生存都产生了负面影响，后者的死亡率高达 80%，高于含有草甘膦的除草剂所引发的昆虫致死率（Hill et al.，2012）。除草剂草铵膦对狼蛛（蜱螨亚纲：植螨科）、智利小植绥螨（蜱螨亚纲：植螨科）、荨麻疹叶螨（蜱螨亚纲：叶螨科）的若虫和成虫有较高毒性。除草剂 Pursuit 10EC 和 Tergasuper 5EC 的有效成分咪唑硫吡和喹唑禾灵显著降低了斜纹夜蛾（鳞翅目：夜蛾科）的存活率。此外，植物生长素的同源物 2，4-二氯苯氧乙酸是水稻防御的有效激发剂，在单子叶植物中广泛使用，能诱导植株对二化螟产生较强抗性，但对褐飞虱及其主要卵寄生蜂稻虱缨小蜂极具吸引力，可通过吸引拟寄生物将水稻变成稻飞虱的活陷阱（Zhao et al.，2012）。

（六）有机种植

现代集约化管理制度对作物生长和动植物物种多样性产生了极大威胁，打破了原有生态系统的平衡，制约了绿色农业的可持续发展。有机种植模式是指在作物种植过程中不使用任何化学合成的农药、化肥、生长调节剂、杀虫剂和除草剂等物质，而是遵循自然规律和生态学原理，采取作物免耕、轮作、堤坝植被管理、绿色施肥和有机施肥（动物粪肥、堆肥、作物残余物）等一系列可持续发展的农业技术和生物防控措施，维持持续稳定的农业生产过程（图 16-4）。越来越多的证据表明，相对于传统稻田耕作，有机耕作不施用化学合成农药，对天敌节肢动物群没有影响。有机耕作促进了生物多样性，可以提高许多动植物的物种丰度（Baba et al.，2018），形成了更为稳定的生态系统。通过比较常规稻田与有机稻田陷阱中的陆生无脊椎动物群落结构和生物多样性发现，有机稻田中无脊椎动物的物种数和个体数均高于常规稻田；对害虫而言，杀虫剂和除草剂的处理降低了飞蛾科、金蝇科的数量，但对其他害虫（如蝇科、库蚊科、蓟马科、蚜虫科）没有影响。有机种植还能显著提高土壤生物活性，提高土壤微生物总密度和多样性，增加有益节肢动物的丰度和物种丰富度，从而改善作物生长条件。有机系统中蚯蚓生物量比传统系统高出 30%~40%，其密度甚至高出 50%~80%。有机种植系统提高了节肢动物的密度和丰度，与传统系统相比，鞘翅目和蜘蛛目动物分别高出 60%~100% 和 70%~120%；同时，有机种植系统提高了昆虫、蜘蛛和其他无脊椎动物的物种丰富度（Kim et al.，2017）。在浙江省台州市三门县对稻田天敌和飞虱的研究表明，有机稻田的物种丰富度高于常规田，大部分有机稻田天敌的香农多样性指数和均匀度均高于常规田，而稻飞虱密度与捕食者和拟寄虫的丰富度及均匀度呈显著负相关（Yuan et al.，2019）。稻田在有机种植模式下，减少了除草剂和杀虫剂的使用，增加了植物丰富度和肖蛸属、赤蜻属的丰富度；在不轮作的条件下，赤蜻属和泥鳅的丰富度增加，而粳稻的丰富度随着轮作而增加；在较大的空间尺度上，水鸟丰富度与有机稻田比例呈正相关（Naoki et al.，2019）。此外，有机稻田也是蝙蝠觅食活动的合适替代栖息地。

图 16-4　传统水稻种植与有机水稻种植

（七）转基因水稻

水稻是全世界近 20 亿人也是亚洲超过一半人口的主粮作物，在水稻品种改良过程中，提高虫害抗性是一个重要目标。1989 年，国际上首次培育出转 *Bt* 基因抗虫水稻。我国在 1998 年开展 *Bt* 水稻的大田试验，2009 年获得在湖北生产转 *cry1Ab/Ac* 融合型水稻的安全生产证书。转基因抗虫水稻的研发和应用为水稻害虫的防治提供了新的策略，也引发了对稻田非靶标生物、天敌及其他节肢动物等环境生物安全的广泛关注。

1. 转基因抗虫水稻对非靶标害虫的影响 现有的转基因水稻不会对水稻生态系统的生物多样性带来明显的不利影响。一些研究发现，转基因抗虫水稻 MSA 对非靶标害虫褐飞虱和白背飞虱种群田间动态和生物学指标均无显著影响，而转基因 MSB 水稻可以显著降低白背飞虱初羽化雌虫体重和短翅率。然而，对转 *cry1Ab* 水稻品种的研究发现，与亲本秀水 11 相比，克螟稻通过显著缩短非靶标害虫白背飞虱的产卵期以及减少产卵量对其种群增长产生影响。对抗虫水稻不同生长期内非靶标害虫种群数量的监测发现，转 *cry1Ac/sck* 双价基因抗虫水稻 MSA、MSB、MSA4 及杂交稻 21S/MSB、II-32A/MSB 与 KF6 - 304 不会引起关键非靶标水稻害虫数量的明显上升。在水稻生长中期，MSA、MSB 均对稻瘿蚊有高的抗性（刘雨芳等，2007）。转双价基因（*cry1Ac*＋*sck*）抗虫杂交稻 II 优科丰 6 号（II UKF6）在田间表现出高抗二化螟、三化螟和稻纵卷叶螟等鳞翅目害虫的能力（图 16 - 5），其单作和间作均能降低其靶标害虫稻纵卷叶螟的个体数量和优势度，对白背飞虱和褐飞虱种群均未产生显著影响。一些研究表明，转 *Bt* 水稻对褐飞虱和白背飞虱的田间种群动态没有显著影响。

图 16 - 5　转 *cry1Ac/sck* 双价基因抗虫水稻与非转基因对照（不抗虫）间隔种植
（仿自张磊等，2011）

2. 转基因抗虫水稻对天敌的影响 转基因抗虫水稻对天敌影响目前尚无定论。一些研究发现，转 *cry1Ac/sck* 基因抗虫水稻降低了稻田寄生蜂的个体数量，抗虫水稻 MSA、MSB、MSA4 及杂交稻 KF6 - 304 在生长中期对稻田寄生蜂的物种丰富度、多样性指数、均匀度指数和优势度指数以及个体总数产生负面影响（刘雨芳等，2006）。然而，转 *Bt* 水稻对黑肩绿盲蝽的取食、生长发育和存活均无明显的负面效应。一些研究发现，当拟水狼蛛捕食以转基因水稻品系 KMD1 或 KMD2 为食的褐飞虱时，*cry1Ab* 杀虫蛋白会随食物链传递至拟水狼蛛，在拟水狼蛛体内大量聚集。但因其肠道提取物可有效降解 *cry1Ab* 杀虫蛋白，因此对其生物量和捕食量并未产生显著影响（陈茂等，2005）。

3. 转基因抗虫水稻对稻田节肢动物的影响 一些研究发现，与非转基因稻田相比，转基因稻田抗虫 1 号和抗虫 2 号对水稻生育期内蜘蛛生物量和种群丰富度的影响不显著。与化学生物防治田相比，含有 *cry1Ab/cry1Ac* 融合基因的 *Bt* 水稻对稻田节肢动物群落多样性基本无明显的负效应；转 *Bt* 基因水稻对田间节肢动物种群结构和功能团优势度指数均无显著影响，但对其靶标害虫二化螟幼虫的致死率却高达 90%（徐雪亮等，2013）。在水稻灌浆期转 *Bt* 基因水稻田中，灰橄榄长角跳虫的种群密度显著高于非转基因稻田。水稻收割后，转 *Bt* 基因稻田中的灰橄榄长角跳虫和球角跳虫的种群密度显著高于非转基因稻田（白耀宇等，2006）。

4. 转基因耐除草剂水稻对稻田生物多样性的影响 自转基因作物商业化以来，耐除草剂特性备受关注。2008 年，抗除草剂大豆、玉米、油菜、棉花和苜蓿占全球转基因作物面积的 63%，转基因耐除草剂水稻（GMHT）的育种已得到广泛研究。目前，转基因抗除草剂水稻对稻田生物多样性影响的负面结论很少。对不除草和人工除草条件下移栽稻田的调查发现，带有 *Bar* 基因的转基因粳稻"99‑1"比常规粳稻"秀水"对杂草更具竞争力。耐除草剂水稻显著抑制了莎草和水莎草的幼苗个体数和植株生物量（余柳青等，2005）。与种植非转基因水稻（常规籼稻 D68）的稻田相比，种植转 *Bar* 基因抗除草剂水稻 Bar68‑1 对稻田叶冠层节肢动物群落组成和多样性，以及对和杂草群落的丰富度没有显著影响（蒋显斌，2010）。

第二节　稻田生物多样性的生态服务功能

稻田生物多样性是稻田生态系统稳定和可持续发展的重要基础，稻田及其周边多样化的景观生境为各种生物提供了生存环境，物种多样性和遗传多样性也为人类提供了各种产品和服务。稻田生物多样性的提高能够促进土壤和植物之间的养分循环，具有水土保持、涵养水源、净化水质、增加传粉、固碳释氧、调节气温、蓄水防洪等生态服务功能。同时，稻田生物多样性的增加还可以提供美学欣赏、娱乐、旅游、野趣条件，以及开启生物多样性对人类智慧的启迪、提供科学研究对象等社会服务功能。

一、供给功能

稻田生物多样性除了能提供品种多样化的高产稻米外，还可以为人类提供丰富的经济作物、畜禽产品和水产品等。例如，合理的稻米品种多样性混播混插具有明显的增产效果，同时可以提供丰富多样的水稻品种（李启标等，2019）。粳稻、籼稻、糯稻混插，不仅对主栽品种粳稻产量影响小，也可以满足人们对稻米多样化的市场需求。水稻与其他作物间作是一种能提高水稻产量、提供多元化产品和增加经济效益的生态种植模式。与水稻单作模式相比，水稻与美人蕉、梭鱼草间作促使稻田单位面积产量提高 20%（蓝妮等，2018）。各类生态种养模式提高了稻田生物多样性，由于动植物共育使得生态系统资源得到充分利用，不仅使整个稻田生态系统所受的人为干扰减少，提高了水稻产量，同时能提供生态养殖的畜禽产品和水产品。例如，紫云英‑双季稻‑鱼模式是一种绿色高效的稻田生态种养模式，不仅能提高水稻产量 12.8%～18.0%（吕广动等，2020），稻鱼共生还可以提高鱼的存活率，显著提高鱼产量（唐建军等，2020）。水稻‑河蟹生态养殖模式能够创造稻蟹共生绿色生产条件，河蟹在稻田的生育活动能够清除稻田部分杂草，其排泄物有助于增加稻田肥力，保证水稻优质高产。在北方稻区，实施节水灌溉和减施氮肥可以显著提高产量，提高水稻生态系统的供给服务功能。

此外，稻田生物多样性还有助于稻米品质的提升，为人类的健康生活提供优质稻米。水稻在栽培过程中，受到自然气候、种植时间、灌溉水质、肥料施用方法、病虫害等因素的影响，极易导致产量下降、品质下滑。稻田系统维持较高的生物多样性水平，有助于保持土壤养分，资源利用效率高，受污染程度小且病虫害少，因而稻米品质好。例如，稻田系统种植紫云英等绿肥、饲养禽类或水产动物、采用多种灌溉模式等措施，有效避免了农药过量施用引起的环境污染，提高了稻米品质。稻蛙和稻鸭生态种养均可以增加土壤微生物数量，提高酸性磷酸酶活性，进而提升土壤磷的供应能力，有效改善水稻速效养分的吸收，在一定程度上改善了稻米品质，提高了经济效益。在东北稻田中实施水稻秸秆还田，通过施用微生物菌剂，如米曲霉、黑曲霉、解淀粉芽孢杆菌、枯草芽孢杆菌、地衣芽孢杆菌等，可以提升稻田土壤微生物多样性水平，促进秸秆腐解，提高稻米品质。

二、生态调节功能

稻田作为一种人工湿地，水层较浅，温度较高，浮游生物、水生植物和鱼、螺、蛙等数量较多，并有许多水鸟栖居于稻田周围，对于保持生物多样性有重要作用。稻田是适应湿地的两栖类和爬行类动物的重要栖息地之一。许多湿地鸟类也选择稻田作为它们的觅食场、临时避难所，如多种鹤类、鸥鹭类、雁鸭类、鹬类（包括极其珍稀的朱鹮）都喜欢在稻田栖息；秧鸡还选择稻田作为重要的繁殖地。稻田生态系统通过各个生物群落共同创造了适宜于生物生存的环境，不仅为各类生物提供食物和繁衍生息地，更重要的是，为生物进化及生物多样性的产生、形成提供了必要条件。

动植物共生稻作系统提供的生物多样性，能够促进稻田生态系统的能量流动和物质循环，增强土壤培肥功能和碳汇功能，净化水质，改善稻田的生态环境，增强稻田生态系统抵御自然灾害的能力。例如，在水稻和鸭子共作系统中，通过合理布控稻、鸭共生时期（分蘖期至齐穗期），使水稻为鸭子提供栖息场所和荫蔽条件，鸭子捕食稻田害虫、杂草，清除衰、老、病叶，并将鸭粪还田。稻鸭共育是一项低碳丰产的稻田种养模式。研究发现，稻鸭共育可影响稻田 N_2O 和 CH_4 排放，进而影响全球增温潜势。稻田饲养动物通过改善稻田土壤氧化还原状况，增强土壤脲酶、脱氢酶、过氧化氢酶与蛋白酶活性，增加土壤速效氮含量，对温室气体排放起到调节作用。在水稻和河蟹共作系统中，稻蟹种养的环境能够净化水质，为河蟹生长提供栖息、发育等良好的生态环境。水稻为河蟹提供天然饵料和良好的栖息环境，同时河蟹在稻田的生育活动能够清除稻田部分杂草，增加稻田肥力，保证水稻优质高产，创造稻蟹共生的绿色生产条件。

稻田生物物种（如传粉昆虫、害虫天敌、微生物等）多样性对系统内的传粉、害虫生物控制、资源分解、养分循环有重要的促进作用，从而间接影响系统的稳定性和生产力。例如，元阳梯田中鞘翅目昆虫丰富的物种多样性，同样通过传粉、食物链摄食等方式影响水稻品种多样性的维持（何柳等，2020）。稻田多样性的增加有助于生态位多样化的形成，使营养级增加，促进稻田生态系统的养分循环利用。农田田埂植物多样性提高，可以增加害虫天敌的种类和数量，有利于害虫的生物控制。稻飞虱的重要寄生性天敌缨小蜂和寡索赤眼蜂同时存在于稻田及周围的非稻田生境中，而且寄生蜂在非稻田生境中的数量取决于寄主植物的种类和寄主卵的数量（俞晓平等，1996）。稻田土壤微生物多样性的提高有助于有机质的矿化作用，促进养分循环。

稻田生态系统中保持非目标生物的多样性，在水土保持、有害生物控制、净化空气和水质、消除环境污染方面都有着重要的作用。例如，稻田边界植物多样性丰富的田埂，可以作为污染物向邻近陆地和水生栖息地移动的缓冲区；也类似水库、塘坝的堤防，具有蓄积洪水水量、调节洪峰的作用；还可以防止土壤侵蚀。许多稻田杂草多样性具有消除环境污染的作用，如浮萍（*Lemna minor*）对水体中的镉离子具有很强的富集作用，利用它可净化水体；灰绿藜（*Chenopodium glaucum*）、艾蒿（*Artemisia argyi*）具有较强的吸附 SO_2 的能力，利用它们可净化空气。非稻田生境的植物多样性，如禾本科杂草尤其是稗草、千金子和马唐等，由于较适合于稻飞虱的产卵而寄生有大量的寄生蜂，盛花期的莎草则吸引了许多成蜂，均有利于害虫的生物防控（俞晓平等，1996）。灌溉沟渠中保留一些水生杂草如游草（*Leersia hexandra*）、水莎草（*Juncellus serotinus*）、丁香蓼（*Ludwigia prostra-ta*）、水竹叶（*Murdannia triquetra*）、鸭舌草（*Monochoria vaginalis*）、浮萍、陌上菜（*Lindernia procumbens*）等，可以降低灌溉水中硝态氮和铵态氮浓度。

三、社会文化服务功能

以生物多样性为基础的稻田生态系统所构成的美丽景观，可为公众提供休闲娱乐场所，提供美学欣赏、旅游、野趣等条件，且具有普及农业知识、开展自然科学教育、传播文化和习俗等多方面的社会文化意义。近年来，在我国兴起的生态观光农业也充分体现其景观美学和精神文明价值。例如，台湾头城农场利用当地特产农作物资源水稻，运用农业生物多样性的理念，规划水稻体验区，开展以水稻为主题的文化体验项目，使游客体验大自然与农村文化，并将农业资源在永续与友善土地的条件下尽情发挥与利用，以达到友善环境、健康农业、循环使用资源的目标。多样性较高的水稻梯田可以作为良好的渔业养殖场地，由于水浅安全，在梯田中提供下田捕田螺等田间体验活动。日本十分重视

"稻米文化"，许多节日和宗教习俗等都与水稻、灌溉有关。总之，稻田生物多样性不仅体现了景观和农耕文化，具有待开发的经济价值，也充分体现了农业景观美学和精神文明的永恒价值。

第三节　稻田生态强化系统构建

稻田是环境友好、生态健康、可持续利用的季节性人工湿地生态系统，在稻田系统维持适当水平的生物多样性，在提供初级农产品、促进土壤养分循环、控制病虫害、调节气候等方面发挥了重要作用。然而，对稻田的集约化利用导致稻田生物多样性遭到破坏，有必要推动集约化稻田向生态强化稻田的转变。通过稻田生物多样性的恢复、利用和重构，建立稻田生态强化系统，实现稻田环境改善、资源高效利用、绿色产品多元、产量稳定提升、抗灾能力增强、生态服务完善、绿色品牌创建、农业面源污染防治等多重服务功能目标。

一、稻田生态强化系统构建的基本原则

与传统集约化稻田相比，生态强化稻田（图 16-6）能很好地解决目前稻田生态系统中投入不清洁、稻田不生态、产出不优质、抗灾能力差、生物多样性单一的问题。它是在稻田内利用物种多样性和遗传多样性，合理实施稻渔共生、品种多样化轮作或间套作、绿肥种植、土壤培肥、节水灌溉、绿色防控、农业废弃物综合利用等多种清洁生产技术；在稻田边界构建多功能植被缓冲带、蜜源植物带、非主栽作物品种等种植带；在整个稻田景观尺度上利用田埂、路、沟、塘、河/湖岸等配置不同的植物或水生动物，实施生态沟塘、生态廊道等生态化建设，以丰富农田生物多样性、提升农田景观效果、恢复稻田系统自身净化能力、控制农田面源污染，实现稻田生产和生态功能和谐统一。

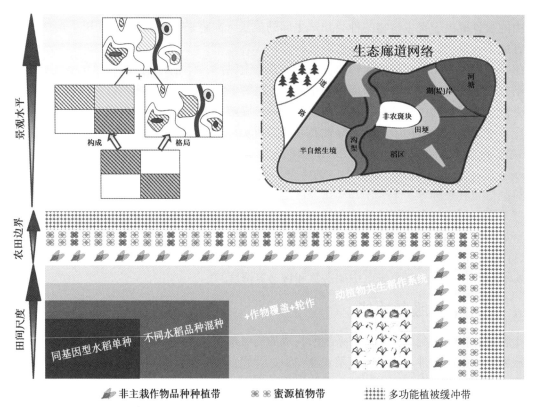

图 16-6　生态强化稻田系统构建

稻田生态强化系统构建应遵循 4 条基本原则：

1. 生物多样性原则　生态稻田内应具备田、埂、沟塘、路、堤岸等多种生态单元，建设过程要

突出生物多样性因素。在稻田作物种植和生态化建设过程中，选择适宜的作物品种、植物物种和水生动物物种进行优化配置，提升稻田物种的丰富度和生物多样性。

2. 因地制宜原则 根据区域的自然气候条件、稻田构成要素及其空间布局，选择适宜的作物品种、种植模式或共生模式，并建设适宜的生态化措施，实现品种选择、作物布局、生产技术和生态化措施的有机统一。

3. 资源高效利用原则 作物种植过程中采用节水、节肥、节药的技术措施，作物秸秆基质化、肥料化、还田等综合利用，化学农药包装物回收处理，达到水、肥、药高效利用和农业废弃物资源化利用，实现资源节约。

4. 稳产增效原则 在生态稻田内，实施生态化建设和生态化技术，提升了稻田生物多样性和抗灾能力，实现水稻产量稳定、生态稻田产出多元、产品品质提升及规模化品牌效应。

二、集约化稻田生态强化系统构建及其生态效应

实施集约化稻田生态强化的总体思路是从 3 个不同的空间尺度水平（稻田内部、稻田边界和稻田景观）构建稻田生物多样性。稻田内部的生物多样性包括动植物共生稻作系统、稻田作物多样性和稻作系统遗传多样性；稻田边界的生物多样性包括植被缓冲带、蜜源植物带、非主栽作物品种种植带等；稻田景观尺度的生物多样性包括田埂、道路、沟渠、河塘、湖（堤）岸等自然半自然生境及其连通的生态廊道网络。构建水生动物、水生植物与水稻共存的动植物共生稻作系统，利用稻田物种多样性和遗传多样性控制有害生物，在稻田景观水平维持和布局适当比例的生物多样性来提升稻田系统的生态服务功能，这是农业绿色可持续发展的重要途径。

（一）稻田物种多样性的利用与保护

现有的动植物共生稻作系统有稻鸭、稻鱼、稻虾、稻蟹、稻鱼鸭、稻鱼鸡、稻虾蟹、稻鱼萍、稻鱼菇、稻鳖鱼鸭、稻鱼萍鸭等，正在由过去仅有水稻或水生动物的单一模式逐渐向多样化、综合性、多品种混养模式演变。多物种加入稻作系统，延长了食物链，使稻田生态系统营养层次增多，稻田生物多样性更加复杂化，能够有效解决过去单一稻田生态种养模式中资源利用率不足的问题。稻田物种由原来的 2 种生物发展到 4~5 种生物，动植物共生稻作系统内部的食物链由单一方向向更加复杂的方向发展。一方面，使生态系统内部的物种丰富度增加，这种增加是基于对互利共生和生态位互补生态学原理的把握，并不会破坏原有生态系统的平衡；另一方面，使物种类型更加复杂化，禾本科植物、蕨类植物、水禽、水产动物、浮游动植物，各种类型的物种交织在一起，食物网更加错综复杂，加上投入物种数量的增加，对稻田生态种养技术的要求也更高。

在动植物共生稻作系统中构建物种多样性，主要是在稻田中同时引入水生动物和植物，创造物种多样性。水稻植株、藻类和蕨类植物作为生产者可通过光反应和暗反应，以无机物为营养生产出供自身生长所需要的能量。目前，利用较多的是萍类、茭白（*Zizania caduciflora*）、芋头（*Colocasia esculenta* var. *antiquorum*）和荸荠（*Heleocharis tuberosa*）等。例如，红萍（*Azolla imbricata*）叶腔内共生红萍鱼腥藻（*Anabaena azolla*）能从空气中直接固氮，还具有强烈的富集水中稀薄钾素的能力，可为水稻提供充分的肥料源；反过来，水稻植株能为鸭、鱼、鸡、蟹、虾、鳖等提供栖息及活动场所。这些动物的活动也能带动田间营养物质的流动，增加田间的土壤孔隙度，从而使水稻植株基部能更加充分地接触到这些营养物质，达到促进水稻生长发育的效果。同时，水稻须根将水体中剩余的营养物质吸收掉，可以起到净化水质的作用。在稻田生态系统中，生产者之间也存在竞争关系。例如，稻田杂草与水稻植株竞争水、养分、生存空间、空气和阳光等非生物资源，影响水稻植株的生长和发育。因此，人为加入 1 种或 1 种以上的水生动物，由于稻田杂草是它们的主要食物之一，其取食作用会消灭掉田间 39%~100% 的杂草。稻田生态系统生物物种多样性与杂草危害之间存在着显著的负相关关系，前者的丰富度能通过生物之间的相互作用来抑制后者的生长，从而降低对农田水稻植株的危害。同时，人为加入的水生生物在稻田活动时会不断扰动水体，对水体中的微生物造成一定的影

响，改变水体微环境。一方面，稻田水生生物会以菌核、菌丝为食，干扰或切断病虫害的传播途径；另一方面，其活动会搅动水层，使水体表面变得浑浊，阻隔水体菌原体的光合作用以及抑制杂草种子的萌发，减少病虫害的传播。另外，水生生物的排泄物会提升稻田水体的营养养分含量，促进稻田水体物质和能量的转化，有助于水稻植株的生长。同时，田间稻螟虫、稻飞虱、田螺和底层小鱼等可为鱼、鸭、蟹等提供食物来源。水生生物的游走会触碰到水稻植株基部，致使以水稻基部为食的稻飞虱落入水体，从而被水生生物取食，减少了稻飞虱的危害。

此外，利用水稻与其他作物间、混、套作构建稻田物种多样性，也是一种能促进水稻生长、降低水稻病虫害、提高水稻产量和经济效益的有效途径。例如，水稻与慈姑间作栽培模式改善了稻田小气候环境，有助于降低病菌的滋生和传播，水稻纹枯病病丛率比单作处理低，稻瘟病病叶率在灌浆期和乳熟期显著低于单作，表明间作栽培模式显著降低了水稻纹枯病和稻瘟病的发生（梁开明等，2014）。水稻与茭白间隔种植，可以打破水稻大面积单一品种种植的状况，对害虫在空间和遗传上进行阻隔，有效阻止病虫草害的发生（卢宝荣，2003）。水稻与美人蕉间作能降低纹枯病和稻纵卷叶螟的发生，显著提高水稻单位面积产量达 11.16%（蓝妮等，2018）。水稻-绿肥轮作可以减少化肥、农药投入，提升土壤有机质，提高水稻产量，达到稻田用养结合的目的。其中，固氮绿肥（如紫云英）比油菜和黑麦草具有更好的增产和抑制田间杂草的作用。总之，与传统单一水稻种植相比，动植物共生稻作系统内的营养层次更多，生物多样性更为复杂，从而使稻田生态系统的自我调节能力得到提升，稻田系统更加稳定。

（二）稻田遗传多样性的利用与保护

构建稻作系统的遗传多样性，就是要求同一田块同一作物最大限度地做到遗传基础异质性。通常采用多品种混合种植或条带状间作种植，也可选用多系品种，通过调整不同品种播期、成行间种等方法来实现。例如，选择株高不同的两个品种间作可充分利用空间互补的优势，改善农田的通风透光条件，改变田间小气候，抑制病害的发生和发展；或根据不同品种根系分布的差异，充分利用地力，或发挥边际效应的优势来增加产量。合理的品种多样性混播混插是防治水稻病虫害的有效途径，且品种混播混插较品种净栽具有明显的增产效果。例如，不同有机稻品种混播混插较同一品种单栽对稻瘟病、倒伏有较为明显的防控效果，品种混播混插较单栽稻平均增产 6.0%～7.5%（李启标等，2019）。将基因型不同的水稻品种间作于同一生产区域，由于遗传多样性增加，稻瘟病的发生相比品种单作种植明显减少，且能在一定程度上解决常见的倒伏、低产等问题，保证抗病品种有较长使用寿命（朱有勇等，2000）。通过多亲本聚合杂交方法培育的水稻多基因型种群品种，以及混合间栽具有不同专化抗性的基因型（品种）可以防治水稻稻瘟病。混合间栽汕优和黄壳糯对黄壳糯稻叶瘟病、稻穗颈瘟的相对防治效果随杂交稻群体所占比例的增加而增大，当达到一定的比例时，防治效果可达到100%（房辉等，2007）。水稻杂糯间作的种植模式，在增加稻田遗传多样性的同时保护了稻田生物多样性，使得稻田天敌的数量以及稻田生物多样性指数明显高于对照区域，从而使稻飞虱的前期发生量以及稻螟虫的危害得到了一定程度控制。提高作物遗传多样性控制病害主要有 3 个方面的机制：一是稀释了亲和小种的菌源量；二是增强了抗性植株的障碍效应；三是诱导了抗性的产生，如稻瘟病菌非致病性菌株和弱致病性菌株预先接种，能诱导抗性，减轻叶瘟和穗瘟。在多品种混合间栽中，除有上述机制外，还有微生态效应。例如，间栽品种高于主栽品种，使得间栽品种穗部的相对湿度降低，穗颈部的露水持续时间缩短，不利于病害的发生。

（三）稻田边界生物多样性的利用与保护

稻田边界两侧种植经济、蜜源或显花等功能的乡土草本植物，一方面，能充分利用边界的生产功能，增加农田的经济产出；另一方面，能丰富稻田生物多样性，最大限度地发挥边界的生态功能，包括作物病虫害控制、面源污染消纳和天敌保育等。稻田边界的田埂是最普遍的非作物生境，合理利用田埂种植大豆、玉米、芝麻等作物或螺棋菊等多功能草本植物，有利于稻田天敌节肢动物群落的建立和发展（周子杨等，2011）。在水稻田附近种植茭白吸引二化螟成虫到茭白植株上面产卵，能减轻水稻田第一代二化螟的发生。大豆和玉米为水稻提供花蜜和花粉，可能对拟寄生物有利（郑许松等，2003）。由于边界自然植被的植物种类丰富，包括许多显花植物，能够吸引一些寄生蜂、蜘蛛、甲虫等天敌。这些自然植被为天敌昆虫提供丰富充足的食物，并且在农田进行耕作换作的时候，为天敌动物提供了临时栖息地或者避难场所。因此，田埂保留自然植被的稻田系统在吸引天敌昆虫、防控害虫方面具有较强的能力。与无植被田埂的稻田相比，具有蜜源植物田埂和自然植被田埂的稻田更容易吸引害虫天敌，降低了虫害的影响，显著提高了水稻产量。与硬质化稻田田埂相比，生物多样性高的田埂是稻田节肢动物的重要栖息地和越冬场所，为害虫及其天敌寻求替代寄主或补充营养以及在空间上逃避不良环境提供条件，是害虫天敌的主要避难场所，对稻田天敌节肢动物群落的建立和发展具有明显的促进与调节作用。研究表明，非作物生境中的植物可能通过释放某种化学物质来影响害虫的活动行为或引诱益虫，从而减轻害虫对作物的危害（周子杨等，2011）。此外，非作物生境还能起到一定的害虫隔离作用，因为害虫的分布格局在一定程度上受到了非作物生境的影响（高光澜等，2008）。

此外，稻田边界的管理措施也会影响其生态服务功能。目前，很多稻田边界田埂逐渐被硬化，且普遍较窄、低矮、不利于田间行走，还有些农民对仅存的稻田边界采取粗放管理（如喷施除草剂或机械割草），使田埂的生态功能降低。自然保留的稻田边界在保护蝴蝶和直翅目昆虫多样性方面具有重要作用，应避免喷施除草剂，采用低频次和周期性刈割等可持续管理方案，满足稻田系统生物多样性保护和种养结合的需求（Giuliano et al.，2018）。田埂宽度和高度也会影响田埂植物的种植和农田氮、磷径流的拦截效果。研究表明，田埂对稻田无机氮、磷的侧渗有明显的截留作用，且截留效果与田埂宽度及其土壤紧实度密切相关。30 cm 宽度的田埂对铵态氮、硝态氮磷酸盐截留率分别达到41%、10%（周根娣等，2006）。

因此，在进行稻田边界生物多样性构建时，要根据稻田生态强化的目标，科学选择边界植物种类进行组配，并合理运用边界管理措施。同时，要充分考虑边界田埂的宽度和高度，才能实现利用稻田边界生物多样性提供经济产出或发挥生态功能的作用。在生产实践中，可以通过改变稻田周围非作物生境的植被组成、植被带宽度及其他特征来改变稻田生态系统中害虫与天敌的相互关系，提高天敌对害虫的控制作用。

（四）稻田景观多样性的构建

生物多样性水平高的生态强化稻田还应包括田、埂、沟塘、路/堤岸等多种生态单元。除生产用地外，田埂、沟塘、道路、河湖堤岸都可以作为非作物生境的生态用地。在英国白金汉郡一个 900 hm² 农场所长达 6 年的试验中，8%的农田转化为生态用地后，整个农场的作物产量并没有减少，而且传粉和病虫害控制功能显著提升（Pywell et al.，2015）。国际生物防治组织要求，农业景观中至少有 5%的面积用作生态用地，才能保证一定的生物控制效果；而生态用地比例超过 15%或接近 20%时，农田生物多样性处于最高值（Tscharntke et al.，2005）。因此，在构建稻田景观多样性时，非作物生境的总布局面积应至少达到 5%，可以在 5%～15%。

例如，当以水鸟保育为目标构建水稻田复合生态系统时，可以在水稻田中构建水池单元，设置生境小岛、生态驳岸、小排水渠、引水渠、围堰、田埂等功能组件，实现多种种植和养殖，提高稻田生物多样性，为水鸟提供丰富的食物和适宜的多样性栖息场所，提升水稻田的水鸟保育效果。一方面，在水稻田中设置水池单元，可以为水生动物提供临时避难所，同时开展多种种植和养殖，培育多样的陆生植物、水生植物和水生动物，为水鸟提供丰富的植物性食物和动物性食物；另一方面，通过设置生境小岛降低人为干扰对水鸟的影响，为水鸟提供良好的栖息场所，最终通过构建稻田景观多样性显著增加水鸟种类和数量，提升水稻田的水鸟保育效果（谢汉宾等，2017）。

主 要 参 考 文 献

白耀宇，蒋明星，程家安，等，2006. 转 *Btcry1Ab* 基因水稻对稻田弹尾虫种群数量的影响［J］. 应用生态学报，17

（5）：903-906.

蔡炳祥，王根连，任洁，2016. 稻鳖共生单季晚稻主要病虫发生特点及绿色防控关键技术 [J]. 中国稻米，22（4）：75-76，80.

陈浩，张秀英，吴玉红，等，2018. 秸秆还田与氮肥管理对稻田杂草群落和水稻产量的影响 [J]. 农业资源与环境学报，35（6）：500-507.

陈茂，叶恭银，卢新民，等，2005.CrylAb 杀虫蛋白在水稻-褐飞虱-拟水狼蛛食物链中转移与富集 [J]. 昆虫学报，48（2）：208-213.

陈玉君，2008. 稻田种植结构的生物多样性及对害虫和天敌种群的影响 [J]. 作物研究，22（2）：103-105.

方荣杰，2001. 非充分灌溉条件下稻田生态环境研究 [J]. 节水灌溉（5）：35-37.

房辉，周江鸿，王云月，等，2007. 优化水稻群体种植模式与稻瘟病控制研究 [J]. 中国农业科学，40（5）：916-924.

高光澜，柳琼友，顾丁，等，2008. 害虫综合治理中的非作物生境调控 [J]. 安徽农业科学，36（13）：5507-5509.

何柳，宋英杰，龙春林，2020. 哈尼梯田水稻农家品种遗传多样性的原生境保护研究进展 [J]. 中国农学通报，36（10）：87-94.

黄志农，何英豪，皮丕登，等，2000. 水稻高产栽培中肥料运筹对害虫种群的生态学效应 [J]. 昆虫知识，37（3）：129-133.

蒋显斌，肖国樱，2010. 转基因抗除草剂水稻对稻田叶冠层节肢动物群落多样性的影响 [J]. 中国生态农业学报，18（6）：1277-1283.

蓝妮，向慧敏，章家恩，等，2018. 水稻与美人蕉间作对水稻生长、病虫害发生及产量的影响 [J]. 中国生态农业学报，26（8）：1170-1179.

李昌新，赵锋，芮雯奕，等，2009. 长期秸秆还田和有机肥施用对双季稻田冬春季杂草群落的影响 [J]. 草业学报，18（3）：142-147.

李启标，陈嗣建，陈永宏，2019. 品种多样性在有机水稻种植中的应用效果研究 [J]. 现代农业科技（13）：46-47.

梁开明，章家恩，杨滔，等，2014. 水稻与慈姑间作栽培对水稻病虫害和产量的影响 [J]. 中国生态农业学报，22（7）：757-765.

刘雨芳，贺玲，汪琼，等，2006. 转 crylAc/sck 基因抗虫水稻对稻田寄生蜂群落影响的评价 [J]. 昆虫学报，49（6）：955-962.

刘雨芳，贺玲，汪琼，等，2007. 转 crylAc/sck 基因抗虫水稻对稻田主要非靶标害虫的田间影响评价 [J]. 中国农业科学，40（6）：1181-1189.

卢宝荣，2003. 利用生物多样性合理布局探索茭白的可持续生产模式 [J]. 浙江农业学报，15（3）：118-123.

吕广动，黄璜，王忍，等，2020. 紫云英还田耦合稻鱼共生对双季水稻群体生长特性及产量的影响 [J]. 生态学杂志，39（12）：4057-4067.

束兆林，储国良，缪康，等，2004. 稻-鸭-萍共作对水稻田病虫草的控制效果及增产效应 [J]. 江苏农业科学，32（6）：72-75.

汤圣祥，江云珠，张本敦，等，1999. 中国稻区的生物多样性 [J]. 生物多样性，7（1）：73-78.

唐建军，胡亮亮，陈欣，2020. 传统农业回顾与稻渔产业发展思考 [J]. 农业现代化研究，41（5）：727-736.

万方浩，陈常铭，1986. 综防区和化防区稻田害虫-天敌群落组成及多样性的研究 [J]. 生态学报，6（2）：159-170.

魏守辉，强胜，马波，等，2006. 长期稻鸭共作对稻田杂草群落组成及物种多样性的影响 [J]. 植物生态学报，30（1）：9-16.

吴春华，陈欣，2004. 农药对农区生物多样性的影响 [J]. 应用生态学报，15（2）：341-344.

吴竞仑，李永丰，王一专，等，2006. 不同除草剂对稻田杂草群落演替的影响 [J]. 植物保护学报，33（2）：202-206.

谢汉宾，莫英敏，张姚，等，2017. 以水鸟保育为目标的水稻田构建技术及效果评估 [J]. 长江流域资源与环境，26（11）：1919-1927.

徐雪亮，姚英娟，陈大洲，等，2013. 转基因抗虫水稻对二化螟幼虫和田间节肢动物群落的影响 [J]. 华中农业大学学报，32（5）：50-54.

姚卫平，施文，陈国明，2006. 稻田养鸭对水稻病虫草害的控制效果研究 [J]. 安徽农学通报，12（5）：207-208.

余柳青，渠开山，周勇军，等，2005. 抗除草剂转基因水稻对稻田杂草种群的影响 [J]. 中国水稻科学，19（1）：68-73.

俞晓平，胡萃，1996. 非稻田生境与稻飞虱卵期主要寄生蜂的关系 [J]. 浙江大学学报（农业与生命科学版），22

（2）：115 - 120.

张苗苗，宗良纲，谢桐洲，2010. 有机稻鸭共作对土壤养分动态变化和经济效益的影响 ［J］. 中国生态农业学报，18（2）：256 - 260.

郑许松，俞晓平，吕仲贤，等，2003. 不同营养源对稻虱缨小蜂寿命及寄生能力的影响 ［J］. 应用生态学报，14（10）：1751 - 1755.

周根娣，梁新强，田光明，等，2006. 田埂宽度对水田无机氮磷侧渗流失的影响 ［J］. 上海农业学报，22（2）：68 - 70.

周子杨，黄先才，孟玲，2011. 有机稻田埂植物上节肢动物多样性 ［J］. 生态学杂志，30（7）：1347 - 1353.

朱有勇，陈海如，范静华，等，2003. 利用水稻品种多样性控制稻瘟病研究 ［J］. 中国农业科学，36（5）：521 - 527.

祝增荣，吴良欢，吴国强，等，2000. 水稻覆膜旱作对病虫草害发生程度的影响 ［J］. 植物保护学报，27（4）：295 - 301.

Baba Y G，Kusumoto Y，Tanaka K，et al，2018. Effects of agricultural practices and fine - scale landscape factors on spiders and a pest insect in Japanese rice paddy ecosystems ［J］. BioControl（63）：265 - 275.

Bambaradeniya C N B，Edirisinghe J P，De Silva D N，et al，2004. Biodiversity associated with an irrigated rice agro - ecosystem in Sri Lanka ［J］. Biodivers. Conser. （13）：1715 - 1753.

Choe L J，Cho K J，Han M S，et al，2016. Benthic macroinvertebrate biodiversity improved with irrigation ponds linked to a rice paddy field ［J］. Entomol. Res. ，46（1）：70 - 79.

Fernando C H，1993. Rice field ecology and fish culture - an overview ［J］. Hydrobiologia（259）：91 - 113.

Fried O，Kühn I，Schrader J，et al，2018. Plant diversity and composition of rice field bunds in Southeast Asia ［J］. Paddy and Water Environment（16）：359 - 378.

Giuliano D，Cardarelli E，Bogliani G，2018. Grass management intensity affects butterfly and orthopteran diversity on rice field banks ［J］. Agr. Ecosyst. Environ. （267）：147 - 155.

Hill M P，Coetzee J A，Ueckermann C，et al，2012. Toxic effect of herbicides used for water hyacinth control on two insects released for its biological control in South Africa ［J］. Biocontrol Sci. Techn. ，22（11）：1321 - 1333.

Hu L，Zhang J，Ren W，et al，2016. Can the co - cultivation of rice and fish help sustain rice production? ［J］. Sci. Rep. - UK（6）：28728.

Kim H，Seo J - H，Kim K - J，et al，2017. Comparative analysis on the invertebrate biodiversity between organic and conventional agriculture fields ［J］. Korean J. Org. Agric. ，25（4）：875 - 900.

Kiritani K，2000. Integrated biodiversity management in paddy fields：shift of paradigm from IPM toward IBM ［J］. Integr. Pest. Manag. Rev. （5）：175 - 183.

Koji S，Ito K，Hidaka K，et al，2015. Effects of the low labor input farming，" V - furrow direct seeding method" on arthropod and plant diversity in rice paddy fields（Ecological restoration of paddy fields with regards to biodiversity）［J］. Jpn J Crop Sci. ，65（3）：279 - 290.

Koshida C，Katayama N，2018. Meta - analysis of the effects of rice - field abandonment on biodiversity in Japan ［J］. Conserv. Biol. ，32（6）：1392 - 1402.

Letourneau D K，Armbrecht I，Rivera B S，et al，2011. Does plant diversity benefit agroecosystems? A synthetic review ［J］. Ecol. Appl. （21）：9 - 21.

Lin S，You M S，Yang G，et al，2011. Can polycultural manipulation effectively control rice planthoppers in rice - based ecosystems? ［J］. Crop Protection，30（3）：279 - 284.

Naoki K，Yutaka O，Miyuki M，et al，2019. Organic farming and associated management practices benefit multiple wildlife taxa：A large - scale field study in rice paddy landscapes ［J］. J. Appl. Ecol. ，56（8）：1970 - 1981.

Pywell R F，Heard M S，Woodcock B A，et al，2015. Wildlife - friendly farming increases crop yield：evidence for ecological intensification ［J］. Proc. R. Soc. B. ，282（1816）：20151740.

Roberto T，Marco R，2020. Effect of water management on bat activity in rice paddies ［J］. Paddy and Water Environment（18）：687 - 695.

Settle W H，Ariawan H，Astuti E T，et al，1996. Managing tropical rice pests through conservation of generalist natural enemies and alternative prey ［J］. Ecology，77（7）：1975 - 1988.

Tscharntke T，Klein A M，Kruess A，et al，2005. Landscape perspectives on agricultural intensification and biodiversity ecosystem service management ［J］. Ecol. Lett. ，8（8）：857 - 874.

Tsuruta T, Yamaguchi M, Abe S I, et al, 2011. Effect of fish in rice-fish culture on the rice yield [J]. Fisheries Sci., 77 (1): 95-106.

Wang X, Bian Q, Jiang Y, et al, 2021. Organic amendments drive shifts in microbial community structure and keystone taxa which increase C mineralization across aggregate size classes [J]. Soil Biol. Biochem. (153): 108062.

Washitani I, 2007. Restoration of biologically-diverse floodplain wetlands including paddy fields [J]. Global Environ. Res. (11): 135-140.

Yang Y, Hu X, Zhang H, et al, 2004. Study on high quality and efficient cultivation of rice in a rice-raising fish (crab) system: Ⅴ. Occurrence of diseases, pests and weeds and non-polluted prevention [J]. Jiangsu Agric. Sci. (6): 21-26.

Yao F L, You M S, Vasseur L, et al, 2012. Polycultural manipulation for better regulation of planthopper populations in irrigated rice-based ecosystems [J]. Crop Prot. (34): 104-111.

Yuan X, Zhou W W, Jiang Y D, et al, 2019. Organic regime promotes evenness of natural enemies and planthopper control in paddy fields [J]. Environ. Entomol., 48 (2): 318-325.

Zhao J X, Zhao N Y, Matthias E, et al, 2012. The broad-leaf herbicide 2, 4-dichlorophenoxyacetic acid turns rice into a living trap for a major insect pest and a parasitic wasp [J]. New Phytol. (194): 498-510.

第十七章 稻田生态系统可持续利用模式 >>>

随着我国人口不断增加，人均耕地面积逐年减少。尽管绿色革命之后土地单位面积产量和农业生产效率的大幅提高暂时缓解了因人口激增而引起的粮食供需矛盾，但高投入、高能耗的工业化农业所带来的隐患也在不断地暴露。稻田作为承担我国主要粮食作物水稻生产功能的农业生态系统，也面临着生境恶化、生物多样性降低和环境污染等多重问题。了解稻田生态系统的结构与功能，剖析稻田生态系统可持续利用原理并探索稻田生态种养技术和模式，结合我国国情，构建资源节约、环境友好的可持续稻田生态系统是发展我国绿色农业的必经之路。

第一节　稻田生态系统的结构与功能

稻田生态系统是经过人工驯化的农业生态系统之一，是由生物组分和环境组分组合而成的结构有序且兼具生产功能和生态功能的农田生态系统。在稻田生态系统中，各生态元素及其在时空上的配置构成了生态系统的结构。合理的稻田生态系统结构能够通过高效的物质循环、能量流动、信息传递和价值转化来维持系统稳定运转。

一、稻田生态系统的结构

稻田生态系统的结构由构成稻田生态系统的组分结构、空间结构、时间结构和营养结构及其相互作用共同决定。稻田生态系统的结构状况直接影响稻田生态系统的稳定性、功能和生产力。

（一）稻田生态系统的组分结构

稻田生态系统包括稻田生物和稻田环境（非生物）两大基本组分。作为农业生态系统中一种重要模式，稻田生态系统中生产性生物物种主要为水稻，杂草、藻类等也属于稻田生态系统中的生产者。在种养结合的稻田生态系统中，除水稻外，也包括其他生产性动物（如鸭、蛙、鱼、鳖等）。资源性生物种主要由害虫天敌、传粉昆虫和有益微生物组成；破坏性生物种对稻田生态系统的生产力产生负面影响，包括稻田杂草、水稻害虫和病原微生物等。资源性生物种和破坏性生物种构成了稻田生态系统的消费者和分解者群落。

环境组分是稻田生态系统中物质和能量的来源，包括气候条件（温度、辐射、降水等）、无机物质（大气和土壤）。从水稻生产的自然条件来看，水分是最为重要的限制因子，稻田墒情与降水量、灌水量和蒸发量等息息相关。我国水利资源分布很不均衡，北方地区的水分和温度条件不如南方地区，因此南方成为水稻主要的生产区域。在稻田生态种养体系中，稻田浅水环境为动物提供了生境，也为水稻与其他动物共生产业的发展提供了基础。自然环境和社会经济环境共同决定了稻田生态种养类型和推广的可行性。

（二）稻田生态系统的空间结构

稻田生态系统的空间结构指栽培水稻群落在空间上的水平和垂直格局变化构成的三维结构格局。这种空间结构包括水稻品种、栽培的配置、水稻与环境组分的相互安排及搭配。

从区域水平格局角度来看，水分、温度和土壤情况作为自然生态条件影响了水稻生产的布局。作为典型的农业生态系统，劳动力构成、技术装备、市场需求和物流能力等人为调控也是影响水稻布局的重要因素。根据我国不同地区的气候条件和土壤条件，水稻水平格局主要由西北稻作区、东北稻作区、华北稻作区、长江中下游稻作区、南方稻作区和西南丘陵稻作区六部分构成，主要种植区域集中于长江中下游地区。其中，长江以北地区（西北稻作区和东北稻作区）以粳稻种植为主；华北稻作区地处暖温带，光热资源丰富，是粳稻和籼稻的过渡种植带，北方地区水热条件和居民饮食习惯限制了水稻耕种面积；长江中下游稻作区、南方稻作区和西南丘陵稻作区以籼稻种植为主。

在稻田生态系统中，为了合理地利用环境资源，常运用生态学原理将其他生物与水稻组合成复合优化模式，以强化或者补充稻田生态系统中物质循环、能量流动和价值转换不充分的生态位，提高资源利用率，并改善系统的结构和功能。例如，优化后的稻田垂直结构：稻渔、稻鸭、稻蛙、稻-蛙-萍等。在稻-蛙-萍系统的垂直结构中，浮萍（红萍）可以充分利用稻田田面水的空间和养分资源，提高养分利用效率，并降低水体中养分流失的风险；蛙在稻田中的活动对水稻害虫有很好的防控效果，又能够增加田面水中的溶解氧，促进水稻根系生长；稻田环境为蛙提供了适宜的生境，水稻生长也为蛙和天敌的竞争提供了很好的遮蔽作用。生态位的差异使得"稻-蛙-萍"系统产生了很好的互补。

（三）稻田生态系统的时间结构

在农业生态系统中，各环境因子和生物因子随时间变化而形成的结构为时间结构。在稻田生态系统中，根据不同水稻品种的生长发育规律及其对环境条件的要求，合理配置耕作时间与作物品种，能够实现资源利用和环境保护的多重功能。在我国水资源匮乏的宁夏、新疆、内蒙古等西北稻作区和耕地资源丰富、雨热同期的东北稻作期，则多以一季水稻种植为主，采用稻-闲轮作，春末夏初栽种水稻，冬季休养土地，通过土壤冻融改善土壤理化性状并加速土壤有机质分解过程。长江中下游稻作区和南方稻作区水分和光热资源充足，是我国最重要的稻谷产区，以稻麦、稻油轮作、双季稻（或单季稻）-肥轮作模式较为普遍，土地集约化程度较高。而在海南、台湾等热带地区为了保证稻田发挥最大生产力，利用当地的气候优势，采用三季稻模式。

2013年，我国种养结合稻田总面积1.5108×10^6 hm^2，主要分布在降水量大、灌溉资源充沛的地区，如四川、湖南和湖北，均有大面积种养结合稻田的分布。在水资源供应充足的地区，如江河下游的低产田、冬闲地和水库边，常采用稻渔轮作模式，分为早稻晚渔和早渔晚稻两种类型。此外，根据不同水产动物的生活习性，在水量充足且水质较好的长三角、东北等地区，还分布着稻虾、稻鳖和肥-稻-鳖轮作模式。紫云英的轮作固定大气中的氮素，促进农田养分平衡并减少化肥用量。若在水稻移栽前将紫云英翻入地下，并在移栽后放鳖入田，可以显著提高稻田的空间利用率和经济效益。

（四）稻田生态系统的营养结构

食物链、食物网能够直观地反映稻田群落中物种间的取食及其相互作用，对食物网关系的探索能够为稻田养分和害虫管理提供的新思路。稻田是一个以水稻为中心的多种杂草和昆虫共存且通过取食关系联系起来的复杂网络系统。水稻和杂草作为生产者，是稻田食物链和食物网的基础。稻田杂草、昆虫、动物和微生物通过水稻联系在一起。确定动物与杂草之间的取食规律、天敌与害虫之间的取食关系，定性或定量评价杂草对水稻的危害、害虫对水稻的危害、天敌对害虫的捕食作用是调控稻田生态系统的根本。

随着水稻移栽、生长发育和成熟收割等周期性的农事操作及季节性的变化，稻田节肢动物群落中的物种和个体数量也随之变化。稻田捕食性食物网可以分成两个部分：一部分以水稻为基位物种，害虫取食水稻，捕食者捕食害虫，这是食物网中最重要的一部分；另一部分以稻田土壤腐殖质为基础，以摇蚊为主的中性昆虫取食腐殖质，捕食者捕食摇蚊。中性昆虫作为捕食者的替代猎物，连接了稻田食物网中以水稻为基础和以稻田土壤腐殖质为基础的两部分，使食物链和食物网结构更为复杂。

稻田的营养结构是构建稻田生态种养最为重要的生态学依据之一。就稻鸭共作系统而言，稻田生态系统除了给鸭子提供昆虫，还提供浮萍、鸭舌草等植物型食物，形成了鸭子健康的营养结构。通过在稻田生态系统中引入鸭子，改变生态位结构，依靠生物之间的食物链关系和竞争关系等实现杂草控制，是替代化学除草的良好选择。例如，在稻田生态种养模式中，鱼、水禽等动物的运动和取食能有效抑制杂草的发生。相比水稻单一种植模式，投放密度为 300 只/hm² 高邮鸭的稻鸭共作模式，在不施肥和常规施肥的条件下，分别能降低杂草密度 77.7% 和 83.5%（图 17-1），并减少了杂草的种类。

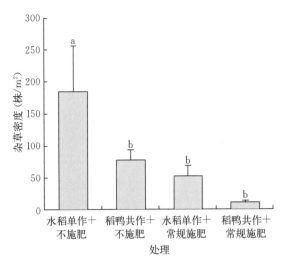

图 17-1　不同处理对稻田杂草密度的影响

注：不同小写字母表示差异显著（$P<0.05$）。

二、稻田生态系统的功能

稻田生态系统是依赖于土地、光照、温度、水分等自然要素以及种子、化肥、农药、灌溉等人为投入，利用农业中的生物与非生物环境之间以及农业生物种群之间的关系来进行食物等农产品生产的集约化生产系统，具备能量流动、物质循环、信息传递和价值转换四大方面的功能。

（一）稻田生态系统的能量流动

太阳能是最原始和最基本的能源形式，稻田生态系统内一切物质的能量均直接或间接地来自于太阳能。在稻田生态系统中，生产者、消费者和分解者等角色之间的能量流动主要借助于以水稻为主的光合作用和营养级间的取食关系进行，遵循热力学第一定律（能量守恒定律）和热力学第二定律（能量衰变定律）。此外，稻田生态系统中还包括了其他辅助能，根据不同来源可分为两种：一是自然辅助能，如风能、雨水化学能、雨水势能、潮汐能、地热能等；二是人工辅助能，指经营主体在稻田生产过程中有意识地投入的各项能量，如种子、肥料、农药、劳动力、机械等。

基于能值分析法，综合分析 2015—2019 年上海市青浦区稻蛙生态种养模式生产系统的能值投入和能值产出（图 17-2），并选用能值自给率（ESR）、能值投资率（EIR）、净能值产出率（NEY）、环境负载率（ELR）、能值可持续指数（ESI）5 项指标对其能值效率进行评价（表 17-1）。

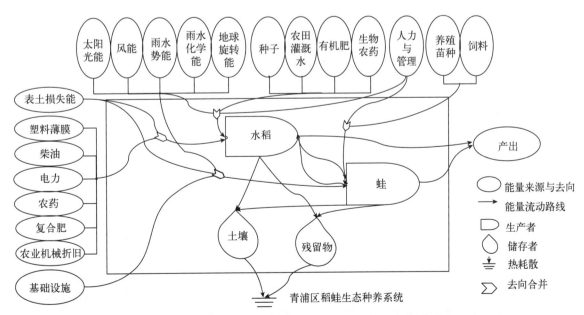

图 17-2　上海市青浦区稻蛙生态种养模式生产系统能值图

表 17-1　2015—2019 年上海市青浦区稻蛙生态种养模式生产系统能值指标分析表

指标	2015 年	2016 年	2017 年	2018 年	2019 年
能值自给率	0.19	0.18	0.14	0.14	0.22
能值投资率	4.19	4.41	6.01	6.20	3.48
净能值产出率	3.47	3.42	3.55	3.86	3.95
环境负载率	0.58	0.49	0.50	0.29	0.42
能值可持续指数	5.98	6.94	7.16	13.15	9.40

2015—2019 年上海市青浦区稻蛙生态种养模式生产系统能值自给率较低，处于 0.14～0.22，表明稻蛙生态种养模式对自然资源的依赖性相对低，对工业投入依赖性相对较高，农业生产集约度较高；5 年间稻蛙生态种养模式生产系统能值投资率浮动程度较大，从 2018 年的最高值 6.20 跌至 2019 年的最低值 3.48，表明该模式经济发展程度不稳定；但随着蛙稻生态种养模式系统生产效率逐年增长，产品竞争力不断增强，2015—2019 年上海市青浦区稻蛙生态种养模式生产系统的能值净产出率总体较高且呈小幅上升趋势；在环境负载率和能值可持续指数两项指标中，稻蛙生态种养模式表现优越，5 年间环境负载率均低于 1 且逐年下降，能值可持续指数均大于 1，且总体呈增长趋势，说明稻蛙生态种养模式对于稻田生态系统的环境保护作用突出，且具有良好的可持续发展潜力（钟颖等，2021）。

（二）稻田生态系统的物质循环

物质是能量的载体，物质循环和能量流动是驱动农业生态系统运行的两个基本过程。稻田生态系统的物质循环主要包括气体循环、水分循环、养分循环、污染物循环等，物质循环过程受到系统自我调节和人工调节双重影响。其中，碳循环和氮循环是两种重要的养分循环方式。

1. 碳循环　农田生态系统碳循环过程简单而言就是围绕两大碳库与环境之间的输入和输出过程，以及碳库不同组分之间的迁移转化过程，受到气候、种植制度、土壤性质、农田管理等多种因子的影响和制约。稻田土壤不同形态的碳素间存在密切的关系，不同形态的碳素直接或间接地影响着 CO_2 和 CH_4 的排放量，进而影响到温室气体的排放和碳循环。CH_4 是仅次于 CO_2 的重要的温室气体之一，是通过产甲烷菌在严格厌氧条件下利用碳底物经过一系列复杂的代谢过程产生的最终产物。水稻田排放的 CH_4 大约占全球 CH_4 总排放量的 17.5%±12.5%，稻田 CH_4 减排成为目前缓解气候变暖的重要手段之一。

稻田中 CH_4 排放包括产生、氧化和传输等过程（图 17-3）。稻田土壤中的内源有机物和外源有机物，包括水稻根系分泌物和植株凋落物等，是产生 CH_4 的前体物质，部分死亡根系在长期淹水条件下被分解成为低碳有机物。土壤微生物利用产 CH_4 底物，通过各种酶代谢过程逐步分解为简单的有机物（简单糖类、有机酸、醇等），再由这些简单的有机物生成产 CH_4 的直接前体物质，如 CO_2 和 H_2、酯类、有机酸和盐等小分子化合物，然后产甲烷菌在严格厌氧条件下作用产生 CH_4。

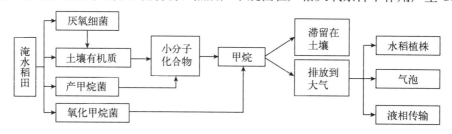

图 17-3　稻田中 CH_4 排放过程示意图

DNDC 模型（图 17-4）是目前国际上广泛应用的生物地球化学循环模型（Li et al.，1994），能较好地模拟土壤中碳、氮循环过程及温室气体排放规律。赵峥等（2016）利用 DNDC 模型结合田间原位试验，研究了 2013 年上海地区稻田 CH_4 的排放格局：上海市各区稻田 CH_4 的排放强度范围为

$(214.49\pm75.20)\sim(406.89\pm41.03)$ kg/hm²，排放总量达 (3.10 ± 1.15) 万 t，相当于 77.50 万 t CO₂ 排放对于全球气候变暖的贡献。

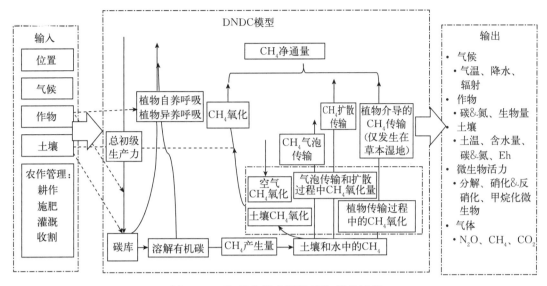

图 17-4　DNDC 模型模拟 CH₄ 排放过程

2. 氮循环　氮是植物生长必需的三大元素之一，氮素的迁移和循环是提高稻田生态系统养分利用率的重要途径之一。稻田土壤中的氮元素以可溶性、气态、有机化合物和无机化合物等不同的形式存在。

如图 17-5 所示，构成稻田生态系统中氮循环的主要环节包括生物体有机氮的合成、氨化作用、硝化作用、反硝化作用和固氮作用（陈慧妍等，2021）。稻田中氮素的来源主要有施肥（化肥、有机肥）、大气沉降和灌溉水带入 3 个方面；氮素的去向主要也有 3 个方面：水稻吸收、土壤吸附和盈余损失。盈余的氮素会通过径流、氨挥发、反硝化作用等途径到周围环境中，引发地下水硝酸盐含量超标、水体富营养化、雾霾等多种环境问题。

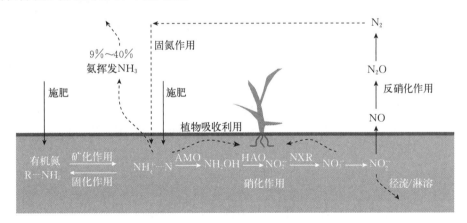

图 17-5　稻田生态系统氮循环

氮在稻田生态系统中的循环受气温、风速、降水等自然因素，以及施肥方式、肥料种类、作物品种、耕作方式等人为因素影响。上海市青浦区长期测坑定位试验站开展了不同施肥方式对稻田氮素去向影响的研究（邢月等，2019），发现上海地区稻田氮素的流失系数为 4.68%～6.98%。其中，径流流失系数为 2.46%～4.16%，渗漏流失系数为 2.22%～2.82%，氮素的径流流失是稻田氮素流失的主要方式；有机肥处理可显著降低稻田生态系统的氮素流失，农民习惯施肥（化肥处理）氮素流失负荷最高，有机肥与化肥混施处理、有机肥处理与化肥处理相比，可分别显著降低 17.16% 和 49.72%

555

的稻田氨挥发损失量，减少施肥引起的大气污染问题；多年有机肥施用显著提高了土壤全氮含量，较化肥处理提高了 83.13%。

在不同空间尺度上对氮素进行优化管理，就有可能将氮损失降到最低，尽可能地降低农田施氮的环境风险，达到减少农业生态系统氮肥投入的目的，保障粮食安全。

（三）稻田生态系统的信息传递

信息在稻田生态系统的组分之间和组分内部的交流与流动称为稻田生态系统的信息传递。信息按照类型分为自然信息和社会信息两种。其中，自然信息传递包括植物、动物、微生物与环境之间的信息传递，社会信息传递包括稻田产业链各环节的信息传递。

稻田产业链包括了产前、产中和产后 3 个阶段，涵盖了农产品生产、加工、运输和销售等多个环节，参与主体包括农业生产者（农户、合作社、生产基地）、农资企业、分销商（批发市场、大型批发商）、零售商（超市、农贸市场等）、监管机构和消费者等。对各参与主体彼此间产生的商流、信息流、物流和资金流进行整合，从而建立从农产品生产商、分销商、零售商到消费者的链式网络。在此过程中，农业信息化显得尤为重要。农业信息化将不断发展、完善现代信息技术在农业领域的应用，并渗透到生产、加工、消费等各流程，极大地促进农业生产效率和农业生产力，推动农业向持续、稳定、高效的方向发展。"精准农业"中充分利用农产品质量溯源系统、农情预警系统、辅助决策系统等现代化农业信息系统，有助于农情信息数据感知和解析，从而实现稳定或提升稻谷产量，进而影响稻谷价格和农民收入。

1. 稻田 3S 技术应用　3S 技术指遥感（Remote Sensing，RS）、全球定位系统（Global Positioning System，GPS）和地理信息系统（Geographic Information System，GIS），是目前对地观测系统中空间信息获取、存储、管理、更新、分析和应用的三大支撑技术。在稻田系统运作中，GPS 负责精准定位，RS 负责收集数据及监控，GIS 充当最终的"大脑"对信息进行空间管理和快速分析。在3S 技术支持下，精准农业得以实施，可以对稻田进行抽样调查，获取作物生长的各种影响因素信息（如土壤结构、含水量、病虫害等），进而根据每个地块的农业资源特点，因地制宜地实施微观调控，在现代化和机械化的精耕细作下，实现高效益农业经济。以上海市青浦区无人机植保技术推广为例，随着现代科技的发展和乡村振兴战略不断迈出新步伐，农业无人机的出现使农民在田间管理中遇到的各种难题迎刃而解。上海市青浦区秉承"种植全程机械化，绿色标准化生产"的理念，引入植保无人机一整套农业机械设备，且青浦区农业农村委员会开设植保无人机飞手培训班。无人机喷洒农药前，通过手自一体单手操纵杆对田块进行测绘，将所需地块录入手机 App 系统，可以进行全自动自主飞行作业，一键执行手控飞行，便捷易用、安全省心。无人机植保技术的推广能进一步推动农业的现代化、机械化和信息化发展。

2. 稻田物联网与区块链　农业物联网是指通过农业信息感知设备，把农业系统中动植物生命体、环境要素、生产工具等物理部件和各种虚拟"物件"与互联网连接起来，进行信息交换，对农业生产过程中涉及的温度、湿度、气压、光照、土壤指标等室外气候环境指标及信息进行实时监控，并实时对相关数据进行收集、传输及加工。在这一机制中，农户便可以通过将气候环境指标转化为数据信息，实时了解稻谷的生长情况，同时可以对天气的变化情况进行预测，对室外气候环境变化所引起的危机进行有效预防，以实现对稻田和过程智能化识别、定位、跟踪、监控及管理（刘高阳等，2015）。物联网技术在现代农业生产设施与设备领域中的应用极大地提高了现代农业生产设施与设备的数字化和智能化水平，实现了整个农业生产过程的数字化控制，实现了农业智能化生产和管理。以上海市青浦区区块链追溯系统建设为例，青浦区区块链追溯系统项目搭建在中国优质农产品开发服务协会农产品区块链溯源平台上，"农产品区块链基础设施"服务平台是基于移动互联网的普及条件，广泛支持从田间地头开始的农业生产以及农民日常劳作的视频、音频、图片、文字等信息，普通消费者通过手机、平板、计算机就可以方便地获取，在此基础上，农产品加工、现代物流、金融保险以及各类市场服务机构共同参与，发展"信用赋值，协同生产"的农村一二三产业融合发展"生产共同体"。具体来说，首先利用物联网技术进行"一物一码"标识，然后将大米从种植到消费的全流程信息记录在区块链上，确保了商品的唯一性。同时，从种植到销售，每一环节的参与主体（稻米生产经营主体、市场监督管理局、物流运输企业等）都以自己的身份（私钥）将信息签名写入区块链，信息不可篡改，身份不可抵赖。消费者或监管部门可以从区块链上查阅商品流转过程中的全部信息，从而能够实现"一物一码"的正品溯源。

（四）稻田生态系统的价值转换

稻田生态系统的价值体现是指稻田生态系统在人类主观意识调控下，将投入成本通过物质循环、能量流动和信息传递实现转移及增值，包括产品形式和价值形式。稻田生态系统价值可按不同维度进行分类。

1. 按是否能够具备使用价值可分为使用价值和非使用价值两类 稻田生态系统为人类社会经济系统提供的各种农产品及其副产品的市场价值称为稻田生态系统的直接使用价值；稻田生态系统在调节大气、保持生物多样性、养分循环与储存等方面具有服务功能的价值称为稻田生态系统的间接使用价值。而稻田生态系统中既不能形成商品又不能明显影响市场行为的价值称为非使用价值，包括选择价值、遗产价值、存在价值等。一般来说，使用价值是指在当前技术条件下可以供人类开发利用的自然资源价值；反之，现阶段不能利用但又客观存在的价值称为非使用价值。

2. 按是否拥有市场价值可分为市场价值和非市场价值两类 市场价值是指稻田生态系统的使用价值或经济产出价值；非市场价值是指无法通过市场交易实现而又客观存在的价值，包括耕地资源的生态价值、社会价值、选择价值、遗赠价值和存在价值等。非市场价值主要借助资源环境评估方法进行估算，其方法通常可以分为直接评估法和间接评估法。直接评估法通过被调查者对环境偏好的陈述来直接显示其对环境质量的偏好。例如，意愿调查法，其问卷调查通常包括对环境质量改善的最大"支付意愿"，或者放弃这样一个改善环境机会的最小"接受补偿意愿"。间接评估法是经济学家通过观察被调查者在相关市场的行为来估计个体对环境质量的评价。例如，特征价值法，经济学家通过观察人们在房地产市场的行为来推断被观察者对空气质量提高的评价。

3. 按价值性质可分为经济价值、生态价值和社会价值三类

（1）稻田生态系统的经济价值受市场、政策、技术、经营主体等多方面影响。一般通过两种方式核算：一是以农产品或原材料生产成本和市场价格为基础，采用收益还原或成本法计算价值；二是以耕地直接流转收益为基础，通过收益还原方式核算经济价值。稻田生态系统经济价值核算主要包括市场比较法、数学模型法、收益还原法和土壤潜力估价法。

（2）生态价值是指人类社会从稻田生态系统获取的全部福利，主要包括气候调节、水源涵养、大气净化、土壤保持和生物多样性维护5个方面。影响因素包括土地生产率、资源利用率、投入产出率等。稻田生态系统生态价值核算方法主要方法可分为主观评价法、能值分析法和生态系统服务功能价值评估法3类。

（3）稻田生态系统的社会价值是指稻田生态系统溢出经营部分的那部分产品和服务，包括对经济发展、社会进步与稳定、人民健康与安全、文化教育、精神生活改善等方面的促进作用。耕地资源在保障国家粮食安全和保障农民基本生活中发挥的间接功能价值，有学者将其进一步划分为社会稳定价值和社会保障价值。

价值的实现是对价值的最终确证，不同类别的稻田生态系统价值通过相应的标准可以实现稻田生态系统服务价值的转化。包括以下4个标准：一是内部化标准，即价值可用"支付意愿"测定，也可用"接受补偿意愿"测定；二是稀缺性标准，稀缺性是形成产权和价值的基础，此标准考量稻田生态系统对于经济主体是否有购买的价值；三是定量性标准，指稻田生态系统要在合理的成本基础上被测量；四是确定性标准，指稻田生态系统要有清晰明确的产权。以稻田净生态系统经济价值计算为例，稻田总收益减去农业活动成本与全球升温潜能值成本即可得稻田的净生态系统经济价值。钟颖等（2021）以稻蛙生态种养系统为例，通过计算不同蛙投放量下稻蛙生态种养模式的净生态系统经济价值对比发现，在稻田中投放 15 000 只蛙/hm² 可获取最高的净生态系统经济价值，每年收益达到 28 336.27 元/hm²；投放 3 750 只蛙/hm² 和 7 500 只蛙/hm² 的稻田，收益分别达到 26 687.05 元/hm² 和 24 627.90 元/hm²；而不投放或者投放 60 000 只/hm² 蛙的稻田，净生态系统经济价值是负数，说明这两种模式农业活动成本与全球升温潜能值成本之和大于总收益，不具备正向经济价值。

第二节　稻田生态系统可持续利用原理

稻田生态系统是人工驯化的农业生态系统。因此，在稻田生态系统中保留了自然过程及其生态关系，也引入了人为修正的人工过程及其生态关系。在稻田生态系统中，水稻与稻田微生物、水稻与稻田昆虫、水稻与稻田杂草、水稻与稻田动物、不同水稻品种之间的关系是构成稻田生态系统生态关系的主要元素。这些生态元素间的竞争、互利共生、捕食等生态关系将影响稻田生态系统的正常运转。在了解稻田生态系统可持续利用原理的基础上，构建物种间良好的生态关系是维持稻田生态系统生产力的关键。

一、稻田生态系统的物种间关系

（一）水稻与稻田微生物的关系

在长期淹水条件下，水稻耕层土壤处于水分饱和状态。因此，整个耕层处于还原状态，在缺氧水耕的熟化过程中形成了特定的水稻土壤微生物群落结构。水稻土中的营养物质为稻田微生物的生长、繁殖和发育提供了充分的条件；微生物是稻田生态系统中的分解者，在水稻土与外界环境物质、能量交换的过程中起到了非常重要的作用。土壤微生物驱动的矿化-同化、氧化-还原等过程是养分循环、土壤团聚体形成和有机质代谢的主要因素。

肥料施用、耕作制度改变、土壤含水量、氧化还原过程和水稻品种变化等各种环境因素都会影响水稻与微生物之间的平衡关系。稻田生态种养过程中动物的存在，一方面，能够为稻田环境输入有机肥，影响土壤中参与养分循环过程的微生物群落结构；另一方面，动物扰动带来溶解氧的变化，也为兼性厌氧微生物提供了更好的生存环境。

在稻鸭生态种养中，鸭子活动可影响土壤结构和肥力。首先，鸭子把粪便直接排泄到稻田土壤中，为稻田提供了有机肥源。按照鸭子在稻田中与水稻共生 60 d 计算，每只鸭子排泄的粪便总量可达到 10 kg，约有 47 g 氮、70 g 磷和 31 g 钾的输入。其次，鸭子的扰动和松土可以改善土壤环境，如土壤空气、土质孔隙和土壤结构。与常规水稻种植相比，稻鸭生态种养能显著提高土壤微生物的数量，其中细菌数量最多，放线菌次之，真菌最少；稻田养鸭和养鱼能够显著提高微生物生物量氮，并且能显著提高土壤脲酶、脱氢酶和蛋白酶活性，但对过氧化氢酶活性影响不大，稻田土壤微生物的生物量氮与土壤酶活性不相关。关于稻田养殖沙塘鳢的研究发现，养殖沙塘鳢的稻田底泥微生物物种条带数多于常规养殖稻田，养殖稻田的底泥中微生物的香农多样性指数显著高于常规施肥的稻田。主成分分析（PCA）及变性梯度凝胶电泳（DGGE）聚类分析结果表明，养殖稻田的水体及土壤中微生物群落结构与常规稻田存在较大差异，稻田养殖环境的微生态条件要优于常规稻田。稻蛙生态种养模式能够显著提高稻田土壤微生物量氮、微生物量碳和微生物熵，显著增加土壤细菌、放线菌和真菌的数量（郭文啸等，2018）。在稻虾生态种养条件下，土壤全磷含量、土壤脲酶活性与土壤有机碳含量呈显著正相关，而土壤纤维素酶活性和土壤有机质含量与土壤有机碳含量呈显著负相关。稻虾共作可显著提高水稻土壤氧化亚氮还原酶基因丰度，稻虾轮作对群落多样性的影响较小，其在种水平上缺失了沼泽红假单胞菌。稻虾生态种养模式改变了反硝化细菌在目、科、属、种水平的群落组成，相对于常规水稻种植，稻虾生态种养改变了目的种类。

（二）水稻与稻田昆虫的关系

节肢动物是稻田生态系统物种多样性中重要的组成成分，物种丰富、分布广泛。江苏单季晚稻区共有节肢动物 157 种，浙江杭州双季晚稻区有 111 种。按照不同的目的，可以分成不同种类。以害虫治理为目的的研究中，稻田生态系统中的节肢动物被分为害虫、中性昆虫和天敌 3 类。稻飞虱、螟虫、稻摇蚊等是稻田害虫的主要种类，其数量暴发性增长是水稻产量的重要威胁。中性昆虫主要由双翅目和弹尾目的昆虫构成，如水蝇科（Ephydridae）、蚊科（Culicidae）、蜉游科（Ephemeroptera）和弹尾目（Collembola）类。稻田昆虫栖境多样，主要分布于稻田水体上方（双翅目）、土壤表面（弹尾目）、植株（弹尾目）、土壤上层（摇蚊科）。

在害虫数量较少的水稻生长前期，稻田生态系统的中性昆虫可以作为天敌的替代猎物，有利于天敌的生长繁殖；在害虫集中暴发的水稻生长中后期，天敌数量的增加对稻田害虫的暴发能够起到良好的控制效果，尤其对稻飞虱类迁飞性害虫。在稻田生态种养系统中，昆虫也是水体动物的主要食物。研究发现，在稻鱼生态种养系统中，稻田鲤鱼主食蚊幼和蛹，每条鱼一昼夜能吞食 165 只蚊幼。在充足营养供应的条件下，鱼体迅速生长。而鱼又可吞食稻苞虫、稻飞虱等害虫，从而减轻害虫的发生；鱼类排出的粪便又促使中性昆虫种群数量发展，这一条优良的食物链实现了稻田生态系统的良性发展。在稻蛙生态种养系统中，青蛙 1 d 可以捕食 80～300 只昆虫，能够持续控制稻田中稻飞虱和蜘蛛的数量，为稻田生态系统中害虫的控制发挥了重要的作用。

（三）水稻与稻田杂草的关系

杂草是稻田生态系统的重要组成部分。一方面，杂草与水稻共同构成了稻田的植物多样性，杂草群落在维护稻田生态平衡方面起着关键作用；另一方面，杂草与水稻争夺光照、养分、水分和生存空间，影响水稻的产量与质量，是稻田生态系统生产力的重要制约因素之一。理解水稻与杂草的关系，对科学合理地管理杂草和稳定粮食产量具有指导意义，许多学者对此展开了大量的研究。沈健英等（2008）将耗散结构理论引入对水稻与杂草关系的研究，认为水稻-杂草系统是远离平衡态的开放系统，且最终只可能演变成两种形式的平衡系统，即水稻占绝对优势的高层次有序平衡态和杂草占绝对优势的低层次有序平衡态（图 17 - 6）。系统的演变趋势取决于水稻与杂草的负熵值比（生物量比），即系统序量（q）。而系统输入的各种控制参量（λ），如使用除草剂、施肥等，能调节水稻与杂草积累负熵的能力，促进系统向高层次有序态发展。设水稻-杂草系统的竞争分岔点为 q_A 和 q_B，对应的控制参量为 λ_A 和 λ_B。研究结果表明，当水稻生长早期序参量 $q_1>q_A=1.124\,8$，水稻生长中后期序参量 $q_2>q_B=2.873\,6$ 时，水稻-杂草系统最终形成高层次的有序平衡态。因此，水稻-杂草系统的耗散结构理论表明，只要把稻田杂草生物量制约在一定的竞争临界值内，水稻就将在稻田生态系统中占据竞争优势。

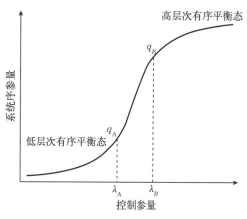

图 17 - 6　水稻-杂草系统的序参量与控制参量的变化关系

稻田杂草的科学防控问题一直是农业专家们研究的热点之一。自 20 世纪下半叶，作为绿色革命重要标志之一的化学除草剂大量投入农田，在保障全球粮食生产安全的同时，也带来了严重的杂草抗药性问题和农田环境污染问题，并使环境中的野生植物种群受到严重破坏。目前，全球范围内已发现 152 种双子叶抗性杂草和 110 种单子叶抗性杂草，稻田杂草群落正由一年生易除杂草群落逐渐向多年生恶性杂草及耐药性杂草群落方向发展。因此，稻田杂草问题的解决需要提出生态友好的杂草管理策略，将杂草控制在一定的竞争临界值内，同时避免杂草群落因长期使用除草剂产生恶性演替。

除动物外，在稻田中引入浮萍等漂浮水生植物也可作为有效的生物控草措施。浮萍是常见于水田、沟渠、池塘等静水环境中的漂浮小草本，具有极强的繁殖力和适应能力。在水稻移栽当天，分别在稻田中投放覆盖面积达 70% 的多根紫萍（*Spirodela polyrrhiza*）和少根紫萍（*Landoltia punctata*），均能在一定程度上降低稻田杂草发生的数量和生物量（图 17-7、图 17-8）。在水稻生长的前两个时期，多根紫萍和少根紫萍能分别降低杂草密度 60.3%～75.8%和 81.1%～90.4%；在整个水稻生育期，分别降低杂草鲜重生物量 48%以上和 81.3%以上，且浮萍的抑制作用使杂草群落中的阔叶类杂草比例明显下降，影响了杂草的群落组成（王丰等，2021）。浮萍覆盖层的形成是产生杂草抑制作用的主要原因。在当前的研究中，浮萍能在短时间内覆盖稻田水面，并最终维持 1 250 g/m² 的生物量（鲜重）。同时，致密的浮萍覆盖层引起了稻田环境的一系列变化。首先，浮萍覆盖层显著降低了水面下的光照度。在光照被限制的情况下，稻田水面下杂草的光合作用将会受到抑制。由于更少的光能进入田面水，因此杂草生长的环境温度也降低。作为杂草萌发的关键因素，光照和温度的降低将会抑制稻田杂草种子的萌发。除了环境因素外，浮萍具有极强的养分吸收能力，能对田面水中的氮素起到缓冲作用，降低施肥初期田面水中的氮素含量，抑制施肥初期杂草的养分利用，并在水稻季中的排水期将养分通过腐解释放到稻田环境中，促进水稻的生长。综合来看，浮萍作为常见水生植物资源，因地制宜地利用浮萍覆盖控制稻田杂草，为稻田杂草管理和粮食生产维持提供了可行方案，对保护稻田生态系统平衡和促进农业可持续发展有重要意义。

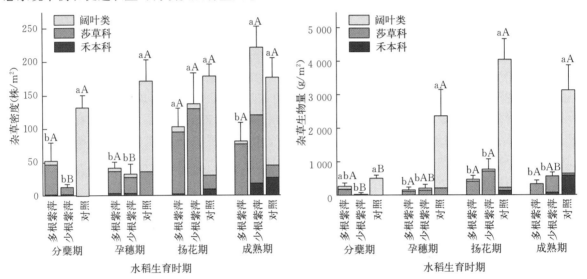

图 17-7　不同处理下水稻各生育期杂草密度　　　图 17-8　不同处理下水稻各生育期杂草生物量
　　注：不同小写字母表示差异显著（$P<0.05$），　　　　注：不同小写字母表示差异显著（$P<0.05$），
　　不同大写字母表示差异极显著（$P<0.01$）。　　　　不同大写字母表示差异极显著（$P<0.01$）。

（四）水稻与稻田动物的关系

在传统农业生态系统中，尽管动物作为非目标经济产物，但在作物传粉、维持系统物种多样性与稳定性、物质循环、能量流动和信号传导等方面有着重要的作用，如蚯蚓、赤眼蜂、青蛙等。随着现代农业的发展，生态种养模式已然成为未来可持续农业的发展方向。在种养结合的水稻生产模式中（图 17-9），动物与水稻同样作为生产体系重要的经济产物，稻田生态系统除给人们提供可持续粮食生产的同时，也提供了大量的动物性产品。此外，目标动物与水稻共作，也对稻田生态系统中的物质循环和能量流动起着关键作用。

稻渔生态种养系统是在水稻生长季将水稻和水产动物放在同一环境中生长的生态农业模式，如稻虾、稻鱼、稻蟹和稻鳖等。稻渔生态种养结合是利用种养耦合的方式，合理利用稻田生态系统的水土空间和养分，使得稻田的空间和时间同时得以合理利用。前人研究结果表明，稻田生态种养能够改善营养循环，控制害虫和杂草。水稻种植和水产养殖相结合的生态种养模式不仅能够减少稻田对周边环境的污染压力，也能够提高经济效益，是一种既生态又能产生经济价值的水稻绿色种植模式。

（五）水稻品种间的关系

我国水稻种质资源丰富，截至 2010 年，共整理编目包括野生稻种、地方稻种、选育稻种、国外引进稻种、杂交稻资源在内的共 8 万余份材料（鲁清，2016）。利用水稻的遗传多样性及不同品种间的相互关系进行间作混栽，能够有效防控病虫害、促进养分循环，对稻田生态系统的稳定性维持和生产力提高具有重要作用，也为化学农药和肥料的减施提供了新的方向。

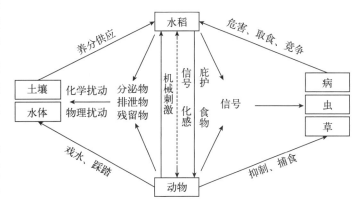

图 17 - 9　稻田生态种养系统水稻与动物的相互作用关系
(仿鲁清，2016)

朱有勇等利用水稻品种间的遗传差异和空间的优化配置，从栽培角度实现了病虫害的有效防控和水稻养分利用率的提高。他们通过地方水稻品种和杂交品种的混合间栽来控制稻瘟病的成功案例表明，生物多样性的应用能够同时解决病虫害的难题并突破水稻大面积产量提升的技术瓶颈，并且这种模式在云南、四川等地得到了大面积的推广应用。遗传多样性的合理布局增加了同一田块中农作物的异质性，特别是抗病基因的异质性；不同高度水稻品种间栽改变了单一品种大面积种植的空间格局，能够减缓病菌方向选择压力，也对病原菌孢子的传播起到了屏障阻隔作用和稀释效应。试验探明，作物多样性平均稀释亲和性病菌孢子 45.6%、阻隔效率 24.6%，减少初侵染源 76.7%，对稻瘟病防病效果在 81.1%～98.6%。此外，合理的空间布局改变了田间微环境。研究发现，水稻高秆群体提高了风速和透光率，相对湿度和结露面积降低，不利于病害发生；矮秆群体结果则相反，但提前或推后矮秆品种的种植期也能够避开雨季，错过矮秆水稻的发病高峰。因此，利用水稻与水稻之间的遗传多样性进行病虫害防控是水稻绿色防控的有效途径（图 17 - 10）。

从养分利用角度来看，与大面积水稻单作相比，不同水稻品种在田间的混栽能够改变水稻根系的分布特征，合理的根系分布促进了水稻的养分吸收利用；不同高度水稻品种的混合间栽提高了不同水稻品种对光照、温度和水分的利用率，降低了传统地方品种的倒伏性，从而提高了主栽和间栽品种

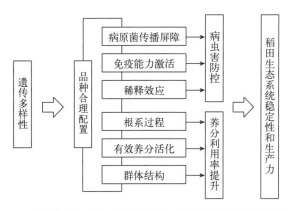

图 17 - 10　水稻品种间关系对维持稻田生态系统稳定性和生产力的作用及机制

单位面积的产量；有研究发现，水稻品种多样性混合间栽抗倒伏率达 100%，减少农药施用量 60% 以上，增产 630～1 080 kg/hm² 优质稻谷。品种多样性的稻田系统其经济效益、社会效益和生态效益显著增加，是我国稻田可持续发展的有效途径。

二、稻田生态种养系统的共生原理

种质资源遗传多样性下降、化肥和农药投入量增加、系统生物多样性降低、生态功能缺失等都成为传统工业化水稻生产带来的严重生态问题。利用稻田生态系统特点，养殖水产或其他动物是建立现代稻田生态种养模式的重要发展方向。理解稻田生态种养系统的共生原理，进而建立新的稻田可持续利用模式和体系，对保障粮食安全、缓解资源和环境压力等方面均具有重要意义。

（一）利稻行为

在稻田生态系统中，其他生物与水稻之间的正相互作用效应为利稻行为。动物与水稻共作，捕食行为能够控制稻田食物链中的害虫，活动行为能够改变田面水环境，增加溶解氧，促进土壤微生物对

养分的矿化，进而提高水稻的养分利用效率。稻鸭生态种养可以提高水稻氮、磷利用率（图 17-11、图 17-12）。高慧（2020）等研究表明，在稻鸭共作＋化肥处理中，氮、磷肥利用率分别增加 10.07％和 11.20％；稻鸭共作＋有机肥处理中，氮、磷肥利用率分别增加 34.95％和 14.57％。稻蟹生态种养能够显著提高浮游植物生物量，螃蟹的活动会影响水体的 pH 和溶氧量，提高水体温度和光照度；同时，螃蟹的食物残渣和排泄物能增加水体氮、磷浓度。在稻虾生态系统和稻蛙生态系统的研究中，也发现种养结合能够有效控制稻田中氮、磷流失，提高土壤可培养微生物的数量，显著提高土壤酶活性和主要养分含量，增加稻田养分的供给。此外，在稻蛙生态种养系统中（图 17-13），与常规稻作相比，绿色稻蛙和有机稻蛙模式均能提高整个水稻生育期田面水 DO、Eh、EC、TOC 和 C/N。其中，两种稻蛙种养模式能显著提高土壤 TOC 和 C/N（$P<0.01$），尤其是有机稻蛙模式最高达 40％。土壤和田面水环境的改变均为水稻的生长创造了很好的条件。

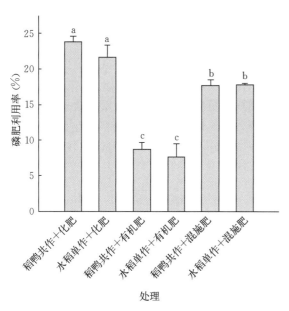

图 17-11 稻鸭生态种养对水稻氮肥利用率的影响
注：不同小写字母表示差异显著（$P<0.05$）。

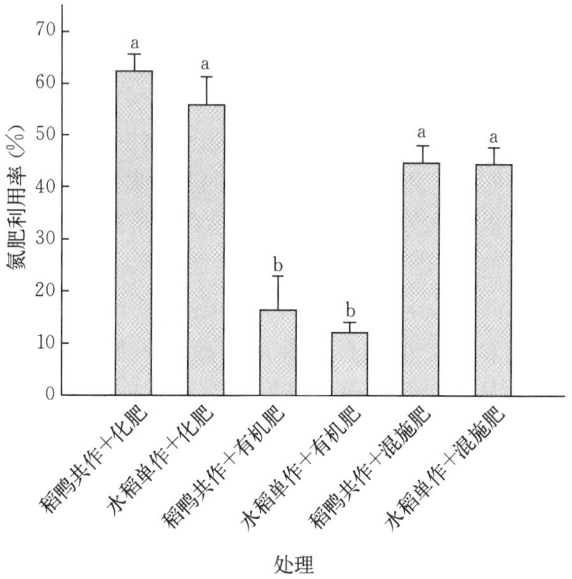

图 17-12 稻鸭生态种养对水稻磷肥利用率的影响
注：不同小写字母表示差异显著（$P<0.05$）。

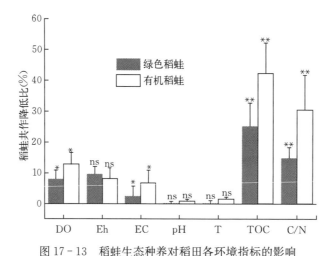

图 17-13 稻蛙生态种养对稻田各环境指标的影响
注：DO 表示溶解氧；Eh 表示氧化还原电位；EC 表示电导率；pH 表示酸碱度；T 表示土壤温度；TOC 表示土壤有机碳；C/N 表示土壤有机碳与总氮的比值。* 表示差异显著（$P<0.05$）；** 表示差异极显著（$P<0.01$）；ns 表示差异不显著。

（二）庇护作用

在水稻和稻田动物之间的正相互作用效应在种养结合系统中表现得最为完全。水稻为稻田生物提供了良好的环境，从分蘖后期开始，水稻对稻田表面有很好的遮盖效果，能够帮助水生动物躲避蛇、飞鸟等天敌的捕捉；另外，水稻的生长也能够净化田面水环境、降低田面水温度，为水生生物的生存生长提供很好的栖息地。由于水稻为稻田其他生物提供了很好的环境，因此动物的活动频率也明显高于单作或单养系统。在稻蛙系统中，通过对9组蛙在盆栽中的运动轨迹进行观察，部分运动轨迹见图17-14，对每组蛙的日运动频次、日累积运动距离进行观察与统计，并计算平均每次运动的距离，

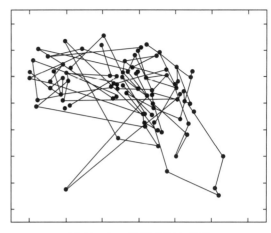

图 17-14　蛙运动轨迹观察

观察结果见表17-2。统计结果表明，每只蛙平均每日运动频次为120次，平均日累积运动距离为1 826.13 cm，平均每次运动距离为15.40 cm。这为后续研究蛙的扰动行为对稻田养分循环的影响提供了数据参考。

表 17-2　蛙运动频次与运动距离

编号	日运动频次（次）	日累积运动距离（cm）	平均每次运动距离（cm）
1	108	1 974.92	18.29
2	87	1 184.07	13.61
3	164	1 507.83	9.19
4	85	1 612.92	18.98
5	130	1 929.30	14.84
6	99	1 378.47	13.92
7	109	1 597.45	14.66
8	129	2 010.40	15.58
9	166	3 239.82	19.52
9组平均值	120	1 826.13	15.40

（三）互利共栖

互利共栖指几种不同的生物种群生活在一起，相互依赖、相互得益。根据互利共栖原理，对生态系统中某些空闲或功能效益较差的生态位，通过配套引进新的物种，强化或充实生态位，能够达到充分利用资源、提高系统生产力的效果。稻田生态系统是具有典型湿地特征的人工生态系统，大面积水稻作物的栽种使系统中生物关系不够完善，空白生态位较多，稳定性差。通过其他生物（如鸭、蛙、虾等）的引入能够补充稻田生态系统中空闲的生态位，稻田为水生生物提供了栖息地、养分及食物；稻田生物的引入也能够加速土壤有效态养分释放，促进作物对养分的吸收；补充稻田食物链，有效防控水稻的病虫害，改善稻田生态系统的结构和功能（图17-15）。

生物在形成自身生态位的过程中遵循趋适、竞争、

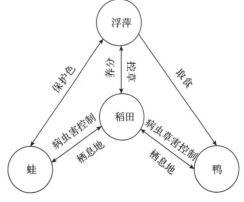

图 17-15　稻田生态种养系统中生物互利共栖关系

开拓和平衡原则。生态位差异较大的生物，更便于利用有限的资源。在种养结合的稻田生态系统中，利用物种多样性优化稻田结构与生态功能是稻田可持续发展的重要途径。在"稻-鸭-萍"生态系统中，从上至下分布着对光照要求高的水稻、适应遮阳条件的动物和对水分依赖性非常强的浮萍或红萍，具备不同光照、水分生态位的植物与动物充分利用了群落拥有的大量资源。生态位的差异使得它们产生很多互补效应。研究发现，在"稻-蛙-萍"生态系统中，浮萍能够降低田面水温度 1.7~2.5 ℃，透光率降低 79.3%~95.0%，pH 降低 0.3~0.8 个单位，溶解氧降低 0.4~0.8 mg/L，稻田田面水的硝态氮和铵态氮浓度也分别降低 0.4~0.9 mg/L 和 0.2~1 mg/L。田面水环境指标的变化在水稻生长初期很好地抑制了杂草的发生，使水稻在早期与杂草的竞争中处于优势地位；同时，浮萍的快速覆盖也优化了蛙的栖息环境，能够保护蛙不被天敌发现。蛙的活动和排泄也促进了稻田生态系统中养分循环和水稻的养分利用。在稻鱼生态系统中，稻鱼模式无除草剂使用，杀虫剂的用量仅为水稻单作系统的 23.24%。与传统水稻单作系统相比，稻鱼生态系统有更高的稳定性（陈欣等，2019）。

三、稻田生态种养系统的综合效益

稻田生态种养模式通过种养结合、生态循环，实现"一水两用、一地多收、稳粮增效"，有助于解决生产与生态矛盾，能保障粮食生产、促进农业发展，具有良好的经济效益、生态效益和社会效益。

（一）经济效益

与水稻单作相比，稻田生态种养模式的经济效益明显提升，主要表现在提高稻米品质、增加经济收益两方面。

1. 提高稻米品质 不同稻田生态种养模式均能提升稻米品质，具体表现为可实现稻米垩白粒率、垩白度双降低，直链淀粉含量以及蛋白质含量也有下降，碱消值有所提升；在稻米蒸煮品质方面，采用稻田生态种养模式生产出的稻米在消减值、崩解值、峰值黏度和胶稠度 4 个重要指标表现较好；在养殖产品质量方面，稻蟹生态种养模式中产出的蟹在肠道微生物构成上与野生河蟹更为相近，说明稻田生态种养环境更有利于河蟹生长。

2. 增加经济收益 与水稻单作相比，稻田生态种养的经济效益明显提升。稻虾模式单位净收益增加 29 400 元/hm²；稻鸭共作模式（投放 225 只鸭/hm²）的净收益达 19 430 元/hm²，比水稻单作增收 74.09%。稻鲤、稻鳖、稻虾模式单位面积产值分别比单作模式增加 205%、78% 和 156%，水产的产量是经济效益的主导因子。此外，政府的政策补贴对农户采用稻田生态种养的行为及其经营效益有正向影响。

稻田生态种养模式在经济效益方面有突出的优势，但也存在一些不足。与水稻单作相比，稻田生态种养模式前期投入成本较高，包括田间工程建设（挖掘水沟、搭建防逃设施等）、水稻相关投入、养殖品苗种购置与饲料投入、土地租金等。

（二）生态效益

21 世纪以来，稻田生态系统除了稻米生产功能被不断发掘之外，其生态服务功能也日益受到重视。作为特殊的湿地系统，稻田生态系统具有水土保持、涵养水源、污染物净化等多重生态功能。稻田生态种养模式在稻田生态系统基本的生态功能之外，还兼具了面源污染防控、大气氨减排和温室气体控制等环境保护功能。

1. 面源污染防控 集约化的水稻生产伴随着肥料和农药的大量使用，受纳田面水的富营养化及周围水环境质量退化导致稻田面源污染问题日趋严重。岳玉波等（2015）调查比较了常规种植、绿色稻蛙模式和有机稻蛙模式对稻田氮、磷流失的影响。结果表明，不同水稻种植模式的田面水总氮（TN）、总磷（TP）浓度变化特征基本一致，均在施肥后 10 d 内迅速下降然后趋于稳定（图 17-16、图 17-17）。整个水稻季的总氮径流流失负荷在 5.70~7.12 kg/hm²。其中，常规水稻种植模式的氮渗漏流失负荷最高，有机稻蛙种养模式次之，绿色稻蛙种养模式最低（表 17-3、表 17-4）。研究结果表明，有机稻蛙生态种养模式和绿色稻蛙生态种养模式能够有效地控制水稻田中氮、磷流失。

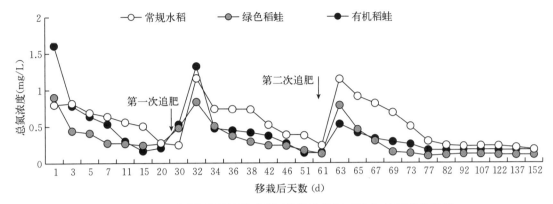

图 17-16　不同水稻种植模式稻田渗漏水总氮（TN）浓度变化特征

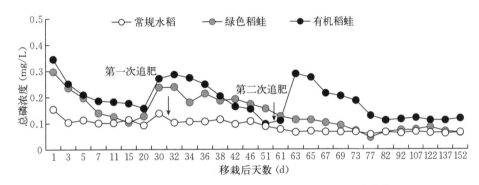

图 17-17　不同水稻种植模式渗漏水总磷（TP）浓度变化特征

表 17-3　2014 年不同水稻种植模式下稻季氮素流失负荷

试验处理	渗漏		径流		总流失	
	流失负荷 （kg/hm²）	占施氮比 （%）	流失负荷 （kg/hm²）	占施氮比 （%）	流失负荷 （kg/hm²）	占施氮比 （%）
常规种植	7.12a	2.37	13.91a	4.63	21.03a	7.01
绿色稻蛙	5.70b	1.90	12.56a	4.19	18.26b	6.09
有机稻蛙	6.03a	2.01	11.22b	3.74	17.25b	5.75

注：同一列数据后不同小写字母表示差异显著（$P<0.05$）。

表 17-4　2014 年不同水稻种植模式下稻季磷素流失负荷

试验处理	渗漏		径流		总流失	
	流失负荷 （kg/hm²）	占施磷比 （%）	流失负荷 （kg/hm²）	占施磷比 （%）	流失负荷 （kg/hm²）	占施磷比 （%）
常规种植	0.28a	0.47	0.54a	0.90	0.82a	1.37
绿色稻蛙	0.27a	0.45	0.48b	0.80	0.75b	1.25
有机稻蛙	0.32b	0.38	0.46b	0.55	0.78b	0.83

注：同一列数据后不同小写字母表示差异显著（$P<0.05$）。

2. 控制甲烷排放 稻田生态系统在生产过程中会排放 CH_4 和 N_2O，占全球温室气体排放总量的 48%。为研究稻蛙生态种养模式的温室气体排放情况，共设置 3 个处理：常规水稻种植（CF）、绿色稻蛙生态种养模式（GIRF）和有机稻蛙生态种养模式（OIRF）。

如图 17-18 所示，在水稻生长的不同阶段，3 种处理的 CH_4 排放量不同。从水稻整个生长周期来看，CH_4 排放量的顺序为有机稻蛙模式＞绿色稻蛙模式＞常规水稻种植。稻田 CH_4 排放主要与田间施肥有关，施肥可显著促进 CH_4 排放，而采用混合施肥方式能缓解稻田 CH_4 排放。与传统耕作相比，将蛙引入水稻耕作系统可以减少 CH_4 排放，但其作用很小。

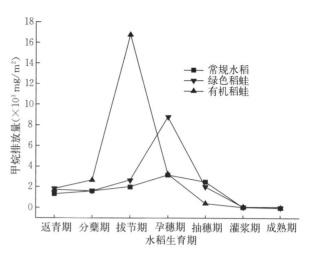

图 17-18 水稻不同生育期 CH_4 排放情况

3. 具备氨减排潜力 氨挥发是稻田氮素损失的主要途径之一。为评估稻蛙共作模式对水稻-紫云英轮作系统氨挥发的影响，通过开展田间小区试验，采用密闭式间歇抽气法采集氨气，通过对比常规水稻种植模式与稻蛙生态种养模式，对水稻-紫云英轮作系统的土壤氨挥发及其影响因素进行研究（陈慧妍等，2021）。研究结果如表 17-5 所示。

表 17-5 不同种植模式氨挥发累积量

处理	水稻季（kg/hm²）				紫云英季 (kg/hm²)	轮作系统 (kg/hm²)	占施氮量的比例（%）	
	BF	SF1	SF2	合计			水稻季	轮作系统
CR	11.04±2.11a	8.95±1.84a	35.72±0.84a	55.72±2.02a	19.05±1.41a	74.76±2.60a	15.29±0.55a	20.52±0.71a
RF	6.92±0.55a	7.56±1.10a	32.54±4.48a	47.02±5.31ab	16.27±0.97a	63.29±4.70ab	12.91±1.46a	17.37±1.29b

注：同一列数据后不同小写字母表示差异显著（$P<0.05$）。BF 表示基肥；SF1 表示第一次追肥；SF2 表示第二次追肥；CR 表示常规模式；RF 表示稻蛙共作模式。

在水稻季，常规水稻种植模式与稻蛙生态种养模式的氨挥发累积量分别为 55.72 kg/hm² 与 47.02 kg/hm²，分别占当季施氮量的 15.29% 和 12.91%，稻蛙生态种养模式比常规水稻种植模式的水稻季氨挥发累积量降低了 15.6%，但无显著差异；在紫云英季，常规水稻种植模式与稻蛙生态种养模式的氨挥发累积量分别为 16.27 kg/hm² 和 19.05 kg/hm²；两种模式全年水稻-紫云英轮作系统的氨挥发累积量分别为 74.76 kg/hm²、63.29 kg/hm²，稻蛙生态种养模式较常规水稻种植模式的全年轮作系统氨挥发累积量降低了 15.3%，稻蛙生态种养模式和常规水稻种植模式全年轮作系统氨挥发累积量分别占施氮量的 17.37%、20.52%，稻蛙生态种养模式显著低于常规水稻种植模式。这说明放蛙能在一定程度上减少氨挥发。

在生态效益表现上，当前稻田生态种养模式仍存在一些不足。部分农户过分强调养殖高产，过大开拓稻田沟坑面积，忽视稻田承载力和养殖容量，盲目增大养殖密度，投放过量饲料，造成土壤与水体富营养化，产生新的稻田面源污染问题。曹凑贵等（2017）针对稻虾生态种养模式指出六大问题，其中包括稻虾种养对稻田土壤存在一些不良影响、增加水分消耗与水体富营养化的风险、对病虫草害可能有促进作用、在生物多样性方面呈下降趋势等生态方面的问题。

（三）社会效益

稻田生态种养模式具有辐射带动、经营规模化、增加农民收入等社会效益，为解决当前突出的农业农村问题找到了一条有效途径，主要表现为以下特点。

1. 辐射带动能力强 稻田生态综合种养模式简单易行，从南到北具有广泛的适应性，具有低投入高产能、可复制性强、规模化发展前景广阔等优点。随着种养户科学种养技术水平的提高，辐射带动作用非常明显，能为发展优质粮生产打下坚实基础，为粮食产业发展起到典范作用。对长三角地区稻田生态种养典型模式的规模经营主体户调研发现，87.5%的经营主体能通过示范作用、技术指导、资金支持等形式带动周边进行稻田种养，辐射带动面积甚至达到 60 hm² 以上。

2. 土地经营规模化 稻田生态种养模式能够增强农业生产后劲及全面提高土地综合生产能力，有利于推进农业适度规模经营。稻田生态种养模式通常涉及大公司和农民之间的垂直整合，公司向农民提供投入品和技术，同时确保他们的最终产品有市场。与传统以农户为主体的稻作系统相比，新型经营主体的稻田生态种养模式是未来发展的重要趋向，其经营者更加年轻化、知识化，经营方式突显规模化、产业化、标准化。对长三角地区稻田生态种养典型模式的规模经营主体户调研发现，主要以农民专业合作社、家庭农场、农业公司 3 种形式为经营主体。其中，农业企业平均经营规模达145 hm²，超过一半的经营主体户涉及加工农产品或观光休闲农业等二三产业，机械化水平有所提高。

3. 提高农民纯收入 稻田生态种养模式大大调动了农民种稻积极性，在促进粮食稳产的同时，解决了农民的就业问题，带动更多的农户增收。特别是一些脱贫地区稻田资源丰富，稻田生态综合种养非常适合作为产业振兴的有效手段。

4. 改善人们的生活质量 稻田生态种养模式有利于农村的环境卫生。稻田是蚊子的滋生地，而河蟹、小龙虾不仅吞食水稻的害虫，而且清除了蚊子幼虫，这对抑制农村疟疾的流行将发挥重要作用。但目前稻田生态种养模式在社会效益方面仍存在一些待解决的问题。

（1）规模化、组织化程度较低。在稻田生态综合种养的组织形式中，企业、专业合作社和种养大户占比不高，多以一家一户经营为主，且连片规模少。由于规模化、组织化程度低，一是导致粗放式种养占主导，生产及管理成本高，缺乏规模效应；二是经营主体分散，难以在生产和销售等方面形成合力，对种养区域化布局、标准化生产、产业化运营、社会化服务等均构成制约，尤其是难以形成品牌，产品优质、优价无从体现。

（2）技术、标准推广有待加强。目前，种养技术水平和模式效益水平地区间差别较大。尤其部分经营主体受稻田生态种养的高效益驱动，简单复制、强行推广稻田生态综合种养模式，不仅造成资源浪费，还容易出现种养环境不达标、稻米产量偏低、产品抽检不合格等情况。同时，个别经营主体稻田开挖沟凼面积过大，偏离了以渔促稻的发展原则。

（四）综合效益

当前，我国统计系统所计量的年度稻田相关价值仅仅计量了人类种养活动过程产生的经济价值和部分生态服务价值，得到计量和反映的生态服务价值仅为 64.7%。有学者尝试利用能值分析理论与建立评价指标体系对稻田生态种养模式进行量化评价。席运官等（2006）基于能值分析方法对稻鸭共作有机农业生态工程模式进行了分析，并与常规稻麦（小麦-水稻轮作）生产模式进行了比较，从而科学地评估绿肥-稻鸭共作的可持续性和综合生态经济效益。彭诗瑶等（2018）通过结合稻鱼共作模式的技术流程与循环经济发展评价指标体系设计的原则，筛选出包括经济效益、生态效益、社会效益三大准则层指标下 13 个方案层指标因子，构成树形结构的稻鱼共作模式效益评价指标体系的基本框架。刘某承等（2010）从大气调节、营养物质保持、病虫草害防治、水量调节、水质调节、旅游发展 6 个指标出发，衡量稻田养鱼与常规稻作这两种农业生产模式的外部经济影响。

近年来，我国稻田生态种养规模正逐年上升。通过运用一套科学、完整、可行的评价指标体系对不同经营主体户的稻田生态种养模式经营情况进行评价，所得出的客观、科学的评价结果能为稻田生态种养模式的进一步发展提供参考与借鉴，对实施乡村振兴战略、推进农业现代化建设等具有重要作用和深远意义。钟颖等（2021）构建了我国长三角地区稻田生态种养模式综合效益评价指标体系，如表 17-6 所示。

通过调研长三角地区采用 3 种稻田生态种养典型模式（稻虾生态种养模式、稻鸭生态种养模式和稻蛙生态种养模式）的规模经营主体户，共获取 23 个与稻田生态种养模式相关的经营主体的实际经营数据，评价结果如下。

表 17 - 6　我国长三角地区稻田生态种养模式综合效益评价指标体系

一级指标	二级指标	指标性质
经济效益 （4个）	（与常规水稻种植相比）投入成本增减变化率	负向指标
	（与常规水稻种植相比）产品产值增减变化率	正向指标
	补贴成本率	正向指标
	利润成本率	正向指标
生态效益 （7个）	（与省市平均水平相比）肥料施用纯量增减变化率	负向指标
	（与省市平均水平相比）农药施用量增减变化率	负向指标
	有机肥施用率	正向指标
	生物农药施用率	正向指标
	饲（饵）料投放情况	负向指标
	绿色（有机）食品认证率	正向指标
	秸秆利用率	正向指标
社会效益 （6个）	（与常规水稻种植相比）水稻产量增减变化率	正向指标
	水稻产量稳定性	正向指标
	劳动力从业人数	正向指标
	综合机械化水平	正向指标
	辐射带动作用	正向指标
	一二三产业融合发展情况	正向指标

1. 综合效益评价总体结果　长三角地区稻田生态种养典型模式综合效益均值为 0.566，其中，总分最高值为经营主体 H，达到 0.678；最低值为经营主体 U，仅为 0.516。总体来看，部分指标表现较差，特别是产品产值增减变化率与补贴成本率两项指标得分较低。

2. 综合效益评价不同省份结果　以省份划分，长三角地区稻田生态种养典型模式综合效益均值分别为上海 0.563、浙江 0.589、江苏 0.577、安徽 0.537。如图 17 - 19 所示，上海在产品产值增减变化率、利润成本率、肥料施用纯量增减变化率、水稻产量稳定性、三产融合情况 5 项指标都位列最后；浙江在饲（饵）料投放情况、秸秆利用率、劳动力从业人数 3 项指标位列最后；江苏在水稻产量增减变化率、辐射带动作用 2 项指标落后于其他省份；安徽在经济效益、生态效益、社会效益 3 项准则层指标得分都是最低，特别地，在投入成本增减变化率、补贴成本率、农药施用量增减变化率、有机肥施用率、生物农药施用率、绿色（有机）食品认证率、综合机械化水平 7 项指标表现最弱。

3. 综合效益评价不同模式结果　以模式划分，长三角地区稻田生态种养典型模式综合效益均值分别为稻虾生态种养模式 0.570、稻鸭生态种养模式 0.582、稻蛙生态种养模式 0.543。如图 17 - 20 所示，稻虾生态种养模式在经济效益表现最弱，通过观察二级指标进一步发现，稻虾模式在产品产值增减变化率、利润成本率、有机肥施用率、绿色（有机）食品认证率以及三产融合情况表现 5 项指标表现最弱。稻鸭生态种养模式总体表现较好，但在补贴成本率、农药施用量增减变化率、生物农药施用率、劳动力从业人数、辐射带动作用 5 项指标排列最后；稻蛙生态种养模式在生态效益、社会效益 2 项指标表现较弱，具体地在投入成本增减变化率、肥料施用纯量增减变化率、饲（饵）料投放情况、秸秆利用率、水稻产量增减变化率、水稻产量稳定性、综合机械化水平 7 项指标落后于其他模式。

针对典型模式比较分析中发现的不足，提出长三角地区稻田生态种养模式未来发展的 4 点对策建

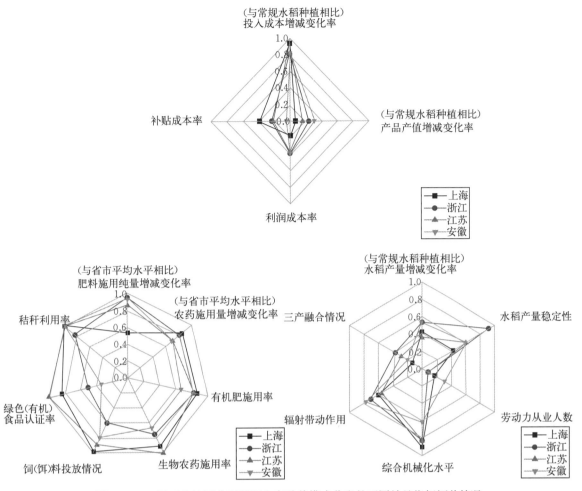

图 17-19　长三角地区典型稻田生态种养模式分省份不同效益指标评价情况

议：一是制定稻田生态种养补贴方案，加大操作规范监管力度；二是优化各模式生产技术，加强经营主体素质培训；三是延伸稻田产业价值链，组建区域稻田生态种养经营组织联合体；四是因地制宜，有针对性地制定各省份与各模式的重点发展策略。

第三节　稻田生态种养系统的共性技术

稻田生态种养系统通过充分利用稻田生态空间，同时进行水稻种植和动物养殖，使稻田生态系统中的物质利用和能量利用更加充分，能够显著提高水稻产量、产品品质和生态经济效益。不同的稻田生态种养系统尽管养殖的动物有所区别（如水产类、水禽类和蛙类等），但也存在诸多的共性技术，如稻田生态种养系统的设计原则、水稻绿色栽培、动物健康养殖。探讨不同稻田生态种养系统中存在的共性技术，促使稻田系统的物质循环和能量转换更加合理，对其今后的发展大有裨益。

一、稻田生态种养系统的设计原则

稻田种养模式的选择具有一定的区域性，应该根据当地环境条件因地制宜。所选稻田要保证满足水源充足、土质肥沃、保水保肥和土壤健康等要求。田间工程则要根据不同的稻田生态种养类型建设相适应的设施，主要包括稻田的选择、种养模式的选择和田间设计与工程建设等。

（一）稻田的选择

1. 水源充足　选择排灌方便、水利条件好、排灌系统较完善、抗洪抗旱能力强的稻田。灌溉

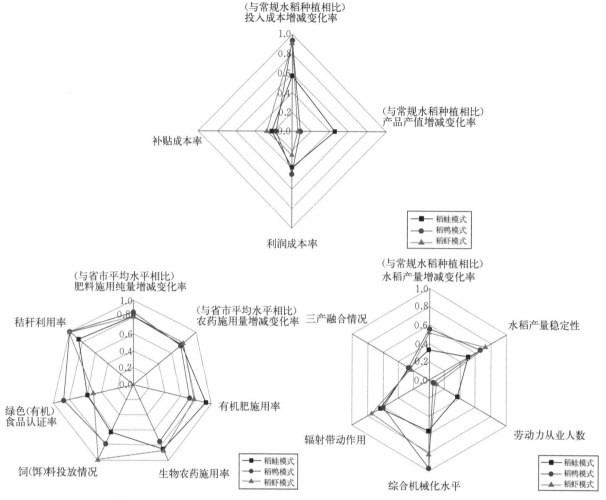

图 17-20　长三角地区典型稻田生态种养模式分模式不同效益指标评价情况

水质无工业污染，符合渔业用水标准，pH 适宜，呈中性或弱碱性，一般河、湖、塘的水都可引用。

2. 土质肥沃　土壤以保水保肥能力强、具有优良的农业耕种性状的黏土或壤土为宜。这类土壤肥力水平高、田块底层保水性能好，有腐殖质丰富的淤泥层，不仅有利于水稻生长，也有利于增加稻田水中的养分。

3. 土壤健康　一般稻田种养实行绿色或有机生产，要求土壤符合相关的质量标准，稻田周围环境无污染。

（二）种养模式的选择

不同稻田生态种养模式有一定的差异性和适应性。虽然可供养殖的水产动物比较多，但具体生产中应该因地制宜，根据区域气候和土地特点（如稻田里的水温、饵料以及田块的地势、大小等），同时兼顾市场需求来选择和调整品种和规格。

1. 动物的适应性、食性及习性　一是适应性。稻田水体不同于池塘、湖泊等水体，水体较浅，受气温影响大，盛夏时水温最高可达 40 ℃。因此，适宜水温低于 15 ℃的冷水性鱼类不适合在稻田里养殖；而广温性鱼类可在稻田中养殖。二是食性。在饵料方面，稻田中杂草、昆虫和底栖动物较多，浮游生物丰富，稻田中适宜养殖草食性或杂食性鱼类；而不以稻田里的浮游生物为食的鱼类不适合在稻田里养殖，如以小鱼为饵的鳜就不适合在稻田中养殖。三是生活习性。适合稻田养殖的鱼类，除了具有耐浅水、耐高温、食性广等特点外，性情温和、不易外逃也是选择的重要条件。不同类型养殖动物习性差别很大，甲壳类和一些鱼类，如蟹、虾、黄鳝、泥鳅喜欢淤泥，会打洞；而草鱼、鲤、鲫等相对温和；两栖类如蛙，爬行类如鳖、龟，禽类如鸭等易逃逸。

2. 使用价值及市场需求　为了保证稻田生态种养产品具有较好的经济效益，选择短期内可达到商品规格，且应用丰富、肉味鲜美的种类。一方面，选择经济价值比较高的名特优种类，如蟹、鳖、龟等；另一方面，选择市场需求比较大的种类，如虾、泥鳅等；具体可结合当地市场发展需要，联系相关合作社及企业，融入市场。

3. 模式及其适应性　山区、丘陵地区田块小，水资源相对不足，主要采用沟坑式，适合不同规格的常规鱼类养殖；平原地区水源充足，地势平坦、田块宽大，主要采用宽沟式，适合各种名优动物养殖；山谷田和冷浸田泥深、水冷，宜采用垄稻沟鱼半旱式种养，适合养殖冷水性鱼类；水网地带和低湖田水资源丰富，主要采用宽沟式，适合各种名优动物养殖；混养中要注意鱼类之间是否相克、是否争夺饵料，如黄鳝吃小鱼，只能与较大的鱼混养；但如果是为了提高肉食性鱼类的产量，也可混养小鱼作饵料，如虾鳖混养，是用部分小虾作为鳖的饵料。从全国范围来看，稻田种养模式选择具有一定区域性，稻蟹模式在东北地区，如辽宁、吉林等省份较多；稻鳖模式在我国南方地区，如浙江、福建等省份较多；稻虾模式在平原地区，如湖北、安徽、江苏、湖南、江西等省份形成了较大的规模；稻鱼模式在全国各地均有推广应用，尤其是浙江、四川、湖南、江西等省份；稻蛙模式主要分布于长江以南各省份；稻鸭模式在南方各省份水稻产区均有实践，其中，应用面积较大的地方是浙江、安徽和广东（曹凑贵，2019）。

（三）田间设计与工程建设

传统的稻田养殖为平板式养殖，人放天养，自产自销。近年来，随着稻田养殖（稻渔、稻蛙、稻鸭）技术不断提高，宽沟式稻田生态种养工程得到大力推行，结合农田水利建设，实行渠、田、林、路综合治理，桥、涵、房统一配套，实现了立体开发、综合利用稻田生态系统，最大限度地提升了稻田的地力和承载力。用于稻田种养的基本设施建造大体上包括4个方面：一是加高、加固田埂，保证稻田蓄存足量的水，有利于抗旱及水生动物的活动；二是水利及排灌沟渠建设，保证排灌方便，防旱防涝；三是田间沟坑建设，保证养殖动物栖息活动及觅食生长的水域；四是防逃及保护设施建设，建设围网等防止养殖动物逃逸的防逃设施和遮阳挡雨的保护设施。

1. 加高、加固田埂　田埂高度一般在45～60 cm，宽35～40 cm。对养殖产量要求较高的稻田，田埂高度要求达到1～1.2 m。稻渔生态种养模式：一是有利于稻田蓄水，增加鱼类的活动水体，增强抗旱能力；二是防止暴雨时雨水漫过田埂，导致鱼类越埂逃逸。稻鸭生态种养模式：加固田埂有利于适当提高稻田灌水层，发挥鸭的役用效果，有利于水稻生长和鸭的日常活动。稻蛙生态种养模式：加高、加固田埂，既有利于稻田蓄水，增加蛙的活动水体，增强抗旱能力；又能防止暴雨时雨水漫过田埂，导致蛙越埂逃逸。

2. 水利及排灌沟渠建设　排灌系统要根据灌排方便、及时的需求，做到涵、渠、路等整体规划、综合治理，做到灌得进、排得出、旱涝保收。排灌渠道畅通与否，是稻田养殖成败的关键。因此，要抓住养殖动物投放前的有利时机，认真做好排灌渠道的整修和配套工作，充分发挥排灌渠道的作用。养殖的稻田要及时开好进、排水口，以便随时添加新水，排除多余的田水，防止大雨时稻田中养殖的动物逃跑，确保鱼类安全生长。进、排水口的开挖地点应选在稻田相对两角的田埂上，这样无论是灌水或排水，都能使整个稻田里的水顺利流通。建立平水缺，应当根据水稻、水生动物不同生长发育时期对水层的要求，使稻田保持相应的水层。平水缺定好之后，稻田水层应与平水缺保持在一个水平面上。

3. 田间沟坑建设　在稻田中要挖沟和坑，确保水稻生育期间能够正常进行稻田的水层管理、施药和施肥，天旱缺水或排水晒田时，水生动物能够有比较安全的栖息场所。稻渔生态种养模式：鱼沟一般可在水稻插秧前开挖，也可在插秧后开挖。挖好鱼沟，在田埂内侧四周及田中心挖出宽度为30～60 cm、深度为30～60 cm的环田鱼沟。鱼沟间相互连通，在各鱼沟交叉点形成鱼溜，在相对两角设置进、排水口，并在进、排水口设置拦鱼栅（图 17 - 21）。拦鱼栅下端插入硬土中 30 cm，上部比田埂高出 30～40 cm，网的宽度比进水口、排水口宽 40～60 cm（曹凑贵，2019）。常见的 3 种稻鱼种养模式的田间设施见图 17 - 22。稻蛙模式：秧苗返青 10～15 d 后在田埂四周开设蛙沟，沟宽 50 cm、深 30 cm。每块稻田田埂四周的蛙沟上设置 1 个饲料台（图 17 - 23），作为蛙休息和投喂饲料的场所，饲料台高出蛙沟 3～5 cm。

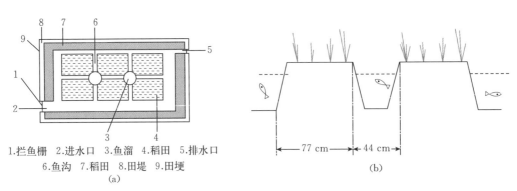

1.拦鱼栅　2.进水口　3.鱼溜　4.稻田　5.排水口
6.鱼沟　7.稻田　8.田堤　9.田埂
(a)

(b)

图 17 - 21　稻渔生态种养模式的沟坑式结构
（仿自江洋等，2020）

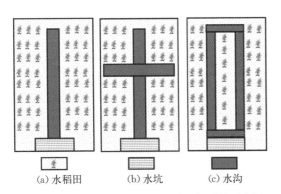

(a) 水稻田　　(b) 水坑　　(c) 水沟

图 17 - 22　稻鱼种养模式的 3 种田间设施示意图
（仿吴雪等，2010）

图 17 - 23　稻蛙生态种养模式中的饲蛙台

4. 防逃及保护设施建设　稻渔生态种养模式：稻田的进、排水口处要设拦鱼设施，防止养殖水产动物逃逸。防逃设施主要是针对特种水产品养殖，如河蟹可爬行外逃。在积雨面积较大的田块中养殖，常因洪水期间稻田水满溢出，造成逃窜事件。因此，必须设公共防洪沟，最好用石料砌成永久性防洪沟。一般冲积田防洪沟宽 1.0～1.2 m，深 1.2～1.5 m。稻鸭生态种养模式：在稻鸭共作区周围的田埂边，利用尼龙网或铁网围起来，每隔 3 m 左右用毛竹梢、木棍或钢管打一桩，桩围尼龙网或者铁网进行防护，网高 1 m 左右，孔径 3 cm 左右。每 0.3 hm² 为一区域，打桩围网进行隔离，以控制鸭群的活动范围并防止鸭的逃窜。稻鸭生态种养模式需要建有鸭舍，以供鸭平时休息，也有助于鸭躲避天敌和抵抗恶劣的天气环境。稻蛙生态种养模式：布设围网（防逃网），围网高度为 1.2～1.3 m，并用木桩固定围网。防逃网主要是为了在稻田内养殖蛙类（如虎纹蛙、牛蛙、美国青蛙、林蛙、石蛙等）而设置的（Fang et al.，2019；林海雁等，2018；周雪芳等，2015）；因为蛙类跳跃性强，容易逃逸，难以聚在固定的田块内饲养；防逃网一般用各种麻线、尼龙等材料制成，网片高度 1.5～5.2 m；底部在田埂上用土压实，每隔 3～5 m 竖一个木桩或竹竿，将网拉平、拉直并固定于木桩或竹竿上；木桩要钉在田埂下 0.5 m 左右，防止被风刮倒。

二、稻田生态种养系统的水稻绿色栽培

(一) 品种选择

稻田生态种养系统与常规水稻种植相比,对水稻产量、品质和品种的要求不同。开展种养结合的稻田一般生态条件优良,淹水时间要配合水产养殖进行,生产管理过程也要兼顾水稻生产和动物养殖两方面。因此,必须根据种养模式类型选择相应的水稻品种。以上海市青浦区蛙稻米为例,为了提高优质蛙稻米产量,青浦现代农业园区选用了本地及周边地区丰产、稳定性和适应性强的优质水稻品种,如出米率高、品质好的早稻品种早玉香粳和产量高、抗病性强的 08 - 197。这 2 个品种的稻米可在国庆节前后供应市场,具有一定的推广应用价值。此外,筛选出了产量较高且抗病虫害较强、适合在青浦地区蛙稻生态种养模式下推广种植的中晚熟水稻品种,如常规稻品种清香软粳、沪软 12 - 12,以及杂交稻品种花优 14、秋优金丰。

(二) 合理密植

水稻生态种养的种植密度因稻田生态种养模式不同而相差较大,应选择适当的种植密度。根据种养区的气候和土壤条件,育苗和移栽方式也应有一定的差别。采用水稻大苗移栽,活棵后生长快,生态种养的动物可提早进入稻田觅食,减少追肥次数和用量,减少晒田次数并缩短晒田时间,减少施肥、晒田对养殖动物的影响。在平原地区,可采用精量直播和机插秧。在山区、丘陵地区,可采用旱育秧,培育壮秧,大苗移栽。培育壮秧是水稻增产的关键技术之一,生产实践表明,培育壮秧应以肥培土、以土保苗。在水稻育秧上,应大力推广应用旱地育秧技术,旱地育秧具有早生快发、无明显的返青期、有效分蘖高、抗性强、结实率高等特点。

1. 稻渔生态种养模式 采用宽行窄株,长方形田块东西向栽插,可以改善田间光照和通风透气条件。宽行窄株,光照强,光照时间长,透气,有利于空气中的氧气溶解在水中以及二氧化碳向空气中释放,降低稻田湿度,减少水稻的病虫害,也有益于鱼类的生长。水稻秧苗一般在 6 月中下旬开始移栽,无论是抛秧还是常规栽秧,都要充分发挥宽行稀植和边行优势,采取浅水栽插、条栽与边行密植相结合的方法。栽插密度以 30 cm×13 cm 或 30 cm×16 cm 为宜,以确保稻田中的环境通风透气,能够为水生动物(鱼、虾、鳖等)提供足够的活动空间。

2. 稻鸭生态种养模式 在稻鸭种养模式中,水稻种植密度既要考虑鸭子在稻间的穿行活动,又要兼顾水稻的高产高效。因此,稻鸭生态种养模式下的水稻移栽密度与常规种稻方式不同,不仅要行距大,而且株距之间也要适当放宽,适宜行距为 25~30 cm,株距为 20 cm 左右,粳稻移栽 19.5 万穴/hm²、90 万~120 万穴/hm² 基本茎蘖苗,杂交籼稻栽插 15.0 万穴/hm²、75 万~90 万穴/hm² 基本苗。这种栽插密度和行株距配置方式,不仅有利于水稻高产,而且有利于鸭子在稻株间穿行活动,有利于更好地发挥稻鸭共作的优势。

3. 稻蛙生态种养模式 水稻移栽采用浅水移栽,浅栽以不倒为宜,密度为株行距 25 cm×16 cm,深度 2 cm 左右,穴数为 22.5 万~24.0 万穴/hm²,每穴栽插 3~4 棵,基本苗控制在 60 万~75 万苗/hm²。要求缺穴率低于 2%。常规粳稻:每穴插 3~5 株,90 万~120 万苗/hm²。在沟、坑等四周适当密植,以利于充分发挥边际优势,减少因开挖沟、坑造成的基本苗数损失。

(三) 绿色施肥

稻田生态种养的施肥宜采用绿色施肥模式,既要满足水稻生长的营养需要,促进稻谷增产,又有利于稻田动物(鱼类、鸭、蛙)的正常生长。施肥过量或方式不当,会对水稻和稻田动物产生毒害作用。动物饲料和排泄物作为部分肥源补充了系统养分,因此稻田生态种养施肥量可根据目标产量需肥量减除其他来源的补充来确定。此外,与常规水稻栽培施肥相比,稻田生态种养施肥应以有机肥源为主,少量配合化肥。通常情况下,追肥在插秧后 15 d 内施完,田水深度在 5~8 cm 时,先施半边田,翌日再施另半边。每批追肥可以视情况分 2~3 次施加,肥料品种对动物生长无影响。施肥过程中要注意以下几点:一是追肥深施,将肥料拌土,做成小泥球,埋入稻苗间 7~10 cm 的土中;二是对

一些缺锌、缺钾的稻田，在插秧前，秧根浸蘸一下锌肥或钾肥溶液；三是对水稻后期缺肥的稻田，可将化肥溶液用喷雾器洒在稻叶上，进行根外追肥；四是如果用撒施法，要遵循多次少量的原则。在养殖稻田施肥，要善于观察水色，看水色是否肥、活、嫩。稻田施用的有机肥主要是绿肥和厩肥。绿肥由各种植物的枝叶沤制；厩肥指动物圈中的粪肥及食物下脚料。无机肥即化肥，不同的无机肥对鱼类有不同程度的影响。稻田养殖施肥的目的是实现水稻丰产和培肥水质的双重目标。但若施肥方法不当，不仅水稻肥料利用低，而且会使水质过肥影响动物（鱼类、鸭、蛙）生长。

1. 稻鱼生态种养模式　在浙江青田地区，稻鲤生态种养模式多施基肥，以化肥为主，少施甚至不施追肥，基肥占总肥量的 70% 以上。传统的稻鱼生态种养模式肥料来源以有机肥为主，有机肥提供的氮、磷、钾含量分别为 102.2 kg/hm²、33.7 kg/hm²、33.1 kg/hm²；而无机肥提供的氮、磷、钾含量约为 43.8 kg/hm²、12.2 kg/hm²、14.2 kg/hm²。改良的稻鱼生态种养模式总共使用化肥（158.4±17.0）kg/hm²，施用的有机肥总量为（109.6±11.8）kg/hm²。

2. 稻鸭生态种养模式　坚持以有机肥为主、化肥为辅的原则，其中有机氮占总施氮量的 50% 以上。与常规水稻施肥相比，稻鸭生态种养模式的施肥量可减少 5%～10%。大田双季早晚稻每季施氮120～150 kg/hm²、磷 45～75 kg/hm²、钾 105～120 kg/hm²，一季稻施氮 180～210 kg/hm²、磷 75～105 kg/hm²、钾 120～150 kg/hm²（曹凑贵，2019）。有机肥和磷肥全部作基肥，氮肥和钾肥预留总施肥量的 30%～35% 作追肥，在水稻返青期和孕穗期施用；也可采用一次性全层施肥，将全部肥料作基肥深施。

3. 稻蛙生态种养模式　有机氮与无机氮之比达 50% 以上（郭文啸等，2018；Sha et al.，2017；Yi et al.，2019）。肥料施用应符合以下要求：翻耕前施底肥，用有机肥 2 400 kg/hm² 和缓释肥240 kg/hm²。分蘖肥：在移栽后 5～7 d，施第一次分蘖肥；间隔 7 d 后，施第二次分蘖肥，水稻专用BB肥用量为 30 kg/hm²。穗肥：视蛙稻生长而定，不提倡施用穗肥。如需要，则在叶龄余数 2.5 叶左右一次性施用穗肥，水稻专用 BB 肥用量为 90～120 kg/hm²。

（四）科学灌溉

水稻在生长过程中，自插秧至收获，要经过返青、分蘖、拔节、抽穗、灌浆和成熟几个阶段，每个阶段对水的需求不同。总体而言，一般要求前期浅水，中后期适当加深水。前期因为动物小，水浅对动物的活动和生长影响不大；以后，随养殖动物的长大而逐渐加深水位，做到以基本符合鱼类的活动要求而又不影响水稻的生长为宜。因此，稻田养殖供水大致可分为两个阶段：第一个阶段，浅水返青。水稻插秧后，保持 4～6 cm 浅水层有利于为秧苗创造一个比较稳定的温度条件而发根活棵。返青分蘖，此时刚插的秧苗弱，矮小，还没有返青，不能让鱼类进田。第二个阶段，深水养殖。秧苗返青后，稻田里的浮游生物数量较多，可适当加高水位至 10 cm 及以上，让鱼类进田取食。

搁田环节，水稻群体达到有效分蘖后，为避免无效分蘖，应注意搁田（稻渔生态种养模式无需搁田，稻田中始终保持一定水位）。一般情况下，成熟期湿润灌溉，成熟后干田收获。但对于早、中稻来讲，抽穗成熟期水温高，鱼类规格大，生长处于旺盛期，湿润灌溉不利于鱼类生长。稻田养殖在极端天气情况下要注意调整水位：一是暴雨天气注意防洪，尤其要注意及时排水，防止水位过高影响水稻生长以及鱼虾外逃，影响种养产量。二是夏季高温天气注意加水，通过提高水位或增加换水次数将水温维持在适合鱼类生存的温度，水温过高则会影响鱼类的活动和进食。三是喷药施肥时要适当提高水位，稀释农药、肥料对鱼类的毒害作用。

（五）病虫草害绿色防控

稻田种养生态系统的病害主要有纹枯病、稻瘟病、白叶枯病等；虫害主要有二化螟、稻飞虱、叶蝉等。常见的杂草种类有稗草、水莎草、鳢肠、鸭舌草、千金子、节节菜等。病虫害主要应用生物防治、物理防治和生物类农药交替施用的科学用药技术进行有害生物防控。为保证稻谷的质量及环境安全，最后一次用药必须在收获前 40 d 结束。病虫害的防控方法主要有生物防治和生物农药施用。应合理选用农药用量，并掌握正确的农药施用方法和时间。

1. 生物防治技术　生物防治技术是稻田病虫草害防治的主要办法。一方面，保护天敌，如稻田蜘蛛、隐翅虫、步甲等捕食天敌，可控制和减轻虫害的发展；另一方面，放养天敌，如放养青蛙、鸭、瓢虫等。在稻田中，可以通过投放寄生蜂（赤眼蜂科）的方式进行害虫防治。寄生蜂属于膜翅目，是一类寄生于其他动物体内或体外，并以摄食寄主营养物质来维持生存的昆虫。对不同稻螟发生区螟卵寄生蜂的调查发现，寄生蜂的寄生率因地区、螟虫代次及种类不同而变化。在一些二化螟大发生地区，稻螟赤眼蜂对一代二化螟的寄生率最高达 100%。寄生蜂对控制褐飞虱种群卵期的存活率起主要作用。早、晚稻前期，群落的寄生蜂数量与稻田褐飞虱数量呈正相关；中期，寄生蜂数量在一定的范围内波动；后期，其数量先上升然后急剧下降。水稻生长前期、中期和后期，寄生蜂对褐飞虱卵的平均寄生率分别约为 76%、70% 和 50%。香根草作为一种多年生草本植物，具有诱集二化螟雌蛾产卵的特性。它能降低二化螟解毒酶的活性，使孵化的二化螟幼虫逐渐死亡，不能在香根草上完成生活史。因此，可以采用在稻田周围种植香根草的方式来防治水稻螟虫。

2. 生物农药应用　生物农药在绿色、有机种植体系中扮演重要的角色。例如，稻田中常用生物农药苦参碱、印楝素等，既能有效地防治病虫害，又确保了水生动物在稻田水体中的安全，从而达到水稻绿色生产的目的。2009 年，在上海青浦现代农业园区开展的不同蛙密度对稻田害虫的防治效果研究表明，利用苦参碱和细菌农药 Bt 替代传统化学农药在水稻生长中期和破口期施用 4 次（1 次 Bt、3 次苦参碱），水稻基部害虫褐飞虱主要利用青蛙控制；根据对不同水稻品种于收获前 10~15 d 的调查结果，大多数病虫控制在较低危害水平。大部分田块穗期的褐飞虱百穴虫量在 1 000 头以下；稻纵卷叶螟、纹枯病、稻曲病在穗期发生都很轻且得到了有效控制（表 17-7）。

表 17-7　蛙不同放养密度稻田病虫害发生调查

处理（万头）	螟害发生率（%）	稻纵卷叶螟发生率（%）	褐飞虱百穴虫量（头）	纹枯病发病率（%）	条纹叶枯病发病率（%）	稻曲病发病率（%）	穗颈瘟发病率（%）	恶苗病发病率（%）
0.05	4.70	3.63	450	3.83	4.53	0	0	0
0.10	3.63	2.67	330	2.33	3.24	0	0	0
0.15	2.46	2.07	1 130	3.00	2.22	0	0	0
0.20	2.55	4.96	605	10.83	1.47	0	0	0
0.25	1.88	3.56	1 100	2.33	1.67	0.03	0	0

稻田养蛙尽量选择抗病抗虫性较好、发育期中等的品种。稻蛙模式的水稻移栽不宜太早，以避开大螟一代成虫发生高峰与灰飞虱成虫迁飞高峰，减轻螟害及条纹叶枯病的发生。稻田养蛙生态农业一定要加强农业防治，特别是稻田的肥水管理，使水稻生长健壮，减轻病虫发生，以减轻防治压力。

3. 生态控草技术　在水稻生产中，通过科学安排轮作、合理调整种植密度、选择合适的灌溉方式和施肥模式及秸秆还田等措施，能对杂草产生一定程度的防控效果。合理的轮作倒茬能改变稻田生态系统优势杂草种群的地位，从而达到控制杂草的目的。杨滨娟等（2013）研究认为，复种轮作可以抑制杂草生长，降低稻田杂草密度和优势种杂草地位，减轻了杂草危害。群落生境的变化导致群落物种变化，杂草群落的变化会受到田间环境的影响，合理的种植密度和田间水肥管理能影响杂草的群落结构，有利于控制杂草的发生危害。作物密度对杂草生物量有显著的影响，增加作物密度和更均匀的空间格局可以减少杂草生物量和作物产量损失。间歇灌溉比传统淹灌各生育期杂草密度平均降低27.8%，有效地抑制了稻田杂草生长。

生态种养可利用鱼、禽的活动和取食来影响稻田杂草生态，并实现控制草害的目的。在长期稻鸭共作条件下，稻田杂草密度和物种多样性都持续降低，田间杂草的控制效果逐年上升至 99.0% 以上（魏守辉等，2006）。稻鸭种养模式能显著降低稻田表层土的种子密度，土壤种子库的密度下降 40% 以上。稻-鱼-鸭共作对杂草的控制效果及其生态效益要高于稻鱼共作。鸭鱼之间的空间生态位和营养生态位不同，能相互补充地对水稻发挥长效的杂草防治作用。此外，植物间的相互作用，可作为有效控制稻田杂草的生态手段。满江红科（Azollaceae）和浮萍科（Lemnaceae）等水面浮生植物生长繁殖迅速，可在短时间内快速铺满水面，竞争光照和养分，从而抑制杂草的萌发和生长。满江红引入稻田可以对多种稻田杂草起到控制效果，并完全抑制萤蔺和鸭舌草的发生。植物通过产生化感物质对其他植物的生长产生不利影响，作为另一种植物的干扰方式，也为环境友好型杂草治理提供了思路。

三、稻田生态种养系统的动物健康养殖

（一）水产动物健康养殖

1. 苗种放养　苗种放养是稻田养殖成功的关键，劣质苗、放养方法不当都会影响水产动物的成活和生长。在稻鱼种养系统中，若成鱼的目标产量为 1 500 kg/hm²，则放养总量为 195～255 kg/hm²，其中有 50～100 g 重的草鱼、鲤、鲢，总尾数为 3 750～4 500 尾/hm²；若成鱼的目标产量为 750 kg/hm²，则放养总量为 105～150 kg/hm²，总尾数为 1 800～2 250 尾/hm²。苗种放养要做到当年苗种力争早放，一般在秧苗返青后放入，早放可延长鱼类在稻田中的生长期；放养隔年苗种不宜过早，在栽秧后 10 d 左右放养为宜，放养过早，鱼类会吃秧；过迟，则对鱼和水稻生长不利。二龄鱼种指 10 cm 以上的苗种，一般在 6 月放养。放苗种前，先用少数苗种试水。放苗种时，运鱼器具内的水温与稻田的水温相差不能大于 3 ℃。因此，在运输苗种的器具中，先加入一些稻田清水，必要时反复加几次水，使其水温基本一致，再把苗种缓慢倒入鱼坑或鱼沟里，让苗种自由地游到稻田各处。选晴天上午投放。晴天 9：00 以后，气温升高，稻田里的水温基本上下一致。这时放苗种，容易适应环境。雷雨天或阴天气温不稳定的时候，不能放苗。因为气温不稳定，水温也就不稳定，苗种容易着凉患病，造成死亡。

2. 饵料投放　在水稻刚移栽时，稻田的饵料生物不足。因此，在养殖过程中需要补充投喂人工饵料。根据放养的苗种种类、食性及其数量，按"四定"投饵法，即"定时、定点、定质、定量"。针对以植食性为主的经济动物，稻田种养尽可能利用天然饵料，特别是连作、轮作阶段。非水稻生长的季节，种植水草可为养殖动物提供良好的生活环境和饵料来源。例如，对于小龙虾，水草既是良好的天然植物饵料，又可为小龙虾提供栖息、隐蔽和脱壳场所。适合养殖小龙虾的水草有浮萍、水花生、水葫芦、苦草等。稻田田面可选择移植伊乐藻、浮萍等，围沟内移植水草可多样化，沉水植物控制在 40%～60%，漂浮植物控制在 20%～30%。养殖小龙虾一定要做好水草的搭配和管理，保证小龙虾在整个生长阶段都有鲜活的水草。针对肉食性为主的经济动物应补充动物性饵料，如稻田养鱼，饵料应投在鱼坑中，定时投喂，每天 7：00—9：00 投喂 1 次，15：00—17：00 再投喂 1 次，当天吃完，浮萍不要超过鱼坑的 30%。饵料投放量也要根据鱼种的规格大小确定。刚放"水花"的最初几天，分上午、下午各喂 1 次豆浆，用量为每万尾 0.2 kg 左右。随着苗种长大至 1.5～2.0 cm 时，投喂一定量的麦粉、菜枯粉，同样分上下午两次投喂。长至 3 cm 以后，可投配合颗粒饲料、细浮萍、米糠等。

3. 水质调控　在水稻移栽前 10 d，按鱼沟水体容量计算，施用生石灰 200 kg/m³ 或漂白粉 20 g/m³ 进行消毒，消除有害生物。方法为用水溶解后均匀泼洒，消毒后 7～10 d 后可放鱼。稻田养殖用水要求：①稻田水体不得带有异色、异臭、异味；②水面不得出现明显油膜或浮沫；③水中的悬浮物质人为增加的量不得超过 10 mg/L，而且悬浮物质沉积于底部后不得对鱼虾、贝类产生有害的影响；④用水的 pH 以 6.5～8.5 为宜；⑤水中的溶解氧在 1 d 中，有 16 h 以上必须大于 5 mg/L，其余任何时候不得小于 3 mg/L；⑥水中总大肠菌群不超过 5 000 个/L。部分指标超过水质标准，可通过补水、换水来调节。水质在一定程度上可通过水色得到反映，一般动物养殖要求田中水色透明度控制在 25～30 cm，透明度大于 30 cm 时，水为瘦水；小于 25 cm 为老水，老水有的是水质太肥，有的是水质已坏。因此，透明度小于 25 cm 则加水，稀释过浓的水质，使其达到 25～30 cm；如果水质已变为黑色、灰色或白色时，要换水。

4. 病害绿色防控　坚持"以防为主、防重于治"的原则。在鱼种放养时，必须用食盐水浸泡，

避免外源病原随鱼体进入稻田，引发鱼病。高温季节，用 10～20 mg/L 生石灰或 1 mg/L 漂白粉沿鱼沟均匀泼洒 1 次，或将上述两种药物交替使用，以杜绝细菌性鱼病和寄生虫性鱼病。发现水质转黑或变浓绿，鱼类有狂游、独游、食量下降、日出后浮水不下等现象时，应及时缓缓排水，将鱼逐渐赶到鱼沟，待鱼沟内的水位同田面相平时停止排水。草鱼在稻田中容易患的病有白皮、赤皮、肠炎、烂鳃等。针对易患疾病，采取有效的防控措施，将韭菜、五倍子或生姜等捣碎与食盐拌饵，再用开水浸泡一整天，投喂或者泼洒于田面水中。

（二）水禽（鸭）健康养殖

1. 苗种放养 稻田中鸭子的放养密度，要考虑稻间饲料能保证鸭子的生长需要。放养密度大，经济效益不合理；放养密度小，达不到病虫草害防控的要求。根据实践经验，一般放养 225～300 只/hm² 为宜。在放养雏鸭时，最好在鸭群里放养 3～4 只 1～2 周龄的幼鸭，以起到遇外敌预警的作用。通常在插秧前准备购入鸭苗（1 日龄），并进行育雏和必要的驯水锻炼。在栽秧后 10 d 左右放鸭（鸭子以 7～10 日龄为宜）入田。

2. 饵料投放 应根据鸭子的食量及稻田食物的丰富度调节饲喂量，平均每天每只鸭喂养 50～100 g 稻谷等，注意定时定点饲喂。为了给鸭子提供辅助营养，加快鸭子的生长速度，一般每天使用辅助饲料喂鸭子 1 次，辅料以碎米、米糠为主，或者用鱼粉投喂，也可使用鸭子的配合饲料。

3. 病害绿色防控 在稻鸭生态种养下模式，喂养过程中采用含有缺少基本蛋白质和维生素的饲料会导致鸭子的营养不均衡，造成鸭子患浆膜炎疾病。患有浆膜炎的鸭子多表现为失眠、缩脖子或者是鸭喙长时间与地面接触；行走时，也会出现双腿发软的情况。此外，鸭子的眼睛和鼻腔也会分泌出黏性分泌物，甚至一些鸭子还会出现肚子胀、拉绿便的情况。病情严重的鸭子在死亡之前还会出现痉挛、摆头等病理表现。在鸭子养殖过程中，应当定期对稻田进行消毒杀菌。投喂充足的饲料，以确保鸭子在特定周龄获得充足的营养，降低患病概率。可以在日常饲料中掺拌头孢类药物或者阿莫西林等消炎药，以防治浆膜炎这类病菌。

（三）蛙类健康养殖

1. 苗种放养 幼蛙下田前，用食盐水或高锰酸钾溶液浸洗 5～10 min。选择规格整齐、健壮无病的幼蛙，一般稻田投放规格 30～50 g 幼蛙 1.5 万～3.0 万只/hm²。稻田中不宜直接放养蝌蚪。选择晴朗的早晨投放蛙苗，避免夏季白天高温对蛙造成伤害。

2. 饵料投放 刚投放于稻田的幼蛙，由于稻田食物的短暂缺乏及其捕食能力尚待提高，需要人工投喂一些饵料，采用活饵带动法和直接驯食法。投喂适口饵料诱导其形成定时、定点吃食习惯，如用灯光诱虫，放蚯蚓、粪虫等，将蚯蚓、粪虫掺入蛙类专用料，通过粪虫、蚯蚓的活动和幼蛙捕食活动等带动水的波动，使浮于水面的饵料产生动感，让幼蛙误认为是活饵而吞食。在投喂上遵循"定时、定点、定质、定量"四定原则和"看天气、看生长、看摄食"三看原则。将饵料放于饵料台上，投喂时间在 7：00—19：00。一般日投饵料量：幼蛙为体重的 6%～7%，成蛙为体重的 2%～4%。

3. 病害绿色防控 坚持"预防为主、防治结合"的原则。在水稻生态种养期间，适时稻田灌溉，补充新水，饲蛙台上的投喂饲料保证新鲜无污染。巡田时，发现残饵与病蛙、死蛙，要及时清除。一般情况下，稻、蛙共生田中的水稻病虫害明显减少，对水稻可少施或不施农药。确需防治时，应采用绿色防控措施综合防治水稻病虫害，如使用农药，也要选用对口、高效低毒、低残留的生物农药，严禁使用对蛙类高毒的农药品种（Q/ZZY 0101—2018）。施药时，可适当加深田水，在施药时边进水、边出水，以减少水中的农药浓度。

第四节　稻田生态种养系统的典型模式

随着世界人口的持续增长和水土资源日益短缺，农产品产量和安全问题引起了全球关注。如何在单位面积上持续产出更多、更安全的农产品已经成为人们面临的严峻挑战。化肥、农药、饲料、高产品种等现代农业元素的投入虽然大幅提高了土地生产力，但造成了农业环境污染，阻断了系统养分循环，降低了抗干扰能力和农业可持续生产力。稻田生态种养模式是在水稻田中引入鸭子和蛙等与水稻共生的动物，充分发挥稻田和动物优势，生产出高质量的农业产品，从而使稻田生态系统的生态效益、经济效益和社会效益达到协调统一，对农业生态平衡和可持续发展起积极促进作用。根据中国稻渔综合种养产业发展报告（2020），我国稻渔综合种养产业继续保持较快增长，种养面积接近 230 万 hm²，稻谷产量达到 1 750 万 t，水产品产量超过 290 万 t。稻田综合种养类型主要包括稻渔、稻鸭和稻蛙 3 类生态种养模式。其中，稻渔模式中稻虾、稻鱼、稻蟹、稻鳅、稻鳖和稻螺等生态模式较为典型。

一、稻渔生态种养模式

（一）模式特征

稻渔综合种养是在我国传统稻田养鱼的基础上，经过不断提升、优化、推广和实践发展起来的新的农业模式，是一种科学的复合生态模式。稻渔综合种养是在水稻田中引入水产动物（如虾、鱼、鳅、蟹、鳖和螺等），使水稻和水产动物在时间和空间上全方位互利共生而形成的一种生态循环农业模式（图 17 - 24）。此系统以种植水稻为主、水产动物养殖为辅。通过水产动物的排泄行为为水稻提供养分；捕食和扰动行为防控病虫草害；稻田系统又可以为水产动物提供栖息庇护游玩场所和食物来源；二者还能共享空间生态位以及水、热和光。所以，稻渔生态种养模式是充分利用资源和提高生物多样性的可持续农业发展的重要生产方式，值得大力推广。目前，稻虾、稻鳅、稻鳖是稻渔生态种养产业中发展速度较快、效益较高、社会关注度较高的种养模式。

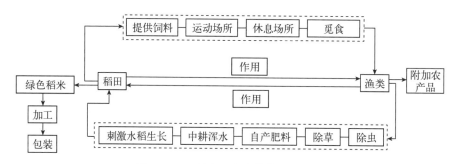

图 17 - 24　稻渔生态种养模式示意图

1. 稻虾生态种养模式　此模式是在水稻田中引入虾，共同利用稻田生态系统资源的生产方式。在空间生态位上，虾可以捕食稻田中的杂草、水生生物及蚊子在内的危害性害虫，从而减少除草剂和杀虫剂的使用；虾苗产生的粪便可以增肥土壤，其活动可以改变土壤物理结构和透气性，有利于土壤肥力的释放和减少化肥的施用；此外，养虾的稻田由于立体改造增加了对旱涝灾害的抵抗力；水稻田可以为虾提供活动和捕食的场所；二者又可以共享此系统中的光、热和水等自然环境。在时间生态位上，虾可以与水稻共生一个生育期。水稻收割后，虾还可以继续养殖。稻虾共作模式是一种以涝渍水田为基础、种稻为中心、稻草还田养虾为特点的复合生态系统构建模式。

2. 稻鳅生态种养模式　将泥鳅引入水稻田，充分利用泥鳅生命力强、底栖杂食性、耐低氧等生物学特性，发挥泥鳅在稻田中的除草、除虫、造肥、增加水体溶解氧等作用，使两者共生互利、相得益彰。该模式操作简便易行、适于推广，在水稻生长旺期泥鳅不需投饲，且能够有效减少水稻病虫害的发生、减少农药的使用，从而提高水稻产量和稻米品质，具有管理方便、产量高、见效快、环保节能的特点。

3. 稻鳖生态种养模式　此模式可以为鳖提供更为接近野生生境的生存条件，活动、摄食、晒背范围大，还可以稻田里的天然饵料为食（如泥鳅、小鱼虾、田螺和水稻害虫），品质得到显著提升；另外，鳖又可为稻田疏松土壤、捕捉害虫，其产生的大量粪便作为有机肥可直接作用于水稻根际，大大降低了农药和化肥的投入。因此，稻鳖模式所产出的稻米和鳖均具有很高的品质和经济价值。在稻鱼、稻鳖共作的基础上，稻-鳖-鱼等同时引入两种水产动物的种植模式也慢慢地被推广。

4. 稻鱼生态种养模式 此模式利用鱼以稻田中的浮游生物和田中杂草为食，不与水稻争肥的同时其粪便还可以为水稻提供可利用的优质有机肥；鱼活动撞击水稻地上部分使得水稻害虫掉落水中，而鱼又可以捕食生活在水中和落入水中的害虫，从而减轻水稻受虫害的程度，减轻化学农药的使用量，减缓空气污染物对农田环境的污染。此外，鱼还可以改善稻田环境，维持生态平衡，促进水稻增产，使农民增收和生态环境优化。随着稻鱼共作技术的成熟，稻鳝、稻鳅共作以及混作模式也已慢慢被推广，其模式特征与稻鱼共作相似。

5. 稻蟹生态种养模式 此模式建立的依据是稻田能为河蟹提供良好的栖息、隐蔽场所；稻田土质松软，溶氧充足，水温适宜，营养盐类充足，给河蟹的活动提供了方便；稻田中的植物（如浮萍和多种维管束植物，如马来眼子菜、喜旱莲子草、轮叶黑草和苦草等）和动物（腐败的动物尸体、小鱼虾、螺蚌肉、水蚯蚓和昆虫等）都有可能成为河蟹的天然饵料而被利用。不少研究表明，河蟹在稻田内的爬行和挖掘等活动则能起到松动田泥的作用，促进肥料的分解和土壤的透气，从而有利于水稻的生长和发育。

6. 稻鳝生态种养模式 此模式是在水稻田中引入黄鳝。利用黄鳝的运动为水稻土壤松土通气，其粪便又给水稻提供了良好肥料；而水稻也为黄鳝提供了遮阳效果的良好栖息环境。稻田养殖黄鳝，粮食不但不会减产，还会相应增产。稻田养殖黄鳝有稻田沟坑养鳝和稻田网箱养鳝两种模式。

7. 稻螺生态种养模式 此模式利用田螺清除杂草。田螺常以泥土中的微生物和腐殖质及水中浮游植物、幼嫩水生植物、青苔等为食，喜食水田里的杂草和水面浮游植物；田螺排泄物可作为土壤有机肥，节省施肥量。稻田养螺可以大量施用或不施用无机肥，水稻植株健壮挺拔，增加了对病虫害及不良环境的抗性，不仅可以净化水质，还可以增加收入。

（二）技术要点

1. 稻虾生态种养模式 主要有轮作和共作两种模式。轮作指在冬闲期（水稻收割后至第二年春季）的稻田里进行小龙虾养殖；共作指在水稻生长季内进行小龙虾养殖，通常春季捕获小龙虾后在稻田中保留亲虾和虾苗继续养殖，或在水稻移栽后投放虾苗，使水稻种植和小龙虾养殖同时进行。这两种方式都要求稻田水源充足，保水性能好，单季水稻；稻田单位面积以 1～3 hm² 为宜。虾沟面积占稻田总面积的 8%～10%；沟深和沟宽根据田块面积进行调整，沟深为 0.5～1.5 m，沟宽为 1～4 m。稻田面积在 3 hm² 以上的，还要在田中间开挖"一"字形或"十"字形田间沟，沟宽 1～2 m，沟深 0.8 m，坡比 1∶1.5。田间沟与环形沟要相通。为了给小龙虾提供优越的生存环境以提升其存活率和繁殖率，可以在沟坡距水面上或下 10 cm 处，每隔 50 cm 用直径 1.5 cm 的木棍戳出与田面成 30°～60°、深 30 cm 的人工洞穴，供小龙虾栖息隐蔽，沟两侧的洞穴最好交错分布。田埂要高出田面 0.6～0.8 m，顶部宽 2～3 m，进、排水口一般设在稻田两边的斜对角，按照高灌低排的格局，以保证进排水畅通；进、排水口要用密网围住，防止小龙虾外逃，并用 20～40 目的网片过滤进出水，防止敌害生物随水流进入稻田。稻田田埂四周可用塑料薄膜/水泥板等材料建造防逃设施，基部入土 15 cm，高出埂面 40 cm，稻田四角转弯处要做成弧形，以防止小龙虾沿夹角攀爬外逃。

2. 稻鳅生态种养模式 选择水源充足、进排水方便、底层保水性能好、腐殖质丰富的稻田。稻田面积一般以 0.1～0.2 hm² 为宜，水稻品种以单季晚稻为宜。稻田田埂加宽、加固，高出水面 0.3～0.5 m。埂内侧用木板、水泥板、聚乙烯网布或塑料布等挡住或裹住田埂，以防止泥鳅钻洞逃逸。田间要开挖围沟和田间沟。围沟一般宽 2～3 m、深 50 cm，田间沟宽 1～1.5 m、深 30 cm，沟的面积占整个稻田面积的 10%左右。另外，在稻田围沟处开挖一个长 4～5 m、宽 0.8 m、深 0.6 m 的鱼沟，在上方搭建遮阳网，便于泥鳅栖息与遮阳。稻田的进、排水口用密目铁丝网或尼龙网做成挡鱼栅，防止敌害生物进入或泥鳅逃窜。稻田四周用高约 50 cm 的尼龙网围成侧网，下端埋入地下 30 cm，防止蛇、鼠等敌害生物进入。鸟害严重区还应架设天网，与侧网连接扎实，不留空隙，防止白鹭等天敌的侵害。

3. 稻鳖生态种养模式　水体温度控制是稻田养鳖的核心，且稻田适宜的水温时间要大于或等于4个月。鳖放养的时间点和时间段要以水温28～32 ℃为前提，因为高于或低于这个温度范围都会影响其采食和生长。尤其是高于35 ℃时，鳖会进入伏暑状态；低于15 ℃时，又会进入冬眠状态，不但不生长，还会降低体重。在整个生长期，稻田要有充足和优质的水源，面积应以0.7～1 hm² 为宜，四周埂向下深挖30 cm并浇灌混凝土以防漏防逃，上面采用砖砌水泥封面。地面墙高1.2 m，能保持水面1 m。进、排水渠分设，在砖砌塘埂上做三面光渠道，排水口由PVC弯管控制水位，能排干池水。开挖的沟坑位置紧靠进水口的田角处或一侧，形状呈长方形，面积控制在稻田总面积的10%之内，深度35～60 cm，四周可用条石、砖、水泥等进行硬化。沟坑高出稻田平面5～10 cm，埂上设向坑内斜的网片或栏片。水稻品种应选择株型紧凑、生长整齐、茎秆粗壮、分蘖力中等、抗病抗虫以及耐湿性强的中晚熟品种，栽插面积一般以45 000～120 000穴/hm² 为宜。对于常年养殖中华鳖的稻田，几乎不用施加化肥，可以用性诱剂、杀虫灯等生态防控措施防治病虫害。

4. 稻鲤生态种养模式　多采用在稻田中挖鱼沟、鱼溜或鱼凼，在进、出水口设置鱼栅的方式进行。在冷浸田，可采用垄稻沟鱼模式。在实际生产中，有单季稻养鱼、双季稻养鱼，也有冬闲田养鱼。单季稻养鱼，多在中稻田进行，5—8月，生长期110 d，鱼苗应尽量早放，延长生长期。双季稻养鱼，可把鱼坑挖深1～2 m，插秧后秧苗返青时，把鱼苗放入田坑中。随着水位加深，鱼苗由坑向沟再游入大田，实行满田放养，共生期到水稻收获为止。收获前降低稻田水位，让鱼进鱼坑或塘继续养殖。第二次放鱼在第二季施足基肥且秧苗返青后，投放大规格的罗非鱼或草鱼苗种。冬闲田养鱼，在秋季水稻收割时，留长茬，只割稻穗，接着灌深水，加高水位60～150 cm，深茬在池水浸泡下逐渐腐烂，分解为鱼和浮游生物的饵料，就田养殖。冬天温度低时，可在避风处盖芦席，防风保暖。

5. 稻蟹生态种养模式　土壤以保水保肥能力强的黏土或壤土为宜，单位面积以0.2～0.7 hm² 为宜。稻田要有充足的水源，灌排水方便，保水性好，水源水质清新、无污染，盐度低于2，pH 7.5～8.5。田埂加固夯实并铺防逃膜，为防涝、巡池和投饵提供方便，还可以防止河蟹挖洞逃跑。埂加高至不低于50 cm，顶宽不应少于50 cm。在稻田内挖蟹沟，可以避免水稻生长前期田面时常缺水影响河蟹生长的弊端，同时还能增加稻田内的光照面积，促进河蟹生长。蟹沟通常设置成围绕稻田四周的环形，上宽0.6 m，下宽0.4 m，深0.3～0.4 m。为弥补工程占地减少的水稻穴数，采取"边行加密"方式，即利用环形沟边的边行优势密植和插双穴。实践表明，环形沟设置在距离田埂内侧1 m处的地方比紧贴田埂效果更好。一方面，可以防止河蟹埂边打洞逃逸；另一方面，在环形沟外平台密插水稻，可以充分发挥边际效应，是水稻不减产或增产的重要条件。蟹沟应在泡田耙地前完成，耙地后再修整一次。在环形蟹沟的基础上，也可以挖成"田""目""日"字形蟹沟。与养殖鱼类不同，稻田养蟹必须针对河蟹外逃对稻田进行防逃膜的设置。防逃膜设置在每个养殖单元四周的田埂上，采用抗老化、质量好的塑料薄膜，每隔50～60 cm紧贴薄膜外侧用木棍、竹竿或粗竹片做桩，将薄膜埋入土中10～20 cm，剩余部分高出地面50 cm以上。上端用尼龙绳做内衬连接竹竿，用铁线将薄膜固定在竹桩上。然后，将整个薄膜拉直，与池内地面呈80°～90°。防逃膜不应有褶，接头处光滑无缝隙、拐角处应呈弧形。沿稻田埂或进出水口处需埋入薄膜或网布，以防河蟹打洞逃逸。进、出水口是防止河蟹逃逸的最关键部位，可采用直径10～15 cm的陶瓷或聚乙烯管连通进出水渠，水管尽量长出坝面0.3 m以上。需用聚乙烯网布或铁丝网罩等覆盖，网目大小可根据所养河蟹大小定期更换，避免河蟹逃逸及敌害生物的进入。对养殖田进行清理消毒，主要目的是消除野杂鱼和携带病菌的中间宿主，减少养蟹稻田养殖期间的病害发生，改善水质，为河蟹的正常生长创造一个良好的生态环境。消毒时间一般在河蟹投放前2周或耙地前。

6. 稻鳝生态种养模式　分为网箱养鳝和坑池养鳝两种方式。网箱养鳝是在稻田中放形状为长方形或正方形的网箱，面积10～20 m²，高度1～2 m。制作网箱的网片要牢固耐用，抗老化，耐拉力强；网布不跳纱、不泄纱；网目小，以黄鳝尾尖无法插入网眼为宜。网箱多设置在进水口处，排列整齐，总面积不超过稻田总面积的 1/3。放置网箱时，先排干田水，按网箱尺寸和形状挖泥，深度多为 40～50 cm。网箱平放后，四角要用木桩支起张开；挖出的泥土要回填在网箱中，垒成泥埂或平铺，泥面要与田面基本相平，网箱高出泥面 60～80 cm。网箱外的稻田按照常规栽培。坑池养鳝一般在稻田四周或四角处挖面积 15 m² 左右的坑池，深 80 cm，埂高 20 cm。池的四壁及底部用红砖或石块相互衔接围砌，用水泥砌嵌接缝，坑底铺满 30 cm 厚的肥泥，两端铺设管径 10 cm 的进出水口，管口用铁丝网作搅塞。稻田用于建坑池的面积约为总面积的 1/10。坑池间以沟连通，沟宽 30 cm，深 35 cm，沟坑在插秧前修好，并按每平方米 0.3 kg 生石灰清塘消毒，平时每隔 15 d 用 15 mg/L 的生石灰溶液消毒，做好预防工作。水稻插秧后，投放无病、无伤、无药害且体呈深黄、有大黑斑的黄鳝苗种，放养密度为每平方米网箱放尾重 50 g 的苗种 40～80 尾。放养前，用 3% 的食盐水浸洗消毒。为保持田中水质清新，应适时加注新水，一般春秋季 7 d 换水 1 次，夏季 3 d 换水 1 次。确保做到水质"肥而不腐、活而不疏、嫩而不老、爽而不寡"。黄鳝放养后 3 d 内一般不需要喂食，使其处于饥饿状态；然后，在晚上投喂蚯蚓和切碎的小杂鱼等黄鳝喜爱的食物。等到吃食正常后，可在饮食饲料中掺入蚕蛹、蝇蛆、鱼粉、米糠和瓜皮等饲喂，投饲量视吃食情况逐渐增加到体重的 3%～4%。进入冬季，当水温降至 10 ℃以下时就可排干池水，在泥面上盖一层稻草，厚 5～10 cm，让黄鳝越冬，注意预防鼠和黄鼠狼等敌害。

7. 稻螺生态种养模式　进排水方便、水源丰富的半山区，尤其是水库输水涵洞下游的稻田更适宜养螺。首次养螺的稻田在开挖稻田前，按 750 kg/hm² 生石灰化浆全田均匀泼洒消毒，同时稻田施用发酵后的猪牛粪 4 500～7 500 kg/hm²。稻田排干积水后，翻耕后开挖集螺沟和集螺坑。沿田埂四周开挖一条宽 1～1.5 m、深 40～50 cm 的环形水沟为集螺沟。若田块面积较大，可挖几道工作行或"十"字形沟，其宽 50～60 cm、深 20～30 cm，并将田埂加固加高至 50 cm，夯打结实，以防渗漏倒塌。集螺坑为长方形或正方形，蓄水深 60～80 cm，一般靠近田埂边布置。根据田块的大小可设一个或多个集螺坑，总面积占整个稻田面积的 1/10 左右。在田块的对角分别设置进、出水口，装上防逃网。防逃网需埋入土下 15 cm，以防止田螺从网底逃逸，平时保持水位 10～20 cm。田螺在水稻栽插前放养，以集螺沟为主，每 2～3 d 需要投喂田螺，投喂量为田螺总重量的 1%～3%，将蔬菜瓜果、鱼虾或动物内脏等剁碎，再用麸皮、米糠、豆饼等饲料搅拌均匀后投喂；饼粕类固体饲料要先用水浸泡变软，以便田螺能舐食。田螺喜夜间活动，晚上摄食旺盛，投饲应在傍晚。每次投喂的位置不易重叠，田螺的适宜生长温度为 15～30 ℃，最适温度为 20～28 ℃。在稻螺生态种养模式中，田面水的溶解氧应高于 3.5 mg/L，要经常注入新水，调节水质。特别是夏季水温升高，采取流水养殖效果最好；春秋季节则采取半流水式养殖为好；冬眠期可每周换水 1～2 次，通常稻田水深保持在 25～30 cm，冬季田螺钻入泥土中，保持水深 10～20 cm。此外，田螺有逆流的习惯，常群集入水口或滴水处，溯水流而逃亡他处，或顺水辗转逃逸，有时甚至于小孔内拥群聚集，以逐渐扩大孔洞，再顺水流溜走。因此，要坚持早晚巡田，进、出水口的防逃网栅要及时修补。稻螺生态种养模式中由于常投饵施肥，加之田螺的排泄物，土质肥沃，基本能满足水稻生长发育所需的养分，一般不需要再另外施肥。若施肥，以有机肥为主。

（三）推广应用

截至 2020 年 5 月底，全国稻渔综合种养面积达到 250 多万 hm²，稻米产量达 1 900 万 t，水产品产量超过 300 万 t，带动农民增收超过 650 亿元。中国稻渔综合种养产业发展报告（2020）指出，2019 年，稻虾种养、稻鱼种养、稻蟹种养、稻鳅种养、稻鳖种养、稻螺种养、稻蛙种养 7 种主要种养模式面积、水产品产量合计分别为 228.53 万 hm²、286.17 万 t，占全国稻渔综合种养总面积和水产品总产量的 98.61%、98.57%。其中，稻虾种养面积、水产品产量分别为 110.54 万 hm²、177.25 万 t；稻鱼种养模式（主要为鲤）面积、水产品产量分别为 95.96 万 hm²、85.69 万 t。两种模式面积和产量分别占全国稻渔综合种养总面积和水产品总产量的 89.11%、90.26%，仍然占据绝对主导地位。

1. 稻虾生态种养模式 稻虾生态种养模式主要分布在长江中下游省份，目前是我国应用面积最大、总产量最高的稻渔综合种养模式，也是我国小龙虾的主要养殖方式。其中，湖北、安徽、湖南、江苏、江西 5 省份的产量占稻虾种养模式产量的 97.23%。湖北稻虾连作的创举为我国稻田综合种养的现代化突破提供了标准模板，开始发展稻虾共作和轮作实践。2018 年，稻虾种养面积排名前 5 的省份依次是湖北（48.96%）、湖南（18.68%）、安徽（13.98%）、江苏（7.07%）、江西（5.57%），5 省份种养面积占全国稻虾种养总面积的 94.26%。安徽省滁州市全椒县、定远县、长丰县、肥西县的小龙虾综合种养面积分别达到 1.7 万 hm^2、1.3 万 hm^2、1.2 万 hm^2 和 0.7 万 hm^2，安徽稻虾综合种养面积平均增速在 97.5% 以上。湖北的稻虾种养面积也逐年增长，2017 年稻虾种养面积达到 28 万 hm^2，2020 年发展到了 47 万 hm^2。

2. 稻鳅生态种养模式 稻鳅生态种养模式在全国广泛分布。其中，湖北、安徽、湖南、广西、陕西 5 省份的产量占稻鳅种养模式产量的 88.24%。截至 2015 年，稻鳅模式在浙江、湖南、安徽、四川建立核心示范区 4 个，核心示范区面积 180 hm^2，示范推广 875 hm^2。

3. 稻鳖生态种养模式 稻鳖种养模式主要分布于我国长江中下游地区。其中，湖北、湖南、安徽、浙江、江西 5 省份的产量占稻鳖种养模式产量的 97.28%。

4. 稻鱼生态种养模式 稻鲤生态种养模式在我国历史悠久，分布范围最广，也是山区、丘陵地区开展稻渔综合种养的主要模式。其中，四川、湖南、贵州、广西、云南 5 省份的产量占稻鱼模式产量的 94.11%。2018 年，四川稻鱼种养分布在除甘孜藏族自治州和阿坝藏族羌族自治州外的 19 个市（州），面积约为 29.1 万 hm^2，占四川稻渔综合种养总面积的 93.16%；水产品产量 34.15 万 t，占四川稻渔综合种养水产品总产量的 89.07%。浙江省青田县稻田养鱼距今已有 1 200 多年的历史，是全球重要农业文化遗产保护项目。

5. 稻蟹生态种养模式 稻蟹生态种养模式的历史相对较短，只有约 30 年的发展历史，主要分布于我国东北地区以及江苏、上海、天津等沿海省份。其中，辽宁、江苏、吉林、湖南、上海等 5 省份的产量占稻蟹种养模式产量的 92.43%。稻蟹共生已成为我国北方水稻生产中重要的生态农业模式。稻田养殖河蟹最早是从 1986 年浙江省丽水市首次进行稻田养殖河蟹试验开始的，到 1993 年已达到 466.7 hm^2，随着稻田养蟹规模的不断扩大，在不少省份得到了大面积推广。其中，以辽宁省盘锦市为主要代表，形成了"大垄双行、早放精养、种养结合、稻蟹双赢"的"盘山模式"，辐射带动了我国北方地区稻蟹种养。2018 年，辽宁稻蟹养殖面积达到 4.1 万 hm^2，同比增加了 27.14%；水产品产量约 2 万 t，占辽宁稻渔综合种养水产品总量的近四成。全国稻蟹种养面积排名前 5 的省份依次为辽宁、吉林、江苏、天津、黑龙江，5 省份种养面积占全国稻蟹种养总面积的 88.08%。

6. 稻鳝生态种养模式 稻鳝模式除了在我国北方的黑龙江，西部的青海、西藏、新疆，以及华南的南海诸岛等地区分布很少以外，全国其他地区均有分布，尤其以长江中下游地区的湖泊、水库、池沼、沟渠和稻田分布密度大，群体产量高。南方各省份水温较暖，产量也高。

7. 稻螺生态种养模式 稻螺生态种养模式主要分布于广西等地，广西一个地方的产量占稻螺种养模式产量的 92.10%。例如，广西壮族自治区梧州市龙圩区广平镇，全镇 10 多个合作社发展 30 hm^2 以上稻田养螺。以广西、广东、福建、江西、浙江和湖南等地推广面积较大，其他稻区也有不同程度的推广应用。

二、稻鸭生态种养模式

（一）模式特征

稻鸭生态种养模式是以种稻为中心、家鸭野养为特点的自然生态和人为干预相结合的复合生态系统。随着水稻种植技术革新，稻田养鸭也衍生出很多模式，如鸭稻萍共作模式等。其中，鸭稻萍共作模式为养分高效循环利用和水稻持续生产提供了模板。将鸭子引入水稻田可以捕食田间害虫（包括飞虱、叶蝉、蛾类及其幼虫、象甲、蝼蛄、福寿螺等）、浮游和底栖小生物（小动物）、绿萍，减少对水稻生育的危害；水稻茂密的茎叶为鸭子提供了避光、避敌的栖息地。鸭子在稻丛间不断踩踏，杂草明显减少，具有人工除草和化学除草的效果；还能疏松表土，促使气、液、土三相之间的交流，从而把不利于水稻根系生长的气体排到空气中，增加氧气等有益气体进入水体和表土，促进水稻根系、分蘖的生长和发育，形成扇形株型，增强抗倒能力。除了上述优势，稻鸭生态种养模式还可以防控氮、磷流失，控制温室气体排放，增加微生物多样性和促进肥料利用率。稻鸭共作生态种养可以实现种稻低成本、稻米和鸭产品绿色生产、经济效益和生态效益共赢，是值得大力推广的可持续农业生产模式之一。

从生态系统构成来看，稻鸭共作生态系统可分为生物组分和环境组分两大部分。其中，生物组分主要包括水稻、鸭子、各种昆虫（害虫和天敌）、土壤生物和水生生物（如某些浮游动植物）等。环境组分主要包括土壤、水、空气、光照以及农田小气候等。与现行的单一水稻栽培相比，稻鸭共作生态系统引入鸭子这个生物组分，并应用现代生态农业技术措施，用围网将鸭子圈养在稻田里，让鸭子与水稻"全天候"同生共长，以鸭子代替人工为水稻防病、治虫、施肥、中耕、除草等，通过鸭群的活动使生态系统活跃起来，并形成一个动态的多级食物链网结构和物质循环再生利用体系，达到以鸭子捕食害虫代替农药、以鸭子采食杂草代替除草剂、以鸭子粪便作为有机肥代替化肥的目的（图 17 - 25）。

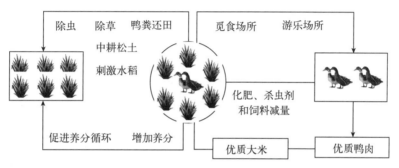

图 17 - 25　稻鸭生态种养模式示意图

从平面结构来看，稻鸭共作生态农业模式通常以 2 000～5 000 m² 稻田作为 1 个围网单元，放鸭225～375 只/hm²。放养数量一般根据稻田天然食物数量（如杂草、昆虫数量）、人工饲料成本以及土壤肥力状况等具体情况适当增减；适当增加水稻的株距和行距以便于鸭子活动。从垂直结构来看，水稻植株和鸭子占据着不同的空间生态位。水稻植株位于生态系统上部，为鸭子提供遮阳、隐蔽的场所；鸭子位于生态系统的中部，因而可以同时捕捉稻田上、中、下各部位的食物，进而对水稻生长和土壤肥力等产生影响。

（二）技术要点

稻鸭生态种养模式的技术特色主要体现在：一是稻田为鸭子提供劳作、生长、休息的场所，以及充足的水分和丰富的食物，水稻和鸭子形成相互依赖的复合生态农业体系，达到稻、鸭双丰收。二是选择适宜的水稻、鸭子品种，培育适合稻田养殖的健壮雏鸭，合理运筹和调控肥水，做好稻田病、虫、草生物与生态防治技术等。三是以大格田、小群体、少饲喂为特色。四是系统的种养结合是以形成良性循环的生态环境为出发点，追求的是水稻和鸭子的共同可持续发展。

稻鸭生态种养模式要求具有良好的水质、健康的土壤条件和排灌系统等。土壤质地以较黏重为好，土壤养分含量要丰富，且保水保肥性能要好。水稻前茬最好种植绿肥作物（如紫云英等），以增加土壤有机质含量，提高土壤肥力，从而减少化肥使用量。此外，为了便于鸭子在田间活动，稻鸭共作田埂一般应高于田面 30 cm 以上，埂宽不小于 40 cm。稻鸭共作单元以 0.3 hm² 大小区域为宜。若面积过大，则鸭子除草、除虫效果差；若面积过小，则同一区域鸭子活动过于频繁，对稻株有一定的损伤。稻鸭共作稻田四周要设置防护网，防止鸭子外逃以及防御犬、野猫和黄鼠狼等天敌危害鸭子。一般采用高 100～120 cm、网孔 1～2 cm 的尼龙网（图 17 - 26）。同时，为了适宜雏鸭早期的生长发育，应在稻田一角或田边渠道空地上搭建 1 个简易鸭棚（图 17 - 27）。

图 17 - 26　稻鸭生态种养模式围网　　　　图 17 - 27　稻鸭生态种养模式鸭棚

鸭子的投放密度以 225～300 只/hm² 的标准放入，既有利于避免鸭群密集而踩伤前期稻苗，又能使鸭子到稻田各个角落去寻找食物，达到均匀地控制田间害虫和杂草的目的。在放养雏鸭时，在鸭群里放养 3～4 只比雏鸭大 1～2 周龄的幼鸭，以起到遇外敌时能预警、躲风雨返回时能领头的作用。

鸭苗最好选取当地的本地鸭，常见的品种有亚邮麻鸭和绍鸭，其生活力强、田间活动时间长、活动量大。水稻应该选用株型紧凑、分蘖力强、抗性强、品质优的品种。水稻种植密度要考虑到鸭子的活动和水稻的高产高效。所以，在水稻插秧时，要适当增加株距和行距，适宜行距为 25～30 cm，株距为 20 cm 左右，有利于水稻高产和鸭子在稻株间穿行活动，便于更好地发挥稻鸭共作的优点。在插秧前 10 d 左右购入 1 日龄的鸭苗，并进行育雏和必要的驯水锻炼。在插秧后 10 d 左右放鸭（鸭子以 7～10 日龄为宜）入田。此后，鸭子与水稻"全天候"地同生同长，每天仅给鸭子补喂少量饲料以保持其半饥饿状态并不断觅食，由此鸭子与水稻形成一个动态的"时空生态位"。鸭子在稻田生活大约 60 d 后（图 17 - 28），当水稻抽穗时，将鸭子赶上稻田，防止鸭子采食稻穗。有条件的，可将稻田分隔成 2～3 个小区，让鸭群在一个小区放养 7～15 d，然后换到下一个小区，这样有利于植被恢复和进行疫病防控。

（三）推广应用

我国自 2000 年推广稻鸭共作技术以来，在农业部门等单位的大力协作下，技术内容不断完善，应用范围迅速扩大，南方稻区结合当地生态环境和生产实际提出了因地制宜的稻鸭共作技术体系。2003 年，农业部在湖南召开了南方优质高效无公害稻米生产示范观摩会，稻鸭共作生态技术作为无公害稻米生产的主导技术引起各地农业部门的关注，在浙江、江西、江苏、湖南、安徽、云南、四川、广东等省份快速发展。其中，浙江示范推广面积已超过 3 万 hm²，稻鸭共作技术成果已通过省级鉴定；江西于 2003 年启动以稻鸭共栖为主要技术的绿色大米发展计划，制定了稻鸭共栖绿色大米生产操作技术规程，部分地区实行了鸭苗、鸭棚和围网全补贴政策；湖南的应用面积已达 1.2 万多 hm²，建立了生态优质稻米生产基地，部分地区对鸭子、种子、围网成本实行半价补贴；安徽省农业科学院畜牧兽医研究所和水稻研究所承担"稻鸭共作绿色农业生产技术"示范推广面积已经超过 700 hm²；江苏于 2000 年在镇江市延陵镇率先开展稻鸭共作的研究与示范应用，多次举办各种形式的技术培训班、现场观摩会和成果推广会，经过 3 年的发展，延陵基地已获得有机稻米认证，应用面积超过 3 500 hm²；陕西省安康市于 2003 年引进了稻鸭共作技术并试验成功，至 2008 年，陕西的稻鸭共作技术应用面积达到 1.13 万 hm² 以上。据统计，截至 2014 年，我国稻鸭共作技术推广面积达到 13.33 万 hm²

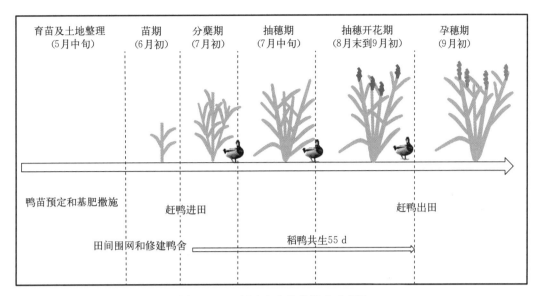

育苗及土地整理 （5月中旬）	苗期 （6月初）	分蘖期 （7月初）	抽穗期 （7月中旬）	抽穗开花期 （8月末到9月初）	孕穗期 （9月初）

鸭苗预定和基肥撒施　　　　　　　　　　赶鸭进田　　　　　　　　　　　　　　赶鸭出田

田间围网和修建鸭舍　　　　　　稻鸭共生55 d

图 17-28　稻鸭生态种养模式时序图

以上，技术推广试行地区的优质稻米和绿色鸭产品的产量持续增长。稻鸭共栖生态种植模式的推广应用，在引导和支持各类新型经营主体与广大农户在种植水稻时减少化肥、农药、除草剂的使用，加速推进农业现代化，促进农业发展方式转变的进程中发挥了积极作用。

三、稻蛙生态种养模式

（一）模式特征

稻蛙生态种养模式（图 17-29）得益于蛙是捕捉害虫的"能手"和可以在潮湿农田环境生存的习性。蛙能捕捉稻田中常见的害虫（如螟虫、稻纵卷叶螟、蚜虫和稻蝗等），其跳跃行为可以增加稻田溶解氧，扰动水稻植株，增加稻田的光、热和透气性，从而促进水稻生长（图 17-30）。稻田水质良好，无污染，可以培育肉质鲜嫩、味道鲜美、营养丰富的蛙供人们食用。对增加稻米中微量元素、控制稻田温室气体排放等都有显著的效果（Sha，2017；Fang，2019）。

图 17-29　稻蛙生态种养模式

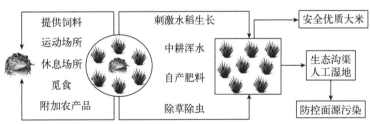

图 17-30　稻蛙生态种养模式示意图

稻蛙生态种养模式对田间设施要求低，可采用平板式和沟坑式，但防逃设施的设置是重点。通常是用围栏设备将稻田圈围起来，然后引入蛙种。稻蛙生态种养模式以有机生产和绿色生产模式为主，目前已形成稻蛙种养模式的规范，包括品种选择、田间工程改造、科学种养和管理等。随着稻蛙技术的成熟，稻-蛙-鱼和稻-鳅-蛙等生态种养技术也不断发展。

（二）技术要点

稻蛙生态种养模式的技术要点主要参考上海自在源农业发展有限公司绿色蛙稻控污增效技术。其要求选择地势平坦、排灌方便、土壤肥沃、杂草基数少、无污染的稻田。单位种养面积以 1～2 hm² 为宜，并将其分成 0.1～0.2 hm² 的小单元。土地整平，田面高差控制在 20～30 cm，每个种养小区高差不超过 3 cm，便于水位调控。在每个种养小区内开挖蛙池，离种养小区四周 200 cm 挖宽 180 cm、深 80 cm 的环形沟（即蛙池）。挖出的泥土放在四周 200 cm 处筑成道路，沟坎压紧，路面压实。在小区一角用 PVC 管安装进水口，对角低处用 PVC 管安装排水口。进、排水口用 50 目的细铁丝网或尼龙网封口，以防青蛙逃逸。沟路中间面积种植水稻，沟和路占稻田面积的 10% 以内。在稻田四周的田埂上每隔 8 m 埋一根 4 m 高的空心钢管，钢管入地 50 cm，钢管直径 50 mm，壁厚以 3～5 mm 为宜。每根钢管在距顶端往下 2 cm 处钻直径 3.5 mm 的小孔，用 2 mm 钢丝从孔中穿过，将所有钢管斜拉固定，每根钢管用 10～15 cm 粗的木棍与钢管并齐并用钢丝绑牢，再用 2 mm 钢丝从孔中穿过将所有钢管串联起来并拉紧固定，以防大风吹斜。为防止鸟类、鼠、蛇等敌害生物入内危害青蛙，在稻田四周用尼龙网围住，尼龙网孔径 0.2 cm，围网高度 80 cm。80 cm 以上部分及顶部用孔径 0.6～0.8 cm 的胶绳网覆盖。网要盖牢，并用尼龙绳扎紧。四周放置蛙投料台，便于投放饲料。

选择茎秆粗壮、分蘖力强、叶片直立、抗倒伏、品质优、产量高的中稻品种。栽插行株距 25 cm×16 cm，深度 2 cm 左右。浅栽以不倒为宜，要求缺穴率低于 2%。常规粳稻：每穴插 3～5 株，90 万～120 万苗/hm²。翻耕前施底肥，用有机肥 2.4 t/hm² 和缓释肥 240 kg/hm²；在栽后 5～7 d 施第一次分蘖肥，用 BB 肥 150 kg/hm²，间隔 10 d 后施第二次分蘖肥 105 kg/hm²；穗肥视蛙稻生长而定，不提倡施用穗肥。在栽后 10～15 d，每公顷用 40% 氰氟草酯 1.5～1.88 kg 防治千金子和稗草，施药后保持浅水层 3～4 d。水稻分蘖末期，使用灭草松防治阔叶草与莎草。若尚留有杂草，则以人工方式进行拔除。水稻插秧后 10～15 d，投放 30～50 g 规格的幼蛙 15 000～30 000 只/hm²，投放用食盐水或高锰酸钾溶液浸洗 5～10 min、体型强壮无病的幼蛙到水稻田，并人工定位补充专用饲料给蛙以满足日渐长大蛙的食物需求。也可以采用灯光诱虫以及放小鱼虾、蚯蚓等，掺入蛙类专用料，通过鱼虾、粪虫、蚯蚓活动和幼蛙采食、活动等带动水的波动，使浮于水面的配合饵料产生动感，让幼蛙误认为活饵从而吞食。在投喂上做到定时、定点、定质、定量。投喂时间一般在 7：00 和 19：00 左右。

（三）推广应用

中国稻渔综合种养产业发展报告（2020）指出，稻蛙种养模式主要分布于湖南、江西、四川、贵州等地，4 省份产量占稻蛙种养模式产量的 97.79%。2018 年，浙江省温州市苍南县稻田养蛙面积已超过 70 hm²，主要分布在钱库、桥墩、金乡、龙港等 10 个乡镇；江苏省南通市通州区草庙村养虎纹蛙 1.1 hm²，蛙产量 1.5 万 kg，产值达 60 万元；黑龙江省鹤岗市绥滨县以黑斑蛙（*Pelophylax nigromaculata*）为主的蛙稻共作模式推广了 865.8 hm²，综合效益增加了 2 910 元/hm²。安徽省芜湖市南陵县养蛙（美国青蛙）产值高达 34.3 万元。湖南省水稻研究所研究表明，在稻蛙生态种养模式下，蛙能收入 15 000 元/hm² 以上。湖北新洲、襄阳、黄冈和荆州等地也大力推广蛙稻、鸭蛙稻（插秧两周放鸭子、抽穗收鸭子放蛙）生态种养模式。

依托上海交通大学生态农业研究团队的技术支持，上海市自 2009 年起在青浦区示范推广了稻蛙生态种养技术及模式。除利用青蛙捕捉害虫减少农药施用之外，模式还辅以有机肥施用、浮萍控草等生态种养配套技术。至 2020 年，自在青西蛙稻米生态农场通过绿色产品认证的蛙稻米种植面积有 429 hm²，实现了化肥和农药"双减"，有效地控制了农业面源污染。

主 要 参 考 文 献

曹凑贵，蔡明历，2019. 稻田种养生态农业模式与技术 [M]. 北京：科学出版社.

曹凑贵，江洋，汪金平，等，2017. 稻虾共作模式的"双刃性"及可持续发展策略 [J]. 中国生态农业学报，25（9）：1245-1253.

陈慧妍，沙之敏，吴富钧，等，2021. 稻蛙共作对水稻-紫云英轮作系统氨挥发的影响 [J]. 中国生态农业学报，29（5）：792 - 801.

陈欣，唐建军，胡亮亮，2019. 生态型种养结合原理与实践 [M]. 北京：中国农业出版社.

郭文啸，赵琦，朱元宏，等，2018. 蛙稻生态种养模式对土壤微生物特性的影响 [J]. 江苏农业科学，46（5）：57 - 60.

江洋，汪金平，曹凑贵，2020. 稻田种养绿色发展技术 [J]. 作物杂志（2）：200 - 204.

林海雁，黄倩霞，邵紫依，等，2018. 养殖虎纹蛙稻田土壤酶活性及主要养分含量特征 [J]. 核农学报（4）：802 - 808.

刘高阳，胥红，2015. 信息管理在农机技术推广中的应用 [J]. 南方农机（1）：44 - 45.

刘某承，张丹，李文华，2010. 稻田养鱼与常规稻田耕作模式的综合效益比较研究：以浙江省青田县为例 [J]. 中国生态农业学报，18（1）：164 - 169.

鲁清，2016. 水稻种质资源重要农艺性状的全基因组关联分析 [D]. 北京：中国农业科学院研究生院.

彭诗瑶，刘琼峰，杨友才，等，2018. 稻鱼共作模式效益评价指标体系的构建：以湖南省辰溪县为例 [J]. 江苏农业科学，46（24）：442 - 444.

沈健英，陆庆丰，2008. 水稻与杂草竞争模式及其系统序参量的应用 [J]. 上海交通大学学报（农业科学版）（2）：127 - 132.

王丰，赖彦岑，唐宗翔，等，2021. 浮萍覆盖对稻田杂草群落组成及多样性的影响 [J]. 中国生态农业学报，29（4）：672 - 682.

王琨，2020. 规模化养鸭常见疾病诊断及防治 [J]. 中国动物保健（10）：42 - 43.

魏守辉，强胜，马波，等，2006. 长期稻鸭共作对稻田杂草群落组成及物种多样性的影响 [J]. 植物生态学报（1）：9 - 16.

吴雪，谢坚，陈欣，等，2010. 稻鱼系统中不同沟型边际弥补效果及经济效益分析 [J]. 中国生态农业学报，18（5）：995 - 999.

席运官，钦佩，2006. 稻鸭共作有机农业模式的能值评估 [J]. 应用生态学报，17（2）：237 - 242.

邢月，2019. 基于测坑定位试验的稻田氮素去向研究 [D]. 上海：上海交通大学.

杨滨娟，黄国勤，徐宁，等，2013. 长期水旱轮作条件下不同复种方式对稻田杂草群落的影响 [J]. 应用生态学报，24（9）：2533 - 2538.

岳玉波，沙之敏，赵峥，等，2014. 不同水稻种植模式对氮磷流失特征的影响 [J]. 中国生态农业学报，22（12）：1424 - 1432.

周雪芳，朱晓伟，陈泽恺，等，2015. 稻蛙生态种养对土壤微生物及无机磷含量的影响 [J]. 核农学报，30（5）：971 - 977.

赵峥，2016. 基于DNDC模型的稻田氮素流失及温室气体排放研究 [D]. 上海：上海交通大学.

钟颖，沙之敏，杜继平，等，2021. 基于能值分析的蛙稻生态种养模式效益评价 [J]. 中国生态农业学报，29（3）：1 - 10.

Fang K K, Gao H, Sha Z M, et al, 2021. Mitigating global warming potential with increase net ecosystem economic budget by integrated rice-frog farming in eastern China [J]. Agric. Ecosyst. Environ (308)：107235.

Li C S, Frolking S, et al, 1994. Modelling carbon biogeochemistry in agricultural soils [J]. Glob. Biogeochem. Cycles，8（3）：237 - 254.

Sha Z M, Chu Q N, Zhao Z, et al, 2017. Variations in nutrient and trace element composition of rice in an organic rice-frog coculture system [J]. Scientific Reports (15706)：1 - 10.

Yi X M, Yi K, Fang K K, et al, 2019. Microbial community structures and important associations between soil nutrients and the responses of specific taxa to rice-frog cultivation [J]. Front. Microbiol. (10)：1752.

图书在版编目（CIP）数据

中国水稻土／孙波，杨林章，徐建明主编. -- 北京：
中国农业出版社，2024. 6. --（中国耕地土壤论著系列）.
ISBN 978 - 7 - 109 - 32119 - 9

Ⅰ. S155.2

中国国家版本馆 CIP 数据核字第 2024C037G2 号

中国水稻土
ZHONGGUO SHUIDAOTU

中国农业出版社出版

地址：北京市朝阳区麦子店街 18 号楼
邮编：100125
责任编辑：刘　伟　冀　刚
版式设计：王　晨　　责任校对：吴丽婷
印刷：北京通州皇家印刷厂
版次：2024 年 6 月第 1 版
印次：2024 年 6 月北京第 1 次印刷
发行：新华书店北京发行所
开本：889mm×1194mm　1/16
印张：38
字数：1158 千字
定价：388.00 元